炼油与石化工业技术进展

（2019）

本书编委会　编

中国石化出版社

内 容 提 要

《炼油与石化工业技术进展(2019)》以专题形式，按当前的热点问题分为综述、炼油工艺与产品、石油化工工艺与产品、炼化企业智能制造与信息化、装置运行与管理、催化剂与助剂、安全环保、节能节水减排八个栏目。全书收录有代表性的文章近100篇，由中国石化、中国石油、中国海油等公司所属炼化企业、研究院所和国内其他石油化工相关企事业单位的100多位专家和工程技术人员撰写。

这些文章紧密联系企业生产实际，涉及众多当前炼化行业所关注的热点、难点问题，对炼化企业从事生产经营和管理，以及科学研究的技术人员、管理人员有重要的参考价值。

图书在版编目（CIP）数据

炼油与石化工业技术进展.2019 /《炼油与石化工业技术进展》编委会编.—北京：中国石化出版社，2019.10
ISBN 978-7-5114-5565-9

Ⅰ.①炼… Ⅱ.①炼… Ⅲ.①石油炼制-文集②石油化学工业-技术革新-中国-文集 Ⅳ.①TE62-53 ②F426.22-53

中国版本图书馆CIP数据核字（2019）第232063号

中国石化出版社出版发行
地址:北京市安定门外大街58号
邮编:100011　电话:(010)57512500
发行部电话:(010)57512575
http://www.sinopec-press.com
E-mail:press@sinopec.com
北京艾普海德印刷有限公司印刷
全国各地新华书店经销
*
889×1194毫米 16开本 33.5印张 978千字
2019年11月第1版　2019年11月第1次印刷
定价:200.00元

丁智刚　中国石化塔河炼化分公司副总经理
周立新　中国石化巴陵分公司副总经理
孙振光　中国石化齐鲁分公司副总经理
赵　江　中国石化润滑油分公司副总经理
张忠安　中国石化仪征化纤股份有限公司副总经理
谢崇亮　中国石油华东设计院有限公司党委书记
江瑞晶　中国石化南京化学工业有限公司党委副书记
罗万明　陕西延长石油(集团)有限责任公司总工程师
华　炜　中国化工学会秘书长
山红红　中国石油大学(北京)校长
徐春明　中国石油大学(北京)副校长
张清华　广东石油化工学院校长
黄志华　中国石化出版社副社长

前　言

为了及时反映国内和国际石油炼制和石油化工产业在生产经营、工程建设、技术改进与创新以及可持续发展等方面的成果，为炼化企业科技和管理人员提供一个技术与管理经验的交流平台，《炼油与石化工业技术进展》一书以专题形式，结合当前的热点问题，设立了综述、炼油工艺与产品、石油化工工艺与产品、炼化企业智能制造与信息化、装置运行与管理、催化剂与助剂、安全环保、节能节水减排等栏目。全书收录有代表性的文章近100篇，由中国石化、中国石油、中国海油等公司所属炼化企业、研究院所和国内其他石油化工相关企事业单位的100多位专家和工程技术人员撰写。这些文章紧密联系企业生产实际，涉及众多当前炼化行业所关注的热点、难点问题，对炼化企业从事生产经营和管理，以及科学研究的技术人员和管理人员有重要的参考价值。

为了加强对本书编写组织工作的领导，提高本书收录论文的水平，出版社和编辑部邀请了徐承恩、胡永康两位院士担任技术顾问，中国石化、中国石油、中国海油等单位技术部门的有关负责人担任编委，同时特邀部分炼化企业和相关单位的技术负责人担任特邀编委。在此，谨向他们以及众多关心支持本书出版的各级领导、专家和一线的同志们表示衷心感谢！

按照本书的编制原则，编辑部将在2020年继续组织本书新版的编写出版工作。欢迎广大炼化企业、科研院所以及相关单位的科技人员、管理人员积极关注和支持，同时我们也会逐步扩大征稿范围，吸收更多炼油和化工企业的从业人员和相关大专院校专家、学者的优秀论文和科研成果，并注意适当引入国外先进技术和成果。

真诚期望本书能够起到有利于为国内炼油和化工企业、科研设计单位搭起一座相互沟通交流的桥梁，以创新驱动为导向，为推进我国炼油与石化产业的技术进步和增强我国炼化产品国际竞争力做贡献。

《炼油与石化工业技术进展》(2020)投稿热线：
电话：010-57512428
邮箱：pressad@ sinopec. com
地址：北京市东城区安定门外大街58号，
中国石化出版社(100011)

目　录

综　述

炼油工艺与产品

石油化工工艺与产品

炼化企业智能制造与信息化

装置运行与管理

催化剂与助剂

安全环保

节能节水减排

综　述

富碳天然气直接利用技术集群与复合能源化工体系建设

吴　青

（中国海洋石油集团有限公司科技发展部，北京）

摘　要：二氧化碳（CO_2）含量超过20%的天然气称为富碳天然气。南中国海油气资源极为丰富，其油气资源约占全国油气总资源量的1/3，相当于全球的12%。但该区域油气资源中83%以上为天然气，且该天然气中二氧化碳含量通常为20%～80%，甚至92%以上。传统工业应用与民用均需要脱除CO_2，造成大量能源消耗以及夹带天然气损失的同时还有严重的温室气体排放问题。

本文以中国海油富碳天然气直接利用工业实践为基础，研究开发富碳天然气规模化绿色高效利用的技术集群，包括二氧化碳制甲醇、富二氧化碳天然气干重整及其集成低碳烯烃、芳烃、氢甲酰工艺等新技术，并推进复合能源化工体系与示范基地建设。

关键词：富碳天然气；直接利用；干重整；氢甲酰；合成气制烯烃；合成气制芳烃；复合能源化工体系

1　引言

天然气是最重要的低碳化石能源。近年来，我国的天然气消费量快速增长，2018年我国天然气对外依存度高达45.3%，比2017年上升6.3个百分点[1]，因此，加快我国天然气资源的开发和利用刻不容缓。

南中国海（以下简称南海）是国内天然气资源最为丰富的地区。我国主张管辖的南海范围内的天然气地质资源量约为$1.6\times10^{17}m^3$，占中国油气总资源量的1/3，相当于全球的12%[2,3]。不同于内陆天然气，南海天然气的CO_2含量普遍较高，通常为20%～80%，有的甚至达到92%以上，故本文称之为富碳天然气。根据商用天然气的输送规定，天然气中CO_2含量不得超过2%（液化天然气为0.2%）[4]。因此，传统利用领域必须脱除南海富碳天然气中的绝大部分CO_2才能进一步使用。

目前，从天然气中分离CO_2的工艺技术均不可避免地导致能耗增加，并造成2.5%～7%天然气夹带损失[5]。同时，CO_2是主要的温室气体，而甲烷的温室气体效应是CO_2的数十倍[6]。因此，南海富碳天然气规模化应用如果不解决CO_2问题，不仅造成资源能源浪费，环境问题也将十分严重。

本文基于南海海域气田开采的现状和气体组成特点，结合中国海油在南海富碳天然气大规模化工业应用的实践，探讨南海富碳天然气规模化应用的低碳、清洁、高值化利用技术以及复合能源化工体系构建的解决方案，推动千万吨级CO_2大规模绿色高效直接利用基地的分阶段建设进程。

2　南海海域天然气资源与开采简况

我国海域面积300万平方公里，其中南海油气资源总量占全国油气总资源量超过1/3。资料显示，南海深水油气总地质资源量约为350亿吨油当量，其中天然气占83%，且75%来自于深水；可燃冰资源量约为800亿吨油当量，有“第二个波斯湾”之称。

南海已发现油气田283个，其中深水区有73个。据南海周边国家在我国九段线内勘探开发的数据，南海中南部九段线内已发现油气田133个，其已探明地质储量近70亿吨油当量，其中天然气52.5千亿方，与美国能源信息署(EIA)发布的结果很接近[7]。

仅以中国海油南海西部部分富碳气田为例说明，如图1所示。在南海西部气田的天然气组成中，各井口的CO_2含量变化较大，最低仅0.3%~0.5%，最高超过92%，但经混合以后，上岸的天然气中CO_2含量通常为20~65%。目前正在生产中的东方1-1气田(浅层莺歌海组)，其混合天然气组成为：CH_n=48.5%，CO_2=39%，N_2=12.5%；而即将投入生产的东方1-1气田的东南区井区、西南区断层带井区和南区井区，其CO_2含量从0.3%~67.4%不等；东方1-1气田12井区的CO_2含量为21~46%不等。乐东气田也是如此，乐东22-1气田的天然气组成为CH_n=79%，CO_2=5%，N_2=16%CO_2含量较低；但乐东22-1气田南块Y1 Ⅰ气组的烃含量约14%，CO_2含量高达80.42%；乐东15-1在产气田的CH_n=41.2%，CO_2=52.3%，N_2=6.6%；其余井区的均为高CO_2含量气井，如乐东15-1气田3井区北、4井区北的A13 \ A14井口的天然气中CO_2组分为70-75%、Ⅳ气组A13/A14井口的天然气中CO_2组分为85.3%，而A6井口出来的天然气中CO_2组分高达92%。

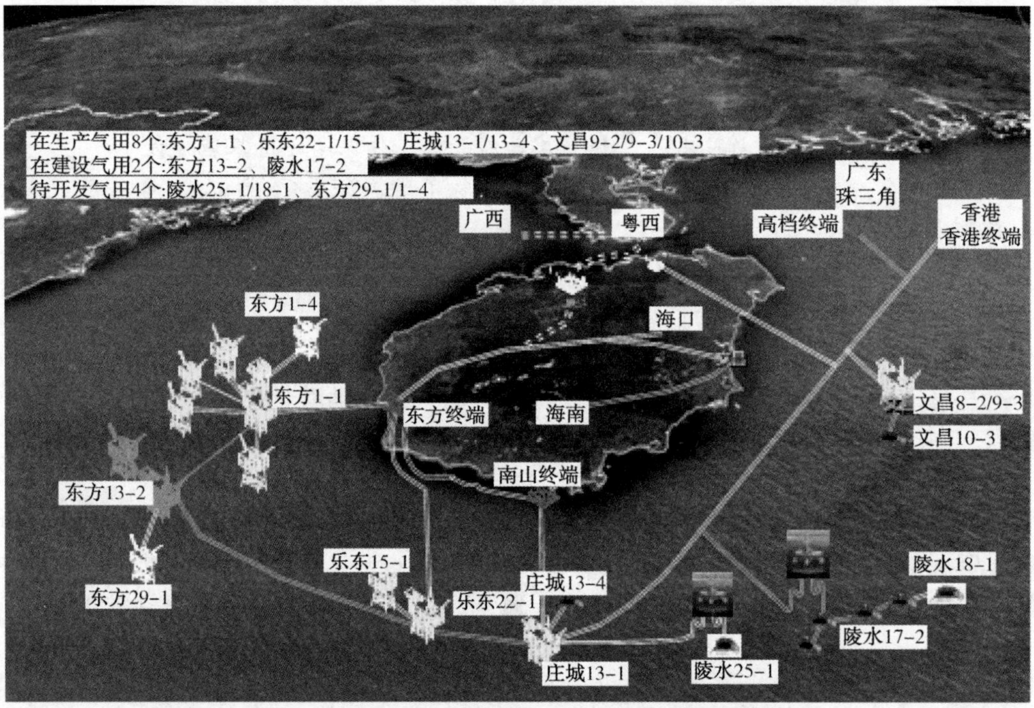

图1　中国海油南海西部部分气田分布示意图

表1是东方1-1气田PRP平台4口调整井的生产与天然气组成情况。由表可见，东方1-1气田PRP平台所产的天然气，其主要组成中，综合烃含量约30.1%，CO_2含量约64.4%，其余为氮气。

表1　东方1-1气田PRP平台4口调整井生产的天然气组成情况

井号	气组	井区	动储量/10^8m^3	CH_n/%	CO_2/%	配产/10^4m^3/d	高峰年产/10^8m^3	采气速度/%	累增气/10^8m^3	累增烃/10^8m^3	采收率/%
P4H	$Ⅱ_下$气组	东中区	6.6	31.8	62.6	15	0.53	8.0	3.47	1.11	72.1
P5H	$Ⅲ_上$气组	西区	28.6	28.0	66.9	30	1.05	3.7	8.7	2.44	76.4
P10H	Ⅰ气组	7井区	5.97	40.7	51.9	10	0.35	5.9	2.67	1.09	44.7
P11H	$Ⅱ_下$气组	北区	26.26	28.0	67.0	30	1.05	4.0	5.68	1.59	73.5
合计(4口水平井)			67.43			85	2.98	4.4	20.52	6.23	

目前，我国南海西部油气田 2018 年的实际产量为 1030 万吨油当量/年，其中天然气 46.1 亿方。而东方和乐东区域待开发的富含二氧化碳天然气拟动用储量高达 350.62 亿方，见表 2。

表 2　乐东和东方气田群待开发富碳天然气储量汇总表

类别	状态	气田	层位	拟动用储量/亿方	拟开发方式（调整井/新建平台）	开发井数/口	新建产能/10^8m^3	可采储量（累产）/10^8m^3	烃含量/%	CO_2含量/%
一类	在生产气田	东方 1-1 气田：高碳区（调整井）	Y_2Ⅰ、Y_2Ⅱ、Y_2Ⅲ上	67.43	依托 PRP 平台钻 4 口调整井	4	2.98	20.52	30.1	64.5
	在生产气田	乐东 15-1 气田：A6 井区	L_3Ⅱ上、L_3Ⅱ下、Y_1Ⅲ	12.60	关停井 A6 开井	1	0.88	7.97	6.0	92.0
	在生产气田	乐东 15-1 气田：3 井区北/4 井区北	L_3Ⅱ上、L_3Ⅱ下、Y_1Ⅲ	18.17	调整井	2	1.45	9.30	22.2	72.6
二类	在生产气田	东方 1-1 气田：7 井区	Y_2Ⅰ气组 7 井区 Y_2Ⅱ上气组 7 井区	48.10	新建 H 平台	7	2.87	23.09	39.8	54.7
		东方 1-1 气田：12 井区	H_1Ⅲ、H_1Ⅳ	118.52	依托现有 PRP 平台（需考虑外挂）	8	3.74	41.43	49.1	43.8
		乐东 22-1 气田	南块 Y_1Ⅰ	8.06	距现有平台约 9km	1	0.35	3.87	14.3	80.4
		乐东 15-1 气田：1、4 井区	L_3Ⅳ	20.03	需老井侧钻	2	0.90	6.04	12.7	85.3
三类	在评价气田	东方 29-1 气田	$L_3T_{18}A$、Y_2Ⅱ上 Y_2Ⅱ下、Y_2Ⅳ	49.24	新建平台	5	3.25	27.25	57.4	20.3
	在评价气田	东方 1-4 气田	Y_2Ⅰb	8.47	新建平台	2	0.60	4.07	58.7	31.6
		合计		350.62		32	143.54			

在南海西部气田上岸的天然气，主要分为两大处理终端，其中崖城处理终端所处理的天然气主要供应香港、华南（广东等地），而东方处理终端的天然气主要供应海南，分别作为民用气、工业用气，而工业用气主要用户是发电厂和炼油与化工厂。

3　富碳天然气直接利用现状

3.1　中海化学海南基地

中海化学是中国海洋石油集团有限公司旗下一家生产、销售化肥和化工产品的 H 股上市公司。目前中海化学在国内发展形成了海南、内蒙古、湖北和黑龙江四个生产基地，拥有 236 万吨/年尿素、100 万吨/年磷复肥、8 万吨/年复合（混）肥和 160 万吨/年甲醇生产能力，以及一个位于海南省东方市吞吐量为 1263 万吨/年的深水港口。

海南基地拥有 4 套装置，即两套合成氨、尿素装置和两套甲醇装置，年利用 CO_2 含量为 25%左右的富碳天然气 36 亿方左右。与等量天然气用于发电比，可实现每年少排放 $CO_2$336.7 万吨。

3.2　富碳天然气（CO_2含量为 25%左右）直接利用的具体方案

（1）合成氨装置

海南基地合成氨装置分为富岛一期和二期两套装置，分别配置相应的尿素装置。

富岛一期合成氨装置的设计规模 1000t/d，原设计采用 CO_2 含量较低的崖城 13-1 气田天然气。为适用富碳天然气原料（$CO_2 \leqslant 25\%$），先采用化工单元设计模拟计算，对合成氨装置前后系统物料、热量进行整体衡算，平衡装置现有设备能力，以达到有效的工艺整合与设备匹配。

针对富碳天然气高碳高氮（东方 1-1 原料气，其中 CO_2 含量 18%，N_2 含量 20%）的特点，采取天然气预脱碳与二段炉加富氧(少补氮气)结合的方案，即不进行原料气脱氮，由于过量氮的引入，在二段炉中采用补加部分富氧(空气配纯氧 2400Nm^3/h，混合后的氧含量 26.1%)的方案，为此新增深冷空分装置制备富氧。原料预脱碳采取分段脱碳法，其中作为燃料气的 CO_2 含量脱后按照 1% 控制、工艺气的 CO_2 含量则按照氨碳平衡脱至 5.4%，以满足尿素装置对 CO_2 的总量要求，上述改造总投资 17546 万元，改造后达到了项目目的。

富岛二期合成氨装置的设计规模为 1500t/d，设计直接采用富碳天然气为原料。

富岛一期和二期的尿素装置分别为 52×10^4t/a 和 80×10^4t/a，经全厂平衡后，CO_2 略有富余，为此，设置了 3×10^4t/a CO_2 回收装置(干冰)。

目前，中海油化学公司海南基地上述两套合成氨和两套尿素装置年消耗富碳天然气总量约 15 亿方。随着天然气中 CO_2 含量的增加，该基地合成氨-尿素系列脱除的 CO_2 量也在增加，由于干冰市场有限，目前中海油已将该部分脱除的 CO_2 用于油田回注驱油。

(2) 甲醇装置

表 3 是中海油海南基地两套甲醇装置的基本情况，两套装置年直接消耗富碳天然气(CO_2 含量为 25%左右)20.9 亿方。表 4 是海南基地所消耗的富碳天然气原料的实际分析数据。

表 3　甲醇装置基本数据汇总表

项目	单位	2018 年	
		甲醇一期	甲醇二期
总天然气消耗	10^4m^3	91886.2	116865.9
装置设计甲醇产能	10^4t/a	60	80
甲醇计划产量	10^4t/a	51.98	74.62
甲醇实际产量	10^4t/a	57.54	78.85
年累计运行时间	t	364	341
吨耗天然气	m^3/t	1597.52	1482.16

表 4　富碳天然气原料的实际组成性质

组成名称	最大值/mol%	最小值/mol%	平均值/mol%
N_2	13.27	11.98	12.64
CH_4	63.69	59.77	60.64
CO_2	26.77	22.40	25.54
C_2H_6	0.80	0.71	0.74
C_3H_8	0.28	0.20	0.23
i-C_4H_{10}	0.06	0.05	0.05
n-C_4H_{10}	0.06	0.04	0.05
iC_5H_{12}	0.04	0.01	0.02
nC_5H_{12}	0.04	0.00	0.02
C_6^+	0.08	0.02	0.06
H_2S	0.37	0.34	0.36
总碳(ΣC)	66.59	62.89	63.77
0℃低热值/(kJ/Nm^3)	23763.73	22418.26	22733.23
20℃低热值/(kJ/Nm^3)	22122.88	20870.11	21163.54
20℃高热值/(kJ/Nm^3)	24543.86	23150.84	23476.70

(3) 干冰与 CO_2 塑料装置

通过上述尿素和甲醇装置，海南基地基本上可以消耗、平衡 CO_2 含量为 20%~25%的富碳天然

气 $35\times10^8m^3/a$，略有富余的 CO_2 可以通过设置的 $3\times10^4t/a$ CO_2 回收装置(干冰)予以回收。

曾建立了二氧化碳塑料工业示范装置，但因为产品质量等原因，还没有工业应用。

4 技术发展和复合能源化工体系构建

为进一步扩大富碳天然气资源的直接利用力度，特别是能够适应更高 CO_2 含量(≥25%，最好是 30%~50%)富碳天然气资源，中国海油正推进以下技术的工业化进程：

4.1 富碳天然气低碳烷烃重整制合成气技术

针对高 CO_2 含量(30%~50%)并含有少量 C_2 和 C_3 烷烃(≤3%)的南海天然气，中国海油联合中国科学院上海高等研究院开发高效 Ni 基纳米介孔复合催化剂，用于 CO_2-低碳烷烃干重整生产合成气，探索并摆脱传统重整对水蒸气的依赖，实现南海富碳天然气重整制合成气关键技术突破。

CO_2-低碳烷烃干重整生产合成气过程主要化学反应如下(低碳烷烃仅以甲烷为例)：

$$CO_2+CH_4 \longrightarrow 2CO+2H_2 \quad \Delta H=247.3kJ/mol \tag{1}$$

$$CH_4+\frac{1}{2}O_2 \longrightarrow CO+H_2 \quad \Delta H=-35.6kJ/mol \tag{2}$$

$$CH_4+2O_2 \longrightarrow CO_2+2H_2O \quad \Delta H=-880kJ/mol \tag{3}$$

$$CO_2+H_2 \longrightarrow CO+H_2O \quad \Delta H=41.12kJ/mol \tag{4}$$

南海富碳天然气干重整制合成气(H/C=1.0)的工艺流程简图见图 2，其中脱硫单元也可以不设。联合开发的技术，重点解决烃原料高温热分解积炭以及产品气高浓度一氧化碳(CO)歧化积炭问题。在反应温度 850℃、反应压力 2.0~3.0MPa 条件下，可实现低碳烷烃(C_1-C_3)单程转化率大于 98%、合成气 H_2/CO 摩尔比在 0.7~2.0 区间灵活可调。

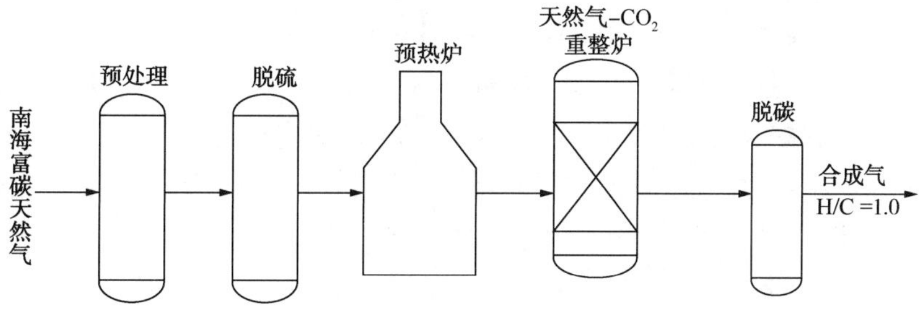

图 2 CO_2-低碳烷烃干重整制合成气工艺流程简图

4.2 二氧化碳加氢制甲醇技术

化学公司海南基地四套化工装置年消耗 CO_2 含量 20%~25%的天然气 $35\times10^8m^3$，为海油上游气田开发与利用起到了重要的支撑作用。但随着原料气中二氧化碳的进一步提高，带来了催化剂活性降低、甲醇产能减少等问题。国外一些企业与研究机构如丹麦托普索、日本关西电力公司和三菱重工、德国鲁奇公司、韩国科学技术研究院等均在攻关高效二氧化碳加氢催化剂及相应技术。中海油正在开展富二氧化碳加氢合成甲醇的工业侧线试验，并准备开展万吨级工业示范，为商业化应用提供基础数据和支撑。

CO_2 加氢过程主要化学反应如下：

$$CO_2+3H_2 \longrightarrow CH_3OH+H_2O \quad \Delta H=-49.57kJ/mol \tag{5}$$

$$CO+2H_2 \longrightarrow CH_3OH \quad \Delta H=-90.8kJ/mol \tag{6}$$

$$CO_2+H_2 \longrightarrow CO+H_2O \quad \Delta H=41.12kJ/mol \tag{7}$$

表 5 为采用中试和工业示范用的催化剂进行单管实验的部分数据。

目前用于中试和工业示范的催化剂已完成 4000h 以上稳定性试验，所使用的氢气来自海南化学基地的富裕工业氢气。

表 5 二氧化碳加氢单管实验结果

循环比	WHS/(V/h^{-1})	CO_2Con./%	MeOHSele./%	CH_4Sele./%	COSele./%	STY_{MeOH}/(kg/l·h)
0	4000	28.8	61.05	0	38.95	0.15
0	4000	30.8	68.91	0	31.09	0.21
3	16000	55.02	78.19	0.03	21.77	0.47
3	16000	55.11	78.38	0.03	21.59	0.47
5	24000	64.40	81.75	0.04	18.21	0.60
5	240000	68.21	82.66	0.04	17.30	0.59

富碳天然气由于高含 CO_2的特点难以直接利用，但其中所含的 CO_2弥补了一般天然气少碳多氢的缺点，尤其符合天然汽化工过程中的补碳要求。以年产 50 万吨甲醇为测算依据，南海富碳天然气制甲醇过程碳效为 82.5%，能效为 80.4%，单位生产成本与原料气价格关系见图 3。

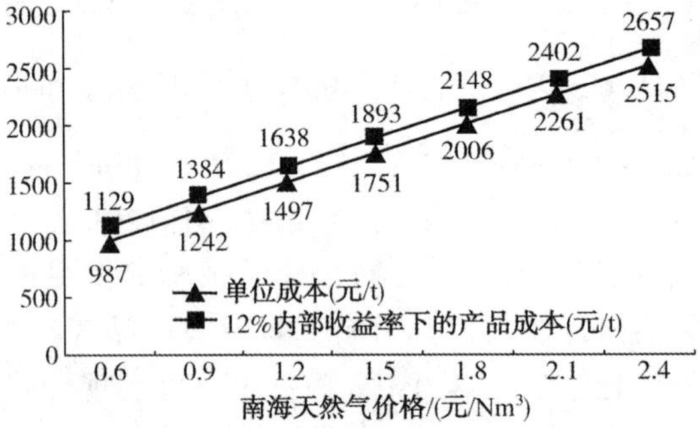

图 3 南海富碳天然气干重整耦合制甲醇的成本敏感性分析

4.3 合成气制烯烃技术(FTO)及耦合线性 α-烯烃技术

烯烃包括低碳烯烃(乙烯、丙烯、丁烯)及高碳 α-烯烃($C_{5+}^{=}$)，属于一类重要的高附加值化工原料。相比低碳烯烃，高碳 α-烯烃是一类附加值更高的化学化工原料，广泛应用于表面活性剂、增塑剂、高档润滑油等精细化学品生产。目前，全球高碳 α-烯烃的生产主要由乙烯齐聚得到，我国高碳 α-烯烃市场空间巨大，但国产化不足，严重依赖进口[8,9]。

开发中的合成气直接制备烯烃技术，小试方面已取得了较好进展，其研制的低甲烷高烯烃选择性的 FTO 催化剂，通过活性位及介观结构的设计来调控反应网络。所制备的催化剂在温和的反应条件下可实现高选择性的合成气直接制烯烃，甲烷选择性低于 5%，总烯烃选择性可高达 80%以上、烯/烷比可高达 30 以上，同时产物碳数呈现显著的窄区间高选择性分布，C_2~C_{15}选择性占 90%以上，产物分布完全不服从 ASF 规律[10~12]。图 4 为干重整耦合费托合成制烯烃的原则流程示意图。

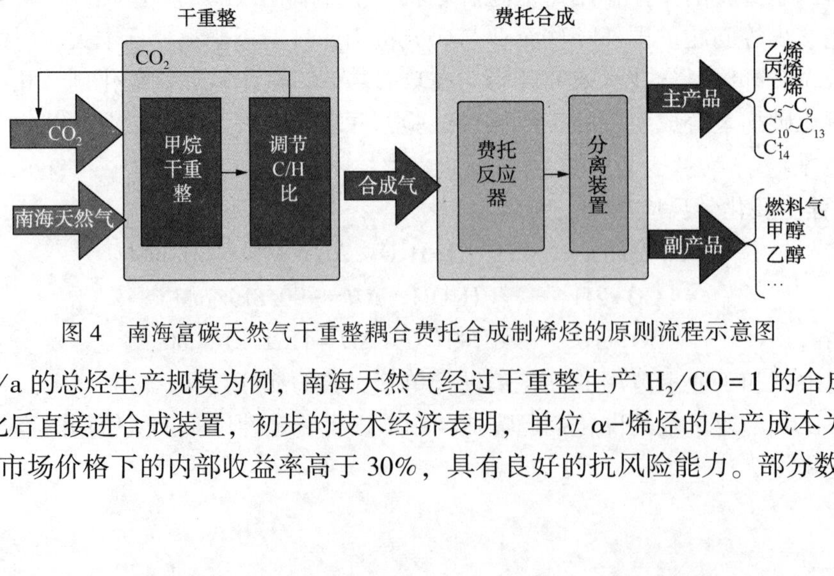

图 4 南海富碳天然气干重整耦合费托合成制烯烃的原则流程示意图

以 60×10^4t/a 的总烃生产规模为例，南海天然气经过干重整生产 $H_2/CO=1$ 的合成气原料气为基准，FTO 经净化后直接进合成装置，初步的技术经济表明，单位 α-烯烃的生产成本为 8178 元/t，该工艺在 2018 年市场价格下的内部收益率高于 30%，具有良好的抗风险能力。部分数据见表 6。

表 6　干重整耦合 F-T 合成烯烃的技术经济简要分析

项目	单位成本	比例	项目	单位成本	比例
可变成本			小计	5639	68.96%
合成气	5435	66.4%	固定成本	508	6.21%
燃料	161	1.97%	资金成本	2031	24.83%
催化剂	33	0.4%	α-烯烃成本(元/t)	8178	100.0%
水	10	0.12%			

4.4　干重整耦合烯烃氢甲酰化技术

将干重整技术与烯烃氢甲酰化反应耦合，可以进一步提高产品的附加值，从而提高项目技术经济性。中海石油炼化有限责任公司、中海油天津化工设计研究院有限公司与中国神华包头煤化工有限公司联合开发的低碳烯烃氢甲酰技术，低碳烯烃转化率大于 90%，醛收率大于 90%。氢甲酰主要反应见图 5，而图 6 为氢甲酰工艺流程图。

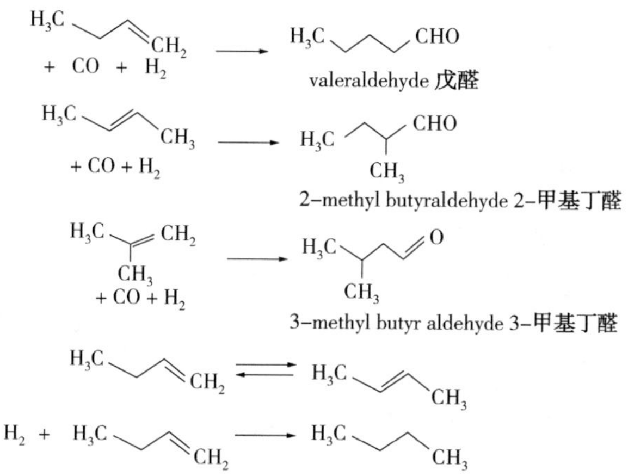

图 5　氢甲酰过程主要反应示意图

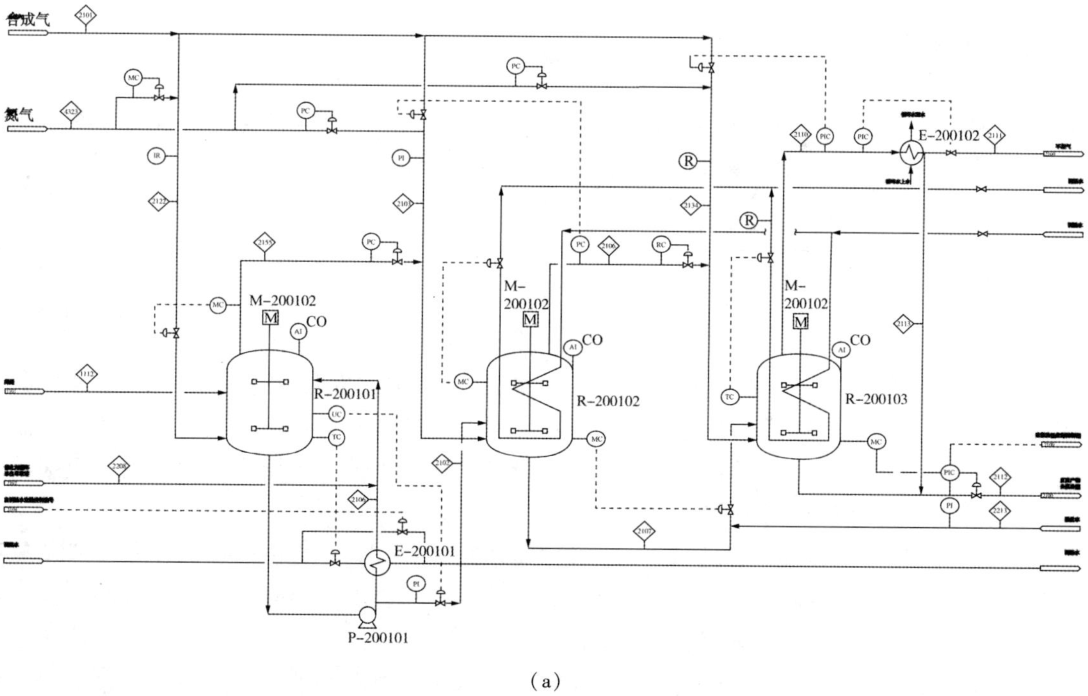

(a)

图 6　氢甲酰化工艺流程图

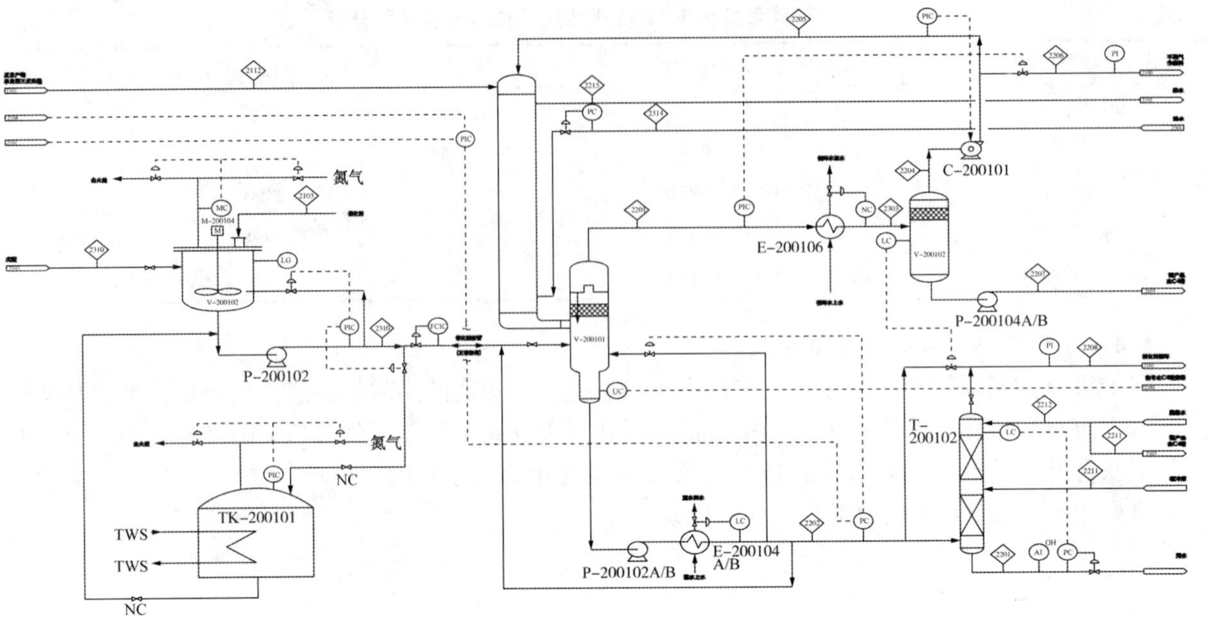

(b)

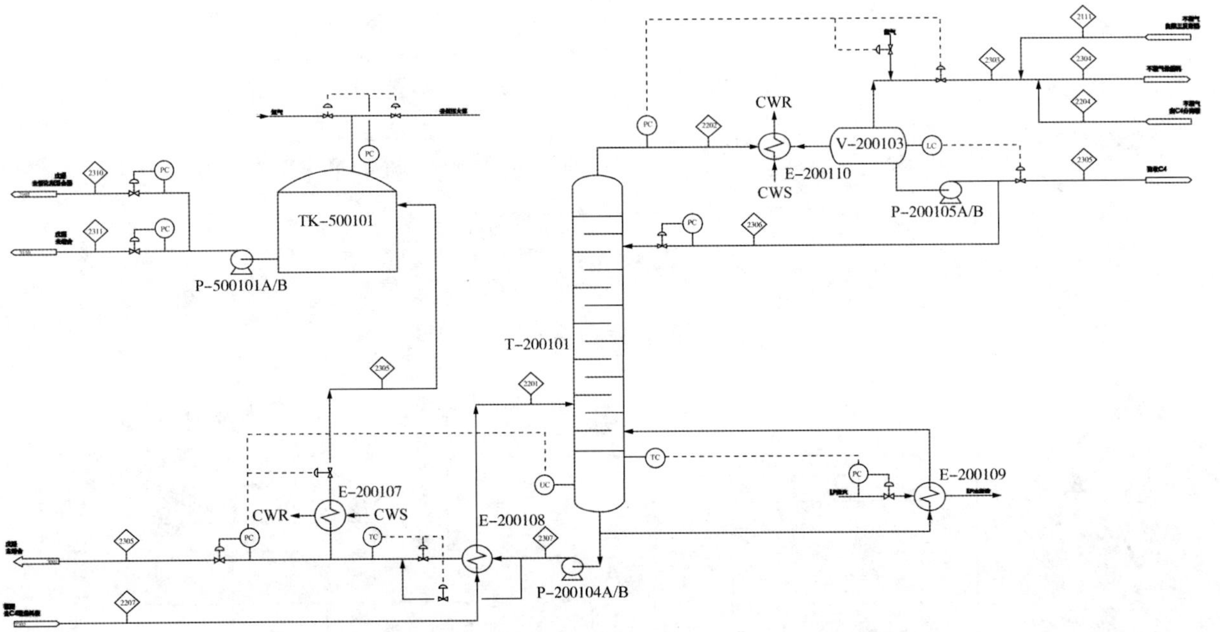

(c)

图 6　氢甲酰化工艺流程图(续)

按照流程图，混合丁烯与合成气进入第一反应器 R-200101，在催化剂的作用下生产戊醛。反应器上设有搅拌器，用于促进反应的进行。反应通过外设的换热器 E-200101 取热，使反应温度维持在 75℃左右。反应生成的物流经泵送至第二反应器 R-200102 进一步反应，通过第二反应器的液位控制液相进入第三反应器 R-200103。

第三反应器液相物料随后进入降膜蒸发器 E-200103，降膜蒸发器主要用于分离戊醛及氢甲酰化催化剂。在降膜蒸发器内将戊醛与未反应的丁烯及丁烷一同蒸出，经降温获得粗戊醛产品，再经泵送至 C_4 塔，进一步分离戊醛与轻烃，获得戊醛产品。

降膜蒸发器中未蒸出的催化剂经泵送至萃取塔，在萃取塔中洗涤催化剂中多余的盐分，调整催化剂 pH 值，以保证催化剂活性。萃取塔顶部的催化剂重新送至第一反应器 R-200101，进行催化剂的循环使用。

二氧化碳低碳烷烃干重整技术耦合混合碳四氢甲酰生产戊醛和癸醇(2-PH)技术，采用中海油海南东方石化公司的 DCC 装置所生产的 C_4与二氧化碳低碳烷烃干重整技术所产的合成气进行耦合。表 7 为中海油东方石化 C_4资源性质及煤化工 MTO 装置的抽余 C_4原料性质，供对比。按照表中东方石化两种 C_4物料中正丁烯流量(分别为 11.28t/h、9.32t/h)，理论上可生产癸醇(2-PH)分别约为 87kt/a、72kt/a，均具有工业规模效应。如果外购一部分 C_4资源(如中海油惠州石化(惠炼)的醚后 C_4)，则可建成 $10×10^4$t/a 癸醇生产装置。

表 7　东方石化 C_4资源性质

项　目	DCC 装置 C_4	MTBE 装置后 C_4	MTO 抽余 C_4
温度/℃	40.00	40.00	39.00
压力/MPa(G)	0.80	1.20	2.29
流量/(t/h)	25.00	13.89	8.30
流量/(kmol/h)	443.42	244.78	147.50
分子量	56.38	56.74	56.27
组成/mol%			
甲醇	0.00	0.02	
碳三	-	0.42	
丙烷	0.99	-	
丙烯	0.41	-	
异丁烷	14.40	22.09	
正丁烷	6.64	9.73	6.80
顺 2-丁烯	12.70	18.60	39.80
反 2-丁烯	17.35	26.56	50.60
1-丁烯	15.05	21.92	2.40
异丁烯	31.87	0.38	0.20
丁二烯	0.37	0.00	
异戊烷	-	0.22	0.20
正戊烷	-	0.05	
≥碳五	0.22	-	
MTBE		0.01	
合计	100.00	100.00	100.00
其中正丁烯(1-丁烯+顺、反 2-丁烯)			
含量/mol%	45.10	67.08	92.80
流量/(t/h)	11.28	9.32	7.70
流量/(kmol/h)	199.99	164.21	136.88

混合 C_4氢甲酰化生产高碳醇工艺对合成气和氢气的相关规格见表 8、表 9。

在具体生产过程中，如果采用东方石化全部 MTBE 醚后 C_4生产高碳醇，则合成气的理论需求量约为 6200Nm³/h，氢气需求量约为 4000Nm³/h。此时，视氢气来源的不同有几种不同的技术方案。如果拟直接从富碳天然气获取，则可采用如下的流程获取氢气，见图 7。

根据图 7 所示的技术方案，以南海富碳天然气为原料，采用湿重整制富碳合成气技术制取氢碳比为 2.3 的合成气 10200Nm³/h，继而采用 PSA 装置进行氢气提纯与分离，得到纯氢气 4000Nm³/h 和氢碳比为 1.0 合成气 6200Nm³/h，用于醚后 C_4生产高碳醇。

表 8　合成气指标

项　目		指标
CO/mol%		47.8~49.0
H_2		平衡
甲烷+N_2/mol%		1.5
杂质含量限制/(μg/g)不大于	乙炔	0.1
	总硫	1
	总氯	1
	砷	1
	汞	1
	氰化氢	1
	氨	10
	O_2	1
	羰基金属	2
	H_2O	300

表 9　氢气指标

H_2，≥/mol%		97.5
甲烷+N_2		平衡
温度		环境温度
压力/MPa		2.5
杂质含量限制≤ppm	O_2	5
	CO	10
	CO_2	20
	总硫	0.2
	总氯	0.3
	氨	0.5
	砷	1
	汞	1
	H_2O	30

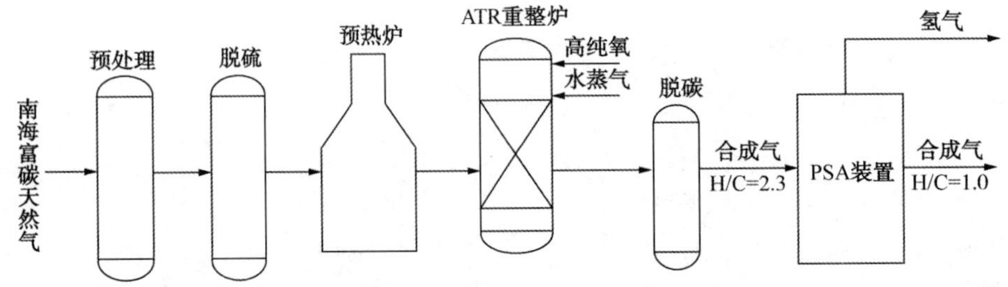

图 7　南海富碳天然气联产合成气/氢气流程简图

考虑外购中海油惠炼醚后 C_4，可建成 10 万吨级每年工业装置生产 2-PH 产品，其方案流程图见图 8。据测算，10×10^4t/a 2-PH 装置投资约为 9 亿元人民币(包含 C4 原料处理装置投资约 0.5 亿元人民币)。技术经济分析表明，10×10^4t/a 2-PH 装置年收益约为 3.502 亿元人民币，静态回收期约为 2.57 年。

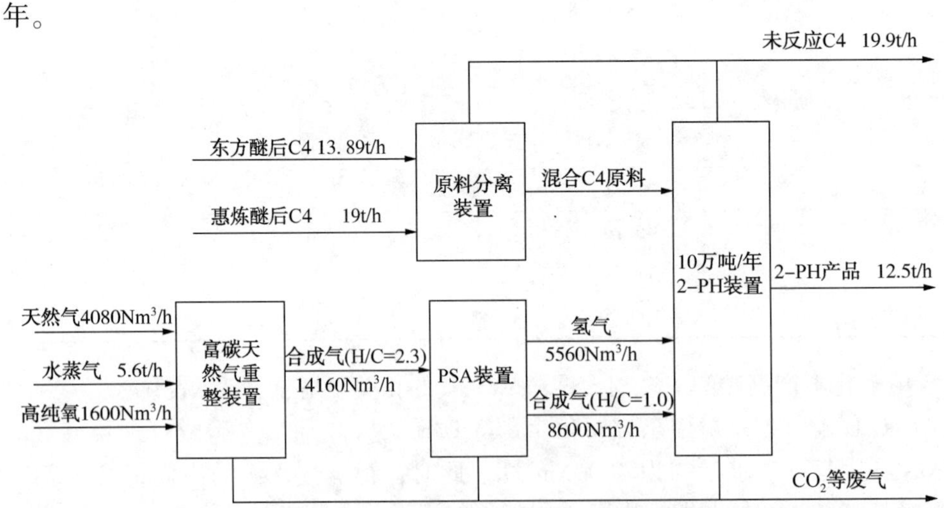

图 8　中海油 100kt/a 2-PH 方案概念设计的流程图

实际上，中海油内部炼厂所产生的 C_4 资源约 200×10^4t/a，其中含有正丁烯(1-丁烯和 2-丁烯)50×10^4t/a。据此测算，约可生产 2-PH 产品 48.7×10^4t/a，如果需要与南海富碳天然气转化技术耦合，则需要氢碳比为2.3的合成气约7.08×10^4Nm^3/h，经PSA装置脱氢处理后，分离得到纯氢气2.78×10^4Nm^3/h和氢碳比为1.0合成气4.3×10^4Nm^3/h，因此本技术发展空间较大。

4.5 合成气制芳烃技术(FTA)

中海油天津化工研究院正在开发合成气制芳烃(FTA)技术，预计2021年进入中试、工业测线实验。

4.6 天然气直接转化利用新技术

甲烷化学利用大致分为两种途径：一种是间接法，即首先将天然气转化成合成气(CO和H_2的混合气)，再通过费托合成等路径合成高附加值化学品或中间化学品。间接路线中的费托合成油、甲醇制烯烃等工艺已经实现工业化应用。而甲烷直接转化成高附加值化学品一直是与间接法平行发展的研究方向。甲烷直接转化法，主要的催化转化方式包括：氧化偶联(OCM)、无氧芳构化(MDA)和无氧甲烷制烯烃。这些反应路径都是高温(873~1373K)过程，并且C_2产物收率一直难以大幅提高，反应本身存在致命的系统性安全隐患，因而不仅对反应器的设计带来重大考验，对催化剂的稳定性能也提出了近乎苛刻的要求。

从资源、能源发展战略的角度，高温热催化甲烷转化的方法并不理想，亟需开发甲烷直接转化利用的新技术，如光催化或者电催化CO_2转化，采用太阳能或者可再生的风电、太阳能发电或富余核电等洁净电能为能源，在常温、常压条件下将CO_2直接一步转化为一氧化碳、甲酸、甲醇、碳氢化合物等燃料及化学品，同时实现了CO_2的资源化利用和洁净电能的有效存储，表现出极具潜力的应用前景。

中海油与中科院上海高等院合作、开发中的甲烷直接催化转化制甲醇及C_2^+产物化学品技术，其所开发的催化剂，性能指标如下：反应温度≤300°C，甲醇等化学品的选择性≥90%，收率≥1mmol/g/h。电化学还原CO_2的电流密度>20mA·cm^{-2}，合成含氧化合物产物选择性>80%，过电位低于0.2V；在可见光(≥420nm)或AM1.5太阳光照射条件下，合成含氧化合物产物选择性>90%，光能利用效率>1%。

4.7 复合能源化工体系建设

海南岛可再生资源丰富，地处热带，光温资源丰富，日照时数长达1750~2750h/a，太阳总辐射量大，年均4600~5800MJ/m^2，其中东方市一带最大，达5800MJ/m^2，日照时数2750h/a，相当于0.16~0.2t/m^{2}标煤/年。陆地风能资源总储量为828.38×10^4kW，技术可开发量为128.4×10^4kW，从海南岛西部沿海的东方感城镇沿海岸线至昌江海尾镇，为风能资源极其丰富区，年平均风功率密度超过200W/m^2。海南省水能资源理论蕴藏量有99.5×10^4kW，可开发水电总装机容量77.2×10^4kW，年发电量26.25×10^8kW·h，相当于火电厂每年消耗96.7万吨标准煤；同时，海南省热干岩地热资源和潮汐能也非常丰富，其港湾潮汐能资源共有37.7×10^4kW，按可利用率30%计算，可发电量11.1×10^4kW。

因此，基于海南岛得天独厚的可再生资源，尤其是东方市丰富的太阳能和风能资源并考虑国家在海南沿海的核能规划，构建低碳复合能源化工体系[13,14]，高效利用富CO_2天然气资源耦合中海油化学公司、炼化公司已有产业以及下游产业规划，生产高附加值绿色化学品，契合海南绿色崛起战略也符合低碳、清洁、生态化发展的方向。图9为中海油在海南规划的复合能源化工体系建设的示意图，目前分步推进中。该体系建成后，中海油海南东方基地将实现年千万吨级CO_2直接转化为高价值的能源化工产品目标，达到效益与环境的双丰收。

5 结论

在已经实现了CO_2含量为20%~25%的南海富碳天然气直接利用基础上，中海油又开发了CO_2含量30%以上南海富碳天然气大规模绿色高效直接利用的技术集群，并开始构建复合能源化工体系，以适应CO_2含量20%~80%以上南海富碳天然气的全部直接利用，其海南基地全部建成以后，二氧化碳年利用量可达千万吨，具有重大意义和价值。

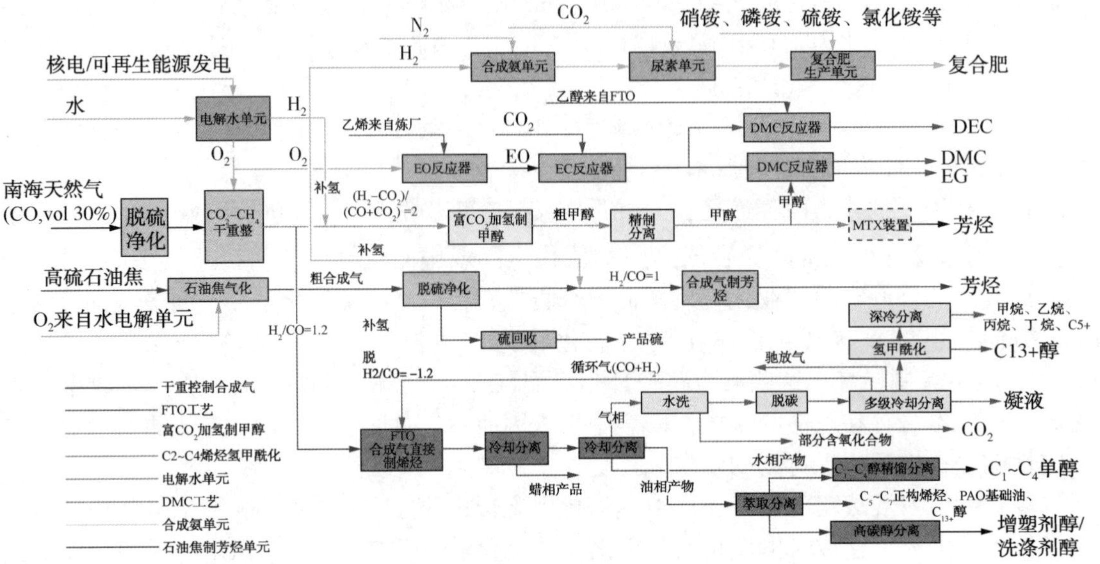

图 9　基于南海富碳天然气资源的复合能源化工体系示意图

参　考　文　献

[1] 中国石油集团经济技术研究院. 2018 年国内外油气行业发展报告，北京，2019-1-16.

[2] Guoqiang, L. Prospecting and Developing South China Sea Oil and Gas Resources China International Studies, 2014. 6: 126-143.

[3] AEPC, Assessment of the capture and storage potential of CO_2 co-produced with natural gas in South-East Asia. 2010, Asia-Pacific Economic Cooperation: Bentley. p. 120

[4] NSMCC, Natural gas. 2012, China National Standards Publishing House: Beijing. p. 1-5.

[5] Graciano, J. E. A., Carreira A. D., Giudici R., et al. Production of Fuels from CO_2-rich Natural Gas using Fischer-Tropsch Synthesis Coupled to Trireforming Process. Computer Aided Chemical Engineering, 2017. 40: 2659-2664.

[6] Yu Jiang, Haoyu Qian, Shan Huang, et al, Acclimation of methane emissions from rice paddy fields to straw addition, Science Advances, 2019, 5(1): 1-9.

[7] EIA. eia Beta - South China Sea. 2013 [cited 2019 0619]; Available from: https://www.eia.gov/beta/international/regions-topics.php? RegionTopicID=SCS.

[8] IHS. Light linear alpha olefin market study. 2017[cited 2019-07-08]; Available from: www.ihs.com/chemical.

[9] ASIACHEM, China Alpha-olefin and PAO industry annual report. 2019: Shanghai, China. p. 1-84.

[10] Wang, X., Chen W., Lin T., et al. Effect of the support on cobalt carbide catalysts for sustainable production of olefins from syngas. Chinese Journal of Catalysis, 2018. 39(12): 1869-1880.

[11] Yu, F., Lin T., Wang X., et al. Highly selective production of olefins from syngas with modified ASF distribution model. Applied Catalysis A: General, 2018. 563: 146-153.

[12] Zhang, X., Zhong L., Zeng G., et al. Process intensification of honeycomb fractal micro-reactor for the direct production of lower olefins from syngas. Chemical Engineering Journal, 2018. 351: 12-21.

[13] Chen Q, Tang Z, Lei Y, et al. Feasibility analysis of nuclear-coal hybrid energy systems from the perspective of low-carbon development[J]. Applied Energy, 2015, 158: 619-630.

[14] Chen Q, Lv M, Gu Y, et al. Hybrid Energy System for a Coal-Based Chemical Industry[J]. Joule, 2018, 4: 607-620.

氢燃料电池汽车加氢站建设现状分析与建议

张　旭

（中国石化工程建设有限公司，北京　100101）

摘　要：加氢站是为氢燃料电池车辆及其他氢能利用装置提供氢源的重要基础设施。我国加氢站建设已进入商业示范发展阶段，加氢站的安全问题一直受到社会的高度关注。文章简要介绍了加氢站及加氢站关键技术，围绕国内外加氢站建设标准、规范及加氢站建设现状，简要剖析了目前国内加氢站存在的问题，提出了加氢站安全管控措施，对我国加氢站设计、建设及标准的制定提出了合理化建议。本文的分析结果可供今后加氢站项目建设或标准、规范修编参考。

关键词：加氢站；氢气；现状分析；标准；建议；安全

1　引言

氢能作为一种清洁、高效、安全、可持续的新能源[1]，被视为21世纪最具发展潜力的清洁能源。氢能对缓解能源紧张与环境污染问题至关重要。近年来，美国、欧盟、日本等多个国家和地区已将氢能和燃料电池发展提升到国家战略层面，并制定了具体行动计划、政策和发展路线图。我国对氢能源和燃料电池产业发展也高度重视，将其列为“十三五”期间的战略新兴产业[2~5]。2019年国家将推进加氢站建设写进政府工作报告，旨在推动氢能基础设施建设。与此同时，对于氢燃料电池汽车及加氢站的发展，制定了具体目标。到2020年在特定地区公共服务用车领域实现5000辆级规模的示范应用，建成100座加氢站；2025年实现 5×10^4 辆级规模的应用，建成300座加氢站；2030年实现 10^6 辆燃料电池汽车的商业化应用，建成1000座加氢站[6]。

加氢站是为燃料电池车辆及其他氢能利用装置提供氢源的重要基础设施。我国的加氢站建设虽然起步较晚，但近年来发展迅速，已进入示范运营阶段。国内能源企业、设备制造商及物流企业等纷纷进入氢能领域，加大了氢能产业链技术开发和投资力度。与此同时，与氢能产业链相关的技术标准、行业规范也在加紧制定和完善中。加氢站作为氢能产业中的重要组成部分，其安全、稳定及可靠运行问题备受社会关注[7]。结合目前国内加氢站建设实际情况，对加氢站设计、建设、安全运营管理等方面进行梳理分析，针对加氢建设过程中遇到的问题，提出有针对性的意见和可操作性建议。

2　加氢站简介

2.1　加氢站构成

加氢站是为氢能汽车或氢气内燃机汽车或氢气天然气混合燃料汽车等的储氢瓶充装氢燃料的专门场所。加氢站依据各单元功能不同分为氢气系统、卸气系统、增压系统、储氢系统、加注系统、放散系统、氮气系统和控制系统等八个主要子系统，如图1所示。其中，增压系统、储氢系统、加注系统、控制系统是加氢站的关键技术所在，而氢气压缩机、储氢罐、加氢机是加氢站的三大核心装备。

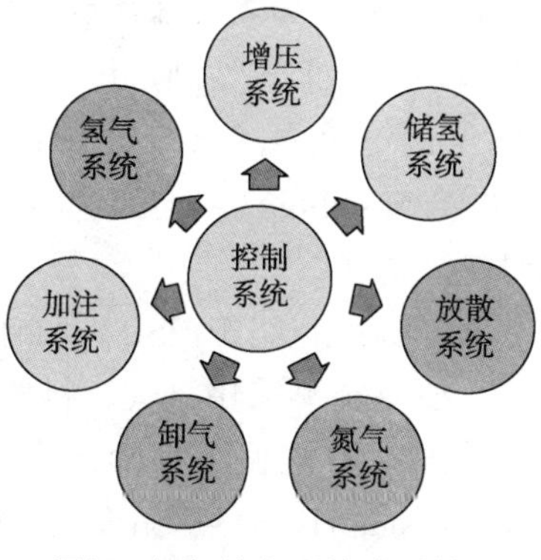

图1　加氢站主要构成系统

依据建设形式不同，加氢站分为固定加氢站和移动加氢站两种。依据氢源的不同，加氢站分为站内制氢(on-site)和站外制氢(off-site)两种模式[8]。站内制氢加氢站流程示意图如图2所示。站内制氢模式不受氢气运输的限制，氢气通过现场的水蒸汽重整、电解水等制氢工艺获取，现场制氢装置通常配备有氢气提纯和预升压设备。

图2　站内制氢加氢站流程示意图

站外制氢加氢站流程示意图如图3所示。与站内制氢不同的是，氢气在化工厂、制氢厂经过净化、压缩后，通过长管拖车运输或管道输送至加氢站，加氢站内只设置氢气存储、压缩、加注设施。除长管拖车和卸气柱设施外，站外制氢加氢站流程与在站制氢加氢站相同。

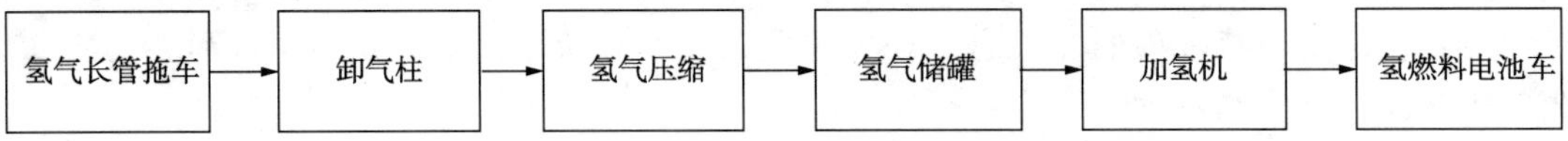

图3　站外制氢加氢站流程示意图

2.2　加氢站关键技术

目前国内低压储氢罐/瓶、低压加氢机可实现国产，但氢气压缩机、加氢枪、控制阀门、检测仪表及管线等均需进口[9]，采购周期长、维护成本高。为了加快加氢站的建设步伐，早日实现设备的国产化，科研机构、高等院校、企事业单位等加大了对加氢站核心设备的开发力度。经过梳理发现，加氢站的关键技术也是围绕氢气压缩机、高压储氢罐、加氢机等核心装备展开。

(1) 针对加氢站压缩机出口压力高，出口压力最高至100MPa，氢气品质要求高，氢气体积纯度大于99.999%，总硫含量不超过0.004μL/L等特点，开发小流量、高压力、无油、频繁启停氢气压缩机技术。

(2) 针对氢气存储压力高，开发重量轻、寿命长、成本低、承受超高压力的储氢罐/瓶技术。

(3) 氢气加注过程是一个放热过程，为缩短燃料电池汽车氢气加注时间，开发氢气快速加注及精确计量技术。

(4) 针对长管拖车、站内储氢罐等充氢设备氢气利用率低问题，开发储氢罐氢气高利用率技术。

(5) 为提高加氢站运行的稳定性和可靠性，开发高稳定性、可靠性加氢站控制系统和监控系统。

3　国内外加氢站标准现状

3.1　国外加氢站标准现状

国外针对加氢站制定了专门法规、标准的国家有近10个，包括日本《高压气体保安法》、美国《NFPA 2》、英国《BCGA CP33》、韩国《KGS FP216》、意大利《Regulation 2006-08-31》、德国《VdTÜV Merkblatt》、法国《la rubrique N1416》[10]。除美国、日本涉及到气氢和液氢外，其余国家均以气氢为主。

国际标准化组织(ISO)发布的《Gaseous Hydrogen-Fueling Stations，ISO/TS 19880》技术标准，规定了为所有类型采用氢气燃料的陆上车辆提供氢气加注服务的户外公共燃料站和非公共燃料站的特点。美国动力机械工程师协会发布了《SURFACE VEHICLE STANDARD-Fueling Protocols for Light Duty Gaseous Hydrogen Surface Vehicles，SAE J2601—2014》。SAE J2601标准制定了轻型汽车氢燃料加注协议及工艺限制，包括燃料温度、最大燃料流速、压力增长率和端压率等。

3.2 国内加氢站标准现状

国内氢能和加氢站标准大多是近十年颁布的，伴随着我国加氢站的发展，集中在加氢站设计、建设、安全及关键设备等。部分加氢站相关标准如表 1 所示。2005 年国家建设部和质监局联合颁布了升级的 GB 50177—2005《氢气站设计规定》，对国内新建、改建、扩建氢气站、供氢站及厂区设计提供依据；2010 年国家建设部和质监局再次联合颁布了 GB 50516—2010《加氢站技术规范》，对国内加氢站设计、建设起到了积极的指导作用。

表 1　加氢站相关标准

序号	名称	标准号	发布时间
1	《氢气站设计规定》	GB 50177	2005
2	《燃料电池汽车加氢站技术规程》	DGJ 08 2005—2009	2009
3	《氢气、氢能与氢能术语》	GB/T 24499	2009
4	《加氢站技术规范》	GB 50516	2010
5	《氢气第 2 部分：纯氢高纯氢和超纯氢》	GB/T 3634. 2	2011
6	《氢燃料电池电动车示范运行配套设施规范》	GB/T 29124	2012
7	《氢系统安全的基本要求》	GB/T 29729	2013
8	《汽车用压缩氢气加气机》	GB/T 31138	2014
9	《汽车加油加气站设计与施工规范》	GB 50156—2012	2014
10	《加氢站用储氢装置安全技术要求》	GB/T 34583	2017
11	《质子交换膜燃料电池供氢系统技术要求》	GB/T 34872	2017
12	《加氢站安全技术规范》	GB/T 34584	2017
13	《氢能车辆加氢设施安全运行管理规程》	GB/Z 34541	2017

加氢站建设参考的标准主要有 GB 50516—2010《加氢站技术规范》、GB/T 34584—2017《加氢站安全技术规范》，这两个标准均引用了 GB 50177—2005《氢气站设计规定》。GB 50516—2010 是在收集国内外加氢站设计、建造和运行方面资料，结合北京、上海地区三座加氢站建造和运行经验基础上编制而来。我国加氢站规范安全间距数值采用经验类比值，设备安全间距较大，增加了加氢站的占地面积。同样，加氢站内设施与站外设施的防火间距要求也较大，这就使得加氢站建设用地更大，造成在城市建成区建设加氢站难度大，极大地影响了加氢站的推广，特别是现有加油站升级改造为油氢混合站。

随着氢能社会建设步伐的快速推进，我国加氢站建设呈快速增长的趋势，在加氢站设计、建设实践中发现，现有加氢站的标准和规范在建站过程引起一些争议，主要体现在：

（1）标准规范不全，工程设计、建设、运营管理等可参考标准较少，只能参考加油站、氢气站的相关内容，是否合适没有科学结论。

（2）标准不尽完善，内容参差不齐。国内加氢站标准大多是随着我国加氢站从无到有的发展过程中形成的，可参考的实际案例有限，个别条文的可操作性不强。

（3）归口管理单位多，技术标准不统一。如：中国电子工程设计院牵头编制的《加氢站技术规范》《氢气站设计规定》，全国氢能标准化委员会牵头编制的《加氢站安全技术规范》等。不同标准制定者的专业背景、工作经验不同，编制标准的侧重点和出发点也不同，造成相关标准之间有条文存在差异，给使用者造成不便。

4　国内外加氢站建设现状

4.1 国外加氢站建设现状

据不完全统计，截至 2018 年底，全球正在运营的加氢站达 370 座，其中欧洲 152 座，亚洲 137

座，北美78座，南美、非洲、大洋洲3座。从建设国家看，日本、欧洲和美国加氢站数量约占全球总数的55%，并呈不断增加趋势，这主要是发达国家对氢能社会的建设持乐观态度，积极推动氢能基础设施建设和氢能产业技术发展[11]。也从侧面反映出这3个国家和地区在氢能产业，尤其是燃料电池技术领域的绝对领先地位。

国外加氢站设备大多以撬装形式为主，具有占地面积小、噪音低、自动化程度高、操作人员少等特点。从加氢站是否可移动看，主要以固定站为主，移动站为辅；从建设形式看，以单独建站为主，油氢、气氢等合建站较少；从氢气加注压力分，以日本为例，其加注压力主要以70MPa为主，兼具35MPa氢气加注压力；从氢气来源看，国外加氢站有站内制氢和站外制氢两种模式，站内制氢的比例在逐年增加；从氢气的储存相态看，主要以气态氢气储存为主，液氢为辅。一般而言，气氢的运输半径以小于150km为宜，液氢的运输半径可达500~700km。长管拖车运输氢气量为250~460kg/车，液氢运量为360~4300kg/车，液氢运输大大提高了运输效率[12]，目前在美国、日本等国家运用较多。

4.2 国内加氢站建设现状

我国加氢站建设始于2006年，目前国内建成加氢站约20个，分别位于北京、上海、郑州、深圳、大连、成都、广州、武汉、云浮、如皋等地，具体情况如表2所示。从地域分布看，国内加氢站主要建设在广东、上海、江苏等地区，这与当地的政策支持、市场需求、资源配套、经济发展水平等因素密切相关。与发达国家相比，我国的加氢站建设数量仍然较少。由于现阶段氢燃料电池车数量较少，加氢站设计的日加注量在150~1000kg，氢气加注压力为35MPa，服务对象主要是物流车、大巴车及城市公交车。与国外相比，我国70MPa燃料电池车的数量有限，国外以70MPa氢气压力加注为主，在相同的体积下，可以多装近一倍的氢气，汽车的续航里程大大增加。我国70MPa氢气加注压力发展较为缓慢，一方面是70MPa储氢罐设计、制造、检测及验收标准的缺失，另一方面是还未完全掌握相关工艺技术、设备性能、操作规范等。

表2 国内部分加氢站一览表

序号	地点	日加注量/kg	名称	建成年份/年
1	北京	200	北京永丰加氢站	2006
2	上海	200	上海安亭加氢站	2007
3	郑州	200	郑州宇通加氢站	2015
4	三水	160	三水公交加氢站	2016
5	云浮	200	云浮思劳加氢站	2017
6	佛山南海	200	瑞晖佛山加氢站	2017
7	中山沙朗	1000	中山沙朗加氢站	2017
8	十堰	500	十堰加氢站	2017
9	如皋百应	160	如皋百应能源	2017
10	上海	500	上海电驱动加氢站	2017
11	常熟	—	丰田加氢站	2017
12	大连	400	同济-新源大连加氢站	2018
13	成都	400	郫都区加氢站	2018
14	聊城	200	中通客车加氢站	2018
15	上海	750	上海嘉定江桥加氢站	2018
16	张家口	1000	张家口加氢站	2018
17	武汉	300	中极氢能源加氢站	2018
18	广州	500	广州加氢站	2019
19	上海	1920	驿蓝金山加氢站	2019

国内加氢站前期以单独建站为主，占地面积大，随着建站数量的增加，油氢合建站、气氢合建站等多种能源形式供给的合建站呈现出较大增长趋势。对于在加油站、加气站内新建加氢站，不仅节约了占地，简化了审批程序，而且有利于因促进炼化企业的提质增效、转型发展，盘活国有资产。

国内加氢站实现商业运营的加氢站较少，主要是为燃料电池示范车辆、城市公交车、物料园区、化工园区等有限范围内提供氢气加注服务，用户较为单一、燃料电池车辆少。除北京永丰加氢站[13]、大连新源加氢站等少数示范站有站内制氢设施外，其余加氢站均采用外供氢模式。站内制氢的优势在于可以节省氢气运输成本、减少加氢站氢气储罐的容积，不足之处在于，制氢设备占地较大，限制其应用；另外，由于燃料电池车来站加注的随机性，制氢设备需要频繁启停或长时间处于热备状态，操作管理困难。更重要的是，目前除新批准加氢站建设用地外，国内油氢合建站、气氢合建站还不允许采用站内制氢。现有加油站、加气站土地属于商业用地，而增加站内制氢设备后，其土地性质变为了工业用地，政府审批、消防验收等环节很难通过。

目前运营的加氢站以站外制氢、长管拖车运输为主。氢气运输成本与氢源距离密切相关，由于氢气的特殊性，管道输氢受距离、城乡规划、沿途地质条件等影响，一般仅在化工园区等小范围内采用，一次投资成本高。对于长距离管道氢气输送，国内可以参考的设计规范较少，仅可以参考相近标准，如：GB 50251—2015《输气管道工程设计规范》、50316—2000《工业金属管道设计规范》、GB 50177—2005《氢气站设计规范》等。

另外，从目前运营和在建的加氢站看，参与加氢站投资、建设、运营的主体主要有：(1)传统的能源企业，如中国石化、中国石油、神华集团等；(2)气体供应商，林德、法液空、AP 等均有较强的加氢站建站技术实力和丰富建站经验；(3)燃料电池企业，新源动力、亿华通等；(4)加氢站设备供应商，如富瑞氢能、华气厚普等；(5)物流企业、车辆租赁平台企业，如氢车熟路、上海驿动等；(6)车企，如丰田、宇通等；(7)加氢站运营企业，如舜华、氢枫能源等。大量资金和技术进入加氢站及其相关产业，必将推动氢能产业的快速发展。

5 加氢站安全管控

为确保加氢站的安全稳定运行，不论是在加氢站选址、设备布局、工艺及工程设计阶段，还是设备选型、施工、验收、运营过程，都必须严格按照相关标准和规范开展工作。如 GB 50516—2010《加氢站技术规范》、GB/T 34584—2017《加氢站安全技术规范》等。GB 50516—2010《加氢站技术规范》对站址选择、总平面布置、安全间距、加氢工艺与设施、消防与安全设施、建筑设施、给排水、电气装置、施工安装验收技运营管理等方面做了明确规定。

氢气的爆炸极限为 4.0%~75.6%(体积浓度)，在设备布置、顶棚设计等阶段需要考虑泄漏气体扩散条件，避免氢气积聚[14,15]。在压缩机、储氢罐附近及加氢机顶部设置 1%氢浓度探测和红外火焰探测装置，站内布置地震监测设施。在加氢站运营安全管理方面，加氢站运维人员上岗前必须经过专业培训，持证上岗；安排专职安全人员巡查，对安全阀、控制阀等定期校验；防止无关人员进入加氢站工艺设备区、控制室，严防明火；加氢枪软管气密性检查，定期更换。

6 加氢站建设存在的问题与建议

各地相继出台氢能规划，加氢站建设呈燎原之势，国内已建成及在建的加氢站多达 50 余座，而投入运营的不到 20 座。要重视制氢、储氢、加氢过程的清洁性、安全性、经济性及可持续发展性[16,17]，认识到加氢站建设过程中的问题。本文针对加氢站建设的瓶颈问题，梳理了 8 个影响因素。(1)加氢站归口管理不明，审批流程复杂，将加氢站作为危化品管理还是能源供应站管理，各地做法不一；(2)地方具体的氢能规划路线图及加氢站分布规划缺乏；(3)加氢站相关标准规范缺失，技术标准不统一，现行标准可实施性、可操作性不强，严重制约了加氢站建设步伐；(4)加氢站设计、建设、施工人员能力参差不齐，加氢站设计、建设、施工单位管理不到位，加氢站验收未按现行标准验收，存在较大安全隐患；(5)站内制氢加氢站的土地性质不明，如按工业用地审批在站制氢，除新批加氢站用地外，在现有加油站、加气站内增加制氢设施，土地性质从商业用地变为了工业用地，很难通过政府审批及消防验收；(6)建设成本过高，压缩机、储氢罐、加氢机、高压控制阀门、仪表、管件等核心设备，主要依赖进口；(7)加氢站尚未形成网络，运营氢燃料电池车少，终端氢气加注价格高，加氢站综合运维成本居高不下，收支不平衡；(8)对人民群众的科普工作不到位。

为了加快加氢站建设进度，助推氢能社会的建设步伐，一是要做好加氢站建设具体规划路线图，明确地方主管部门、细化审批流程；二是继续争取国家的财政支持和当地政府财政投入；三是对加氢站进行综合评估，将氢气作为一种能源供给形式，而非危化品进行管理；四是结合国内加氢站建站实际，对《加氢站技术规范》(GB 50516—2010)等规范中相关条款进行修订和完善，使之更具科学性、合理性和可操作性；五是建立健全加氢站行业准入制度，严格实施加氢站设计、建设、施工人员准入制度，提高从业人员的专业技术水平和安全防范意识，从源头上消灭安全隐患；六是对站内制氢的安全性进行科学评估，从长远看站内制氢是加氢站发展的主流方向；七是鼓励现有加油站、加气站增设加氢设施，快速形成加氢站网络，结合国内能源结构和能源布局，油氢、气氢合建站将呈快速增加趋势；八是加快推进加氢站关键设备的国产化和批量化进程，提高设备的国产化率，降低建站成本和氢气加注成本；九是针对氢能产业、氢能技术及燃料电池车的安全性、清洁性及未来发展方向的知识普及，相关单位和科技媒体等还有很多工作要做，避免出现“谈氢色变”的现象。

7 结论

加氢站是氢能社会重要的基础设施，其安全问题一直受到全社会的高度关注。本文简要分析了国内外加氢站标准及建设现状，探讨了加氢站建设过程中面临的问题，针对我国加氢站建站的实际情况，提出了加氢站安全管控措施及建议。(1)与国外相比，我国加氢相关标准规范缺失，技术标准不统一，现行标准可实施性、可操作性不强，严重制约了加氢站建设步伐，需及时制定、修编加氢站规范；(2)从长远看，站内制氢、合建站，设备集成化、撬装化是加氢站发展的主流方向；(3)配备加氢站站控系统，可燃气体检测、火焰检测及火灾报警；持证上岗，定期巡检及易损件更换，保证加氢站安全运营；(4)国外加氢站以70MPa氢气加注压力为主，国内以35MPa氢气加注压力为主，70MPa加注压力是国内加氢站的发展方向；(5)参与加氢站投资、建设、运营的主体百花齐放，需要实行行业准入制度，杜绝无序加氢站建设；(6)加快推进加氢站关键设备的国产化和批量化进程，提高设备的国产化率，以降低建站成本和氢气加注成本，进一步加速加氢站网络建设。

参考文献

[1] Jasem Alazemi, John Andrews. Automotive hydrogen fueling stations: An international review[J]. Renewable and Sustainable Energy Reviews. 2015, 48: 483-499.
[2] 国务院. “十三五”国家战略性新型产业发展规划. 国发[2016]67号.
[3] 国家发改委. 能源发展“十三五”规划. 发改能源[2016]2744号.
[4] 工业和信息化部，国家发展改革委，科技部. 汽车产业中长期发展规划. 2017年4月.
[5] 科技部，交通运输部. “十三五”交通领域科技创新转型规划.
[6] 中国标准化研究院，中国氢能标准化委员会. 中国氢能产业基础设施发展蓝皮书(2016). 中国标准出版社，第1版，2016年10月1日.
[7] 王赓，郑津洋，蒋利军，等. 中国氢能发展的思考[J]. 科技导报 2017, 35(22): 105-110.
[8] 冼静江，林梓荣，赖永鑫，等. 加氢站工艺和运行安全[J]. 煤气与热力，2017, 37(9): 01-06.

[9] 邵志刚，衣宝廉. 氢能与燃料电池发展现状及展望[J]. 中国科学院院刊，2019，4：469-477.
[10] 孙永康. 燃料电池汽车加氢站设计规范安全距离的分析研究[J]. 上海煤气，2016，2：1-5.
[11] 高慧，杨艳，赵旭，等. 国内外氢能产业发展现状与思考[J]. 国际石油经济，2019，4：9-17.
[12] 马建新，刘绍军，周伟，等. 加氢站氢气运输方案比选[J]. 同济大学学报(自然科学版). 2008，31(5)：615-619.
[13] 孟庆云，何文，盛云龙. 北京加氢站的功能完善和燃料电池汽车奥运示范[J]. 客车技术与研究，2009，2：31-34.
[14] 张鹏娜. 浅谈我国燃料电池汽车加氢站的设计[J]. 中国新技术新产品，2018，2：57-58.
[15] 杨灿剑，付晋. 加氢站氢气泄漏事故模拟及后果分析[J]. 消防科学与技术，2011，30(4)：358-362.
[16] 张志芸，张国强，刘艳秋. 我国加氢站建设现状与前景[J]. 节能，2018，6：16-19.
[17] 王周. 我国加氢站建设的发展前景探讨[J]. 城市燃气，2015，10：28-32.

生物质合成气制燃料乙醇的技术现状及思考

李　涛

（中国石化扬子石油化工有限公司研究院，江苏南京　210048）

摘　要：随着能源危机的日益严重，开发能够代替化石能源的可再生清洁能源已成为研究热点。燃料乙醇是一种很有应用潜力的替代能源，利用生物质合成气制燃料乙醇是一种生产燃料乙醇的新技术。本文对生物质合成气发酵、催化制燃料乙醇的技术现状、生物质汽化制合成气技术的发展现状进行了阐述，并对我国发展燃料乙醇提出了思考和建议。

关键词：生物质汽化；合成气；燃料乙醇

1　引言

生物质能资源具有硫含量低、资源广泛、可以永久利用且不增加地表 CO_2 循环总量等特点，日益受到人们的广泛关注和世界各国的高度重视。生物质汽化合成燃料是利用生物质能的一种有效途径。美国、德国、新西兰等国家在生物质汽化合成甲醇、甲烷、柴油、乙醇等燃料方面做出了很多研究，而且取得了一定的突破。生物质合成气制燃料乙醇技术是将生物质先进行汽化得到合成气，再利用化学催化合成途径或微生物发酵途径合成乙醇，因此，该技术可分为生物质合成气催化合成乙醇和生物质合成气发酵制乙醇两种路线。

2　生物质合成气制燃料乙醇的技术现状

2.1　生物质合成气发酵制乙醇

生物质合成气发酵燃料乙醇，是以生物质为原料生产乙醇的一种新技术，该技术结合了热化学和生物发酵两种技术。先利用汽化装置将生物质汽化得到合成气，这种合成气一般包含 H_2、CO、CO_2、CH_4以及少量的 NO_x、硫化物、C_2 化合物和焦油等，得到合成气后，再通过微生物发酵将其转化为乙醇。

与化学催化合成途径相比，合成气生物发酵乙醇工艺更具优势：①合成气生物发酵可以在环境温和与常压下进行；②微生物转化的产率要比化学转化高的多，因为，微生物只利用底物的很少一部分用于维持自身的能量和生长；③与化学催化合成途径相比，微生物转化具有较高的选择性，减少了发酵副产物产生，在适宜的条件下，通过微生物发酵可以得到单一产品，降低了纯化成本；④生物质合成气流量和合成气中各成分的比例对乙醇合成过程影响不大；⑤微生物对硫化物耐受，不会产生硫化物中毒现象。

生物质合成气发酵燃料乙醇在生产成本上也具有很大优势。首先，所使用的原料是随处可见的农林废弃物，如秸秆、废木料、城镇垃圾等，这些废弃生物质成本比较低。其次，在原料的预处理上，只需要简单的干燥、切割等操作，不需要酶、酸、碱等昂贵试剂，同样降低了成本。生物质合成气发酵燃料乙醇也具有很大的环境效益，可以大幅度减少 CO_2 和 SO_x 等污染气体的排放。生物质生长过程中吸收空气中的 CO_2，原则上等同于汽化后产生的 CO_2，即使合成气中的 CO_2 不被利用，也只是自然界的一个物质循环过程，不会增加大气中的 CO_2。与传统燃料相比，利用合成气发酵生产的燃料乙醇可降低 CO_2 排放 96%。

发酵制乙醇的关键技术在于发酵工艺和提高合成气转化率及乙醇收率。科研工作者对微生物利用合成气发酵燃料乙醇做了很多的研究，包括影响生物质汽化、发酵过程以及后期的物质提炼等的各个因素，以求乙醇产率得到提高，符合工业化的需要。

Klasson（克拉森）等用永达尔酸菌（Clostridium ljungdahlii）在改进的两步连续搅拌反应器中进行发酵，利用经过净化的煤气合成气，包含25%～35%的H_2、40%～65%的CO、1%～20%的CO_2、0%～7%的CH_4，乙醇和乙酸的产量比达到4∶1，乙醇浓度接近3g/L。Gaddy（加迪）等的专利中运用相同的菌种和发酵设备可以使乙醇浓度达到7g/L。Phillips（菲利普斯）等在连续搅拌反应器中使用改进的培养基进行发酵，乙醇浓度达到23g/L；发酵设备加上细胞循环系统，发酵560h后，乙醇可以达到48g/L。国外有专家研究指出，如果想使利用合成气发酵燃料乙醇经济可行，产品质量浓度需达到40g/L。

美国可再生能源技术公司Coskata拥有一个年产5000万～1亿gal（1gal＝3.785L）乙醇的生产线，已于2009年10月投产。Coskata可以对包括木屑、柳枝稷、玉米秸秆、城镇垃圾、废旧轮胎等各种生物质进行汽化，汽化得到的合成气通过过滤器通入到发酵反应器中利用微生物进行发酵，发酵液利用膜技术分离乙醇，最终乙醇的纯度可以达到99.7%。Coskata生产工艺每消耗1t干生物质可以得到超过100gal的乙醇，对于所使用的菌种和发酵设备都拥有专利权，其菌种是一种梭状芽孢杆菌，该菌种的发酵产物只有乙醇这一种产物。

美国BRI公司与美国能源部合作，对生物质合成气发酵乙醇技术进行评估，于2003年11月在阿肯色州建立了一个示范工程，并于2005年末开始筹建商业化运作装置。美国密西西比乙醇公司以锯末为汽化原料，已经与美国能源部合作筹建甲醇合成工厂。

英国英力士公司（INEOS）称开发出合成气发酵制乙醇工艺，并于2013年在英国Seal Sands（塞尔散德斯）建成15×10^4t/a乙醇装置并用发酵废气联产43MW电力，生产合成气的原料采用城市垃圾填埋物（1Mt/a）。

新西兰Lanzatech公司是一个可以利用工业废气、生物质合成气为原料生产燃料乙醇的公司，可以将城市垃圾、工业有机垃圾、废木料等生物质汽化，使用其具有专利权的微生物能够将生物质中90%以上的能量用于液态燃料的发酵。Lanzatech公司于2011年建立了一个商业化前期工厂，并迅速将其扩展为年产超过2×10^8L的商业化工厂。

合成气发酵制乙醇目前仍在试验阶段，实现工业化尚待时日，主要因为合成气成分复杂、发酵周期较长，生物转化存在一些缺陷：厌氧微生物的生长和产物生成速率较低；厌氧发酵要维持长时间稳定操作较困难；发酵产物酸和醇有一定的抑制作用。为此，需要改进反应器和发酵工艺，同时采用优良的发酵菌株以提高发酵产率。

2.2 生物质合成气催化制乙醇

用合成气催化制乙醇是近年来国内外正在开发的新技术，该路线合成乙醇成功与否的关键是催化剂开发。合成气制乙醇的催化剂主要有两类：一类是催化合成以乙醇为主的C_2^+混合物，如法国IFP开发的Co-Cu-Cr-碱系催化剂；另一类是催化合成乙醇等C_2含氧化合物的负载型铑基催化剂，如我国大连化物所开发的负载型铑基催化剂，其性能优于日本同类催化剂。虽然国内外开展了大量研究工作，但目前尚未取得实质性重大进展。

3 生物质汽化制合成气技术现状

近年来，生物质汽化制合成气技术已成为了各国研究的热点，日本及欧美等发达国家和地区在该领域取得了较多研究成果，尤其是汽化装置和催化剂的研究处于世界领先水平。过去几年，我国在生物质汽化技术方面也取得了一定的进步，而利用生物质汽化途径制备合成气的研究还比较少，主要集中在中科院广州能源所、华中科技大学、中国科技大学生物质洁净能源实验室等少数科研院所，并且大多数仍停留在实验室阶段。

3.1 国外研究现状

日本、美国及欧洲一些国家在生物质汽化制合成气技术领域经过了长期、系统的研究，一些工艺技术目前已进入成熟的商业化运营阶段。这些研究工作主要集中在汽化反应装置、生物质原料类型、汽化技术和催化剂研究等方面。

生物质汽化的反应装置主要包括固定床汽化器和流化床汽化器两大类。Karmakar(卡马克)等人利用流化床反应器进行了富氢合成气的研究，得到的产气中氢气体积分数最高可达53.08%，碳转化率为90.11%，合成气的低位热值(LHV)在12MJ/m^3左右。瑞典的Gtiransson(蒂拉森)等人对双流化床汽化技术进行了探讨，得到了氢气体积分数为40%的合成气，H_2/CO可达1.6左右，合成气的平均LHV为14MJ/m^3，焦油裂解率为90%~95%。日本的Xiao等人以流化床热解加固定床重整的两阶段汽化装置进行了生物质的低温汽化的研究，在600℃的条件下，可以得到产率为2.0m^3/kg，氢气体积分数高达60%，LHV为14MJ/m^3的富氢合成气。日本名古屋大学的Ueki(尤基)等人对比了上吸式和下吸式固定床的生物质汽化效果，其中上吸式固定床得到的合成气LHV较高(4.8MJ/m^3)，而下吸式固定床则具有较高的碳转化率(82%)。然而，无论采用何种汽化反应装置，在制备合成气的过程中仍普遍存在焦油裂解率和碳转化率偏低的现象，得到的合成气H_2/CO也往往不能满足液体燃料的合成要求。因此，研制新型高效的生物质汽化反应设备是将来的研究热点之一。

用于汽化反应制取生物质原料有很多种。Asadullah(阿萨杜拉)等人利用双流化床反应装置对比了雪松、黄麻、稻草和甘蔗渣4种生物质的催化汽化反应效果，其中雪松汽化得到的合成气中H_2体积分数(35.4%)和H_2/CO(1.20)都最高，而黄麻汽化反应的碳转化率(84.0%)最高。加拿大的Ahmad(阿马德)等人在固定床微型反应器上进行了小麦和玉米的汽化反应对比试验，结果表明玉米汽化得到的合成气在H_2和CO体积分数(11.0%和56.5%)、产率(0.42m^3/kg)、LHV(10.65MJ/m^3)以及碳转化率(44.2%)等方面都优于小麦。波兰的Plis(普利斯)等人利用固定床反应器对比了木头和麦壳的汽化效果，结果表明用木头得到的产气中CO体积分数(15.0%~28.0%)明显高于麦壳(11.0%~16.0%)，而H_2体积分数也要比麦壳高出2%~3%。希腊的Skoulou(斯库劳)等人则在下吸式固定床上进行了橄榄树锯屑和果仁的汽化实验，发现在950℃的条件下，锯屑得到的合成气LHV(9.41MJ/m^3)高于果仁(8.60MJ/m^3)，而H_2/CO(1.52)则低于果仁(1.68)。

3.2 国内研究现状

我国生物质汽化研究起步较晚，目前仍停留在气体生产阶段，生物质燃气主要用于炊事、锅炉供热及发电，在生物质汽化制合成气进而生产化学品方面的研究和实践很少。

生物质汽化制合成气实践方面，中科院广州能源所研制出了规模为100t/a的玉米汽化制合成气进而生产二甲醚的生产系统，当玉米进料量为45~50kg/h，得到的合成气产率可达40~45m^3/h，产气中H_2体积分数为32.5%，H_2/CO在1左右。中国科技大学生物质洁净能源实验室研制出一套流化床式生物质定向汽化装置，最多可处理50kg/h生物质，汽化压力最高可达3MPa。

国内在生物质汽化制合成气方面的研究目前多数仍停留在实验室阶段。华中科技大学的李建芬等以树叶为原料，利用热裂解装置进行了生物质制合成气的研究。实验得到的合成气的主要成分是CO、H_2、CH_4及CO_2，其中CO和H_2的总体积分数占56%，合成气的LHV值为15~20MJ/m^3，属于中热值可燃气，可以直接作为民用燃气。

武汉工业学院的杜丽娟等人以松木锯屑为原料，使用自制的Ni基催化剂，在固定床装置上进行了催化裂解制合成气的试验。结果表明，温度的升高和催化剂的加入都有利于焦油的裂解和产气量的升高。在900℃时汽化效果最好，得到的合成气中CO和H_2的体积分数达到85%，焦油产率仅为1.8%，产气量可达1.56m^3/kg。

中科院广州能源所的Lv等人以松木锯屑为原料进行了生物质汽化制合成气的研究。试验装置前端是流化床汽化炉，以白云石为催化剂，用于生物质汽化；后端是固定床反应器，加入Ni基催化剂，用以去除气体中的焦油等杂质。在进料速率为 0.47kg/h，空气流量 0.65m^3/h，水蒸气流量 0.4kg/h，S/B(水蒸气通入量)为 0.85 的条件下，最终得到的合成气中 H_2 体积分数最大可达 52.47%，H_2/CO的值为 1.87~4.45。

大连理工大学的 Gao 等人利用安装了多孔陶瓷改性装置的连续进料固定床反应器，进行了松木锯屑的汽化实验。得到的合成气产率为 0.99~1.69m^3/kg，氢气产率为 43.13~76.37g/kg，合成气中 H_2/CO 可达到 1.74~2.16。与不加多孔陶瓷相比，产气中最大 H_2体积分数可提高 45.4%。华中科技大学 Yan 等人同样利用多孔陶瓷改性的上吸式固定床反应器进行了富氢合成气的研究，得到的合成气 LHV 为 8.10~13.40MJ/m^3，氢气产率为 45.05~135.40g/kg。产气中最大 H_2体积分数可达 60.59%，与不用多孔陶瓷改性(43.37%)相比有明显提高。

除了传统的流化床和固定床汽化器外，也有研究者利用等离子体反应器和高压微反应器进行生物质汽化制合成气的试验，同样收到了不错的效果。虽然我国在生物质汽化制合成气技术方面取得了一定的进展和成果，但尚处于起步阶段，研究工作仍然很少，与国外发达国家相比还存在较大差距。尤其是得到的合成气中 H/C 无法满足合成液体燃料的要求，而且焦油转化率也比较低，很多关键的技术问题还没有解决，因此我国在该领域的研究有待加强。

4 对我国发展燃料乙醇的思考

4.1 不能照搬他国经验，我国发展燃料乙醇要立足于本国国情

巴西和美国是世界上最早发展燃料乙醇的国家。1975 年，巴西首次提出实施“汽油醇计划”，以甘蔗作原料生产乙醇，平均 16t 甘蔗转换 1t 燃料乙醇，生产成本约 2200 元/t，折合当量汽油 3600 元/t。1977 年，以 20%比例与汽油掺烧的乙醇汽油开始在首都圣保罗使用。1980 年，巴西将乙醇汽油中的乙醇含量提高到 22%，并在全国推广。目前，巴西全国年产甘蔗乙醇 10Mt，其中 97%用作汽车燃料。巴西也成为世界上唯一不供应纯汽油的国家。

美国则用玉米来生产燃料乙醇。作为粮食大国的美国因其土地平整和大规模机械化生产，生产效率高，出现粮食过剩，出口粮食占全世界粮食出口总量的 35%，玉米出口量则占到全世界玉米出口总量的 60%。美国以玉米为原料大力发展燃料乙醇实际上一举多得：一是消耗多余的玉米；二是解决农业工人就业；三是获得乙醇酒精行业税收；四是替代石油，节约能源，减少环境污染。虽然美国政府用于燃料乙醇的年均补贴为 44 亿美元，收益却可以达到 55 亿美元。此外，世贸组织国家还曾指责美国用大量玉米转换乙醇，减少了粮食出口，从而抬高了国际市场粮价。据世界银行统计，近年来粮价升高 65%的原因可归咎于盲目发展生物燃料。

相对于巴西和美国而言，我国没有大量廉价的甘蔗，部分依靠进口的玉米更不能用来大力发展燃料乙醇，同时粮食安全问题越来越引人关注，因而在此情况下，我国发展燃料乙醇不能照搬巴西、美国的成功经验，而要立足于本国国情，以不消耗粮食，不影响到粮食安全为前提。

4.2 开发利用可再生的纤维素类等非粮生物质原料生产燃料乙醇

受技术条件限制，目前我国的非粮乙醇技术中，主要以木薯乙醇为主。然而，近年来，由于木薯原料供应不足，价格攀升过快，木薯乙醇相对于玉米乙醇而言失去成本优势。在非粮乙醇中，纤维素乙醇是最被业内看好的一种。纤维素广泛分布于农作物秸秆、皮壳中，来源广泛，价格低廉，我国具有纤维素乙醇的原料优势。目前，国内不少科研院所都对该路线燃料乙醇展开了研究。清华大学开发了微生物菌群同步产纤维素酶水解纤维素、工程细菌共发酵戊糖与己糖生产纤维素乙醇技术；山东大学微生物技术国家重点实验室也开展了“纤维素原料转化乙醇关键技术”研究等。在工业化生产方面，我国不少以粮食作物为原料的乙醇企业纷纷启动纤维素制乙醇的示范项目。2006 年，河南天冠集团 3000t/a 纤维素乙醇项目启动，大约 6t 秸秆生产 1t 乙醇。安徽丰源集团也开展了 600t/a 的纤维素制乙醇中试项目，提出了秸秆原料生产乙醇先分离后发酵的工艺路线，乙醇成本约为 4300 元/t。另外，丹麦诺维信公司与中粮集团、中国石化已完成 500t/a 纤维素乙醇中试，

并已具备量产能力。

尽管非粮乙醇的工艺和成本仍离商业化生产有一定距离，但必须尽快发展，才能解决燃料乙醇的原料问题，从而大范围推广燃料乙醇，解决近年来国内在燃料乙醇发展方面面临的窘境，推动国家新能源战略的有效实施，使国家能源安全与粮食安全得到有力保障。

4.3 积极关注并推进生物质合成气制燃料乙醇技术

利用生物质汽化制备合成气，进而合成醇、醚和各种烃类燃料，利用的原料是非粮作物，是生物能源利用的新途径，在经济性、环境性、社会性等方面都具有巨大优势，有利于缓解传统化石能源危机，具有较好的应用前景。

利用生物质合成气发酵制燃料乙醇，很多国家、科研院所等都对其工业化生产进行了评估、探索以及半商业化的运行试验，相信在10年左右的时间里，生物质合成气发酵乙醇的产业化会取得显著的发展。

在合成气催化合成乙醇研究方面，国外公司开展了大量的工作，今后只要在催化剂方面再进一步研发，可望取得更大的进展。

我国拥有比较丰富的煤炭资源，通过煤汽化生产合成气再制燃料乙醇符合中国国情，因此有关企业应加强与国外公司技术合作，加快合成气制燃料乙醇技术开发步伐。

参 考 文 献

[1] Klasson K T, Ackerson C M D, Clausen E C, et al. Biological Conversion of Synthesis gas into fuels[J]. International Association for Hydrogen Energy, 1992, 17(4): 281-288.

[2] GSmnsson Kristina, Siderlind Ulf, He Jie, et al. Review of syngas production via biomass DFBGs[J]. Renewable and Sustainable Energy Reviews, 2011, 15(1): 482-492.

[3] Xiao Xianbin, Meng Xianliang, Le Duc Dung, et al. Two-stage steam gasification of waste biomass in fluidized bed at low temperature: Parametric investigations and performance optimization[J]. Bioresource Technology, 2011, 102(2): 1975-1981.

[4] Ueki Yasuaki, Torigoe Takashi, Ono Hirofumi, et al. Gasification characteristics of woody biomass in the packed bed reactor[J]. Proceedings of the Combustion Institute, 2011, 33(2): 1795-1800.

[5] Asadullah Mohammad, Miyazawa Tomohisa, ho Shin-ichi, et al. Gasification of different biomasses in a dual. -bed gasifier system combined with novel catalysts with high energy efficiency[J]. Applied Catalysis A: General, 2004, 267(1/2): 95-102.

[6] Ahmad Tavasoli, Masoumeh G. Ahangari, Chirayu Soni, et al. Production of hydrogen and syngas via gasification of the com and wheat dry distiller grains(DDGS) in a fixed-bed micro reactor[J]. Fuel Processing Technology, 2009, 90(4): 472-482.

[7] 李建芬，肖波，江建方，等. 农林生物质热裂解制取合成气的研究[J]. 新能源及工艺，2006，(1)：19-21.

[8] 杜丽娟，李建芬，肖波等. 生物质催化裂解制合成气的研究[J]. 化学工程师，2008，153(6)：3-4.

[9] Lv Pengmei, Yuan Zhenhong, Wu Chuangzhi, et al. Bio--syngas production from biomass catalytic gasification[J]. Energy Conversion and Management, 2007, 48(4): 1132-1139.

[10] Gao Ningbo, Li Aimin, Quan Cui. A novel refornfing method for hydrogen production from biomass steam gasification[J]. Bioresource Technology, 2009, 100(18): 4271-4277.

世界高碳增塑剂醇的生产工艺及开发前景

李 涛

（中国石化扬子石油化工有限公司南京研究院，江苏南京 210048）

摘 要：本文介绍了国内外高碳增塑剂醇的生产技术现状，并对各种增塑剂醇的生产工艺进行了技术经济指标比较和分析，分析了高碳增塑剂醇的市场现状，并对未来市场需求进行了预测和分析，为国内增塑剂醇行业产品结构调整提供了具体建议。

关键词：增塑剂；增塑剂醇；工艺；市场

1 引言

增塑剂醇主要品种包括正丁醇、异丁醇、异己醇、戊醇、异庚醇、正辛醇、异辛醇、2-乙基己醇、异壬醇、正癸醇、异癸醇、2-丙基庚醇、异十二醇、异十三醇、C_6～C_{12}直链醇、C_7～C_{11}直链醇、直链醇。它们大部分是带 C_1～C_3 支链的伯醇，少量品种为直链伯醇。增塑剂醇是生产增塑剂消耗量最大的一类原料，对增塑剂至关重要。增塑剂醇的发展水平，在很大程度上决定了一个国家增塑剂工业的发达程度，极大地影响一个国家的增塑剂的国际竞争力。其中，C_6 以上的醇也称为高碳增塑剂醇，用量较大的包括异壬醇、异癸醇、和 2-丙基庚醇等。与传统的丁醇、2-乙基己醇等邻苯酸酯类增塑剂醇相比，高碳增塑剂醇具有与 PVC 相容性好、柔软性好、制品表面光滑、增塑剂不易析出等优点。因此，在当前全球对健康、安全、环保要求日益严格的背景下，高碳增塑剂醇以其安全环保附加值高、产品供不应求而备受业界关注。

2 世界高碳增塑剂醇的生产技术现状

大部分高碳支链增塑剂醇原料来自石化副产。例如用于异癸醇生产的壬烯来自由 C_3 或 C_3/C_4 叠合汽油装置或者从含高支链 C_9 异构体的馏分中回收；用于异壬醇生产的辛烯，既可来自炼厂催化裂化装置(FCC)，也可来自烃类蒸汽裂解制乙烯的副产；如埃克森美孚化学公司在美国路易斯安那 Baton Rouge(巴吞鲁日)的异壬醇生产装置是以叠合汽油 C_8 支链烯烃为原料，得到高度支化的 C_9 醇(主要是二甲基-1-庚醇)。中国台湾南亚塑料公司的异壬醇生产装置以丁烯二聚物为原料，得到轻度支化的 C_9 醇，所需正丁烯就是乙烯装置副产抽余 C_4。近期国外开发的2-丙基庚醇原料丁烯同样既可来自 FCC，也可来自乙烯副产。然而，生产高碳支链增塑剂醇的关键是烯烃氢甲酰化技术。目前主要的生产异壬醇的羰基醇生产工艺有传统工艺、埃克森美孚化学公司工艺、Oxeno(艾森诺)工艺、Johnson Matthey(约翰斯顿·马特)工艺等[1,2]。

2.1 催化剂

根据氢甲酰化催化剂演变过程，大致可将其分为 4 代。第一代为 1940 年德国 Ruhrchemie 公司(现 Celanese 公司)采用的羰基钴或氢羰基钴催化剂。第二代为 20 世纪 60 年代壳牌公司开发的改良催化剂，即以亚磷酸盐或膦作配位体的钴催化剂。第三代为 20 世纪 70 年代 UCC、Davy Mckee(现为 KPT)和 Johnson Matthey 3 家公司共同开发的“低压羰基合成工艺”及以三苯基膦(TPP)为配位体的改性铑催化剂，以及 20 世纪 80 年代 Rhone-Poulenc/Ruhrchemie 共同开发的两相工艺及以三苯基膦-三间磺酸盐(TPPTS)为配位体的水溶性铑催化剂。

第四代则是 UCC/DPT 开发的一种高活性亚磷酸盐为配位体的改性铑催化剂。这种催化剂的高活性可使烯烃氢甲酰化反应实现一次性转化，少量未反应物料不必循环。相关的工艺被称为“LPOXO-MK-IV”。其特点是在同一反应系统内，既可以丙烯为原料生产正丁醛，又可以含丁烯的物料为原料生产戊醛。而且当以丁烯为原料时，不仅1-丁烯，而且2-丁烯也同样可参与反应，同时生成戊醛的直链度极高，达94%以上。该工艺已转让给韩国，为丽川的1套8×10^4t/a装置上采用。

21世纪初，Davy(戴维)和Johnson Matthey开发出Johnson Matthey羰基醇工艺，该工艺的前身是ICI公司的高压羰基醇工艺，Johnson Matthey催化剂公司2002年收购了ICI公司的Synetix公司。Johnson Matthey羰基醇工艺适合生产$C_7\sim C_{15}$高碳羰基醇，尤其适合生产以异辛烯和异壬烯为原料的异壬醇和异癸醇。与其他工艺的区别是，以无配位体的铑为催化剂及高效的铑回收技术。这使得工艺灵活性很强，可根据需要连续地在$C_7\sim C_{15}$高碳羰基醇之间实现无缝切换，大大减少了投资成本，而且副产物非常少(以烯烃为基准，$C_8\sim C_{10}$羰基醇的产率可达87%~93%)。另外，该工艺对环境的影响很小。该工艺生产异壬醇的生产费用与2-乙基己醇的生产费用非常接近，远低于异癸醇的生产费用。2-乙基己醇是生产DOP(二辛酯)的原料。Johnson Matthey羰基醇工艺于2002年实现工业化，主要生产异壬醇。不久的将来，Johnson Matthey羰基醇工艺可能会逐渐替代其他工艺，成为生产异壬醇的主导工艺。

日本三菱化学也开发了以三苯基膦氧化物(TPPO)与铑为催化剂及相关工艺，于1987年建成3×10^4t/a的工业装置。

2.2 工艺现状

2.2.1 以钴为催化剂的异癸醇合成工艺

采用未改性钴为催化剂的异癸醇合成工艺流程见图1。

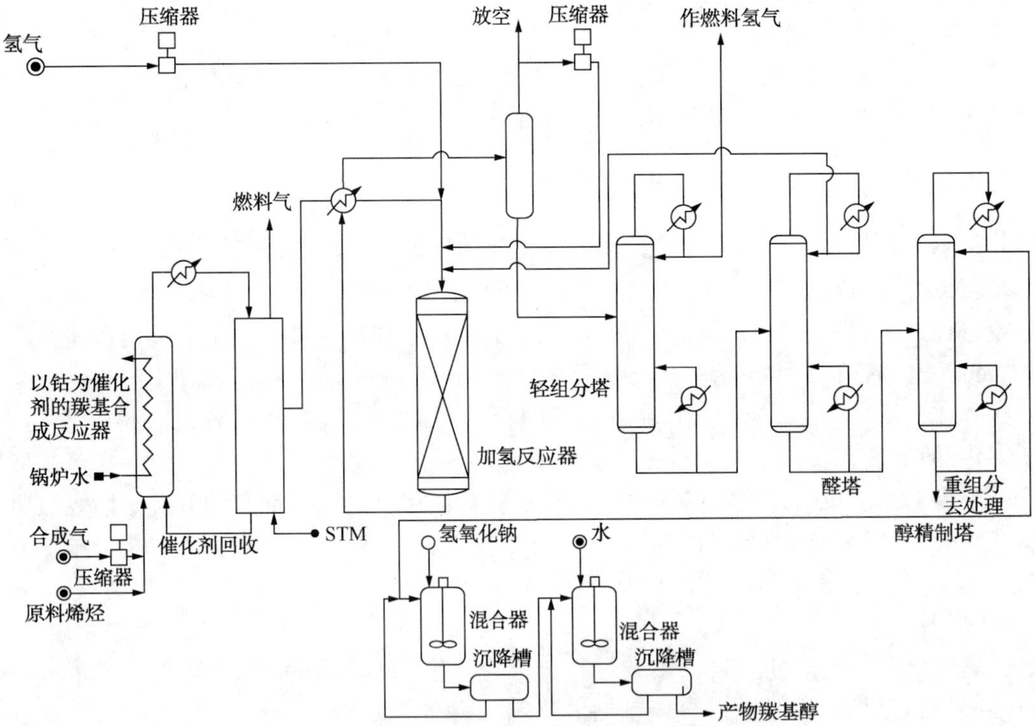

图1 混合壬烯制异癸醇工艺流程

混合壬烯与经压缩的合成气在液相反应器中以150~175℃和27.5MPa下反应，催化剂钴的质量浓度为0.1%。反应时一氧化碳的分压必须高到足以抑制羰基钴的分解，否则就会在反应器上结垢。反应器材质为不锈钢，反应热为117.0~116.3kJ/mol烯烃。为撤除反应热，反应器内装有冷却盘管，并以高压水或蒸汽作传热介质。羰基钴化合物的回收称脱钴过程，该过程包括减压分解装置(即闪蒸)和蒸汽汽提以得到含钴物料，该物料可循环至反应器使用。脱钴粗醛加氢即可得到异癸醇。加氢在液相进行，催化剂为 Co/Al_2O_3，反应条件为 160～230℃和 25.0～30.0MPa。加氢过程也可采用镍系催化剂或铜系催化剂。产品分离可采用双塔流程或三塔流程。若采用三塔流程，第一塔分出轻组分，通常作燃料用；第二塔回收未反应醛；第三塔馏出异癸醇。最后，精制得到高质量产品异癸醇。

2.2.2　以铑为催化剂的异壬醇合成工艺

以丁烯为原料的异壬醇生产包括丁烯二聚制异辛烯以及异辛烯的氢甲酰化两个过程。后一个过程，若以钴为催化剂，则工艺过程与上述异癸醇合成类同。日本三菱化学以铑为催化剂的异辛烯氢甲酰化反应是在未改性的高浓度铑催化剂下进行的。反应结束后，将定量的三苯基膦加入反应混合物之中，以通过与三苯基膦形成络合物而增加羰基铑的稳定性。通过蒸馏将产物醛类分离出来，而余下的三苯基膦铑络合物在高沸点的残留物中，此时铑不会分解为金属铑。但该催化剂对异辛烯的氢甲酰化活性已经很低，可通过在控制条件下用氧化剂氧化得到三苯基膦氧化物及其铑络合物(TPPO-Rh)，仍具有与新鲜铑催化剂相同的活性，并可循环进入反应器。异壬醛加氢即可制得异壬醇。三菱化学 3×10^4t/a 的异壬醇装置是由原建在鹿岛地区的 2-乙基己醇装置转产而成的。

2.2.3　以第四代铑催化剂为基础的 2-丙基庚醇合成工艺

2-丙基庚醇是国外 20 世纪 80 年代开发的一种新型增塑剂醇。日本三菱化学的一篇专利曾透露 2-丙基庚醇的制法，即以 1-丁烯为原料，在甲苯、铑催化剂和三苯基膦存在下进行氢甲酰化反应，95℃、3.0h，得到正戊醛，然后在 NaOH 存在下 90℃缩合 30min。之后在镍催化剂存在下，120℃加氢 3h 得到 2-丙基庚醇。UCC/DPT 以第四代铑催化剂为基础的 2-丙基庚醇合成工艺，同样包括正丁烯的氢甲酰化和戊醛的缩合/加氢两大步骤。其中戊醛合成的特点是产物直链度高(94%)，正丁烯中不仅 1-丁烯可参与反应，2-丁烯同样可参与反应，从而提高了产物收率。其工艺流程如图 2 所示。

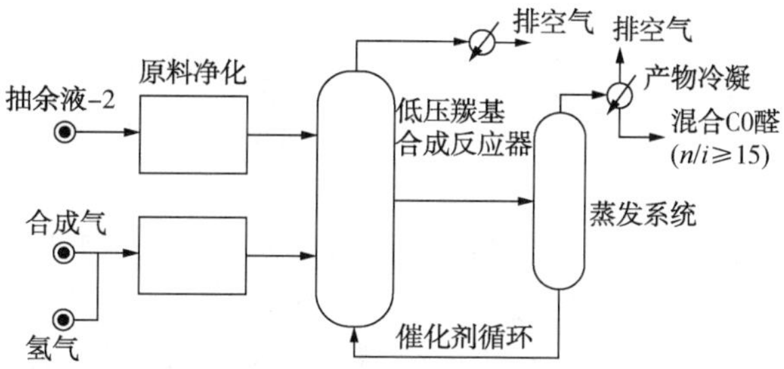

图 2　LP OXO MK-IV 制 C_5 醛工艺流程

过程以裂解副产 C_4 馏分抽提丁二烯和异丁烯后的抽余液-2 与合成气为原料，首先在保护床中对原料进行净化，以脱除影响羰基合成催化剂的有害物质，如聚异丁烯、痕迹量的卤化物。羰基合成在液相以亚磷酸盐改性的铑催化剂体系中进行，适中的反应温度为 100℃，反应压力为 1.02～1.36MPa。反应器出口的醛类混合物通过蒸发系统从反应产物中闪蒸出来，并经冷凝和汽提。在戊醛缩合反应之前，正戊醛和异戊醛不必分离。蒸发系统残留催化剂可返回羰基合成反应器循环使用。产物中含 94%的正戊醛、5%的 2-甲基丁醛和 1%的 3-甲基丁醛。

UCC/KPT 的戊醛经缩合和加氢转化为 2-丙基庚醇的工艺称为 Unoxol@ 10 工艺。其中戊醛与苛性钠水溶液在适中的温度和压力下进行液相缩合反应。得到的不饱和 C_{10}醛包括 2-丙基 3-丁基丙烯醛(PBA)和其他异构体。第一步气相加氢在传统的固定床反应器中进行，第二步为液相加氢。两步加氢后得到的 C_{10}醇混合物，其 2-丙基庚醇含量为 85%～90%。实际上，脱除轻组分和重组分后，产品 C_{10}醇质量含量最低在 99.5%，而其中 2-丙基庚醇至少为 87%。

2.3　生产工艺技术经济评价

Chem System'S(化学系统公司)对正丁醇、2-乙基己醇、异壬醇(钴法)、异癸醇、2-丙基庚醇的工艺技术经济指标作了比较[3]，详见表1。

表1　5种增塑剂醇的技术经济指标比较

项目	2-乙基己醇	正丁醇	异壬醇	异癸醇	2-丙基庚醇
工艺	Davy and Dow LP Oxo Selector 30	Davy and Dow LP Oxo Selector 30	Johnson Matthey	Unmodified Cobalt (未改性钴法)	Davy and Dow LP Oxo
原料来源	丙烯	丙烯	辛烯	壬烯	抽余液-2
规模/(10^4t/a)	10	10	10	10	10
总项目投资/亿美元	0.86	0.79	1.63	1.71	0.93
总投资/亿美元	0.98	0.91	1.78	1.89	1.05
原料/(美元/t)	858	752	752	970	597
公用工程/(美元/t)	56	42	51	22	47
可变成本/(美元/t)	914	794	803	992	644
固定成本/(美元/t)	49	46	68	95	50
总现金成本/(美元/t)	963	840	871	1087	695
折旧/(美元/t)	82	75	148	152	88
总生产成本/(美元/t)	1045	915	1019	1239	783

从表1可见，在同规模(10×10^4t/a)情况下，2-丙基庚醇投资费用(1.05亿美元)高于正丁醇(0.91亿美元)，低于异壬醇(1.78亿美元)和异癸醇(1.89亿美元)，略高于采用LPOXO MK-Ⅳ工艺的2-乙基己醇(0.98亿美元)。从生产成本来看，2-丙基庚醇为783美元/t，低于异壬醇(1019美元/t)、异癸醇(1239美元/t)、2-乙基己醇(1045美元/t)，甚至低于正丁醇(915美元/t)。因而，2-丙基庚醇是一种极具市场竞争力的新型高碳支链增塑剂醇。表1中异壬醇采用的是传统钴法，如果采用Johnson Matthey羰基醇工艺，生产费用将大大降低，与2-乙基己醇的生产费用将非常接近，低于异癸醇的生产费用。

3　世界增塑剂醇的生产及消费分析

3.1　世界增塑剂醇的生产及消费

美国汤森德聚合物服务信息咨询公司的研究报告显示，当前全球增塑剂市场规模已达110亿美元，约占全球塑料添加剂市场总量的54%，是需求量最大的品种。据Ceresana公司预测，受亚太和东欧等主要市场需求增长推动，到2020年，全球增塑剂市场规模将超过195亿美元。增塑剂最大的消费领域是软质聚氯乙烯(PVC)产品，约占全球增塑剂总需求的90%。而其中邻苯二甲酸酯类增塑剂占88%，其他脂肪酸酯类、环氧类、苯多酸酯类、聚合物类增塑剂仅占12%。

在邻苯二甲酸酯类的增塑剂中，$C_8\sim C_{10}$醇酯是最主要的产品，相应的增塑剂醇主要是以丙烯或丁烯为原料经羰基合成反应制得的，其中2-乙基-1-己醇、异壬醇、异癸醇及2-丙基-1-庚醇的发展与邻苯二甲酸酯类增塑剂的发展关系密切。在邻苯二甲酸酯类增塑剂各品种中，DOP或DEHP(邻苯二甲酸二异辛酯)是综合性能优良的通用增塑剂，具有增塑性能好、价格相对低廉的优点。在20世纪90年代以前，消费量最大，占70%左右。但鉴于安全原因，从20世纪90年代后期起，发达国家DOP的产量和消费量急剧下降，尤其在西欧，从1999年开始削减DOP的产量，取而代之的是二异壬酯(DINP)和二异癸酯(DIDP)。DINP性价比较DIDP高，发展更快。但2004~2008年DINP的发展速度放缓，在此期间，巴斯夫公司在欧洲和美国推出了新品种——Palatinol@ 10-P，即邻苯二甲酸二庚酯(DPHP)，在欧美市场得到推广使用。目前DPHP被认为是替代DOP的极佳品种。Palatinol@ 10-P不在欧盟《化学品注册、评估、授权法案》(简称REACH法规)限制的15种高度关注物质(SVHC)之列，也符合欧盟《关于在电子电气设备中限制使用某些有害物质指令》要求，而且通过了美国国家卫生基金会认证。截至2012年9月，全球五大增塑剂醇主要生产商见表 2，2011~2018 年世界增塑剂醇消费及预测见表 2[4]。

表 2　全球增塑剂醇主要生产商

公司	美洲/kt	欧洲/kt	中国/kt	亚洲其他地区/kt	总计	占世界总产能百分比
BASF	520	840	371	275	2006	18.4
Exxon Mobil Chemical	425	300	0	220	945	8.7
OXEA	230	435	0	0	665	6.1
Dow	606	0	0	0	606	5.5
Eastman Chemical	372	0	0	100	472	4.3
Total	2153	1575	371	595	4694	43.0

资料来源：市场调研报告。

从表 2 可以看出，全球五大增塑剂醇生产公司的产能合计占到世界增塑剂醇总产能的 43.0%。其中，BASF 公司是全球最大的增塑剂醇生产商，在美洲、欧洲、中国和亚洲其他地区的产能合计为 2.006Mt，占到世界总产能的 18.4%，其次是 ExxomMobil 公司，产能合计为 945kt，占到世界总产能的 8.7%，另外三家公司是 OXEA 公司、DOW 公司和 EASTMAN 公司。

表 3 为 2011~2018 年世界增塑剂醇消费情况。

表 3　2011~2018 年世界增塑剂醇消费情况

增塑剂	2011/kt	2012/kt	占比/%	2018/kt	2011~2018 年均增长率/%
2-乙基己醇	3269.0	3384.2	37.1	4199.7	3.6
正丁醇	3219.7	3331.6	36.5	4286.3	4.2
异壬醇	976.0	1004.5	11.0	1337.4	4.6
异丁醇	524.4	547.6	6.0	655.5	3.2
异癸醇	263.9	265.8	2.9	297.1	1.7
2-丙基庚醇	186.0	205.0	2.3	266.0	5.2
C_6~C_{11}线性醇	111.0	113.0	1.2	122.0	1.4
C_{13}醇	82.9	84.0	0.9	92.1	1.5
异辛醇	82.0	82.0	0.9	93.0	1.8
戊醇	30.5	31.5	0.3	34.0	1.6
其他	79.2	83.8	0.9	111.2	5.0
总计	8824.6	9133.0	100	11494.3	3.8

资料来源：市场调研报告。

从表 3 可以看出，2011 年世界增塑剂醇消费量为 8.82Mt，2012 年消费量达到 9.13Mt，2018 年消费量达到 11.49Mt，2011~2018 年世界增塑剂醇年均消费增长率为 3.8%。

从消费构成来看，2-乙基己醇和正丁醇是最大的消费品种，两者合计占到 2012 年世界增塑剂醇总消费量的 73.6%，其中，2-乙基己醇消费量为 3.38Mt，占到增塑剂醇总消费量的 37.1%，正丁醇消费量为 3.31Mt，占到增塑剂醇总消费量的 36.5%。其他依次为异壬醇、异丁醇、异癸醇、2-丙基庚醇、C_6~C_{11}线性醇、C_{13}醇、异辛醇、戊醇以及其他醇类。2-丙基庚醇和异壬醇是增长速度最快的两个品种，2018 年全球异壬醇、2-丙基庚醇消费量将分别达到 1.34Mt、0.27Mt。2011~2018 年，世界异壬醇、2-丙基庚醇年均消费增长率为 4.6%和 5.2%。2018 年全球 C_{13}醇消费量达到 92.1kt，2011~2018 年世界 C_{13}醇年均消费增长率为 1.5%。

3.2　国内增塑剂醇的生产及消费

目前我国增塑剂醇生产企业有 130 多家，生产能力超过 3Mt/a，产量约 1.7Mt，其中 95%为邻苯二甲酸酯类，以生产 DOP 和 DBP(邻苯二甲酸二甲酯)为主，其中 DOP 占 70%以上。DOP 作为一种使用最为广泛的增塑剂，其性能得到了下游行业的认可。但 DOP 的所谓“毒性”使其应用受到一定限制。近年来，随着各地不少 DOP 下游行业对于环保的日益重视，其他增塑剂受到了人们的关注，应用也日渐增多。DOP 受到其他环保类增塑剂的影响较为明显，如 DINP、DOTP 等。尽管 DINP 的环保性争议颇多，但其使用范围趋广，近几年来我国 DINP 的表观需求量也在不断增加。此外，巴斯夫也在推广其基于2-丙基庚醇的 DPHP 等。2015 年 10 月，中国石化与巴斯夫合资建设的国内第一套世界级异壬醇生产装置在广东茂名高新技术产业开发区建成投产，装置规模为 0.18Mt/a，由双方 50：50 出资建立的合资企业茂名石化巴斯夫有限公司合资运营。此外，国内已有两套生产 2-丙基庚醇的装置，分别是 2012 年投产的扬子巴斯夫 8×10^4t/a 装置和 2014 年 10 月投产的神华包头煤化工有限公司 6×10^4t/a 装置，这也是国内首套煤炭 2-丙基庚醇项目。2004~2012 年中国的增塑剂醇供需分析见表 4，2006~2012 年中国的增塑剂醇消费见表 5，2011~2018 年中国的增塑剂醇消费情况见表 6。

表 4　2004~2012 年中国的增塑剂醇供需分析

年份	产量/kt	进口量/kt	出口量/kt	表观消费量/kt
2004	502	898	6	1394
2005	820	896	5	1710
2006	985	838	3	1819
2007	1025	953	3	1975
2008	1017	882	5	1894
2009	923	1341	8	2255
2010	1011	1562	5	2568
2011	1546	1228	5	2830
2012	1716	1291	11	2996

资料来源：市场调研报告。

表 5　2006~2012 年期间中国的增塑剂醇消费

年份	2-乙基己醇	正丁醇	异丁醇	异壬醇	异癸醇	其他	总计
2006	793	641	184	196	4	1	1819
2007	842	714	200	211	3	5	1975
2008	833	662	178	212	3	6	1894
2009	987	844	203	212	3	6	2255
2010	1090	969	216	282	2	9	2568
2011	1246	1080	220	275	2	7	2830
2012	1306	1155	233	280	2	20	2996

资料来源：市场调研报告。

表 6　2011~2018 年中国的增塑剂醇消费情况

增塑剂	2011/kt	2012/kt	占比/%	2018/kt	2011~2018 年均增长率/t
2-乙基己醇	1246	1306	44	1900	6.2
正丁醇	1080	1155	39	1800	7.6
异壬醇	275	280	9	500	8.9
异丁醇	220	233	8	310	5.0
2-丙基庚醇	—	10	—	16	—
异癸醇	2	2	—	3	6.0
其他[a]	7	10	—	15	11.5
总计	2830	2996	100	4544	7.0

a：主要是 C_8~C_{10}线性非合成醇类。

资料来源：市场调研报告。

从表4可以看出，近年来我国的增塑剂醇产量、进口量和消费量逐年上升，2004年产量为502kt，进口量898kt，消费量1394kt；2012年，产量已达1716kt，进口量1291kt，消费量2996kt，8年时间产量上涨了242%，进口量上涨了44%，消费量上涨了115%。

从表5可以看出，2006~2012年，我国的2-乙基己醇、正丁醇以及其他醇类消费量上升较快，异丁醇、异壬醇和异癸醇消费量上升较慢。2006年2-乙基己醇、正丁醇和其他醇类产量分别为793kt、641kt和1kt；2012年，产量已达1306kt、1155kt和20kt。

从表6可以看出，2-乙基己醇和正丁醇仍是我国增塑剂醇的两大主要消费品种，两者合计占到2012年我国增塑剂醇总消费量的83%。我国增塑剂醇2011~2018年均消费增长率达7.0%，2018年，总消费量达到4544kt。其中，2-乙基己醇消费量达到1900kt，正丁醇消费量达到1800kt，异壬醇消费量达到500kt(占到全球的近30%)，异丁醇消费量达到310kt，2-丙基庚醇消费量达到16kt，异癸醇消费量达到3kt，其他醇类消费量达到15kt。增速最快的是其他醇类(主要是C_8~C_{10}线性非合成醇类)，2011~2018年均消费增长率达到11.5%；其次是异壬醇，年均消费增长率达到8.9%，未来增长速度较快，国内市场缺口较大。

3.3 高碳增塑剂醇开发前景分析

近年来，我国PVC产业发展速度惊人，产能和产量均居世界第一位，约占世界总量的34%和24%，约90%的新建PVC装置在中国。预计我国PVC产能高速增长的势头还将维持4~6年。增塑剂作为PVC中用量最大的一种助剂，其需求量也将维持高速增长。

目前国外邻苯酸酯增塑剂生产中，DOP、DBP的比例正在下降，而高碳支链增塑剂醇的比例正处上升趋势。国内外用于增塑剂的增塑剂醇有很大的差别，主要表现为：国外生产增塑剂主要用C_8~C_{13}脂肪醇，很少使用C_7及其以下碳数的醇；国内生产和使用的增塑剂醇品种很少，主要为2-乙基己醇、正丁醇和异丁醇，C_9及其以上增塑剂醇消费主要依赖进口。

与现在常用的DOP、DBP等酯类增塑剂相比，2-丙基庚醇、异癸醇等高碳醇合成的酯类更具安全性、环保性。比如，DINP比DOP的分子量更大、碳链更长，挥发性、迁移性、无毒性和综合性能均优于DOP。欧盟曾对DINP进行了一项为期10年的风险评估，结果是：在包括玩具在内的目前所有用途中，DINP的使用不具有风险。未来DINP等新型环保增塑剂的发展取决于DINP、DINCH等对DOP的替代程度。目前，欧洲已全面禁止在儿童塑料玩具中使用DOP、DBP和BBP增塑剂，美国也规定永久禁止生产和销售含有质量分数超过0.1%的DOP、DBP、BBP这三种物质的儿童用品。尽管目前还难以判断DOP在发展中国家的命运，但DOP被其他性能更好的增塑剂所替代的趋势已是不可逆转。可以预见，中国作为全球最大玩具出口国，高碳增塑剂醇的市场是值得期待的，未来发展前景广阔。中国应加快增塑剂产品结构调整步伐。随着环保和安全性要求的提高，我国PVC增塑剂产品结构调整步伐必将加快，DINP等新型增塑剂醇替代DOP是大势所趋。另外，巴斯夫公司开发的新型非邻苯二甲酸酯增塑剂DINCH是由DINP经加氢转化得到，由于非常安全和环保，在西欧推动了INA的消费增长。

异壬醇、异癸醇、C_{13}醇等一类高碳支链增塑剂醇的生产原料大多数来自炼厂叠合汽油抽提烯烃和炼厂及乙烯装置的副产C_4烃资源。随着我国炼油加工能力和乙烯生产能力的提升，发展高碳支链醇生产，既提升了我国增塑剂的品位，又为开拓我国C_4烃的新利用、提高众多石油化工企业的经济效益提供了一条新的途径。

大型石化企业可以利用副产C_4烃的资源优势，抓住机会发展精细化工，建设异癸醇、2-丙基庚醇装置，调整产品结构，提高产品附加值，满足快速增长的市场需要。技术上可以立足国内或者引进。现中国石化上海石油化工研究院以T-99固体磷酸为催化剂，采用超临界(SPC)-近临界(SBC)相结合技术，突破了混合丁烯齐聚中不同异构体反应活性不同引起的催化剂迅速失活问题，形成了完整的丁烯齐聚技术。齐聚物中异辛烯占80%~85%，从而有可能为异壬醇的生产提供原料[5]。同时清华大学C_1化工国家实验室以丁烯齐聚制得的混合辛烯为原料，采用氧化三苯基膦为配位体的铑催化剂，在 140℃、10.5MPa 下，使异壬醛收率达 90%。为进一步工业放大提供了有效数据。因而，目前有必要加快开发进程，必要时可引进关键设备，以尽快促成工业化。

拿扬子石化来说，可考虑和巴斯夫公司合资建设高碳增塑剂醇装置，生产高碳增塑剂醇，满足国内的市场需要。就目前公司生产现状看，需要考虑丁烯原料问题。另外，醚后混合 C_4 也可以用来生产异癸醇、2-丙基庚醇等。在目前阶段，国内发展异癸醇、2-丙基庚醇都是不错的选择，而从长远来看 2-丙基庚醇更具优势。由于 DPHP 在汽车内饰方面的应用具有独特之处，潜在市场十分可观。

4 结论

我国目前增塑剂醇品种少，只有正丁醇、异丁醇和辛醇，其他增塑剂醇如异壬醇、异癸醇、2-丙基庚醇等目前只有少量生产，市场需求基本上全靠进口。因此开发生产异壬醇、异癸醇、2-丙基庚醇等高碳增塑剂醇前景看好，是增塑剂醇的开发方向。从近年来我国发展需求看，异壬醇等高碳增塑剂醇的需求增长很快，异壬醇高碳支链增塑剂醇的生产原料大多数来自炼厂叠合汽油抽提烯烃和炼厂及乙烯厂的副产 C_4 烃资源，发展异壬醇等高碳增塑剂醇的生产将是我国石化工业面临的一个现实和紧迫的课题。石化企业应积极利用资源、资金和技术优势，加快异壬醇等高碳增塑剂醇的开发进程，推动增塑剂产品结构的升级调整。

参 考 文 献

[1] 白尔铮. 高碳支链增塑剂醇的生产技术进展[J]. 当代石油石化，2002，10(10)：15-19.
[2] 梁晓霏. C_8 ~ C_{10}增塑剂醇的发展现状及前景[J]. 石油化工技术与经济，2010，26(6)：1-7.
[3] Sebastian N Bizzari. CEH Marketing Research Report[J]. Plasticizer Alcohols(C_4 ~ C_{13})，2012，10.
[4] Chem Systems，Oxo Alcohols. PERP06/07-8，July 2007，New York，USA.
[5] 姚亚平. 混合丁烯催化齐聚及齐聚产物利用技术开发[J]. 石油化工动态，2000，8(4)：52-55.

费托合成油的综合利用-润滑油

林　崧　万　云　庄敏阳　陈　琳

(中国石油化工股份有限公司炼油事业部技术处，北京，100728)

摘　要：文章分析了目前中国石化基础油发展遇到的问题以及未来煤基高端基础油的挑战，在这样的背景下，文章进一步研究了包括PAO、Ⅲ类及Ⅲ+类润滑油基础油可能的费托合成油应用领域，针对市场甄选出润滑油产品的需要，提出相关的技术路线，评价工业化实施存在的问题和可行性，最后对费托合成油加工厂的"产销研用"提出相关建议。

关键词：费托合成；润滑油；PAO；CTL基础油

1　全球润滑油基础油现状

1.1　全球基础油产能

2017年全球基础油产能较2009年增加7.25Mt/a。其中，I类油比例持续降低，其他类基础油产能都有所提升。如表1-1所示。

表1-1　全球基础油产能及产品结构

年份	产能/(Mt/a)	品种结构比例/%					
		I	Ⅱ	Ⅲ	环烷基	GTL	PAO
2009年	5071	60	24.5	6.6	8.9	/	/
2012年	5114	51.4	26.3	9	9.1	3.1	1.1
2016年	5537	41.5	34	12	8	2.9	1.6
2017年	5796	38.7	35.4	12.7	8.8	2.8	1.5

1.2　PAO基础油产能

全球市场的PAO供应量约在0.605Mt/a，其中低黏度PAO约在0.457Mt/a，高黏度PAO约在0.148Mt/a。预计至2025年，PAO的使用量将以每年3.5%的速率递增，市场需求量将达到0.8152Mt。如表1-2所示。

表1-2　PAO基础油主要供应商生产情况

工厂名称	PAO类别	产能/(Mt/a)	工厂名称	PAO类别	产能/(Mt/a)
英力士	低、中高黏度级别	0.25	潞安纳克	中高黏度级别	0.015
埃克森美孚	低、中高黏度级别	0.195	科聚亚	中高黏度级别	0.01
雪佛龙	低、中高黏度级别	0.115	俄罗斯达特集团	低黏度级别	0.01
上海纳克	中高黏度级别	0.015	总计		0.61

数据来源：Milind Phadke，Kline公司。

2　国内润滑油基础油现状

2.1　国内基础油产能

2017年全国基础油有效产能达8Mt/a。中国石化和中国石油两大集团合计占全国基础油产能的比重由2010年的72%下降为2017年的48%。如图2-1所示。

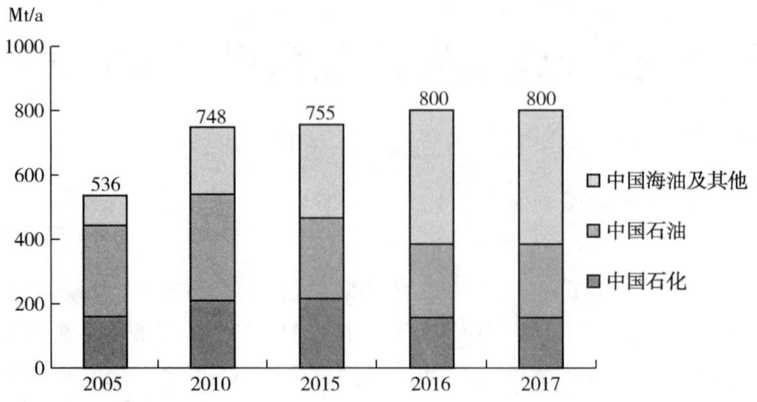

图2-1 2017年我国基础油分集团产能结构变化

2.2 国内基础油企业发展策略

2017年我国基础油产量2.67Mt，同比增加2.9%。中海油及民营企业投产了多套加氢基础油装置。图2-2是全国分类别基础油产量比重。

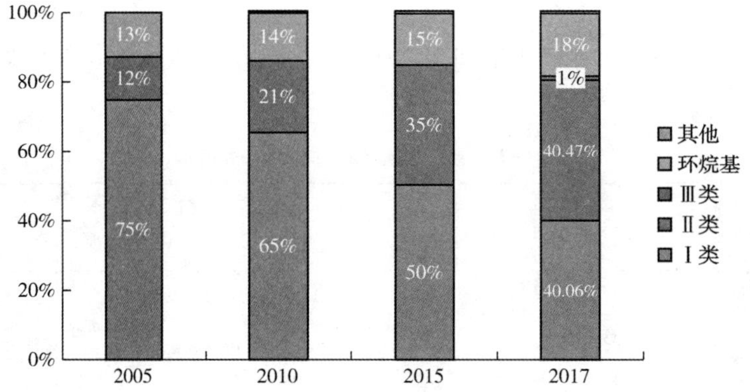

图2-2 全国分类别基础油产量比重

（1）基础油消费需求。

2017年我国基础油表观消费5.37Mt，同比增长0.4%，Ⅱ类和Ⅲ类等高端基础油消费量呈不断增加趋势。如表3-1所示。

表2-1 分类别基础油消费量 Mt

基础油类别	2005年	2010年	2015年	2016年	2017年
Ⅰ类	3.43	3.54	1.80	1.70	1.62
Ⅱ类	0.33	1.13	2.33	2.61	2.63
Ⅲ类	0.03	0.25	0.44	0.60	0.65
环烷基类	0.51	0.76	0.46	0.43	0.47
其他	0	0	0.01	0.01	0.01
合计	4.30	5.68	5.04	5.35	5.37

（2）基础油进出口情况。

2017年中国基础油进口总量为2.82Mt，Ⅱ类基础油自2012年之后以年均12.3%的速度增长，Ⅲ类基础油进口量也首次超过Ⅰ类基础油。如表2-2所示。

表 2-2　我国基础油进出口　Mt

项目	2005 年	2010 年	2015 年	2016 年	2017 年
进口量	0.94	2.09	2.58	2.85	2.82
其中：Ⅰ类	0.79	1.32	0.62	0.64	0.59
Ⅱ类	0.12	0.52	1.51	1.61	1.60
Ⅲ类	0.03	0.25	0.44	0.60	0.62
出口量	0.07	0.25	0.02	0.02	0.04
其中：Ⅰ类	0.07	0.25	0.02	0.01	0.02

我国依然存在高品质Ⅰ类和Ⅱ类基础油不足，需要进口补充，优质Ⅲ类基础油也明显不足。如图 2-3 所示。

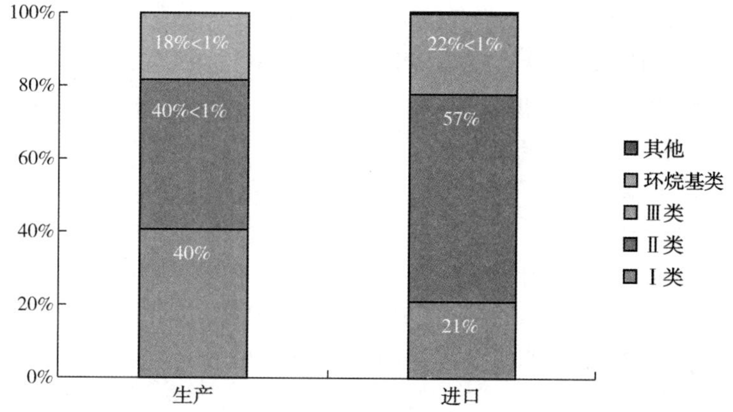

图 2-3　2017 年我国基础油生产与进口结构对比

3　煤制费托合成油发展现状

我国是世界上煤炭资源丰富的国家之一，发展以煤制油为核心的洁净煤技术，是解决我国能源安全的有效途径。费托合成烃类产物通过适当路线进行加工，可以得到许多石油基产品很难得到的高附加值产品。基于费托合成油产品的众多优良品质，国内从事费托合成的企业都在寻求费托合成产品高价值化利用方案，如生产 PAO、Ⅲ+基础油等。

3.1　煤制费托油建设情况

费托合成技术在我国已有较快发展，建成了一批工业化示范项目。例如，伊泰 0.16Mt/a 煤间接液化示范项目，2010 年 6 月 30 日正式实现满负荷生产，截至 2015 年底，油品总产量 0.988Mt。神华宁煤 4Mt 间接液化项目，2016 年 12 月油品合成第一条线投料试车。

3.2　费托技术制基础油对国内市场的潜在影响

国内煤制油企业的产品中有大量的加氢蜡油和烯烃等产品，通过进一步加工可以获取大量的 CTL 基础油(Ⅲ$^{+}$)和 PAO 基础油等高档基础油。

目前，我国的Ⅲ类加氢基础油(包括Ⅲ$^{+}$类基础油)消费量 0.6Mt，国内仅能提供 0.01Mt 产品，还是主要从韩国等地进口产品。PAO 基础油的消费量是 0.04Mt 左右，生产供应也主要集中一些欧美公司，国内仅有中国石油兰州石化、上海纳克和沈阳宏城等为数不多的企业生产 PAO 基础油，但成本也比较高。

4　市场应用

4.1　高品质基础油在润滑油中应用情况

高品质基础油如 HVⅠ Ⅲ/Ⅲ$^{+}$和聚 α-烯烃(PAO)基础油等主要应用于调和轻型/重型车发动机

油、工业级运输设备齿轮油、自动变速箱油、风力涡轮机齿轮油、食品级润滑剂、压缩机油、润滑脂等产品。高品质基础油使用分布，车用油占比75%，工业油占比25%。

表4-1 高品质基础油具体分布情况

油品种类	占比/%	油品种类	占比/%
液压油和传动液	42	压缩机油	7
通用设备润滑剂	10	电器用油	4
金属加工液	7	专用发动机油	3
齿轮油	7	防锈油、淬火油	3
涡轮机油	7	其他	10

以PAO为例，PAO具有优异的绝缘性和长寿命，可以成为有效的流体绝缘剂。国内市场PAO进口占87%，国产占13%。按黏度划分，低黏度PAO(2、4、6和8)占国内需求的一半以上，主要用于高档车用油、空压机油等合成润滑油产品。中黏度PAO(10、20和25)主要用于工业齿轮油。高黏度PAO(40、100)主要用于工业齿轮油(如风电齿轮油)、润滑脂、轴承油、风电等。

4.2 中国石化高端基础油的用量及应用产品分布

目前中国石化润滑油有限公司每年使用高端基础油约10000t，其中HVIⅢ及HVIⅢ+约8000t，PAO约2000t，且呈逐年递增趋势。据预测，未来3年高品质基础油需求量将增加至0.02Mt/a。

4.2.1 中石化Ⅲ/Ⅲ+基础油应用情况

国内外主要汽车厂商在车用发动机油产品开发方面有用Ⅲ+基础油或PAO替代Ⅲ类或Ⅱ类的趋势，其中Ⅲ+4基础油的用途增加。润滑油公司国内和国外车用发动机油产品开发现状如表4-2和表4-3所示。

表4-2 车用发动机油产品开发现状(国内)

厂商	在用油	在用油基础油	升级机油 (刚开发完即将切换/开发中下一代)	升级产品基础油
五菱	5W-30	Ⅱ类	5W-30、 0W-20	Ⅲ4 Ⅲ+4
长安	5W-30	Ⅱ类	0W-20	Ⅲ+4
长城	5W-30	Ⅲ/Ⅲ+类	0W-20	Ⅲ4、Ⅲ+4
奇瑞	5W-30	Ⅲ类	5W-30	Ⅲ4、Ⅲ6
广汽	5W-30	Ⅲ类	0W-20	Ⅲ+4
吉利	5W-40	Ⅲ类	0W-20、 5W-30	Ⅲ4、Ⅲ+4 Ⅲ4、Ⅲ6
北汽	5W-30	Ⅲ类	——	
华晨	5W-30	Ⅲ类	——	
东风	5W-30	Ⅲ类	0W-20	Ⅲ+4
东南	5W-30	Ⅲ类	0W-20	Ⅲ+4

表4-3 车用发动机油产品开发现状(国际)

厂商	全球销量占比 (2017)	在用油	在用油基础油	升级机油(刚开发完 即将切换/开发中下一代)	升级产品基础油
丰田	10.62%	0W-20	Ⅲ类	0W-16、0W-20、0W-8	Ⅲ+4
大众	8.33%	5W-40	Ⅲ类	0W-20	Ⅲ+4
福特	7.52%	5W-30、5W-20	Ⅱ类	5W-30、5W-20	Ⅲ4、Ⅲ6

续表

厂商	全球销量占比(2017)	在用油	在用油基础油	升级机油(刚开发完即将切换/开发中下一代)	升级产品基础油
本田	6.3%	0W-20	Ⅲ类	0W-16	Ⅲ+4
日产	6.27%	5W-30	Ⅲ类	0W-20、0W-16、0W-12	Ⅲ+4
现代-起亚	8.8%	5W-20 5W-30	Ⅲ类	0W-20	Ⅲ4、Ⅲ+4
通用	5.04%	5W-20	Ⅲ类	——	
雷诺	3.27%	5W-40	Ⅲ类	0W-20、0W-16、0W-12	Ⅲ+4
奔驰	3.11%	5W-30	Ⅲ类	0W-16、0W-20	Ⅲ+4
标致雪铁龙	4.42%	0W-30	Ⅲ类	0W-30、0W-20	Ⅲ+4
马自达	2.0%	0W-20	Ⅲ类	0W-20	Ⅲ+4

4.2.2　中石化PAO基础油应用情况

目前，润滑油公司进口PAO主要用于全合成机油，OEM指定配方用油及食品级润滑油和风电用齿轮油上面。国产PAO主要用于军工产品，在润滑脂和合成油脂产品中也有较多使用。其中，进口PAO中PAO4的使用量最大，约占年采购量的40%；国产PAO中PAO8和PAO20的使用量较大，PAO8约占49%，PAO20约占43%，如表4-4所示。

表4-4　润滑油公司车用油及工业用高品质基础油需求表

大类	小类	应用基础油
齿轮油	L-CKT系列、AP-S系列、风电系列	PAO10、PAO40、PAO100
	75W/90 GL-5全合成重负荷车辆齿轮油、75W-90变速箱齿轮油(合成型)、MTF 75W-90全合成手动变速箱油	PAO4、PAO6
	VT 75W-80全合成齿轮油	PAO8
OEM油	SM 0W-40大众发动机专用机油(满足大众VW 502 00/50 500)	PAO4
	SM/CF 0W-40神龙发动机专用油	PAO4、PAO6
	北京现代汽车专用汽油机油(SL 5W-20)—装填油、东风悦达起亚专用汽油机油SL 5W-20—装填油	PAO6
	合成型抗磨液压油(雪龙号)、L-CKT220重负荷工业齿轮油(全合成)(雪龙号)	PAO6、PAO10、PAO40
	SM 0W-40奇瑞汽车专用汽油机油	PAO4、PAO6
	CH-4 5W-30柴油机油(中国重汽集团)	PAO4
	O2O专用全合成SN/CF 0W-50发动机油、O2O专用75W/90 GL-5全合成重负荷车辆齿轮油、O2O专用LD 75W/90差速器齿轮油	PAO4、PAO6
柴油机油	CF-4/CH-4(0W-30、0W-40、5W-40)柴油机油(尊龙T300)	PAO4、PAO6
	CJ-4 5W-40合成柴油机油(尊龙T600U)	PAO4或PAO6
汽油机油	SJ/MA 10W-50全合成四冲程摩托车油、SM/MA 10W-50全合成四冲程摩托车油	PAO6、PAO8、PAO10
	J700U SN 5W-30汽油机油、SN 5W-30全合成汽油机油	PAO6
	J700U SN 0W-50汽油机油、SN 0W-50汽油机油、SN/CF 0W-50发动机油、J700U SN 5W-40、J700U SN 0W-40汽油机油	PAO4、PAO6

5　产品技术路线

5.1　煤制费托合成油

煤间接液化生成的费托合成产物主要由烃类、含氧有机化物和水组成。低温费托合成物主要成分是烷烃，其次是烯烃和醇、醛、酮、酸等含氧有机化合物；高温费托合成物主要成分是烯烃。如表5-1所示。

表5-1 费托合成产物

产 物	低温产物组分	高温产物组分	产 物	低温产物组分	高温产物组分
烷烃	主产物	>10%	硫含量	—	—
环烷烃	<1%	<1%	氮含量	—	—
烯烃	>10%	主产物	有机金属	有机酸盐	有机酸盐
芳烃	<1%	<5%~10%	水	主要副产物	主要副产物
含氧化合物	<5%~15%	<5%~15%			

表5-2是de Klerk公布的Fe基催化剂的高低温费托油品烃类组成。

表5-2 Fe基催化剂高低温费托合成油品烃类组成

碳数	族组成	合成油品组分(%)	
		Fe基催化剂低温法	Fe基催化剂高温法
C1	烷烃	4.3	12.7
C2	烯烃	1.0	5.6
	烷烃	1.0	4.5
C3~C4	烯烃	6.0	21.2
	烷烃	1.8	3.0
C5~C10	烯烃	7.7	25.8
	烷烃	3.3	4.3
	芳烃	0	1.7
	含氧化合物	1.3	1.6
C11~C22	烯烃	5.7	4.8
	烷烃	13.5	0.9
	芳烃	0	0.8
	含氧化合物	0.3	0.5
C22+	烯烃	0.7	1.6
	烷烃	49.2	0.4
	芳烃	0	0.7
	含氧化合物	0	0.2
总计	乙醇	3.9	4.5
	醛酮	0	3.9
	羟酸	0.3	1.3
	烯烃	21.1	59
	烷烃	73.1	25.8
	芳烃	0	3.2
	含氧化合物	1.6	2.3

由表5-2可以看出大部分的烯烃分布在C_2~C_{10}碳数范围内，C_2~C_{10}碳数范围内的烯烃和烷烃比都大于1。

费托合成物可生产基础油主要如下：

(1) 费托合成油经加氢异构化和轻度加氢裂化制备的Ⅲ⁺类润滑油基础油。低温费托合成物是首选的原料，而高温费托合成物需要加氢脱芳烃。

(2) Ⅳ类润滑油基础油，直链 α-烯烃可以转化为 PAO，同时还可以制备 PIO(聚内烯烃)润滑油基础油，但其低温性能较 PAO 要差。

图 5-1 中列出了费托合成产物可能的转化路线。

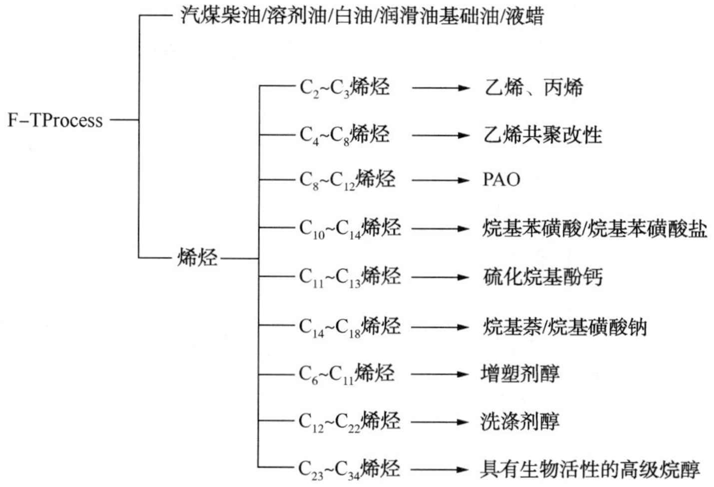

图 5-1 费托合成产品的利用

5.2 煤制费托合成烯烃产物分离

煤制费托合成产物分离重点是烯烃分离，分为低碳烯烃分离和 α-烯烃分离。

5.2.1 低碳烯烃分离

工艺流程：(1)费托合成尾气采用水洗处理脱除含氧化合物；(2)工业上气体脱碳脱除 CO_2，技术主要有热钾碱法(Benfield 法)、NHD 法、MDEA 法、低温甲醇洗法、变压吸附法、BV 法等。(3)脱除 Ar 等轻组分气体，采用深冷分离方法将其中的沸点相对较高的低碳烃组分进行回收，再深加工获得乙烯、丙烯或 LPG 等产品。低碳烯烃乙烯、丙烯的分离主要有油吸收法和深冷分离法。

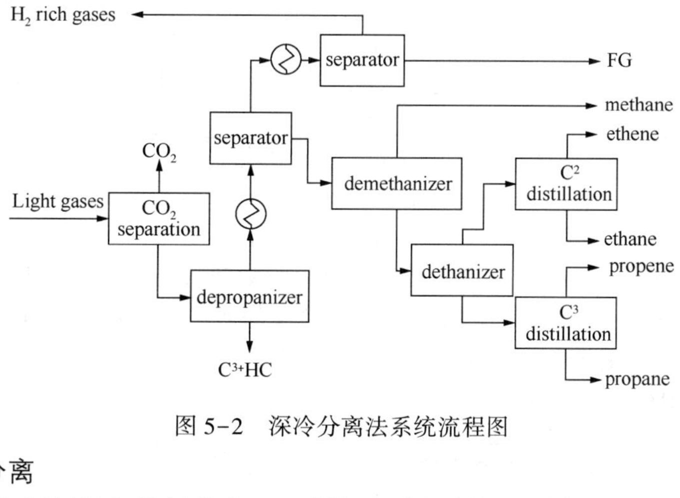

图 5-2 深冷分离法系统流程图

5.2.2 α-烯烃分离

α-烯烃分离工艺包括烯烃与烷烃分离、α-烯烃与支链烯烃或内烯烃的分离。

烯烃和烷烃分离工艺包括低温蒸馏法、物理吸附法、化学吸附法、吸附分离法、膜分离法、萃取精馏法、共沸精馏、离子液体精馏等方法。

α-烯烃的提纯技术有 Sasol 络合反应萃取精馏技术、Shell 的 Diels-Alder 加合反应分离技术、

醚化纯化 α-烯烃技术等。

南非 Sasol 的分离工艺可得到纯度为 99% 的聚合级 1-己烯产品，以及纯度为 96% 的聚合级 1-辛烯产品。

5.3 CTL 基础油

根据目标产物的不同可以选择不同的组合工艺流程，主要如下：

(1) 稳定加氢—异构脱蜡/加氢精制流程。

该技术路线精制条件缓和，可同时生产特种蜡和润滑油基础油。如图 5-3 所示。

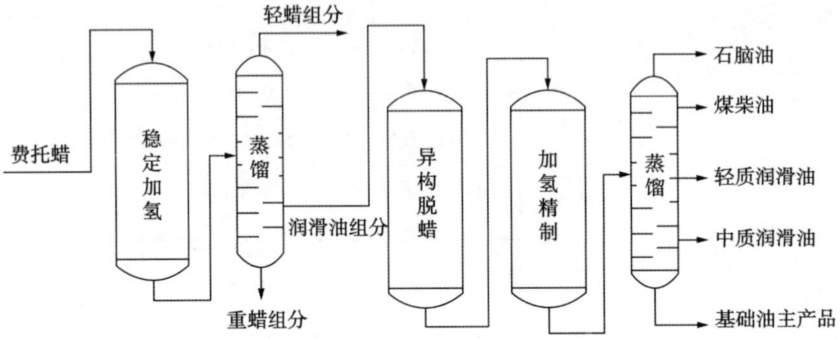

图 5-3 由费托合成油生产基础油和特种蜡的稳定加氢-异构脱蜡/加氢精制流程

(2) 加氢处理-异构脱蜡/加氢精制流程。

该技术路线采用较为苛刻的加氢处理条件，可有效提高重质润滑油基础油的收率，生产不同黏度等级的基础油产品。其中 HVI Ⅲ4 和 HVI Ⅲ$^{+}$ 8 基础油具有较高的粘度指数和极低的倾点，如图 5-4 所示。

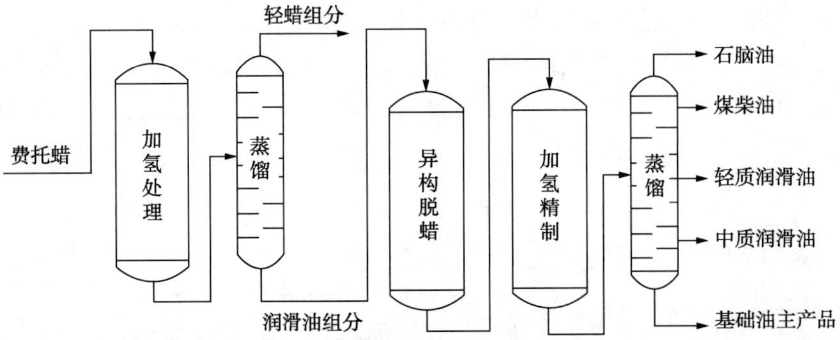

图 5-4 由费托合成物生产基础油的加氢处理-异构脱蜡/加氢精制流程

5.4 PAO 生产

5.4.1 加工路线和工艺技术

PAO 生产是以 α-烯烃为原料，经聚合、催化剂分离、加氢和馏分切割而成。

(1) 石蜡裂解法。石蜡裂解法是以 350~480℃ 馏程的 C_{25}~C_{35} 精蜡或蜡下油为原料，在 540℃ 左右，0.2~0.4MPa 压力下进行裂解。产物中有芳烃等杂质，α-烯烃含量只有 30% 且是偶数碳和奇数碳的混合产品。如图 5-5 所示。

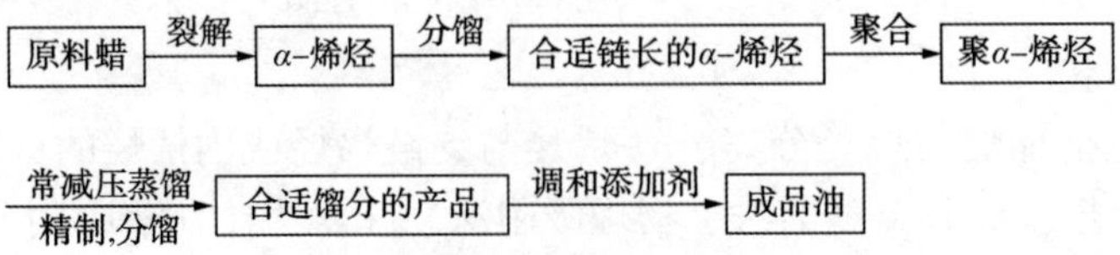

图 5-5 石蜡裂解制备 PAO 工艺流程

（2）乙烯齐聚法。乙烯齐聚法是以精制乙烯为原料，得到的 α–烯烃纯度较高。目前主要工艺有 CPChem 公司一步法、BP 公司 Ethyl 二步法、Shell 公司 SHOP 法、日本出光石油化学公司的出光法。还有一些新的工艺如 UOP/UCC 公司 Linear–I 工艺、Sabic 公司 a–Sablin 工艺、IFP 公司 AlphaSelect 工艺和乙烯三聚工艺。

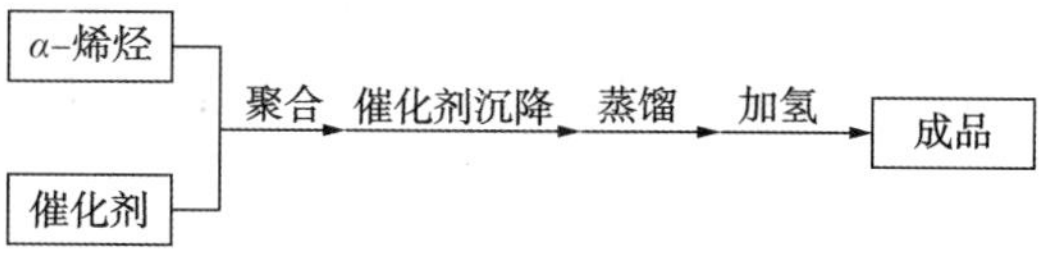

图 5–6　乙烯齐聚法工艺流程

（3）煤制烯烃。山西潞安集团以 $C_9 \sim C_{11}$ 的 α–烯烃和烷烃混合物为原料，茂金属为主催化剂、三异丁基铝和有机硼化物为助催化剂，得到 PAO8 产品。

5.4.2　催化剂

生产 PAO 的聚合催化剂有以下三种：

（1）Lewis 酸催化剂（BF_3或 $AlCl_3$）多生产低黏度（v_{100}：2～10 mm^2/s）聚 α–烯烃。BF_3产生的含氟废水后处理较困难，且 BF_3本身危险性较大，但在生产 PAO4 方面 BF_3仍然无可替代。根据上海纳克公司经验，利用 $AlCl_3$作为催化剂，只能制备 PAO8 及以上产品。

（2）齐格勒—纳塔催化剂（$Et_3Al_2Cl_3$或 $Et_3Al/TiCl_4$体系），生产高黏度（v_{100}：40～100 mm^2/s）PAO。该类催化剂具有多活性位点，其齐聚产品相对分子量得不到有效控制。

（3）茂金属是过渡金属与环戊二烯及衍生物配位形成的化合物，具有单一活性位点，聚合产物相对分子质量分布较窄，具有独特的梳状结构，比传统 PAO 具有更优异的剪切稳定性、黏度指数和低温性能。茂金属催化剂加工技术水平较高，目前生产企业主要有 ExxonMobil、CPChem 和 INEOS 三家。如表 5–3 所示。

表 5–3　mPAO 生产企业生产工艺对比

企业名称	原料	主催化剂	助催化剂	淬灭剂	二聚物
CP Chem	辛烯	$ZrCl_2Cp_2$	MAO+Al_2O_3	水	产品
ExxonMobil	辛烯+十二烯	$ZrCl_2Cp_2$	MAO+有机膨化物	碱	聚合
INEOS	癸烯+十四烯	$ZrCl_2Cp_2$	MAO+TMA		聚合

mPAO 较少作为单独的基础油产品使用，主要作为添加剂使用。如表 5–4 所示。

表 5–4　主要 mPAO 产品情况

企业名称	地点	产能（kt/a）	产品名称	黏度等级
CP Chem	美国得州帕萨迪纳市	9	Synfluid	65cSt，100cSt，150cSt
ExxonMobil	美国得州贝城	50	SpectraSyn Elite	65cSt，150cSt，300cSt
INEOS	美国得州拉波特市	20	Durasyn	50cSt，100cSt，135cSt

6　结论和建议

6.1　市场情况

国外大的石油公司掌握了润滑油整个产业链上的技术，包括润滑油基础油、添加剂、各汽车厂商发动机油配方改进等环节，在国内外高端润滑油市场占有绝对的主导权。国内外汽车厂商在开发最新的车用发动机油配方上，开始呈Ⅲ+基础油或 PAO 替代Ⅱ类以及Ⅲ类的趋势。我国Ⅲ+类和 PAO 基础油使用和消费与国外有一定差距。

我国在建、拟建费托油产能将达到15Mt/a，其中部分将用于生产高端Ⅲ/Ⅲ+类润滑油或合成润滑油，将直接冲击现有的市场格局。中国石化具备煤制费托蜡生产Ⅲ类基础油、PAO生产等相关知识产权技术的开发能力，同时也掌握一定的市场资源，需要积极配置煤基费托油原料资源，把握市场机会，控制未来高端基础油话语权。

6.2 技术方面

从煤制费托产物的组成来看，相应馏分的费托烯烃是生产Ⅲ类及以上高端润滑油好原料，国外已有成功工业化案例。

针对煤制费托产物组成(尤其是高温费托合成)具有连续碳数的烯烃且数量高于同碳数的烷烃的特点，可以生产特色润滑油、特色溶剂油、特色蜡产品、烯烃以及含氧化合物等化工品，获得好的经济效益。

中石化需要对费托合成物分离提纯α-烯烃单体、α-烯烃聚合等关键技术进一步技术开发和工业验证，同时延伸部分产业链和开拓新的市场。

6.3 费托合成产物综合利用

从产品市场价值来看，α-烯烃、高熔点费托蜡、润滑油基础油、溶剂油的产品属于高价值化学品；乙烯丙烯等低碳烯烃属于中等价值，但向下游延伸可以生产高价值、市场紧缺的高端聚烯烃类产品。乙烯、丙烯和润滑油基础油市场年需求量在百万吨，其他产品都在万吨级。因此要综合考虑各产品的生产规模和市场走向。

6.4 需要注意的问题

在开发常规PAO或mPAO生产工艺时，应考虑使用相对廉价的α-烯烃作为原料，避免大量集中使用价格较高的1-癸烯，这不仅可以降低生产成本也有助于推动PAO基础油的开发和应用。

在费托合成反应过程中，生成了具有较强的腐蚀性含酸水。由于酸的沸点较水高，且二者相对挥发度较小，低浓度有机酸水溶液的脱水难度较大。需要关注三废处理问题，尤其是废水处理。

炼油工艺与产品

增设喷气燃料生产设施项目工业应用

孙 磊

（中国石化安庆分公司，安徽安庆 246000）

摘 要：国内喷气燃料需求的增长促使炼油企业喷气燃料加氢能力的提升，中国石化安庆分公司将催化汽油加氢装置（已停用）改造为喷气燃料加氢生产装置，并对常减压装置进行适应性配套改造，生产满足3号喷气燃料技术要求的精制喷气燃料产品。近4年的工业运转结果表明，在反应压力3.0MPa、氢油比≮80（体积比）、反应温度~280℃的条件下，原有催化剂性能可满足生产要求，改造后的喷气燃料加氢装置，能稳定生产合格的3号喷气燃料产品，达到完善产品结构、提高企业经济效益的目的。

关键词：常减压；喷气燃料；加氢精制；改造

1 引言

我国社会和经济的飞速发展，改变着国内成品油市场的消费结构，柴油消费出现持续下降趋势，多产汽油、喷气燃料成为国内炼厂调整产品结构的方向。我国是仅次于美国的世界第二大喷气燃料消费国，经济的不断发展以及经济全球化的不断深入，极大地推动了航空运输业的发展，民航运输总周转量同比保持高速增长，而居民收入持续提高，旅游业稳步发展，国内航空运输业呈现出良好发展势头，对喷气燃料的需求逐年提高，年均增长8%以上[1]。从《全国民用运输机场布局规划》制订的“到2030年实现机场周边100公里所有县域和中心区域全面覆盖”的发展目标可以预测，我国喷气燃料需求还将保持较快的增长速度[2]。

喷气燃料的需求量不断增加，促使炼油工业喷气燃料加氢能力的持续提升。航空安全责任重大，喷气燃料质量事关飞机安全稳定飞行，必须高标准、严要求。我国民用喷气燃料使用GB 6537—2006《3号喷气燃料》标准。相较于国外，对喷气燃料质量管理的生产要求更加严格。采用加氢工艺对直馏喷气燃料进行精制处理生产喷气燃料，产品质量的保障能力和可控性更强[3]。中国石化安庆分公司通过增设喷气燃料生产设施，对直馏喷气燃料进行加氢精制改质，生产满足3号喷气燃料技术要求的航空煤油，以完善产品结构，提高企业经济效益。

2 项目概况

为满足国内喷气燃料需求的增长和进一步提高企业经济效益，安庆分公司根据中国石化的统一部署，将催化汽油加氢装置（Ⅱ加氢装置）（已停用）改造为喷气燃料加氢装置，并对常减压装置进行适应性配套改造，对相应的罐区、汽车发油站等进行改造或扩建，以生产满足3号喷气燃料技术要求的精制喷气燃料产品。

Ⅱ加氢装置始建于1995年，为0.4Mt/a（年以8000h计算）柴油加氢装置。为完成油品质量升级工作，2009年底该装置改造为0.67Mt/a催化汽油加氢装置，以催化裂化汽油和催化裂解汽油的混合油为原料，采用抚顺石油化工研究院（FRIPP）开发的OCT-M技术，使用专利的FGH催化剂体系，生产满足国Ⅳ质量标准的汽油（汽油硫含量≯50μg/g）产品。国内喷气燃料需求量的不断增加，促使企业增设喷气燃料生产设施，2015年11月将Ⅱ加氢装置改造为0.4Mt/a喷气燃料加氢装置，以常减压装置抽出喷气燃料馏分为原料，通过加氢精制，主要脱除硫醇硫和降低酸值，生产满足3

号喷气燃料技术要求的精制喷气燃料产品。

安庆分公司目前共有两套常减压装置，常减压蒸馏(Ⅰ)装置(Ⅰ常装置)原油处理能力 3.0Mt/a，常减压蒸馏(Ⅱ)装置(Ⅱ常装置)原油处理能力 5.0Mt/a，喷气燃料总产率以 5%计，每年可生产喷气燃料原料 0.4Mt。考虑 3 号喷气燃料打通市场时间节点要求，结合常减压装置现状，喷气燃料加氢装置设计规模按 0.4Mt/a 一次规划，分期实施。前期(2015 年 11 月～2016 年 7 月)设计产能 0.25Mt/a，后期(2016 年 9 月及以后)产能可达到 0.45Mt/a。

3 喷气燃料加氢装置生产情况

增设喷气燃料生产设施项目中，在将Ⅱ加氢装置改造为喷气燃料加氢装置的同时，保留了装置原有的催化汽油加氢能力。由于喷气燃料原料油氮含量比较高，为保证产品质量合格，反应压力控制在 3.0MPa，反应温度在 270～320℃，喷气燃料加氢反应催化剂利用Ⅱ加氢装置原有的 FGH-21/FGH-31 催化剂及 FZC-100/FZC-102B 保护剂。

3.1 喷气燃料加氢装置前期生产情况

喷气燃料加氢装置前期设计能力 0.25Mt/a，以Ⅱ常装置提供的喷气燃料原料油进行生产，Ⅱ常装置短时停工对其进行适应性配套改造，以满足生产喷气燃料的要求。为对改造后的喷气燃料加氢装置加工能力、工艺指标、产品质量、催化剂性能等是否达到设计要求进行全面考核，2016 年 3 月 23～25 日，对喷气燃料加氢装置进行工艺标定。喷气燃料原料油及产品性质如表 1 所示，主要工艺操作参数如表 2 所示，装置物料平衡如表 3 所示。

表 1 喷气燃料原料及产品性质

项 目	标定数据		设计数据	
	原料喷气燃料	精制喷气燃料	原料喷气燃料	精制喷气燃料
密度(20℃)/(kg/m^3)	796.8	796.6	801.5	801
馏程/℃				
初馏点	142.4	151.3		
10%/20%	171.5/179.9	172.6/180.4		
50%/90%	195.8/222.0	195.9/222.0		
终馏点	242.6	241.8		
酸值/(mgKOH/g)	0.132	0.002	0.085	0.01
硫/(μg/g)	0.0634	0.0025	0.11	0.015
硫醇硫/(μg/g)	0.00608	0.00000	0.06	<0.01
总氮/(μg/g)	5.0	1.6	7.3	<3
碱性氮/(μg/g)	0.87	0.68	2.8	<1.5
烟点/mm	25.0	25.2		25
闭口闪点/℃	40.2	44.0	40	
冰点/℃	-59.2	-59.9	-55.3	<-51
族组成/%				
芳烃	14.0	14.4		
烯烃	1.8	1.6		
饱和烃	84.2	84.0		
铜片腐蚀		1a		
银片腐蚀	1	1		
色度		27.0		
博士试验		通过		
水含量/(μg/g)	58.0	54.3		

表 2　装置主要操作条件

项　目	标定数据	设计数据	
反应器进料量/(t/h)	32.3	29.8	
主催化剂体积空速/h^{-1}	2.0	2.9	
反应器入口/MPa	3.1	≮3.0	
反应器入口氢分压/MPa	3.0	≮2.4	
反应器入口氢油体积比	275	≮80：1	
反应温度/℃		初期	末期
入口温度	278	270	320
出口温度	280	272	321
床层平均温度	279	271	321
床层总温升	2	2	1

表 3　装置物料平衡及能耗

项　目	标定数据		设计数据	
	物料量/(t/h)	收率/%	物料量/(t/h)	收率/%
入方				
原料油	32.271	99.74	29.762	99.95
新氢	0.084	0.26	0.015	0.05
合计	32.355	100	29.777	100
出方				
精制喷气燃料	31.667	97.87	29.610	99.44
轻油	0.193	0.60	0.039	0.13
排放氢	0.001	0.00		
H_2S+NH_3	0.421①	1.30	0.128	0.43
损失	0.073	0.23		
合计	32.355	100	29.777	100
能耗/(MJ/t 原料)	476.88		878.57	

注：① H_2S+NH_3不能直接测定，该值为装置酸性气量。

由表 1 可以看出，常减压装置喷气燃料馏分经加氢精制后，硫醇硫几乎完全脱除，酸值降低率超过 98%，精制喷气燃料产品性质满足 3 号喷气燃料各项技术指标要求。由表 3 可以看出，新氢耗量较设计值高 0.069t/h，由于喷气燃料加氢耗氢量低，装置改造利旧的新氢系统在低流量下不易控制流量，是造成新氢用量高的主要原因。2017 年底对新氢系统进行优化改造后，停用新氢机组，新氢由焦化汽油加氢装置供给，新氢耗量降低 50%以上。

喷气燃料原料油硫、氮含量均较设计值低，标定期间氢油比高于设计值，在装置安稳运行和精制喷气燃料产品合格的前提下，反应系统无需注水，不消耗 1.3MPa 蒸汽，燃料气耗量较设计值低 97.97MJ/t；分馏系统 3.9MPa 蒸汽耗量较设计值低 108.02MJ/t；装置改造利旧的空冷运行负荷小，依靠水冷即可达到所需冷后温度，可停用空冷；新氢系统经过优化改造停用新氢机组，电耗进一步降低，装置实际电耗较设计值降低约 131.46MJ/t；装置总能耗较设计值低 401.69MJ/t，后期装置负荷提高，通过生产优化调整，装置能耗进一步降低。

3.2　喷气燃料加氢装置后期生产情况

2016 年装置大检修期间，通过对Ⅰ常装置进行生产喷气燃料原料适应性配套改造，每年可生产喷气燃料原料 0.2Mt，2016 年 9 月Ⅰ常装置喷气燃料馏分并入喷气燃料加氢装置做原料，3 号喷气燃料产能大幅提高。通过优化常减压装置操作，提高常一线喷气燃料馏分收率，喷气燃料加氢装置产能达到 0.45Mt 以上。

喷气燃料加氢装置后期加工Ⅰ常装置、Ⅱ常装置的混合原料，对2017年至今的操作条件进行分析，反应器入口温度控制在约280℃，反应氢分压控制在约2.85MPa，空速控制在约2.73h^{-1}，最高3.57h^{-1}。由于喷气燃料加氢改造后循环氢系统低流量下难以控制，氢油比高，平均153(体积比，下同)，2019年2月对循环氢系统进行操作优化，大幅降低氢油比至平均69，装置氢耗、能耗均有不同程度的降低。喷气燃料加氢装置主要操作条件变化趋势如图1所示。通过加氢精制，脱除原料喷气燃料中的硫醇和环烷酸、羧酸等酸性组分，同时改善产品颜色，降低总硫含量，提高航空煤油烟点。

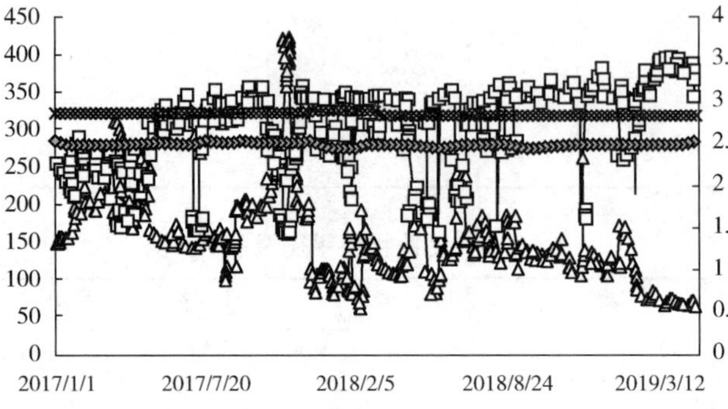

图1 装置主要操作条件变化趋势

对原料喷气燃料、精制喷气燃料的性质进行检验分析，原料喷气燃料密度约0.7945kg/m^3，烟点24.4℃，总硫含量约0.078%(质量百分比，下同)，硫醇硫含量约0.0017%，酸值约0.113mgKOH/g；精制喷气燃料密度约0.7932kg/m^3，烟点24.6℃，总硫含量约0.0068%，硫醇硫含量约0.0003%，酸值约0.001mgKOH/g。通过对比分析可知，经过加氢精制后，烟点略有提高，原料喷气燃料总硫脱除率约91.3%，硫醇硫脱除率约82.4%，酸值降低约99.1%。原料喷气燃料、精制喷气燃料主要性质如图2~图5所示。

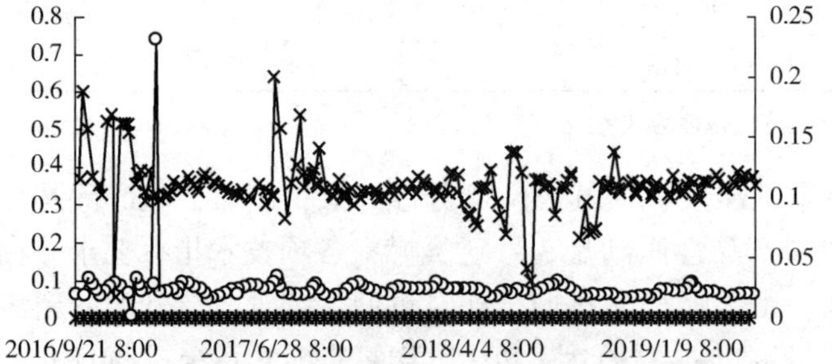

图2 原料喷气燃料总硫、硫醇硫和酸值变化趋势

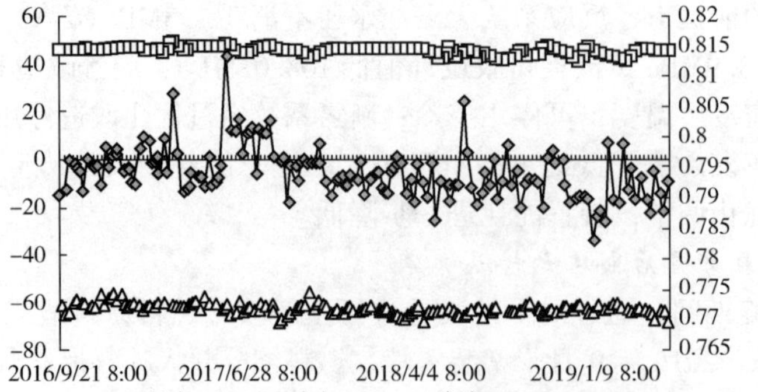

图3 原料喷气燃料密度、闪点和冰点变化趋势

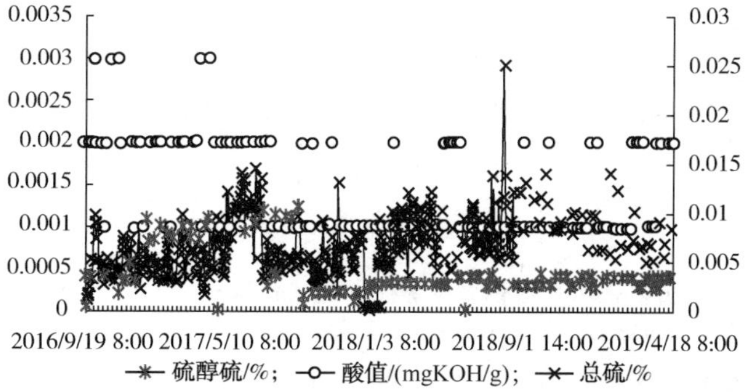

图 4　精制喷气燃料总硫、硫醇硫和酸值变化趋势

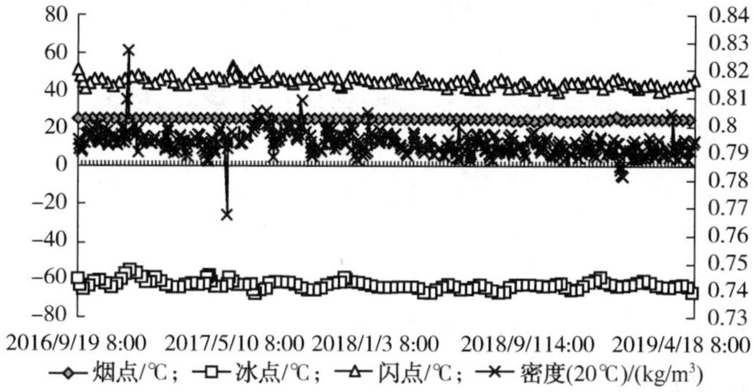

图 5　精制喷气燃料密度、烟点、闪点和冰点变化趋势

4　结论

（1）国内成品油市场消费结构的变化，要求炼油企业调整产品结构方向，多产汽油、喷气燃料。安庆分公司实施了增设喷气燃料生产设施项目，对Ⅱ加氢装置进行喷气燃料加氢改造，Ⅰ常装置、Ⅱ常装置进行适应性配套改造，生产出质量合格的 3 号喷气燃料产品，提高了企业经济效益，完善了产品结构；

（2）增设喷气燃料生产设施项目为一次规划，分期实施。前期对喷气燃料加氢装置进行工艺技术标定，利用Ⅱ加氢装置原有 FGH-21/FGH-31 催化剂，具备生产满足 3 号喷气燃料技术标准要求的产品的能力。后期通过优化常减压装置操作，提高了常一线收率，喷气燃料加氢装置产能达到 0.47Mt/a，装置负荷率最高达 119.7%，在较高空速下仍能稳定生产合格的 3 号喷气燃料产品。

（3）通过对新氢系统、循环氢系统进行优化改造，不断优化工艺操作参数，装置能耗逐渐降低，由开工初期的 41.8。

参 考 文 献

[1] 李大东. 石油学报(石油加工)[J]. 炼油工业：市场的变化与技术对策，2015：208-217.

[2] 王皓，宋爱萍，闫杰. 石油规划设计[J]. 我国航空煤油市场发展态势及生产企业应对策略，2017，28(06)：1-3.

[3] 刘迎春. 国际石油经济[J]. 放宽喷气燃料生产限制，扩大喷气燃料资源和生产灵活性，2017(03)：97-100.
葛泮珠. 化工进展[J]. 催化裂化柴油综合利用技术及其发展，2016，35(增刊1)：79-86.

生产高辛烷值车用汽油现状及措施

殷帮珍

(中国石化塔河炼化有限责任公司，新疆阿克苏　842000)

摘　要：目前各炼油厂生产相对高辛烷值车用汽油主要依靠不同汽油组分调合并加入添加剂而成。现状是辛烷值、芳烃等质量指标需要优化调合方案。本文考察了高辛烷值调合汽油组分油和添加剂的性质，改变调合比例等以优化调合试验，为今后生产高辛烷值车用汽油提供技术依据。

关键词：现状；车用汽油；组分油；高辛烷值；芳烃；调合；措施

1　引言

我国汽油的生产状况近年来，我国汽油质量升级换代有较大发展。按照产品升级的要求，车用汽油从国Ⅴ产品升级为国Ⅵ，随着国家排放标准的进一步升级，对燃油的质量要求越来越高，相对高辛烷值车用汽油各项质量指标均要满足国Ⅵ车用汽油质量指标要求，相对难度较高。

各炼油企业必须紧跟国家产品升级的脚步。高辛烷值车用汽油技术要求车用汽油中所使用的添加剂应无公认的有害作用，并按照推荐的适宜量使用。车用汽油中不应含有任何导致车辆无法正常运行的添加物和污染物。为确保分析检测数据稳定可靠，取得理想效果，各调合组分和添加剂性质、质量指标、调合比例等必须适宜的才能调合出合格的高辛烷值车用汽油。

2　生产高辛烷值车用汽油现状情况分析

车用汽油调合组分基础油具有高芳烃等特性，添加剂如甲基叔丁基醚(MTBE)等具有高辛烷值等特点。

2.1　汽油调合组分性质考查

高辛烷值高芳烃汽油组分1性质考察，主要具有高芳烃、含苯、高辛烷值等特性。调合组分2具有低烯烃、相对较低辛烷值、较低芳烃等特性。

从表1数据看主要组分油的主要指标重整汽油辛烷值100.1，异构化汽油辛烷值85.1。

表1　调合组分油性质考察

名称	组分	蒸汽压/kPa	辛烷值	烯烃/%(体)	芳烃/%(体)	苯/%(体)
重整油	组分1	21.2	100.1	0.6	70.6	0.44
异构化油	组分2	92.0	85.1	<0.01	<0.01	<0.01

2.2　生产高辛烷值车用汽油现状

固定调合组分原料性质组分1辛烷值100.1，组分油2辛烷值85.1。甲基叔丁基醚辛烷值117和纯度98.5%前提下，进行调合试验。

从表2数据分析，规定添加剂MTBE加入量13%，组分油1加入比例56.5%，辛烷值97.9。组分油1加入比例增加到59.0%，辛烷值97.9，芳烃38.9%。

生产高辛烷值车用汽油现状分析：

(1) 高辛烷值车用汽油各项指标相对严格，必须通过调合而成，调合组分油至少三种或三种以上组分。

表 2　调合汽油数据

调合组分及比例/%			分析结果				
组分 1	组分 2	MTBE	辛烷值	烯烃/%(体)	芳烃/%(体)	苯/%(体)	氧/%(体)
56.5	33.5	13.0	97.9	0.6	38.0	0.22	2.4
59.0	28.2	12.8	98.1	0.5	38.9	0.26	2.4

(2) 调合高辛烷值车用汽油各组分及高辛烷值添加剂关键质量指标辛烷值、芳烃等要相对适中，各组分质量指标之间相互互补，各组分取长补短。

(3) 辛烷值指标相对较高，可以调合，但是三个关键指标辛烷值、芳烃、氧含量无富裕度，存在质量风险。

3　生产高辛烷值车用汽油措施

要生产满足符合要求的高辛烷值车用汽油需要从汽油调合组分性质、添加剂主要质量指标、调合比例、理想组分等方面综合考虑。

3.1　选择优良的高辛烷值汽油添加剂

一种优良的高辛烷值汽油添加剂和抗爆剂。甲基叔丁基醚(MTBE)是理想的高辛烷值汽油添加剂，相对纯度要高，纯度至少 99%以上，甲基叔丁基醚辛烷值 117，若纯度太低会降低辛烷值。

3.2　提高调合组分油的辛烷值

通过工艺调整，改变高辛烷值、高芳烃组分油和低辛烷值、不含芳烃组分油主要性质，提高各组分辛烷值，数据见表 3。

表 3　调整调合组分油性质

组分油	名称	工艺调整	辛烷值	辛烷值增加值
高辛烷值组分油	重整汽油	调整前	100.1	0.4
		调整后	100.5	
低辛烷值组分油	异构化汽油	调整前	85.1	1.0
		调整后	86.1	

高辛烷值组分油辛烷值增加值 0.4，低辛烷值组分油辛烷值增加值 1.0。

3.3　调合汽油试验部分

从表 4 数据分析，固定添加剂 MTBE 加入量 12.8%，重整汽油加入比例 57.5%，调合 98 号汽油辛烷值 98.3，但是芳烃 39.9%。调整工艺后，组分油辛烷值提高了，辛烷值提高 0.2，芳烃提高 1.0%。

表 4　调合汽油数据

调合组分及比例/%		分析结果						
组分 2	MTBE	终馏点/℃	蒸汽压/kPa	辛烷值	烯烃/%(体)	芳烃/%(体)	苯/%(体)	氧/%(体)
29.7	12.8	187.0	53.4	98.3	0.67	39.9	0.2	2.3

表 5　调整调合组分油性质

组分油	名称	辛烷值
高辛烷值组分油	组分 1	100.5
低辛烷值组分油	组分 2	87.1

固定添加剂 MTBE 加入量 12.8%，组分油 1 加入比例 58.0%，进行再次调合，见表 6。

表6　调合汽油数据

调合组分及比例/%			分析结果						
组分1	组分2	MTBE	终馏点/℃	蒸汽压/kPa	辛烷值	烯烃/%(体)	芳烃/%(体)	苯/%(体)	氧/%(体)
58.0	29.2	12.8	187.3	53.0	98.5	0.24	40.3	0.2	2.3

从表6数据分析辛烷值98.5，但是芳烃40.3%。

从表7数据分析，固定添加剂MTBE加入量，重整汽油加入比例56.5%~58.0%，调合车用汽油辛烷值97.9~98.5，芳烃38%~40.3%。另外组分1辛烷值提高0.4个单位，组分2辛烷值提高1.0个单位，调合汽油辛烷值提高到98.3，提高0.4各单位。优化后辛烷值提高0.6个单位，但是芳烃同步提高1.9%单位。

表7　调合汽油数据

组分1/%	组分2/%	MTBE/%	名称	辛烷值	芳烃/%(体)	组分1辛烷值	组分2辛烷值
56.5	33.5	13.0	汽油1	97.9	38.0	100.1	85.1
57.5	29.7	12.8	汽油2	98.3	39.9	100.5	86.1
58.0	29.2	12.8	汽油3	98.5	40.3	100.5	87.1

4　结论及措施

(1) 调合高辛烷值车用汽油各组分油比例要适中，而且组分性质要相对是“理想”组分。

(2) 要成功生产质量合格的高辛烷值车用汽油，需要添加相对辛烷值较高而且芳烃适宜的理想调合组分油异辛烷、生成油、MTBE等。

(3) 高辛烷值汽油技术发展趋势主要有催化重整、烷基化、异构化、高辛烷值裂化催化剂及添加汽油辛烷值改进剂等。我国的炼油企业应重视提高汽油辛烷值技术的开发与应用，不断提高汽油的质量，使炼油行业产生更好的经济效益和社会效益。

FHDO 重整生成油液相选择性加氢脱烯烃技术

周嘉文　崔国英

（中国石化大连石油化工研究院，大连　116045）

摘　要：本文介绍了 FHDO 重整生成油液相选择性加氢技术，该技术具有工艺流程简单、操作简便、装置建设投资小、运行费用低的工艺技术特点。其工艺过程是世界首创在连续重整装置内脱戊烷塔前增设液相加氢单元，采用一种配套开发的 HDO-18 专用贵金属加氢催化剂和上流式固定床反应器，以重整生成油中的溶解氢为主要氢源，根据产品质量要求补充少量氢气，与原料充分溶解混合后，在缓和的工艺条件下，灵活、高效地对重整生成油全馏分进行液相选择性加氢脱烯烃。加氢产品溴指数显著降低，芳烃产品质量得到明显的提高，同时能够保证后续芳烃抽提/吸附分离装置对进料的质量要求。

关键词：重整生成油；液相选择性；加氢；脱烯烃；溴指数

1　引言

芳烃资源主要来源于催化重整生成油、裂解汽油和煤焦油。随着炼油工业的发展，以石油为原料的芳烃所占比例逐步增加，约占 90%以上。而芳烃增产主要是通过催化重整、轻烃芳构化等技术。BTX 芳烃中，大约 80%来自炼油厂的催化重整装置。重整工艺技术的进步为芳烃生产提供了保证。

随着新型高性能重整催化剂的开发以及工程技术的进步，重整工艺不断向超低压、高苛刻度方向发展。在增产芳烃的同时，也导致重整生成油中的烯烃含量越来越高，微量烯烃容易发生聚合反应生成大分子化合物，或在下游加工过程中生成副产品，影响芳烃类产品的酸洗比色。重整生成油中含有的烯烃成分如果进入二甲苯吸附分离单元，则会占据分子筛吸附剂的孔隙，影响二甲苯的吸附解离效率，从而影响装置的分离能力。烯烃尤其是二烯烃和苯乙烯不仅会在抽提溶剂中聚合而污染抽提溶剂，并造成抽提系统设备腐蚀，而且在一定的条件下还很容易形成胶质，吸附在固体催化剂表面，从而缩短催化剂的使用寿命。这些富含的烯烃影响到 BTX 芳烃产品的正常生产，因此必须选用适宜的工艺将其脱除。

目前大多数催化重整和芳烃联合装置仍然采用白土/分子筛预处理工艺。由于白土/分子筛预处理工艺存在精制深度低、产品质量不稳定、重组分产量大、操作周期短、更换频繁等问题，尤其是废旧白土处置过程存在着严重的环境污染风险，使炼化企业面临巨大的环保压力。

中国石化大连石油化工研究院根据催化重整生成油脱烯烃的市场需求，结合连续重整装置的流程特点，创新开发出了一种 FHDO 催化重整生成油选择性液相加氢脱烯烃工艺技术。该技术可以在缓和的工艺条件下，对催化重整生成油全馏分进行液相加氢，选择性脱除进料中的烯烃，使加氢后的催化重整生成油溴指数显著降低。FHDO 工艺技术流程简单、设备投资小、易操作、催化剂使用寿命长，其取代白土精制技术具有很好的经济和社会效益。

2　反应机理

白土/分子筛精制技术的作用机理既包含物理吸附，又包含化学反应。在精制过程中，先将芳烃物料中的烯烃物质吸附于孔道内，而后孔道表面的酸性中心催化烯烃发生聚合反应和烷基化反应，生成多烷基苯、稠环芳烃和胶质等大分子物质，从而将微量烯烃从芳烃中脱除，满足下游芳烃抽提/吸附分离装置对进料的质量要求。但在处理过程中，白土和分子筛催化剂极易因重芳烃和胶质吸附以及进一步缩合生焦、积炭而失去活性，而这不仅需要频繁更换白土和/或分子筛催化剂，而且也影响生产过程中产品质量的长期稳定问题。

FHDO 技术则是采用选择性液相加氢的办法脱除催化重整生成油中的烯烃。为此，FRIPP 配套开发了一种有利于选择性液相加氢脱烯烃反应的齿球形 Pt-Pd 贵金属加氢催化剂 HDO-18。该催化剂具有很高的烯烃加氢饱和活性、选择性和稳定性，能够在缓和的条件下将催化重整生成油中的各类烯烃加氢转化生成对应的烷烃，并把苯乙烯加氢转化为乙苯，使加氢产品溴指数显著降低，满足下游芳烃抽提/吸附分离装置对进料的质量要求。在加氢过程中，不会发生生成新的重芳烃和胶质等大分子的芳烃-烯烃烷基化反应，也不会发生生成小分子烃的加氢裂化反应，同时芳烃加氢饱和反应还得到有效控制。在缓和的液相加氢条件下，HDO-18 催化剂不会因缩合生焦、积炭而失去活性。

选择性加氢脱烯烃过程中可能发生的化学反应：

（1）单烯烃的加氢反应：

$$R_1{-}CH{=}CH{-}R_2+H_2 \longrightarrow R_1{-}CH_2{-}CH_2{-}R_2$$

（2）双烯烃的加氢反应：

$$R_1{-}CH{=}CH{-}CH{=}CH{-}R_2+2H_2 \longrightarrow R_1{-}CH_2{-}CH_2{-}CH_2{-}CH_2{-}R_2$$

（3）加氢裂化反应：

$$R_1{-}CH_2{-}CH_2{-}R_2+H_2 \longrightarrow R_1{-}CH_3+R_2{-}CH_3$$

（4）芳烃加氢饱和反应：

$$C_nH_{2n-6}+3H_2 \longrightarrow C_nH_{2n}$$

3 工艺流程

FHDO 重整生成油液相加氢脱烯烃技术是世界首创在不改变主流程的前提下，将加氢脱烯烃反应单元内置于重整生成油分馏系统，以重整生成油中的溶解氢为主要氢源，再根据产品质量要求补充少量新氢，即可在脱戊烷塔进料正常操作条件下，灵活、高效地对重整生成油全馏分进行液相选择性加氢脱烯烃。该技术以重整生成油为原料，采用配套的专用高性能贵金属催化剂 HDO-18，反应器为常规固定床反应器，以下进上的出进料方式进入反应器进行选择性脱烯烃反应，脱除烯烃后的重整生成油满足下游装置对烯烃含量的要求。

作为一个加氢脱烯烃反应单元，仅在连续重整装置脱戊烷塔之前内置一个加氢反应器和一个混合器，来自重整装置的生成油经换热系统换热升温后，与适量重整氢气经混合器充分混合，从底部进入装有还原态 HDO-18 催化剂的反应器，在催化剂上进行选择性加氢脱烯烃反应。加氢反应产物直接进入后续的脱戊烷塔。其工艺流程详见图 1。

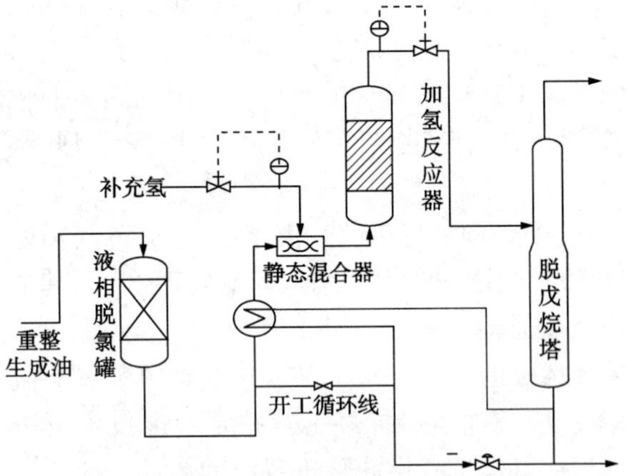

图 1　重整生成油全馏分加氢流程示意图

4 HDO-18 专用催化剂

烯烃的加氢反应，一般在Ⅷ族金属催化剂的表面上进行。由于特殊的电子结构和性质，Ⅷ族金属催化剂对 H_2 的吸附强度适中，催化活性高。烯烃加氢是扩散控制反应，扩散阻力是控制因素。

反应速度主要取决于反应物在催化剂表面上的浓度，薄壳型贵金属催化剂活性最高。钯和铂对部分加氢反应的活性和选择性较好，如乙烯、丙烯、烃类蒸汽裂解汽油一段加氢过程均采用它。选择 Pt 和 Pd 为重整生成油选择性加氢的活性金属组分，确定适宜的钯铂比，制备成薄壳型催化剂，将活性金属组分集中分布在氧化铝载体的外表层中。

按照上述技术要求，FRIPP 在广泛深入系统研究的基础上，成功开发出了以齿球型改性氧化铝为载体、Pt-Pd 贵金属为活性组分、采用特殊浸渍技术制备、活性金属在载体颗粒表面呈蛋壳型分布的 HDO-18 高性能专用催化剂。实验室研究、性能评价、工业放大、工业生产和工业应用结果表明，该催化剂制备重复性很好、产品质量稳定、催化性能优异，能够很好满足 FHDO 重整生成油选择性液相加氢工艺技术要求。

该催化剂装填简便，颗粒间空隙大小均一，能够有效避免出现沟流现象，显著提高催化剂在液相加氢环境下的有效利用率，大幅提高工业加氢装置实际生产运行效果。

HDO-18 催化剂主要物化性质如表 1 所示。

表 1 HDO-18 催化剂主要物化性质

项 目	质量指标范围	项 目	质量指标范围
载体	改性 Al_2O_3	颗粒直径/mm	2.0~3.0
活性金属组分	Pt+Pd	孔容/(cm^3/g)	≥0.45
活性金属形态	还原态	比表面积/(m^2/g)	≥180
外观颜色	浅咖啡色	耐压强度/(N/粒)	≥30
外观形状	齿球	装填密度/(t/m^3)	0.64~0.68

5 主要操作条件

FHDO 重整生成油选择性液相加氢脱烯烃工艺技术操作条件缓和，加氢反应器内置于重整装置芳烃分离系统内，工艺参数的选定要依附于加氢反应单元前后的边界条件。重整生成油经液相脱氯罐后的压力一般在 1.3~2.0MPa，脱戊烷塔进料温度一般在 150~160℃，因此加氢反应器的主要工况依此而定。如表 2 所示。

表 2 FHDO 技术主要操作条件范围

项 目	操作条件范围	项 目	操作条件范围
反应器类型	固定床	反应压力/MPa	1.0~2.8
进料方式	下进上出	反应温度/℃	120~190
工艺流程	一次通过	补氢量/(Nm^3/t)	1~6
体积空速/h^{-1}	8.0~12.0		

6 技术特点

与常规加氢技术、白土或分子筛预处理等技术相比，FHDO 液相选择性加氢脱烯烃技术具有以下技术特点：

(1) 形成了一种包括新型催化剂和工艺的成套技术；

(2) 工艺流程非常简单，生产操作非常简便；

(3) 设备数量少，建设投资低；

(4) 没有增加动设备，运行能耗低；

(5) 在液相加氢环境下催化剂利用率显著提高，催化剂装填量少；

(6) 加氢产品溴指数显著降低，BTX 芳烃产品颜色和酸洗比色等质量指标明显改善；

(7) 液相加氢过程不会生成新的重质芳烃，有利于改善芳烃产品质量和利用价值；

(8) 催化剂活性稳定性很好，不会结焦失活，在生产运行期间产品质量稳定；

(9) 生产过程清洁、友好，不产生任何危险固废物。

FHDO 重整生成油液相选择性加氢技术特点如表 3 所示。

表 3 FHDO 重整生成油液相选择性加氢技术特点

技术核心	在重整装置内脱戊烷塔前嵌入液相加氢单元 高效的气液静态混合器 从反应器底部进料 专有的单床层反应器及其内构件 高性能的齿球型 HDO-18 催化剂 专有的催化剂与支撑剂级配装填方案 优化的工艺操作条件	工艺特点	较高的体积空速 很低的氢油比 采用还原态催化剂，开工过程非常简便 BTX 芳烃产品质量好，且波动很小

7 结论

FHDO 重整生成油液相选择性加氢脱烯烃技术属世界首创，具有工艺流程简单、运行操作简便、装置建设投资低、生产运行费用低等特点。

FHDO 重整生成油液相选择性加氢脱烯烃技术成熟、先进、可靠，操作条件非常缓和，加氢脱烯烃选择性很高，芳烃损失小于 0.1 个百分点，BTX 产品颜色和酸洗比色显著改善，可达到国标优级品质量标准，二甲苯溴指数小于 20mgBr$_2$/100g，能够很好满足 PX 吸附分离单元进料要求。

FHDO 重整生成油液相选择性加氢脱烯烃技术环境友好，不产生任何新的污染物，可完全取代常规白土和/或分子筛精制工艺，能够很好解决重整装置外排固体废弃物二次污染环境问题，有很好的经济效益、社会效益和环境效益，对芳烃生产技术进步有很好的推动作用，对石化行业发展有非常积极的意义。

参 考 文 献

[1] 叶小舟，顾国璋，徐柏福，等. HDO-18 选择性加氢催化剂的工业应用[J]. 石油炼制与化工，2004(08)：26-29.

[2] 陈玉琢，叶小舟，郭红新. HDO-18 催化重整生成油选择性加氢催化剂的工业试验[J]. 炼油技术与工程，2004(10)：19-21.

[3] 陈玉琢，徐远国. HDO-18 选择性加氢脱烯烃催化剂的反应性能及应用[J]. 炼油技术与工程，2005(11)：57-62.

[4] 陈玉琢，徐远国，杨占全. HDO-18 选择性加氢催化剂的使用性能[J]. 当代化工，2007(01)：44-47，52.

[5] 樊红青. HDO-18 催化剂在芳烃抽提装置中的应用[J]. 当代化工，2009，38(03)：233-236，256.

[6] 樊红青. HDO-18 选择性加氢催化剂的工业应用[J]. 当代化工，2010，39(01)：51-54.

[7] 王伟，杨霖，崔国英. FHDO 技术在混合二甲苯脱烯烃中的工业应用[J]. 中外能源，2014，19(08)：88-94.

硫酸法烷基化装置生产优化措施

杨跃进

（中石化洛阳石化公司，河南洛阳 471012）

摘 要：介绍了一种新的硫酸法烷基化工艺技术，通过某烷基化装置半年的运行经验和数据分析，发现该烷基化装置 1.0MPa 蒸汽耗量较大，约占装置能耗的 73%；反应流出物碱洗水洗单元存在消耗碱液成本高、废水排放量大、易腐蚀、增加装置酸耗、操作频繁和流程复杂等问题。通过对脱异丁烷塔和脱正丁烷塔生产操作进行优化，每小时降低 1.0MPa 蒸汽 6.5t，降低装置能耗 19.8kgEO/t；通过实验和数据分析，改变了传统的反应流出物处理工艺，创新的提出切除碱洗水洗流程，解决了相关问题，并且降低装置能耗 5.11kgEO/t，创造经济效益约 500 万元。通过生产优化，共降低装置能耗 24.91kgEO/t，创造效益约 1500 万元，使得装置运行更加节能高效，为后续同类装置的生产优化提供了巨大帮助。

关键词：烷基化；能耗；碱洗水洗；优化

1 引言

轻烯烃和异丁烷经过烷基化反应生产的烷基化油是以各种三甲基戊烷为主要成分的汽油馏程的产品[1]，具有辛烷值高、蒸汽压低、硫含量低、不含烯烃和芳烃等特点，成为调合炼厂汽油的优质组分，在清洁汽油升级过程中的作用更加重要。2019 年将执行国Ⅵ汽油标准，对于硫含量、芳烃含量和烯烃含量等指标的要求更趋严格。在我国成品油质量加快升级和汽车消费升级的大趋势下，同时伴随原料多样化，硫酸烷基化工艺、固体酸烷基化技术及离子液烷基化技术的发展创新，烷基化装置在近年迎来了新一轮的建设高潮[2]。

2 装置概况

2.1 装置简介

某 200kt/a 烷基化装置于 2018 年 6 月开工，采用中国石化具有自主知识产权的先进、可靠的硫酸法烷基化技术，装置运行良好，结束了该工艺被国外公司垄断的局面。洛阳石化烷基化装置与该烷基化装置采用相同的工艺技术，同样的装置规模，各种设计条件极为相似，通过对该烷基化装置生产优化的研究，可以为今后洛阳石化烷基化装置的生产优化提供借鉴和指导。

装置采用的是由石科院(RIPP)、洛阳院(LPEC)、石家庄炼化公司和华东理工大学联合开发的低温硫酸法烷基化工艺技术。设计年开工时数：8400h，装置操作弹性为 60%～110%。主要原料为 MTBE 装置提供的醚后碳四馏分，所需的少量氢气由系统管网提供。主要产品为烷基化油，同时副产正丁烷、液化石油气和少量燃料气，脱异丁烷塔分出的异丁烷在装置内循环使用，多余的异丁烷送罐区。

2.2 工艺流程

装置由原料预处理、反应、反应流出物精制、产品分馏及化学处理等部分组成。原料预处理单元采用选择性加氢工艺脱除原料中的丁二烯，从而提高烷基化油质量，同时降低酸耗。烷基化工艺的关键在反应单元，反应单元研发并使用“N”型多级多段静态混合烷基化反应器，易维护，使用寿命长；开发了自汽化酸烃分离器，快速取热和酸烃分离效果良好；开发精细聚结器，大幅降低反应流出物总硫含量。反应流出物精制单元设置酸洗、碱洗和水洗流程，除去反应流出物中夹带的酸和硫酸酯等物质，避免对下游造成腐蚀和影响产品质量。反应流出物进入分馏单元分离出烷基化油、异丁烷和正丁烷等产品。化学处理单元主要是对烷基化反应单元产生的废酸进行脱烃、处理装置的含酸气、含烃废水和酸碱废水。装置工艺流程简图见图 1。

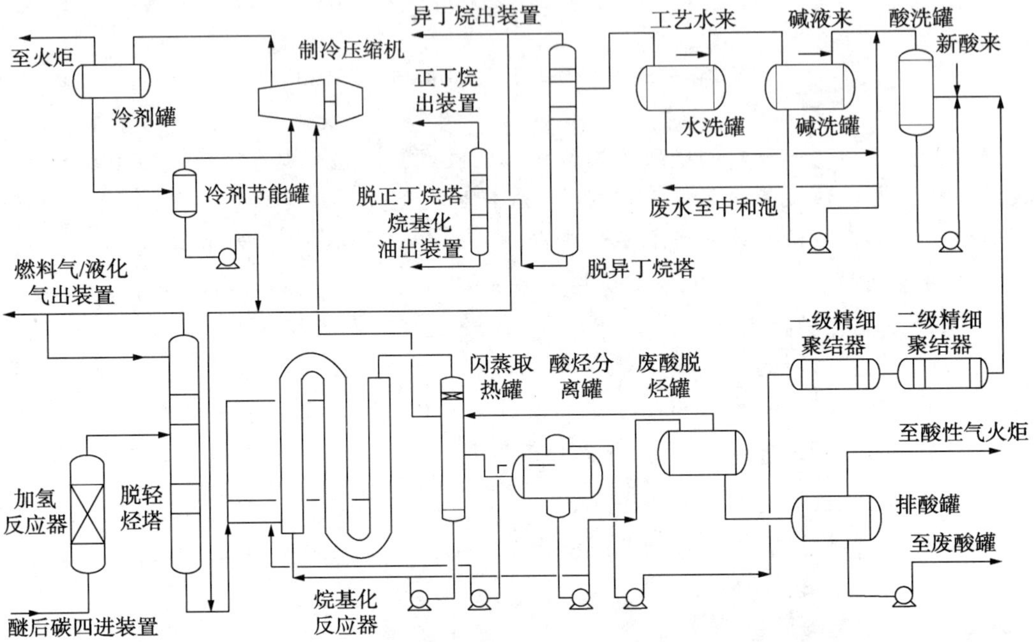

图 1　烷基化工艺流程简图

3　生产问题及分析

3.1　1.0MPa 蒸汽耗能问题

硫酸法烷基化装置耗能最大的介质为：蒸汽，约占装置总能耗的 84%，耗能蒸汽分为 3.5MPa 蒸汽和 1.0MPa 蒸汽，3.5MPa 蒸汽供汽轮机使用，每小时用量约 36t，汽轮机背压蒸汽为 1.0MPa 蒸汽，供装置塔底重沸器、蒸汽加热器和伴热等使用，剩余约 2t/h 的 1.0MPa 蒸汽并入管网。1.0MPa 蒸汽消耗约占装置总能耗的 73%，所以对 1.0MPa 蒸汽用能进行优化，对装置节能降耗至关重要。

装置 1.0MPa 蒸汽用点有：脱异丁烷塔底重沸器、脱正丁烷塔底重沸器、脱轻烃塔底重沸器、循环碱水加热器、开工加热器、管线设备伴热和吹扫。各点蒸汽耗量见表 1。由表可知，脱异丁烷塔底重沸器和脱正丁烷塔底重沸器是主要的 1.0MPa 蒸汽消耗设备，尤其是脱异丁烷塔底重沸器。

表 1　装置 1.0MPa 蒸汽消耗表

蒸汽用点	耗量/(t/h)	单位能耗/(kgEO/t)	占比/%	备注
脱异丁烷塔底重沸器	23.5	75	69.1	
脱正丁烷塔底重沸器	4	12.8	11.8	
脱轻烃塔底重沸器	2.7	8.64	7.9	
循环碱水加热器	1.8	5.76	5.3	
伴热	2	6.4	5.9	
开工加热器				1.9t/h，间断
吹扫				间断
合计	34	108.6	100	

由于烷基化反应器是在较高的烷烯比(通常体积比为10：1)条件下操作运行的，未反应的大量异丁烷需要在脱异丁烷塔分离后再循环回烷基化反应器。设计脱异丁烷塔塔顶产品循环异丁烷的流量为43t/h，回流量为125t/h，较多的塔顶产品和回流比造成塔底重沸器的蒸汽消耗非常大。对于脱正丁烷塔，塔顶底产品相对挥发度相差较大，过高的塔底温度和回流比造成塔底重沸器蒸汽耗量较大。

3.2 反应流出物碱洗水洗问题

由图1可知，反应流出物出反应器后依次经过闪蒸取热罐、酸烃分离罐、一二级精细聚结器，然后经过酸洗、碱洗和水洗，精制后的流出物进脱异丁烷塔。经过半年的运行，碱洗水洗生产运行存在以下问题：

(1) 流程长、运行设备多，公用工程介质消耗大，装置能耗高；

(2) 产物碱水洗过程副产约9t/h的含盐污水；

(3) 产物碱洗水洗后，携带饱和水进入分馏系统，不仅腐蚀设备，还引起装置酸耗高；

(4) 产物碱洗后的碱液排至中和池需手动注酸中和，劳动强度大，且有注酸过量，形成稀酸，造成设备腐蚀的可能性。

4 生产优化措施

4.1 优化分馏操作，降低蒸汽能耗

对于脱异丁烷塔，通过降低塔压，降低回流温度，可以提高轻重组分的相对挥发度，从而可以在相同的理论板数下，实现回流比降低，从而实现能耗的降低[3]，优化后每小时可节省1.0MPa蒸汽5.5t，具体结果见表2。经过优化，年节约1.0MPa蒸汽46200t，年经济效益869万元。

表2 脱异丁烷塔设计参数和优化参数

参数	设计值	优化值	参数	设计值	优化值
顶压/MPa	0.65	0.46	蒸汽用量/(t/h)	23.5	18
底温/℃	128	105	塔顶异丁烷纯度/%	93	93
塔顶回流量/(t/h)	125	55			

对于脱正丁烷塔，由于轻关键组分正丁烷和重关键组分烷基化油的相对挥发度相差较大，已经大于10，该塔可以采用较小的回流比操作以降低塔顶回流泵电耗、塔顶冷凝器的循环水消耗和塔底再沸器的蒸汽消耗。同时由于烷基化油饱和蒸汽压较低，现场生产中有时为了提高产品的蒸汽压，可允许烷基化油中携带少量正丁烷，因此在操作中可根据需要适当调低轻关键组分正丁烷的脱除率[4]。在相同的处理量下，脱正丁烷塔底再沸器蒸汽消耗可由4t/h降低至3.3t/h，结果见表3。经过优化，年节约1.0MPa蒸汽5880t，年经济效益110万元。

表3 脱正丁烷塔设计参数和优化参数

项目	设计值	优化值	项目	设计值	优化值
顶压/MPa	0.36	0.30	蒸汽用量/(t/h)	4	3.3
底温/℃	165	130	塔顶正丁烷纯度/%	96	99
塔顶回流量/(t/h)	10	4.8			

通过对分馏两塔的操作优化，每小时可节省1.0MPa蒸汽6.2t，降低装置能耗19.8kgEO/t，年经济效益979万元。

4.2 切除碱洗水洗流程

传统的硫酸法烷基化反应流出物处理系统普遍使用酸洗、碱洗和水洗处理工艺，简化反应流出物后处理流程是当前硫酸烷基化工艺的一个发展趋势。

4.2.1 切除可行性分析

通过研究酸烃搅拌混合和静态混合酸烃粒子的粒径分布，发现静态混合器酸烃粒子的粒径分布窄，为纤维聚结酸烃分离提供了可能性。试验研究了孔隙率和流速对于分离效率和设备质量因数的三维响应，采用斜板-分段聚结式组合技术进行酸烃精细聚结分离。依据中试及实验室模拟试验数据，预测工业放大酸烃分离器(D208)设计出口酸含量小于100μg/g，两级精细聚结器(D210、D211)串联运行，分离效率92.7%~97.4%，D211后总硫含量小于10μg/g。所以进入脱异丁烷塔的反应流出物总硫含量小于10μg/g，并且不经过碱洗和水洗，流出物携带进脱异丁烷塔的水也大大减少，保证一个干态环境，避免腐蚀。通过分析认为切除反应流出物碱洗和水洗流程是可行的。

4.2.2 优化流程

原反应流出物处理流程为：流出物泵→一级精细聚结器→二级精细聚结器→流出物酸洗→流出物碱洗→流出物水洗→脱异丁烷塔，优化后流程为：流出物泵→流出物酸洗(只经过，不投新酸洗)→一级精细聚结器→二级精细聚结器→脱异丁烷塔。优化流程见图2中加粗线。

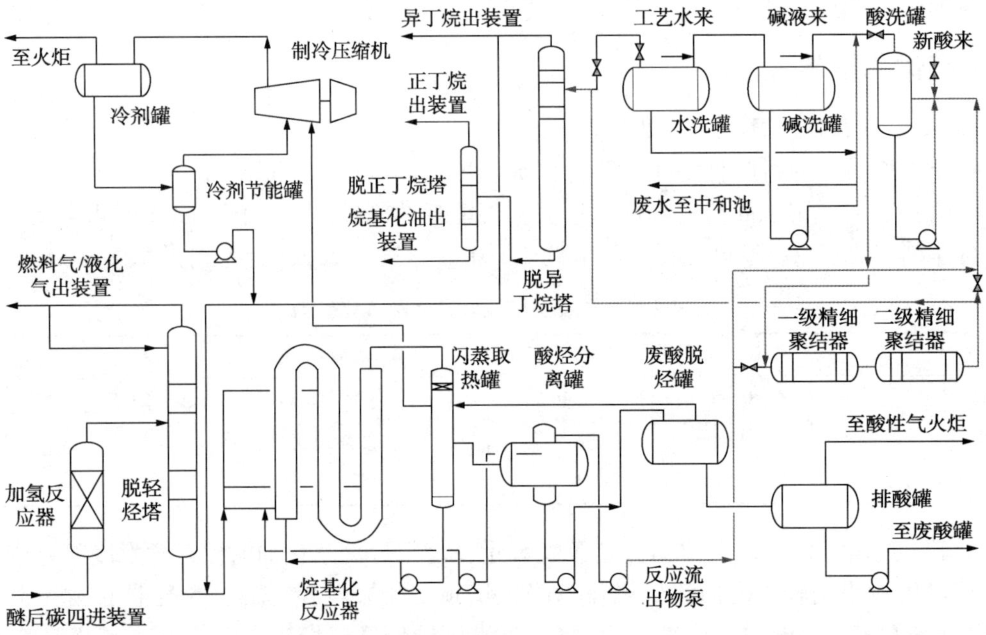

图2 工艺流程优化示意图

4.2.3 切除效果

2018年10月，反应流出物流程切出碱洗水洗后，装置运行平稳，产品质量合格可控，反应流出物经二级精细聚结后总硫含量在5mg/kg以下，二级精细聚结器出入口流出物总硫含量见图3；产品异辛烷铜片腐蚀1a，水溶性酸碱无，在防腐方面达到了预期效果。

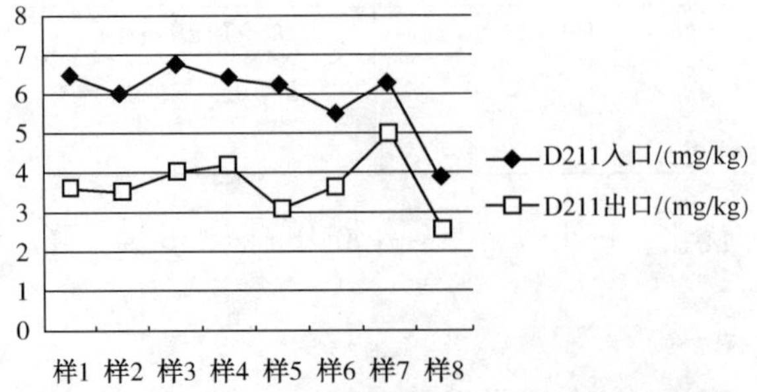

图3 二级精细聚结器出入口流出物总量含量

切除碱洗和水洗流程后，停用机泵及耗电量见表4，创造的经济效益见表5。切除碱洗和水洗流程后，降低装置能耗5.11kgEO/t，创造效益约500万元，经济效果显著。

表4　停用机泵一览表

设备位号	设备名称	功率/kW	年耗电量/kW·h
P302	产物碱洗循环泵	11	86100
P303	产物水洗循环泵	11	74795
P304	补充工艺水泵	22	131390
P311	新鲜碱液泵	30	196805
P312	补充碱液泵	0.75	5600
P313	中和池排水泵	7.5	61495
P402	工艺水泵	11	107135
A302管道泵	空冷A302管道泵	7.5	45290
年总耗量/kW·h			708610

表5　经济效益核算表

介质	单价/元	年节约量	总费用/万元
电/kW·h	0.54	708610	38.26
除盐水/t	14.57	52920	77.10
1.0MPa蒸汽/t	186.23	8400	156.43
含盐污水/t	8.5	58800	49.98
系统碱液/t	960	60	5.76
副产酸/t	1400	1344	188.16
新鲜水/t	4.9	5880	2.88
年经济效益			518.58

切除碱洗水洗流程，不仅创造巨大的经济效益，而且解决如下问题：

(1) 减少了约9t/h的含盐污水排放；

(2) 减少了反应流出物携带饱和水进入分馏系统，有利于分馏系统的防腐；

(3) 不再需要频繁的进行酸碱中和，大大的降低了职工劳动强度大；

(4) 由于中和池酸碱中和操作大大减少，中和池含盐污水pH更容易稳定控制，有利于中和池系统的设备管线防腐。

5　结论

抓住主要问题，对装置进行生产优化，通过对分馏操作参数的优化调整和反应流出物的工艺流程优化，共降低装置能耗24.91kgEO/t，创造经济效益约1500万元，效果显著，实现装置的高效运行。

经过优化，新烷基化工艺与传统硫酸法烷基化工艺相比有很大竞争优势，标志着我国具有自主知识产权的硫酸烷基化技术工业推广应用取得重大成果，填补了中国石化炼油技术的一项空白。该技术推广应用前景很好，将为清洁汽油升级，为祖国的绿水青山提供技术支撑。

参　考　文　献

[1] 耿英杰. 烷基化生产工艺技术[M]. 北京：中国石化出版社，1993：1-9.
[2] 康志军. 我国烷基化技术应用进展[J]. 炼油与化工，2018，29(3)：1-3.
[3] 周灵丹，汤立新. 精馏过程节能技术浅谈[J]. 山东化工，2009，38(7)：28-32.
[4] 刘利，方丽. 硫酸法烷基化装置节能降耗措施[J]. 炼油与化工，2017，28(2)：65-67.

改造中压加氢裂化装置加工 LCO 生产汽油组分

李征容

(中国石化工程建设有限公司，北京 100101)

摘　要：催化裂化柴油(LCO)因芳烃、硫、氮以及烯烃含量高，十六烷值低、氧化安定性差等特点已成为制约柴油质量升级的因素。通过加氢裂化生产高辛烷值汽油(RLG)工艺技术可以实现劣质 LCO 最大化生产高辛烷值汽油或芳烃料，同时还可以生产低硫清洁柴油调合组分，为解决劣质 LCO 高效转化问题提供了更具广泛应用前景和经济性的新思路。研究表明，将中压加氢裂化装置改造为 RLG 装置，改造工程量较小，有望在全国范围内推广。

关键词：LCO；加氢裂化；装置改造

1　引言

催化裂化柴油(简称 LCO)具有芳烃、硫、氮以及烯烃含量高，十六烷值低、氧化安定性差等特点。国外催化裂化装置相对较少，LCO 主要用于调合燃料油、非车用柴油和加热油等。催化裂化作为我国最主要的石油二次加工工艺，大量 LCO 经加氢精制或加氢改质后用于调合柴油产品。统计资料表明，在我国商品柴油池中，LCO 所占的比例达到了 30%[1]。

近年来，随着原油日益重质化，催化裂化所加工的原料也日趋劣质化，加之许多炼化企业为提高轻质油收率，提高了催化裂化装置的操作苛刻度，导致 LCO 劣质化进一步加剧，个别企业 LCO 密度超过 $0.95g/cm^3$，芳烃含量超过 80%，十六烷值小于 20[2]。随着环保法规的日趋严格，全国将陆续实施车用柴油国Ⅳ和国Ⅴ标准，车用柴油的硫含量将逐步从不大于 50μg/g 降低到 10μg/g，十六烷值不小于 51。因此，经济合理地利用 LCO，全面提高柴油产品质量，成为各炼油企业亟需解决的问题。

催化裂化柴油(LCO)加氢裂化生产高辛烷值汽油(RLG)技术针对 LCO 高芳烃含量的特性，通过控制芳烃转化途径，将 LCO 中双环以上芳烃部分加氢饱和为单环芳烃，再将大分子的单环芳烃转化为苯、甲苯、二甲苯等高辛烷值的小分子芳烃，同时抑制单环芳烃进一步加氢饱和为环烷烃，最终生产得到高辛烷值汽油组分或 BTX 原料。

与传统的 LCO 加氢精制和加氢裂化工艺相比，RLG 技术既解决了加氢精制工艺仅能提高十六烷值 2~6 个单位且密度变化不大的问题，又避免了加氢裂化工艺产品收率低、反应压力高、投资和操作费用高以及高芳烃潜含量的石脑油需要进一步处理才能成为高辛烷值的汽油调和组分[3]等不足，是一条较为理想的 LCO 高效利用途径。

2　技术介绍

2.1　典型的原料、产品性质和物料平衡

2.1.1　原料

RLG 装置原料 LCO 通常硫含量 2000~10000 μg/g，氮含量 600~1500 μg/g，十六烷值 20~30，表 1 列出了典型的 RLG 装置原料性质。

表 1　典型的原料性质

项　目	指　标	项　目	指　标
密度(20℃)/(g/cm^3)	0.9164	十六烷指数(ASTMD-4737)	27.4
硫/(μg/g)	3390	十六烷值	22.0
氮/(μg/g)	858	总芳烃含量/%	≮64
C 含量/%	89.60	水含量/(μg/g)	<300
H 含量/%	10.36	馏程 ASTMD 86/℃	175~360

2.1.2　产品

RLG 技术主要产品为汽油组分和柴油，副产品为气体。其中汽油组分硫含量小于 10μg/g，研究法辛烷值(RON)大于 90。柴油组分硫含量小于 10μg/g，十六烷值较原料提高 8~12 个单位。典型的产品性质如表 2 所示。

表 2　典型的产品性质

产品名称	轻汽油	重汽油	全汽油馏分	柴油
切割范围/℃	<65	65~205	<205	>205
密度(20℃)/(g/cm^3)	0.626	0.821	0.785	0.865
硫含量/(μg/g)	<10	<10	<10	<10
氮含量/(μg/g)	<1	<1	<1	<5
RON	~88	92.0	~91	–
MON	~86	81.5	~81	–
苯含量/%	–	<3.0	<3.0	
实测十六烷值	–	–	–	32.1
十六烷值提高值	–	–	–	≮8

2.1.3　物料平衡

RLG 装置视原料加工难度，化学氢耗在 2.5~3.5%，产品中汽油组分收率可达 40%左右，典型的 RLG 装置物流平衡如表 3 所示。

表 3　典型 RLG 装置物料平衡

运转阶段	典型数据	运转阶段	典型数据
入方/%		出方/%	
原料油	100.00	H_2S+NH_3	0.5~2.5
氢气	2.54.5	C_1~C_4	6~10
合计	102.5~104.5	全汽油产品	30~70
		柴油产品	20~55
		合计	102.5~104.5

2.2　典型的工艺流程

图 1 为该技术典型的工艺流程，其中反应部分设有精制和裂化两台反应器，采用炉前混氢和热高分流程；分馏部分采用硫化氢汽提塔和常压分馏塔的双塔流程，汽提塔顶出干气，分馏塔顶出轻汽油，侧线抽出重汽油产品，塔底出柴油产品。

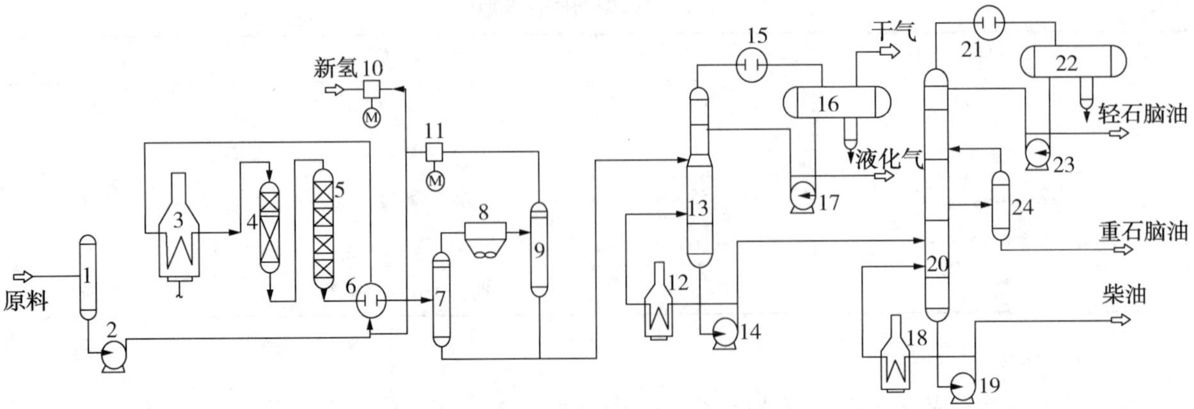

图 1 典型的工艺流程图

1—原料缓冲罐；2—反应进料泵；3—反应进料加热炉；4—加氢精制反应器；
5—加氢裂化反应器；6—反应进料/反应产物换热器；7—热高压分离器；8—热高分气空冷器；
9—冷高压分离器；10—新氢压缩机；11—新氢压缩机；12—脱丁烷塔底重沸炉；13—脱丁烷塔；
14—脱丁烷塔底泵；15—脱丁烷塔顶冷却器；16—脱丁烷塔顶回流罐；17—脱丁烷塔顶回流泵；
18—分馏塔底重沸炉；19—分馏塔底泵；20—分馏塔；21—分馏塔顶冷却器；22—分馏塔顶回流罐；
23—分馏塔顶回流泵；24—重石脑油塔

3 利用现有装置改造为 RLG 装置可行性分析

鉴于该技术可以解决炼油企业中难于处理的 LCO，因此有望在全国范围内进行推广。但新建装置投资相对较高，且需要炼油企业重新规划占地等，可能会对该技术的推广造成阻碍。另一方面，随着近些年柴油产品质量升级以及全厂扩能改造等，部分炼厂新建了处理量较大的新装置，使得一些中压加氢裂化装置处于闲置状态。如何利用中压加氢裂化装置改造为 RLG 装置，探索低成本实现 LCO 高效转化、提高炼厂经济效益是本文的研究重点。下文对中压加氢裂化装置的改造可行性进行分析。

中压加氢裂化装置与 RLG 装置的主要操作条件见表 4。

表 4 典型 RLG 装置与柴油加氢精制装置操作条件对比

项　目	RLG 装置	中压加氢裂化装置
精制反应器入口氢分压/MPa	5.0~10.0	8.5~12.5
主剂总体积空速/h^{-1}		
精制剂	基准	基准
裂化剂	基准	基准
平均反应温度(末期)/℃	300~420	300~420
循环氢量	基准	基准×1.3
新氢量	基准	基准×1.5

通过对比可以看出，RLG 装置氢耗和氢油比都大于中压加氢裂化装置，但差距较小，因此可考虑将中压加氢裂化装置改造为 RLG 装置时适当减小处理量。

以 1.2Mt/a 中压加氢裂化装置改造为 0.8Mt/a RLG 装置为例，经全装置流程模拟与关键设备核算，对主要的设备进行对比。

3.1 压缩机

通过表 5、表 6 可以看出，改造前后新氢压缩机、循环氢压缩机流量都比较接近，中压加氢裂化装置的压缩比高于 RLG 装置，主要压缩机机组能够满足 RLG 工艺要求。

表 5 新氢压缩机数据对比

新氢压缩机	1.2Mt/a 中压加氢裂化	0.8Mt/a RLG	新氢压缩机	1.2Mt/a 中压加氢裂化	0.8Mt/a RLG
流量/Nm^3/h	基准	基准	出口压力/MPa	11.0	8.5
入口压力/MPa	2.4	2.4			

表 6 循环氢压缩机数据对比

新氢压缩机	1.2Mt/a 中压加氢裂化	0.8Mt/a RLG	新氢压缩机	1.2Mt/a 中压加氢裂化	0.8Mt/a RLG
流量/Nm^3/h	基准	基准	出口压力/MPa	10.9	8.4
入口压力/MPa	8.9	6.5			

3.2 反应器

通过表 7、表 8 可以看出，精制和裂化反应器的设计温度、设计压力均能满足改造后的要求，精制反应器体积有富余，裂化反应器体积略不足，可考虑在精制反应器最下方的床层装填裂化剂，以满足改造后的空速要求。

表 7 加氢精制反应器数据对比

加氢精制反应器	1.2Mt/a 中压加氢裂化	0.8Mt/a RLG	加氢精制反应器	1.2Mt/a 中压加氢裂化	0.8Mt/a RLG
设计压力/MPa	基准	基准-3.0	装填催化剂体积/m^3	基准	基准-35
设计温度/℃	435	435			

表 8 加氢裂化反应器数据对比

加氢裂化反应器	1.2Mt/a 中压加氢裂化	0.8Mt/a RLG	加氢裂化反应器	1.2Mt/a 中压加氢裂化	0.8Mt/a RLG
设计压力/MPa	基准	基准-3.0	装填催化剂体积/m^3	基准	基准+11
设计温度/℃	435	435			

3.3 加热炉

通过表 9 可以看出，反应炉和分馏炉的负荷均能满足改造要求。

表 9 加热炉数据对比

热负荷/MW	1.2Mt/a 中压加氢裂化装置	0.8Mt/a RLG	热负荷/MW	1.2Mt/a 中压加氢裂化装置	0.8Mt/a RLG
反应进料加热炉	8.1	5.0	分馏塔进料加热炉	12.0	9.1

3.4 冷换设备

通过表 10 可以看出，冷换设备均能满足改造后的热负荷要求，部分冷换设备换热面积富裕度较大，如原装置没有跨线则需要增加跨线以便于调节。

表 10 主要冷换设备数据对比

热负荷/MW	1.2Mt/a 中压加氢裂化装置	0.8Mt/a RLG	热负荷/MW	1.2Mt/a 中压加氢裂化装置	0.8Mt/a RLG
反应产物与混氢油换热器	29.10	27.25	低分油与塔底油换热器	8.23	3.33
反应产物与低分油换热器	11.61	1.68	石脑油塔底重沸器	3.22	1.05
反应产物空冷器	16.76	8.91			

3.5 塔器

中压加氢裂化装置塔系比 RLG 装置复杂，改造后，只保留循环氢脱硫塔、脱丁烷塔、分馏塔以及石脑油分馏塔，其他塔及相应管线均用盲板隔离，经核算这 4 个塔负荷均能满足要求，无需改动。

3.6 泵

由于改造后处理量减小，部分泵需要增设最小流量线，通过部分物料循环来满足低负荷运行的要求，但这会导致部分能耗的浪费。在投资和占地允许的情况下可考虑将部分负荷较低的泵增设流量适宜的一台主泵，主要泵流量数据对比如表 11 所示。

表 11　主要泵流量数据对比

流量/m^3/h	1.2Mt/a 中压加氢裂化	0.8Mt/a RLG	流量/m^3/h	1.2Mt/a 中压加氢裂化	0.8Mt/a RLG
原料油泵	基准	基准×2/3	分馏塔底产品泵	162	74.4
反应进料泵	基准	基准×2/3	石脑油泵	58	53.9
汽提塔顶回流泵	112	110			

3.7 容器

因改造后处理量减小，原装置的容器均能满足改造后的要求。

3.8 流量计、调节阀

因改造后处理量减小，部分孔板流量计、调节阀等改造后处于低负荷条件操作，可能会导致读数不准确，可视具体情况进行更换或调整。

3.9 紧急泄放

中压加氢裂化装置一般设有 2.1MPa/min 的紧急泄放管线，与 RLG 装置要求相同，无需改造。

3.10 小结

用中压加氢裂化装置改造为 RLG 装置，流程比较接近，氢耗和氢油比的差距较小，改造时只需根据压缩机的操作条件适当减小处理量即可。主要改造内容为部分冷换设备增加跨线，部分泵增加最小流量线，将多余塔系用盲板隔离，以及更换或调整部分流量计。

4 结论

LCO 通过加氢裂化生产高辛烷值汽油工艺技术可以实现劣质催化裂化柴油最大化生产高辛烷值汽油或芳烃料，同时还可以生产低硫清洁柴油调合组分，为解决劣质催化裂化柴油高效转化的问题提供了具有更广泛应用前景和经济性的新技术。

利用中压加氢裂化装置改造为 RLG 装置，一方面可以减少投资占地，节省成本，另一方面也可充分利用闲置装置、提高资产利用率。研究表明，利用中压加氢裂化装置改造为 RLG 装置，氢耗和氢油比的差距较小，只需根据压缩机的操作条件适当减小处理量即可，且反应器与塔系都比较匹配，改造工程量较小。各炼厂可根据具体情况进行相应改造，实现 LCO 高效转化。

参 考 文 献

[1] 李大东. 加氢处理工艺与工程. 中国石化出版社，2004：1-2.
[2] 黄新露，曾榕辉. 催化裂化柴油加工方案的探讨. 中外能源，2012，17(7)：75-80.
[3] 王福江，张毓莹，龙湘云，等. 催化裂化柴油馏分加氢精制提高十六烷值研究. 石油炼制与化工，2013，44(10)：27~31.

硫黄回收液硫脱气工艺设计总结

李 健 朱学军 张晓华

（中国石化工程建设有限公司，北京 100101）

摘 要：液硫中溶解的 H_2S 及多硫化物会使硫黄成型装置周围环境 H_2S 含量超标，造成设备腐蚀加重，对操作人员健康带来不利影响。本文结合某天然气净化厂硫黄回收装置液硫脱气部分工艺运行情况，对循环喷射+空气鼓泡的液硫脱气工艺的设计进行分析总结，通过 ProMax 软件对液硫脱气过程进行模拟计算。

关键词：液硫脱气；喷射+鼓泡工艺；ProMax

1 引言

克劳斯工艺是目前国内大型硫黄回收装置普遍采用的工艺路线[1]。液硫冷凝的过程中由于气液两相的平衡原因，液硫中往往含有一定量的 H_2S 以多硫化物（H_2S_x）和 H_2S 形式存在的。这部分 H_2S 会造成设备腐蚀影响装置长周期稳定运行，对操作人员健康造成损害。目前行业内通常要求将液硫中总 H_2S 含量脱至 10μg/g 以下。关于液硫脱气的方法很多，但文献对于各种方法脱气效果的报道很少。

某大型天然气净化厂 2009 年 10 月投产，最大硫黄产量为 3.12Mt/a，位居亚洲第一。本文结合该净化厂生产实践，采用循环喷射+鼓泡工艺，保证液硫产品中 H_2S 满足国标要求，对脱气设计要点及运行情况进行总结。同时对该脱气工艺进行模拟计算，为生产实践提供指导。

2 净化厂硫黄回收单元简介

某大型天然气净化厂单列硫黄回收单元正常产量 0.2Mt/a，最大产量为 0.26Mt/a，采用的是一段高温热转化加两段低温催化转化的工艺。反应炉为预留双区设置，反应炉废热锅炉采用两段设计来减少热通量以提高设备的可靠性，回收的废热用来产生高压蒸汽。两级 CLAUS 催化反应器入口采用单元自产高压蒸汽间接加热。单元的硫回收率约为 95%，剩余的尾气送至尾气处理单元。硫黄回收单元的工艺流程图见图 1。

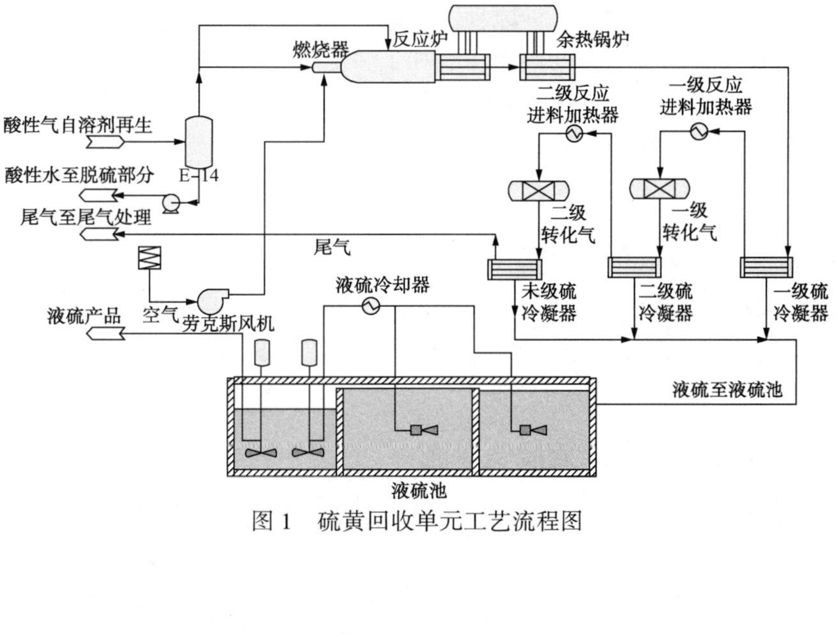

图 1 硫黄回收单元工艺流程图

3 液硫中 H_2S 来源及危害

硫黄回收单元的液硫是在各硫冷凝器中冷凝分离出来的，液硫中往往会溶解少量的 H_2S。根据各硫冷凝器的温度及过程气中 H_2S 分压不同，液硫中的 H_2S 含量也有所不同[2]，典型数据见表 1。

表 1 硫冷凝器中液硫 H_2S 典型含量

硫冷凝器	一级	二级	三级
H_2S 分压/atm	0.0873	0.0507	0.0168
H_2S 含量/(μg/g)	500~700	180~280	70~110

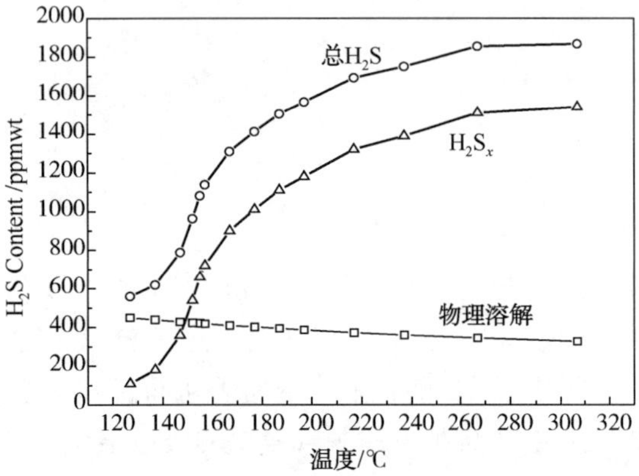

图 2 不同温度下液硫中 H_2S 含量

H_2S 溶于液硫不仅有物理溶解，还伴有化学反应生成多硫化物 H_2S_x(x 通常为 2~8)，其反应过程如下：$H_2S+S_x-1 \leftrightarrow H_2S_x$。由图 2 的数据可以看出：$H_2S$ 的溶解度随着温度的升高略有降低，而多硫化物的生产量随着温度的升高而快速增加，所以液硫中总的 H_2S 溶解量也随着温度的升高而增加。

在液硫运输和成型过程中，由于多硫化物会缓慢分解并释放出 H_2S，按照国际惯例，从卫生和安全的角度应将液硫中的 H_2S 浓度降至 10μg/g 以下。大型天然气净化厂液硫产品中 H_2S 如未能达到设计要求(<10μg/g)，再加上硫黄产量较大，释放出的 H_2S 产生的会产生如下不利影响：

(1) 硫黄成型、包装码垛及储存仓库 H_2S 恶臭味明显，是全厂工作环境最恶劣的地方，在某些低洼窝风的地点甚至出现过 H_2S 报警，对操作人员人身健康带来危害。

(2) 设备腐蚀。空气中 H_2S 浓度较高，现场空气湿度较大，现场设备、建筑物及仪表线长期处于该环境中，易出现不同程度的腐蚀损害。

(3) 未脱气完全的液硫经成型后生成的固体硫黄产品强度差，在运输和装卸的过程中容易破碎产生硫黄粉尘，增加火灾和爆炸的危险性。

4 液硫脱气工艺原理

各种液硫脱气工艺主要基于以下几种原理进行设计和操作：

(1) 在较低的温度下进行液硫脱气操作，有利于多硫化物的分解。

(2) 在脱气过程中让液硫在液硫池内有足够长的停留时间。

(3) 通过喷射或者搅动等机械措施在液硫内部产生剪切力促进多硫化物分子链的断裂，使之分解释放出 H_2S。

(4) 向液硫内通入气体进行气提，通入的气体应不含 H_2S 或含有极少量 H_2S，适用于气提的气体主要为燃料气、氮气和空气等。

根据上述原理，液硫脱气工艺可分为机械搅拌工艺和气体气提工艺。目前国内外文献报道比较多的脱气工艺主要有：D'GAASS 工艺、WorleyParsons 工艺、Shell 工艺、Aquisulf 工艺、Amoco 工艺和 HySpec 工艺等[3]。

5 净化厂循环喷射+鼓泡液硫脱气工艺

净化厂采用的喷射+鼓泡液硫脱气工艺分为液硫降温循环喷射部分及液硫鼓泡两部分，工艺流程图见图 4。

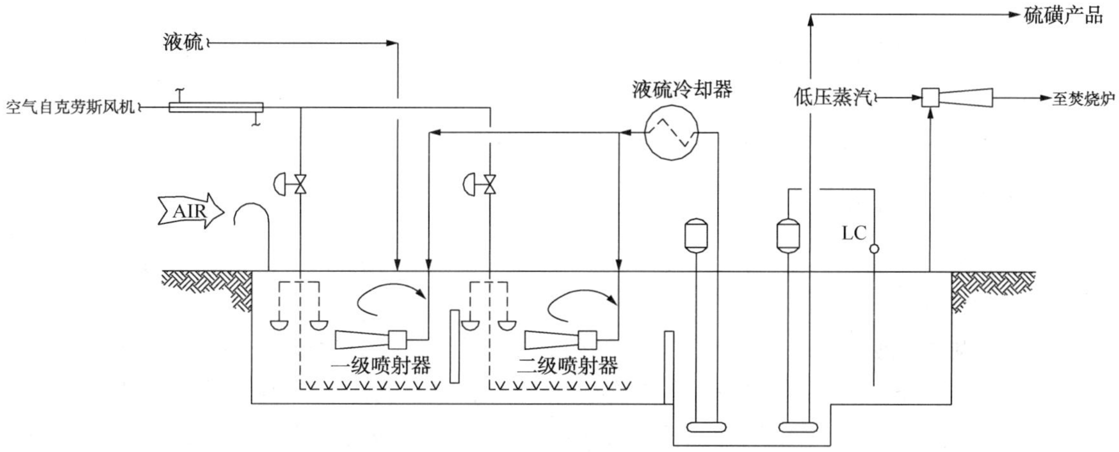

图 3　循环喷射+鼓泡脱气工艺工艺流程图

5.1　循环喷射部分工艺及设计

天然气净化厂所采用的循环喷射工艺属于降温机械搅拌工艺范畴。液硫池由两个液流脱气区及一个产品区组成，在每个脱气区内设有 5 个脱气喷射器。其工艺原理为：液硫在液硫池的不同分区中循环流动，并通过一、二级喷射器进行机械搅动，将溶解在液硫中的 H_2S 释放到气相，然后通过抽空器送入尾气焚烧炉，同时维持气相中的 H_2S 浓度在爆炸极限以下。由于降低温度能够促进多硫化物 H_2S_x 的分解从而降低 H_2S 在液硫中的溶解度，因此需液硫冷却器降低液硫温度。

来自各冷凝器的液硫靠重力自流入第一脱气区，液硫与脱气喷射器喷出的液硫进行混合搅动，脱除溶解在其中的 H_2S，脱气后的液硫溢流至第二脱气区。脱气后的液硫自液硫池脱气区溢流至存储区，一部分脱气液硫经液硫池泵升压后进入硫黄冷却器，冷却至 129℃ 后作为动力液硫再循环回脱气区至脱气喷射器，每个脱气区动力液硫的流量为 5.5t/h。液硫池中的液硫在喷射出液硫的带动下搅动，脱气后的产品液硫用液硫产品泵送至液硫成型单元生产固体硫黄产品。液硫池上方设有抽空器。抽空器以低压蒸汽(0.35MPa，148℃)作为动力源，流量约为 726kg/h，使液硫池内的气相空间保持微负压，将液硫池废气抽出送至尾气焚烧炉。

循环喷射部分设计原则如下：

(1) 降低液硫温度以减少液硫中 H_2S 及多硫化物量。

(2) 液硫冷却器可用于预热低压锅炉给水，也可考虑产生低低压蒸汽。

(3) 液硫脱气喷射器根据液硫池的尺寸可布置在液硫池两侧，也可布置在中心位置；喷射器出口向斜上方一定角度喷射以促进液硫池内湍动。

(4) 喷射器以冷却后液硫为动力源，动力流与抽入流的比例需保证液硫池内的充分混合。

(5) 液硫池第一脱气区、第二脱气区停留时间保证液硫进行充分的脱气。

5.2　液硫鼓泡部分工艺及设计

在原有循环喷射流程不变的情况下，增加了一套空气鼓泡设施。从克劳斯风机出口引出一股空气(温度 100℃，压力 0.095MPa)分别引入液硫池一区和二区到达液硫池底部。预热后的空气从小孔均匀流出，与喷射器喷出的液硫充分接触，将液硫中溶解的 H_2S 带出，促进多硫化物的分解，同时空气对 H_2S 也具有一定的氧化作用，能有效减少液硫中的残存的 H_2S 含量。液硫池空气的注入量通过调节阀进行调节。由于鼓泡空气的注入量小于液硫池正常操作时吸入的空气量，意味着鼓泡空气注入只是减少了液硫池通气孔吸入的空气量，对抽空器的操作负荷没有影响。

液硫鼓泡部分设计原则如下：

(1) 为防止温度局部过低引起堵塞，鼓泡空气通过夹套管线或套管换热器预热。

(2) 鼓泡空气管线根据液硫池尺寸设置分支管，每个分支管上间隔一定距离开孔，保证鼓泡空气与液硫充分接触。

(3) 如果鼓泡空气量超过吸入空气量，则需适当加大蒸汽喷射器蒸汽的注入量保证液硫池气相空间的负压。

(4) 鼓泡空气管线上应设置紧急切断阀，在液硫池火灾工况应联锁切断鼓泡空气。

6 液硫脱气工艺运行

天然气净化厂 2009~2010 年陆续投产。生产过程中一级、二级和末级硫冷凝器的出口温度分别为 174℃、170℃和 137℃，变化不大。

采用循环喷射+鼓泡工艺的液硫脱气效果见表 2。装置酸性气负荷在 40%~99%之间波动，不同的鼓泡空气注入量时 H_2S 的脱除效果。在鼓泡空气注入前，液硫池内的 H_2S 浓度约为 50μg/g，鼓泡空气注入后，液硫中 H_2S 含量明显下降，平均为 6.6μg/g，增大鼓泡空气的注入量至 600kg/h，液硫中 H_2S 平均含量将为 4.9μg/g，指标远远优于标准。液硫池气相空间为微负压。

表 2 循环喷射+鼓泡工艺液硫中 H_2S 含量

酸气流量/(Nm^3/h)	操作负荷/%	空气注入量/(kg/h)	液硫池温度/℃	抽空器流量/(kg/h)	平均 H_2S 含量/(μg/g)
13323	41.63	330	146.1	820	6.2
13323	41.63	330	146.1	820	6.2
13831	43.22	330	146	820	5.7
18054	56.42	330	147	970	9.2
24000	75	330	146	820	5.53
28000	87.5	330	147	970	7.1
31800	99.38	330	148.1	810	6.3
22805	71.27	600	146.1	790	5.35
23000	71.88	600	147.5	820	5.88
23342	72.94	600	146.7	810	5.08
23500	73.44	600	145.5	820	3.31
24081	75.25	600	146.2	810	4.07
25800	80.63	600	147.6	820	5.11
31600	98.75	600	147.8	820	5.51

7 液硫脱气流程模拟

ProMax 软件为美国 Bryan Research & Engineering 公司开发的用于天然气净化及硫黄回收的模拟软件。采用 ProMax 软件对装置 100%负荷时空气鼓泡液硫脱气流程进行模拟，物性数据包选用 Sulfur_RK，对硫黄回收及液硫脱气部分进行 100%负荷下的流程模拟，考察不同的空气量对液硫中 H_2S 含量的影响。液硫池中未脱气液硫中 H_2S 为 193μg/g，液硫池温度设定为 147℃。首先确定液硫池鼓泡空气的通入量，吹扫空气量再与脱气废气混合，应保证液硫池上部空间的 H_2S 浓度低于 H_2S 爆炸极限的 10%，据此算出吹扫空气量。计算结果与现场结果对比见表 3。可以看出，装置 100%操作时，保证液硫脱气达到 10μg/g 以下，鼓泡空气的通入量应至少在 330kg/h，液硫池空气吸入口还应吸入 734kg 的吹扫空气保证液硫池气相空间的 H_2S 不超标。当鼓泡空气通入量为 600kg/h 时，模拟数据与现场数据基本吻合。

表 3　模拟数据与现场数据对比

鼓泡空气量/(kg/h)	计算液硫中 H_2S 含量/(μg/g)	现场液硫中 H_2S 含量/(μg/g)	脱气废气 H_2S 含量/%	需吹扫空气量/(kg/h)
250	12.65	—	1.47	734
330	9.73	5.53~9.2	1.13	654
450	7.22	—	0.84	534
600	5.44	3.31~5.88	0.64	384

8　结束

大型天然气净化厂硫黄产量较大，液硫脱气问题关系到工厂长周期稳定运行与员工身心健康。喷射+空气鼓泡工艺在利用原有流程及设备的情况下，解决了净化厂的液硫脱气问题，使液硫中 H_2S 含量降至 10μg/g 以下，流程模拟的数据与现场实际操作数据相互验证。该工艺流程简单，设备一次性投资较低，公用工程消耗低，对硫黄产品性质及成型装置的操作没有影响，适宜在相关装置进行推广。

参　考　文　献

[1] 王开岳. 天然气净化工艺[M]. 北京：石油工业出版社，2005.
[2] 陈赓良，肖学兰，等. 克劳斯法硫黄回收工艺技术[M]. 北京：石油工业出版社，2007.
[3] P. E. Mahinrameshni. 集液硫脱气于一体的硫黄收集系统新标准(RSE-D)™[J]. 硫酸工业，2010(5)：41-49.

柴油液相循环加氢装置国Ⅴ升级改造总结

郝　妍

(中国石化九江分公司，江西九江　332004)

摘　要：2015 年 12 月 10 日九江石化 1.5Mt/a 柴油液相循环加氢装置进行了生产满足国Ⅴ排放标准车柴(国Ⅴ柴油)的升级改造，此次柴油国Ⅴ升级改造反应部分新增加一台反应器(R102)，并对分馏系统进行优化改造。2016 年 5 月 13 日，对该装置的改造、运行情况进行了标定，标定结果表明，装置改造成功，装置使用的 FHUDS-2 催化剂体系具有良好的活性，能够满足生产国Ⅴ柴油的要求。

关键词：柴油；液相加氢；国Ⅴ改造；加氢脱硫

1　前言

九江石化 1.5Mt/a 柴油液相循环加氢装置采用国产化 SRH 液相循环加氢工艺技术，选用抚研院研制开发的 FHUDS-2 催化剂，装置加工原料为直馏柴油和渣加柴油。SRH 技术法与常规的滴流床加氢技术相比，降低了装置投资和操作成本[1]。为适应 2017 年我国对柴油升级至国Ⅴ标准的要求，九江石化推进柴油液相循环加氢装置的改造，改造后装置产品达到国Ⅴ标准。

2　装置改造内容

1.5Mt/a 柴油液相循环加氢装置于 2012 年 1 月投产成功产出国Ⅳ合格柴油，在 2014 年加工常减压常二线油单一原料时，产出国Ⅴ合格柴油。为适应成品油升级计划，应对原料劣质化，稳定生产国Ⅴ柴油，根据装置原有加工流程，在 SRH 工艺基础上进行改造。

改造的主要内容有：

(1) 新增加氢反应器 R102、石脑油回流泵，对原有的新氢压缩机进行扩容改造。

(2) 对部分管线进行扩径，同时对配套仪表、阀门进行扩容。

(3) 新增在线硫分析仪。

改造后反应部分原则流程图见图 1。

改造后以加工高硫直馏柴油为主，使用抚研院的新型适应低溶氢环境的 FHUDS-5 催化剂，该剂理化性质见表 1。

表 1　催化剂理化性质

催化剂名称	FHUDS-5	催化剂名称	FHUDS-5
化学组成	Mo-Co	直径/mm	1.1~1.3
孔容/(mL/g)	<0.35	长度/mm	2~8
比表面积/(m^2/g)	≮190	自然装填密度/(t/m^3)	0.78~0.83
形状	三叶草	耐压强度/(N/mm)	≮150

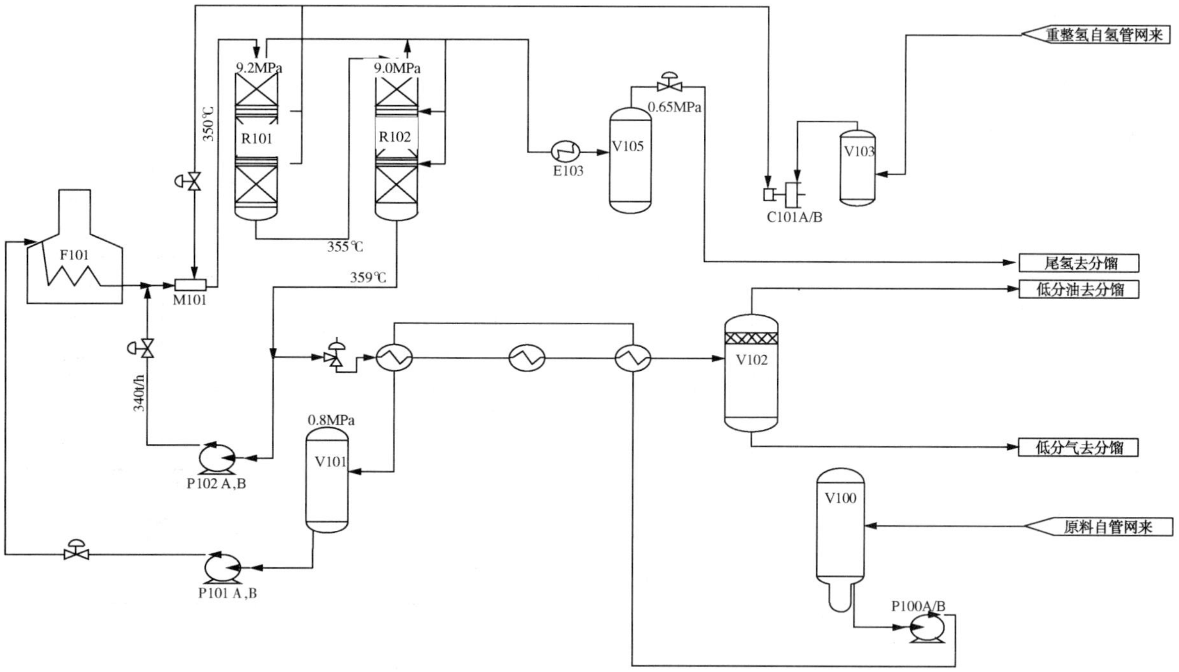

图 1　SRH 液相循环柴油加氢装置改造后反应部分原则流程图

3　装置升级

3.1　新增反应器及催化剂装填

新增反应器 R102 共装入 FHUDS-5 催化剂 106.4t，另使用了约 40t 瓷球用作催化剂支撑，采取密相装填，其中下床层堆比较高，达 0.925t/m^3。中床层堆比为 0.887t/m^3，上床层受设备限制，采用普通装填，堆比为 0.861t/m^3。

催化剂具体装填数据见表 2。由实际装填和预计装填的对比可以看出，采取密相装填后，催化剂的平均装填堆比为 0.891t/m^3，高于自然堆比最大值 0.83t/m^3，较自然堆比的预计装填量多装填 7t 催化剂。

表 2　R102 反应器催化剂装填表

床层	序号	装填物质	理论装填量			实际装填量			
			层高/mm	体积/m^3	质量/t	层高/mm	体积/m^3	质量/t	堆比/(t/m^3)
上床层	1	FHUDS-5	1950	29.64	27.57	1700	25.84	22.24	0.861
中床层	2	FHUDS-5	2530	38.45	32.31	2540	38.60	34.24	0.887
下床层	3	FHUDS-5	3200	48.63	45.25	3550	53.95	49.92	0.925

3.2　新增动设备

新增反应器后，由于反应空速降低，原料与催化剂接触时间延长，反应深度加深。一方面需要更多的氢气满足反应过程中消耗的氢气，维持反应器中的氢分压，因此对原新氢压缩机缸体进行扩容；另一方面，由于反应加深，轻端产品收率提高，因此对原石脑油回流及出装置管线进行扩径，同时增设大功率的石脑油回流泵，满足产品收率变化的需要。

3.3　新增在线硫分析仪

产品标准达到国Ⅴ之后，精制柴油产品硫含量调和余地极小。为稳定生产国Ⅴ合格柴油，避免因生产波动造成储罐内柴油不合格，在出装置管线上增设在线硫分析仪。用在线分析仪来代替采样分析过程，实现实时监控产品硫含量的目的。

4 改造标定

2016年6月6日~6月8日，为进一步测试装置改造后的加工能力，组织对装置进行标定。

4.1 原料和产品性质分析

本次标定装置的原料全部为直馏柴油。标定期间原料性质较为稳定，原料性质见表3。

表3 原料性质

项　目	设计值	原料性质	项　目	设计值	原料性质
10%/℃	213	203	氮含量/(mg/kg)	160	148
50%/℃	275	271	硫含量/(μg/g)	4225	3560
90%/℃	339	331	密度(20℃)/(kg/m^3)	843	821.6
95%/℃	351	346	溴价/(mgBr/100g)		3.2

标定期间产品主要性质见表4。

表4 标定期间产品性质

项　目	设计值	实际值	项　目	设计值	实际值
HK/℃	180	154.0	硫含量/(μg/g)	≯10	7
10%/℃		194.0	氮含量/(mg/kg)	160	150
50%/℃	276	262.0	闪点/℃		65
90%/℃	338	322.0	十六烷指数	54.9	55
95%/℃		338	密度(20℃)/(kg/m^3)	830	820.5

本次标定，从原料油组成看，馏程与设计相比除10%馏程段偏轻外，其他基本一致，原料氮含量一致，原料硫含量比较接近。根据全厂流程装置以加工直馏柴油为主，因上游装置产出的用于加工航煤的常一线直馏柴油相对过剩，全部进入本装置加工，使得本次标定的原料油与改造前的原料油相比，轻端组分相对增加。造成本次标定柴油产品夹带部分石脑油组分，馏程较设计值向轻组分偏移，密度较设计值偏小。

装置改造后，产品硫含量低至7μg/g，脱硫率达到99.9%，产品达到国V标准。

4.2 主要操作参数分析

标定期间主要操作参数见表5。

表5 生产操作参数

项　目	设计值	实际值	项　目	设计值	实际值
反应进料量/(t/h)	178.6	178	R101入口压力/MPa	10.0	9.4
R101体积空速	0.85	0.8	R101入口温度/℃	350/380	366
循环油比	1.5	2.0	R102入口压力/MPa		9.24
新氢补充量/(Nm^3/h)	17497	10500	R102入口温度/℃	360/388	373.7

标定工艺条件与设计条件对比说明：改造后装置的新鲜进料178t/h，达到设计负荷的99%。改造后在装置标定期间表现出对柴油的处理能力基本达到要求。改造后增加的催化剂藏量，使得反应空速与设计值基本一致。在空速为0.8h^{-1}，反应器入口氢分压为9.4MPa，平均反应温度为366℃，新氢量为10500Nm^3/h的条件下，能生产精制柴油硫含量小于10μg/g的国V车用柴油。与设计条件相比，相差较大的数据为循环油比、新氢补充量和反应器入口温度。3个参数的相差原因如下：一是此时改造处于装置第二个运行周期的第一年，出于对改造工程工期安排和催化剂寿命的

考虑，改造时未更换或再生原反应器中的催化剂；二是标定期间出于稳定循环油工况的考虑，也选择了原循环油比的控制方案，未进一步降低循环油比；三是新氢补充量由 7500Nm³/h 逐步提至 10500Nm³/h 后产出合格产品。

4.3 标定能耗分析

标定期间能耗情况见表 6、表 7。

表 6 标定期间公用工程消耗

项　目	设计值	实际值	对比	项　目	设计值	实际值	对比
新鲜水/(t/h)	—	0.67	0.67	电/kW·h	3318.6	2747.7	-570.9
循环水/(t/h)	211.7	341.6	129.9	1.0MPa 蒸汽/(t/h)	-14.5	-10.3	4.2
除氧水/(t/h)	21	8.7	-12.3	燃料气/(t/h)	1.08	1.16	0.08
除盐水/(t/h)	—	0.08	0.08	负荷/(t/h)	178.5	176.9	-1.6

表 7 标定期间单位能耗

项　目	单位能耗(设计值)/(kgEO/t)	单位能耗(实际值)/(kgEO/t)	对　比	项　目	单位能耗(设计值)/(kgEO/t)	单位能耗(实际值)/(kgEO/t)	对　比
新鲜水	—	—	—	1.0MPa 蒸汽	-6.17	-4.98	1.19
循环水	0.12	0.22	0.1	燃料气	6.05	7.02	0.97
除氧水	1.08	0.51	-0.57	热输出	-0.26	-0.71	-0.45
除盐水	—	—	—	能耗	5.06	6.09	1.03
电	4.24	4.03	-0.21				

装置设计改造后能耗与改造前基本持平。装置标定期间能耗较设计值偏高 1.03 个单位，主要体现在：

（1）标定期间装置加工负荷未达到满负荷，仅为设计负荷的 99%；

（2）燃料气消耗较设计值偏大原因，一是设计为热供料，标定时装置外部来料为冷进料，经过换热后进 V101 的温度仅为 276℃，设计值为 282℃；二是燃料气中无效组成氮气含量过高，占体积分数的 9%，设计燃料气中不含无效组分，且设计热值是标定燃料气热值的 122%，经测算 F101 实际消耗为 1.07t/h，与设计值 0.714t/h 比较有较大偏差。

（3）1.0MPa 蒸汽产出量与加热炉烟气余热和分馏塔塔底精制柴油温度相关。由于加热炉工况受燃烧气组成影响，烟气余热少，塔底精制柴油温度低，1.0MPa 蒸汽产出较设计量偏少。

5 结论

（1）1.5Mt/a 柴油液相循环加氢装置经过升级改造后，采用抚研院研制开发的 FHUDS-2 催化剂，能够稳定生产出符合国Ⅴ标准的车用柴油产品。

（2）标定结果表明，在生产国Ⅴ柴油时，装置的生产能力可以达到设计满负荷的要求。装置改造后能耗比原设计略增加，对分馏系统进行优化改造后，操作稳定，产品柴油符合国Ⅴ标准，运行结果表明，1.5Mt/a 柴油液相循环加氢装置生产国Ⅴ柴油的升级改造实现了预期目标。

参 考 文 献

[1] 刘兵乓. SRH 液相加氢技术在柴油加氢装置中的工业应用[J]. 广东化工，2013，3：109-110.

催化汽油吸附脱硫装置闭锁料斗控制程序调整与优化

毛　云

(中国石化九江分公司，江西九江　332004)

摘　要：中国石化九江分公司催化汽油吸附脱硫装置在试生产过程中，闭锁料斗控制系统频繁跳停，严重影响装置连续平稳运行。通过调整闭锁料斗控制系统预设参数，针对性的优化系统操作条件，有效减少问题发生，延长设备使用寿命，使控制系统运行趋于稳定。

关键词：吸附脱硫装置；闭锁料斗；调整优化

1　引言

中国石化九江石化公司1.2Mt/a催化汽油吸附脱硫装置(以下简称S Zorb装置)由进料与脱硫反应、吸附剂再生、吸附剂循环、产品稳定4部分组成。以催化汽油为原料，主要产品为超低硫精制汽油，产品硫含量不大于10mg/kg，是国Ⅵ车用汽油的重要调和组分。装置于2016年6月30日建成，2016年9月12日一次开车成功。

装置试生产运行前3个月，多次出现因闭锁料斗控制系统异常停运造成的生产波动，对装置平稳运行、产品质量控制均有不利影响。

2　闭锁料斗概述

2.1　作用

闭锁料斗是吸附剂循环的核心，作用是将吸附剂从高压的反应系统输送至低压的再生系统，并将再生后的吸附剂由低压的再生系统输送至高压的反应系统，在输送过程中对吸附剂进行氮气吹扫，保证氢氧的隔绝。维持吸附剂的循环，保证反应系统内吸附剂的活性。该循环过程操作频繁，对安全要求较高，因此设置独立的控制系统以满足连续生产的需要。

2.2　程序控制

九江石化S Zorb装置闭锁料斗控制系统(Lockhopper management system)(以下简称LMS系统)采用的是北京康吉森公司的TRICON的系统。系统预先在控制卡内编制好运行程序，装置正常运行时，LMS系统按照预编程好的程序步序逐步运行来控制现场执行设备，实现对吸附剂的输送功能[1]。

主要步序依次为1到9步，如表1所示。

表1　闭锁料斗步序列表

步序	描述	步序	描述	步序	描述
1.1	循环氢压力调节	4.1	氮气压力调节	7	氮气向大气吹扫氧气
1.2	反应器向闭锁料斗装剂	4.2	向再生进料罐卸剂	8	循环氢气压力调节
2.1	向燃料气管网减压	5	程序等待	9	闭锁料斗向还原器卸剂
2.2	向火炬减压	6.1	氮气压力调节		
3	氮气向火炬吹烃	6.2	再生器向闭锁料斗装剂		

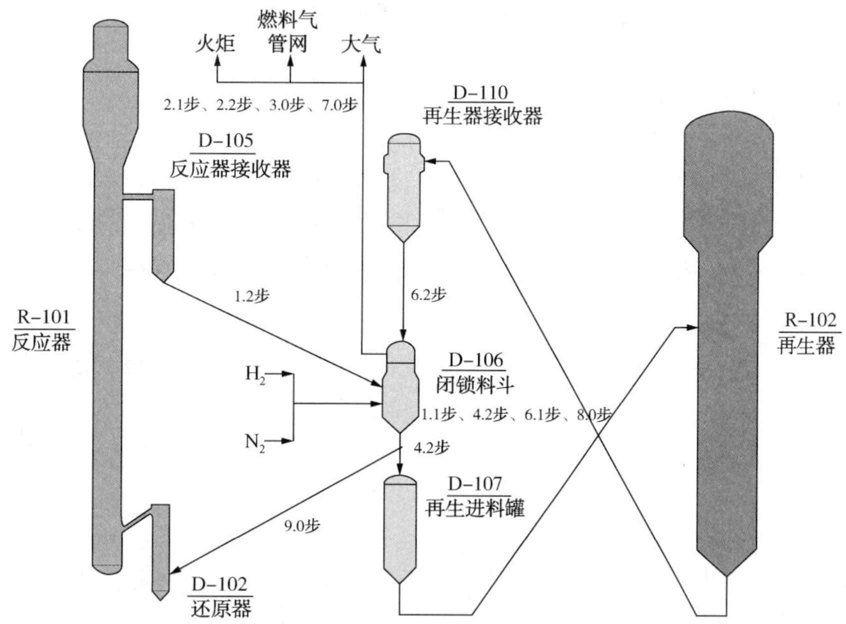

图 1　闭锁料斗吸附剂循环流程示意

操作人员通过在 LMS 系统控制台上对各步序的相关参数进行调节来实现操作控制。

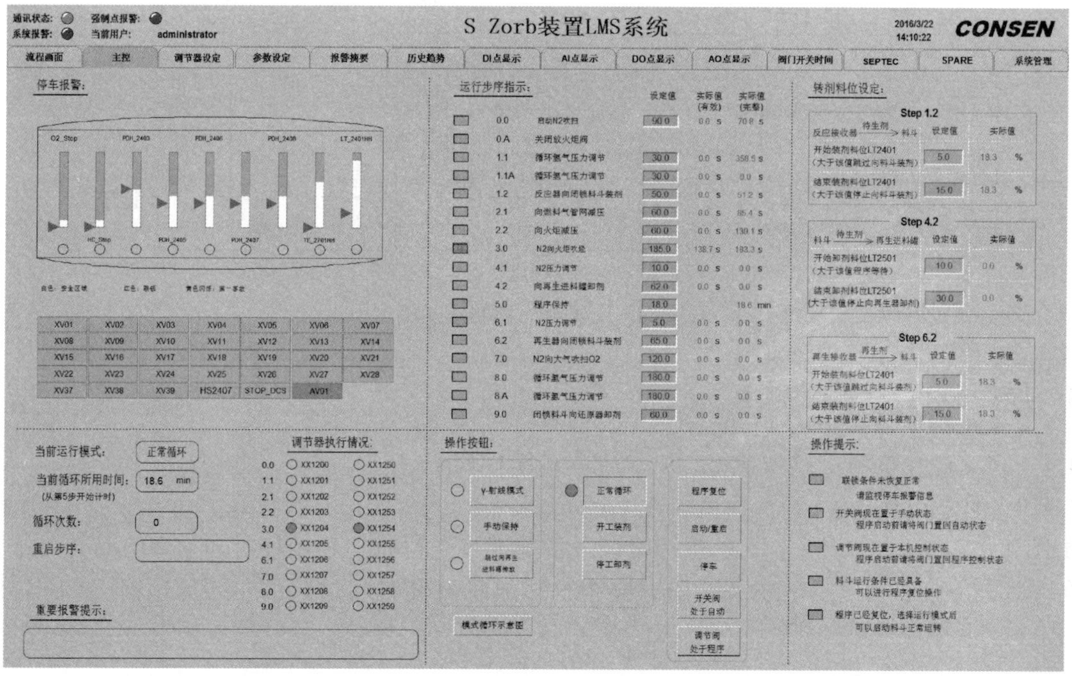

图 2　LMS 系统控制画面

3　存在问题

3.1　闭锁料斗循环时间过长

闭锁料斗控制程序总循环时间为该轮 6.1 步开始至下一轮 6.1 步开始，由每步阀门开关时间及调整运行时间共同组成。开工初期系统循环时间为 30min，慢于同类装置平均时间 20~25min。

3.2　闭锁料斗程控阀门开关超时

在 LMS 系统正常运行时，系统持续记录阀门开关时间，记录值高于 8s 时判定为阀门故障，控制系统停运。1.2 步用程控阀 XV2402 在运行 2 个月后连续出现关闭时间超时(>8s)，造成 LMS 系统跳停。

3.3 闭锁料斗 1.2 步装剂过多

闭锁料斗控制程序设计装料步序包括 1.2 步反应器向闭锁料斗装剂、6.2 步再生器向闭锁料斗装剂。设计卸料步序包括 4.2 步闭锁料斗向再生进料罐卸剂、9.0 步闭锁料斗向还原器卸剂。上述步序过程通过合理设置压差范围，依次开启对应程控阀，来完成相应两设备间吸附剂的输送。闭锁料斗控制示意图见图 3。在实际生产过程中主要出现以下问题：1.2 步转剂速度过快，结束收剂料位设定为 0.1%时，闭锁料斗完成收料后仍达 60%以上，导致吸附剂最小循环流量难以控制。

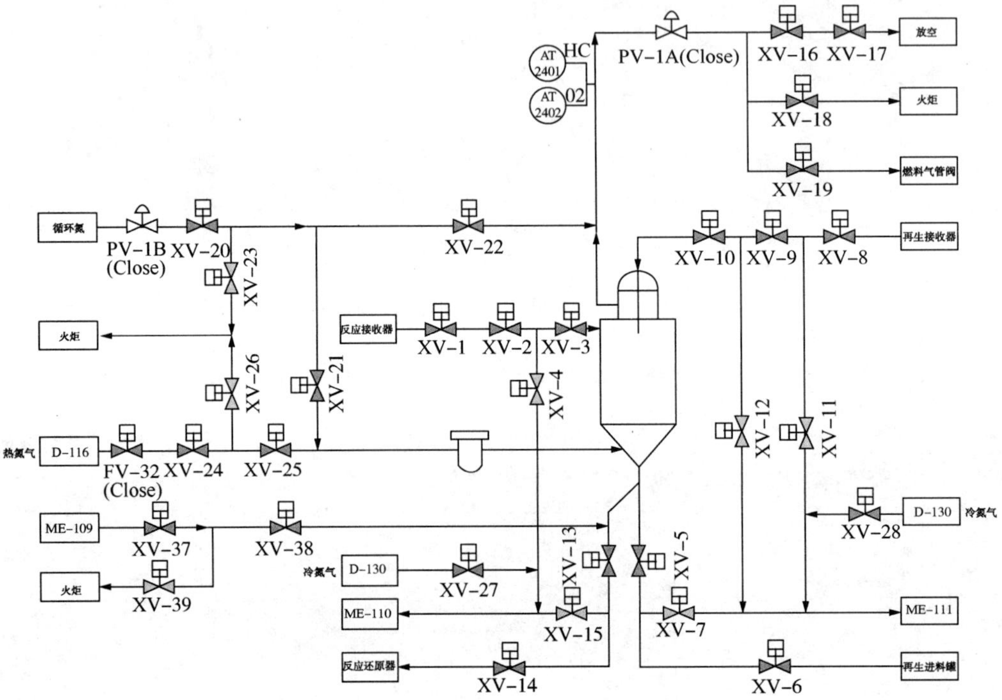

图 3 闭锁料斗控制示意图

4 原因分析及改进措施

4.1 闭锁料斗循环时间过长的原因分析及改进措施

4.1.1 原因分析

由图 4 可以看出，按照 LMS 系统初始设定参数进行运行时，总循环时间为 29.6min。根据闭锁料斗各步序运行目的和操作参数设定进行分析，造成总循环时间过长的主要原因有：(1)4.1 步氮

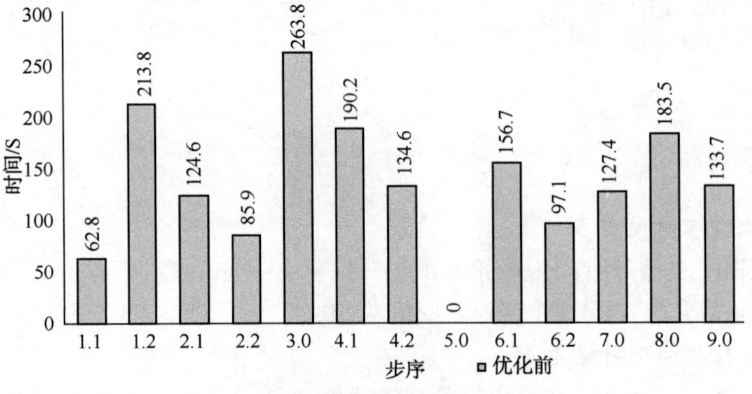

图 4 优化前闭锁料斗步序耗时情况

气升压步序，预设氮气流量为 39Nm³/h，进气流量低导致升压时间增加；(2)6.1 步氮气降压步序，预设氮气流量 110Nm³/h，进气流量高导致降压时间增加；(3)压力调节器 PIC2401A 调节幅度慢，致使各步序调压时间偏长。

4.1.2　改进措施

调整参数设定：(1)4.1 步氮气压力调节步序中氮气设定流量由 39Nm³/h 逐步增加至 110Nm³/h；(2)6.1 步氮气压力调节步序中氮气设定流量由 110Nm³/h 逐步降低至 80Nm³/h；(3)调整调节器 PIC2401A 预设 PID 参数，比例 K_p 由 10 增至 28，积分 T_i 由 5 减至 3。(4)8.0 步循环氢压力调节步序中调节器 PIC2401B 调节斜率由 1.2MPa/min 提高至 1.4MPa/min。

4.1.3　实施效果

通过参数优化调整吸附剂总循环时间降低至 25.4min。由图 5 看出 4.1 步、6.1 步、8.0 步调压有效时间明显减少，总循环时间减少约 11.5%。

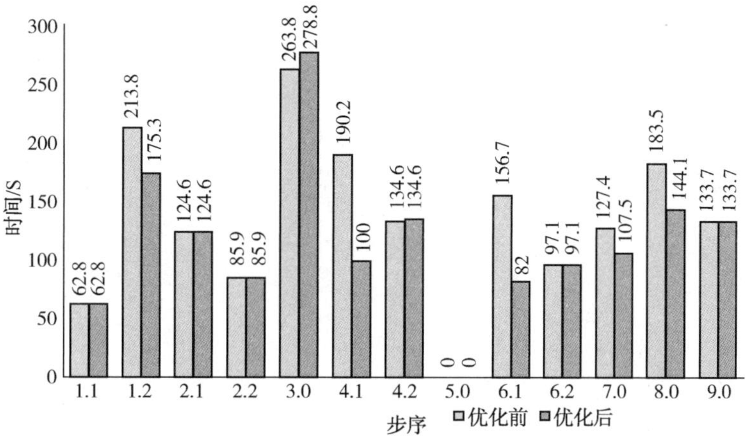

图 5　优化前后闭锁料斗步序耗时对比

4.2　闭锁料斗程控阀门开关超时的原因分析及改进措施

4.2.1　原因分析

程控阀关闭时间超时与实际运行环境有关。程控球阀主要应用于吸附剂、吸附剂载体、氢气、氮气和油气等混合介质中，介质很容易黏结在金属球体表面，如果球体和阀座之间的间隙稍大，就会造成球体之间的黏结介质在开关时不能被完全刮除，带到阀体内，极易使球阀快速磨损，并且造成阀门开关不畅，阀门卡涩等现象[2]。2017 年检修过程中 XV2402 阀拆检情况见图 6、图 7。

图 6　XV2402 阀座情况

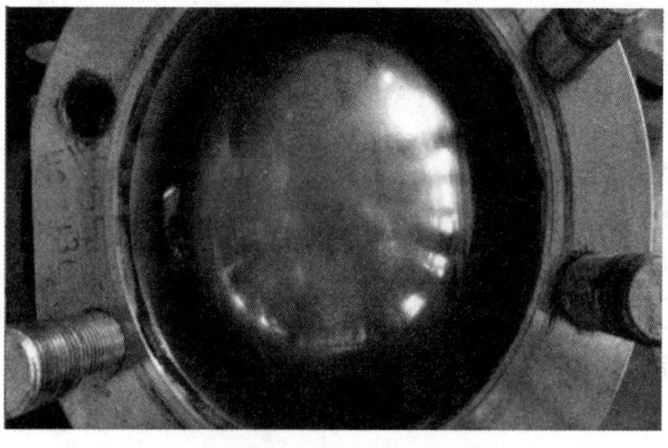

图 7　XV2402 球面情况

4.2.2　改进措施

将 LMS 系统中 1.2 步参数设定 XV2402 阀延时关闭时间由 10s 提高至 50s。以 1.2 步收料完毕时，XV2401 阀关闭完成至闭锁料斗料位不再上涨所耗用的时间为最小设定数值，确保程控阀 XV2402 阀关闭过程中输送管线内无吸附剂存在，优化阀门运行环境。

同时类比调节 4.2 步中 XV2406 阀延迟关闭时间、6.2 步中 XV2409 阀延迟关闭时间、9.0 步中 XV2414 阀延迟关闭时间。

4.2.3 实施效果

调整完毕后，闭锁料斗程控阀门均未出现因阀门卡涩造成的开关超时问题，其中 XV2402 阀在调整以后半年的运行时间内开关时间均稳定在 4.7s。

4.3 闭锁料斗 1.2 步装剂过多的原因分析及改进措施

4.3.1 原因分析

在 LMS 系统中，转剂速率的快慢受两台设备的压力差决定。例如：1.2 步 D105 向 D106 转剂过程中，PI2301 为 D105 底部压力，PI2401 为 D106 压力，压差 PDI2301＝PI2301－PI2401。调节示意图见图 8。

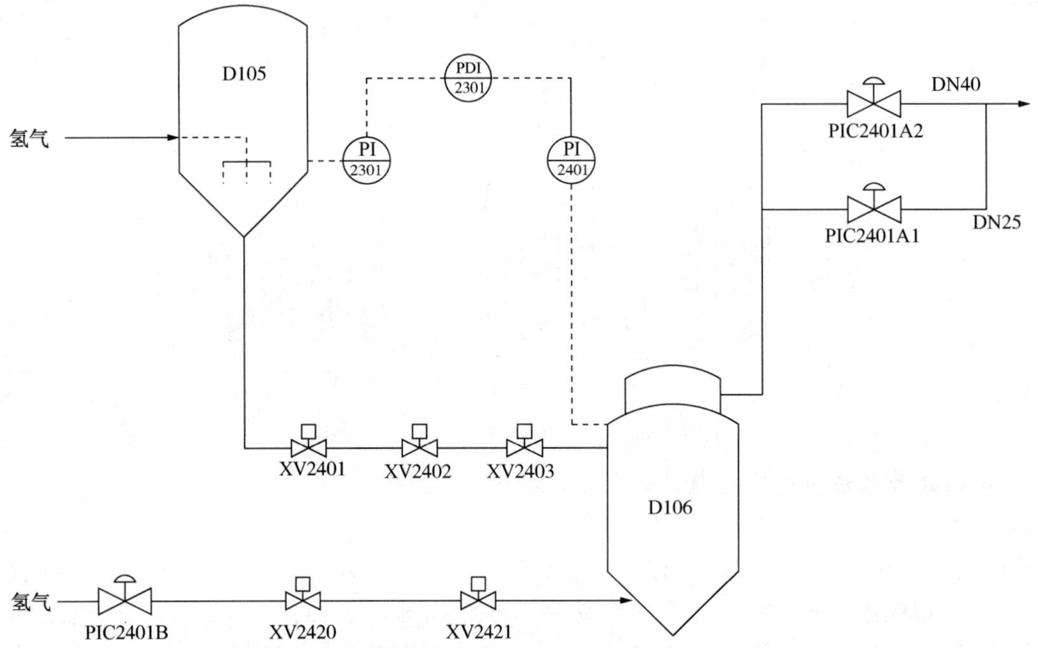

图 8　反应器接收器向闭锁料斗装剂示意图

当 LMS 系统自 1.1 步调压完成进入 1.2 步后，D105 的吸附剂和 D105 锥部氢气沿输送线进入 D106。受闭锁料斗顶部压力调节阀 PIC2401A1、PIC2401A2 自动调节速率的影响，D106 压力瞬间高于 D105 锥部压力，形成负压差，吸附剂无法进行输送。

设计中 PIC2401A2 为 DN40 管线，PIC2401A1 为 DN25 管线，且 PIC2401A1 阀前设置限流孔板。压力调节由 PIC2401A1 阀开至 PIC2401A2 阀时排气流量瞬间由 600Nm^3/h 增加至 1100Nm^3/h，PDI2301 压差迅速超过原设定值，转剂速度上升，造成 1.2 步装剂最小数值偏高。

4.3.2 改进措施

在 1.2 步装剂过程中仅以 PIC2401A1 进行调整，降低 PDI2301 波动，可以达到减少 1.2 步最小装剂量的目的。操作调整：(1)调节 1.2 步 PIC2401B 设定阀位，由原设定 60%降低至 50%；(2)降低 D105 汽提氢气压力控制，即循环氢气压力 PIC1301 设定。

4.3.3 实施效果

在设定停止料位不变的前提下，1.2 步最小装剂量由闭锁料斗料位 LI2401 的 60%降低至 27%，见图 9。

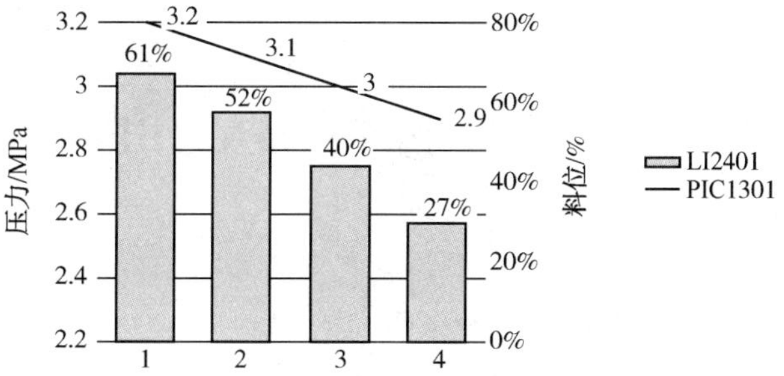

图 9　优化后闭锁料斗最小收料高度

5　结论

（1）结合中国石化九江石化公司 1.2Mt/a 催化汽油吸附装置在生产过程中的实际运行情况，从工艺操作、设备故障等方面入手分析了在控制系统运行以来遇见各类典型问题，针对性的提出改进措施，并通过实践操作证明是有明显效果的。

（2）通过对闭锁料斗控制系统预设参数的优化调整，截至 2017 年 7 月装置未出现因程控阀门磨损泄露导致的装置异常。程控球阀更换个数为零，有效减少了设备维护费用。

（3）闭锁料斗运行平稳可靠性明显提高，吸附剂循环量调节范围扩大，保证装置生产平稳。

参　考　文　献

[1] 范宇松. 催化汽油吸附脱硫装置闭锁料斗控制系统 LMS 的设计与实现[D]. 华东理工大学，2014.
[2] 李辉. S Zorb 装置关键设备运行分析[J]. 石油炼制与化工，2012，43(09)：81-85.

渣油加氢装置掺炼 DAO 的实践

彭 军 秦 龙

(中国石化九江分公司，江西九江 332004)

摘 要：本文介绍中国石化九江分公司 1.7Mt/a 渣油加氢装置掺炼 DAO 的应用情况，结合掺炼前后的主要操作参数、原料油及产品性质、杂质脱除率等，对掺炼 DAO 后装置的运行情况进行分析。工业应用结果表明，掺炼 DAO 可改善渣油加氢原料性质，提高杂质脱除率和降低床层压降，对延长装置运行周期有一定积极作用，同时改善催化裂化原料性质，提高公司整体经济效益。

关键词：渣油加氢；DAO；掺炼；运行周期；经济效益

1 引言

九江分公司 1.7Mt/a 渣油加氢装置 2015 年 9 月 27 日一次开车成功，装置设计以减压渣油、直馏重蜡油、焦化蜡油和催化循环油为混合原料，加氢重油为催化裂化装置提供优质原料，同时生产部分柴油，并副产少量石脑油和干气。装置由中国石化洛阳工程有限公司(LPEC)设计，采用石油化工科学研究院(RIPP)开发的第三代 RHT 系列催化剂，设计掺渣比 66.84%，空速 0.205，氢分压 15.5MPa，氢油比 700∶1(体积比)[1]。

2016 年 3 月 9 日将溶脱蜡油(以下简称 DAO)作为稀释油引入渣油加氢装置，旨在提高渣油加氢装置整体经济效益，延长装置运行周期。

2 渣油加氢装置掺炼 DAO 运行分析

2.1 掺炼 DAO 对原料性质的影响

直馏蜡油、减压渣油和 DAO 的性质见表 1，可以看出，与直馏蜡油相比，DAO 残炭高，但与减压渣油相比，DAO 的黏度和金属含量较低。将 DAO 引入渣油加氢装置可以在减少直馏轻蜡油掺入量的同时调节混合原料黏度，在保证残炭平稳的情况下减少原料金属含量。此外，DAO 中胶质+芳香烃含量较高，这对于加工沥青质含量较高的原料来讲有利于减少反应产物中沥青质析出，对于装置的长周期运行有积极作用。

掺炼 DAO 前后的混合原料组成见表 2，可以看出保持 217t/h 总进料不变的情况下逐步掺炼 DAO 至 24.57t/h，并逐步降低直馏蜡油、焦化蜡油掺炼比例，为加氢裂化装置进一步提高处理量提供条件。

掺炼 DAO 前后的混合原料配比见表 3，掺入 DAO、焦化蜡油，压减直馏蜡油掺炼量，调整减压渣油量保持渣油加氢混合进料残炭值基本相当的情况下，渣油加氢混合进料的镍、钒、铁、钙等金属含量均有不同程度的降低，总金属含量下降明显，硫含量下降了 0.113%，同时原料中的芳烃含量上升了 2.06%，胶质+沥青质含量降低了 0.59%，总体而言，引入 DAO 做稀释油，装置混合进料性质明显改善。掺炼 DAO 后原料的黏度(100℃)由 51.6mm^2/s 降至 45.6mm^2/s，对于受扩散控制的渣油加氢反应而言，有利于提高反应深度，尤其是混合原料黏度降低，使渣油在反应器的流动性变好，改善了油品在床层的分布。掺炼 DAO 前后反应器床层压降增长速率见表 4，较好的分布可以减缓反应器床层压降的升高速率及避免反应器热点的形成，掺入 DAO 后，床层压降增长速率明显降低。

表 1　三种原料油的性质对比

项　目	直馏蜡油	减压渣油	溶脱蜡油	项　目	直馏蜡油	减压渣油	溶脱蜡油
密度/(kg/m^3)	912.17	980.5	947.32	钙含量/(mg/kg)	0.73	5.74	2.44
残炭/%	0.42	15.34	6.16	钒含量/(mg/kg)	0.1	54.18	5.78
硫含量/%	0.9229	1.6741	1.3752	饱和烃/%	58.54	19.02	31.34
黏度(100℃)/(mm^2/s)	-	589.7	116.77	芳烃/%	35.13	47.82	46.42
铁含量/(mg/kg)	1.18	7.88	2.09	胶质/%	6.33	23.49	20.92
镍含量/(mg/kg)	0.1	44.82	10.02	沥青质/%	0	9.68	1.32
钠含量/(mg/kg)	0.26	1.54	0.49				

表 2　掺炼前后混合原料油性质对比

项　目	掺炼前	掺炼后	掺炼前后差值	项　目	掺炼前	掺炼后	掺炼前后差值
初馏点/℃	238	226	-12	氮含量/(mg/kg)(≯5500)	1840	1821	-19
10%/℃	437	422	-15	残炭/%(≯14)	8.76	8.67	-0.09
50%/℃	549	542	-7	铁含量/(mg/kg)(≯15)	5.7	4.5	-1.2
90%/℃	691	688	-3	镍含量/(mg/kg)(≯50)	24.6	23.3	-1.3
终馏点/℃	746	745	-1	钠含量/(mg/kg)(≯3)	1.9	1.3	-0.6
500℃/mL	34.3	36.9	2.6	钙含量/(mg/kg)(≯20)	3.2	2.8	-0.4
540℃/mL	48.2	49.0	0.8	钒含量/(mg/kg)(≯50)	11.9	11.6	-0.3
575℃/mL	58	57.7	-0.3	饱和烃/%	32.10	30.60	-1.5
硫含量/%(≯2.5)	1.129	1.016	-0.113	芳烃/%	45.35	47.41	2.06
黏度(100℃)/(mm^2/s)	51.6	45.6	-6	胶质+沥青质/%	22.57	21.98	-0.59

表 3　掺炼前后原料配比

项　目	掺炼前	掺炼后	项　目	掺炼前	掺炼后
减压蜡油/(t/h)	12.02	8.97	热渣/(t/h)	134.88	120.95
减四线/(t/h)	18.14	17.62	催柴/(t/h)	14.08	15.00
溶脱蜡油/(t/h)	0.00	24.57	反应进料/(t/h)	217.00	217.00
焦蜡/(t/h)	37.88	29.89			

表 4　掺炼前后反应器床层压降增长速率对比

床层压降增长速率	反应器位号			
	R101	R102	R103	R104
掺炼前/(kPa/d)	1.266	1.039	1.126	1.101
掺炼后/(kPa/d)	0.762	0.694	0.891	0.776

2.2　催化剂装填情况

反应系统由 4 个单床层反应器串联组成，反应器所用催化剂选自石科院研发并已工业应用的渣油加氢 RHT 系列催化剂，共装填催化剂 655.85t，瓷球 10.13t。其中第一反应器主要装填 RG 型保护剂和 RDM 型加氢脱金属剂，第二反应器主要装填 RDM 型加氢脱金属剂，第三反应器主要装填 RMS 型脱硫剂和 RCS 型脱残炭剂，第四反应器主要装填 RCS 型脱炭剂。

2.3　掺炼 DAO 对主要操作条件的影响

掺炼前后对主要操作条件的影响见表 5，可以看出掺炼 DAO 期间维持各反应器入口温度不变，处理量为217t/h，氢油比为710：1，掺炼DAO后，反应系统稳定，由于掺炼后原料中硫含量降低，总温升下降了3.54℃，其中一、二、三反温升减少，四反温升增加，由于四反中催化剂装填量最多，四反对CAT影响最高，所以整体CAT变化不大，四反主要为脱残炭催化剂，而脱残炭与沥青质反应深度关系密切，四反温升增加与原料芳烃+胶质含量增加后沥青质溶解度增大，反应加深脱除率增加有关，一、二、三反温度降低则主要受原料硫含量降低的影响。掺炼前后新氢耗量降低了1430Nm^3/h，这主要是因为掺炼DAO后反应器总温升略微下降，所以新氢耗量也相应减少。

表5 主要操作条件

项　目	掺炼前	掺炼后	项　目	掺炼前	掺炼后
CAT/℃	367.41	367.22	R104(入口/温升)/℃	368.95/14.11	368.98/15.32
R101(入口/温升)/℃	348.52/11.31	348.44/9.13	总温升/℃	52.92	49.38
R102(入口/温升)/℃	355.67/9.81	355.49/8.51	反应进料/(t/h)	217.00	217.00
R103(入口/温升)/℃	359.63/17.69	359.79/16.42	新氢/(kNm^3/h)	29.69	28.26

2.4 掺炼DAO对主要产品性质的影响

由表6可以看出，掺炼DAO之后，加氢重油的硫含量、氮含量、残炭量等质量指标均合格，满足催化裂化装置的生产需求，其中初馏点降低、终馏点升高、硫含量及残炭量降低，残炭量由4.65%降低至4.43%，下降了0.22%，硫含量由0.145%降低至0.131%，下降了0.014%，较好的加氢重油性质有利于催化裂化反应的进行，对提高公司整体经济效益起到积极作用。

表6 加氢重油性质

项　目	掺炼前	掺炼后	掺炼前后差值	项　目	掺炼前	掺炼后	掺炼前后差值
初馏点/℃	279	272	-7	540℃/mL	51.5	52.9	1.4
10%/℃	407	403	-4	575℃/mL	61.0	61.9	0.9
50%/℃	535	526	-9	密度/(g/cm^3)	0.9350	0.9348	-0.0002
90%/℃	680	685	5	硫含量/%(≯0.3)	0.145	0.131	-0.014
终馏点/℃	742	753	11	氮含量/(mg/kg)(≯4000)	1288	1305	17
500℃/mL	39.7	41.8	2.1	残炭/%(≯7)	4.65	4.43	-0.22

由表7可以看出，掺炼DAO之后，装置各产品收率变化不大，变化量均在0.5个百分点之内。

表7 掺炼前后产品分布的变化

项　目	掺炼前	掺炼后	掺炼前后差值	项　目	掺炼前	掺炼后	掺炼前后差值
低分气/%	0.47	0.48	0.01	柴油/%	5.43	5.72	0.29
酸性气/%	0.60	0.72	0.12	加氢重油/%	91.04	90.65	-0.39
不稳定石脑油/%	1.91	1.57	-0.34				

由表8可以看出，掺炼DAO之后加氢重油的脱硫率、脱氮率略微降低，脱残炭率及脱金属率(Ni+V)有所上升，其中残炭脱除率升高1.98%、脱金属率升高0.11%、脱硫率下降了0.05%、脱氮率下降了1.66%，这主要是因为掺炼DAO后原料中的芳烃+胶质的含量升高较多，较高的芳烃、胶质含量促进大分子的沥青质进行加氢转化反应，对脱金属、脱沥青质反应的促进作用越明显[4]，所以脱残炭、脱金属率上升。脱硫率及脱氮率略微下降是因为掺炼DAO后原料中的硫、氮含量下降较多，但是整体来说掺炼DAO后综合脱除率上升，加氢重油的性质有所提高。

表 8　掺炼前后脱出率的变化

项　目	掺炼前	掺炼后	掺炼前后差值	项　目	掺炼前	掺炼后	掺炼前后差值
脱硫率/%	87.16	87.11	-0.05	脱残炭率/%	46.92	48.90	1.98
脱氮率/%	30.00	28.34	-1.66	脱金属率(Ni+V)/%	75.42	75.53	0.11

3　结论

渣油加氢装置掺炼 11.32% DAO 后，为控制原料残炭基本不变，装置原料中的减压渣油由 62.15%降低到 55.73%，其他蜡油由 31.35%降低到 26.02%，渣油加氢混合原料的金属、硫、残炭、黏度等均有一定程度的降低。装置的脱金属率、脱残炭率均有提高，加氢重油的性质有一定程度的好转。

DAO 做稀释油取代部分渣油，原料的黏度有一定程度的降低，改善了油品在床层的分布。床层压降增长速率明显降低，装置第一周期共运行 507 天。

参　考　文　献

[1] 彭军，秦龙. 1.7Mt/a 渣油加氢装置运行分析[J]. 能源化工，2017，38(5)：16-21.

[2] 王琪，曾宿主，解增忠，等. 低油价下典型中东原油溶剂脱沥青组合工艺的市场前景分析[J]. 石油学报(石油加工)，2017，33(2)：1-5.

[3] 苏晓波，韩保平. 减压渣油加氢处理装置原料优化的研究[J]. 炼油技术与工程，2003，33(10)：17-20.

[4] 牛传峰，戴立顺，李大东. 芳香性对渣油加氢反应的影响[J]. 石油炼制与化工，2008，39(6)：1-5.

提高 2# 常减压装置脱钙率研究

邹 恺

(中国石化九江分公司炼油运行五部，江西九江 332004)

摘 要：本文探究了脱钙剂酸度和脱钙剂注入量对电脱盐脱钙率的影响。最终结果表明，在脱钙剂 pH 值为 4，剂钙比在 3.5~5 时，脱钙效果较好，在 89%左右。

关键词：原油；脱钙率

1 引言

近年来随着原油的重质化及劣质化，原油中的钙含量越来越高，对炼油装置的危害越来越大。[1]原油中含钙过高会给原油加工带来一系列影响，会使原油电脱盐装置电流升高，电耗增加，严重时变压器跳闸，影响正常生产；原油中的钙被带入渣油，导致渣油加氢催化剂中毒、结块，使装置耗剂上升。

2 脱钙原理

原油中的钙一部分以水溶性无机盐形式存在，大部分以环烷酸盐、脂肪酸盐、酚盐等有机化合物形式存在。[2]脱钙剂主要通过强酸、络合剂及沉淀剂的作用，与原油中的钙离子形成可溶于水的钙盐，在电场和破乳剂的共同作用下，与电脱盐切水一起排出，从而达到脱钙的目的。

$$(RCOO)_2Ca + 2H^+ \rightleftharpoons 2RCOOH + Ca^{2+}$$

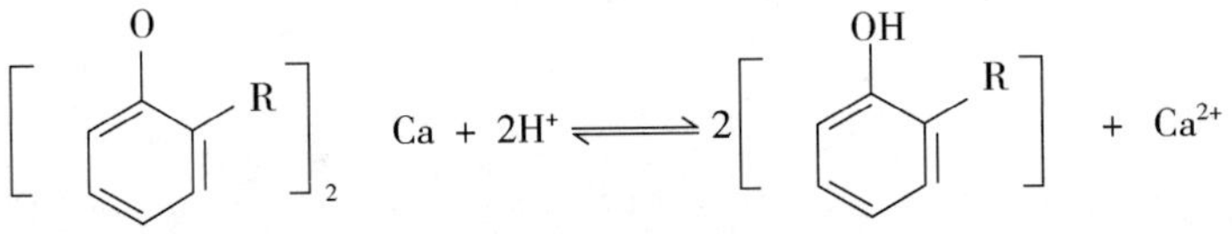

$$(RCOO)_2Ca + Y \rightleftharpoons 2RCOO^- + [CaY]^{2+}$$

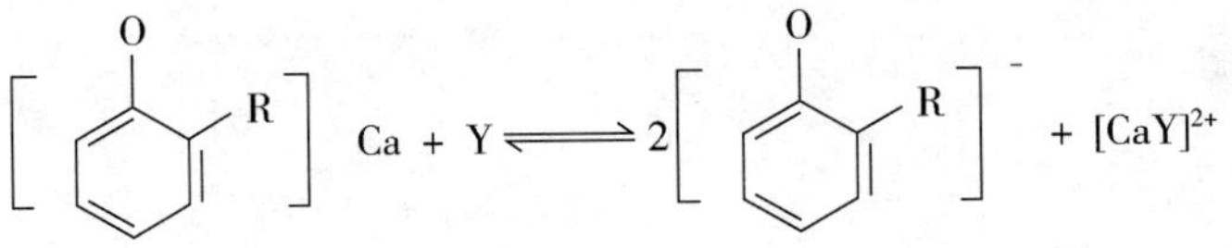

$$(RCOO)_2Ca + X^{2+} \text{——} 2RCOO^- + CaX\downarrow$$

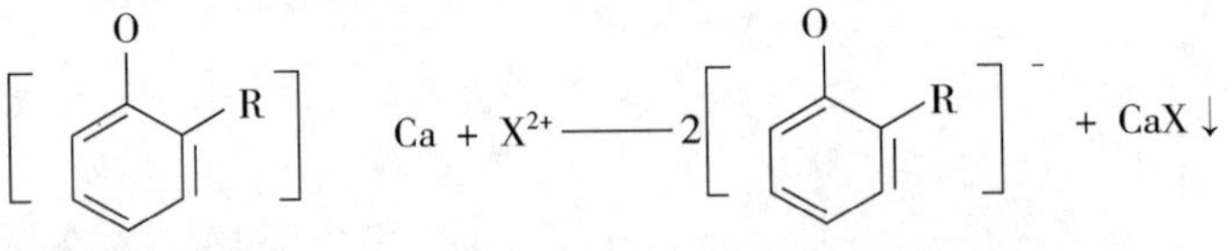

3 装置概述

3.1 原油性质

九江石化 2#常减压装置设计加工能力为 5Mt/a，采用初馏—常压—减压蒸馏—轻烃回收工艺流程。常减压单元由一脱三注、换热、初馏、常压蒸馏、减压蒸馏等部分组成，采用典型三塔流程工艺技术路线。本装置主要加工仪长管输原油，试验期间原油性质如表 1 所示。

表1 管输原油性质

分析项目	数值	分析项目	数值
盐含量/(mg/L)	77.9~30.1	酸值/(mgKOH/g)	0.828~0.731
镍含量/(mg/kg)	18.9~10.9	密度/(kg/m³)	884.1~870.1
钙含量/(mg/kg)	18.3~6.0	铁含量/(mg/kg)	11.3~5.2
钒含量/(mg/kg)	23.5~9.6	钠含量/(mg/kg)	23.9~5.4
硫含量 wt%	0.926~0.801		

3.2 电脱盐罐操作条件

电脱盐罐操作条件如表2所示。

表2 电脱盐罐操作条件

主要操作条件	数值	主要操作条件	数值
原油处理量/(t/h)	310	混合强度/kPa	7~12
破乳剂注入量/(mg/kg)	35	电脱盐罐温度/℃	135~140
注水量/(t/h)	20		

4 试验部分

4.1 脱钙剂酸度对脱钙率的影响

九江石化与供应商联系后，要求将脱钙剂酸度提高，pH值由5降至4，收集换剂前后一个月电脱盐的脱钙率，对结果进行对比分析，分析结果如图1所示。

提高脱钙剂酸度前后1个月，原油性质及电脱盐操作条件均未发生明显变化。从结果中可以看出，提高脱钙剂酸度后，脱钙率上升。但考虑到酸度提高对装置防腐的影响，对应采集两个月减顶切水铁离子的数据，结果如图2所示。

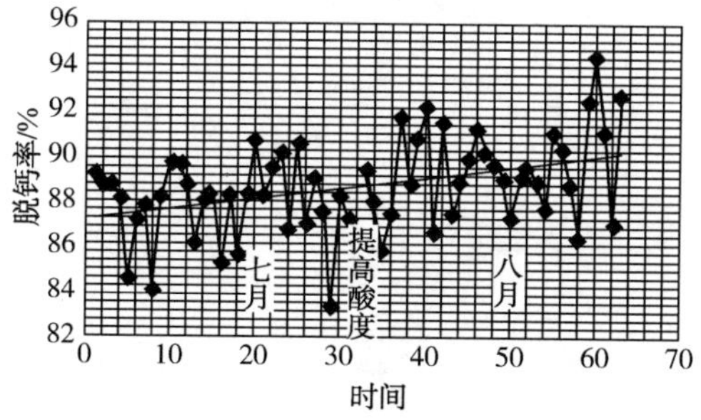

图1 提高脱钙剂酸度前后脱钙率变化图

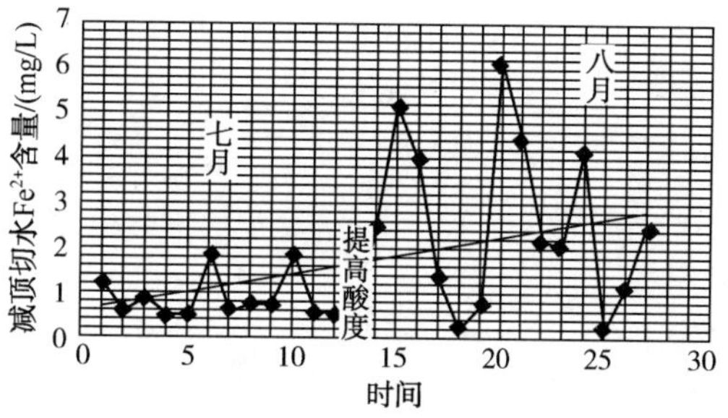

图2 提高脱钙剂酸度前后减顶切水铁离子含量变化图

截取同一时间段的在线腐蚀监控系统采集的减顶数据，结果如图3所示。

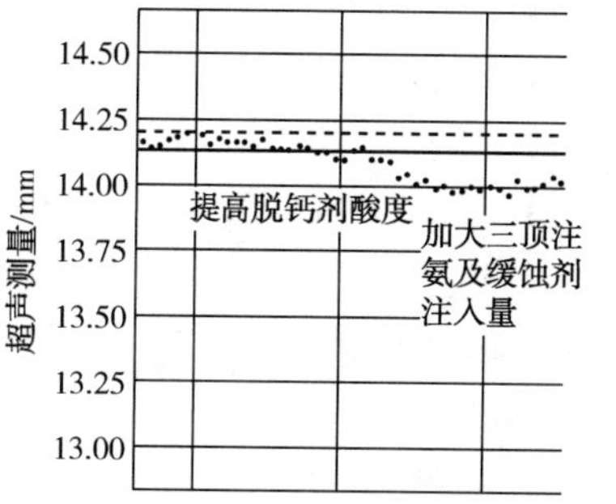

图3 提高脱钙剂酸度前后减顶在线腐蚀监控系统变化图

通过图2和图3的结果可以看出，减顶切水铁离子含量明显上升，减顶管线明显减薄（管线安全壁厚为5.5mm），减薄速率大于0.2mm/a。通过提高脱钙剂的酸度可以达到提高脱钙率的目的，但不利于装置防腐。提高三顶注氨及加大缓蚀剂的注入量可以减轻脱钙剂对设备的腐蚀，采用应对措施后，在线腐蚀监测系统结果表明减顶无腐蚀加快情况出现，能够满足装置的安全平稳运行要求。

4.2 脱钙剂注入量对电脱盐脱钙率的影响

以一个月为试验周期，根据原油中钙含量数据（见图4），调整脱钙剂注入量，逐步增大剂钙比，考察当月的平均脱钙率，试验结果如图5所示。

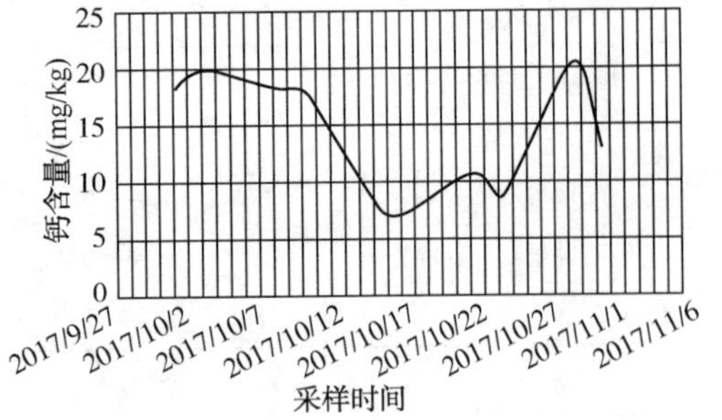

图4　试验期间原油钙含量变化趋势

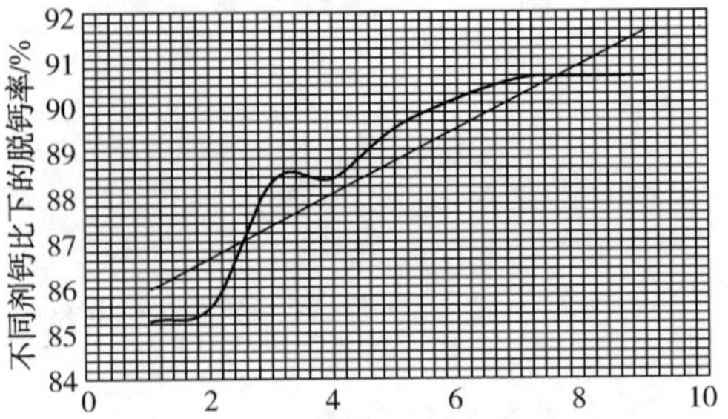

图5　不同剂钙比下的脱钙率

通过上述结果可以看出，随着剂钙比增加，脱钙率也相应增加，但增加到一定程度后基本不再变化。加大脱钙剂的注入量，一方面可以提高脱钙率。但过多的注入，一方面会造成脱钙剂的浪费，另一方面，也会造成原油酸值的上升，不利于装置防腐。

4.3　结果验证

通过试验结果可以看出，电脱盐脱钙率的高低与脱钙剂的酸度及脱钙剂的注入量有一定的关联。提高脱钙剂酸度后，脱钙率上升，加大脱钙剂注入量，脱钙率也会相应上升，但考虑到装置的防腐问题，不能无限度地提高脱钙剂的酸度。试验结束后，装置将脱钙剂的pH值由5逐步降低至4，控制剂钙比为3.5~5，参照每日原油快评数据，及时调整脱钙剂注入量。以2016年11月数据为例，原油中钙含量、脱钙剂注入量及剂钙比数据如表3所示。

表3　11月份脱钙剂注入情况及脱钙率

日期	原油中钙含量/(mg/kg)	脱钙剂注入量/(mg/kg)	剂钙比	脱钙率/%
11月1日	10.82	45	4.16	91.2
11月2日	16.37	60	3.67	88.7
11月3日	34.5	150	4.35	89.3
11月4日	34.52	150	4.35	88.3
11月5日	34.39	150	4.36	88.7
11月6日	11.74	50	4.26	88.3
11月7日	10.96	50	4.56	90.2
11月8日	11.81	50	4.23	88.1
11月9日	16.68	70	4.20	88.4
11月10日	12.5	60	4.80	88.6
11月11日	11.82	60	5.08	88.6
11月12日	16.86	60	3.56	88.9
11月13日	16.86	60	3.56	89.7
11月14日	11.84	60	5.07	89.7
11月15日	16.82	60	3.57	90.2
11月16日	34.47	130	3.77	88.7
11月17日	16.78	60	3.58	89.3
11月18日	34.49	130	3.77	89.2
11月19日	16.63	60	3.61	89.6
11月20日	16.75	60	3.58	89.5
11月21日	11.75	50	4.26	88.9
11月22日	12.25	50	4.08	88.1

续表

日期	原油中钙含量/(mg/kg)	脱钙剂注入量/(mg/kg)	剂钙比	脱钙率/%
11 月 23 日	16.77	60	3.58	89.6
11 月 24 日	16.76	60	3.58	89.3
11 月 25 日	16.65	60	3.60	90.2
11 月 26 日	16.74	60	3.58	89.7
11 月 27 日	16.59	60	3.62	89.7
11 月 28 日	12.4	60	4.84	89.5
11 月 29 日	16.66	60	3.60	90.2
11 月 30 日	16.8	60	3.57	89.7

调整脱钙剂注入量后，11 月的平均脱钙率由之前的 88.2%提高至 89.3%。进一步提高了 2#常减压装置脱钙率。

5 结论

通过试验结果可以看出，脱钙剂的酸度与脱钙率的大小成正相关，脱钙剂的注入量与脱钙率的大小成正相关。确保脱钙剂 pH 值为 4，控制剂钙比为 3.5~5，有利于提高 2#常减压装置的脱钙率。

参 考 文 献

[1] 赵天波，祁鲁梁. 我国一些原油中盐类的组成及脱盐效果的研究[J]. 石油学报(石油加工). 1988，4(3)：76-81.

[2] 候典国，汪燮卿. 我国一些原油中钙化合物分布及形态的研究[J]. 石油学报. 2000，16(1)：54-59.

硫黄回收装置烟气 SO_2 减排改造探讨

陈上访

(中国石化镇海炼化分公司炼油二部，浙江宁波　315207)

摘　要：本文通过分析硫黄回收装置烟气 SO_2 排放影响因素，结合镇海炼化硫黄回收装置烟气 SO_2 减排技术发展，提出相应减排措施，重点就尾气深度脱硫和烟气再脱硫技术进行对比探讨，总结硫黄回收装置烟气 SO_2 减排技术。

关键词：硫黄回收；烟气减排；二氧化硫；脱硫

1　引言

硫黄回收装置是处理含 H_2S 酸性气的环保装置，通过一系列反应回收酸性气中的硫元素，净化后的尾气经焚烧处理后，通过烟囱高空排放。装置受化学反应平衡影响，焚烧后烟气含有一定浓度的 SO_2，如何降低排放烟气 SO_2 浓度，一直是硫黄回收装置技术探讨的热门话题。

2015 年 7 月 1 日发布的《石油炼制工业污染物排放标准》(GB 31570—2015)规定硫黄回收装置 SO_2 排放限值小于 400mg/m^3，特殊地区小于 100mg/m^3，现有装置在 2017 年 7 月 1 日前达标排放，镇海炼化所在区域按特殊地区对待。当前镇海炼化 4 套运行硫黄回收装置规模分别为 2 套 7×10^4t/a 和 2 套 10×10^4t/a，均采用 Claus+尾气加氢工艺技术，改造前装置烟气排放浓度在 300mg/m^{3}左右。为满足新环保法要求，公司实施了硫黄回收装置尾气提标改造，以使装置烟气 SO_2 排放浓度降至 50mg/m^{3}以下(期望值小于 35mg/m^3)。

2　硫黄回收装置烟气 SO_2 来源分析

Claus+尾气加氢等常规工艺硫黄回收装置烟气中 SO_2 主要有以下几个来源：

(1) 原料酸性气中 H_2S 经过二级克劳斯制硫和尾气加氢+溶剂吸收，净化尾气中残余硫化物进入焚烧炉焚烧后生成 SO_2；

(2) 焚烧炉的燃料气中含有硫化物，燃烧生成 SO_2；

(3) 液硫脱气后废气被蒸汽抽射器送至焚烧炉焚烧，废气中所带硫化物及单质硫，焚烧生成 SO_2；

(4) 装置克劳斯跨线、尾气处理单元开工线等阀门内漏，少量未处理的尾气直接进入焚烧炉焚烧生成的 SO_2；

(5) 在装置开停工及异常工况下，尾气通过克劳斯跨线、加氢单元开工跨线等直接排到焚烧炉焚烧后的 SO_2 排放。

在硫黄装置燃料气硫化物含量正常指标下，其中的硫化物对烟气 SO_2 排放浓度贡献值相对较少，同时当前部分硫黄回收装置已使用天然气代替瓦斯，燃料气对装置烟气 SO_2 排放影响可忽略。

3　消除阀门介质内漏因素

镇海炼化硫黄回收装置先后从国外引进 MCRC、Claus+SCOT 等先进技术，同时通过技术的消化吸收，完善硫黄回收装置工艺流程，消除阀门介质内漏因素，具体如表 1 所示。

表 1　阀门内漏因素消除措施

项　目	流程优化措施
制硫单元至焚烧炉有无跨线，有无泄漏，措施	有，无，双阀加氮封
急冷塔至焚烧炉跨线是否泄漏，采取措施	无，双阀加氮封
制硫废锅后有无至焚烧炉或烟囱的开停工放空线	无
酸性气有无直接放烟囱或焚烧炉的管线	无

4　消除液硫池废气影响

硫黄回收装置早在 2010 年就开始对液硫池废气影响烟气 SO_2 排放量进行分析测试，并于 2011 年提出工艺改进措施。表 2 是 2012 年安排的液硫池废气对烟气排放影响量测试数据。

表 2　液硫池废气对烟气排放影响量

装置名称	进液硫脱气数据/(mg/m³)	未进液硫脱气数据/(mg/m³)	差值/(mg/m³)
第二套 7×10^4t/a 装置	756	616	140
第一套 10×10^4t/a 装置	222	60	162
第二套 10×10^4t/a 装置	261	185	76

4.1　液硫池废气水洗技术

在硫黄回收装置原来工艺条件下，液硫池废气直接到装置焚烧炉焚烧后排放，对烟气 SO_2 排放影响比重大，2011 年第二套 10×10^4t/a 硫黄回收装置建造时，就进行液硫池废气处理探索。具体方案为：液硫池废气通过水洗、注氨水等处理后，再进入焚烧炉焚烧，以降低装置烟气 SO_2 排放浓度，流程见图 1。

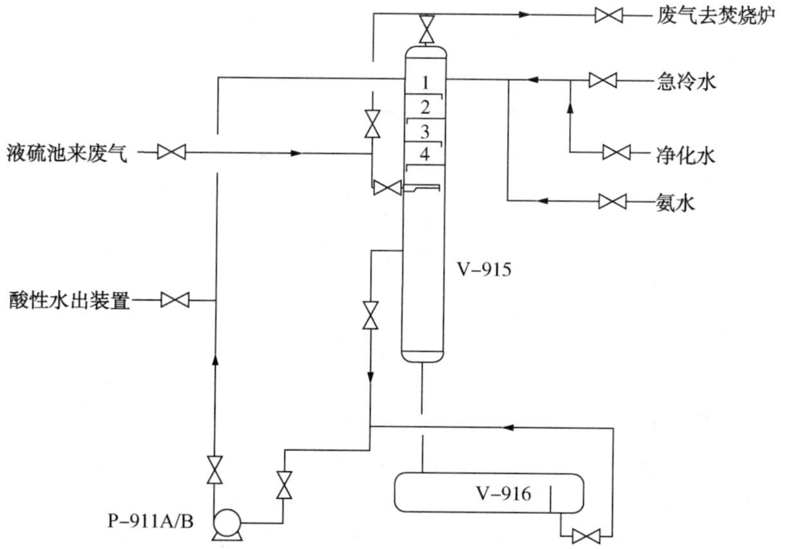

图 1　液硫池废气水洗处理工艺流程

2011 年 10 月液硫池废气水洗设施投用前，装置烟气 SO_2 排放浓度在 400~550mg/m³ 波动，处于较高水平。废气改进处理设施并启动水洗后，装置烟气 SO_2 排放浓度下降到 350mg/m³ 左右，进一步投用注氨水后，装置烟气 SO_2 排放浓度再次下降，并稳定维持在 200mg/m³ 左右。

由于液硫池废气中含有单质硫，废气水洗处理过程中产生硫黄凝结堵塞设备管道，直接影响废气处理设施长周期运行(运行周期在3个月左右)，同时产生严重的设备腐蚀。

4.2 液硫池废气进反应炉回收技术

鉴于第二套 10×10^4t/a 硫黄回收装置液硫池废气处理设施无法满足装置长周期运行需要，2013年提出了液硫池废气进反应炉回收处理技术，并于2014年7月在第二套 7×10^4t/a 硫黄回收装置中改造并成功应用。具体工艺：增设液硫池废气至反应炉流程，中间设置罗茨增压机，将液硫池废气增压至30kPa后，引至反应炉烧嘴前的空气管线上，废气与空气混合后进入反应炉，参与高温Claus反应，回收其中的硫化物和单质硫。技术实施后，停运原废气蒸气抽射器，并切断液硫池废气直接进焚烧炉流程，从而降低烟气 SO_2 排放浓度。该设施投用后装置烟气 SO_2 排放浓度从600mg/m^3下降至350mg/m^3左右，其后烟气 SO_2 排放浓度稳定在300mg/m^3左右。

第二套 7×10^4t/a 硫黄回收装置实施液硫池废气回收技术改造后，新上的罗茨增压机运行稳定，操作简单，满足装置长周期运行需要，降低烟气 SO_2 排放浓度200~250mg/m^3，效果理想。目前4套硫黄回收装置液硫池废气处理已经全部实施该内容改造，并稳定运行，新建 15×10^4t/a 硫黄回收装置也按该技术进行设计建造。

5 降低净化后尾气中总硫贡献值

硫黄回收装置烟气 SO_2 主要来源为装置净化后尾气携带的总硫，也就是说装置尾气净化度对烟气 SO_2 排放浓度影响最大。表3为硫黄回收装置尾气净化度与烟气 SO_2 排放浓度的关系[按酸性气组成：H_2S 80%(体)，在线炉加热工艺核算]。

表3 尾气净化度与烟气 SO_2 排放浓度关系

净化后尾气总硫含量/[μg/g(体)]	装置总硫回收率/%	烟道气中 SO_2 浓度/(mg/m^3)	净化后尾气总硫含量/[μg/g(体)]	装置总硫回收率/%	烟道气中 SO_2 浓度/(mg/m^3)
400	99.89	758	200	99.95	383
350	99.91	664	150	99.96	289
300	99.92	572	100	99.97	197
250	99.93	477	50	99.99	103

在硫黄回收装置现有催化剂和尾气吸收溶剂工况下，2套 10×10^4t/a 硫黄回收装置尾气加氢单元采用二级吸收、二段再生技术，提高尾气净化度，降低烟气 SO_2 排放浓度，但受化学反应平衡和国产溶剂吸收效果影响，净化后尾气总硫依旧维持在100mg/m^3左右，烟气 SO_2 排放浓度在200~300mg/m^3(液硫池废气进焚烧炉工况)。

《石油炼制工业污染物排放标准》(GB 31570—2015)实施后，镇海炼化实施了硫黄回收装置尾气提标改造，根据工厂酸性气原料性质和装置实际运行工况，安排处理加氢型高浓度酸性气[平均 H_2S 浓度93%(体)]的第一套 10×10^4t/a 硫黄回收装置实施前碱洗工艺改造。第一套 10×10^4t/a 硫黄回收装置采用Claus+尾气加氢工艺，尾气加氢单元采用二级吸收、二段再生技术，能够使尾气达到深度净化。利用2016年停工检修机会，全部更换国内某厂家高效级配组合催化剂，提高过程气有机硫水解率，并设计使用某进口高效溶剂，对加氢单元尾气进行深度脱硫，同时在装置现有吸收塔后增加超净碱洗塔，利用NaOH溶液吸收净化尾气中的 H_2S，以此减少净化后尾气硫化物含量来达到降低烟气 SO_2 排放目的。2017年5月，装置安排短停并彻底更换进口溶剂后，加氢单元尾气净化效果良好，净化后尾气总硫排放值由原来的56mg/m^3下降到20mg/m^3左右。2017年6月，进行溶剂极限条件测试，相关数据见表4。

表4　第一套10万吨/年硫黄回收装置高效溶剂测试数据

装置处理量/(m^3/h)	吸收塔顶温度/℃	溶剂循环量/(t/h)	精贫液 H_2S 含量/(g/L)	净化后尾气 H_2S/(mg/m^3)	净化后尾气总硫/(mg/m^3)	烟气 SO_2/(mg/m^3)
9700	36	120	0.05	14.2	28.8	62
10400	35	120	0.03	8.52	16.7	57
9800	34	105	0.02	14.2	27.0	57
8400	33	100	0.03	7.1	13.7	33
8500	44	150	0.12	35	50.5	84
10000	41	150	0.10	19.8	26.5	65

由测试可知：

(1) 溶剂入塔温度对装置烟气排放影响较大，正常操作中，应控制精贫液入塔温度不高于40℃，吸收塔顶温度不高于42℃。当吸收塔顶温度高于44℃时，烟气 SO_2 排放已接近 $100mg/m^3$，难以稳定达到新的排放标准。

(2) 在装置高负荷及合适溶剂循环量状态下，维持溶剂入塔温度至正常工艺指标范围内，烟气 SO_2 排放能满足最新的国家标准。

第一套 $10\times10^4t/a$ 硫黄回收装置溶剂更换为进口高效溶剂后，在溶剂循环量、溶剂进塔温度、再生塔重沸器蒸汽流量等参数不变情况下，尾气净化效果增强，装置烟气 SO_2 排放浓度从 $350mg/m^3$ 下降至 $200mg/m^3$，液硫池废气回收至反应炉处理后，装置烟气 SO_2 排放浓度再次下降至 $50mg/m^3$ 左右，减排效果明显(见图2)。近期通过持续优化操作和装置负荷调整，当前第一套 $10\times10^4t/a$ 硫黄回收装置烟气 SO_2 排放浓度基本能稳定在 $10\sim40mg/m^3$，同时自2017年7月1日以来，烟气 SO_2 排放浓度曾两次短时间波动到 $80mg/m^3$，没出现超 $100mg/m^3$ 工况。

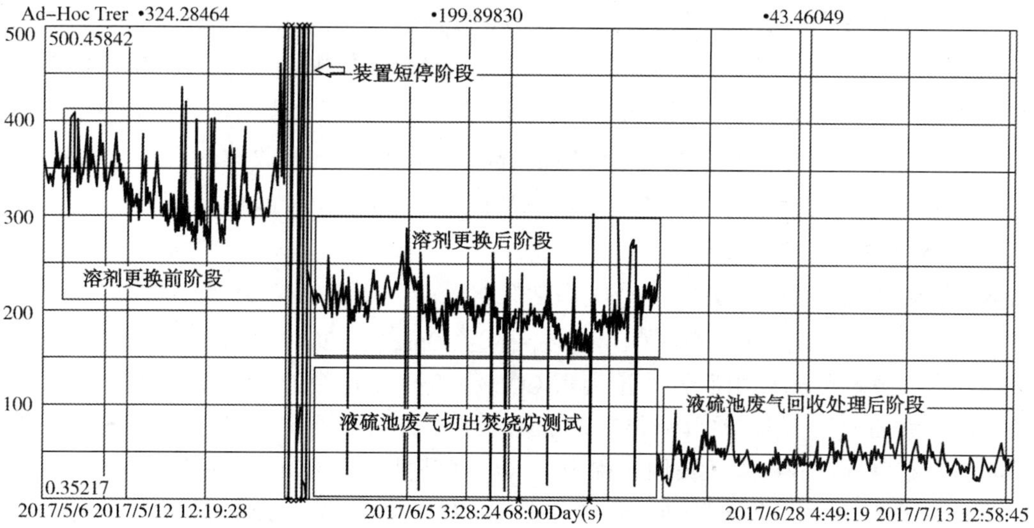

图2　第一套 $10\times10^4t/a$ 硫黄回收装置改造前后三个阶段烟气 SO_2 排放趋势

6　烟气再脱硫减排技术

根据炼油厂酸性气特点，为满足原烟气排放 $SO_2 \ngtr 960mg/m^3$ 的要求，硫黄回收装置一般采用常规Claus+尾气加氢工艺，装置硫回收率可达99.8%以上。通过提升装置催化剂性能和高效溶剂组合应用，同时设置超净碱洗塔，并改造回收液硫池废气，可将装置硫回收率提高到99.99%以上，使装置烟气排放满足新国标要求。但该技术实施对装置原料性质要求高，装置抗冲击能力相对较弱，特别是目前炼厂硫黄回收装置还要兼顾处理煤(油)制氢低浓度酸性气、SZorb装置再生烟气等，持续维持装置烟气低浓度排放难度较大，另外硫黄回收装置开停工期间烟气合格排放也很难实现。为此硫黄回收装置烟气再脱硫减排技术逐步得到推广应用，其中以烟气钠法脱硫和氨法脱硫为代表。

两套 7×10^4t/a 硫黄回收装置和第二套 10×10^4t/a 硫黄回收装置处理原料包括油制氢低浓度酸性气、SZorb 装置再生烟气、催化酸性气等。根据装置特点和原料性质，在该三套硫黄回收装置实施了烟气再脱硫改造，并采用二级 Claus+SCOT+尾气焚烧+钠法脱硫技术。具体改造内容如下：在焚烧炉后增设钠法脱硫单元，以氢氧化钠溶剂作为脱硫吸收液，在脱硫塔内，吸收液与含硫烟气接触混合，烟气中的 SO_2 与吸收液中的氢氧化钠反应生成亚硫酸钠。亚硫酸钠再与鼓入的空气进行氧化反应生成硫酸钠，硫酸钠随废水直接外排。由于吸收液的循环利用，脱硫吸收剂的利用率高，脱硫效率可达到90%以上。

6.1 钠法烟气脱硫技术特点

(1) 脱硫塔前设置急冷段，采用一级顺喷和三级逆喷，脱硫塔本体采用鲍尔环散装填料，SO_2 脱除率高；

(2) 设置装置开停工注碱专线，在开停工阶段能有效控制烟气中 SO_2 排放浓度；

(3) 设置相变换热器，充分利用烟气余热加热空气后提高排放烟气温度，消除烟囱顶部冒白烟现象，并有利于烟囱设备防腐；

(4) 脱硫后废水通过两级空气鼓泡氧化，将废水中的 Na_2SO_3 氧化为 Na_2SO_4，控制污水 COD 低于 50mg/L，符合废水直排环保指标。

(5) 钠法脱硫后烟气 SO_2 排放浓度低于 35mg/m^3，远优于《石油炼制工业污染物排放标准》(GB 31570—2015)指标要求；

(6) 废水排放量小。

6.2 钠法烟气脱硫改造效果

两套 7×10^4t/a 硫黄回收装置和第二套 10×10^4t/a 硫黄回收装置先后于 2017 年 5 月 21 日、6 月 28 日、6 月 30 日投用烟气脱硫单元，投用后装置烟气脱硫成效明显。第二套 10×10^4t/a 硫黄回收装置改造前烟气 SO_2 排放浓度基本稳定在 300mg/m^{3}左右，经液硫池废气回收改造后，进入钠法脱硫单元，烟气 SO_2 浓度在 200mg/m^{3}左右。经钠法脱硫+液硫池废气回收改造后，烟气 SO_2 排放浓度基本稳定在 3mg/m^{3}左右，远低于新标准对于特殊地区小于 100mg/m^{3}的指标。

6.3 钠法烟气脱硫废水排放分析

钠法烟气脱硫装置运行中产生含 Na_2SO_4 高盐废水外排，COD 是该废水排放关键指标。根据最新环保指标，镇海炼化设定废水外排 COD 内控指标为 50mg/L。2017 年 5 月 21 日，硫黄回收装置改造的第一套烟气脱硫单元投用后，外排废水 COD 一度出现连续超标情况，随后调整注碱操作，稳定脱硫塔循环液 pH 值控制，并调整装置焚烧炉工况，外排废水 COD 逐步恢复到正常控制指标内。随后的两套装置烟气脱硫单元投用过程中，未出现外排废水 COD 波动超标情况。2017 年 7 至 9 月第二套 10×10^4t/a 硫黄回收装置烟气脱硫单元废水排放 COD 分析值见图 3，三套硫黄回收装置烟气脱硫单元耗碱量(20%NaOH 溶液)、新鲜水耗量、废水排放量和废水 COD 等设计值与实际值对比见表 5。

表 5 硫黄回收装置烟气脱硫单元废水排放对比

项 目		第一套 7×10^4t/a 装置	第一套 7×10^4t/a 装置	第二套 10×10^4t/a 装置
耗碱量/(kg/h)	设计值	145	145	165
	实际值	75	62	50
设计新鲜水耗量/(t/h)	设计值	3.9	3.9	4.0
	实际值	2.2	2.0	2

续表

项　目		第一套 7×10^4t/a 装置	第一套 7×10^4t/a 装置	第二套 10×10^4t/a 装置
设计外排废水量/(t/h)	设计值	0.6	0.6	0.7
	实际值	1.3	1.2	0.9
设计外排废水 COD 平均值/(mg/L)	设计值	50	50	50
	实际值	32	26	21

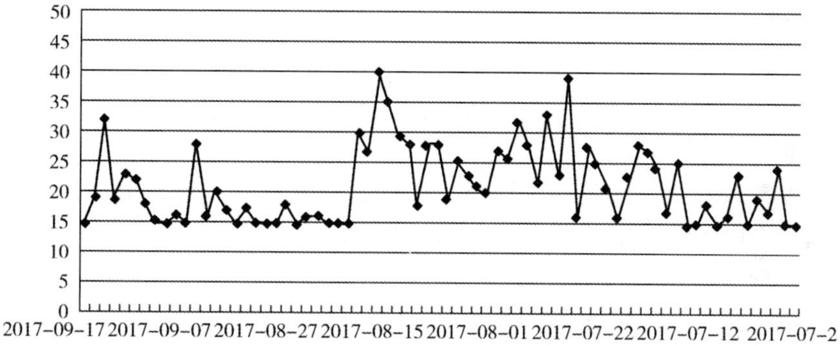

图 3　第二套 10×10^4t/a 硫黄回收装置废水 COD 排放情况(单位：mg/L)

钠法脱硫+液硫池废气回收处理组合工艺对硫黄回收装置烟气减排效果明显，且操作简单、效果稳定，烟气 SO_2 排放浓度可降低到个位数，能有效降低大气污染物的排放。另外，经过优化操作，装置烟气脱硫单元碱耗、新鲜水消耗大大低于设计值，外排废水 COD 能够稳定控制达标排放，但目前外排废水流量较设计值偏高，需要进一步落实原因并改进。

7　开停工操作优化

硫黄回收装置在常规工艺和操作方案条件下，装置开停工及异常工况时烟气 SO_2 排放浓度高、排放量大。据统计，按常规操作方案 10×10^4t/a 硫黄回收装置一次停工会产生约 30t 的 SO_2 排放。前期通过延长装置运行周期，减少装置停开工次数，从而达到减少烟气 SO_2 排放总量目的。目前运行周期均按 5 年考虑，其中最长运行周期达 78 个月。另外，镇海炼化硫黄回收装置通过技术创新，先后提出并实施了停工除硫尾气再处理、加氢催化剂提前预硫化、预硫化尾气再吸收、缩短开工引酸性气时间等优化技术，有效减少了此类工况的 SO_2 排放量(见表 6)。

表 6　镇海炼化硫黄回收装置烟气减排优化技术

技术方法	技术优势	专利类型及编号
停工除硫尾气再处理	装置停工期间烟气 SO_2 排放浓度基本控制在 960mg/m^3 以内	发明专利 ZL 2012 1 0284539.5
硫黄回收装置加氢催化剂提前预硫化	开工期间，提前实施加氢催化剂硫化，使制硫单元和加氢单元同步开工，减少开工 SO_2 排放量	使用新型专利 ZL 2012 2 0387828.3
液硫池废气处理	处理液硫池废气，降低硫黄装置烟气 SO_2 排放浓度	发明专利 ZL 2013 1 0308855.6
降低加氢催化剂预硫化期间 SO_2 排放浓度	硫黄回收装置开工加氢催化剂预硫化期间烟气 SO_2 排放浓度控制在 960mg/m^3 以内	发明专利 ZL 2014 1 0213226.X
液硫池废气处理方法与装置	通过旋流除硫，降低液硫池废气中的单质硫，延长废气处理装置运行周期	发明专利 ZL 2014 1 0742696.5
S Zorb 烟气进硫黄回收装置回收处理	在常规工艺和催化剂条件下，硫黄装置成功处理 S Zorb 装置再生烟气	使用新型专利 ZL 2015 2 0627122.3

8 烟气减排改造总结

(1) 硫黄回收装置要从设计上优化工艺流程，为装置烟气 SO_2减排创造条件。

(2) 优化液硫池废气处理技术，不仅能降低硫黄回收装置烟气 SO_2排放浓度，同时能提高装置硫回收率和装置运行周期。

(3) 原料性质好、流量组分稳定工况下，前碱洗工艺(尾气深度脱硫+液流池废气回收技术)能满足当前新国标烟气 SO_2排放浓度低于 100mg/m^{3}指标，但装置抗冲击能力较弱。另外，在装置工况稳定情况下，超净碱洗塔不投用，烟气排放也能满足要求。

(4) 烟气再脱硫技术在烟气 SO_2减排方面有绝对优势，在装置停开工操作达标排放也有相对优势，但烟气再脱硫技术会增加装置运行能耗和碱液耗量，可通过优化操作，提高硫黄装置整体硫回收率，有效降低碱耗。

(5) 在装置开停工及异常工况时，烟气 SO_2达标排放操作难度较大，特别是前碱洗工艺必须再进行相关优化改造，否则无法满足装置停开工烟气达标排放要求；另外，也要从技术创新和操作方案优化等方面实现减排目标。

(6) 从当前硫黄装置尾气深度脱硫应用效果分析来看，高效吸收溶剂和普通溶剂对尾气净化效果差别很大，建议硫黄装置优先使用高效溶剂。

延迟焦化工艺回收炼厂可利用资源

陈万新

（中国石化镇海炼化分公司生产处，浙江宁波 315207）

摘 要：本文主要针对在新的炼油一体化环境下，延迟焦化工艺作为处理炼厂重质原料油的主要装置，还担负着消化其他加工装置的物料，如在原料中掺炼催化油浆、脱油沥青、清罐原油等。除此之外，延迟焦化工艺在炼厂中还起着平衡炼厂轻重污油、气柜凝缩油、溶脱污油、排水污泥等物料。该工艺充分利用装置特性来回收炼厂可利用资源，不断拓展利用延迟焦化工艺的平衡功能和环保功能，致力于将其打造成企业的平衡装置和环保装置，充分发挥焦化装置的环保作用，诠释了炼厂"黄金垃圾桶"的称号。

关键词：延迟焦化；回收利用；平衡装置；环保装置

1 引言

近几年来，随着炼油原料不断劣质化，炼厂对安全、质量、资源、效益、环保等方面的综合考虑，使得炼厂的主要工艺装置也相应发生变化。伴随着汽油、柴油质量升级的需求，一些炼厂选择对汽油、柴油加工装置进行改造，对延迟焦化装置产出的产品要求相应提高。在此基础上，延迟焦化工艺一方面处理炼厂重质渣油，另一方面还担负着处理其他加工装置产生的轻重污油、污泥浮渣等，解决炼厂的"三废"排放问题，已具备了一定的平衡和环保功能。在炼厂原料油日益劣质化和环保要求逐步严格的形势下，镇海炼化公司不断拓展延迟焦化装置的平衡功能和环保功能，致力于将延迟焦化装置打造成企业的平衡装置和环保装置。延迟焦化装置的平衡功能包括平衡重质渣油、轻重污油、催化油浆、脱油沥青、平衡系统蜡油、燃料气及排水污泥等。而从装置在企业的运行情况来看，其在环保方面所起的作用越来越明显，可以大幅降低公司的重油库存，减少清罐原油、排水污泥等的污染，消除污染源，增加经济效益。

2 平衡重质油原料

延迟焦化装置对原料适应性广泛，呈现多样化，已处理的原料多达60种[1]，有减压渣油、常压渣油、超稠原油、减黏原油、重质燃料油、煤焦油等。镇海炼化公司通过调整优化焦化装置的操作，利用装置检修机会完善流程，在焦化原料中掺炼催化裂化装置外甩的催化油浆和溶剂脱沥青装置产生的脱油沥青等，还利用焦炭塔大吹气时的余热，处理原油储罐清罐的原油，平衡公司的重质油库存。

2.1 平衡常减压的减压渣油

延迟焦化装置作为主要消耗减压渣油的装置，既可以处理催化掺炼渣油，也可以处理沥青质渣油，为灵活控制系统渣油的平衡创造有利条件。

随着原料劣质化现象的日益显著，在实际的装置运行中，原料渣油的变化比较频繁，不同油种的原料的性质变化很大，给装置的操作带来很大的影响。一是对分馏塔操作的影响：原料性质的差异导致分馏塔各侧线热量不平稳，侧线取热和发气量产生大幅变化，各侧线产品质量有所影响，给操作带来很大难度；二是对加热炉负荷的影响：原料性质的差异变化导致加热炉负荷变化较大，加热炉出口温度控制调整不及时，容易导致加热炉炉管加速结焦，焦炭塔容易产生弹丸焦，进而影响装置安全运行。

近年来，镇海炼化公司延迟焦化装置原料性质变化曲线如图1、图2。从图1、图2可以看出，焦化装置原料性质呈逐渐劣质化状态，延迟焦化装置在原料性质逐渐劣质化的形势下也能够发挥其平衡重质油的作用。

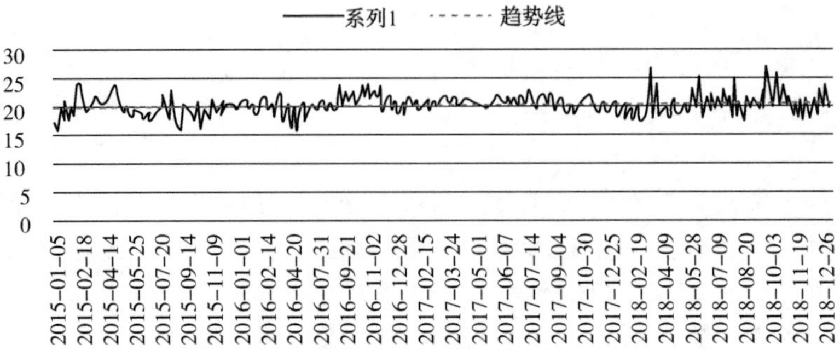

图1　2015~2018年焦化原料残炭曲线

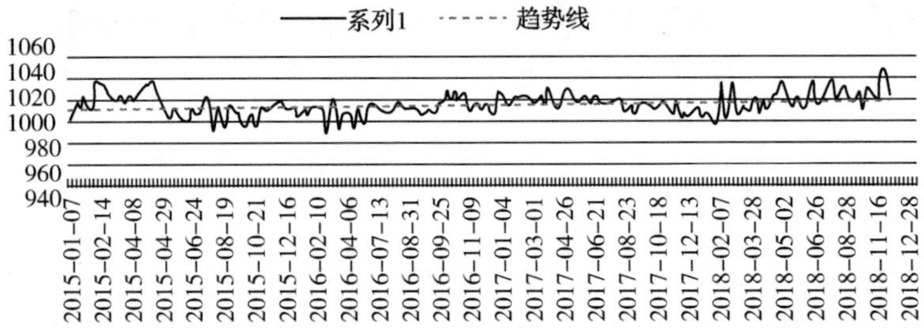

图2　2015~2018年焦化原料密度曲线

2.2　平衡炼厂脱油沥青

炼厂产生的脱油沥青可送至油制氢装置和焦化装置处理，大部分送至油制氢装置作原料，少部分送至焦化掺入原料中。而随着炼油工业的发展，涌现出了采用煤炭和石油焦为原料制氢气的工艺。于是在炼厂氢气资源充足的情况下，油制氢的负荷就会降低，脱油沥青消耗量就会减少。为了保持脱油沥青产耗的平衡，焦化装置则需要大比例地掺入脱油沥青。因脱油沥青的性质比减压渣油还要差，其原料密度高达1050kg/m^3，残炭高达25%，其作为焦化原料时，脱油沥青中富集了渣油中大部分的金属以及全部的沥青质，结焦倾向增加，容易导致加热炉炉管结焦[2]，影响装置长周期运行。2018年，中国石化系统内焦化装置掺炼脱油沥青比例最高达20.76%，充分发挥了延迟焦化装置适应原料性强的特点，表现出较强的平衡功能。

2.3　平衡炼厂催化油浆

催化油浆为催化裂化装置反应产物，馏分上属于重蜡油组分，其芳烃含量较高，后路一般去焦化装置或作为产品出厂。焦化反应过程很难再发生断侧链，主要是脱氢和缩合反应，生成的馏分油主要是蜡油组分，而催化油浆中还含有催化剂颗粒，对设备、管道等有一定的磨损。掺入焦化原料需要严格控制掺炼比例，一般要求掺炼比例≤10%，性质见表1。

表1　催化油浆分析数据

分析项目	单位	1#催化裂化	2#催化裂化	减压渣油
密度(20℃)	kg/m^3	1088.32	1104.53	1022.91
100℃黏度	mm^2/s	12.99	19.31	473
固体含量	g/L	4.87	2.36	—
灰分	%(m/m)	0.64	0.19	0.05
残炭	%	6.0	6.13	22.25
酸值	mgKOH/g	0.05	0.05	0.22

续表

分析项目	单位	1#催化裂化	2#催化裂化	减压渣油
馏程				
初馏点	℃	看不见	看不见	
5%	℃	323	—	
10%	℃	367	383	
30%	℃	399	—	
50%	℃	419	411	
70%	℃	436	—	
90%	℃	482	476	
350℃馏出量	mL	7.5	4.8	
500℃馏出量	mL	94.0	—	3.33
总馏出量	mL	97.0	97.0	
凝点	℃	11	—	>45
硫含量	%	1.73	0.67	3.66
氮含量	mg/kg	1836	1513	6400
Fe	mg/kg	19.27	10.98	18.44
Ni	mg/kg	8.12	3.43	76.09
V	mg/kg	5.9	2.12	216.20
Na	mg/kg	5.89	4.39	10.04
Ca	mg/kg	20.98	8.69	
四组分含量				
饱和烃	%	5.59	6.99	24.54
芳烃	%	93.58	88.91	30.35
胶质	%	0.61	3.75	31.52
沥青质	%	0.22	0.35	13.59

从表1中可以看出，催化油浆性质与减压渣油相比，油浆密度比减压渣油高，黏度、残炭、酸值、硫含量、氮含量比减压渣油低，油浆芳烃含量较减压渣油高很多。根据经验，催化油浆发生延迟焦化反应需要在较高的反应压力、较高的加热炉出口温度及较高的循环比条件下进行，这就需要焦化装置具备一定的操作条件。一旦催化油浆不发生裂解和缩合反应或发生反应的部分很少，则大部分催化油浆会进入到蜡油馏分中，这样就会在焦化、蜡油加氢、催化裂化等装置间循环，油浆的产量会逐渐增加。所以，要消耗油浆焦化装置需要提高加热炉出口温度、反应压力及循环比。

催化油浆掺炼至焦化装置后，根据油浆的生焦反应特性，汽油、柴油收率减少，蜡油产率增加，石油焦和干气产率略有增加，装置总液收减少。催化油浆掺炼量提高后，石油焦中挥发分变化较大，见图3，催化油浆掺炼比例见图4。

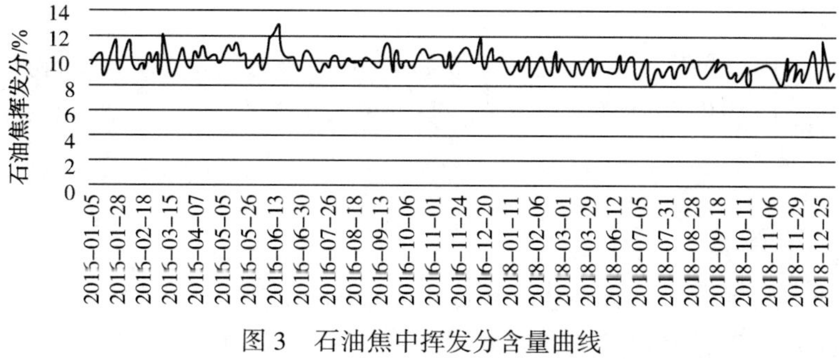

图3 石油焦中挥发分含量曲线

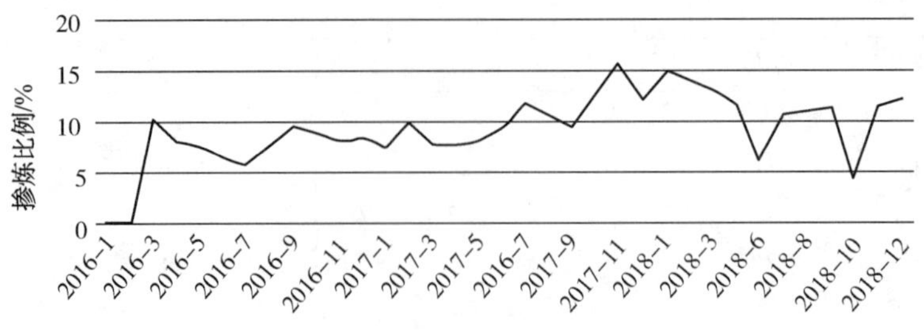

图 4　催化油浆掺炼比例

从图 3、图 4 中可以看出，随着催化油浆掺炼比例提高，石油焦中挥发分含量逐渐降低，说明为了消耗催化油浆，焦化反应条件提高程度较高，反应深度增加，进一步说明焦化装置消耗催化油浆的能力。炼厂可以根据系统油浆的库存量调整掺炼比例，充分发挥焦化装置的平衡功能。

3　平衡系统清罐原油

清罐原油主要是指原油储罐机械清罐时产生的罐底油，可利用焦化放空塔的热量汽提出清罐原油中的水和轻组分，剩余的重组分及机械杂质可作为急冷油注入到焦炭塔中，以达到消耗清罐原油的目的。据统计，2Mt/a 的焦化装置每年能处理清罐原油约 2×10^4t，可有效解决炼厂清罐原油的后续加工难题。

4　平衡炼厂“三泥”

在石油加工及其废水处理过程中，产生大量含油污泥、浮渣，如隔油池底泥、油罐底泥及剩余活性污泥等。由于产生的工艺过程不同，其含油、含水、含固体颗粒的差别较大。污水中含有大量的污油，而其中大部分油类物质、悬浮物及胶体等污染物通过工艺处理形成浮渣，因此浮渣含有化学药剂、悬浮物、油类、胶体等有机物质，呈黏稠状。浮渣是具有危害的污染物，如果这些废弃物没有得到妥善处理，会堆积成害，或污染水体和环境，造成二次污染[3]。

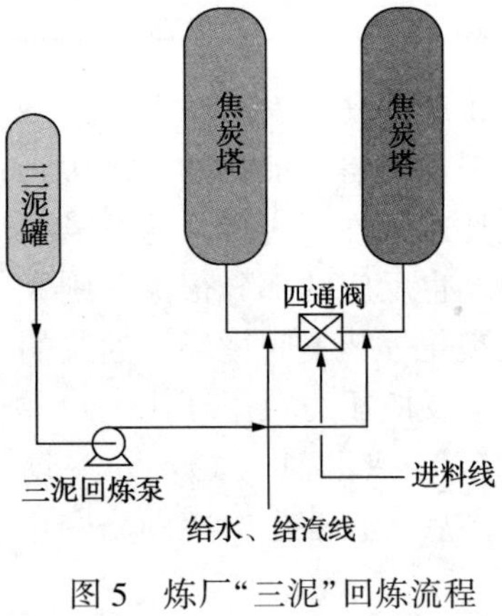

图 5　炼厂“三泥”回炼流程

炼厂“三泥”的处理方式有：一是将“三泥”脱水后形成的干泥送电厂进行掺烧，或者用焚烧炉焚烧；二是外委进行处理。这两种处理方式不能有效解决问题，而且成本也较高。目前，炼厂通常采用进焦化进行处理，经济上合理，不但可以利用焦化的过剩热量使废物中的有机污染物转化，还可以降低处理成本，在能源和资源的利用上比较合理。进焦化处理主要是利用焦炭塔大吹气阶段通过给汽线将炼厂“三泥”和蒸汽混合后一同送入焦炭塔中(见图 5)，利用焦炭的高温(320~350℃)将“三泥”中轻油组分加热汽提，气相组分进入放空塔进行回收，固体杂质最终吸附在焦炭表面形成石油焦产品，实现了密闭环保处理炼厂“三泥”的目的。一个焦炭塔一个生焦周期可以回炼约 20t 炼厂“三泥”。

通过焦炭塔大吹气时送入炼厂“三泥”，对工艺操作上没有影响，对汽、柴、蜡油及石油焦等产品质量也没有影响。回炼炼厂“三泥”带来的负面影响是冷切焦水中产生的粉焦较多，对冷切焦水质有一定影响。通过冷切焦水池增加滤网及定期行车抓焦等措施，可以保证冷切焦水的水质满足生产要求。

5　结论

随着原油资源的不断劣质化，势必会导致焦化原料的劣质化，体现出延迟焦化工艺对原料劣质化较强的适应性。此外，延迟焦化工艺还起着平衡炼厂重质油原料、清罐原油、炼厂“三泥”等劣质资源的作用，发挥了延迟焦化工艺较强的适应性、平衡性及环保性，在炼厂总流程加工中起着重要的作用，充分发挥炼厂“黄金垃圾桶”的美誉。

参 考 文 献

[1] 瞿国华. 延迟焦化工艺与工程[M]. 北京：中国石化出版社，2008.

[2] 王玉章. 延迟焦化加热炉辐射进料结焦性能的研究[J]. 炼油技术与工程，2004，34(12)：9-14.

[3] 李出和，李蕾，李卓. 国内现有延迟焦化技术状况及优化探讨[J]. 石油化工设计，2012，29(1)：10-12.

回用EG对膜级聚酯切片生产及质量的影响

郭瑞龙　罗安广

(中国石化仪征化纤有限责任公司，江苏仪征　211900)

摘　要：本文在聚酯切片生产装置上转产膜级聚酯切片，通过跟踪参数调优、中间过程分析检验、产品质量指标分析等手段，研究了生产过程中回用EG(乙二醇)对生产及产品质量的影响。结果表明：回用EG的投用及其比例的提升降低了酯化物的酸值，同时会使聚酯产品b值升高；在回用EG开始投用时为稳定酯化物的酸值，需要强化酯化反应，同时使副反应增多，再加上回用EG中的杂分子，共同影响产品质量。

关键词：膜级聚酯切片；回用EG；产品质量；色值

1　引言

仪化公司某PET装置采用吉玛公司的工艺路线，由其他品种转产膜级聚酯切片，转产前后产品质量指标变化较大。公司对转产及生产过程进行跟踪，发现回用EG比例对生产和产品质量影响较大，特别是对切片b值的影响尤为突出。

王文雄等[1]研究表明，回用EG系统优化后，在一定程度上降低了回用EG流量，能起到节能降耗的作用；夏启明[2]介绍了新鲜EG和回用EG的平衡控制方案，建议在生产中尽量避免系统中水在回用EG系统中持续循环，能提高装置的稳定运行，减少生产中的能耗和物耗；张胜玲[3]等研究表明，PTA质量对生产过程和产品色值有明显影响，并提出相应对策。

回用EG对生产过程的影响鲜有报道，本文通过对回用EG比例、工艺参数调整、产品质量指标分析等进行对比，总结出回用EG对生产过程参数调整及产品色值的影响。

2　工艺流程及产品检验方法

2.1　主要工艺流程

回用EG的主要工艺流程见图1。

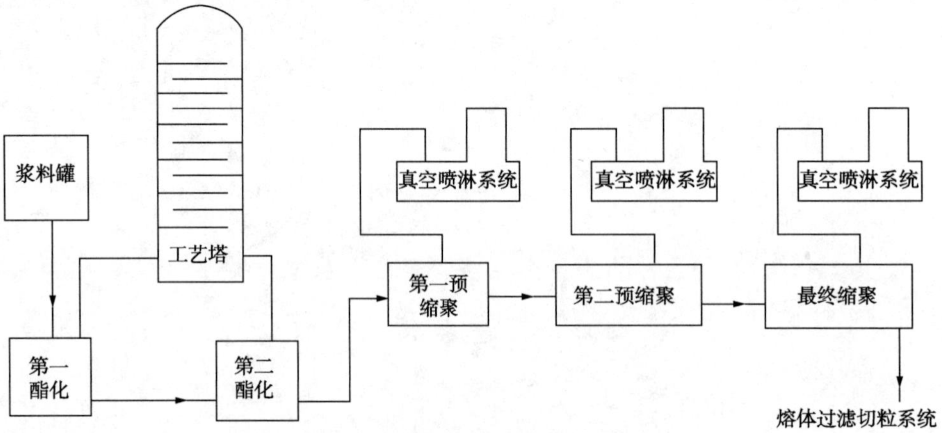

图1　回用EG的主要工艺流程

2.2 转产前后主要产品指标对比

转产前后变化较大的主要质量控制指标见表 1。

表 1 转产前后产品的主要变化指标

	黏度/(dL/g)	端羧基含量/(mol/t)	色值		
			a	b	L
转产前	Ⅳ	32	-2.0	-2.5	≥82.0
转产后	Ⅳ+0.35	24	-2.0	1.5	≥86.0

根据表 1 可知，转产后提升了产品的黏度，降低了端羧基含量，同时对产品的色值要求较高，主要是 L 值需要进行较大幅度的提升，相关研究[4~6]表明，PTA 质量对产品色值影响较大，因此在转产及正常生产期间选取产品质量稳定且色值较优的 PTA。

3 回用 EG 对酯化反应的影响

工业生产过程中的工艺参数根据运行状况及检测结果进行优化，本文以 t 的加权平均值来阐述工艺调整情况，同时以 t 作为基本时间单位。

利用式 1 计算回用 EG 比例，生产期间回用 EG 比例、第一酯化酸值与对应时间的关系曲线见图 2；以 t 作为最小时间单位为横坐标，第一酯化回流 EG 流量——X、第二酯化回流 EG 流量——Y 和酯化温度为纵坐标，即酯化参数调整曲线见图 3。

$$\text{回用 EG 比例}=\frac{\text{配浆料用回用 EG 流量}}{\text{配浆料所用 EG 总流量}}\times 100\% \qquad (\text{式 1})$$

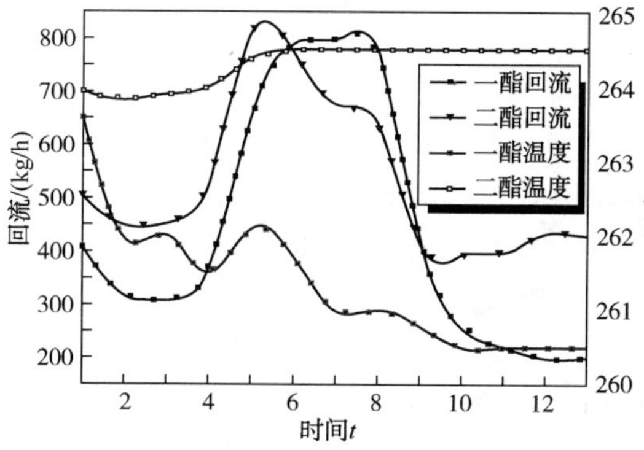

图 2 酯化参数变化

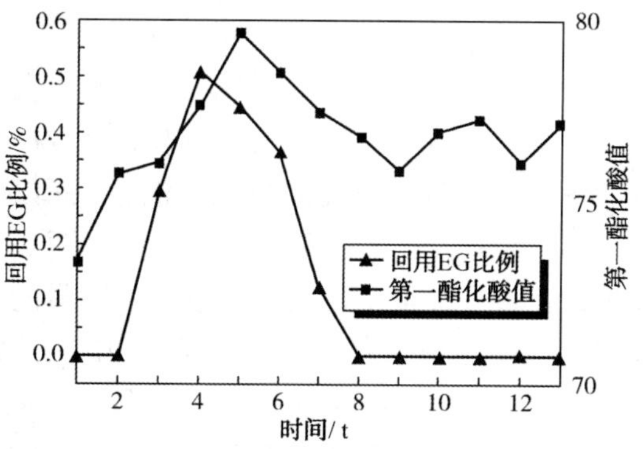

图 3 回用 EG 比例及第一酯化的酸值

由图 2 可知，转产后前 $2t$ 期间对酯化参数进行弱化，主要是降低温度、减低酯化系统回流 EG 流量。从图 3 中酸值波动曲线可看出，调整后酸值达到一个相对理想的数值，约为 76mg/kg；图 3 中的 $2t$ 到 $4t$ 期间回用 EG 比例提升，在 $3t$ 到 $5t$ 期间对酯化参数进行大幅度的强化，但第一酯化系统的酸值仍不断攀升，到 $5t$ 时接近 80mg/kg；从 $4t$ 到 $8t$ 逐步取消回用 EG 的使用，$5t$ 到 $10t$ 酯化参数逐步弱化，而 $5t$ 到 $9t$ 期间一酯酸值出现了明显的下降，最终达到稳定。

从变化曲线可以看出，回用 EG 参与配料的投用、比例提升与比例降低，对酯化反应影响非常明显，回用 EG 使比例的增加明显弱化了酯化反应。

回用 EG 中含水量约为 3%，回用 EG 的投用降低了第一酯化系统中的 $n_{(EG)}/n_{(PTA)}$，同时也增加了系统中的水含量，影响酯化反应的反应平衡[7~9]，必须通过强化酯化参数来稳定酯化率及产品质量。

4 回用 EG 对产品质量的影响

根据产品色值加入一定量的调色剂(配制一定浓度调色剂的 EG 溶液)，以本次生产最终稳定后

所加入量 C 作为基准，生产过程中调色剂用量按此进行折算。

4.1 回用 EG 对产品色值的影响

正常生产前对 t 时间内进行 3 次对色值(a、b、L)分析，根据检测结果统计并绘制色值变化曲线见图 4。

由图 4 可知，生产期间 a 值波动不大，b 值和 L 值存在较大波动。转产后初期 L 值在 87 左右宽幅波动，3t 到 5t 期间出现快速下降，一度低于 85，然后开始回升，最后稳定在 87.5 左右；而 b 值在 3t 和 5t 之间达到未定在最大值 3.0 左右，然后持续下降，最终稳定在 1.8 左右。b 值和 L 值的波动存在一定的对应关系。

相关研究和生产实际表明原料、加工工艺、调色剂的加入影响产品的色值，在本阶段生产过程中原料没有明显变化，仅 EG 回用比例和调色剂的加入量进行调整。以本次生产最终稳定后所加入调色剂量 C 作为基准，生产过程中调色剂用量按此进行折算，回用 EG 比例和调色剂加入量如图 5 所示。

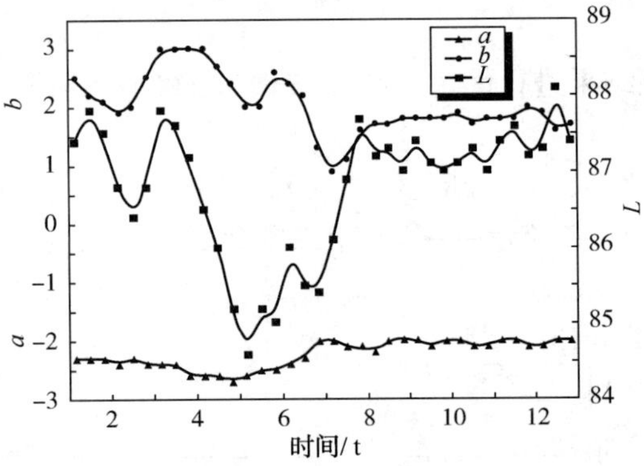

图 4　产品色值分析结果

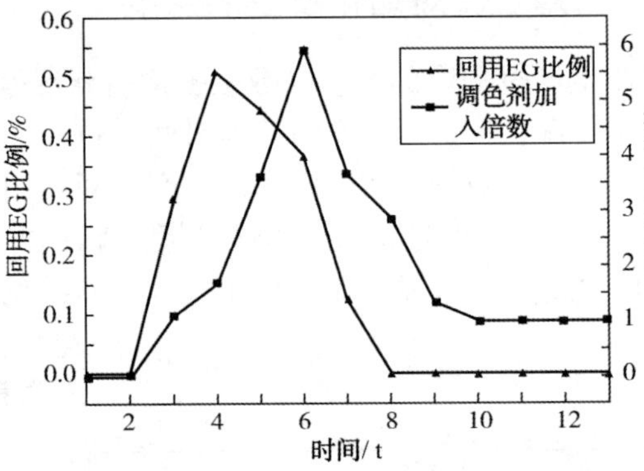

图 5　回用 EG 比例与调色剂计入量

从图 5 可以看出，从 3t 开始使用回用 EG 配料后，调色剂开始加入，随着回用 EG 使用时间和比例的增长，调色剂加入量也不断增加，6t 以后随着回用 EG 比例的大幅下调到取消 EG 回用，调色剂的加入也逐步下调，最后稳定。结合图 2、图 4 可知，第 3t 随着回用 EG 使用量增加，酯化参数的强化，造成 b 值快速抬升，通过增加调色剂加入量，b 值得到了控制，但 L 值便出现了快速下滑，甚至一度在 5t 时低于 85。随着回用 EG 用量的减少，在调色剂加入量随之减少的情况下 b 值逐步稳定，L 值快速提升至 87.5 后达到平衡，说明回用 EG 的使用量增加导致了 b 值的升高，为保证产品 b 值，回用 EG 比例增加间接会导致 L 值下降。

4.2 回用 EG 对切片 DSC 参数的影响

对转产后不同时期 5 个切片样品进行 DSC 分析，并与工艺路线相同的聚酯装置(EG 全回用)所生产的膜级切片 DSC 数据进行对比，消除热历史后的 DSC 数据见表 2。

对比消除热历史后数据可以发现，序号 1 和 6 的玻璃化温度 T_g 略低，等温结晶温度 T_c 较低的为 2 和 6 号样，1、3、4、5 号样的等温结晶温度 T_c 逐步升高，这与产品的生产工艺参数密切相关[10,11]。

表 2　不同膜级切片消除热历史后 DSC 数据

序号	日期	T_g	ΔC_p	T_c	ΔH_c	T_m	ΔH_m	T_{mc}	ΔH_{mc}
1	第 2t	76.89	0.25	159.18	−32.24	254.34	39.19	177.33	−39.26
2	第 3t	77.34	0.36	148.51	−31.39	256.01	42.16	182.99	−40.75
3	第 6t	77.34	0.29	159.51	−32.37	255.01	40.69	179.83	−40.57
4	第 7t	77.10	0.28	160.01	−32.32	255.18	39.99	175.33	−35.33
5	第 12t	77.05	0.29	162.34	−32.21	253.84	39.11	172.49	−32.73
6	对比切片	76.73	0.35	147.68	−31.45	254.68	41.21	181.49	−41.78

表 2 可以看出，1 号样和 6 号样的玻璃化温度 T_g 略低，1 号样为该聚酯生产线刚转产后生产的膜级切片，可能为系统内残留物质还没完全过渡，存在降低 PET 分子的结构规整度的分子；6 号样为与该聚酯生产线类似生产线 EG 全回用的切片，可能因为 EG 全回用造成 PET 分子结构规整度相对较差，小分子含量相对较多，使得玻璃化温度 T_g 略低，等温结晶温度 T_c 也最低。

2 号样为聚酯生产线完成过渡后等温结晶温度 T_c 最低的样品，期间 EG 开始回用比例最高，产品 b 值较高的切片，说明 EG 的回用对 PET 等温结晶温度 T_c 有影响；随着回用 EG 比例降低 2、3、4 号样的等温结晶温度 T_c 逐步升高，说明 EG 回用比例减少有助于改善 PET 的内在质量。

5 回用 EG 杂质分析及质量管控建议

5.1 回用 EG 质量分析及对比

通过对生产情况进行跟踪和分析判断，回用 EG 降低了酯化反应速率，对产品色值有较大影响，特别是对产品 b 值影响最大。因此对回用 EG 杂质种类和含量进行分析，与其他聚酯装置回用 EG 进行对比，分析结果见表 3。

表 3 回用 EG 杂质种类及质量含量分析

序号	保留时间/min	有机组分含量/%				名 称
		本生产线(膜片)	对比线 1(膜片)	对比线 2(瓶片)	本生产线(瓶片)	
1	1.745	0.0252	0.0098	0.0198	0.0058	乙醛
2	2.045	0.0039	—	—	0.0021	乙醇
3	2.195	0.9817	0.4891	0.3663	0.1630	2-甲基，1,3-二氧戊环
4	2.802	—	—	0.0023	—	1,45-二氧己环
5	9.907	98.4792	99.2619	99.281	99.6773	EG
6	—	—	—	—	0.0066	—
7	12.123	0.3655	0.1333	0.2162	0.0935	DEG
8	13.997	0.0348	0.0208	0.0358	—	TEG
9	16.039	0.0106	0.0031	—	0.0088	苯甲酸
10	16.755	0.0104	0.0117	0.01	—	对甲基苯甲酸
11	16.82	0.0263	0.008	—	0.0120	苯甲酸乙二醇酯
12	17.64	0.0421	0.0434	0.0568	0.0258	对甲基苯甲酸乙二醇酯
13	17.955	0.0042	—	—	—	邻苯二甲酸正丁酯
14	18.295	0.0055	0.0044	0.0034	0.0050	对乙基苯甲酸 2-甲基丁酯
15	21.737	0.003	—	—	—	甘醇醚
16	22.943	0.0075	0.0144	0.0086	—	甘醇醚
组分数/个		14	11	10	10	

从表 3 中的数据可以发现，该生产线生产膜级切片时回用 EG 中的有机组分种类最多，含量超过其他生产线回用 EG 的 2 倍；且该生产线生产膜片(EG 不回用)与生产瓶片(EG 全回用)时回用 EG 中有机组分差异也很明显，这与其生产方案和负荷有关。不同生产品种时新鲜 EG 补加位置对比情况见表 4。

表 4 该生产线生产膜片与生产瓶片时新鲜 EG 加入位置及流量

生产品种	负荷/(t/d)	新鲜 EG 加入位置/(kg/h)				
		浆料配制	一缩液封槽	二缩液封槽	终缩液封槽	喷射真空泵
膜片	600	9140	500	500	800	800
瓶片	700	0	1200	1500	7250	1500

由表4可知，EG不回用时为降低外排回用EG总量，将真空系统新鲜EG置换量大大减少，导致杂质组分在回用EG内富集，这是造成回用EG品质差的主要原因。

EG不回用到部分回用转换时，回用EG中有机组分种类多、含量高，特别是含醚键的官能团，对产品色值产生巨大的影响；同时回用EG的含水量为3%左右，EG开始回用就必须强化酯化参数，势必会造成酯化系统副反应的增加，共同影响产品质量。

5.2 回用EG投用及过渡思路

本次生产实践中转产时EG不回用，待生产稳定后回用EG一次性投用比例过大，对酯化系统的平稳控制和过渡带来较大的影响，为不影响产品质量最终选择EG不回用生产方案，多余EG需要外送，增加了人力和物力成本。如何平衡好回用EG、稳定产品质量是生产中首要考虑的问题。

建议由EG不回用向部分回用转换时，应循序渐进，同时在EG开始回用时应加大EG系统的置换量，改善回用EG品质能减少回用EG使用对产品质量的影响。

目前装置存在限制性因素，配料用EG仅可以全部新鲜EG与全部回用EG进行切换，不具备新鲜EG和回用EG共同参与浆料配制的条件。生产期间，为实现EG部分回用，临时在浆料配制EG流量计低排管线上加装临时金属软管供新鲜EG，受管路特性限制，无法灵活调整回用EG的比例。建议浆料配制系统增设新鲜EG管线和流量计阀组，满足EG不回用方案向EG回用方案的逐步过渡，防止出现回用比例变动过大对生产和产品质量带来较大影响。

6 结论

（1）回用EG的投用降低酯化物的酸值，既降低了酯化系统的酯化率，又会使聚酯产品色值变差，主要表现为*b*值升高，聚酯切片变黄。

（2）为稳定产品端羧基，回用EG开始投用时需要强化酯化系统的参数，副反应会随之增多，再加上回用EG中的杂分子，将共同影响聚酯切片的内在产品质量。

（3）建议聚酯生产线在由EG不回用到全回用切换时应循序渐进，同时应加大EG系统的置换，改善回用EG的质量的同时，逐步由EG不回用向全回用转换，防止内在质量较差的回用EG一次性投入量过大对稳定生产和产品质量造成影响。

参考文献

[1] 王文雄，覃善木，李德河. 热井EG的循环回用[J]. 广东化纤，1999(04)：55-58.
[2] 夏启明. PET装置运行中的EG平衡控制[J]. 聚酯工业，2012，25(02)：26-29.
[3] 张胜玲，刘高才，李楠. PTA质量对PET生产的影响及对策[J]. 聚酯工业，2003(06)：51-53.
[4] 吕建新，张玉森. PET色相b值波动的影响因素[J]. 聚酯工业，2013，26(04)：46-48.
[5] 叶丽华，戴钧明，殷小波. 超有光聚酯切片色度的控制[J]. 合成纤维工业，2014，37(02)：71-73.
[6] 张瑞，王玉合，吴桂香，陈银波. PTA对聚酯生产及性能影响[J]. 合成技术及应用，2015，30(02)：29-32.
[7] 付德生，王洪艳. PET主要品质指标影响因素探讨[J]. 聚酯工业，2007(03)：24-27.
[8] 张师民. 聚酯的生产及应用[M]. 北京：中国石化出版社，1997.
[9] 杨始堃，陈玉君. 聚酯化学·物理·工艺[M]. 广州：中山大学出版社，1995.
[10] 潘祖仁. 高分子化学[M]. 北京：化学工业出版社，1986.
[11] 张敏杰，赵国樑. 熔融挤出-固相增黏循环处理对PET性能的影响[J]. 合成纤维工业，2012，35(03)：24-27.

十四烷二酸共聚改性 PET 的流变性能研究

常 玉 夏峰伟 周 倩 戴志彬

（中国石化仪征化纤有限责任公司研究院，江苏仪征 211900）

摘 要： 本文采用毛细管流变仪研究了不同十四烷二酸含量共聚改性的聚对苯二甲酸乙二醇酯（PET）的流变性能。结果表明：共聚酯属于假塑性非牛顿流体，其表观黏度 η_a 和黏流活化能 E_η 随十四烷二酸含量的升高而下降。非牛顿指数 n 随温度的升高而增大，在 270℃、275℃、280℃时共聚酯 n 值均略低于空白 PET；在 285℃，添加十四烷二酸含量为 4%的共聚酯 n 值与空白 PET 相当。温度升高，共聚酯的结构黏度指数 $\Delta\eta$ 下降，在 285℃时，添加十四烷二酸含量为 4%的共聚酯与空白 PET 的 $\Delta\eta$ 值相当，此时可纺性良好。

关键词： 十四烷二酸；共聚改性；流变性能；非牛顿指数

1 引言

十四烷二酸是一种长碳链二元酸，是制造高级香料、高性能尼龙工程塑料、高档尼龙热熔胶、耐寒性增塑剂、树脂和高级润滑油的重要原料[1]。在 PET 中引入十四烷二酸有望提高可纺性，赋予纤维柔软性。目前以十四烷二酸和二元醇为原料合成聚酯的研究非常少，周倩[2]采用熔融缩聚法共聚改性 PET，研究了十四烷二酸的含量对共聚酯热性能、结晶性能的影响；李岩[3]对十二碳、十四碳二元酸与不同二元醇合成的一系列低分子量聚酯的工艺条件进行了探索。但是对于十四烷二酸共聚改性 PET 的流变性能及可纺性尚未见系统研究报道。作者利用毛细管流变仪研究了不同十四烷二酸含量共聚改性 PET 的流变性能，为该共聚酯纺丝过程的工艺参数提供参考依据。

2 试验

2.1 原料

不同十四烷二酸含量改性共聚的 PET 切片常规性能指标如表 1 所示，指标根据国标 GB/T 14189—2008 纤维级聚酯切片测试方法完成。

样品经真空干燥箱充分结晶干燥，使其水分<50×10^{-6}g/g。

表 1 共聚酯试样常规性能指标

样品	十四烷二酸含量/mol%	特性黏度/(dL/g)	-COOH/(mol/t)	DEG/%
0#	0	0.514	8.79	1.70
1#	1	0.528	8.76	1.71
2#	2	0.525	8.83	1.63
3#	4	0.535	8.76	1.62

2.2 分析测试

流变性能测试：采用英国 Malvern 公司 Rosand RH7 型双料筒毛细管流变仪进行样品流变性能测试，毛细管口模直径为 1mm，长径比 $L/D=16$，入口角 90°。测试温度分别为 270℃、275℃、

280℃、285℃，剪切速率($\dot{\gamma}$)为500~6000s^{-1}。

3 结果与讨论

3.1 共聚酯的流动曲线

3.1.1 剪切速率、温度对共聚酯流变性能的影响

图1为共聚酯在不同温度下的流变性能曲线。

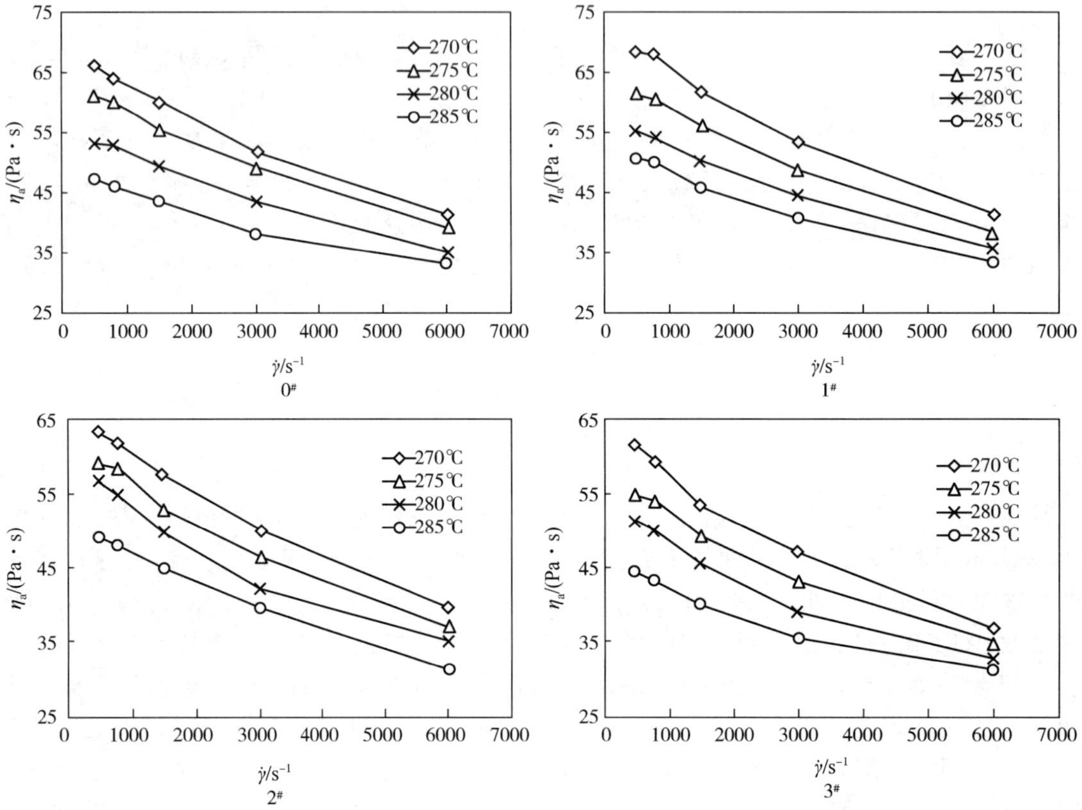

图1 共聚酯在不同温度下的流变曲线

由图1的流动曲线可以看出：与大多数高聚物熔体相似[4]，共聚酯在270~285℃范围内表观黏度η_a随剪切速率$\dot{\gamma}$的增加而减小，属于典型的切力变稀型非牛顿流体，其流动方式为假塑性流动。熔体切力变稀的原因在于大分子链间发生的缠结和熔体的弹性贡献。剪切速率增大时，大分子逐渐从网络结构中解缠和滑移，使缠结点浓度下降，导致表观黏度降低；另外剪切速率增大，使大分子链段在流场中发生取向，减小了大分子链在流层间传递动量的能力，因而流层间的牵曳力也随之减小，大分子运动变得容易，结果表现为表观黏度下降[5]。

从图1还可以得出，随着温度的升高，共聚酯的流动曲线下移，熔体黏度下降。由于给定剪切速率下的熔体表观黏度的大小取决于熔体中的自由体积和大分子之间的缠结，温度升高时，大分子内自由体积增加，大分子运动能力增强，解缠容易，因此高温时，熔体的表观黏度较低。但是在高剪切速率时，4条线趋于重合，说明剪切速率高到一定程度时表观黏度受温度影响不大。

3.1.2 十四烷二酸单体对共聚酯流变性能的影响

图2是不同十四烷二酸含量的共聚酯在相同温度下的流变曲线。

由图2可以看出，在相同温度和剪切速率下，随着十四烷二酸含量的增加，共聚酯的表观黏度逐渐下降，这主要是因为在大分子中引入了柔性基团长碳链之后，破坏了大分子链的规整性，分子间的间距增大，进而增加了分子链的柔性，分子的活动能力增强，分子链相对运动引起的流动阻力

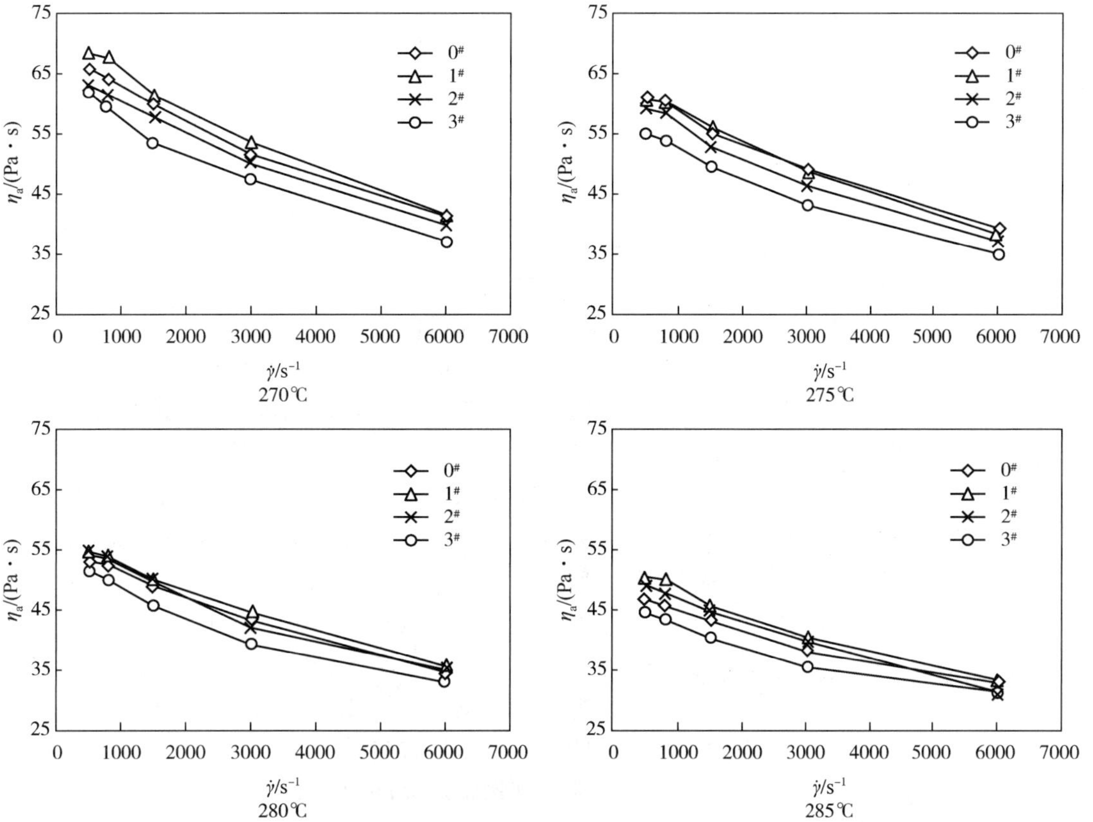

图2　共聚酯在相同温度下的流变曲线

减小，剪切流动变得容易，表现为表观黏度进一步下降。对于1#的表观黏度大于0#，是由于初始黏度稍高所致。综合来说，当十四烷二酸含量达到4%时，共聚酯纺丝挤出机的负荷和组件压力要低于PET，具有良好的可纺性。

3.2　共聚酯的黏流活化能 E_η

黏流活化能 E_η 是高聚物熔体黏度对温度依赖性的量度，即黏流活化能越大，黏度对温度的变化越敏感，因此，它的测定对成纤聚合物加工成型的质量稳定性和均匀性有着重要的意义。

在温度变化不大的范围内，高聚物表观黏度的变化规律服从 Arrhenius 方程[6]：

$$\eta_a = C \cdot \exp\left(\frac{E_\eta}{RT}\right) \tag{1}$$

取对数可得公式：

$$\ln\eta_a = \ln C + \frac{E_\eta}{R} \cdot \frac{1}{T} \tag{2}$$

式中　E_η——黏流活化能，kJ/mol；

η_a——表观黏度，Pa·s；

T——绝对温度，K；

R——气体常数，8.314J/(mol·K)；

C——常数。

绘制 $\ln\eta_a$-$1/T$ 线，通过斜率求得共聚酯的黏流活化能 E_η，列于表2中。

图3是共聚酯在不同剪切速率下的黏流活化能。

表 2　共聚酯在不同剪切速率下的黏流活化能

剪切速率/s^{-1}	黏流活化能 E_η/(kJ/mol)			
	0#	1#	2#	3#
500	57.9	51.3	42.1	39.6
800	56.5	50.7	41.5	37.1
1500	54.6	50.0	41.0	35.5
3000	52.7	45.8	38.9	34.4
6000	39.4	36.0	38.2	28.2

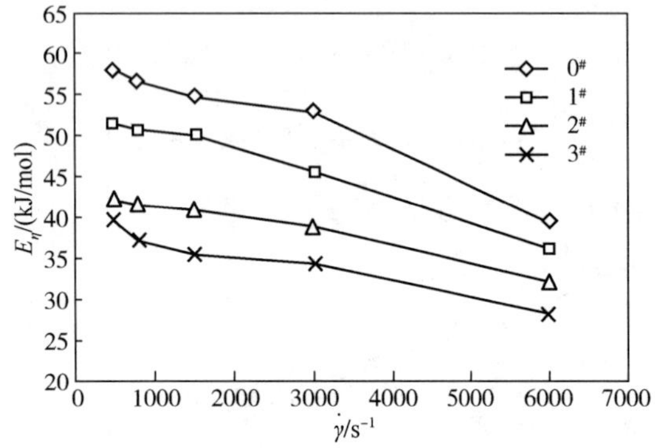

图 3　共聚酯在不同 $\dot{\gamma}$ 下的黏流活化能 E_η

从图 3 可以看出，随着剪切速率的提高，共聚酯的黏流活化能下降，共聚酯熔体的表观黏度对温度的敏感度下降，这主要是因为在较低的剪切速率下，大分子链相互缠结形成网状结构破坏程度低，链段活动所受阻力大，导致活化能高；随着剪切速率的提高，大分子活动能力提高，大分子链的解缠结变得容易，使得链段跃迁所受阻力减小，从而黏流活化能降低，温度变化对表观黏度的影响减小。

一般来说，高聚物的分子链越刚性或分子间作用力越大，则黏流活化能越高，反之亦然。所以随着十四烷二酸单体含量的增加，共聚酯的大分子链柔性增加，共聚酯熔体的黏流活化能下降。

3.3　共聚酯的非牛顿指数 *n*

非牛顿指数 n 是判断高聚物流体偏离牛顿流体的程度，n 值得大小与高聚物的可加工性有一定的关系，n 值偏离 1 的程度越大，说明聚合物熔体的非牛顿性越强。根据非牛顿流体的表观黏度和剪切速率方程：

$$\eta_a = K\dot{\gamma}^{n-1} \tag{3}$$

取对数可得公式：

$$\lg\eta_a = \lg K + (n-1)\cdot\lg\dot{\gamma} \tag{4}$$

式中　η_a——表观黏度，Pa·s；

K——常数；

n——非牛顿指数；

$\dot{\gamma}$——剪切速率，s^{-1}。

绘制 $\lg\eta_a$-$\lg\dot{\gamma}$ 线，通过斜率求得共聚酯的非牛顿指数 n，列于表 3 中。

表 3　共聚酯在不同温度下的非牛顿指数

温度/℃	非牛顿指数 n			
	0#	1#	2#	3#
270	0.8139	0.7970	0.8068	0.7968
275	0.8228	0.8136	0.8119	0.8070
280	0.8311	0.8277	0.8205	0.8150
285	0.8553	0.8302	0.8247	0.8538

由表 2 可以看出，共聚酯在不同温度下的非牛顿指数均小于 1，是假塑性流体。在相同的剪切速率下，随着温度的升高，共聚酯熔体的 n 值均不断增大，说明升高温度可以提高熔体的流动性能，使熔体的弹性减小，向牛顿流体靠近。这是由于温度的升高使得分子链运动加剧，分子间作用力减弱，有利于大分子运动，同时熔体的自由体积变大，分子运动空间增大，流动性越来越接近牛

顿流体。在 270℃、275℃、280℃时添加十四烷二酸单体的 n 值均略低于空白 PET，说明在此温度下，引入十四烷二酸单体，使得共聚酯偏离牛顿流体程度变大；在 285℃，添加十四烷二酸含量为 4%的共聚酯与空白 PET 的 n 值相当，此时可纺性良好。

3.4 共聚酯的结构黏度指数 $\Delta\eta$

结构黏度指数是表征聚合物熔体的结构化程度，是衡量纺丝流体可纺性好坏的重要指标[7]，其定义为：

$$\Delta\eta=\frac{-\mathrm{d}\lg\eta_a}{\mathrm{d}\dot{\gamma}^{1/2}}\times10^2 \tag{5}$$

在非牛顿区域，假塑性熔体的结构黏度指数 $\Delta\eta>0$，其数值越小，流体的结构化程度越小，可纺性越好；$\Delta\eta$ 值越大，熔体的可纺性越差，纤维成形越困难，纤维力学性能也越差。

根据流变数据作 $\lg\eta_a-\dot{\gamma}^{1/2}$ 曲线，求得斜率，再根据定义公式，可计算出样品在不同温度下的结构黏度指数，列于表 4。

表 4　共聚酯在不同温度下的结构黏度指数 $\Delta\eta$

温度/℃	结构黏度指数 $\Delta\eta$			
	0#	1#	2#	3#
270	0. 37	0. 41	0. 38	0. 40
275	0. 36	0. 38	0. 37	0. 37
280	0. 34	0. 35	0. 36	0. 36
285	0. 29	0. 34	0. 35	0. 29

由表 4 可以看出，随着温度的升高，样品的结构黏度指数均表现出下降的趋势，说明温度升高，分子运动加快，熔体的流动性变好，结构化程度变小，有利于纺丝的进行。在 270℃、275℃、280℃时共聚酯的 $\Delta\eta$ 值略大于空白 PET，说明在此温度下，引入十四烷二酸单体，使得共聚酯熔体结构化程度变大；在 285℃时，添加十四烷二酸含量为 4%的共聚酯与空白 PET 的 $\Delta\eta$ 值相当，此时可纺性良好，纤维易成形且纤维力学性能良好。

4　结果与讨论

（1）添加不同含量的十四烷二酸改性 PET 均属于假塑性非牛顿流体，其表观黏度 η_a 随剪切速率 $\dot{\gamma}$ 和温度的升高而下降，随十四烷二酸单体含量的升高而下降。

（2）共聚酯大分子链的柔性随十四烷二酸含量增加而增加，从而导致熔体黏流活化能 E_η 下降。

（3）共聚酯熔体的 n 值随温度的升高而增大；在 270℃、275℃、280℃时添加十四烷二酸单体的共聚酯 n 值均略低于空白 PET；在 285℃，添加十四烷二酸含量为 4%的共聚酯 n 值与空白 PET 相当。

（4）温度升高，共聚酯的结构黏度指数 $\Delta\eta$ 下降；在 285℃时，添加十四烷二酸含量为 4%的共聚酯与空白 PET 的 $\Delta\eta$ 值相当，此时可纺性良好，纤维易成形且纤维力学性能良好。

参　考　文　献

[1] 陈远童. 长链二元酸的用途[J]. 微生物学通报，2000，27(5)：389.
[2] 周倩. 十四烷二酸改性 PET 的合成与性能研究[J]. 合成技术及应用，2019，34(1)：6-10.
[3] 李岩，刘琳. 长链二元酸和二元醇合成聚酯的研究[J]. 合成材料老化与应用，2005，34(3)：28-30.
[4] 金日光. 高聚物流变学及其在加工中的应用[M]. 北京：化学工业出版社，1986.
[5] 沈新元. 高分子材料加工原理[M]. 北京：中国纺织出版社，2002.
[6] 何曼君，陈维孝，董西侠. 高分子物理[M]. 上海：复旦大学出版社，1998.
[7] 谢玉福，陈建勇，张华鹏. 瓶片聚酯与纺丝级聚酯流变性能的比较[J]. 浙江理工大学学报，2011，28(2)：182-186.

利用硫黄焚烧炉处理储运系统 VOCs 的实践

梁 峰

(中国石化青岛炼油化工有限责任公司发展计划处，山东青岛 266500)

摘 要： 本文分析研究了石化企业尤其是储运系统 VOCs 废气治理在全社会 VOCs 治理工作中的重要性和有关要求。以实际的石化炼油企业实践和效果为例，说明利用已有的硫黄焚烧炉，作为炼油厂储运系统回收法处理 VOCs 后的末端保障设施，具有明显优势。在实现 VOCs 达标排放的同时，节约投资约 20%以上，并节省运行成本和占地。通过对技术可行性、安全风险可控性、长周期运行可靠性等论证，说明利用硫黄焚烧炉处理储运系统 VOCs 的技术方案，在石化炼油企业具有可借鉴性和一定的推广意义。

关键词： VOC；废气；石化企业

1 引言

随着国家大气污染防治行动计划的实施推进，石化行业对 VOCs 的控制和治理已经成为国家提升环保指标和全社会治理 VOCs 工作的一项重要内容。储运系统作为石化企业生产运行中重要的物料中转、调和和原料进厂、产品出厂设施，对其开展高效、低成本的 VOCs 治理工作尤为重要。

2 VOCs 的危害及排放源

2.1 VOCs 的危害

VOCs 是挥发性有机化合物(Volatile Organic Compounds)的英文缩写，国际上并没有统一的定义。环保意义上的 VOCs 是指会对大气环境产生危害的那一类挥发性有机物。我国新发布的《石油炼制工业污染物排放标准》(GB 31570—2015)、《石油化学工业污染物排放标准》(GB 31571—2015)、《合成树脂工业污染物排放标准》(GB 31572—2015)三项国家大气污染物排放标准对 VOCs 的定义是，参与大气光化学反应的有机化合物，或者根据规定的方法测量或核算确定的有机化合物。

VOCs 化学性质活泼，在一定环境条件作用下可发生光化学反应，形成光化学烟雾和二次污染物，其危害性甚至比一次污染物更大，严重威胁着生态环境[1]。紫外线在辐射 VOCs 时，VOCs 就会被分解为一种高活性的分子，从而能和排放的工业气体中含有的 SO_2、NO_x 等反应，产生一种光化学氧化物，最终形成酸雨以及烟雾，对动植物、人类的新陈代谢都会产生极大的影响，还会破坏大气环境。在 20 世纪 60 年代，化学烟雾频繁地发生于日本的很多城市，也发生于美国的洛杉矶，严重危害人类健康[2]。近年来，我国部分地区也多次出现持续大范围灰霾污染。

国际经验表明，VOCs 除本身具有污染外，也是二次污染物特别是细颗粒物的重要成因，控制 VOCs 排放是减少灰霾和光化学烟雾污染的有效措施[3]。

2.2 VOCs 排放源情况

VOCs 的排放来源分天然源和人为源两类。天然源主要来源于陆地植被的新陈代谢。人为源包括化石燃料燃烧、工业过程、有机溶剂使用、机动车排放等。工业源排放是城市中 VOCs 的主要来源，约占人为源的 55%，其特点是排放强度大、浓度高、污染物种类多、持续时间长，对区域环境影响大[4]。

VOCs 排放情况复杂，不同地区的排放源和排放组成情况不尽相同。以江苏省 2015 年数据为例，人为源 VOCs 排放量为 192.78 万 t，化石燃料燃烧、工业过程、有机溶剂使用(涂料和油墨及胶黏剂等)、移动源(交通运输及工程机械等)、有机溶剂储运源、生物质燃烧源排放所占质量分数分别为 7.38%、27.93%、39.56%、16.18%、5.4%、3.55%。有机溶剂使用源排放量占比最大，居前三位的行业是机械装备制造、印刷包装、建筑装饰过程中使用的涂料、油墨、胶黏剂等有机溶剂挥发，排放量分别为 15.7×10^4t、9.6×10^4t、9.59×10^4t，共占有机溶剂使用行业排放量的 45.74%，占 VOCs 排放总量的 18.1%。其次是工业过程源，包括石化、化工、医药、塑料、皮革制造等，其中石油炼制与有机化工行业 VOCs 排放量为 29.06×10^4t，占工业过程源的 53.96%，占 VOCs 排放总量的 15.1%[5]。

多种文献和调查数据表明，工业源中以石油炼制和储运、有机化工、精细化工等为 VOCs 排放的重点行业[6]。石化企业 VOCs 排放在 VOCs 工业源中比例大，是 VOCs 治理工作的重要和关键环节。

3　石化企业 VOCs 排放情况及治理依据

3.1　石化企业 VOCs 排放情况

欧盟多家炼油厂采用红外遥感技术测量的 VOCs 排放系数(VOCs 排放量占炼油厂原油加工量的百分比)，均值约为 0.18%[7]。尚未找到我国炼油厂 VOCs 排放系数的确切数据，2018 年中国原油加工量 600Mt，按 VOCs 排放系数 0.18%计算，VOCs 排放量达 1.08Mt，数据惊人。

国家环境保护部相关的调查研究数据表明，2009 年石油炼制、石油化工行业 VOCs 排放量占全国 VOCs 排放总量的 8.73%。在天津市 2013 年工业 VOCs 排放清单中，原油加工及石油制品制造在工业排放源中贡献最大，占总 VOCs 排放量的 33.3%[8]。

VOCs 的排放量与石化企业的类型、规模、投产时间以及管理水平都有很大的关系。炼油厂的 VOCs 以无组织排放为主，其中，生产设备泄漏、储存过程泄漏、装卸过程泄漏、废水和固体废物收集运输储存处理过程中逸散的 VOCs 分别占全厂 VOCs 排放量的 30%、30%、15%、15%[6]，其中非正常工况下排放的 VOCs 占全厂 VOCs 排放量的 10%，工艺尾气和燃烧烟气排放的 VOCs 为微量。

美国环保署(EPA)2003 年的一份调查报告显示，在特拉华州、新泽西州和宾夕法尼亚州的 10 个石油公司的 VOCs 排放总量中，有机液体储存所占比例最大，约为 29%[9]。欧洲某石化企业 VOCs 污染源占比如图 1 所示[10]，其储存、调和及油品装卸的 VOCs 排放量占全厂 VOCs 排放总量 52%。

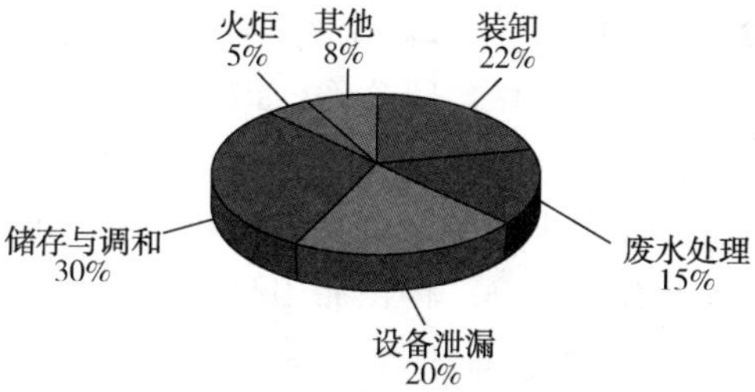

图 1　欧洲某石化企业 VOCs 污染源占比

以上数据说明，石油化工行业 VOCs 排放量大，在 VOCs 工业源中占比大，而石化企业的油品储运系统(储存、调和、装卸等)的 VOCs 排放量占全厂 VOCs 排放比例最大。重点对石化企业的油品储运系统采取治理措施，是 VOCs 减排的重要工作内容。

3.2　相关的 VOCs 治理依据

3.2.1　法律法规对石化企业 VOCs 治理的要求

国务院 2013 年发布《大气污染治理行动计划》(国发[2013]37 号)，要求在石化、有机化工等行业实施 VOCs 综合整治，限时完成储油库、油罐车等油气回收治理，在原油、成品油码头积极开展油气回收治理。

2014 年修订的《中华人民共和国环境保护法》明确，企业违规排放 VOCs，可能面临“限产、停产整治、停业关闭”“按日处罚”，企业负责人可能被“刑事拘留”、承担“刑事责任”。之后，环境保护部等部委发布《石化行业挥发性有机物综合整治方案》(环发[2014]177 号)，规定到 2017 年，全国石化行业基本完成VOCs综合整治工作，建成VOCs监测监控体系，VOCs排放总量较2014年削减30%以上；实施VOCs全过程污染控制，大力推进清洁生产。

2015年国家财政部、发展改革委、环境保护部发布《挥发性有机物排污收费试点办法》(财税[2015]71号)，规定VOCs排污费按排放量折合的污染当量数计征。石油化工行业排污者的VOCs排放量，应区分生产过程的VOCs污染源项，分别采取实测、物料衡算和模型等方法进行计算。

2017年环境保护部等六部委联合印发《“十三五”挥发性有机物污染治理工作方案》，提出推进石化、化工等重点行业VOCs污染治理，要求石油炼制、石油化工、合成树脂等行业应严格按照排放标准要求，全面加强精细化管理，确保稳定达标排放。

2018年再次修订的《中华人民共和国大气污染防治法》，继续要求产生含挥发性有机物废气的生产和服务活动，按照规定安装、使用污染防治设施；储油储气库、加油加气站、原油成品油码头、原油成品油运输船舶和油罐车、气罐车等，应当按照国家有关规定安装油气回收装置并保持正常使用。

为贯彻落实好国家法律法规要求，各省、市、区也制定了相应的石化等重点行业VOCs综合整治方案和排污费征收标准。

3.2.2　石化行业VOCs排放标准

石油炼制工业企业执行《石油炼制工业污染物排放标准》(GB 31570)，石油化学工业企业执行《石油化学工业污染物排放标准》(GB 31571)，合成树脂工业企业执行《合成树脂工业污染物排放标准》(GB 31572)，油品储运和销售企业执行《储油库大气污染物排放标准》(GB 20950)、《汽油运输大气污染物排放标准》(GB 20951)和《加油站大气污染物排放标准》(GB 20952)。

VOCs物质大多具有异味，其排放限值应符合《恶臭污染物排放标准》(GB 14554)；在厂内，VOCs排放也应符合《工作场所有害因素职业接触限值第1部分：化学有害因素》(GB Z2.1)。

除石油炼制、石油化学、合成树脂、油品储运销VOCs排放源外，其他源VOCs排放要求应执行《大气污染物综合排放标准》(GB 16297)[11]。

若企业所在地已经制定VOCs排放地方标准，则企业应执行现行的地方标准，如北京、天津、上海、河北等均发布了VOCs排放地方标准，还有多个省(市)在制定中。

3.2.3　中国石化的VOCs治理要求

中国石化集团公司(简称中国石化)是世界第一大炼油公司、第二大化工公司，中国最大的成品油和石化产品供应商，在2018年《财富》世界500强企业中排名第3位。作为全球知名的石油炼制和石油化工企业，中国石化对环境保护工作极为重视，持续开展了VOCs减排与治理工作。根据国内有关标准，使用非甲烷总烃(NMHC)作为VOCs排放的综合控制指标。2017年10月，中国石化《关于加快推进炼油企业VOCs提标治理工作的通知》中，要求所属炼油板块企业，在VOCs治理中应设置比国家、地方政府更严格的内控指标，以适应今后VOCs排放标准不断升级的压力，VOCs污染源治理项目的NMHC排放浓度原则上应小于50mg/m^3(焚烧法小于15mg/m^3)；涉苯类VOCs治理项目的排放浓度，原则上要求苯、甲苯、二甲苯的排放浓度分别小于2mg/m^3、8mg/m^3、10mg/m^3。

4　储运系统VOCs治理方案讨论

4.1　储运系统VOCs治理需求案例

根据中国石化对VOCs治理的有关要求，某沿海炼油企业根据自身特点，开展了储运系统中的重油和污油罐区、火车和汽车装车VOCs尾气的治理改造方案论证。

需进行VOCs治理的储运系统，一是重油和污油罐区的2台渣油(沥青)罐、4台蜡油罐、5台重污油(催化油浆)罐、3台轻污油罐共14台储罐，主要参数情况见表1、表2、表3；二是火车和汽车装车区共计61台装车鹤位，主要参数情况见表4、表5。

表 1　重油储罐主要参数表

序号	储罐位号	罐容/m^3	储存介质	进料温度/℃	储存温度/℃	进料量/(t/h)	出料量/(t/h)	改造前有无氮封
1	1205-T-001	20000	沥青	≤160	110~160	100~300	50~300	无
2	1205-T-002	20000	渣油	≤160	110~160	100~300	50~200	无
3	1205-T-003	20000	蜡油	≤140	110~140	50~200	50~200	无
4	1205-T-004	20000	蜡油	≤140	110~140	50~200	50~200	无
5	1205-T-005	15000	蜡油	≤90	30~90	50~150	50~200	有
6	1205-T-006	15000	蜡油	≤140	110~140	50~200	50~200	有

表 2　重污油储罐主要参数表

序号	储罐位号	罐容/m^3	储存介质	进料温度/℃	储存温度/℃	进料量/(t/h)	出料量/(t/h)	改造前有无氮封
1	1204-T-001	3000	重污油油	≤90	50~90	50~70	20	有
2	1204-T-002	3000	重污油	≤90	50~90	50~70	20	有
3	1204-T-003	3000	重污油	≤130	50~90	50~70	20	有
4	1204-T-004	3000	重污油	≤130	50~90	50~70	20	有
5	1204-T-005	1000	催化油浆	≤90	50~90	10~50	20	无

表 3　轻污油储罐主要参数表

序号	储罐位号	罐容/m^3	储存介质	进料温度/℃	储存温度/℃	进料量/(t/h)	出料量/(t/h)	改造前有无氮封
1	1206-T-008	3000	轻污油	≤40	≤40	50~200	20~100	有
2	1206-T-009	3000	轻污油	≤40	≤40	50~200	20~100	有
3	1206-T-010	3000	轻污油	≤40	≤40	50~200	20~100	有

表 4　火车装车鹤位主要参数表

序号	种类	鹤位数量/台	装车流量/(m^3/h)	连续工作时间/(h/车次)	是否同时
1	航煤*	44	600	3.5	是

* 该公司通过火车装车出厂的产品只有航煤。

表 5　汽车装车鹤位主要参数表

序号	种类	鹤位数量/台	流量/(m^3/h，台)	连续工作时间/h	是否同时
1	汽油	4	60	8	是
2	航煤	5	60	8	是
3	苯乙烯	3	60	6	是
4	二甲苯	2	60	3	是
5	苯	1	60	1	是
6	C_9	1	60	1	是
7	MTBE	1	60	1	是
合计		17			

4.2　储运系统 VOCs 治理方案

根据现场实际核算，重油和污油罐区(简称罐区)的含 VOCs 气体排放规模按 800Nm^3/h，装车区气体排放规模按 1200Nm^3/h。考虑到罐区逸出的油气中含有一定浓度的硫化物，与装车区油气基本不含硫化物不同，故对两区域的 VOCs 气体分别进行治理。处理后的尾气满足国家和地方标准，尤其要满足中国石化炼油板块企业排放尾气中 VOCs 浓度 NMHC 小于 50mg/m^3(焚烧法小于 15mg/m^3)，以及苯、甲苯、二甲苯分别小于 $2mg/m^3$、$8mg/m^3$、$10mg/m^3$ 的指标要求。

对 VOCs 治理技术进行比选后，认为只采用一种技术难以稳定达到标准和要求，最终决定采用“回收法+破坏法”的组合技术方案。回收法体现了 VOCs 废气的资源属性，尽可能回收利用、变废为宝，采用中国石化自主知识产权的低温柴油吸收技术，吸收后尾气中非甲烷总烃≤$20g/m^3$。破坏法需确保最终处理后的尾气达标排放，通过氧化燃烧将回收法未能除尽的尾气中 VOCs 经有效的氧化燃烧后，尾气中 NMHC≤$15mg/m^3$，实现达标排放。因罐区尾气中存在硫化物含量高的风险，为确保排放尾气中的硫含量稳定达标，在罐区 VOCs 治理流程的低温柴油吸收后设置了碱液脱硫塔，即全流程的 VOCs 治理方案为，低温柴油吸收+碱液脱硫+燃烧(氧化)。装车区 VOCs 治理相对简单，全流程为低温柴油吸收+燃烧(氧化)。

在以上 VOCs 治理方案中，低温柴油吸收和碱液脱硫方案比较成熟可靠，但后继的燃烧(氧化)采取何种设施，需进一步优化讨论。一般来说，VOCs 治理措施末端配套的燃烧(氧化)主要为直接焚烧(TO)、蓄热燃烧(RTO)、催化氧化(CO)、蓄热催化氧化(RCO)等，均需要在低温柴油吸收等回收法治理 VOCs 流程后设置燃烧(氧化)设施，增加投资和占地。根据该炼油企业委托编制的原改造方案，若在罐区、装车区两套低温柴油吸收后配套建设一共用的 RTO 设施，仅 RTO 设施就需投资 930 万元；还需增加运行成本，配套供应燃料气 $100Nm^3/h$(年约 630t、200 万元)。

该炼油企业充分论证比选后，提出利用已有的硫黄尾气焚烧炉作为 VOCs 治理的末端设施，替代新建燃烧(氧化)设施的技术方案。该公司有 2 套硫黄回收装置，设计能力分别为 0.22Mt/a、0.1Mt/a，均采用制硫末端尾气进焚烧炉达标排放的流程，每套装置各设有 1 套与制硫能力对应的尾气焚烧炉，焚烧炉烟气达标排放，其中烟气中非甲烷总烃。两套尾气焚烧炉处理尾气的能力合计约 $65000Nm^3/h$，因两套硫黄装置的实际负荷长期为设计负荷的 60%~70%，尾气焚烧炉富余能力约 $20000Nm^3/h$ 以上。低温柴油吸收(及碱液脱硫)后的储运系统尾气 $2000Nm^3/h$，主要是氮气、空气和少量 VOCs(非甲烷总烃≤$20g/m^3$)，不能直接被点燃；与制硫尾气中氮气等惰性气体含量高，不能直接被点燃的性质相近。需要处理的储运系统尾气 $2000Nm^3/h$，只占 $20000Nm^3/h$ 尾气处理富余能力的 10%。即焚烧炉具备将与制硫尾气性质相近的储运系统尾气在焚烧炉膛内进行焚烧氧化处理的能力。

4.3 主要安全措施

按有关规定要求，在罐区 VOCs 治理改造中，需将无氮封的储罐一并进行氮封改造，即改造后储罐区逸出的含 VOCs 气体主要组分为氮气或油气。装车区尾气中主要含空气或油气。两区域 VOCs 气体各自经配套的低温柴油吸收后，气体组成稳定为氮气或空气，以及少量的油气(非甲烷总烃≤$20g/m^3$)。该两股尾气汇合后，沿管道(Dn250)送至硫黄回收装置，经新设置的分液罐、在线分析仪(爆炸气分析)、连锁阀(分液罐压力过低或焚烧炉故障时关闭)、止回阀和阻火器，注入已有的制硫尾气管道(Dn1000)，一并进入尾气焚烧炉炉膛。

制硫尾气流量约 $40000Nm^3/h$，约 20 倍于罐区和装车区尾气量。经委托相关单位进行安全评估确认，占比较小的低温柴油吸收后尾气，采取必要的安全措施，与同样不能被直接点燃的制硫尾气混合，进入有火焰的高温焚烧炉炉膛处理残余的 VOCs，安全方面无不可控的风险。

5 VOCs 治理效果

5.1 达标排放情况

该炼油企业储运系统 VOCs 治理改造项目于 2018 年 4 月建成，利用硫黄尾气焚烧炉(简称焚烧炉)作为末端 VOCs 治理措施一并投用。生产实践数据表明，该 VOCs 治理方案可以达到中国石化有关 VOCs 污染源治理项目 NMHC 排放浓度小于 $15mg/m^3$(焚烧法)内控指标要求，对原硫黄焚烧炉达标排放无明显影响。

储运系统 VOCs 治理项目投用前，对硫黄焚烧炉排放的烟气进行了采样分析，全部指标满足达标排放要求，其中 NMHC 约 2mg/m^3，详见表 6。

表 6　储运系统 VOCs 治理项目投用前的硫黄焚烧炉烟气达标排放情况

项　目	非甲烷总烃/(mg/m^3)	苯/(mg/m^3)	甲苯/(mg/m^3)	二甲苯/(mg/m^3)
2018 年 1 月	—	0.01	0.043	<0.001
2018 年 2 月	2.31	0.01	0.074	<0.001
2018 年 3 月	2.16	0.014	0.001	<0.001
2018 年 4 月	1.6	0.018	0.081	0.87

储运系统 VOCs 治理项目投用后，在不同的时间和工况下，对硫黄焚烧炉排放的烟气进行采样分析，全部指标仍满足达标排放要求，其中 NMHC 约 10mg/m^3。VOCs 达标排放的数据见表 7。

表 7　储运系统 VOCs 尾气经硫黄焚烧炉达标排放情况表

项　目	工况 1	工况 2	工况 3	工况 4	工况 5	工况 6
储运系统尾气流量/(Nm^3/h)	373	565	110	416	430	405
焚烧炉烟气中 NMHC/(mg/m^3)	4.23	8.8	8.98	10.64	10.57	12
苯/(mg/m^3)	0.002~1.33，平均 0.262					
甲苯/(mg/m^3)	0.001~1.07，平均 0.24					
二甲苯/(mg/m^3)	<0.001					

生产数据表明，硫黄焚烧炉排放烟气中 VOCs 含量，与对应的储运系统柴油吸收后进入焚烧炉的尾气流量，无明显对应关系。说明硫黄焚烧炉能力裕量较大，储运系统所来的 VOCs 尾气流量波动，对硫黄焚烧炉运行基本无影响，技术方案经实践经验是可行的。图 2 为焚烧炉烟气中 NMHC 与储运系统 VOCs 尾气流量对应关系示意图，可较直观地说明这一情况。

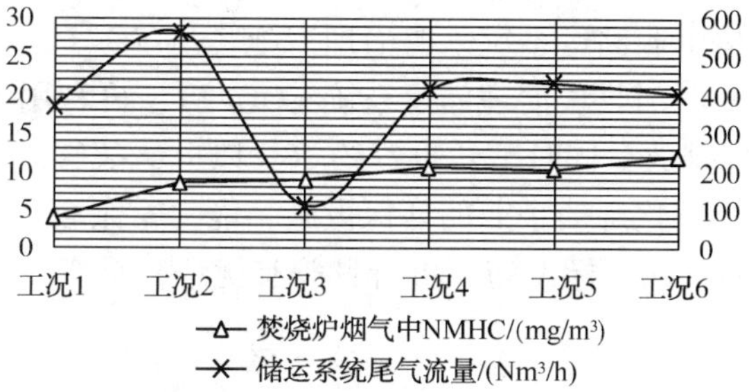

图 2　焚烧炉烟气中 NMHC 与储运系统 VOCs 尾气流量对应关系示意图

5.2　主要操作费用情况

储运系统 VOCs 尾气引入硫黄焚烧炉后，增加了一定比例的低温不可燃气体进入炉膛，需多消耗燃料气保持炉膛温度实现烟气达标排放。在同等工况下，增加焚烧炉燃料气消耗约 30Nm^3/h(年约 190t、60 万元)。但较增设 RTO 而言，仍可每年减少燃料气消耗 440t，节约操作费用约 130 万元。

6　方案可行性、优势和可借鉴推广性分析

6.1　焚烧炉本身就是一种 VOCs 达标排放的有效设施

硫黄尾气焚烧炉采用热焚烧工艺，配烧燃料气维持炉膛温度约 650℃，本身是一种 VOCs 达标排放的有效设施。根据设计单位模拟计算，典型炼油厂的储运系统 VOCs 尾气经低温柴油吸收后，与制硫尾气混合后注入焚烧炉炉膛，燃烧后可实现 VOCs 达标排放。

6.2 焚烧炉能力满足要求

根据中国石化有关要求，硫黄回收装置为重要的环保设施，装置能力需留有适当的富余，运行负荷以 70%~80%为宜，装置能力按照“$N+1$”配置，即硫黄回收装置能力要按过剩配置，至少过剩 1 套装置能力的配置在炼油厂具有普遍性。而储运系统 VOCs 尾气量普遍远低于硫黄焚烧炉的过剩能力，焚烧炉能力满足储运系统 VOCs 尾气处理要求。

6.3 满足达标排放和安全生产要求

尽管在储运系统尾气进入硫黄焚烧炉前增设了分液罐，但实际生产过程中一直无凝液分出，说明储运系统 VOCs 尾气经低温柴油吸收后，气相组成比较稳定，并无凝液被带入分液罐。对技术方案和生产流程进行安全分析和评估后，认为采取必要的措施，无安全运行风险。理论分析和生产实践均表明，该技术满足达标排放和安全生产要求

6.4 满足长周期稳定运行要求

硫黄尾气焚烧炉结构简单，作用单一，可长周期运行。以该公司 0.22Mt/a、0.1Mt/a 硫黄回收装置为例，两套尾气焚烧炉分别于 2008 年、2016 年与主体装置一同建成投用后，一直按 4 年 1 修的要求随主体装置同步运行，其他企业情况类似。说明硫黄尾气焚烧炉可以满足环保设施长周期稳定运行的要求。

6.5 节约投资、占地和成本

以该炼油企业技术方案为例，依托硫黄尾气焚烧炉替代新建燃烧设施，只建设回收法的低温柴油吸收及必要的碱液脱硫装置、尾气输送至焚烧炉管线、分液罐等部分，投资约 3000 万元(不含税)，较原一并建设 RTO 的方案，节省投资 900 万元(占原总投资 23%)，因不单独配烧燃料气而节约运行费用 130 万元/年，并节省占地。

7 小结

(1) 石化行业的 VOCs 排放在工业源 VOCs 中占比大，而油品储运的 VOCs 在石化企业 VOCs 排放中的占比最大。重点对石化企业储运系统采取治理措施，是 VOCs 减排的重要工作内容。

(2) 经工业实践验证，采取回收法治理储运系统 VOCs 后，再利用硫黄尾气焚烧炉作为的末端处理设施，可实现 VOCs 达标排放，同时节约投资约 20%以上，节省运行运行成本和占地。

(3) 硫黄尾气焚烧炉作为石化炼油企业的环保设施，能力富余较为普遍，利用其作为炼油厂储运系统回收法治理 VOCs 后的末端达标设施，可行且较有优势，具有一定的可借鉴性和推广意义。

参考文献

[1] 胡桐搏. VOCs 废气危害及处理技术进展[J]. 化工管理，2018，4：125.
[2] 姚俊冰. 重视 VOCs 废气处理降低有机废气对环境的危害[J]. 绿色科技，2018，12(6)：115.
[3] 郭长景. 浅谈石油化工 VOCs 治理技术[J]. 化工管理，2016，10：211.
[4] 景盛翱. 典型工业源 VOCs 治理现状及排放组成特征[J]. 环境科学，2018，39(7)：3090.
[5] 夏思佳. 江苏省人为源 VOCs 排放清单及其对臭氧生成贡献[J]. 环境科学，2018，39(2)：595.
[6] 郭森. 石化行业的 VOCs 排放控制管理[J]. 化工环保，2014，34(4)：356.
[7] 郭兵兵. 石化企业 VOCs 治理技术的发展及应用[J]. 石油化工安全环保技术，2015，31(4)：3.
[8] 郑天泽：石化企业 VOCs 排放政策要求及控制策略[J]. 油气田环境保护，2016，26(5)：48.
[9] 李靖. 基于 Tanks4.0.9d 模型的石化储罐 VOCs 排放定量方法研究[J]. 环境科学，2013，34(12)：4718.
[10] 王奉天. 浅谈石化企业 VOCs 污染源管控与治理[J]. 石油石化绿色低碳，2018，3(4)：9.
[11] 王晶. 石化企业 VOCs 废气治理技术概述[J]. 当代化工，2017，46(11)：2339.

脱硫脱硝烟气颗粒物波动原因分析与处置措施

张贺强　彭良辉　陈红龙

（中国石化青岛石油化工有限责任公司，山东青岛　266043）

摘　要：在石油炼制企业催化裂化装置正常运行过程中，烟气经过多级旋风分离器后，携带的催化剂细粉基本稳定，在下游烟气除尘脱硫脱硝装置稳定运行工况下，完全能够实现外排烟气颗粒物达标排放；但某正常连续运行三年的催化裂化烟气除尘脱硫脱硝装置，突然频繁出现外排烟气颗粒物的规律性波动，给环保达标排放带来了异常压力。本文通过具体案例的处置过程，深入分析影响外排烟气颗粒物波动的因素，查明造成烟气颗粒物规律性波动的内在原因，从而有效指导生产，尽可能降低烟气超标排放的风险。

关键词：催化裂化；脱硫脱硝；颗粒物；影响因素

1　引言

随着《石油炼制工业污染物排放标准》的颁布实施，环保问题成为目前石油炼制企业面临的重要课题，如何实现石油炼制工艺中环保装置的长周期稳定运行，成为制约炼油企业稳定生产和持续盈利的重要因素。某石油炼制企业 1.4Mt/a 的催化裂化烟气除尘脱硫脱硝装置自 2014 年建成投用后，一直连续稳定运行，外排烟气监控数据达到《石油炼制工业污染物排放标准》的各项规定，但从 2018 年 8 月 27 日开始，在该装置稳定运行工况下，外排烟气突然频繁出现颗粒物规律性波动现象，并且偶尔出现颗粒物短时超标情况，给企业的生产运行带来极大影响。针对此种现状，对可能影响烟气颗粒物波动的各种因素进行研究分析，本文最终查明烟气中颗粒物规律性异常波动的原因，并制定合理的应对措施，为企业解决了实际问题。

2　装置简介

青岛某石油炼制企业烟气除尘脱硫脱硝装置是 1.4Mt/a 催化裂化装置配套项目，由中石化宁波工程有限公司进行工程设计。装置建设主要包括以下几个部分：余热锅炉单元、脱硝单元、除尘脱硫单元、脱硫废水处理单元、高盐废水 MVR（机械蒸汽再压缩）蒸发结晶单元。

2.1　催化裂化烟气除尘脱硫单元

催化裂化烟气除尘脱硫单元工艺流程见图 1。

来自 1.4Mt/a 催化裂化装置 CO 余热锅炉的烟气，从主烟道引出进入除尘急冷塔（T301）的顶部，向下经过急冷，降温至饱和状态，然后进入湍冲洗涤段，在湍冲洗涤段内烟气中的大部分二氧化硫、颗粒物以及其他酸性气体被洗涤下来。急冷洗涤后的气液混合物自综合塔（T302）下部进入，经气液分离后烟气向上进入消泡器，在消泡器中进行二级洗涤吸收，进一步脱除烟气中的细微颗粒物和 SO_3 酸雾。洗涤后的净烟气再经静电除雾器除去水雾后经综合塔上部烟囱排入大气。

2.2　脱硫废水处理单元

脱硫废水处理单元工艺流程见图 2。

由脱硫单元送来的脱硫浆液加注絮凝剂后在胀鼓式过滤器（JF-501A/B/C）中进行过滤处理。胀鼓上清液一部分返塔，一部分送入 3 台串联的氧化罐（V-501A/B/C），通过鼓入空气将废水中的亚硫酸

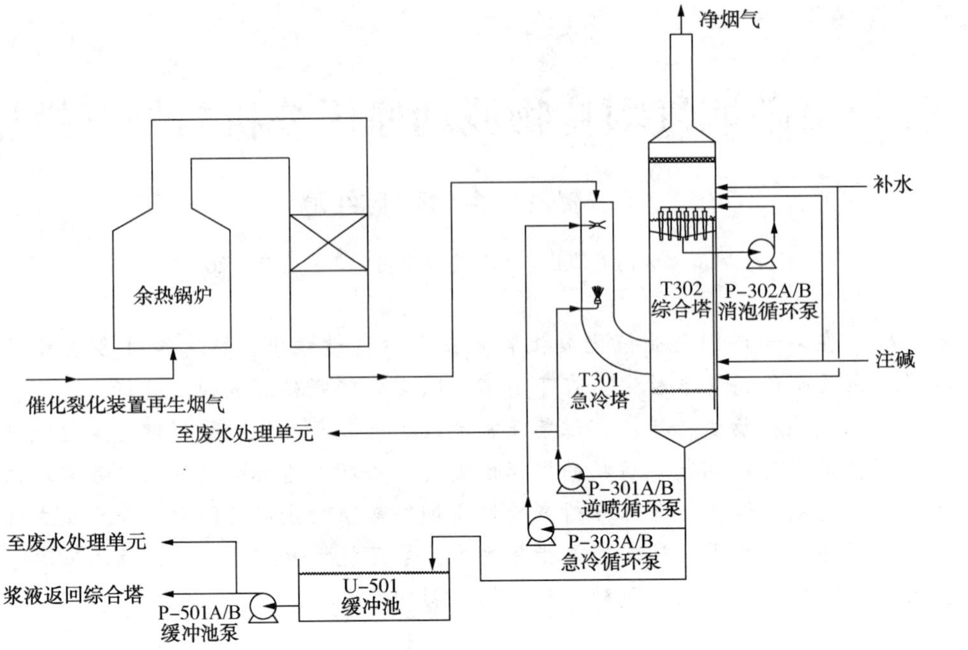

图 1　烟气除尘脱硫单元工艺流程图

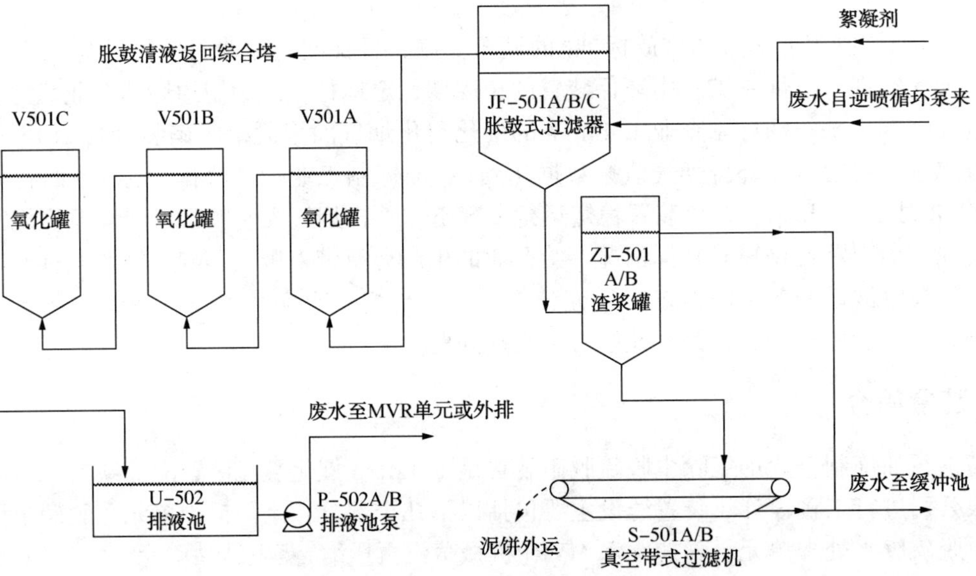

图 2　脱硫废水处理单元工艺流程图

根氧化为硫酸根，除去废水 COD；亚硫酸根转化为硫酸根过程中废水 pH 值会下降，需要向氧化罐内注入碱液进行中和，氧化罐出水 pH 值控制在 7~9。氧化罐内设有搅拌器进行搅拌，出水自流至装置内的排液池(U-502)，通过排液池泵(P-502A/B)送至高盐废水蒸发结晶单元或排出装置。

在脱硫废水过滤过程中，过滤器进出口压差随着滤饼层增长而增大。当压差达到设定值时需要排渣，3 台胀鼓式过滤器相互切换使用。从胀鼓式过滤器底部排出含固率在 3%~8%的浓浆液到渣浆罐(ZJ-501A/B)，在渣浆罐中做进一步沉降浓缩。在重力作用下，浓浆液中的颗粒物沉降到渣浆罐底部，澄清液从上部溢流口溢流到浆液缓冲池(U-501)。颗粒物在渣浆罐内经浓缩后含固率可提高到 10%~20%，两个渣浆罐相互切换使用。

浓缩后的渣浆液从渣浆罐底部排出送到真空带式脱水机(S-501A/B)进行脱水处理，得到含固量约 40%的泥饼用汽车运出厂外处理，两台真空带式脱水机相互切换使用。

3 运行情况及存在问题

3.1 运行情况

该催化裂化烟气除尘脱硫脱硝装置自2014年底建成开工以来，一直稳定达标运行，外排烟气颗粒物未出现规律性异常波动情况。在正常运行过程中，颗粒物波动范围基本维持在8~25mg/m³。2018年装置具体运行数据见表1。

表1 2018年烟气颗粒物运行数据

项目单位/年月	入口颗粒物均值/(mg/m³)	出口颗粒物均值/(mg/m³)	外排烟气量均值/m³
2018.01	25.2	21.6	178128
2018.02	48.8	12.1	176074
2018.03	71.0	14.5	177506
2018.04	77.1	11.5	182077
2018.05	74.4	12.9	185768
2018.06	82.8	12.2	190527
2018.07	78.4	12.4	194669
2018.08	93.4	11.2	184774
2018.09	52.7	10.4	192743
2018.10	49.8	23.8	190883
2018.11	50.4	20.4	191019
2018.12	50.8	17.9	196217

从表1可以看出，该催化裂化烟气除尘脱硫脱硝装置入口颗粒物月均值基本在100mg/m³之内，而经过装置洗涤脱除后，出口颗粒物月均值为10.4~23.8mg/m³，能够满足目前国家控制标准，外排总烟气量基本稳定。2018年，随着催化裂化装置更新油品和装置提量，烟气量有所增加，但均在目前除尘脱硫脱硝装置设计范围内。

3.2 存在问题

该催化裂化烟气除尘脱硫脱硝装置自2018年8月27日起，烟气出口颗粒物频繁出现规律性异常波动并伴有短时超标现象。

颗粒物具体波动情况见图3、图4和图5。

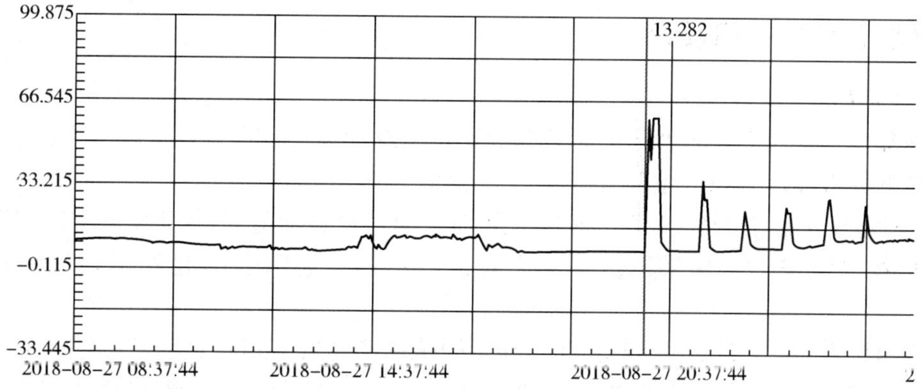

图3 8月27日出口颗粒物异常波动趋势图

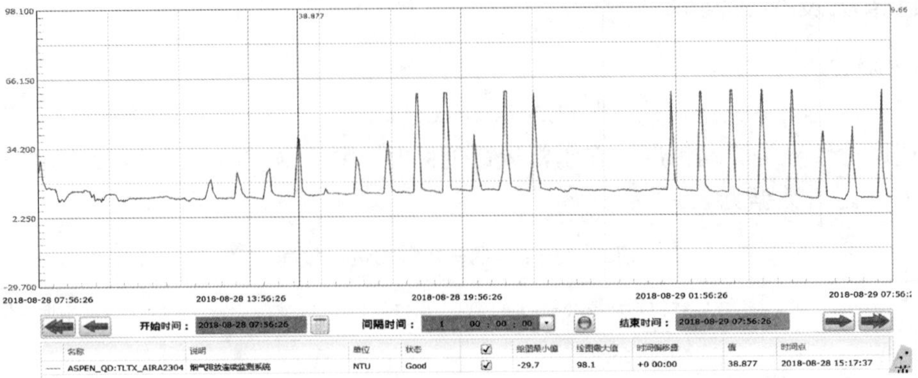

图 4　8 月 28 日出口颗粒物异常波动趋势图

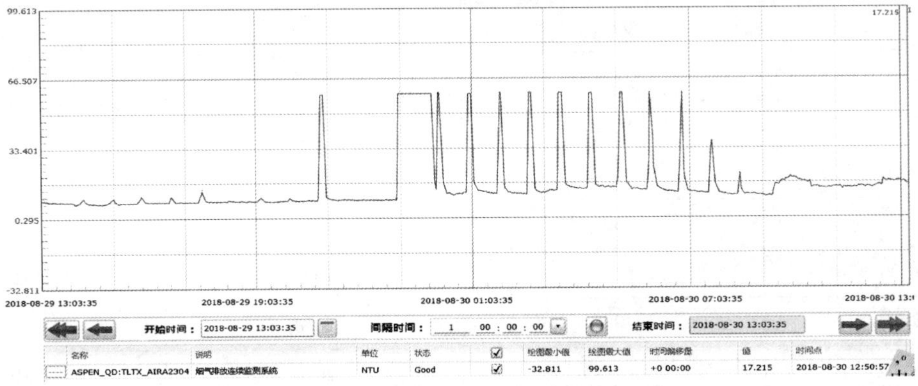

图 5　8 月 29 日出口颗粒物异常波动趋势图

从图 3 可以看到，2018 年 8 月 27 日 20：06，第一次出现外排烟气颗粒物异常波动现象，正常运行中颗粒物在 13mg/m^3，突增至最高 60mg/m^3，瞬间出现超标(颗粒物控制标准为 30mg/m^3)，并且升高后很快降低。随后，外排烟气颗粒物 40~50min 波动一次，具有明显的规律性。

从图 4 可以看到，2018 年 8 月 28 日，外排烟气颗粒物波动情况出现得更为频繁，并且规律性更加明显，波动的间隔时间基本上稳定。初步怀疑，这是在线分析仪表故障造成的。研究人员对 CEMS 进行检查和对比之后，未发现异常。进行人工对比分析，也未发现异常。

从图 4 和图 5 进一步观察，出口颗粒物规律性异常波动都出现在下午到夜间运行时段，并且波动的时间间隔和波动幅度具有一定的规律性，一方面继续排查在线仪表监测系统是否存在问题，另一方面也怀疑此种波动和目前的运行操作模式有关。

4　颗粒物波动的原因及分析

4.1　原因分析

经过对该除尘脱硫脱硝装置及上下游装置的运行工况和运行数据分析，研究人员初步得出影响外排烟气颗粒物异常波动的原因主要有以下几个方面。

(1)上游催化裂化装置异常波动、催化剂跑剂、烟气量突变等可能引起下游烟气除尘脱硫脱硝装置的颗粒物异常波动，如果下游装置应对措施不当，通常会引起外排烟气颗粒物的短时超标。

通过图 6 可以看到，8 月 29 日 23：00，除尘脱硫脱硝装置入口颗粒物监测数据从 80mg/m^3 升至 130mg/m^3，催化烟气压力也从 6.8kPa 增至 7.2kPa；8 月 30 日上午，对烟气入口在线分析仪表进行校对，入口颗粒从 130mg/m^3 降至 50mg/m^3。

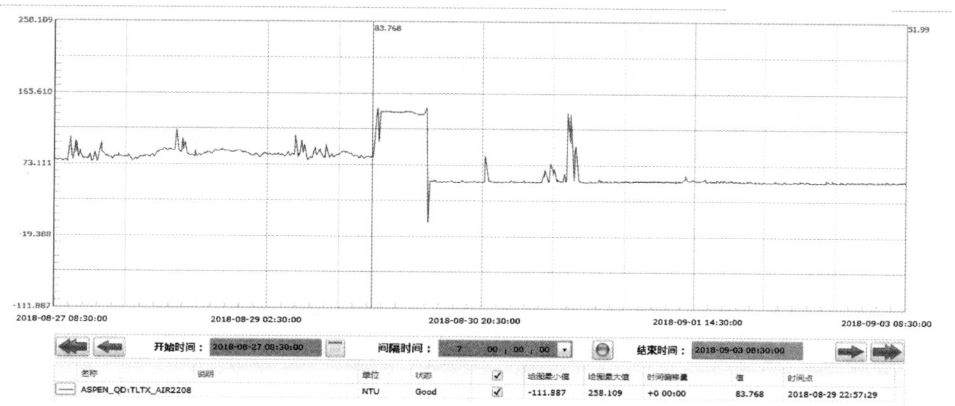

图 6　入口烟气颗粒物连续监测数据趋势图

上游催化裂化装置根据生产需要进行了催化剂的部分更新，造成催化剂中细粉逃逸量增大。此种变化肯定能够影响外排烟气颗粒物，可以作为出口颗粒物规律性异常波动的原因之一，但应该是连续影响，外排烟气规律性波动肯定仍有其他原因。

（2）装置工艺运行调整引起外排颗粒物异常波动，如综合塔补水量、综合塔排水量、浆液池液位、浆液 pH 值波动、浆液成分的变化等。以下针对 8 月 27 日 8：30 分起连续 7 天的相关运行数据进行分析。

根据图 7 可以看出，综合塔正常补水量在 18t/h 左右，具有规律性波动。主要原因是：通过补水量来调节综合塔塔底液位，而综合塔塔底液位会随着每天定期工作的执行来回波动；随着补水量的波动塔底循环浆液的悬浮物和盐含量也会出现一定的波动；补水量多少对颗粒物的洗涤效果有一定影响；整个循环系统新鲜水越多，颗粒物洗涤效果相应越好。

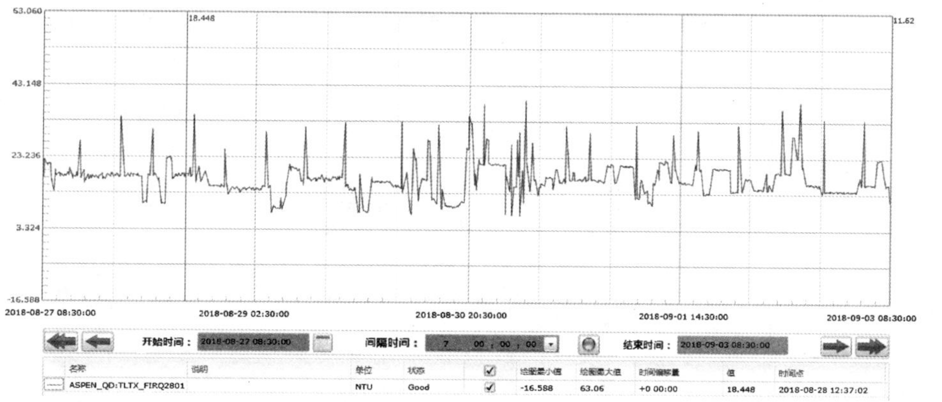

图 7　综合塔补新水量

从图 8 可以看出，综合塔至废水单元浆液量平均在 13t/h 左右，为了调节塔底液位和平衡胀鼓式过滤器压差，具有一定的波动规律。一般每天上午废水单元开真空脱水机时，综合塔排水排水量明显有增大过程，能够超过 15t/h。这种操作规律与颗粒物波动基本无规律性重合时间，但是综合塔外排水量越大，浆液中携带走的颗粒物越多，烟气中颗粒物洗涤效果越好。

图 9 是综合塔底部循环浆液池液位趋势。从变化趋势可以看出，液位基本在 60%～80%范围波动。因综合塔在运行过程中，需要定期将事故池回收水返塔；废水单元浆液缓冲池收集水连续返塔，但会随着真空脱水机的开停，返塔量将有规律的波动。因此综合塔液位调节属于正常波动，对颗粒物的波动会有一定的影响。

图 10 是废水处理单元氧化罐外排水量，平均为 7~8t/h。运行过程中，随着外排池液位的高低，偶然会出现短暂减少外排水量情况，没有明显的规律性。但外排水中有一定的悬浮物含量，随着外排水量的增大，将有利于综合塔浆液悬浮物的排出。

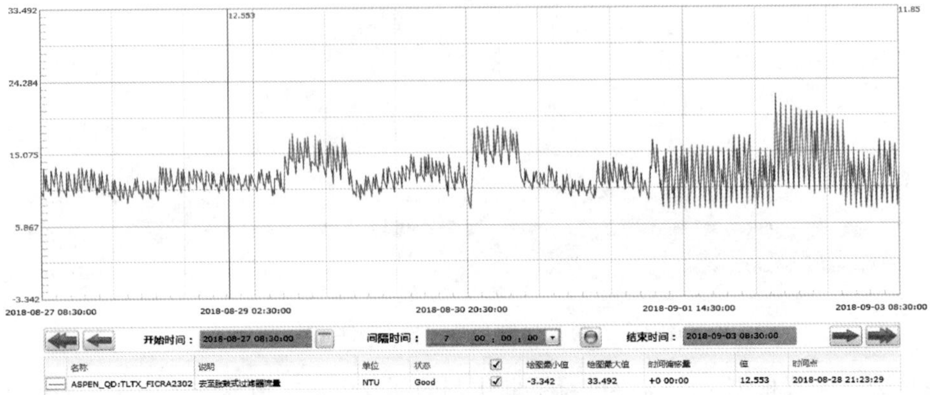

图 8　综合塔至废水单元浆液量

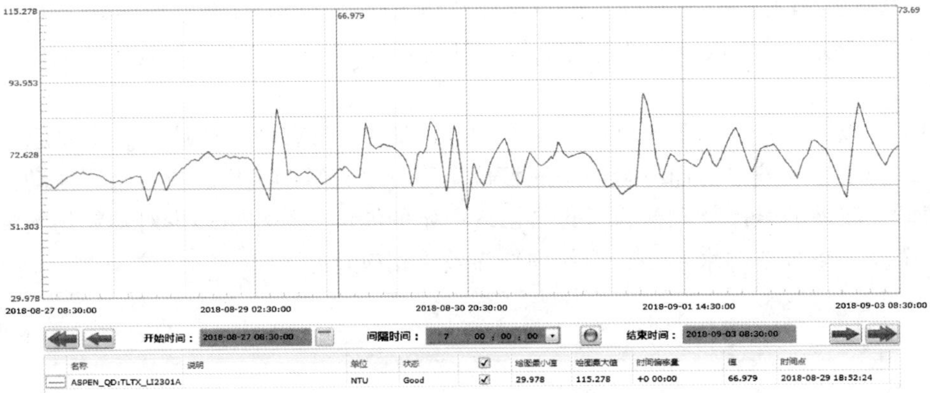

图 9　综合塔塔底循环浆液池液位

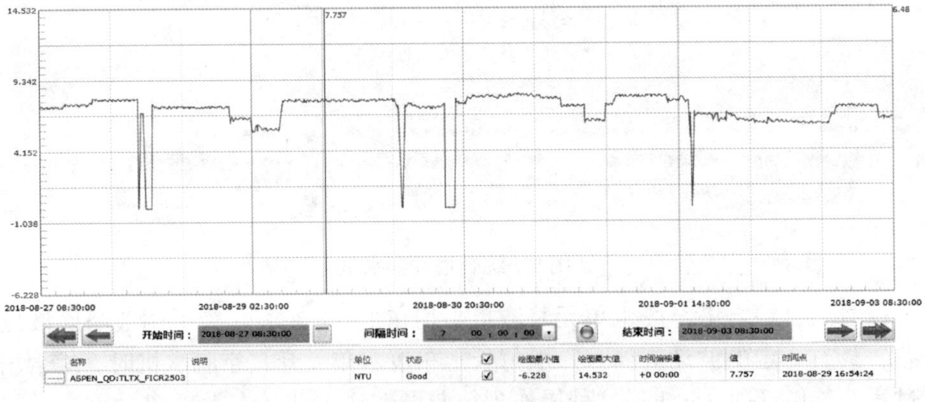

图 10　氧化罐外排水量

综合塔浆液 pH 值通常控制在 7.3~7.8，其随着综合塔液位和补水量的变化，有一定的波动。这种波动主要对烟气中 SO_2 的洗涤效果产生明显影响，对颗粒物波动无明显影响。图 11 是消泡器浆液 pH 值，其控制范围通常为 7.0~8.0，基本上无明显规律性变化，但浆液 pH 值如果过高，烟气携带的水雾中更易于生成气溶胶。

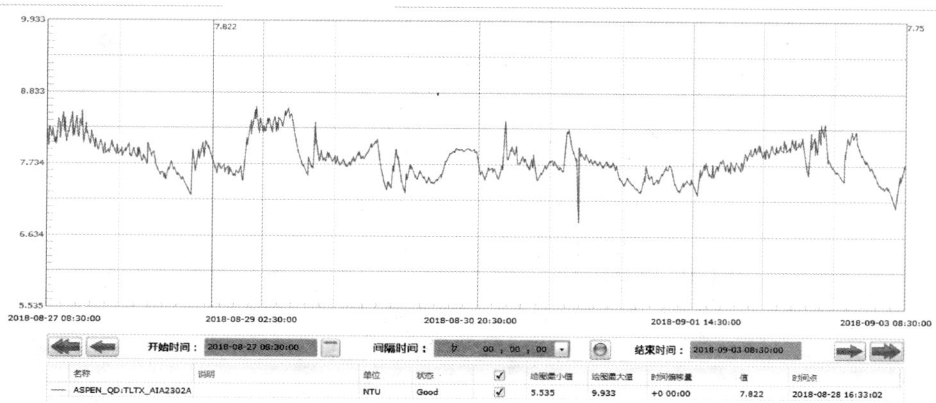

图 11　消泡器循环浆液 pH 值

逆喷段浆液和消泡段浆液成分见表 2。

表 2　逆喷段和消泡段浆液化验分析数据

项目单位 日期	逆喷浆液悬浮物/ (mg/L)	逆喷浆液全盐量/ (mg/L)	逆喷浆液 COD_{cr}/ (mg/L)	消泡浆液悬浮物/ (mg/L)	消泡浆液全盐量/ (mg/L)	消泡浆液 COD_{cr}/ (mg/L)
8. 15	1605. 00	90690	4345. 8	269. 00	2595	53. 8
8. 16	1585. 00	125590	4335. 6	251. 00	3780	64. 6
8. 17	1621. 00	103510	6450. 0	272. 00	3640	72. 6
8. 20	1556. 00	106640	5142. 0	259. 00	3075	77. 4
8. 21	1641. 00	86030	4962. 0	270. 00	2375	79. 8
8. 22	1672. 00	96140	4375. 8	262. 00	2735	58. 8
8. 23	1588. 00	85000	4271. 4	250. 50	2620	67. 3
8. 24	1672. 00	103350	3253. 8	270. 00	2100	82. 2
8. 27	1588. 00	82300	3893. 7	246. 00	2310	79. 9
8. 28	1680. 00	85100	2697. 6	251. 00	2570	94. 6
8. 29	1589. 00	82700	2862. 0	270. 00	2320	86. 2
8. 30	1625. 00	87300	3256. 2	258. 00	2610	77. 2
8. 31	1577. 00	85200	3358. 2	270. 00	2430	79. 5
9. 3	1124. 00	90410	3288. 6	241. 00	2720	70. 5
9. 4	1229. 00	63220	4440. 0	210. 00	2920	40. 0
9. 5	1461. 00	72450	3769. 2	235. 00	2750	55. 0
9. 6	1278. 00	68320	3576. 0	207. 00	2530	62. 2
9. 7	1632. 00	65270	3145. 2	411. 00	2630	59. 6
9. 10	1639. 00	69280	3360. 0	43. 00	2350	59. 5
9. 11	1513. 00	64570	3253. 8	40. 00	2530	49. 6
9. 12	1348. 00	73500	3813. 6	51. 00	2550	50. 7
9. 13	1673. 00	54300	3353. 4	82. 00	2070	81. 2
9. 14	1422. 00	53310	3190. 2	93. 00	2292	72. 2

逆喷浆液化验分析数据趋势、消泡段浆液化验分析数据趋势见图 11、图 12。

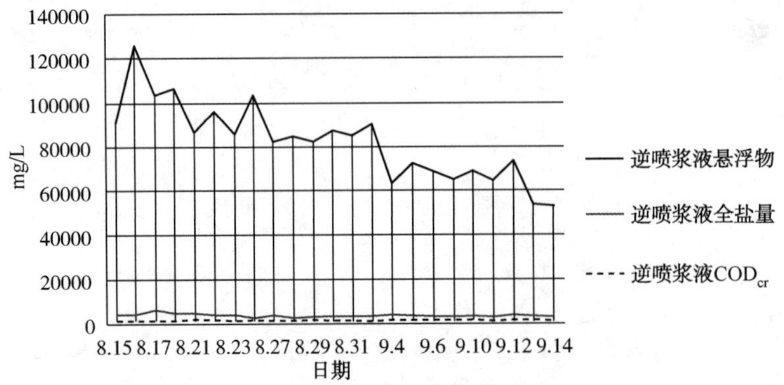

图 11　逆喷段浆液化验数据趋势图

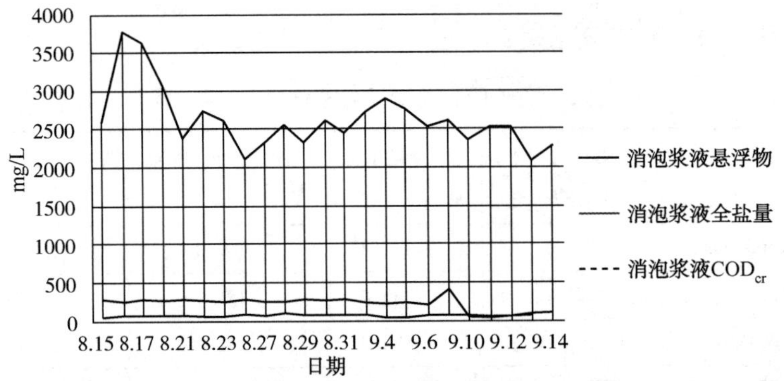

图 12　消泡段浆液化验分析数据趋势图

从表 2 中针对逆喷段和消泡段浆液的化验数据可以看出，在颗粒物波动前后期间，浆液的全盐量具有明显的下降趋势，原因是 7~8 月，企业为了调试脱硫脱硝废水 MVR 蒸发结晶装置的运行情况，对综合塔浆液进行提浓试验，随着提浓试验的完成，装置逐渐增大排水量进行稀释。从颗粒物规律性波动的时间节点来看，颗粒物波动与浆液提浓过程中全盐量的增加无明显关系，因为颗粒物波动处于浆液全盐量已稀释至正常水平时。

根据以表 2 数据和图 11、图 12，我们发现，逆喷浆液的悬浮物波动较大，特别是颗粒物规律性波动的时间段之前，逆喷浆液的悬浮物基本都在 1500mg/L 以上；消泡段浆液的悬浮物也较高，随着操作的调整具有明显的下降趋势；而浆液悬浮物的多少直接影响浆液对烟气中颗粒物的洗涤效果，会造成外排烟气颗粒物的波动。

(3)装置设备运行波动引起外排颗粒物异常波动：如急冷泵流量、逆喷泵压力、消泡泵压力、喷嘴压力等波动，以及余锅激波吹灰、除沫器、静电除雾器等运行情况。

通过图 13、图 14 和图 15 装置连续运行 7 天趋势可以看到，急冷泵出口流量一直稳定在 185m^3/h 左右，波动范围较小，未出现异常；逆喷泵出口压力连续稳定在 0.310MPa 左右，也未出现异常趋势；消泡泵出口压力也一直稳定在 0.530MPa 左右，其中于 9 月 1 日进行一次切换泵操作，无其他异常。另外，根据现场压力表检查喷嘴压力，也未发现异常。说明机泵运行情况不是造成此次颗粒物异常规律波动的原因。

同时，查看运行记录，近期余热锅炉激波吹灰正常投用，与以往投用情况相比未发现异常情况，而静电除雾器近期未投入运行。除沫器属于综合塔消泡段上部固定件，一直连续投用，并定期进行新鲜水冲洗，每次冲洗前后也未发现颗粒物异常波动。

(4)在线 CEMS(烟气排放连续监测系统)检测仪出现检测误差，可能造成颗粒物规律性波动，如光源故障、光源偏离、反射器或接收器故障，或者烟气中成分对光产生了干扰等。

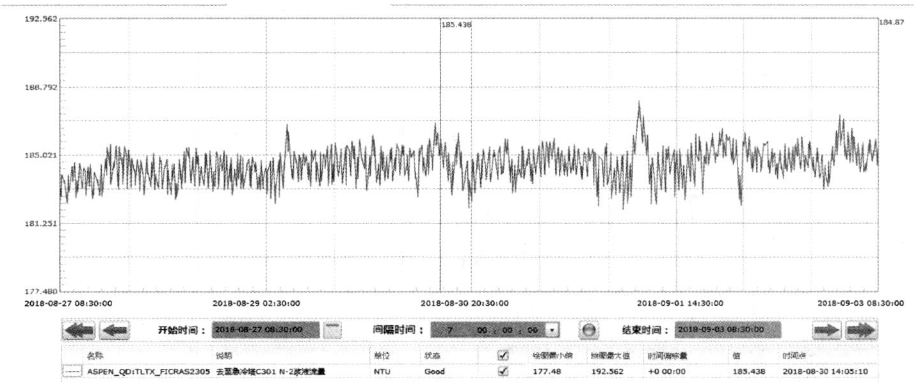

图 13　急冷泵出口流量趋势图

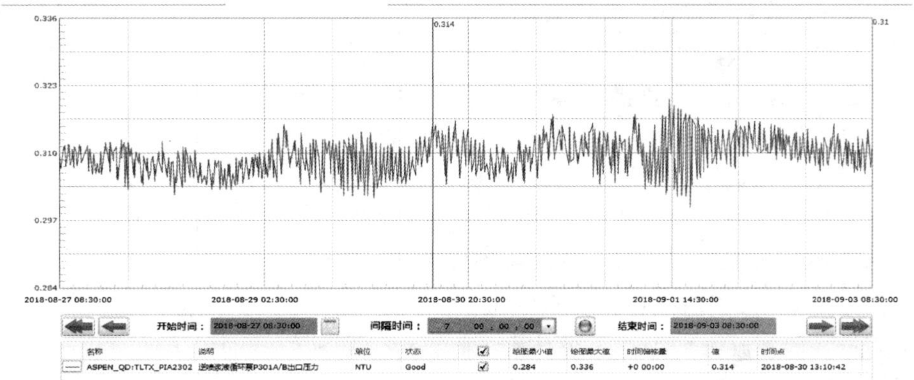

图 14　逆喷泵出口压力趋势图

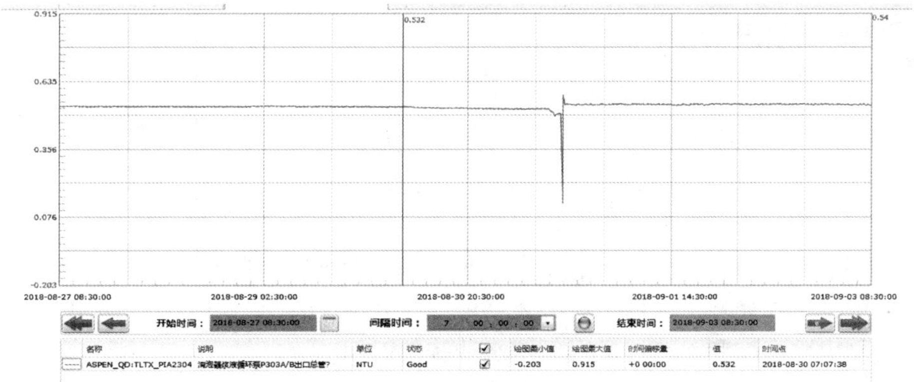

图 15　消泡泵出口压力趋势图

查阅随机资料，该 CEMS 粉尘分析仪采用 SICK 公司 FW300 透光度测量仪，其工作原理是利用一个发光二极管作为光源，光线在可见光的范围(波长大约为 650nm)，光线发射到反射器上并经反射器反射回接收器；光线两次通过含有烟尘的烟道，衰减后的光线信号被检测器接收，信号经放大后传送到微处理器上进行处理，并形成检测结果。因此，测量仪表造成颗粒物规律性波动的可能性较大。

联系分析仪表厂家现场服务，发现“测量光路稍偏，法兰连接处密封不好”等问题，最终给出的处理结果是：校正光路，法兰连接处做好密封，连接软件未见参数异常。分析仪厂家认为，以上仪表问题不会造成颗粒物规律性波动，随后多天之后的运行情况也证明了分析仪表的正常。

4.2　小结

综上所述，只有仪表原因被多方技术人员排除，因此判断，此次颗粒物规律性异常波动是前三项原因综合造成的结果。进一步核实该工艺流程中颗粒物被处理的过程如下：

催化剂细粉随着催化裂化烟气进入余热锅炉，部分作为积灰存留在余热锅炉内，然后大部分颗粒物随烟气经过急冷、逆喷浆液洗涤。主要颗粒物进入逆喷浆液，送至废水单元处理后排出，仍有部分微细颗粒物继续随烟气经消泡浆液洗涤。烟气中部分颗粒物进入消泡器浆液内，经过消泡器集液池溢流并入逆喷浆液。仍有少量微细颗粒物继续随烟气和烟气携带的雾滴进入除沫器和静电除雾器，然后经 CEMS 在线检测分析仪测量合格后外排。

结合以上分析，造成颗粒物异常规律性波动真实原因如下：

(1)上游催化裂化装置在更换新催化剂过程中，存在跑剂现象，造成除尘脱硫脱硝装置入口颗粒物短时间急剧增大。

(2)除尘脱硫脱硝装置运行人员发现入口颗粒物变化后，未及时采取相应的措施，仍然按照原来的运行方案进行生产调整。

(3)大量颗粒物在综合塔被循环浆液洗涤，但未能及时排除系统，造成逆喷段和消泡段浆液颗粒物短时增大，降低了浆液的洗涤效果，增大了烟气的携带能力，从而造成烟气中颗粒增大。

(4)消泡段浆液设计为溢流运行模式，其中存留的足量颗粒物一直在循环洗涤烟气，同时也被烟气大量携带。烟气携带的“高颗粒物雾滴”经过上层除沫器时，在除沫器形成一层水膜，在除沫器水膜缓慢生成过程中，烟气携带雾滴被除沫器吸附下落脱除，CEMS 检测颗粒物正常；当除沫器水膜足够厚时，烟气会出现一次冲破水膜过程，造成烟气携带雾滴短时增大，此时烟气经 CEMS 检测时，便出现颗粒物变大现象，从而造成颗粒物规律性波动。

(5)该装置废水单元每天白天运行真空脱水机，脱水机产生的大量浓浆液需回用至综合塔。为了调节水量平衡，一般在晚上减少综合塔补水，降低综合塔液位，而白天通过脱水机废水拉高综合塔液位，随后综合塔浆液经过缓慢浓缩至合适液位后再开始增大补充新鲜水量，从而造成下午和晚上出现颗粒物异常波动。

5 处置措施及效果

根据以上原因，生产运行部门及时采取了以下处置措施：

(1)增大综合塔至废水单元的排水量，并加大絮凝剂的投加量。

(2)在原有投用 2 台胀鼓式过滤器的基础上，再投用一套过滤器，增大综合塔浆液悬浮物外排量。

(3)调整定期工作频次，每天晚上增开真空脱水机，增大废水单元脱泥量。

(4)通过消泡器浆液循环泵入口排地阀，将消泡段浆液中悬浮物降至较低水平。

(5)加长对静电除雾器和除沫器进行新鲜水冲洗的时间。

(6)增大氧化罐外排废水量，减少综合塔浆液中盐含量对颗粒物的干扰。

从图 16 中可以看出，经过上述措施的有序实施，出口烟气颗粒物连续监测数据趋于平稳，达到了良好的效果。8 月 31 日起，颗粒物规律性波动范围变小，9 月 5 日之后再没有出现颗粒物规律性波动。图 16 也印证了前文中对颗粒物异常规律性波动的原因分析是准确的。

6 结论

催化裂化烟气除尘脱硫脱硝装置在运行过程中，受上游催化裂化装置的影响较大，因此上游装置在进行调整操作或生产工艺变更时，一定要提前考虑好下游装置的运行注意事项。本文通过一次烟气颗粒物异常规律性波动的分析，给我们大量运行的催化裂化烟气除尘脱硫脱硝装置敲响了警钟，当出现颗粒物等烟气参数异常波动时，除了及时校对仪表之外，一定要认真分析自身的操作运行原因。随着炼油企业烟气颗粒物 $10mg/m^3$ 排放标准的实施，环保对我们的要求将更加严厉，装置长周期平稳达标运行的困难将更大。因此，当面临问题时，查清楚深层次的原因将是我们制胜的法宝。

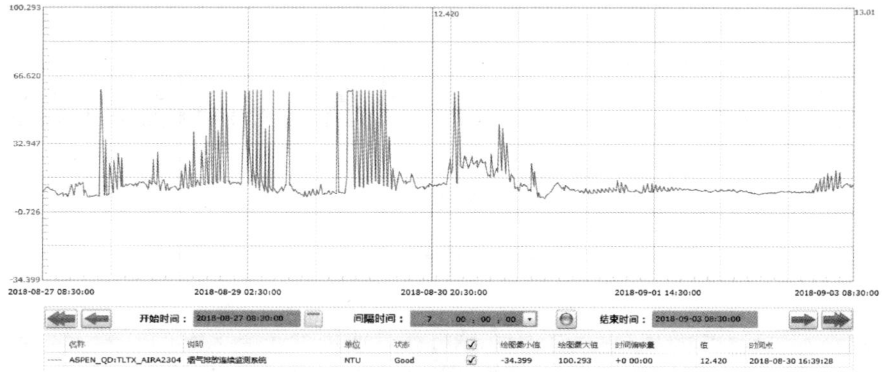

图 16　出口烟气颗粒物连续监测数据趋势图

参 考 文 献

[1] 王丽景．催化裂解装置烟气脱硫技术方案研究[J]. 中国石油化工，2014，08：67-68.

[2] 相养冬，张英，张继林，等．EDV 湿法烟气脱硫装置的优化措施[J]. 中外能源，2014，19：92-95.

[3] 胡敏，郭宏昶，胡永龙，等．催化裂化可再生湿法烟气脱硫工艺应关注的工程问题[J]. 炼油技术与工程，2012，42(5)：1-7.

[4] 张贺强，王正法，张晓春，等．MVR 技术在催化裂化脱硫脱硝废水处理中的应用[J]. 石油石化环保技术进展，2017. 5：224-230.

[5] 张贺强，彭良辉．催化裂化烟机切换对烟气脱硫脱硝装置的影响[J]. 低碳世界，2017，2(2)：16-17.

[6] 胡松伟．炼油厂催化裂化装置烟气污染物的治理与建议[J]. 石油化工安全环保技术，2011，27(2)：47-51.

[7] 张贺强，王正法，彭良辉，等．催化裂化烟气脱硫脱硝装置存在问题及应对措施[J]. 炼油与石化工业技术进展，2018. 10：381-387.

煤焦油加工用于重质船用燃料油调合的研究

刘名瑞

(中国石化大连石油化工研究院，辽宁大连 116045)

摘 要：为研究煤焦油加工用于重质船用燃料油调合，本文分析了煤焦油以及煤焦油经过物理法处理、加氢改质后用于燃料油调合的稳定性问题。结果表明，煤焦油本身性质较差，不能用于燃料油的直接调合；而经过物理法处理的煤焦油，虽然部分性质得到改善，但易于形成沉积的本质没有得到改变，仍不可用于燃料油的调合；加氢改质后的煤焦油性质指标较好，可以作为燃料油的调合组分。

关键词：煤焦油；船用燃料油；调合；安全影响

1 引言

我国是世界上燃料油需求增长速度最迅速的国家，并且目前仍在加速上涨。[1,2]海上贸易以及运输行业的发展使得重质船用燃料油的需求逐渐增加。在中国船用油市场上，调合油市场的主体为追求经营成本的降低，船用残渣型燃料油从传统的直馏、减压蒸馏渣油为基础原料，结合生产线上的重质柴油馏分调合形成比较稳定的组分，演变成为以油浆、页岩油组分为主体，大量掺杂溶剂油、煤焦油组分、乙烯焦油组分调合船用燃料油的现象。[3]劣质组分的加入，使得船用燃料油的油品性质以及储运稳定性上都存在很大的风险。调合组分劣质化后，虽然表面上重质船用燃料油的调合成品各项指标检测均合格，但是由于内在组分存在的不稳定性问题，在其实际使用过程中隐患重重。[4]

煤焦油是煤在干馏和气化过程中获得的液体产品，是一种有刺激性气味的黑色或黑褐色的黏稠状液体。[5]煤焦油的成分极其复杂，几乎是由芳香族化合物组成的一种复杂混合物，估计组分的总数在10000种左右。其中萘和菲的含量最多，分别占8%~12%和4%~6%。[6]煤焦油的成分与性质主要依赖于原料煤的性质以及加工时的情况，所以不同种煤焦油之间的性质可能有很大的差别。

工业上煤焦油多用于分馏加工生产工业原料，但是石油产品生产商追求利益最大化，将煤焦油直接掺混用于燃料油的调合生产来拉低成本，这不仅污染环境，还给船舶安全带来风险，造成不必要的经济损失。煤焦油作为一种重要的工业产品，能否通过改质来实现船用燃料油的调合生产，仍需要进一步的研究。

2 试验

2.1 试验仪器

烧杯；显微镜成像系统；烘箱；逆流黏度测定器；电子调温磁力搅拌电热套；沸腾床加氢装置；过滤器；高速剪切机；蒸馏装置。

2.2 试验样品

煤焦油，神华公司中温煤焦油全馏分；页岩油、重质油、煤制柴油，均来自盘锦炼厂。其中，煤制柴油为中温煤焦油分馏塔塔顶组分，重质油为沥青类产物。

2.3 试验方法

2.3.1 煤焦油与其他调合组分两两混合

将煤焦油及其他油品在烘箱中60℃预热30min以上，将油品摇晃均匀且可流动时，按1∶1的比例混合于烧杯中，将烧杯置于电加热套上，60℃不断搅拌30min。取出后备用。用玻璃棒蘸取样品，滴在洁净的载玻片上，迅速盖上载玻片，赶出气泡，标记样品名称，用于显微镜观察。

2.3.2 煤焦油预处理

将煤焦油倒入蒸馏釜中，减压蒸馏进行脱水，脱水结束后将蒸出的轻油回混到釜中，混合均匀后倒出备用。

将煤焦油、脱水后煤焦油分别装入过滤器，过滤器加热至100℃，微正压，经过10μm的金属滤网进行过滤，过滤完成后备用。

将煤焦油、脱水煤焦油、脱水过滤煤焦油分别在高速剪切机上进行高速剪切分散15min，剪切后的样品在显微镜下进行观察。

2.3.3 煤焦油加氢改质[7,8]

采用中国石化大连石油化工该研究院的STRONG沸腾床加氢技术，在反应温度320~420℃、反应压力15MPa、一定体积空速和氢油体积比的条件下进行加氢。将在冷低分和热低分收集的产品油混合均匀后备用。

3 结果与讨论

3.1 煤焦油对油品稳定性的影响

为考察燃料油调合组分的品质以及其与煤焦油混合后的稳定性，将燃料油的各调合组分在显微镜下观察洁净度，如图1(Ⅰ)所示。将煤焦油分别与页岩油、煤制柴油、重质油和油浆(过滤)进行两两混合，将混合后的样品在显微镜下观察，如图1(Ⅱ)所示。

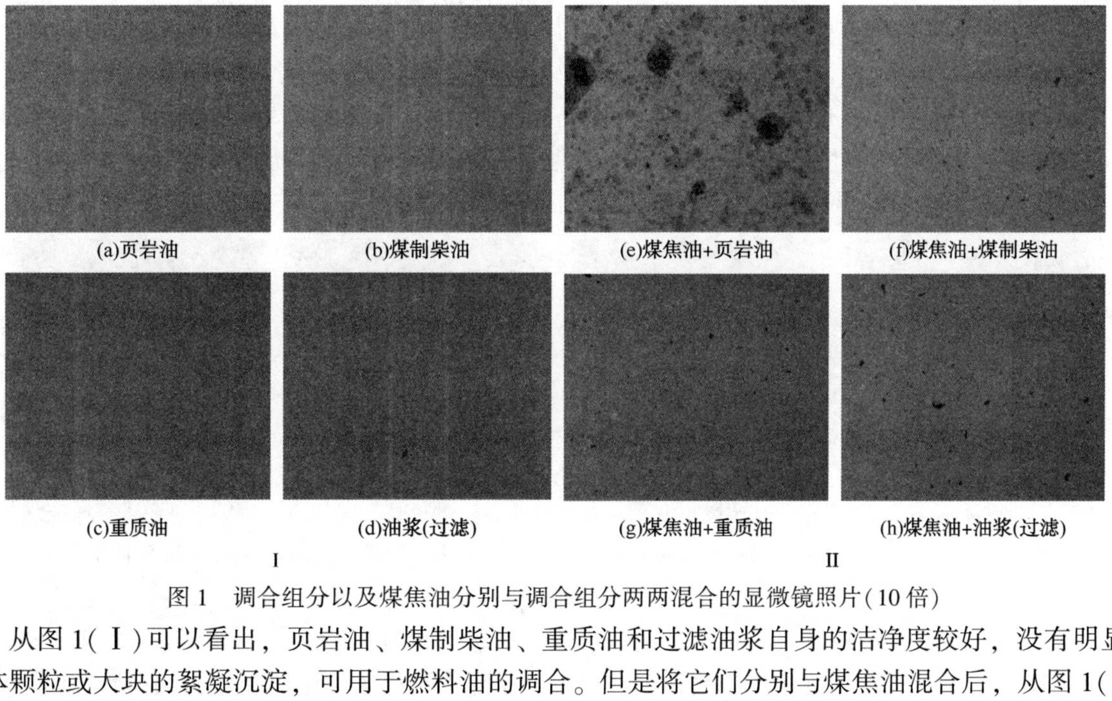

图1 调合组分以及煤焦油分别与调合组分两两混合的显微镜照片(10倍)

从图1(Ⅰ)可以看出，页岩油、煤制柴油、重质油和过滤油浆自身的洁净度较好，没有明显的固体颗粒或大块的絮凝沉淀，可用于燃料油的调合。但是将它们分别与煤焦油混合后，从图1(Ⅱ)可以看出，煤焦油与页岩油混合后产生了大量的沉淀，这是由于页岩油的链烷烃含量较多(约含29.5%)，而煤焦油的胶质含量占51.8%。二者混合后，煤焦油中的胶质形成核结构，形成了体积较大的沉淀物，导致油品的不稳定。[9]煤焦油与煤制柴油、重质油以及油浆混合后也产生很多分散的沉淀，这种程度的沉淀物存在会使油品在使用过程中对发动机造成磨损。因此使用煤焦油直接调合船用燃料油是不可行的，存在安全隐患。

3.2 物理改性煤焦油对油品稳定性的影响

煤焦油是一种复杂的混合物，不仅含有较多的灰分、杂质，而且水分含量也相对较高。通过脱水、过滤、高剪切等物理手段处理过的煤焦油，其显微镜照片如图2所示。

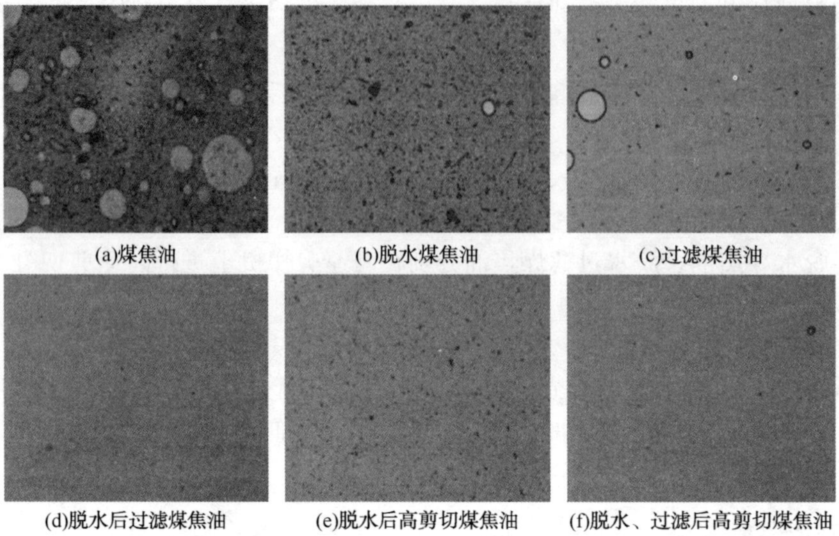

图2 煤焦油及其经过物理改性后的显微镜照片(10倍)

从图2可以看出，煤焦油本身含有许多杂质，不均匀分散在视野中，而显微镜下的透明泡状区域说明煤焦油明显含有较多的水分。脱水后的煤焦油仍然含有较多的杂质，但是没有了透明泡状区域，说明大部分的水分被除去。只经过过滤处理的煤焦油，大部分的杂质被除去，但是仍可见大小不均的气泡状区域，说明仍残留的水分和少量杂质。脱水后高剪切的煤焦油，显微镜照片上没有水分出现的现象，而且只有少量的杂质分散在视野中；而脱水后高剪切的煤焦油显微镜照片显示没有水分，但仍然存在杂质，而且煤焦油内部的杂质通过高速剪切后被打散，均匀地分散在视野中。从经过脱水、过滤以及高速剪切处理后的煤焦油显微镜照片可看出，煤焦油的水分、杂质均明显减少。

煤焦油在经过脱水、过滤以及高剪切后，呈现出较好的低水少杂的状态。将其与页岩油、页岩油、重质油和油浆进行两两混合，将混合后的样品在显微镜下观察，如图3所示。

图3 脱水、过滤后高剪切煤焦油分别与页岩油、煤制柴油、重质油和油浆(过滤)两两混合的显微镜照片(10倍)

从图3可以看出，物理手段处理过后的煤焦油，与船用燃料油的常用调合组分进行混合后，仍会出现固体颗粒沉淀或絮状沉淀。说明物理法处理只是除去了煤焦油中体积较大的杂质，而组成上没有变化仍会导致其与其他组分油混合时发生不稳定现象。油品在沉淀柜中直接发生絮凝，沉淀柜会因为絮凝严重而无法泵送至下一环节。另外，沉淀物的产生，严重影响发动机的使用，不仅磨损发动机，而且还会造成过滤器堵塞以及分油机塞死等现象。因此，通过物理改性的煤焦油，不能用于重质船用燃料油的调合。

3.3 加氢煤焦油对油品稳定性的影响

从煤焦油直接用于燃料油调合的分析来看，煤焦油含有的杂质和水分较多，且稳定性差，极易与其他组分油混合后产生大量沉淀，通过脱水、过滤、高剪切等物理方法对其进行处理后，仍不能满足燃料油调合的指标要求，因此不能直接用于燃料油的调合。但工业上，通常将煤焦油进行高压加氢制备汽油、柴油等的调合组分。[10,11]因此，将煤焦油进行适当的加氢处理，改善煤焦油的品质，考察加氢后的煤焦油是否可用作重质船用燃料油的调合组分。对现有煤焦油进行性质分析，并将加氢后的煤焦油进行同样的数据分析，结果如表 1 所示。

表 1　煤焦油和加氢煤焦油的基本性质

检测指标		煤焦油	加氢煤焦油
密度(20℃)/(g/cm^3)		1.0647	0.8920
运动粘度(50℃)/(mm^2/s)		21.60	3.4
灰分/wt%		0.15	<0.01
水分/wt%		2.6	0.06
碳含量/wt%		82.22	86.81
氢含量/wt%		8.530	11.89
氮含量/wt%		0.8546	0.0478
硫含量/wt%		0.230	0.011
残炭/wt%		6.31	0.07
酸值/(mgKOH/g)		0.29	0.04
倾点/℃		27	12
金属含量/(μg/g)	Al	54.17	4.61
	Ca	38.33	3.87
	Mg	13.14	—
	Fe	137.3	6.27
	Na	3.65	—
	Zn	15.82	—
	Ni	0.3	0.01
	V	0.17	0.01

从表 1 可以看出，加氢后煤焦油的密度明显降低，残炭、硫含量以及金属含量都有很大程度的改善，这有利于重质船用燃料油的调合。但是加氢煤焦油的黏度过低，若调合重质船用燃料油需加入大量渣油、油浆或重质油等黏度较大的油品，其产品稳定性仍需进一步研究。因此，将加氢后的煤焦油分别与页岩油、煤制柴油、重质油和油浆进行两两混合，将混合后的样品在显微镜下观察，如图 4 所示。

(a)加氢煤焦油+页岩油　(b)加氢煤焦油+煤制柴油　(c)加氢煤焦油+重质油　(d)加氢煤焦油+油浆(过滤)

图 4　加氢煤焦油分别与页岩油、煤制柴油、重质油和油浆(过滤)两两混合的显微镜照片(10 倍)

从图 4 可以看出，加氢煤焦油不仅在性质指标上明显优于未处理或物理改性的煤焦油，在与其他调合组分混合后，固体颗粒状杂质也明显较少。虽然仍有少量的固体颗粒沉淀，但通过调合比例的控制，可大大减少絮凝物沉淀的产生，改善燃料油品质。对煤焦油及加氢煤焦油的烃类组成进行分析，如表 2 所示。

表 2　煤焦油和加氢煤焦油的烃类组成

检测指标	煤焦油	加氢煤焦油	检测指标	煤焦油	加氢煤焦油
链烷烃/%	6.4	29.6	芳烃/%	38.2	50.7
环烷烃/%	3.6	19.7	胶质/%	51.8	—

从表 2 可以看出，煤焦油加氢后，链烷烃、环烷烃以及芳香烃分别增多，而胶质在加氢后未被检测到。说明煤焦油中大量的稠环芳烃被加氢，形成环烷烃和芳烃，[12]而环烷烃被进一步加氢开环得到链烷烃。由于加氢作用使得煤焦油的稠环结构被开环，并增加了链烷烃含量，所以密度、黏度等大幅降低，[13,14]油品性质得到优化。对于油品的稳定性来说，胶质体系的破坏是造成油品沉积的主要因素，因此控制实际胶质的产生可以有效提高油品稳定性，加氢煤焦油减少了胶质含量，是一种可用的燃料油调合组分。

使用加氢煤焦油、煤制柴油、重质油、页岩油调合 180#残渣型船用燃料油，性质如表 3 所示。

表 3　组分油及 180#调合产品性质

项目	加氢煤焦油	煤制柴油	重质油	页岩油	180#燃料油
比例/wt%	3	24	40	33	100
黏度(50℃)/(mm^2/s)	3.4	24.88	51340	9.28	146.2
密度(20℃)/(g/cm^3)	0.892	1.0223	1.0323	0.8974	0.9676
残炭/wt%	0.07	2.51	16.3	1.72	7.6
灰分/wt%	<0.001	0.009	0.123	0.007	0.05

从表 3 可以看出，该调合产品的主要性质指标满足 GB17411—2015 的标准。对其进行斑点试验、显微镜观察，如图 5 所示。

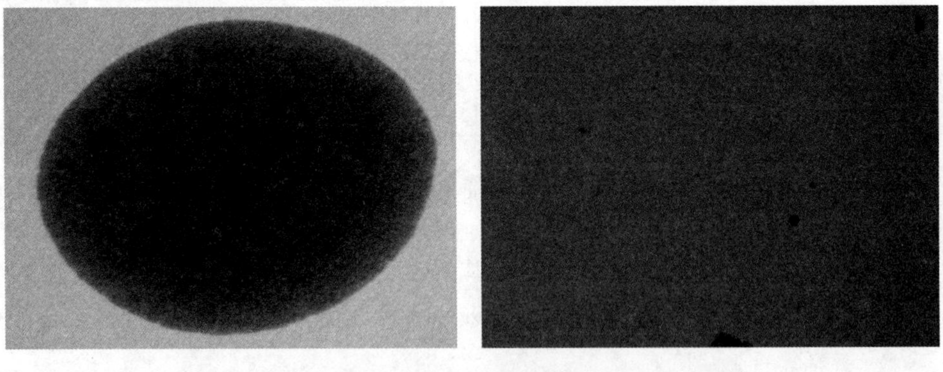

图 5　调合 180#燃料油斑点试验和显微镜照片(10 倍)

斑点试验结果显示，斑点中心颜色深，边缘颜色略浅，没有明显的环状带，按等级可划分为二级，相容性尚可；显微镜放大照片显示，调合出的油品出现少量大小不均的杂质，说明几种油调合后，仍然会出现络合型沉淀物，但是总量少，分散性大，因此质量尚可达到稳定要求。

综上分析结果来看，煤焦油调合重质船用燃料油，对其使用安全存在以下问题：

(1)使用煤焦油直接调合的重质船用燃料油性质不稳定，由于煤焦油本身具有高杂质、高含水量、高胶质含量，因此易在沉淀柜中沉淀或絮凝，对油品的输出产生影响。另外，油品中的颗粒沉淀会磨损发动机、堵塞过滤器等，对用油安全存在隐患。

(2)使用煤焦油调合重质船用燃料油，如残渣型 180#船用燃料油，黏度往往过低，使得油品在正常加热后通过高压喷嘴柱塞时，会因低黏度或没有黏度而产生干摩擦，局部过热而磨损甚至烧结。另一种情况是，油品在进入高压喷嘴的温度下已经烧结，直接堵塞喷嘴。若调合出的油品黏度不符合石油烃的规律，高温下黏度过大，则会发生直接黏堵喷嘴或雾化不良，柴油机燃烧不良的现象。

(3)经过物理手段如高速剪切、脱水、过滤等处理的煤焦油，宏观上油品杂质含量减少，水含量降低，体系内杂质得到高度分散，但是实际上并没有改变煤焦油的化学组成，与其他油品调合生产的燃料油依然存在稳定性差的问题，仍在混合后不断产生沉淀，在不断加温输送的过程中，可能发生产生的沉淀塞死分油机，或被含重质油物质的沉积物黏死分油机分离片，使其不能正常工作，并且不易清理。

(4)加氢改质的煤焦油，油品性质得到了改善，如密度、硫含量、灰分等大大降低。由于加氢煤焦油的胶质减少，提高了其安定性，与其他组分进行调合后，仍能提供较好的油品性质。因此，煤焦油加氢改质后，用于重质燃料油的调合是一种优化重质船用燃料油油品品质的手段。

4 结论

(1)煤焦油直接用于重质船用燃料油的调合，由于煤焦油本身水分、杂质含量较高，易影响油品的稳定性，并且会对油品的使用带来危害，如发动机磨损、过滤器塞堵等现象。

(2)煤焦油经过物理法处理后，仍不能用于重质船用燃料油的调合。脱水、过滤、高剪切等处理方法可以提高煤焦油的洁净度，但是煤焦油复杂的化学组成仍然会在调合过程中与其他调合组分产生影响，导致沉淀物产生，影响燃料油的使用安全，破坏油品稳定性。

(3)煤焦油经过加氢改质后，从性质指标上来看，密度、灰分、酸值、金属含量等都得到了明显的改善，可获得清洁的燃料油调合组分。合适地加氢工艺条件，控制加氢的深度，合理、合适的进行煤焦油轻质化用于燃料油的调合，不仅可以提高煤焦油的利用率，还可以降低重质船用燃料油的调合成本，并保证燃料油的使用安全。

参 考 文 献

[1] 王俊，曲延涛．我国燃料油供需状况分析及替代燃料的研究趋势[J]．能源研究与利用，2006(5)：9-13.
[2] 左黎．船舶燃料油市场前景及生产技术经济分析[J]．当代石油化工，2008，16(8)：21-23.
[3] 李南．船用残渣燃料油发火质量及其分析评价[J]．中国航海，2008，31(4)：356-359.
[4] 胡晓微．劣质船用燃料油的使用与控制[J]．中国水运，2014，14(6)：8-11.
[5] 肖瑞华．煤焦油化工学[M]．北京：冶金工业出版社．2002：2-6.
[6] 杨士亮，姚婷，杨宏伟，等．柱层析法分离高温煤焦油中的轻质组分[J]．当代化工，2013，42(12)：1773-1775.
[7] 孟兆会，杨圣斌，杨涛，等．减压渣油掺炼煤焦油相容性及加氢处理研究[J]．石油炼制与化工，2014，45(5)：25-28.
[8] 杨涛，方向晨，蒋立敬，等．STRONG 沸腾床渣油加氢工艺研究[J]．石油学报(石油加工)，2010，26(S)：33-36.
[9] 夏立新，曹国英，陆世维，等．重质油质和胶质对乳状液稳定性的影响[J]．化学世界，2005，9：521-524.
[10] 燕京，吕才山，刘爱华，等．高温煤焦油加氢制取汽油和柴油[J]．石油化工，2006，35(1)：33-36.
[11] 周佩正，左鹿笙．低温焦油馏分催化裂化制取汽油的研究[J]．华东石油学院学报，1959，00：54-68.
[12] 孙智慧，马海霞，李冬，等．中低温煤焦油加氢前后重质油质组成和结构变化[J]．煤炭学报，2014，39(7)：1366-1371.
[13] 谷小会，史士东，周铭．神华煤直接液化残渣中重质油烯组分的分子结构研究[J]．煤炭学报，2006，31(6)：785-789.
[14] 李春年．渣油加工工艺[M]．北京：中国石化出版社，2002.

中国石化加氢基础油布局与发展建议

周建华　王玉国　李　慧

(中国石油化工股份有限公司炼油事业部技术处，北京　1000728)

摘　要：中国润滑油行业竞争加剧，做好加氢基础油成为发展润滑油的关键。本文梳理了中国石化系统内加氢基础油的生产工艺、产品品种、产量及质量；整理中国石化润滑油公司近两年产品产量，估算对加氢基础油的需求。通过需求与供应的对比，提出中石化加氢基础油的发展建议。

关键词：中国石化；加氢基础油；HVI III4；布局

1　引言

随着汽车、机械等工业的发展，润滑油与民用需求的关系越来越紧密，同时润滑油也是航天航空和国防领域不可或缺的战略物资，润滑油产品科技含量较高、最具品牌效应，世界各石油公司均将润滑油作为展示自身形象、技术水平、整体实力的重要标志，国际三大超级能源化工公司均将润滑油作为品牌的标志性产品，做精做强以掌控全球市场。随着润滑油及基础油产品市场化进程的不断深入，近年来，我国润滑油市场已经形成了国外跨国公司、中石化中石油中海油三大国有公司和地方民营企业相互竞争的格局，世界上各大润滑油生产企业竞相将中国作为其重点发展区域。未来中国润滑油行业的竞争将进一步加剧，高等级润滑油抢占市场的步伐将进一步加快。随着我国经济转型发展阶段的变化和全球经济增长放缓的影响，润滑油业务的竞争压力将更加凸显，从重视做大产量到重视结构调整，提高产品附加值、高档高端化路线成为我国润滑油工业发展的主流方向。基础油业务作为润滑油业务的重要支撑，需要积极应对，全力开展结构调整和布局优化，提高产品质量，提升综合效益，才能不断缩小与世界水平的差距，在竞争激烈的市场上占据一席之地。

2　中国石化润滑油加氢基础油现状

2.1　中石化加氢基础油产能现状

目前，中国石化有燕山、高桥、茂名、荆门、济南5家企业具备润滑油加氢基础油生产能力，设计年产能为1080kt/a，实际可用能力为860kt/a。如表1、表2所示。

表1　各企业加氢基础油产能现状

生产企业	2018年产能/(10kt/at)	
	设计产能	可用能力
燕山	0.24	0.15
高桥	0.30	0.25
茂名	0.30	0.24
荆门	0.11	0.11
济南	0.13	0.11
合计	1.08	0.86

表 2　2017、2018 年中石化加氢基础油产量分布

		2017 年/(10kt/a)	2018 年/(10kt/a)	2019 年计划/(10kt/a)
基础油总产量		44.96	52.67	51.07
其中	茂名	5.72	8.6	14
	高桥	24.99	25.74	20
	荆门	7.66	7.34	6.07
	济南	6.59	10.99	11
	燕山	0	0	0

2.2　各企业基础油生产现状

2.2.1　茂名石化加氢基础油

茂名石化加氢基础油加工流程为减二线→1#、2#加氢裂化尾油→400kt/a 润滑油加氢异构脱蜡装置，采用抚顺石化研究院的加氢裂化生产尾油、石科院的异构脱蜡技术生产 HVIⅡ、Ⅱ+、Ⅲ、Ⅲ+4#、6#加氢基础油。

茂名 400kt/a 润滑油加氢异构脱蜡装置设计石脑油产量 34.6kt/a、轻柴油产量 23.4kt/a，HVIⅡ2#基础油 1.56kt/a，HVIⅡ3#基础油 6.6kt/a，以上组分是高档溶剂油、白油良好原料，但该装置未设计副产品深度利用方案，建设精密分馏装置，副产品经过精密分馏后，芳烃含量、硫氮杂质含量和不饱和烃含量均在较低的水平，达到了轻质白油 W2 系列产品的标准。稳定加氢异构装置原料供应与异构装置本身的优化生产，从而稳定产出 HVI Ⅲ6#加氢基础油，做好小产品开发工作利用加裂尾油加氢异构的副产品，生产食品级白油、溶剂油等还有较大增值空间。

2.2.2　高桥石化加氢基础油

高桥石化加氢基础油加工流程为减二、三线、四线蜡油、酮苯蜡下油、尾油→润滑油加氢处理-异构脱蜡装置，生产 HVIⅡ、Ⅱ+、Ⅲ类基础油。

高桥加氢基础油装置的搬迁规划，也直接影响华东市场的供应，通过调整原料中石蜡基原油配比并优化加氢流程，努力提升基础油质量，要尽量实现 HVI Ⅲ加氢基础油的生产。

2.2.3　荆门石化加氢基础油

荆门石化加氢基础油加工流程为蒸馏中间基减三线与二蒸馏石蜡基减四线蜡油、丙烷轻脱油→300kt/a 糠醛重套→200kt/a 加氢改质→126kt/a 酮苯重套，生产 HVIⅡ10/26 基础油及 HVIⅠb150 基础油。

目前荆门加氢改质装置属中压加氢，白油中芳烃含量较高，影响市场销售；蜡下油仅作为普通凡士林料或做催化料，降低了润滑油产品的盈利能力，没有充分发挥其有效价值。

荆门润滑油基础油质量升级措施拟新建一套 550kt/a 润滑油高压加氢处理装置，目前已完成中交，对石蜡基减三线糠醛精制油、石蜡基中间基减四线馏分及中间基石蜡基混合减渣轻脱油进行高压加氢处理，改善黏度指数；对现有 200kt/a 润滑油中压加氢改质装置进行换剂改造，变为 200kt/a 润滑油中压异构脱蜡装置，加工 HVIⅡ10 重质含蜡润滑油原料，生产高粘度指数的润滑油基础油。

经过改造后荆门将采用石油化工科学研究院开发的“老三套”—高压加氢改质—中压异构脱蜡”组合工艺，充分利用原料资源，生产 HVIⅡ10、HVIⅡ（120BS）基础油，有效利用了适宜生产润滑油基础油的资源，提升了基础油及白油质量，优化了产品结构，满足了润滑油公司对 HVIⅡ、Ⅱ+重质基础油，以及市场对高档白油和环保橡胶填充油的需要，降低了加工成本、损失及能耗，不仅可以大大提升基础油质量，同时显著地提高了经济效益。

2.2.4　济南石化加氢基础油

济南采用石科院开发的“溶剂精制-加氢处理/加氢精制-溶剂脱蜡-白土补充精制”工艺，以减

三线、减四线馏分油和轻脱沥青油为原料，生产 HVIⅡ6[#]、10[#]基础油和 HVIⅡ120、150BS 光亮油，以及 60[#]、62[#]、64[#]石蜡和 80[#]微晶蜡。

济南基础油加工流程产生大量副产品，主要是糠醛抽出油、润加氢柴油、减一线、轻润、中润及酮苯装置的脱油蜡、蜡下油。2015 年抽出油酮苯脱蜡装置建成投产后，与原有环保型橡胶填充油装置联合，糠醛抽出油进一步开发利用，生产环保型芳烃橡胶填充油及稠环芳烃油。加氢柴油做为轻质蜡油销售或并入成品柴油组分，减一线、轻润做为工业白油销售，中润做为凡士林原料销售或并入催化蜡油料。酮苯脱油蜡生产全精炼石蜡，蜡下油做为凡士林原料销售或并入催化蜡油料。

润滑油加氢流程的优质副产品价值没有充分发挥，降低了润滑油产品的盈利能力，没有充分发挥其有效价值，可考虑新增深度脱芳和异构降凝装置，充分发挥装置潜力，提升产品品质，提高润滑油系列的竞争力。

2.2.5 燕山石化加氢基础油

燕山石化加氢基础油加工流程如下：减二线、减三线、减四线蜡油→润滑油加氢处理-异构脱蜡装置，采用石科院加氢处理，与 ExxonMobil 的异构脱蜡技术组合，建成了 400kt/a HVIII、III 类油生产装置，但目前没有按润滑油方案生产。

燕山要考虑加裂尾油不同加工方案的效益测算，同时考虑对加氢副产品进行开发利用，恢复加氢流程的开工及质量提升，稳定中石化基础油的区域供应。

3 润滑公司基础油接收及使用情况

为了研究中国石化基础油布局规划，有必要了解润滑油公司需求。现根据润滑油公司接收基础油的情况、润滑油公司产品结构情况以及未来需求进行分析。

目前，润滑油公司调合能力 1500kt/a，包装油脂生产能力 1220kt/a，生产和销售包括内燃机油、工业油、船用油、金属加工液、润滑脂和合成润滑油脂等 21 大类、2000 多个品种的“长城”润滑油脂产品。

3.1 基础油接收情况

2018 年润滑油公司从炼厂(济南、荆门、茂名、上海)接收基础油 960.9kt/a，其中 HVI 基础油 406.2kt/a，占基础油总量的 42.28%，同比降低 10.22 个百分点；加氢基础油 482.1kt/a，占 50.18%，同比升高 7.28 个百分点；MVI 基础油 72.5kt/a，占 7.55%，同比增加 2.95 个百分点。

2018 年中国石化基础油产品结构

项目	2018 年			2017 年		
	总量/t	比例	比例同比	总量/t	比例	比例同比
基础油合计	960892			81.9		——
HVI 基础油	406246	42.28%	-10.22%	42.96	52.50%	-2.18%
加氢基础油	482146	50.18%	7.28%	35.17	42.90%	1.78%
MVI 基础油	72500	7.55%	2.95%	3.77	4.60%	0.40%
加氢油合计	482146			351709		——
HVI Ⅱ	228688	47.43%	-11.91%	208703	59.34%	-1.16%
HVI Ⅱ+	209826	43.52%	11.52%	112541	32.00%	3.40%
HVI Ⅲ	23323	4.84%	-1.84%	23492	6.68%	-3.73%
其他	20309	4.21%	2.23%	6973	1.98%	1.50%

3.2 中石化润滑油公司主要产品结构

2018 年中国石化主要润滑油产品中，润滑油总产量 1052129.978t，较 2017 年同比增加

1.56%，其中，液压润滑油 372312.849t，占润滑油总量 35.39%；内燃机油 353277.15t，占润滑油总量 33.58%；齿轮润滑油 99665.531t，占润滑油总量 9.47%；以上三类产品占润滑油总量的 78.44%，同比上年，三类产品产量增加了 25557.215t，占润滑油总量比例增加了 1.25 个百分点。润滑脂总产量 102057.516t，同比增加 8663.622t，增幅为 9.28%，其中，锂基润滑脂 55540.563t，同比增加 892.275t，增幅为 1.63%，占润滑脂总量 54.42%，同比减少 4.09 个百分点。

3.2.1 内燃机油需求加氢基础油情况

内燃机油是润滑油的主要产品，2018 年内燃机油产量 353277.15t，占润滑油总量的 33.58%。使用加氢基础油基本为柴油机油、汽油机油以及部分摩托车油等。

0W、5W 和 10W 汽油机油主要使用加氢基础油，包括 HVI Ⅱ（+）或 HVI Ⅲ 4#、6#或者 8#加氢基础油，并且 4#和 6#进行配对使用，一个配方中 4#和 6#基础油同时使用。

润滑油公司汽油机油基本为 OEM 产品，约为 80kt，所使用基础油为 HVI Ⅲ 类基础油。剩余 40kt 为市场汽油机油，0W/5W/10W 按照 40kt 计算，各需要 16kt 加氢 4#和加氢 6#基础油。而系统内接收 4#加氢基础油 8kt，所以还缺少 8~10kt 的 4#加氢基础油。

柴油机油中，CF-4 级及以上高档柴油机油比例为 67.95%，同比 2017 年，高档柴油机油产量减少 11.95%，占柴油机油产量比例减少 1.97 个百分点。柴油机油以 CI-4/CH-4 使用加氢基础油较多，两者会需要 12ktHVI Ⅱ+6 和 28kt HVI Ⅱ10，系统内基础油能够满足需要。

3.2.2 液压油需求加氢基础油情况

2018 年液压油共计 372312.849t，占润滑油总量的 35.39%，较 2017 年产量增加 9.19%，占润滑油总量比例提高 2.48 个百分点。液压油中抗磨液压油比例为 74.10%，液压油比例为 17.58%，两类产品占液压油比例 91.68%，同比产量增加 10.80%。

液压油可以使用全加氢基础油，也可以使用 HVI Ⅰ类基础油，对加氢基础油的需求是比较油弹性的。所以液压油对加氢基础油的需求在 150~300kt 之间，包括 4#、6#和 10#，以 6#和 10#为主。

3.2.3 齿轮油需求加氢基础油情况

2018 年齿轮油共计 99665.531t，占润滑油总量的 9.47%，产量同比减少 0.70%，占润滑油总量比例降低 0.22 个百分点。其中工业闭式齿轮油占齿轮油产量比例 53.43%，车辆齿轮油占齿轮油产量比例 40.99%，两类产品占齿轮油比例 94.42%，同比产量减少 0.23%。

齿轮油分为工业齿轮油和车辆齿轮油，只有 80W、75W 车辆齿轮油会用到加氢基础油，约需求 80kt 6#加氢基础油。

4 基础油布局建议

从整体上来看，中国石化加氢基础油基本能够满足润滑油公司生产需要，个别品种如 4 号加氢基础油还需提高产量，具体建议如下：

（1）建议燕山石化考虑加裂尾油不同加工方案的效益测算，同时考虑对加氢副产品进行开发利用，恢复加氢流程的开工及质量提升，稳定中石化基础油的区域供应。

（2）做好高桥搬迁前后基础油生产规划。搬迁后：将加氢裂化尾油异构脱蜡生产纳入高桥总体搬迁方案，优化常减压侧线抽出，提高加氢裂化反应压力，确保搬迁后能够生产 HVI Ⅲ 基础油，稳定生产 HVI Ⅱ+基础油，达到稳固华东地区基础油市场竞争能力目的。

（3）建议茂名石化稳定加氢异构装置原料供应与异构装置本身的优化生产，稳定产出 HVI Ⅲ4 加氢基础油，或者 HVI Ⅱ+4 基础油。

（4）经过改造后荆门石化，充分利用原料资源，提高生产 HVIⅡ10 加氢基础油的产量。

废旧润滑油再生工艺的研究

林 崧 周鹏涛 孙文斌

(中国石油化工股份有限公司炼油事业部技术处，北京 1000728)

摘 要：润滑油的回收再利用是我国环保与节能所面临的现实问题，也日益引起人们的重视。本报告调查了不同种类废润滑油组成；详细对比了国内外再生工艺的优缺点；最后对国内减压切割—溶剂精制—白土补充精制再生工艺提出改进建议。

关键词：废旧润滑油；再生工艺；减压切割；溶剂精制；白土补充精制

1 引言

目前，我国是仅次于美国和俄罗斯的世界第三大润滑油消费国，每年润滑油消耗量达600~800万吨。润滑油在使用过程中，受高温及氧化作用，酸值增加、颜色加深；并且由于机件磨损或与外界环境接触，油品中会浸入金属屑、水分、灰尘等杂质。使用一段时间后，润滑油的闪点下降、黏度降低，从而失去原有的使用性能，不再形成机件保护膜，因此在变质达到一定程度后，必须更换。随着润滑油消费量的增长，车辆及设备等每年更换下来的废油量猛增。如果将这些废润滑油丢弃，必将给生态环境带来极大危害，而且造成能源的极大浪费。随着石油资源的日益减少和原油价格的不断上涨，能源供求矛盾突出，所以废润滑油的回收再利用是我国环保与节能所面临的现实问题，也日益引起人们的重视。

本报告调查了不同种类废润滑油组成；详细对比了国内外再生工艺的优缺点；最后对国内减压切割—溶剂精制—白土补充精制再生工艺提出改进建议。

2 废油组成分析

废润滑油是废矿物油中典型的一类废油，属于我国《国家危险废物名录》中HW08废矿物油与含矿物油废物类别，其中含有多种有毒有害物质，如重金属、苯系物、多环芳烃等，直接丢弃会造成水体和土壤污染。

从表1可以看出润滑油的种类非常繁多，废弃后的润滑油相应的可以分为废汽油机油、废柴油机油、废齿轮油、废汽轮机油、废压缩机油等。

表1 润滑油分类(GB 500—1965《润滑油的分组、命名和代号》)

名称	符号	名称	符号	名称	符号
喷气机润滑油	P	汽轮机油	U	车轴油	Z
航空润滑油	H	冷冻机油	D	齿轮油	L
汽油机润滑油	Q	汽缸油	G	特种润滑油	T
柴油机润滑油	C	机械油	J	精密机床用油	M
压缩机油	S	仪表油	Y	其他用途润滑油	A

由于目前废润滑油分类回收不规范，难以实现分储分炼。不同性质的废润滑油可选择不同的再生工艺，这也是造成当前国内再生工艺多样的原因之一。表2列举了不同废润滑油组成数据。

表 2 不同废润滑油组成

分析项目	柴油机油			汽油机油		摩托车油	齿轮油
	CF-4	CH-4	CI-4	SJ-1	SJ-2		
100℃运动黏度/(mm^2/s)	12.17	13.7	16.7	14.1	14.8	12.9	—
添加剂量/%	5~8	9~14	10~15	5~10	5~10	5~10	0.5~3
酸值/(mgKOH/g)	3.36	3	4.2	—	2.2	—	—
碱值/(mgKOH/g)	5.96	8.1	7	4.1	3.7	6.56	
铁含量/(μg/g)	34.99	65	281	40	69	51	1629
铜含量/(μg/g)	9.48	8	—	28	41	10	81.5
铅含量/(μg/g)	—	—	60	17	12	7	—
硅含量/(μg/g)	—	—	170	50	—	—	25.4
锌含量/%	—	0.136	0.122	—	—	—	0.000165
钙含量/%	—	0.3	0.312	—	—	—	—
磷含量/%	—	0.096	0.116	0.0801	—	—	0.000189
硫含量/%	—	0.491	—	—	—	—	—
烟炱含量,%	1~3			0	0	0	0

从表 2 数据可知，内燃机油(汽油机油、柴油机油、摩托车油)加剂量高于工业润滑油，废内燃机油添加剂残留量比废工业润滑油多，且内燃机油工作环境更为苛刻，造成废内燃机油成分更为复杂，S、P、Ca、Zn 等极性元素含量明显偏高，再生难度大；而齿轮油、压缩机油等工业润滑油使用工况较内燃机油好，废油老化副产物少，再生难度小；在内燃机油中，废柴油机油中含有 1%~3%的烟炱，烟炱是柴油不完全燃烧形成的类似于炭黑物质，其粒径为纳米级别，吸附力极强，因此再生难度最大。

3 国内外主要废润滑油再生工艺

废润滑油的回收再利用在欧美等发达国家起步较早，且再生利用一向获得重视，并先后开发了一系列再生工艺：白土精制、溶剂精制、加氢精制、分子蒸馏、膜分离等。加氢精制工艺具有无废白土污染、油品收率高、操作方便、工艺简单等优点，在国外得到广泛应用。美国和德国这两个世界上最大最现代的废润滑油再生装置使用的是加氢精制工艺。

3.1 国外主要再生工艺优缺点

3.1.1 Kleen 再生工艺

Kleen 再生工艺是利用减压切割脱除废润滑油中的水分和轻组分，后经薄膜蒸发器进一步去除沥青质，中间馏分再进行加氢精制，加氢产物经汽提和干燥后分别得到不同牌号的基础油。工艺流程如图 1 所示。

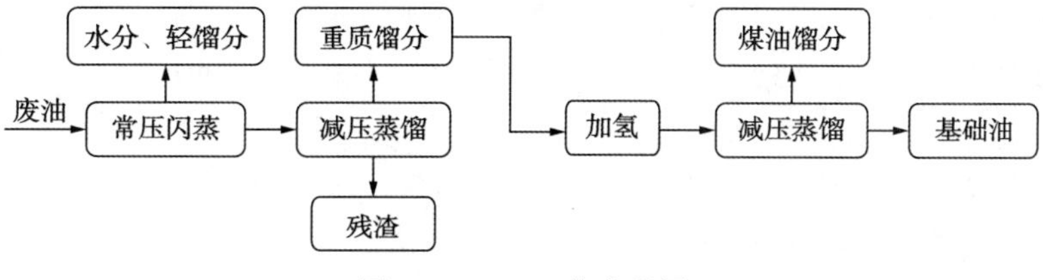

图 1 Kleen 工艺流程图

优点：

(1) 使用了抗结焦、结垢的薄膜蒸发器。

（2）Ni/Mo 催化剂的固定床式加氢反应器，能够将多环芳烃和氯元素脱除，再生油质量好。

（3）减少有机溶剂和白土的使用，含油危废物减少。

缺点：

（1）投资高、运行成本高，不适合小规模处理。

（2）薄膜蒸发温度低、接触时间短，所得馏分油中残存的添加剂浓度较高，后续加氢精制必须采用脱金属保护剂，加氢装置的运行周期受到影响，需要更换催化剂或保护剂。

（3）薄膜蒸发残油富集了胶质、沥青质和金属有机化合物添加剂成分，残油可能成为新的环境污染物。

3.1.2　Hylube 再生工艺

UOP 公司开发的 Hylube 再生工艺首先在一定压力和温度下对废润滑油进行临氢预处理，彻底破坏废润滑油中残留的添加剂，再通过减压深拔获得侧线油，然后通过两段加氢对侧线油进行精制，最后通过分馏塔获得不同黏度的基础油，副产物是汽油和柴油。工艺流程图如图 2 所示。

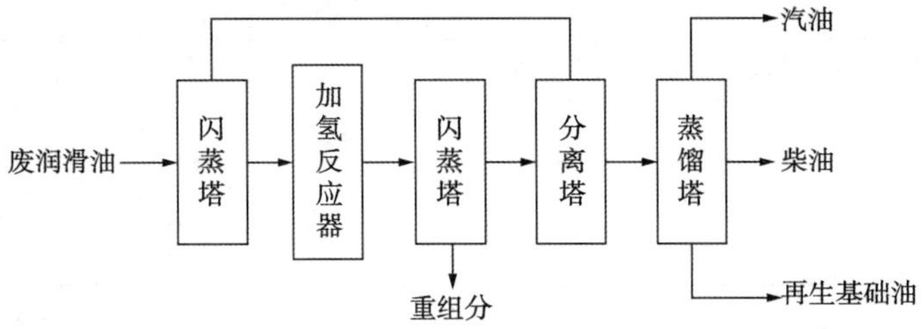

图 2　HyLube 工艺流程图

优点：

（1）通过临氢处理实现添加剂的分解和脱除，为后续加氢精制提供合格的原料，确保精制催化剂活性。

（2）加氢预处理和加氢精制之间增设减压汽提塔，进一步提高精制反应器进料质量。

（3）副产物沥青可以用作道路材料或防水卷材，但需要注意金属含量较高的问题，只能作为调和组分适当添加。

（4）加氢为两段工艺：第一段的目的是完全脱除金属、脱硫、脱氨、芳烃烯烃饱和；第二段的目的是深度脱硫和降低碱性氮含量，回收率在 70%左右。

缺点：

（1）加氢预处理反应器进料含有较多的 Fe、Ca 等金属，容易生成硫化物沉积在催化剂表面和粒间空间，引起床层压降上升，影响长周期运行。

（2）采用一段加氢预处理脱金属，二段加氢精制，投资成本高，操作难度较大。

3.1.3　REVIVOIL 再生工艺

意大利 REVIVOIL 工艺为典型的蒸馏—加氢再生技术，首先通过闪蒸脱除废润滑油中的轻油和水，再经过常减压蒸馏分离出柴油和重组分，中间馏分则进入加氢精制反应器，脱除 S、N、O 等杂原子。升级后的 REVIVOIL 再生工艺增加了减底油溶剂脱沥青装置，用丙烷抽提脱去胶质和沥青质等极性物，脱沥青油进入后续加氢精制反应器，废润滑油基础油回收率可达 75%左右。工艺流程图如图 3 所示。

优点：

（1）提高了废润滑油基础油的回收率。

（2）采用溶剂脱沥青脱除减底油中胶质、沥青质、金属等非理想组分，解决了减底油难以利用的问题。

（3）再生油质量较高，沥青收率约 10%，大大降低了再生过程危废的产量。

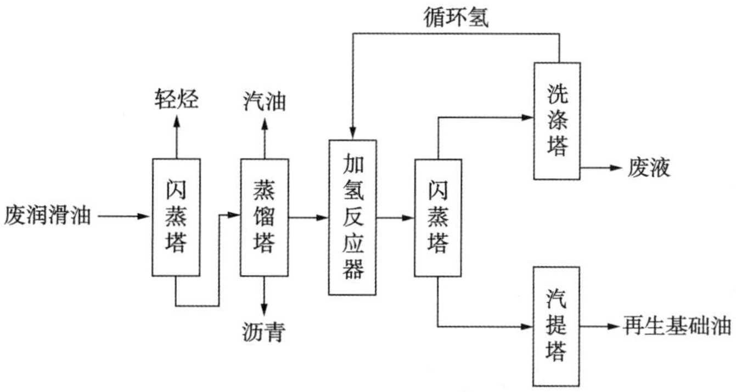

图 3　Revivoil 工艺流程图

缺点：

(1) 减压侧线油含一定量的金属，容易在反应器顶部床层发生堵塞，影响长周期运行。

(2) 脱沥青油金属含量、残碳均高于减压侧线油，进加氢反应器需要增加保护剂量，金属硫化物沉积导致反应器压降大，长周期运行困难。

美国 Phillips Petroleum Company 开发了基于化学脱金属、白土吸附残留杂质的全馏分加氢精制技术，其特点是化学脱金属—加氢补充精制工艺。用磷酸二氢铵与废润滑油中的重金属反应，使原来溶于油的有机金属转变为不溶于油的磷酸盐，经过滤除去；白土的加入进一步降低了废润滑油中极性物含量，为加氢精制提供了合格原料。化学脱金属技术的出现提高了装置运行周期，虽然产生一定量的含油白土，但是减少了废保护剂和催化剂的产生。

3.2　国内主要再生工艺优缺点

国内废润滑油再生市场没有良好的秩序，没有做到分类回收，不同废润滑油混合回收造成性质复杂，给再生工艺带来许多困难。

3.2.1　国内溶剂精制再生工艺

该再生工艺为减压切割—糠醛精制—白土补充精制工艺。废润滑油在储罐内加温脱水沉降，用泵抽出加压后进入减压炉加热至一定温度进入减压塔分离出轻组分和重组分，侧线油进入糠醛精制单元进一步脱金属、脱硫氮和芳烃改善油品性能以及颜色，精制油进一步用白土补充精制生产合格基础油。

优点：投资相对加氢工艺少，操作难度低，操作费用低，产品收率高。

缺点：

(1) 减压炉炉管结焦严重，长周期运行困难；后期燃料消耗大，加工负荷受到限制。

(2) 糠醛损耗大，装置结焦严重，严重时塔盘堵塞。

(3) 减底油重金属含量高无法有效利用、含油白土以及生成的焦粉形成新的污染物。

3.2.2　国内废润滑油加氢再生工艺

3.2.2.1　抚顺新瑞公司工艺

新瑞工艺的主要流程为首先对废润滑油进行脱水，然后过滤除去 25 μm 以上的固体颗粒，加热至一定温度进入减压塔，将轻油和高于 480℃的重油组分分离，中间馏分进行加氢，反应流出物进入减压塔，侧线抽出柴油，塔底为润滑油基础油，回收率可达到 85%。加氢催化剂的活性组分为钨和镍，载体为氧化铝，催化剂具有超高比表面积、大孔径、弱酸性，可对废润滑油的全馏分进行加氢，具有很强的脱除 S、N、O 和非理想组分加氢饱和能力，并具有较强的脱金属和抗金属能力。

优点：产品收率高；产品质量较好；催化剂抗金属能力强。

缺点：加压炉炉管结焦严重，长周期受到影响；减底油利用率不高。

3.2.2.2 武汉科林公司工艺

科林工艺先滤去25μm以上的固体杂质并脱除原料中的水分，然后进入丙烷抽提或刮膜蒸发装置脱除沥青及胶质，再经分馏分离出轻组分。预加氢段装填有保护剂和脱金属剂，能够实现金属杂质的脱除和非饱和烃的部分饱和，加氢精制所用催化剂为Ni-Mo-W-Ce /Al_2O_3 或 Ni-Mo-P-La /Al_2O_3，能够实现多环芳烃的饱和和杂原子S、N、O、Cl的脱除，加氢流出物引入脱氯反应器，脱除加氢反应过程中生成的含氯杂质，所用脱氯剂为锌钙系高温脱氯剂。脱氯后的产物经分馏塔分离出汽油、柴油和润滑油基础油。

优点：

(1) 脱重组分装置采用丙烷抽提或刮膜蒸发方式代替常减压蒸馏，可以减少热敏性物质的聚合结焦及渣油的产生，提高产品收率。

(2) 能够提高润滑油基础油中饱和烃的含量，改善产品质量，提高产品档次；催化剂具有缓和裂化能力，可根据市场需要调节反应深度提高优质汽柴油组分收率。

(3) 预加氢段装填有保护剂和脱金属剂，加氢精制所用催化剂为Ni-Mo-W-Ce/Al_2O_3 或 Ni-Mo-P-La/Al_2O_3，脱氯剂为锌钙系高温脱氯剂。

缺点：

(1) 脱水除杂后的废润滑油理想组分含量高，需要的溶剂比高，塔底温度低，增加生产成本。

(2) 脱沥青油金属含量高，预加氢反应器长周期运行困难。

3.3 其他再生工艺

国内外研究较多的其他废润滑油再生工艺有：分子蒸馏技术、亚临界流体萃取技术、分子筛吸附技术、膜分离技术等。周松锐等利用分子蒸馏技术对废润滑油再生处理进行了很多相关研究。张贤明等采用以絮凝为主的无污染再生技术对废润滑油进行脱色再生处理，汪廷贵等采用CO_2作为萃取剂，研究了亚临界流体萃取工艺用于拔头废油再生润滑油基础油，SUS L等采用一种新技术一微波热解对废机油进行回收处理。MOHAMMAD A A等旧利用微乳液改性硅藻土和活性炭联合作为固体萃取剂来处理废润滑油。GERARDO M等采用选择性分子筛作为吸附剂对矿物油进行再生，研究了温度、处理时间、吸附剂用量和油的种类等影响因素。

4 废润滑油再生工艺改进建议

从国内外废润滑油再生工艺存在的问题可以看出，经济效益、产品质量、长周期运行以及二次污染物是废润滑油再生需要面对的几个问题。结合当前废润滑油分类回收困难，废润滑油组成复杂这一实际情况，以及充分考虑投入产出比、产品质量和长周期运行，预计未来一段时间内减压切割—溶剂精制—白土补充精制再生工艺仍然是可行的再生工艺，针对该工艺存在的问题提出改进建议。

4.1 优化原料预处理单元操作

废润滑油收储在常压罐中，采用低压蒸汽或者高温冷凝水维持温度在60~70℃，定时对储罐进行脱水，无明水即可达到备用状态。在储罐内实现沉降固体杂质和脱水的目的。原料泵出口增加自动反冲洗过滤器，在线自动切换使用，除去原料中25μm以上的固体杂质和水分，避免设备堵塞以及带水造成的炉温波动。

此环节会产生含油污水，危废等二次污染物，建议废润滑油再生装置应建设在具备处理含油污水、含油危废、固废能力的化工园区或炼厂内。

4.2 优化减压炉型

废润滑油再生厂减压炉均采用普通的管式圆筒炉，炉出口温度控制320~340℃，炉膛温度可达600℃以上，原料带水、组成变化、偏流或者炉进料流量波动均会导致炉管局部超温引起结焦，润滑油老化副产物也会加速炉管结焦，影响长周期运行。因此建议将管式圆筒炉改为热媒炉，燃料气在炉膛内燃烧产生热量，通过炉管以对流和辐射的形式传热给导热油，导热油在循环泵的驱动下进入换热器与废润滑油换冷后循环回加热炉实现热量的连续传递。适当提高流速减缓换热器管束结焦速率，采取多组换热器并联的方式，实现装置降量即可在线切出清焦的目的，实现长周期运行。改造抽真空系统，提高减压塔真空度，可适当降低导热油使用温度。目前国内矿油型导热油发展较快，最高使用温度可超400℃；合成型导热油具有热稳定性高耐结焦的特点，可进一步延长加热炉高效运行时间。

4.3 优化减压塔操作

废润滑油原料组成见表3，废润滑油原料经过减压切割可将大部分胶质、残炭、重金属和添加剂残留在重质馏分中，轻质馏分油的胶质、残碳和重金属等杂质含量大幅降低。

表3 废润滑油主要性质

项　目	数　据
组成(质谱法)/%	
胶质	8.1
链烷烃	26.3
环烷烃	49.9
芳烃	15.7
重金属含量/(μg/g))	755.6

注：引用中国石化抚顺石油化工研究院实验数据

优化减压塔侧线抽出温度，实现胶质、重金属分布在减底油的目的。将废润滑油切割成4个窄馏分，分别为小于320℃，320~480℃，480~510℃，大于510℃，废润滑油的实沸点蒸馏各窄馏分收率及性质见表4。

表4 废润滑油的实沸点蒸馏各窄馏分收率及性质

馏程	收率/%	胶质/%	重金属含量/(μg/g)
<320℃	6.46	0	0
320℃~480℃	46.33	0	0
480℃~510℃	38.31	0.2	2.3
>510℃	6.3	95.5	723.6

注：引用中国石化抚顺石油化工研究院实验数据

从表4可以看出，大于510℃馏分收率为6.3%，胶质、重金属含量急剧增加，分别达到95.5%和723.6μg/g。经过蒸馏处理后，小于510℃馏分中的胶质彻底脱除，硫、氮和重金属含量大幅降低，酸值降低，为后续溶剂精制或者加氢精制奠定了基础。

表5为某糠醛装置原料重金属分析数据，在注入缓蚀剂的情况下糠醛氧化结焦明显下降，糠醛单耗约0.3~0.4kg/t，装置可长周期运行7年。

表5 糠醛装置原料金属含量

油品名称	铁含量/(μg/g)	铜含量/(μg/g)	钙含量/(μg/g)
减二	0.260	0.291	1.770
减三	0.867	0.041	1.200

4.4 溶剂改型

糠醛的热稳定性较差，室温下与空气接触会发生氧化。糠醛氧化反应主要的中间产物为糠酸；

糠酸在水中可电离出带有负电荷的糠酸根，糠酸根与糠醛分子结合生成带有羰基官能团的化合物，该化合物又与带负电荷的糠酸根继续进行亲核加成反应。酸性、碱性环境可加速糠醛的氧化，金属离子也可以加速其氧化。

废内燃机油重金属含量较高，提高减压塔侧线油收率会增加侧线油重金属含量，金属离子可加速糠醛的氧化，造成糠醛损耗大，装置结焦严重，甚至堵塞塔盘。据悉国内某企业废油再生糠醛精制单元结焦严重，装置仅能运行1年就需要停工检修。目前有企业采用一种复合剂代替糠醛，解决了装置结焦快的问题。由于涉及商业机密，目前无法获得复合剂的具体成分。兰州炼油化工石化研究院赵渊杰使用苯酚—乙二醇—水复合剂作为萃取剂完成了减四蜡油的溶剂精制试验，通过调整复合剂各组分的比例实现不同的精制效果，该复合剂热稳定性好，不易生焦。

4.5 络合吸附替代白土

润滑油中胶质、沥青质、碱性氮化物的分子中含有可形成氢键的羟基、羧基或胺基，由于氢键的作用，表现出较强的极性。较小颗粒尺寸的胶质胶束借电荷转移、酸碱作用及氢键与沥青质胶束相互作用，吸附在沥青质胶束周围形成胶团。胶团为电子给予体(Lewis 碱)，而 Lewis 酸化合物为电子对接受体，二者可产生络合作用力。

RUN-410 络合精制剂(Lewis 酸)能与胶团(Lewis 碱)络合反应生成配位化合物(即络合衍生物)进入溶剂相，在电精制沉降罐中电场和重力场的双重作用下，将绝大部分络合衍生物从润滑油基础油中分离出来，少量残留在络合精制油中的极性物质再用高效吸附剂进行进一步补充精制。

RUN-422 高效吸附剂以 $ZnO-Al_2O_3$ 为载体，添加了固体杂多酸而制得的一种具有大比表面积、大空隙率和孔径、强吸附活性中心的分子筛，对极性物质具有极强的吸附性，可以对络合精制油中残留的极性物质进行吸附分离。同时，高效吸附剂还具有超强的吸附酸性物质能力，可吸附络合精制油中的石油酸，降低酸值，从而进一步提高基础油产品质量。络合-吸附工艺与白土精制工艺相比减少固体精制剂用量和固体废渣排放量85%以上，基本解决了白土粉尘污染问题。

5 结论

(1) 内燃机油加剂量高于工业润滑油，废内燃机油添加剂残留量比废工业润滑油多，且内燃机油工作环境更为苛刻，造成废内燃机油成分更为复杂，S、P、Ca、Zn 等极性元素含量明显偏高，再生难度大；而齿轮油、压缩机油等工业润滑油使用工况较内燃机油好，废油老化副产物少，再生难度小；在内燃机油中，废柴油机油中含有1%~3%的烟炱，烟炱是柴油不完全燃烧形成的类似于炭黑物质，其粒径为纳米级别，吸附力极强，因此再生难度最大。

(2) 从国内外废润滑油再生工艺存在的问题可以看出，经济效益、产品质量、长周期运行以及二次污染物是废润滑油再生需要面对的问题。结合当前废润滑油分类回收困难，废润滑油组成复杂这一实际情况，以及充分考虑投入产出比、产品质量和长周期运行，预计未来一段时间内减压切割—溶剂精制—白土补充精制再生工艺仍然是可行的再生工艺，但仍需要进一步改进。

HVI Ⅰ基础油绿色生产提质增效的措施

周建华　谢　尉　陈海波　钱伟军

（中国石油化工股份有限公司炼油事业部技术处，北京　1000728）

摘　要：世界润滑油基础油产能结构逐渐由以Ⅰ类基础油为主向着以Ⅱ类和Ⅲ类基础油为主转变，但中国石化润滑油有限公司对HVI Ⅰ基础油，特别是高质量、高黏度润滑油基础油仍有一定需求；高活性白土精制试验结果表明，在产品质量合格的情况下，三种新白土加入量均减少，以2017年白土精制加工量为基准，考虑白土使用成本和白土渣处理费用后，高活性白土最高可增加效益1844.89万元/年；采用高压加氢处理、异构脱蜡装置流程可提高基础油质量和副产品质量，为副产品的开发利用提供了质量基础；以加氢裂化尾油减底油等为原料，采用酮苯脱蜡—溶剂精制—白土精制流程可以生产符合产品标准的涤纶低弹丝油剂。

关键词：润滑油基础油；溶剂精制；溶剂脱蜡；白土精制；活性白土；加氢处理；涤纶低弹丝油剂

1　引言

润滑油基础油可用于生产内燃机油、工业润滑油和润滑脂等产品，是润滑油的主要调和组分，其质量直接决定润滑油的品质。其中HVI Ⅰ类基础油主要采用溶剂精制、溶剂脱蜡和补充精制工艺流程，以优质石蜡基原油和一些中间基原油的馏分油以及轻脱沥青油为原料生产高黏度指数基础油，国内外曾主要以该流程进行生产。

国内外润滑油基础油传统工艺技术发展较为成熟，在溶剂精制方面，多集中在向抽出液中添加反抽提溶剂，分离抽出油中的理想组分，提高精制油收率等方面。在溶剂脱蜡方面，虽然有Arkansas大学申请的室温脱蜡以及ExxonMobil公司申请的稀释冷冻脱蜡工艺专利，但存在一定缺点，限制了工业推广。

世界润滑油基础油产能结构逐渐由Ⅰ类基础油为主向着Ⅱ类和Ⅲ类基础油为主转变，可预测，基础油市场必将变为Ⅱ类和Ⅲ类基础油为主的市场。中国润滑油基础油产能和市场与世界润滑油基础油产能和市场变化相符，但中国石化润滑油有限公司对HVI Ⅰ类基础油特别是高质量、高黏度润滑油基础油仍有一定需求。

本文针对中国石化基础油生产过程遇到的白土精制废白土处理困难，润滑油基础油的副产品利用，现有工艺流程的新产品开发等问题，提出解决方案。

2　降低补充精制白土用量

活性白土是一种结晶或无定形物质，由多孔的水化硅酸铝成分构成，主要成分为Al_2O_3、SiO_2，其余为铁、钙、镁的化合物。脱色率和活性度都是活性白土主要的质量指标，脱色率反映的是脱色后油的颜色去除部分与原色度的比值，脱色率可以反映出活性白土质量的好坏，而活性度越大，吸附能力越强，对油品的脱色能力越强。

在白土原料价格上涨，废白土作为危废物处理成本越来越高的情况下，为降低生产成本，减少白土使用量，考察了不同白土的使用情况，以及不同白土加入量对产品质量的影响。不同白土的性质分析结果见表 1。

表 1　不同活性白土性质分析

项目	指标	活性白土 A	活性白土 B	活性白土 C	分析方法
脱色率/%	≥96	97.78	97.50	97.13	HG/T 2569—2007
游离酸(以 H_2SO_4)/%	≤0.20	0.19	0.12	0.10	HG/T 2569—2007
水分/%	≤10	8.78	8.17	9.51	HG/T 2569—2007
粒度(通过 200 目)/%	≥90	93.2	96.12	96.09	HG/T 2569—2007
活性度/(H^+mmol/kg)	≥180	237	220	219	HG/T 2569—2007

由表中数据可以看出，活性白土 A 的脱色率、游离酸和活性度高于其他两个白土，通过 200 目的粒度要小于其他两个白土。

2.1　白土精制试验

采用现有白土精制工艺生产流程对减二线油和减四线油进行白土精制试验，考察不同白土加入量对精制油质量、白土渣含油量的影响。减二线白土加入量分别为 1.5%和 3%，其中 3%白土加入量与现有白土加入量相同，减四线白土加入量为 2.5%。

2.2　白土精制试验结果

以活性白土 A 进行减二线和减四线油精制试验，试验条件及结果见表 2。

表 2　活性白土 A 试验条件及结果

<table>
<tr><th colspan="2">项目</th><th>颜色号</th><th>酸值/(mg(KOH)/g)</th><th>碱性氮/(mg/kg)</th><th>旋转氧弹/min</th></tr>
<tr><td colspan="2">减二线产品标准</td><td><1.5</td><td><0.03</td><td>报告</td><td>>200</td></tr>
<tr><td colspan="2">减二白土精制原料性质</td><td><1.0</td><td>0.03</td><td>54.45</td><td>218</td></tr>
<tr><td rowspan="2">白土加入量 3.53%</td><td>馏出口</td><td><1.0</td><td>0.02</td><td>0.12</td><td>239</td></tr>
<tr><td>成品罐 157</td><td>0.5</td><td>0.01</td><td>2.80</td><td>220</td></tr>
<tr><td rowspan="2">白土加入量 1.74%</td><td>馏出口</td><td><0.5</td><td>0.01</td><td>0.3</td><td>220</td></tr>
<tr><td>成品罐 159</td><td><1.0</td><td>0.01</td><td>8.92</td><td>220</td></tr>
<tr><td colspan="2">减四线产品标准</td><td><5.0</td><td><0.05</td><td>报告</td><td>>180</td></tr>
<tr><td colspan="2">减四白土精制原料性质</td><td>3.0</td><td>0.05</td><td>199.92</td><td>124</td></tr>
<tr><td rowspan="3">白土加入量 2.8%</td><td>馏出口</td><td>2.5</td><td>0.03</td><td>85.83</td><td>205</td></tr>
<tr><td>成品罐 526</td><td><2.5</td><td>0.04</td><td>71.29</td><td>220</td></tr>
<tr><td>成品罐 533</td><td>2.0</td><td>0.03</td><td>83.37</td><td>200</td></tr>
</table>

由表 2 数据可以看出，减二线使用活性白土 A 后，在 3.53%时，白土油的碱性氮 0.12 mg/kg，旋转氧弹 239min。在 1.74%时，白土前后精制油性质变化不大，由于白土原料的氧化安定性和色度就已经达到了成品油的指标要求，因此白土加入量 1.74%时可以生产满足产品标准的白土油。

减四线使用活性白土 A 后，在 2.8%时，白土油的酸值和色度达到合格指标，碱性氮和旋转氧弹改善，产品质量满足标准要求。

以活性白土 B 进行减二线和减四线油精制试验，试验条件及结果见表 3。

表 3　活性白土 B 试验条件及结果

项目	颜色号	酸值/(mg(KOH)/g)	碱性氮/(mg/kg)	旋转氧弹/min
减二线产品标准	<1.5	<0.03	报告	>200

续表

项目		颜色号	酸值/(mg(KOH)/g)	碱性氮/(mg/kg)	旋转氧弹/min
减二白土精制原料性质		<1.5	0.02	59.16	215
白土加入量1.57%	馏出口	<1.0	0.01	18.45	269
	成品罐158	<1.0	0.01	10.63	285
白土加入量0.85%	馏出口	<1.0	0.01	57.38	226
	成品罐159	<1.0	0.01	45.75	230
减四线产品标准		<5.0	<0.05	报告	>180
减四白土精制原料性质		<2.5	0.04	192.3	138
白土加入量2.56%	馏出口	<2.5	0.01	113.8	--
	成品罐532	<2.5	0.04	94.56	227
	成品罐533	<2.5	0.03	107.78	180

由表3中数据可以看出，减二线白土加入比例为1.57%时，装置馏出口及成品罐分析均达到基础油标准要求。该加入比例下活性白土脱氮能力明显，氧化安定性较好。生产减二线白土加入比例为0.85%时，白土前后精制油性质变化不大，由于白土原料的氧化安定性和色度就已经达到了成品油的指标要求，因此白土加入量0.85%时可以生产满足产品标准的白土油。

减四线白土加入比例为2.56%时，两个成品油罐及馏出口的基本指标满足基础油标准要求。白土油的酸值和色度达到合格指标，产品质量满足产品标准要求。

以活性白土C进行减二线和减四线油精制试验，试验条件及结果见表4。

表4　活性白土C试验条件及结果

项目		颜色号	酸值/(mg KOH)/g)	碱性氮/(mg/kg)	旋转氧弹/min
减二线产品标准		<1.5	<0.03	报告	>200
减二白土精制原料性质		1.0	0.01	70.91	217
白土加入量1.46%	馏出口	<1.0	0.01	29.66	250
	成品罐157	<1.0	0.01	22.88	260
白土加入量0.61%	馏出口	<1.0	0.01	37.7	250
	成品罐158	<1.0	0.01	41.86	234
	成品罐159	<1.0	0.01	46.12	238
减四线产品标准		<5.0	<0.05	报告	>180
减四白土精制原料性质		<2.5	0.04	186.67	—
白土加入量2.46%	馏出口	2.0	0.02	109.51	190
	成品罐526	<2.5	0.01	111.67	190

由表4中数据可以看出，减二线白土加入比例为1.46%时，装置馏出口及成品罐分析均达到基础油标准要求。碱性氮与旋转氧弹都有明显改善，且油品质量还有一定的富裕。生产减二线白土加入比例为0.61%时，白土前后精制油性质变化不大，由于白土原料的氧化安定性和色度就已经达到了成品油的指标要求，因此白土加入量0.85%时可以生产满足产品标准的白土油。

减四线白土加入比例为2.46%时，两个成品油罐及馏出口的基本指标满足基础油标准要求。从原料和产品对比数据看，碱性氮改善作用较为明显，产品质量满足产品标准要求。

降低活性白土A、活性白土B和活性白土C使用量后，得到的减二线和减四线成品油的酸值、色度、旋转氧弹和碱性氮满足产品标准要求，因此使用新白土后可以降低白土加入量。

试验过程中对白土渣进行了含油量分析，分析结果见表5。

表5 新旧白土渣含油率分析结果

项目	减二线	减四线		减二线	减四线
旧白土渣中油质量分数/%	20.97	21.10	活性白土B白土渣中油质量分数/%	26.61	25.41
活性白土A白土渣中油质量分数/%	28.28	24.39	活性白土C白土渣中油质量分数/%	26.26	24.90

减二线和减四线白土精制不同白土加入量的使用效果分别见表6和表7。

表6 减二线使用效果

项目	活性白土A(1.74%)	活性白土B(1.57%)	活性白土B(0.85%)	活性白土C(1.46%)	活性白土C(0.61%)
酸值	效果不明显	效果不明显	效果不明显	效果不明显	效果不明显
色度	基本没效果	基本没效果	效果不明显	效果不明显	效果不明显
碱性氮	效果明显	效果明显	效果不明显	效果明显	效果明显
旋转氧弹	效果不明显	效果比较明显且油品成绩还有一定的富裕	效果不明显	效果比较明显且油品成绩还有一定的富裕	有一定改善

表7 减四线使用效果

项目	活性白土A(2.80%)	活性白土B(2.56%)	活性白土C(2.46%)
酸值	效果明显	效果明显	效果明显
色度	有一定改善	效果不明显	效果不明显
碱性氮	效果较明显	效果较明显	效果较明显
旋转氧弹	有一定改善	有一定改善	有一定改善

从表6结果可以看出，减二线按照0.5%比例加入仍可以达到很好的精制效果，由于原料油质量较好，三种活性白土对酸值和色度的提升都不明显，而碱性氮和旋转氧弹则都有不同幅度的改善，其中活性白土C的试验效果最好。

从表7结果可以看出，三种活性白土对减四线的碱性氮、旋转氧弹和酸值都有比较明显的改善，活性白土A对色度的改善较为明显，因此活性白土A的试验效果最好。

2.3 白土精制试验效益对比

以2017年白土精制结果为基准进行新旧白土使用效益分析，对新旧白土使用量和费用，新旧白土渣产生量和处理费用进行对比，得到新白土使用的效益结果。

2017年旧白土和白土渣情况见表8，表中减二线白土加入量为3.0%，减四线白土加入量为5.0%。

表8 2017年旧白土及白土渣情况

项目	减二线(3.0%)	减四线(5.0%)	累计
旧白土用量/t	2729	1888	4618
白土渣/t	3185	2204	5390
白土渣含油量/t	674	466	1141

2017年全年白土加入情况如表8所示，旧白土的价格为2200元/t，废白土处理费用为2450元/t，2017年生产减二线和减四线时活性白土的费用总计约4618.51×2200=1016.07万元，处理白土渣的费用总计约5390.12×2450=1320.58万元。共计费用约1016.07+1320.58=2336.65万元。

2017年白土装置加工原料193674t，产品191098.69t，收率为98.67%。

新白土渣的含油率见表9，以2017年全年白土装置加工量为基准，考察新白土使用情况，活性白土A应用见表9，减二线白土加入量为1.74%，减四线白土加入量为2.80%。

表9　活性白土A及白土渣情况

项目	减二线(1.74%)	减四线(2.80%)	累计
白土A加入量/t	1583.31	1057.65	2640.96
白土渣/t	2013.80	1276.01	3289.81
白土渣含油量/t	569.50	311.22	880.72

以2017年全年白土装置加工量计算的白土A加入情况如表9所示，活性白土A的价格为3100元/t，废白土的处理费用约为2450元/t。表9中活性白土A的费用总计约2640.96×3100=818.7万元，处理白土渣的费用总计约3289.81×2450=806万元。共计费用约818.7+806=1624.7万元。

由于基础油收率可提升到99%，可增加产量约638.57t，基础油价格按6400元/t计算，可增效益为638.57×6400=408.68万元。

因此，以2017年的数据为基准，使用活性白土A一年可以新增效益2336.65-1624.7+408.68=1120.63万元。

活性白土B应用见表8，减二线白土加入量为0.85%，减四线白土加入量为2.56%。

表10　活性白土B及白土渣情况

项目	减二线(0.85%)	减四线(2.56%)	累计
白土B加入量/t	764.36	963.22	1727.58
白土渣/t	956.41	1185.85	2142.26
白土渣含油量/t	254.50	301.32	555.82

以2017年全年白土装置加工量计算的白土B加入情况如表10所示，活性白土B的价格为3130元/t，废白土的处理费用约为2450元/t。表10活性白土B的费用总计约1727.58×3130=540.73万元，处理白土渣的费用总计约2142.26×2450=524.85万元。共计费用约540.73+524.85=1065.58万元。

由于基础油收率可提升到99%，可增加产量约638.57t，基础油价格按6400元/吨计算，可增效益为638.57×6400=408.68万元。

因此，以2017年的数据为基准，使用活性白土B一年可以新增效益2336.65-1065.58+408.68=1679.75万元。

活性白土C应用见表11，减二线白土加入量为0.61%，减四线白土加入量为2.46%。

表11　活性白土C及白土渣情况

项目	减二线(0.61%)	减四线(2.46%)	累计
白土C加入量/t	555.07	929.22	1484.29
白土渣/t	681.15	1140.29	1821.44
白土渣含油量/t	178.87	299.44	478.31

以 2017 年全年白土装置加工量计算的白土 C 加入情况如表 11 所示，活性白土 C 的价格约为 3060 元/t，废白土的处理费用约为 2450 元/t。表 11 活性白土 C 的费用总计约 1484. 29×3060 = 454. 19 万元，处理白土渣的费用总计约 1821. 44×2450 = 446. 25 万元。共计费用约 454. 19+446. 25 = 900. 44 万元。

由于基础油收率可提升到 99%，可增加产量约 638. 57t，基础油价格按 6400 元/t 计算，可增效益为 638. 57×6400 = 408. 68 万元。

因此，以 2017 年的数据为基准，计算得出使用活性白土 C，一年可以新增效益 2336. 65 - 900. 44+408. 68 = 1844. 89 万元。

对三种新白土使用后与现有白土使用效益进行了对比，结果见表 12。

表 12　三种新白土新增经济效益

项目	活性白土 A	活性白土 B	活性白土 C
经济效益/(万元/年)	1120. 63	1679. 75	1844. 89

从表 12 可以看到，以 2017 年的数据为基准，使用活性白土 A 经济效益较低，而活性白土 C 经济效益最高。

3　油品质量升级和副产品利用

国内某润滑油基础油企业基础油综合生产能力达到 0. 20μt/a，以石蜡基原油和中间基原油的减压馏分油和轻脱沥青油为原料采用加氢改质、异构降凝以及溶剂精制、溶剂脱蜡等工艺流程生产 HVI Ⅰ和 HVI Ⅱ基础油，采用现有流程存在基础油生产流程较长，装置规模偏小，高黏度的高档基础油比例低，生产成本高，副产品中白油芳烃含量较高，部分蜡下油和抽出油做催化料，资源利用率低等问题。

为解决上述问题，对基础油生产工艺流程和设备进行了改进，采用高压加氢改质和异构脱蜡以及传统工艺的溶剂精制和溶剂脱蜡相结合的工艺流程生产 HVI Ⅱ、HVIⅡ$^{+}$基础油，特别是重质高黏度指数润滑油基础油。随着润滑油基础油质量升级，有效利用了适宜生产润滑油基础油的副产品资源，满足了市场对高档白油和环保橡胶填充油的需要。副产品可利用方案见表 13。

表 13　副产品利用方案

项目	可开发的副产品
石脑油馏分	溶剂油
柴油馏分	特种油、工业白油
减三线副产轻、中质基础油	工业白油、橡胶填充油
减四线副产轻、中质基础油	工业白油、橡胶填充油
减三、减四线脱蜡后副产蜡下油	医用、化状品级凡士林

从表中可以看出，润滑油基础油生产过程中的副产品可以生产高价值的特种油、白油、高质量凡士林、橡胶填充油等产品，提高基础油生产过程的经济效益。

4　加氢裂化尾油生产涤纶低弹丝油剂

纺丝油剂主要用于涤纶长丝高速纺织工艺，产品主要控制指标为 20℃密度、闪点及水分等。该产品采用酮苯脱蜡、糠醛精制、白土精制加工流程生产，原料为加氢裂化尾油减底油和常四线蜡油的混合油，混合原料油性质见表 14。

表 14　原料油性质

项目	混合油	项目	混合油
运动黏度(40℃)/(mm^2/s)	8.793	凝点/℃	23
馏程/℃		赛氏比色号	<1.0
10%	331	闪点(闭口)/℃	168
90%	374	密度(20℃)/(kg/m^3)	834.7
蜡含量/%	15.2	硫含量/%	0.0909

由表 14 中数据可以看出原料油的 10%馏出温度 331℃，40℃运动黏度为 8.793mm^2/s，凝点为 23℃，蜡含量为 15.2%，硫含量约 900mg/kg。

以混合油为原料进行溶剂脱蜡，脱蜡溶剂为丁酮与甲苯的混合溶剂，剂油比 2.9，脱蜡温度为 -25℃，脱蜡油产品性质见表 15。

表 15　脱蜡油产品控制指标及产品性质

	控制指标	脱蜡油
溶剂含量/(mg/kg)	≤40.00	6.55
凝点/℃	-24~-18	-24
赛氏比色号	/	<-16
硫含量/%	/	0.0952

由表 15 中数据可以看出，脱蜡油倾点为-24℃，溶剂含量<7mg/kg，脱蜡油质量满足控制指标。

以脱蜡油为原料进行溶剂精制，精制塔顶温度为 102℃，剂油质量比为 3.2。精制油产品性质见表 16。

表 16　精制油产品性质

项目	精制油	项目	精制油
运动黏度(40℃)/(mm^2/s)	8.766	酸值/(mg(KOH)/g)	0.02
赛氏比色号	20	醛含量/(mg/kg)	无
倾点/℃	-12	硫含量/%	0.0394

由表 16 中数据可以看出，精制油的 40℃运动黏度为 8.766mm^2/s，硫含量约 400mg/kg，倾点为-12℃，较脱蜡油回升 12℃。

以精制油为原料进行白土吸附精制试验，白土加入量 3.5%，加热炉出口温度 187℃。白土油产品性质和涤纶低弹丝油剂产品标准见表 17。

表 17　产品标准和产品质量

分析项目	白土油	涤纶低弹丝油剂质量指标
密度(20℃)，g/cm^3	0.8332	0.80~0.95
外观	透明油状液体	透明油状液体
pH 值(5%水分散液)	7.82	6.0~8.0
旋转黏度(40℃)/mPa·s	7.8	报告
乳化性(1%水溶液)	呈均匀乳白色液体	呈均匀乳白色液体

续表

分析项目	白土油	涤纶低弹丝油剂质量指标
闪点(开口)/℃	178	≥130
水分/%	0.0213	≤1.0

由表17中数据可以看出，白土油性质满足低弹丝油剂质量标准要求。

5 结论

(1) 世界润滑油基础油产能结构逐渐由Ⅰ类基础油为主向着Ⅱ类和Ⅲ类基础油为主转变，但中国石化润滑油有限公司对HVIⅠ基础油特别是高质量、高黏度润滑油基础油仍有一定需求。

(2) 白土精制试验结果表明，在产品质量合格的情况下，三种新白土加入量均减少，以2017年白土精制加工量为基准，对三种新白土使用成本和白土渣处理费用进行综合测算，结果表明活性白土C增加效益最多，达1844.89万元/a。

(3) 高压加氢处理、异构脱蜡可提高润滑油基础油质量和其副产品质量，副产品可以生产高价值的特种油、白油、高质量凡士林、橡胶填充油，获得较高的经济效益。

(4) 以加氢裂化尾油的减底油等为原料，采用酮苯脱蜡—溶剂精制—白土精制流程可以生产符合产品标准的涤纶低弹丝油剂。

HVI Ⅰ基础油生产技术的改进

周建华　严　鹏　席　超　张文区

（中国石油化工股份有限公司炼油事业部技术处，北京　1000728）

摘　要：在传统工艺生产 HVI Ⅰ基础油过程中，对装置设备和工艺过程进行了改进，糠醛装置采用转盘—填料复合塔、进料分布器、含溶剂物料沉降分离、原料油脱气、加注缓蚀剂等先进技术后，有效的改进抽提效率、降低装置能耗和减缓塔器内构件腐蚀。酮苯脱蜡装置采用“三段逆流”工艺，利用脱油系统滤液做稀释溶剂，以降低新鲜溶剂比，从而降低装置能耗。一段脱油滤液循环全部作脱蜡三次稀释溶剂后，新鲜剂油比下降约1.2，但脱蜡过滤速度降低。三段逆流循环，进行脱油滤液自循环，蜡下油量减少，使得蜡下油回收系统负荷减小，燃料消耗减少明显；为保证溶剂脱蜡装置安全，通过检查、修复、封堵和校对等措施，保证了安全气系统保持密闭气压力正压，使安全气中含氧量保持在安全范围内；有机纳滤膜法回收酮苯脱蜡滤液中溶剂技术可降低酮苯溶剂回收能耗，有机纳滤膜的溶剂通量高、能耗低、操作简单、操作弹性大、无相变，有效解决酮苯脱蜡装置溶剂回收单元操作复杂、能耗高和环境污染的问题。

关键词：润滑油基础油；溶剂精制；溶剂脱蜡；白土精制；膜分离；氧含量

1　引言

润滑油基础油用于生产内燃机油、工业润滑油和润滑脂等产品，是润滑油的主要调和组分，其质量直接决定润滑油的品质。其中 HVI Ⅰ基础油主要采用溶剂精制、溶剂脱蜡和补充精制工艺流程，又称为“老三套”工艺，以优质石蜡基原油和一些中间基原油的馏分油和轻脱沥青油为原料生产高黏度指数基础油。

国内外润滑油基础油传统工艺技术发展较为成熟，主要的改进集中在原料油选择、副产品利用、节能降耗、工艺流程改进和工艺过程优化等方面。国外对溶剂精制工艺的研究多集中在向抽出液中添加反抽提溶剂，分离抽出油中的理想组分，提高精制油收率等方面，如 ExxonMobil 公司开发了向抽出液或抽提塔中注水，提高精制油收率的技术，以及采用二甲基亚砜、环丁砜或碳酸丙烯酯等具有高介电常数的溶剂抽提分离抽出油中的稠环芳烃技术等。

在溶剂脱蜡方面，虽然有 Arkansas 大学申请的室温脱蜡以及 ExxonMobil 公司申请的稀释冷冻脱蜡工艺和聚酰亚胺膜分离回收溶剂等专利，但与现有溶剂脱蜡工艺相比，上述技术虽具有各自的优点，但同时也存在一定缺点，限制了工业推广。因此，溶剂脱蜡工艺中结晶系统仍多采用套管结晶器，溶剂回收系统为多效蒸发技术。

本文针对 HVI Ⅰ基础油生产生产流程中溶剂精制和溶剂脱蜡等出现的问题进行分析，并提出解决方案。

2　糠醛精制装置

糠醛精制装置加工原料为减压馏分油和轻脱沥青油，为了提高抽提塔精制效果、降低装置能耗和稳定长周期运行，采取复合抽提塔、高效分布器、塔顶、塔底沉降罐、原料油脱气塔、水溶液系统加注缓蚀剂等措施。

在抽提塔传质方面，糠醛装置在吸收了填料塔的传质效率高，轴向返混小优点的基础上，保留原转盘塔大通量的优点，将转盘塔改造为转盘—填料复合塔。复合塔是在转盘塔的定环间安装规整填料，转盘结构不变。转盘—填料复合塔与传统转盘塔相比，优点是增加传质比表面积，使分散的细小液滴在填料的表面凝聚，再分散，而对大直径液滴进行切割，成为小直径的液滴，同时促进传质表面的更新，提高了萃取塔的精制效率。采用复合塔后，精制液含醛量降低，精制油质量比转盘塔的精制油质量好，处理能力较原转盘塔提高10%左右，精制油质量不变的情况下，溶剂比降低，处理能力提高。

在进料分布器方面，原料油在萃取塔内，沿塔上升的过程中，呈分散相；糠醛在萃取塔内，沿塔下降的过程中，呈连续相。分散相液滴的直径大小和液滴群沿塔径分布是否均匀，对精制效果有很大的影响，而不同的进料方式对液滴的直径和液滴群的径向分布起主要作用。使用原料油分布器能将进料连续相的流体分成多股流体，使流体喷出后能够迅速形成直径适中的液滴，均匀分布于塔截面，形成液滴群，均匀上升，从而提高原料油在连续相中传质的总比表面积，增加有效的传质段，提高精制效率；糠醛进料分布器能使糠醛进入萃取塔富糠醛相时，沿截面均匀分布，同时减轻糠醛进口段的扰动，充分发挥精制段的作用，减少精制液对糠醛的夹带。分布器使用后，萃取塔界面平稳，操作弹性增大。

在原料油脱气方面，原料罐不受惰性气体保护时，每吨原料油中会溶入氧气。由于糠醛的化学稳定性较差，原料中的氧气会使糠醛氧化产生糠醛酸。糠醛精制装置设置脱气塔以及操作的好坏，直接影响到糠醛的消耗。通过降低脱气塔内的绝对压力来降低原料油中所溶解氧气的分压，使原料油中溶解的氧气不断析出进入气相，实现脱气的目的。经过脱气、脱水后的原料，原料含氧量降低至原来的25%左右，使萃取塔内糠醛与氧反应的机会大大降低。原料油脱气结果表明，设置脱气塔并操作优化后，缓解了糠醛酸对萃取塔内构件的腐蚀，几乎没有糠醛结焦，装置检修周期延长至7年左右。

在油液沉降分离方面，精制液溶剂回收系统增设沉降罐，使抽提塔顶携带出来的糠醛分离沉降出来，不再经加热炉加热回收，直接返回抽提系统循环使用，从而减少了精制液加热炉负荷及精制液汽提塔顶馏出物冷却负荷。抽出液溶剂回收系统增设沉降罐，使抽提塔底携带出来的精制油组分沉降出来，直接返回抽提系统循环使用，从而增加精制油收率。结果表明，萃取塔塔顶、塔底设置沉降罐，加热炉负荷明显降低且波动变小，减少热工艺总用能，同时精制油收率提高。

在抑制糠醛结焦方面，缓蚀剂是有机大分子胺，它不会与糠醛发生化学反应，它与循环糠醛中的糠醛酸形成络合物，从而破坏糠醛酸与水形成的共沸物，使糠醛酸从糠醛脱水塔底排走，降低了循环糠醛的酸值，糠醛酸的不断排走，有效阻止了其与糠醛亲核加成反应的进行，大大减缓了糠醛氧化结焦的发生，降低了糠醛消耗。加注缓蚀剂需要更加注重配制过程中碱性的变化、以及注入点的选择，根据系统循环糠醛酸度变化调整注入量，浓度适宜的碱性溶液注入水溶液罐后，避免了糠醛大量生焦导致的消耗。结果表明，注缓蚀剂后水溶液罐糠醛缩合结焦大幅降低，脱水塔进料含糠醛焦固体颗粒减少，使脱水塔进料处塔盘表面糠醛焦大幅减少。

3 溶剂脱蜡装置

溶剂脱蜡是利用溶剂在低温下对原料油中的蜡和油进行分离的过程，为降低装置能耗，采用酮苯脱蜡脱油滤液循环工艺。

溶剂脱蜡以丁酮与甲苯为混合溶剂，原料通过结晶、脱蜡过滤、脱油过滤，生产脱蜡油、脱油蜡和蜡下油。酮苯是I类润滑油基础油生产过程的高耗能装置，在生产过程中需要消耗大量的热量回收丁酮与甲苯混合溶剂，供装置溶剂循环使用。为降低溶剂回收能耗，采用“三段逆流”工艺，利用脱油系统滤液做稀释溶剂，以降低新鲜溶剂比，从而降低装置能耗。

三段逆流工艺过程是采用高部真空滤液代替三次溶剂和将二段脱油滤液代替脱蜡三次稀释溶

剂，以求达到脱蜡的全部稀释溶剂都使用脱油滤液代替的目的，将脱蜡高部滤液先经氨冷套管冷却，降低至适宜温度后再作三次溶剂使用。采用脱蜡滤液代替部分三次稀释溶剂后，过滤操作平稳，脱蜡结晶的新鲜溶剂比降低 0.5 个体积单位，装置能耗下降 7kgEO/t，节能效果显著。

为改进三段逆流循环，进行脱油滤液自循环试验，目的是降低蜡下油回收系统负荷，同时减小作为二段脱油过滤稀释溶剂的新鲜溶剂量，降低装置新鲜溶剂比。在原“三段逆流”工艺的基础上，将部分一段脱油滤液(蜡下油)改作一段脱油结晶一次稀释溶剂，减小蜡下油回收系统负荷。同时，将二段脱油滤液替代二段脱油结晶一次稀释溶剂，减小二段脱油稀释溶剂泵出口的新鲜溶剂量。试验结果表明，装置能耗下降了 0.62kgEO/t，其中，燃料油能耗下降 0.44 kgEO/t。通过脱油滤液自循环，蜡下油量减少，使得蜡下油回收系统负荷减小，燃料消耗减少明显。

4　溶剂脱蜡安全气氧含量的控制措施

由于丁酮与甲苯的蒸汽与空气中的氧混合后可形成爆炸性混合气，滤机壳体内的气相空间充满惰性气体，一般称为安全气，并保持滤鼓表面与机壳间气相的气体压力在 1~3kPa 左右，以防止空气漏入壳体内，当惰性气体中含氧量达到 5%时，应排空安全气，补充惰性气体，降低安全气中的含氧量[1]。溶剂脱蜡过滤系统和安全气系统示意见图 1。

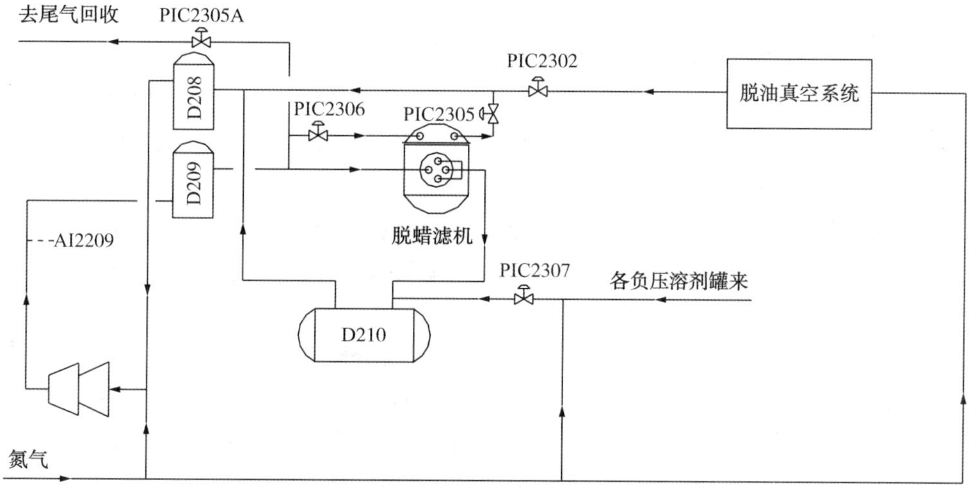

图 1　溶剂脱蜡过滤系统和安全气系统示意图

安全气氧含量经常超标会造成氮气补充量大，使压缩机负荷增大，影响脱蜡脱油真空度，真空度的下降使脱蜡、脱油蜡膏中油不能有效脱除，既影响脱蜡油收率，又影响脱油蜡含油。由于大量的氮气补充，造成脱蜡排空气体量增大，虽然排空气体进入水吸收和尾气回收装置进行回收，但由于排空量较大，超出其设计负荷，从而造成大量溶剂排入大气中，不但增加了装置溶剂消耗，又造成了环境的污染。因此，对影响安全气氧含量超标的原因进行分析，找出解决方法。

首先了解真空过滤机过滤原理，从结晶系统来的已被冷却析出蜡晶的油料溶液进入高位的滤机进料罐，自流流入并联的各台过滤机的底部。滤机底槽内的液面保持在约为滤鼓直径的 1/3 高度处。真空过滤是在负压下，通过过滤机的分配头把滤机转鼓表面的集液格抽成负压，并在滤机壳体内保持稳定的密闭压力，形成压差，作为过滤的动力。滤鼓部分浸在油、蜡、溶剂的混合物中，当滤鼓转动时，在滤鼓浸没部分油液穿过滤布，由低部真空管导入滤液罐。蜡聚集在滤布上，随着转鼓的转动而蜡层增厚，当蜡层离开液面后，用中部真空抽干，再进入滤鼓上方的冷洗区用冷洗溶剂淋洗蜡饼。冷洗溶剂与部分被洗下来的油液被吸入转鼓由真空管导入滤液罐，蜡饼随滤鼓转动而被吸干，当转到刮刀上方的反吹区时，安全气将蜡饼吹松，通过刮刀使蜡进入小输蜡器，并输送到蜡罐。滤鼓继续转过死区进入油、蜡、溶剂的混合液中，重新工作。过滤机结构示意见图 2。

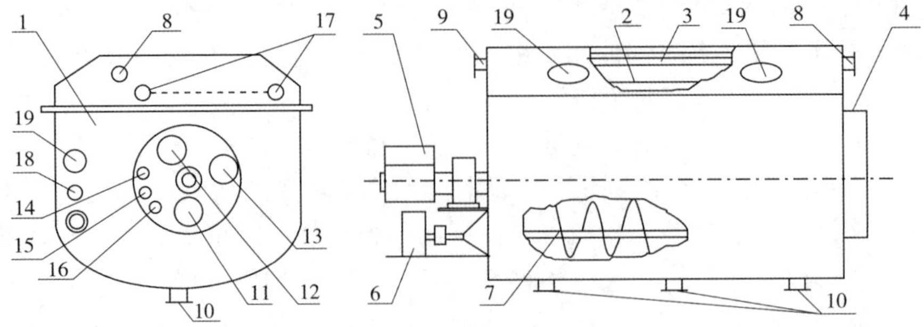

图 2　过滤机结构示意图

1—滤机外壳；2—转鼓；3—喷淋管；4—分配头；5—转鼓驱动器；6—小输蜡器驱动器；
7—小输蜡器；8—惰性气入口；9—惰性气出口；10—原料与溶剂入口；11—滤液出口(低部真空)；
12—滤液出口(高部真空)；13—滤液出口(中部真空)；14—惰性气入口(予反吹)；
15 惰性气入口(反吹)；16—冷反洗液入；17—洗涤溶剂入口；18—常温溶剂入口；19—看窗

在生产中真空过滤系统氧含量偏高，到底是什么原因引起的？本文从氧的来源着手分析氧含量超标的原因。氧的来源无非是空气中的氧进入系统，在真空过滤系统中除了压缩机入口负压系统能够导致空气进入系统外，过滤机密闭压力在负压的情况下，空气就会通过设备的动静密封点进入。产生上述情况有以下几个原因。

过滤机动静密封点主要包括：大盖密封、转鼓减速机密封、大、小输蜡器密封，玻璃看窗和设备管线连接法兰等。在实际生产中过滤机密闭压力负压时，在上述密封点不严的情况下，空气通过泄漏点进入系统，从而导致系统氧含量超标。而一旦密闭气正压时含溶剂的密闭气体又从密封泄漏点进入空气中造成环境污染。

过滤机液面指示用于控制过滤机滤槽中浆液的液面，如果液面指示不准，造成液面发生大幅波动。在过滤机液面较低时，在冷反洗和低部真空区之间形成无液封区域，此时低部真空将大量的密闭气体抽入压缩机入口，造成密闭负压，空气则顺着泄漏点进入系统。

过滤机液面按照设计要求控制在转鼓直径 40%时，因分配头和分配板间隙大时会造成脱蜡油倾点不合格。因此正常生产时控制在下挡板处，此处液面控制较低。势必造成过滤机冷反洗和低部真空区之间存在无液封区，低部真空将大量的密闭气体抽入压缩机入口，从而造成密闭压力负压。

过滤机冲洗溶剂喷淋效果差，蜡饼多处无喷淋溶剂，蜡饼发干，大量密闭气体通过蜡饼进入压缩机入口，影响密闭压力。

针对上述问题提出的解决方法是，针对动静密封点泄漏问题，定期检查过滤机密封点，对泄漏点进行维修。部分滤机大盖填料已无紧固空间，应及时更换满足要求的填料，并定期对所有大盖填料强制更换。

针对脱蜡滤机液面控制在上挡板处可能导致脱蜡油倾点不合格情况，建议将过滤机分配头冷反洗下方低部真空区封堵一部分，确保在较低液位时低部真空区不会存在无液封区，从而确保低部真空不会将密闭气体抽入压缩机，保证密闭正压。

定期对过滤机液面进行现场和 DCS 校对，防止滤机液位假指示造成低液位运行。

对过滤机冷洗溶剂喷头进行改造，保证喷淋效果，确保密闭压力正常。

5　溶剂脱蜡膜分离回收溶剂

润滑油溶剂脱蜡工艺是润滑油和石蜡生产中应用最早和最广的方法，该工艺过程包括冷却结晶、过滤和溶剂回收三个主要工艺单元。目前工业上装置的溶剂回收单元全部采用传统的多效蒸发—汽提—脱水分离工艺。有机纳滤膜将溶剂和脱蜡油组分分开，当来自过滤系统的滤液(溶剂和脱蜡油组分)通过有机纳滤膜时，溶剂可以通过膜，而分子量较大的脱蜡油组分被截留下来，从而实现了溶剂和润滑油的有效分离，解决酮苯脱蜡装置溶剂回收单元能耗高的问题。

有机纳滤膜法酮苯脱蜡溶剂回收技术与多效蒸发—汽提—脱水单元串联使用，构成新的溶剂回收系统。来自过滤系统的滤液(溶剂和润滑油)首先进入有机纳滤膜分离装置，经过有机纳滤膜分离后，滤液中的大约50%的溶剂被回收，回收溶剂可直接回到结晶单元循环使用，被截留的脱蜡油组分浓缩液进入多效蒸发塔，进一步回收溶剂后得到脱蜡油。与传统的多效蒸馏分离工艺不同，有机纳滤膜分离工艺在回收溶剂的过程中原料不发生相变，从而能耗大大降低，同时也没有 VOC 排放，膜分离单元操作弹性大，单位产品能耗基本不受产量影响，产量可以从 0~100%设计负荷调整，膜分离单元操作简单，对操作人员技能要求不高。

以老三套减三线和减四线的润滑油基础油酮苯溶液进行了膜分离回收试验，结果见表 1 和表 2。对减四线脱蜡油组分溶液回收 65%的溶剂，回收的溶剂纯度达到 99. 5%。对减三线脱蜡油组分溶液回收 55%的溶剂，溶剂纯度达到 98. 8%。

表 1　减四线润滑油酮苯溶液膜分离实验结果

润滑油基础油滤液	脱蜡滤液中脱蜡油组分/%	丁酮：甲苯	通量/[L/(m²/h)]	平均截留率/%	回收溶剂量/%
减四线	20. 8	63. 24：36. 76	107	98. 5	—
	29. 1	61. 44：38. 56	94		36. 0
	35. 4	60. 02：39. 98	75		52. 0
	43. 5	57. 48：42. 52	47		65. 8

表 2　减三线润滑油酮苯溶液膜分离实验结果

润滑油基础油滤液	脱蜡滤液中脱蜡油组分/%	丁酮：甲苯	通量/[L/(m²/h)]	平均截留率/%	回收溶剂量/%
减三线	22. 0	1. 745	82. 5	96. 0	—
	28. 0	1. 724	68. 0		27. 5
	33. 3	1. 68	55. 0		43. 6
	39. 0	1. 63	42. 0		55. 9

从表中数据可以看出，减四线脱蜡油组分溶液回收 65%的溶剂，回收的溶剂纯度达到 99. 5%。减三线脱蜡油组分溶液回收 55%的溶剂，溶剂纯度达到 98. 8%。达到了降低多效蒸发溶剂蒸发量的目的。

6　结论

(1) 传统工艺的糠醛装置采用转盘-填料复合塔、进料分布器、含溶剂物料沉降分离、原料油脱气、加注缓蚀剂和热联合进料措施后，有效的改进抽提效率、降低装置能耗和减缓塔器内构件腐蚀。

(2) 酮苯脱蜡装置采用“三段逆流”工艺，利用脱油系统滤液做稀释溶剂，以降低新鲜溶剂比，从而降低装置能耗。一段脱油滤液循环全部作脱蜡三次稀释溶剂后，新鲜剂油比下降约 1. 2，但脱蜡过滤速度降低。三段逆流循环，进行脱油滤液自循环，蜡下油量减少，使得蜡下油回收系统负荷减小，燃料消耗减少明显。

(3) 通过检查、修复、封堵和校对等措施，保证了安全气密闭压力保持正压，使安全气中含氧量保持在安全范围内。

(4)酮苯脱蜡滤液溶剂回收有机纳滤膜法技术的溶剂通量高、能耗低、操作简单、操作弹性大、无相变，有效解决酮苯脱蜡装置溶剂回收单元操作复杂、能耗高和环境污染的问题。

优化生产工艺，提升延迟焦化石油焦品质

薛金召[1]　牛小娟[2]　肖雪洋[1]　廖有贵[1]

(1. 湖南石油化工职业技术学院，湖南，岳阳 414012；
2. 中国石油乌鲁木齐石化公司，新疆，乌鲁木齐 830019)

摘　要：某石化公司 1.20 Mt/a 延迟焦化装置投产以来生产的石油焦品质偏低，仅能达到 3A、3B 及以下等级技术要求，缺乏市场竞争力。本文结合生产实践，从制约影响石油焦产品质量的主要因素入手，制定应对措施，顺利实现石油焦产品的质量升级，形成了新的效益增长点。

关键词：延迟焦化；石油焦；主要因素；应对措施；质量升级

1　引言

石油焦在石墨制造、冶炼和化工等工业中起着重要作用，焦化过程是唯一能生产石油焦的工艺手段。延迟焦化是一种重质油热转化工艺，是将石油资源吃干榨净的关键环节工序之一。该过程是以贫氢的重质油为原料，在高温和长时间反应时间条件下，进行深度热裂化和缩合反应，生产高附加值轻质油和石油焦。因其具有原料的适应性强、工艺成熟、建设投资低、操作费用少等显著优势，是目前炼油工业应用最多的渣油加工技术[1~3]。

某石化公司 1.20Mt/a 延迟焦化装置由中国石化工程建设有限公司设计，于 2011 年 11 月一次试车投产成功。该装置采用“一炉两塔”大型化工艺技术方案和可灵活调节循环比工艺流程，采用多点注汽和在线清焦技术，主要由焦化、吸收稳定、脱硫脱硫醇三部分组成。近年来，石油焦市场需求旺盛，高品质的低硫石油焦更是优质紧缺资源[4,5]。但多年来，某石化公司延迟焦化装置生产的石油焦产品不能满足高品质低硫焦的质量标准，严重影响到装置经济效益。本文结合生产实践，从制约影响石油焦产品质量的主要因素入手，提出了相关应对措施，顺利实现了石油焦产品的质量升级。

2　国内石油焦供需格局

2.1　现行石油焦品质及产量分布

根据硫含量、挥发份、灰分的不同，能源局《NB/SH/T 0527—2015 石油焦(生焦)》和中国石化《Q/SH PRD 392—2015 石油焦》分别将石油焦分为 1 号、2A、2B、3A、3B 等 5 个牌号和 4A、4B、5 号和 6 号等 4 个牌号，其具体技术要求见表 1。按照硫含量的不同，石油焦可分为高硫焦和低硫焦。1 号焦(硫含量<0.5%)适用于生产炼钢工业的石墨电极和炼铝工业的增炭剂；2 号焦(0.5 业硫含量<1.5%)常用于生产预焙阳极；3 号焦(1.5%≤硫含量<3%)主要用于冶炼工业硅和生产阳极糊，4 号及以下等级的石油焦(硫含量>3%)一般用作水泥厂和发电厂的燃料。

表 1　普通石油焦(生焦)的技术要求

项目	1 号	2A	2A	3A	3B	4A	4B	5 号	6 号
硫含量/%	≤0.5	≤1.0	≤1.5	≤2.0	≤3.0	≤5.0	≤7.0	≤9.0	≤12.0
挥发分含量/%	≤12.0	≤12.0	≤12.0	≤14.0	≤14.0	≤13.0	≤15.0	≤16.0	≤16.0

续表

项目	1号	2A	2A	3A	3B	4A	4B	5号	6号
灰分/%	≤0.3	≤0.4	≤0.5	≤0.6	≤0.6	≤0.7	≤0.8	≤0.8	≤0.8
真密度/(g/cm^{-3})	≤2.04	—	—	—	—	—	—	—	—
焦粉含量/%	≤35	报告							

2016年，国内石油焦产量为26.84Mt，各牌号石油焦产量占比见表2。由表2可知，3号和4号石油焦是主流品质，产量占比分别为31.50%和39.38%，品质相对较好的1号和2号石油焦仅占21.9%，高硫焦产量(14.33Mt)略高于低硫焦(12.51Mt)。整体来看，国有炼厂以生产高硫焦为主，地方炼厂以生产低硫焦为主。

表2 2016年国内各牌号石油焦产量情况

企业类别	石油焦产量/Mt	各牌号石油焦产量占比/%					
		1号	2A2B	3A3B	4A4B	5号	6号
国有企业	18.02	13.19	8.68	20.25	47.15	10.73	0
独立炼厂	8.82	0	21.99	54.49	23.52	0	0
合计	26.84	8.85	13.05	31.50	39.38	7.20	0

2.2 环保监管下的石油焦供需趋势

《大气污染行动计划(国发〔2013〕37号)》要求限制高硫石油焦的进口。《大气污染防治法(2015年8月第二次修订)》明确规定，2016年起开始禁止进口、销售和燃用不符合品质标准的石油焦。2015年10月，国家能源局将《NB/SH/T 0527—2015 石油焦(生焦)》纳入能源行业标准，并于2016年3月1日开始执行，新标准中不包括S>%的石油焦。

《重点区域大气污染防治"十二五"规划(国函〔2012〕146号)》指出，京津冀、长三角、珠三角等"三区十群"19个省(区、市)47个城市主城区的火电、钢铁、石化、水泥、有色、化工等企业以及锅炉项目要执行大气污染物特别排放限值。环保部《关于京津冀大气污染传输通道城市执行大气污染物特别排放限值的公告(2018年第9号)》将9个城市扩大至"2+26"城；对执行城市的区域由主城区扩展至全行政区域范围，同时执行范围增加了炼焦行业。

2016年，国内石油焦总消费量为30.18Mt，进口总量为4.26 Mt，其中进口的高硫焦为2.06Mt。由于环保政策持续加码，燃料用石油焦消费减少，电解铝消费占比上升[6-7]。2016年，电解铝产业消费石油焦18.79Mt，占59.6%，炼厂CFB锅炉、电厂、水泥厂等燃料消费石油焦4.05 Mt，占比萎缩至13.4%。

未来随着下游电解铝行业产能扩建，将会带动石油焦整体需求量增加。另一方面，渣油加氢技术作为一种新的重油加工手段，近年来发展迅速，正逐步替代部分延迟焦化装置，石油焦产能扩张放缓，供应量后劲乏力。同时，S>3%的进口石油焦流向中国市场的难度越来越大，供需矛盾将会更加突出。

3 装置生产运行状况

1.20 Mt /a延迟焦化装置原设计处理重质高酸低硫原油的减压深拔劣质渣油，最大限度的提高液体收率，降低焦炭产率，操作弹性：60%~120%，生焦周期24 h。为提高炼油厂经济效益，延迟焦化装置不断实施资源化利用和抑制加热炉炉管结焦技术改造，大大提高了装置的长周期运行与资源化利用水平。2012年4月延迟焦化装置开始掺炼脱固处理后的催化油浆[8]。2013年8月，开始采用馏分较轻的热蜡油代替分馏塔底高沸点组分作为装置循环油，改善渣油原料的品质[9]。2016

年6月，开始掺炼污水处理过程产生的含油污泥[10-12]。

开工以来，装置加工量一直维持在165 t/h左右，处于满负荷运行状态，脱固后催化油浆掺炼比例约占总进料量的7%，含油污泥掺炼量为20 t/生焦周期。其操作参数为：焦炭塔入口温度485℃，反应压力0.20MPa，焦化蜡油循环比维持在0.24~0.30。装置原料性质见表3。

表3　延迟焦化装置各组分原料性质

项目	减压渣油	脱固后的催化油浆	焦化蜡油
密度(20℃)/(g/cm^3)	1.03	0.98	0.94
硫含量/%	1.61	0.57	1.40
灰分/%	0.04	0.30	0.41
残炭/%	9.87	6.52	1.28
总固含量/(g/L)	—	6.58	—
饱和烃含量/%	44.20	52.30	55.24
芳烃含量/%	25.50	45.0	33.92
焦粉含量/%	25.10	10.90	9.83
胶质含量/%	5.20	≤0.100	1.15
金属含量/(μg/g)	157.41	45.73	—

2018年1月~6月，延迟焦化装置生产的石油焦产品分布和石油焦分项质量指标如表3所示。由表4可知，公司生产的石油焦品质不高，3A、3B、4B和5号石油焦产量占比分别为44%、16%、31%和9%，从石油焦各分项质量指标来看，硫含量均低于3%，处于低硫焦要求的范围，灰分低于0.6%，这两个指标均能满足2A、2B、3A等高牌号产品的要求，但因挥发分含量超标，装置生产的石油焦不得不低价出售。挥发分含量是制约石油焦产品质量升级的主要因素。因此，降低石油焦的挥发分含量是提升石油焦牌号的关键。

表4　2018年1月至2018年6月石油焦产品分布和分项质量指标

产品等级	硫含量/%	挥发分/%	灰分/%	产量占比/%
3A	0.9	12.6	0.30	44
3B	0.8	13.7	0.40	16
4B	1.2	14.7	0.46	31
5号	1.6	15.8	0.53	9

4　降低石油焦挥发分技术措施

挥发分含量高不仅影响石油焦的质量指标，还会因焦化反应不彻底而降低装置的液体收率。对于炼钢电极用的石油焦，还影响煅烧损失及电极成本，严重的还影响电极质量。挥发分含量与装置的原料性质、焦炭塔入口温度、反应压力、循环比、吹汽量等都有一定关系[13]

结合装置的实际情况，主要通过提高焦炭塔入口温度、降低焦炭塔操作压力、控制合适的三泥回炼量、增大焦炭塔大吹汽量来改善石油焦的挥发分。

4.1　提高焦炭塔入口温度

焦炭塔入口温度的变化直接影响焦炭塔内的反应温度和反应深度，从而影响产品分布和产品质量[1]。当操作压力和循环比固定后，提高反应温度将使气体、石脑油和瓦斯油收率增加，焦炭产量下降，并使石油焦中的挥发分下降。合理选择焦化温度的原则是必须考虑原料特性、产品性质要求和焦炭性质等多方面因素。温度过高反应过深，使柴油、蜡油继续裂化，增加气体收率，促进弹丸焦的生成。同时，石油焦中挥发分降低，硬度增大，造成除焦困难，温度过高还会使加热炉炉管和转油线的结焦倾向增大，不利于装置的长周期运行。如果反应温度过低，焦化反应深度不足，液体产品收率低，焦炭挥发分含量高，并可能生产软焦或沥青。挥发分含量是石油焦的重要质量指标，在操作中通常用加热炉出口温度来调节石油焦的挥发分含量。最佳的反应温度是原料开始结焦的温度，是该原料达到最大可裂化度的温度，它取决于原料性质、受制于焦炭硬度、炉管结焦、焦炭质量和开工周期等。

延迟焦化装置加热炉采用直壁附墙燃烧双面辐射立式炉，设计负荷 41.79MW，采取强制通风操作模式，利用空气预热器和烟气进行换热，渣油原料为两室四路进料，一室两路生产。根据对 1.20 Mt/a 延迟焦化装置原料渣油的分析，加热炉各分支炉管温度适宜控制在 494~496℃ 范围内。实际操作过程中，通过调整 1#、2#、3#、4#分支炉管的温度，控制焦炭塔入口度在适宜范围内。焦炭塔入口温度对石油焦挥发分的影响见表 5。由表可知，提高加热炉出口温度对降低石油焦挥发分有明显作用。当焦炭塔入口温度由优化前的 485 可提高到 487 可时，石油焦产品的硫含量、挥发分含量、灰分均达到 2A 级质量标准，其他各项指标也完全满足低硫焦技术要求。

表 5　焦炭塔入口温度对石油焦挥发分含量的影响

加热炉出口温度/℃				焦炭塔入口温度/℃	挥发分/%	硫含量/%	灰分/%
1#分支	2#分支	3#分支	4#分支				
490	494	494	494	485	14.10	0.89	0.34
491	495	495	495	486	13.52	0.88	0.26
491	496	496	496	487	11.30	0.67	0.30

4.2　控制三泥掺炼量

污水处理过程中产生了大量的含油污泥，包括隔油池底泥、浮渣、活性污泥及油罐底部沉积的油泥等，统称“三泥”。其主要成分是污油和水，并含有苯系物、酚类、蒽、芘、重金属等毒害物质，污染严重，处理难度大，属于固体废物的管理范围。同时，三泥热值非常高，具有极高的回收利用价值[14,15]。

该石化公司含油污泥属于水多、油少的类型，离心脱水后灰分较低。根据延迟焦化装置对原料适应性强的特点，在大吹汽后期的小给水阶段，将三泥送入已经停止进料的焦炭塔(俗称老塔)塔底进行回炼。利用焦炭余热使三泥中的水和轻质烃在 350℃ 以上的高温焦层中瞬间汽化并形成气流，固体灰分及难气化的重质烃被气流携带沿焦床中的油气孔道快速上升，由于塔顶流速减缓，沉降进入老塔顶部约 400℃ 的泡沫焦层中，并进一步发生焦化反应，最终转化为化学性质稳定的石油焦和多馏分轻质油，实现三泥无害化处理和资源化利用[5]。但掺炼三泥会对产品质量造成一定的影响，优化前三泥掺炼量约 20t/生焦周期，为生产高品质的石油焦，考察了三泥回炼量对石油焦质量的影响，如表 6。

表 6　“三泥”掺炼量对石油焦品质的影响

焦炭塔入口温度/℃	三泥掺炼量(生焦周期)/t	挥发分/%	硫含量/%	灰分/%
487	0	11.40	0.43	0.24
487	10	11.70	0.50	0.38
487	16	12.80	0.54	0.40
487	20	13.60	0.58	0.43

由表可知，石油焦的挥发分、灰分及硫含量随着三泥掺炼量的增加而呈上升趋势，其中，三泥掺炼量对挥发分、灰分的影响更为明显。实践证明，在保证三泥入塔温度的前提下，适当延长三泥掺炼操作时间，将三泥掺炼量降低至10t/生焦周期以下，不仅不会降低三泥的总处理量，还能使石油焦的挥发分含量满足2A、2B及1号质量标准。

生产过程中，选择合适的三泥处理温度至关重要。温度过高，水、轻质烃气化过速冲击焦层易造成焦床崩裂塌方，温度过低，灰分和重质烃提升动力不足，会导致焦孔堵塞或重质烃得不到有效分解形成二次水污染。为达到三泥的处理效果，当入塔温度低于350℃时，停止掺炼三泥。

4.3 增大焦炭塔大吹汽量

切换焦炭塔后，老塔的冷焦过程一般是：小吹汽—大吹汽—小给水—大给水—放水。大吹汽的主要目的：一是汽提焦炭塔内的大量重油；二是继续吹扫生焦通道防止粘油回落堵塞通道；三是冷却焦层以防止给水时炸焦。大吹汽量的大小会影响石油焦产品的质量、装置的正常操作及能耗[16]。表7考察了大吹汽量对石油焦挥发分含量的影响，提高大吹汽量，石油焦挥发分含量降低。在原料和焦炭塔入口温度一定的前提下，维持大吹汽1.5~2.0h，将大吹汽量由12~13t/h提高至14~15t/h时，石油焦挥发分由12.17%下降至11.74%。

表7 大吹汽量对石油焦挥发分含量的影响

大吹汽量/(t/h)	硫含量/%	挥发分/%	灰分/%
12~13	0.52	12.17	0.42
14~15	0.47	11.74	0.45

4.4 降低焦炭塔操作压力

降低焦炭塔操作压力，一方面可使反应焦层中中重质油汽化，逸出泡沫层进入油气段，降低焦炭的挥发分；另一方面，高温油气在焦炭塔内的初始停留时间缩短，又可减缓高温油气的二次裂化反应，从而降低了气体和焦炭的产率，提高了液体产品尤其是焦化蜡油的收率。焦炭塔的压力每降低0.05MPa，装置液收平均增加1.3%，焦炭产率降低1.0 %。但压力过低，焦化蜡油的性质变差，会增加后续加氢处理装置操作的苛刻度，另外降低压力还收到工程技术方面的限制[17]。

国外开发的延迟焦化技术基本采用了低压操作，以Conoco Phillips公司的技术为代表的操作压力最低仅为0.105MPa，而国内设计的焦化装置操作压力较高，一般为0.17MPa左右，该石化公司1.20 Mt /a延迟焦化装置操作压力0.20MPa。操作压力对焦炭质量的影响见表8。由表可知，随着操作压力的降低，焦炭的挥发分降低，当操作压力由0.20MPa降低到0.15MPa时，焦炭的挥发分由14.74 %降低到11.02 %，而对灰分、硫含量的影响不大。

表8 操作压力对焦炭质量的影响

项目	0.20MPa	0.17MPa	0.15MPa
硫含量/%	0.46	0.44	0.41
挥发分/%	14.74	12.53	11.02
灰分/%	0.43	0.38	0.40

5 提升石油焦质量管理措施

5.1 生产过程受控，确保石油焦质量合格稳定

产品质量的提升直接取决于生产过程控制，保证生产过程平稳受控至关重要。加强全员、全方位、全过程的质量管理，发现异常立即调整处置；设立关键位置质量控制点，做好维护和保养，确保关键设备处于最优的运行状态。提高装置仪表自控率和平稳率，实施24h监控，严格控制工艺参

数，随时根据质量要求进行精细调整。

5.2 完善质量管理，助力石油焦质量升级

严格按照规定的频次、项目进行分析化验，确保检验率100%。严格按照《NB/SH/T0527—2015 石油焦(生焦)》规定的样品采集程序与分析方法进行操作，确保检验结果准确可靠准确。强化统计分析，采取日统计、周统计，月总结的方式，以统计分析数据指导生产。

6 效果评价

通过不断地优化和完善，石油焦的挥发分有了明显降低，并逐步稳定在了12%以下，如图1。2018年12月11日，1.20Mt/a延迟焦化装置首次成功试产出2A级石油焦1200t，标志着该公司具备了2A级优质石油焦的生产能力。

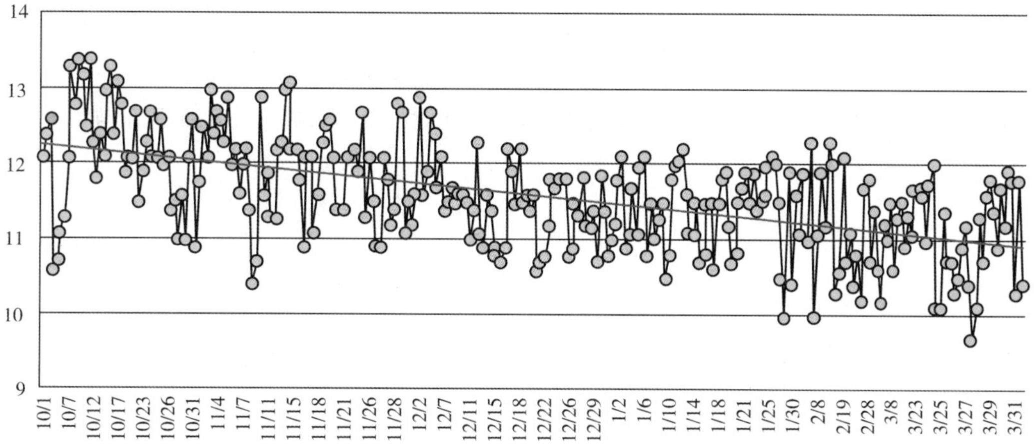

图1 操作调整后石油焦挥发分含量变化趋势

据统计，2018年10月至2019年3月，公司生产的2A、2B、3A、3B及4A级石油焦产量占比分别为28%、30%、37%、3%和2%，2级石油级产量提升了58%，3级和4B级石油焦产量分别下降了20%和28%，消除了5号石油焦产品，石油焦质量有了整体提升，每天为企业创造10多万元的效益。

7 结论

(1) 高品质的低硫石油焦更是优质紧缺资源。某石化公司生产的石油焦产品等级偏低，挥发分含量高是制约产品质量提升的关键因素。

(2) 根据原料性质，在不增加设备投入的前提下，将加热炉出口温度提高至487℃，焦炭塔操作压力降至0.14MPa、三泥回炼量下调至10t/生焦周期，焦炭塔大吹汽量增加至14~15t/h，使石油焦产品挥发分含量稳定在12%以下，其它各项指标达到2A级高品质低硫焦的技术要求，并可将全厂2A、2B级石油焦产量占比提高58%，低成本实现石油焦产品的质量升级。

(3) 提高装置运行平稳率和仪表自控率，规范石油焦样品采集程序和分析方法，是保证产品质量的必要手段。

参 考 文 献

[1] 瞿国华．延迟焦化工艺与工程[M]．第二版．北京：中国石化出版社，2018.

[2] 尧良，李出和，罗莹．延迟焦化装置技术手册[M]．中国石化出版社，2013.

[3] 廖有贵．固定床渣油加氢处理技术应用现状及进展[J]．石油化工，2018.47(09)．1020-1030.

[4] 雷雳光，盖朋波．石油焦综合利用研究进展[J]．石油与天然气化工，2018，47(5)：21-25.

[5] 刘建锟，杨涛，郭蓉等．解决高硫石油焦出路的措施分析[J]．化工进展，2017(7).

[6] 王丽敏，张硕．环保监管下石油焦的清洁利用研究[J]. 当代石油石化，2017(8).
[7] 王永邦．中国石油焦市场分析与展望[J]. 齐鲁石油化工，2017(4)：325-328.
[8] 刘晓青，冯颖．延迟焦化装置掺炼重油催化裂化油浆[J]. 石化技术与应用，2013，31(3)：214-216.
[9] 刘海涛，吴涛，蔡海军．延迟焦化装置供氢体循环技术的应用[J]. 炼油技术与工程，2017(8).
[10] 蔡海军，刘海涛，侯勇等．延迟焦化装置回炼"三泥"的实践与问题分析[J]. 炼油技术与工程，2017，47(3)：11-14.
[11] 徐先财．延迟焦化装置处理含油污泥的技术应用[J]. 石油化工，2016，45(07)：868-871.
[12] 徐先财．延迟焦化装置污油回炼技术的研究及应用[J]. 石油化工，2016. 45(05)：620-623.
[13] 施昌智，李家栋，龙军．改变操作方式降低延迟焦化石油焦的挥发分[J]. 石油炼制与化工，2004，35(4)：31-33.
[14] 肖梓军，乔树苓，严勇，etal.)三泥"处理现状及资源化利用研究进展[J]. 长春理工大学学报(自然科学版)，2010，33(1)：130-133.
[15] 唐华跃，杨海燕，郑恒仁等．延迟焦化处理炼油厂浮渣[J]. 石油炼制与化工，2000(11).
[16] 瞿滨．延迟焦化装置技术问答(第二版)[M]. 中国石化出版社，2013.
[17] 黄新龙，王宝石，李晋楼，etal. 降低焦炭塔操作压力对焦化过程的影响[J]. 石油炼制与化工，2019(4)：16-19.

石油化工工艺与产品

原油生产低碳烯烃技术现状与展望

许友好

（中国石化石油化工科学研究院，北京 100083）

摘 要：原油最大化生产化工原料是当前石油化工研究热点。基于国内外原油生产化工原料技术方案和中国石化石油化工科学研究院多年在这方面的研究积累，概括总结原油最大化生产多产低碳烯烃存在着三个技术方案，核心技术是催化裂解工艺。多产低碳烯烃特别是丙烯时，开发出烯烃定向催化裂解工艺，可大幅度提高丙烯产率。在原油生产低碳烯烃技术路线中，溶剂脱沥青和RGCT/POX工艺可能成为起着十分重要的作用。

关键词：原油；低碳烯烃；催化裂解；溶剂脱沥青

1 原油生产化工原料技术现状

2017年全球汽煤柴成品油平均增速2.1%，乙烯、丙烯、丁烯、苯及二甲苯的平均增速为5.6%。从2018年到2026年，全球汽油复合年均增长率预计将低于1%，但丙烯增长约4%，对二甲苯增长约5%。2018年全球和中国主要大宗石化产品需求量列于表1。

表1 2018年全球和中国主要大宗石化产品需求量

产品	全球产能/Mt	全球需求/Mt	中国产能/Mt	中国需求/Mt	过剩/缺口(国内)
炼油产能	4907	4470	568	570	-2
成品油			360	320	+40
乙烯	176	157	24	42	-18
丙烯	130	106	30	33	-3
苯	67	52	9.7	12.3	-3.3
对二甲苯	53	48	11	27	-16

从表1可以看出，2018年中国原油需求占全球的11.58%，成品油需求量已过剩了4000万吨/年。考虑到中国的人口体量，整体化工品实际终端需求约占全球的比例约在20%-30%。化工品仍然供不应求，乙烯需求量缺1800万吨，丙烯需求量缺300万吨，对二甲苯需求量缺1600万吨。2018年全球主要大宗石化产品需求量均出现产能过剩。

考虑未来需求增速，市场容量大的石化品相对稳定，全球石化产品仍有较大的发展空间。据国际能源署(IEA)预测，预测未来全球石油需求增长最快的来源是石化产品，尤其是来自美国和中国的需求．乙烷和石脑油占到2023年总需求增长的25%，约为0.85亿吨/年，同时全球炼油新增产能3.85亿吨/年)，同时成品油需求增长放缓，增长为2.5亿吨/年。2017年，在全球原油需求中，大约12%作为石化产品的原料，2030年将增长到14%，2050年将达到16%；交通燃料所占比例将从2017年的27%降至2050年的22%。未来除化工品在原油的消费占比提升外，中国将引领炼油未来新增产能；同时炼油配套乙烯、芳烃一体化是未来发展趋势[1,2]。

由于化工原料需求-直保持较高的增速，将成为原油需求增长的主要驱动力，因此，原油生产化工原料有可能成为石油炼制企业转型升级、提质增效的主要手段之-。正是燃料和石化市场发展的因素不断变化，给石油化工行业带来了挑战和机遇。石油炼制与石油化工将向更大规模和更紧密一体化方向发展，通过炼化一体化建设和密切协调上下游生产，消耗更少的能量，消除废物，同时使化学品产量不断提高，通过原油制化学品技术的变革，有望原油制化学品比例由现有的10%转化率提高到50%以上，燃油产率降至30%以下。

基于目前技术现状及未来技术发展，原油生产化工原料技术途径分为原油最大化生产成品油与化工原料、原油最大化生产化工原料和原油直接生产化工原料，其工艺路线示意图见图1。

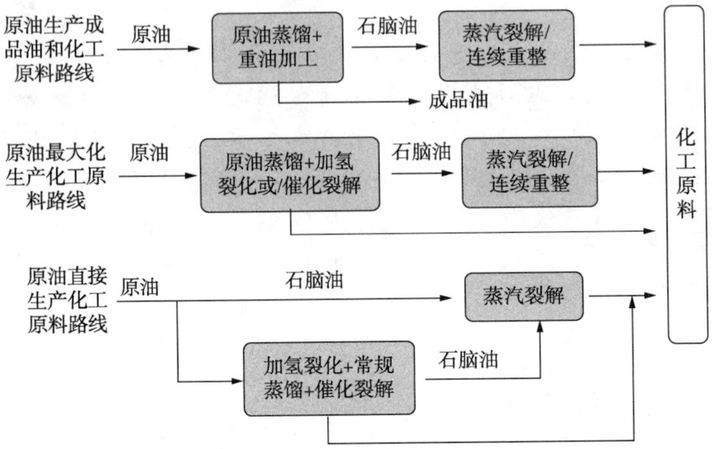

图1　原油生产化工原料工艺路线

原油最大化生产成品油与化工原料技术是将原油进入常减压蒸馏装置后，生成的石脑油进入催化重整装置和蒸汽裂解装置，经后续的分离、精馏、转化等工艺处理后，生产乙烯、丙烯、丁烯、苯、甲苯、二甲苯等化工原料。该工艺流程难以生产更多的化工原料，石脑油的收率约为8%，即使炼油与化工一体化企业，石脑油的收率也只能在17%~20%。随着新能源汽车、乙醇汽油等交通替代燃料的快速发展，油品消耗量和价格逐步下降，采用原油最大化生产成品油与化工原料技术，不仅在数量上将无法满足日益增长的化工原料需求量，而且在市场需求、投资回报率方面均无法与原油最大化生产化工原料技术、原油直接生产化工原料技术相媲美[3,4]。原油最大化生产BTX化工原料技术主要采用沸腾床或浆态床渣油加氢裂化工艺、蜡油加氢裂化工艺和柴油加氢裂化工艺以及优化工艺流程，将原油中的重质烃类转化成分子量较小的烃类同时提高其碳氢比，为芳烃生产单元提供最大化的重石脑油原料，石脑油收率达到40%以上，进而实现石化产品产量最大化目标。国内多家大型民营企业采用此技术路线来生产BTX化工原料，以满足国内市场对BTX产品的需求量[4]。预计不远的将来，此技术路线将成为主流技术路线。

相对于原油最大化生产BTX化工原料技术路线，原油最大化生产低碳烯烃化工原料技术仍有较大的开发空间。目前存在着众多生产低碳烯烃化工原料技术，关键是重油催化裂解工艺开发。埃克森美孚(ExxonMobil)开发的原油直接转化为低碳烯烃的新型蒸汽裂解工艺技术。该工艺绕过炼油过程，将原油直接供给裂解炉，并在裂解炉对流段和辐射段之间加入一个闪蒸罐。其工艺原则流程是将原油在对流段预热后进入闪蒸罐，气液组分分离，气态组分(76%)进入辐射段进行裂解，底部重质液态组分(24%)则作为其他炼油装置原料或者作为燃料油直接卖出，如图2所示。2014年1月，全球唯一一套商业化运营的原油直接制烯烃装置在新加坡投产，可从原油直接生产100万吨/年乙烯。该工艺要求原油中含有较多的轻馏分，这是因为原油中重馏分在此工艺中未采用更为先进的处理方法。如果原料中重馏分过多，重馏分只是简单地转化为燃油，从而会导致该技术市场竞争力降低[3,5]。

原油直接生产化工原料另一条技术路线是原油直接进入加氢裂化装置，脱除原油中的硫并将高沸点组分转化为低沸点组分，之后经过蒸馏分离，蜡油及更轻的组分进入蒸汽裂解装置，重组分则

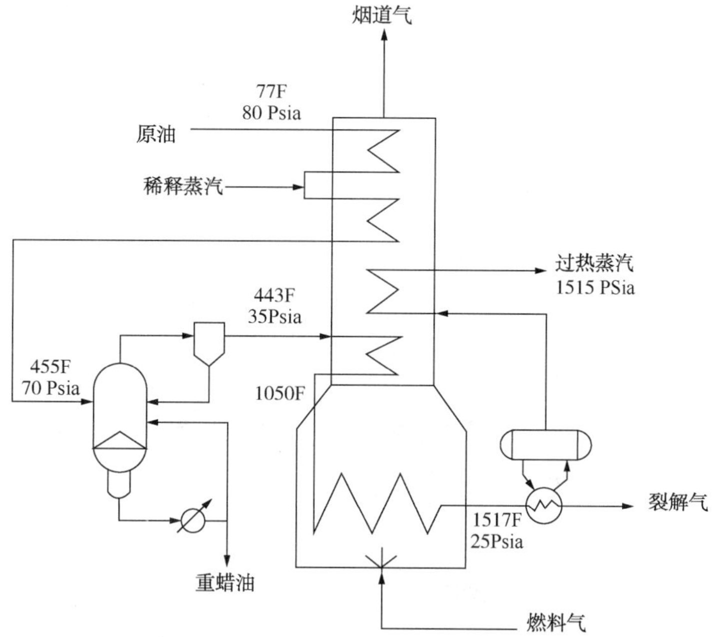

图 2　埃克森美孚原油直接生产化工原料工艺流程

进入多产低碳烯烃的催化裂解装置，如图 3 所示。沙特阿美(Saudi Aramco)及沙特基础工业公司(SABIC)计划以阿拉伯轻质原油为原料，采用原油直接加氢裂化和沙特阿美公司自主研发的深度催化裂化装置为核心技术，直接最大化生产低碳烯烃，化工原料收率约 45%，该技术尚未建成商业化运营装置[3,6,7,8]。2016 年 6 月，沙特阿美和 SABIC 宣布成立一家合资公司在沙特阿拉伯建设原油直接制烯烃项目，该项目将成为 SABIC 增长战略和沙特阿拉伯愿景 2030 的重要支撑。据沙特阿美相关部门测算，采用此技术路线，原油直接制石化产品的成本比石脑油蒸汽裂解低 200$/t。如果原油中重金属含量过高，而加氢裂化工艺脱金属率在 70%~80%，从而会导致后续的催化裂解装置难以处理金属含量过高的加氢重油。需要在催化裂解装置前面再设溶解脱沥青装置除去加氢重油中的重金属。此外，原油一开始采用加氢裂化工艺处理，将原油中的大分子裂解成小分子，不利于后续的催化裂解装置多产低碳烯烃。

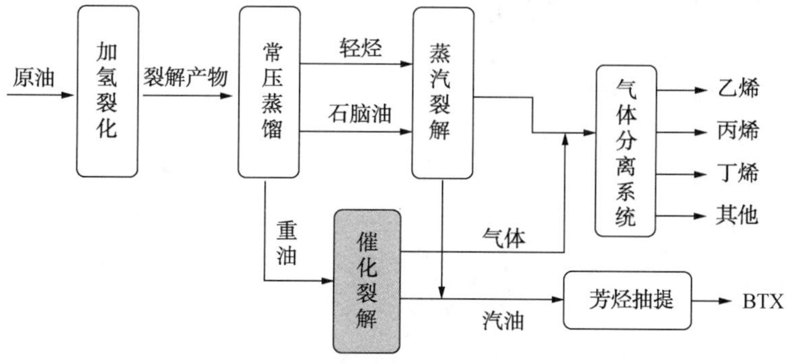

图 3　原油直接生产化工原料工艺流程

20 世纪 80 年代中期以来，中国石化石油化工科学研究院致力于重油催化裂解制取低碳烯烃技术的研究，开发出以重质油料(减压馏分油、焦化蜡油及渣油等)为原料生产低碳烯烃的催化裂解(Deep Catalytic Cracking，DCC)工艺，其反应再生流程见图 4，原料油经水蒸气雾化后进入反应器与再生后的高温催化剂接触，反应在提升管加密相流化床反应器，采用专用催化剂[9,10]。对于石蜡基馏分油，丙烯产率超过 24%，乙烯、丙烯和丁烯之和超过 40%。

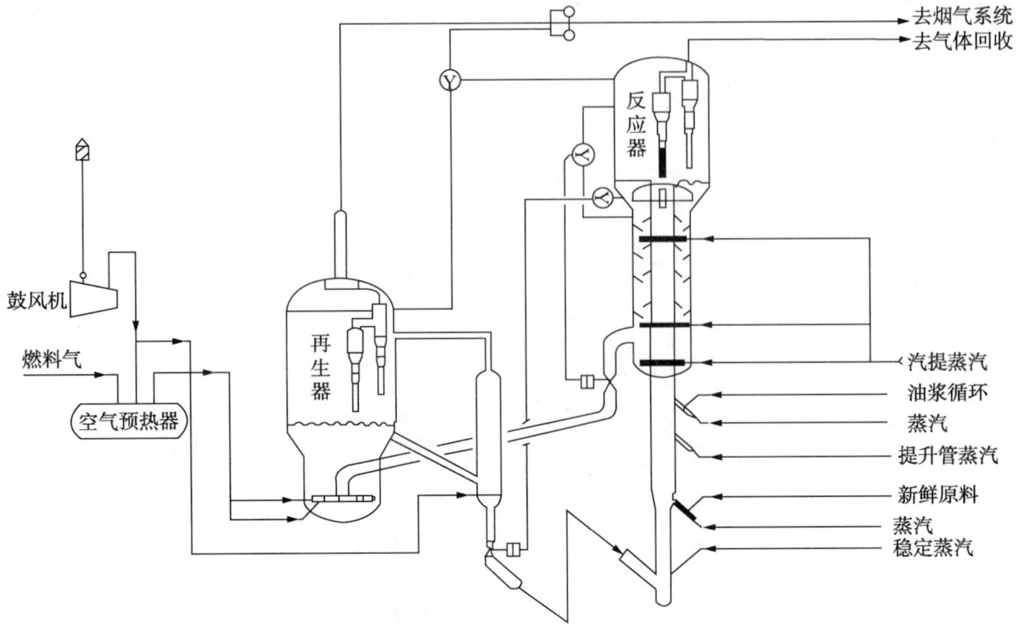

图 4 DCC 工艺反应再生系统原则流程

在 DCC 技术成功工业化以后，RIPP 又开发出由重质原料油直接制取乙烯和丙烯的催化热裂解(CPP，Catalytic Pyrolysis Process)工艺，具有最大量乙烯、最大量丙烯以及乙烯和丙烯兼产等多种生产方案。相对于蒸汽裂解工艺，CPP 工艺扩宽了乙烯的原料来源，降低了乙烯原料成本，同时反应温度低于蒸汽裂解工艺，因而装置能耗显著能耗。2009 年 8 月，CPP 工艺已成功实现了工业化，随后许可到多家石化企业。

催化裂解(DCC)工艺技术自 1990 年工业化以来，在国内外已有多套工业装置投产，先后出口到泰国、沙特、印度和俄罗斯等国家，最大单套催化裂解装置处理能力为 4.5Mt/a，在全球范围内最具有竞争力多产低碳烯烃的催化裂化工艺技术。催化裂解工艺技术为我国首创，受到了国际同行专家的高度评价，被誉为在“在炼油和化工之间架起了桥梁”。可以预见，DCC 和 CPP 工艺在原油直接生产低碳烯烃工艺流程中将发挥核心作用。

基于国内外原油生产化工原料技术方案和中国石化石油化工科学研究院多年在这方面的研究积累，概括总结原油最大化生产或直接生产低碳烯烃技术方案如下：

(1)最大量乙烯，兼顾丙烯和 BTX；

(2)最大量乙烯和丙烯，兼顾 BTX；

(3)最大量丙烯，兼顾乙烯和 BTX。

这些生产低碳烯烃技术方案基础流程是原油的轻馏分作为蒸汽裂解装置原料，而重馏分作为催化裂解装置原料。重质馏分高效深度转化技术是原油生产低碳烯烃关键部分。

2 原油高选择性地生产低碳烯烃技术开发关键

2.1 原油组成及化工原料种类

开发原油高选择性地生产化工原料技术首先要评估原油组成，尽可能地实现原油结构组成与化工原料类型在分子结构上高度一致，这是高效利用石油资源前提条件。原油是一种极为复杂的混合物，品种繁多，大部分属于中间基，少部分属于石蜡基。即使同属中间基原油，原油性质与组成也存在着差异，如高硫中间基、含硫中间基和低硫中间基。从石油资源高效利用角度来看，原油生产化工原料技术必须要实现原油结构组成与化工原料类型在分子结构上高度一致。当化工原料是以低碳烯烃为主时，应选择石蜡基原油或低硫偏石蜡的中间基原油；当化工原料是以苯、甲苯和二甲苯为主时，应选择中间基原油或环烷基原油。

原油分类法通常是以原油中特定的轻、重两个馏分的 API 度为指标。由于每种原油的轻、重馏分不一定同属一类，因此，3 种类型的原油按轻、重馏分分类，共计 9 种类型的原油（见表 2）。石蜡基-环烷基、环烷基-石蜡基原油极为罕见，大部分原油属于前七类[11]。

表 2 原油分类

原油类别	轻关键馏分（250~275℃）		重关键馏分（275~300℃）	
	API 度	馏分类别	API 度	馏分类别
石蜡基	≥40.0	石蜡基	≥30.0	石蜡基
石蜡-中间基	≥40.0	石蜡基	20.1~29.9	中间基
中间-石蜡基	33.1~39.9	中间基	≥30.0	石蜡基
中间基	33.1~39.9	中间基	20.1~29.9	环烷基
中间-环烷基	33.1~39.9	中间基	≤20.0	中间基
环烷-中间基	≤33.0	环烷基	20.1~29.9	中间基
环烷基	≤33.0	环烷基	≤20.0	环烷基
石蜡-环烷基	≥40.0	石蜡基	≤20.0	环烷基
环烷-石蜡基	≤33.0	环烷基	≥30.0	石蜡基

特性因数（*K* 值）是原油分类常用的方法之一，*K*≥12.1 的原油称为石蜡基原油；在 12.1~11.5 的原油称为中间基原油；在 11.5~10.5 之间的原油称为环烷基原油。实际上 *K* 值分类法就是依据油品族组成来分类的，烷烃 *K* 值为 12.7；环烷烃 *K* 值为 11.0~12.0；芳香烃 *K* 值为 10.0~11.0。

对于催化裂解工艺，低碳烯烃产率和 BTX 产率与原料油性质之间关系列于表 3。从表 3 可以看出，石蜡基原料有利于多产低碳烯烃，中间基原料有利于多产 BTX。原料油特性因数（*K* 值）可作为衡量原料中的低碳烯烃和 BTX 潜在产率的重要指标。

表 3 催化裂解工艺的低碳烯烃和 BTX 与原料油性质之间关系

项目	石蜡基 VGO	中间基 VGO	偏中间基 VGO
原料 *K* 值	12.2	11.6	11.8
低碳烯烃产率/%			
乙烯	6.10	4.47	4.06
丙烯	21.03	16.65	17.18
丁烯	14.23	11.58	13.72
汽油产率/%	26.60	26.63	30.18
汽油中芳烃含量/%	48.64	55.48	52.58
单环芳烃/%	46.54	53.70	50.82
其中苯	1.07	1.74	1.34
甲苯	8.67	11.71	10.48
间对二甲苯	12.78	15.85	15.08
邻二甲苯	5.25	5.67	4.96

K 值是平均沸点和相对密度的函数。由于同时考虑原料的馏程和密度，*K* 值大小较好地反映原料催化裂解能力，尤其能够反映原料催化裂解生产低碳烯烃潜在趋势。当密度相近时，平均沸点越高，其 *K* 值越大；当平均沸点相近时，密度越小，其 *K* 值越大。由于减压渣油含有较多的沥青质

和胶质，沸点特别高，造成难以测量减压渣油的平均沸点，因而无法准确地计算出减压渣油的 K 值。实际上沥青质和胶质分子量大，氢含量低，富集大部分杂质和金属，最好通过物理分离方法将其分离出去，留下的饱和烃和芳香烃再进行原料组成评估，此时可以采用 K 值大小来评估其加工途径。

当生产化工原料主要是苯、甲苯和二甲苯时，原油选择最好属于中间基、中间-环烷基或环烷-中间基；当生产化工原料主要是低碳烯烃时，原油选择最好属于石蜡基、中间-石蜡基、石蜡-中间基。

2.2 原油中重馏分段高烯烃选择性催化裂解生产低碳烯烃工艺

原油中重馏分段催化裂解工艺作为原油高选择性地生产低碳烯烃核心技术，在现有的 DCC 和 CPP 工艺基础上，需开发更高烯烃选择性的重馏分催化裂解工艺如下：

(1)多产乙烯；

(2)多产乙烯和丙烯；

(3)多产丙烯。

乙烯产品作为最为重要的石化原料之一，占石化产品的 75%以上。传统的乙烯生产路线是原油炼制分离出的轻质组分(如石脑油)在裂解装置中产生乙烯和丙烯等产品。

DCC 和 CPP 工艺可以将原油中重馏分段直接转化为低碳烯烃。但 DCC 和 CPP 工艺仍有巨大的改善和优化空间。CPP 工艺存在着乙烯与甲烷产率同时增加问题，在乙烯收率上仍然难以与蒸汽裂解工艺竞争，主要原因受困于其乙烯选择性由于甲烷生成速度过快难以明显改善。需要开发新的催化材料和催化反应工程，实现乙烯产率增加，而甲烷产率降低。DCC 工艺存在着丙烯选择性与重油转化能力难以协调问题，同时干气产率较高，对石油资源高效利用产生不利的影响。从石油资源高效利用角度来看，将低碳烯烃选择性和重油转化能力分开处理。基于此，开发出重馏分高烯烃选择性催化裂解工艺技术(Highly Olefin Selective Deep Catalytic Cracking Process，简称 HOS-DCC 或 HOS)[12]。HOS 工艺产品特点是产品中的烯烃含量较高，这些烯烃产品可作为生产丙烯前身物，从而可以生产更多的丙烯。由于 HOS 工艺产品中的烯烃含量较高，同时干气产率和焦炭产率较低。因此，HOS 工艺不仅从产物分布上节约氢资源，而且从产品中的氢分布来提高氢的有效利用率。

以重馏分高烯烃选择性催化裂解工艺(HOS)为核心，将 HOS 工艺产品中烯烃进行重组生产丙烯前身物，同时将未转化的重油通过后续的加氢处理或改质进行烃类重组以提高难以裂解的重油可裂化性能，从而将烯烃选择性与重油转化能力之间矛盾分开，分别加以解决；同时开发多产丙烯前身物技术以实现丙烯产率最大化，不追求单程丙烯产率最大化。基于此，提出烯烃定向催化裂解工艺(Olefin Orientation Catalytic Cracking，OOCC)，以实现重质馏分最大量生产丙烯和 BTX。OOCC 工艺是由 5 个子工艺构成的，其子工艺相互关系与原则流程见图 5，5 个子工艺分别如下：

(1)子工艺一：重馏分高烯烃选择性催化裂解工艺，该工艺采用由变径流化床反应器与高烯烃选择性催化剂构成的反应系统，采用较合理高的反应温度和较大的注水量以尽可能提高产品中的烯烃选择性；

(2)子工艺二：FGO 高压加氢处理技术以提高重油(多环芳烃)可裂化性能，该工艺采用较高反应压力和适度开环的专用加氢催化剂。

(3)子工艺三：高烯烃汽油精细切割与分离技术；

(4)子工艺四：丙烯前身物制备技术；

(5)子工艺五：反应物有序分级裂化反应技术，以最大量生成丙烯和 BTX，实现石油资源高效利用。

当然如果丁烯有更高的使用价值，那就直接作为化工原料，可不作为丙烯前身物制备的原料。通常 1-丁烯是较为重要的化工原料，2-丁烯也是烷基化原料。

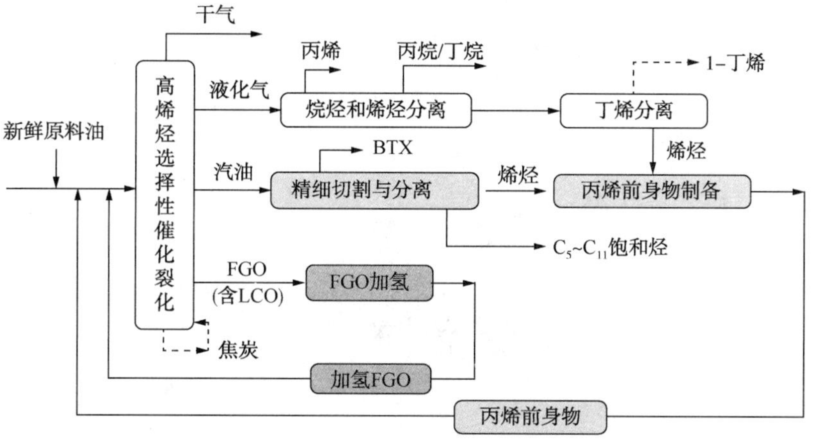

图 5　OOCC 工艺中的 5 个子工艺流程及相互关系

3.3　OOCC 与 DCC 产物分布对比

HOS 工艺中型试验是在连续流化催化裂化装置上进行的，以变径流化床为反应器，采用专用催化剂。试验所用的原料油组成为大庆蜡油加 30*w*%减压渣油(以下简称大庆 VGO +30%VR)。其性质为原料油密度为 0.8905g/cm^3、残炭 2.94%、氢含量 13.18%、饱和烃 64.5%、芳烃 24.2%、胶质 11.1%、沥青质 0.2%。在此试验基础上，对 FGO 进行加氢处理，加氢 FGO 再进行 HOS 试验，以试验产物分布为依据，对加氢 FGO 进行分割计算，同时将汽油中 C_5~C_8烯烃转化为 C_3和 C_4烯烃，C_4烯烃经重组和裂化转化为 C_3烯烃，最终得到 OOCC 产物分布，列于表 3。表 3 同时列出大庆 VGO 催化裂解中型试验结果以作对比分析之用。

表 3　OOCC 和 DCC 工艺中型试验操作条件和产物分布

工艺类型	OOCC	DCC
原料类型	VGO+30*w*%VR	VGO
反应器类型	变径流化床	提升管+密相流化床
反应温度/℃	550	580
产物分布/%		
干气	5.83	11.91
液化气	10.04+52.90	42.22
其中丙烯	52.90	21.03
汽油	25.59	26.60
BTX	~15.00	
催化馏分油/(轻循环油+重油)	0	13.27
焦炭	6.24	6.00
合计	100.60 *	100.00

* FGO 补加了 0.6 个百分点氢，原料氢合计为 13.18+0.6=13.78；* * 产品氢为 13.78。

从表 3 可以看出，对于大庆 VGO +30%VR，丙烯产率可超过 52.90%，BTX 产率约为 15%，此外还有约 3%乙烯，明显地好于 DCC 产物分布。

4　原油高选择性地生产低碳烯烃工艺流程重要节点

原油高选择性地生产低碳烯烃工艺仍然需要轻重馏分段分离。原油通过初蒸馏切割，轻馏分段进入蒸气裂解或催化重整，拔头原油直接进入重馏分重质馏分段最大地生产丙烯和 BTX 的 OOCC

深度集成工艺单元，其流程见图6。如果拔头原油含有较多的金属，可在OOCC装置前设置溶剂脱沥青装置，脱油沥青送到RGCT或POX装置。

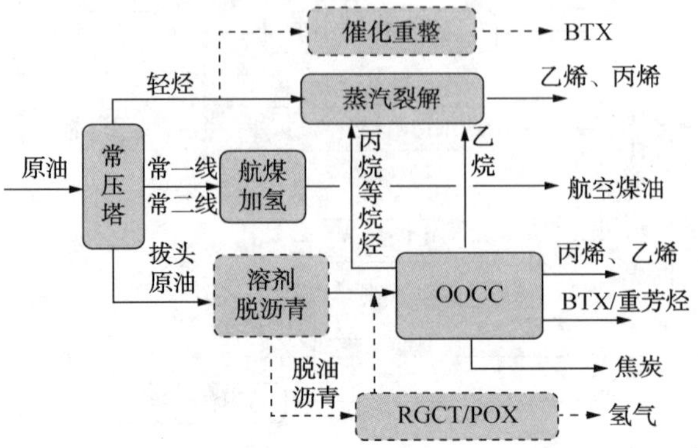

图6　原油最大量生产丙烯和BTX工艺原则流程

4.1　蒸汽裂解

蒸汽裂解是十分成熟生产化工原料技术。在原油最大化生产或直接生产化工原料工艺流程中，蒸汽裂解和催化重整技术是加工原油轻馏分段的核心技术。当以生产低碳烯烃化工原料为主时，蒸汽裂解工艺将起到更大的作用；当以生产BTX化工原料为主时，催化重整工艺将起到更大的作用。

4.2　渣油催化裂解

早在20世纪50年代，在石油化工开始发展的初期，德国鲁奇公司开发出砂子炉裂解技术，以重质石油烃作原料，生产乙烯、丙烯等轻质烯烃。随着石油化工迅速发展，以石脑油为原料的蒸汽裂解技术成为生产轻烯烃的主宰技术。但对重质石油烃制低碳烯烃的研究还在继续，最有代表性的是原民主德国科学院有机化工研究所的热催化蒸汽裂解工艺，其构想的新颖性在于将多相催化剂用于蒸汽裂解过程，以促进原料的裂化深度。但低碳烯烃产率低，分离难度大，未能实现工业化。20世纪80年代，中国石化石油化工科学研究院开发出催化裂解工艺(DCC)并实现了工业化，为重质油裂解生产低碳烯烃，特别是丙烯，开启了新篇章。随后国内外开发出多项重质石油烃生成低碳烯烃技术，这方面的研究处于方兴未艾之中[9]。

重馏分催化裂解工艺开发可以在多产乙烯、多产乙烯和丙烯或多产丙烯3个方向上进行深入研究。对于多产乙烯、多产乙烯和丙烯技术，现有技术仅单靠提高反应温度增加乙烯产率，伴随着甲烷产率明显地增加，甚至超过乙烯产率的增加，详细结果列于表4，从而造成石油资源的浪费。必须从催化剂及催化材料，催化反应工程入手，开发出乙烯选择性更好的催化反应技术。因此，多产乙烯、多产乙烯和丙烯技术仍有较大的研究开发空间。

表4　干气、甲烷和乙烯产率随反应温度的变化

生产方案	多产乙烯和丙烯技术		多产乙烯		
反应温度/℃	546	564	620	640	660
干气产率/%	9.16	11.74	基准	+7.24	+13.04
甲烷/%	2.89	4.38	基准	+2.7	+5.16
乙烯/%	4.27	4.85	基准	+3.17	+5.56

多产丙烯技术有望借助OOCC工艺开发，基于烯烃生成与重组以及其他烃类的重组技术理念，在较低的反应温度下，大幅度提高烯烃以及丙烯生成的选择性同时，降低烷烃尤其甲烷、乙烷和氢气生成，从而使丙烯产率大幅度增加。

4.3　溶剂脱沥青

溶剂脱沥青(Solvent deasphalting，简称SDA)工艺是脱去减压渣油中的沥青质及部分胶质。由于渣油中所含的重金属绝大部分存在于其胶质、沥青质中，因此，脱除沥青质及部分胶质就意味着溶剂脱金属，这为催化裂化或加氢裂化工艺提供残炭值和重金属含量均较低的原料。脱油沥青组成是以沥青质、胶质为主，并含有多环芳烃，可作为道路沥青或其调合组分。对于城市炼油厂，脱油沥青可作为 RCGT 装置或 POX 装置原料。

渣油溶剂脱沥青采用不同溶剂，其脱沥青油、脱油沥青数量和性质存在明显的差异。具体渣油溶剂脱沥青试验结果列于表 5[17]。这为渣油溶剂脱沥青工艺、催化裂解工艺、RGCT 或 POX 工艺之间流程优化留下巨大空间。

表 5　渣油溶剂脱沥青试验结果

项目	渣油	脱沥青油及脱油沥青		
溶剂		丙烷	丁烷	戊烷
脱沥青油收率/%	100.0	45.2	70.1	85.5
脱沥青油性质				
密度/(g/cm^3)	1.003	0.933	0.950	0.974
黏度(99.9℃)/(mm^2/s)	345	34.9	63	105
残炭/%	16.40	1.65	5.30	7.90
庚烷沥青质/%	4.2	<0.05	<0.05	<0.05
硫/%	4.05	2.55	3.30	3.65
氮/(mg/g)	2875	1200	1950	2170
镍/(mg/g)	19	1.0	2.0	7.0
钒/(mg/g)	61	1.4	2.6	15.5

4.4　RCGT 工艺/POX 工艺

针对劣质重油加工中存在的问题和困难，本着提高重油轻质化程度和经济环保的宗旨，石油化工科学研究院依据劣质重油的特点正在开发接触裂化-焦炭气化一体化工艺(Resid Contact Cracking and Coke Gasification Integrated Technology，简称 RCGT)[18]。该工艺采用类似催化裂化的工艺过程，采用含有较多的金属、胶质和沥青质的劣质重油为原料，如常压渣油，减压渣油、稠油等。对劣质重油进行脱炭、脱金属，并最大量生产液体产品，脱除的炭原位气化制得富含氢和一氧化碳的气化气，该工艺可实现清洁生产，提高了原油的利用率，降低能耗。该工艺可以解决延迟焦化存在的问题，是延迟焦化的升级技术。

RCGT 工艺是类似于流化焦化和灵活焦化的技术，与之不同点是流化介质不是微颗粒焦炭而是开发一种具有催化功能的微颗粒接触剂，使原料在接触剂上形成薄层裂化，用流态化的方式高温短接触(接触时间短，秒级)来加工劣质重油，所产生的焦炭进行原位气化。其优势在于减小液相停留时间，减少二次反应，可以降低干气和焦炭产率，增加液收。对于塔河常压渣油，RGCT 工艺液体收率比延迟焦化高 5.45 个百分点，焦炭与残炭的比值为 1.08，明显小于延迟焦化工艺。试验结果列于表 6。

表 6　RGCT 与延迟焦化产物分布对比

工艺类型	RGCT	延迟焦化	工艺类型	RGCT	延迟焦化
接触剂活性	2.0	—	> 350℃ ~ 524℃	56.55	33.0
反应温度/ ℃	500	495	焦炭	20.45	23.30
产物分布/%			总计	100	100

续表

工艺类型	RGCT	延迟焦化	工艺类型	RGCT	延迟焦化
H_2S	0.16	0.52	转化率/%	43.45	67.00
干气	1.67	3.91	轻质油收率/%	20.16	35.70
液化气	1.01	3.57	液体收率/%	77.72	72.27
C_5~205℃	4.91	9.00(~180 ℃)	焦炭/残炭	1.08	1.39
205℃~350℃	15.25	26.70(180~350 ℃)			

POX工艺是煤制气或石油焦造气过程，由于造气过程中需要提供氧源和一定的反应温度，将以碳为主的煤或石油焦与不足量的氧进行反应，即部分氧化造气(Partial Oxidation)。

RGCT和POX工艺不仅处理原油中的沥青质和部分重胶质，同时脱除原油中的重金属。相对于POX工艺，RGCT工艺优势在于将脱油沥青中的油转化为有效液体组分，这些组分可以回收再处理，同时较低溶剂脱沥青装置操作苛刻度。当以丙烷或丁烷作为溶剂时，脱油沥青最好采用RGCT工艺处理；当以戊烷作为溶剂时，脱油沥青可采用POX工艺或RGCT工艺处理。

当原油最大化生产低碳烯烃工艺时，原油性质较差，需要采用溶剂脱沥青工艺。渣油溶剂脱沥青、催化裂解、未转化的重油后加氢处理和RGCT/POX装置布置见图7。

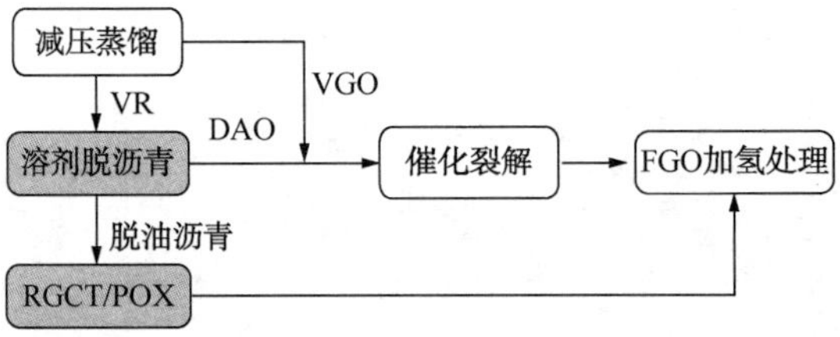

图7　溶剂脱沥青、催化裂解和RGCT/POX装置布置示意图

5　结论

(1)原油最大量生产化工原料分为低碳烯烃或BTX两条技术路线。对于以生产BTX为主的工艺路线，渣油加氢裂化和溶剂脱沥青是核心技术；对于以生产低碳烯烃为主的工艺路线，催化裂解以及重油加氢改质是核心技术。

(2)重馏分段催化裂解工艺开发可以在多产乙烯、多产乙烯和丙烯或多产丙烯3个方向上进行深入研究。多产乙烯、多产乙烯和丙烯技术仍有较大的研究空间，有望借助深度集成的OOCC工艺开发，使丙烯产率大幅度增加。

(3)溶剂脱沥青工艺和RGCT工艺在原油生产低碳烯烃技术路线中将发挥重要作用，应强化溶剂脱沥青工艺开发，集中力量开发RGCT工艺。

参　考　文　献

[1] Mario B, Stan C, Keith C, et al. A new look at integration opportunities: American Fuel & Petrochemical Manufacturers Annual Meeting[C]. Texas: Hydrocarbon Processing, 2019-03-17.

[2] Matt F. Capturing value through refinery and petrochemical integration: American Fuel & Petrochemical Manufacturers Annual Meeting[C]. Texas: Hydrocarbon Processing, 2019-03-19.

[3] Corma A, Corresa E, Matthieu Y, et al. Crude oil to chemicals: Light olefins from crude oil[J]. Catalysis Science & Technology, 2016, 7(1): 10.1039. C6CY01886F.

[4] 宋倩倩，王红秋，李锦山．原油生产化工品技术发展现状与趋势[J]．现代化工，2019，39(2)：7-10.

[5] Stell R C, Bancroft J L, Dinicolantonio A R, et al. Converting mist flow to annular flow in thermal cracking application: US, 7097758 [P]. 2006-08-29.

[6] Abba I A, Shafi R, Bourane A, et al. Integrated hydroprocessing and fluid catalytic cracking for processing of a crude oil: WO, 2013142563[P]. 2013-03-20.
[7] Bourane A, Al-Ghrami M S, Abba I A, et al. Process for high severity catalytic cracking of crude oil: US, 2014/0110308[P]. 2013-10-10.
[8] Xu W, Abba I. Direct catalytic cracking of crude oil by a temperature gradient process: WO, 2013188729[P]. 2013-06-14.
[9] 汪燮卿, 舒兴田. 重质油裂解制轻烯烃[M]. 北京: 中国石化出版社, 2015.
[10] Chang S H, Robinson P R. Practical Advances in Petroleum Processing[M]. New York: Springer, 2006: ch. 5, vol. 1, pp. 149-168.
[11] 侯芙生. 中国炼油技术[M]. 北京: 中国石化出版社, 2011.
[12] 许友好. 催化裂化化学与工艺[M]. 北京: 科技出版社, 2013.
[13] 许友好; 汪燮卿; 谢朝钢 等. 一种制取丙烯的催化转化方法: 中国, 200710120110.1[P]. 2007-08-09.
[14] 许友好, 谢朝钢, 戴立顺. 等. 一种制取丙烯和芳烃的催化转化方法: 中国, 200810101852.4[P]. 2008-03-13.
[15] Youhao Xu, Lishun Dai, Longsheng Tian. Catalytic conversion process: US, 8696887B2[P], 2014-04-15.
[16] Mario B, Chevron L G, Bloomfield, NJ. LC-Max and other LC-fining process enhancements to extend conversion and on-stream factor: American Fuel & Petrochemical Manufacturers Annual Meeting[C]. Texas: Hydrocarbon Processing, 2012.
[17] 梁文杰, 阙国和, 刘晨光, 等. 石油化学[M]. 山东: 中国石油大学出版社, 2009.
[18] 张书红, 王子军, 汪燮卿. 等. 一种劣质重油接触裂化-气化-再生的组合方法: 中国, 201010519197.1[P]. 2010-10-26.

国内聚碳酸酯发展现状及展望

刘文凤

(中国石化巴陵石化公司树脂部，岳阳 414014)

摘　要：聚碳酸酯(PC)作为热塑性树脂，因其结构的特殊性，广泛应用于电子电气、数据载体、汽车部件等领域。近年来，我国需求量快速增长，已成为全球最大的PC生产与消费国。2018年我国PC主要生产企业有8家，总产能为1180kt/a，PC表观消费量1830kt/a，较2017年增长4.57%；我国PC进口依存度高，2018年进口量为1417.2kt，进口依存度达到78.5%。双酚A(BPA)是PC主要原料，随着PC产能不断扩大，预计到2020年BPA需求量将达到1980kt/a，BPA缺口增加；预计2020年我国PC产能将达到2740kt/a，产量1450kt，行业开工率下降至53%；当前PC下游新兴需求增长缓慢，通用料市场将面临产能过剩的压力，相关行业应加强新产品开发，拓展其应用领域。

关键词：聚碳酸酯；生产；市场分析；进出口；双酚A

1　引言

聚碳酸酯(PC)是一种强韧性的热塑性树脂，具有高强度及弹性系数、高冲击强度、使用温度范围广、高度透明性及自由染色性、成形收缩率低、尺寸安定性良好、耐疲劳性佳、耐候性好等优点。由于聚碳酸酯结构上的特殊性，已成为五大工程塑料中增长速度最快的通用工程塑料[1,2]，广泛应用于电子电气、数据载体、汽车部件、医疗设备、建筑、纺织和包装等领域，近几年国内需求的快速增长，带动了世界聚碳酸酯生产中心由欧美发达国家向亚洲尤其是中国等发展中国家转移。我国已经成为全球最大的聚碳酸酯生产和消费国。本文主要介绍了PC的主要生产工艺，国内PC产能、在建装置、消费及进出口情况等，对PC主要原料双酚A(BPA)进行了分析，提出了PC行业未来的发展方向。

2　PC生产工艺

根据合成过程中是否用光气做原料，聚碳酸酯生产工艺分为光气法与非光气法两种[3,4]。光气法又分为界面缩聚法和酯交换法。

2.1　光气法

2.1.1　界面缩聚法

界面缩聚光气法是目前主要生产工艺，即BPA-氢氧化钠的水溶液与溶有光气的二氯甲烷油相界面上发生界面缩聚，生成低分子量的PC，然后经过缩聚反应生成高分子量的PC，通过调节封端剂的加入量，可以调节PC的相对分子质量。

2.1.2　酯交换法

酯交换法一般分为酯交换反应和缩聚反应。以苯酚作为原料，经界面光气化反应制得碳酸二苯酯，在催化剂的作用下，碳酸二苯酯和BPA进行酯交换反应，得到的低聚物通过缩聚反应生成PC。

2.2　非光气法

非光气酯交换法同传统的酯交换法在树脂的聚合阶段是一样的，都是将BPA和碳酸二苯酯经过酯交换反应和缩聚反应生产 PC。不同之处在于碳酸二苯酯的生产过程，传统的酯交换法是使用光气作为原料来制得碳酸二苯酯，而非光气法则是使用碳酸二甲酯经过酯交换反应制成碳酸二苯酯。

光气法是传统的 PC 生产技术，由于该技术路线投资大，且光气又为剧毒产品，危险性极大，世界各国对光气的生产与应用都有着严格的法律规定和限制。非光气法绿色环保，是未来 PC 行业的工艺发展方向。在国内环保要求逐步升级、光气资源监管严格的条件下，目前国内新建 PC 装置主要为非光气法。

3 PC 行业发展概况

3.1 PC 产业发展历程

我国 PC 工业起步较早，于 1958 年开始研制 PC 生产工艺，并在 1965 年实现工业化生产，但前期受限于规模较小，发展较为缓慢[5]。2004 年，浙江嘉兴帝人聚碳酸酯有限公司和拜耳(上海)聚合物有限公司先后在我国建厂，产品低价投放市场后，对 PC 国产化进程造成重大打击，导致国内部分 PC 装置关停。2011 年底，宁波浙铁大风化工有限公司借助国内外先进生产技术，建设 100kt/a 生产装置，并于 2014 年顺利投产，成为我国首个万吨级以上 PC 工业生产装置，打破国外公司的技术垄断。随后，鲁西化工集团股份有限公司、万华聚氨酯有限公司 PC 装置相继投产，国内 PC 产能快速增加，据统计 2013 年我国 PC 产能仅 480kt/a，增加到 2018 年的 1180kt/a，增长了近 1.5 倍。

3.2 PC 装置生产能力

我国 PC 装置产能相对集中，目前国内在生产的 PC 企业有 8 家，主要装置情况见表 1。

表 1 国内 PC 装置情况

企业名称	生产能力/(kt/a)	地址
科思创(上海)聚合物有限公司	400	上海
鲁西化工集团股份有限公司	200	山东
帝人聚碳酸酯有限公司	150	浙江
三菱瓦斯化学工程塑料	100	上海
浙铁大风化工有限公司	100	浙江
利华益集团股份有限公司	100	山东
中石化三菱化学有限公司	60	北京
万华化学集团股份有限公司	70	山东
合计	1180	

由表 1 可以看出，我国 PC 装置主要集中在华东地区，占国内总产能的 63.5%，近两年山东地区 PC 产能增长迅速，占国内总产能的 31.4%。作为国内第一大生产商，上海科思创公司自 2008 年开始，产能持续遥遥领先。

近几年我国 PC 需求量持续增长，市场供需缺口巨大，国内 PC 装置负荷维持高位，国内装置产量不断走高，2017 年国内 PC 装置产能为 875kt/a，产量达到 636kt，装置负荷七成以上；2018 年国内新建装置较多，新增产能 305kt，产能达到 1180kt/a，2018 年国内 PC 产量达到 700kt 以上。

3.3 装置建设状况

由于 PC 的需求强劲、利润空间充足，国家工信部和发改委也在各项优惠政策、重大项目中鼓励发展 PC 产业。在国内外资本、技术的推动下，规划、新建或扩建的 PC 项目密集上马。在 2018 年石化产业发展大会上，中国石油和化学工业联合会发布了《2018 年度重点石化产品产能预警报告》，报告重点监测的28个主要石化产品中，PC首入产能预警。据统计，2019~2020年国内在建及扩建PC装置产能约1560kt，详见表2。

表2　2019~2020年国内在建及扩建PC装置情况

企业名称	产能(kt/a)	地址	计划投产时间/年
中蓝新材料有限公司	100	四川	2019
浙江石油化工有限公司	260	浙江	2019
科思创(上海)聚合物有限公司	150	上海	2020
万华化学集团股份有限公司(二期)	130	山东	2019
湖北甘宁石化新材料有限公司	70	湖北	2019
中沙天津石化有限公司	260	天津	2020
平煤神马聚碳材料有限责任公司	100	河南	2020
沧州大化股份有限公司	100	河北	2020
盛通聚源新材料有限公司	130	河南	2019
海南华盛新材料科技有限公司	260	海南	2020
合计	1560	—	—

预计到2020年我国PC产能将达到2740kt/a，考虑到装置投产的时间、行业竞争的加剧导致的开工率调整，预计未来三年行业平均开工率将有所下降。2016年国内PC生产企业开工率为68.57%，2017年开工率达70%以上，预计2020年PC国产量将达到1450kt/a左右，平均开工率将下降至53%左右，国内产能大幅提高，将给国内PC行业带来巨大的冲击。

3.4　消费现状

电子电器、建筑、汽车领域是我国PC主要消费领域，PC及其合金广泛用于电子电气、建筑材料、信息存储、交通运输及航天航空等领域。国内PC下游领域主要集中在电子电气、板材/片材/薄膜、汽车行业，分别占比为38%、20%、19%，总和达到77%。

2014~2018年我国PC表观消费量呈现逐年递增的趋势，但消费同比增速却呈现明显下滑态势。2014年的消费量为1572kt，同比增幅在8.50%；2015年以来消费量增速明显放缓，2016年表观消费量1696kt，同比增幅仅在2.44%；2017表观消费量约为1750kt，2018表观消费量为1830kt，同比增幅4.57%。近两年我国PC表观需求量增速相对缓慢，主要原因是国内主要消费下游如电子电器增长趋缓，建筑板材应用行业受宏观经济影响基本持平，而传统的光盘受新兴传播媒体的冲击，对PC的需求量正在持续萎缩。短期内，PC下游缺乏新的重大需求增长点，而部分新兴领域(例如医疗器械)对PC的需求总量十分有限。因此，PC行业需谨防产能过剩。如图1所示。

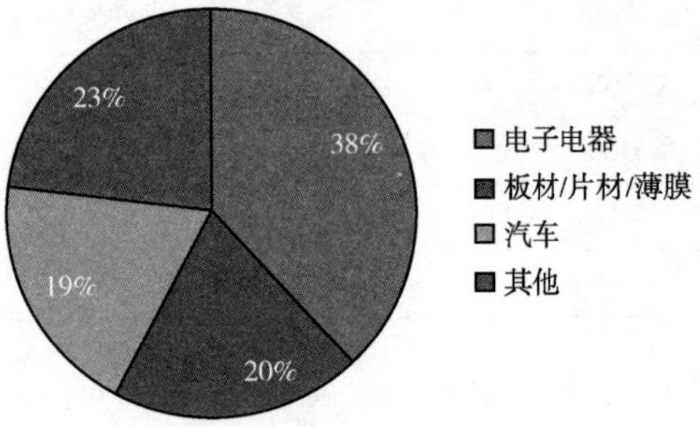

图1　2018年PC下游需求分布

4　PC进出口情况

4.1　我国PC进口情况

我国PC进口依存度高，近几年进口量一直保持在1000kt/a以上，2014年以前，国内PC进口依存度均在94%以上，尽管近年来由于国内PC装置的陆续投产，进口量逐步下降，但目前国内供应能力依然不足。据统计，2018年产量约700kt，当年净进口量1161kt左右，已连续十余年保持在百万吨以上。2011~2018年我国PC进口量统计如图2所示。

由上可以看出，2011~2014 年国内 PC 进口量一直处于缓慢增长之势。但自 2015 年开始，随着国内新建产能的投产，一定程度上抑制国内 PC 的进口。2017 年累计进口量为的 1319kt，2018 年累计进口量为 1417.24kt，比 2017 年同期增加 2.33%。2018 年上半年国内 PC 进口量整体呈现震荡格局，下半年则呈现逐步下降趋势，主要是因为国内新装置的投产及运行趋稳，对进口料的需求量随之不断减少；另外，由于 2018 年下半年国内 PC 价格持续下跌，也抑制进口量的增加。

4.2 我国 PC 出口情况

相对于进口量，我国出口量非常少，仅占进口量的 15%~21%，这主要是因为目前国内生产技术相对不成熟，所产 PC 质量与进口产品仍有一定差距；另外我国是全球最大的塑料原料及制品生产国及最大消费国，国内装置产能严重不足，出口的 PC 料也多为做进料加工后转出口的制品。2011~2018 年我国 PC 出口量统计如图 3 所示。

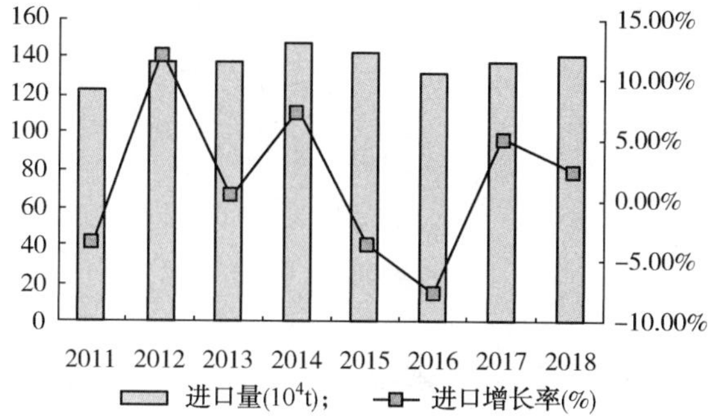

图 2 2011~2018 年国内 PC 进口量统计

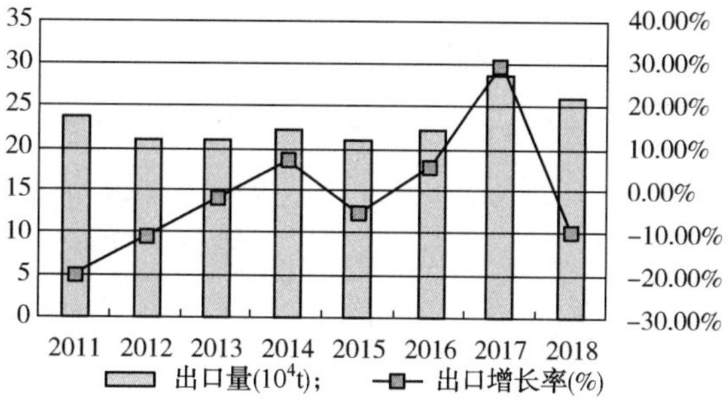

图 3 2011~2018 年国内 PC 出口量统计

2018 年国内 PC 累计出口量为 259.9kt，较 2017 年累计出口 288.3kt，环比下降 9.89%。2017~2018 两年国内 PC 出口量保持较高水平，一方面，随着国家促进外贸回稳政策措施效果的逐步显现，国内 PC 出口逐步向好；另一方面，近两年国内 PC 产能大幅提升，为后期出口量增加提供保障。2018 年 10 月 22 日，财政部发文对部分产品增值税出口退税率进行调整，将塑料制品、灯具等产品出口退税率提高至 16%。调整涉及的 29 种塑料原材料产品中包括 PC、改性塑料原料，71 大类塑料制品领域中涉及 PC 的主要下游板材、片材等，这将有效刺激 PC 及下游制品的出口。

据中国合成树脂供销协会聚碳酸酯分会(CNPCA)《2018 中国聚碳酸酯行业发展蓝皮书》分析指出，我国的 PC 进出口可能在 2021~2022 年达到贸易平衡，并可能进一步转变为净出口地区。

5 原料情况

BPA 作为聚碳酸酯生产的重要原料，未来将是中国聚碳酸酯产业竞争的关键因素之一[6]。我国 BPA 经过 2014~2016 年产能迅速扩张后，2017~2018 连续两年产能保持稳定，2018 年 BPA 总产能 1440kt/a，国内主要 BPA 装置如表 3 所示。

表 3 国内 BPA 装置产能统计

生产商	产能(kt/a)	地址
科思创聚合物有限公司	410	上海
长春化工(江苏)有限公司	270	江苏
中石化三菱化学有限公司	180	北京
南亚塑胶工业有限公司	150	宁波
南通星辰合成材料有限公司	150	南通
中石化三井化学有限公司	120	上海

续表

生产商	产能(kt/a)	地址
利华益集团股份有限公司	120	东营
惠州忠信化工有限公司	40	惠州
合计	1440	

2017 年国内 BPA 消费量表观消费量约 155×10^4t，净进口量约 43×10^4t，其中 PC 消费占比约为 37%。国内 BPA 后期新建装置有限，2019 年 BPA 在国内新增产能仅台湾常熟长春化学 135kt/a 装置，预计 2020 年国内 BPA 产能将达到 1950kt/a，新增产能主要与 PC 配套。PC 产量的急剧增长将带动 BPA 消费量的快速增长，预计到 2020 年国内 BPA 需求量将达到 1980kt/a，BPA 市场供需缺口将急剧增长，对于 BPA 资源争夺将更加激烈。

6 结论与建议

PC 是重要的工程塑料品种，因其生产技术难度大、进入门槛高，长期以来供不应求。2014 年浙铁大风化工有限公司打破国外技术垄断以来，在国家政策的支持下，我国 PC 产业快速发展，我国 PC 行业进入产需“新常态”，预计 2020 年国内 PC 装置产能将达到 2740kt，市场供应格局将发生变化。

随着国内经济的平稳发展和供给侧改革的实施，我国 PC 各应用领域消费结构没有明显变化，未来 PC 的需求总量增速将维持在 3%附近。国内 PC 产能持续提高，替代进口是 PC 行业近几年的发展方向，PC 产品自给率将明显提高，预计到 2022 年我国 PC 进出口量将达到贸易平衡。

国内 PC 产能提升的同时，低端、通用料市场或将面临产能过剩、竞争激烈的压力，而中高端产品缺乏。生产企业想要在供应过剩的格局下求得发展，必须调整增长模式，从量变转向质变，将眼光放于延长产业链及开发高附加值产品上，注重产品的差异化发展，开发能占领新兴市场的产品；另外生产企业也需将目光投向海外新兴市场，开拓和布局海外市场，参与国际竞争。

经过近年的迅速发展，目前国内 BPA 基本可以满足下游需求，但随着新建 PC 装置增多，对双酚 A 形成需求拉动，未来几年 BPA 市场供应趋紧，我国 BPA 对进口的的依存对将会增加。

参 考 文 献

[1] 刘正英，杨鸣波．工程塑料改性技术[M]. 北京；化学工业出版社，2008：130-138.
[2] 金祖栓，吴念．碳酸酯树脂及其应用[M]. 北京；化学工业出版社，2009：1-16.
[3] 徐振发，肖刚．聚碳酸酯的技术与市场现状及发展趋势[J]. 合成树脂及塑料，2011，28(2)：76-80.
[4] 李金玲，张文武，董长河等．聚碳酸酯的市场前景及技术进展[J]. 弹性体，2013，23(3)：89-92.
[5] 张淑红，郭卫玲，邢风英等．国内外聚碳酸酯市场现状分析[J]. 石化技术，2015，22(4)：14-15.
[6] 陈云峰，杨志宝，柳延峰等．双酚 A 生产及市场情况分析[J]. 化学工业，2018，36(5)：42-47.

硫酸装置转产烟酸技术研究及工业应用

陈定荣

（中国石化巴陵石化公司己内酰胺部，岳阳 414000）

摘　要：随着己内酰胺装置产能不断扩大，硫酸装置生产的20%发烟硫酸存在132kt/a烟酸需求缺口。为增产烟酸挖潜增效，己内酰胺部利用现有硫酸装置，开发了将外购低价值的98%硫酸提浓转产为高价值的烟酸技术方法。通过分析计算，得出一定条件下，装置所能接收98%硫酸最大理论值。通过探讨找到了影响装置收酸转产量的关键因素，通过优化硫磺量、风量配比，减少补充新鲜水和带入的干燥饱和水，提高收酸量，硫酸装置年增产烟酸量达86kt，有效缓解己内酰胺装置烟酸的需求缺口，经济效益显著。

关键词：98%硫酸；20%发烟硫酸；含水量；转产能力；扩能增效

1　引言

巴陵石化公司己内酰胺部己内酰胺装置配套的硫酸装置设计产能为187kt/a，产品为20%发烟硫酸(简称烟酸)，主要用来供氨肟化重排反应使用[1]。目前己内酰胺装置年产量约280kt，烟酸需求量为319kt，缺口132kt，不能满足己内酰胺装置生产需要[2]。为解决缺口问题，硫酸装置利用现有条件，将外购的98%硫酸加工成烟酸[3]。但硫酸装置收酸加工转产能力受环境气温、负荷及操作影响较大，存在夏季收酸加工转产能力低甚至不能收酸、冬季收酸加工转产能力富余的情况。针对该情况，本文通过理论计算和数据分析，找到了影响收酸加工转产的关键因素，通过工艺摸索优化，在一定程度上提高收酸加工转产能力，有效缓解了300kt/a己内酰胺配套硫酸装置烟酸缺口问题，降低了生产成本，实现了装置扩能增效[4]。

2　发烟硫酸生产基本原理

硫酸是三氧化硫和水以任何比例化合的物质，烟酸是其中三氧化硫和水的摩尔比大于1的溶液。硫酸的生产实际就是三氧化硫气体在液体水中的吸收过程。工业生产中主要使用硫酸水溶液或水吸收三氧化硫，是一个典型的气体在液体中的吸收过程，其包括物理吸收和化学吸收，两个吸收同时发生，一般硫酸厂都使用硫酸来吸收转化后气体中三氧化硫[1]。三氧化硫被吸收后与其中的水化合成硫酸，化学反应为：$nSO_3+H_2O=H_2SO_4+(n-1)SO_3$。

随着三氧化硫与水量比例的改变，可以生成各种浓度的硫酸，$n>1$，生成发烟硫酸；$n=1$，生成无水硫酸；$n<1$，生成含水硫酸。

3　项目可行性研究

3.1　硫酸装置生产工艺

己内酰胺部硫酸装置包括1套硫磺制酸单元和1套硫化氢制酸单元。硫磺制酸单元采用硫磺燃烧、二氧化硫氧化、三氧化硫吸收工艺制成质量分数20%的烟酸。硫化氢制酸单元采用硫化氢和硫磺混合燃烧、炉气净化干燥、二氧化硫氧化、三氧化硫吸收工艺制成98%硫酸，送往硫磺制酸单元干吸工段，提浓成20%烟酸。

3.2 硫酸装置收酸能力计算分析

(1)20%烟酸与硫酸的换算方法。烟酸浓度有两种表示方式[5]：一种是以烟酸中总硫酸含量表示；另一种是以烟酸中的游离三氧化硫含量表示。两种浓度可进行换算，含游离三氧化硫20%的烟酸中含硫酸的总量(A_{SO_3})为20%×98/80+80%＝104.5%，1kg游离三氧化硫20%的烟酸中含三氧化硫的总量(M_{SO_3})计算如下：

$$M_{SO_3}=0.2+0.8\times80/98=0.853(kg) \tag{1}$$

20%烟酸中的三氧化硫与水总含量质量比(b)，b按式(2)计算：

$$b=0.853/(1-0.853)=5.805 \tag{2}$$

(2)装置三氧化硫与水含量及理论收酸量计算：

①三氧化硫含量(M_{SO_3})。

硫磺制酸单元液磺流量6000kg/h，硫化氢制酸单元硫化氢流量1500Nm³/h，体积分数15%，伴烧液硫流量1000kg/h。

硫酸装置中硫含量(M_S)按式(3)计算：

$$M_S=6000+1000+(1500\times15\%)\times32/22.4=7321(kg/h) \tag{3}$$

硫酸装置中三氧化硫含量M_{SO_3}按式(4)计算：

$$M_{SO_3}=7321\times80/32=18303(kg/h) \tag{4}$$

②系统水含量(M_{H_2O})。在硫磺制酸单元中，风机C401满负荷运行时风量为40000Nm³/h，设定外部条件：气温25℃、相对湿度80%。25℃时的饱和水蒸气压力为3.169kPa，根据经验公式[5]空气中带入系统水量(M_{H_2O-S})按式(5)计算：

$$M_{H_2O-S}=3169/(101325-3169)\times18/22.4\times40000\times80\%=830.19(kg/h) \tag{5}$$

硫化氢制酸单元中，硫化氢伴烧液硫混合生产时，风量为12000Nm³/h，进入硫化氢系统水分共四部分：一是硫化氢及甲醇燃烧生成水M_{r-H_2S}，约180kg/h及10kg/h，均进入动力波洗涤塔；二是动力波洗涤塔降温补充新鲜水，200～1000kg/h；三是进入干燥塔饱和湿空气含水；四是吸收系统补充新鲜水0～1200kg/h。

带入干燥塔的水量由饱和湿空气温度及气量决定。干吸塔进气温度一般控制在35℃，按平均温度为35℃计算，查水蒸气热力曲线[6]得出，35℃的饱和水蒸气分压为5.624kPa，则根据经验公式[7]带入硫化氢系统的水量($M_{H_2O-H_2S}$)按式(6)为：

$$M_{H_2O-H_2S}=5624/(101325-5624+2500)\times18/22.4\times12000=552.25(kg/h) \tag{6}$$

$$M_{H_2O}=M_{H_2O-S}+M_{H_2O-H_2S}+M_{r-H_2S}=830.19+552.25+180+10=1572.44(kg/h) \tag{7}$$

③理论收酸量计算。若硫酸装置不从外部补充新鲜水，生产含20%游离SO_3烟酸所需的水分全部来自空气及炉气带入系统水分，以及从外界接收的98%硫酸的水分。从外界接收98%硫酸含量(n)，那么系统中三氧化硫含量(M_{SO_3})及水含量(M_{H_2O})分别为：

$$M_{SO_3}=18303+n\times98\%\times80/98(kg/h) \tag{8}$$

$$M_{H_2O}=(830.19+552.25+180+10)+(1-0.98\times80/98)n=1572+0.2n \tag{9}$$

硫酸装置系统生成含20%游离SO_3烟酸时，M_{SO_3}/M_{H_2O}质量比为：

$$M_{SO_3}/M_{H_2O}=(18303+0.8n)/(1572+0.2n)=5.805 \tag{10}$$

$$n=25423(kg/h)=13.82(m^3/h)$$

当外界气温为25℃、湿度为80%时，不从外部补充水分，水分全部来自空气及炉气带入干燥系统水分，硫酸装置所能接收98%硫酸量最大理论值为13.82m³/h。因此，在一定条件下，硫酸装置可接收一定量的98%硫酸，将其提浓转产为烟酸，该转产烟酸项目具有可行性。

4 项目改造

硫酸装置接收来自原料罐区的98%硫酸，经新建管线进到装置循环酸槽(图1V401)、二吸循环酸槽内(图 1V408)。调节干吸循环酸槽、二吸循环酸槽进酸量，控制干吸循环酸槽酸浓度在 97%~98%，二吸循环酸槽酸浓度在 97.5%~98.3%。二吸循环酸槽内多余的 98%硫酸通过现场串酸阀送至干吸循环酸槽内，干吸循环酸槽内的 98%硫酸通过串酸阀送至烟酸循环槽，生成烟酸。调节 98%硫酸串酸量，控制烟酸循环槽酸浓度在 18%~20.5%。烟酸循环槽中的烟酸经产酸阀送至烟酸储罐。烟酸储罐中的烟酸通过烟酸输送泵送至原料。具体改造流程图如图 1 所示。

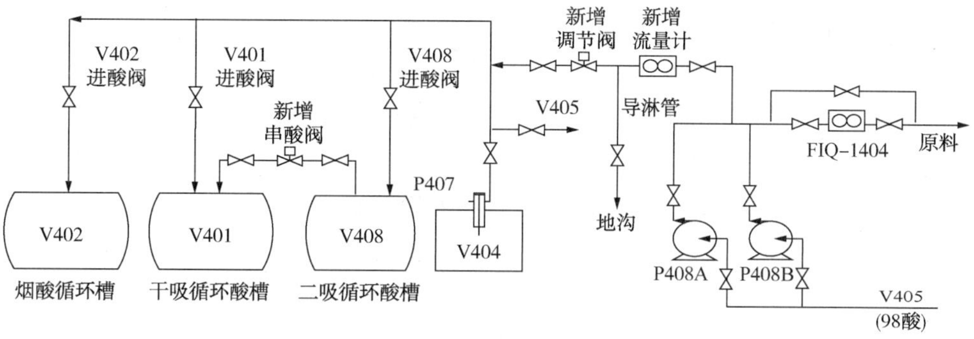

图 1　转产烟酸工艺流程图(注：黑粗线部分为新增管道仪表及阀门)

原外送 98%硫酸流程，经改造，变为接收 98%硫酸流程，经酸流量计 FIQ1404 旁路，沿黑粗线管道进入干吸循环酸槽 V401，V401 串入烟酸循环槽 V402，生成烟酸。

5　影响装置收酸量因素分析

5.1　环境气温对收酸量的影响

空气中含水量与温度有关，温度越高，能容纳的水蒸汽也越多，空气中水蒸汽含量随温度不同而变化。一年中岳阳气温，在夏季的 7~8 月，日平均最高气温为 32℃，在冬季的 12 月、1 月、2 月，日平均最低气温为 2~4℃，春秋季平均气温接近 20℃。冬夏季相对湿度相差不大，平均接近 80%。

当气温在 4℃，相对湿度 80%时，查《硫酸工艺设计手册》，空气中的饱和水蒸气压为 0.813kPa，根据经验公式[7]，带水量计算如下：

硫磺制酸单元，空气带入干燥塔 T401 内水量为：

$$M_{H_2O-S}=813/(101325-813)\times18/22.4\times40000\times80\%=207.99\text{kg/h} \tag{11}$$

硫化氢制酸单元，炉气经冷却塔冷却至 35℃后带入干燥塔 T1401 水量为：

$$M_{H_2O-H_2S}=5624/(101325-5624+2500)\times18/22.4\times12000=552.25(\text{kg/h}) \tag{12}$$

依此计算，不同温度下，带入干燥塔含水量及装置最大收酸能力见表 1。

表 1　不同温度下带入干燥塔含水量及装置最大收酸能力

气温/℃	饱和水蒸气压/Pa	空气相对湿度/%	空气含水量/kg			硫酸装置最大收酸能力/(m^3/h)
			硫磺单元	硫化氢单元	硫酸装置	
4	813	80	207.99		760.24	19.3
20	2338	80	607.35		1159.60	15.8
32	4754	80	1265.86		1818.11	10.0
35	5624	100		552.2		

从图 2 可以看出，装置空气及燃烧含水量随气温上升而增加，理论最大收酸能力随气温上升而降低，最低气温(4℃)是最高气温(32℃)收酸能力的 2.7 倍。同时可知，硫酸装置接收 98%硫酸能力呈季节性变化，受环境气温影响明显，因此，实际生产过程中需根据空气含水量随气温变化的特性，合理规划 98%硫酸接收转产量。

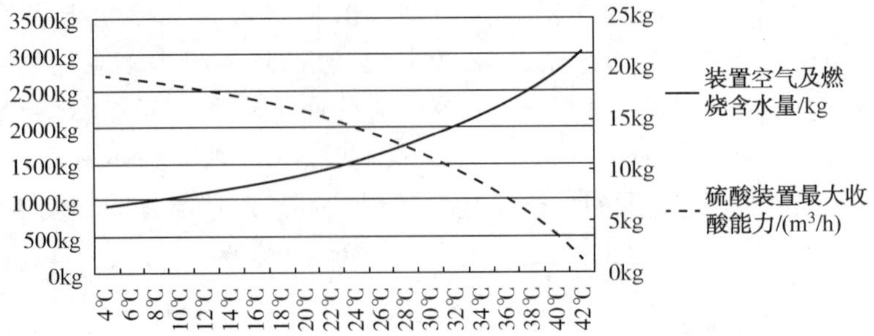

图2　不同温度下，装置空气含水量及最大收酸能力情况

5.2　收酸与游离水换算

硫酸装置生产20%烟酸(104.5%硫酸)，若原料为收入的98%硫酸，首先计算98%硫酸在变成20%烟酸后富裕水分的量。设收入98%硫酸为1kg，根据硫守恒，生成的20%烟酸量(x)，可按式(13)计算：

$$0.98\times32/98=x(0.2\times32/80+0.8\times32/98) \tag{13}$$

即$x=0.938$kg，游离出来的水为0.062kg。空气带水量每增加1kg/h，减少接收98%硫酸的量(y)，可按式(14)计算：

$$1/0.062=y/100,\ y=16.13(\text{kg/h}) \tag{14}$$

在实际生产运行过程中，从硫化氢装置过热器B1202出来的高温炉气进入动力波洗涤器，经稀酸喷淋进行绝热蒸发冷却，使炉气温度冷却，进入冷却塔。经冷却，出冷却塔炉气经除酸雾，再送入干燥系统。在此净化工段，需向动力波洗涤器连续换水，使动力波玻璃钢设备不超温，补充水后续进入干吸系统，补水量为0.2～1.0m^3/h，差量为0.8m^3/h，按上述计算，收酸量相差在0.8×1000×16.13=12904kg/h。

外界带入系统水量每减少1kg/h，装置接收98%硫酸能力可提高16.13kg/h。因此，通过摸索调优、精细化操作，装置可降低带入系统含水量，从而显著提高装置接收转产量。

硫黄制酸单元中，带入系统水分为空气含水；硫化氢制酸单元中，带入系统水分，有空气含水、少量硫化氢及甲醇燃烧生成水、动力波洗涤塔降温补充新鲜水、进入干燥塔饱和湿空气含水。硫酸装置带入系统水分中，空气湿度、温度，不可调节、不可操作，但含水量因空气通气量大小变化而变化，因此可通过适当调节硫黄量、风量配比，降低空气带入系统含水量。硫化氢及甲醇燃烧生成水，较少，且来自其他运行部，不可调节操作。动力波洗涤塔通过清理其换热器、增加叶片等措施进行降温，从而进一步减少补充新鲜水。通过降低进入干燥塔温度，减少干燥塔饱和湿空气含水。

5.3　收酸与循环水关系

硫酸装置干吸系统设有冷却水循环系统，供干吸系统降温使用。若产出标准浓度为20%的烟酸，系统需补充一定量的新鲜水，稀释过程释放大量热量。通过接收98%硫酸减少新鲜水的补充，进而减少稀释热量。接收的98%硫酸通过浓缩，吸收部分热量，进一步减少稀释热量。因此，接收98%硫酸可减少干吸系统循环水消耗量。

6　改造效果

自2014年硫酸装置干吸系统接收98%硫酸转产烟酸改造后，硫酸产品质量指标、过程控制指标合格率一直保持在100%，能耗及环保排放指标接近改造前值。

从计算可知，当外界环境气温在25℃、湿度为80%，不补充外部水分时，也就是说动力波及吸收工序补充新鲜水为零时，硫酸装置生成含20%游离SO_3所能接收98%硫酸量最大理论值为13.82m^3/h。

从实际运行情况看，硫酸装置实际收酸量与当月平均气温关系极其密切，在平均气温最高的7~8月，装置收酸加工能力小、收酸转产量少，实际及计算收酸量冬季均为夏季2倍以上，如图3所示。

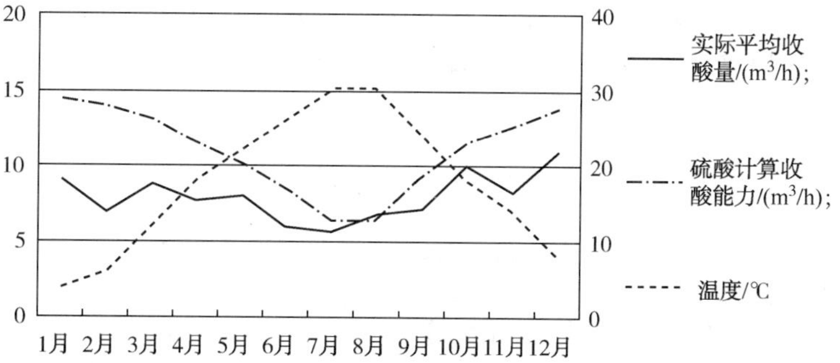

图3 硫酸装置的收酸转产烟酸对比效果一览表

（注：计算收酸能力以动力波补充水平均0.3t/h计算）

夏季实际与计算收酸量较接近，基本满足计算拟合，满足收酸量随气温变化的特性规律。冬季实际和计算收酸量差别较大，夏季因收酸加工能力小，而己内酰胺装置不受气温影响稳定高产，在此情况下，库存更易协调控制，原料储罐不易满罐，收酸量接近最大理论收酸能力，冬季因收酸能力大，原料储罐易满罐，基本不能满足最大收酸量需求，收酸能力存在闲置和浪费的情况。

收酸量受98%硫酸、烟酸库存及生产供需平衡影响，因此控制好罐区酸库存，协调好物料供需关系，可以有效增加接收98%硫酸酸量，减少运行部烟酸采购成本。

从表2可知，硫酸装置收酸转产烟酸改造后，年增产烟酸逐年增加，由2014年47141t增加到2018年85707t，装置烟酸产能实现大幅度提高。20%烟酸设计产能由187kt/a提升到270kt/a，增产扩能明显，效益显著。

表2 硫酸装置收酸转产烟酸项目效益表

年份	收98%硫酸量/t	转产烟酸/t	效益/万元
2014	50478	47141	125
2015	62190	58043	205
2016	81210	75798	547
2017	74924	69931	470
2018	91827	85707	770

从收酸效益看，两种浓度的硫酸的市场价差很大程度上决定了该项目的落袋经济效益，价差随市场存在较大波动，价差高时100多元/t酸，因此，在价差高时，尽量多收酸是转化项目落袋经济效益，提高装置效益的关键。

7 结论

(1)当外界气温25℃，湿度80%，不从外部补充水分，硫酸装置生产含烟酸所能接收98%硫酸的最大理论值为13.82m^3/h。

(2)硫酸装置接收98%硫酸能力呈季节性变化，受环境气温影响明显，实际收酸能力冬季是夏季的近2.7倍值，差异巨大，应利用该特性合理规划收酸，避免收酸能力闲置。

(3)外界带入装置系统水量每减少1kg/h，装置接收98%硫酸的能力将提高16.13kg/h，通过装置调优提高装置收酸量。通过延长装置运行周期，可有效提高收酸量。

(4)2014~2018年，通过摸索优化，硫酸装置年接收98%硫酸转产烟酸的产能由187kt/a提升至273kt/a，其年产量由47kt提升至86kt。通过合理利用收酸量随温度变化特性，协调好供需库存关系，将可进一步提高收酸转产量，进而提高硫酸装置产能。

总之，己内酰胺部硫酸装置可通过接收98%硫酸将其提浓转产为烟酸。收酸转产量有随环境温度变化的特性，应合理规划收酸，避免转产能力闲置。通过对装置操作的优化，可有效提高高温夏季收酸量。烟酸/98%硫酸价差高时，多收酸提高装置实际收酸能力，从而创造最大实际落袋效益。

参考文献

[1] 陈定荣．硫酸装置转产烟酸技术的工业应用[J]．巴陵石化科技，2019，37(1)：8.

[2] 方旭东．硫酸技术———昨天、今天和明天[J]．硫酸工业[J]．2016(4)：32~34.

[3] 白四清．尹荣花．硫酸系统改造与烟酸试生产工艺[J]．中国有色金属，2010(1)：73.

[4] 李瑞年．硫酸行业绿色经济转型发展成本与效益分析[J]．中国环保产业，2017(7)：30.

[5] 虞钰初．硫酸工艺设计手册-工艺计算篇[M]．南京：化工部硫酸工业信息站出版，1994：235-236.

[6] 刘少武．硫酸生产技术[M]．南京：东南大学出版社出版发行，1993：694.

水性环氧树脂在碳纤维保温材料中的应用

许　宏

（中国石化巴陵石化公司树脂部，湖南岳阳　414014）

摘　要：对巴陵石化水性环氧树脂在光伏产业碳纤维保温材料中的应用进行了研究。通过市场开发和下游厂家测试，结果表明：水性环氧树脂体系具有适宜的粘度和较好的稳定性，强度、密度、残炭率、金属杂质等指标的性能测试均满足使用要求。与当前绝大部分碳纤维保温材料厂家使用的浸润剂水溶性酚醛树脂和呋喃树脂相比，综合指标更加优良，特别是环保和安全性能更佳。

关键词：光伏产业；碳纤维保温材料；水性环氧树脂水溶性酚醛树脂环保

1　引言

随着政府及社会公众对环保要求的不断提高，及一系列针对工业挥发性有机物(VOCs)排放政策的出台，水性化体系越来越受到人们的欢迎。水性环氧树脂是指环氧树脂以微粒或液滴的形式分散在以水为连续相的分散介质中，而获得的稳定分散体系。它具有适应能力强、环保性能好、安全性高和操作性能佳等优点。

水溶性酚醛树脂及呋喃树脂在固化过程中产生的有毒、刺鼻气味对制造车间职工的身体伤害，部分保温材料生产厂家使用大量酒精做稀释剂所潜在的安全隐患，都需要相关企业在发展中亟待解决。巴陵石化公司研制的水性环氧树脂乳液绿色环保、无气味，部分指标更加优良，安全性能更佳。

作者分析了水性环氧树脂的性能，并以水性环氧树脂作为浸润剂应用于碳纤维保温材料领域，从下游客户的测试数据中验证水性环氧树脂对碳纤维保温材料行业的积极作用。

2　实验部分

2.1　原料与设备

水性环氧树脂牌号：CYDW-102W50、CYDW-112W50，巴陵石化公司生产；

碳毡：甘肃郝氏炭纤维有限公司生产；

EDX-LE 型 X 荧光光谱仪：日本岛津公司制；5100 ICP-OES 金属杂质测试仪：安捷伦公司制；VVC-0608 型立式真空碳化炉：湖南顶立科技有限公司制；DRS-III 型高温导热系数测试仪：湘潭湘仪仪器有限公司制。

2.2　工艺步骤

水性环氧树脂分别配置成 30%、50%、70%的溶液，水为溶剂。浸泡在碳毡里，晾干后通过烘箱固化和 1800℃碳化高温，测试密度、强度、金属杂质含量、导热系数等相关指标。

将试样制备为 Φ(160～180)mm×(10～25)mm 的一块扁圆柱形，两端面应平整，不平行度小于±1mm。试样按规定工艺处理后，测量厚度，将 Φ220mm 的玻璃纤维布、垫板、冷面热电偶、试样、热面热电偶、均热板同轴地放置在量热器上，并在试样周围的空隙处填充高铝纤维棉。

按规定的速率升至实验温度达到稳态后．测量试样冷、热面温度，中心量热器的水流量。水温升高，计算导热系数(λ)：

$$\lambda = k\Delta mv\omega\delta/(t_1 - t_2)$$

式中 λ——导热系数；

k——常数；

Δmv——中心量热器水温升高电动势差；

ω——中心量热器的水流量；

δ——试样厚度；

t_1——试样热面温度；

t_2——试样冷面温度。

2.3 测试及表征

金属杂质含量：水性环氧树脂试样在控温电炉上加热，使挥发物挥发直至分解炭化；炭化残余物移入炉温650℃马弗炉中2h，试样从马弗炉中拿出后，倒入5mL浓硝酸在控温电炉上硝解，硝解完成后再过滤定容。定容后的试样在等离子发射光谱仪上测试金属杂质含量。

3 结果与讨论

3.1 乳液特性

巴陵石化水性环氧树脂主要有两个牌号，指标见表1。

表1 水性环氧树脂指标

项目	参数	
牌号	CYDW-112W50	CYDW-102W50
外观	乳白色均匀液体	乳白色均匀液体
树脂类型	双酚A液体环氧树脂	双酚A液体环氧树脂
固含量,%	48.94	49.01
环氧当量(g/ep)	1608.1	428.5
旋转粘度(25℃)/mPa·s	1119	175
离心稳定性(3000r/min，20min)	不分层	不分层

3.2 金属杂质含量测试水性环氧树脂

采用5100 ICP-OES金属杂质测试仪，分析两个牌号的水性环氧树脂试样中的金属杂质含量铝(Al)、钙(Ca)、铜(Cu)、铁(Fe)、钠(Na)，结果如表2所示：

表2 水性环氧树脂金属杂质含量

试样	Al(ug/g)	Ca(ug/g)	Cu(ug/g)	Fe(ug/g)	Na(ug/g)
指标要求	≤5	10	.5	0.5	10
CYDW-102W50	0.68	4.27	0.14	0.13	7.86
CYDW-112W50	0.55	2.71	0.10	0.08	5.47

从表2可以看出，CYDW-102W50、CYDW-112W50两款水性环氧树脂金属杂质含量均低于下游行业指标要求，能够满足碳纤维保温材料行业需求。

3.3 CYDW-112W50浸润后的碳毡性能

以CYDW-112W50为原料，按照不同的加水比例，进行碳毡浸润实验，结果见表3：

表 3　不同比例加水量浸润性的影响

碳毡	加水比例	固化后碳毡质量	1800℃碳化后碳毡质量	碳毡质量增加值
14.1	30	21.5	15.2	1.1
13.8	50	18.6	14.9	1.1
14.5	70	18.6	15.4	0.9

从表 3 可以看出，随着加水比例的增加，碳化后的碳毡质量逐渐减小。从成本上考虑，加水比例越多，成本越低，且水量越多越能增加树脂乳液对碳毡的浸润性。但 70%水的样品碳化后物料残留量低，影响产品的物理性能。因此，选择加水 50%为最佳比例。

取 CYDW-112W50 水性环氧树脂及市场上某水性环氧树脂样品 A，按照 50%加水比例进行碳毡浸润实验，测试不同状态下样品的密度及导热系数。

表 3、表 4 为下游保温材料厂家对巴陵石化水性环氧树脂的实测数据，可以看出，巴陵石化提供的水性环氧树脂 CYDW-112W50 混合乳液浸润后的碳毡具有密度低、导热系数低的特点。低导热系数有利于保温效果，符合生产太阳能硅晶体生长炉热场要求。

表 4　水性环氧树脂碳毡浸润后的碳毡性能

水性环氧树脂	碳毡密度/(g/cm^3)			碳毡导热系数/(W/m·K)	
	浸润前	固化后	碳化后	浸润前	碳化后
CYDW-112W50	0.149	0.212	0.188	—	0.113
外来样品	0.149	0.216	0.191	—	0.122

以水性环氧为主体树脂的浸润剂渗透在碳纤维材料制得的碳毡里，首先就要使水性环氧树脂完全、充分地铺展到碳纤维表面上，也就是说二者之间要有充分的浸润。基体树脂在液态时不能对纤维表面形成有效的浸润而在接触面上留下空隙，将导致界面缺陷和应力集中，使界面的粘结强度下降。作为中间结构层的浸润剂，要很好地起到连结无机(碳毡)和有机(水性环氧树脂)两相的界面。并传递应力的作用，并与基体树脂产生良好的粘结力，起到桥梁的作用。同时，水性环氧树脂分子中的极性羟基和醚键对碳纤维表面有很强的粘附性，对碳纤维有良好的保护功能和集束性。水性环氧树脂作为浸润剂中的粘结成膜剂，与其他组分配合，有利于浸润剂的稳定储存。浸润剂中各组分在碳纤维表面产生吸附和反应，介于碳纤维表面与基体树脂表面之间，起着中间粘结层和传递应力的作用，形成了新的固-气界面，从而改变了原有碳纤维的界面特性。国外水性环氧树脂乳液在碳纤维浸润剂中的应用已比较成熟。

3.4　应用实例

用巴陵石化水性环氧树脂做浸润剂制得的光伏产业碳素纤维保温材料系列产品。

碳毡(图 1)由碳纤维针刺成毡，在水性环氧树脂乳液中完全浸润，经预氧化、炭化、石墨化等生产过程制成性能优异的高温隔热材料。它具有耐热温度高、隔热性好、重量轻、质地柔软、裁剪容易等特点，是高温炉理想的保温隔热材料。

图 2、图 3 中以碳毡为主要基材制成的硬质碳纤维保温筒和固化毡保温筒能有效降低单晶炉热场中的热损失，起到隔热保温的作用。同时，保温筒的多层叠加设计，更有利于温度梯度的稳定。

图 1　碳毡

图 2　硬质碳纤维保温筒

图 3　固化毡保温筒

4　结论

巴陵石化产水性环氧树脂 CYDW-102W50 和 CYDW-112W50 型混合乳液，通过国内多家大型碳纤维保温材料厂家应用于浸润剂，反馈黏度适用性强，碳毡浸润后具有密度低、残炭率适中、保温效果好的特点，符合生产太阳能硅晶体生长炉热场要求。同时，水性环氧树脂浸润剂无需固化剂和溶剂，在确保品质、管控成本的前提下，既清洁了制造车间空气又规避了酒精作业的安全隐患。在环保日益重视的今天，应用前景十分广阔。

参 考 文 献

[1] 梅鸣华，李治，黄文革．耐火材料导热系数的几种测试方法[J]．工业炉，2010，32(5)：35-38.
[2] 黄英，碳纤维浸润剂含量测定方法的研究[J]．玻璃纤维，2014，(5)：17-21.
[3] 唐琴琼，王康建，刘才容，等，树脂对纤维浸润性能的检测方法探讨[J]．纺织科技进展，2015，(3)：67-69.

柴油加氢改质装置 LTAG 改造及优化

高全升　冯振恒

（中国石化济南分公司，山东济南　25000）

摘　要：介绍了中国石化济南分公司通过改造，建成的催化裂化柴油加氢改质装置对催化裂化柴油进行深度改质，实现了 LTAG 工艺中催化裂化柴油高转化率，同时，根据改质反应条件，适应性的进行工艺调整，降低整体能耗的措施和方法。

关键词：LTAG；催化裂化柴油；高转化率；加氢改质；节能降耗

1　引言

中国石化济南分公司 1.2Mt/a 柴油加氢精制装置由中国石化集团公司北京设计院设计的，2002 年建成投产，以重油催化裂化装置所产的催化裂化柴油、顶循油，常减压装置生产的直馏柴油和焦化装置所产的焦化汽油、焦化柴油为原料，经过加氢精制反应，使产品满足新的质量标准要求。

2011 年为适应柴油质量升级，本装置改为 0.8Mt/a 柴油加氢改质装置，采用中国石化集团公司石油化工研究院开发的中压加氢改质 MHUG 技术，主要原料为催化装置生产的催化裂化柴油及部分焦化装置生产的焦化柴油，主要产品为硫含量低于 0.005%、十六烷值达到 43 的精制柴油，副产的石脑油芳烃潜含量较高，作为重整原料。

2017 年为充分利用现有生产装置加工催化裂化柴油，达到压减柴油、提升经济效益的目的，采用中国石化石油化工科学研究院开发的催化裂化柴油加氢处理-催化裂化组合生产高辛烷值汽油或芳烃(LTAG)专利技术进行改造，本装置改为 0.9Mt/a 柴油加氢改质装置。主要原料为催化裂化柴油，产品部分作为 LTAG 催化单元的原料，其余作为国六车柴调和组分出厂。

2　装置特点

2.1　原料性质

根据二次加工汽柴油的烯烃含量较高，安定性差，胶质沉渣含量多的特点，本设计选用了三台十五组自动反冲洗过滤器，除去由上游装置带来的悬浮在原料油中的颗粒，为适应原料劣质化，2009 年又新增一台五组自动反冲洗过滤器。

为防止原料油与空气接触氧化生成聚合物，减少原料油在换热器、加热炉炉管和反应器中结焦，原料缓冲罐采用氮气或燃料气保护。

2.2　反应器

反应器 R301 为热壁结构，内设两个催化剂床层，床层间设冷氢盘，R302 内壁堆焊双层不锈钢(E309L+E347)以抵抗高温硫化氢的侵蚀，内设三个催化剂床层，床层间设冷氢盘，反应器之间可以注入冷氢，两反应器串联设置，中间设置补充氢。

2.3　催化剂装填

精制反应器 R301 中催化剂采用中国石化石油化工科学研究院开发的 RN-32L 加氢精制剂，改质反应器 R302 中催化加包括 RS-1000 加氢精制剂(再生剂)、RIC-2 改质剂(再生剂)、RIC-3 改质剂和 RN-32L 后精制剂。催化剂采用湿法预硫化方案；催化剂的再生采用器外再生，如图 1 和图 2 所示。

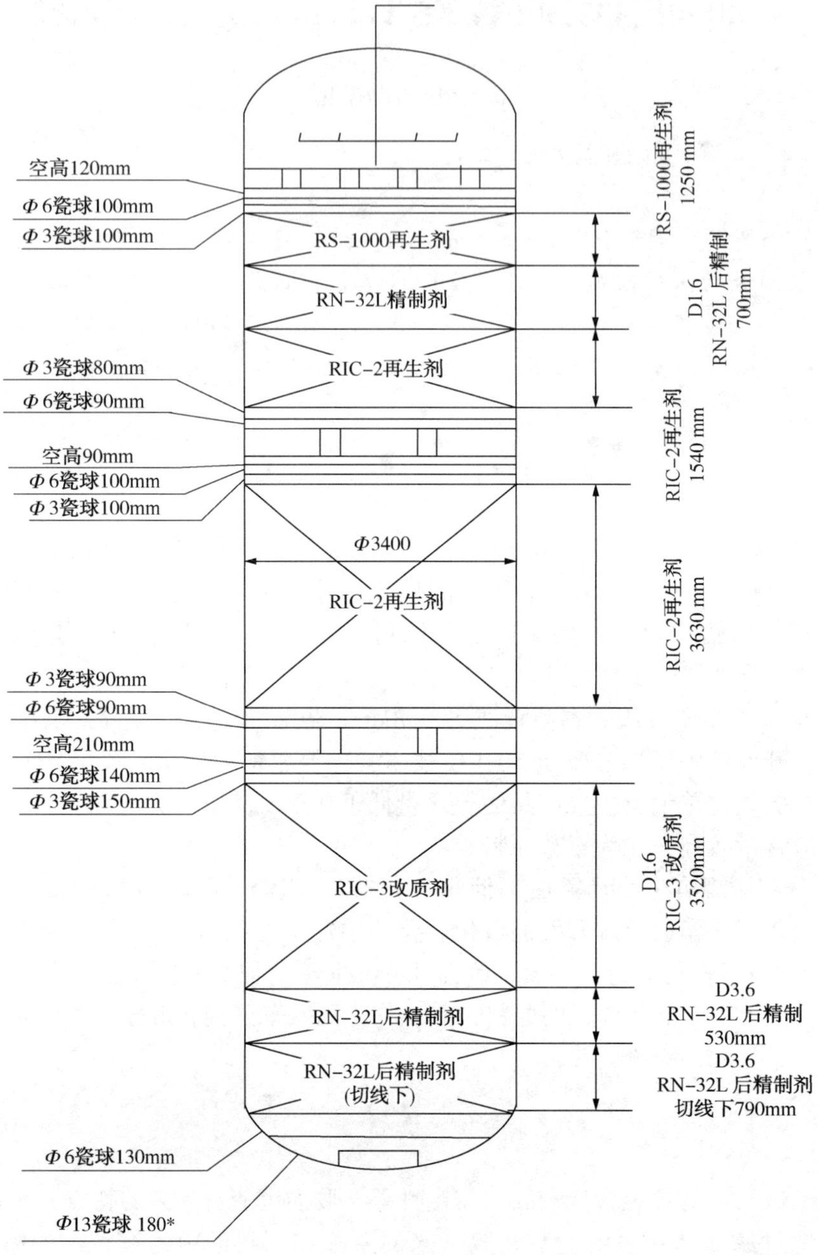

图 1 改质反应器 R302 中催化剂

2.4 其他特点

2.4.1 加热炉

采用国内成熟的炉前混氢工艺，原料油与氢气在换热器前混合，可提高换热器的换热效果，减少进料加热炉炉管结焦，同时可避免流体分配不均，具有流速快、停留时间短的特点。

2.4.2 注水

为防止铵盐析出堵塞管路与设备，在反应产物空冷器和反应产物/原料油换热器的上游均设有注水点。反应进料加热炉采用双室水平管箱式炉，炉底共设有 32 台低氮燃烧器，工艺介质经对流室进入辐射室加热至工艺所需温度，并设有一套烟气余热回收系统。

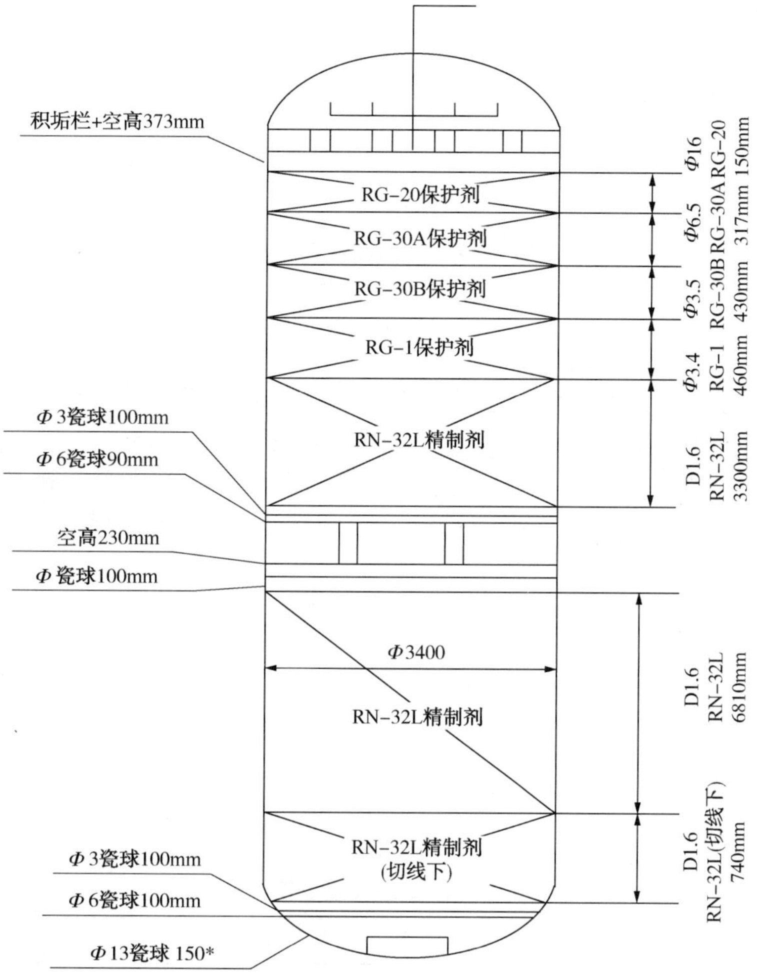

图 2　精制反应器 R301 中催化剂

2.4.3　分馏

分馏部分采用加热炉过热蒸汽直接汽提，脱除 H_2S、NH_3，并切割出付产品石脑油。

2.4.4　高压换热器

采用螺旋锁紧环双壳程换热器，换热方案安排合理，以温位高、热容量大与温位较低、热容量较小的物流进行换热，合理选择冷端温度，使热源量最大限度地得以利用，使总的传热过程在较高的平均传热温差下进行。

2.4.5　循环氢脱硫

循环氢设有脱硫系统，循环氢脱硫塔的贫胺液使用的贫胺液由 1.6Mt/a 柴油加氢装置高压贫胺液泵送至本装置，富胺液经闪蒸后出装再生。

3　提高催化裂化柴油转化率

3.1　联合 LTAG 工艺投产

济南分公司原 0.8Mt/a 催化装置经改造后于 2018 年 9 月 15 日喷油开工，改造后成为行业内首套同时具备双反应器和两段叠加再生的催化裂化装置，装置主、副反应器开工原料分别为渣油和蜡油的混合原料与全蜡油原料。开工运行平稳后副反应器自 9 月 18 日开始回炼改质催化裂化柴油，并逐步优化调整副反应器加氢柴油与罐区蜡油的回炼量比例，至 11 月 21 日全部改为回炼改质催化裂化柴油。

3.2　加工流程说明

如图3所示，两套催化的柴油除了根据原油品质，少量进入加氢精制做车柴原料外，全部去加氢改质做原料进行改质，产品正常全部去LTAG反应器进行裂化反应，少量根据车柴品质进行调合，增产车柴。

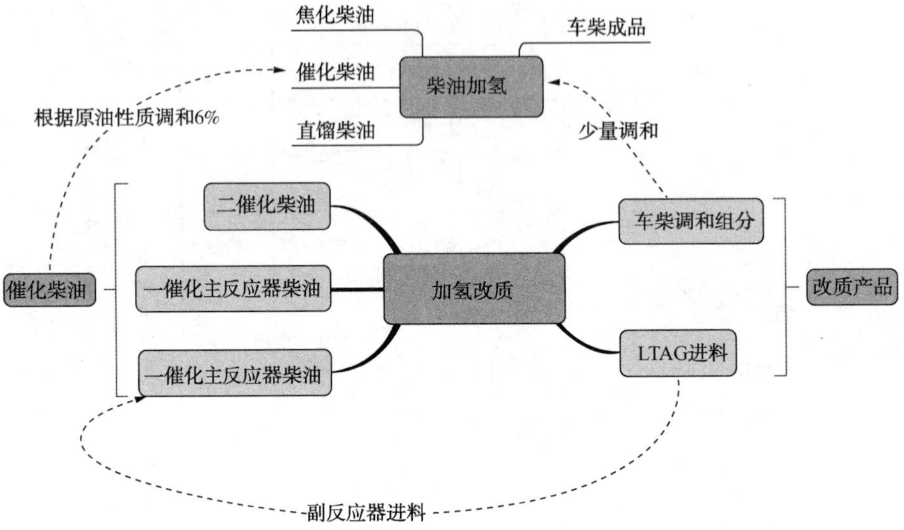

图3　加工流程

3.3　反应条件

主要操作条件详见表1。

表1　主要操作条件

项目	数据	项目	数据
加热炉进料流量/(t/h)	72.5	空速/h^{-1}	0.401
加热炉排烟温度/℃	116.9	R301平均床层温度/℃	236
加热炉氧含量/%	10.2	R302平均床层温度/℃	315
加热炉热效率/%	95	入口压力/MPa	333
反应器		R301温升/℃	7.52
新氢流量/(Nm^3/h)	18416	R302温升/℃	77.8
循环氢流量/(Nm^3/h)	158828	R301床层总压降/MPa	22.9
氢油比/(Nm^3/m^3)	1328	R302床层总压降/MPa	0.084

3.4　反应条件变化对产品的影响

生产过程中为了减少氢气的消耗对反应条件进行调整，并对产品进行跟踪，如表2所示。

表2　反应条件变化对产品的影响

反应条件	调整前	调整后	反应条件	调整前	调整后
R301入口温度/℃	296	290	原料密度/(kg/m^3)	929	942
R301二床层入口温度/℃	336	323	产品密度/(kg/m^3)	881	897
R302入口温度/℃	341	333	产品硫含量/(mg/kg)	1	3.2
R302二床层入口温度/℃	341	333	产品氮含量/(mg/kg)	1	3.5
R302三床层入口温度/℃	341	333	单环芳烃/%	47	61.4

续表

反应条件	调整前	调整后	反应条件	调整前	调整后
直柴进装量/(t/h)	4	0	多环芳烃/%	5.7	6.8
罐区催化裂化柴油进装量/(t/h)	39	41	总环烷烃/%	-	17.6
新氢消耗量/(Nm^3/h)	18710	17470	链烷烃/%	-	14.2

经过降低反应深度，氢气消耗降低 1240Nm^3/h，原料和产品的密度开始增加，产品硫氮开始增加，主要是产品中的单环芳烃开始增加，总环和总链大幅度增加，说明改质剂活性很高，一些裂化反应在改质装置中开始进行。根据产品性质的变化可以预见，进一步降低反应深度会减少氢气消耗，增加 LTAG 汽油芳烃和辛烷值，增加提升管内的催化裂化反应，同时增加回炼油和油浆的产生。

3.5 催化裂化柴油实现高转化率

LTAG 工艺中催化裂化柴油的物料平衡详见表 3。由于目前流程未完善，主、副反应器物料无法单独计量，但是根据典型数据可以计算出转化率范围。典型 MIP 工艺重油提升管柴油收率为30%左右，进入副反应器的改质柴油为 69.6t/h，催化裂化柴油转化率约为 40%，实现了催化裂化柴油全部转化为车柴、汽油和其他组分。

表 3　LTAG 工艺中催化裂化柴油的物料平衡

名称	性质	实物量/(t/h)	收率和比例/%
一套催化产出柴油	原料催化裂化柴油	53.8	0.64
二套催化产出柴油		30.7	0.36
原料合计		84.5	
去加氢精制装置	进入车柴池	10.8	0.13
改质后去车柴调和		2.3	0.03
去加氢改质装置	去 LTAG 裂化	69.6	0.82
	石脑油去重整	1.6	0.02
	损失	0.2	0.002
产品合计		84.5	

4　适应性调整节能降耗

4.1 灭火嘴减少瓦斯消耗

根据目前反应放热情况，以及原料加热换热器副线的开度余量，对加热炉进行优化。充分利用反应热，减少加热炉火嘴燃烧个数，目前每排仅保留一个主火嘴燃烧，由年初 12 个主火嘴，减少至目前的 4 个。瓦斯消耗由 180Nm^3/h 降至 70Nm^3/h 左右，下一步继续优化，目标是保留 8 个长明灯保障安全生产，主火嘴全部熄灭。气温回升后，将尝试停用鼓、引风机。

4.2 停真空脱水系统减少水电消耗

4.2.1　节约电能

真空脱水系统停用后，脱水塔底泵、闪蒸油泵、水循环真空泵停用，开启分馏塔底精制柴油泵。根据各机泵电机功率，每小时可节约用电 48kW。

4.2.2　节约循环水

真空脱水系统停用后，停用脱水塔顶冷却器循环水，可节约 200t/h。

4.2.3 减少污油

真空脱水系统产生闪蒸油 1.5t/h，目前进罐区污油罐，停用真空脱水系统后，将不产生闪蒸油，降低污油出装量。

5 总结

(1)高转化率、低柴汽比。加氢精制装置经过改造而成的柴油加氢改质可以满足 LTAG 工艺生产的需要，可以做到深度加氢，深度饱和，催化裂化柴油转化率达到 40%左右。彻底解决催化裂化柴油的后路问题，兼顾汽油增产，进一步降低柴汽比，提高高附加值商品率。

(2)更低能耗。加工劣质催化裂化柴油，因为其高硫高烯烃的特性，在脱硫和饱和的过程中发热量大，加上改质反应后再饱和放热量也很大，所以有大量反应热，可以减少加热炉火嘴数量，保留长明灯用来应急处置。同时因为产品不再做产品，所以很多后精制的措施也没有必要。优化后在同等加工负荷下，能耗应低于加氢类装置。

(3)优化方向。氢气是未来炼厂中的宝贵资源，代表着炼厂的加工深度。加氢改质的深度应该是适当的，过低则转化率不足，过高则整体经济性有所不足，会提高加工成本。下一步的优化方向是摸索适当的反应条件，恰好满足劣质柴油的完全消化，又减少过度加氢，减少氢气消耗。

烷基化废酸再生技术探讨

杨跃进

（中石化洛阳石化公司，河南洛阳　471012）

摘　要：介绍了洛阳石化烷基化废酸再生装置的建设背景，对烷基化废酸再生的反应机理进行了阐述。介绍了以南化集团研究院废酸再生技术为代表的烷基化废酸再生干法工艺和以托普索 WSA 技术为代表的烷基化废酸再生湿法工艺。两种工艺各有优缺点：南化集团研究院废酸再生技术采用“3+2”两转两吸工艺流程，流程相对复杂，设备较多，防腐要求高。设备实现全国产化，结构相对简单，设备、管道材质较低，节省投资；托普索 WSA 技术工艺流程简单，设备较少，不产生酸性废水。但催化剂价格贵，转化率相对较低，操作要求高。

关键词：烷基化；废酸再生；干法工艺；湿法工艺

1　引言

作为机动车尾气污染综合治理的一个重要组成部分，实施汽油无铅化、降低燃料中硫含量、改进汽油中苯、芳烃、烯烃、柴油中的多环芳烃等组成性质，不断提高车用燃料质量，是石油化工行业刻不容缓的历史重任。目前在国Ⅳ标准下，已经存在着高标号汽油芳烃及烯烃含量卡上限，不得不使用一定数量价格较高的异辛烷、MTBE 进行调合；如果实施国Ⅴ、国Ⅵ车用汽油指标，汽油芳烃及烯烃含量高的问题显得异常突出。

新建烷基化装置符合国家的产业政策，是环境保护的必然要求，是洛阳石化油品质量升级和提高经济效益的需要。从安全环境、方法技术、投资高低、运行成本、产品质量等方面进行综合考虑，洛阳石化最终选择石科院 SINOALKY 硫酸法烷基化技术来进行 200kt/a 烷基化新装置的建设。

烷基化装置年产生废酸约 12~15kt，根据项目实际情况提出两种废酸处置方式：一是同步设计废酸再生装置，可选择的技术有 DuPont MECS 公司 SAR 技术、南化集团研究院开发的国产化废酸再生技术和托普索 WSA 技术等。二是委托附近硫酸厂处置，经调查洛阳石化周边的具备同等条件的郑州中州硫酸厂厂址位于荥阳市北，距离较远（约 105km）。根据项目综合考虑，最终洛阳石化选择南化集团研究院开发的国产化废酸再生技术处理烷基化装置产生的废酸。

2　烷基化废酸再生的反应机理

2.1　废硫酸的裂解

从烷基化装置来的废硫酸经过酸泵进入废酸喷枪，与压缩空气充分接触雾化后喷入焚烧裂解炉，由天然气、硫化氢酸性气和原料中所含少量有机物燃烧产生高温，为废酸裂解提供能量，使得废酸始终在 1050~1150℃ 的温度下分解，废酸中的硫几乎全部变成 SO_2。化学反应[1]如下：

$$H_2SO_4 \longrightarrow SO_2+H_2O+1/2O_2$$

$$C_nH_m+O_2 \longrightarrow CO_2+H_2O$$

$$H_2S+3/2O_2 \longrightarrow SO_2+H_2O$$

2.2 SO_2 的转化

在钒系催化剂作用下，二氧化硫气体在400~500℃下转化为三氧化硫，化学反应如下：

$$SO_2+1/2O_2 \rightleftharpoons SO_3$$

2.3 SO_3 的吸收

SO_3 与水化合成硫酸蒸气冷凝成酸（湿法制酸）或与生成的浓硫酸逆向吸收三氧化硫生成硫酸（干法制酸），化学反应如下：

$$SO_3+H_2O \longrightarrow H_2SO_4$$

3 烷基化废酸再生工艺

废酸再生工艺主要分干法和湿法两大类，南化集团研究院废酸再生技术采用“3+2”两转两吸工艺流程，属于干法工艺代表；托普索 WSA 技术烷基化废酸再生属于湿法工艺代表。两种工艺的主要区别在于：南化集团研究院废酸再生工艺需将焚烧炉出来的裂解气经过换热冷却、净化除尘和干燥后的 SO_2 在转化器内转化成 SO_3，然后用浓硫酸双重吸收，冷凝而产生出浓度 99%以上的浓硫酸；托普索 WSA 工艺是将焚烧炉出来的裂解气用废热锅炉冷却，再用除尘器将灰尘等杂质除去，SO_2 在转化器内转化成 SO_3，然后冷凝产生浓度为 97.5%~98%的浓硫酸。

3.1 南化集团研究院废酸再生工艺

3.1.1 工艺流程

南化集团研究院废酸再生工艺流程见图 1。主要包含以下生产单元：

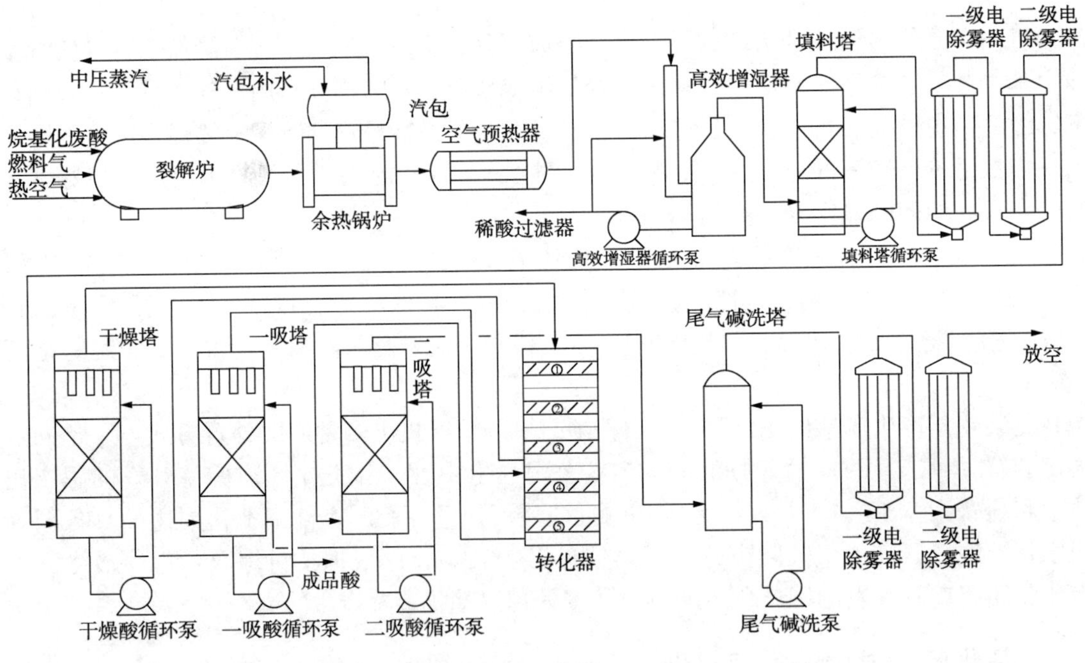

图 1　南化集团研究院废酸再生工艺流程

(1)焚烧裂解单元。焚烧裂解炉安装有一个主燃烧器和两个副燃烧器，烷基化废酸在炉膛温度为 1050~1150℃的环境中燃烧裂解，其中的硫几乎全部变成 SO_2。炉气经过余热锅炉产蒸汽后，炉气温度降至约 570℃，进入空气换热器对入炉空气进行预热，炉气温度降至约 380℃后进入净化单元。

(2)净化单元。约 380℃的炉气进入高效增湿洗涤器，经过绝热增湿过程大幅降温并除去大部分渣尘杂质，然后进入填料冷却塔，进一步降温除尘和 NO_x。出填料冷却塔的气体温度降至36℃左右，再经一级、二级电除雾器除去酸雾，出口气体中酸雾含量<5mg/m^3，然后进入干吸

单元。

(3)干吸单元。来自净化单元的含 SO_2 炉气，补充一定量的空气，经干燥塔干燥后含水量降到 0.1g/Nm^3 以下，再进入二氧化硫鼓风机，然后至转化器进行一次转化，经一次转化后的气体，进入一吸塔，吸收其中的 SO_3，炉气经塔顶的纤维除雾器除雾后，返回转化系统进行二次转化。经二次转化的气体，进入二吸塔，吸收剩余的 SO_3，炉气经塔顶的纤维除雾器除雾后，经过尾气吸收塔进一步吸收残余的 SO_2，再通过电除雾器去除尾气中酸雾后通过烟囱外排进入大气，排放标准满足 GB 31570—2015。

(4)转化单元。炉气进入二氧化硫鼓风机升压后，经第Ⅲ换热器和第Ⅰ换热器换热至~430℃，进入转化器。第一次转化分别经一、二、三段催化剂层反应和Ⅰ、Ⅱ、Ⅲ换热器换热，转化率达到约 95%，反应换热后的炉气降温至 180℃，进入第一吸收塔吸收 SO_3 后，再分别经过第Ⅴ、第Ⅳ和第Ⅱ换热器换热后，进入转化器四和五段进行第二次转化，总转化率达到 99.7%以上，二次转化气经第Ⅴ换热器换热后，温度降至 156℃进入第二吸收塔吸收 SO_3。

3.1.2 主要工艺特点

(1)装置可在线清灰。装置中的余热锅炉和空气换热器的设计都具有在线清灰功能，这种方案解决了废热锅炉和空气预热器因堵塞而造成装置频繁停车检修的问题，可以实现装置长期稳定的连续运行，安全可靠。采用的燃料气与废酸成份不同，清灰的频率也不同，一般在半个月以上，无须停车清理。

(2)再生成品酸品质可达到优等品标准。装置可以根据客户的实际需求生产 93%、98.3%、99.2%的硫酸和发烟酸等产品，并达到《工业硫酸》(GB/T 534—2014)优等品技术要求。

(3)余热利用，降低运行成本。开发的空气预热技术，减少燃料气的消耗，降低了装置的运行成本，同时彻底解决了设备的露点腐蚀问题，保证装置稳定运行。

(4)余利用炼厂酸性气或废气作为热源。炼厂有副产的硫化氢酸性气、干气或其他有机废气等，可替代天然气，大大降低运行成本的同时，又有效的处理了炼厂的废气，达到了以废治废的有机结合。

(5)为防止触媒被破坏并保证较高的转化率，炉气要经过冷激、换热，两次转化及两次吸收共五段转化，最终完成转化反应。总转化率可达到 99.7%(国产催化剂)以上(进口催化剂可达 99.92%)。

(6)废酸处理量大，操作弹性大。装置的操作弹性可以达到 60%~110%。

3.2 托普索 WSA 废酸再生工艺

3.2.1 工艺流程

托普索 WSA 废酸再生工艺流程见图 2。主要包含以下生产工序：

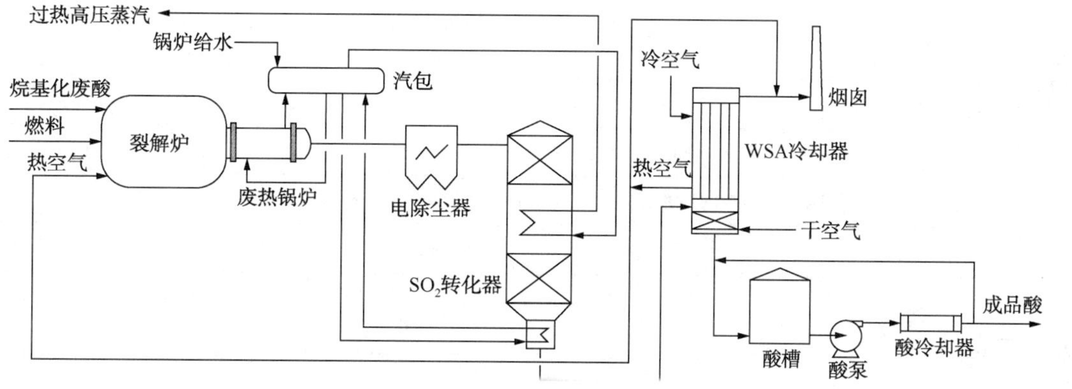

图 2 托普索 WSA 废酸再生工艺流程

(1)废酸与燃料气燃烧分解。烷基化废酸、燃料气、热空气在炉膛中燃烧，炉内温度达到950~1000℃，并产生 SO_2 气体。从燃烧器出来的高温工艺气进入废热锅炉降低温度，同时回收热量，在汽包中产生蒸汽。工艺气进一步在蒸汽过热器冷却，温度降至430℃左右。

(2)工艺气除尘与稀释。工艺气体含有部分固体颗粒，会堵塞转化器，降低其使用寿命。经余热锅炉降温后的工艺气体进入电除尘器中除尘，除尘后的气体与热空气混合进 SO_2 转化器。

(3) SO_2 转化和冷却。与热空气混合后的工艺气体进入 SO_2 转化器。经三段催化反应(使用托普索 VK 催化剂)，SO_2 氧化成 SO_3。转化反应产生的热传递给汽包来的蒸汽，从而维持催化剂床层理想的温度，确保 SO_2 转化率大于99.9%。

(4)酸冷凝浓缩冷却。从 SO_2 转化器来的工艺气进入 WSA 冷凝器，在冷凝过程中 SO_3 与 H_2O 生成浓硫酸。因硫酸中的水蒸气被热空气带走，确保硫酸稳定在98%以上，从而达到增浓的目的。从 WSA 冷凝器下部出来的温度较高的浓酸与循环冷却后成品酸混合并经酸冷却器进一步冷却到40℃后再排入酸槽缓冲后，送出供烷基化装置使用。[2]

3.2.2　主要工艺特点

(1)托普索专利设备 WSA 冷凝器的冷凝效率高。WSA 冷凝器是降膜式玻璃管换热器，工艺气体在管内被管外的空气冷却，SO_3 和 H_2O 在管内壁水合冷凝成97.5%~98%的浓硫酸。

(2)工艺气除尘采用静电除尘器，可有效脱除气体中的金属颗粒物，与传统干法制硫酸工艺的动力波洗涤器净化工序相比，不消耗工艺水，不产生稀酸。

(3) SO_2 氧化采用托普索 VK 催化剂，转化率高达99.5%，在转换器入口装填2层防尘催化剂，既吸附剩余粉尘，防止催化剂床层压降上升，又对化学反应起到催化作用。

(4)工艺流程简单，只有一转一吸，结构紧凑，布局简单，设备少，无干燥单元，冷却水消耗少、电耗低；无化学药品消耗；生产过程中不会有硫酸损失，也不会产生酸性废水。

(5)有效利用热能，高效热回收系统可产生高压过热蒸汽。

4　两种工艺过程的优缺点分析

两种工艺过程各有优缺点，都是先进、成熟的废酸回收技术，对比分析结果见表1。

表1　两种工艺过程的优缺点分析

项目	南化院废酸再生工艺	托普索 WSA 废酸再生工艺
工艺流程	两转两吸工艺，工艺流程长	一转一吸工艺，流程短
设备方面	设备较多，全国产化，结构简单，选材较低	设备较少，主要设备静电除尘器及硫酸冷凝器较贵，维修困难
投资	投资少	投资较大
有无废酸	有少量废酸产生	无
能耗	能耗相对较高	能耗较低
催化剂	总转化率可达到99.7%以上，国产催化剂造价低	转化率可达99.5%，催化剂造价较昂贵
产品浓度	生产93%、98.3%、99.2%的硫酸和发烟酸等产品	生产最高98%的硫酸
工业应用	应用相对较少	应用较多

5　结语

干、湿法废酸再生工艺存在一定差异，各有优缺点，南化集团研究院废酸再生技术为干法制酸工艺，流程相对复杂，设备较多，防腐要求高。设备实现全国产化，结构相对简单，节省投资；托普索 WSA 技术为湿法制酸工艺，流程简单，设备较少，不产生酸性废水。但催化剂价格贵，产品酸浓度相对较低，操作要求高。两者都有着广泛的应用，都有自己的核心竞争力。新建废硫酸再生装置时可根据自身的实际情况及要求采用不同的技术。炼厂可根据实际情况，综合考虑，使硫化物变废为宝，降低生产成本，提高经济效益。广泛利用废酸再生技术有着深远的环保和经济效益。

参 考 文 献

[1] 邓明，寿鲁阳．烷基化废酸再生工艺简述[J]．硫酸工业．2016(6)：60-61.
[2] 寿鲁阳．湿法制酸工艺在烷基化废酸处理中的应用[J]．硫酸工业．2017(2)：45-46.

2-丁烯双键异构制1-丁烯成套技术开发与应用

刘俊涛　杨为民

(中国石化上海石油化工研究院，上海　201208)

摘　要：介绍了丁烯双键异构的基本原理和国内外相关催化剂开发的研究进展。重点对中国石化上海石油化工研究院自主研发的2-丁烯双键异构制1-丁烯成套技术进行了阐述，简要分析了该技术与国外技术的特点，并简介了该技术的工业运行情况。同时对该技术的未来发展进行了展望。

关键词：2-丁烯；1-丁烯；双键异构

1　引言

混合碳四烃是石油化工领域重要的资源，其主要成分一般包含饱和的烷烃(正丁烷和异丁烷)、不饱和单烯烃(正丁烯和异丁烯)以及二烯烃(丁二烯)。我国的碳四烃主要来自炼厂、乙烯裂解以及甲醇制烯烃(MTO)装置，而不同来源的碳四烃组成也各有特点，典型数据如表1所示。炼厂的催化裂化装置副产的碳四烃通常为新鲜进料的10%~13%，其特点是丁烷含量高，不含或含微量的丁二烯，其中丁烯质量分数约占50%。裂解碳四烃的特点是丁二烯含量高，烷烃含量很低。MTO工艺副产的混合碳四烃主要为1-丁烯、顺反-2-丁烯，而丁二烯和异丁烯的含量较低。

表1　不同来源的碳四烃组成比较[1]　　%

来源	1-丁烯	2-丁烯	异丁烯	正丁烷	异丁烷	丁二烯/炔烃
炼厂碳四	13	28	15	10	34	
裂解碳四	14	11	22	2	1	50
MTO碳四	20~26	65~70	2~4	4	0.2	

针对不同来源的碳四烃组成情况与物化特性，各自的用途也有所差别。炼厂催化裂化装置的碳四烃由于烷烃含量较高，一般作为燃料使用，而乙烯裂解的碳四烃则含有较多的丁烯和丁二烯，通常用于提取其中的丁二烯。1-丁烯作为碳四烃中一种主要成分，化学性质比较活泼，是仅次于乙烯、丙烯的重要的α-烯烃，可以加工众多性能优异的高端材料，用途极为广泛。目前，1-丁烯主要来自于混合碳四分离法，少量由乙烯二聚法获得。由于1-丁烯原料来源的限制，使得国内尽管有几十套生产装置，但每套装置都难以形成50kt以上生产规模，这无疑成为制约1-丁烯下游众多高端化学品开发的瓶颈。另一方面大量低廉的2-丁烯产品主要用作燃料，高效利用率低，造成资源的极大浪费。近年来，随着我国MTBE产品限制应用措施的出台，碳四烃利用路线的改变将可能增大1-丁烯缺口。2-丁烯双键异构化制1-丁烯技术不仅提供了一种新的增产1-丁烯的方法，同时对碳四资源增值利用也具有重要意义。

2　反应原理

正丁烯共有三个异构体，分别为1-丁烯、顺-2-丁烯和反-2-丁烯，在一定条件下三种异构体之间可以互相转化，即称为丁烯的双键异构化反应，但其反应受到热力学平衡的控制。在200~500℃温度范围内，丁烯混合物中各异构体的热力学平衡组成如表2所示。

表2 丁烯的热力学平衡组成[2]　　mol/%

温度/℃	200	300	380	400	500
1-丁烯	13.5	19.8	24.3	25.3	30.0
顺-2-丁烯	30.5	30.9	30.5	30.4	29.5
反-2-丁烯	56.0	49.3	45.2	44.3	40.5

丁烯双键异构反应的关键在于有效控制催化剂活性中心的种类及分布，能够引发该反应的催化剂种类较多，但同时具备催化活性高、选择性和稳定性好、工业应用前景广阔等特点的催化剂则较少。通常认为，2-丁烯异构化制1-丁烯过程是多个平行顺序反应耦合在一起的复杂反应体系，除主反应以外，丁烯还会发生顺反异构、骨架异构、裂解、聚合及氢转移等多种反应，主要反应网络见图1。催化剂的控制主要在于抑制丁烯双键异构化反应过程中碳八中间体的形成，从而避免骨架异构体异丁烯及其他裂解及聚合副产物的生成。

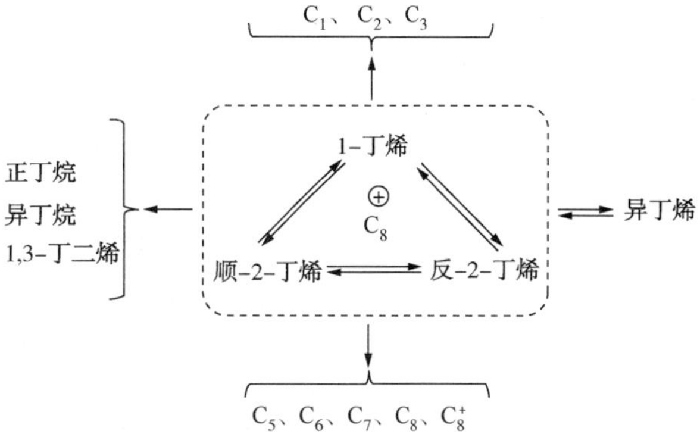

图1 2-丁烯双键异构制1-丁烯主副反应网络

正丁烯双键异构反应为酸碱催化反应。在酸性催化剂或者酸碱双功能催化剂的酸性点，正丁烯的双键异构反应一般认为是按照仲丁基碳正离子中间体机理进行。反应第一步是丁烯在催化剂酸中心上的吸附并生成仲丁基碳正离子，其形成可分为两种途径：一种为质子进攻1-丁烯的 C_1 原子产生，然后通过消去 C_3 原子上的氢原子形成2-丁烯；另一种为质子进攻2-丁烯的 C_3 原子，随后消去 C_1 氢原子形成1-丁烯，或消去另一个 C_3 氢原子从而生成相反构型的2-丁烯[3]。Corma 等认为烯烃的双键位移和顺反异构所需的催化剂酸强度相较于烯烃的骨架异构化以及烷烃裂解所需的酸强度而言较弱[4]。催化剂中的B酸位是正丁烯的骨架异构的主要活性中心，L酸的存在可促进二聚、共聚及结焦等副反应的发生，而当催化剂中同时存在这两种酸性位则会加剧副反应的发生，从而使副产物的数量急剧增加[5]。因此，合理控制催化剂活性中心的酸度能够有效促进丁烯的双键异构化反应。

在碱性催化剂或酸碱双功能催化剂的碱性中心，正丁烯的双键异构反应按照π-烯丙基碳负离子中间体机理进行[3]。首先，烯烃分子吸附到催化剂活性中心形成π-配合物烯烃分子，随后π-配合物烯烃分子消去一个氢原子形成一个烯丙基物种，而所消去的氢原子则会加成到不同的碳原子上形成异构的π-配合物烯烃分子，进而其脱附形成异构烯烃分子。碱催化剂的副反应是氢转移和聚合反应，催化剂活性下降较快。

从正丁烯双键异构和顺反异构的热力学和动力学方面来说[6]：顺反2-丁烯双键异构生成1-丁烯为吸热反应，顺反异构为放热反应，这说明升高温度有利于1-丁烯的生成；在一定温度范围内，2-丁烯之间的顺反异构平衡常数高于其生成1-丁烯的平衡常数，且顺-2-丁烯生成1-丁烯的平衡常数大于反-2-丁烯生成1-丁烯的平衡常数，这表明双键异构反应相对于顺反异构更难进行，且顺-2-丁烯相较于反-2-丁烯更易生成1-丁烯。

从反应过渡态来说，丁烯异构化可能遵循单分子机理或双分子机理[7]。单分子机理是指丁烯经过几种碳正离子的过渡态和烷氧基的中间产物最终生成不同产物；而双分子机理是指丁烯分子首先发生二聚反应，然后二聚物发生异构化反应和后续裂解反应生成不同产物。双分子机理反应途径会造成大分子的生成，从而导致生成积炭。对于不同催化剂，丁烯异构化反应的机理可能不同，但一般以单分子机理为主，双分子机理为辅。

3 催化剂技术研究进展

丁烯的双键异构化过程主要有两种工艺：一种为临氢异构，一种为直接异构，如表3所示。临氢异构是指在氢气存在的条件下进行的异构反应，催化剂能够使异构反应在较低的温度下进行，且异构反应选择性高，而对加氢反应低。目前工业上临氢异构催化剂常用的活性组分为Pd、Ni或Ni与其他金属的多组分催化剂。如果原料中丁二烯的含量较高，需要通过增加加氢反应器将丁二烯转化为正丁烯。

表3 不同异构化技术比较

反应类型	原料	催化剂	反应条件	产物	文献
临氢异构	富2-丁烯混合碳四烃，1-丁烯含量0.01%	Ni/Al_2O_3	压力0.9MPa，温度85℃，液态碳四烃空速$8h^{-1}$，氢/烃摩尔比0.004∶1	烯烃加氢损失率约4.34%~15.9%，1-丁烯得率3.9%~5.01%	[8]
临氢异构	富2-丁烯混合碳四烃，1-丁烯含量0.01%	Ni/Al_2O_3	压力0.9MPa，温度85℃，液态碳四烃空速$8h^{-1}$，氢/烃摩尔比0.004∶1	烯烃加氢损失率约4.41%~8.88%，1-丁烯得率4.02%~4.99%	[9]
临氢异构	富2-丁烯混合碳四烃，1-丁烯含量0.1%	Pd/Al_2O_3	压力1.2MPa，温度90℃，液态碳四烃空速$1h^{-1}$，氢/烃摩尔比0.044∶1	烯烃加氢损失率0.14%，1-丁烯得率13.67%。	[10]
临氢异构	富2-丁烯混合碳四烃，1-丁烯含量0.1%	Pd/Al_2O_3	压力1.5MPa，温度200℃，液态碳四烃空速$1h^{-1}$，氢/烃摩尔比0.053∶1	烯烃加氢损失率0.36%，1-丁烯得率17.38%。	[10]
直接异构	富2-丁烯混合碳四烃，1-丁烯含量1.8%	Al_2O_3/SiO_2	压力0.8MPa，温度330℃，重量空速$10h^{-1}$	1-丁烯得率27.8%。	[11]
直接异构	富2-丁烯混合碳四烃，1-丁烯含量1.8%	MgO	压力0.5MPa，温度300℃，重量空速$10h^{-1}$	1-丁烯得率19%。	[11]

在氢气存在条件下，2-丁烯会发生两种反应：一种是加氢异构为1-丁烯，这种反应要求氢气参与，但不消耗氢气；另一种反应是丁烯氢化生成正丁烷。正丁烯的加氢反应为很容易发生的强放热反应，但加氢反应可能会降低1-丁烯的选择性和收率，导致原料消耗的增加，因而需要严格控制氢气与催化剂活性的匹配，以防止过度加氢，损失目标产物。因此，临氢异构所采用的温度一般都较低。由表2中可以看出，1-丁烯的浓度受到热力学平衡的限制，这也就导致反应产物中的1-丁烯浓度并不会太高，从而限制了2-丁烯的转化率以及增加后续精制的成本。法国石油研究院和美国化学研究与特许公司都对烯烃的临氢异构进行过研究，但两者根据原料的不同，采用的技术流程有所区别[12,13]。法国石油研究院针对含有少量1-丁烯的物料，首先将其中的1-丁烯通过精馏塔富集，塔釜的富2-丁烯物料再与适量氢混合，随后经过背包式临氢异构反应器，将部分2-丁烯转化为1-丁烯，再循环到精馏塔。美国化学研究与特许公司则是将含有少量丁二烯的碳四烃直接与适量的氢气混合，通过装有氧化钯催化剂床层的催化精馏塔，丁二烯被选择性加氢，部分2-丁烯则异构为1-丁烯，富含1-丁烯的物料从塔顶蒸出，而塔釜则富含2-丁烯，重新部分回流至催化精馏塔进一步转化。

此外，由于采用贵金属催化剂会导致成本的增加，故有研究者探索采用镍等非贵金属作为催化剂活性中心，但均需要氢气存在的条件下进行。由表3中可以看出，采用镍基催化剂，烯烃的损失率相较于钯基催化剂较高。

对于烯烃的直接异构所采用的催化剂主要涉及金属氧化物、分子筛、负载型催化剂等。金属氧化物催化剂异构活性较高，但容易积炭或中毒失活，稳定性较差，需要不断进行再生，如ABB Lumms公司所采用的碱性催化剂再生周期十分频繁。以氧化铝为载体，通过负载不同活性金属也是异构化催化剂研究的热点之一。栾兆华等[2]在 Al_2O_3 上负载了 Mn、Co、Cr、Fe 等金属氧化物作为2-丁烯异构化为1-丁烯的催化剂，研究发现几种催化剂的活性顺序为 $Al_2O_3 \approx 0.4\%Mn/Al_2O_3 \approx 0.5\%Co/Al_2O_3 > 0.5\%Cr/Al_2O_3 \approx 0.5\%Fe/Al_2O_3$，其中负载0.4%锰氧化物改性后的催化剂，不仅具有较高的反应活性和选择性，而且能有效地抑制碳链异构和裂解副反应。美国专利 US4814542 报道了以 γ-Al_2O_3 为主要成分的负载型催化剂，运行温度高达350~550℃，异丁烯含量在几百 ppm 至1%左右[14]。中国专利 CN102267853A[15]则介绍了以 Al_2O_3 为载体的复合氧化物催化剂，在反应温度300~480℃，压力0.1~0.5MPa，空速为60~900h^{-1}的条件下制得1-丁烯含量为19.0~27.0%。

中国石化上海石油化工研究院(简称上海石化院)经过多年的系统研究，开发了一系列固体酸异构化催化剂[16,17]，能够在无氢条件下直接实现2-丁烯转化为1-丁烯，避免骨架异构、裂解及聚合等副反应的发生，具有较高的2-丁烯转化率及1-丁烯选择性，原料适应性广泛，且生成的其它杂质含量少，工艺过程简明，装置运行安全稳定。

4 工艺简介

上海石化院实现了2-丁烯双键异构制1-丁烯的成套技术开发。整个系统共分为两个单元：异构化反应单元和1-丁烯提浓单元。装置流程如图2所示。

异构化单元包括：进/出料换热、进料汽化过热、反应器等部分。碳四液相原料进入进料缓冲罐，通过进料蒸发器加热气化后进入进出料换热器，并被加热到反应温度后进入反应器发生异构化反应。

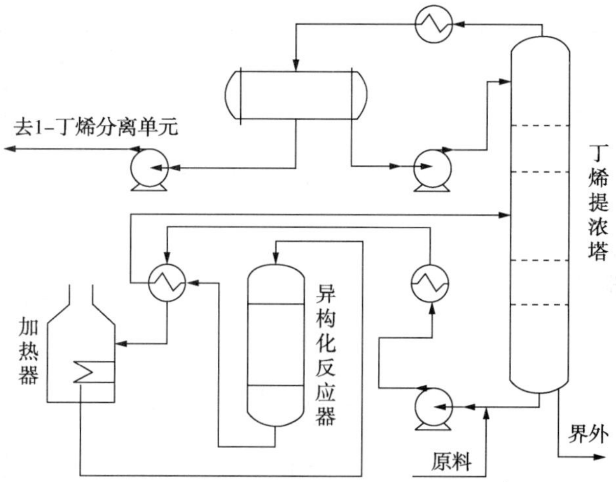

图2 丁烯双键异构化反应流程简图

1-丁烯提浓单元主要包括1-丁烯提浓塔。与进料换热后的反应产物进入1-丁烯提浓塔，为气相进料；塔顶馏出物为提浓后的粗1-丁烯，粗1-丁烯送往1-丁烯单元精制得到1-丁烯产品；塔釜重质组分送至界外装置。

国内外相关石化公司已对2-丁烯异构化生产1-丁烯的工艺进行了大量的研究和开发。据文献报道的国外 ABB Lummus 生产1-丁烯的技术[18]与上海石化院技术比较如表4所示。

表4 国内外2-丁烯双键异构化技术比较

公司	ABB Lummus	上海石化院
催化剂	固体碱	固体酸
单程1-丁烯收率/%	20~25	17~22
催化剂再生周期/月	1	24~36
原料要求	对原料中的水、醇、CO_2 等杂质控制较为严格	对原料中的水、醇、CO_2 等杂质不要求严格控制

ABB Lummus 所采用的是碱性金属氧化物催化剂，因而对原料中的水、酸性气体等杂质有较为严格的要求和限制。一般情况下，原料进入反应器之前需要进行干燥等严格的脱水处理。上海石化院采用固体酸催化剂，1-丁烯收率为17%~22%，而且该催化剂对原料中的水及醇等杂质没有严格限制和要求，可直接进入反应器。在反应期内催化剂的反应性能稳定，原料适用范围广。

5 技术应用情况

由上海石化院自主研发的增产1-丁烯的烯烃异构化成套技术，于2009年首次在中原石化建成了增产 4kt/a 的 1-丁烯装置，该装置以石油裂解碳四烃为原料，稳定运行近 10 年。2016 年，该技术又成功应用于中煤陕西榆林能源化工股份有限公司，建成采用煤化工副产碳四增产 20kt/a 1-丁烯的工业装置。该装置从 2016 年 10 月开车至今稳定运行超过 20000h，催化剂性能稳定。青海大美 8kt/a 增产 1-丁烯装置预计 2019 年底前后投料开车。中煤榆林异构化装置典型数据如表 5 所示。

表 5　异构化装置典型数据　　%

组分	原料	反应器出口	产品
1-丁烯	1.99	16.60	99.45
正丁烷	10.72	10.72	0.35
顺-2-丁烯	32.83	26.66	0.01
反-2-丁烯	49.95	41.46	0.05
其他	4.51	4.56	0.14

中煤榆林丁烯异构化装置 2016 年 10 月~2017 年 10 月期间反应器出口 1-丁烯的浓度变化如图 3所示，截至发稿前，装置已经平稳运行超过 2.5 年，催化剂性能运行情况良好。

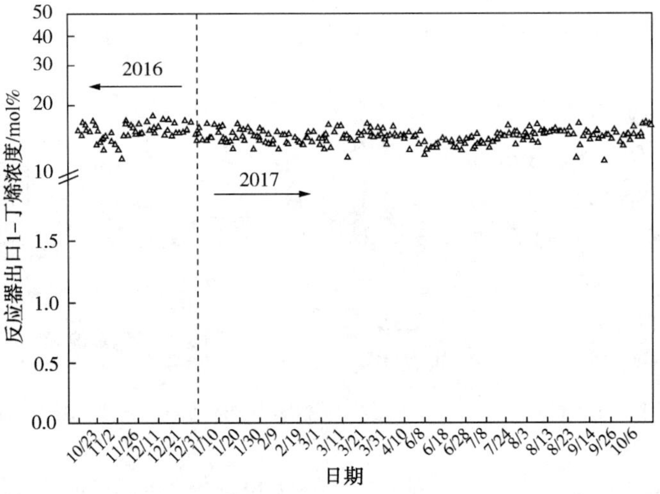

图 3　催化剂稳定性

6　结语

双键异构化技术是实现经济价值较低的 2-丁烯转化为经济价值较高的 1-丁烯的有效途径。该技术不仅可以缓解 1-丁烯日益增长的缺口问题，同时也解决了 1-丁烯大规模生产的技术难题，可为 1-丁烯下游高值产品开发提供充足的原料保障。该技术的核心在于催化剂的创新、杂质控制及过程集成，不仅实现 2-丁烯的高效转化，同时抑制副反应的发生，降低操作成本和能耗。此外，根据原料的组成和企业的要求进行反应及分离工艺流程的组合优化，最终达到扩能降耗的目的也是将来研究的重点方向。

参 考 文 献

[1] 罗淑娟，李东风．碳四资源综合利用[C]//炼油与石化工业技术进展(2017)[M]．北京：中国石化出版社，2017：95-100.

[2] 栾兆华，吴指南，严之光．2-丁烯异构化催化剂的研究[J]．石油化工，1989，18(2)：75-80.

[3] 王华军，谢在库，周兴贵，等．正丁烯双键位置异构催化剂研究进展[J]．化工进展，2007，26(10)：1373-1383.

[4] Corma A, Wojciechowski B W. The Catalytic Cracking of Cumene[J]. Catalysis Reviews, 1982, 24(1): 1-65.
[5] 李会英. 分子筛酸性位催化丁烯异构化反应机理的理论研究[D]. 北京: 北京化工大学, 2005.
[6] Golden D M, Egger K W, Benson S W. Iodine - catalyzed isomerization of olefins. I. thermodynamic data from equilibrium studies of positional and geometrical isomerization of 1-butene and 2-butene[J]. Journal of the American Chemical Society, 1964, 86(24): 5416-5420.
[7] 刘睿. 正丁烯骨架异构分子筛催化剂的量子化学理论计算[D]. 北京化工大学, 2014.
[8] 王建强, 赵多, 刘仲能, 等. 正丁烯临氢异构制丁烯-2 或丁烯-1 的镍基催化剂: 中国, 101940928A[P]. 2011-01-12.
[9] 赵多, 王建强, 刘仲能, 等. 正丁烯双键迁移制丁烯-2 或丁烯-1 的镍基催化剂: 中国, 101884923A[P]. 2010-11-17.
[10] 彭光辉, 董凌云. 2-丁烯临氢异构制备 1-丁烯所用的催化剂及制备 1-丁烯的方法: 中国, 106552621A [P]. 2017-04-05.
[11] 钱宏义, 甘永胜. 碳四混合物催化异构制 1-丁烯的方法: 中国, 101514135A[P]. 2009-08-26.
[12] Dorbon M, Hugues F C O, Viltard J C, et al. Process for obtaining butene-1: US, 6242662[P]: 2001-06-05.
[13] Arganbright R P. Hydroisomerization process: US, 5087780[P]. 1992-02-11.
[14] Forlani O, Ancillotti F, Notari B. Olefin bond isomerization process: US, 4814542[P]. 1989-03-21.
[15] 李贤均, 陈骏如, 胡家元, 等. 一种 2-丁烯异构化生产 1-丁烯的方法: 中国, 102267853A[P]. 2011-12-07.
[16] 杨为民, 刘俊涛, 张惠明, 等. 丁烯双键异构化的方法: 中国, 101121623B[P]. 2011-04-27.
[17] 刘俊涛, 朱志焱, 孙凤侠, 等. 正丁烯双键异构化的方法: 中国, 101475431B[P]. 2013-03-06.
[18] Gartside R J, Greene M I, Kaleem H. Maximize butene-1 yields: A new reactor system capitalizes on shifting butene-2 to butene-1 from C4 fractions[J]. Hydrocarbon Processing, 2006: 57-61.

蒸汽裂解制乙烯副产裂解汽油加氢技术的进展

白　焱　王鑫泉　杨　佳

(中国石化工程建设有限公司，北京　100101)

摘　要：本文介绍蒸汽裂解制乙烯副产的裂解汽油加氢技术的概况、目的和基本流程。采用单元操作优化、换热网络的夹点技术、开发新催化剂等措施，使该技术的能耗与2010年前相比，能耗下降了35%~40%。本文还介绍了目前该技术的拓展和延伸的技术，裂解汽油(C_8馏分)抽提苯乙烯技术和C_9^+馏分转化为苯、甲苯、二甲苯(BTX)增产BTX技术。

关键词：裂解汽油加氢；技术进展；流程拓展延伸

1　引言

蒸汽裂解制乙烯时会生成副产品裂解汽油，其组成是C_5~C_9^+烃，含有较多的二烯烃、苯乙烯、芳烃。其中二烯烃约占总裂解汽油量的8%~10%，如异戊二烯、间戊二烯、环戊二烯等，是合成橡胶、热塑树脂的重要原料。裂解汽油中含有约50%的芳烃(苯、甲苯、二甲苯)是重要的芳烃来源[1]。

如一套100Mt/a蒸汽裂解制乙烯的装置，裂解原料主要为石脑油、轻柴油、加氢尾油等液态烃，其副产的裂解汽油产量约0.6~0.7Mt/a，与裂解汽油加氢装置配套的还可以有碳五抽提装置，制取异戊二烯、间戊二烯和双环戊二烯；裂解汽油抽提苯乙烯装置，制取苯乙烯；芳烃抽提装置，制取二甲苯(BTX)等。

由于裂解汽油是重要的芳烃来源，下游配套芳烃抽提装置，但若不经过加氢，无法抽提出高纯度的BTX，因此裂解汽油加氢技术是获得高纯芳烃的必经之路。

2　裂解汽油加氢技术

2.1　加氢技术的目的

裂解汽油加氢技术的作用是将裂解产物C_6~C_8馏分经二段加氢，使C_6~C_8馏分中的单烯烃、二烯烃(炔烃)加氢饱和成烷烃和芳烃，使有机硫变成硫化氢而脱除。

2.2　加氢技术的基本流程

裂解汽油加氢技术的基本流程，国内外大同小异，大都是三塔二反，即三个分离塔：脱碳五塔(脱戊烷塔)，脱碳九塔(BTX塔)和稳定塔(脱硫化氢塔)；二台反应器：一段加氢反应器，将双烯或炔和烯基芳烃(苯乙烯)加氢成单烯和芳烃，也有部分单烯被加氢为饱和烃；二段加氢反应器，将单烯加成饱和烃，并脱除硫化物。

裂解汽油加氢技术可分为全馏分加氢和中心馏分加氢二种类型。全馏分加氢，顾名思义是将裂解汽油，经过一段加氢反应器，其中的二烯烃，如异戊二烯，间戊二烯，环戊二烯，苯乙烯等被加氢变成单烯和芳烃(乙苯类)，这使得非常有用的二烯烃和苯乙烯全部损失。因此，在国内全馏分加氢已基本不使用，从国外引进的数套裂解汽油加氢装置，如上海赛科、福建联合石化的裂解汽油加氢装置，引进时用全馏分加氢，目前已都改造成中心馏分加氢，故本文仅介绍中心馏分加氢技术的进展。

2.3 中心馏分加氢技术

中心馏分加氢技术的示意流程见图1。

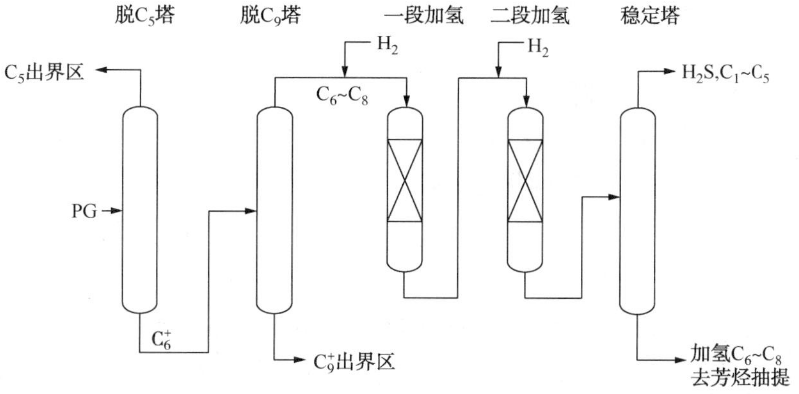

图1 中心馏分加氢示意流程图

从乙烯装置或罐区来的裂解汽油($C_5 \sim C_9^+$)，先进入脱C_5塔，塔顶得到C_5馏分，塔釜为C_6^+，C_6^+进入脱C_9塔，脱C_9塔顶得到$C_6 \sim C_8$馏分，塔釜为C_9^+，$C_6 \sim C_8$馏分，经一段加氢(低温，液相加氢)，将双烯(含炔烃)、苯乙烯加氢饱和为单烯烃和乙苯，在一段加氢反应器内，也有相当多的单烯烃被饱和成烷烃；经过一段加氢后的$C_6 \sim C_8$进入二段加氢(高温，全气相加氢)将全部不饱和烯烃加氢饱和为烷烃，芳烃几乎不变化，同时将有机硫变成硫化氢和烷烃；经二段加氢的$C_6 \sim C_8$馏分，最后进入稳定塔，在塔顶脱除轻组分(氢气、甲烷、硫化氢、C_5馏分)，塔釜为加氢后的$C_6 \sim C_8$馏分[2]，可送至芳烃抽提装置，在溶剂的作用下脱去$C_6 \sim C_8$中的非芳烃，最后获得苯、甲苯、二甲苯(BTX)。

3 裂解汽油加氢技术的优化和进展

中国石化工程建设有限公司(SEI)，经过30年的努力，不仅将裂解汽油加氢技术国产化，申请了近10项专利技术，拥有了完全自主知识产权的裂解汽油加氢技术，该技术可以在国际舞台上与发达国家的技术同台竞争，且占有优势。

SEI从单元操作换热网络的夹点分析、催化剂的改进等诸多方面进行了优化，与传统的技术相比，裂解汽油加氢装置的能耗下降了35%~40%，下面分别进行介绍。

3.1 塔器单元操作的优化

3.1.1 理论板数和回流比的优化

充分利用先进的流程模拟程序，在不同原料和组成的情况下，对裂解汽油加氢装置中的三个塔进行理论板(N)和回流比(R)的优化，作出N-R曲线见图2。

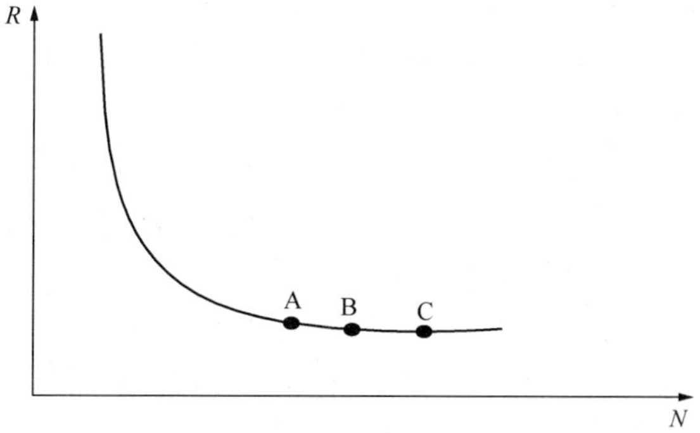

图2 理论板数和回流比的关系曲线

理论板数应选图2中B点较为合适。此时回流比已经比较小，且理论板数增加不多。例如，上世纪90年代，引进的裂解汽油加氢装置脱C_5塔实际板数为38~40块，回流比在4~6，经优化，目前SEI设计的脱C_5塔，实际板数在53~58板(视原料组份不同而变化)，达到引进装置规定的分离要求，回流比可在2以下，该塔的能耗下降40%

3.1.2 视上下游装置的不同要求，优化设计

某公司的芳烃抽提装置，因某种原因，不建二甲苯塔，要求裂解汽油加氢装置的加氢$C_6 \sim C_8$

馏分中，C_9 芳烃小于 0.2%。常规的脱 C_9 塔，实际板数在 50~55 板。此时，因下游装置的要求，脱 C_9 塔塔板数增加到 63 板，既满足了下游芳烃抽提装置的要求，本装置的能耗仅略有增加，而对下游的芳烃抽提装置，由于少了二甲苯塔，能耗降低 5%以上。上下二个装置统筹考虑，能耗和投资是节省的。

3.1.3　根据乙烯装置粗裂解汽油的组成不同优化设计

脱 C_5 塔的原料(粗裂解汽油)来自乙烯装置，其来源有轻重之分，以往都是合并后，经脱水，送入裂解汽油的脱 C_5 塔。经脱 C_5 塔的优化，轻、重组分，分别进入脱 C_5 塔的不同部位，减少了塔内物料的返混，获得较好的节能效果[3]，在分离效果一定时，单股进料和二股进料的再沸器热负荷变化见表 1。

表 1　脱 C_5 塔单进料和双进料再沸器热负荷变化

项目	回流比	冷凝器热负荷	再沸器热负荷
单进料	2	1	1
双进料	1.3	节约循环水 13%	节约热能 8%

对一套与 100Mt/a 乙烯配套的裂解汽油加氢装置，节约蒸汽约 2t/h。

3.2　换热流程优化和采用高效换热器

SEI 将换热网络的夹点技术应用于裂解汽油加氢装置，使装置内的热物料得到充分利用。

3.2.1　脱 C_9 塔增设中间再沸器

本装置稳定塔釜的物料温度为 160℃，将它用于脱 C_9 塔的中间再沸器热源，对一套 70Mt/a 裂解汽油加氢装置，可节约 2t/h 脱 C_9 塔的中压蒸汽消耗。

3.2.2　利用高效换热器，停用加热炉

二段加氢反应器的操作温度大于 240℃，在常规裂解汽油加氢装置，二段加氢反应器的进料，经进出料换热后，再经加热炉加热，达到反应温度(大于 240℃)，进入二段加氢反应器。

由于环保要求越来越高，停用加热炉的紧迫性日甚，SEI 常规用管壳式换热器，在二段加氢温升小于 40℃时，加热炉不能停用，当采用高效换热器后，二段加氢温升在 20~25℃，加热炉即可停用。国内裂解汽油加氢装置，二段加氢的温度大都在 30~35℃之间，因此当改造成高效换热器后，裂解汽油加氢装置在正常生产时，停用加热炉，既节能又环保。

3.3　加氢催化剂的优化

裂解汽油加氢技术中，一段加氢是在低温(35~60℃)下进行的，温升约 20~30℃即一段出料的温度在 60~80℃之间；60~80℃的低温物料很难利用它的热量，目前都是用循环水冷却后，循环返回进料线作稀释料。而二段加热是在高温下(240℃以上)反应，反应出料温度在 270~280℃，这股热物料，温位合适，可充分利用。因此，要优化一段加热的催化剂，提高一段加氢催化剂的选择性。在一段加氢反应器，仅对物料中的二烯烃和苯乙烯进行加氢，尽量少加氢单烯烃，即降低一段温升，使加氢的放热量出现在二段加热反应器中，这样可充分利用反应放热降低装置能耗。中石化上海石化研究院已经成功开发出一段选择加氢的催化剂。

4　裂解汽油加氢流程的拓展和延伸

4.1　裂解汽油加氢流程的拓展—增设裂解汽油(C_8 馏分)抽提苯乙烯装置

裂解汽油中含有 3.5%~5.5%的苯乙烯，对于一套 0.6Mt/a 裂解汽油加氢装置，含有约 0.02~0.03Mt 的苯乙烯，以前的裂解汽油加氢装置，都是将此苯乙烯加氢变成乙苯。SEI 从 2000 年前后，开始关注，裂解汽油中的苯乙烯，希望能将它分离出来。要分离出裂解汽油中的苯乙烯，要有两个条件，一是规模，指能分离得到多少苯乙烯，据测算，若裂解汽油中含有 0.02Mt/a 以上的苯乙烯，则建分离单元有经济效益。即乙烯装置必须在 0.8Mt/a 以上，建抽提苯乙烯装置才有效益。二是技术，指如何从裂解 C_8 馏分中分离获得纯苯乙烯，如何将苯乙烯和乙苯，混合二甲苯分离、C_8 芳烃的正常沸点见表 2。

表 2　C_8 芳烃的正常沸点

名称	乙苯	对二甲苯	间二甲苯	邻二甲苯	苯乙烯
沸点/℃	136.2	138.4	139.1	144.4	145.1

从表 2 可知，用普通精馏，无法将沸点差在 1℃以内(邻二甲苯和苯乙烯)的物质分开，因此混合二甲苯和苯乙烯的分离技术，到 2000 年前后才有所进展。国内，中石化石油化工科学研究院在 2010 年取得突破性进展，在广东茂名新华粤集团建成投产了一套能力在 0.03Mt/a 苯乙烯装置，到 2019 年国内已建成投产裂解汽油抽提苯乙烯装置 8 套，规模都在 0.2~0.3Mt/a 苯乙烯，且技术水平能耗指标均优于国外同类技术。[4]

4.1.1　抽提苯乙烯的经济价值

抽提苯乙烯的效益在如下 4 方面。

(1)苯乙烯的价值比 C_8 馏分高。

(2)抽提苯乙烯的成本比传统的合成苯乙烯(即苯和乙烯烃化成乙苯，乙苯再脱氢生成苯乙烯)要低许多，据测算每吨抽提的苯乙烯成本要比传统生产方法低 1000~2000 元。

(3)裂解汽油中的苯乙烯经抽提后，裂解汽油加氢的氢耗减少，可使裂解汽油加氢装置的氢耗降低。

(4)裂解汽油抽提苯乙烯后的 C_8 馏分，混合二甲苯由于其乙苯含量低，可作 PX 的原料，提升了裂解 C_8 馏分的价值。

据某厂经验，裂解汽油加氢技术，由于增设了裂解 C_8 馏分抽提苯乙烯装置，3 年多时间就收回了全部投资，效益十分明显。

4.1.2　裂解汽油抽提苯乙烯装置所处的位置

裂解汽油抽提苯乙烯所处的位置见图 3。

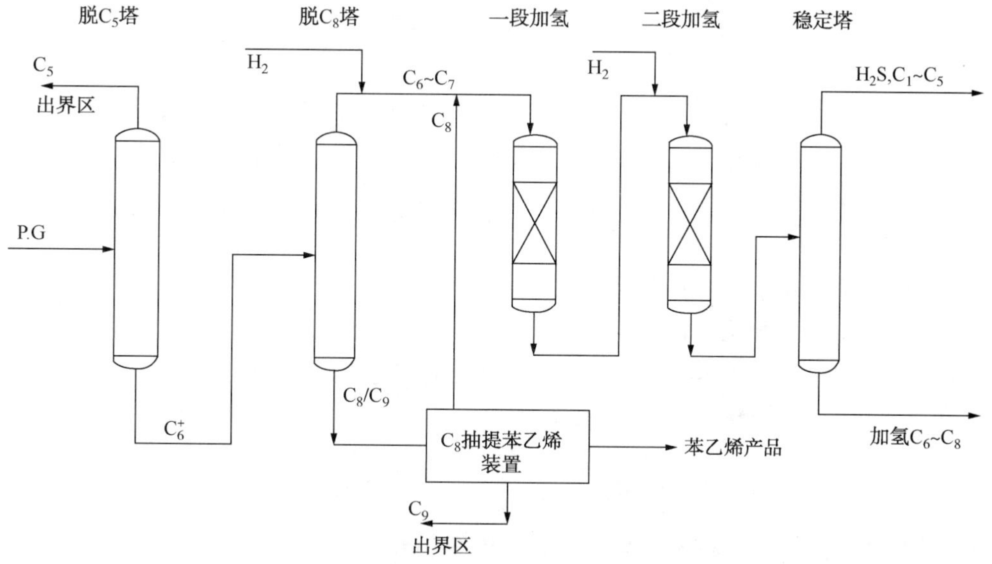

图 3　裂解汽油抽提苯乙烯所处的位置

从图 3 中可知原裂解汽油加氢的脱 C_9^+ 塔，改为脱 C_8 塔，C_8、C_9^+ 馏分从该塔塔釜采用，进入 C_8 馏分抽提苯乙烯装置，抽提出苯乙烯后的 C_8 抽余油(即混合二甲苯)又返回裂解汽油加氢装置与

C_6、C_7 馏分混合，再经二段加氢和稳定塔，稳定塔釜仍出 C_6~C_8 馏分，再送芳烃抽提装置，分出苯、甲苯、二甲苯。

4.1.3 C_8 抽余油单独加氢

从图3中，看到 C_8 馏分抽提苯乙烯后的 C_8 抽余油(混合二甲苯)又返回裂解汽油加氢装置与 C_6、C_7 馏分混合，经加氢后到芳烃抽提，再将 C_6、C_7、C_8 进行分离。众所周知，分离是一个耗能较多的单元，上述抽余 C_8 为了要加氢脱烯和脱硫，与 C_6、C_7 混合，最后在芳烃抽提装置又用分离的方法将 C_6、C_7、C_8 分开，消耗了较多的能耗，目前正在开发抽余 C_8 馏分直接加氢获得混合二甲苯。

4.2 裂解汽油加氢技术的延伸—先进的工艺单元(APU)技术

裂解汽油加氢装置副产总量15%左右的 C_9^+ 馏分，其价值较低。C_9^+ 馏分中重芳烃，茚、双环戊二烯约占80%~90%，如果能将这些物料转化为苯、甲苯、二甲苯将会提升裂解汽油总的效益，SEI和中石化上海石化研究院开发了先进的工艺单元(APU)技术，将裂解汽油加氢技术延伸，直接获得苯、甲苯、二甲苯，可取消耗能较高的芳烃抽提装置，将 C_6~C_9^+ 馏分中的非芳烃裂解为乙烷、丙烷和少量丁烷。

APU技术的流程示意，见图4。可以看出左侧二塔二个反应器是裂解汽油加氢的基本流程，中间“催化裂解反应器和脱氢塔”是APU技术的核心，右侧的“苯、甲苯、二甲苯”三个塔是芳烃抽提装置必备的。

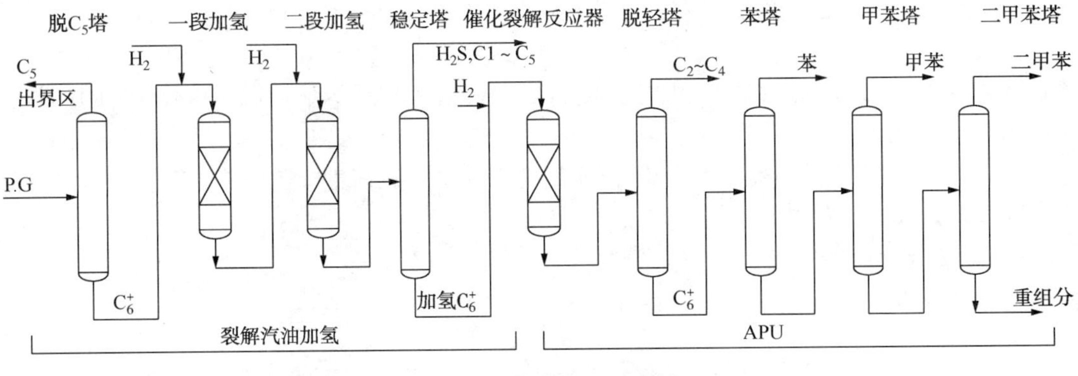

图4 APU技术流程示意图

APU的流程叙述如下：从界外来的裂解汽油(C_5~C_9^+)先进脱 C_5 塔，塔顶脱除 C_5 馏分，塔釜的 C_6~C_9^+，进一段加氢、二段加氢和稳定塔，稳定塔釜液加氢 C_6~C_9^+ 馏分，在氢氛围下进催化裂解反应器，在反应器中发生如下反应：

(1) C_9 以上芳烃脱烷基生成BTX。

(2)烷基转移反应：甲苯和三甲苯生成二甲苯。

(3)茚和双环戊二烯转化为BTX。

(4) C_6~C_9^+ 中的非芳烃全部裂解生成乙烷、丙烷和少量丁烷。

催化裂化反应出料进入脱轻塔，塔顶脱去 C_2~C_4 烷烃，塔釜为BTX进最后三个塔，分出苯、甲苯、二甲苯。

APU技术的经济效益如下：

从前述可知APU技术是将裂解汽油和芳烃抽提的功能合二为一，且将价值较低的 C_9^+ 馏分，转化成轻烃和BTX。

对于一套与0.8Mt/a乙烯相配套的0.5Mt/a裂解汽油加氢装置，延伸为APU技术，可增产芳烃0.0374Mt，由非芳裂解获得轻烃(乙烷、丙烷、丁烷)0.0721Mt/a，能耗下降36.3%，每年获得的经济效益在5000万元以上。

5 结论

5.1 SEI 从单元操作，换热网络优化、加氢催化剂的改进等诸多方面，对传统的裂解汽油加氢技术进行改造，使能耗有了大幅度地下降，与 2010 年时的裂解汽油相比，目前 SEI 拥有的裂解汽油加氢技术能耗降低 35%~40%，使该技术在国内外都处于领先地位。

5.2 近 10 年裂解汽油加氢技术有了新的拓展和延伸，尤其是裂解汽油抽提苯乙烯的技术得到了普遍地应用，几乎成为与蒸汽裂解制乙烯标配的装置，其效益十分明显。

5.3 如果 APU 技术能够获得工业应用；那么裂解汽油加氢技术的经济效益将会更上一层楼。

参考文献

[1] 褚增富．炼化一体化优势下蒸汽裂解制乙烯原料的优化利用[J]．石油炼制与化工，2013，44(1)：65-70.
[2] 王鑫泉，陈皓等．一种裂解汽油中心馏分加氢装置，专利 ZL201020182374.7.
[3] 王鑫泉，万涛，等．一种裂解汽油加氢装置脱碳五塔双股进料工艺，专利 ZL201510176617.3.
[4] 田龙胜，张云明，赵明，等．从裂解汽油中萃取蒸馏分离苯乙烯的溶剂及阻聚剂的评选[J]．石油炼制与化工，1999，30(5)：1-4.

乙烯裂解炉炉管表面温度红外监测系统应用

齐明禄

(中韩(武汉)石油化工有限公司，湖北武汉　430076)

摘　要：中韩石化乙烯装置于2013年建成投产，其中乙烯产能为0.80Mt/a，乙烯装置共有裂解炉8台。为了保障安全生产、优化裂解炉操作的精细化程度、提高炉管使用寿命和装置运行效率、提高热效率，2016年5月在H-006号裂解炉安装了6套RS-SH-Ⅱ型裂解炉炉管表面温度红外监测与分析系统。该系统2016年7月中旬调试完毕并投入使用，为了验证该系统的应用效果，对安装前后裂解炉(H-006)运行数据进行了标定、分析。

关键词：热效率；红外监测；安全生产；优化工艺过程

1　引言

自然界一切温度高于绝对零度的物体都在以电磁波的形式向外辐射能量，其中包括0.7~1000 μm的红外光波。红外光具有很高的温度效应，这是红外热像测温技术的基础。

红外热像测温技术是当今迅速发展的高新技术之一，已广泛地应用于军事、准军事和民用等领域，并发挥着其他产品难以代替的重要作用。美国、德国、英国、法国等发达国家非常重视红外热像测温技术的研究与应用。掌握热像测温技术的发展进程、应用领域和发展趋势，有利于启发科学、合理的发展思路，为热像仪的优化发展提供方向性的支持。

2　红外监测系统的介绍及实际应用情况分析

2.1　红外监测系统的技术措施及技术原理

红外监测系统采用红外比色测温的方法可较好地消除环境及发射率的影响，有效地提高测温精度。该方法受被测物体比辐射率的影响小，针对被测物体的辐射特性，合理地选择两个工作波段可以大大减小因被测物体比辐射率变化而引起的测量误差。采用红外双波段比色测温法，根据热辐射物体在两个红外波长下的光谱辐射亮度之比与温度之间的函数关系来测量温度的方法。设温度为T的目标在波长λ_1和λ_2下的光谱辐射亮度之比为$B=L(\lambda_1,\ T)\mathrm{d}\lambda/L(\lambda_2,\ T)\mathrm{d}\lambda$，利用维恩公式可得出非黑体的光谱辐射亮度之比与其温度之间的关系式：

$$\frac{1}{T}=\frac{\ln B-\ln\varepsilon(\lambda_1,\ T)/\varepsilon(\lambda_2,\ T)-5\ln\lambda_2/\lambda_1}{c_2(1/\lambda_2-1/\lambda_1)}$$

2.2　红外监测系统温度测量精度检测与设备运行情况

红外测温系统安装调试完成后，对炉管表面温度进行了连续测量，并与乙烯装置日常所用测温枪测量结果进行了现场对比。对比所用测温枪为Raytek Raynger3I，型号：RAYR3I1MSC，使用波长1.6 μm，温度测温范围400~2000℃，距离系数比250：1，测量精度0.5%。对比测量日期2016年7月17日和18日(见表1、表2)，测点位置包括炉体两侧和中间各位置，测点覆盖炉膛内各位置高温管和低温管，对比统计结果如图1所示，横坐标表示测温枪测量温度，纵坐标表示红外测温系统测量温度。由图1可见：二者温度测量结果一致性好，离散温度点线性拟合斜率0.998，最大相差10℃，平均相差0.15℃，标准差4.4，测温范围956~1096℃，温度测量精度优于0.5%。

表1　2016年7月17日数据

炉膛西侧数据：

型号	1	2	3	4	5	6
RAYTEK RAYNGER3I	977	992	1007	1023	1066	1078
红外系统测温数据	982	993	1012	1016	1068	1075

炉膛中间数据：

型号	1	2	3	4	5	6
RAYTEK RAYNGER3I	974	988	1007	1015	1027	1051
本系统测温数据	975	994	1002	1017	1028	1047

炉膛东侧数据：

型号	1	2	3	4	5	6
RAYTEK RAYNGER3I	956	962	992	1031	1033	1056
本系统测温数据	953	967	995	1028	1037	1052

表2　2016年7月18日数据

炉膛西侧数据：

型号	1	2	3	4	5	6
RAYTEK RAYNGER3I	987	1006	1015	1032	1090	1095
本系统测温数据	984	997	1015	1037	1090	1099

炉膛中间数据：

型号	1	2	3	4	5	6
RAYTEK RAYNGER3I	974	997	1020	1026	1047	1062
本系统测温数据	974	988	1016	1029	1044	1068

炉膛东侧数据：

型号	1	2	3	4	5	6
RAYTEK RAYNGER3I	980	1004	1017	1052	1058	1077
本系统测温数据	986	999	1023	1046	1057	1071

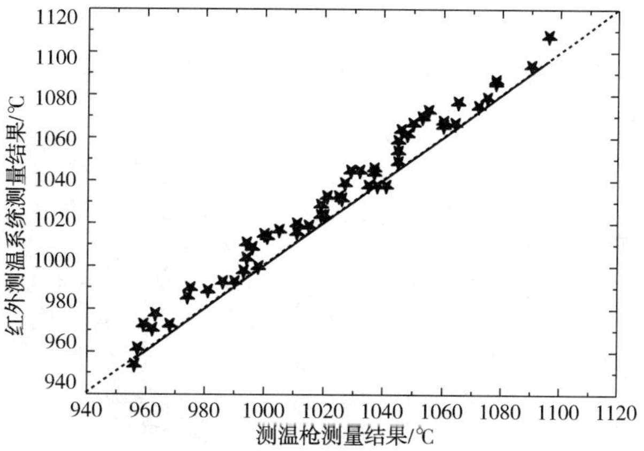

图1　测温枪与红外测量系统测量结果对比

自2016年7月17日设备调试完成正常运行至2016年12月12日，共4个月零25天，设备运行正常，温度测量数据准确、稳定、可靠，可用于指导安全生产、优化操作工艺、节能增效。

3 实现运行周期连续监测，保障裂解炉安全生产、长周期运行

乙烯裂解炉管炉管温度安全监测与分析系统在乙烯裂解炉上的应用可以实现对炉管表面温度进行实时连续监测，超温报警，实现对炉管在整个运行周期的温度分布和变化趋势进行分析、预测等，保障裂解炉安全、稳定、长周期运行。

3.1 炉管表面温度可视化显示与测量

根据探测器像元所接收的目标红外辐射，计算炉管和炉壁表面温度，实时显示炉管炉壁表面温度分布，可实时查询炉管任意点处温度，设定报警阈值，实现超温报警(见图2)。根据炉管表面温度分布情况，有助于及时了解炉管表面温度变化和燃烧波动情况，提高裂解炉操作的精细化程度。

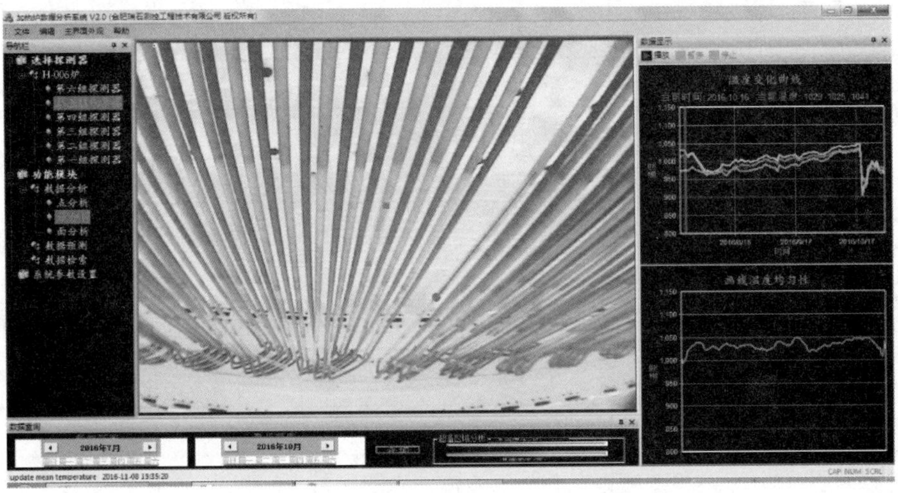

图2 炉管表面温度可视化显示及分析

3.2 温度报表输出

在炉管任意部位设定虚拟热电偶，直观显示温度，重点监测高温出口管温度变化，可根据需要任意设置虚拟热电偶位置，监测需要重点关注区域，还可设定温差阈值，实现温差报警；定时输出温度报表和热点温度，并绘制每根炉管最高温度柱状图(见图3)和所有炉管热点温度(TMT)曲线图(见图4)，有助于直观掌控炉管实际运行状况，确保运行安全。

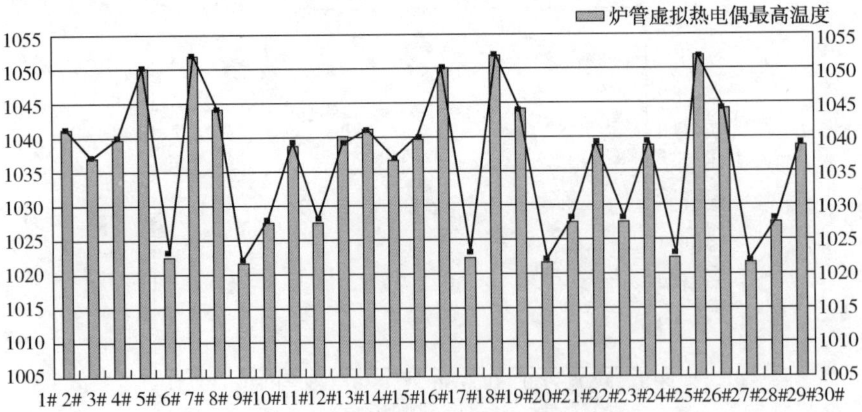

图3 每根炉管表面最高温度

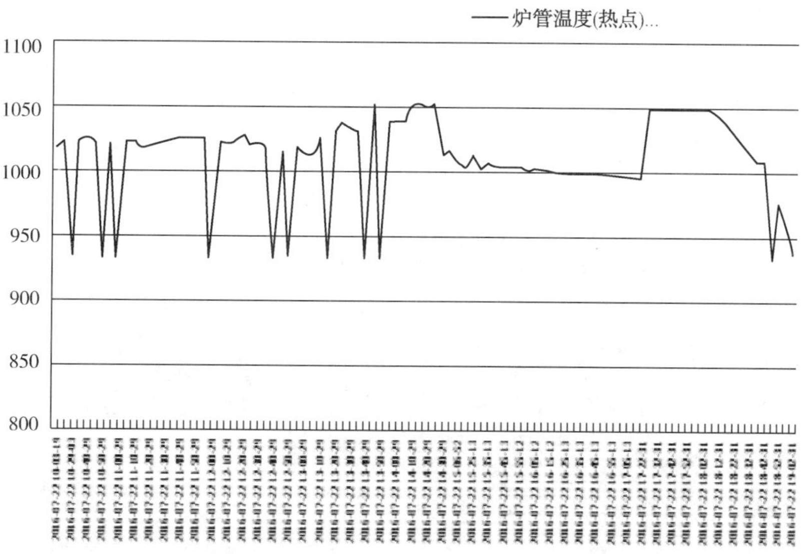

图 4　热点温度变化趋势图

3.3　炉管运行历史数据分析查询

查询分析任意时间段内温度历史数据和原始红外图像数据(见图 5)，有助于分析裂解炉温度历史变化，掌握运行规律，诊断故障原因，促进裂解炉运行操作的优化与改进(见图 6)。

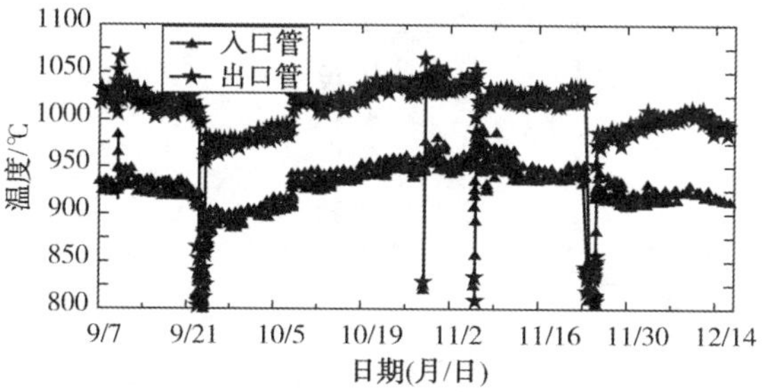

图 5　运行周期数据及故障现象分析

图 6　运行周期数据在线实时分析

3.4　炉管结焦状态分析

管内结焦是裂解炉运行过程中的普遍现象，是最大的安全隐患，同时也是困扰裂解炉不能长周期运行的关键技术难题，结焦位置、结焦厚度、结焦形态等无法获知。利用红外测温系统实时获取炉管表面温升情况，根据温差信息直观判定结焦位置、结焦厚度和结焦形态，采取相应的应对措施，提高装置运行效率(见图 7)。

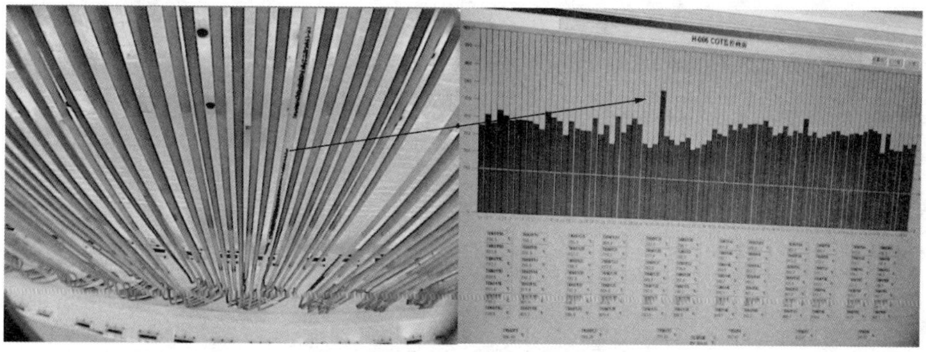

图 7　炉管堵塞超温与对应 COT(裂解炉)温度

3.5 运行周期预测

将炉管与炉壁温度分离，提取炉管表面温度，获取炉管表面最高热点温度，根据热点形态、大小、温度高低结合管内流量、压差、COT 温度等信息综合判定烧焦周期，延长装置运行时间，提高装置利用率。图 8 左图红色标记是热点，右图绿线是对应热点温度变化趋势，粉色线是炉管整体温度变化趋势。

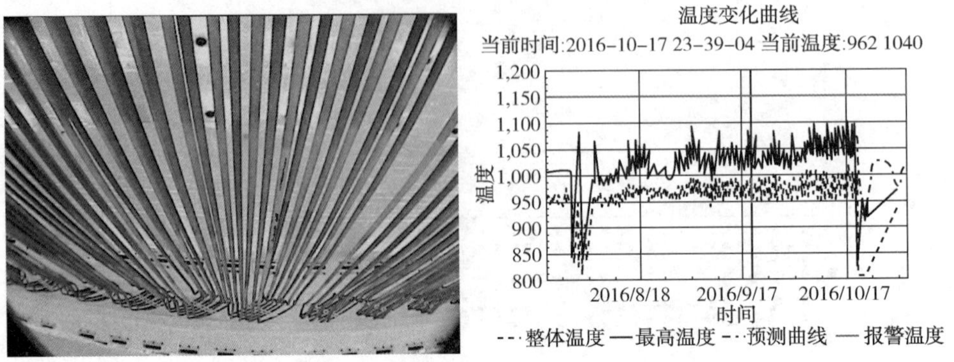

图 8　热点位置、形态与相应温度变化，判断运行周期

4　优化、改进工艺操作过程，提高装置利用率

利用可视化界面及数据测量结果，可对一些工艺操作过程进行有效的优化和改进，提高装置利用率，延长装置使用寿命，节能增效。

4.1 烧焦过程的优化与改进

烧焦过程是炉管清焦的重要阶段，但烧不尽和烧焦不彻底则是烧焦过程最常见和不可避免的现象，特别是对于堵塞较严重的炉管，若采用常规的烧焦程序更是难以达到彻底清焦的结果(见图 9、图 10)。

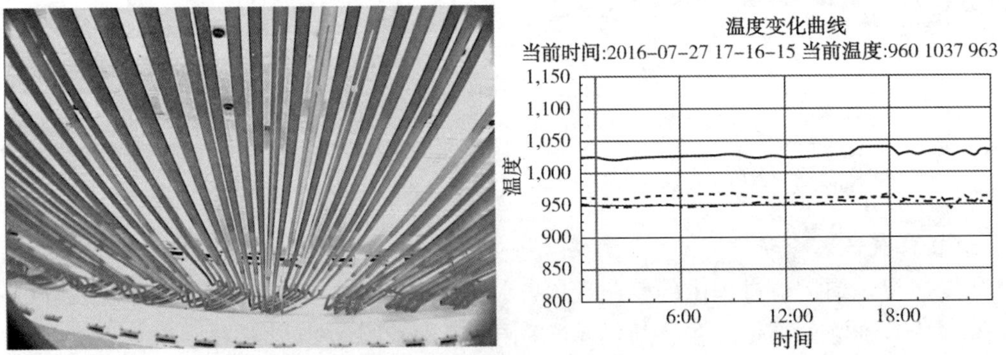

图 9　中间绿色点标记炉管温度高出相邻炉管 70℃

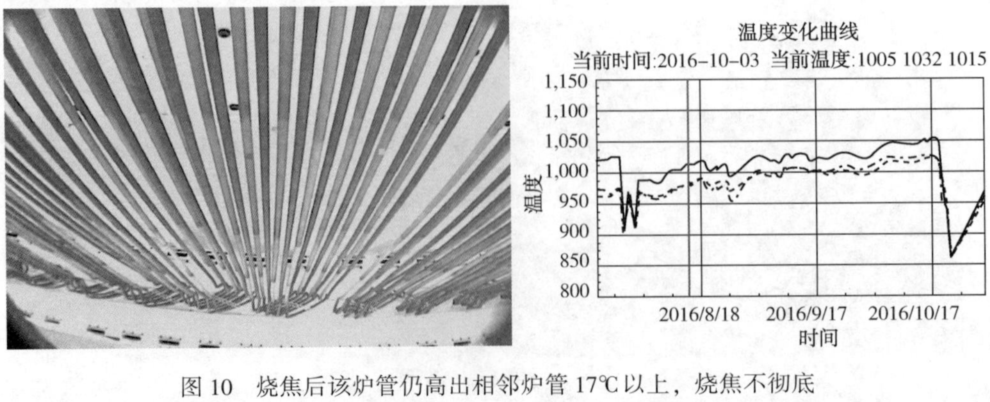

图 10　烧焦后该炉管仍高出相邻炉管 17℃以上，烧焦不彻底

利用可视化技术连续追踪烧焦过程(所有数据均来自现场实际连续采集过程)，如图 11～图 14 所示：

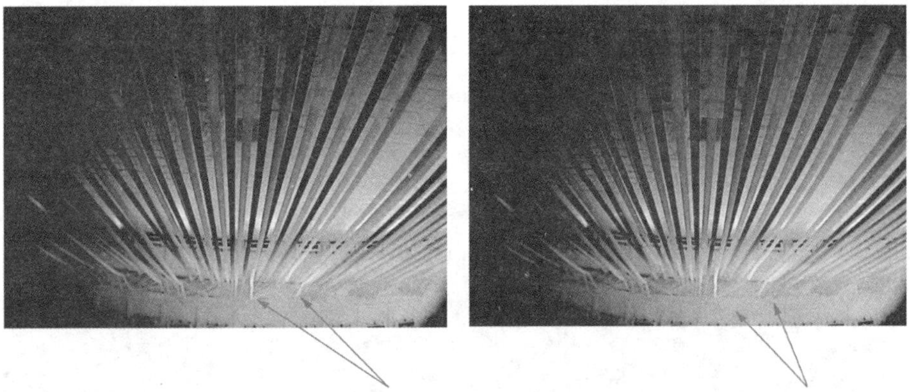

图 11　入口管温度高，出口管温度相对较低，放热反应主要集中在入口管中下部

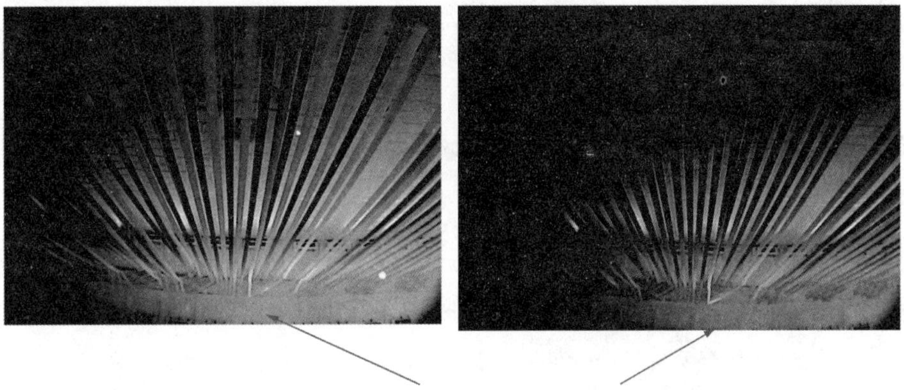

图 12　随着烧焦进程热点由入口管底部向出口管转移

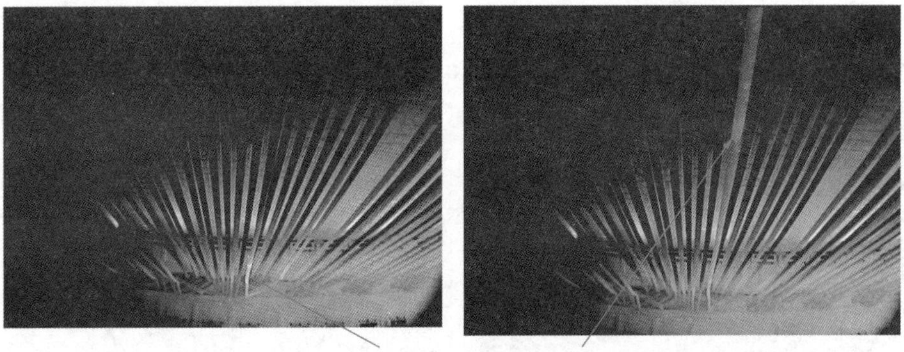

图 13　热点转移至出口管下部并逐渐上移至顶部

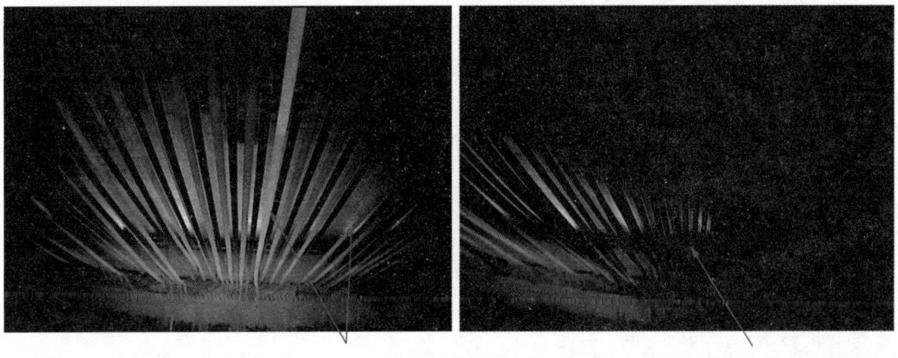

图 14　入口管通畅放热反应主要集中在出口管中上部进行，随后进入下一烧焦工序

由于烧焦过程可见，热点的移动进程标志着炉管由堵塞逐渐烧通的过程，但热点过后局部温度依然很高，表明炉管内部虽然烧通但局部焦层还是很厚，放热反应仍然在剧烈地进行中。因此，若能根据温度测量结果适当延长反应时间，并相应增加蒸汽和空气含量，或适当增加炉管烧焦温度等措施，都可以使炉管烧焦更彻底、更干净，进一步提高炉管使用寿命和装置运行效率。

另外，实时温度测量与控制还可保障炉管烧焦过程的安全性。

4.2 配风的实时监测与控制

恰当的燃料与空气配比可以使燃烧过程接近理想状态，主要产物是 H_2O 和 CO_2。H_2O 和 CO_2 在红外波段有透射窗口，利用此窗口可以滤除烟气使炉管炉壁清晰可见。而燃料与空气配比不当时则会产生大量的炭黑与颗粒，影响红外光透射效果，如图 15 所示。

图 15　烧嘴局部配风不好和整体配风不好

因此，利用红外测温系统可以实时监测烧嘴燃烧状况，调整燃料与空气配比，使燃烧器始终运行在最佳燃烧状态，提高热效率，实现节能降耗。

4.3 炉管运行状态的监测与改进

炉管长期处于高温燃烧环境中，且管内时刻进行着大量剧烈、复杂的化学反应，因此，管内不停地有热蠕变应力的产生和释放，导致炉管在运行过程中会有轻微的摆动。但是如果连续摆动幅度过大甚至扭绞在一起，就会给装置的运行过程带来安全隐患，如图 16 所示。

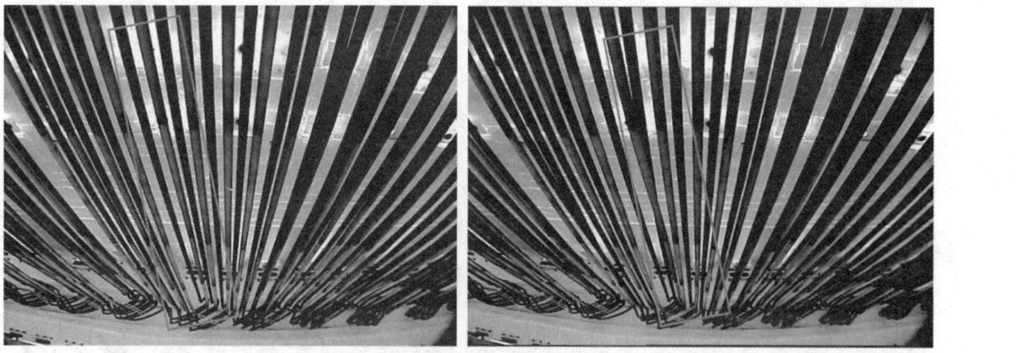

图 16　一个运行周期中连续扭绞 4~5 次

由图 16 可见：这两根炉管不仅扭绞幅度大且频率高，超出正常热蠕变应力产生与释放摆动的程度，应从设计、安装、材质及运行负荷等方面综合分析判断，优化改进排除安全隐患，提高装置运行的稳定性、可靠性与安全性。

应用红外测温系统还可有效监测炉管轻微泄漏与破裂故障！

5　综合经济效益

在保持裂解炉运行条件不变的情况下，应用本产品所产生的综合经济效益主要体现在以下几个方面：首先，根据炉管表面温度测量结果，调节燃烧强度使表面温度分布更均匀，减少高温热点，减少管内结焦和渗炭，消除安全隐患，保障设备安全、稳定、长周期平稳运行，可为企业带来极大的社会经济效益；其次，利用可视化技术优化和改进操作工艺，提高精细化操作水平，提高热效率，减少污染物排放，延长烧焦周期和炉管使用寿命，不仅具有较高的社会效益还具有较大的直接经济效益。

直接经济效益主要体现在以下几个方面：

(1)长周期运行所产生的直接经济效益。以前6#裂解炉运行周期一般在70d以内，使用红外测温系统以后最近一个周期的运行周期是80d，如清焦更彻底、运行时炉管温度分布更均匀，延长装置运行时间10%达到90d烧焦周期是完全有保障的(见表3)。以每年360d每次烧焦2d，可少烧焦1次多运行2d，按照现在每吨原料边际效益1500元来计算(中韩石化提供)，由此带来的直接经济效益：

1500元×2d×24h×50t/h=360万元。

烧焦每小时平均耗费2万元：

2×24h×2万元/h=96万元。

合计：360万元+96万元=456万元。

表3 计量期间6#裂解炉的相关参数

计量期间	烧焦周期时间/d	燃料气用量平均值/(Nm^3/h)	石脑油进料平均值/(t/h)	燃料气消耗总量/$10^4 Nm^3$	石脑油加工总量/t	单耗/(Nm^3燃料气/t石脑油)
2015.12.13~2016.02.20	70	10940.90	47.902	1838.07	80475.36	228.402
2016.08.02~2016.10.20	80	10511.74	47.639	2018.25	91466.88	220.654

(2)燃烧器热效率提高所产生的经济效益。燃气消耗是乙烯装置的主要能耗之一，节能降耗的主要方法就是提高热效率。以燃烧更充分、温度分布更均匀节能降耗0.3%计，装置年平均运行时间8000h，每小时消耗天然气7t，天然气每吨价格3300元，所产生的直接经济效益：

$7t/h \times 8000h/a \times 0.33 \times 10^4/t \times 0.3\% = 55.4$ 万元

总计：每年可实现直接经济效益456万元+55.4万元=511.4万元。

6 结论

裂解炉炉管表面温度红外监测系统操作简单，可切换测温各组炉管画面，分别监视炉内炉管温度，具有超温报警功能，可使我们及时发现和分析炉管温度异常造成可能爆管的安全隐患。

该系统可在炉管上任意设置虚拟热电偶，导出温度数据报表，以及炉管上的最高温度变化趋势，同时具有炉管温差报警功能，对生产过程调整具有重要指导意义。

该系统的数据分析功能，对我们及时了解炉管的结焦趋势、定位炉管结焦严重区域有重要意义。通过分析可掌握炉管任意一点在某个运行周期内温度随时间的变化，以及炉管上下温度曲线，供生产参考。

运行周期预测功能，可根据温度数据对本生产周期的烧焦时机做出预测，并与选定的某周期温度数据进行比较，供我们在生产实践中参考，为安全运行和延长烧焦周期积累经验。

该测温探头还可以监视炉膛内燃烧器燃烧情况，炉管振动、泄漏等，让主操和技术人员能及时了解炉膛内实际情况，对调整燃烧器、避免发生重大安全事故具有重大意义。

该系统经长期运行比较，测温精度满足生产需求，可取代人工对裂解炉炉管温度的监测，为我们改善工艺和保持安全、稳定、长周期生产运行提供了科学依据。

综上所述，裂解炉炉管温度安全监测与分析系统在中韩石化的实施使用，在乙烯裂解炉的工艺操作、设备运行等各方面均取得了理想效果，不仅可以保障设备安全、稳定、长周期运行，对裂解炉操作工艺的优化与改进还具有积极的促进作用。同时，还具有较大的社会、经济效益，项目实施后1年内便可收回投资成本，故建议推广应用。

参考文献

[1] 孟和平．非接触式测温仪的选型研究[J]．中国仪器仪表，2010(02)．
[2] 李云红，孙晓刚，廉继红．红外热像测温技术及其应用研究[J]．现代电子技术，2009(01)．
[3] 章许云．管式加热炉炉管结焦分析[J]．石油和化工设备，2010(05)．
[4] 胡颜邦．加热炉问答[M]．北京：冶金工业出版社，1985.
[5] 万书宝，张永军，汲永钢，等．抑制乙烯装置裂解炉炉管结焦的措施[J]．石油炼制与化工，2012，43(02)．

超声波除垢防堵技术在PTA装置高温高压浆料预热器上的应用

黄　攀　曹　飞　唐玉刚　张翼飞　万　意

（中国石化仪征化纤有限责任公司，江苏仪征　211900）

摘　要：PTA装置精制单元的高温高压浆料预热器组一直存在使用周期偏低的状况，一般6个月左右就需要停车进行拆封头高压清洗，同时在线运行时需要每8h进行一次在线循环冲洗。为了减缓换热管结垢，采用超声波防垢除垢系统，安装在PTA装置精制浆料预热器E01/E02/E03/E04/E05上，通过前期摸索试用及后期改造调试，最终降低了该换热器组的在线冲洗频率1次/天；延长其高压清洗周期至1年以上，消除了影响装置长周期稳定运行的瓶颈。

关键词：PTA；浆料预热器；超声波；除垢；防堵；长周期运行

1　引言

在精对苯二甲酸（简称PTA）装置生产运行过程中，精制单元的浆料预热工艺流程是一个将粗对苯二甲酸（简称TA）逐渐升温升压直至溶解于高温高压水中的过程。在TA完全溶解于水之前，有5台浆料预热器（E01、E02、E03、E04、E05）采用串联方式对TA浆料进行加热，（E01、E02、E03、E04、E05）壳层为加热介质水蒸气（蒸汽温度151～247℃，压力400～3600kPa），管程走TA浆料（浆料温度125～240℃，压力9090～8530kPa）。由于常温下TA不溶于水，而在运行时管程列管内含有大量TA浆料及其他PT酸（对甲基苯甲酸）、苯甲酸、钴、锰等杂质，使用一段时间后就会逐渐在列管内形成结垢，此时该换热器组显示为进出口压差增大，加热效率下降，加热蒸汽用量上升，结垢严重时还会造成装置停车。该换热器组一直存在使用周期偏低的状况（这也是整个PTA行业的通病），一般6个月左右就需要碱洗或被迫停车后拆除封头进行高压清洗。为了减少结垢，每8h对该换热器组进行一次在线冲洗，这样做能一定程度上减少结垢，但是会增加冲洗水和蒸汽等损耗，同时还影响PTA产品质量。因此，针对该换热器组容易形成结垢的问题，本文通过在换热器组上安装超声波除垢防堵系统，以达到对PTA浆料预热系统在线除垢和避免堵塞，最终延长其拆机高压清洗周期的目的。

2　超声波除垢防堵技术的原理及参数

2.1　超声波除垢防堵技术的原理

该超声波除垢装置主要包括主控模块和换能器，在换热器容易结垢的部位安装换能器，然后在主控模块上对超声波的频率、振幅、加速度、脉冲周期、脉冲宽度等参数进行调测和控制，产生超声波脉冲电信号，通过换能器进行电/机能量转换后直接作用于换热器上[1]。当超声波在换热器列管和板壁传播时，会使介质粒子相互作用，产生高加速度震荡波，可阻碍结垢、结晶、积垢等物质的附着，并对金属界面进行清理，可起到防垢与除垢的双重作用[2]。同时，由于结壁污垢的性态和弹性阻抗（弹性系数）不同，垢质与金属会在换热界面上形成剪切应力作用，导致板结在金属换热界面上的垢质层疲劳、裂纹、疏松，最终起到破坏垢物附着环境、使垢体松软至脱落、强化加热管壁传热能力、延长结垢周期的作用[3]。

2.2 超声波除垢防堵技术的参数

超声波系统安装在换热器组上后，现场进行了调试，确保现场输出电流和电压稳定在一定范围(电流稳定在1.2~1.5A，电压稳定在120~180V)，最终形成了浆料预热器组上超声波防除垢系统整体参数值，如表1所示。

表1 超声波防除垢系统整体参数值

编号	项目	指标	编号	项目	指标
1	频率/(kHz)	16.7±5%	4	波形周期/(ms)	1.2
2	振幅/(μm)	1~3	5	波形脉宽/(ms)	75
3	加速度/(m/s^2)	30000			

3 未安装超声波防除垢系统前运行情况

未安装超声波除垢防堵系统前，E01、E02、E03、E04、E05浆料预热器正常的拆机高压清洗周期6个月左右，该换热器组进出口压差变化趋势图见图5。184天里，E01入口压力与E05出口压力差增长值为538.70kPa，日平均增长值2.93kPa，这时说明换热器组结垢严重，换热效率低下，高压蒸汽用量上升，不能满足生产需要，需要停车后对换热器列管进行高压清洗了。安装前换热器结垢情况现场图片见图1。

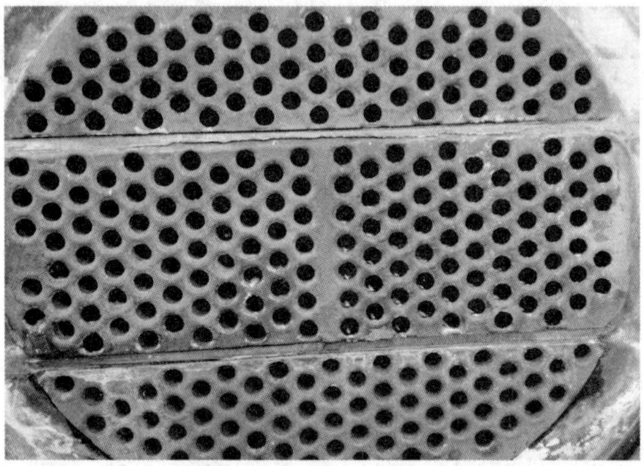

图1 安装前换热器结垢情况现场图

4 超声波除垢防堵技术在现场的安装及效果跟踪

针对换热器组实际运行工况、浆料浓度、易结垢位置等因素进行分析后，设计了安装方案，其中E01、E02、E03、E04、E05浆料预热器分别安装了3、3、2、3、3套超声波防除垢装置，每套超声波防除垢装置有6支换能器，共计安装了14套超声波防除垢装置，形成该换热器组最终的超声波防除垢系统。

设计方案如图2~图4所示。

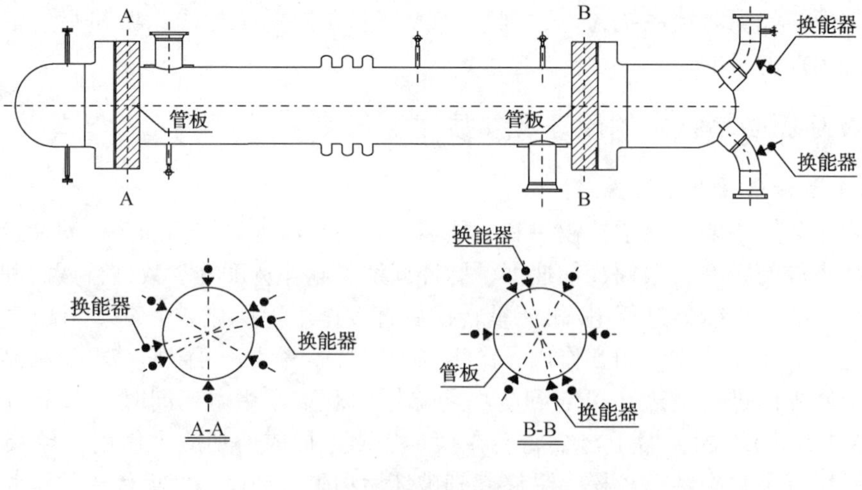

图2 E01、E02防垢除垢装置安装系统示意图

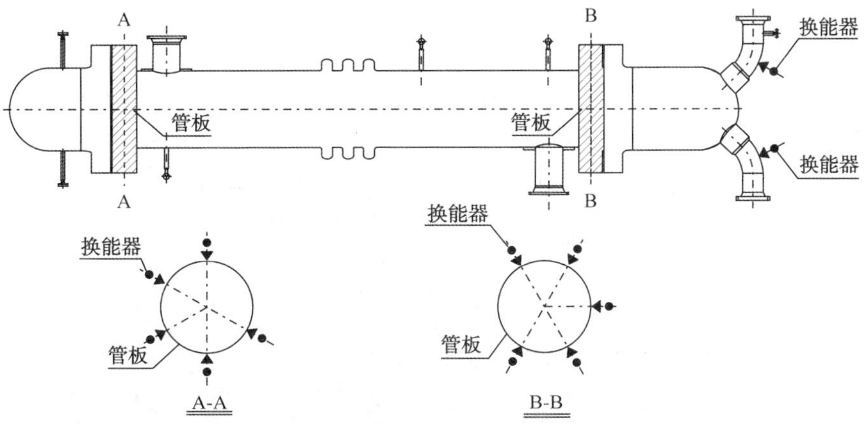

图3　E03防垢除垢装置安装系统示意图

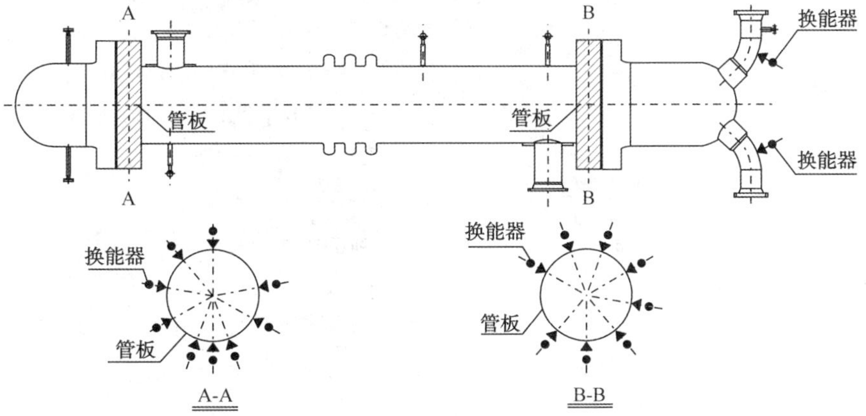

图4　E04、E05防垢除垢装置安装系统示意图

通过反复调试摸索，最终确定了针对PTA装置5台精制浆料预热器的安装方案及运行参数。经过连续6个月的运行，该换热器组进出口压差增长值为148.81kPa，日平均增长值0.80kPa，压差增长趋于平稳，见图5。

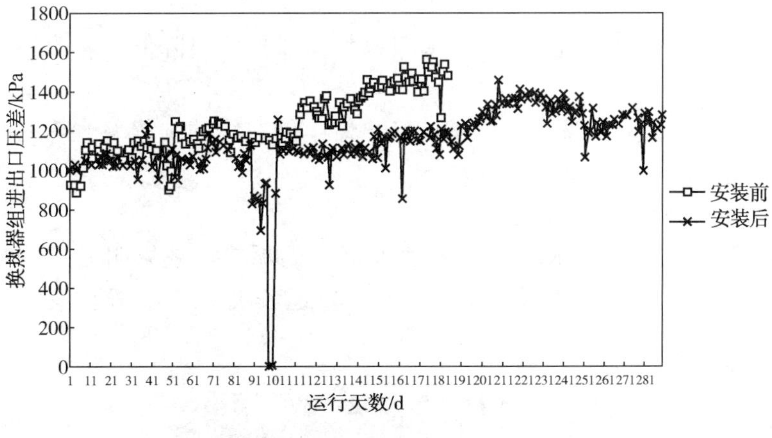

图5　换热器组进出口压差变化图(单位：kPa)

注：1. 数据大幅震荡处为其他因素导致装置减产停产期；

2. 6个月时间后在线冲洗频率从一天3次减少为一天2次。

6个月后，由于运行效果较好，PTA装置精制浆料预热器E01、E02、E03、E04、E05冲洗频率由以前的每天冲洗3次降低为每天冲洗2次，降低冲洗频率后一直持续稳定运行至290天时，该换热器组进出口压差增长值为212.78kPa，日平均增长值0.73kPa，证明降低冲洗频率后对压差增长速率几乎没有影响，压差变化见图5。在该换热器组在连续运行13个月后，才利用装置停车检修机会，进行了拆机高压清洗。

从表2及图5对比情况表中可以明显看出，安装超声波防除垢系统后，E01入口与E05出口的压差日平均增长值为0.734kPa，远小于未安装之前的2.93kPa，效果非常明显。

表2 安装超声波防除垢系统前后情况对比表

项目	运行时间/d	压差增长值/kPa	日平均增长值/kPa
安装前	184	538.7	2.93
安装后	290	212.78	0.73

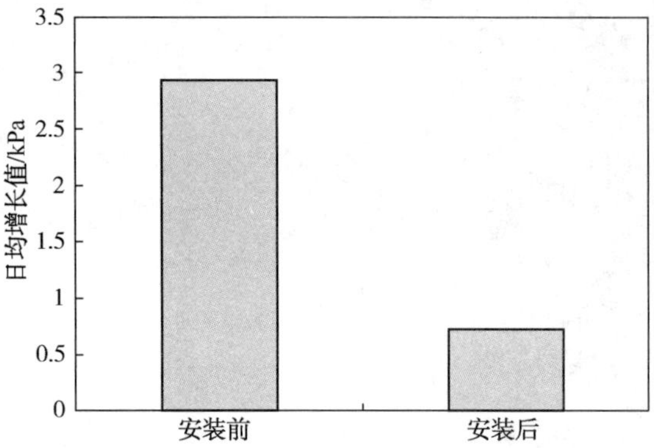

图6 安装前、安装后日均压差增长值变化图

安装前、安装后日均压差增长值变化情况见图6。

同时，从一年的能源统计数据来看，安装超声波在线除垢系统后E01、E02、E03、E04、E05换热器组平均每小时可节省约0.5t高压蒸汽，按高压蒸汽150元/t，年生产时间8000h来算年效益60万元；同时，每年可节省一次拆机高压清洗的费用共约8万元；但换热器组共安装了14套超声波防除垢装置，每套超声波防除垢装置的运行功率为350W，按电价0.5元/kW·h来算，每年电费支出为1.96万元。综上所述，E01、E02、E03、E04、E05换热器组安装超声波在线除垢系统后年经济效益约66万元。

5 应用结论

从使用情况来看，在PTA精制浆料预热5台换热器上安装智能超声波防垢除垢系统后，达到了以下几点效果：

(1)大大延长了换热器组的拆机清洗周期，从之前的半年延长至一年以上，消除了影响装置安全稳定运行的瓶颈。

(2)连续运行期间，该换热器组进出口压差日平均增长值明显降低，表明该系统防垢除垢效果明显。

(3)每天可减少1次内循环清洗，降低了该换热器组的在线冲洗频率，节约脱盐水和蒸汽的消耗，同时减轻工人劳动强度。

(4)每年可创造经济效益约66万元。

总体来看，超声波防垢除垢技术应用于PTA装置，防垢除垢效果明显，且具有在线连续工作且性能稳定、无环境污染、运行费用低等特点，能较好地解决PTA装置含浆料高温高压换热设备的结垢难题。

参考文献

[1] 高玉芝．超声波防、除垢技术在石化企业上的应用[J]．广州化工，2013，41(19)：126-129.

[2] 王峰，郎东磊．超声波除垢技术在催化裂化装置油浆系统中的应用[J]．齐鲁石油化工，2011，39(3)：187-189.

[3] 龚发云，郭卫林，汤亮，叶方平，王亮．超声波在线防除垢实验研究[J]．湖北工业大学学报，2016，31(1)：1-3.

精对苯二甲酸 b^* 值测试条件的优化

孙真东　王　清　吴　辰

（中国石化仪征化纤有限责任公司，江苏仪征　211900）

摘　要：精对苯二甲酸（PTA）b^* 值的测试是仪征化纤公司原料进货检验的一项重要技术指标，检验数据的高低直接影响聚酯生产工艺。由于推荐使用的行业标准条件不够确定，实验室之间测试精对苯二甲酸（PTA）b^* 值的结果存在较大差异，因此对影响测试的几个操作条件（光源、观测角、测量孔径、仪器类型等）进行了试验。试验结果表明，优化 PTA b^* 值的测定方法，统一测试仪器类型，采用相同测试参数，相同测试条件［D_{65} 光源、10°观察角、合适测量孔径（11mm）］，能更好地缩小各实验室 b^* 值的测定数据的差异，为下道聚酯系列产品的生产稳定提供了可靠的数据保障。

关键词：PTA；b^* 值；光源；观测角；测量孔径；色差计

1　引言

以 PTA 作为原料生产的聚酯系列产品（半消光、有光、超有光、膜级和瓶级切片），以及差别化纤维产品，其质量指标中对 b^* 值都有相应的要求。因此，PTA 的 b^* 值对聚酯生产工艺参数的调整和过程控制都有影响，且聚酯产品 b^* 值直接与 PTA b^* 值的高低密切相关，是体现聚酯系列产品的质量特性（光学性能）优劣的重要指标之一。正确地测定 PTA 产品的 b^* 值十分重要。

目前推荐性使用的行业标准 SH/T1612. 10—2005《工业用精对苯二甲酸 b^* 值的测定色差计法》，由于所用仪器不同，测试条件也不一致，其测试结果就存在差异，难以发挥检测的先进技术的引领作用。现对其推荐性使用的测试条件的进行优化和完善，对于拓宽 PTA 的质量特性（光学性能）要求，提高现有标准的技术水平，与国外先进水平接轨，提高产品质量参与国际竞争都有重要的意义。

2　试验部分

2.1　方法原理

将 PTA 粉末样品压成片，在仪器观测条件为 45°/0°或 0°/45°，光谱范围（400～700nm）的光源照射下，样品的反射光通过分光后转换成光信号，处理器根据所选择的照明体、标准观察者等函数将光谱数据转换成 L^*、a^*、b^* 值。

2.2　仪器及设备

（1）色差计带 C 光源和 D_{65} 光源、2°观测角和 10°观测角、11mm 测量孔径和 32mm 测量孔径，配有 auto-QC 颜色控制软件的计算机。

（2）压片机：能施加压力至 30~45MPa，且配有与测量孔径匹配的模具（见图 1）、样杯（大于 Φ32mm）。

（3）天平：分度值为 0. 1g。

2.3　样品制备

（1）将样杯放在模具的底座上，称取（12±0. 1）gPTA 样品，倒入样杯中，将模块的光滑面置于样品上，放入柱塞。

（2）将整套模具置于压片机上，选择 42MPa 的压力，施压并保持该压力至少 1min。

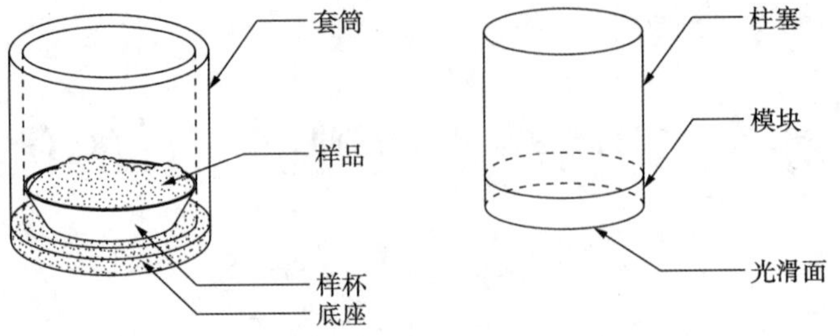

图1　模具示意图

(3)卸压，取下整套模具，移开底座，向下推出柱塞，使样片脱离模具。保持样片表面光洁，待用。

2.4　仪器校正

(1)选定仪器测试条件：光源、观测角、测量孔径。

(2)按仪器的操作手册要求用标准黑白板校正仪器。

2.5　样品测试

将样片置于色差计上将其旋转重复测试3次，取其平均值作为单次测试值。

3　结果与讨论

3.1 条件试验

3.1.1　光源试验

物体在不同光源照射下会呈现不同的颜色，为此国际照明委员会(CIE)规定了标准照明体。标准照明体的实物就是标准光源，其规定以各个照明体在各波长的能量分布的数据和曲线来表示。我国的国家标准也等同采用这些标准。A钨丝灯光源相关色温为2854K。C光源是相关色温为6770K平均日光。D_{65}相关色温为6500K中午日光，其光源都是各厂家用各种手段模拟的。F2冷白荧光相关色温为4200K。由于同色异谱的原因，相同的颜色在不同光源可能显示有差别。行业标准SH/T1612.10—2005《工业用精对苯二甲酸b^*值的测定色差计法》中推荐性使用D_{65}光源或C光源。

选取同一组PTA样品，在不同光源、同一观测角、同一测量孔径下，用色差计测试b^*值，测试数据见表1。

表1　不同的光源试验测试b^*值的数据

光源/观察角	C/10°	D_{65}/10°	光源/观察角	C/10°	D_{65}/10°
1	0.83	0.81	13	0.81	0.81
2	0.83	0.83	14	0.82	0.83
3	0.84	0.82	15	0.82	0.83
4	0.83	0.83	16	0.84	0.82
5	0.83	0.82	17	0.83	0.81
6	0.83	0.84	18	0.81	0.82
7	0.82	0.81	19	0.82	0.82
8	0.84	0.82	20	0.82	0.83
9	0.82	0.82	最大值	0.84	0.84
10	0.82	0.82	最小值	0.81	0.80
11	0.83	0.83	平均值	0.826	0.821
12	0.83	0.80	标准偏差	0.00883	0.00968

测试条件：色差计(color-view)，11mm测量孔径，观测角10°，C光源和D_{65}光源。

将表 1 在 C 光源和 D_{65} 光源下两组 b^* 值测试数据用 F 检验法计算，[$F_{计}1.20<F_{表}2.16$(查表 95%)]、t 检验法计算($t_{计}0.42<t_{表}2.024$)，说明 C 光源和 D_{65} 光源两组 b^* 值测试数据无显著性差异。鉴于后道聚酯产品色度测试国家方法标准选用 D_{65} 光源，测试 PTA 同一样品 b^* 值，推荐使用选择 D_{65} 光源。

3.1.2　观测角试验

物体的颜色既决定于外界物理刺激，又决定于人眼的视觉特性，颜色的测量和标定应符合人眼的观察结果。观察的视角不同，会观察到不同的颜色效果。目前 SH/T1612.10—2005《工业用精对苯二甲酸 b^* 值的测定色差计法》中推荐使用的是 2°观测角和 10°观测角。

选取同一 PTA 样品，在不同观测角、同一的光源、同一测量孔径下，用色差计测试 b^* 值数据见表 2。

测试条件：色差计(color-view)，D_{65} 光源，2°观测角和 10°观测角，11mm 测量孔径。

表 2　不同的观测角试验测试 b^* 值的数据

观测角	2°	10°	观测角	2°	10°
1	0.91	0.97	13	0.92	0.96
2	0.90	0.99	14	0.91	0.96
3	0.91	0.98	15	0.92	0.98
4	0.93	0.99	16	0.93	0.97
5	0.90	0.97	17	0.91	0.99
6	0.91	0.99	18	0.90	0.99
7	0.92	0.99	19	0.90	0.97
8	0.90	0.98	20	0.93	0.95
9	0.91	0.97	最大值	0.93	0.99
10	0.92	0.98	最小值	0.90	0.95
11	0.90	0.96	平均值	0.912	0.976
12	0.90	0.97	标准偏差	0.0109	0.0123

将表 2 在 2°观测角和 10°观测角下两组 b^* 值测试数据用 F 检验法计算，[$F_{计}1.27<F_{表}2.16$(查表 95%)]、t 检验法计算($t_{计}1.46<t_{表}2.024$)，说明 2°视角和 10°视角两组 b^* 值测试数据无显著性差异。

CIE1931 所确定的标准观察者视场，是在 30cm 的距离观察大小 1cm 的圆形测试色，这时，视场角相当于 2°，称为 2°标准观察者。2°观测角——使用视网膜上小面积，基于视网膜中央凹区的对应区域，在生活实际中使用的是更大的视角观察颜色，所以使用 2°视角观察得到的颜色结论与实际观察颜色不一致。CIE 在 1964 年又定义出 10°标准观察者，与 2°标准观察者的光谱敏感函数是不完全相同的[1]。10°观测角——使用视网膜上大面积，基于视网膜中央凹区的对应区域加外围区域，观察结论与人眼实际观察到颜色相一致。

鉴于后道聚酯产品色度测试国家方法标准选用 10°观测角，而 10°观察角与实际颜色观察更相一致，所以测试 PTA b^* 值推荐使用 10°观测角。

3.1.3　测量孔径试验

目前 SH/T1612.10—2005《工业用精对苯二甲酸 b^* 值的测定色差计法》中推荐使用的测量孔径是 11mm 与 32mm。

选取同一 PTA 样品，在同一的光源下，同一观测角 10°，不同测量孔径 4mm、11mm 与 32mm，

用色差计测试 b^* 值。测试数据见表 3。

测试条件：色差计(color-view)，D_{65} 光源、10°观测角、4mm、11mm 和 32mm 测量孔径。

表 3　不同测量孔径试验测试 b^* 值的数据

测量孔径	4mm	11mm	32mm
1	0.78	0.83	1.14
2	0.69	0.83	1.10
3	0.89	0.81	1.09
4	0.78	0.82	1.12
5	0.77	0.83	1.16
6	0.68	0.85	1.12
7	0.68	0.82	1.16
8	0.81	0.81	1.13
9	0.82	0.81	1.12
10	0.96	0.82	1.13
11	0.90	0.83	1.16
12	0.78	0.83	1.11
13	0.79	0.81	1.11
14	0.73	0.82	1.15
15	0.85	0.83	1.09
16	0.62	0.83	1.12
17	0.69	0.82	1.14
18	0.72	0.82	1.17
19	0.76	0.82	1.10
20	0.71	0.82	1.13
最大值	0.96	0.85	1.17
最小值	0.62	0.81	1.09
平均值	0.77	0.82	1.12
标准偏差	0.0852	0.00979	0.0240
方差	0.00726	0.0000958	0.000578

表 3 试验数据说明：随着测量孔径的增大，测试的 b^* 值数据增大。

在孔径 4mm 下，测试的 b^* 值 20 个测试数据的方差最大，数据的波动最大，同时标准偏差也最大。在孔径 11mm 下，测试的 b^* 值 20 个测试数据的标准偏差最小，方差也最小，数据的波动最小。将测量孔径 4mm、11mm 和 32mm 测试的 b^* 值 20 个数据的标准偏差相比较，测量孔径 32mm 测试的 b^* 值数据标准偏差在中间。由于压片使用的铝杯的直径一般在 40mm 到 50mm 之间，取压片有时会造成边角不光滑，致使测试易产生误差。

表 3 标准偏差和方差数据说明，采用测量孔径 11mm 时，样品测试标准偏差最小，离散性差异最小。为缩少实验室之间的测试误差，参考目前行业中成熟使用的仪器特点，推荐选择合适测量孔

径(11mm 左右)进行测试。

3.2 仪器类型试验

3.2.1 不同仪器类型试验

选取 5 组 PTA 样品，分别用不同仪器类型的色差计、相同的测试条件下测试 b^* 值的数据见表 4。测试条件：D_{65}光源、10°观测角、合适测量孔径(10mm 左右)。

表 4 不同仪器类型、相同的测试条件测试 b^* 值数据

仪器类型	PTA 样品 1	PTA 样品 2	PTA 样品 3	PTA 样品 4	PTA 样品 5
Hunter Scan VIS(9mm)	1.28	0.95	0.78	0.63	0.56
color-view(11mm)	1.67	1.35	1.19	0.92	0.85
HunterlabcolorFlex(12mm)	1.02	0.69	0.59	0.45	0.32
美能达 CM-700(8mm)	1.57	1.32	1.07	0.85	0.79
最大值	1.67	1.35	1.19	0.92	0.85
最小值	1.02	0.69	0.59	0.45	0.32
最大差值	0.65	0.66	0.60	0.47	0.53

表 4 试验数据说明：在不同仪器类型、相同的测试条件下，测试的 b^* 值数据最大相差 0.66，最小相差 0.47。

3.2.2 相同的仪器类型试验

选取 5 组 PTA 样品用相同仪器类型的色差计、相同的测试条件下测试 b^* 值的数据见表 5。

测试条件：色差计(color-view)，D_{65}光源、10°观测角、11mm 测量孔径。

表 5 相同仪器类型、相同的测试条件测试 $b*$ 值数据

仪器类型	PTA 样品 1	PTA 样品 2	PTA 样品 3	PTA 样品 4	PTA 样品 5
(color-view)色差计 1	1.85	1.55	1.33	1.01	0.97
(color-view)色差计 2	1.67	1.35	1.19	0.92	0.85
(color-view)色差计 3	1.80	1.50	1.28	1.00	0.92
(color-view)色差计 4	1.70	1.42	1.21	0.90	0.85
(color-view)色差计 5	1.90	1.56	1.38	1.03	1.02
最大值	1.90	1.56	1.38	1.03	1.02
最小值	1.67	1.35	1.19	0.90	0.85
最大差值	0.23	0.21	0.19	0.13	0.17

表 5 试验数据说明：在相同仪器类型、相同的测试条件下，测试的 b^* 值数据最大相差 0.23，最小相差 0.13。

表 4、表 5 试验数据说明：在相同条件下，相同仪器类型测试的 b^* 值数据差值较小，不同仪器类型测试的 b^* 值数据差值较大。建议测试 PTA b^* 值，采用相同仪器类型，以减少测试误差。

4 精密度试验

根据条件试验和仪器试验的结果，对 PTA b^* 值的测试方法进行优化，统一测试仪器类型、仪器参数及测试条件见表 6，进行测试数据的精密度试验。

表 6　仪器(color-view)参数及测试条件

序号	参数名称	参数值	序号	参数名称	参数值
1	称样量	12g	5	几何条件(光路)	45°/0°
2	压片时间	1min	6	光源	D_{65}
3	压片压力	42MPa	7	观测角	10°
4	光谱范围	400~700nm	8	测量孔径	11mm

选择 PTA b^* 值精密度试验 4 个水平试样范围见表 7。

表 7　试样水平范围

水平试样	1	2	3	4
b^* 值	0.70	0.98	1.26	1.44

以 4 个水平的 PTA b^* 值试样各进行 8 次精密度试验测定，每次重复 2 次，获得的原始测定值见表 8。

表 8　b^* 值原始测定值汇总表

实验室	水平试样 1		水平试样 2		水平试样 3		水平试样 4	
	1	2	1	2	1	2	1	2
A	0.71	0.71	0.98	0.96	1.26	1.25	1.44	1.44
B	0.73	0.74	1.02	1.02	1.28	1.29	1.45	1.44
C	0.78	0.79	1.06	1.06	1.28	1.28	1.48	1.49
D	0.79	0.79	1.10	1.10	1.29	1.29	1.50	1.52
E	0.75	0.75	1.06	1.06	1.34	1.34	1.52	1.52
F	0.76	0.76	1.06	1.06	1.34	1.34	1.54	1.52
G	0.82	0.82	1.12	1.12	1.40	1.40	1.60	1.61
H	0.82	0.83	1.12	1.12	1.40	1.40	1.61	1.61

根据 GB/T 6379.2—2004《确定标准测量方法的重复性和再现性的基本方法》，对数据进行柯克伦检验和格拉布斯检验，在 5%临界值(95%置信水平)条件下，超差异常值以 * 标注，经判断，无显著异常，予以保留。

经核查检验无异常数据后，利用表 8 的数值经计算，得到总平均值(m)和重复性标准差(S_r)的数值见表 9。

表 9　S_r、m 计算结果

	水平 1	水平 2	水平 3	水平 4
S_r	0.012	0.014	0.010	0.023
m	0.77	1.06	1.32	1.52

从表 9 中数据来看，4 个水平试样的重复性标准差最大值为 0.023，小于行业标准 SH/T1612.10—2005《工业用精对苯二甲酸 b^* 值的测定 色差计法》规定的样品两次测定的重复性结果之差 0.05，说明优化后的测试方法满足方法的要求。

5　结论

通过试验，参考聚酯产品色度测试国家方法标准及目前行业中成熟使用的仪器特点，对 PTA

b^* 值的测定方法进行优化。统一测试仪器类型，采用相同测试参数，相同测试条件[D_{65}光源、10°观察角，合适测量孔件(11mm 左右)]，能更好地缩小各实验室 b^* 值的测定数据的差异。从 2012 年开始，仪征化纤公司与 PTA 供应商实验室之间的交流，统一采用上述优化测试方法测试 PTA b^* 值，相互之间检验数据差异明显缩小，把好了 PTA 进货检验质量关，为公司聚酯产品的生产稳定提供了可靠的数据保障。

参 考 文 献

[1] 薛月霞、李德宏．精对苯二甲酸颜色的定量表示和测量[J]. 聚酯工业，2010，3：4-6.

[2] SH/T1612. 10—2005. 工业用精对苯二甲酸 b＊值的测定　色差计法．

[3] GBT39782—94. 标准照明体及照明观测条件．

FCBR 高效生化技术的工业应用研究

桑军强　赵　锐　高　峰　曹晓磊　马　欣

(中国石化石油化工科学研究院，北京　100083)

摘　要： 本文介绍了流态化复合载体高效生化(FCBR)工艺的技术原理以及在催化剂生产废水和高含盐炼油污水处理方面的工业应用效果。结果表明，FCBR 可将高氨氮的催化剂生产废水的氨氮质量浓度由 200~350mg/L 降低至<15mg/L，多数时间<5mg/L；$100m^3/h$ FCBR 工业化装置可将高含盐炼油污水的 COD、氨氮和总氮分别由 138~662mg/L、7.75~45.12mg/L 和 17.30~55.43mg/L 降低至 50.5~131mg/L、<1.5mg/L 和 4.04~19.12mg/L。长期运行结果证明，FCBR 技术具有处理效果好、效率高、抗水质冲击、装置占地少等特点，吨污水处理成本仅为 1.91 元，技术经济性突出，适用于建设用地紧张的企业污水处理系统的提标扩能改造。

关键词： 炼油污水；催化剂废水；城市型炼厂；流态化载体；提标改造；高效生化

1　引言

污水的生化处理设施普遍存在处理效率低下、集约化程度差、占地面积大等不足，其升级和扩能改造也需要占用大量建设用地。由于历史和城市化快速发展等原因，多数企业因被城市包围而面临环境容量小、环保投诉压力大、征地难等问题[1,2]，在环保要求日益严格和企业扩张发展需求日益迫切的发展形势下，如何利用局促的建设用地实现污水处理系统的提质提效成为企业生存和发展的一个瓶颈。提高生化处理效率、减少设施占地面积是解决这一问题的重要手段。

目前，提高生化处理效率的主要方式分为培养高效微生物和改进反应器两种，一方面通过筛选、优化培养高效降解菌株来强化微生物对污水中有机物的去除效率[3~6]；另一方面通过特殊的反应器及其内构件设计达到改善水力特性、有机底物和氧气的传质特性等目的[7,8]，从而提升处理效果，降低水力停留时间。不同于传统改进方式，FCBR 工艺是一类使用复合载体的生物膜法生物处理工艺，单位反应器容积内的微生物量可比活性污泥法高 5 倍以上。复合载体可延长污染物在反应器内的停留时间，因此可大幅降低水力停留时间(HRT)，进而减少装置占地。FCBR 技术的研发为解决污水处理系统提质扩能改造的占地紧张问题提供了有力的技术支持。

2　FCBR 技术原理

由高底物浓度下的劳伦斯-麦卡蒂方程可知，有机污染物降解速率与微生物浓度成正比，因此提高反应器中微生物浓度为大幅提高生化处理效率的关键。

$$dS/dt = \vartheta_{max} \cdot X$$

式中　dS/dt——有机底物降解速度；

ϑ_{max}——有机底物最大比降解速度；

X——微生物浓度。

以此为理论依据，采用复合载体用于提高生化反应器内的生物量。复合载体使用中国石化石油化工科学研究院专利复合载体(由 1 号载体和 2 号载体组成)，微生物附着在 1 号载体上繁殖生长，形成致密生物膜。2 号载体均匀分散在水中固定污染物，一方面避免了毒性物质对微生物的冲击；另一方面延长了污染物在生化反应器中的停留时间，可被充分消除。因此，FCBR 技术较常规生化技术具有更好的处理效果和耐冲击能力。小试试验结果证明，使用复合载体后，反应器内悬浮污泥浓度便可达到2700mg/L 以上，高出使用常规流态化载体的反应器近 1 倍，同时对 COD 的去除能力相比提高约 20%[9]。此外，模拟并设计了全混流反应器，使有机污染物和氧气在生物膜内充分传质，维持高生物量状态下的生物活性，并保证了装置结构紧凑，节约占地面积。

在某高含盐炼油污水处理系统的现场中试结果表明(处理量 $1m^3/h$)，悬浮污泥质量浓度长期维持在 3000mg/L 以上，在 HRT 仅为厂内现有生化处理单元 50% 的情况下(20h)，当进水 COD 为 185～620mg/L、氨氮质量浓度为 18～60mg/L 时，FCBR 出水的 COD 可稳定降至 150mg/L 以下，NH_3-N 低于 11mg/L，处理效果明显优于企业“三级 BAF+MBBR”的长流程生化处理单元，同时在受到水质冲击的情况下仍能保持较好的 NH_3-N 去除效果，体现了较强的抗水质冲击能力。这些结果进一步证明了 FCBR 技术具有高效处理能力和运行稳定性，具备工业应用条件。

3 工业应用效果

3.1 高氨氮催化剂生产废水处理

由于 FCBR 技术基于生物膜法，利于增殖速度慢、世代时间长的硝化菌固化和生长[10,11]，因此在处理高氨氮废水方面具有优势。催化剂生产废水水质如表 1 所示，具有氨氮高、碱度低、盐含量高、硬度高、水温高、COD 低等特点。

表 1 催化剂生产废水水质状况

水质指标	数 值	水质指标	数 值
氨氮/(mg/L)	200～350	钙/(以 $CaCO_3$ 计，mg/L)	1100～1500
亚硝酸氮/(mg/L)	0～5	可溶性硅/(以 SiO_2 计，mg/L)	18～150
硝酸氮/(mg/L)	0～13	总碱度/(以 $CaCO_3$ 计，mg/L)	<100
pH 值	4～11	COD_{Cr}/(mg/L)	<150
电导率/(μS/cm)	25000～40000	水温/℃	>40

由图 1 可见，FCBR 技术对催化剂生产废水具有良好的氨氮去除效果，在稳定运行情况下，可由 200～350mg/L 处理至<15mg/L，多数时间<5mg/L，稳定满足企业要求。COD 去除效果如表 2 所示，可见 COD 去除效果较好，出水 COD 可控制在 30mg/L 以下。此外，经过数月的连续试验，未发现钙、硅、铝在载体上的沉积现象，而同期试验的 BAF 技术则出现了明显的钙硬沉积现象，造成填料板结和曝气设备及管道堵塞，证明 FCBR 技术的流态化特点适用于处理高氨氮的催化剂生产废水。

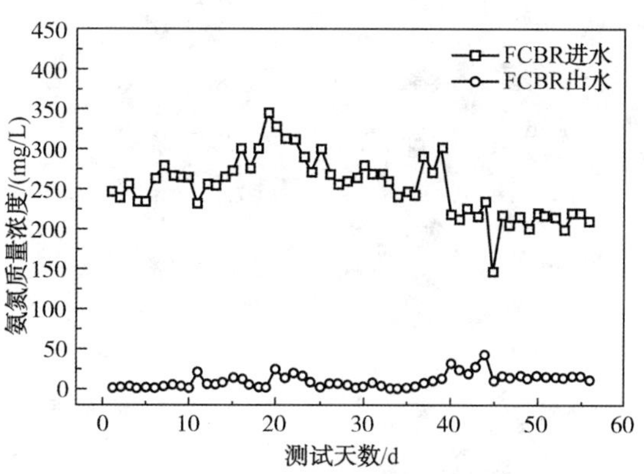

图 1 FCBR 技术对催化剂生产废水的氨氮去除效果

表 2 FCBR 技术对催化剂生产废水的 COD 去除效果

分析次序	COD 质量浓度/(mg/L)	
	进水	出水
1	90.5	16.8
2	37.0	12.7
3	77.7	28.7

3.2 高含盐炼油污水处理

某炼化企业高含盐炼油污水水质状况如表 3 所示，受上游除油单元运行效果影响，该类污水石油类含量波动较大，存在油泥冲击情况。另外，该股污水盐含量较高，监测期间电导率为 4000～12000μS/cm，常规工况下电导率为 6000～8000μS/cm，含盐量较高。BOD_5 与 COD 的比值(B/C)在 0.28～0.34 之间波动。通常认为，当污水的 B/C>0.5 时称为易生化污水；B/C>0.3 时称为可生化污水，为污水可采用生化方法处理的限值，低于该限值好氧微生物很难有效降解污水中的有机物。由此说明，该厂炼油污水的可生化性较差，处理难度较大。

表 3 高含盐炼油污水水质状况

水质指标	数 值	水质指标	数 值
pH 值	7～8	总氮/(mg/L)	17.30～55.43
电导率/(μs/cm)	4000～12000	石油类/(mg/L)	8.20～25.03
COD_{Cr}/(mg/L)	138～662	硫化物/(mg/L)	0.04～6.42
B/C	0.28～0.34	挥发酚/(mg/L)	0.35～10.5
氨氮/(mg/L)	7.75～45.12		

图 2 FCBR 工业化装置外观

FCBR 工业化装置的外观如图 2 所示，主要运行参数参见表 4。装置为 A/O 两段设计，具备脱氮能力。由于采用装置化设计理念，FCBR 装置结构紧凑，占地面积相比于同等规模生化反应池节省 30%以上。另外，装置一体化封闭式设计建造，便于对臭气进行集中收集处理，避免了后续生化池加盖面临的池体变形、构架腐蚀等一系列问题。目前该装置已经连续运行 2 年，出水各项指标均满足设计要求，运行稳定。

FCBR 对 COD 处理效果如图 3 所示，可见长周期运行过程中装置进水的 COD 波动较大，且波动频繁，这是由高含盐炼油污水的水质特点和前端除油装置的运行状况造成的，直接体现了水中油含量和有毒有害物质含量的变化情况。常规生化处理技术对这类水质波动较为敏感，油含量过高往往会制约氧气和有机底物向微生物絮体或者微生物膜内的传递，而有毒有害物质则直接影响生化系统微生物的活性，这两种情况均会降低生化处理效果。然而，FCBR 的长周期运行数据表明，在进水频繁波动的情况下，出水基本稳定在 50.5～131mg/L，满足后续催化氧化单元的进水要求。

表 4　FCBR 工业化装置主要运行参数

项　目	数　据	项　目	数　据
进水流量/(m^3/h)	100	复合载体填充率/%	35
回流比/%	90~110	气水比	10∶1
水力停留时间/h	20		

FCBR 对氨氮的去除效果见图 4，结果再次体现出 FCBR 具有良好的氨氮处理能力。由图 4 可见进水氨氮浓度波动较大，经处理后，出水氨氮质量浓度稳定低于 1.5mg/L，5 个月的平均值仅为 0.28mg/L。稳定的处理效果也证明了 FCBR 技术具有良好的耐水质冲击能力，这是因为硝化菌与去除有机物的异氧微生物相比，对有毒有害物质的耐受力较差，对水质冲击更加敏感且受冲击后难以恢复。

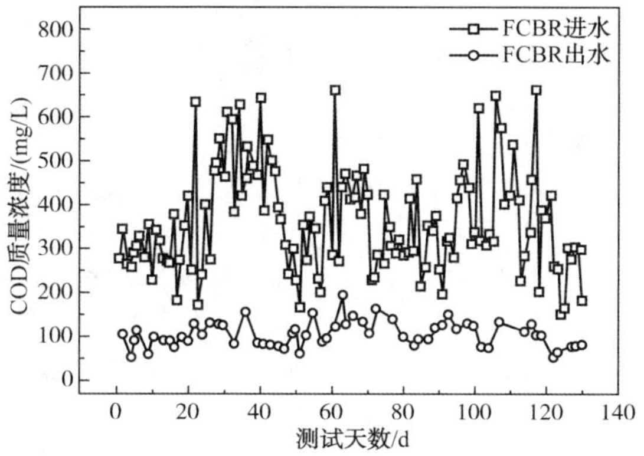

图 3　FCBR 技术对 COD 的处理效果

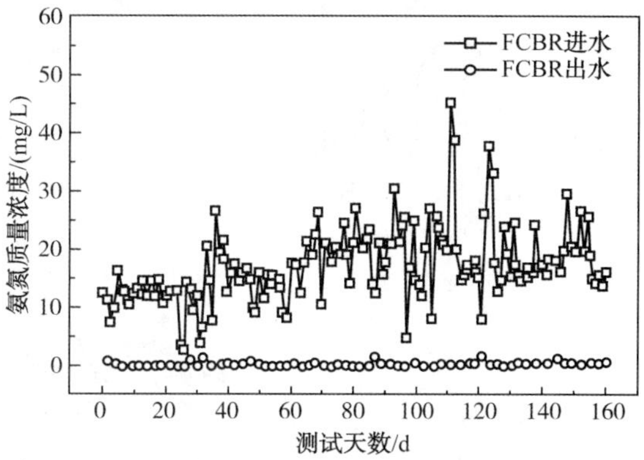

图 4　FCBR 技术对氨氮的处理效果

FCBR 设计了缺氧段，具备反硝化脱氮能力。对总氮的去除效果如图 5 所示，当进水总氮为 17.30~55.43mg/L 时，出水总氮为 4.04~19.12mg/L，平均值为 9.33mg/L，处理效果优异。

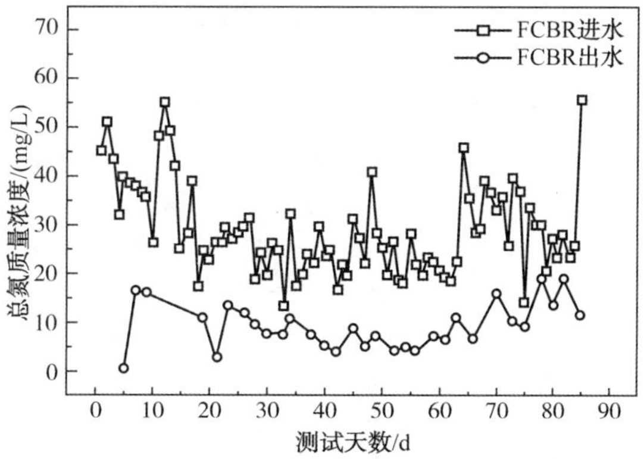

图 5　FCBR 技术对总氮的处理效果

4　技术经济性分析

FCBR 装置在高含盐炼油污水处理系统中的长周期运行结果表明，该技术运行管理方便，不存在传统活性污泥法的污泥膨胀、污泥上浮以及污泥流失等问题，日常运营条件不需特殊的配置及公用工程消耗。另外，FCBR 装置节省占地的特点解决了企业在有限的建设用地上实现污水处理系统扩能改造的难题，且避免了因臭气收集治理而产生的加盖封闭投资。

通过对 FCBR 装置在满负荷运行情况下进行标定，可知 FCBR 的运行成本主要来自电耗和载体损耗费用。经企业计量核算，当进水 COD 由 397mg/L 降低至 68.3mg/L 时，吨污水处理成本仅为 1.91 元。

5 结论

FCBR 技术具有处理效果好、效率高、抗水质冲击、装置占地少等特点。工业应用效果表明，该技术对高氨氮催化剂生产废水和高含盐炼油污水具有良好的处理效果，对氨氮的处理效果尤为突出，有效解决了建设用地紧张企业的污水处理系统提质扩能改造问题。长时间工业运行结果证明，FCBR 技术运行管理方便，吨污水处理成本仅为 1.91 元，且不需臭气收集方面的后续投资，具有明显的经济性优势。

参 考 文 献

[1] 杨兆明，潘涛，邱宇，等. 城市型炼厂发展模式和对策研究[J]. 石油科技论坛，2017，(4)：1-4.

[2] 王正魁，殷涛，杨军，等. 关于中国城市型炼厂发展模式分析与选择的探讨[J]. 当代化工，2018，47(4)：820-823.

[3] 范俊. PTA 生产废水高效生化处理技术的研究[C]. 南京：南京工业大学，2004.

[4] 王小斌，王剑锋，刘春林. QBR、QBF 高效生化处理技术在碱渣处理装置中的应用及改进[J]. 化学工程与装备，2010，(12)：170-171.

[5] 包焕忠，曹国强，王丽. 高效生物强化技术在治理炼油碱渣废水中的应用[J]. 工业用水与废水，2008，39(3)：76-80.

[6] 王璟，张志杰，孙先锋，等. 应用生物强化技术处理焦化废水难降解有机物[J]. 城市环境与城市生态，2000，(6)：42-44.

[7] 李增良. 高效生物反应器及其工艺简介[J]. 纸和造纸，2000，(4)：40-41.

[8]王凯军，胡超，林秀军. 新型高效生物反应器类型和应用[J]. 环境工程学报，2006，7(3)：120-123.

[9]桑军强，赵锐，李本高，等. 流态化复合载体生物膜工艺处理高含盐炼油污水的研究[J]. 石油炼制与化工，2017，48(8)：6-11.

[10] 赵青. 移动床生物膜多级 A/O 工艺净化效能与污泥性能研究[C]. 重庆：重庆大学，2013.

[11] 肖羽堂，许双双，刘亮，等. 纤毛状生物膜脱氮除磷工艺调试研究[J]. 生态环境学报，2009，18(5)：1703-1707.

储存苯乙烯防聚合原因分析及应对措施

翟士刚

（中国石化齐鲁分公司销售储运部，山东淄博　255411）

摘　要：针对苯乙烯在储存过程中出现的聚合问题以及聚合后对产品质量的影响，结合实际工作经验，对其阻聚剂、氮封(氧含量)设施、储存温度、工艺操作条件等主要影响因素逐一分析，并逐项给出了处理方案。特别是苯乙烯储罐内防涂层的改造，对苯乙烯储罐延长储存周期及确保产品质量具有关键性影响。措施实施后，对储存2a的苯乙烯中的阻聚剂、聚合物的含量进行了化验分析，苯乙烯全部达到了优级品。

关键词：苯乙烯；聚合；阻聚剂；氮封(氧含量)；温度；工艺操作

1　引言

苯乙烯为无色油状液体，有芳香气味，凝固点-30.6℃，沸点145℃。相对密度0.9051，闪点31.11℃，自然点490℃，折射率1.5467，黏度0.763mPa·s。微溶于水，溶于乙醇、乙醚、甲醇、丙酮和二硫化碳；在加热或暴露日光下，或在过氧化物存在下容易聚合，聚合时释放热量，并能引起爆炸；爆炸极限的质量分数为1.1%~6.1%；主要用作聚苯乙烯、丁苯橡胶工程塑料(如ABS、AAS等)、离子交换树脂、医药等的原料[1]。

2　聚合影响因素

苯乙烯之所以聚合，受多种因素的影响，主要影响因素包括阻聚剂的影响、氮封(氧含量)设施的影响、温度的影响、工艺操作条件的影响等。

苯乙烯聚合是制约苯乙烯产品质量的重要因素，聚合物像“钟乳石”一样挂在罐顶，内壁聚合物成层状。每年检修时都要人工清理、再喷沙处理，工作量相当大，操作费用高。且苯乙烯聚合物超标、色度及其他质量指标也会下降，严重时会导致储罐的“暴聚”。苯乙烯产品的特点是可以自身引发热聚合反应，且反应速度随温度升高而加快，温度升高到65℃左右时反应急剧进行。

2.1　阻聚剂的影响

2.1.1　原因分析

苯乙烯化学性质活泼、易聚合，在管道运输和储罐储存环节，极易发上聚合，影响产品质量。因此，苯乙烯在输送或储存过程中，必须加入阻聚剂。特别是苯乙烯在储存过程中，在储罐蒸汽范围内的罐壁上，由于其蒸汽不含阻聚剂[(TBC(对叔丁基邻苯二酚)阻聚剂不挥发]，经常在罐壁、罐顶和人孔附近聚集并形成聚合物。

2.1.2　具体措施

(1)液体物料中加入适量的阻聚剂。

①苯乙烯储存过程中的聚合包括通过离子机理和自由基机理发生的两种聚合反应。离子机理引起的聚合反应可以通过消除储存容器中的离子催化剂得到有效控制；自由基机理引起的的聚合反应是直接由热激发的反应，不需要催化剂或引发剂，主要包括链引发、链增长和终止3个反应过程，尤其在链引发过程中，较高的温度或金属催化剂都会促使自由基的生产，从而促使链引发，进而形

成“暴聚”。

②对于苯乙烯最适宜的 TBC 含量是 10~15mg/kg 和 45~55mg/kg(对不同规格),但在实际应用中可根据具体的温度及含氧量情况予以调整。适量的 TBC 不会使苯乙烯因加入 TBC 而增加色泽,但 TBC 含量超过 40~50mg/kg,就有可能使苯乙烯增加色泽,同时也给后期脱除 TBC 增加了难度和成本[2]。

③在苯乙烯中加入 TBC 的数量,任何时候不应低于 10mg/kg,若低于 10mg/kg 时,应及时补充。TBC 的最低值(危险值)是 4~5mg/kg,低于这一数值会有发生放热或暴聚的可能,而且根据试验数据和实际运行的测量数据来看,随时间的增加 TBC 含量逐渐降低,且存放的温度越高,TBC 含量降低得越快。

(2)对储罐进行内防,且在内防涂料中加入阻聚剂。

苯乙烯在贮存过程中,在储罐蒸汽范围内的罐壁上,由于其蒸汽不含 TBC 阻聚剂,经常在罐壁、罐顶和人孔附近聚集并形成聚合物。为此,使用了自主研发的苯乙烯内防涂料及相关施工工艺,效果非常理想,储罐清罐周期延长到 4~6a。对苯乙烯储罐内防的主要目的是减少苯乙烯聚合(在苯乙烯气相空间内阻聚剂也发挥作用)。

带阻聚剂的内喷涂材料是以 EP-28 环氧漆为原料,采用中间漆加阻聚剂的 3 层涂料及相应的施工工艺。内防涂料施工技术要求见表 1[3]。

表 1　苯乙烯储罐内防喷涂

项目	湿膜厚度/μm	干膜厚度/μm
底漆	85~200	60~130
中间漆(含阻聚剂)	80~240	50~126
面漆		100~320
总厚度		210~660

2.2　氮封(氧含量)的影响

2.2.1　原因分析

苯乙烯所用的阻聚剂是需氧型阻聚剂,氧气的存在有利于阻聚剂发挥作用,然而过多的氧又使苯乙烯生成过氧化物,这些过氧化物在一定条件下分解成自由基和醛类。因此,过氧化物不仅可以促进苯乙烯聚合还可以使产品中的醛含量增加。苯乙烯遇水也会加速自聚的速率,所以有必要采取氮气保护的措施控制储罐内的氧气含量,隔离空气中的水分进入储罐。氮封系统采用氮气纯度(质量分数)为 95%,而苯乙烯阻聚剂所需的氧可通过进罐前与空气的接触获得。

2.2.2　具体措施

从氮气主管网上引一条 DN50mm 的氮气线(氮气主管网压力 1.0MPa),经过 2 级减压将氮气压力控制在 0.3~0.6MPa,最后通过直立式调节阀给苯乙烯储罐供氮,供氮流量控制在 3.2~15m^3/h,压力控制在 0.49~1.47kPa(呼吸阀起跳压力 1.8kPa),阻聚剂活性效果最佳、持续时间最长。同时用减压后的氮气吹扫液位计等易聚合的的部位。具体流程见图 1。

2.3　储存温度的影响

2.3.1　原因分析

在正常储存条件下,苯乙烯的自聚是缓慢的,但是自聚的速度会随温度的升高而加快,所以苯乙烯储存时应控制的诸多因素中,温度是最重要的。温度升高,聚合物产生的速度明显加快,阻聚剂消耗也明显增加,苯乙烯的储存时间大大缩短。不同温度下阻聚剂和氧含量对苯乙烯储存期的影响见表 2。

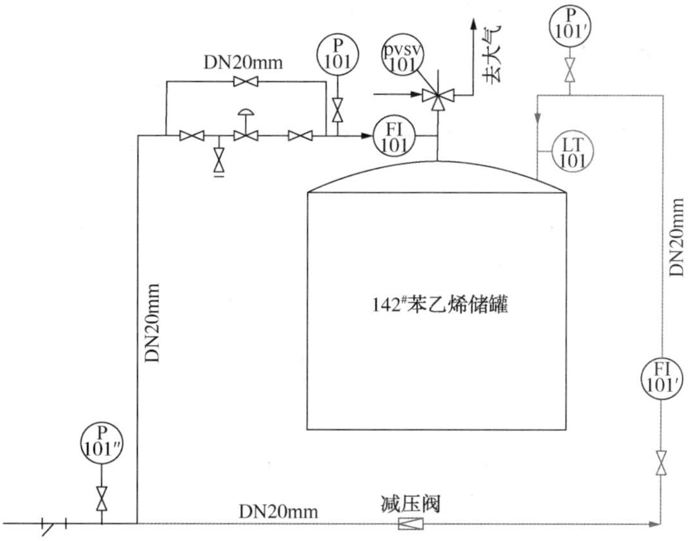

图 1　储罐氮封工艺流程示意

表 2　不同温度下阻聚剂和氧含量对苯乙烯储存期的影响

温度/℃	阻聚剂的浓度为 12mg/kg	阻聚剂的浓度为 50mg/kg
15	6 个月	大于 1a
30	3 个月	6 个月
45	8～12 个月	小于 30d

《石油化工储运系统罐区设计规范》(SH/T 3007—2014)表 3.4 中苯乙烯的储存温度为 5～20℃。为了更好地控制温度，留足预操作时间，中国石化齐鲁分公司苯乙烯储存温度控制在 5～15℃。

2.3.2　具体措施

(1)制冷系统。

夏季为了确保苯乙烯储存温度，配备了 3 台制冷压缩机，夏季时轮流制冷。苯乙烯制冷主要有 2 套工艺流程：一套为乙二醇制冷工艺流程，另一套为循环换冷流程。制冷工艺流程由乙二醇作为冷媒，首先由制冷机给乙二醇制冷，并将冷却后的乙二醇储存在储罐内。循环换冷流程分别由苯乙烯机泵将储罐内的苯乙烯打循环及乙二醇机泵将储罐内的乙二醇打循环，并使低温的乙二醇与高温的苯乙烯在换冷器中完成换冷工作。

(2)储罐外壁热控涂层的应用。

目前普遍采用的保冷方法是在苯乙烯储罐外层粘贴聚氨酯泡沫板，然后外包铝板防护层。由于罐体金属与泡沫材料的线性膨胀系数差别大，而且随着长时间的服役和冷热交替，保冷泡沫材料与罐体处于剥离状态；聚氨酯泡沫是气固两相物质，其密度小，隔热效果好，但随着长时间的老化，材料中的气孔受到内外扩散的作用由小变大，由闭孔变开孔，隔热效果降低；由于外保护层的封闭性差，环境中的潮气进入到罐体外管壁，遇冷变水，附着在管壁上，甚至沿管壁与保冷材料间的缝隙流出。以上不利因素导致保冷材料的绝热效果大幅度降低，甚至失效。另外，由环境渗入储罐外壁的水和材料中的腐蚀离子发生耦合作用，造成管壁和保冷材料的严重腐蚀，导致设备服役寿命缩短。结果导致制冷频率大幅度上升，能耗增加，能源浪费，设备维护经费增加。上述保冷技术已经不能满足苯乙烯储罐保冷储存的需求。为此，研究人员于 2014 年采用了一项新技术，来解决苯乙烯储罐长期有效保冷问题[4]。

聚氨酯泡沫喷涂的工艺，使聚氨酯与罐壁融为一体，强化了保冷效果。涂层结构：防腐底层、喷涂绝热层、界面过度层、弹性封闭平整层、网格加强层、柔性互穿封闭层、热反射与装饰面层。

在保证制冷效果的同时，每年节约用电 0.3MkW·h。

2.4 工艺操作条件的影响

2.4.1 原因分析

为减少苯乙烯在输送管道中聚合风险，尽量减少流程线路，避免管道出现“盲管段”，应尽量简化储存苯乙烯的制冷循环流程。

2.4.2 具体措施

齐鲁储运厂依据 4 台苯乙烯储罐的实际情况，将 2 套制冷系统合并成 1 套制冷系统，进行了制冷循环流程的简化。原有 2 套制冷循环流程如图 2 所示，合并后的 1 套制冷循环流程如图 3 所示。

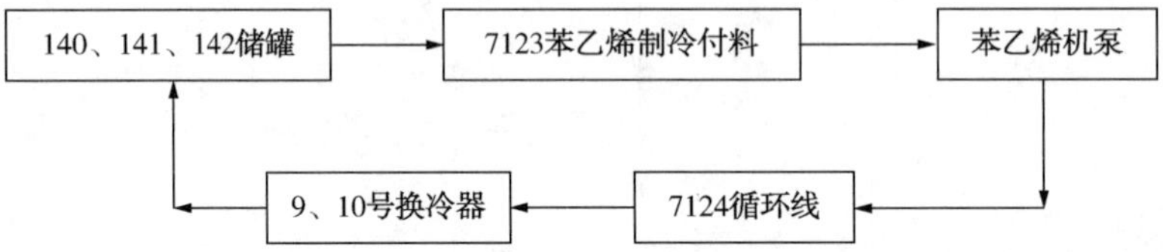

(a) 流程一

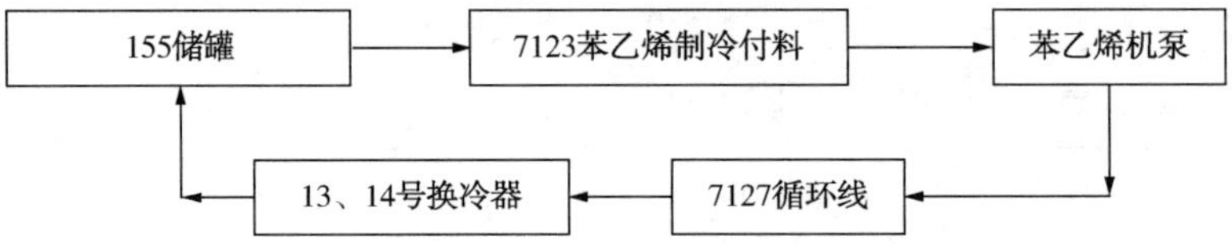

(b) 流程二

图 2　4 台苯乙烯储罐的原制冷循环流程示意

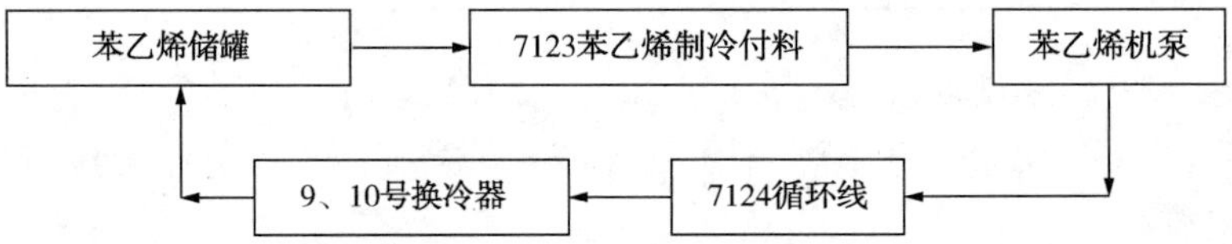

图 3　合并后的 4 台苯乙烯储罐的制冷循环流程示意

4 台苯乙烯储罐的制冷循环流程合并后，再未发生聚合物超标现象，且每年可以节约制冷用电 5×10kW·h。

3　实施效果及效益

(1) 以上措施 2016 年全部完成后，每次产品检验均合格，罐内壁漆膜完好，产品储存效果较好。以 142#储罐为例，测定的产品中的阻聚剂含量及聚合物含量变化见表 3。

表 3　142#储罐中苯乙烯的质量变化

日期	阻聚剂含量/(mg/L)	聚合物含量/(mg/L)	季节
2016-06-12	13.3	3	夏季
2016-07-16	12.6	3	夏季
2016-11-21	13.4	3	冬季
2016-12-08	13.1	3	冬季
2017-02-14	13.2	3	春季
2017-03-16	13.1	3	春季
2017-06-08	22.1	2	夏季
2017-07-26	22.7	2	夏季

苯乙烯产品质量指标：聚合物含量不大于10mg/L为优级品，不大于30mg/L为一级品。因此，由表3可见，苯乙烯产品质量均达到优级品。

汇总表3数据，得出苯乙烯中阻聚剂与聚合物含量趋势图，从图4可以看出苯乙烯中阻聚剂越高，聚合物含就越低，产品质量也就越高。

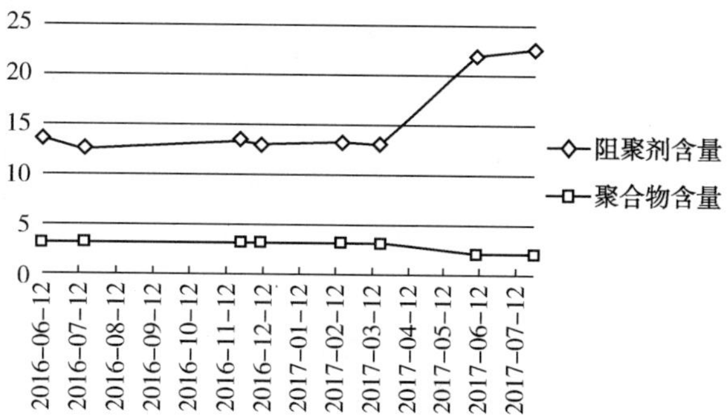

图4　苯乙烯中阻聚剂与聚合物含量趋势图

(2)在苯乙烯储罐采取以上措施后，各项质量指标均在控制范围之内，实现了环境效益和积极效益双丰收。①清罐周期由原来的2a延长到4~5a，从而每年可以减少清罐污水排放5~7t，减少清罐聚合物1~2t；②每年减少因蒸罐产生的蒸汽污染1000m^3；③对现有的苯乙烯储罐进行氮封处理，每年可以减少苯乙烯大、小呼吸损耗1.5×10^{4}m^3，减少了周边环境空气污染；④以142$^\#$储罐为例，每年可以节约清罐费用7万元左右；⑤按1台2000m^{3}的储罐可以装苯乙烯1800t计算，每年减少1台苯乙烯储罐聚合物超标，则增效300元/t，相当于年创收54万元。

参 考 文 献

[1] 王延吉．有机化工原料[M].4版．北京：化学工业出版社，2004.

[2] 国家质量监督检验总局．GB/T3915—2011 工业用苯乙烯[S]. 北京：中国标准出版社，2011：2-3.

[3] 王相海．苯乙烯储存过程中聚合原因分析及对策[J]. 齐鲁石油化工，2003，31(2)：110-112.

[4] 中华人民共和国建设部．GB50393—2008 钢制石油储罐防腐蚀工程技术规范[S]. 北京：中国计划出版社，2008：13-17.

高效厌氧反应器技术的中试试验研究

郑　蕾[1]　安景辉[1]　程学文[2]

(1. 中国石化工程建设有限公司，北京　100101；2. 中国石化北京化工研究院，北京　100013)

摘　要：本文介绍了中国石化工程建设有限公司、北京化工研究院和中原石油化工有限责任公司联合开发的“MTO 高浓度废水高效厌氧反应器”技术，该技术核心为内循环厌氧反应器。经过为期一年的现场中试试验，在进水量 1.5～2t/h，COD 6000～8000mg/L 的情况下，厌氧反应器的 COD 进水负荷高达 10～15kgCOD/m^3·d，COD 去除率达到 90%以上。其处理效果和运行稳定性达到了预期要求，具备了工业化应用的基础。

关键词：高效厌氧反应器；内循环厌氧反应器；高浓度废水；厌氧生物处理

1　引言

污水处理的首选工艺是生物处理。根据微生物代谢有机物的途径不同，污水生物处理分为好氧和厌氧两种类型。一般来讲，COD 浓度越高，采用厌氧生物处理的优势越大。厌氧处理工艺的核心设备——厌氧反应器历经厌氧过滤器(AF)、上流式厌氧污泥床(UASB)，目前已发展到第三代——内循环厌氧反应器(IC)，处理效率得到了大幅度提高。其中，IC 于 20 世纪 90 年代由荷兰帕克公司开发，为专利技术，在培养形成厌氧颗粒污泥的基础上，利用厌氧产生沼气的汽提作用产生液流内循环，实现反应器内微生物和污水的充分混合，COD 负荷可高达 20kgCOD/m^3·d。

国内厌氧反应器技术通常比国外晚 10～15 年，目前 AF、UASB 已经实现国产化开发，而且有了较多的工业应用业绩。中石化在仪征化纤 PTA 工程、扬子石化 PTA 改造、天津石化 PTA、中原石化 MTO 高浓度废水处理中成功应用了国产化的 AF 和 UASB 技术，COD 负荷可达 3～5kgCOD/m^3·d。内循环厌氧反应器技术在珠海 PTA、厦门翔鹭 PTA、金山石化等石化企业有应用业绩，但均为引进荷兰帕克公司的 IC 反应器技术。因 IC 反应器存在专利保护，且国内尚不掌握其工艺设计方法，使其应用受到限制。

随着中石化 S-MTO 技术的推广和应用，MTO 排放的高浓度废液中的 COD 总量很可观，采用高效的内循环厌氧反应器去除废水中 COD 并将其转化为甲烷是经济地实现 COD 减排和资源回收的有效途径。为此，中国石化工程建设有限公司、北京化工研究院和中原石油化工有限责任公司联合完成了“MTO 高浓度废水高效厌氧反应器开发”的课题，课题的主要内容为开发新型内循环厌氧反应器技术，并进行了中试试验。本课题申请了 10 多项国内专利，并获得 2016 年中石化技术发明二等奖。

2　内循环厌氧反应器技术简介

2.1　工艺原理

厌氧生物处理指有机物在没有氧存在的情况下，被微生物最终转化为 CH_4 和 CO_2 的过程。MTO 废液中的甲醇、乙酸、丙酮等小分子有机物，在产氢、产乙酸菌和产甲烷菌的作用下，厌氧分解最终生成 CH_4、H_2O 和 CO_2。本课题开发的内循环厌氧反应器，其基本构造见图 1。

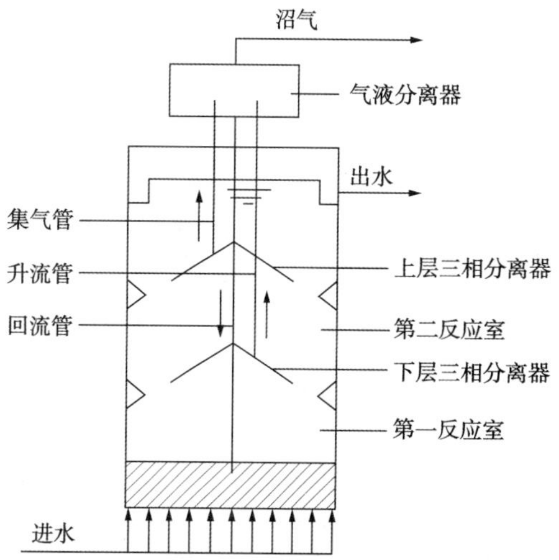

图 1　内循环厌氧反应器的基本构造

反应器由上下两个反应室——第一反应室和第二反应室叠加而成，每个反应室的顶部各设一个三相分离器。第一反应室的底部设置布水系统，第二反应室的顶部设置出水区，反应器的最上部设置气液分离器，三相分离器与气液分离器通过立管相连。在出水区设置出水管，气液分离器设置沼气排出管。

废水在内循环厌氧反应器内处理的基本过程如下：厌氧反应器进水通过底部布水系统进入反应器内，并与反应器内循环泥液充分混合。第一反应室内由于内循环和厌氧反应产气形成水、气、固三相充分混合，大大提高了生化反应的传质效率。大部分可生物降解的有机物在这里被转化成沼气，沼气气泡上升至下层三相分离器后被收集，在升流管上升的同时把第一反应室的部分泥水混合物提升到反应器顶部的气液分离器，在气液分离器实现气液分离。被分离出的沼气从气液分离器的顶部排走。脱除沼气后的泥水混合物通过回流管返回到第一反应室的底部，并与下三相分离器截留的颗粒污泥和进水充分混合，实现混合液的内循环。废水经过一级反应后，继续向上流入第二反应室进行厌氧反应，使废水得到两级净化，产生的沼气由上层三相分离器收集，由集气管进入气液分离器。上层三相分离器截留的颗粒污泥下沉返回第二反应室。处理后的废水通过出水堰排出厌氧反应器，这样废水就完成了处理的全过程。

2.2　技术特点

全新开发的内循环厌氧反应器的主要特点为：

(1)两级反应室竖向串联，具有良好的污泥截留能力；

(2)利用沼气上升实现内循环，不需外加动力；

(3)内循环流量大，抗冲击负荷能力强，运行稳定；

(4)反应器设备化，节省占地，缩短建设周期。

3　中试装置的设计

3.1　装置规模及进水条件

中试装置设计水量：1.5～2m^3/h。

废液来源：氧化物产品液+急冷塔排水。

进水 COD：6000～10000mg/L。

中试装置建设在中原石化 MTO 废水预处理设施旁，处理废水由 MTO 装置排放的两股高浓度废液调配而成。其中，急冷塔排水 COD 含量为 1000～2000mg/L，有机物中乙酸、酮类占绝大部分，均有良好的厌氧可生化性。氧化物产品液 COD 含量为 50～80×10^{4}mg/L，主要组分是醇、酮、醛等有机物，虽然乙醛对生化有一定毒性，但经过稀释驯化后仍可被厌氧微生物分解。

3.2　工艺流程简述

中试装置流程见图 2。急冷塔排水经过气浮设施去除悬浮物后进入进水罐，氧化物产品液经过配比计量后也进入进水罐，混合污水通过进料泵送入混和罐。加药系统间歇配制的 N、P 营养液也进入混和罐。混和罐内的废水通过循环泵输送到厌氧反应器，试验过程中可选择进入厌氧反应器底部或顶部；厌氧反应器的出水经计量后外排至下游处理单元。出水另设置外循环回路，在进水水质超高或 pH 值波动时可以启用。

厌氧反应器在不同高度设置了取样管线。厌氧处理过程所产生的沼气经计量后直接排空。

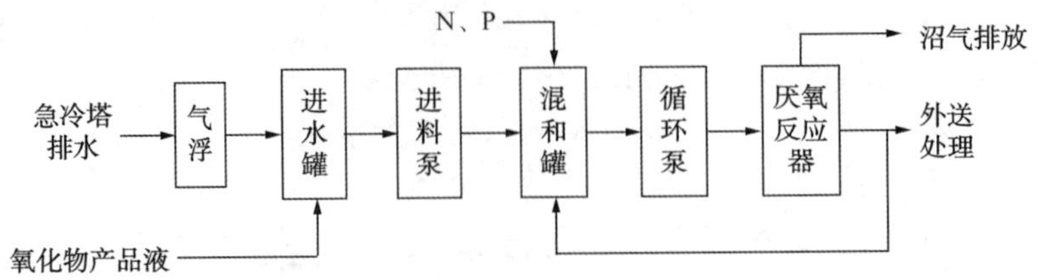

图2 中试装置工艺流程简图

3.3 主要工艺设计参数

操作温度：36~38℃。

操作压力：气液分离室：3~4kPa(G)。

有机物去除负荷：10~15kgCOD/m^3·d。

pH值：6.5~8.5。

厌氧反应器尺寸：ϕ1.5m×12m。

COD去除率：>90%。

4 中试装置的运行

2013~2014年，在中原石化开展了工业试验。采用现有MTO废水预处理设施的厌氧过滤器污泥作为接种污泥，经两个月的驯化，待厌氧反应器的去除负荷>5.0kgCOD/m^3·d后进入正常运行。本次试验对厌氧反应环境、有机物去除效率、反应器结构性能进行了验证，主要试验数据及分析如下。

4.1 中试试验数据及分析

4.1.1 进出水温度

试验过程中厌氧反应器进水温度、出水温度变化情况见图3。可以看出：出水温度均低于进水温度，主要原因包括：厌氧反应器散热损失、冬季热损失大、进出水温差大；春季热损失减小，进出水温差减小。在一般情况下，只要维持正常运行的进水流量，进水温度控制在37~40℃，厌氧反应器的运行温度可控制在35℃左右，可以为厌氧反应的完成创造良好的条件。

4.1.2 进出水pH值

试验过程中厌氧反应器进水pH值、出水pH值变化情况见图4。从图4可以看出，厌氧反应器进水pH值基本稳定在5.5~6.5，而厌氧反应器出水pH值基本稳定在6.5~7，出水pH值稳定性很高，基本不随进水pH值变化，表明整个厌氧反应系统有较强的缓冲能力。经过厌氧生化反应后，产生的CO_2溶解在水中形成碳酸盐缓冲体系，对厌氧体系的pH值稳定发挥起到重要的作用。

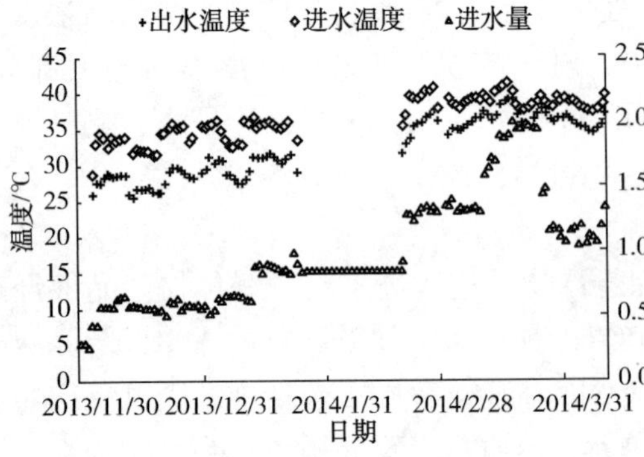

图3 厌氧反应器进出水温度

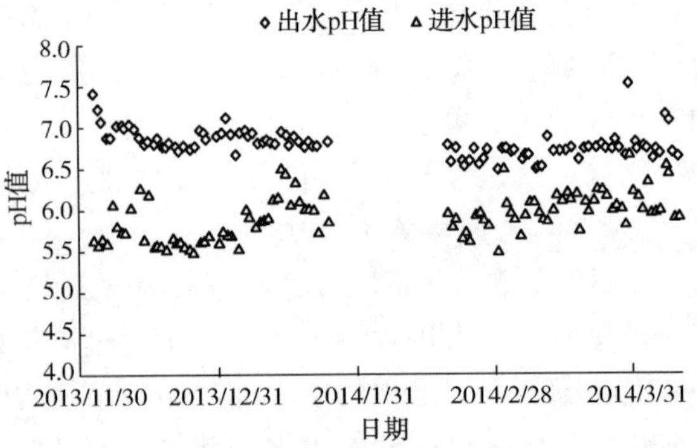

图4 厌氧反应器进出水pH值

对于急冷塔排水和氧化物产品液组成的混合废水，控制 pH 值在 5.5~6.5，对厌氧处理系统不会产生不利影响，基本没有加碱的药剂消耗。

4.1.3　有机物去除效果

中试装置进入正常运行后，进出水 COD 浓度、进水容积负荷和去除容积负荷变化见图 5、图 6。

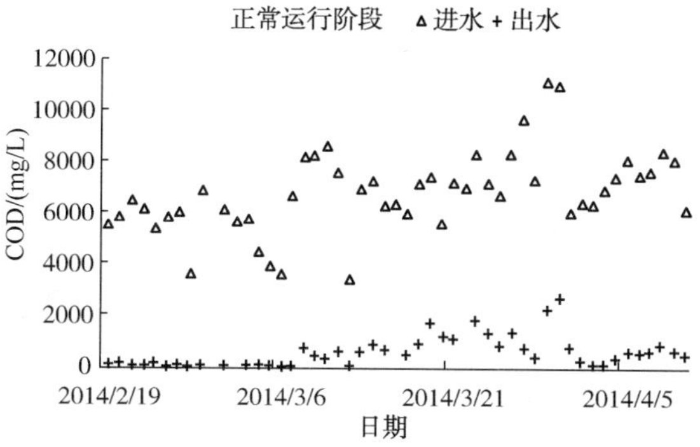

图 5　正常运行阶段进出水 COD 浓度

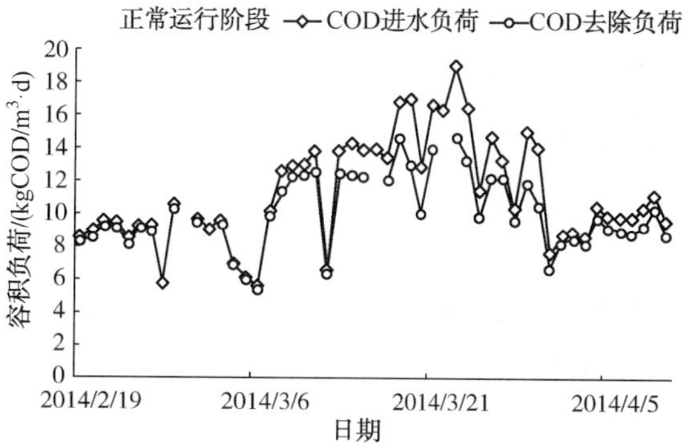

图 6　正常运行阶段 COD 进水负荷及去除负荷

正常运行阶段，未启用外循环，试验装置进水与厌氧反应器进水一致，COD 进水浓度大体为 6000~11000mg/L，当进水 COD 在 6000mg/L 左右时，出水 COD 为 100~200mg/L，去除率达 98%。随后一段时间内，进水 COD 上升至 11000mg/L，出水 COD 也相应增加到 2300~2700mg/L，去除率下降到 75%~79%。此后进水 COD 下降到 6500~8000mg/L，出水 COD 也相应降低到 200~700mg/L，去除率回升到 91%~97%。

对应进水 COD 浓度为 6000~8000mg/L，COD 去除率在 95%左右时，厌氧反应器 COD 进水负荷和去除容荷分别可达 10~14kgCOD/m^3·d 和 10~12kg COD/m^3·d。在 COD 去除率最低的阶段（对应进水 COD 浓度最高），COD 进水负荷和去除负荷达到最大，分别为 18kgCOD/m^3·d 和 14.8kgCOD/m^3·d 左右，这说明 COD 去除率降低的主要原因是进水负荷的增加超过了厌氧微生物可承受的能力，但即便在这种状况下，并没有对生化过程产生严重的、不可恢复的影响，一旦进水负荷下降，出水状况也迅速改善，表明本试验装置有很强的运行稳定性和抗冲击性。

4.1.4　反应器上升流速

正常运行期间，进水量从最初的 1.3t/h 逐步增加到 2.0t/h，随后逐步下调到 1.1t/h，该阶段始终有强烈的内循环产生。随着负荷的变化，沼气产生量由 3.0Nm^3/h 逐步提高到 5.3Nm^3/h，随后下降到 3.3Nm^3/h。根据本试验建立的内循环模型，厌氧反应器下反应区（第一反应室）及沉淀区（第二反应室）的液流上升流速见图 7。

可以看出，沉淀区上升流速最初稳定在 0.75m/h 左右，随着进水量的增加，上升流速达到 1.1m/h 左右，随后又随着进水量下降减小到 0.65m/h 左右。下反应区的液流上升流速达到 6m/h 以上，与沉淀区上升流速相比，增加值 5m/h 以上，这证明了厌氧反应器内建立了良好的内循环。反应区内较高的液流上升流速有利于生化反应传质，进而提高生化反应效率。

4.1.5　污泥沉降比

污泥驯化阶段和正常运行阶段的取样口 A 处污泥 SV_5-SV_{30} 的变化情况见图 8。可以看出，SV_5-SV_{30} 呈现随时间先升高后降低并趋近于 0 的过程。原因分析如下：接种的厌氧污泥为 AF 污泥，絮状污泥占比较多，颗粒污泥的粒径在 0.5mm 以下，导致驯化阶段污泥沉降性能一般。随着厌氧反应器的运行，部分絮状污泥被冼出，污泥颗粒沉降性能得到改善，沉降速率增大，到正常运行阶段后，污泥沉降性能进一步改善，5min 内即可完成污泥颗粒的沉降，此时，颗粒污泥的粒径可达到 1mm。

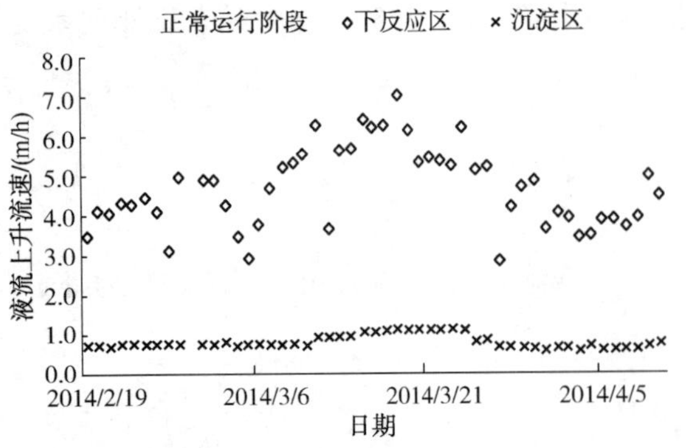

图 7 正常运行阶段液流上升流速

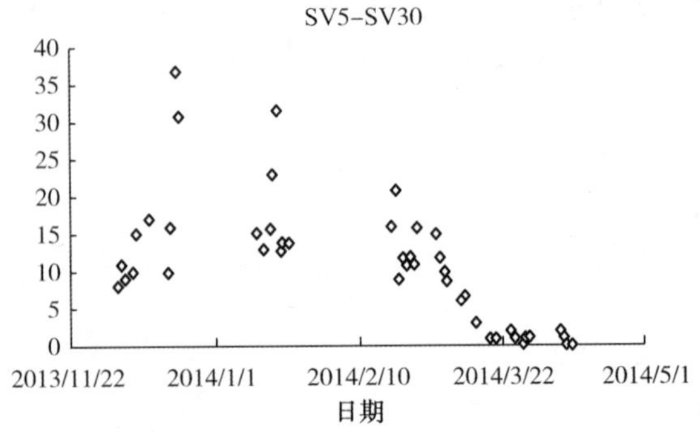

图 8 取样口 A 污泥 SV_5-SV_{30}变化

4.2 试验结论

经过近一年的运行，中试装置的运行基本稳定，主要结论如下：

(1)由急冷塔排水和氧化物产品液组成的混合进水 pH 值在 5.5 左右时，厌氧反应器出水 pH 值基本稳定在 6.5~7，出水 pH 值稳定性很高，基本不随进水 pH 值变化。试验过程中未发生局部酸化现象，厌氧反应系统有较强的缓冲能力。

(2)对于由急冷塔排水和氧化物产品液组成的混合进水，本试验装置达到稳定运行后，进水 COD 控制在 6000mg/L 以下，进水负荷控制在 10kgCOD/m^3·d 左右时，COD 去除率可达 95%以上，出水 COD 为 300mg/L 左右；进水 COD 控制在 7000~8000mg/L，进水负荷控制在 12~15kgCOD/m^3·d 时，COD 去除率可达 90%左右，出水 COD 为 800mg/L 左右；进水 COD 控制在 10000~11000mg/L，进水负荷控制在 17~19kgCOD/m^3·d 时，COD 去除率可达 80%左右，出水 COD 为 2000mg/L 左右。试验期间，厌氧反应器最大 COD 去除负荷达到 14.8kgCOD/m^3·d。

(3)采用现有厌氧过滤器的污泥进行接种，经过 2 个月左右的驯化培养，可投入正常运行；微生物的生物活性受到严重抑制后，经过 1 个月左右的低负荷运行，可恢复到正常运行状态。

(4)厌氧反应产生的沼气实现了反应器的泥水内循环，三相分离器的污泥截留功能良好。

5 结论

(1)本次中试以第三代厌氧反应器基本原理为基础，开发出有创新构造的高效厌氧反应器，各项功能达到预期指标，并形成具有中国石化自主知识产权的高浓度废水处理技术，具备了工业化应用的基础。

(2)高效厌氧反应器技术与中国石化现有的 AF 和 UASB 技术比较，COD 去除负荷可提高 2~3 倍左右，总占地面积和总投资费用也相应减少，具有良好的经济效益，是未来厌氧技术的发展方向。

(3)高效厌氧反应器技术不仅能为 MTO 装置的经济运行和达标排放提供技术支撑，经过适当调整后可用于多种高浓度工业废水处理，并实现污染物的资源化回收。

(4)本次中试开发的高效厌氧反应器技术的 COD 负荷与国外同类技术相比，还有一定差距，反应器内的颗粒污泥增殖量还有提升空间，有待进一步优化研究。

煤化企业智能制造与信息化

油气资源分子工程与分子管理的概念、技术构架与主要应用进展

吴 青

（中国海洋石油集团有限公司科技发展部，北京 100010）

摘 要： 本文提出了油气资源分子工程与分子管理的概念并构建了相应的技术架构与体系。按照所提出的概念，开展并指导了智能炼化建设、分子级先进计划管理系统、产品质量与产品结构转型升级等新催化剂、新工艺的开发与应用。

关键词： 油气资源；分子工程；分子管理

1 前言

虽然我国油气加工工业通过几十年的发展，已在产业布局、催化剂与加工工艺等各个方面均取得了长足的进步，但也面临着“资源、能源、环境与安全”对产业的约束问题[1,2]，其核心原因与油气加工产业管控粗放、信息化水平跟不上产业发展步伐等有关[3,4]。

目前的炼油化工企业生产过程连续，其中涉及到成千上万机理复杂或不清的物理化学反应，而且原料变化频繁、工况波动大。同时原料组成、设备状态、工艺参数、产品质量等通常无法实时或全面检测等信息难以以数字化描述，这些诸多问题呼唤、引导着炼化企业对数字化、智能化发展与转型升级[2~4]，数字化以及信息化新技术、“两化融合”、深化“互联网+”和“智能+”应用等正在改变炼油、石化产品的市场格局和用户消费行为。将炼化生产、管控、决策过程与数字化智能化的敏捷感知与监控测量技术、动态建模等知识关联模型化技术以及云计算、大数据、AI 等算法技术以及 AR/VR/MR 等可视化技术进行深度融合，结合移动工业互联网平台，构建起具有“全流程资源敏捷优化与决策系统”和“生产过程绿色低碳的全流程整体协同优化系统”的新型炼化企业模式，并进一步发展为“全流程整体协同优化的管控与决策智能一体化”的企业模式，从而实现炼化企业“资源高效转化、能源高效利用、过程绿色低碳”目标。

2 概念定义与技术构架

近年来，随着分析表征、数字化等技术的快速发展，使得“分子炼油”、“石油组学”、“油气资源分子工程与分子管理”等概念在当前已渐获广大炼油化工行业的科研、生产、管理人员所接受和普遍关注。但学术界、企业界对这些说法、名称、概念的真实内涵了解、理解并不很清晰，影响了技术的发展和应用。

自 1956 年 A. Von Hippel[5]首次提出分子工程（Molecular Engineering）概念以来，分子工程概念在很多研究或学科建设中被采纳，其内涵也在不断变化和发展中[6~9]。其中，石油组学（Petrolomics[10~12]是指通过石油分子表征技术，研究石油分子组成与其物理、化学反应性能之间相互关系的技术，其最基础、核心和关键的技术是可用于石油特别是重油组成与结构分析的仪器分析表征技术。

何鸣元院士、白春礼院士在学术界提倡过分子炼油，但均没有对分子炼油这一概念做出清晰、

明确的定义。中国石油大学徐春明等人提出了“分子组合与转化(Molecular Combination & Conversion，MCC)”概念，认为MCC是“石油组学”在炼油和化工领域的具体实践，是实现“分子炼油”的技术途径，且认为相对“石油组学”、“分子炼油”两个概念，MCC概念更侧重技术层面，但不单纯是一项技术，而是解决方案，即从分子水平实现炼化增效的组合技术方案。

吴青[13-19]在综合分析了各学科对分子工程以及石油组学、分子炼油包括MCC等相关概念、定义后，结合石油炼制与相关领域有关技术的进展和从业实践与经验体会后，提出了油气资源分子工程与分子管理的概念：油气资源分子工程是对石油及其馏分、天然气在分子水平上研究其性质、组成、结构及反应性能的相互关系，并以此为基础，遵循“资源高效转化、能源高效利用、过程绿色低碳”原则而对石油及其馏分与天然气如何精准和高效地转化为当今技术所能使用的能源或产品而开展研究、应用的一门工程学科；油气资源分子管理则定义为依据数字化、信息化新技术如算法技术、优化技术、可视化技术与深度学习技术等对油气资源分子工程进行优化利用的集成技术，这些技术为油气资源的敏捷感知(数字化)、知识关联(模型化)和过程优化(智能化)提供了新的技术手段，为形成从人工智能(AI，Artificial Intelligence)到智能协管(IA，Intelligence Assistant)提供了坚实的基础。

油气资源分子工程与分子管理的主要技术核心包括：

1）油气资源分子信息获取技术：包括石油及其馏分、天然气的分子水平表征技术和石油分子重构技术；

2）油气资源分子信息加工处理技术：包括两大方面，其一是利用分子水平表征技术与分子重构技术获得的石油详细分子组成信息，辅以单个物料数据的收集与计算、单体热力学数据的收集与计算，通过相应的分子信息维护形成油气资源分子信息库；其二是按照油气分子不同加工方案、加工过程所遵循的化学反应机理的不同，建立化学反应规则库。

3）油气资源分子信息应用技术：一方面，应用油气资源分子信息库、化学反应规则库，开展反应动力学研究和过程模拟，指导开发或评价催化剂和工艺技术，开展基于分子组成的产品收率及性质预测，指导生产实践；另外一方面，据此构建全流程资源敏捷优化与决策系统、生产全流程整体协同优化系统，以及全流程整体协同优化下的管控与决策智能一体化系统，达到“资源高效转化、能源高效利用、过程绿色低碳”目的。

3 核心技术进展

3.1 分子表征技术及其进展

得益于油气加工催化剂、工艺、设备以及分析表征技术的进步，我国现在不仅可以科学地加工和利用石油，对油气资源的认知水平和程度也达到了前所未有的高度和深度。油气分析表征技术已经从最初古人对石油较为朴素的感性认识，发展到目前“系统严谨、层次清晰”的交叉学科[20]，并向分子水平表征加速发展中[21]。

石油组成与结构分析所用仪器分析大致包括：电化学分析法、原子吸收光谱法、红外光谱法、紫外-可见光谱法、核磁共振波谱法、质谱分析法、气相色谱法、高效液相色谱法等，每一类仪器及其组合(集成)后对石油进行组成、结构分析均有大量的报道，图1为石油及其馏分的结构与组成信息的分类示意图，而图2则为质谱技术在石油组成研究中的应用示意图。

依据目前的技术水平，天然气、炼厂气、汽油等较轻的产品采用气相色谱或质谱可以较为方便地获得单体化合物的分析数据。

采用气相色谱在线分离、场电离软电离和高分辨飞行时间质谱相结合，能同时得到柴油的烃类化合物和含硫、含氮化合物类型分布和碳数分布。重油馏分的分子水平表征技术可以通过石油样品预处理技术，采取高分辨率分析仪器与高选择性的检测器优化组合并辅以分子识别、定量分析数据

图 1　石油及其馏分的结构与组成信息的分类

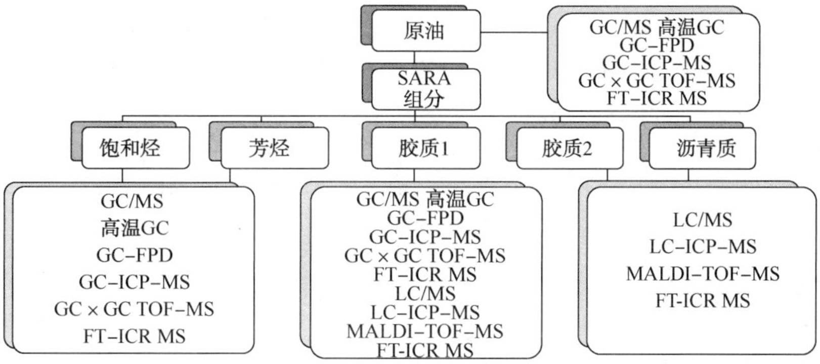

图 2　质谱分析在石油组成研究中的应用示意图

处理技术后才实现的。例如，VGO 馏分采用固相萃取技术分为饱和烃和芳烃组分后，可鉴定出饱和烃和芳烃的化合物类型按照沸点和碳数分布的分子信息，并可对芳烃组分中菲、芘等常见多环芳烃及其取代产物进行定性分析[22]，图 3 是蜡油中含硫化合物按照碳数分布的结果[23]。蜡油结构族组成分析文献很多，为了克服常规 NMR 枯燥、易产生偏差和耗时长等缺点，Mäkelä 等[24]开发了 NMR 自动化分析方法，即 Imatra NMR 和 Simpele NMR，特别是 Simpele NMR 过程软件的创新，使得蜡油 NMR 自动化分析成为可能。

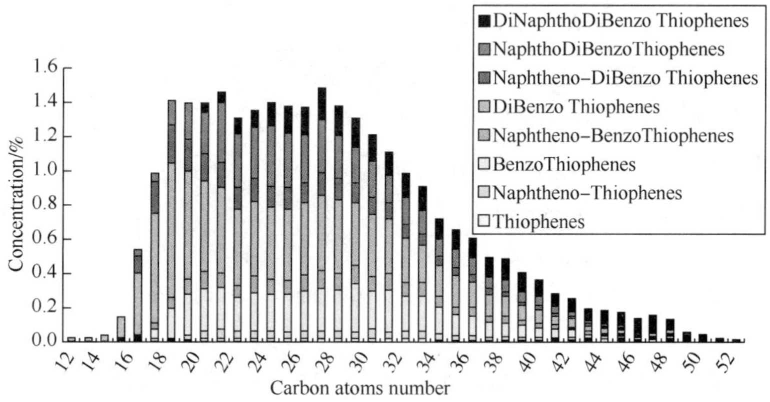

图 3　VGO 中含硫化合物的碳数分布

对于渣油馏分，则需要先采取预分离，然后可分析其部分烃类和含杂原子化合物类型和碳数分布。对于全馏分的原油，也需要通过适当的前处理或选择性电离，对石油中大量存在且容易识别的烃类（正构烷烃、芳烃等）、非烃类（硫化物、氮化物、氧化物等）进行分子鉴别。对生物标记物和烃指纹化合物进行分子鉴别，以适应地球化学、石油成因、石油勘探开发、溢油应急、石油炼制过程研究与生产目的。

3.2 分子重构技术及其进展

虽然采用合适的预处理技术、并结合多种仪器分析方法，如全二维气相色谱-质谱(GC×GC/MS)、气相色谱飞行时间质谱(GC/TOF MS)以及傅里叶变换离子回旋共振质谱(FT-ICR MS)等，可以得到各种烃类和非烃类化合物详细的分子组成信息[21]。但是，即使目前最先进的分析技术也依然存在许多问题，如高分辨质谱通过精确的质量解析能确定石油分子的分子式，得到不同分子缺氢数Z以及总碳数的分布，但其仍难以准确解析分子的具体结构，不能有效区分各类同分异构体，而且石油的分子组成依然很难实现准确定量[25]；为了解决此问题，基于计算机模拟技术的组成模拟方法分子重构方法诞生了，并在石油分子组成的研究中发挥了越来越重要的作用。

分子重构法是基于“结构决定性质”这一化学学科中的普遍适用规则，从石油的一些有限的常规分析数据出发，利用各种数学工具经过模拟计算得到一套等效的虚拟分子来表示石油的分子组成，吴青等人据此提出了表征因子并对蜡油、渣油的族组成、结构族组成进行了关联公式的开发[26-28]。表1为石油馏分表征函数与烃族组成的关系。

表1　石油馏分表征函数与烃族组成的关系

表征函数	计算公式	烃族组成		
		链烷烃	环烷烃	芳香烃
K (Watson K)	$K=1.216\ T^{1/3}/S$	12.7~13.1	11.0~12.6	9.7~12.1
$C.I$ (相关指数)	$C.I=48640/T+473.7\times S-756.8$	0~12	24~52	56~105 (单环芳烃)
VGC (黏重常数)	$VGC=(S-0.24-0.038lg\upsilon)/(0.755-0.01log\upsilon)$	0.73~0.75	0.85~0.98	0.95~1.13
RI (交折点)	$RI=n-\rho/2$	1.044~1.055	1.028~1.045	1.050~1.107
I (黄氏因子)	$I=(n^2-1)/(n^2+2)$	0.219~0.265	0.246~0.273	0.285~0.295
WN	$WN=MW(n-1.4750)$	-8.79	-5.41~-4.43	2.62~43.6
CH	$CH=C\%/H\%$	5.1~5.8	6~7	7~12
WF	$WF=MW(\rho-0.8510)$	-17.8	-8.39~-7.36	1.0

T—温度，K(在$C.I$计算中为体积平均沸点，在K计算中为中平均沸点)；S—相对密度($d_{15.6}^{15.6}$)；υ—100℃时运动黏度，mm^2/s；n—折光指数(N_d^{20})；ρ—密度(ρ^{20})；C—碳，%；H—氢，%；MW—平均分子量。

目前，分子重构方法[16]主要包括分子同系物矩阵(Molecular type homologous series，MTHS)法、结构导向集总(Structure-Oriented Lumping，SOL)法、数学统计法(包括随机重构(Stochastic Reconstruction，SR)法、概率密度函数(Probability Density Function，PDF)和蒙特卡洛(Monte Carlo)模拟法或统计模拟法、随机抽样技术以及随机模拟法(Stochastic Simulation)或统计实验法等)、熵(Entropy)最大化分子重构法(REM)等等。

上述几种分子重构法各有特点和侧重，故合理组合可能更好，如将SOL结构基团进行抽样并重构的SOL-SR法、将SR法和REM法相结合的SR-REM两步法以及将SR法中PDF的思想引入MTHS矩阵的分子组成计算法等，都能进一步提高分子重构的准确性和实用性。

3.3 分子信息库、化学反应规则库

石油及其馏分的分子组成从根本上决定了其化学和物理性质及反应性能，其分子信息、物性估算与组成结构关联信息以及反应性与转化规律等信息，辅以数字化、计算机信息化技术，就可以发

挥巨大作用。但必须对石油及其馏分的分子信息进行处理以便被计算机所识别、应用。将石油分子信息按照一定规则进行命名、编码、性质关联、分子重构、信息集成即建设石油分子信息库。此时，再与化学反应规则库、分子动力学模型库或一些算法库等结合，从而构成石油及其馏分分子水平加工与优化的综合集成信息化平台。因此，石油分子信息库是石油分子工程与分子管理的基础与核心。

为方便使用，石油分子信息库除了要高效的体现石油分子信息之间的对应关系外，石油分子信息数据库与配套使用的其它系统如化学反应库等之间，其相关的接口程序应方便数据的批量提取、修改及动态展示、可视等。

图 4 为石油分子信息库的顶层设计示意，图 5 为石油分子信息库的主要模块示意。石油炼制过程主要化学反应与反应机理名称汇总[16]见表 2，图 6 为化学反应规则的分类与分级示意[29]。

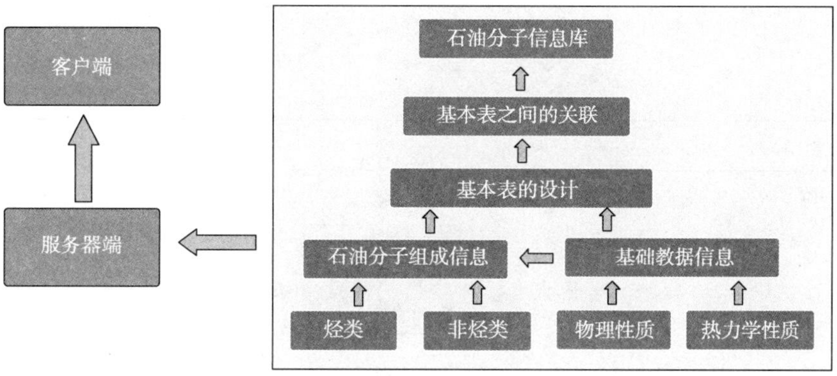

图 4　石油分子信息库的顶层设计

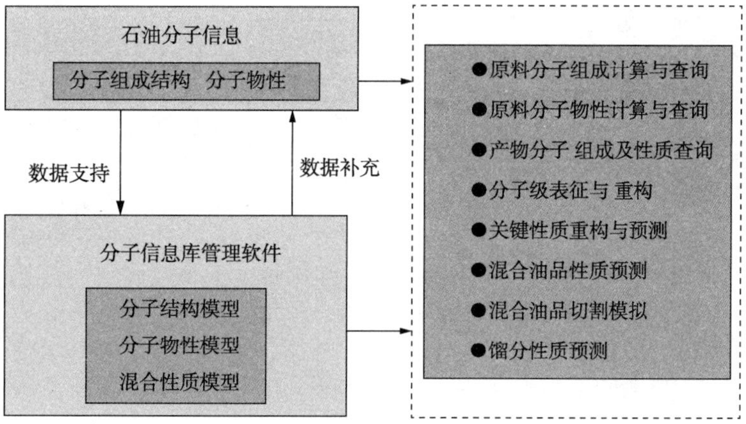

图 5　石油分子信息库的主要模块示意

表 2　石油炼制过程主要化学反应与反应机理名称汇总表

反应路径名称	反应机理名称
Isomerization 异构化反应	Bond fission 键断裂
Cyclization 环化反应	Radical hydrogen abstraction 自由基夺氢
Hydrogenolysis 氢解反应	Radicalb-scission 自由基 b-位断链
Cracking 裂化反应	Radical addition 自由基加成
Double bond shift 双键转移反应	Radical termination 自由基终止
Hydrogenation 加氢反应	Ionic isomerization 离子异构化
Hydrodesulfurization 加氢脱硫反应	Ionic hydride shift 离子型氢化物转移

续表

反应路径名称	反应机理名称
Denitrogenation 脱氮反应	Ionic methyl shift 离子型甲基转移
Ring saturation 环饱和反应	Ionic*b*-scission 离子 *b*-位断链
Dealkylation 脱烷基反应	Ionic hydrogen abstraction 离子夺氢
Side chain cracking 侧链裂解反应	Ionic protonation 离子质子化
Ring closure 闭环反应	Ionic deprotonation 离子脱质子化
Ring opening 开环反应	Ionic ring closure 离子闭环
Ring isomerization 环异构化反应	Ionic ring expansion 离子扩环
	Ionic addition 离子加成
	Hydrogenation 加氢
	Dehydrogenation 脱氢
	Hydrogenolysis 氢解

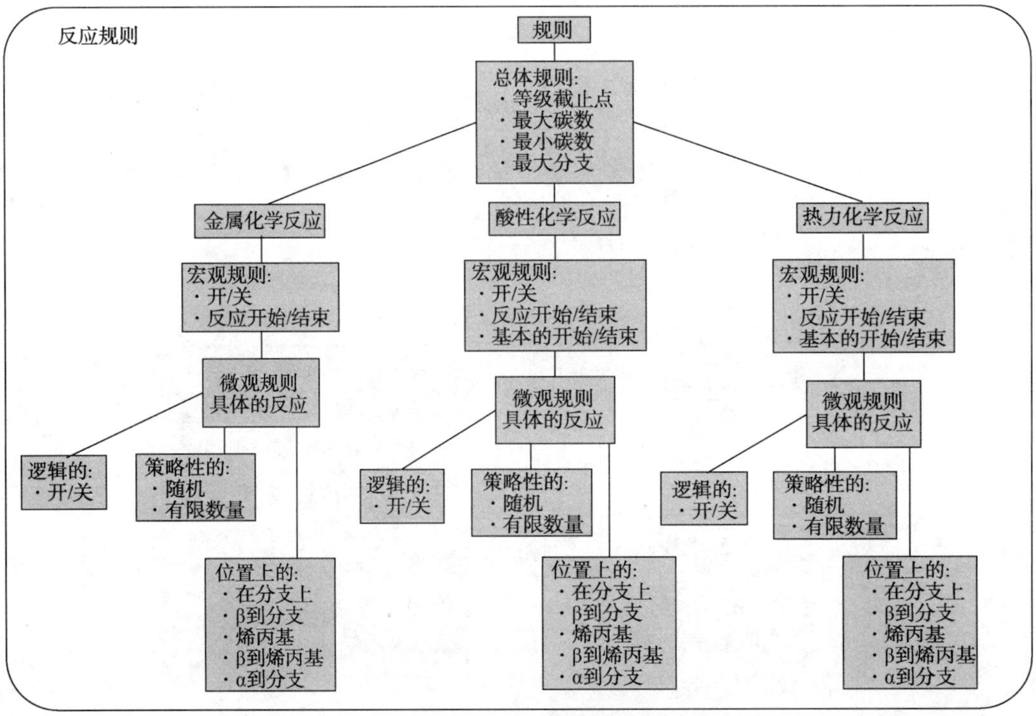

图 6　化学反应规则的分类与分级示意

3.4　分子动力学建模与计算

由于石油炼制过程的原料组成和反应网络极为复杂，建立反应动力学模型来指导炼厂流程优化，降低加工能耗，增加高附加值产品收率，一直是石油炼制领域的研究热点，而这也是石油分子工程转向应用环节的关键、是实现智能炼化建设“模型化、可视化”的核心基础。

实现分子水平模拟可以采用以下两种技术：一是借助于化学分析表征技术的发展，直接或者至少间接地表征复杂原料中分子的组成与结构，二是依托信息技术的发展和计算机性能的提高，在反应和分离过程中追踪分子层面的变化。因此，建模策略、分析表征手段、分子重构和计算机技术的发展共同促进了复杂过程分子水平反应动力学的模拟与应用。

不同建模层次的石油加工过程反应动力学模型如表 3 所示。

表 3　不同建模层次的石油加工过程反应动力学模型

建模层次	模型类型	描述对象	特点
馏分水平	馏分集总模型	成批表征，馏分集总	依赖反应原料，缺乏预见能力
分子水平	反应路径水平	可检测的分子	不依赖反应原料，近似速率常数方程求解时间短
	反应机理水平	中间体和分子	不依赖反应原料，基础速率常数方程求解时间长

在集总反应动力学模型中，所有的原料、反应网络、产品都以馏分集总为基础，缺少基本动力学信息，因此预测能力有一定的局限性。而建立分子水平的反应动力学模型需要提供反应路径和反应机理方面的化学信息。反应路径层面的模型包括大多数可明确观察到的物种，描述反应中分子之间的变化。在反应机理层面的模型包括对反应机理详细明确的描述，涉及分子和中间体物种，比如离子和自由基。这类模型很少需要预先假设，因为在原理上反应速度常数是更加基础的。但是，相应的数学模型较难建立、求解。所以可以从反应机理层面来建立反应网络和反应速率公式的模型，而反应路径层面的反应速率通过预先的假设，比如速率控制步骤，可以快速建立相应的数学模型。

基于分子的反应动力学建模策略可以用图 7 来描述。

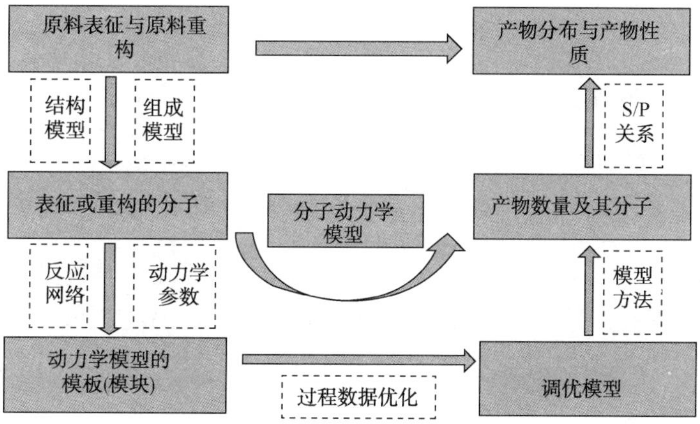

图 7　基于分子的反应动力学建模策略

4　主要应用

4.1　MAPS 系统

原油资源的敏捷优化是炼化企业一切优化工作的源头和重中之重。炼化企业的供应链管理与优化，就是统筹安排原油采购、生产和销售，提高供应链的敏捷性和灵活性以提高经济效益。为实现供应链的优化，吴青提出了分子级先进计划系统 MAPS(Molecular Level Advance Planning System)并在构建之中。

通常，炼化企业采用 AspenTech 公司的 PIMS 软件、或者 Honeywell 公司的 RPMS 以及 Haverly Systems 公司的 GRTMPS 软件作为计划排产软件[1]。这些计划应用软件有效地支撑了炼化企业生产计划优化业务，为我国石化企业创造了较好的经济效益和管理效益，目前已经成为我国炼化企业生产计划优化的必备工具。但在长期的使用过程中，也发现其存在不太适合我国国情的不足之处。

利用原油分子信息库(含原油快评)和原油分子重构技术，按照原油分子信息建立分子级先进计划系统 MAPS 是基于运筹学线性规划，建立从原料采购、生产加工到产品销售整个流程输转过程基于分子的计划模型，根据企业自身的生产工艺流程、装置基础数据、产品质量要求、产品销售价格等约束条件，制定出效益最大化的生产计划。对于集团企业，通过集成单厂模型及运输网络建立总部模型，以整体效益最大化为目标制定总体计划，根据市场需求合理分配原油资源，有效利用资产能力，优化产品组合，实现总体优化。通过与生产管理系统的集成，实现“计划—生产—统计”闭环管理，提高供应链管理的准确性和可视化。

实施的基于石油分子工程的炼厂计划排产协同优化系统建设[1]，涵盖原油选择和调和、装置加工、物料平衡、公用介质平衡、产品调和及出厂等方面，主要包括：①原油分子调和模块；②各装置反应机理模型；③桌面炼厂模型。模型开发的步骤示意如图 8 所示。

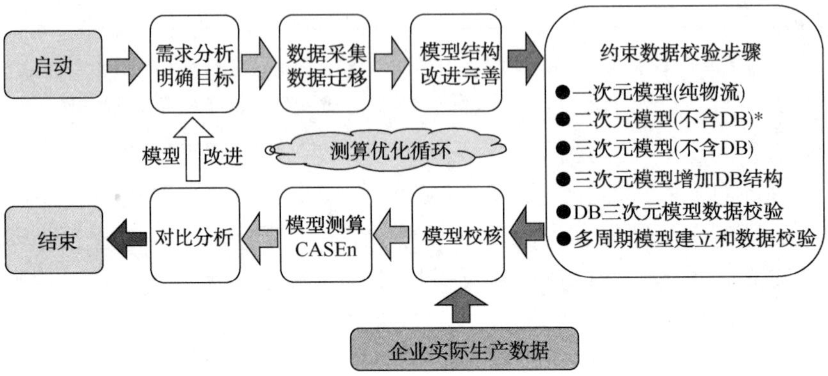

图 8　模型开发步骤示意

4.2　产品质量与产品结构转型升级

（1）产品质量升级中的应用

在汽油质量升级过程中，通过研究汽油的分子组成、转化规律，提出满足汽油质量升级目标要求的新工艺或新催化剂开发要求。例如，汽油部分单体烃组分与 RON 的关系如图 7 所示。研究表明：同碳数异构烷烃随着支链增加，RON 逐渐提高；同碳数烯烃，异构烯烃 RON 高于直链烯烃，且随着支链增加，RON 提高；带支链芳烃的 RON 均高于 100。因此，可以通过异构化，将正构烯烃转化成异构烯烃、正构烷烃转化为异构烷烃，或发生烯烃的双键转移，从而弥补由于烯烃饱和所造成的辛烷值损失。

以上述思路为指导，中海油成功开发了骨架异构技术用于全馏分催化汽油的选择性加氢[30,31]技术，采用新型纳米 TiO_2 催化材料为载体的钛基催化剂，在达到脱硫效果的同时，促进烯烃的异构化反应，减少辛烷值损失。该技术的优势在于，以全馏分催化汽油为原料，无需进行轻、重馏分的切割，所使用的催化剂体系同时具备了较高的脱硫性能，以及一定的烯烃饱和、烯烃异构功能，有助于降低烯烃含量的同时减少辛烷值损失。中试结果表明，采用该技术的二段加氢工艺，全馏分催化汽油脱硫率达到 97.7%，控制烯烃饱和率为 25%左右，RON 损失仅 0.7 个单位。

中海油依据本理论，还开发了汽油组分的异构-醚化组合技术以及具有一定孔道结构和酸分布的纳米 ZSM-5 沸石催化剂以及相应的苯烷基化技术，用于乙苯或国 VI 汽油的生产。

（2）在产品结构转型升级中的应用示例

中海油依据本理论，开发了基于石油分子工程的催化柴油提质升值新工艺[32]，实现了工业化与技术转让。图 9 为相应技术构成的示意图，而图 10 是该技术中最具特色的吸附分离技术（SAA 技术）路线示意图，表 4 为实验结果。

表 4　某催化柴油吸附分离结果　　%

类别	高十六烷值组分	低十六烷值组分
非芳烃	57.9	8.4
烷烃	26.7	3.1

续表

类别	高十六烷值组分	低十六烷值组分
环烷烃	31.2	5.3
总芳烃	42.1	91.6
单环芳烃	37.0	
烷基苯		11.2
萘系物		50.1
多环芳烃	5.1	30.3

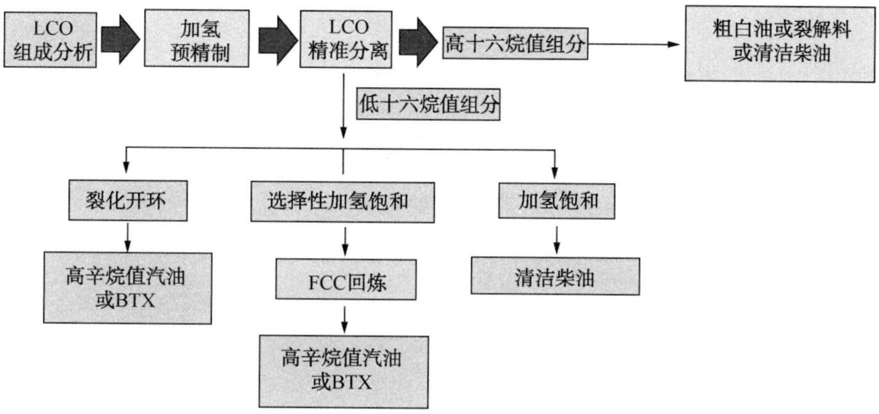

图 9　基于分子信息和分子工程的催化柴油提质升值流程简图

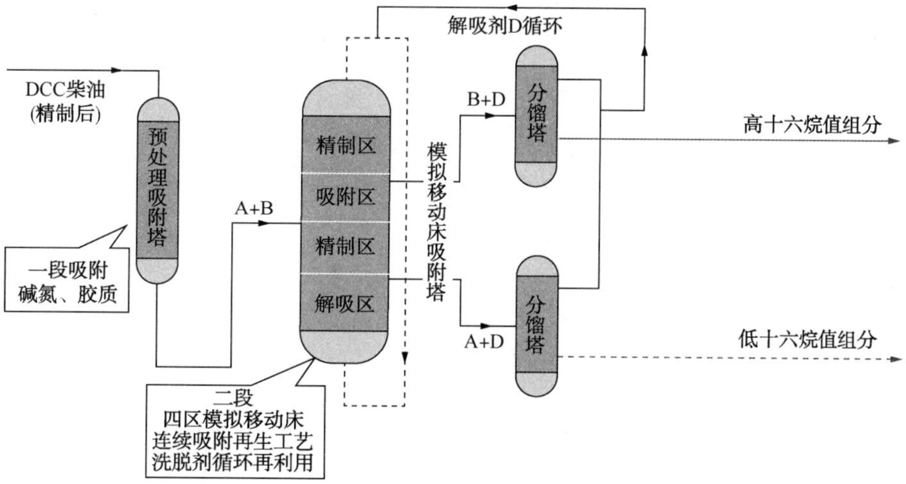

图 10　中海油开发的催化柴油吸附分离(SAA)技术路线示意图

SAA 技术的核心是吸附剂。该吸附剂在低温低压，并满足原料要求(硫含量<50μg/g，碱氮含量<1μg/g，胶质<0.5mg/100mL)的条件下，芳烃脱除率大于 80%，吸附剂的使用寿命达到 2 年以上。

4.3　数字化智能化转型升级

流程工业智能炼化建设[1]是当今炼化产业发展的趋势和热点、焦点。炼化企业的智能炼化建全过程，贯彻了油气资源分子工程与分子管理的全部理念，通过建立炼化企业全局性信息化评估模型[4]，按照“数字化、智能化、智慧化”三步曲建设思想[33,34](见图 11)，践行卓越实践[3]，就一定会塑造炼化产业新未来[35]。

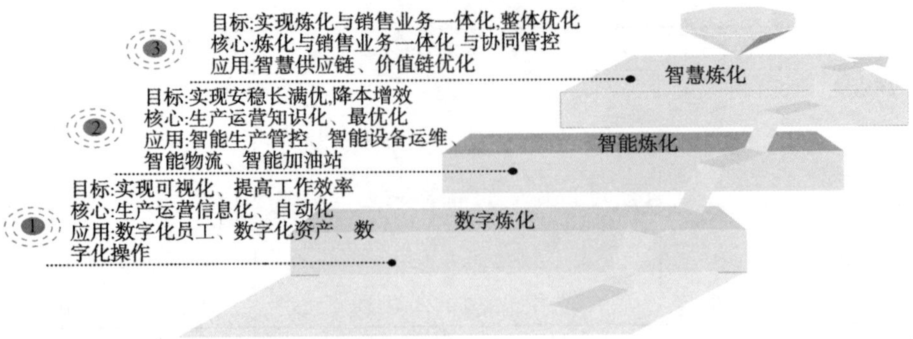

图 11　智能炼化建设三步曲示意图

4.4 新型催化剂与工艺研究

通过石油分子工程研究，为研究反应规律、反应机理，特别是确定反应中间体、判断可能发生的反应路径提供了很大方便与可能。例如，图 12 在确定正碳离子反应中间体吸附态 C_{R^+} 存在形式方面依据其吸附态与自由态时的能量差。而在研究某硫化物分子在 B 酸作用下 H^+ 质子攻击不同位置的能量(如表 5 所示)可以判断可能的反应路径[36]。

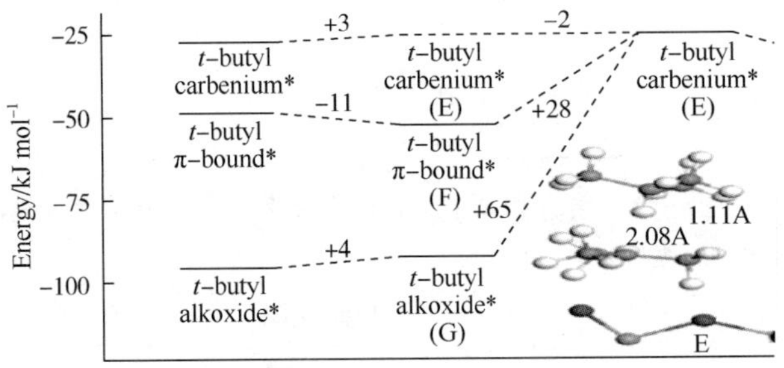

图 12　吸附态 CR^+ 与自由态 CR^+ 能量差示意图

表 5　H^+ 质子攻击不同位置的能量

中间体	ΔH_f^0/kcal/mol	中间体	ΔH_f^0/kcal/mol	中间体	ΔH_f^0/kcal/mol
Model-SH$^+$	9.3	Model-10H$^+$	57.6	Model-21H$^+$	57.4
Model-1H$^+$	90.2	Model-11H$^+$	91.1	Model-22H$^+$	53.3
Model-2H$^+$	61.8	Model-12H$^+$	70.9	Model-23H$^+$	51.5
Model-3H$^+$	65.1	Model-13H$^+$	75.2	Model-24H$^+$	47.1
Model-4H$^+$	94.6	Model-14H$^+$	16.2	Model-25H$^+$	63.9
Model-5H$^+$	62.9	Model-16H$^+$	20.3	Model-26H$^+$	78.4
Model-6H$^+$	52.4	Model-17H$^+$	59.1	Model-27H$^+$	45.8
Model-7H$^+$	69.5	Model-18H$^+$	39.9	Model-28H$^+$	53.6
Model-8H$^+$	25.6	Model-19H$^+$	48.8	Model-29H$^+$	94.7
Model-9H$^+$	62.4	Model-20H$^+$	84.2		

在催化剂评价方面，根据催化剂 A 和 B 的酸性评价数据(见表 6)，以分子工程方法对其化学性能评价，可以判断出不同分子筛催化剂在不同反应下的性能差异，从而优选出最适合反应环境的分子筛催化剂，图 13 是 A 和 B 两种分子筛催化剂的对比示意图[36]。

表 6　二种催化剂 A 和 B 的酸性评价数据

分子筛	NH_3-TPD				Py-FTIR	
	总酸值/(mol/g)				L 酸值	B 酸值
	总酸值	200~350	350~450	>450	(mol/g)	(mol/g)
分子筛 A	110.335	80.626	15.413	14.296	108.822	47.764
分子筛 B	115.206	78.999	18.644	17.563	34.219	26.517

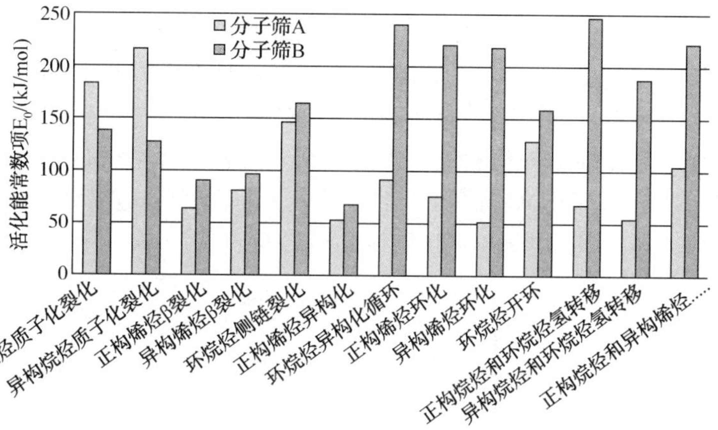

图 13　两种分子筛催化剂的反应性能比较示意

中海油据此理念开发了相应的催化裂化汽油和柴油脱硫用的催化剂[36]。

对于新工艺开发来说，采用石油分子工程与分子管理的理念也是非常合适的。例如，中海油针对海洋原油低硫高氮的最大特点，开发了劣质催化柴油反序加氢改质工艺。之所以采用反序工艺，是为了保证裂化段不接触高含量的硫氮(尤其是有机氮)，因此可以更好地发挥分子筛型加氢裂化催化剂的性能，提高单程转化率；而贵金属催化剂对硫氮具有更高的脱除深度，可以生产出真正的无硫汽柴油。这种工艺较一段串联通过式可以降低 25% 反应压力，可以更好地保证芳烃选择性开环，降低氢耗。因此，这种工艺对原料适应性强，生产灵活性大，可以适当提高柴油的终馏点，提高装置加工劣质原料的能力。表 7 为中海油开发的裂化剂与工业参比剂对比的结果。

表 7　中海油裂化剂的对比评价结果

催化剂	自制剂	工业参比剂
工况 6.0MPa，400℃，1.0h^{-1}，600∶1		
C_5+液收/%	98.5	93.2
总芳烃/%	76.2	72.8
汽油馏分(<205℃)		
收率/%	44.7	40.5
S/(μg/g)	6.5	7.2
N/(μg/g)	4.3	5.1
芳烃/%(体)	47.5	41.3
柴油馏分(>205℃)		
收率/%	53.8	52.7
密度/(kg/m^3)	881	890
S/(μg/g)	8.9	9.6
十六烷值指数	40.1	38.9

4.5 其他

在汽柴油、润滑油以及沥青等产品的分子精准调和、富碳天然气(二氧化碳含量超过20%)直接利用与复合能源化工体系建设等方面，均有应用。

5 结论

得益于对油气资源分子水平基础上的深入认识，特别是对油气及其分子组成转化规律的深入研究，同时借助计算机与信息化新技术在算法与算力等方面的进步，提出并构建的油气资源分子工程与分子管理，一方面可以优化原料组成、有针对性地开发最适合的催化剂并设计一系列合理反应路径和反应条件，达到原料、催化剂、工艺以及反应器的最佳匹配；更重要的是，可以实现包括原油在内的资源敏捷优化与决策优化协同，原油选择、加工、销售全产业链在内的协同优化，以及全产业链过程质量、安全、环保的监管与溯源，进而达到全流程整体协同优化下的管控与决策智能一体化，从而真正实现超越传统石油粗放认知体系、进入“分子水平”层次的精细和精准石油炼制，推动炼油化工产业跨越式高质量发展，实现“资源高效转化、能源高效利用、过程绿色低碳”目标。

参考文献

[1] 吴青. 智能炼化建设——从数字化迈向智慧化[M]. 北京：中国石化出版社，2018.

[2] 吴青. 无机盐工业[J]. 2018，50(6)：1-5，12.

[3] 吴青. 炼油技术与工程[J]. 2018，48(9)：59-64.

[4] 吴青. 炼油技术与工程[J]. 2018，48(10)：49-54.

[5] Von Hippel A. Science[J]. 1956，123(3191)：315-317.

[6] Horvath IT，Kiss G，Cook RA，et al. E. J Am Chem Soc，1998，120：3133-3143.

[7] Bartosz L，Guillaume DB，John WW，et al. Science，2013，339(6116)：189-193.

[8] Barth JV，Constantini G，Kern K. Nature，2005，437：671-679.

[9] Ciesielski A，Palma CA，Bonini M，Samori P. Adv Mater，2010，22：3506-3520.

[10] Marshall AG，Rodgers RP. Acc Chem Res. 2004，37(1)：53-59.

[11] Marshall AG，Rodgers RP. PNAS，2008，105(47)：18090-18095.

[12] Aye MS，Zhang N. Chem Eng Sci，2005，60：6702-6717.

[13] 吴青，吴晶晶. 原油评价及加工第十六次年会论文集[C]. 南宁，2016：1-7.

[14] 吴青. 转型升级技术创新推动炼化产业可持续发展：中海石油炼化有限责任公司第四次科技大会论文集[M]. 北京：中国石化出版社，2016：1-17.

[15] 吴青. 炼油技术与工程[J]. 2017，47(1)：1-9.

[16] 吴青. 炼油技术与工程[J]. 2017，47(2)：1-14.

[17] 吴青. 石油分子工程与管理在智能炼厂建设中应用的探索与实践[J]. 第三届中国石油与化工可持续发展论坛，上海，2017.

[18] Wu Q，Wu JJ. Molecular engineering & molecular management for heavy petroleum fractions：// 9th Symposium on Heavy Petroleum Fractions：Chemistry，Processing and Utilization，Beijing. 2016.

[19] Wu Q. Construction of Smart Refinery Based on Molecular Engineering & Management：// 10th Symposium on Heavy Petroleum Fractions：Chemistry，Processing and Utilization，Qingdao，Shandong，2018.

[20] 蔡新恒，龙军，田松柏，等. 石油及加工科技信息，2014，3：31-46.

[21] 田松柏，龙军，刘泽龙. 石油学报(石油加工)，2015，31(2)：282-292.

[22] 祝馨怡，刘泽龙，田松柏，等. 石油学报(石油加工)，2012，28(03)：426-431.

[23] Mahé L，Dutriez T，Courtiade M，et al. Journal of Chromatography A，2011，1218(3)：534-544.

[24] Mäkelä V，Karhunen P，Siren S，Heikkinen S，Kilpeläinen I. Fuel，2013，111(9)：543-554.

[25] 史权，张亚和，徐春明，等. 中国科学：化学，2014，44(5)：694-700.

[26] 陈俊武，曹汉昌. 催化裂化工艺与工程. 北京：中国石化出版社，1995.

[27] 刘四斌，田松柏，刘颖荣，等．石油炼制与化工[J].2007，38(9)：18-22.
[28] 刘四斌，田松柏，刘颖荣，等．石油学报(石油加工)[J].2008，24(1)：95-100.
[29] Klein MT，Hou G，Bertolacini RJ，Broadbelt LJ，Kumar A. Molecular Modeling in Heavy Hydrocarbon Conversions，Taylor & Francis，USA，2006.
[30] 吴青，彭成华，赵晨曦，等．山东化工[J].2015，44(8)，122-124.
[31] 赵晨曦，王旭，彭成华，等．现代化工[J].2013，33(9)，100-104.
[32] 吴青，吴晶晶．"化工、冶金、材料"前言与创新[C]//中国工程院化工、冶金与材料工程第十一届学术会议论文集[M]. 北京：化学工业出版社，2016.
[33] 吴青．化工进展[J].2018，37(6)：2140-2146.
[34] Qing Wu，Dawei Zhang，Digital Transformation Of Refining& Chemical Enterprises Under The Contemporary Situation From Digital To Smart，The International Journal of Engineering and Science(IJES)，2018，7(9)：40-46.
[35] 吴青，炼油技术与工程，2018，48(11)：1-4.
[36] Wu Q，Li YY，Hou ZG，et al. Fuel Processing Technology，2018，172：55-64.

基于核磁技术的原料油快评系统研究与实践

王　琤

(中国石化九江分公司，江西九江　332004)

摘　要： 全流程优化是企业提升效益的手段，实时、准确、快速提供原料油物性是发挥全流程优化作用的重要基础。通过对核磁技术两年多的理论研究与应用实践，建立了包括原油、汽油、柴油、蜡油等多股物料快评分析模型，建成了原料油快评系统，系统通过中央数据库与LIMS、MES等系统共享数据，实现全流程优化无缝衔接和闭环管理，为炼油装置全流程优化、RTO提供实时、快速、准确的物料物性数据，提升了企业生产优化的准确性和敏捷性，为企业带来经济效益和社会效益。

关键词： 核磁共振技术；原料油快评系统；模型；应用

1　引言

为提升炼油全流程优化的准确性和敏捷性，针对当前及未来加工流程，需要快速了解原料油及各类馏份油性质，及时为生产运行管理提供基础数据支撑，最大限度产出所加工原油每个馏分的价值，研究原料油物性快速评价系统，实时、准确、快速提供原料油物性成为发挥全流程优化作用的重要基础。

近年来，随着计算机技术和现代分析检验技术的飞速发展，在原(料)油分析领域，涌现的近红外光谱(NIR)和核磁共振波谱(NMR)等快速分析技术，可在短时间内得到原油及各种油品的大量物性数据，为指导和优化企业的生产提供准确、快速的质量参考数据。某企业选择了基于核磁共振技术的原料油快评之路，积极进行探索和研究，建立了原料油快评系统，经过两年多的应用实践，已在企业的全流程优化中发挥着不可或缺的作用，取得了较好的经济效益。

2　原料油快评系统

原料油快评系统组成，按实验室离线和装置现场在线分类：

实验室离线原料油物性快速评价系统主要由离线NMR分析仪、物性模型和管理系统三部分组成。

装置现场在线原料油物性快速评价系统主要由原料预处理系统、在线NMR分析仪、物性模型和管理系统四部分组成。

2.1　NMR分析仪

NMR技术即核磁共振谱技术[1,2]，是一种非接触式、分子结构测量技术，可以分析重质、黏稠、不透光的样品。在石油化工领域的应用，主要是集中在原油及汽柴油在线调和、在线分析、中间产品和装置进料的监测和产品物性测量等[3]。原理是通过检测样品分子中不同位置氢核在磁场中的能级变化，处理并转换为频域图谱。在NMR谱图中，分子结构惟一决定了各组分的谱峰将在谱图中确定的位置产生，并且峰强度直接反映了各组份的含量。其特点是测量数据准确、丰富、范围广、样品适应宽。

离线核磁仪用于实验室对于多个装置物料的快速分析，在线核磁仪用于装置的多股物料的快速实时分析，为RTO、装置机理模型提供支撑。

2.2　物性模型

涵盖了原油、汽油、煤油、柴油和蜡油等油品的碳、氢、硫、氮、密度、馏程等多种物性，创造性的开发了原油金属镍和钒、柴油十六烷值、汽油辛烷值和重油四组分的模型。

2.3　管理应用平台

以应用需求为导向，开发的基于原油快评的智能全流程优化深度应用的平台，管理核磁分析仪图谱与物性模型并进行综合应用，如图1所示。其功能包括核磁分析、数据管理、图表管理、通讯管理、优化应用等六大模块，自动生成相应报表(简评报告、全评报告、物性跟踪、快评日报等)，实现快评系统数据在全流程优化中的快速应用。

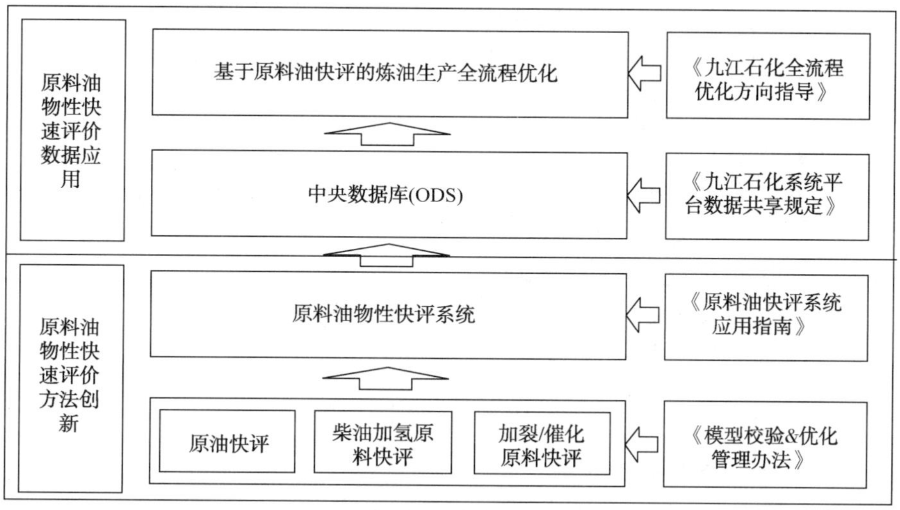

图1　原料油快评管理应用平台

3　原料油快评系统模型建立

3.1　建模步骤

利用NMR技术对原料油物性进行分析，首先要对相应物性建立分析模型。模型的建立包括以下几个步骤：

(1) 选择有代表性的样品进行NMR扫描，得到NMR谱图。

(2) 采用常规方法对相应样品的物性进行测定，得到准确的物性数据。

(3) 通过软件将谱图和物性数据进行关联，找出二者之间的对应关系，得到相应的物性模型。

3.2　建模原理

谱图和物性数据关联的方法，主要以偏最小二乘法为主。偏最小二乘法[4,5]是一种多因变量对多自变量的回归建模方法，对变量X和Y都进行分解，从变量X和Y中同时提取成分(通常称为因子)，再将因子按照它们之间的相关性从大到小排列。而后，根据需要选择较为合理的因子数，便可找到一个用线性模型来描述独立变量Y与预测变量组X之间的关系式：

$$Y=b_0+b_1X_1+b_2X_2+\cdots+b_pX_p$$

其中，b_0是截距，b_i的值是数据点1到p的回归系数。

根据此方法，选取图谱中与物性关联度较大信号区段，将这些点与物性数据进行关联，求出相应的系数，得到宏观物性与微观样品结构有直接对应关系的数据模型。基于NMR技术的物性模型校准后可长期使用，在建模围度内无需再频繁校正。

3.3　模型效果

运用建立的原料油快评系统，对多个装置几十股物料的数百种物性开展建模工作，主要包括原油的密度、酸值、硫含量、水含量、馏程等24个关键物性，催化、重整等汽油装置原料油、产品油的辛烷值、密度、馏程、PONA 值等 10 多个关键物性，各柴油加氢装置原料油、精制柴油等物料的馏程、密度、硫含量、氮含量、十六烷值、闪点等 20 多个关键物性，加氢裂化原料油等重油原料的密度、硫含量、残碳、黏度、馏程等 10 多个物性。密度、硫含量、十六烷值、辛烷值 4 个典型物性的数据比对如图 2 所示，误差完全满足标准分析方法所要求的再现性要求，能够为生产及时有效地提供分析数据。

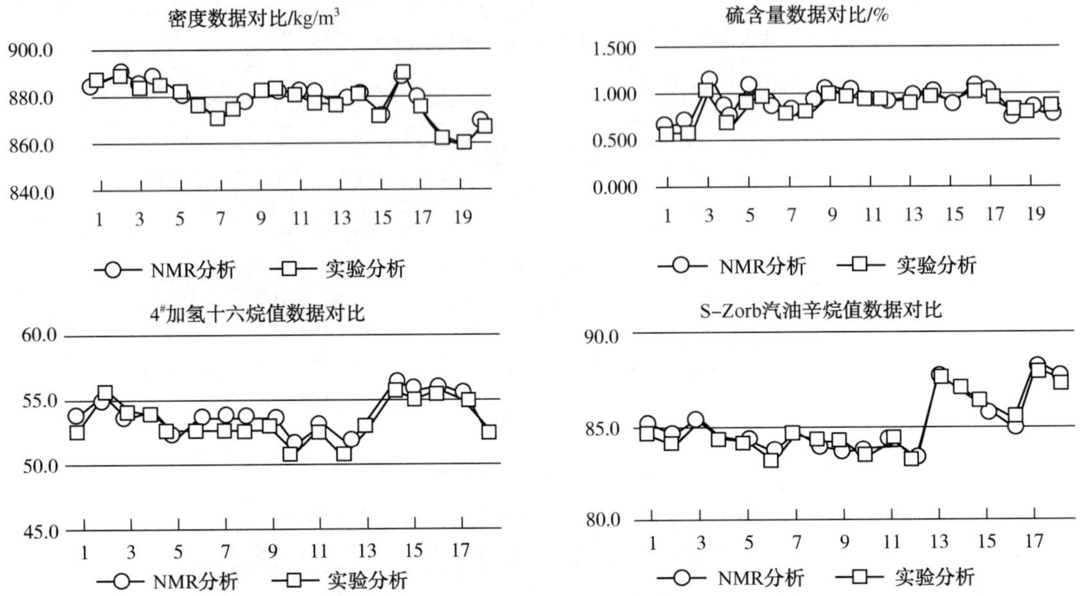

图 2 原油密度、原油硫含量、柴油十六烷值、汽油辛烷值分析结果对比

4 原料油快评系统应用实践

4.1 核磁分析

4.1.1 离线分析

核磁共振离线分析系统主要应用于各装置关键物料(常减压脱前原油、加氢装置原料油、加氢裂化原料油等)物性的日常分析、核磁技术应用研究、核磁技术基础理论研究、新物料物性拓展建模等，一种物料的分析仅需 5~8min，即可得到全部所需物性数据，分析应用表 1 所示。

表 1 离线 NMR 分析物料性质汇总

物料	物性	数量
原油	API 度、酸值、总碳、总氢、总硫、总氮、水分、凝固点、残炭、胶质、沥青质、各段馏程收率、镍含量、钒含量	24
柴油	C、H、S、N、20℃密度、50℃黏度、80℃黏度、十六烷值、初馏点、10%馏程、50%馏程、90%馏程、95%馏程、99%馏程、闪点、凝点、芳烃含量	17
蜡油	C、H、S、N、20℃密度、残炭、碱性氮、50℃黏度、80℃黏度、10%馏程、30%馏程、50%馏程、70%馏程、90%馏程、饱和烃、芳烃、胶质、沥青质	18
汽油	C、H、S、N、烷烃、烯烃、环烷烃、芳烃、密度、初馏点、10%馏程、50%馏程、90%馏程、终馏点、辛烷值、芳烃潜含量(计算所得)	15
煤油	C、H、S、N、烷烃、烯烃、环烷烃、芳烃、密度、20℃黏度、-20℃黏度、初馏点、10%馏程、50%馏程、90%馏程、终馏点、闪点	17
总计		91

4.1.2 在线核磁分析

在线核磁快评分析[6]是贯通 RTO-APC-DCS-生产装置-下游生产装置-全厂优化，实现全厂一体化优化核心组成部分。可以实时检测装置物料的物性，确保安全平稳生产，降低生产成本，减少化验分析劳动负荷，实现常减压装置“卡边”操作，提高装置经济效益。

在线核磁快评分析系统应用于核心装置-常减压装置，对常减压的原料油(脱后原油)及侧线馏分油(初顶、常顶、常一线、常三线和减三线)进行实时分析，如图 3 所示。数据实时上传至 DCS，供 RTO/APC 使用。六股物料 74 个物性每小时更新一次(每股物料分析包括管线冲洗仅需 8min)，其中原油的 22 个物性数据每 30min 更新一次，及时反馈物性变化及产品质量情况，如图 4 所示。

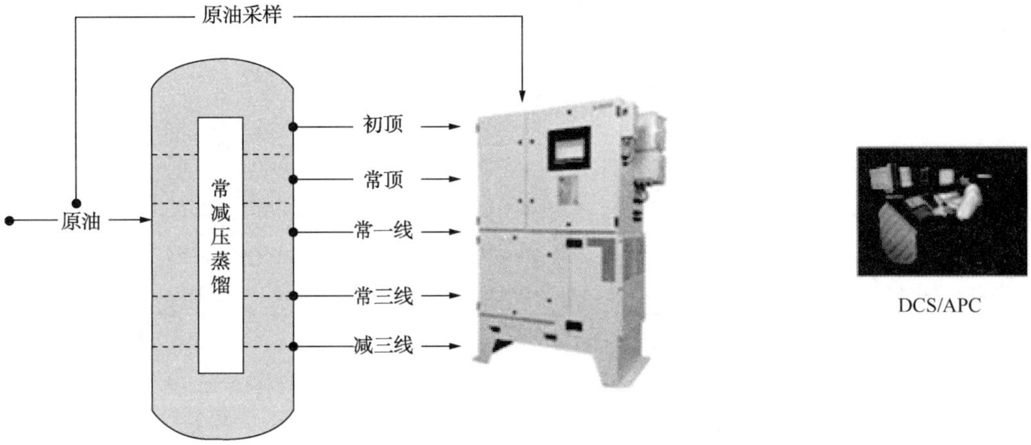

图 3 常减压装置 NMR 在线分析示意图

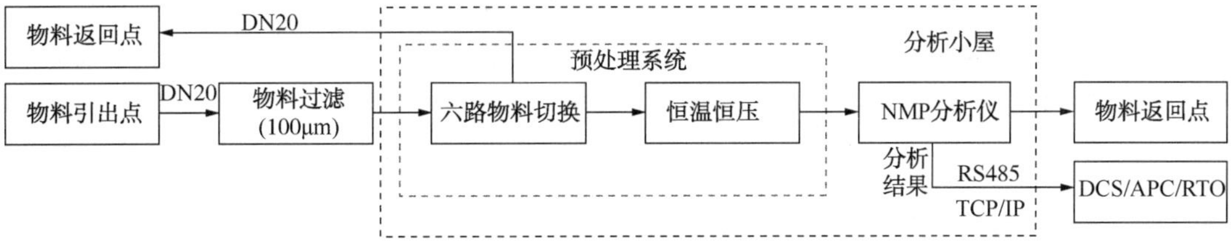

图 4 物料分析流程示意图

4.2 数据准确性比对

原料油快评项目上线运行后，必须不定期对核磁共振分析数据与实验分析进行比对，以验证分析数据的准确性。以原油比对数据为例：

4.2.1 离线数据比对

从表 2~表 5 可知，实际误差是 NMR 数据与实验室数据的绝对差值，允许误差为国标分析再现性误差标准。从比对数据随机抽取，整体结果数据准确性在 92%以上。

表 2 密度离线数据对比关系表

时间	2017 年 8 月 16 日	8 月 31 日	9 月 15 日	9 月 22 日	10 月 13 日	10 月 27 日	11 月 10 日	11 月 16 日	12 月 1 日	12 月 15 日	12 月 21 日	2018 年 1 月 2 日	1 月 19 日	1 月 26 日
NMR 分析	885.5	884.6	880.5	875.7	876.9	881.4	882.2	879.8	876.7	872.5	888.5	878.6	859.2	869.1
实验分析	886.7	883.0	882.6	875.7	875.5	882.5	878.4	877.4	875.1	871.4	891.6	876.2	856.5	867.1
实际误差	1.2	1.6	2.1	0.0	1.4	1.1	3.8	2.4	1.6	1.1	3.1	2.4	2.7	2.0
允许误差	3.0	3.0	3.0	3.0	3.0	3.0	3.0	3.0	3.0	3.0	3.0	3.0	3.0	3.0

表 3 酸值离线数据对比关系表

时间 2017 年	8 月 16 日	8 月 31 日	9 月 15 日	9 月 22 日	10 月 13 日	10 月 27 日	11 月 10 日	11 月 16 日	12 月 1 日	12 月 15 日	12 月 21 日	2018 年 1 月 2 日	1 月 19 日	1 月 26 日
NMR 分析	1.10	0.95	1.01	0.97	1.13	1.05	0.96	1.09	1.14	1.07	0.97	0.82	1.05	1.02
实验分析	1.41	0.82	0.74	1.04	1.22	0.82	0.87	1.19	1.11	1.13	0.73	0.73	0.87	0.70
实际误差	0.31	0.13	0.27	0.07	0.09	0.23	0.09	0.10	0.03	0.06	0.24	0.09	0.18	0.32
允许误差	0.32	0.27	0.27	0.28	0.33	0.27	0.27	0.30	0.30	0.30	0.26	0.25	0.28	0.27

表 4 硫含量离线数据对比关系表

时间 2017 年	8 月 16 日	8 月 31 日	9 月 15 日	9 月 22 日	10 月 13 日	10 月 27 日	11 月 10 日	11 月 16 日	12 月 1 日	12 月 15 日	12 月 21 日	2018 年 1 月 2 日	1 月 19 日	1 月 26 日
NMR 分析	0.660	1.123	1.040	0.882	0.927	1.069	0.979	0.863	0.986	0.865	1.059	1.013	0.851	0.810
实验分析	0.572	0.989	0.955	0.998	0.839	1.028	0.928	0.912	0.924	0.929	1.032	0.932	0.773	0.869
实际误差	0.088	0.134	0.085	0.116	0.088	0.041	0.051	0.049	0.062	0.064	0.027	0.081	0.078	0.059
允许误差	0.082	0.135	0.128	0.121	0.114	0.134	0.123	0.115	0.123	0.116	0.134	0.127	0.105	0.109

表 5 残炭离线数据对比关系表

时间 2017 年	8 月 16 日	8 月 31 日	9 月 15 日	9 月 22 日	10 月 13 日	10 月 27 日	11 月 10 日	11 月 16 日	12 月 1 日	12 月 15 日	12 月 21 日	2018 年 1 月 2 日	1 月 10 日
NMR 分析	4.95	5.41	5.29	5.05	5.48	5.09	5.22	4.85	5.37	4.72	5.24	5.28	4.34
实验分析	5.05	5.13	5.24	5.51	4.86	5.01	4.93	4.96	4.72	4.64	5.98	4.78	4.38
实际误差	0.10	0.28	0.05	0.46	0.62	0.08	0.29	0.11	0.65	0.08	0.74	0.50	0.04
允许误差	0.72	0.74	0.74	0.74	0.73	0.72	0.72	0.71	0.72	0.69	0.77	0.72	0.65

4.2.2 在线数据比对

从表 6~表 11 中，实际误差是 NMR 数据与实验室数据的绝对差值，允许误差为国标分析再现性误差标准。从比对数据随机抽取，整体结果数据准确性在 95%以上。

表 6 密度在线数据比对关系表

时间 2017 年	10 月 16 日	10 月 17 日	10 月 30 日	11 月 6 日	11 月 13 日	11 月 27 日	12 月 4 日	11 月 11 日	12 月 18 日	12 月 25 日	2018 年 1 月 2 日	1 月 9 日	1 月 15 日
NMR 分析	877.8	877.9	883.2	875.4	877.6	873.1	880.9	869.7	890.3	886.5	873.6	859.8	853.9
实验分析	878.9	876.5	885.0	878.4	877.4	875.1	883.0	871.4	891.6	888.6	875.2	859.7	856.5
实际误差	1.1	1.4	1.8	3.0	0.2	2.0	2.1	1.7	1.3	2.1	1.6	0.1	2.6
允许误差	3.0	3.0	3.0	3.0	3.0	3.0	3.0	3.0	3.0	3.0	3.0	3.0	3.0

表 7 酸值在线数据比对关系表

时间 2017 年	10 月 16 日	10 月 17 日	10 月 30 日	11 月 6 日	11 月 13 日	11 月 27 日	12 月 4 日	11 月 11 日	12 月 18 日	12 月 25 日	2018 年 1 月 2 日	1 月 9 日	1 月 15 日
NMR 分析	1.32	1.13	1.02	1.04	1.11	1.06	1.06	1.06	0.93	0.99	1.01	0.96	1.07
实验分析	1.05	1.11	0.95	0.87	1.19	1.11	1.12	1.13	0.73	0.90	0.73	0.88	0.87

续表

时间 2017年	10月16日	10月17日	10月30日	11月6日	11月13日	11月27日	12月4日	11月11日	12月18日	12月25日	2018年1月2日	1月9日	1月15日
实际误差	0.27	0.02	0.07	0.17	0.08	0.05	0.06	0.07	0.20	0.09	0.28	0.08	0.20
允许误差	0.31	0.30	0.28	0.28	0.30	0.29	0.29	0.30	0.26	0.27	0.26	0.27	0.28

表 8　硫含量在线数据比对关系表

时间	2017年10月16日	10月17日	10月30日	11月6日	11月13日	11月27日	12月4日	11月11日	12月18日	12月25日	2018年1月2日	1月9日	1月15日
NMR分析	0.834	0.997	0.877	0.929	0.915	1.010	0.997	0.858	0.96	0.90	0.85	0.865	0.861
实验分析	0.914	1.069	0.934	0.928	0.912	0.924	0.971	0.929	1.032	0.954	0.932	0.793	0.773
实际误差	0.080	0.072	0.057	0.001	0.003	0.086	0.026	0.071	0.069	0.057	0.082	0.072	0.088
允许误差	0.113	0.132	0.117	0.120	0.118	0.124	0.126	0.115	0.128	0.119	0.115	0.107	0.106

表 9　残炭在线数据比对关系表

时间	2017年10月16日	10月17日	10月30日	11月6日	11月13日	11月27日	12月4日	11月11日	12月18日	12月25日	2018年1月2日	1月9日
NMR分析	4.89	4.93	4.88	5.14	4.99	4.77	5.38	5.08	5.42	5.66	4.55	4.42
实验分析	5.38	5.59	5.22	4.93	4.96	4.72	5.88	4.64	5.98	5.90	4.78	4.38
实际误差	0.49	0.66	0.34	0.21	0.03	0.05	0.50	0.44	0.56	0.24	0.23	0.04
允许误差	0.73	0.74	0.72	0.72	0.71	0.69	0.78	0.70	0.78	0.79	0.68	0.66

表 10　水含量在线数据比对关系表

时间	2017年10月24日	10月30日	11月6日	11月13日	11月27日	12月4日	11月11日	12月25日	2018年1月2日	1月9日
NMR分析	0.07	0.05	0.08	0.06	0.06	0.08	0.05	0.06	0.06	0.05
实验分析	0.07	0.09	0.09	0.05	0.09	0.09	0.03	0.09	0.09	0.05
实际误差	0	0.04	0.0124	0.01	0.03	0.0074	0.02	0.03	0.03	0
允许误差	0.11	0.11	0.11	0.11	0.11	0.11	0.11	0.11	0.11	0.11

表 11　凝点在线数据比对关系表

时间	2017年10月16日	10月17日	10月30日	11月6日	11月13日	11月27日	12月4日	11月11日	12月18日	12月25日	2018年1月2日	1月9日	1月15日
NMR分析	-21	-22	-23	-21	-21	-24	-20	-22	-16	-24	-20	-23	-19
实验分析	-22	-20	-20	-18	-20	-20	-20	-20	-15	-20	-20	-20	-15
实际误差	1	2	3	3	1	4	0	2	1	4	0	3	4
允许误差	4	4	4	4	4	4	4	4	4	4	4	4	4

4.3　快评系统的应用

4.3.1　快速分析

通过原料油快评系统可以一键选择分析多种物料，如图 5 所示。每种物料仅需 5~8min，即可得到多个物性数据，如图 5 所示。

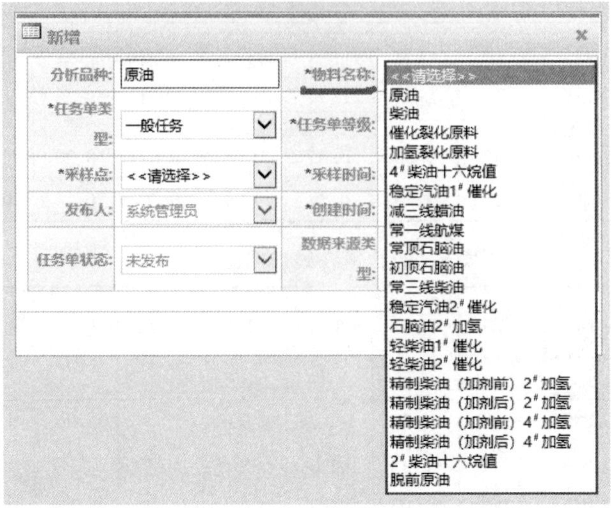

图 5　原料油快评系统分析的物料

4.3.2　原油全评数据的自动拟合

根据原油核磁快评数据可以直接得到拟合原油全评报告。如图 6~图 9 所示。

图 6　原油快评数据

图 7　拟合原油全评报告

4.3.3　为优化应用提供基础数据，实现快速应用

在快评系统内嵌入优化应用栏，包括原油分组管理、切割方案管理、原油切割、PIMS 切割、RSIM 切割、PIMS/ORION 切割等功能。以原油快评 24 个物性数据为基础，自动拟合生成 160 余个数据的原油详评报告，实现与 PIMS、RSIM、ORION 一键导出，这意味着快评分析完成后即可进行优化操作，大大提高了全流程优化应用的方便和快捷。

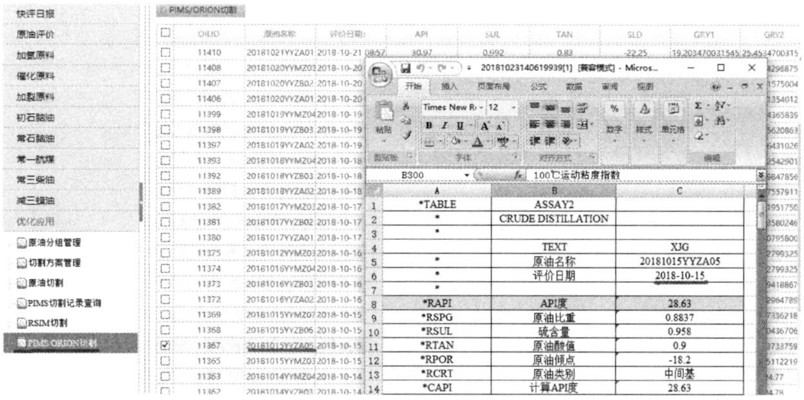

图 8　原油全评报告与 PIMS、RSIM、ORION 一键导出

4.3.4　生成快评晨报，为生产服务

原料油快评系统可自动生成当日快评日报，并具有预测第二天进装置原油性质功能，为当日生产提供数据参考。

图 9　快评日报

4.4　应用效果

4.4.1　利用快评数据，实现原油分储分炼

原料油快评系统每日快评分析进厂原油 24 个物性，根据原油数据进行分储分炼，API 高、金属含量低的原油进 2[#]常减压，否则进 1[#]常。1[#]常减压减压深拔，控制渣油残炭至 18.5%以上，实现渣油收率<25.5%；2[#]常减压以渣油产量配套渣油加氢掺渣量为原则控制装置负荷，提升装置经济效益。

4.4.2　拓展物性分析，创新物性应用

利用原料油快评系统拓展物性快评分析功能，完成了包括原油中金属镍钒含量、柴油十六烷值、汽油辛烷值、重油四组分等重要项目在内的 90 余个新物性建模，部分模型已投入使用，替代传统分析，提高了分析效率。例如：柴油十六烷值传统分析需大型仪器（十六烷值机）2~3h 才得到数据，而快评系统 8min 即可完成；原油中金属镍钒含量的分析，传统方法需 2d 时间，而快评系统 8min 完成。

4.4.3 满足生产所需，在线快评应用

在线快评74个物性分析数据进入DCS，供操作人员实时监控装置生产。同时数据通过数采集成快评系统、ODS，实现共享，为RTO、装置机理模型、全流程优化提供实时分析数据，及时优化操作。

在线实时得到石脑油的组成数据，计算出其芳烃潜含量，为后续重整优化原料加工方案和装置平稳操作提供基础数据支持。

5 结论

(1) 以原料油快评系统为中心的快评数据，极大便利了装置的实时监控及调整，对装置的安稳常满优生产起到积极作用。

(2) 快速评价原料油性质，是实现全流程优化生产、装置机理模型、RTO项目的重要基础，及时为生产运行管理提供基础数据支撑，原油实现分储分炼，最大限度产出所加工原油每个馏分的价值。

(3) 原料油物性分析检测技术一直以传统方法(也称为实验室常规分析法)为主，每一个物性都有相应的仪器进行分析，如密度仪、黏仪、馏程仪等，费时费力。基于核磁共振技术的原料油快评系统将其提升为8min即可得到多个物性数据，不仅快速、减少工作量、样品和耗材少，而且属无损检测。

参 考 文 献

[1] 高明珠. 核磁共振技术及其应用进展[J]. 信息记录材料，2011，12(03)：48-51.
[2] 张云. 核磁共振技术的历史及应用[J]. 科技信息，2010(15)：116-118.
[3] 赵常俊，吴乐乐. 核磁共振技术在石油行业中的应用[J]. 山东化工，2016，45(03)：86-89.
[4] 杨春华，杨玲. 偏最小二乘建模及其多重共线抑制能力分析[J]. 华侨大学学报(自然科学版)，2016，37(04)：523-526.
[5] 张泽宇. 基于主元分析与偏最小二乘的故障诊断方法研究[D]. 河北师范大学，2017.
[6] 王琤，唐全红，李舜，等. 新一代在线核磁共振分析仪在原料油物性快速评价中的应用[J]. 石油炼制与化工，2017，48(10)：101-106.

炼化企业三维数字化工厂实践探索

徐燕平

（中国石化九江分公司，江西九江 332004）

摘 要：炼化企业建设智能工厂，打造信息物理系统(CPS)，实现虚拟空间与物理空间精确映射，建设三维数字化工厂是基础。本文阐述了三维数字化工厂的定义、特点，分析了国内外三维数字化技术、炼化企业应用现状及建设难点，从设计、建模、应用、效果等方面介绍了九江石化三维数字化工厂成功实践案例，总结了建设经验，对中国智能制造推进数字化具有指导、借鉴意义。

关键词：炼油企业；三维数字化工厂；设计；实践

1 引言

炼化企业生产存在高温高压、易燃易爆，并具有装置数量多、流程分布广、操作连续性等特点。随着信息技术的发展，炼化企业不断推进信息化建设，已初步构建了以 ERP（Enterprise Resource Planning，企业资源计划）为核心的经营管理平台、以 MES（Manufacturing Execution System，生产执行系统）为重点的生产营运平台以及信息基础设施与运维平台，三个平台的应用促进了信息化与工业化的融合，提高了企业的营运效率和盈利能力。在炼油化工生产技术不断进步的今天，为应对节能减排、降本增效、质量安全的压力及对产业大型化、清洁化、一体化的迫切需求，传统的生产过程控制系统和信息管理系统设计理念也随之发生改变，需要通过“两化”深度融合，实现从原油选择、生产加工过程到产品出厂全过程的优化生产，提升本质安全、环保及设备管理水平，使企业的效益最大化。

炼化企业在推进“两化”深度融合过程中，形成和积累了涉及安全、环保、质量、生产运行等各方面的大量数据，三维数字化工厂技术是整合、分析和应用这些数据的最好选择，构建三维数字化工厂是打造信息物理系统（CPS）的基础，也是企业建设智能工厂的重点。

2 三维数字化工厂含义及特点

2.1 三维数字化工厂含义

三维数字化，就是运用三维工具（软件或仪器）来实现模型的虚拟创建、修改、完善、分析等一系列的数字化操作，从而达到需求目的。

三维数字化工厂，是把“实体空间”和“虚拟呈现”融合在一起，通过传感器采集“实体空间”生产制造过程中的所有实时数据，在“虚拟呈现”环境中用三维实现集成展示及更多的分析、模拟、演练、培训、监控功能，使虚拟环境中的生产仿真与现实中的生产无缝融合，利用虚拟工厂的灵活优势，促进现实生产。

三维数字化工厂概念很广，不同行业有不同的内涵和外延。就炼化企业而言，三维数字化工厂的具体内容是建立一个以三维数字化平台为管理基础的数字化工厂，应用数字化模型、大数据分析、物联网等技术，集成工程设计、生产运营、静动设备、安全环保、产品质量、视频监控等各种静、动态数据和各专业信息管理系统的结果数据，为规划、设计、施工、运营等部门提供准确数据支持的管理环境，实现监控、指导、优化生产的目的。

2.2 三维数字化工厂特点

三维数字化工厂提供一个全方位的数据集成应用。其特点：

(1) 直观：最自然、全景式、实体化、融合的三维虚拟现实工作环境，如实地描述和反映设备的实体关系及属性，可满足不同用户需求。

(2) 同步：真实工厂的生产运行数据、技术参数、生产环境等都会通过虚拟工厂反映出来，实现同步运行。

(3) 精确：精确的实体、位置和层级描述，提供准确的全景展示。

(4) 协同：为各种训练和演练提供统一的虚拟现实手段，通过远程访问实现协同工作。

(5) 智能：跨各类管理专业集成，设备模型物理属性和生产工艺流程充分融合，集成资产的内部和外部各种属性，实体信息与经营管理和生产流程数据的结合，达到信息的充分共享。

3 国内外三维数字化研究

3.1 三维数字化技术平台

三维数字化技术平台主要有三大类：一是基于 GIS(Geographic Information System，地理信息系统)技术平台。优势在于空间数据、超大场景的可视化表达、分析，空间数据的实时、快速、有效的采集与更新；缺点是关注点局限于“空间数据”，在生产类企业级的应用中存在很大局限性。二是基于 VR(Virtual Reality，虚拟现实)技术平台。优势在于能满足丰富的企业级虚拟三维工厂交互应用，支持高仿真度的业务场景。缺点是满足企业级业务应用仍需不断开发增强平台扩展能力。三是基于三维设计软件技术平台。优势在于指导设计、施工以及建设期数据的资产管理方面；缺点是产品定位相对狭窄，目前产品难以满足企业级各类业务应用的要求。

3.2 三维数字化应用情况

三维数字化工厂建设已成为研究热点，综合对国内外三维数字化工厂案例分析，对于炼化企业来说，还没有企业真正意义上实现与“实体空间”一致的三维数字化工厂。在国外主要建立了基于设计的工程信息管理平台，注重于工程设计资料和设备资料的生命周期管理，便于项目建设、改造查找有关信息，局部领域如检维修系统实现了在三维平台下的可视化分析，且正在深化应用的探索中。国内部分企业以一套装置为试点建设了三维数字化平台，主要是在这个平台上侧重于进行生产、设备、安全等管理和人员操作培训、事故演练等，并对其效果进行评价分析，个别企业开展了单一装置深化应用试点工作，但投资巨大。

4 三维数字化工厂建设难点

就炼化企业来说，由于数据量大、装置密及模型精度、真实度、交互性高等要求，对三维平台的需求与技术适应性要求非常高。所以，三维数字化工厂建设，主要面临以下几个实际问题：

(1) 投资大。每套装置三维模型建设及深化应用需要几百万资金，每个炼化企业有几十套装置，建成三维数字化工厂资金近亿元。

(2) 平台模型兼容性问题。目前国内外三维设计软件众多，国内工程设计院在设计时会根据各种因素选用合适的三维软件进行设计，势必在数字化移交过程中出现多种格式的三维模型。对于多则几十套装置的炼化企业来说，实现全厂的三维数字化工厂，平台必须解决装置模型兼容性问题。

(3) 系统运行速度问题。所有装置模型、相关属性及深化应用数据集成一个平台，海量的数据将可能导致系统运行瘫痪，必须从技术上、设计上解决运行“速度”问题。

(4) 深化应用问题。三维模型建成后，其核心是要与生产结合，以业务需求推动深化应用，不断拓展深化应用领域。

5 三维数字化工厂实践案例

九江石化是国家首批石油化工行业智能工厂试点示范企业。在推进智能工厂试点的建设中，三维数字化工厂作为智能工厂建设的基础平台及重要组成部分，先行先试，初步建成了全厂三维数字化工厂平台及深化应用的最佳实践，本文并以此案例进行介绍。

5.1 三维数字化工厂设计

5.1.1 三维平台采用技术

九江石化三维数字平台核心技术是根据企业的实际情况结合当前虚拟技术（VR）开发而成，达到了对企业级应用的最优化。其特点是真正的三维实时渲染平台，支持目前所有流行的三维效果；完全支持虚拟现实所需要的各种计算技术和优化；以“业务”为核心的“层进式”场景优化；完备的可扩展性、具备集成企业内其他业务系统的完全能力。

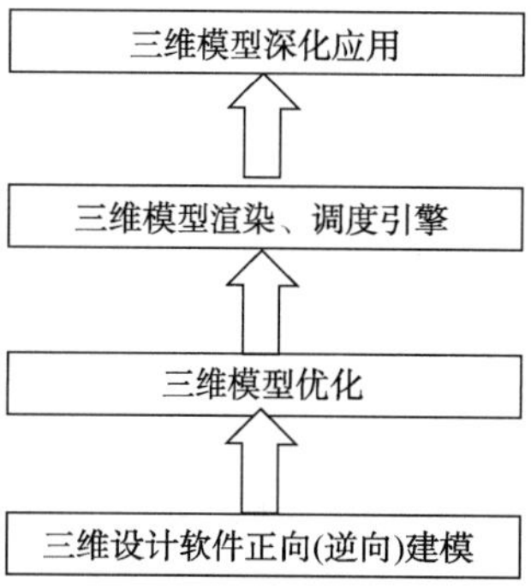

图 1　三维数字化平台总体架构

5.1.2 三维数字化平台架构

三维数字化平台总体架构见图 1。

5.1.3 系统应用集成

系统集成采取两种方式：数据集成和页面集成。系统应用集成见图 2。

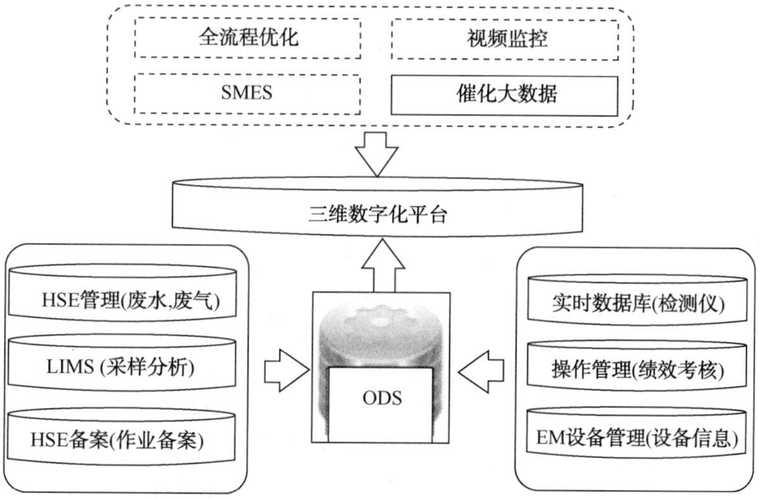

图 2　系统应用集成

（1）数据集成。三维数字化平台集成了通过 ODS（Operational data store，操作数据存储）集成的操作管理、全流程优化、HSE（Health－Safety－Environment，健康、安全、环境）、EM（Equipment Management System，设备管理系统）、LIMS（Laboratory Information Management System，实验室信息管理系统）等系统的低频数据，集成了实时报警监控的高频数据。HSE 系统包含废水烟气环境监测数据及作业备案信息；EM 系统包含设备基本信息、技术参数、故障信息、维修信息、配件及库存信息；LIMS 系统包含采样点、产品质量化验数据信息。实时报警的数据包括接警监控的可燃气体、有毒有害气体报警仪信息；大机组监测系统机组振动、温度、压力实时检测信息，工艺参数及监测报警信息。

（2）页面集成。在三维数字化平台上集成了大数据、视频监控等系统信息。

5.1.4 三维平台设计兼容性

三维数字化平台开发的兼容性应满足当前市场上用于三维建模的设计软件，包括 AVEVA（PDMS）、Intergraph（PDS、S3D、CadWorx）、AutoDesk（Plant 3D、AutoCAD、3DMax）、BentleyMicrostation 系列）、天正（天正 CAD）、中科辅龙（PDsoft）等产品，其输出的格式有不同的要求，见表 1。

表 1 不同设计软件输出格式要求

文件类型	可选软件	输出格式
设计三维模型	PDMS	RVM 模型文件 RVS 配色文件 ATT 属性文件
	PDS	DGN 模型文件 DRV 属性文件
	SmartPlant 3D(S3D)	VUE 模型文件 XML 属性文件和经转换的 DGN 模型文件
	CadWorx	DWG 模型文件
	P3D	DWG 模型文件
	AutoCAD	DWG 模型文件
	3DMax	DWG 模型文件
	MicroStation 系列	DGN 模型文件或经转换的 DWG 模型文件
	天正 CAD	DWG 模型文件
	PDSoft	DWG 模型文件
设备三维模型	Pro/ENGINEER	DWG 或 Sat 模型文件
	SolidWorks	DWG 模型文件
	Inventor	DWG(或 sat)模型文件

5.2 三维建模

5.2.1 三维建模方法

三维建模方法主要有三种：三维设计软件建模法、三维激光扫描法、全景影像建模法。

三维设计软件建模法：通过专用三维制作软件构建出具有接近真实空间的三维数据的模型。

三维激光扫描法：三维激光扫描法又被称为实景复制法，通过高速激光扫描测量，大面积高分辨率地快速获取被测对象表面的三维坐标数据的方法。此方法多用于稀疏目标点的高精度测量，在图纸不完整的情况，可进行快速逆向建模。建模成本高于设计软件建模。

全景影像建模法：把相机环 360 度拍摄的一组或多组照片拼接成一个全景图像，经过一系列的数学计算可以得到其球形全景的的矩形投影图，或者立方体图，然后通过计算机技术实现全方位互动式观看的真实场景还原展示。该方法方便快捷，但模型精细程度不高，适用于 GIS 系统。

为了获得高精度的三维模型，九江石化在建模过程中以三维设计软件建模法为主，兼用三维激光扫描法。

5.2.2 三维数字化工厂建模范围

(1) 三维数字化工厂建模范围。

对于三维数字化工厂而言，建模内容包括：装置正向(逆向)建模、设备结构建模、总平面建模、管架建模。

(2) 装置三维建模内容。

装置三维建模内容包括但不限于工程中基座、结构(框架、平台、楼梯、扶手栏杆、基脚)、管道、静设备(塔类、容器、反应器、换热器、物料罐、工业炉)、机械设备(泵、压缩机、风机)、阀门类(含法兰、垫片、弯头)、消防设备、电气、仪表、采样仪器、报警仪(可燃气体、有毒有害气体)、监控设备等。

5.3 模型优化

装置三维模型建成后，需要对模型进行优化预处理，内容包括：

（1）现场影像整理：为保证场景模型及环境渲染效果与现场基本上保持一致，需对现场情况进行影像数据收集整理，为缺失模型和场景效果进行补充建模提供参考。

（2）模型效果处理：对无UV（指u，v纹理贴图坐标的简称）信息的模型（正逆向模型）附加UV信息，根据相应情况进行各种贴图（法线、高光、漫反射等等）满足视觉效果；为满足大场景的使用要求，对模型按照视觉要求进行等级优化处理。

（3）模型结构优化：为满足大场景及业务的需要对提供的三维模型结构进行拆分和优化，模型分级和控制模型顶点数达到应用效果。

（4）精细模型导出：按照视觉效果、业务需求将模型分层、分堆进行导出，满足三维引擎调度需要。

5.4 深化应用

已应用领域

九江石化建成了与物理空间完全一致的三维数字化工厂，有80余套单元模型，在三维数字化平台上集成了十几个系统，实现了在工艺管理、设备管理、HSE管理、操作培训、三维漫游、视频监控等6方面的深化应用，应用领域结构见图3。

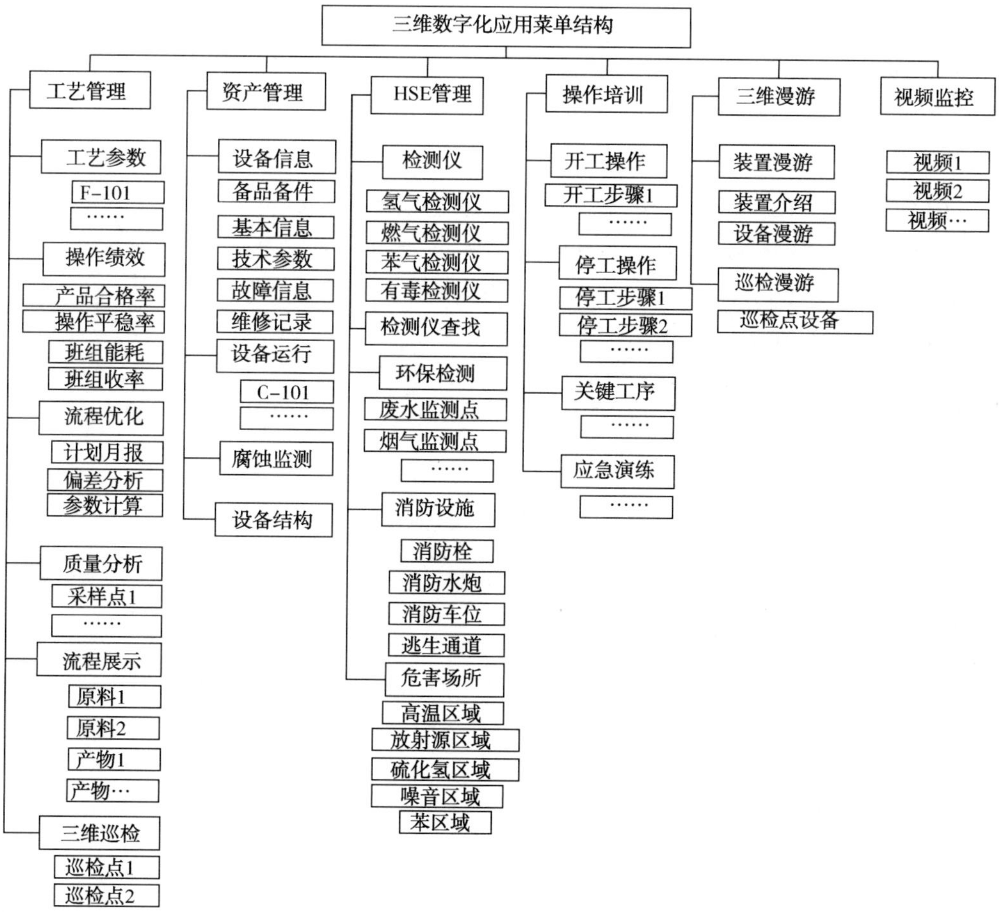

图3 应用领域结构图

工艺管理集成3719余个实时数据、1105个采样点质量分析数据；设备管理集成在线测厚（腐蚀）15套装置479个测点、33台大机组360余个测点、120台高温油泵290余个测点数据；HSE管理集成1591余个检测仪、51处废水烟气排放点环境监测数据；视频监控集成419个监控摄像头实时画面。

6 三维数字化工厂建设策略

三维数字化工厂建设，对于炼化企业来说，具有投资大、建设周期长、技术要求高等特点。按照常规信息系统建设的方式肯定行不通，九江石化在建设中打破常规、创新方法，以最少的投资，探索了一条适合石油化工企业三维数字化工厂建设之路。

（1）统一规划、分步实施。制定了三维数字化工厂“三步走”路线图。首先，选定正向三维建模的装置实施数字化平台建设及深化应用试点；其次，在试点取得成功经验的基础上，建成全厂三维数字化炼厂，选取具备条件的重要设备开展三维拆解试点；最后，持续完善全厂三维数字化模型，完成全部重点设备的三维拆解及地下管网三维数字化工作。

（2）新建装置设计阶段，在与设计院签订的合同中明确移交装置数字化内容，三维数字化移交与新建装置建设同步完成。

（3）针对老装置逆向建模，发挥企业专业技术人员熟悉现场工艺流程、设备结构的优点，组建了三维逆向建模实施团队，并开展建模劳动竞赛，完成老装置逆向建模任务，既锻炼了队伍，又大大降低了投资。

（4）对建成的三维模型进行模型效果、模型结构等优化预处理，提高各装置在统一平台下系统的运行速度。

（5）紧贴生产实际，业务驱动，以用为主。

7 结论

三维数字化工厂的实践，探索出老装置逆向三维建模的方法，并建立新建装置数字化移交规范，为装置的三维正向建模提供支撑，从而确保企业可以全面实现数字化，为基于实体工厂的三维智能应用提供数字化支撑，也为未来智能工厂建设探索了一条与工程建设同步建成智能工厂合作的新模式，工程公司、IT专业公司、炼化企业，可以形成“总流程设计-IT整体解决方案-数字化移交-智能工厂-深度应用”的合作模式，以促进未来“数字化工厂”和“智能工厂”的建设和应用。

三维数字化工厂不仅带来了技术上的改变，还将带来众多管理和观念上的改变，为企业发展提供新的途径。

参 考 文 献

[1] 李海涛，刘小平．三维数字化工厂技术在中石油炼化企业应用研究[J]．中国信息界，2012，9.

溶剂法顺酐回收工艺解吸流程模拟

杨效军　陈明宇　李　剑　夏佳佳

（中国石化仪征化纤有限责任公司 BDO 部，江苏仪征　211900）

摘　要：本装置采用正丁烷氧化法生产顺丁烯二酸酐（MAH），邻苯二甲酸二丁酯（DBP）作为溶剂回收 MAH。本文采用化工流程模拟 Aspen Plus 软件，建立了与实际运行装置相符合的溶剂法顺酐回收工艺解吸流程模型，并进行了模拟分析以期达到节能降耗。模拟计算值与装置实际值基本吻合。通过灵敏度分析等手段得出较优的操作参数。经过计算分析，得出相关参数对系统的影响，优化了原有参数：汽提塔再沸器可节能约 3.4%，塔底加热器可节能约 3.9%。

关键词：顺丁烯二酸酐；溶剂法；解吸；模拟

1　引言

顺丁烯二酸酐（MAH）又名马来酸酐，可以作为合成不饱和聚酯树脂、1,4-丁二醇（BDO）、四氢呋喃（THF）与马来酸等的原料，此外，在医药中间体、涂料、润滑油添加剂等研究方向也有着广泛的应用[1~4]。回收顺酐是顺酐生产过程中重要的单元操作，目前国内主要的回收方法是邻苯二甲酸二丁酯（DBP）溶剂吸收法，此法操作稳定、耗能少，产品质量稳定[5,6]。

Aspen Plus 是一种化工流程模拟软件，具有优化工程工艺、回归实验数据及提供可靠操作模型到装置流程模拟等功能[7,8]。运用该软件，可以对生产装置进行模拟设计、工艺计算和工艺诊断等。目前，此软件在全世界范围内的炼油、石化及工程设计企业广泛使用[9]。

本文使用 Aspen Plus 软件对 MAH 装置汽提、后闪蒸过程进行建模计算，通过灵敏度分析等手段得出最优的操作参数，优化原有操作参数，以节能降耗。

2　解吸工艺流程介绍

某化工装置的解吸单元由汽提塔与后闪蒸塔系统组成。含 MAH 的富油进入到汽提塔、后闪蒸塔系统，该系统在真空状态下将 MAH 从溶剂中提取出。图 1 为该解吸单元的主要的工艺流程。

如图 1 所示，经预热过的富油从汽提塔（T1409）底部填料的上部进料，MAH 混合蒸汽流从底部填料向上升，溶剂和低沸点杂质以液体形式向下流。顶部蒸汽在汽提塔冷凝器中部分冷凝，MAH 产品以液体形式从 T1409 顶部侧线塔板抽出。T1409 底部物料用泵输送到后闪蒸塔（T1431）进一步提取 MAH。后闪蒸塔和汽提塔冷凝器的不凝气进入真空洗涤塔（T1417），MAH 被冷贫油吸收生成半富油并送至吸收塔，不凝气及低沸点气体去往真空单元。

3　建立工艺模型与数据分析

3.1　物性方法的选择

反应器出口气经吸收塔吸收后去往汽提、后闪蒸、洗涤塔系统进行解吸回收顺酐产品，物料组成如表 1 所示。

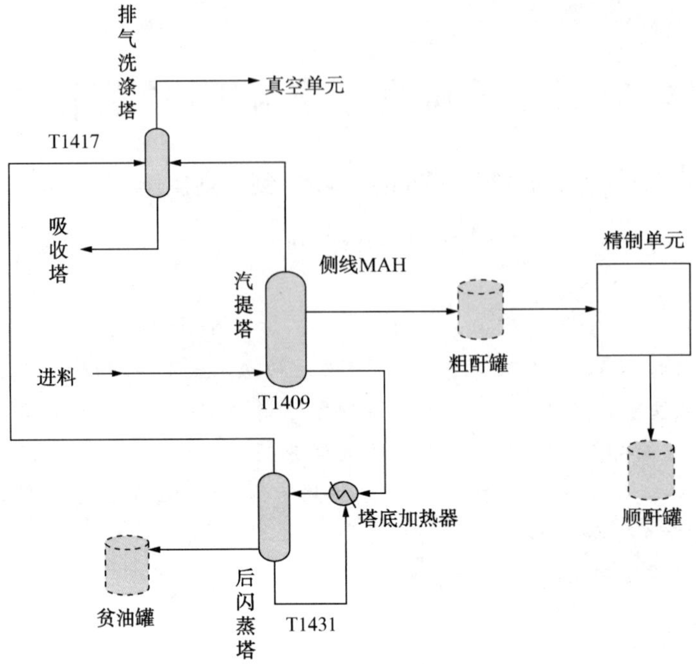

图 1　吸收解吸单元主要工艺流程

表 1　工艺进料参数

进料条件			
温度/℃	175	压力/MPa	0.0812
流量/(kg/h)	102777		
进料组成/%			
水	0.03	邻苯二甲酸	0.02
乙酸	0.01	邻苯二甲酸酐	0.18
丙烯酸	0.03	马来酸二丁酯	0.01
马来酸酐	15.14	邻苯二甲酸二丁酯	82.79
马来酸	0.58	正丁烷	0.002
富马酸	0.09	焦油	1.13

物性方法的选择极大地影响模拟结果的准确性，在 Aspen Plus 中，可根据经验选择或根据软件自带的帮助系统进行选择。此次模拟物性体系为含水碳氢化合物，属于极性物系，选择 NRTL-RK 方程[10]，NRTL 方程能很好地表示二元和多元体系的汽液平衡和液液平衡，活度系数部分的计算用 NRTL 方程，逸度系数的计算用 RK 方程。这是一个组合的热力学方程，对于极性物系用得较多，也较为准确。

3.2　汽提塔模拟及分析

3.2.1　汽提塔模拟

根据装置中实际的工艺流程，汽提塔 T1409 选用 RadFrac 严格精馏模块，汽提塔回流泵 P1415 选用 Pump 模块，冷凝气去一个闪蒸罐进行气液分离，闪蒸罐选用 Flash2 模块。RadFrac 模型可用于模拟计算任何类型的气-液分离操作，可以处理任意塔板上存在的自由水相、第二液相或固体的情况，也可在任意功能下对精馏塔中段循环进行模拟计算。该模块是非平衡级严格计算模块。

运行结果与实际数据比较见表 2 与表 3。

表 2　主要模拟参数与装置实际值比较

	模拟	实际	相对误差
回流温度/℃	67.30	67.00	0.44%
侧线出料量/(kg/h)	14839.90	14839.90	0.00
侧线抽出温度/℃	92.40	94.00	1.70%
塔底贫油流量/(kg/h)	87057.70	87208.00	0.17%
塔底温度/℃	198.49	200.88	1.19%
塔顶压力/kPa	2.00	2.00	0.00
全塔压降/kPa	2.00	2.00	0.00

表 3　主要流股组分与装置实际值比较

	侧线粗顺酐		塔底贫油	
	模拟	实际	模拟	实际
马来酸酐/%	99.97	99.96	0.40	0.60
邻苯二甲酸二丁酯/%	—	—	97.23	97.49
水/%	0.003	0.002	—	—
马来酸/%	0.005	0.010	0.60	0.20
乙酸/%	0.002	0.002	—	—
丙烯酸/%	0.015	0.020	—	—
富马酸/%	—	—	0.10	0.10
邻苯二甲酸酐/%	—	—	0.21	0.25
邻苯二甲酸/%	—	—	0.02	0.02

表 2 与表 3 说明，此模拟与装置实际运行参数误差较小，此模型具有应用价值。

3.2.2　汽提塔参数分析

装置运行中评价汽提塔效果主要以侧线 MAH 纯度、杂质含量为评价依据。汽提塔侧线采出 MAH 产品，其中重组分 DBP 含量是影响 MAH 品质的重要指标，DBP 过高会影响 MAH 热稳定性等重要的品质参数。经过分析，产品中 DBP 含量与汽提塔塔压、塔底温度与侧线采出量有直接关系。

(1) 汽提塔塔压的影响。经过灵敏度分析，温度、侧线采出量等条件保持不变，改变汽提塔的塔压，产品中 DBP 的含量会随之发生变化。产品中 DBP 浓度、MAH 纯度与汽提塔塔顶压力关系如图 2 所示。

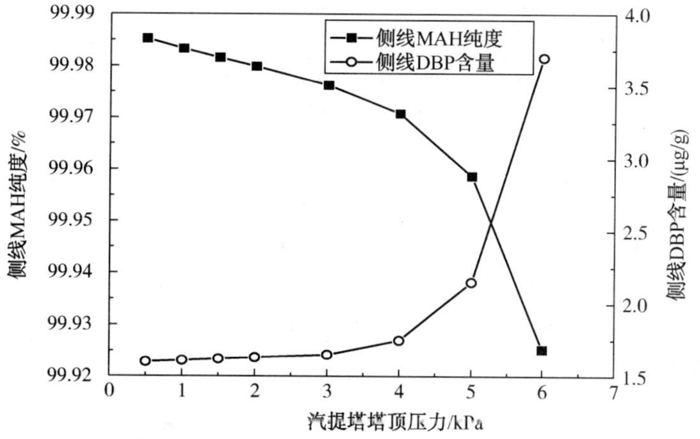

图 2　产品中 DBP 浓度、产品纯度与汽提塔塔顶压力关系

图 2 表明，随汽提塔塔压升高，产品中 DBP 含量随之升高，而产品纯度略微下降。为控制 MAH 纯度及 DBP 含量，又要考虑操作条件的限制(如降低再沸器负荷)，塔压控制在 4kPa 左右。

(2) 汽提塔塔底温度的影响。经过灵敏度分析，塔压、侧线采出量等条件保持不变，改变汽提塔的塔底温度，产品中 DBP 的含量会随之发生变化。产品中 DBP 浓度、MAH 纯度与汽提塔塔底温度关系如图 3、图 4 所示。

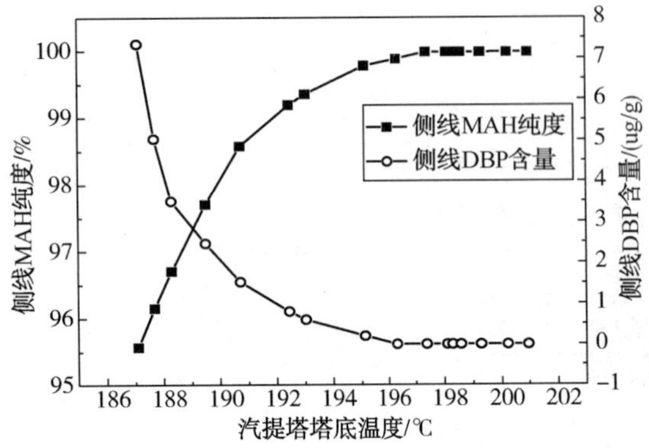

图 3　产品中 DBP 浓度、产品纯度与汽提塔塔底温度关系

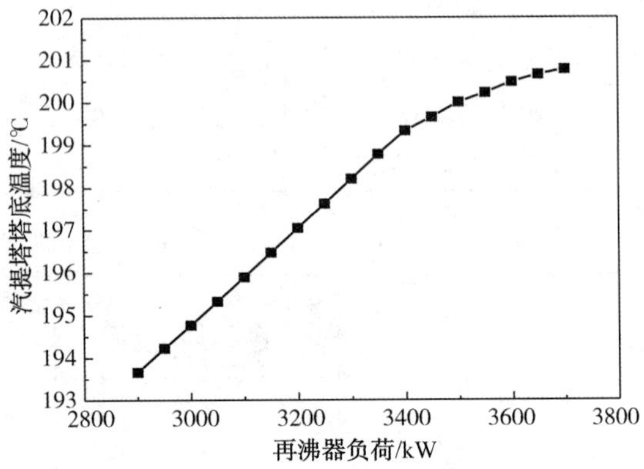

图 4　产品中 DBP 浓度、产品纯度与汽提塔塔底温度关系

由图 3、图 4 可以看出，随着再沸器负荷升高，塔底温度升高，故侧线 MAH 纯度上升，重组分 DBP 含量下降，但温度接近 197～198℃时趋于稳定，因此考虑能耗等因素控制汽提塔底温度在 198℃左右比较合适。

(3) 汽提塔侧线采出量的影响。经过灵敏度分析，温度、塔压等条件保持不变，改变汽提塔侧线采出量，产品中 DBP 的含量会随之发生变化。产品中 DBP 浓度、MAH 纯度与汽提塔侧线采出量关系如图 5 所示。

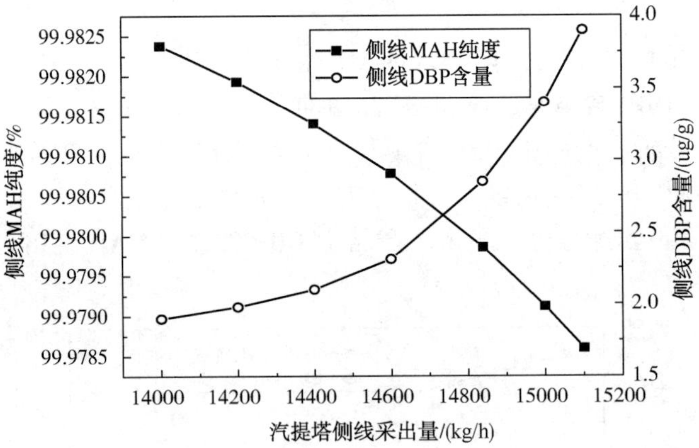

图 5　产品中 DBP 浓度、产品纯度与汽提塔侧线采出量关系

由图 5 可以看出，随汽提塔侧线采出量增加，产品未能得到充分精馏，故 MAH 纯度持续下降，杂质 DBP 含量持续上升，因此需控制采出量保证产品质量。为了使得采出量与产品质量两者之间取得平衡，选择最佳的侧线采出量取约 14800kg/h。

3.3　后闪蒸塔模拟及分析

3.3.1　后闪蒸塔模拟

根据装置中实际的工艺流程，后闪蒸塔 T1431 选用 RadFrac 严格精馏模块，汽提塔底加热器 E1430 选用 Heater 模块。

运行结果与实际数据比较见表 4 与表 5。

表 4　主要模拟参数与装置实际值比较

	模拟	实际	相对误差
侧线出料量/(kg/h)	398062.00	385900.00	3.15%
塔底贫油流量/(kg/h)	215435.00	213656.00	0.83%
塔底温度/℃	205.20	207.80	2.28%
塔顶压力/kPa	2.00	2.00	0.00
全塔压降/kPa	1.00	1.00	0.00

表 5　主要流股组分与装置实际值比较

	侧线粗顺酐	
	模拟	实际
马来酸酐/%	15.38	15.08
水/%	0.03	0.03
贫油/%	83.73	82.89
邻苯二甲酸/%	0.01	0.02
乙酸/%	—	—
丙烯酸/%	—	—

表 4 与表 5 说明，此模拟与装置实际运行参数误差较小，此模型具有应用价值。

3.3.2　后闪蒸塔参数分析

经过灵敏度分析，后闪蒸塔的塔压、塔底温度及塔底循环量会对侧线 MAH 的含量产生影响。侧线 MAH 含量随塔压、塔底温度及塔底循环量的变化如图 6、图 7 所示。

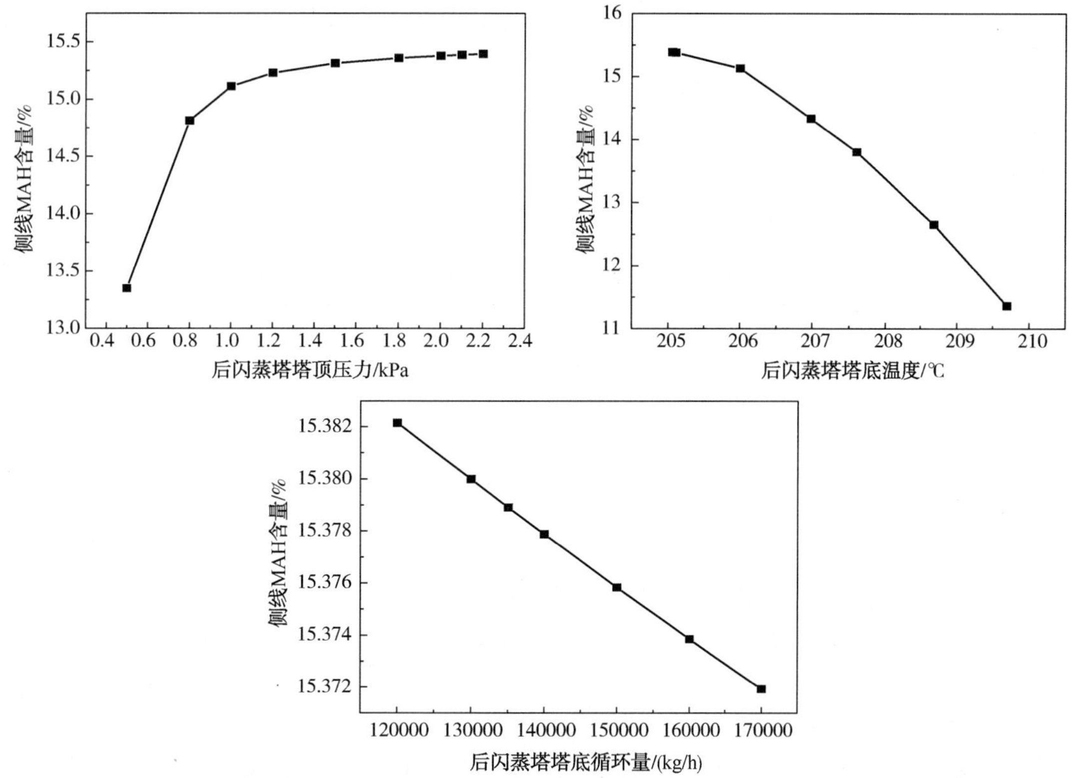

图 6　侧线 MAH 含量与后闪蒸塔塔压、塔底温度及塔底循环量关系

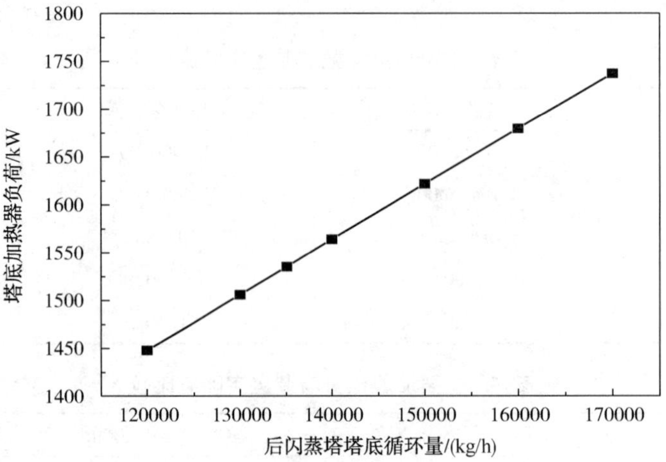

图 7　塔底加热器负荷与塔底循环量关系

由图 6、图 7 可以看出，随后闪蒸塔塔压增大，侧线 MAH 含量持续升高。压力升高，MAH 沸点升高，MAH 与 DBP 相对挥发度也减小，不利于两者分离，因此需控制塔压减少 MAH 在塔底出料中的含量。随闪蒸塔底温度升高，重组分 DBP 精馏更充分，故侧线 MAH 含量持续降低。但考虑能耗等因素，实际装置中塔底温度控制在约 207.8℃。随后闪蒸塔塔底循环量的增加，循环物流 MAH 含量有所减少，但塔底加热器(E1430)能耗上升，循环量控制在约 135000kg/h。

3.4　排气洗涤塔模拟及分析

3.4.1　排气洗涤塔模拟

根据装置中实际的工艺流程，排气洗涤塔 T1417 选用 RadFrac 严格精馏模块。

运行结果与实际数据比较见表 6 与表 7。

表 6　主要模拟参数与装置实际值比较

	模拟	实际	相对误差
塔底半富油流量/(kg/h)	17330.73	17040.00	1.71%
塔底温度/℃	64.40	63.00	2.22%
塔顶压力/kPa	1.00	1.00	0.00
全塔压降/kPa	1.00	1.00	0.00

表 7　主要流股组分与装置实际值比较

	塔底半富油	
	模拟	实际
马来酸酐/%	6.97	6.95
水/%	0.07	0.04
邻苯二甲酸二丁酯/%	90.83	90.95
邻苯二甲酸/%	0.02	0.02
乙酸/%	0.08	0.05
丙烯酸/%	0.21	0.17

表 6 与表 7 说明，此模拟与装置实际运行参数误差较小，此模型具有应用价值。

3.4.2　排气洗涤塔参数分析

经过灵敏度分析，排气洗涤塔的塔顶压力和贫油进料温度会对塔底 MAH 的含量产生影响。塔底 MAH 含量随塔顶压力、贫油进料温度的变化如图 8 所示。

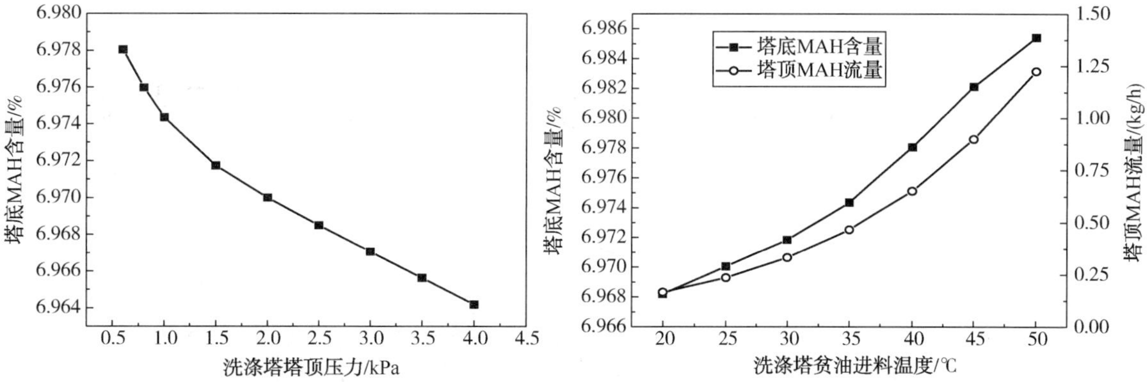

图 8 塔底 MAH 含量随塔顶压力、贫油进料温度的变化关系

由图 8 可以看出，随排气洗涤塔压力升高，塔底半富油中 MAH 含量不断降低，因操作条件限制(如汽提塔真空度、塔底出料为半富油、降低塔顶 MAH 流失)实际装置中塔压控制在 3kPa 左右。随排气洗涤塔冷贫油进料温度升高，去往吸收塔塔顶的塔底半富油 MAH 含量上升，但塔顶 MAH 流失增加，故实际装置中贫油进料温度应控制在 35℃为宜。

4 结论

(1) 汽提塔塔压升高、塔底温度降低及侧线采出量增加，都会使产品中 DBP 含量升高。考虑能耗等因素确定较优的操作参数为：汽提塔塔顶压力 4kPa，塔底温度 198℃，侧线采出量 14800kg/h。与原操作参数塔压 4. 5kPa，塔底 199℃比较再沸器可节能约 3. 4%。

(2) 后闪蒸塔塔压升高、塔底温度降低，会导致侧线 MAH 含量持续升高。后闪蒸塔塔底循环量减少会使循环物流 MAH 含量有所增加。因操作条件限制，确定较优的操作参数为：塔底温度约 207. 8℃，循环量约 135000kg/h。与原操作参数塔底 206. 7℃，循环量约 140000kg/h 比较，塔底加热器器可节能约 3. 9%。

(3) 排气洗涤塔压力升高、贫油进料温度降低，会导致塔底半富油中 MAH 含量不断降低。因操作条件限制，确定较优的操作参数为：洗涤塔塔压 3kPa，DBP 进料温度 35℃。

参 考 文 献

[1] 刘小峯，邹林，陈红 . 2012~2013 年世界不饱和聚酯树脂工业进展[J]. 热固性树脂，2014，29(02)：51-57.

[2] Mestl G，Lesser D，Turek T. Optimum performance of vanadyl pyrophosphate catalysts[J]. Topics in Catalysis，2016，59(17-18)：1533-1544.

[3] 黄马扶 . 溶剂法回收顺酐过程的模拟与优化[D]. 广州：华南理工大学，2014.

[4] 李晓宁，封增凯 . 顺酐生产工艺路线探讨及现状分析[J]. 天津化工，2018，32(3)：3-4.

[5] 陈永军，胡小营 . 浅谈顺酐生产工艺路线[J]. 天津化工，2016，30(4)：9.

[6] Trifirò F，Grasselli R K. How the yield of maleic anhydride in n-butane oxidation，using VPO catalysts，was improved over the years[J]. Topics in Catalysis，2014，57(14-16)：1188-1195.

[7] 张文彪，屈一新 . ASPEN PLUS 在顺酐回收工艺模拟中的应用[J]. 化学工业与工程技术，2011，32(1)：4-8.

[8] Maria G，Dan A. Setting optimal operating conditions for a catalytic reactor for butane oxidation using parametric sensitivity analysis and failure probability indices[J]. Journal of Loss Prevention in the Process Industries，2012，25(6)：1033-1043.

[9] 张伟，吴永明 . 基于 Aspen Plus 的固定床生物质气化过程的建模，仿真及工艺优化[J]. 林产化学与工业，2018，38(3)：75-82.

[10] 刘志华 . 顺酐和有机溶剂汽液平衡及高压二元系统的相行为计算[D]. 天津大学，2007.

基于 MOPSO 算法的含油污水处理过程优化控制

卢　薇　唐晓丽　郭亚逢

(中国石化青岛安全工程研究院，山东青岛　266000)

摘　要：为了解决含油污水处理过程中的优化控制问题，本文提出了一种基于多目标粒子群优化(MOPSO)算法的含油污水处理过程优化控制方法。首先，通过分析相关的运行参数，构建智能预测模型，实现关键水质参数化学需氧量(COD)的实时预测；其次，建立一种基于径向基(RBF)神经网络的能耗和水质模型；再次，设计一种基于惯性权重的MOPSO 算法，并获得溶解氧(S_O)和硝态氮(S_{NO})的优化设定值；最后，利用 PID(比例积分微分)控制器对优化设定值进行跟踪控制。基于基准仿真模型(BSM1)的试验结果表明：所提出的方法能够实现含油污水处理过程的优化控制，在保证出水水质的前提下，同时降低了运行能耗。

关键词：含油污水处理过程；优化控制；多目标粒子群优化算法

1　引言

随着我国工业化的快速发展，石油化工行业已经成为国民经济的重要支柱产业，然而炼油加工过程产生的含油污水的排放问题日益严重。含油污水具有组分复杂、高生物毒性、难生物降解等特点，直接排放会对生态环境造成严重的破坏作用[1,2]。近年来，由于含油污水的排放量增加以及出水水质的标准更加严格，污水处理过程的运行成本也不断增加。因此，如何保证含油污水的水质达标排放，同时降低污水处理过程的运行能耗成为学者们的一个研究热点[3]。

为了实现污水处理过程中水质达标排放的同时降低能耗，越来越多的学者致力于研究污水处理过程的控制方法。针对污水处理过程的能耗目标函数的求解问题，Guerrero 等提出了一种基于模型设定值的优化控制方法，该试验评估了固定设定值和动态设定值的优化性能，同时提高了控制系统的性能，保证了出水水质，降低了运行能耗[4]。Duzinkiewicz 等提出了一种分层优化控制策略，通过遗传算法优化能耗模型，采用非线性预测控制方法追踪控制溶解氧的优化设定值，仿真试验表明该方法可以降低污水处理过程的能耗[5]。以上的优化控制方法主要是针对溶解氧的跟踪控制，而缺氧区硝态氮的浓度是衡量脱氮效果的重要指标，它反映了反硝化反应过程的进程，将硝态氮浓度控制在一个合适的范围内，能够提高污水处理过程的处理效果。

为了实现污水处理过程多变量优化控制，Qiao 等提出一种基于数据驱动的自适应优化控制方法，通过数据驱动方法建立优化模型，PID 控制器实现溶解氧和硝态氮的跟踪控制。试验结果表明，该方法能够保证污水处理过程的水质达标，降低了运行能耗[6]。上述研究中的优化控制方法虽然能够实现出水水质的提高，但是以上的优化控制方法中采用的优化算法求解优化设定值的精度不高，往往难以求得精确的优化设定值，从而无法达到最优的优化控制效果[7,8]。

近年来，智能优化算法由于具有良好的全局探索能力和基于种群的寻优方式，已经被用于解决污水处理过程的优化问题[9,10]。同时，含油污水处理过程是一个复杂的动态系统，该系统中的目标函数是时变的，且含有的污染物种类较多，这进一步增大了污水处理过程优化控制的难度[11,12]。为了更好地解决含油污水处理过程的优化控制问题，并提高优化算法对动态环境的适应能力，文中设计了一种基于 MOPSO 算法的含油污水处理过程优化控制方法，在保证出水水质的前提下，降低了污水处理过程的运行能耗。

2 问题描述

2.1 含油污水处理过程特性

在含油污水处理过程中，活性污泥法是最常用的污水处理方法。其对污水的处理原理是通过生物化学反应对污水中的污染物进行吸附、分解、氧化等，从而降解污水中的污染物并分离出来，实现污水的净化。基本的活性污泥反应过程由生化反应池和二沉池组成，污泥回流管线将大部分的沉降污泥返回到生化反应池中，并且在澄清池底部的污泥流失管线允许从废水中有效去除碳质有机物、铵和氨。因此，含油污水处理过程是一个复杂的动态过程，它主要包含以下几个特点：

(1) 含油污水的组成成分非常复杂，不仅包含大量的分散油、乳化油，还含有各种有机与无机污染物；

(2) 含油污水中的油类物质会阻止空气中的氧溶解于水中，减少水中溶解氧，干扰生化反应的进行；

(3) 含油污水的状态是动态时变的，生化反应周期长，微生物种群的生存条件和反应规律难以把控，污染物的数量和含量难以完全获得，其入水流量和入水成分也是存在波动的。

近年来，随着国家对环保要求的不断加强，对于企业排放污水处理的出水水质要求更加严格。因此，研究含油污水处理过程的优化控制方法，保证出水水质的同时降低运行能耗迫在眉睫[13]。

2.2 径向基神经网络

径向基(RBF)神经网络具有简单的拓扑结构和全局逼近能力，其网络结构如图 1 所示。RBF 神经网络分为三层：输入层、隐含层和输出层。RBF 神经网络的表达式为：

$$y(t)=\sum_{j=1}^{P} w_j(t)\varphi_j[u(t)] \tag{1}$$

$$u(t)=[u_1(t), \ ...u_i(t)] \tag{2}$$

$$\varphi_j[u(t)]=e^{-\|u(t)-\mu_j(t)\|/\sigma_j^2(t)} \tag{3}$$

式中 $y(t)$——t 时刻预测模型 RBF 神经网络的输出；

$w_j(t)$——隐含层第 j 个神经元和输出层的连接权值，$j=1, 2, \cdots, P$，P 为隐含层的神经元数目；

$\mu_j(t)$——t 时刻隐含层第 j 个神经元中心值；

$\sigma_j(t)$——t 时刻隐含层第 j 个神经元的中心宽度。

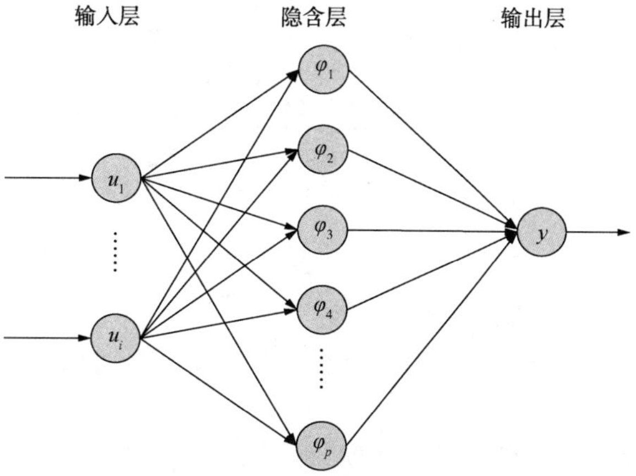

图 1 RBF 神经网络结构

2.3 多目标粒子群优化(MOPSO)算法

MOPSO 算法是一种基于种群的优化算法，其中整个种群被称为一个粒子群。在每一次的迭代过程中，粒子的速度和位置更新公式如下所示：

$$x_i(k+1)=x_i(k)+v_i(k+1) \tag{4}$$

$$v_i(k+1)=\omega_i(k)v_i(k)+c_1R_1(p_i(k)-x_i(k))+c_2R_2[g_d(k)-x_i(k)] \tag{5}$$

式中 ω——惯性权重；

c_1和c_2——学习因子；

R_1和R_2——[0，1]之间的随机值；

$p_i(k)$——第 i 个粒子在第 k 次迭代的历史最优位置；

$g_d(k)$——第 k 次迭代整个种群找到的全局最优位置；

$x_i(k)$——第 i 个粒子在第 k 次迭代的位置；

$v_i(k)$——第 i 个粒子在第 k 次迭代的速度。

3 含油污水处理过程优化控制

为了解决含油污水处理过程的优化控制问题，文中提出了一种基于 MOPSO 算法的含油污水处理过程优化控制方法。在优化控制方法中，首先，构建智能预测模型，实现关键水质参数化学需氧量(COD)的实时预测；其次，提出了一种基于 RBF 神经网络的能耗和水质模型，准确地提取了污水处理过程的复杂特性；再次，利用提出的基于惯性权重的 MOPSO 算法优化能耗模型，获得准确的优化设定值；最后，利用 PID 控制器实现对 S_O和 S_{NO}的优化设定值的跟踪控制。因此，文中设计了一种基于 MOPSO 算法的含油污水处理过程优化控制架构(如图 2 所示)。它主要包含了三个部分：基于 RBF 神经网络的建立能耗和水质模型部分，MOPSO 算法优化求解部分，PID 控制器追踪控制部分。

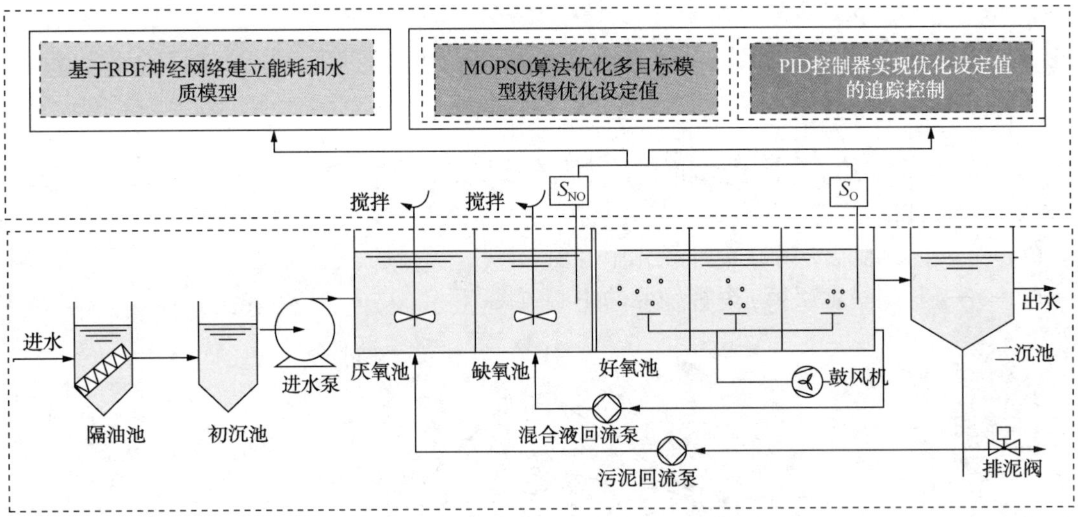

图 2　含油污水处理过程优化控制架构图

3.1 基于径向基神经网络的能耗和水质模型

本文以含油污水处理过程的出水水质和能耗模型为目标函数，将含油污水处理优化问题转化为多目标优化问题。

由于污水处理过程中的复杂时变特性，传统的能耗和水质模型不能实时地反映污水处理过程中的动态信息。因此，文中通过分析含油污水处理过程的动态特性和相关变量的过程数据，基于径向基神经网络建立了能耗和水质模型，确定神经网络 2-P-1 的连接方式，其表达式为：

$$\begin{cases} \min y_1(t) = \sum_{j=1}^{2} w_{1j}(t)\varphi_{1j}[u(t)] \\ \min y_2(t) = \sum_{k=1}^{2} w_{2j}(t)\varphi_{2j}[u(t)] \end{cases} \tag{6}$$

式中 $u(t)=[u_1(t),\ u_2(t)]^{\mathrm{T}}$——$t$ 时刻的优化变量；

$u_1(t)$——溶解氧 $S_O(t)$浓度设定值；

$u_2(t)$——硝态氮 $S_{NO}(t)$浓度设定值；

$y_1(t)$——t 时刻能耗值；

$y_2(t)$——t 时刻水质值。

基于 RBF 神经网络的含油污水处理过程能耗和水质模型，不仅可以根据实际值与期望值的误差自适应调整参数，而且与控制变量 S_O 和 S_{NO} 建立了直接关系，实现了控制量的变化直接调节能耗和水质。同时，由于能耗和水质模型是基于数据驱动的方法建立的，因此该模型能够准确地反应污水处理过程的时变特性。

3.2 MOPSO 算法和多变量控制方法

在 MOPSO 算法中，粒子间通过相互学习寻找最优解，并且粒子群的全局最优解对整个种群具有引导作用，这也就使得 MOPSO 算法求解过程中容易陷入局部最优。惯性权重的取值可以影响粒子的全局探索能力和局部开发能力，是决定整个粒子群收敛性的一个重要参数。

由于粒子的飞行过程具有复杂的非线性特征，本文提出了一种基于惯性权重的 MOPSO 算法，其惯性权重的表达式为：

$$\omega_i(k+1)=\begin{cases}\omega_i(k)\,(\mathrm{e}^{-A_i(k+1)}+1)^{-1}\,\mathrm{if}\,q[p_i(k+1)]<q[p_i(k)]\\ \omega_i(k)\,(e^{-A_i(k+1)}+1)\,\mathrm{if}\,q[p_i(k+1)]=q[p_i(k)],\end{cases} \tag{7}$$

$$A_i(k+1)=[x_i(k+1)-g_d(k+1)]^2, \tag{8}$$

式中 $\omega_i(k)$——第 i 个粒子在第 k 次迭代的惯性权重；

$A_i(k+1)$——第 i 个粒子在第 $k+1$ 次迭代的惯性因子；

$p_i(k+1)$——第 i 个粒子在第 $k+1$ 次迭代的历史最优位置；

$q(p_i(k+1))$——第 i 个粒子在第 $k+1$ 次迭代的适应度值；

$g_d(k+1)$——第 $k+1$ 次迭代整个种群找到的全局最优位置。

惯性因子 A_i的取值反映了第 i 个粒子的寻优位置与全局最优位置的差距，若粒子寻找到更好的最优解时，惯性因子 A_i越大，表明该粒子的寻优质量下降。为了找到更好的最优解，惯性权重的变化量将会加大，使得粒子跳出当前寻优位置，避免粒子陷入局部最优。若粒子未寻找到更好的最优解时，若惯性因子 A_i越大，惯性权重的变化量将会减小，使得粒子在此位置附近加大局部搜索能力，获得更好的优化解。

为了追踪 S_O和 S_{NO}的优化设定值，利用多变量 PID 控制器来追踪 S_O和 S_{NO}的优化设定值。PID 控制器的输出是第五分区氧传递系数的误差和内回流量，输入是 S_O和 S_{NO}实际值和优化设定值的误差、误差的一阶和二阶导数。

4 试验研究

为了验证所提出的基于 MOPSO 算法的含油污水处理过程优化控制方法的有效性，将所提出的方法应用于 BSM1 的仿真试验中，实现 S_O和 S_{NO}浓度的优化控制，进而检验在晴天天气下该方法的控制效果。

4.1 试验设计

将所提出的优化控制方法与闭环控制策略在 14 天内的控制结果进行比较。其中，MOPSO 算法的种群大小为30，迭代次数为500。此外，绝对误差积分(IAE)用于评估控制性能：

$$IAE(t)=\frac{1}{2T}\sum_{i=1}^{2}\sum_{t=1}^{T}\left|\hat{e}_i(t)\right| \tag{9}$$

T是样本总数，$\hat{e}(t)$是实际产出和期望产出的误差。出水参数包括氨氮(S_{NH})、总氮(N_{tot})、生化需氧量(BOD)和化学需氧量(COD)。两个操作变量分别是内回流量(Q_a)和第五分区氧传递系数(K_La_5)。

4.2 试验结果

图3和图4分别描述了所提出的优化控制方法在干燥天气下S_O和S_{NO}的跟踪控制曲线图。可以看出，所提出的优化控制方法在干燥天气下具有良好的跟踪控制性能。

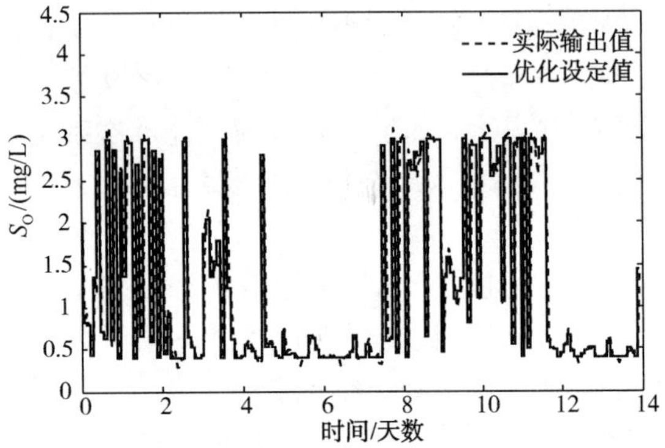

图3 干燥天气 So 的控制效果

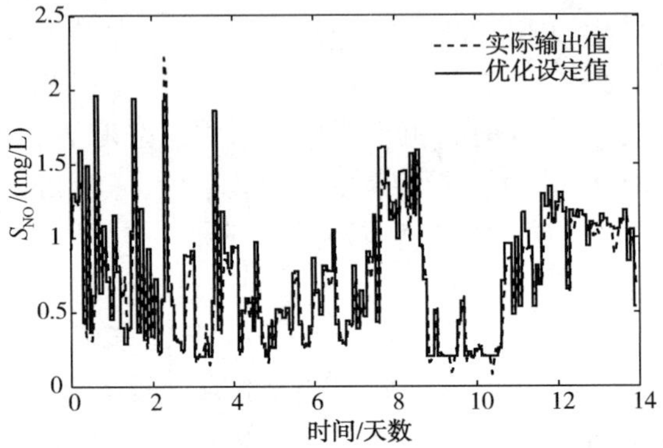

图4 干燥天气 S_{NO}的控制效果

图5显示了干燥天气中S_O和S_{NO}的实际输出值和优化设定值之间的控制误差。图中的误差曲线表明，在干燥天气下，S_O和S_{NO}的实际输出值与设定值之间的差异可分别保持在±0.59mg/L和±1.28mg/L之间。图3~图5的试验结果表明，所提出的优化控制方法能够在干燥天气下取得较好的控制效果。

图6中分别显示了所提出的优化控制方法在干燥天气下出水BOD、S_{NH}、COD和N_{tot}的浓度值。从图6中可以看出，出水污染物的浓度值的整体平均取值是能够保持在约束范围内的，能够达到排放要求。在污水处理过程中，$K_L\alpha_5$控制S_O的浓度值，Q_a控制S_{NO}的浓度值。

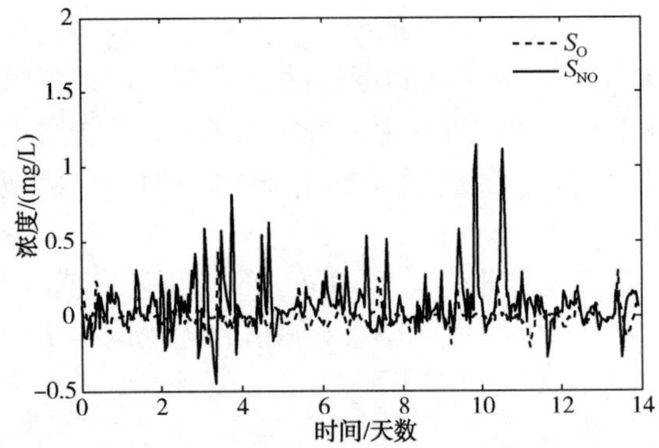

图5 干燥天气下 S_{NO}和 So 的误差值

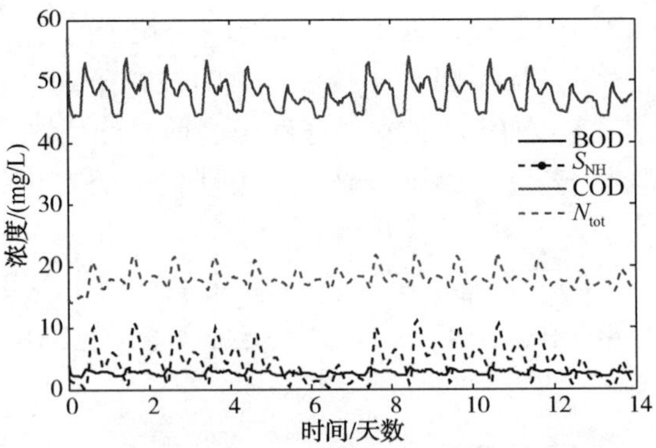

图6 干燥天气下出水 BOD、S_{NH}、COD 和 N_{tot}浓度值

为了比较所提出的优化控制方法和闭环控制策略的控制效果，两种控制策略在晴天天气条件下的能耗和出水水质如表1所示。从表1的试验结果可以看出，利用所提出的MOPSO算法获得准确的优化设定值，通过所提出的优化控制方法能实现准确的追踪控制，既能确保出水水质，又能够降低能耗。

表 1 不同控制方法比较测试结果

天气	方法	BOD/(g/m)	SS/(mg/L)	平均能耗/kW・h	EQ/kg poll. units	*IAE*/(mg/L)
干燥天气	优化控制	3.46	14.91	3980	7012	0.186
	闭环控制	3.32	18.32	4155	7124	0.194

在干燥天气下，与闭环控制策略相比，提出的优化控制方法可以获得最小的平均能耗(3980kW・h)，获得较好的平均 *IAE*(0.186)。因此，所提出的优化控制方法能够在晴天天气下获得满意的优化控制效果。

5 结论

为了解决含油污水处理过程中的优化控制问题，本文提出了一种基于 MOPSO 算法的含油污水处理过程优化控制方法。根据理论分析及仿真结果得到以下结论：

(1) 通过分析含油污水处理过程的动态特性和相关变量的过程数据，基于 RBF 神经网络建立了能耗和水质模型。

(2) 设计了一种基于惯性权重的 MOPSO 算法优化能耗和水质模型，获得准确的优化设定值；利用多变量控制方法实现溶解氧和硝态氮的追踪控制。

(3) 所提出的优化控制方法能够实现晴天天气下含油污水处理过程的优化控制，在保证出水水质的前提下，降低了运行能耗。

本文提出的基于 MOPSO 算法的含油污水处理过程优化控制方法，在 BSM1 仿真试验中具有良好的优化控制性能，能够实现在保证出水水质的前提下降低运行能耗。

参 考 文 献

[1] Vega P., Revollar S., Francisco M., and Martín J. M. Integration of Set Point Optimization Techniques Into Nonlinear MPC for Improving the Operation of WWTPs[J]. Computers & Chemical Engineering, 2014, 68(9): 78-95.

[2] 卓小慧. 三次采油污水存在问题原因及处理方法浅析[J]. 安全、健康和环境, 2013. 13(6): 35-38.

[3] 陈文武, 韩磊, 黄贤滨, 等. 炼油厂自流含油污水系统的安全风险及预防[J]. 安全、健康和环境, 2018, 18(3): 10-13.

[4] Guerrero J., Guisasola A., Comas J., et al. Multi-criteria Selection of Optimum WWTP Control Setpoints based on Microbiology-related Failures, Effluent Quality and Operating Costs[J]. Chemical Engineering Journal, 2012, 188(8): 23-29.

[5] Duzinkiewicz K., Brdys M. A., Kurek W., et al. Genetic Hybrid Predictive Controller for Optimized Dissolved-Oxygen Tracking at Lower Control Level[J]. IEEE Transactions on Control Systems Technology, 2009, 17(5): 1183-1192.

[6] Qiao J. F., Bo Y. C., Chai W., et al. Adaptive Optimal Control for a Wastewater Treatment Plant based on a Data-driven Method[J]. Water Science & Technology, 2013, 67(10): 2314-2320.

[7] 韩广, 乔俊飞, 韩红桂, 等. 基于 Hopfield 神经网络的污水处理过程优化控制[J]. 控制与决策, 2014, 29(11): 2085-2088.

[8] Schlüter M., Egea J. A., Antelo L. T., et al. An Extended Ant Colony Optimization Algorithm for Integrated Process and Control System Design[J]. Industrial & Engineering Chemistry Research, 2009, 48(14): 6723-6738.

[9] 姜学艳, 李焕, 丁禄彬, 等. 延迟焦化装置含硫污水排放现状及减量化措施[J]. 安全、健康和环境, 2016, 16(12): 28-31.

[10] 张伟, 乔俊飞. 神经网络的污水处理过程多目标优化控制方法[J]. 智能系统学报, 2016, 11(5): 594-599.

[11] 刘载文, 王小艺, 王淳, 等. 污水处理智能控制与优化控制方法及应用[J]. 装备环境工程, 2007, 4(2): 89-94.

[12] 孟欣, 周莹. 污水处理过程(BSM2)的全流程优化控制设计[J]. 沈阳化工大学学报, 2013, 27(2): 169-173.

[13] 韩红桂, 张璐, 乔俊飞. 基于多目标粒子群算法的污水处理智能优化控制[J]. 化工学报, 2017, 68(4): 1474-1481.

中国石化拥抱智能化之智能工厂建设

苏　丽

(中国石化报社，北京 100020)

摘　要：面对全球新一轮科技革命和产业变革，党中央作出制造强国、网络强国战略部署，加快推进我国经济结构转型、产业升级。为应对传统炼化企业供需矛盾突出，原料、人员成本增高、环境压力等，中国石化以实现企业卓越运营为目标，按照“统一规划、统一设计、试点先行”“统一布局、分批分项目实现”建设思路，选择镇海炼化、燕山石化、茂名石化、九江石化4家企业，启动智能工厂建设。

关键词：全面感知；协同优化；科学决策；技术变革；转型升级

1　引言

中国石化智能工厂形成面向生产管控、供应链管理、设备管理、能源管理、安全管控、环保管控等6大业务领域的核心应用。智能工厂建设中的调度指挥、计划生产协同优化、物料管理、能源管理与优化、设备健康管理、报警管理、施工作业管控、环保管控等核心软件，目前覆盖燕山石化、镇海炼化、茂名石化、九江石化4家试点企业。本文以4家试点企业为例，介绍中国石化智能工厂建设的概况、特点、创新点及给企业带来管理及生产经营方面的深刻变革。

2　智能工厂总体介绍

在试点企业的智能工厂建设中，企业全面感知、预测预警、协同优化和科学决策能力全面提升，推进了企业转型升级、提质增效、可持续内涵式发展。智能工厂建设研发与应用过程把新一代信息技术与石化工业生产过程紧密结合，实现包括集中集成、工厂数字化、协同优化、融合通信、工业大数据分析、人工智能等核心技术在石化工业的创新应用，提升了企业数字化、网络化、智能化水平。

中国石化智能工厂技术与研发过程中涉及的智能制造平台和调度指挥、计划生产协同优化、物料管理、能源管理与优化、设备健康管理、报警管理、施工作业管控、环保管控等业务应用系统具有自主可控的知识产权。

3　智能工厂建设总览

中国石化智能工厂建设分五步走：智能工厂1.0—集中集成+专项创新阶段；智能工厂2.0—平台服务+局部智能阶段；智能工厂3.0—泛在智能阶段；智能工厂4.0—协同智能阶段；智能工厂5.0—认知智能阶段。目前，中国石化智能工厂已经完成了1.0阶段建设，正处于智能工厂2.0建设阶段。

① 2003年启动MES建设，目前已覆盖中国石化所有企业，并推广到神华、中煤等外部企业。

② 2012年完成石化智能工厂总体规划和设计。

③ 2013年开展智能工厂、智能管线试点建设。

④ 2015 年完成石化智能工厂 1.0 版，形成了智能制造平台 ProMACE1.0。
⑤ 2016 年启动智能工厂 2.0 版的建设工作。
⑥ 2017 年发布 ProMACE2.0，打造石化智云。
⑦ 2018 年镇海、茂名两家单位提升整体上线。

4 智能工厂企业应用

中国石化提出智能工厂架构体系、技术体系、标准体系，连续两年承担国家智能工厂有关标准的建设，孵化出能够对智能工厂成熟度进行综合评价的成熟度模型，形成石化行业智能工厂理论框架，抢占了石化行业智能制造的制高点。智能工厂试点建设设计生产管控、供应链管理、设备管理、能源管理、安全管控、环保管控等 6 大核心应用，包括调度指挥、操作报警、计划生产协同优化、设备健康管理、能源管理与优化、领导驾驶舱、装置三维建模及应用、日效益与优化等应用专题，实现包括集中集成、工厂数字化、协同优化、融合通信、工业大数据分析、人工智能等核心技术在石化工业的应用。整合 9 大业务主题，集成 44 个系统的业务数据，提供 5 大类服务，共计 40 个标准服务和 23 个企业服务。

通过智能工厂建设和应用，建成覆盖内陆、沿江、沿海等典型区域综合加工能力超过 1000 万吨的大型一体化炼化企业，具有典型的示范意义。通过智能工厂建设和应用，实现企业六大转变：生产管控模式由分散管理向集中管控转变；专业管理模式由单一管理向协同优化转变；业务协同模式由分段管理向闭环执行转变；运行管控模式由事前管理向预警预测转变；技术服务模式由现场服务向远程服务转变；现场管控模式由常态管理向精准定位转变；员工培训模式由书本考试向虚拟现实转变。

(1)通过智能工厂建设，中国石化形成“平台+应用”的智能工厂建设模式，打造基于工业互联网的石油与化工智能制造平台和核心工业软件产品，形成覆盖炼化企业生产管控一体化、供应链协同一体化、全生命周期资产管理三条业务主线的核心解决方案 50 余个，沉淀智能工厂建设实施方法论，具有典型的示范效应。

(2)通过智能工厂建设，中国石化实现数字化、智能化技术在工业应用的突破。将新一代信息技术与石化工业生产过程深度融合，实现了以传感器、三维、工业 4G、物联网、大数据、人工智能、机器人、生产优化技术等为典型特征的数字化、智能化技术在石化工业的探索和应用，形成一批在石化行业中典型的应用场景，为企业实现数字化、网络化、智能化转型赋智、赋能和赋值。

(3)通过智能工厂建设，中国石化推进了企业管理模式的转变和创新。利用新的信息化技术对业务规则和知识的整合，改变了传统的各专业分散管理模式，形成集成管控、预测预警的新一代营运指挥中心新模式。以提效益、降成本为出发点，通过各类优化工具的融合应用、模型共享，满足企业不同层面、不同粒度的优化，创新实现端到端、全价值链的一体化协同优化新模式，提高了企业资源统筹配置能力，助推企业实现整体效益最大化。

(4)通过智能工厂核心技术的研发和应用，实现智能化技术在工业应用的突破。以传感器、三维、工业 4G、物联网、大数据、人工智能、机器人、生产优化技术等数字化、智能化技术在石化工业的探索和应用，实现数据驱动、工业机理和专家经验的融合创新，为企业赋智、赋能，形成计划生产协同优化、调度指挥与 MES 系统和进出厂物流协同、基于三维可视化、数字化工厂以及“四定”现场施工作业管控等一系列石化行业中的典型智能化应用场景。

(5)通过智能工厂建设和应用，形成一批在行业具有广泛影响力的解决方案和软件产品。总结形成石化行业三条业务主线的解决方案，基本上覆盖企业制造的核心业务环节和核心业务要素，形成面向已运营工厂、新建工厂的实施方法论，在 17 家大型炼化企业、煤化工企业成功应用。中国石化《石化行业智能工厂解决方案》、中国石化智能工厂优秀案例等作为流程行业在 CPS 应用等得到了工信部、国资委等国家部委的认可，并得到广泛宣传和推广。

九江分公司、镇海炼化分公司、茂名分公司被工信部评为2015年、2016年、2017年智能制造试点示范，北京燕山分公司被评为2018北京市绿色工厂。智能工厂项目已申报34项专利，取得41项软件著作权，发表论文17篇。

5 智能工厂企业建设成效

镇海炼化、茂名石化、燕山石化、九江石化4家企业智能工厂的建设和应用，数字化水平全面提升，实现端到端、全价值链的一体化协同优化。与2012年智能工厂建设之前相比，2018年试点企业的装置自动化控制率由80%左右提升到95%以上，生产数据自动化采集率由60%左右提升到97%以上。各家企业的生产数据自动化采集率、先进控制投用率分别提升了20%、10%，均达到98%以上，外排污染源自动监控率达到100%，劳动生产率提高20%以上，取得显著的经济效益和社会效益。

智能工厂形成的技术具有创新性、新颖性，整体达到国际先进水平，其中基于工业互联网的石油化工智能制造平台进入世界领先行列。自动化控制率、生产数据自动化采集率大幅度提升。

(1) 劳动生产率显著提升，万元产值能耗有效降低。

企业通过智能工厂建设，提高了生产优化、安全环保管控水平，提升了劳动效率和生产效益。与2012年智能工厂建设之前相比，2018年试点企业劳动生产率平均提升30%以上，万元产值能耗平均降低8%左右，促进了企业内涵式发展。其中，镇海炼化劳动生产率提高46.52%，万元产值能耗降低7.2%；茂名石化劳动生产率提高181.82%，万元产值能耗降低9.97%；九江石化劳动生产率提高28%，万元产值能耗降低1.41%；燕山石化劳动生产率提高6.2%，万元产值能耗降低9.6%。

(2) 集约化、一体化生产管控能力显著提升。

镇海炼化通过建立仪表响应中心和电气集控中心，实时在线监控18000多个重要控制点，实现仪表控制系统24小时智能化“无缝”巡检，已累计处置各类报警800多条；电气集控中心对200多座变配电所和全公司电网进行实时监控，建立了“现场+集中”值班方式，夜间值班人数由21人减少为13人。

茂名石化建成一体化应急指挥中心，建立涵盖总部、企业、现场(指挥部、应急指挥车)三级一体化应急管理模式，实现对企业重大生产作业和生产装置的全方位立体监控。在厂际输油管线漏油演练、台风应急预演、总排口污染演练等多次应急演练中，全方位监控指挥能力有所提高，有效支撑了共青河撞桥、“彩虹”台风等应急指挥，最大限度减少企业损失。

九江石化创新计量集中管控模式，实现工作岗位整合、工作流程优化和扁平化管理，劳动用工人数明显减少、工作效率显著提高。单车计量时间由原来的5分钟下降到现在的1分钟；每台衡器一个班次2人操作，减少到一个班次1人负责2台地磅监控，岗位操作人员由57人减少至42人。2018年与2013年末相比，在加工能力、生产装置不断增加的情况下，企业直属单位数量减少18.1%、班组数量减少13.0%、外操室数量减少35%、员工总数减少18.7%。

燕山石化通过全公司各专业数据、语音、视频等信息与生产调度指挥中心的深度融合，实现各专业、全方位数据集中集成，调度会组织由各部门分别统计数据、各自提交汇报材料，转变为由生产指挥中心自动生成各专业汇报材料的新模式，在指挥中心就可以集中监控与分析各环节生产运营状况、直观反映生产异常状况并实现溯源跟踪，实现生产运营的现场可视化、分析数字化、指挥协同化、决策智能化，有效支撑了企业各专业合署办公，实现了生产运营业务协同、高效指挥。公司应急处置响应速度提高34%，公司启动二级以上预案的信息传递相关人员覆盖面达到100%。

(3) 预测预警能力、本质安全环保水平显著提高。

镇海炼化在13套装置上投用操作报警，II焦化单班报警数量从1700次降为800次，消除高频报警问题，减轻内操负荷，确保装置平稳；在常减压装置上采用大数据技术建立装置各点位之间相关性模型，运用特定算法预测生产区间的工艺波动趋势，实现提前2分钟预警，有效避免了异常工况发生；利用在线仪表分析管理，创新实时巡检和精准处理，优化岗位及巡检频率，通过设置数据巡检员，减少4名现场巡检人员和巡检频率，投用后提前发现问题300次，月故障报修减少40次。利用泄漏检测与修复（LDAR）技术，查漏与修复3000多点，减少VOC排量55吨，通过VOC监控及安全管理应用，外排废水达标率100%，固废妥善处置率100%，百万工时损失工时事故率低于0.38，每百万工时可记录事件率低于1.9，持续保持国际先进水平。

茂名石化利用物联网、三维模型和地理信息技术，对全厂污染排放点和职业危害监测点进行实时动态监控和预警，实现"三废"达标排放，通过泄漏检测与修复（LDAR）系统，共查找出超标隐患点位12987个，有效支撑了泄漏超标点整改修复工作，VOCs综合减排效果显著，2017年减少排放量175吨，2018年减少排放量197吨，公司获得首批"中国石化绿色企业"称号，连续三年获得广东省环保诚信企业绿牌。

九江石化在常减压、延迟焦化、催化裂化、加氢裂化、渣油加氢、汽柴油加氢、煤制氢+空分、硫黄回收等10套装置开展报警优化，装置报警位号设置9598个点，减少了对操作人员的无效干扰，平均报警率下降53.3%，重复报警率下降47.3%，装置无效报警大幅减少，并实现报警系统性能指标统计和可视化；在全厂所有生产装置实现智能巡检，共监管11个运行部140条巡检路线、巡检点895个、巡检项6836项；外操巡检到位率，由91.44%提升至100%，有效提高日常巡检效率；减少巡检人员投入，平均每个运行部累计精简8名外操员工。

燕山石化在27套装置上推广应用生产过程操作报警系统，2018年27套装置日均报警数量下降30%，生产运行平稳率显著提高。建设设备预知维修系统，实现对设备运行状态的实时监控、远程诊断并自动推送相应处理建议，监控范围覆盖全部动、静、电、仪设备；对炼油部、烯烃部、橡胶部的监测仪表、调节阀、压缩机、加热炉等运行状况进行大数据分析，预测设备设施故障情况，为装置安稳运行提供参考；建立4号蒸馏装置生产运行相关性分析模型，预测装置原油含水量变化趋势，及时调整牛口峪原油罐区和四号蒸馏装置的原油电脱盐操作，确保了装置安全稳定运行；通过深化应用LDAR监测和防泄漏治理，泄漏率逐年降低，修复率逐年提高，2018年泄漏率降为0.13%，修复率达到100%。

6 智能工厂的创新点

（1）首次提出石化智能工厂架构体系、技术体系与标准规范。

形成较为完整的石化工业智能工厂体系框架，从顶层设计的角度，引领和指导了石化智能工厂规划、设计与建设；建立了石化信息物理系统的体系结构和计算架构，并在智能制造平台中实现了工程化实践；创建了中国石化智能制造参考模型，编制了应用、数据和技术标准26项，形成了较为完善的建设石化智能工厂的标准体系，部分成果已成为正在制定的国家智能制造行业标准体系的组成部分。

（2）首次研发基于工业互联网的石油化工智能制造平台。

多专业、多源数据、多个信息系统和知识集成共享的技术（ProMACE），具备物联网接入、集中集成、实时计算、智能分析、可视化等核心能力。实现了石化工厂多维度、全方位数字化、模型化描述，研发了可推广的智能工厂工业软件，实现了部分核心软件的国产化。取得了工业大数据、人工智能、虚拟现实等信息技术的应用突破。

（3）形成数字化、自动化、可视化的生产营运管控新模式。

生产计划、调度、操作由分段式管理转变为全程在线、闭环式管理，生产管理效率显著提高；通过报警分析，使报警总数大幅度下降，开创了"黑屏操作"的操作新模式。

（4）提高生产管理精细化水平。

通过日效益优化应用，实现了日绩效闭环和日优化，企业由月度效益分析转变为每天效益分析，为管理层及时了解生产运营利润情况和进行科学决策提供了强有力支撑。

（5）提高本质安全环保水平。

建立“环保地图”，支撑全员、全过程 HSSE 管理，实现废水、废气、噪声等环境实时在线监测和可视化预警；应用深度学习、模式识别等人工智能技术开展了工业视频数据实时分析，实现危险区域管理、人员行为分析、火灾识别，提高了应急响应速度和处理能力。

提高节能减排、绿色制造水平。建设能源管理中心，加强对能源的全过程的跟踪、核算和分析的集中管理，实现能流可视化和在线可优化，实现能源管理创新。

（6）实现数据驱动业务创新。

围绕生产运行、工艺分析等核心业务领域开展工业大数据试点应用，运营管理由传统的依靠人为经验进行分析判断，转变为“让数据说话、按数据指挥”，提高了科学管理水平，取得良好应用效果。

结束语

2018 年，中国石化在齐鲁石化、天津石化、上海石化、金陵石化、海南炼化、青岛炼化 6 家企业进行推广建设，打造智能工厂升级版(2.0)，力争培育 3~5 家国家智能制造标杆企业，连同燕山石化、镇海炼化、茂名石化和九江石化 4 家企业，其原油综合加工能力将占全国炼油能力的 20%以上，具有良好的示范和推广效应。

通过加强管理、技术进步、优化运行等综合措施，预计 6 家企业运营成本将降低 20%、劳动生产率提高 20%、万元产值综合能耗降低 6%。同时，中国石化启动了打造上海、镇海、茂名和南京 4 个世界级炼油化工基地，基地从设计开始就加入网络化、智能化建设内容，按照智能工厂的标准和目标进行设计和建设。到 2025 年，中国石化将全面完成智能工厂在大型炼化企业的推广，实现中国石化炼化企业率先迈入国际石化产业中高端水平行列的目标。

在新建企业中科炼化等前期设计过程中，按照智能工厂统一规划开展实施，目前中国石化累计建设 11 家企业，并在中煤榆林、新疆中泰、中煤蒙大、新凤鸣、恒力石化、上海华谊 6 家煤化工及民营企业开展了智能工厂整体规划、设计和建设实施工作。

中国石化智能工厂建设覆盖生产管控、供应链管理、设备管理、能源管理、安全管控、环保管控等 6 大业务域的核心业务应用，提升了中国石化各企业全面感知、预测预警、协同优化和科学决策的能力，推进了企业转型升级、提质增效、可持续内涵式发展。

装置运行与管理

循氢机出口气路铵盐堵塞原因分析及处理

佟艳宾

（中国石化北京燕山分公司机械动力处，北京　102500）

摘　要：某加氢裂化装置反应系统压降逐渐上升，2013 年 4 月 3 日，压降由 1.45MPa 突升至 2.02MPa，循环氢压缩机发生喘振，反飞动控制阀全开，循环氢进加热炉流量陡降，装置被迫低负荷运行。分析原因为，连续重整装置提供的新氢中含氯导致循环氢压缩机出口管线及反应产物/循环氢换热器 E-503B 的壳程入口段出现了严重的氯化铵盐结垢，使反应系统压降逐渐上升，由于某处的氯化铵盐垢块脱落，堵塞了循环氢流道，造成机组喘振。介绍了为维持装置生产所采取的铵盐加热升华、降低新氢氯含量、脉动式调节等在线处理措施，以及停工检修期间的检查处理方案。总结提出了加强新氢氯含量监测控制、检修时清理循环氢管线等装置长周期运行建议，以期对加氢装置同类问题的解决起到指导作用。

关键词：循环氢压缩机；氯化铵盐；堵塞；喘振；长周期

1　引言

循环氢压缩机是加氢裂化、加氢精制装置的关键设备，地位举足轻重，该机组一旦故障停机，装置将被迫停车，严重影响全公司的生产效益和物料平衡。因此，循环氢压缩机能否长周期平稳运行是加氢装置设备管理人员研究的永恒课题。

在循环氢压缩机的管理工作中，通常采取加强机组巡检操作、运行维护、状态监测、检修质量等手段，从中取得了良好效果，但循环氢压缩机的平稳运行还与其出、入口管路状况有着密切的关系，而我们对这一点却缺少管理的关注。自 2012 年 5 月份开始，某加氢裂化装置循环氢压缩机 K-502(以下简称 K-502)出口管路发生堵塞，严重影响机组运行的可靠性和经济性，问题亟待解决。

2　机组运行概况

K-502 为美国 ELLIOTT 公司生产，驱动机为全凝式汽轮机，K-502 出口循环氢系统流程见图 1。

2011 年 3 月 15 日，装置检修后开车，自 2012 年 5 月份开始，反应系统压降由 1.23MPa 逐渐上升至 1.71MPa，K-502 反飞动阀门开至 30%，循环氢进反应加热炉 F-501 流量由 110000Nm^3/h 降低至 90000Nm^3/h，为保证反应系统循环氢用量，需要提升 K-502 运行转速，但由 8500r/min 缓慢提升至 9500r/min，发现进反应加热炉 F-501 循环氢流量增加并不明显。

发生此现象后，装置人员积极进行原因分析，认为 K-502 出口管路及反应产物/循环氢换热器 E-503B(壳程介质为循环氢)的壳程入口段存在铵盐堵塞，通过采取各项措施进行在线处理，初步阻止了堵塞进一步恶化。反应系统压降一直维持在 1.4~1.5MPa，K-502 反飞动阀门开度在 20%~25%之间，在这种情况下汽轮机的蒸汽耗量比正常增加约 3t/h。1.0MPa 等级蒸汽按价格 180 元/t 计算，汽轮机每年多耗蒸汽费用为 365×24×3×180/10000=473.04 万元，机组的运行经济性下降。

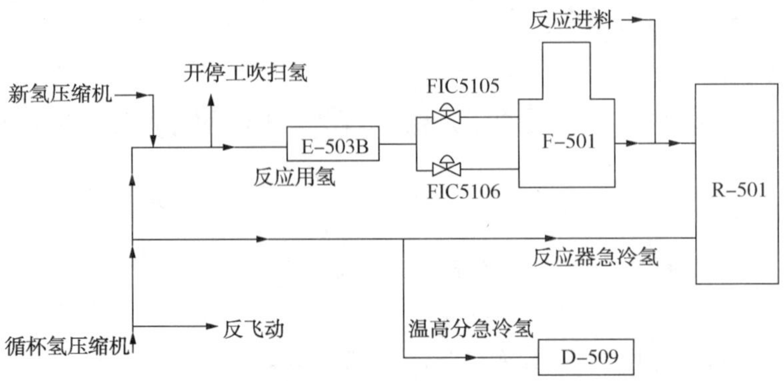

图 1　K-502 出口循环氢系统

2013 年 4 月 3 日，反应系统压降由 1.45MPa 突然上升到 2.02MPa，K-502 发生喘振，轴振动由 12μm 升至 38μm(见图 2)，反飞动阀门全开，循环氢进 F-501 流量下降至 42000Nm^3/h。为保证机组出口反飞动控制阀有足够的安全动作余量，通过开启温高分 D-509 急冷氢控制阀，反飞动阀门才降逐渐低至 30%，详见图 3。

图 2　喘振时轴振曲线图

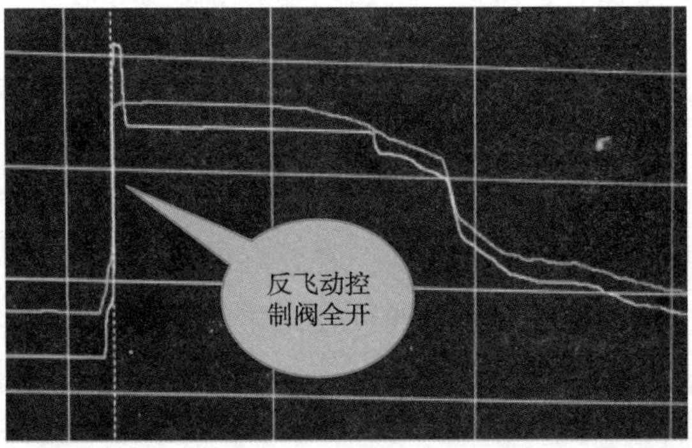

图 3　反飞动控制阀开度曲线

虽采取多种措施，但反应系统循环氢流量一直提不上去，K-502 也存在较高的运行风险，装置低负荷运转到 9 月计划停工检修。

3　堵塞原因分析及在线处理措施

3.1　堵塞原因分析

加氢装置反应系统压降的大小与循环氢压缩机 K-502 转速、循环氢纯度、加工负荷、催化剂床层压降以及管路系统压降等因素有关。在出现反应系统压降上升的问题后，反飞动控制阀开度增加，K-502 入口压力和流量可以得到满足，基本排除机组入口管线堵塞的可能。通过对 K-502 出口至反应系统管路的压力指示点分析发现，循环氢压缩机出口至反应器入口之间的压降增加与系统压降增加趋势基本吻合，也就是说，这一段管路及换热设备内部存在堵塞节流。

众所周知，如果循环氢管线或换热设备内部存在严重节流，气态流速升高会产生较大的冲刷声音。通过现场勘察，发现反应产物/循环氢换热器 E-503B 的壳程入口段有持续性的“刷刷”的异常声响，基本找到了堵塞节流点。

通过进一步分析，装置用的新氢气是由连续重整装置提供，新氢中不免含有的 HCL，与循环氢中的 NH3 结合生成 NH4Cl，虽然 E-503B 循环氢出口正常操作温度在 265℃以上，NH4Cl 析出的可能性较小，但 E-503B 入口处的循环氢温度只有 70℃左右，在 NH_4Cl 结晶温度 210℃以下，是完全有可能发生铵盐堵塞的。

经过多番论证，自 2012 年 5 月份开始，反应系统压降上升的最有可能的原因就是循环氢管线及 E-503B 的壳程入口段出现了严重的氯化铵盐结垢堵塞。而在 2013 年 4 月 3 日，导致 K-502 发生喘振的原因可能是由于循环氢管路某处铵盐脱落或者 E-503B 的壳程入口防冲挡板脱落，堵塞了循环氢流道，具体原因要进行实践验证。

3.2 在线处理措施

3.2.1 铵盐加热升华

加热循环氢至铵盐结晶温度以上可以使已结晶的铵盐升华。2012 年 5 月 7 日，装置在不做任何生产调整的情况下，使用两根胶带接通 250℃的蒸汽加热 E-503B 壳程入口段器壁，加热 12h 后 K-502 出口至反应器 R-501 入口压降下降了 0.05MPa，反飞动控制阀开度由 30%降至 27%，加热 60 小时后 K-502 出口至 R-501 入口压降又下降了 0.13MPa，反飞动控制阀开度降至 20%，但随着加热时间的延长，反飞动控制阀开度并没有继续下降，分析是由于循环氢把该处的热量带走，尽管延长加热时间，铵盐并不继续升华。但从效果来看，进一步验证了铵盐堵塞就是反应系统压降上升的原因。

2013 年 4 月 3 日，再次出现严重堵塞时，即便采取在 E-503B 壳体增加电伴热、K502 出口至 E-503B 入口管线增加蒸汽伴热、提高 K-502 出口循环氢温度等多重措施，效果却不明显。

3.2.2 脉冲式调节

2013 年 4 月 10 日，装置采取短时间内多次升降 K-502 转速的方式，使循环氢形成脉冲式流量波动，利用流量的变化松动铵盐垢块，使垢块进入 E-503B 及后续流程的高温区升华，最终在高压空冷注水洗除。但此措施效果不是非常明显，并且该操作存在很高的风险，一旦再次出现体积较大的垢块脱落堵塞，后果将更为严重，甚至会造成装置非计划停工。

3.2.3 降低新氢氯含量

装置新氢由连续重整装置提供，新氢一直采用球胆采样分析的方法进行检测，但分析结果是氯离子浓度为“0”，按照分析结果是无需更换新氢脱氯剂的。但面对这个不正确的分析结果，设备人员建议采取在采样口接检测管连续排放的分析方法，结果证实确有氯离子存在，虽然仅为 1μg/g，但这些新氢中的氯离子全部与循环氢中的 NH_3 结合生成 NH_4Cl，通过长期的积累，导致 K-502 出口管路发生严重的结垢堵塞。

根据计划安排，连续重整装置于 2013 年 7 月 8 日更换脱氯剂，新脱氯剂使用后，有明显的效果，进 F-501 的循环氢流量逐渐上升了 10000Nm^3/h，这证实了新氢带氯是导致循环氢管路系统堵塞根本原因。同时，这也初步证明了导致 2013 年 4 月 3 日发生堵塞故障的原因是循环氢管路某处的氯化铵盐垢块大面积脱落，堵塞了循环氢流道，造成机组喘振，无法通过加热手段予以缓解，具体堵塞部位要等到装置停工检修进行验证。

通过对比以上在线处理措施，以更换新氢脱氯剂、铵盐加热升华的效果最为明显。

要想解决铵盐结垢问题，最直接有效的方式就是注水溶解。通过咨询，某兄弟企业已采用循环氢在线注水的方式，并取得了明显效果[1]，但考虑到注水会使 E-503B 管束发生铵盐垢下腐蚀和反应器催化剂碎裂，该方法一直没有被采纳，进一步的处理工作要等到装置停工检修。

4 检修处理

2013 年 9 月，装置按计划停工检修，当拆卸 E-503B 循环氢入口管线，并抽出换热器管束后，铵盐结垢的严重程度远远超出预期，详见图 4、图 5。

图4　E-503B 壳程入口段管束严重结垢

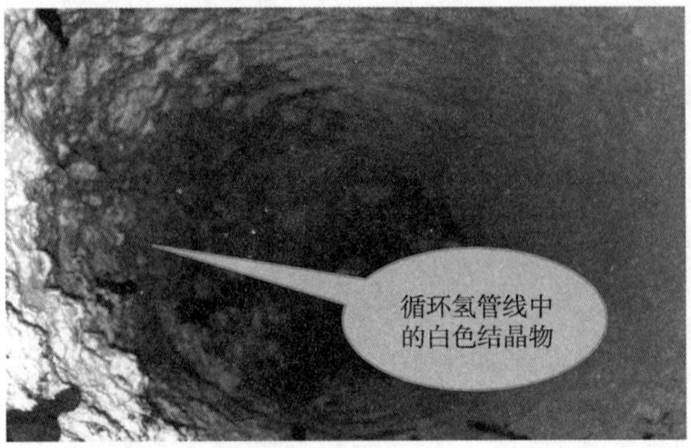

图5　循环氢管线内部严重结垢

委托质检部门对垢样进行红外检测以及理化分析，样品中 NH_4Cl 含量为 92.3%，其余为碳粉。在 E-503B 管束处的铵盐垢块非常坚硬，利用工具都难以清除，但却有一大块铵盐脱落，见图 6，可能就是此处引起 2013 年 4 月 3 日发生的机组喘振故障。

在装置停工检修前，针对如何清洗循环氢管线，装置设备管理人员做了大量的准备工作。具体方案如下：

拆卸新氢并入循环氢的单向阀，并安装好提前预制的临时冲洗管线，以 E-503B 壳程入口管法兰为排放点；

关闭反应器各冷氢控制阀前后截止阀，并打开低点排凝阀，防止水及杂物通过冷氢管线进入到反应器。

在 K-502 机体出口处加装盲板，并关闭压缩机出口截止阀，防止水及杂物进入到循环氢压缩机中。

利用临时冲洗管线，分别接 1.0MPa 蒸汽、软化水进行反复清洗，直至循环氢管线内部洁净。

清洗完毕后，利用临时冲洗管线，接工业风对冷氢线、循环氢线、K-502 出口线进行吹扫，直至水完全干燥脱除。

通过采取以上方案，循环氢管线基本被清洗干净，但在清洗过程中却置换出 200kg 左右的润滑油，排出物中存有极硬的黑色垢块，见图 7。质检部门对垢样进行红外检测以及理化分析，样品中主要组分为油性碳粉，约占 86.9%，其他为 NH_4Cl。

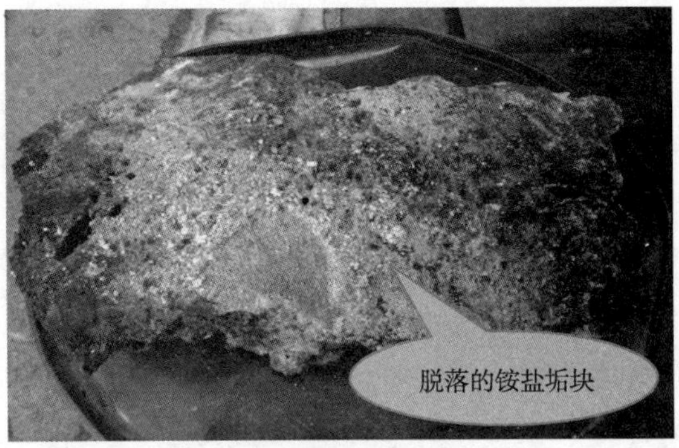

图6　脱落的大块铵盐

图7　循环氢管线中的黑色垢块

循环氢管线中的润滑油，经鉴定为新氢压缩机气缸润滑注油，型号为长城迅能 DAB-150。装置运行过程中，新氢压缩机出口氢气携带雾化的气缸润滑注油进入到循环氢管线中，受循环氢冷却，经过十多年的时间，大量沉积，为 NH_4Cl 提供了附着点，NH_4Cl 与润滑油、碳粉结合形成坚硬的难以清除的垢块。

经过检修处理，装置于 2013 年 11 月 3 日开车，反应系统压差降至 1.02MPa，K-502 反飞动控制阀全关，机组运行的可靠性与经济性恢复正常。实践证明，停工水洗解决 NH_4Cl 堵塞的效果非常明显，但水冲洗后，一定要将管线内残存的水吹扫排净，否则装置开工后，水随循环氢进入到反应器中，将对催化剂造成不可逆的损坏。

5 长周期运行建议

通过在线及检修过程中处理循环氢管线铵盐结垢问题，我们积累了较丰富的经验，总结提出以下几点长周期运行建议。

(1) 新氢中氯含量超标是 K-502 出口管路 NH_4Cl 结垢的根本原因，加强对新氢中氯含量检测和增加连续重整装置脱氯剂更换频次是保证加氢装置长周期、低能耗运转的重要措施。

在发生堵塞故障之前，连续重整装置更换脱氯剂的原则是发生"氯穿透"再更换，加氢装置开车正常后，为保证长周期运行，连续重整装置更换脱氯剂频次改为 3 个月/次，每更换一次脱氯剂的费用约为 25 万元，年费用为 100 万元，比较之前 K-502 每年多耗的蒸汽费用 473.04 万元，整体计算下来，不仅有很高的经济性，装置和机组运行的可靠性也大幅提升。

(2) 铵盐加热升华措施可以对已形成的 NH4Cl 结垢堵塞予以缓解，但效果有限，只能够维持装置低负荷运转，并且长时间投用电加热和蒸汽伴热，会提高装置能耗。

(3) 不建议采用循环氢在线注水的方式解决问题，因为反应产物/循环氢换热器的管束材质一般为不锈钢，注水会导致管束发生严重的铵盐吸潮垢下腐蚀。在装置检修时发现清洗后的 E-503B 管束外壁已有微小的腐蚀坑，见图 8。

图 8 E-503B 管束外壁腐蚀坑

如果采用循环氢在线注水方式，管束受铵盐腐蚀泄漏的风险将大大增加，泄漏严重将导致装置非计划停工。

(4) 在不影响新氢压缩机运行的前提下，按照操作手册，尽量调低往复式压缩机气缸润滑注油量，以减少循环氢管线中润滑油及焦炭的积累。如果 NH_4Cl 不与润滑油、碳粉形成坚硬的垢块，铵盐加热升华的效果可能会更加明显。

(5) 在今后的装置检修中，增加对 K-502 出口管路的水洗及吹扫工作，保证循环氢管路的清洁，装置能够以最佳的状态进入开工阶段。

(6) 加强对反应系统压降的监控，一旦判断出有上升的趋势，立即采取可行的措施予以解决。加强装置、关键机组的应急预案演练，完善应急响应机制，确保在异常情况下，将不良影响控制在最小范围内。

参 考 文 献

[1] 马永乐，李双刚，王赓. 加氢装置新氢系统铵盐堵塞原因及对策[J]. 当代化工：2004，33(6)；314-316.

炼油催化装置主风机润滑系统污染控制

张　浩

(中国石化燕山石化公司机械动力处，北京　102500)

摘　要：润滑状态是转动设备的关键，清洁度、漆膜、油泥等污染控制因素逐渐成为机组运行稳定性的主要影响因素，部分润滑油公司可提供出厂控制在 NAS7 级的新油，虽然油系统自带过滤器(一般为 10μm)、使用加油小车加油，检修清理油路，但润滑油在使用期间，设备运行磨损、油品氧化等诸多因素都会影响油品清洁度，产生颗粒污染物、油泥、胶质，所以配备油箱外置循环滤油机，定期旁路循环净化，在不影响油系统自身运行稳定的情况下，保证供油清洁度达标是设备润滑油系统稳定运行、确保污染控制的关键。

关键词：润滑油；污染控制；树脂吸附；油泥漆膜

1　引言

国内润滑油净化技术相对落后，目前还主要是靠滤芯的净油方式，这几年冶金行业的液压油，电力行业的汽轮机油等对润滑油的净化日益重视，采取比滤芯净化技术相对较先进的离心式、真空式和静电沉淀式，但都不能解决深度净化问题，如离心式、真空式技术只能解决 3μm 以上的颗粒问题，而加速润滑油氧化，设备磨损等又细又小的颗粒物得不到解决。黏附在设备表面的胶质物、油泥等不能被净化，这些污染物质又加速了管路的堵塞，伺服阀的腐蚀和堵塞，轴承的磨损，使润滑油的氧化加快和酸值不断升高。原来设备中的胶质物、油泥等可在每年检修时进行化学清洗，而随着现在检修时间的延长，则不能定期清洗，导致不断积累。

随着设备油液控制系统精密程度不断提高，对润滑油清洁度的要求也越来越苛刻，污染控制不合格的危害如下：

(1) 污染物浓度大，影响润滑油稳定，加速油品老化变质，形成漆膜胶质。

(2) 直接导致运动部件磨损加剧，长此以往产生叠加效应。堵塞滤网、影响过滤效果、降低润滑冷却效果。

(3) 氧化产物及磨损产物堵塞润滑油管路，导致控制元件卡涩，影响设备运行。

造成清洁度、油泥、漆膜超标等具体如图 1 所示。

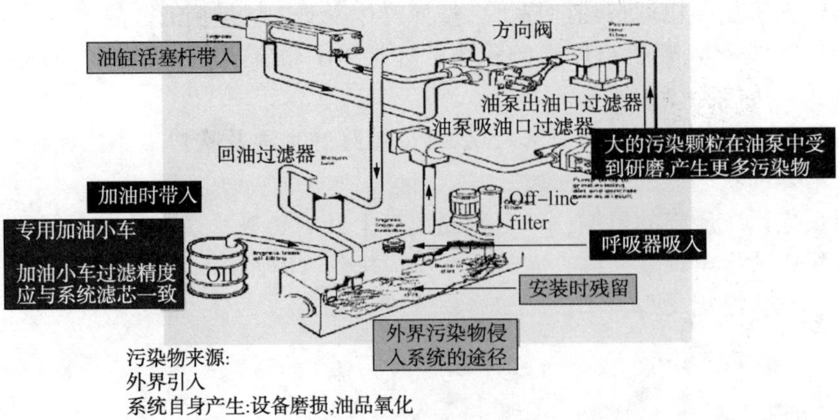

图 1　污染物主要来源

2 污染控制关键指标及意义

2.1 主要影响污染度的因素及影响如图2所示。

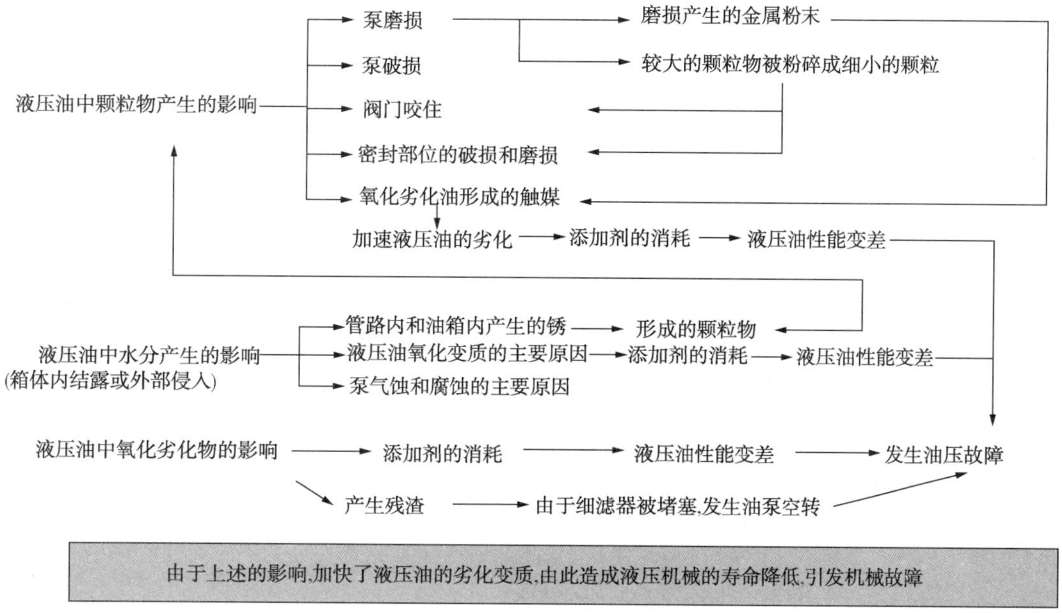

图2　污染度主要影响因素

2.2 清洁度意义及指标

NAS 1638：100mL润滑油中各尺寸范围内颗粒数量，5～15，15～25，5～50，50～100，100～(μm)。ISO 4406：100mL润滑油中，大于4μm、6μm、14μm的颗粒数量。

人眼能看到的最小颗粒尺寸是40μm。污染物尺寸比对如图3所示。

清洁度判定标准如表1所示。

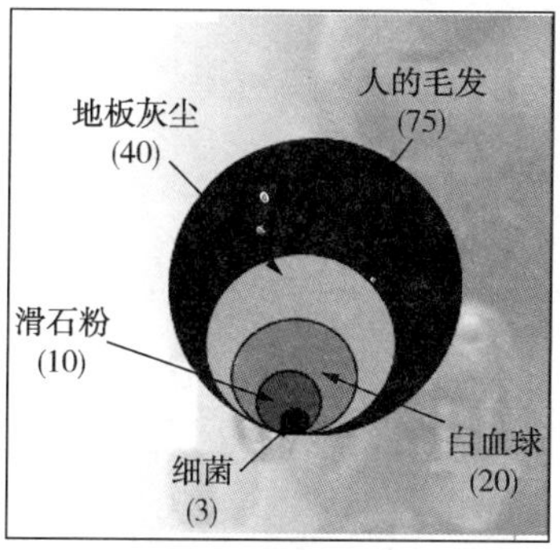

图3　污染度尺寸比对图

表1　Nas1638清洁度标准表

NAS等级	100ml样品中规定颗粒大小(μm)范围内的最大颗粒数				
	5～15	15～25	25～50	50～100	>100
0	125	22	4	1	0
0	250	44	8	2	0
1	500	89	16	3	1
2	1000	178	32	6	1
3	2000	356	63	11	2
4	4000	712	126	22	4
5	8000	1425	253	45	8
6	16000	2850	506	90	16
7	32000	5700	1012	180	32
8	64000	11400	2025	360	64

续表

NAS 等级	100ml 样品中规定颗粒大小(μm)范围内的最大颗粒数				
	5~15	15~25	25~50	50~100	>100
9	128000	22800	4050	720	128
10	256000	45600	8100	1440	156
11	512000	91200	16200	2880	512
12	1024000	182400	32400	5760	1024

MPC 判定标准如图 4 所示。

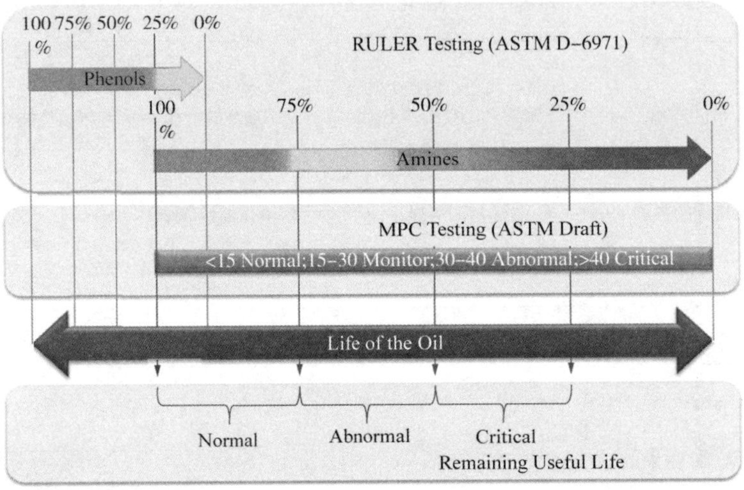

图 4　MPC 指标

3　2#主风机油系统隐患情况

炼油部二催化装置 2#主风机，润滑油与控制油均为 TSA46，且共用一个油箱，控制油清洁度要求为 NAS7 级，机组油站过滤器精度为 10μm，无法满足清洁度要求，超标情况较多，达不到使用要求，出现过调速系统卡涩、非计划停车问题。润滑油在使用期间，现场加注、设备运行磨损、油品氧化等很多因素都会影响清洁度，所以配备油箱外置循环滤油机，定期旁路循环净化是保证清洁度达标、设备润滑油系统稳定运行的有效手段，故在二催化 2#主风机上应用了 3R 树脂吸附形式滤油机，如图 5 所示。

图 5　滤油机安装位置图

利用 3R 滤芯上特殊树脂涂层，定向吸附氧化后的极性物质，同时脱水滤芯及时脱除润滑油中的微量水，保证润滑油系统清洁度、MPC、水含量处于优良水平。

4 使用 3R 滤油机后效果

4.1 润滑油各项指标变化情况

2017 年 11 月投用后，润滑油清洁度恢复合格，保持在 Nas 4～6 级左右，同时 MPC 漆膜指数也由 2017 年 12 月份的 13.4 降至 1.4 的优秀水平，如图 6 所示。

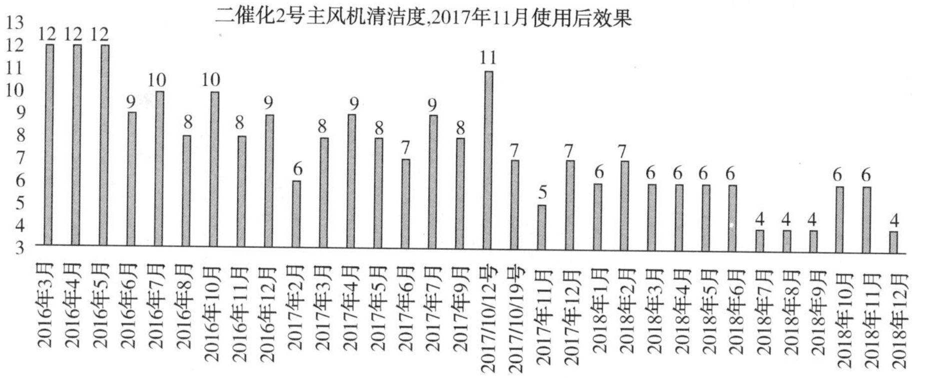

图 6　滤油机使用后清洁度变化趋势图

4.2 使用 2 年后机会检修拆检轴瓦情况

2[#] 主风机使用 3R 滤油机 2 年后，机会检修期间对轴瓦使用情况进行了检查，轴瓦光洁如新，油泥、漆膜控制达到了预期效果，轴瓦情况如图 7 所示。

图 7　滤油机使用 2 年后轴瓦效果

5 结论

通过对二催化主风机润滑系统使用 3R 树脂吸附形式滤油机，数据长期跟踪检测，在滤油机投用后，清洁度、水含量、MPC，酸值关键指标均由不合格变为良好，之后趋于平稳，同时检修拆检轴瓦情况显示油泥、漆膜控制到位，说明该技术可以满足机组长周期运行情况下润滑系统污染控制要求，达到预期效果。换油周期得到延长，降低了换油成本，减少换油产生的危废数量，解决危废处置的棘手问题，从源头做好环境保护，达到预期目标的。

6 结束语

本文主要对级组润滑油系统污染控制理论及实践情况作了一些说明，实验数据结合检修拆检实际情况，对树脂吸附形式滤油机效果进行了验证，为今后公司其余关键设备润滑油系统污染控制找到了有效的方式。

参 考 文 献

[1] 贺石中，冯伟．设备润滑诊断与管理[M]．中国石化出版社．2017. 8.
[2] 黄文轩．润滑剂添加剂性质与应用[M]．中国石化出版社．2012. 5.
[3] 吴晓铃．润滑设计手册[M]．化学工业出版社．2006. 8.
[4] 王大千．规范化的设备润滑管理[M]．机械工业出版社．2008. 2.

催化裂化装置分馏塔结盐原因分析及在线处理

王　帅

（中国石化济南分公司，济南　250000）

摘　要：本文主要分析济南分公司催化裂化装置分馏塔结盐的现象、原因及处理方法，通过在线水洗的操作方法处理分馏塔结盐情况，快速平稳地完成洗盐操作，并提出预防分馏塔结盐的措施。避免了非计划停工，保证了装置的平稳运行。

关键词：分馏塔；结盐；催化；在线水洗

1　引言

分馏塔结盐是重油催化裂化装置经常遇到的问题，中国石化济南分公司两套催化装置分馏塔先后出现结盐现象，若处理不当，常导致反应切断进料，分馏塔结盐初期可采用提高分馏塔顶温度以及冷回流量的干馏法，维持生产，若进一步恶化需通过在线水洗的方法进行处理。通过 Petro-Sim 来建立模型计算柴油带水与柴油抽出温度 8TI253 之间的关系，可以较快地计算出合适的柴油抽出温度，节省洗盐时间，提高洗盐效果，为尽快恢复正常生产创造条件。

2　分馏塔结盐的原理

我们通常说的分馏塔结盐物质主要是铵盐，结盐垢样成分研究[1]也给了充分的佐证：X 射线检测(XRF)初步分析垢样无机成分主要是 SO_3、Cl 和 Fe_2O_3，质量分数分别为 35%、9%和 5%；X 射线衍射(XRD)分析垢样的温度为 105℃时的烘干样品，主要成分是 NH_4Cl 和 $(NH_4)_2SO_4$；红外射线检测(RT-IR)分析溶解在 CH_4Cl 溶液中的垢样，结果显示，垢样中 NH_4Cl、$(NH_4)_2SO_4$、有机物(脂肪烃和芳香烃)和腐蚀副产物的质量分数分别为 42%、10%、44%和 4%。

催化裂化装置提升管温度为 500~515℃，催化剂含有很多重金属，为铵盐的产生创造了足够的条件，反应原理[2,3]如下：

$$2RN+3H_2 \xrightarrow{\text{高温、Ni}} 2R+NH_3 \tag{1}$$

$$RCl+H_2O \xrightarrow{\text{高温、催化剂}} ROH+HCl \tag{2}$$

$$R_4S+4H_2O+2O_2 \xrightarrow{\text{高温、催化剂}} 4ROH+H_2SO_4 \tag{3}$$

催化裂化反应生成的油气(495~505℃)将 NH_3、HCl 和 H_2SO_4(沸点 338℃)带入分馏塔，分馏塔内 NH_3 与 HCl 和 H_2SO_4 在温度降低有冷凝水存在的情况下会生成 NH_4Cl 和 $(NH_4)_2SO_4$。NH_4Cl 和 $(NH_4)_2SO_4$ 溶液的沸点远高于水的沸点，它们会随塔内回流液体在下流过程中逐步提浓，当盐的浓度超过其在此温度下的饱和浓度时，就会以结盐的形式析出，沉积在塔盘和降液管底部。

3　分馏塔运行现状及分馏塔结盐的现象

3.1　分馏塔运行现状

项　目	控制要求	2016 年 1~6 月平均数据
分馏塔顶温度/℃	100~130	120.5

续表

项　　目	控制要求	2016 年 1~6 月平均数据
顶循抽出温度/℃	≥155	159.9
顶循环氯离子含量/(mg/kg)	≤20	1.5
冷回流量/(t/h)	≥15	17.2
柴油抽出至塔顶压降/kPa	8~12	10.0
柴油出装量/(t/h)	—	40.6

3.2 分馏塔结盐时主要的现象有：

(1) 柴油抽出至分馏塔顶压降明显升高。

(2) 分馏塔顶温度升高，严重时会有冲塔现象发生。

(3) 柴油出装量大幅波动，严重时无柴油馏出。

(4) 分馏塔顶油气冷却负荷增大，塔顶冷后温度升高，D-201 液位升高。

4 分馏塔结盐的处理

(1) 分馏塔水洗前反应降量，加工量由 158t/h 逐步降至 127t/h。

(2) 停贫富吸收油循环，停顶循环去气分，拿低 D-201 液位，保持较低液位为分馏塔水洗创造条件，8FIC211 关小，直至全关及关闭现场手阀。停粗汽油去稳定，稳定单元控制好塔罐液位，维持三塔循环。柴油改不合格线出装，油浆大外甩线给汽贯通，以备紧急情况使用。

(3) 关闭 LIC209 提高 D-201 界位，待 D-201 界位满，分馏塔水洗具备条件。

(4) 提高冷回流量，开启泵 P-203/2 双泵运行，将硫污水回用改为净化污水，并将各单元注水提至 16t/h。

(5) 为便于控制分馏中断温度，投用分馏水冷器 E-211，随着水洗进行，分馏一中返塔温度逐渐降低，柴油抽出温度由 208℃最低降至 115℃左右，通过采样观察柴油逐渐带水。

(6) 柴油带水冲洗 2h 后，开始恢复操作，调节 8LIC209 降低 D-201 界位，停止冷回流带水，同时逐步降低冷回流量至 20t/h。分馏塔操作逐渐平稳，分馏塔顶至柴油抽出压降由 17kPa 降低至 9kPa。

5 分馏塔结盐的原因分析

5.1 粗汽油干点控制偏低，影响分馏塔顶温控制

2015 年下半年，粗汽油干点控制为 192~197℃，最低时要求粗汽油干点控制在 190℃左右，车间虽已大幅提高冷回流量，分馏塔顶温平均值为 118℃，比往年要低，分馏塔顶温度偏低虽不是结盐的最主要原因但也是一不利因素。

5.2 污油回炼影响

2015 年 8 月份污油回炼进装，特别是近期污油回炼量达 6t/h，由于污油回炼组分繁杂，尤其是硫黄车间抽提污油，钠碱含量偏高，同时污油回炼位置是终止剂喷嘴，裂化反应深度很低，钠碱随油气进入分馏塔形成钠盐的可能性较大，造成本次分馏塔快速结盐。

5.3 催化原料影响

本次结盐与以往分馏塔缓慢结盐不同，本次结盐前期迹象小，柴油出装、分馏塔顶温、塔顶至柴油抽出压降并未明显异常，结盐较为突然且发展迅速，结合近期烟气氮氧化物控制异常困难的情况，且原料中焦化蜡油比例也较高，不排除原料中氮和氯含量增高的影响，反应油气中 NH_3 和 HCl 增多，从而使分馏塔内更易结盐。2015 年 12 月下旬期间，原油电脱盐效果变差，也会造成催化原料含盐量升高的问题，不排除对此次分馏塔结盐有一定影响，分馏塔顶温、冷回流量等操作条件比

较卡边的情况下，造成结盐工况形成，加速了结盐形成。

6 预防改进措施

（1）规范粗汽油干点控制调节，适当提高冷回流量，以增加塔顶汽液两相流量，保持较高的顶温和油气分压，进而降低 NH_4Cl 析出结晶的速度。

（2）尽最大可能减少进入分馏塔的蒸气量，并适当增大反应系统的预提升干气量。这样就大幅度可以降低分馏塔顶部水蒸气分压，使其露点温度降低，减少冷凝水的产生。

（3）加强顶循抽出温度、原料含盐量、顶循氯离子含量、柴油氯离子含量、分馏塔顶至柴油抽出压降等参数的监控。

（4）严格控制污油回炼量。注意回炼双脱车间反抽提含钠碱污油。

（5）加强原料电脱盐处理。

7 结论

分馏塔结盐对平稳生产及汽柴油产品质量危害极大，本文通过在线水洗的方法处理分馏塔结盐，并通过 Petro-Sim 建立模型计算柴油带水柴油抽出温度 8TI253 之间的关系，可以较快计算出合适的柴油抽出温度。预防结盐更为重要，首先得从源头上抓起，尽可能降低催化原料的含盐量，其次操作上降低进入分馏塔的水蒸汽量，在产品合格的情况下尽量控制较高的分馏塔顶温，操作要平稳避免塔内温度大幅波动而生成液态水，加强对关键参数的监控，实现装置安全平稳长周期运行。

参 考 文 献

[1] 郭庆举，张英，杨堂明．催化裂化主分馏塔结盐解决方案[J]．炼油技术与工程，2010，3(42)：51-53.

[2] 程嘉尤，王瑞邦．分馏塔结盐堵塔的原因与处理[J]．催化裂化，1993，12(5)：13-15.

[3] Gates B C，Katzer J R，Schuit G C A. Chemistry of catalystic processes[M]. Washington：McGraw-Hill Book Company，1979：5-48.

RLG 装置的生产运行分析及优化措施

孙　磊

(中国石化安庆分公司，安徽安庆 246000)

摘　要：中国石化安庆分公司采用石油化工科学研究院研发的催化柴油加氢裂化生产高辛烷值汽油的 RLG 技术，新建了一套 1.0Mt/a 催化柴油加氢转化装置。RLG 技术的工业应用结果表明，所选用的催化剂具有优异的加氢活性和选择性，可稳定生产满足国Ⅵ标准的清洁汽柴油产品，安庆分公司柴汽比大幅降低，全面消减普柴，取得了良好的经济效益。为了提高 RLG 装置操作灵活性，通过对 RLG 装置的生产运行情况进行分析，采取多项措施进行生产优化，以消除生产运行中的瓶颈，保障装置安全、平稳运行，有利于装置的长周期生产运行。

关键词：催化柴油；RLG；汽油；运行分析；优化措施

1　引言

催化裂化(FCC)柴油含有大量的双环芳烃，导致此柴油馏分十六烷值较低。我国 FCC 加工能力约占原油一次加工能力的 40%，催化裂化柴油在柴油池占比达 30%左右，加之为提高汽油收率或增产丙烯不断提高 FCC 装置操作苛刻度，导致 LCO 质量愈来愈差，硫、氮和芳烃含量偏高，十六烷值低的问题凸显[1~3]。芳烃在柴油馏分中是低十六烷值组分，而单环芳烃在汽油中却是高辛烷值组分。为了经济合理、高效地利用催化裂化柴油中的芳烃资源，将柴油中的双环芳烃饱和一个环后，选择性裂化一个环使其成为单环的苯、甲苯、二甲苯等单环芳烃进入汽油馏分。这样通过加氢裂化将催化柴油(LCO)中芳烃转化为汽油馏分中的芳烃，获得辛烷值高的汽油馏分，未转化的柴油馏分十六烷值提高 5 个单位以上[4,5]。

中国石化安庆分公司(以下简称“安庆分公司”)针对企业柴汽比较大、车用柴油生产能力不足等问题，同时为满足国Ⅴ标准汽柴油质量升级的要求，安庆分公司采用中国石化石油化工科学研究院(RIPP)开发的由催化裂化柴油生产高辛烷值汽油的加氢裂化技术(RLG 技术)，新建一套催化裂化柴油加氢转化装置(RLG 装置)，在对 LCO 进行加氢改质的同时，可直接生产一部分附加值更高的高辛烷值汽油组分，从而达到拓宽催化柴油出路，降低企业柴汽比，多产高价值产品的目的。新建 1.0Mt/a RLG 装置于 2017 年 11 月投料试车，12 月生产出合格的国Ⅴ车用汽油和车用柴油调和组分。随着汽柴油质量升级、产品结构调整工作的深入开展，安庆分公司已于 2018 年 9 月底前实现国Ⅵ车用汽柴油质量升级。

2　RLG 装置生产运行分析

2.1　RLG 装置基本情况

安庆分公司 1.0Mt/a RLG 装置以 LCO 为原料，采用 RIPP 开发的可兼顾深度脱氮和芳烃保留的专用加氢精制 RN-411 催化剂、兼具好的环烷开环和断侧链反应性能及高裂化活性的专用加氢裂 RHC-100 催化剂，采用单段串联、轻柴油部分循环的新型工艺流程，在较低氢分压(6.5~8.5MPa)条件下，可以生产收率高、硫含量低的高辛烷值汽油组分，同时未转化柴油馏分十六烷值可较 LCO 原料提高 10.0~19.5 个单位[6]。

RLG 装置于 2017 年 6 月 30 日建成中交，12 月 1 日生产出满足国Ⅴ排放标准的柴油组分，12 月 4 日生产出满足国Ⅴ排放标准的汽油组分。2018 年 5 月该装置进行了首次技术标定，对装置的生产能力、物料平衡、产品质量及分布、催化剂性能等是否达到设计要求进行了全面考核，RLG 装置的物料平衡数据如表 1 所示；根据公司稳定生产国Ⅵ汽柴油的工作要求，为摸索轻柴油回炼量、LTAG 回炼量、转化率变化情况下，对 RLG 装置稳定汽油、精制柴油性质的影响，2018 年 8 月对 RLG 装置进行了第二次技术标定。通过一年的生产运行和两次技术标定情况，RLG 装置选用的催化剂表现出优异的选择性和加氢活性，LCO 平均进料量 90.6t/h 的条件下，产品汽油收率在 45%~60%，平均产品汽油(稳定汽油+C_6 组分)收率约 52.2%。为了提高 RLG 装置的操作灵活性，消除生产运行中的瓶颈，公司采取多项措施进行生产优化，完善了 RLG 装置的生产运行条件，以保障装置安全、平稳运行，有利于延长装置的生产运行周期，取得了良好的实际效果。

表 1　RLG 装置的物料平衡数据　　%

项　目	设计值	标定值	项　目	设计值	标定值
入方			C_6馏分	4.38	6.06
原料油	100	100	干气	0.94	1.48
新氢	3.22	3.21	液化气	7.29	4.03
注水	7.98	7.24	低分气+排放氢	1.31	0.72
贫胺液	8.40	5.13	富胺液	8.28	5.19
合计	120.18	115.58	含硫污水	8.27	7.32
出方			损失	0	0.21
汽油产品	41.80	40.27	合计	120.18	115.58
柴油产品	47.91	50.30			

2.2　RLG 装置的生产运行分析

从 2018 年 1 月 1 日起截止目前，精制反应器入口氢分压由 6.0MPa 逐渐提压至 8.6MPa，提压速率约 0.153MPa 每月，随着系统压力的逐渐提高，以及催化剂表面积炭带来的压降上升，精制反应器(R101)和裂化反应器(R102)压降也逐渐上升，R101 和 R102 压降变化情况如图 1 所示。精制催化剂平均反应温度约 380℃，催化剂平均失活速率约 1.57℃每月，裂化催化剂平均反应温度约 390℃，催化剂平均失活速率约 0.68℃每月。若排除运转初期催化剂失活速率快，及 2018 年 4 月裂化催化剂平均反应温度低的情况，该装置精制催化剂平均失活速率约 0.6℃每月，裂化催化剂平均失活速率约 0.3℃每月，反应器催化剂床层温度变化情况如图 2 所示。

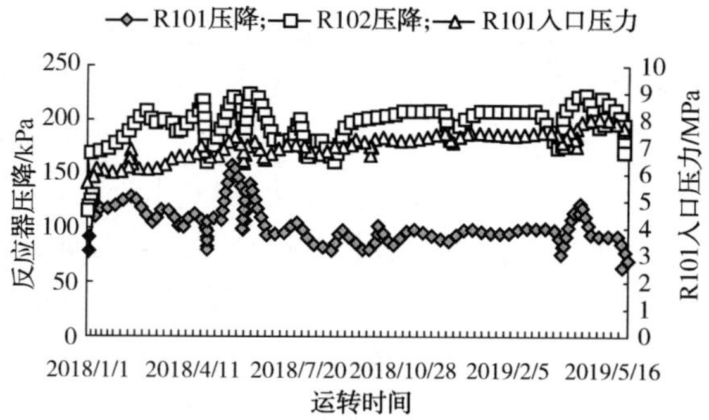

图 1　RLG 装置反应器压降变化趋势图

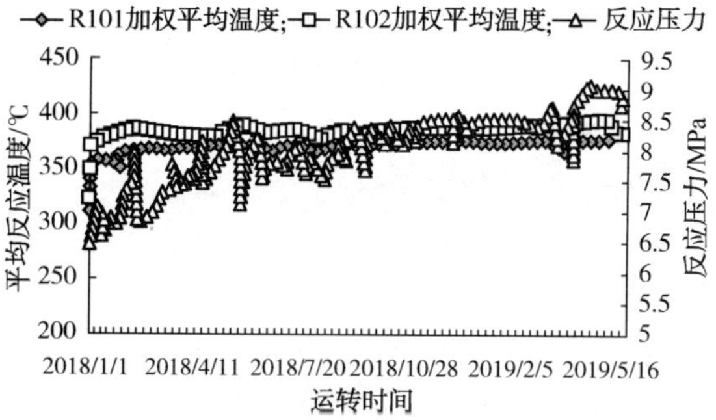

图 2　RLG 装置操作条件趋势图

RLG装置第二次技术标定为成功生产国Ⅵ标准清洁汽柴油产品提供了可靠的工艺运行参数，纵观装置开工以来汽柴油质量情况，产品汽油硫含量稳定在约1μg/g，研究法辛烷值随着运转时间的延长逐渐升高，目前已达93以上；产品柴油硫含量小于2μg/g，20℃密度维持在870~880kg/m^3，十六烷指数较原料提高约14个单位。RLG装置产品分布情况如图3所示，随着运转时间的延长，柴油转化率逐渐提高，干气和C_6组分收率增加，且预计将继续增加。

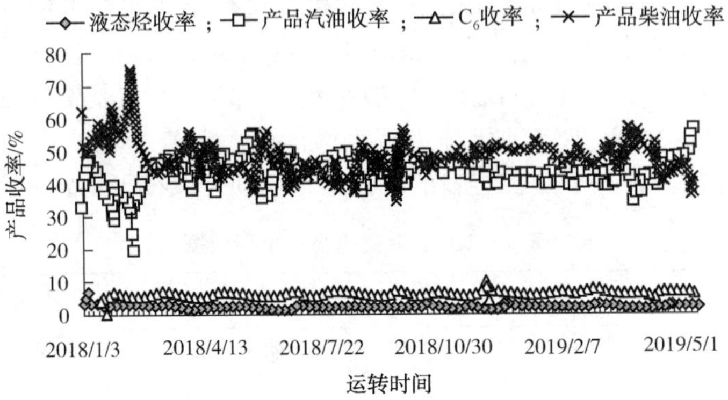

图3 RLG装置产品分布情况

3 RLG装置在生产运行中遇到的问题

3.1 原料油性质变化带来的生产波动及对产品质量的不利影响

3.1.1 裂化反应器床层温度波动

在反应操作未作任何调整时，时有出现裂化段温度突然上升的现象。由于原料油氮含量和馏程将影响裂化段温升及转化率，原料油性质波动，尤其是氮含量波动会带来反应温度的波动。当氮含量由高降低时，相同的裂化段床层入口温度下，温升提高。R101加氢深度的变化也会带来精制油氮含量的变化，将直接影响R102的操作条件，若精制油氮含量超高时，将进一步导致裂化催化剂失活，不利于装置的长周期运行。

3.1.2 汽油馏分水溶性酸碱不合格

RLG装置运行初期，在一段较短的时间内，汽油馏分水溶性酸碱不合格。经分析，出现该问题的主要原因，当原料油中氮含量高，硫氮比小于2时，部分NH_3将以气相存在于循环氢中；而汽油馏分中芳烃(苯、甲苯、二甲苯等)含量较常规的石脑油馏分高，水在芳烃(RLG汽油馏分)中溶解度较其在环烷烃(常规加氢裂化石脑油)中的溶解度高，若吸收稳定部分塔的操作条件不合适，则可能导致汽油馏分中含有微量水，当微量水中溶解有NH_3时，将导致水溶性酸碱不合格。

3.1.3 原料油水含量高

RLG装置运行初期，原料油中水含量高达1000μg/g以上，超过了设计要求小于300μg/g的技术要求。当原料油中水含量较高时，对精制催化剂来说，可能导致催化剂中氧化铝形态发生变化，脱硫和脱氮效果下降；对裂化催化剂来说，可能导致分子筛结构发生变化，裂化活性随之下降。如果原料油中的明水带入反应器，存在严重危害：①催化剂长期在有水的气氛下运转可导致金属聚集、活性下降，特别是裂化剂在水蒸气作用下会发生分子筛晶胞结构破坏，裂化和精制活性显著下降，且无法进行催化剂再生；还可能引起催化剂破碎，强度受损。②水含量过高也会造成催化剂床层压降增加，严重时使循环氢压缩机超负荷而被迫计划外停工。③原料中0.22%的水在反应系统进行升温升压降温降压，浪费较多的能耗。

3.1.4 产品柴油多环芳烃较高

RLG装置产品柴油多环芳烃含量较高，最高时接近20%(ω，以下均为质量分数)。安庆分公司产品柴油构成包括来自液相柴油加氢装置的精制柴油约230t/h，其多环芳烃含量约3.3%，和来自 RLG 装置的产品柴油约 25t/h，其多环芳烃含量约 15%。国Ⅵ柴油多环芳烃含量要求不大于 7%，由于 RLG 装置未转化柴油多环芳烃含量较高，在生产国Ⅵ柴油时，调入柴油池的比例受到限制。LCO 的双环芳烃主要集中在 290~320℃的馏分中，三环芳烃主要集中在 330℃以上的馏分中，原料油终馏点提高后，不仅三环芳烃含量提高，且转化率降低，催化剂失活加快。RLG 装置 LCO 终馏点提高约 10℃，产品柴油多环芳烃含量提高约 5%。LCO 的族组成随馏程的分布情况如图 4 所示，RLG 装置原料油终馏点对产品柴油多环芳烃含量的影响如图 5 所示。

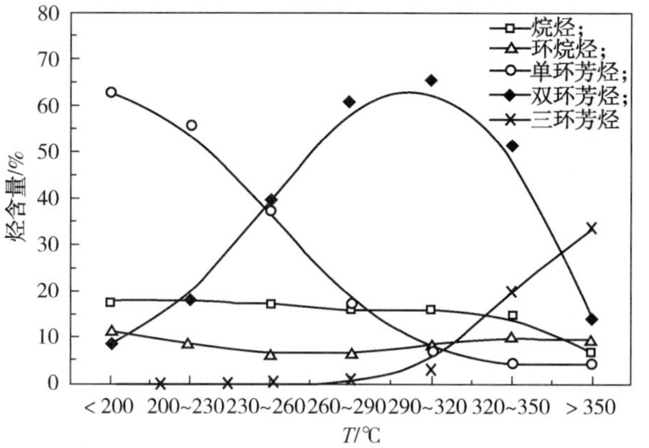

图 4　LCO 的族组成随馏程的分布图

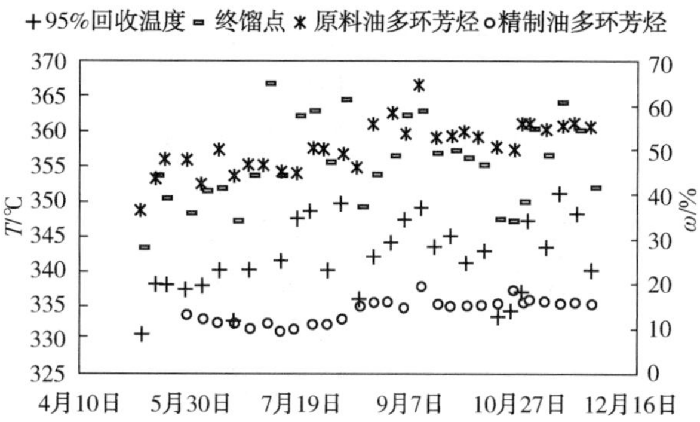

图 5　RLG 装置的原料油干点对精制柴油多环芳烃含量的影响

3.2　RLG 装置轻组分收率偏离设计带来的生产瓶颈

3.2.1　吸收脱吸塔(C206)过吸收解析效果较差

分馏塔第一侧线抽出的重汽油馏分，与 C_6 塔顶组分混合后作为 C206 的吸收剂，C206 塔顶干气送至装置外脱硫，塔底油进入汽油稳定塔，稳定塔顶液化气部分送至塔顶回流，部分送至液化气脱硫塔。由于 RLG 技术配套催化剂性能优异，柴油转化率高于预期，液化气收率较设计值低，轻汽油馏分收率较设计值高。由表 1 可以看出，干气收率为设计值的 157.45%，液化气收率为设计值的 55.28%，C_6 馏分为设计值的 138.36%。随着装置运转时间的延长，柴油转化率逐渐升高，干气和 C_6 组分收率持续增加，截至目前，干气收率已达设计值的 212.77%，液化气收率为设计值的 26.89%，C_6 馏分为设计值的 153.65%，未转化柴油收率为设计值的 93.49%。C206 吸收剂与被吸收剂比设计为 5∶1，实际操作中吸收剂与被吸收剂比可达 10∶1，C206 存在过吸收问题，解析效果较差，干气中 C_3 含量偏高，液化气中总硫含量较大。

3.2.2　稳定塔顶温度不易控制

由于液化气收率仅为设计值的 50%左右甚至更低，塔顶回流调节阀选型偏大，当环境温度变化时，塔顶空冷器(A208)冷后温度变化明显，塔顶压力随之波动。夏季时 A208 冷却能力不足，稳定塔顶两台空冷即便同时运行，冷后温度也只能降至约 45℃，若环境温度继续上升或 A208 出现故障时，稳定塔顶冷后温度将继续升高，稳定汽油蒸汽压将难以控制；冬季时 A208 冷却能力过剩，投用一组空冷器冷后温度过低，不投用空冷稳定塔压力持续上涨变得难以控制。

3.2.3　C_6 塔操作困难

RLG 装置在设计阶段充分考虑了热量的回收利用，C_6 塔底重沸器采用精制柴油作为热源，这也导致 C_6 塔底温度难以控制。当柴油转化率变化，或分馏塔底温度变化时，C_6 塔底温度也随之变化。为优化全厂产品结构，安庆分公司采用 RLG-LTAG 联合工艺，将部分 RLG 精制柴油作为催化裂化装置的直供料，以进一步消减柴油组分，提高汽油产量，这部分精制柴油量的变化也将直接影响 C_6 塔底温度的稳定。加之轻汽油收率高，C_6 塔进料量最高可达 21t/h，而设计值为 11.7t/h，C_6 塔底油不能及时外送，使 C_6 塔的工艺操作愈加困难。

3.3 自产蒸汽量高，系统供汽量过低导致汽轮机入口蒸汽温度偏低

RLG装置循环氢压缩机驱动机组采用1.3MPa过热蒸汽作为动力源，设计耗汽量10t/h，自产蒸汽与系统来的蒸汽在装置内汇合后供机组使用。装置自产1.3MPa饱和蒸汽量约8t/h，与汽轮机耗汽量相当，系统供汽量过低导致系统到装置*DN*300蒸汽管线形成一个相对“死区”，区内蒸汽温度下降迅速，为提高汽轮机入口蒸汽温度，打开机组入口放空阀蒸汽放空，通过提高管线蒸汽流量，满足机组运行需要，不仅增加了装置能耗，也严重影响机组的安全稳定运行。

4 RLG装置的生产运行优化措施

4.1 针对原料油性质变化采取的优化措施

（1）针对裂化反应器床层温度波动问题，密切关注原料油氮含量的变化，及时调整工艺操作条件，避免原料油氮含量波动带来的裂化段温升波动，且裂化段单床层温升(不高于15℃)控制预留一定的操作裕量。鉴于R101产品精制油氮含量对R102操作条件的影响，为保证装置长周期稳定运转，解决了精制油取样问题，定期分析精制油性质，包括密度、硫含量、氮含量、馏程等性质数据，根据精制油性质变化及时调整R101加氢深度，严控精制油氮含量。

（2）汽油馏分水溶性酸碱不合格的主要原因在于原料油中的氮含量高，主要还是控制原料油硫氮比不小于2，当原料油中氮含量过高时，采取向反应系统注入适量硫化剂的临时措施，以中和气相中存在的NH_3，同时，优化吸收稳定系统操作条件，尽量减少汽油馏分中微量水的存在。

（3）原料油水含量高，不仅会降低催化剂活性，缩短装置生产运行周期，还会增加装置能耗，因此，必须严格控制原料油水含量。一是优化催化裂化装置分馏塔的操作条件，从源头降低LCO水含量；二是罐区投用新的原料LCO储罐，专门用于LCO沉降脱水；同时，增加罐区和RLG装置原料油缓冲罐脱水频次。通过优化，原料油水含量可达到不高于300μg/g的技术要求，有利于装置长周期的生产运行。

（4）目前，生产国Ⅵ柴油时，调入柴油池中的液相柴油加氢装置加氢精制柴油多环芳烃含量较低(约3.0%)，经计算，在此条件下RLG装置的产品柴油全部调入柴油池，其多环芳烃含量需不大于20%。提高操作氢分压可在一定程度上降低多环芳烃含量，切出轻柴油馏分富集多环芳烃在未转化柴油中的浓度，工艺模拟试验结果表明，当氢分压由6.0MPa提高至6.5MPa时，大于205℃柴油馏分中多环芳烃含量由13.6%降低至11.5%。在6.5MPa氢分压条件下，当切出205~250℃轻循环油后，大于250℃柴油馏分中多环芳烃含量提高至16%。氢分压对RLG产品柴油多环芳烃含量的影响，以及切出循环油馏分后对RLG产品柴油多环芳烃含量的影响，如表2所示。RLG装置根据研究结果进行了工业试验，当氢分压提高约0.1MPa时，产品柴油多环芳烃含量下降约2%，氢分压提高至约0.3MPa时，产品柴油多环芳烃含量下降约3%，继续提压对降低产品柴油多环芳烃含量影响不大。

表2 原料LCO芳烃含量及氢分压对RLG柴油多环芳烃的影响 %

项目	原料LCO	氢分压6.0MPa		氢分压6.5MPa	
		>205℃柴油	>205℃柴油	205~250℃柴油	>250℃柴油
总芳烃/%	82.1	60.5	58.8	69.7	40.9
单环芳烃/%	29.7	46.9	47.3	61.0	24.9
多环芳烃/%	52.4	13.6	11.5	8.7	16.0

4.2 RLG装置轻组分收率偏离设计采取的优化措施

（1）针对C206过吸收解析效果差的问题，采取降低C206操作压力，提高C206塔底温度的措施，加强C206的解析效果，以控制液化气脱硫后的硫化氢含量在指标范围内。提高C_6塔的负荷，减少C206吸收剂的量，由于轻组分收率偏高C_6塔负荷本身就偏高，作为吸收剂的轻汽油馏分可减

少的量有限，为灵活调整吸收剂量，拟在重汽油塔底增加一条管线至稳定汽油线，以彻底解决 C206 过吸收问题。

（2）为解决稳定塔顶温度不宜控制的问题，A208 增加了变频控制系统以灵活调节冷后温度；同时，拟在 A208 后增加一台水冷器，以解决环境温度高时冷却能力不足的问题，并在 A208 入口增加与实际流量相匹配的调节阀，实现流量的精准调节。

（3）针对轻汽油馏分收率高，C_6 塔底泵流量不能满足实际要求的问题，拟更换塔底泵，泵的额定流量增至原来的 1.5 倍；针对稳定塔底热源波动大，导致 C_6 塔操作波动的问题，一方面拟增加 C_6 塔底蒸汽重沸器，为 C_6 塔提供固定的热源供应；另一方面，拟在现有的 C_6 塔底重沸器管程出口增加一条管线至 LTAG 流程，并在重沸器管程入口增加温控阀，以灵活控制产品柴油与 C_6 塔底油的换热量。

4.3 汽轮机入口蒸汽温度偏低的优化措施

针对自产蒸汽量高，1.3MPa 系统蒸汽进装置流量低，造成汽轮机入口蒸汽温度偏低的问题，为避免蒸汽放空造成的能源浪费，实施增设自产蒸汽并入蒸汽系统管网流程项目，将自产蒸汽管线并入 1.3MPa 蒸汽系统总管。自产蒸汽成功并入 1.3MPa 蒸汽系统总管后，RLG 装置循环氢压缩机汽轮机入口蒸汽温度提高了约 30℃左右，在确保机组安全稳定运行的同时，也降低了装置能耗，经计算，1.3MPa 蒸汽单耗下降约 62.8MJ，可节约经济效益约 280 万元/a。

5 结论

（1）RLG 装置运行结果表明，RLG 技术配套催化剂具有优异的加氢活性和选择性，柴油转化率高，高价值的轻组分收率高，平均产品汽油（稳定汽油+C_6 组分）收率较设计值高出 6.02%，可稳定生产符合国Ⅵ标准的汽柴油调和组分，RLG 技术工业应用效果高于预期。

（2）通过采取有效优化措施，RLG 装置产品质量性质稳定，产品汽油硫含量约 1μg/g，研究法辛烷值已达 93 以上，产品柴油硫含量小于 2μg/g，十六烷指数较原料提高约 14 个单位，为企业国Ⅴ、国Ⅵ标准汽柴油升级做出了突出贡献。

（3）对影响 RLG 装置长周期运行的因素，包括原料油性质波动、轻组分收率高、自产蒸汽量大等问题，有针对性的进行项目改造和技术优化，不断完善 RLG 装置工艺流程，优化工艺操作条件，在确保装置长周期运行的同时，挖潜增效，节能降耗，以取得更好的经济效益。

参 考 文 献

[1] 曹军．决策探索[J]．论催化裂化技术的发展现状，2017：11-12.
[2] 方向晨．加氢裂化工艺与工程[M]．2 版．北京：中国石化出版社，2017：507-510.
[3] 葛泮珠．化工进展[J]．催化裂化柴油综合利用技术及其发展，2016，35(增刊 1)：79-86.
[4] 李大东，聂红，孙丽丽．加氢处理工艺与工程[M]．2 版．北京：中国石化出版社，2016：8.
[5] 胡志海．支撑当前炼油业发展的加氢技术研发与实践[C]//2017 年炼油加氢技术交流会论文集．沈阳：2017：11.
[6] 孙磊．炼油技术与工程[J]．RLG 技术在 1.0Mt/a 加氢裂化装置的工业应用，2018，48(8)：38-42.

塔河炼化 2# 焦化分馏塔顶循除盐设施运行总结

吴振华

(中国石化塔河炼化有限责任公司，新疆库车县　842000)

摘　要：随着原油的重质化、劣质化程度不断提高，延迟焦化装置原料品质也相应的下降，原料中的盐含量日益增加，在生产运行过程中会造成焦化分馏塔上部塔盘、顶循系统结盐，导致焦化分馏塔出现塔盘效率降低、侧线产品馏程重叠、冷却器管束腐蚀泄漏、顶循泵抽空等问题，影响装置的正常安全运行。本文结合实际生产问题对焦化分馏塔顶循结盐的原因进行分析，并提出了几种处理方法，尤其对新增顶循除盐装置的应用情况进行了详细分析，提出下一步解决措施。

关键词：延迟焦化；分馏塔；结盐；腐蚀；顶循除盐

1　引言

中国石化塔河炼化有限责任公司常减压—焦化联合装置设计加工新疆塔河重质稠油，常压部分设计处理原油能力为 3.5Mt/a，焦化部分设计处理常压渣油能力为 2.2Mt/a，于 2010 年 9 月装置正式投产。随着上游原油开采难度加大，原油品质不断下降，盐含量逐渐上升，导致焦化分馏塔出现塔盘效率降低、侧线产品馏程重叠、冷却器管束腐蚀泄漏、顶循泵抽空等问题，尤其在生产运行过程中频繁出现焦化分馏塔结盐问题，主要发生在分馏塔顶部多层塔盘，需要洗塔操作维持正常生产，塔盘结盐及水洗引发一定程度的腐蚀，随着装置运行到末期，顶循腐蚀问题会表现的更加明显，影响安全生产，如何通过优化改造降低焦化分馏塔顶循系统腐蚀安全风险，是本文讨论的重点。

2　焦化分馏塔增加顶循除盐装置改造方案

2.1　立项理由

塔河原油盐含量逐年升高，目前平均在 600mgNaCl/L 左右。电脱盐装置不能将其有效脱除，无机盐在一定温度下水解生成 HCl，有机氯化物在一定温度下会分解生成 HCl，它们与原油中的 NH_3 相结合，在常压塔和分馏塔上部形成氯化铵盐。氯化铵可以在一定条件下以气、固、液三种形态进行相互转化，在 330℃左右固态氯化铵会升华为气态，以 $NH_3 \cdot HCl$ 形式存在，这种气相物质易溶于水。在常压塔的操作条件下，塔盘上含水的轻组分不断上升，在较低温度下会形成氯化铵盐水溶液，而随着水蒸气不断上升，氯化铵不断提浓，最终沉积在塔盘上或降液管底部，造成分馏效果变差，汽油和柴油馏程重叠严重，造成产品质量不合格，如不及时处理严重时可造成冲塔甚至淹塔。分馏塔顶循泵会因结盐磨损机封造成泄漏或造成机泵频繁抽空。

由于 HCl、H_2S、NH_3 的存在，在分馏塔操作条件下，容易形成 $HCl-H_2S-H_2O$ 循环腐蚀环境[3]，会造成分馏塔上部塔盘、塔壁或相关管线腐蚀、换热器腐蚀泄漏等安全问题。其反应式为：

$$Fe+2HCl=FeCl_2+H_2$$

$$FeCl_2+H_2S=FeS+2HCl$$

$$Fe+H_2S=FeS+H_2$$

$$FeS+2HCl=FeCl_2+H_2S$$

塔盘腐蚀照片见图 1。

图 1　分馏塔上部塔盘腐蚀图片

通过化验分析分馏塔上部垢样，外观呈黑色，结构致密坚硬，主要成分为焦炭、氯化铵盐、铁锈、固体粉末。柴油能溶解 2/3，汽油能溶解 2/3，水能少量溶解。因此分馏塔结盐以后再采用在线水洗的措施，效果不理想。需要严格控制焦炭塔生焦高度，防止泡沫层焦粉带入分馏塔；强化焦化分馏塔蜡油对焦粉的洗涤效果；优化电脱盐操作，降低脱后含盐量。

在以上措施之外，引入一种能够降低分馏塔顶部物料的氯离子，减缓装置结盐和装置腐蚀的技术[2]，成为当务之急。

2.2　顶循除盐装置流程简述

为了解决焦化分馏塔顶的结盐和腐蚀问题，2018 年 9 月份，塔河炼化 1#焦化装置增上除盐设备，新增除盐设备及相关流程见图 2。

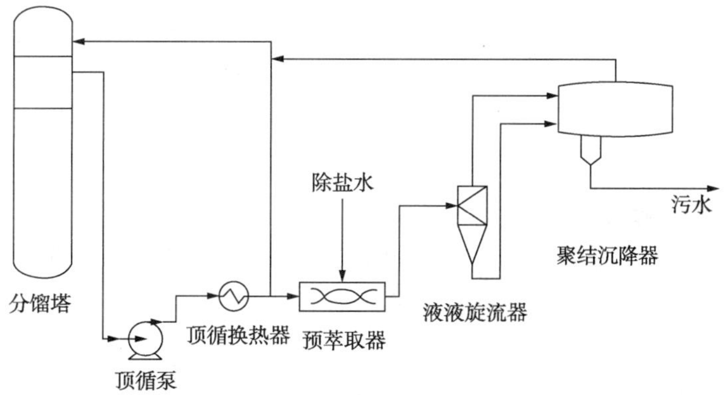

图 2　焦化分馏塔顶循除盐流程简图

除盐系统从顶循环的最后一组换热器出口后抽出，与除盐水在预萃取器内进行混合，除盐水将循环油中的大部分氯离子转移到水相当中；然后采用液液萃取-旋分聚结器[1]对循环油和水相进行一次和二次分离；经脱除氯离子后的顶循环油返回分馏塔，除盐水进入分馏塔顶冷凝系统进一步洗涤系统中的氯离子，之后经分馏塔顶污油泵循环使用或外排。

2.3　操作参数

从表 1 可知，脱盐设备的实际处理量为 28t/h、温度为 130℃、除盐水量为 2t/h，基本上达到了设计参数的要求。

表 1 脱盐设备运行参数

项 目	参 数	设计值	实际值	备 注
顶循油进脱盐设备	处理量/(t/h)	30	28	占总循环量 10%
	操作温度/℃	98	130	返回分馏塔
	操作压力/MPa	0.67~0.78	0.54	混合器入口
	操作压力/MPa	1.1	0.53	顶循泵出口
除盐水	流量/(t/h)	1.5	2	抽出量的 3%~7%
	操作温度/℃	45	50	
	操作压力/MPa	0.6	1	
顶循油返回分馏塔	流量/(t/h)	30	28	
	操作压力/MPa	0.34	0.3	
排水	流量/(t/h)	1.5	2	
	操作压力/MPa	0.34	0.3	

2.4 质量分析

从表 2 可知该脱盐设备运行参数比较稳定，顶循油经过脱盐设备处理后，返塔顶循油氯化物含量有所下降，排水中的氯离子含量比较高，达到一定的脱盐效果；另外处理后油中水含量和水中油含量均达到了设计值，满足装置实际生产需要。

表 2 脱盐设备运行质量数据

项 目	指 标	设计值	运行值
进脱盐装置顶循油	氯化物/(mg/L)	100~300	259
	水含量/(mg/L)	368~390	267
出脱盐装置顶循油	氯化物/(mg/L)	—	191
	水含量/(mg/L)	<500	209
脱盐装置排水	氯化物/(mg/L)	—	355
	油含量/(mg/L)	<300	73

3 下一步措施

3.1 氯含量分析方法比对

油中氯离子分析方法一般采用库伦法，而油中的硫含量对油中氯的分析影响非常大，塔河炼化焦化分馏塔顶循油中的硫含量较高，对氯含量分析有一定干扰，下一步计划采样外委分析比对。

3.2 优化顶循除盐装置操作

当前顶循除盐装置处理量 28t/h，未达到设计负荷，下一步计划将处理量提高到 30t/h；另外对比设计操作温度偏高，操作压力偏低，适当进行调整；维持注水量 1~2t/h 的操作，进一步降低顶循油中的氯离子含量。

3.3 加强电脱盐操作

优化电脱盐操作参数，筛选针对性破乳剂，适当进行技措改造，降低终脱后盐含量，使氯化镁和氯化钙等无机盐尽量都在电脱盐去除掉，从而降低顶循油中的氯离子含量，改善分馏塔上部塔盘的结盐状况，减轻腐蚀。

3.4 提高分馏塔顶温

根据产品质量指标要求，适当提高分馏塔顶温度和顶循回流温度，尽量提高分馏塔油气分压，从而有效降低分馏塔顶水的分压和沸点，保证分馏塔内不形成液态水。

3.5 提高分馏塔注水

适当提高分馏塔顶挥发线注水量，将氯化铵等盐类溶解后带至污水系统，降低分馏塔顶回流返回塔的油相平衡盐含量，缓解分馏塔顶循系统结盐速度。

3.6 优化分馏塔在线水洗方案

从冷回流入口补充进分馏塔顶进行洗涤，最好使用除盐水，控制适宜的分馏塔顶温度、柴油抽出温度，既要防止抽出温度过高，由于水的汽化影响洗盐效果，又要防止抽出温度过低，导致侧线带水或泵抽空。

4 结论

由于延迟焦化装置原料盐含量不断升高，导致焦化分馏塔上部塔盘累积氯化铵盐，引发侧线质量不合格和设备腐蚀问题，除采取操作优化及水洗措施外，通过技术改造增上焦化分馏塔顶循除盐装置，再经一段时间的稳定运行后，可以有效降低分馏塔顶循环油中的盐含量，从而减缓设备腐蚀，保证装置长周期生产。

参 考 文 献

[1] 陈俊．大榭石化常减压顶循油除盐脱氯设施运行分析[J]．价值工程，2018，(22)：141-142.
[2] 李利辉，王继虎．常减压常顶循环油系统在线脱盐脱酸防腐新技术[J]．炼油技术与工程，2018，48(5)：20-24.
[3] 张剑，王文举．延迟焦化分馏塔顶循结盐的原因及处理方法[J]．石化技术，2017，24(5)：34-35.

污水提标三氯化铁药剂投加优化

冯冉冉　郭慧杰　程　勇

(中国石化洛阳石化水务部，河南洛阳　471012)

摘　要：水务部污水提标装置是炼油污水深度处理设施，是关系炼油污水达标处理的关键环节。三氯化铁药剂投加对高效沉淀池出水COD、pH值、浊度等指标影响较大，投加效果直接关系高效沉淀池处理水质。本文针对三氯化铁投加过程中存在的问题进行分析，通过采取增设投加罐、改造投加泵、改进卸车工艺操作等优化措施，使得三氯化铁投加稳定、精准，环保效益可观，确保高效沉淀池水质清澈，为污水达标排放提供保证，且各项作业便捷，现场操作环境也得到有效改观。

关键词：三氯化铁；高效沉淀池；达标排放

1　引言

原设计的高效沉淀池三氯化铁投加系统工艺如图1所示，主要分三个部分：

(1) 接卸：配送槽车送药至现场，卸车泵将药剂输送至三氯化铁储罐内存储。

(2) 投加：利用计量泵提升至高效沉淀池的混凝池投加点，与进入混凝池的污水进行混合搅拌，然后经连接管进入絮凝池，投加至污水提标高效沉淀池与原水混合。

(3) 调节：通过调节计量泵的大小来调节投加量。

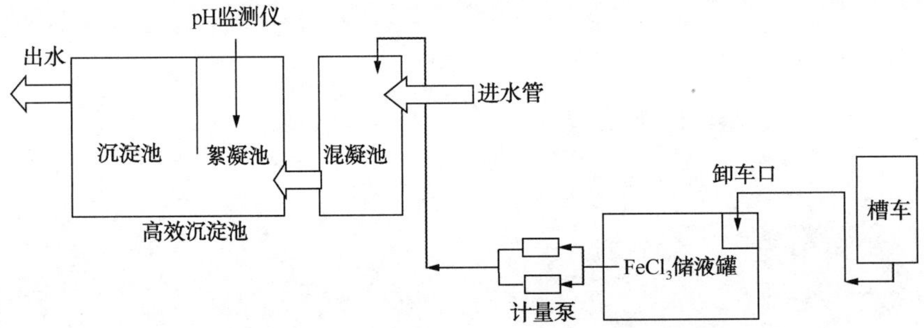

图1　原高效沉淀池三氯化铁投加系统工艺图

在实际运行中，三氯化铁药剂投加存在以下几个方面问题：

(1) 堵塞严重：在卸装及投加过程不时出现泄漏、堵塞、设备故障等各种状况。

(2) 不易控制：三氯化铁药剂投加浓度不易调控，忽高忽低，沉淀池运行效果不稳定。

(3) 处理维护难度大：频繁的清理滤网、维修等工作增加劳动强度、维修成本。

(4) 环境卫生差：现场地面、罐体、设备污渍斑斑，成为现场管理难点。

2　问题分析

对现状进行调查分析，三氯化铁药剂投加难点问题主要集中在以下几方面：

2.1　极易堵塞，清理操作频繁

净水原理：$FeCl_3$水解形成氢氧化铁[$Fe(OH)_3$]胶体具有极强的吸附凝聚力，能有效去除污水中的污染物，实现水质净化。

但是，氢氧化铁溶度积很小，投加的计量泵管线非常细，配置的三氯化铁溶液中铁大部分不是以3价离子存在的，而是以氢氧化铁的胶体和沉淀存在，因此在计量泵的入口滤网处、管线弯头处等极易出现堵塞现象。

同时，设计的泵入口管抽吸部位为储液罐的底部，因此运行一段时间后，三氯化铁储罐内底部会沉积较多的沉渣和胶状物，极易造成入口管路堵塞。严重时，几乎每班都要多次清理计量泵的入口滤网，每周至少要将出口管线放空疏通排渣，堵塞和清理操作频繁。

2.2 投加量不易调控，投加效果不稳定

（1）调节操作难度大：三氯化铁药液的投加是通过人工调节计量泵小大来实现投加量调控，调节时需要2人配合，一人在投加点观察流量大小及效果，一人在操作间调节计量泵。由于实际来水水质水量均波动较大，而计量泵入口滤网及管线频繁堵塞，流量会逐渐减小和中断，因此调节频繁，调控难度大，且投加的效果也极不稳定。

（2）设计不合理：由于设计缺陷，两台计量泵共用一个进口管路，出现堵塞和泄漏需要维修疏通时，只能暂停三氯化铁投加，造成投加被迫中断。

2.3 检维修困难，现场管理难度大

（1）卸车和投加过程中，由于堵塞、故障、腐蚀、泄漏等引起的检维修频繁。

（2）由于设计缺陷，计量泵安装位置狭小，管线位置紧贴地面平台，造成维修和清理滤网操作极为不便。

（3）泄漏物积聚在罐体的缝隙处，不易清理造成腐蚀，现场管理难度大。

（4）卸装时直接将罐车出口管从三氯化铁储液罐上部的开口插入罐内，卸装过程中的三氯化铁极易出现喷溅，以及在卸装软管的连接插拔过程中造成的遗洒，造成罐体和地面腐蚀斑斑，成为现场管理难点。

3 对策与实施

在现状调查分析的基础上，针对难点问题实施技改措施，对三氯化铁投加系统进行改进和优化。

3.1 增设投加罐，改进投加方式

（1）增加投加罐：在沉淀池原投加点位置，增设小型投加储罐。

（2）管线改造：原计量泵的出口线新增一条出口线直接进入储罐内，使原有的投加流程更灵活，在原有的直接通过泵投加入池内的方式上，增加将加药间储液罐内的三氯化铁通过泵打入池上的小储罐内，然后通过投加罐底部的投加阀开度来调控投加量大小。优化后的工艺如图2所示。

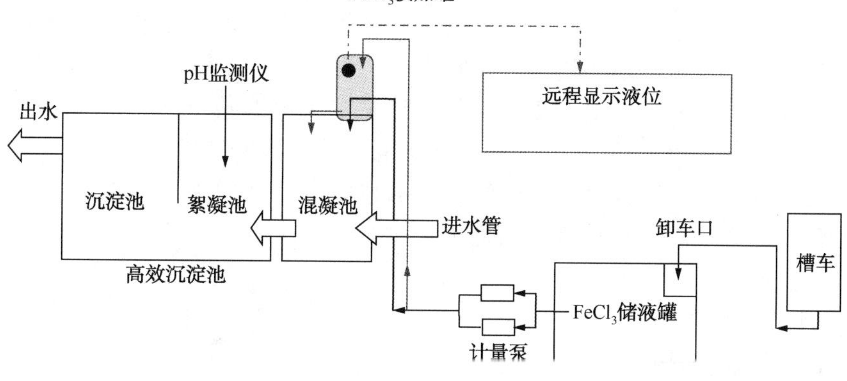

图2　优化后工艺图

(3) 该项优化有以下优点：

① 新增投加罐选用PE材质塑料储罐，上面安装液位检测，可以在操作界面清楚看到液位，同时罐内安装有吹扫风，防止罐体内有沉积物。

② 改造后，一人在巡检时即可根据水质水量变化，以及沉淀池内絮凝沉降情况进行投加量大小的调整操作。

③ 储罐内的药剂通过手阀控制自流入池内，消除了计量泵的脉冲流量，以及泵量大小变化的影响。

3.2 改造投加泵，消除投加难点

改造前：设计安装的两台计量泵位于三氯化铁储液罐的南侧，在手扶梯与配电开关柜之间 $1m^2$ 左右的狭小区域，调节操作、检维修非常不便。同时泵的入口管线离地面平台仅5cm左右，拆卸、清理进口滤网操作较困难，拆卸时管线内积存的药剂存液因无法接存只能满地流淌，操作人员身上常常被喷溅和沾满药剂污渍，操作间地面、设备到处都是三氯化铁斑驳的印迹，成为现场管理的死角和难点。

对投加泵进行改造详见图3。

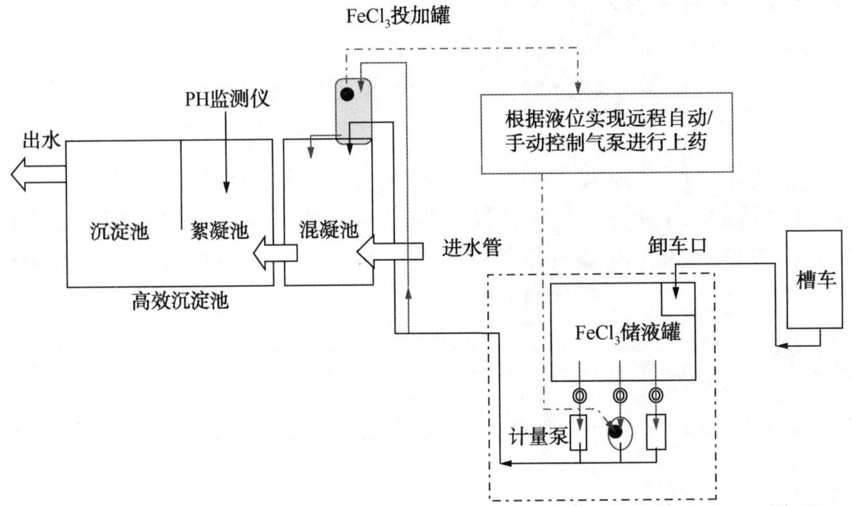

图3 投加泵改造后工艺图

(1) 计量泵艺管线改造：两台计量泵分别设置入口线，任一入口管线检修疏通操作时不影响另一台计量泵的运行，确保药剂投加不中断。同时，泵入口管线位置从储液罐底部改为由顶部进入罐内，有效的避免罐底杂质吸入管线，减少堵塞现象发生。

(2) 计量泵改造：上料泵采用新型气动隔膜泵。原有两台计量泵由于设计上是做直接计量投加用，功率较小，增加了投加罐后，又增加了一台大功率上药泵，在选型上，考虑选用气动隔膜泵，由于气动泵结构简单易于安装，启动迅速，自吸力强，性能好。

(3) 投加泵位置改造：两台计量泵进行移位，移至三氯化铁储液罐的东侧宽敞区域，调节操作非常方便，计量泵安装高度距离地面30公分以上，彻底消除拆卸滤网困难。

(4) 增加自动控制：增加上药远程自控装置，通过电脑，远程手动控制气泵电磁阀开关，可运行气泵，实现上药，也通过对储药罐液位高低进行设置，实现自动上药，大大减轻了操作强度，确保药剂的连续稳定投加。

3.3 改进卸车工艺操作

(1) 原卸车工艺存在问题：

① 三氯化铁储液罐内的原料由槽车外运卸装，打开三氯化铁储液罐顶部西北角的盖板，直接将槽车出口管从池顶卸装口插入池内，通过卸车泵将物料打入罐内。由于架设的都是临时管线，所

以卸车操作非常粗放。

② 不按规定安装过滤滤网：按规定卸车时管子出口要安装滤网，但由于管口处于池子内，卸车时堵塞频繁且不易清理，滤网安装不规矩，滤网质量不好等常造成药液未经过滤进入罐内，为设备堵塞造成隐患。

③ 卸车操作存在不安全隐患：三氯化铁 pH 值在 3 左右，属于腐蚀性液体，而卸车过程中易在管口处形喷溅，或者由于滤网堵塞，造成活动管泄漏，一旦出现喷溅极易造成灼伤等人身伤害，粗放的卸车操作不安全隐患非常大。

④ 卸车过程泄漏：卸装过程中活动管的连接抽拔、滤网的安装抽取等操作造成的药液污染，以及卸装过程突发的喷溅、泄漏、溢流、跑冒等事件，不仅造成罐体、设备和地面腐蚀锈蚀，污染作业环境，成为现场规格化管理的整改难点。

（2）对卸车工艺进行改造，如图 4 所示。

① 增加固定卸车管线：新增固定卸车线，室内沿罐体进入罐内，室外在管线上预留快接管口，与槽车出口软管尺径适配，有阀门控制，可方便快速的与槽车软管实现对接。

② 增加滤网：卸车管路上增加可拆的过滤设施，方便拆卸清理滤网，实现卸车时药液全程规范过滤。

③ 增加排污设施：在下部增加排污管，在检修或故障时可排空管路积液，通过用容器盛接或排污到下水道，实现污染物可控管理，杜绝污染外泄。

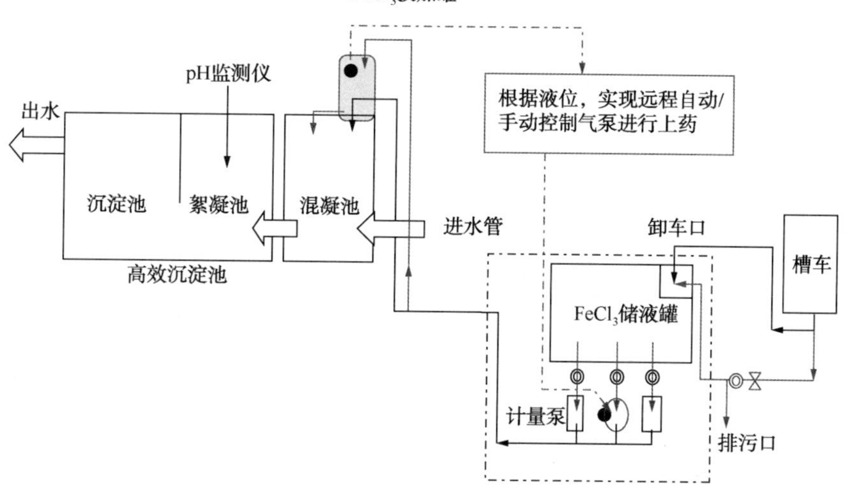

图 4　卸车工艺改造后工艺图

4　效果及结论

通过一系列的技改和优化举措，成效显著。不仅投加浓度更加稳定，沉淀池运行效果更加良好，现场操作环境也得到极大的改善，受到职工好评。

4.1　减轻劳动强度，参数调控准确稳定，沉淀效果理想

（1）通过卸车过滤、提升过滤等多重手段确保三氯化铁投加药液的品质，大幅降低了投加过程堵塞现象的发生。

（2）通过在线自动上料，增设高位投加罐缓存、手动观察调节流量等多重措施，不仅极大的减轻岗位人员劳动强度，避免频繁调整投加量多次往返爬高上低；以往几乎每日需要多次清理滤网，现在一个月偶尔清理一次。

（3）同时，使投加调控更加精准，确保投加效果，高效沉淀池运行更加平稳。

4.2 各项操作安全便捷

针对对原设计安装存在的弊端，通过对计量泵移位、选型改造、卸车工艺改造等技改进行消除，改造后卸车作业更加安全规范，设备空间布局、作业空间更加合理，设备开停、检查维护、检维修作业、滤网拆卸清理等各项作业更加方便。

4.3 现场环境大幅提升

（1）从三氯化铁药剂的接收、卸车到提升、投加，使工艺操作更加安全、规范，避免和减少了卸车、检维修等各种状况下化学物料的跑冒滴漏发生。

（2）对需要拆卸部位连接的部位均设置有可接收设施、或设置在下水道等方便冲洗位置，方便正常作业时的冲洗清理，防止泄漏物漫延。

（3）现场卫生从原来药液横流、污渍遍布的老大难到现在的规范整洁，操作环境极大改观。

4.4 环保效益可观

（1）避免和减少了三氯化铁突发泄漏、喷溅等意外事件造成的环保污染。

（2）三氯化铁投加稳定、精准，确保高效沉淀池水质清澈，BAF 出水 COD 合格率 100%，为污水达标排放提供保证，环保效益可观。

干气密封在碳五分离装置泵的应用

齐明禄

（中韩（武汉）石油化工有限公司，湖北武汉　430000）

摘　要：介绍了泵用干气密封在碳五分离装置的首次应用，通过技术交流以及与普通机械密封比较，从而得出干气密封具有使用寿命长、运行可靠、功率损耗低、介质零泄漏、总体应用成本低等优点，是一种值得广泛使用的密封系统。

关键词：干气密封；碳五分离装置；应用

1　引言

干气密封是二十世纪六十年代末期发展起来的一种非接触式密封形式。与普通机械密封最大的区别在于：干气密封通过在密封端面上开设流体动压槽而实现密封端面的非接触运行，提高使用寿命；简单、可靠的控制系统确保干气密封正常运转从而保障设备连续、稳定地运行。

干气密封最初是为解决高速离心压缩机轴封问题而出现的，由于密封非接触运行，因此密封摩擦副材料基本不受PV值限制，特别适合作为高速、高压设备的轴封。随着干气密封技术的日益成熟及应用成本的大幅降低，其应用范围也越来越宽广。目前，从最初的离心压缩机已经推广到离心泵、螺杆压缩机、罗茨风机、真空泵、多轴式压缩机、反应釜等多种旋转设备；其应用的工况由单纯的气体或液体已经推广到气液混合物、含固量极高的矿浆、高温黏稠的油品、气体粉尘等几乎所有介质；其应用转速从几十转的搅拌器到高于30000转的多轴式压缩机；其应用温度由-104℃的低温乙烯到330℃的高温油品；其应用压力由真空到17MPa（G）的加氢压缩机。其中离心泵用干气密封的应用取得了长足的发展，逐步取代机械密封已成为必然趋势。

武汉乙烯碳五分离装置为新建项目，结合装置物料易燃、易爆、有毒、极易自聚等特性，部分离心泵也采用了这一新型的密封形式。

2　泵用干气密封的基本原理、主要优点及形式

干气密封是一种非接触式端面密封（见图1）。该密封利用流体动力学原理，通过在密封端面上开设动压槽而实现密封端面的非接触运行。图1所示为干气密封密封环示意图，密封环的密封面经过研磨、抛光处理，并在其上面加工出有特殊作用的流体动压槽。

干气密封旋转环旋转时，密封气体被吸入动压槽内，由外径朝向中心，径向分量朝着密封堰流动。由于密封堰的节流作用，进入密封面的气体被压缩，压力升高。在该压力作用下，密封面被推开，流动的气体在两个密封面间形成一层很薄的气膜，此气膜厚度一般在3μm左右。气体动力学研究表明，当干气密封两端面的间隙在2~3μm时，通过间隙的气体流动层最为稳定。当气体静压力、弹簧力形成的闭合力与气膜反力相等时，该气膜厚度十分稳定。因此干气密封运转时端面为非接触状态，故无磨损。

与传统的接触式机械密封相比，干气密封具有如下优点：

（1）密封使用寿命长、运行稳定可靠。

（2）密封功率消耗小，仅为接触式机械密封的5%左右。

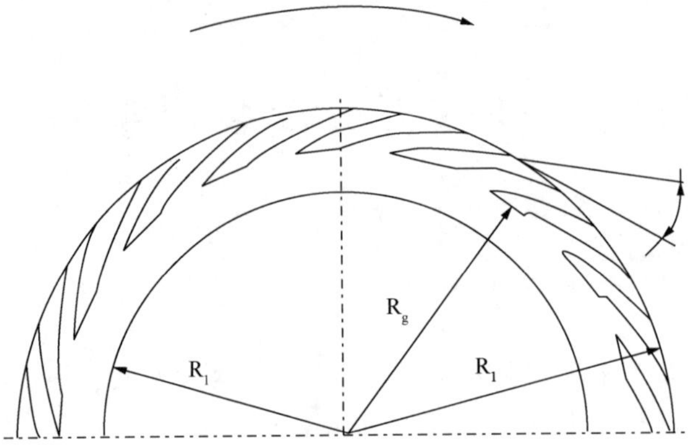

图 1　干气密封工作原理图

(3) 与其他非接触式密封相比，干气密封气体泄漏量小。
(4) 可实现介质的零逸出，是一种环保型密封。
(5) 密封辅助系统简单、可靠，使用中不需要维护。
干气密封与机械密封性能比较如表 1 所示。

表 1　干气密封与机械密封性能比较

密封类型	干气密封	机械密封
发明时间	1976 年	1900 年
工作原理	气体润滑，属于非接触式密封	液体润滑，属于接触式密封
使用寿命	3 年以上	1 年左右
功率消耗	是机械密封的 5%左右	与密封轴径、转速有关
辅助系统	辅助系统简单，可靠性高；使用中无需维护，无功率消耗	密封油系统复杂，需要专用密封油泵及密封油压力控制系统，对密封油压力控制要求严格；密封油系统故障率较高，日常维护成本高
对工艺影响程度	密封介质为工艺气体本身或氮气，对工艺无任何影响	密封介质为润滑油，密封油泄漏进入工艺流程后会对后续工艺产生极大影响，甚至破坏工艺造成停产
对环境污染程度	仅有微量氮气往大气泄漏，对环境无任何污染，是环保型密封	有密封油或工艺介质泄漏，对环境有一定污染，泄漏量过大时对生产带来较大安全隐患
运行费用	一次性投入大，运行成本低	一次性投入小，运行成本高

同普通机械密封一样，干气密封的形式有三种，即单端面干气密封、双端面干气密封及串联式干气密封。

3　碳五分离装置部分机泵用干气密封的原因

武汉乙烯碳五分离装置在一萃塔釜泵(P-201A/S)、第一汽提塔釜泵(P-206A/S)、二萃塔釜泵(P-301A/S)、第二汽提塔釜泵(P-307A/S)、溶剂收集罐泵(P-704)等 5 个位号共 9 台泵选用了干气密封。选用干气密封是由这些部位的工艺条件(如表 2 所示)和物料的性质决定的，这些部位存在的 DMF 与 C_5都具有易燃易爆、有毒、有较强腐蚀性且极易聚合等特点。如果采用传统的动静环密封，正常工艺条件下这两种介质极易在密封面发生汽化导致密封失效，这样会使有毒可燃介质泄漏或使氧气进入工艺介质引发聚合。

表 2　泵的主要工艺参数

位　　号	P-201A/S	P-206A/S	P-301A/S	P-307A/S	P-704
物料	DMF、C_5	DMF、C_5	DMF、C_5	DMF、C_5	DMF、H_2O
温度/℃	106.8	167.3	124.8	166	25
进口压力/MPa(G)	0.152	0.073	0.161	0.074	0.003
出口压力/MPa(G)	0.421	0.55	0.39	0.336	0.274

4　武汉碳五分离装置泵选用干气密封方案

本装置在选择干气密封形式时考虑过双端面干气密封和串联式干气密封两种形式，经过分析（如表 3 所示），双端面密封形式具有较大优势。因此，选用双端面干气密封方式，密封冲洗方案为 API682 Plan32+74。

表 3　两种干气密封适用性比较

	双端面干气密封	串联式干气密封
执行标准	API682—2004	API682—2004
结构特点	两级密封均为干气密封	主密封为机械密封，次密封为干气密封
气源要求	密封压力必须高于介质压力 0.2MPa	微正压 0.05~0.1MPa
泄漏	无介质泄漏到环境中，少量密封气泄漏到介质中	介质向次密封泄漏，通过回收无介质泄漏到环境中
安全方面	即使密封失效也只有密封气泄漏到介质中，介质不会外漏	泄漏介质随排放气进入火炬系统，主密封失效，次密封可保证介质不外泄
可靠性	氮气中断会损坏密封	氮气短时间中断不会损坏密封
使用维护	维护简单，备泵开机需注意排气	维护简单
颗粒影响	可通过外引干净冲洗液将颗粒介质与干气密封进行隔离，颗粒介质不影响干气密封的性能和使用寿命	颗粒介质影响干气密封的性能和使用寿命
高温	通过冲洗冷却后适用	通过冲洗冷却后适用

5　Plan32+74 双端面干气密封方案的特点分析

密封结构特点：即由两套非接触式的 A 型密封背对背布置而成，形成带压串联式干气密封。密封气为压力高于介质压力的氮气。在 3NC-BB 密封之前，设有碳环密封，在碳环密封与内侧干气密封之间通入外引工艺允许进入干净介质，改善干气密封工作环境，如图 2 所示。

通过监测干气密封密封气的压力，能够准确判断介质是否存在外漏危险。通过主密封气进气流量，能够直接监测干气密封运转情况。

该种干气密封的特点：

（1）用带压密封气替代带压密封液，保证工艺介质实现“零逸出”。

（2）密封非接触运行，其功率消耗仅为传统双端面密封的 5%，密封正常使用寿命在 2 年以上。

（3）辅助系统结构简单，保证工艺介质不受污染且不向大气泄漏，彻底摆脱传统双端面机械密封对油系统的依赖。

（4）可以避免泵因抽空而导致的密封失效。

（5）密封气采用工业氮气，其压力高于介质 0.2~0.3MPa。

（6）有微量的气体进入工艺流程。结合现场实际，把氮气（压力：0.5~0.6MPa）从原泵体上的入口处引入泵腔内。外加氮气压力始终高于密封介质压力，从而由气体阻塞原理起到密封的作用，实现介质“零逸出”。

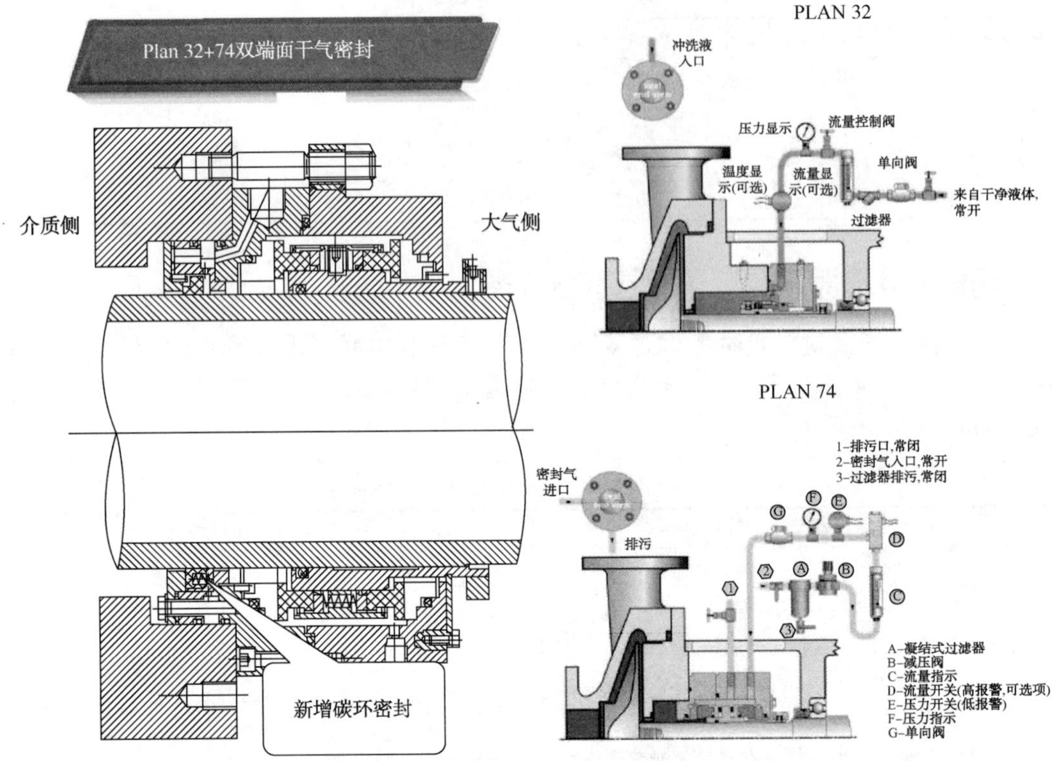

图 2　Plan32+74 密封结构及系统

(7) 由于物料的特殊性，泵需外引冲洗液(DMF 溶液)，以起到冷却和隔离颗粒介质的作用。

(8) 密封圈材质选用耐高温耐腐蚀的全氟橡胶(Kalrez)，可有效保证整套密封的使用寿命达到设计要求。

(9) 每套密封在正常运行时向介质内和大气中的氮气泄漏量(标准状态)不大于 0.2Nm^3/h。

6　结论

通过以上分析，泵用干气密封应用于高温、高凝、易腐蚀、易结焦介质(碳五装置主要为DMF)的输送过程，在生产工艺上是比较理想的选择。

武汉乙烯碳五分离装置为新建项目，此次根据介质的特殊性而选用干气密封将会从根本上保证介质的零泄漏，确保现场环保工作受控，减少设备的检修频次，降低工人的劳动强度；设备运行工况稳定，能有效延长设备的运行周期等。

虽然，泵用干气密封一次性投入费用会比较贵，但其使用维护费用要比一般机械密封泵低得多，总体应用成本低。加之干气密封为非接触式轴封，其具有可靠性高、寿命长、维护方便、辅助系统简单、功率消耗低及使用极限线速度高等优势，运用范围将越来越广泛。泵用干气密封的推广和应用，既为企业带来了经济效益，同时也保护了环境，带来了社会效益。

参 考 文 献

[1] 仁晓善. 化工机械维修手册[M]. 化工工业出版社.

[2] 罗伟. 干气密封的工作原理及应用[J]. 广州化工，2009，37(5)：179-182.

[3] 顾永泉. 流体动密封[M]. 东营：石油大学出版社，1996：174.

[4] 王建荣，顾永泉，陈弘. 圆弧槽气体润滑非接触式机械密封的特性[J]. 流体工程，1991，19(3)：1-6.

[5] 吴宗祥，郝木明. 低速干气端面机械密封性能研究[J]. 流体机械，1994，22(6)：7-11.

往复式压缩机气阀失效原因分析及解决措施

尹志刚

（中国石化北京燕山分公司，北京　102500）

摘　要：随着我国对石油能源需求量的不断增加以及石油化工工业的迅速发展，相关设备的发展也取得了很大进步，往复式压缩机是石油化工工业中的一项常用设备，在往复式压缩机的使用过程中，气阀出现故障的频率最高。本文通过分析总结压缩机气阀的失效形式，对往复式压缩机气阀出现故障的原因进行诊断，并提出解决措施。

关键词：往复式压缩机；气阀；故障分析；解决措施

1　引言

由于往复式压缩机的热效率较高、使用性能和能量指标较好，因此得到了各行业的广泛应用。往复式压缩机是石油化工业的常用设备，但随着使用频率的上升，也使往复式压缩机出现故障的可能性提高。

气阀是往复式压缩机的“心脏”，压缩机运行的可靠性和经济性在很大程度上取决于气阀的运行是否可靠，气阀一旦发生故障，即刻就会影响到压缩机的排气量，从而造成压缩机工作效率的降低及大量能源的浪费。再者，频繁的停机检修，更换气阀，将大幅增加企业的检维修成本，也为设备的安全运行增加了隐患。因此，必须要及时诊断出往复式压缩机气阀故障，并采取有效的措施进行改善。

2　往复式压缩机气阀的特点

要使往复式压缩机正常工作，首先要保证气阀各项功能正常，否则压缩机将无法实现膨胀、吸气、压缩及排气四个过程(见图1)。气阀的性能直接关系着往复式压缩机的排气量和功率损失，其寿命直接影响压缩机的连续运转周期。

往复式压缩机的气阀又称“自动阀”，是靠压缩机进排气压差产生的力自动完成开启和关闭。气阀有很多种结构，随着科学技术的不断发展，为适应不同的压缩机“量身定制”的要求和更加高效节能的需求，气阀结构也更加复杂多样，但其基本结构一般包括：阀座、阀盖、阀片和弹簧(见图2)。

阀座是其他零件安装的载体，同时承受气缸的进排气压力，设计有带角度(一般为10°)的气体流通槽；阀盖是阀片的升程限制器；阀片是阀座通道的开启和关闭元件，传统的阀片多采用金属材质，近几年随着非金属材料技术的不断进步，阀片多选用PEEK材质，具有抗冲击、对杂质不敏感、抗油黏滞性能好、自润滑性能好、运行噪声低等优点；弹簧即为弹性元件，起到辅助关闭阀片的作用，结构一般为柱状或者锥状，有的气阀由于安装尺寸较小，会采用波型弹簧片代替。

3　往复式压缩机气阀故障的分析

3.1　阀片损坏

往复式压缩机气阀阀片损坏的主要原因有：

(1) 疲劳损坏：由于阀片所承受的撞击载荷与弯曲交变载荷，导致阀片产生疲劳损坏。

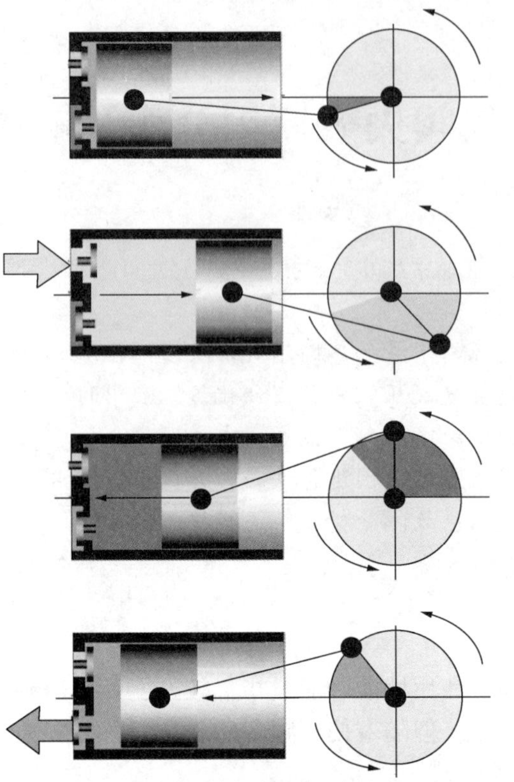

图1　压缩机工作的四个阶段

图2　气阀的基本结构

(2) 摩擦损坏：气阀在运行过程中，由于非金属阀片与中心导向套的热膨胀系数不一致，导致阀片开启和关闭时摩擦较大，或是脉动气流偏吹导致阀片倾侧运动(见图3)，从而产生了摩擦损坏，降低了气阀的使用寿命。

(3) 制造工艺：有的非金属阀片的原材料存在质量问题(见图4)，或者在烧结时存在夹渣、夹层等制造缺陷。

(4) 介质腐蚀：压缩机介质中含有腐蚀性气体(如硫化氢、湿的二氧化硫等)，易造成阀片腐蚀损坏。

3.2　弹簧损坏

往复式压缩机气阀弹簧损坏的主要原因有：

(1) 疲劳损坏：弹簧在工作过程中载荷由预压缩力逐渐变为最大压缩力，这种交变循环载荷会引起弹簧疲劳损坏。

图 3　气流偏吹造成阀片倾侧运动

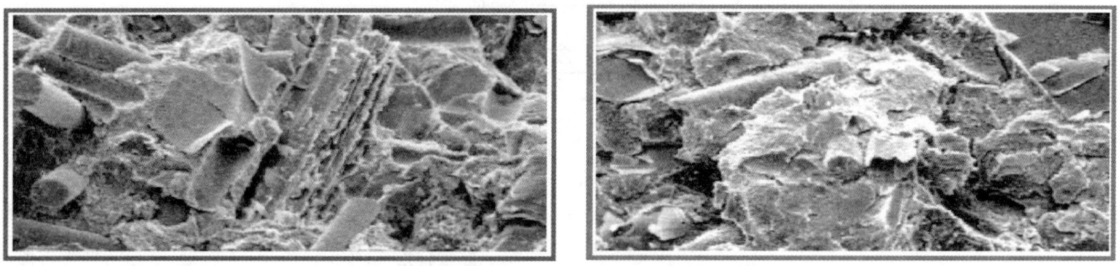

图 4　在电子显微镜下拍摄的填充 PEEK 材料

(2) 摩擦磨损：弹簧在变形过程中会与气阀阀盖弹簧孔壁发生一定的摩擦，从而造成摩擦磨损。

(3) 介质腐蚀：压缩机介质中含有腐蚀性气体，易造成弹簧表面腐蚀，加速了弹簧的损坏。

(4) 制造缺陷：弹簧本身的材质不符合要求或是加工及热处理存在缺陷。

3.3　气阀泄漏

往复式压缩机气阀泄漏的主要原因有以下几点：

(1) 阀座密封面问题：阀座的密封面粗糙不平，不符合气阀的设计制造要求，或是气阀在运行过程中，密封面受到杂质等异物损伤，造成气阀密封不严。

(2) 阀座流通槽问题：介质含有杂质，或者润滑油因气体温度过高而结焦等原因，造成流通槽被异物卡住，致使阀片无法有效密封。

(3) 阀片问题：非金属阀片受潮变形，或者阀片本身在运行过程中有裂纹，造成密封不严。

(4) 弹簧问题：弹簧力过小，不满足辅助关闭的要求，产生阀片延迟关闭的现象(见图 5)。

4　往复式压缩机气阀故障的改善措施

4.1　重新校核阀片的运动状态

往复式压缩机气阀不是“万能阀”，其适用有一定的工况范围，要达到最佳的使用效果，必须跟该压缩机目前的工况参数相匹配，工况参数包括：各级压力、进排气温度、介质组份等。

一旦气阀运行出现故障，需要第一时间采集该压缩机的工况参数，以此校核原气阀设计是否符合目前的工况，具体包括：

(1) 阀片升程是否合理：升程过大，将造成阀片的撞击速度超标，阀片容易疲劳损坏；升程过小，气阀阀损较大，气阀使用效率降低。

(2) 弹簧力选择是否合理：气阀弹簧力的选择直接关系到气阀阀片的开启和关闭时间。弹簧力过小，则压缩行程开始一段时间后阀片才完全关闭，产生延迟关闭的现象，造成部分已经吸入缸内的气体沿吸气阀泄漏回吸气管线；弹簧力过大，则阀片两端的压力差无法使阀片保持一段时间的完全开启，阀片在阀座与阀盖之间来回运动，产生阀片颤振现象；而理想的阀片运动规律应该是阀片开启顺畅，保持一段时间的完全开启；在吸气过程结束(活塞运动到内止点)时阀片刚好关闭(见图5)。

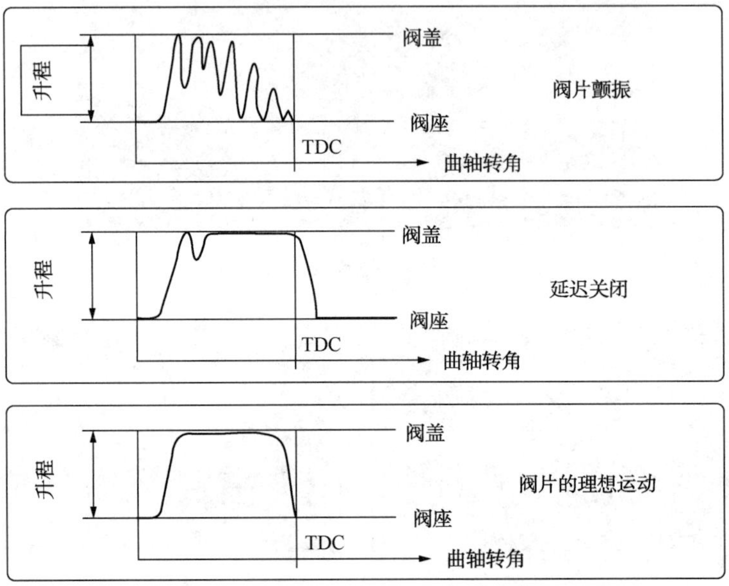

图5 弹簧力与阀片的运动状态

(3) 改变弹簧结构：将原来的圆柱形弹簧改为圆锥形弹簧，这类弹簧可以增加阀片在开启过程中的缓冲力，尤其是对于转速较高的压缩机，采用这类弹簧可以减小其工作应力，从而延长使用寿命。再者，由于这类弹簧会降低阀片的撞击速度，所以也能够在一定程度上延长气阀的使用周期(见图6)。

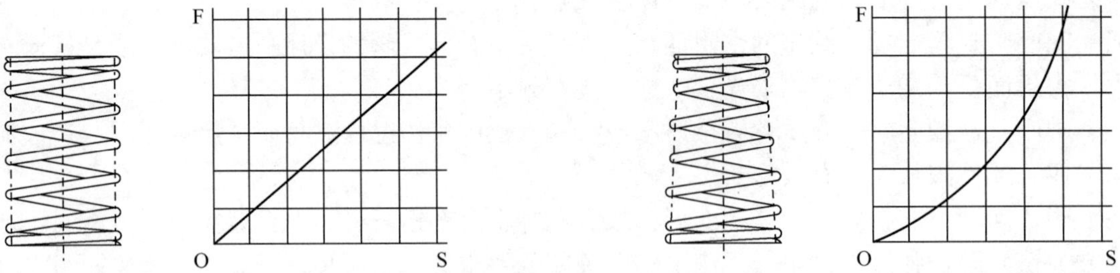

图6 气阀弹簧的两种结构

4.2 改变气阀结构

如果通过上述校核阀片的运动状态还不能有效改变设计，可考虑以下方案：

(1) 对气流偏吹造成阀片倾侧运动的解决方案：行之有效的方法就是在阀片与阀盖之间增加一至两片缓冲片，缓冲片有很好的扶正阀片的作用，且降低阀片的撞击速度，有效地保护阀片(见图7)。

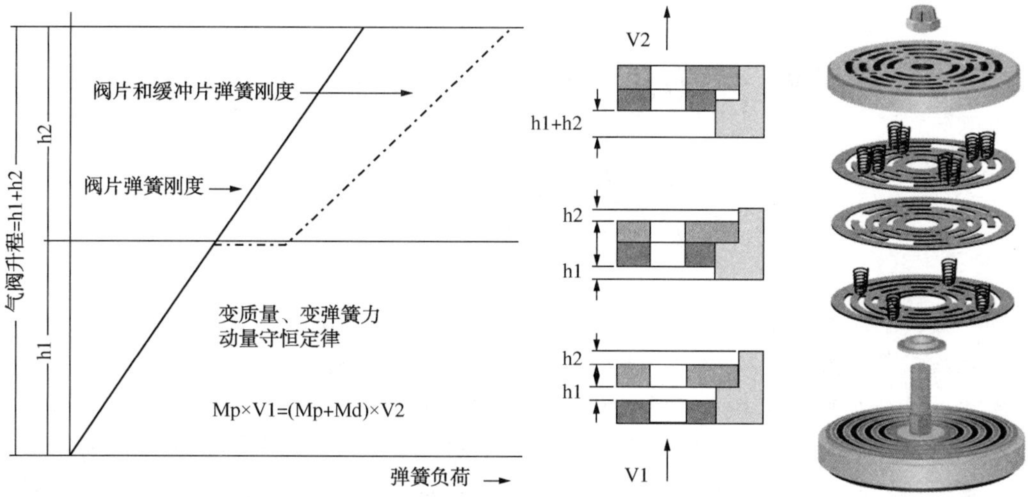

图 7 气阀的双缓冲结构

（2）对介质较脏的解决方案：改变流通槽设计，加宽槽道，降低流通槽堵塞的情况；同时在气阀表面喷涂防污涂层，使杂质不易粘附。

5 结束语

综上所述，气阀作为往复式压缩机的“心脏”，全面总结往复式压缩机气阀故障的判定方法，能够对气阀可能出现的问题进行预防，同时根据气阀出现的具体故障，有针对性的判别和处理，有效延长压缩机的非计划停车周期，提高压缩机的利用率。

参 考 文 献

[1] 刘轩齐．往复式压缩机气阀故障分析及改善[J]．化工管理．2016. 6.
[2] 刘果．往复式压缩机气阀泄漏故障诊断处理一例[J]．设备管理与维修．2016. 5.
[3] 张可红．浅谈进口压缩机气阀的国产化[J]．压缩机技术．2006.
[4] 邹强．用聚醚醚酮塑料制作压缩机气阀阀片[J]．中国设备工程．2002.
[5] 尹志刚．压缩机气阀故障分析及解决方法案例[J]．压缩机技术．2014.

RLG 装置的生产运行分析及优化措施

孙 磊 朱长健 宛明才 徐永隆

(中国石化安庆分公司，安徽安庆 246000)

摘 要：中国石化安庆分公司采用石油化工科学研究院(石科院)研发的催化柴油加氢裂化生产高辛烷值汽油的 RLG 技术，新建了一套 1.0Mt/a 催化柴油加氢转化装置。RLG 技术的工业应用结果表明，所选用的催化剂具有优异的加氢活性和选择性，可稳定生产满足国Ⅵ标准的清洁汽柴油产品。安庆分公司柴汽比大幅降低，全面消减普通柴油，取得了良好的经济效益。为了提高 RLG 装置操作灵活性，通过对 RLG 装置的生产运行情况进行分析，采取多项措施进行生产优化，以消除生产运行中的瓶颈，保障装置安全、平稳运行，有利于装置的长周期生产运行。

关键词：催化柴油；RLG；汽油运行分析；优化措施

1 引言

我国 FCC 加工能力约占原油一次加工能力的 40%，LCO(催化裂化柴油)在柴油池占比高达 30%左右，而为提高汽油收率或增产丙烯不断提高的操作苛刻度导致 LCO 性质愈来愈差，硫、氮、芳烃含量提高，十六烷值低的问题凸显[1~3]。

芳烃在柴油馏分中是低十六烷值组分，而苯、甲苯、二甲苯等小分子单环芳烃在汽油中却是高辛烷值组分。为了经济、合理、高效地利用 LCO 中的芳烃资源，将柴油馏分中的双环芳烃饱和一个环后，选择性裂化转化为苯、甲苯、二甲苯等单环芳烃进入汽油馏分。通过加氢裂化将 LCO 中的芳烃转化为汽油馏分中的芳烃，获得辛烷值高的汽油馏分，未转化的柴油馏分十六烷值提高 5 个单位以上[4,5]。

为了解决柴汽比较高、车用柴油生产能力不足等问题，同时为满足国Ⅴ车用柴油质量升级的要求，中国石化安庆分公司(以下简称安庆分公司)采用石科院研发的催化裂化柴油生产高辛烷值汽油的加氢裂化技术(RLG 技术)新建一套催化裂化柴油加氢转化装置(RLG 装置)。RLG 技术以 100%劣质 LCO 为原料，通过加氢裂化反应路径，将 LCO 中的芳烃转化为高价值的高辛烷值汽油调合组分，同时兼顾生产部分低硫清洁柴油调合组分，从而达到拓宽催化柴油出路，降低企业柴汽比，多产高价值产品的目的。安庆分公司新建的 1.0Mt/a RLG 装置于 2017 年 11 月投料试车，12 月生产出合格的国Ⅴ车用汽油和车用柴油调合组分。随着汽柴油质量升级、产品结构调整工作的深入开展，安庆分公司已于 2018 年 9 月底前实现国Ⅵ车用汽柴油质量升级。

2 RLG 装置生产运行分析

2.1 RLG 装置基本情况

RLG 装置的精制催化剂采用了石科院开发的可兼顾深度脱氮和芳烃保留的专用加氢精制 RN-411 催化剂、兼具好的环烷开环和断侧链反应性能及高裂化活性的专用加氢裂化 RHC-100 催化剂，采用单段串联、部分循环的新型工艺流程，在较低氢分压条件下，可以生产收率高、硫含量低的高辛烷值汽油调合组分，同时未转化柴油馏分十六烷值可较原料 LCO 提高 10.0~19.5 个单位[6]。

RLG 装置于 2017 年 6 月 30 日建成中交，12 月 1 日生产出满足国Ⅴ排放标准的柴油调合组分，

12 月 4 日生产出满足国Ⅴ排放标准的汽油调合组分。2018 年 5 月，该装置进行了首次技术标定，对装置的生产能力、物料平衡、产品质量及分布、催化剂性能等是否达到设计要求进行了全面考核，RLG 装置的物料平衡数据如表 1 所示。

根据安庆分公司稳定生产国 VI 汽柴油的工作要求，为摸索循环油回炼量、LTAG 回炼量、转化率变化等情况对 RLG 装置稳定汽油、精制柴油性质的影响，2018 年 8 月对 RLG 装置进行了第二次技术标定。该装置两次技术标定和长周期生产运行结果表明，RLG 装置选用的催化剂表现出优异的选择性，在 LCO 平均进料量为 90.6t/h 的条件下，产品汽油收率为 45%~60%，平均汽油馏分(稳定汽油+C_6组分)收率约 52.2%。

为了提高 RLG 装置的操作灵活性，消除生产运行中的瓶颈，安庆分公司采取多项措施进行生产优化，完善 RLG 装置的生产运行、保障装置安全平稳运行，有利于延长装置的生产运行周期，取得了良好的实际效果。

表 1　RLG 装置的物料平衡数据

项　目	设计值	标定值
入方		
原料油	100	100
新氢	3.22	3.21
注水	7.98	7.24
贫胺液	8.40	5.13
合计	120.18	115.58
出方		
汽油产品	41.80	40.27
柴油产品	47.91	50.30
C_6馏分	4.38	6.06
干气	0.94	1.48
液化气	7.29	4.03
低分气+排放氢	1.31	0.72
富胺液	8.28	5.19
含硫污水	8.27	7.32
损失	0	0.21
合计	120.18	115.58

2.2　RLG 装置的生产运行分析

RLG 装置从 2018 年 1 月 1 日转入正常生产，截至 2019 年 5 月，装置运行 17 个月，精制反应器入口氢分压由 6.0MPa 逐渐提压至 8.0MPa，提压速率约 0.118MPa，精制反应器(R101)和裂化反应器(R102)压降也逐渐上升，R101 和 R102 压降变化情况如图 1 所示。两台反应器压降上升，一方面与系统压力的逐渐提高相关，另一方面可能与催化剂表面积炭相关。此外，原料油性质与流量以及循环氢压缩机等的变化也可能带来部分影响。2019 年 5 月装置空速降低后，两台反应器压降下降明显。

图 2 给出了反应器温度变化情况。由图 2 可见，截至 2019 年 5 月，精制催化剂平均反应温度约 380℃，催化剂平均失活速率约 1.57℃/月，裂化催化剂平均反应温度约 390℃，催化剂平均失活速率约 0.68℃/月。若排除运转初期催化剂失活速率快，及 2018 年 4 月裂化催化剂平均反应温度低的情况，该装置精制催化剂平均失活速率约 0.6℃/月，裂化催化剂平均失活速率约 0.3℃/月。

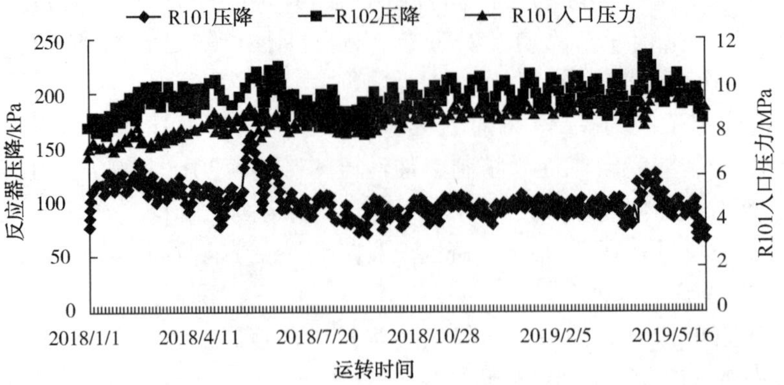

图 1　RLG 装置反应器压降变化趋势图

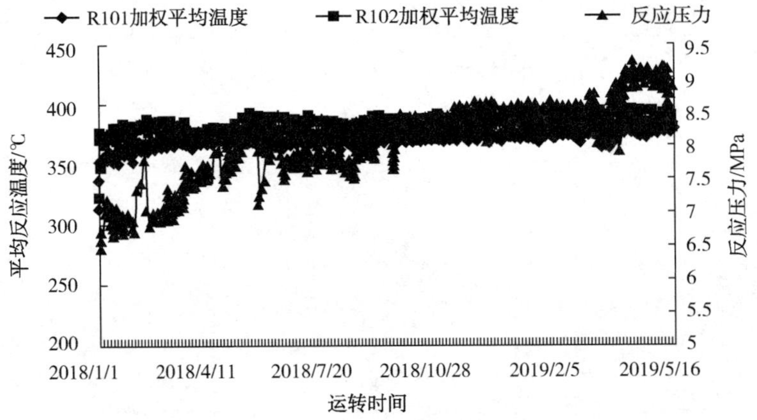

图 2　RLG 装置操作条件趋势图

RLG 装置第二次技术标定为成功生产国Ⅵ标准清洁汽柴油产品提供了可靠的工艺运行参数。纵观装置开工以来的汽柴油质量情况，产品汽油硫含量稳定在约 1μg/g，研究法辛烷值随着运转时间的延长逐渐升高，目前已达 93 以上；产品柴油硫含量小于 2μg/g，20℃密度维持在 0.87×10^3～0.88×10^3kg/m^3，十六烷指数较原料提高约 14 个单位。RLG 装置产品分布情况如图 3 所示，随着运转时间的延长，干气和 C_6组分收率增加，且预计将继续增加，而柴油收率将与汽油收率相关。

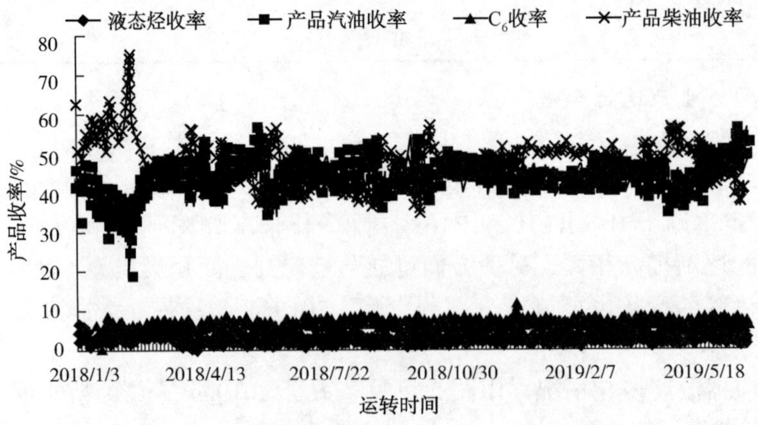

图 3　RLG 装置产品分布情况

3 RLG 装置在生产运行中遇到的问题

3.1 原料油性质变化带来的生产波动及对产品质量的不利影响

3.1.1 裂化反应器床层温度波动

在 RLG 装置正常运转时，有时会发现裂化段反应温度突然上升的现象，而此时反应操作并未做出任何调整。经分析可知，这是由于原料油氮含量和馏程发生变化时，裂化反应温度超过需要值，导致裂化反应加剧，因而裂化温度上升。

因此，在生产运行中，当原料油性质波动时，应及时调整反应操作条件，维持装置稳定生产。例如，当氮含量由高降低时，在相同的裂化段床层入口温度下，裂化温升将略有提高，此时应根据汽油收率适当降低床层入口温度。此外，R101 精制反应器的加氢深度也会带来精制油氮含量的变化，将直接影响 R102 的操作条件，若精制深度不足、精制油氮含量超高时，将进一步导致裂化催化剂失活，不利于装置的长周期运行。

3.1.2 汽油馏分水溶性酸碱不合格

RLG 装置运行初期，在一段较短的时间内，汽油馏分水溶性酸碱不合格。经分析，出现该问题的主要原因为：当原料油中氮含量高，硫氮比小于 2 时，部分 NH_3将以气相存在于循环氢中；而汽油馏分中芳烃(苯、甲苯、二甲苯等)含量较常规的石脑油馏分高，水在芳烃(RLG 汽油馏分)中溶解度较其在环烷烃(常规加氢裂化石脑油)中的溶解度高，若吸收稳定部分塔的操作条件不合适，则可能导致汽油馏分中含有微量水，当微量水中溶解有 NH_3时，将导致水溶性酸碱不合格。因此，运转初期对分馏塔的操作条件及时进行调整，可使水溶性酸碱满足标准要求。

3.1.3 原料油水含量高

RLG 装置运行初期，原料油中水含量高达 1000μg/g 以上，超过了设计要求小于 300μg/g 的技术要求。当原料油中水含量较高时，对精制催化剂来说，可能导致催化剂中氧化铝晶型发生变化，导致脱硫和脱氮效果下降；对裂化催化剂来说，可能导致分子筛结构发生变化，裂化活性随之下降。如果原料油中的明水带入反应器，存在严重危害：①催化剂长期在有水的气氛下运转可导致金属聚集、活性下降，特别是裂化剂在水蒸气作用下会发生分子筛晶胞结构破坏，裂化和精制活性显著下降，且无法进行催化剂再生；还可能引起催化剂破碎，强度受损。②水含量过高也会造成催化剂床层压降增加，严重时使循环氢压缩机超负荷而被迫计划外停工。③原料中 0.22%的水在反应系统进行升温升压降温降压，浪费较多的能耗。

3.1.4 产品柴油多环芳烃较高

安庆分公司柴油池构成包括来自液相柴油加氢装置的精制柴油约 230t/h，其多环芳烃含量约 3.3%，以及来自 RLG 装置的产品柴油约 25t/h，其多环芳烃含量约 15%。经调合后，柴油池多环芳烃含量约 4.4%，如表 2 所示。

表 2 柴油池中多环芳烃含量的调合

项　目	液相加氢柴油	RLG 柴油	柴油总量
柴油产量/(t/h)	约 230	约 25	约 255
柴油中多环芳烃含量/%	3.3	15.0	约 4.4%

目前，全厂车用柴油调合可以满足国Ⅵ标准要求，但由于国Ⅵ柴油标准要求多环芳烃含量不大于 7%，而 RLG 装置未转化柴油导致多环芳烃含量较高，在生产国Ⅵ柴油时，调入柴油池的比例受到限制。

LCO 的双环芳烃主要集中在 290～320℃的馏分中，三环芳烃主要集中在 330℃以上的馏分中[2]。原料油终馏点提高后，两环以上芳烃含量提高，且原料油终馏点提高后，原料油中难脱的硫化物和氮化物均提高，将需要更高的精制、裂化反应温度，催化剂失活速率将提高。经分析表明，RLG 装置 LCO 终馏点提高约 10℃，产品柴油多环芳烃含量提高约 5%，RLG 装置原料油终馏点对产品柴油多环芳烃含量的影响如图 4 所示。

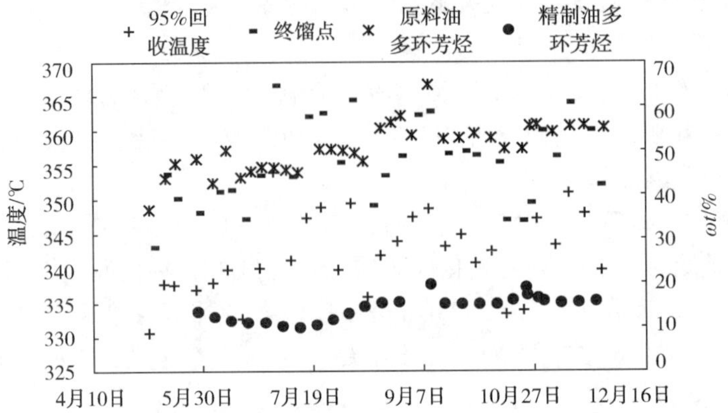

图 4　RLG 装置的原料油干点对精制柴油多环芳烃含量的影响

3.2　RLG 装置轻组分收率偏离设计带来的生产瓶颈

3.2.1　吸收脱吸塔(C206)过吸收解析效果较差

分馏塔第一侧线抽出的重汽油馏分与 C_6塔顶组分混合后作为 C206 的吸收剂，C206 塔顶干气送至装置外脱硫，塔底油进入汽油稳定塔，稳定塔顶液化气部分送至塔顶回流，部分送至液化气脱硫塔。

由于 RLG 技术配套催化剂性能优异，柴油转化率高于预期，液化气收率较设计值低，轻汽油馏分收率较设计值高。由表 1 可以看出，干气收率为设计值的 157.45%，液化气收率为设计值的 55.28%，C_6馏分为设计值的 138.36%。且随着装置运转时间的延长，干气和 C_6组分收率持续增加。截至目前，干气收率已达设计值的 212.77%，液化气收率为设计值的 26.89%，C_6馏分为设计值的 153.65%。C206 吸收剂与被吸收剂比设计为 5∶1，实际操作中吸收剂与被吸收剂比可达 10∶1，因而 C206 存在过吸收问题，解析效果较差，干气中 C_3含量偏高，液化气中总硫含量较高。

3.2.2　稳定塔顶温度不易控制

由于液化气收率仅为设计值的 50%左右甚至更低，塔顶回流调节阀选型偏大。当环境温度变化时，塔顶空冷器(A208)冷后温度变化明显，塔顶压力随之波动。夏季时 A208 冷却能力不足，稳定塔顶两台空冷器即便同时运行，冷后温度也只能降至约 45℃。若环境温度继续上升或 A208 出现故障时，稳定塔顶冷后温度将继续升高，稳定汽油蒸气压将难以控制。冬季时 A208 冷却能力过剩，投用一组空冷器冷后温度过低；如不投用空冷器，稳定塔压力持续上涨变得难以控制。

3.2.3　C_6塔操作困难

RLG 装置在设计阶段充分考虑了热量的回收利用，C_6塔底重沸器采用精制柴油作为热源，这也导致 C_6塔底温度难以控制。当柴油转化率变化，或分馏塔底温度变化时，C_6塔底温度也随之变化。

为优化全厂产品结构，安庆分公司采用 RLG-LTAG 联合工艺，将部分 RLG 精制柴油作为催化裂化装置的直供料，以进一步消减柴油组分，提高汽油产量，这部分精制柴油量的变化也将直接影响 C_6塔底温度的稳定。加之轻汽油收率高，C_6塔进料量最高可达 21t/h，而设计值为 11.7t/h，C_6塔底油不能及时外送，使 C_6塔的工艺操作越加困难。

3.3　自产蒸汽量高，系统供汽量过低导致汽轮机入口蒸汽温度偏低

RLG 装置循环氢压缩机驱动机组采用 1.3MPa 过热蒸汽作为动力源，设计耗汽量 10t/h，自产蒸汽与系统来的蒸汽在装置内汇合后供机组使用。装置自产 1.3MPa 饱和蒸汽量约 8t/h，与汽轮机耗汽量相当。系统供汽量过低导致系统到装置 DN300 蒸汽管线形成一个相对“死区”，区内蒸汽温

度下降迅速。为提高汽轮机入口蒸汽温度，打开机组入口放空阀放空蒸汽，通过提高管线蒸汽流量，满足机组运行需要，不仅增加了装置能耗，也严重影响机组的安全稳定运行。

4 RLG 装置的生产运行优化措施

4.1 针对原料油性质变化采取的优化措施

（1）针对裂化反应器床层温度波动问题，密切关注原料油氮含量变化和馏程变化，及时调整工艺操作条件，避免原料油性质变化波动带来的裂化段温升波动，且裂化段单床层温升（不高于15℃）控制预留一定的操作裕量。鉴于 R101 产品精制油氮含量对 R102 操作条件的影响，为保证装置长周期稳定运转，解决了精制油取样问题，定期分析精制油性质，包括密度、硫含量、氮含量、馏程等性质数据，根据精制油性质变化及时调整 R101 加氢深度，严控精制油氮含量。

（2）汽油馏分水溶性酸碱不合格的主要原因在于原料油中的氮含量高。针对该问题，主要还是控制原料油硫氮比不小于 2：当原料油中氮含量过高时，采取向反应系统注入适量硫化剂的临时措施，以中和气相中存在的 NH_3，同时，优化吸收稳定系统操作条件，尽量减少汽油馏分中微量水的存在。

（3）原料油水含量高，不仅会降低催化剂活性，缩短装置生产运行周期，还会增加装置能耗，因此，必须严格控制原料油水含量。一是优化催化裂化装置分馏塔的操作条件，从源头降低 LCO 水含量；二是罐区投用新的原料 LCO 储罐，专门用于 LCO 沉降脱水；三是，增加罐区和 RLG 装置原料油缓冲罐脱水频次。通过优化，原料油水含量可达到不高于 300μg/g 的技术要求，有利于装置长周期的生产运行。

（4）目前，生产国Ⅵ柴油时，调入柴油池中的液相柴油加氢装置加氢精制柴油多环芳烃含量较低（约 3.0%）。经计算，在此条件下 RLG 装置的产品柴油全部调入柴油池，其多环芳烃含量需不大于 20%。提高操作氢分压可在一定程度上降低多环芳烃含量，切出循环油馏分后将导致多环芳烃在未转化柴油中富集。工艺模拟试验结果表明，当氢分压由基准提高至（基准+0.5）MPa 时，大于 205℃柴油馏分中多环芳烃含量由 13.6%降低至 11.5%。在（基准+0.5）MPa 氢分压条件下，当切出循环油馏分后，未转化柴油馏分中的多环芳烃含量提高至 16%。氢分压对 RLG 产品柴油中多环芳烃含量的影响，以及切出循环油馏分后对 RLG 产品柴油多环芳烃含量的影响，如表 3 所示。RLG 装置根据研究结果进行了工业试验，当氢分压提高约 0.1MPa 时，产品柴油多环芳烃含量下降约 2%，氢分压提高至约 0.3MPa 时，产品柴油多环芳烃含量下降约 3%，继续提压对降低产品柴油多环芳烃含量影响不大。

表 3 原料 LCO 芳烃含量及氢分压对 RLG 柴油多环芳烃的影响

项　目	原料 LCO	氢分压基准 MPa		氢分压（基准+0.5）MPa	
		>205℃柴油	>205℃柴油	循环油馏分	未转化柴油
多环芳烃含量/%	52.4	13.6	11.5	8.7	16.0

4.2 RLG 装置轻组分收率偏离设计采取的优化措施

（1）针对 C206 过吸收解析效果差的问题，采取降低 C206 操作压力，提高 C206 塔底温度的措施，加强 C206 的解析效果，以控制液化气脱硫后的硫化氢含量在指标范围内。提高 C_6塔的负荷，减少 C206 吸收剂的量。由于轻组分收率偏高 C_6塔负荷本身就偏高，作为吸收剂的轻汽油馏分可减少的量有限，为灵活调整吸收剂量，拟在重汽油塔底增加一条管线至稳定汽油线，以彻底解决 C206 过吸收问题。

（2）为解决稳定塔顶温度不宜控制的问题，A208 增加了变频控制系统以灵活调节冷后温度，同时，拟在 A208 后增加一台水冷器，以解决环境温度高时冷却能力不足的问题，并在 A208 入口增加与实际流量相匹配的调节阀，实现流量的精准调节。

(3) 针对轻汽油馏分收率高，C_6塔底泵流量不能满足实际要求的问题，拟更换塔底泵，泵的额定流量增至原来的1.5倍。针对稳定塔底热源波动大，导致C_6塔操作波动的问题，一方面拟增加C_6塔底蒸汽重沸器，为C_6塔提供固定的热源供应；另一方面，拟在现有的C_6塔底重沸器管程出口增加一条管线至LTAG流程，并在重沸器管程入口增加温控阀，以灵活控制产品柴油与C_6塔底油的换热量。

4.3 汽轮机入口蒸汽温度偏低的优化措施

针对自产蒸汽量高，1.3MPa系统蒸汽进装置流量低，造成汽轮机入口蒸汽温度偏低的问题，为避免蒸汽放空造成的能源浪费，实施增设自产蒸汽并入蒸汽系统管网流程项目，将自产蒸汽管线并入1.3MPa蒸汽系统总管。自产蒸汽成功并入1.3MPa蒸汽系统总管后，RLG装置循环氢压缩机汽轮机入口蒸汽温度提高了约30℃，在确保机组安全稳定运行的同时，也降低了装置能耗。经计算，1.3MPa蒸汽单耗下降约62.8MJ，可节约经济效益约280万元/年。

5 结论

(1) RLG装置运行结果表明，RLG技术配套催化剂具有优异的加氢活性和选择性，柴油转化率高，高价值的轻组分收率高，平均产品汽油(稳定汽油+C_6组分)收率较设计值高出6.02%，可稳定生产符合国Ⅵ标准的汽柴油调和组分，RLG技术工业应用效果高于预期。

(2) 通过采取有效优化措施，RLG装置产品质量性质稳定，产品汽油硫含量约1μg/g，研究法辛烷值已达93以上，产品柴油硫含量小于2μg/g，十六烷指数较原料提高约14个单位，为企业国Ⅴ、国Ⅵ标准汽柴油升级做出了突出贡献。

(3) 对影响RLG装置长周期运行的因素，包括原料油性质波动、轻组分收率高、自产蒸汽量大等问题，有针对性地进行项目改造和技术优化，不断完善RLG装置工艺流程，优化工艺操作条件，在确保装置长周期运行的同时，挖潜增效，节能降耗，以取得更好的经济效益。

参考文献

[1] 曹军. 决策探索[J]. 论催化裂化技术的发展现状，2017：11-12.
[2] 方向晨. 加氢裂化工艺与工程[M]. 2版. 北京：中国石化出版社，2017.
[3] 葛泮珠. 化工进展[J]. 催化裂化柴油综合利用技术及其发展，2016，35(增刊1)：79-86.
[4] 李大东，聂红，孙丽丽. 加氢处理工艺与工程[M]. 2版. 北京：中国石化出版社，2016.
[5] 胡志海. 支撑当前炼油业发展的加氢技术研发与实践[C]. 2017年炼油加氢技术交流会论文集. 沈阳：2017：11.
[6] 孙磊. 炼油技术与工程[J]. RLG技术在1.0Mt/a加氢裂化装置的工业应用，2018，48(8)：38-42.

聚酯装置热媒炉低氮燃烧技术改造

陈启中[1]　冯　晨[2]　王　剑[1]　张　枚[2]　栾少兵[1]

（1. 中国石化仪征化纤有限责任公司聚酯部，江苏仪征　211900；
2. 北京航天石化技术装备工程有限公司，北京　100166）

摘　要：本文从氮氧化物在炉膛内产生的燃烧机理出发，提出热媒炉技术改造方案并组织实施。结果表明，热媒炉的烟气排放满足最新环保标准。

关键词：低氮氧化物；燃烧；热媒炉；聚酯装置

1　引言

我国正处于高速发展时期，能源需求不断提升。近年来，随着社会经济的发展及国内对环保问题日益重视，污染物减排已经成为我国刻不容缓的环境保护的重要任务。环境问题愈加严重，自2013年以来，全国各地出现的雾霾天气引发社会高度关注。二氧化硫、颗粒物和氮氧化物作为主要污染物，是形成雾霾的主要因素[1]。大气污染物的主要来源是工业燃烧过程中产生的二氧化硫、颗粒物和氮氧化物等物质。

工业锅炉燃烧产物中的二氧化硫主要来自含硫燃料的燃烧。煤中硫以有机硫、硫化物、元素硫和硫酸盐等形式存在；液体燃料中的硫以有机硫、硫化氢和游离硫等形式存在；气体燃料中的硫主要以硫化氢的形式存在。燃烧过程中，除了无机硫酸盐以外，其他含硫物质均可与氧气反应生成二氧化硫以及少量的三氧化硫，无机硫酸盐以飞灰或渣的形式排出。二氧化硫不能通过改变燃烧方式来控制。

燃烧产物中的颗粒物有炭黑和飞灰，统称为烟尘。与燃煤锅炉相比，燃气锅炉和燃油锅炉产生的烟尘很少。

氮氧化物主要是NO和NO_2，其次是N_2O、N_2O_3、N_2O_4和N_2O_5，这些大多数是在燃烧过程中形成的。其中，NO是无色、无刺激、不活泼的气体。在阳光照射下，能够迅速被氧化为NO_2；同时，NO_2也会分解为NO，所以大气中的NO和NO_2以及另外氮氧化物自成一个循环系统，统称为NO_x。NO_x的危害性主要体现在对人类健康、农作物生长及全球大气环境的影响。

热媒炉作为聚酯装置中关键的动力设备，其污染物的主要成分是氮氧化物、二氧化硫和颗粒物等。热媒炉以天然气为燃料时，烟气中的二氧化硫和颗粒物的量很少，氮氧化物是主要污染物。

燃烧过程生成的NO_x主要是NO，因此，研究燃烧过程中NO_x的生成途径主要是研究NO的生成途径。燃烧理论[2]将NO_x的生产分为热力型NO_x、快速型NO_x、燃料型NO_x、N_2O中间型NO_x和NNH型NO_x五种机理。天然气中的氮含量很低，在用锅炉多采用余热回收技术使助燃风温度高于200℃，因而天然气燃烧温度很高。热力型NO_x是天然气燃料锅炉NO_x产生的主要类型。热力型NO_x是指燃烧过程中，空气中N_2在高温下氧化生产的NO_x。关于热力型NO_x的生成机理一般采用泽尔多维奇机理。热力型NO_x机理[2]如下所示：

$$O+N_2 \longrightarrow N+NO$$

$$N+O_2 \longrightarrow O+NO$$

$$N+OH^- \longrightarrow H+NO$$

热力型 NO_x 在高温燃烧中起支配作用，在热力型机理中，温度是支配 NO_x 生成的关键性变量。当温度低于1500℃时，热力型 NO_x 的生成量很少；高于1500℃时，温度每升高100℃，反应速度增大6~7倍。在实际燃烧过程中，由于炉膛内的温度分布是不均匀的，靠近火焰的温度高，而远离火焰的温度低。在炉膛内的局部高温区，会产生比较多的热力型 NO_x，高温区可能会对整个燃烧室内的 NO_x 生成量起关键性的作用。因此在炉膛中，为了抑制 NO_x 的生成，除了降低炉膛内平均温度外，还必须避免局部高温区。

天然气燃烧过程中快速型 NO_x 生成也占一定比例。快速型 NO_x 机理与碳氢化合物的燃烧化学密切相关。费尼莫尔最早发现NO在层流预混火焰的火焰区域中快速地产生，且在热力型 NO_x 产生之前就已经产生，这种 NO_x 称之为快速型 NO_x。快速型 NO_x 机理[2]可以表示如下：

$$CH+N_2^- \longrightarrow HCN+N$$

$$N+O_2^- \longrightarrow NO+O$$

$$HCN+OH^- \longrightarrow CN+H_2O$$

$$CN+O_2^- \longrightarrow NO+CO$$

$$NH+H^- \longrightarrow N+H_2$$

$$N+OH^- \longrightarrow NO+H$$

根据热力型 NO_x 生成机理及生成速度可知，影响NO生成速度的主要因素是所在区域的局部状态参数，即该区域的温度、氧气浓度、氮气浓度及气体在区域内的停留时间。如果助燃不采用富氧空气，则氮的浓度基本上不变化，因此，影响因素主要是燃烧区域温度、氧气浓度和混合物停留时间三个因素。如果燃烧在一定压力下进行，还应考虑压力因素的影响。

根据燃烧过程中氮氧化物的生成机理可以知道，在低氮燃烧设备的设计过程中，应着重考虑燃烧区域的温度、氧气浓度和混合物停留时间。现有的新型低氮燃烧技术，如燃气空气分级技术、全预混燃烧技术以及烟气再循环技术等，均从不同切入点来抑制燃烧过程中的氮氧化物的生成。

2 项目背景

聚酯装置所用有机热载体锅炉(也称聚酯热媒炉)是指载热工质为高温导热油(也称热媒体、热载体)的新型热能转换设备，所以有机热载体锅炉也称导热油锅炉。热载体炉作为一种以热传导液为加热介质的新型特种锅炉，具有低压高温工作特性，随着工业生产的发展和科学技术的进步，热载体炉得到了不断的发展和应用。需要注意的是，热载体炉的工作压力虽然比较低，但炉内热传导液温度高，且大多具有易燃易爆的特性，一旦在运行中发生泄漏，将会引起火灾、爆炸等事故。

中国石化仪征化纤热媒炉目前在用25台，额定负荷大小不一，布置结构既有侧烧、底烧，也有顶烧。热媒炉配置单台燃烧器，燃烧控制系统具备自动点火、自动调节热负荷的功能。仪化热媒炉的建造时间均在2012年以前，执行《GB 13271—2014 锅炉大气污染物排放标准》要求的氮氧化物≤400mg/Nm^3。2015年1~3季度的热媒炉监测数据分析发现，NO_x浓度在205~386mg/Nm^3。2014年，我国各地对各种工业锅炉及石化加热炉工业污染物排放提出了越来越严苛的要求，新颁布的国家标准《GB 31571—2015 石油化学工业污染物排放标准》严于《GB 13271—2014 锅炉大气污染物排放标准》，将工艺加热炉的 NO_x排放标准提高为150mg/Nm^3，其中，重点控制范围区的特别排放限值标准为100mg/Nm^3。仪化公司地处扬州，属于重点控制范围区，根据《关于执行大气污染物特别排放限值的通告》(苏环办[2018]299号)规定，现有企业“自2019年8月1日起，执行二氧化硫、氮氧货物、颗粒物和挥发性有机物特别排放限值”。届时，仪化公司有25台热媒炉将不符合新的环保特别排放限值。各炉的排放数据见表1。

表 1 仪化公司热媒炉氮氧化物(NO_x)排放值统计表 单位：mg/Nm^3

序号	一季度	二季度	三季度	平均值
1	230	185	196	204
2	224	172	227	208
3	220	184	328	244
4	148	179	—	164
5	226	173	209	203
6	222	121	174	172
7	159	235	139	178
8	107	237	151	165
9	—	231	—	231
10	161	227	153	180
11	167	197	150	171
12	355	377	305	345
13	—	330	—	330
14	374	350	267	330
15	380	370	310	353
16	389	366	307	354
17	249	—	—	249
18	—	—	188	188
19	252	209	234	231
20	230	211	—	221
21	248	—	235	242
22	—	213	210	212
23	—	—	160	160
24	—	386	—	386
25	365	373	345	361
平均值				239

注：上表中“—”表示热媒炉停用。

从表 1 可以看出，NO_x平均水平 239mg/Nm^3，超过标准 140%，故必须对热媒炉进行的低氮改造。由于涉及热媒炉的数量多，为了保证生产的平稳运行，仪化公司分两步实施改造：第一步，先在聚酯一厂 4 号炉进行改造，由北京航天石化技术装备工程有限公司设计低氮燃烧及相关控制系统，使用后得出结论；第二步，根据结论再进行推广，全部改造完成后检测。

3 工业燃烧设备低氮燃烧技术

随着环境保护标准的日益提高，工业燃烧设备的低氮燃烧技术也不断进步，一般的低氮燃烧技术有空气燃气分级和烟气再循环等。下面主要介绍空气燃气分级和烟气再循环两种常用的低氮燃烧技术。

3.1 空气燃气分级技术

空气燃气分级技术是浓淡燃烧的一种，属于常用的低 NO_x燃烧技术，它通过燃料和空气的不同配比，使燃料的燃烧分别在燃料过浓、燃料过淡和燃烬三个区域分阶段完成，从而达到在燃烧过程中抑制 NO_x生成的目的。

在燃料过浓区域，部分燃料在空气供给不足条件下完成一次燃烧，形成所谓浓火焰。同时在燃料过淡区域，另一部分燃料由于空气供给过剩形成淡火焰。在燃烬区域，浓、淡火焰一次燃烧烟气中分别将剩余的可燃成分与氧进行二次燃烧。浓淡燃烧经过两种火焰的两次燃烧，最后实现完全燃烧，因此浓淡燃烧是一种总过程的燃料与空气比接近理论当量比，而各自燃烧在非化学当量比下进行的阶段性燃烧，它是常用的低 NO_x 燃烧技术之一。

为了抑制 NO_x 的生成，浓淡火焰各自燃烧均偏离化学当量比进行。浓火焰在获得低 NO_x 燃烧的同时，往往会导致大量的 CO 生成。此外，淡火焰燃烧时，由于过剩空气系数较大(一般大于1.3)，火焰传播速度较低，故容易发生脱火，燃烧不稳定。如果燃烧在冷却条件较强的炉膛内进行，上述问题显得更加突出。因此，能否在降低 NO_x 的同时，防止 CO 生成的增加，并保证淡火焰的稳定，是组织浓淡燃烧的技术关键。

空气燃气分级燃烧技术既可应用于大型燃烧设备，也可用于单体低 NO_x 燃烧器的研制。对于大型燃烧设备，把燃烧器分组，使其分别形成浓火焰和淡火焰，在炉膛内组织浓淡燃烧降低 NO_x 的生成。低 NO_x 燃烧器是利用自身结构组织燃烧，受燃烧室条件影响较小，具有较稳定的降低 NO_x 效果。抑制热力型 NO_x 生成的原理：燃气燃烧过程中生成的 NO_x 主要是热力型 NO_x，它生成于火焰面背后的氧气供给充足的高温区，而且当温度大于 1500℃时，热力型 NO_x 生成才显著，因此，NO_x 生成需要高温和氧两个必备条件。

浓淡燃烧的浓火焰的空气供给小于其化学当量值，燃料的燃烧热得不到完全释放，限制了燃烧温度的提高。燃烧反应开始后，可燃混合物中的氧很快被消耗完，使火焰面背后氧浓度很低。由于燃烧呈还原气氛，有可能发生一些 NO_x 的还原反应，使生成的 NO_x 部分裂解成无害的 N_2。因此，浓火焰较低的燃烧温度和燃烧的还原气氛有效地抑制了 NO_x 的生成。

浓淡燃烧的淡火焰的空气供给大于其化学当量值，燃烧过程中由于过剩空气存在，有效地降低了燃烧温度。虽然火焰面背后氧含量很高，但由于火焰温度低，NO_x 的生成反应无法得到其生成必需的较高的活化能，NO_x 的生成量也很小。

浓淡燃烧的二次燃烧是在浓、淡火焰的一次燃烧分别完成后进行的，由于 CO_2 和 H_2O 等一次燃烧产物的存在，致使反应区温度和氧浓度均较低，NO_x 的生成也受到了抑制。

浓淡燃烧通过火焰和燃烧过程的组织，对燃烧温度和火焰高温区氧含量进行控制，有效地降低了燃烧过程中 NO_x 的生成。

3.2 烟气再循环技术

在锅炉燃烧过程中，通过将部分燃烧烟气引至燃烧区域，可以有效降低炉内温度，同时也能降低烟气和空气混合物中的氧浓度。这一方面有利于减少高温型 NO_x 的生成，另一方面也减少了中间产物含氮基团和氧的反应，一部分就会转化成分子 N_2，因此，也有利于减少燃料型 NO_x 的生成。烟气再循环对减少燃料型 NO_x 基本没有效果，原因是燃料 N 分解产生的中间产物，在过剩空气系数大于 1 以及温度小于 1000℃时都已经迅速地氧化成燃料型 NO_x，而现有燃烧方法的炉温一般都超过 1000℃，因而对减少燃料型 NO_x 没有效果。但烟气再循环能有效地降低 NO_x 的排放量，当再循环为 15%~20%时，在采用天然气为燃料工况下，NO_x 排放浓度可以降低 35%左右；如采用燃油为燃料，可以降低 10%~30%。

用烟气再循环，当再循环率在一定范围内时，可以使燃烧器出口速度增大、燃料和空气混合加强，对改善燃烧有一定效果，该法常常与二段燃烧法结合使用。

4 北京航天石化低氮燃烧技术特点

4.1 低氮氧燃烧器

仪征化纤公司热媒炉采用了北京航天石化技术装备工程有限公司设计制造的强制通风型低氮氧燃烧器，以天然气为主燃料，沼气为辅燃料。燃烧器采用空气分级和炉内尾缘回流烟气循环相结合的燃烧技术。此燃烧技术为北京航天石化技术装备工程有限公司的专有技术，发明专利号201510520158.6《尾缘回流分级低氮氧燃气燃烧器》。

尾缘回流：炉内尾缘回流烟气循环技术是在火道设计中增加了特殊设计的尾缘烟气回流技术。外围助燃风高速流过烟气回流翅片圈后，在烟气回流圈翅片后形成钝体负压区，将炉膛烟气从回流孔吸入，和二次风相互掺混，降低助燃风的氧含量。经过一次风燃烧后剩余的燃料，与掺混了烟气的助燃风燃烧，火焰温度明显低于理论火焰温度；同时燃烧速度明显减慢，火焰燃烧过程适当拖长，在炉膛辐射换热的作用下可以进一步降低火焰温度，通过降低火焰峰值温度达到降低 NO_x 生产的目的。由于炉膛烟气回流量与二次风速度成正比，因此炉膛烟气回流量可间接由二次风翻板控制。

空气分级：将助燃风分为外层、中层和中心三个部分，其比例可调节，低氮氧燃烧器的全部燃料从中心风部分送入燃烧器开始燃烧，将原本一次完成的燃烧通过控制多次供风分多次燃尽。因为在燃料过剩的区域，氧气与燃料结合的趋势远远大于氮气，在燃烧过程中只在燃烧尾部才出现助燃风过剩，燃烧时存在炉管换热可降低火焰区域温度，最终安装了低氮氧燃烧器就能达到降低氮氧化物的效果。

4.2 烟气再循环系统

烟气再循环系统结合低氮氧燃烧器，可使燃烧系统得到更低的氮氧化物排放值。烟气再循环使用引风机将烟气送回到助燃风系统，通过降低助燃风氧量来降低燃烧速度，同时燃料放热后更多的烟气量将降低火焰温度，这样可以降低氮氧化物排放。

烟气再循环系统包含烟气循环管道、引风机、自动调节风阀、氧分析仪及手动翻板阀等。烟气引出点选择空气预热器下游温度较低的烟气，烟气送回点选择助燃风出空气预热器的热风管道，这样掺混烟气的助燃风在降低氧量的同时温度也比较低，有利于降低氮氧化物排放。引风机的风量根据热媒炉的负荷由气动烟气调节阀控制。为防止烟气循环系统不投用时助燃风直接泄漏到烟气中，在引风机的进口设置手动挡板阀，出口管道设置有具有切断功能的烟气调节阀。在回流管线上设置的氧分析仪，能监控烟气循环量和热风的氧气含量，可保障热媒炉安全稳定地运行。烟气外循环流程图和烟气内循环见图1和图2。

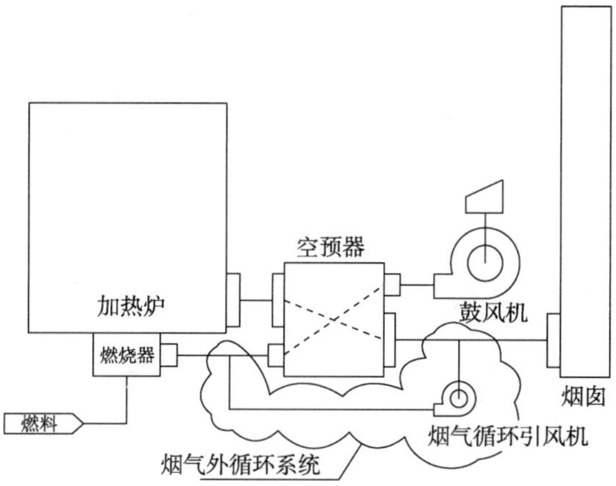

图1 烟气外循环流程

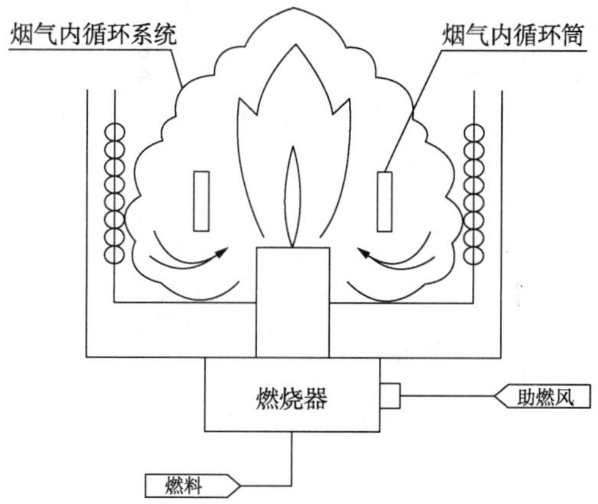

图2 烟气内循环

4.3 低氮燃烧的数值分析

以1台使用天然气为燃料，额定负荷是11.6MW的热媒炉为研究对象，对其进行数值分析，得出如下结论。

4.3.1 空气分级对炉膛温度的影响

图3、图4分别给出二次空气量为30%与90%工况下优化后的模型得到的炉膛中心截面上温度

的分布。可以看出，随着二次空气量的增加，最高火焰温度在降低，因为中心的空气量减少，燃料大部分集中在套筒内。这里的燃烧处于贫氧燃烧状态，火焰温度有所降低。另外，未燃尽的燃料需要喷射到更远的距离才能充分燃烧，火焰长度增加。二次空气量从 30%增加到 90%，炉膛的出口温度从 1438K 下降到 1384K。

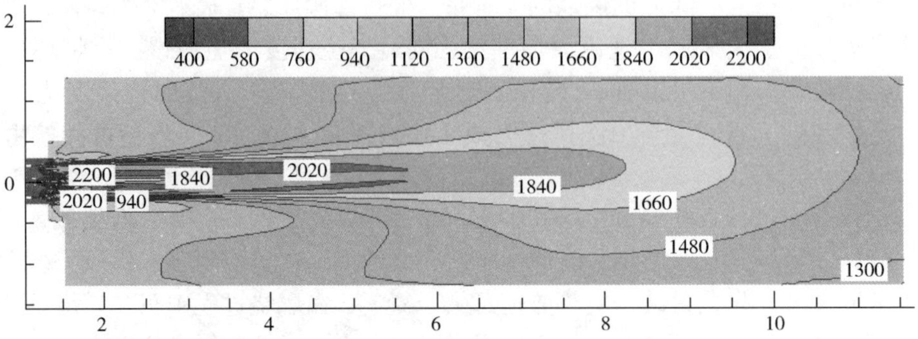

图 3　二次空气量 30%时炉膛中心截面温度分布

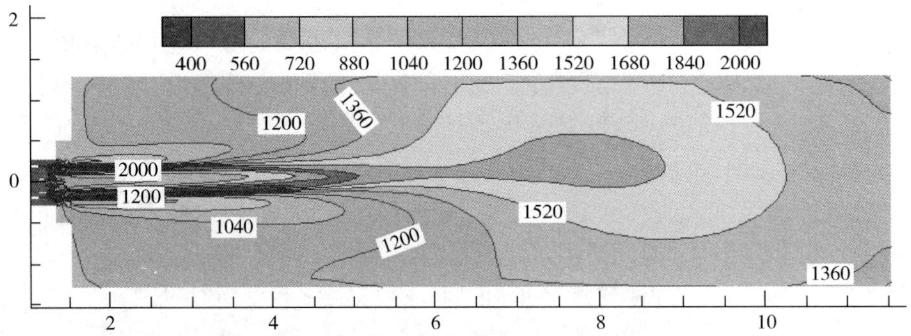

图 4　二次空气量 90%时炉膛中心截面温度分布

4.3.2　NO 生成动态分析

天然气燃烧时产生瞬时型 NO_x 和热力型 NO_x，其中，热力型 NO_x 的生成依赖高温条件，瞬时型 NO_x 需要高温和富燃低氧条件。下面从温度、组分浓度来分析燃烧过程及 NO_x 生成速率的变化。

(1) 温度。在二次空气量为 50%和 90%时，NO_x 浓度随温度的变化趋势如图 5 所示。NO_x 浓度随着温度的升高而增加。NO_x 浓度最大值在火焰温度峰值之后出现。

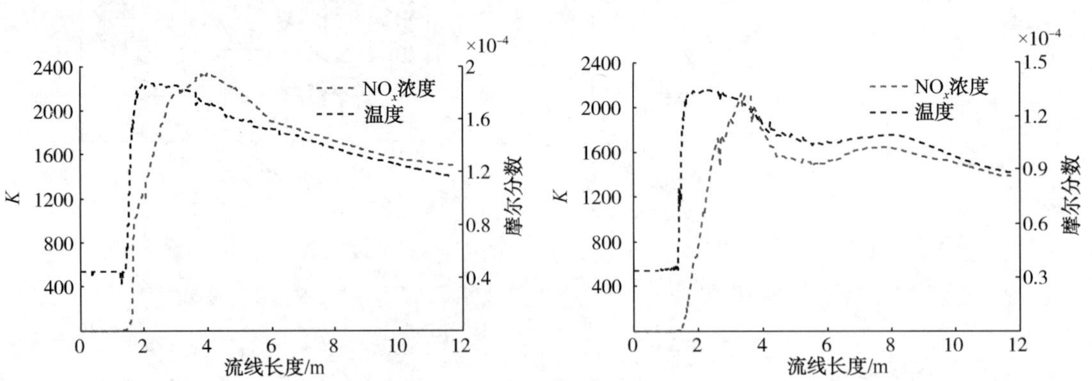

图 5　NO_x 浓度随温度变化趋势

随着温度的升高，热力型 NO_x 的生成速率急剧升高，如图 6 所示。其最大值和火焰温度峰值基本出现在同一位置，当温度较低时只有较少量的热力型 NO_x 的生成。

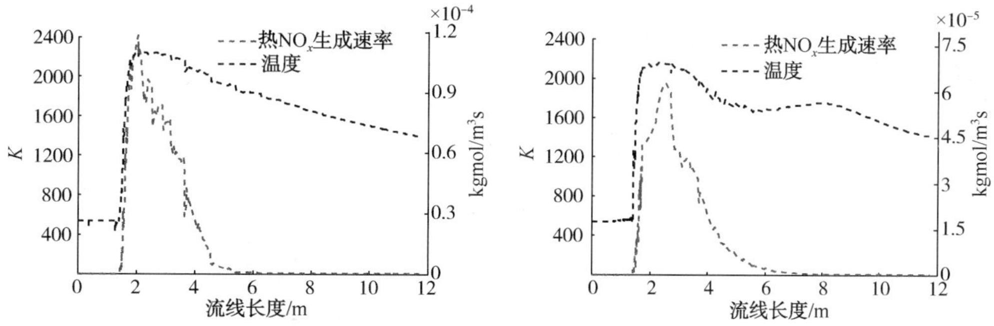

图 6　热力型 NO_x 生成速率随温度变化趋势

瞬时型 NO_x 随火焰温度变化趋势，如图 7 所示。随着火焰温度的升高瞬时型 NO_x 速率变大，刚开始燃烧时，燃料在高温下分解生成的 CH 自由基和空气中氮气反应生成 HCN 和 N，进一步与氧气作用以极快的速度生成 NO_x。但当火焰温度上升到最高时，高温区域的氧气大多已经耗尽，燃料浓度也有所下降，因此瞬时 NO_x 的生成速率有所下降。随着燃烧和氧气的混合加上此时的温度仍然非常高，使得瞬时 NO_x 的生成速率出现回升，并且比之喷嘴处的速率还要高。在后期，随着温度的降低，燃料和氧气大部分已经燃烧，所以瞬时型 NO_x 的生成速率急剧下降，最后瞬时型 NO_x 的生成速率趋于零。这就是整个过程中瞬时型 NO_x 生成速率的变化。

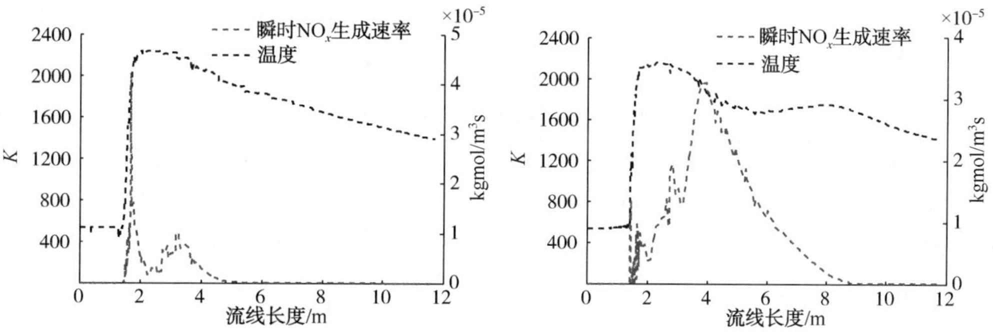

图 7　瞬时 NO_x 生成速率随温度的变化趋势

综上所述，温度较高的工况下，NO_x生成速率和生成量都较高。而火焰温度升高的原因在于受到现有燃烧器接口条件限制，外围的燃气喷枪的分布圆不够大，外围喷枪的所有燃料在喉部组件内就接触到助燃空气，而在助燃空气通道内还是处于燃气不足而外围助燃空气过剩的状态，在外围喷入燃气后使燃烧更均匀，这样反而使燃烧更接近于一次燃尽，导致了火焰温度升高。

(2) 组分浓度。燃烧过程中各组分浓度变化如图 8、图 9 所示。从图中我们可以看出，由于剧烈燃烧和大量 NO_x 的生成使得局部氧浓度降低，但由于每个工况下的空气过剩系数均为 1.2，出口处的 CO 浓度均为 0，燃料完全燃烧。

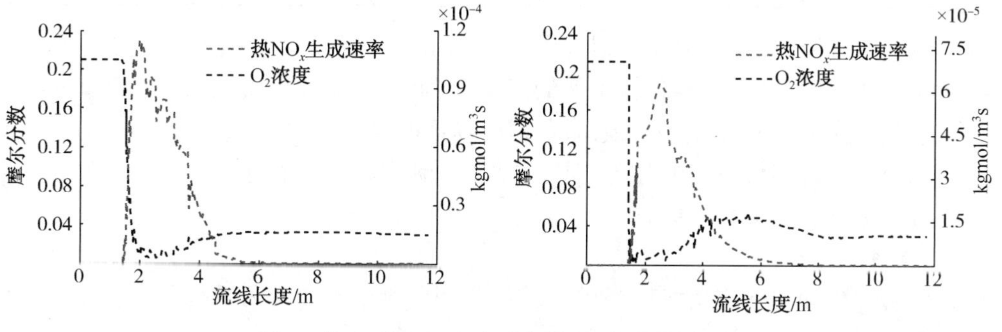

图 8　热力型 NO_x 生成速率随 O_2浓度变化趋势

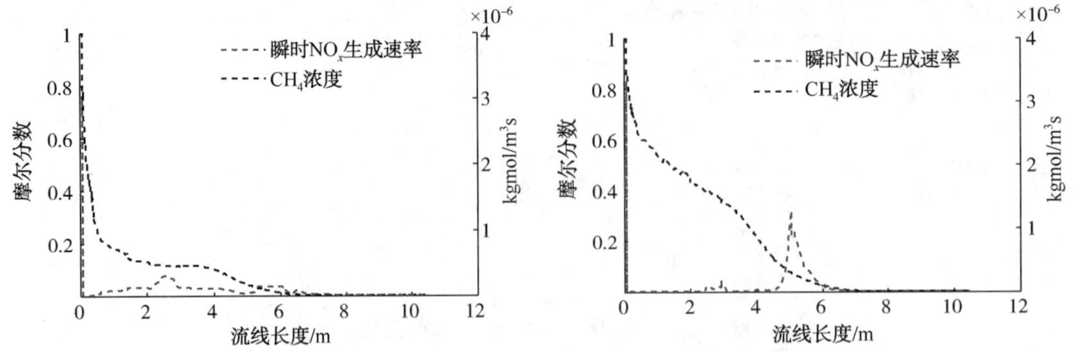

图 9 瞬时型 NO_x 生成速率随 CH_4 浓度变化趋势

5 聚酯装置热媒炉低氮燃烧改造

5.1 改造试验

仪征化纤公司聚酯的热媒炉有立式底烧圆筒形结构和卧式侧烧方形结构，以天然气为燃料，其中部分热媒体以沼气为辅助燃料。2017 年公司批准立项，对聚酯一装置 4 号炉开展低氮改造试验，根据试验结果再推广。改造前的 4 号炉的 NO_x 是 272mg/Nm^3(2015 年 7 月 2 号测试数据)，改造后测试的数据 NO_x 是 77mg/m^3(2018 年 5 月 28 号，仪化环境检测中心测量)，完全满足《GB 31571—2015 石油化学工业污染物排放标准》中规定的烟气氮氧化物排放小于 100mg/Nm^{3}的要求(见表 2、表 3)。

表 2 循环风改造前后对比表

变量名称	改造前	改造后	变化
排烟温度/℃	141	153	12
烟气氧含量/%	4	3.9	-0.1
进炉风氧含量/%	21	18.5	-2.5
进炉风温度/℃	258	241	-17

表 3 测量结果数据表

组 分	单 位	开烟气回流风机(热风氧 18.5%)
O_2	%	4
SO_2	mg/m^3	0
NO	mg/m^3	47
NO_2	mg/m^3	3
CO	mg/m^3	5
NO_x	mg/m^3	75

运行工况：天然气流量 750Nm^3/h，沼气流量 254Nm^3/h，烧废气，上位机运行氧量 3.2%。

从表 2 可以看出，在烟气氧含量保持不变的情况下(4%)，循环风机运行后，进炉的热风温度下降了 17℃，氧含量下降了 2.5%，这些措施都有利于降低氮氧化物。因此，氮氧化物从 132mg/m^3 下降到 77mg/m^3(见表 3)。但是，排烟温度上升了 12℃，预示着热效率有所下降；同时由于风机运行耗电，能耗也有所上升。

5.2 推广应用

通过理论分析计算和实际应用案例分析，仪化公司的聚酯装置 4 号热媒炉使用北京航天石化技术装备工程有限公司的低氮燃烧技术开展改造后，完全满足达标排放要求，其氮氧化物含量

77.2mg/m^3(小于国家标准 150mg/Nm^3)。因此，公司决定继续推广该技术开展低氮燃烧技术改造，并要求在 2018 年底全部完成。2018 年 12 月，25 台热媒炉全部改造完成；2019 年 1~2 月，公司委托并授权第三方扬州华泰检测公司对 25 套热媒炉开展检测，测试数据如表 4 所示。

表 4　仪化公司热媒炉氮氧化物测试数据一览表　　mg/m^3

序号	位号	改造前平均值	改造后测试	备注(外循环开达到 100 为合格)
1	130K01.1	204	73	合格
2	130K01.2	208	77	合格
3	130K01.3	244	87	合格
4	130K01.4	164	75	合格
5	130K01.5	203	73	合格
6	130K01.6	172	75	合格
7	230K01.1	178	81	合格
8	230K01.2	165	77	合格
9	230K01.3	231	95	合格
10	230K01.4	180	77	合格
11	230K01.5	171	79	合格
12	330K01.1	345	82	合格
13	330K01.2	330	76	合格
14	330K01.3	330	95	合格
15	330K01.4	353	80	合格
16	330K01.5	354	73	合格
17	60K01	249	50	合格
18	60K02	188	72	合格
19	60K03	231	77	合格
20	60K04	221	82	合格
21	70DV01	242	80	合格
22	70DV02	212	79	合格
23	3007-F02	160	75	合格
24	FA-8100A	386	80	合格
25	FA-8100B	386	78	合格
平均		240		

从表 4 可以看出，25 台热媒炉改造后，全部达到目标值。

6　结论

本文利用低氮燃烧技术对聚酯热媒炉燃烧器进行了优化设计改造，运行后达到了国家烟气排放控制标准，实现了氮氧化物小于 100mg/Nm^{3}的控制要求；在降低氮氧化物的同时，热媒炉的烟气排烟温度有所上升，在常用负荷下热效率有所下降；外循环风机运行增加电耗。因此，项目改造完成后，需要继续优化运行，既要保证烟气达标排放，又要降低能耗。

参　考　文　献

[1] Sun Y L, Zhuang G S, Tang A H, Wang Y, An Z S. Chemical characteristics of PM 2.5 and PM10 in haza-fog episodes in Beijing[J]. Environmental science & Technology, 2006, 40(10): 3148-3155.

[2] Turns Stephen R. 燃烧学导论：概念与应用[M].2 版. 北京：清华大学出版社，2009.

延迟焦化装置焦炭塔大油气线结焦原因分析及处理

崔禹东　刘宇昕　吴玉娇　宋晓峰

(中石化洛阳石化公司，河南洛阳　471012)

摘　要：中石化洛阳公司 1.4Mt/a 延迟焦化装置焦炭塔油气线结焦导致生产顶压力升高，分析了大油气线结焦的原因，采用大直径管道清洗技术进行处理，取得了良好的效果。

关键词：延迟焦化；油气线；结焦；清洗

1　焦炭塔大油气线结焦的现象

焦炭塔大油气线结焦会导致焦炭塔压力的上升。洛阳石化延迟焦化装置在正常单炉室生产期焦炭塔生产塔顶压力在 0.14~0.15MPa。在 2018 年 6 月 26 日以前，焦炭塔 A、B 塔压力单炉室生产时压力均为 0.14~0.15MPa。自 6 月 26 日 A 塔进料开始，塔顶压力比前一周期高 0.02MPa，达到 0.160~0.168MPa。7 月 4 日，打开 A 塔顶油气三通检查，此处没有结焦。

6 月 27 日至至 9 月 27 日，根据处理量不同，A 塔压力在 0.17~0.18MPa，已经出现上升趋势。9 月 27 日进行双炉室生产，由于处理量增大，A 塔压力升高至 0.20~0.21MPa。10 月 10 日切炉进行单炉室生产。10 月 10 日至 11 月 13 日，A 塔生产期压力在 0.175~0.183MPa。自 11 月 13 日起，单炉室生产期间焦炭塔 A 塔压力快速升高至 0.21MPa。

从 6 月 26 日焦炭塔 A 塔进料后，生产正常，操作平稳，焦炭塔各参数平稳，切塔后压力就比前一塔压力高，说明不是因操作引起的。如因原料、急冷油等原因造成 A 塔压力上升的，需要有一个过程。所以判断焦炭塔顶压力快速升高很有可能是焦炭塔油气线结焦导致的。

2　焦炭塔大油气线结焦的原因分析

2.1　装置低负荷生产

洛阳石化焦化装置自 2014 年开始低负荷生产，加热炉进料量基本在 90~95t/h，一直在设计负荷的 57%以下。焦炭塔顶大油气线(DN600)线速降低，在管线弯头或靠近弯头的直管段油气形成偏流，油气中重组份和携带的焦粉逐步结焦挂壁。

2.2　原料的劣质化影响

2017 年开工以来，焦化原料劣质化程度大大增加。具体表现在掺炼沥青与油浆比例大大增加。同时，从 9 月开始掺炼塔河油，进一步增加了原料的劣质化。特别是到 10 月，受掺炼塔河油增加等综合因素影响，焦化残碳从月初 22%左右，逐步上升，最高到 29.41%，残碳值在 27%以上持续 20 多天，焦化原料劣质化程度非常高。

2.3　管壁焦块脱落造成堵塞

当油气线内挂壁焦层达到一定厚度后，冷热时与管壁金属的膨胀系数逐渐增大。焦炭塔顶大油气线预热时引高温油气，在 1h 内从 130℃升到 370℃，冷焦时在 4h 从 420℃降到 150℃。大油气线温度的大幅变化为焦块脱落提供了条件。

如果焦块形状足够大，卡在膨胀弯或沉积在水平管处，现有油气线速不能将其带走，油气线会出现“缩径”现象，导致生产塔压力升高。后续管线内挂壁焦脱落后，不断卡在前期形成的“缩径”

处，造成通径越来越小。在缩径后的膨胀区管壁处会形成低压区，在低压区油气流速慢，形成涡流，重组份继续结焦并逐步后移，越来越严重。风险最大的是如前面再有挂焦脱落，就会堵塞大油气线。造成生产塔压力急速上升，甚至导致安全阀起跳。结焦示意如图 1 所示。

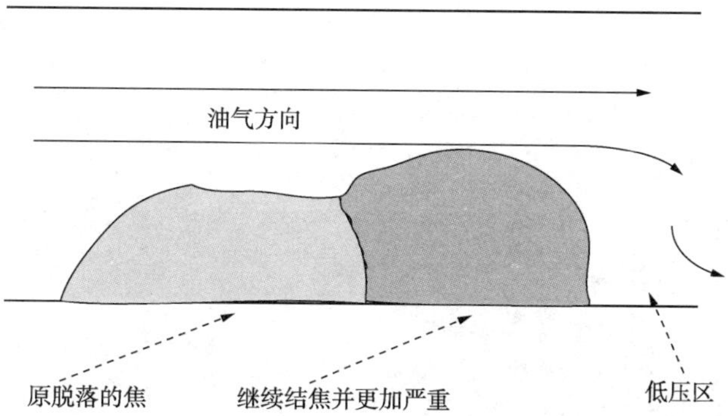

图 1　焦炭塔大油气线内缩径处结焦示意

3　焦炭塔大油气线结焦的处理

3.1　焦炭塔大油气线结焦的处理方法

本次清焦采用科派(上海)机电科技有限公司的大直径管道清洗技术，由焦炭塔顶部油气线清理至焦炭塔 3 层油气隔断阀处，DN600 管道 2 条共 100m。

清洗方法为首先从焦炭塔 3 层从下向上清洗至二段平管(如图 2 所示)，并用獾猪喷头带干净管线内部所有焦块。其次，清焦设备移至塔顶，从塔顶油气线清理至第第二段平管处，清洗干净为止。最后，为防止清洗掉的焦块遗落在管线内部，采用炉管清焦车配合冲水。獾猪喷头从 3 层隔断阀处再次冲洗第二段平管，清焦车再次冲水，直到管线内部没有焦块排除。

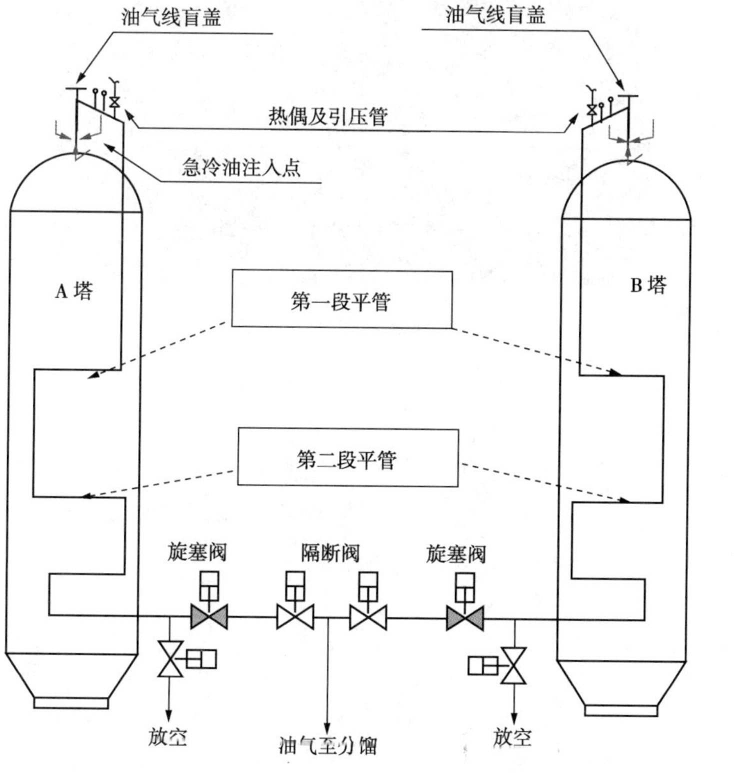

图 2　焦炭塔油气管线及阀门说明

3.2 焦炭塔大油气线结焦的处理效果

本次油气线清焦作业达到了预期效果，焦炭塔生产塔顶部压力回归至正常值。从清焦过程中反馈的数据看，焦炭塔A塔油气线结焦严重，最严重部位为从上往下至3.9m弯头位置，预计最厚结焦超过300mm，25m位置结焦也很严重，最厚约200mm。清理出的焦块如图3所示。

图3 油气线中清理出的焦块

焦炭塔B塔结焦最严重部位为从顶部盲盖往下至1.5m热电偶位置(如图4所示)，预计最厚结焦超过300mm，其他位置较为均匀。

图4 焦炭塔B塔结焦照片

4 结论

在低负荷生产、原料劣质化导致了焦炭塔油气线结焦，其中挂壁焦脱落的脱落最终导致了焦炭塔生产塔压力的突升。采用大直径管道清洗技术可在装置闭路循环条件下对大油气线进行有效的清理。

催化剂与助剂

脱铁剂缓解催化裂化催化剂铁中毒研究

沈明欢　于　丽　张　峰　王振宇

（中国石化石油化工科学研究院，北京　100083）

摘　要： 原料中的金属污染物对催化裂化过程造成的负面影响越来越大，尤其是近年来催化剂的铁污染问题日益突出。一方面需从深层次研究铁对催化剂的影响机理，开发抗铁污染的重油裂化催化剂技术；另一方面需开发新型高效脱铁剂，利用好炼厂电脱盐技术平台，充分发挥其源头预处理作用。本文介绍了近年来石科院为缓解催化裂化催化剂铁中毒问题开展的相关研究及应用，希望引起本领域技术人员对污染物源头治理的重视。

关键词： 脱铁剂；催化剂中毒；电脱盐；催化裂化

1　引言

近年来随着石油资源的日益重质化、劣质化，金属污染对催化裂化过程造成的负面影响越来越大，在催化裂化反应过程中不断沉积在催化剂上，通过破坏晶体结构、堵塞孔道、覆盖活性位等方式造成催化剂中毒，且这种过程一般是不可逆的[1]。另外随着页岩油、炼厂污油等特殊原料油的加工，催化剂的铁污染问题也日益突出[2]，主要表现为催化剂流化性能变差，含铁熔融物覆盖催化剂表面，堵塞孔道，降低可接近性，裂化产物分布变差等。2018 年中国石化催化裂化技术交流会上就有扬子石化、镇海炼化、海南炼化三家企业介绍了催化裂化催化剂铁中毒的问题[3]，并对铁中毒的原因及对策进行了分析。李宁等[4]研究认为，新鲜催化剂的铁含量较低，平衡剂中的铁主要由催化裂化原料带入，原料中的铁主要来源于原油储存及上游加工过程腐蚀产生的铁、经过渣油加氢装置进入尾油中的残留铁、未加氢的重油（包括渣油加氢反冲洗油）中的铁。原料中的无机铁短时间内在平衡剂内外分布较均匀，对催化裂化装置的影响较小，但长时间的污染后无机铁会出现在催化剂外表面富集，并影响催化剂性能；而有机铁则在外表面迅速富集，对催化剂的影响更大。

为了应对铁污染问题，一方面需从深层次研究金属铁对催化剂的影响机理，并针对性地开发抗铁等金属污染的重油裂化催化剂技术。目前，石科院、雅宝、巴斯夫等机构针对催化剂技术已进行了大量研究工作[5,6]，开发了催化剂可接近性测试方法并与催化剂的铁污染程度进行了关联，对铁在催化剂上的形态、分布及迁移进行了初步研究，巴斯夫通过比较外层和内层的金属污染物含量可以得到催化剂的外围沉积指数（PDI），铁的 PDI 数值范围从 4 到 7 以上不等，说明铁的分子内流动性比较低，与镍的分散情况相似；而钒在催化剂分子中接近于均匀分布，即有比较高的分子内流动性。图 1 为催化剂颗粒上不同含量铁的能谱图和扫描电镜成像图，可见铁主要沉积在催化剂外围。

另一方面需利用好炼厂电脱盐技术平台，结合脱铁剂的使用，充分发挥其源头预处理作用。电脱盐作为炼厂的主要防腐措施，通常是企业去除原油中的固体颗粒物、有毒有害物质和可溶性污染物的第一个操作步骤，现有考核指标主要为脱后原油盐含量、水含量，对于金属无硬性指标。随着国内高钙含酸原油加工量的增加及渣油加氢规模的壮大，电脱盐过程脱钙引起人们重视，现有脱金属剂主要侧重脱钙功能。原油中铁的存在形态比钙更复杂，除了油溶性和水溶性两种类型外，还存在酸性物质和菌类腐蚀产生的铁化合物，以细微固体颗粒物的形式分散在油相中，并具有亲水亲油特性，易于在油水界面富集，常规电脱盐过程及脱金属剂不易去除。国外企业采用贝克休斯公司相

图1　含铁催化剂颗粒上的能谱图和扫描电镜成像图

关技术，优化电脱盐装置操作，提高脱盐效率，可以进一步降低下游装置原料油杂质含量，显著降低催化剂中毒程度，为企业带来一系列好处[7]。因此，研究原料中金属铁的存在形态及分布方式，开发高效脱金属剂，优化电脱盐操作，可以从源头缓解金属铁等金属毒物对催化裂化催化剂的不利影响。

2　原油性质变化引起的催化剂铁中毒

陕北某炼油厂加工的原油为地产混合原油，部分原油中的铁含量较高，在加工过程中，原油中的铁富集在渣油馏分中，在催化裂化过程中易沉积在催化剂上。图2为催化裂化装置新鲜剂与平衡剂的外观形貌，平衡剂颜色更深，平衡催化剂上铁含量有时高达1.2%，导致轻油收率下降，干气及焦炭产率增加。催化剂性质见表1。由表1可见，相对于新鲜剂，平衡剂比表面、微孔面积等大幅降低，金属钙、铁含量大幅上升，微反活性仅为45%。为此，石科院针对原料中金属形态及分布特点，开发了相应的电脱盐助剂，在炼厂电脱盐装置上进行了工业应用试验，重点考察脱铁的效果，以及对装置催化剂的铁含量和产品收率的影响。

图2　催化剂外观

表1　催化裂化催化剂基本性质

分析项目	新鲜剂	平衡剂
BET 比表面/(m^2/g)	282	80
基质面积/(m^2/g)	83	40
微孔面积/(m^2/g)	199	40
总孔体积/(cm^3/g)	0.172	0.13
微孔体积/(cm^3/g)	0.081	0.017
Fe 含量/%	0.32	1.14
Ca 含量/%	0.07	0.72

炼厂加工原油种类及基本性质见表2。由表2可见，除长庆原油外，另外两种原油中金属钙、铁含量较高，经电脱盐处理后可脱除一部分水溶性金属，但常压渣油中金属铁含量依然较高，说明现有电脱盐装置对于原油脱铁效果较差，导致后续催化裂化催化剂铁中毒。

表 2　炼厂加工原油的基本性质

项目名称	长庆原油	定边原油	靖边原油	常压渣油
密度(20℃)/(g/cm^3)	0.8528	0.8469	0.8694	0.9102
黏度(50℃)/(mm^2/s)	8.030	7.251	13.25	94.93
Fe 含量/(mg/kg)	2.2	28.5	25.6	18.2
Ca 含量/(mg/kg)	2.6	16.5	17.0	5.5
Na 含量/(mg/kg)	3.3	17.2	8.5	4.8
总酸值/(mgKOH/g)	0.06	0.04	0.08	0.10

由于原油总酸值均较低，因此原油中存在油溶性石油酸金属盐的可能性较低。原油中铁的分布结果见表 3。由表 3 可见，定边原油、靖边原油主要以水溶性铁形态存在，而常渣中水溶性铁占一半。一般而言，水溶性好的铁盐可以采用水洗方法在电脱盐过程中脱除，水溶性差的无机铁和油溶性铁，才需加入脱铁剂在电脱盐过程中脱除。该炼厂经过多次电脱盐操作优化调整脱盐效果良好，但脱铁效果仍然较差。

表 3　原油中铁的分布

原油	定边原油	靖边原油	常压渣油
水溶性 Fe 含量/%	87.0	78.5	51.6
非水溶性 Fe 含量/%	13.0	21.5	48.4

进一步提取靖边原油中的固体颗粒物，采用 XRF(X 射线荧光光谱分析)、XRD(X 射线衍射)、SEM(扫描电子显微镜)等方法分析其组成。XRF 的结果见表 4。数据表明，固体颗粒主要含有 Ca、Fe、S、C、Cl、Al、Si 等元素，其中，除 O 外含量最高的四种元素为 Ca、Fe、C、S。采用 XRD 对固体颗粒进行晶相结构分析，显示出较强的 $CaCO_3$和 $CaSO_4$特征峰，而 Fe 化合物由于背景比较强，峰强较弱，难以辨别物相。采用 SEM-EDX(能谱扫描电镜)技术分析固体颗粒的形貌和不同微区元素组成，结果见图 3。图 3(a)中所示不规则、较为松散的堆积物，主要元素包括 Ca、O、S、C、Cl、Fe，应为钙盐、铁盐或铁锈的混合物；图 3(b)所示较大的块状物，结构较为松散，类似许多小颗粒物黏结在一起，其组成较为复杂，主要元素包括 Ca、O、S、C、Cl、Fe，与图 3(a)中所述的较小的块状松散结构类似，这可能是采油及储运过程中沉积的垢与腐蚀产物的混合物。

表 4　XRF 分析结果

分析项目	分析数据	分析项目	分析数据
C/%	9.36	K_2O/%	0.166
Cl/%	4.61	CaO/%	34.8
Na_2O/%	1.28	Cr_2O_3/%	0.0812
MgO/%	0.341	MnO/%	0.151
Al_2O_3/%	2.58	Fe_2O_3/%	25.4
SiO_2/%	2.22	ZnO/%	0.192
P_2O_5/%	0.153	SrO/%	1.62
SO_3/%	15.7	BaO/%	1.35

采用激光粒度法测定固体颗粒的粒径分布，结果见图 4。由图 4 可知，固体颗粒粒径分布较宽，从不到 1μm 到数百 μm，体积平均粒径为 94.3μm。其中，粒径为 20μm 的颗粒所占体积分数最高，为 12.88%。一些大颗粒可能在原油储罐或管线中沉积下来，小颗粒则会悬浮于油中。由于

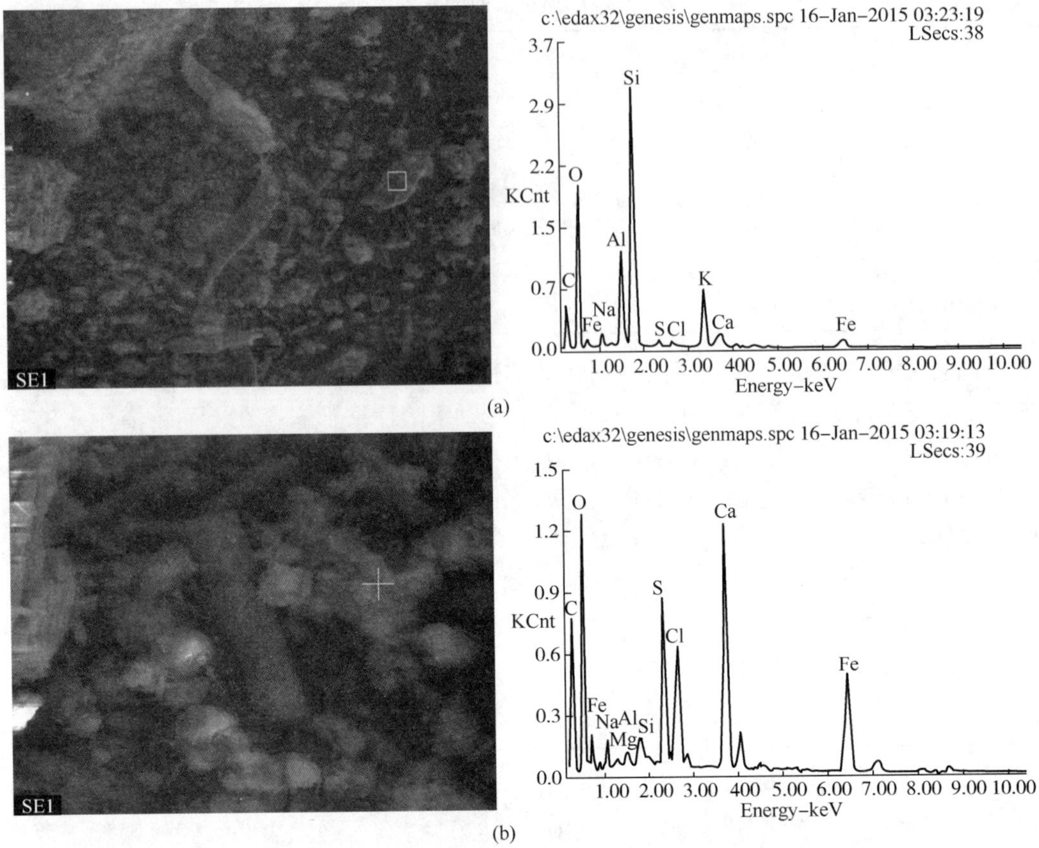

图 3　固体颗粒的形貌和不同微区元素组成

固体颗粒既亲水又亲油，聚集在油水界面，形成油-固-水三相界面，破乳难度增加。因此，上述研究表明，含铁化合物与油水体系结合非常紧密，易于富集在油水中间层或以极细的矿物质微粒悬浮于油相中，导致常规电脱盐水洗方法很难将其脱除。

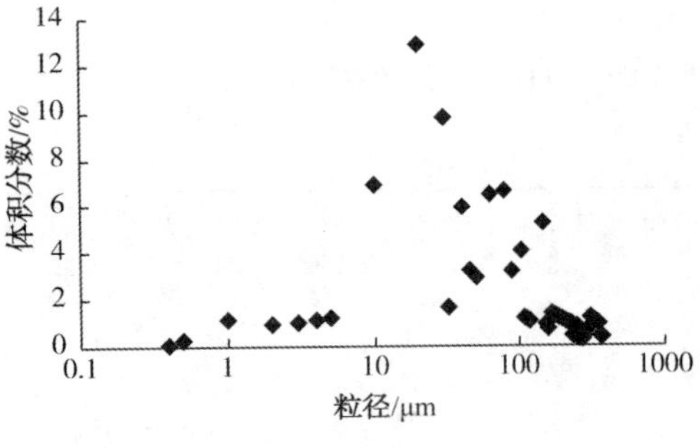

图 4　固体颗粒的粒径分布

在此基础上，石科院开发了性能优良的电脱盐助剂，现场工业试验取得良好效果：试验前，脱后原油含铁 10.7mg/kg，含钙 10.8mg/kg；试验后原油中的铁、钙含量显著下降(脱铁剂注入量为 100μg/g 时，脱后原油中平均铁含量为 3.56mg/kg，平均钙含量为 2.38mg/kg)；渣油中铁、钙含量降低 50%左右，铁由 18.2mg/kg 降至 9.4mg/kg，钙由 5.5mg/kg 降至 2.8mg/kg，并且对装置生产运行、产品质量及下游生产加工等无不良影响，催化裂化平衡剂上铁钙含量呈现下降趋势。

3　污油掺炼引起的催化剂铁中毒

原油储罐在长时间的储运生产中会产生罐底油泥，减少了储罐的有效容积，且加剧了罐内壁的腐蚀，需要定期清洗。清洗产生的混合流体经简单处理后回收所得的石油类物质即为“清罐油”。清罐油作为一种炼厂污油，其组成复杂，具有胶质、沥青质、金属含量高，固体杂质种类多，老化程度严重，乳状液稳定性强等特点。某炼化企业掺炼清罐油产生一系列问题，如电脱盐装置出现电流超高，脱盐脱水效果变差，渣油加氢、催化裂化原料金属含量偏高，影响装置的平稳运行与经济效益。

分析近两年原油铁含量数据发现，清罐油掺炼导致原油中金属铁含量明显上升，电脱盐单元对金属铁几乎无脱除效果，导致催化裂化催化剂铁污染严重，新鲜剂剂耗增加。清罐油掺炼初期，原料中铁含量接近一半的分析数据高于 10mg/kg，最高值超过 30mg/kg，铁含量均值 9. 94mg/kg，说明和原料性质变化相关。清罐油中金属铁含量很高，尽管掺炼量 1%左右，对原料中铁含量影响仍然较大，分析数据见表 5。由表 5 可见，随着取样深度的增加，金属含量呈上升趋势，尤其是罐底油金属含量非常高，其中铁含量最高，对于后续渣油加氢及催化裂化影响也最大，因此需要重点解决金属铁的问题。掺炼初期，脱后原油中金属铁平均含量 6. 98mg/kg，后续加工过程因掺炼量控制不稳，脱后原油铁含量最高值超过 40mg/kg，铁平均含量高达 18. 14mg/kg。以上数据表明，清罐油掺炼导致原料中金属铁含量显著上升，电脱盐脱后原油尽管满足脱盐脱水指标需求，但金属含量尤其铁含量超高问题不容忽视。

表 5　清罐油主要金属含量

取样位置	Fe/(mg/kg)	Na/(mg/kg)	Ca/(mg/kg)
上部	559. 5	158. 8	157. 3
中部	582. 6	169. 3	169. 0
下部	8603	3641	3188

图 5 为清罐油机械杂质的扫描电镜能谱分析结果。由图 5 可见，机械杂质中铁相对含量达到了 7. 45%，还有少量的钙、铝、硅、硫元素，其中含量很高的碳和氧是滤纸纤维的元素；另一块区域的能谱分析结果中，铁相对含量达到 14. 94%，以及含有少量的硫、硅、铝、钙元素。

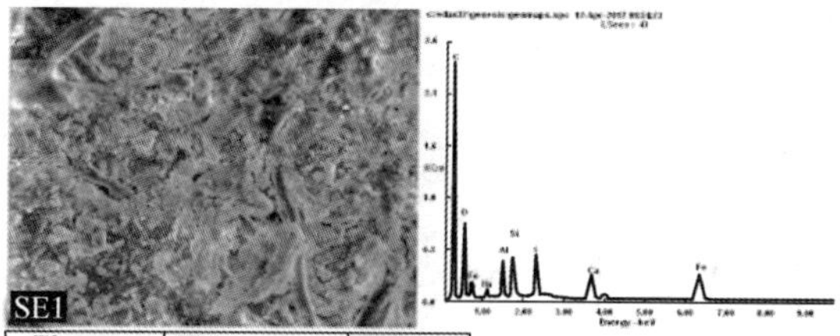

Element	Wt%	At%
CK	65.08	77.54
OK	18.09	16.18
NaK	00.48	00.30
AlK	02.00	01.06
SiK	02.12	01.08
SK	02.56	01.14
CaK	02.22	00.79
FeK	07.45	01.91
Matrix	Correction	ZAF

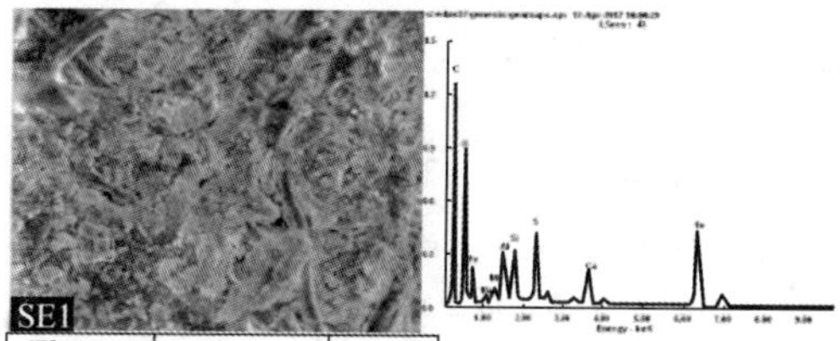

Element	Wt%	At%
CK	52.53	68.56
OK	22.53	22.07
NaK	00.29	00.20
MgK	00.66	00.43
AlK	01.90	01.10
SiK	02.12	01.18
SK	03.05	01.49
CaK	01.98	00.78
FeK	14.94	04.19
Matrix	Correction	ZAF

图 5　清罐油机械杂质的形貌和不同微区元素组成

清罐油组成复杂，现有技术单独处理清罐油难度大、效果差，且需要炼厂投资新设备并改进工艺，一次性投入较高。因此，深入认识清罐油的特点，分析掺炼困难的影响因素，解决油水中间层和金属杂质含量高等问题，进一步开发性能优良的油水分离药剂和脱金属剂，实现电脱盐装置最大量平稳掺炼清罐油，应具有良好的经济性和实用性。选用中层清罐油与原油掺炼，掺炼比 10%，破乳剂注入量 20μg/g，四种脱金属剂注入量均为 200μg/g，初步考察电脱盐试验效果，结果见表 6。

脱前原油金属铁、钠、钙含量分别为 57. 2mg/kg、17. 1mg/kg、14. 9mg/kg。由表 6 可见，加入脱金属剂后脱铁效果明显提升，说明采用适当措施，清罐油电脱盐过程掺炼可以实现源头降金属，只要解决好脱盐脱水与脱金属问题，既可以消化炼厂污油，又能为后续装置提供合格原料，具有显著的经济效益。

表 6 清罐油掺炼脱金属试验结果

药剂	Fe/(mg/kg)	Na/(mg/kg)	Ca/(mg/kg)
破乳剂	19.9	<0.1	5.4
破乳剂+脱金属剂①	6.7	<0.1	2.2
破乳剂+脱金属剂②	2.5	<0.1	<0.1
破乳剂+脱金属剂③	3.8	<0.1	1.0
破乳剂+脱金属剂④	1.3	<0.1	<0.1

4 结论

随着三次采油技术的深入和炼厂污油掺炼等问题的常态化，催化裂化催化剂金属中毒问题日益突出，催化裂化装置运行效果的好坏对炼厂整体的平稳运行和经济效益具有重要作用。因此，采用全局性技术管理理念，从源头治理入手，结合新型高效脱铁剂的开发，充分发挥电脱盐平台的技术优势，就能有效地消除生产过程中催化剂中毒带来的问题，更好地为炼油装置提供优质原料，实现企业最大化经济效益和社会效益。

参 考 文 献

[1] 杜泉盛，朱玉霞，林伟等．催化裂化催化剂铁污染研究[J]. 石油学报(石油加工)，2007，23(3)：37-40.
[2] 俞仁明．中国石化催化裂化技术交流会论文集(2018)[C]. 中国石化出版社，2018：85-379.
[3] Pat Salemo, et al. Combating the Negative Effects of Iron in the FCCU at Philadelphia Energy Solutions Refining and Marketing[C]. AFPM Annual Meeting 2016，AM-16-16.
[4] 李宁，刘倩倩，郭伟，等．催化裂化平衡剂铁含量偏高的原因分析[J]. 石油炼制与化工，2018，49(3)：7-12.
[5] Ryan Nickell and Gerbrand Mesu. Breakthrough Characterization Methods for Evaluation of Metals Poisoning in FCC Catalyst[C]. AFPM Annual Meeting 2016，AM-16-18.
[6] Alexis Shackleford, Iron Poisoning Investigations Enable Opportunities for Success[C]. AFPM Annual Meeting 2017，AM-17-49.
[7] Austin Schneider and Patrick Gause. Prepare，Produce，Profit：Debottlenecking refineries through comprehensive feedstock preparation[C]. AFPM Annual Meeting 2017，AM-17-27.

DN-3636C/DN-3630 组合催化剂在柴油质量升级中的应用

王幸超

（中国石化镇海炼化分公司炼油五部，浙江宁波　315207）

摘　要：为配合车用柴油产品提质升级的需求，满足国Ⅴ排放标准，中国石化镇海炼化分公司Ⅵ套柴油加氢装置更换采用壳牌标准催化剂公司研发的 DN-3636C/DN-3630 组合催化剂进行生产。通过标定，表明装置以 359t/h 进料、掺炼 9.93%的催化裂化柴油及 14.69%的焦化柴油、原料总硫含量 1.02%的原料条件，在反应入口温度 339.1℃、平均床层温度 367.8℃、氢油比 383.6、反应入口压力 7.83MPa 的操作工况下，能够生产出硫含量<8mg/kg 的精制柴油，催化剂的脱硫率为 99.83%～99.87%，脱氮率为 99.85%～99.88%，密度降低幅度在 20kg/m^3 以上，十六烷值提高 5.1 个单位，多环芳烃降低 10.9%，说明 DN-3636C/DN-3630 组合催化剂脱硫、脱氮活性较高，兼具较好的降低多环芳烃、降低密度、提高十六烷值性能。

关键词：环氧乙烷；柴油加氢；催化剂；国Ⅴ柴油

1　引言

中国石化镇海炼化分公司 3.0Mt/a 柴油加氢精制装置（简称Ⅵ加氢装置），于 2011 年 6 月建成投产，设计以密度大、干点高的催化柴油以及常三线/常二线/减一线柴油、焦化柴油为原料，反应器入口操作压力 8.0MPa，原体积空速 2.0h^{-1}。为确保满足国Ⅴ排放标准的车用柴油的生产，装置于 2015 年 9 月进行停工换剂，更换为美国标准公司研发的组合催化剂 DN-3636C/DN-3630。本文主要介绍该组合催化剂在中国石化镇海炼化分公司Ⅵ加氢装置上的工业应用情况。

2　催化剂的装填及装置开工

2.1　催化剂的性质

DN-3630 和 DN-3636C 催化剂均为采用以 CENTERA 技术开发的镍钼催化剂，代表了 CENTINEL GOLD 和 ASCENT 技术平台最佳元素的结合，以及研发的最新突破，使得催化剂活性金属中心的形态得到更好的控制，具有更高的金属分散度[1]。DN-3636C 催化剂在 DN-3636 基础上专门针对中国柴油加氢而开发，与 DN-3636 催化剂相比，DN-3636C 保持金属、制备方法不变，但对载体进行了改进调整，使其更加适合加工掺炼催化裂化柴油、焦化柴油等二次加工油装置，在处理高密度、高芳烃含量以及馏程较重的原料方面活性更高。DN-3636C 与 DN-3630 催化剂组合使用，相对于使用单一催化剂，可以在处理重质、劣质柴油原料时达到最佳脱硫、脱氮效果。DN-3636C 和 DN-3630 的理化性质见表 1。

表 1　DN-3636C 和 DN-3630 主要理化性质

项　目	DN-3636C	DN-3630
有效活性组成	Ni/Mo	Ni/Mo

续表

项　　目	DN-3636C	DN-3630
粒径/mm	1.3	2.5/1.3
形状	三叶草形	三叶草形
压碎强度/(N/cm)	>180	>180
磨损指数/%	99	99
稀相装填密度/(t/m^3)	1.143	1.017
密相装填密度/(t/m^3)	1.334	1.186

2.2 催化剂的装填

Ⅵ套柴油加氢装置反应器直径为4.6m，分上下两个床层，两床层分配盘所布置分配器均为泡帽形式，中间冷氢箱采用SEI(中国石化工程建设有限公司)超扁平专利结构，该结构结合了对流式冷氢箱和旋流式冷氢箱的优点，在强化混合与换热作用的同时节省降低了冷氢箱高度。

装置于2015年9月14日14时开始进行催化剂装填，装填工作由专业装剂公司负责完成，至9月19日0时装填工作结束，共计装填DN-3636C催化剂226t(其中密相装填217t)，DN-3630/TL1.3催化剂43.93t(密相装填)，DN-3630/TL2.5催化剂10t(普通装填)，各主剂装填密度偏差均为超过壳牌标准公司所提供理论装填密度的±3.0%，装填质量较为理想。此外反应器顶部采用OptiTrap[Medallion]、OptiTrap[MactoRing]、OptiTrap[Ring]多种保护剂级配装填，起到容垢、脱金属的作用，以保护主催化剂，防止一床层顶部结焦。因装置需掺炼一定比例焦化柴油，在反应器一床层主剂上方装填具有加氢性能和高容硅能力的三叶草型DN-140脱硅剂，活性金属为镍和钼，以脱除原料中的硅和少量易脱除的硫化物。

2.3 催化剂的硫化及开工

主催化剂DN-3636C/DN-3630、脱硅剂DN-140以及保护剂均为氧化态，开工时需进行预硫化，催化剂硫化方法采用湿法硫化。反应系统经氮气置换、氢气气密试验合格后压力降至4.0MPa，注硫前催化剂床层最高温度控制在小于140℃，以270t/h引入直馏柴油，确保催化剂充分润湿后逐步提高反应温度至205℃，开始引入硫化剂，按照壳牌标准公司提供的硫化曲线进行升温，期间通过调整硫化剂注入量，维持循环氢中硫化氢浓度在要求的范围内，最终催化剂床层温度升至315℃恒温，直到循环氢中硫化氢浓度保持稳定、高压分离器水位不再变化或变化不明显时，硫化结束。从开始注入硫化剂至硫化结束，共计耗时19h，消耗硫化剂(DMDS)48t，硫化过程用时短，升温、恒温控制平稳。硫化结束后，进行了加工直馏柴油的48h初活稳定，之后转入正常生产，所产精制柴油产品硫含量按国Ⅴ标准指标控制。

3 催化剂性能标定

2016年1月27日至1月30日，装置开工4个月后，对Ⅵ套柴油加氢装置进行满负荷标定，目标产品为硫含量小于8mg/kg的精制柴油，考察柴油质量升级后装置的运行工况。

3.1 原料性质

标定期间，常减压装置加工原油种类为福蒂斯、锡瑞、伊轻、阿尔巴克拉、冷湖，比例为1∶1∶5∶0.9∶1，常三线直供Ⅵ加氢装置，平均流量为80.09t/h，占比22.29%；Ⅰ催化柴油直供Ⅵ加氢装置，平均流量为35.68t/h，占比9.93%；罐区焦化柴油供Ⅵ加氢装置平均流量52.76t/h，占比14.69%；罐区直馏柴油供料量占比53.09%，混合原料中的二次加工油比例均在设计原料要求比例内，总加工负荷为359.28t/h，略高于设计满负荷357.14t/h。标定原料典型性质见表2。

表 2　标定期间混合原料典型性质

项　　目	原料样品 1	原料样品 2	原料样品 3	设计值
密度(20℃)/(kg/m³)	859.6	862.9	863.2	870
馏程/℃				
初馏点	197	198	199	172
10%	244	245	244	235
50%	294	294	297	292
90%	341	342	344	351
95%	353	356	356	365
硫含量/%	0.958	1.06	1.18	1.24
氮含量/(mg/kg)	487	459	422	570
酸度/(mgKOH/100mL)	31.8	18.5	18.0	—
溴价/(gBr/100g)	11.8	11.11	11.45	11
十六烷值	45.7	45.9	45.7	47
氯含量/(mg/kg)	0.9	0.9	0.9	—
多环芳烃含量/%	16.9	17.7	17.9	—
硅含量/(mg/kg)	<0.5	<0.5	<0.5	0.15

由表 2 可见，标定期间混合原料硫含量最高值 1.18%，密度最高值 863.2kg/m³，95%馏点最高值 356℃，总氮含量最高值 487mg/kg，均在原料设计值范围之内；溴价平均值为 11.45gBr/100g，十六烷值平均值 45.8，该两项指标略劣于设计值。

3.2　主要操作条件

标定期间的主要操作条件见表 3。由表 3 可见标定期间主要操作参数基本在设计范围内，柴油质量升级以后，随着原料的变化和加氢反应深度的加深，粗汽油外排量和新氢补入量较设计值增大。

表 3　标定期间主要操作条件

项　　目	27~28 日	28~29 日	29~30 日	设计值
反应器入口压力/MPa	7.81	7.84	7.85	8.0
氢油体积比	371	380.23	399.61	
主催化剂体积空速/h^{-1}	1.88	1.89	1.88	2.0
上床层入口温度/℃	336.8	341	339.5	330~355
上床层出口温度/℃	377.3	379.3	378.7	
上床层温升/℃	41.6	38.3	38.7	
上床层压降/MPa	0.167	0.163	0.160	0.3
下床层入口温度/℃	371.4	370.5	369.1	
下床层出口温度/℃	387.2	385.6	384	
下床层温升/℃	16	14.3	15.3	
总温升/℃	50.7	44.78	44.65	
平均反应温度/℃	371.2	368.1	370.5	
反应器压降/MPa	0.37	0.37	0.38	
新氢补入量(标准状态)/(m³/h)	39070	37037	37700	34000
循环氢流量(标准状态)/(m³/h)	130329	137389	146035	145000

续表

项　　目	27~28 日	28~29 日	29~30 日	设计值
化学氢耗(标准状态)/(m^3/m^3)	86.72	81.26	82.67	97.4
粗汽油外排量/(t/h)	11.4	11.59	15.26	4.3~5.8
精制柴油外排量/(t/h)	343.4	347.1	346.7	

3.3 标定结果

标定期间的主要反应性能见表4。从表4可看出装置在359t/h进料、掺炼9.93%的催化裂化柴油以及14.69%的焦化柴油、原料硫含量1.02%左右、反应入口温度339.1℃、反应床层平均温度367.8℃、氢油比383.6、反应入口压力7.83MPa的条件下，能够生产出硫含量<8mg/kg的精制柴油，催化剂的脱硫率为99.83%~99.87%，脱氮率为99.85%~99.88%，说明DN-3636C/DN-3630组合催化剂具有较高的脱硫、脱氮活性。

标定期间精制柴油产品性质见表5，与国Ⅴ柴油标准相比，生产的精制柴油的硫含量、总氮、多环芳烃、酸度、95%馏点等均较低，产品性质较好，精制柴油的十六烷值平均值略低于51(具体样品典型值分析为50.2、51.0、51.4)，密度较为卡边，接近标准上限。在产品改性能力方面，密度降低幅度在20kg/m^3以上，十六烷值平均提高5.1个单位，多环芳烃含量平均降幅10.9%，改性效果较好。

表4　标定期间主要反应性能

样　　品	27~28 日	28~29 日	29~30 日
原料硫含量/%	0.9595	0.9498	1.12
柴油硫含量/(mg/kg)	6.325	5.625	6.175
汽油硫含量/(mg/kg)	10	6.8	10
总脱硫率/%	99.83	99.87	99.86
平均脱硫率/%		99.85	
原料氮含量/(mg/kg)	487	459	422
柴油氮含量/(mg/kg)	0.7	0.7	0.5
脱氮率/%	99.86	99.85	99.88
平均脱氮率/%		99.86	

表5　标定期间精制柴油产品性质

项　　目	标定结果(平均值)	国Ⅴ柴油，标准
密度(20℃)/(kg/m^3)	842	810~850
50%温度/℃	284	≤300
90%温度/℃	337	≤355
95%温度/℃	351	≤365
闪点/℃	>80	≥55
硫/(mg/kg)	6.04	<10
多环芳烃/%	6.63	≤11
十六烷指数	52	≥46
十六烷值	50.87	≥51
铜片腐蚀/级	合格	≤1
总氮/(mg/kg)	0.6	—

续表

项　　目	标定结果(平均值)	国Ⅴ柴油，标准
酸度/(mgKOH/100mL)	0.67	≤7
凝固点/℃	-8	—
比色	1	—
溴价/(gBr/100g)	0.83	—
胶质/(mg/100mL)	54.4	—

3.4 问题分析

标定期间粗汽油外排量比设计值高出较多，主要原因是装置原始设计原料密度较大(891kg/m^3)，分馏塔顶粗汽油产重整料，粗汽油干点控制在180℃以下，而标定时实际原料组分相对较轻，且分馏塔顶粗汽油产乙烯料，粗汽油干点控制为190~210℃。

在超深度脱硫的反应条件下，装置氢耗处于较高水平，标定期间氢气单耗(标准流量)平均为105.15m^3/t，使得新氢机入口新氢流量超过压缩机设计排量(标准流量34000m^3/h)。另外，随着反应温度的提高，反应器内原料油的热裂解加剧，循环氢中轻烃含量也随之增加，易引发循环氢脱硫塔胺液发泡，增加冲塔风险，影响装置平稳运行，日常生产中应通过循环氢排废氢、循环氢脱硫塔定期排烃，严控高压空冷冷后温度缓解。

装置标定在开工4个月后进行，在设计原料比例和满负荷的生产条件下，反应温度339.1℃，催化剂床层WABT温度373℃，高于设计初期平均温度，长周期生产国Ⅴ柴油还需进一步采取优化措施，严格控制加氢原料的95%馏点、密度、硫含量等指标，日常操作中控制精柴硫含量、反应氢油体积比往指标上限靠拢，以尽量延长催化剂的寿命。

精制柴油产品性质指标中十六烷值偏低于51，未达到国Ⅴ标准，原因是部分原料(直供的常三线油和罐区焦柴)的十六烷值偏低，混合原料十六烷值低于原料指标设计值，若需要Ⅵ加氢装置所生产的精制柴油各项指标均达到国Ⅴ柴油标准要求，需要进一步优化原料。

4 结论

(1) Ⅵ套柴油加氢装置满负荷标定结果表明，装置在原料硫含量1.02%左右、反应入口温度339.1℃、平均床层温度367.8℃、氢油比383.6、反应入口压力7.83MPa的条件下，能够生产出硫含量<8mg/kg的精制柴油，DN-3636C/DN-3630组合催化剂的脱硫、脱氮活性较高，同时对柴油产品的密度、多环芳烃、十六烷值等性质也有较强的改善能力，对比国Ⅴ柴油标准，生产的精制柴油硫含量、总氮、多环芳烃、酸度、95%馏点温度等均较低，产品性质较好。

(2) 柴油质量升级以后，反应深度提高，Ⅵ套加氢装置在满负荷条件下耗氢比较大，受限于新氢压缩机设计流量不足，将制约装置今后生产中提高加工量或二次加工油掺炼比例。

(3) 在高空速下超深度脱硫，给装置带来了循环氢脱硫塔胺液易带烃发泡、运行周期缩短的操作问题，日常生产可通过优化原料条件和操作参数等手段来缓解应对。

参考文献

[1] 郭守权.DN-3636催化剂在柴油加氢装置上的工业应用[J].石油炼制与化工，2016，47(5)：41-45.

DOT-200 脱烯烃催化剂在芳烃装置中的应用

祝飞雄

(中国石化镇海炼化分公司炼油五部, 浙江宁波　315207)

摘　要: 本文阐述了 DOT-200 催化剂在镇海炼化芳烃装置应用结果。DOT-200 催化剂第一周期在线运行近 7 个月, 相对寿命超过白土的 15 倍, 初期甲苯增量小于 0.5%, 后期甲苯增量可以忽略, 二甲苯损失不明显, 并且该催化剂活性对反应温度较为敏感, 有利于保证产品质量合格。

关键词: 脱烯烃; 重整油; DOT-200; 白土

1　引言

芳烃装置吸附分离单元的原料中含有的微量烯烃对吸附剂寿命有较大影响, 因此需要预先对重整生成油进行脱烯烃精制, 传统的精制工艺以颗粒白土作为脱烯烃精制剂。

自 2003 年 8 月开工以来, 镇海炼化芳烃装置重整生成油中含有的烯烃和胶质含量就比较高, 导致白土精制剂快速失活, 其平均使用寿命仅有 15 天, 年消耗量大, 且环保回收处理较为困难, 迫切需要寻找可长周期运转的精制技术。

2012 年 10 月, 镇海炼化开始试用华东理工大学研究开发的改性白土 ROC-Z1, 从工业应用情况来看, 虽然其使用寿命和脱烯烃效率方面有非常大的改善, 但存在氯离子污染导致吸附进料短时间氯离子超标及设备腐蚀问题。

为解决上述问题, 经多次交流, 镇海炼化决定试用由上海石油化工研究院(简称上海院)研制的 DOT-200 重整生成油脱烯烃催化剂。本文主要报道该催化剂的第一周期运行效果。

2　工艺技术方案

2.1　工艺流程及工艺模式

镇海炼化精制工序为三塔流程, 是在传统的两塔(R401A/B)流程基础上于 2012 年通过流程改造形成, 见图 1。其中 R402A 为异构化单元白土塔中的 A 罐, R401A/B 和异构化白土塔 R402A 三个白土塔可进行单独运行、串联、并联或部分串联部分并联运行。

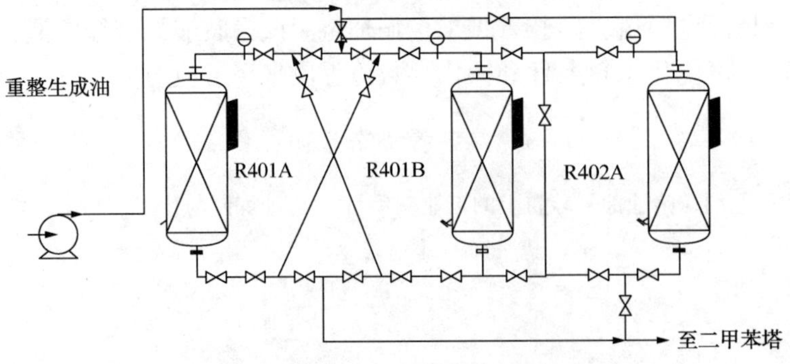

图 1　芳烃装置白土塔工艺流程图

DOT-200 催化剂装填在 R401B 中，R401A 中装填普通白土，装填量为 100t，R402A 中也装填普通白土，装填量为 70t。实际运行中分别由 R401A 或 R402A 与 R401B 串联，R401B 处于下游，上游白土起保护剂的作用。

2.2 工艺指标

在装置正常生产、操作参数达到设计要求、原料性质满足工艺指标的情况下，DOT-200 催化剂的性能保证值见表 1。

表 1 DOT-200 催化剂的工艺指标

项　　目	DOT-200	项　　目	DOT-200
操作压力/MPa	1.0~2.5	二甲苯塔顶溴指数/(mgBr/100g)	≤20
重量空速/h^{-1}	≤2	催化剂床层压降/kPa	初期≤80，末期≤250
操作温度/℃	130~210	甲苯增量/%	≤0.5
原料溴指数/(mgBr/100g)	≤1500	二甲苯损失/%	≤0.5
原料胶质/(mg/100mL)	≤20		

2.3 催化剂装填方案

DOT-200 催化剂装填在 R401B 中，装填量为 80t，装填期间 R401A 与 R402A 串联运行。R401B 底部支撑层继续采用原白土底部的瓷砂，催化剂装填过程采用密相装填技术，控制装填密度为 0.57t/m^3。

3 结果与讨论

3.1 DOT-200 催化剂开车

DOT-200 催化剂于 2015 年 7 月 18 日在镇海炼化开车投用，在完成氮气置换及气密试验后，采用 T301 底料按 5.5t/h 的流量进行充液，充液介质温度为 190℃，介质流向为下进上出，以排除催化剂颗粒间的氮气。DOT-200 催化剂充液过程顺利，期间未检测到明显的温升及压力波动。充液程序于 7 月 22 日结束。

充液程序结束后，随即进入活化干燥程序，仍采用 T301 底料作为干燥介质，将流程改为上进下出，每 8h 分析一次催化剂床层出料中的水含量及组成变化。干燥介质流量为 15t/h，并于 7 月 24 日将干燥流量提高至 27t/h。

7 月 23 日 8：00 的化验结果显示，R401B 出口水含量为 65mg/100mL，与进口物料中水含量相当，表明没有水脱出。此外，出口物料中甲苯含量为 0.79%，与进口相比约有 0.7%的增量。随着干燥时间延长，甲苯增量逐步降低，至 7 月 25 日 8：00 降低至 0.5%以下，符合技术指标要求，干燥过程结束，于 12：00 将物料全部切入 R401B，催化剂进入稳定运行阶段。

3.2 DOT-200 催化剂的使用方式

DOT-200 上游需要由催化剂或白土作为保护剂串联使用，以减少原料中的胶质影响，从而延长单周期使用寿命。当上游白土床层压降显著升高时，该白土视为穿透，对催化剂的保护效果减弱，需要更换。图 2 是上游白土和催化剂床层压降变化情况。

投用之初，DOT-200 催化剂与 R402A 串联运行，然而由于 R402A 装填量小，且前期已经使用较长时间，床层压降明显升高，接近穿透，故于 9 月 15 日又投用了 R401A，运行期间 DOT-200 催化剂始终置于下游。具体使用方式见表 2。

表 2 DOT-200 催化剂运行方式

时　　间	运行方式
2015-07-25—2015-09-15	R402A→R401B 串联运行

续表

时　　间	运行方式
2015-09-16—2015-10-15	R402A→R401A→R401B 串联运行
2015-10-16—2016-02-14	R401A→R401B 串联运行
2016-02-15—2016-04-15	R401B→R401A

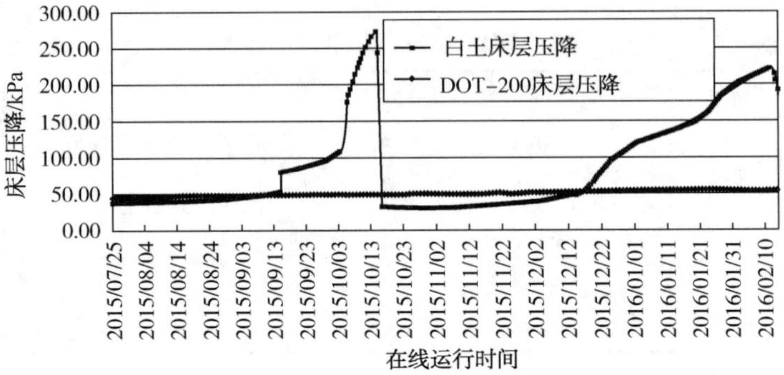

图 2　上游白土和催化剂床层压降变化情况

由图 2 可以看出，DOT-200 催化剂运行至末期之前，上游白土已经较长时间处于近穿透状态，对催化剂的保护效果减弱。考虑到综合效益的因素，未对上游白土进行更换。

3.3　DOT-200 催化剂实际运行工况

DOT-200 催化剂投用初期，其操作温度维持在 165~168℃，装置负荷略低，重量空速维持在 1.63~1.65h^{-1}，催化剂进出口甲苯增量维持在 0.5%以下。

2015 年 8 月 12 日起，芳烃装置按 110%负荷运行，DOT-200 催化剂的重量空速一直维持在 1.80~1.88h^{-1}，进入 2016 年 1 月后又有所回落，总体平均空速为 1.77h^{-1}，明显高于使用白土期间平均空速 1.3h^{-1}的水平。

DOT-200 催化剂在线运行 3 个半月后，吸附进料溴指数开始出现升高迹象，需进行提温操作。提温操作于 2015 年 11 月 4 日开始，每次提温幅度约 5℃。提温后，吸附进料溴指数即回落至之前水平，可以稳定 10~15 天，提温期间产品质量保持合格。

至 2016 年 2 月 14 日，反应温度提高至 215℃，接近工艺上限，吸附进料溴指数为 21.3mgBr/100g，大于工艺指标规定的 20mgBr/100g，催化剂第一运行周期结束，将 DOT-200 催化剂切至上游，作为新催化剂的保护剂继续运行。

3.4　DOT-200 催化剂运行结果

DOT-200 催化剂于 2015 年 7 月 25 日进入正常运行状态，于 2016 年 2 月 14 日结束，共在线运行近 7 个月，投用期间吸附分离进料溴指数始终保持合格。DOT-200 催化剂自投用至 2016 年 2 月 14 日的运行工况见图 3。

由图 3 可见，其初期运行效果非常稳定，可在近 3 个半月时间内稳定运行，而进入提温操作阶段后，其提温速度较为平稳，体现出较好的操作可预见性，降低了操作难度，有利于保证产品质量合格。

DOT-200 催化剂投用以来脱除烯烃的效果见图 4。由图 4 可见，在未进行提温操作的前 3 个半月内，催化剂出口溴指数提升速度非常缓慢，在此期间，吸附进料溴指数始终保持在个位数的低水平，有利于吸附剂的保护。

由图 4 还可以看出 DOT-200 催化剂对温度具有良好的敏感度，自 11 月上旬开始提温以后，催化剂出口溴指数和吸附进料溴指数都对提温有良好的同步响应，通过提温可以及时遏制溴指数升高趋势，确保产品质量保持合格，从而体现出良好的可操控性。

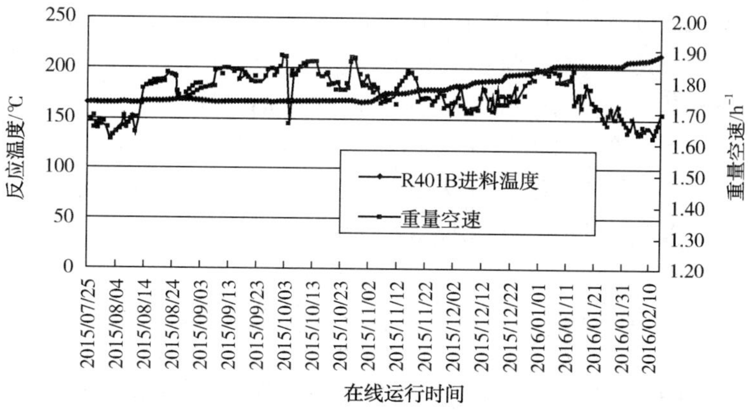

图 3　DOT-200 催化剂运行工况

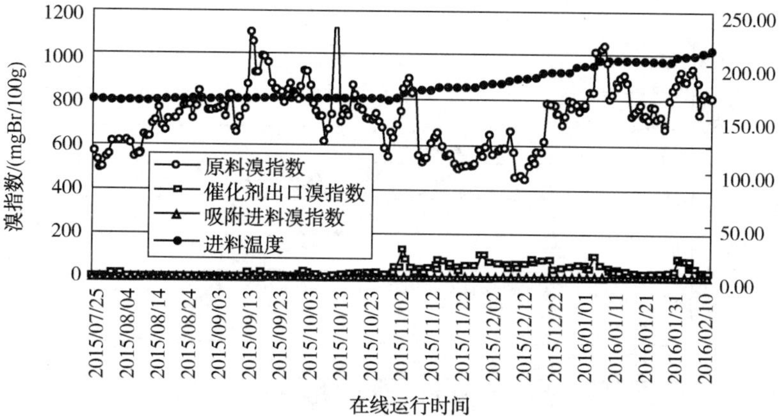

图 4　DOT-200 催化剂运行过程中脱烯烃情况

2015 年 11 月 4 日起，催化剂出口溴指数开始明显升高，通过提高反应温度维持在 50～80mgBr/100g，但吸附进料溴指数稳定在 10～15mgBr/100g 水平，满足指标规定的小于 20mgBr/100g 要求，表现出较高的反应活性，脱烯烃率一直维持在 90%以上。

3.5　生成甲苯的副反应情况

分子筛型脱烯烃催化剂由于活性较高会导致生成甲苯的副反应，因此，甲苯增量是分子筛型脱烯烃催化剂的重要指标，DOT-200 催化剂投用后的甲苯增量变化情况见图 5。

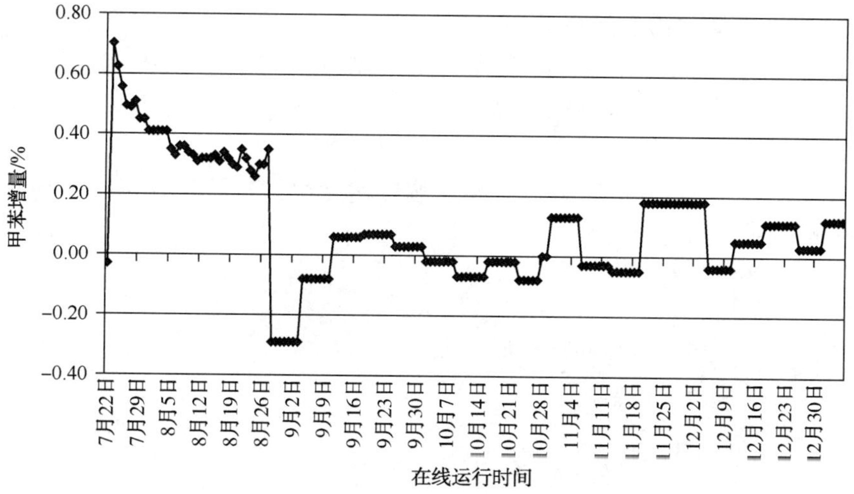

图 5　DOT-200 催化剂运行过程中甲苯增量情况

由图5可见，DOT-200催化剂干燥活化初期的甲苯增量约为0.7%，这与干燥活化期间反应温度达190℃，显著高于建议的130℃投料温度有关。DOT-200催化剂投用后甲苯增量其甲苯增量持续降低，很快降至0.5%以下，表明生成甲苯的副反应得到了有效抑制。

当7月25日将物料全部切入R401B后，DOT-200催化剂进入稳定运行阶段，反应温度降为167℃，甲苯增量快速回落。进入8月下旬以后，生成甲苯的副反应基本消失，其甲苯增量属于正常波动，表明DOT-200催化剂对于副反应的抑制效果较好，对后续工序影响不大。

3.6 二甲苯损失情况

由于分子筛型脱烯烃催化剂具有较高活性，必须对因使用该技术带来的二甲苯损失情况加以考察，图6是DOT-200催化剂在镇海炼化芳烃装置使用初期二甲苯损失情况。图6中以二甲苯增量来表示催化剂上二甲苯损失情况，二甲苯增量是以催化剂出口二甲苯(含乙苯)总含量减去催化剂入口二甲苯(含乙苯)总含量的差值。

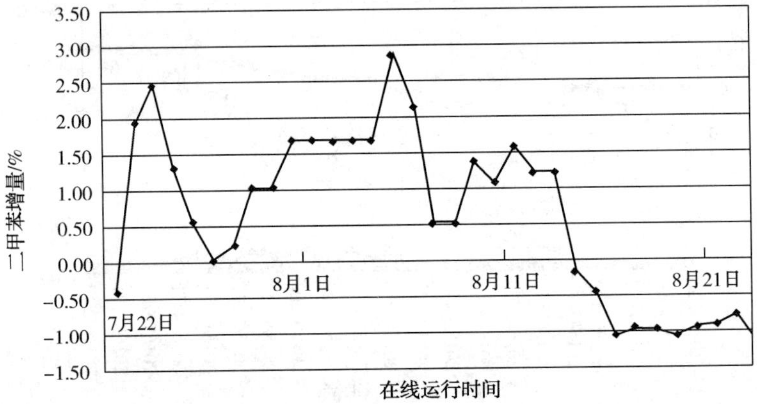

图6　DOT-200催化剂投用初期二甲苯损失情况

由图6可见，DOT-200催化剂投用后，其二甲苯增量显示为正值，并维持约半个月，随后转为负值，但其平均值接近0点，表明该波动属操作正常波动，也表明催化剂进出口二甲苯含量无明显变化，即二甲苯损失可忽略。

4　结论

(1) DOT-200催化剂单周期连续运行近7个月，以活性颗粒白土寿命15天计算，单程寿命超过白土的15倍，降低了废弃白土填埋对环境的污染及相关人员劳动强度，在提高了装置的本质安全的同时降低了QHSE管理风险和运行成本。

(2) DOT-200催化剂使用期间，其生成甲苯的副反应得到有效抑制，平均甲苯增量小于0.05%，二甲苯无明显损失，吸附进料溴指数小于20mgBr/100g，平均值为9.3mgBr/100g，有利于吸附剂的保护。

(3) DOT-200催化剂操作方法简单，对温度响应速度快，非常有利于产品质量控制，并且有利于反应行为预测，有利于生产安排。

催化裂化催化剂铁中毒分析及应对措施

何晓京　王　强

（中国石化镇海炼化分公司生产处，浙江宁波　315207）

摘　要：2018 年 3 月，催化裂化装置出现了铁中毒，再生工况恶化，稀相密度上升，出现跑剂工况，产品分布同步变差，汽油、液化石油气收率下降。本次催化剂中毒主要是渣油中有机铁含量偏高，由常减压加工清罐油引起。监控渣油铁含量并设置控制指标；增加新鲜催化剂单耗，对新鲜催化剂配方进行优化，选用了大孔体积、抗铁性能强的催化剂；选用钝化铁型的多金属钝化剂，可有效减缓催化剂铁中毒。

关键词：催化裂化；催化剂；铁中毒；有机铁；清罐油

1　引言

催化裂化装置是石油加工过程中重要的二次加工装置，主要是使重质油品在高温和催化剂的作用下发生裂化反应，转变为干气、液化石油气、汽油和柴油等产品。催化裂化是重油轻质化的主要手段之一，是炼油厂中的核心加工工艺。

原油中含有铁、钙、钠、镍、钒等金属，在 FCC 反应过程中不断沉积在催化剂上，导致催化剂选择性变差、活性下降，并使裂化产物的焦炭和气体产率增加，轻质油收率下降[1]，而且这种过程一般是永久性的和不可逆的。随着 FCC 原料越来越重质化和劣质化，FCC 催化剂金属中毒的影响也越来越严重。铁中毒由于现象不明显一直被人们所忽视，近几年随着原油的酸化和重质化的进一步加剧，铁中毒已产生极大的破坏作用。

镇海炼化有重油催化裂化和蜡油催化裂化两套催化裂化装置，设计加工能力分别为 1.8Mt/a 和 3Mt/a，原料部分加氢蜡油，部分常减压侧线抽出未加氢蜡油及减压渣油，重油催化裂化再生系统采用两段再生(一段贫氧、二段富氧)，蜡油催化裂化采用前置烧焦罐的富氧再生。2018 年 3 月，两套催化裂化的再生催化剂出现不同程度的铁中毒现象。

2　催化剂铁中毒现象

自 2018 年 3 月 10 日开始，两套催化裂化相继出现了异常工况，其中对蜡油催化裂化装置的工况影响较大，经过分析为铁中毒引起。铁中毒后，反再工况、再生催化剂性质及产品分布都出现了异常。

2.1　催化剂铁中毒对反再工况的影响

催化剂铁中毒后，蜡油催化裂化反再系统总藏量呈明显下降趋势，3 月 14 日、16 日两天，总藏量由 320t 下降至 300t，按每天加入新鲜催化剂 5t 计算，两器催化剂跑损量 30t，具体见图 1。再生器烧焦罐藏量由 75t 逐渐下降至 65t。开大外循环滑阀后，外循环管密度上升，但烧焦罐藏量未明显变化，再生烧焦负荷受限，稀密相温差拉上来，出现尾燃现象。

再生器催化剂呈现了整体上移趋势，稀相密度出现了明显上升，由 $7kg/m^3$ 逐渐上升至 $20kg/m^3$，具体见图 2。再生器旋风压降上升，旋风分离的负荷增加，再生器部分颗粒较大的催化剂跑至三旋，三旋入口浓度增加。采样分析了三旋入口的筛分组成，发现 0~10μm 比例由 79.81% 下降至 31.6%，10~50μm 比例由 20.18%上升至 68.4%，具体见表 1。三旋回收罐的催化剂原来每周卸出2t，而跑剂期间每天卸出8t。三旋出口(烟机入口)粉尘短时出现了大于10μm比例超过3%，对烟机运行工况产生了不利，影响烟机长周期运行。

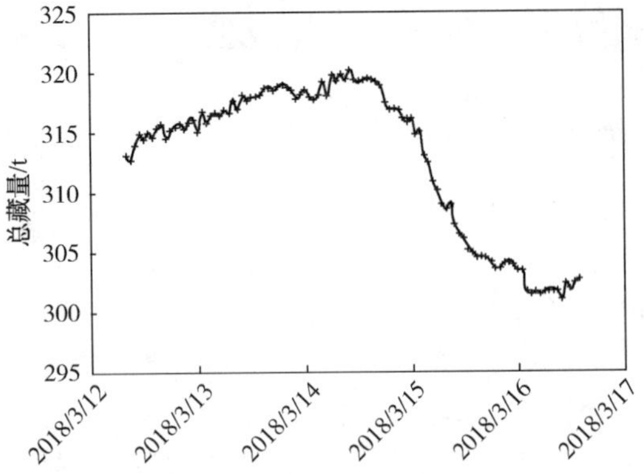

图1　两器总藏量变化趋势

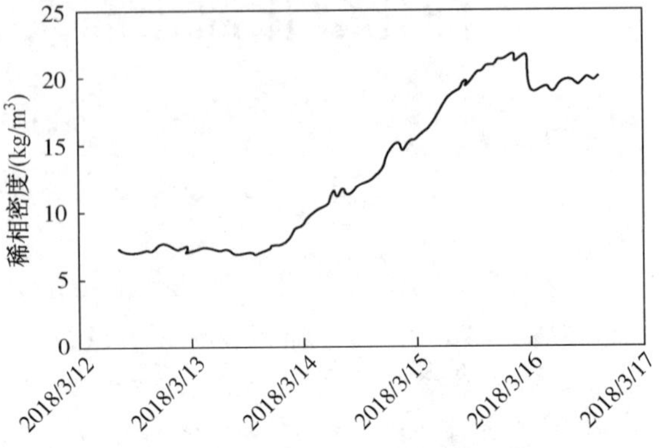

图2　再生器稀相密度变化趋势

表1　三旋入口粉尘筛分变化

工　况	0~5μm	5~10μm	10~20μm	20~30μm	30~40μm	40~50μm	>50μm
催化剂铁中毒前/%	65.4	14.41	14.87	4.52	0.79	0	0
催化剂铁中毒后/%	22.19	9.41	30.74	23.82	10.54	3.16	0.14

2.2　催化剂铁中毒后催化剂性质变化

催化剂铁中毒期间，对平衡催化剂的性质进行分析，平衡催化剂中铁由4000mg/kg快速上升至4800mg/kg，具体见图3。查看了平衡催化剂中铁元素多年的历史数据发现，其最高值在2013年上半年，约在6800mg/kg，但未发生催化剂铁中毒情况。

平衡催化剂的密实密度出现了下降趋势，由0.96g/mL下降至0.88g/mL，具体见图4。这也是再生器烧焦罐藏量无法提高、稀相密度上升、再生器中的催化剂整体往上飘的原因。对平衡催化剂的微观结构进行观察，见图5。存在大颗粒粘连小颗粒现象，导致了催化剂颗粒变大，催化剂流化性能变差，这也是再生器外循环滑阀开大后，虽然密度有所上升，但是催化剂由于流化性能不好而无法回到烧焦罐，催化剂循环量减少，导致了再生器烧焦负荷受限，烟气稀相发生尾燃。

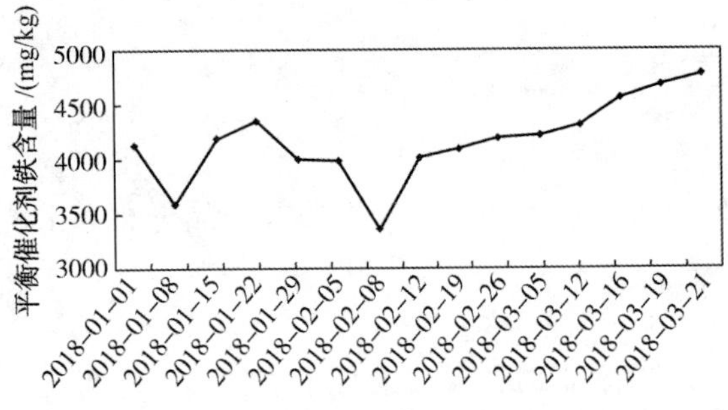

图3　平衡催化剂中铁的变化趋势

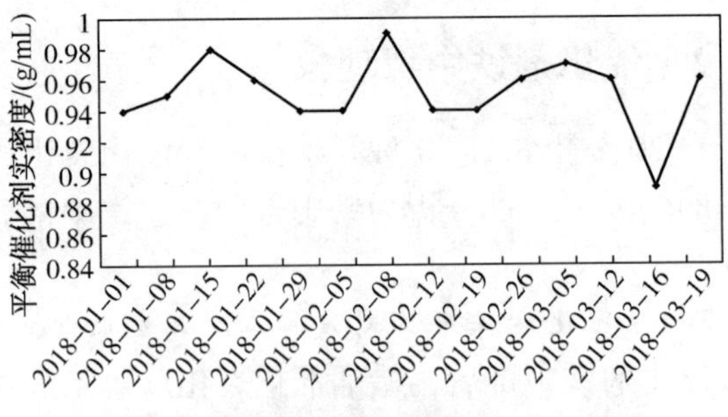

图4　平衡催化剂密实密度变化趋势

再生催化剂的外观也发生了一定的变化，正常平衡催化剂的样品颜色呈灰白色，而铁中毒后，催化剂表面聚集铁的氧化态，外观呈现了明显的浅黄色或者红色。

2.3　催化剂铁中毒后对产品分布的影响

催化剂铁中毒后，平衡催化剂的活性由56下降至55.7。从活性来看，中毒前后变化下降不多。但是据文献记载，催化剂铁中毒后，会堵塞孔道[2]，导致催化剂的孔体积下降。本次铁中毒，孔体积由0.26mL/g下降至0.22mL/g，原料油进出的孔道部分被堵塞，产品分布变差。催化剂铁中毒前后的产品分布见表2，干气产率略有下降，但是氢气/甲烷比由1.97上升至2.44，说明催化剂脱氢反应明显增加。液化石油气收率下降0.9%，汽油收率下降1.4%，柴油收率上升1.9%，油浆收率上升0.52%。液化石油气和汽油的目标产物减少，柴油及油浆收率上升明显，说明催化剂选择性和转化率下降。文献记载铁中毒催化剂的比表面积和微孔体积均降低[3]，其结果是原料转化率降低、汽油产率减少以及重油产率增加，与结果一致。

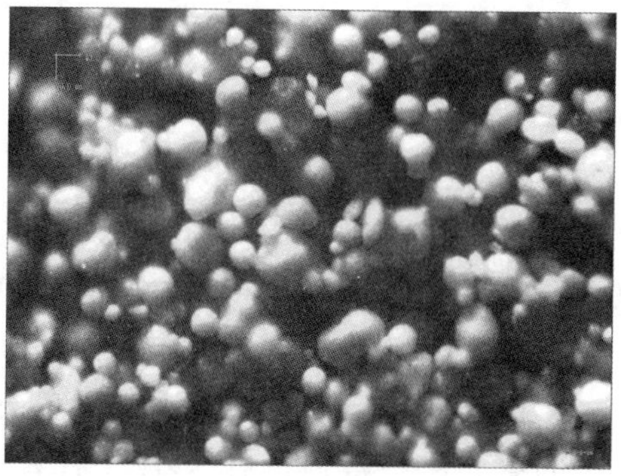

图5　平衡催化剂微观颗粒

表2　催化剂中毒前后产品分布变化　　%

项　　目	正常工况	中毒工况
干气	3.79	3.66
液化石油气	21.6	20.7
汽油	42.4	41.0
柴油	20.6	22.5
油浆	6.37	6.89
焦炭	5.21	5.26
轻油收率	63	63.4
轻液收率	84.5	84.1

3　平衡催化剂中铁中毒原因分析

催化剂的重金属污染关注比较多的是镍和钒，镍主要起脱氢作用，钒则是通过在催化剂颗粒内和颗粒间的迁移，与沸石发生多种形式的物理-化学作用，破坏沸石的晶体结构。随着原料越来越重质化和劣质化，催化裂化催化剂铁中毒的问题逐渐受到了人们的普遍关注，部分炼油厂已在实际生产中出现了铁中毒的情况，比如洛阳石化、海南炼化、石家庄炼化等。

3.1　平衡催化剂中铁的来源

平衡催化剂中铁的来源主要由三个方面：新鲜剂中含的铁，原油中带来的铁以及操作中因装置腐蚀等造成的铁污染[4]。

新鲜催化剂中的铁是催化剂在制备过程中由原料带入的，镇海炼化蜡油催化装置使用的长岭催化剂厂的催化剂，其新鲜催化剂中Fe_2O_3含量为0.30%，也就是说铁在新鲜剂中为2100mg/kg，这部分铁属于催化剂的组成部分，以良好的分散形式存在于催化剂基质上，对催化剂孔道性质影响不大。

原油中带来的铁称为原有铁，是指原油在自然生成以及采集、储运过程中引入的铁，我国原油中铁含量一般为0.001‰~0.12‰[5]。另外，目前各厂炼的清罐油，其铁含量较高，对催化裂化催化剂影响较大。

装置腐蚀等原因造成的铁污染称为过程铁，主要是指在原油加工过程中由于腐蚀、磨损等导致铁在催化剂上的沉积，其中主要是以加工设备的腐蚀为主。在原油加工过程中，铁和硫化氢生成硫化亚铁，但是原油中环烷酸的存在破坏了硫化亚铁这个保护层，而易生成环烷酸铁和硫化氢，环烷酸铁因油溶性而直接进入原油中。

3.2　铁在原料油形态及在催化剂中沉积方式

催化原料油中的铁主要以无机和有机两种形式存在。无机铁主要是指硫化铁、氯化铁、氧化铁等，均不溶于油，但以非常细的颗粒混在油里；有机铁主要是指油溶性的环烷酸铁。原油中的铁主要是以环烷酸铁的形式存在，其他形式的铁含量很低。原油加工过程带来的过程铁，以环烷酸铁、氯化铁、硫化亚铁等形式存在，其中以环烷酸铁为主。

无机铁和有机铁在催化裂化催化剂沉积形式不同，无机铁污染催化剂时表面和内部铁含量基本一致，而有机铁污染催化剂时表面的铁浓度远高于内部，表明无机铁既可以附着在催化剂表面也可以进入催化剂孔道，而有机铁大部分附着在催化剂表面形成瘤状突起，有机铁的污染毒害作用远强于无机铁。

3.3 本次催化裂化催化剂铁中毒原因

催化剂铁中毒后，分析中毒前后的原料油中的铁含量，在正常情况下，原料中铁含量在5mg/kg以下，但在催化剂中毒期间原料油铁含量在10mg/kg，是平时的2倍多。

为排查催化裂化原料铁的来源，对常减压各侧线的铁元素进行分析，见表3。从各侧线数据可以看出，渣油中铁含量是其他各侧线的数百倍，原料铁主要来源于渣油中。查看以往的渣油铁数据，在正常情况下，渣油铁含量在20mg/kg左右，而本次催化剂中毒期间，渣油铁含量在60mg/kg左右，高出正常水平2倍多。对该批次高含铁渣油的常减压油性分析发现，常减压掺炼了5%～10%的清罐油，清罐油中铁含量高达205mg/kg(一般正常原油铁含量在10mg/kg左右)。

表3 常减压各侧线铁含量分布

常减压各侧线	铁含量/(mg/kg)	常减压各侧线	铁含量/(mg/kg)
常三线	0.16	二级减二线	0.24
一级减一线	0.22	减底渣油	53.94
一级减二线	0.21		

本次催化剂中毒后，催化剂中铁含量在4800mg/kg不算很高，根据其他炼厂经验，一般在6000mg/kg以上，才会在催化剂中显现明显铁中毒。根据无机铁和有机铁在催化剂中形态不同，本次铁中毒由清罐油引起，推测清罐油中主要以有机铁形式存在。有机铁在催化剂中呈不均匀分布，有机铁的污染毒害作用远强于无机铁。

4 平衡催化剂中铁中毒应对措施

自3月10日两套催化裂化装置出现异常工况后，刚开始怀疑是设备原因造成了催化剂跑剂，并未意识到是催化剂铁中毒。经过两套装置进一步对比分析，存在很多现象类似性，同时对原料各分析数据进行加样分析，最终确定是催化剂铁中毒引起的装置异常。装置出现异常后，降低加工量，初步确定催化剂铁中毒后，加快了对催化剂置换，新鲜催化剂加入量加快，同时加入未中毒的平衡剂30t，加快异常工况恢复。同时更换加工渣油油性，并要求常减压加工催化裂化掺渣料时，对加工油种进行优化，不加工高含铁原油或者掺炼清罐油。

4.1 监控催化裂化渣油铁含量及形态

催化裂化平衡催化剂铁主要来自原料油中，而原料油中铁主要存在于渣油中，因此要监控好渣油铁元素的日常分析，并设定铁含量指标，出现异常高情况及时调整催化工况进行预防。渣油是原油经过常减压分馏而来的。原油进厂分析数据铁含量偏高，需要适当调整加工比例，使用低铁的原油进行调合，从而控制渣油的铁含量。同时加工一些特殊油种(如清罐油)，要对各下游装置进行评估可能影响，并制定相应措施。

本次催化剂铁中毒是原料中有机铁引起的，因此需要注意原油中铁的形态，若有机铁含量较高，催化剂铁含量在较低水平时，其中毒速度也很快，建议有机铁较高的渣油不直接进催化裂化加工，可进延迟焦化或者先渣油加氢后再进催化裂化加工。

4.2 适当增加催化剂单耗

增加催化剂单耗可加快催化剂的置换，可增强催化剂抗铁中毒能力。以本次催化剂铁中毒为例，两套催化裂化发生了不同程度铁中毒，其中蜡油催化裂化较为严重，发生了烧焦罐藏量无法提高、稀相密度上升、再生器催化剂跑剂、稀相发生尾燃，而重油催化裂化只发生了一再、二再的密相床层上移，对反再工况影响不大。两套催化裂化掺炼都是相同的渣油，重油催化裂化掺渣比例为26%左右，蜡油催化裂化掺渣比例只有12%左右，重油催化裂化总藏量200t，蜡油催化裂化300t。从掺渣和藏量来看，应该是重油催化裂化铁中毒更加严重，但实际情况并非如此。重油催化裂化催化剂单耗为1.03kg/t，而蜡油催化裂化单耗只有0.52kg/t，因此适当增加催化剂单耗，有利于增加催化剂抗重金属中毒能力。

4.3 改性催化裂化催化剂增加抗铁中毒能力

具有大孔基质的催化剂抗铁污染的能力相对较强，这是由于大孔基质具有更强的容铁能力，因而应该开发大孔基质的催化剂以增加催化剂的抗铁性能。石科院最新开发的RICC系列、COKC系列和VRCC系列催化剂就是新型高抗铁重油催化剂。其中SOY分子筛具有高比表面、高孔体积和通道畅通的特性，能有效提高铁的容纳能力。海南炼化催化裂化催化剂铁含量高达10000mg/kg以上，催化剂厂家对其催化剂配方进行优化，选用了大孔体积、抗铁性能强的催化剂，同时催化剂单耗增加至1.7kg/t，有效减缓了催化剂的铁中毒。

4.4 使用多金属钝化剂钝化系统中铁

中国石油大学开发的新一代多功能钝化剂SD-NFNV1型金属钝化剂，具有钝化Ni、V、Fe、Na功能，可消除多种金属的协同影响，能有效降低催化裂化干气中的H_2/CH_4比，提高再生催化剂的活性，在不影响产品质量的前提下提高轻油收率，使用过程中无凝结、无堵塞管道，使用方便，而且低毒、无味。

5 结论

（1）催化剂铁中毒后，催化剂堆比密度变小、再生器密相床层上移、稀相密度上升，严重情况下将导致再生器跑剂。催化裂化铁中毒会影响产品分布，汽油液化石油气收率下降，柴油油浆收率上升，氢气/甲烷比上升。

（2）原油中铁分为无机铁和有机铁，推测清罐油中以有机铁为主，有机铁在催化剂中呈不均匀分布，有机铁的污染毒害作用远强于无机铁。常减压在产催化裂化掺渣料，建议不掺炼清罐油。

（3）平衡催化剂的铁主要来源于渣油，日常生产过程中监控好渣油中铁含量变化，建议根据装置实际情况制定渣油中铁含量指标。

（4）预防平衡催化剂铁中毒，可通过增加催化剂单耗、改性催化剂配方选用大孔径催化剂及使用多金属钝化剂钝化铁等手段实现。

参考文献

[1] 陈俊武，曹汉昌．催化裂化工艺与工程[M]．北京：中国石化出版社，1995.

[2] 李宁，刘倩倩，郭伟，等．催化裂化平衡剂铁含量偏高的原因分析[J]．石油炼制与化工，2018，49(3)：7-12.

[3] 杜泉盛，朱玉霞，林伟，等．催化裂化催化剂铁污染研究[J]．石油学报(石油加工)，2007，23(3)：37-40.

[4] 石磊，毕林田，姚远．铁对催化裂化催化剂的影响[J]．齐鲁石油化工，2012，40(1)：50-53.

[5] 刘长久，张广林．石油和石油产品中非烃化合物[M]．北京：中国石化出版社，1991.

不同结构含磷阻燃剂对阻燃共聚酯性能影响

张金峰[1,2]　王金堂[1,2]　刘　峰[1]　张文强[3]　王余伟[1]　朱兴松[1]

(1. 中国石化仪征化纤有限责任公司研究院，江苏仪征　211900；2. 江苏省高性能纤维重点实验室，江苏仪征　211900；3. 中国石化仪征化纤有限责任公司短纤部，江苏仪征　211900)

摘　要：本文选用反应型含磷阻燃剂2-羧乙基苯基次膦酸(CEPPA)和[(6-氧代-6H-二苯并[c,e][1,2]氧磷杂己环-6-基)甲基]丁二酸(DDP)合成了相同磷含量的阻燃共聚酯，对比分析含磷阻燃剂的结构对共聚酯性能的影响。利用DSC(差示扫描量热法)、TGA(热重分析)对其热性能进行了分析；并对不同结构阻燃剂共聚酯的耐水解性能进行对比分析。结果表明，含磷阻燃剂的存在，使得共聚酯的玻璃化转变温度、熔点以及熔融结晶温度较纯聚酯低；DDP阻燃共聚酯具有优异的耐水解稳定性。

关键词：阻燃共聚酯；热性能；水解性能

1　引言

聚对苯二甲酸乙二醇酯(PET)具有强度高、耐化学腐蚀和优异的热性能，在合成纤维、薄膜和塑料等领域应用广泛。但由于它存在可燃的缺陷，其应用领域受到了一定的限制。含磷阻燃聚酯与卤素阻燃剂改性的阻燃聚酯相比在燃烧过程中具有低毒、低烟及阻燃性能持久等特点，符合当今环保的时代潮流，因而成为国内外阻燃聚酯研究人员关注的热点之一[1~3]。共聚法因阻燃剂的添加量少即可达到高阻燃性，且阻燃性能稳定持久的优势更有利于产品的发展[4]。

本文选用两种共聚型含磷阻燃剂，主链含磷阻燃剂2-羧乙基苯基次膦酸(CEPPA)和侧链含磷阻燃剂[(6-氧代-6H-二苯并[c,e][1,2]氧磷杂己环-6-基)甲基]丁二酸(DDP)合成了相应的阻燃共聚酯。作者从磷系共聚型阻燃剂的结构出发，对比了两种阻燃共聚酯的热性能和耐水解稳定性，为后续阻燃共聚酯纤维的开发和应用提供依据。

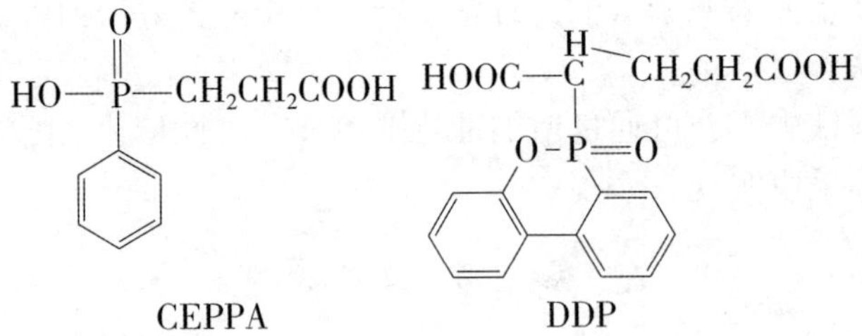

CEPPA　　　　DDP

2　试验

2.1　试验原料

对苯二甲酸(PTA)，聚合级，扬子石化。

乙二醇(EG)，聚合级，扬子石化。

乙二醇锑：工业级，仪化大康公司。

无水醋酸钠：分析纯，国药集团化学试剂有限公司。

阻燃剂CEPPA：化学纯，青岛富斯林化工科技有限公司。

阻燃剂 DDP：化学纯，泓苇(上海)新材料科技有限公司。

2.2 共聚酯合成

在 2.0L 聚合反应釜中加入一定量的 PTA、EG、催化剂乙二醇锑和助剂无水醋酸钠。混合制浆入釜后用 N_2 置换 3 次，开动搅拌，通入 0.1MPa 的 N_2，加热升温。当温度在 220~260℃、压力在 0.2~0.3MPa 下进行酯化反应，当馏出水明显减少说明酯化结束，加入预制的阻燃剂酯化液溶液，压力在 80Pa 以内，温度在 278~284℃下聚合反应，当电流达到设定值后，出料切粒。样品常规性能见表 1。

表 1　样品常规性能

样品	阻燃剂	磷含量/(μg/g)	特性黏度/(dL/g)	COOH/(mol/t)	DEG/%
1#		0	0.685	16.12	1.40
2#	CEPPA	6500	0.695	16.24	1.47
3#	DDP	6500	0.681	14.52	1.34

2.3 仪器设备

特性黏度仪，Y501 型，美国 Viscotek 公司；

热分析仪，DSC-7 型，美国 Perkin-Elmer 公司；

热失重仪，TGA-7 型，美国 Perkin-Elmer 公司。

2.4 分析测试

聚酯常规性能采用国标 GB/T 14190—2017 纤维级聚酯切片测试方法。

(1) 热性能测试 DSC：采用热分析仪，在氮气保护下以 10℃/min 的升温速率从 25℃升高至 290℃，保持 5min，然后以 400℃/min 的速度降温至 25℃，再以 10℃/min 的升温速率从 25℃升高到 290℃，保持 5min，最后以 10℃/min 的速度降温至 100℃。

(2) 热失重测试 TGA：采用热重分析仪，分别在氮气和空气中进行分析，升温速率为 10℃/min，气体流量为 20mL/min。

(3) 特性黏度降：在鼓风烘箱和真空烘箱中，设定温度为 140℃、150℃、160℃下，分别干燥 2h、4h、8h。采用特性黏度仪，温度 25±0.1℃，溶剂为苯酚-四氯乙烷，质量比为 1∶1。

(4) 水解性能：在 ESPEC EHS-211M 老化箱中，温度 121℃，湿度 100%，时间 3h、6h、12h、24h。

3 结果与讨论

3.1 热性能

利用 DSC 测定了聚酯的热性能，聚酯消除热历史后的热性能数据见表 2。

表 2　消除热历史后热性能

样品	T_g/℃	T_c/℃	T_m/℃	T_{mc}/℃	Δt 热(T_c-T_g)/℃	Δt 冷(T_m-T_{mc})/℃
1#	79.62	135.56	250.28	202.02	55.94	48.26
2#	71.99	149.18	240.51	169.14	77.19	71.37
3#	72.26	153.89	239.60	165.06	81.63	74.54

玻璃化转变温度(T_g)的大小反映了大分子链运动的自由程度，纯 PET 的 T_g 高于阻燃共聚酯的 T_g，是由于阻燃剂侧链上的苯环结构造成自由体积增大，聚合物分子链从玻璃态开始运动的能力增强，因此 T_g 降低[5]；而 DDP 的侧链有两个苯环结构，较阻燃剂 CEPPA 的自由体积更大，因此冷

结晶峰高于空白样和PET-CEPPA聚酯。

阻燃共聚酯的熔点均低于空白样，另外PET-DDP的熔点较PET-CEPPA略低。这是由于阻燃剂共聚到PET大分子链，增加了链段的柔性，破坏了大分子链的规整性，共聚酯的熔点下降；同时，大分子链的规整性下降加上阻燃剂的侧基空间位阻增大，对链段砌入晶格有一定的阻碍作用，结晶变得困难，且样品3#的Δt热比样品2#的高，说明样品3#的结晶较样品2#难。样品2#和样品3#中磷的质量分数相同，但由于阻燃剂CEPPA和DDP的有效磷含量不同，阻燃剂DDP的添加量大于阻燃剂CEPPA的添加量，因而样品3#的熔点较样品2#略低。

聚合物分子链由熔点以上降至室温，分子链重新排列，出现熔融结晶峰，PET、PET-CEPPA、PET-DDP的结晶温度依次下降，这是由于DDP较CEPPA分子结构复杂，侧链苯环位阻大，且样品3#的Δt冷比样品2#的高，使得共聚酯3#结晶变得困难。

利用TGA测定了聚酯的热稳定性能，样品分别在空气和氮气中不同损失质量的温度如表3和表4所示。

表3　空气氛围中TGA数据

样品	不同损失重量的温度/℃					590℃质量保留率/%
	2%	4%	6%	8%	10%	
1#	335.23	369.67	384.55	392.22	396.83	3.170
2#	324.98	356.92	375.07	383.37	389.83	2.113
3#	350.86	377.57	388.02	393.79	398.61	3.581

表4　N_2氛围中TGA数据

样品	不同损失重量的温度/℃					590℃质量保留率/%
	2%	4%	6%	8%	10%	
1#	381.33	395.43	401.81	406.19	409.85	12.253
2#	364.51	384.20	391.86	397.79	402.69	9.570
3#	368.41	386.71	394.98	400.67	404.85	11.868

从表3可以看出，在空气范围中，样品2#的体系质量损失10%以内的温度均低于纯PET，而样品3#体系质量损失10%以内的温度略高于纯PET，与李建武报道相似[6]。主要原因是：PET在降解过程中，主要是β-H的链段转移反应；在空气氛围中PET降解过程中会形成过氧化物的离解，过氧化物又和其他自由基反应生成醛、酮及支链产物[7]，而含磷共聚酯中的PO·会捕捉H·和OH·等活性自由基来终止反应，从而提高了PET的热稳定性。样品2#为主链含磷共聚酯，热氧化降解时PET主链发生降解；样品3#为侧链含磷共聚酯，侧链基团具有对主链的屏蔽效应，因此主链含磷共聚酯的耐热稳定性比侧链含磷共聚酯差。由590℃的质量保留率可知，侧链含磷共聚酯提高了共聚酯的高温残留率。

从表4可以看出，两种阻燃共聚酯在氮气氛围中体系质量损失10%以内的温度均低于纯PET，是由于阻燃剂嵌入共聚酯中，共聚酯在受热过程中P-C键和P-O键能较低易发生断裂，而侧基含磷的样品3#分解温度下降较小，热稳定性好于样品2#，与王秀华报道相似[8]。

聚合物的失重率低于5%时，热失重关系可以用公式$\ln(G_o/G_t)=kG_t$表示。其中，G_o为起始重量，G_t为瞬时重量，t为此刻时间。取失重5%以内的数据进行处理，并根据Arrhenius公式$k=k_o\exp(-E_d/RT)$，即可求得热失重活化能E_d。表5为样品在空气和氮气氛围中的热失重活化能。

表 5　样品的热失重活化能

样　　品	E_d/(KJ/mol)	
	空气	N_2
1#	57.13	62.06
2#	51.05	55.30
3#	58.12	59.54

由表 5 可见，3 个样品在氮气中的热重活化能均高于空气中的热重活化能，是由于在空气中除了热降解外，还存在热氧降解，导致样品的活化能降低。另外，侧链含磷共聚酯的热重活化能高于主链含磷共聚酯。

3.2　水解性能

共聚酯样品在水解后的黏度如图 1 所示。

如图 1 所示，在相同的水解条件下，纯聚酯 1#的黏度高于阻燃共聚酯样品黏度，侧链含磷共聚酯 PET-DDP 的黏度高于主链含磷共聚酯 PET-CEPPA。说明纯聚酯具有较好的耐水解稳定性能。另外由第三单体 CEPPA 共聚的阻燃共聚酯由于膦酸酯基团在分子结构主链段上，在膦酸酯水解后发生断裂，导致其黏度降低，而 PET-DDP 由于含磷阻燃基团结构在侧链上，耐水解性能优于在主链的共聚酯。

聚酯样品中断裂的酯键与未破坏的酯键的比例(断链率 *B.B*)由公式表示：

$$B.B\% = 0.244([\eta]_a^{-1.47} - [\eta]_b^{-1.47})$$

式中　$[\eta]_a$——样品水解后特性黏度；

$[\eta]_b$——样品水解前特性黏度。

图 2 为聚酯样品断链率与水解时间的关系图。

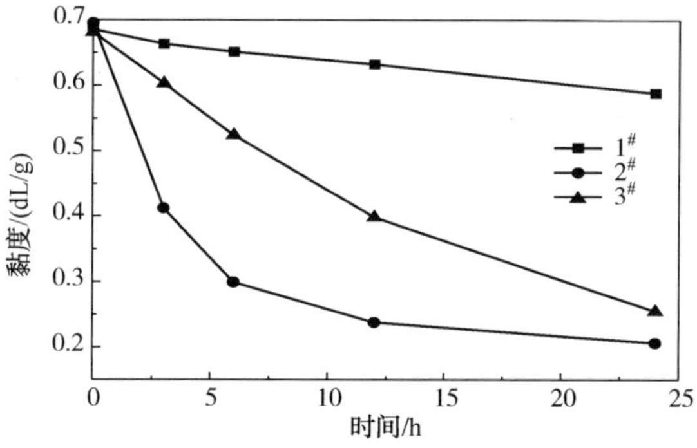

图 1　样品在不同水解时间后黏度

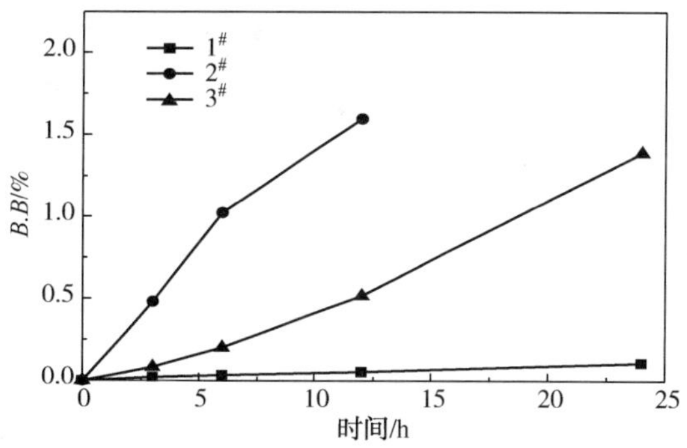

图 2　聚酯样品断链率与水解时间的关系

由图 2 可知，样品 2#断链率与时间的关系为 $y=0.1328x+0.078$，$R^2=0.9763$；样品 3#断链率与时间的关系为 $y=0.0591x-0.0938$，$R^2=0.9795$；纯聚酯样品 1#的断链率与时间的关系为 $y=0.0043x+0.0044$，$R^2=0.9929$。可以发现阻燃共聚酯 PET-CEPPA 的水解断裂率速率比 PET-DDP 快约 2 倍，与 M. Sato.[9]报道一致，是由于膦酸酯键比聚合物主链中的其他羧酸酯键更容易被破坏。聚合物主链的断裂是由膦酸酯键的水解而发生的，导致断链率提升，特性黏度快速降低。另外，纯聚酯的断链率比阻燃聚酯低，可能是由于阻燃聚酯是含有膦酸酯键的聚酯，膦酸酯键经水解生成了膦酸，羧酸酯键在酸性条件下易发生破坏，导致样品的黏度降低。

4　结论

(1) 共聚型阻燃剂对样品的热性能和结晶性能产生影响，共聚酯样品的 T_g、T_m、T_{mc}降低，T_c

增大；阻燃共聚酯的结晶能力低于常规样品，侧链含磷共聚酯样品的结晶能力较主链含磷聚酯结晶困难。

（2）侧链含磷共聚酯较主链含磷共聚酯具有较好的热稳定性能。

（3）阻燃剂降低共聚酯样品的耐水解性能，试验条件下侧链含磷阻燃共聚酯较主链含磷共聚酯具有优异的耐水解稳定性。

参考文献

[1] 林生兵．磷系阻燃共聚酯的合成与性能[J]．金山油化纤．2006. 25(3)：22-26.

[2] 郭永林．磷系阻燃共聚酯流变性能探讨[J]．合成纤维．2009. 1：17-19.

[3] 黄年华，张强，李治华．新型侧基含磷共聚酯的合成、表征及性能[J]．功能高分子学报．2008. 21(2)：200-205.

[4] 吴宝庆，果学军，吴茫．涤纶磷系共聚阻燃剂及阻燃聚酯制备方法[J]．合成纤维工业．2002. 25(6)：39-40.

[5] Ko C Y，Chen M，Wang H. Sequence distribution，crystallization and melting behavior of poly(ethylene terephthalate-co-trimethylene terephthalate) copolyesters[J]. Polymer. 2005. 46(2)：8752-8762.

[6] 李建武，王朝生，江振林，等．含磷阻燃剂结构对阻燃共聚酯结构与性能的影响[J]．合成纤维工业．2017. 40(3)：6-10.

[7] 陈曦，于钦学，任文娥．聚酯的热分析与热分解动力学的研究[J]．绝缘材料．2009. 42(3)：52-55.

[8] 王秀华，马艳丽，姚玉元，等．磷系阻燃改性共聚酯的热性能研究[J]．聚酯工业．2011. 24(1)：15-18.

[9] SATO M.，ENDO S J.，ARAKI Y S.，MATSUOKA G. et al. The flame-retardant polyester fiber Improvement of hydrolysis resistance[J]. Journal of Applied Polymer Science. 2000. 78：1134-1138.

FN-3G 型 NH_3-SCR 脱硝催化剂开发及应用

王学海　王宽岭　刘忠生

（中国石化大连石油化工研究院，辽宁大连　116045）

摘　要：本文介绍了 FN-3G 型 NH_3-SCR 脱硝催化剂的开发及应用。以高表面二氧化钛为载体、V_2O_5为活性组分、WO_3为助剂，通过掺杂纳米分子筛和稀土氧化物调变酸性和氧化还原活性，采用直接挤出成型方法制备了高活性 FN-3G 脱硝催化剂。与 FN-2G 型相比，FN-3G 的活性提高了 20%。工业应用表明，采用 FN-3G 脱硝催化剂，出口 NO_x 低于 50mg/m^3，满足超低排放要求。

关键词：NH_3-SCR；脱硝；催化剂

1　引言

来自固定源(电厂、工业锅炉及炼厂)的氮氧化物(下称 NO_x，主要是 NO 和 NO_2)是大气主要污染物，它导致酸雨和光化学烟雾的形成，并对人体呼吸系统造成伤害。因此，世界各国都对 NO_x 的排放制定了严格的排放标准。

烟气脱硝技术包括 SNCR(选择性非催化还原)工艺和 NH_3-SCR 工艺(NH_3选择性催化还原)，SNCR 的去除率不高，不超过 50%。NH_3-SCR 是最成熟和应用最广泛的 NO_x 排放控制技术，它具有效率高、选择性好等优点。

NH_3-SCR 技术的核心是高活性、高选择性和稳定性的脱硝催化剂。商业催化剂主要有 3 种类型：蜂窝、板式和波纹板式。板式催化剂为非均质催化剂，以金属板为基材，涂覆 TiO_2、V_2O_5和 WO_3等活性物质，其表面被粉尘等磨蚀后，不能维持原有的催化活性。波纹板式催化剂也是非均质催化剂，加工工艺是先制作玻璃纤维加固的 TiO_2基板，再浸渍上 V_2O_5和 WO_3等活性物质，其表面被粉尘等磨蚀后，也不能维持原有的催化活性。蜂窝式催化剂为均质催化剂，催化剂本体都具有活性，因此表面磨损后，仍然能维持原有的活性。板式和波纹板式催化剂不能再生，蜂窝式催化剂可以再生。目前，世界上超过 70%的脱硝装置采用的是蜂窝式催化剂，其具有耐腐蚀性强、活性高、可靠性好和回收利用率高等优点。

我国在十二五期间内，对电力、冶炼、石化等重点行业进行了全面的脱硝治理，已基本上实现了达标排放。但随着国家对大气污染的日益重视，我国相继对 NO_x 排放提出了更严格的要求。2014 年 9 月，国家环保部、发改委、能环局发布《煤电节能减排升级与改造行动计划(2014~2020 年)》，要求燃煤发电机组大气污染物排放浓度基本达到或接近燃气轮机组排放限值，即在基准氧含量 6%条件下，NO_x、SO_2、烟尘排放浓度分别不高于 50mg/Nm^3、35mg/Nm^3、10mg/Nm^3。2015 年 12 月，国家环保部、发改委、能环局发布《全面实施燃煤电厂超低排放和节能改造工作方案》，要求东部、中部和西部地区分别在 2017 年，2018 年和 2020 年前基本完成超低排放改造。

十二五期间，中国石化已基本完成了自备电厂和 FCC 装置两大 NO_x 排放源的脱硝治理，脱硝技术主要采用 NH_3-SCR 工艺。中国石化所建设的脱硝装置基本上按照出口 NO_x 小于 100mg/m^{3}设计，因此，开发高活性脱硝催化剂，使现有脱硝装置达到超低排放要求具有重要的实际意义。

在中国石化的大力支持下，大连石油化工研究院在 FN-2G 型脱硝催化剂基础上，通过助剂和载体等方面的创新，开发出能够满足超低排放要求的 FN-3G 型脱硝催化剂。

2 试验部分

2.1 NH_3-SCR 催化剂的制备过程

NH_3-SCR 催化剂的制备过程如图 1 描述：

图 1 催化剂制备流程

第一，物料混合。活性组分的负载是在该过程中实现的，如何将活性组分均匀地负载于载体之上是保证催化剂具有良好活性的关键。

第二步，练泥。练泥过程中需及时调整练泥时间并严格控制泥料的水含量，练泥后得到表面致密、均匀、光滑的塑性泥段。

第三步，挤出蜂窝体。

第四步，干燥和焙烧。FN-3G 催化剂的干燥过程严格控制在一定湿度和温度下进行，焙烧过程则采用多段程序升温。

2.2 催化剂活性评价方法

NH_3-SCR 反应在 50mm×50mm×250mm 的小型固定床反应器内进行，催化剂规格为 50mm×50mm×50mm。考察空速、反应温度、SO_2和 H_2O 浓度等因素对 NO_x 去除率的影响，在线分析反应器进出口的 NO_x 浓度、SO_2浓度、O_2浓度，采样分析出口的 NH_3浓度。

NO_x 去除率(%)=(入口 NO_x 浓度-出口 NO_x 浓度)/入口 NO_x 浓度×100%

SO_2氧化率(%)=(入口 SO_2浓度-出口 SO_2浓度)/入口 SO_2浓度×100%

3 FN-3G 脱硝催化剂开发及应用

3.1 FN-3G 脱硝催化剂开发

3.1.1 FN-3G 脱硝催化剂设计思路

催化剂是 NH_3-SCR 系统的核心，其成分组成、结构、活性及稳定性直接影响 NH_3-SCR 系统的脱硝效率及运行状况，催化剂需达到如下几点要求：

(1) 具有良好的活性、选择性和稳定性。烟气中一般含有 200~500mg/m^3的 NO_x，按照目前实施的超低排放 NO_x 排放标准 50mg/m^3，NO_x 的转化率一般需大于 90%。

(2) 催化剂床层压降低、不易堵塞。

(3) 在较低的温度下和较宽的温度区间具有高的活性和选择性。

(4) 低 SO_2/SO_3氧化率。NH_3-SCR 催化剂的活性组分主要是 V_2O_5，V_2O_5亦对 SO_2氧化 SO_3的反应具有一定的活性。SO_3容易和未反应的 NH_3在反应器后的系统中生成硫酸铵和硫酸氢铵，造成设备的腐蚀和堵塞。因此，催化剂中的 V 含量不能过高。

(5) 具有较好的热稳定性。

(6) 具有良好的机械强度。机械强度体现了催化剂抵抗气流(含粉尘)产生的冲击力、摩擦力、耐受上层催化剂的负荷作用，它是保证催化剂长期稳定运行的重要指标。

酸性和氧化还原性是影响脱硝催化剂活性的重要因素，V_2O_5/TiO_2催化剂上 NH_3与 NO_x 的反应机理如图 2 所示，脱硝反应的进行主要依靠于催化剂酸性和氧化还原性协同作用。

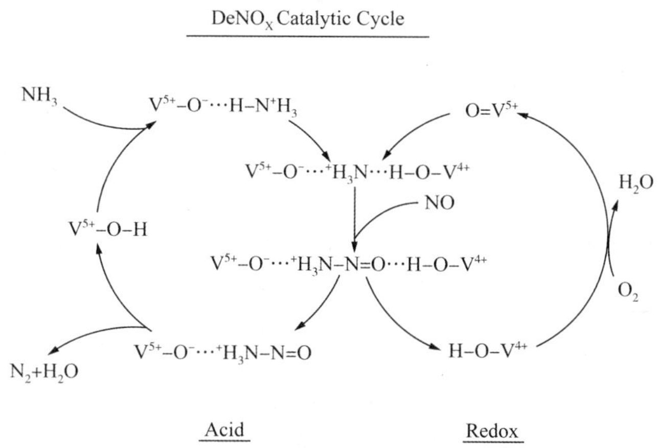

图 2　V_2O_5/TiO_2 催化剂上 NH_3 与 NO_x 的反应机理

因此，在 FN-2G 脱硝催化剂基础上，FN-3G 脱硝催化剂设计思想如下：

(1) 提高载体的比表面积。选用高表面 TiO_2 作为载体，提高活性组分的分散性。研究表明，聚集态的 V 物种对 SO_2 转化为 SO_3 的反应有较高的活性，对催化剂的选择性不利。

(2) 调变氧化还原性。加入稀土等助剂，改善催化剂氧化还原性。

(3) 调变酸性。加入纳米分子筛等酸性材料，调控催化剂酸性。

3.1.2　FN-3G 脱硝催化剂研制

许多种氧化物对 NH_3 选择性催化还原 NO_x 反应具有活性，顺序为：$CuO \sim Fe_2O_3 > V_2O_5 > Cr_2O_3 > MoO_3 \sim WO_3 > ZnO \sim CoO \sim SnO_2 \sim TiO_2 > NiO$，其中 CuO 的活性最高，但其抗水性能差，选择性较差，反应中有较多的 N_2O 生成；尽管 Fe_2O_3 的活性也很高，但在 SO_2 存在下，活性下降很快，使用寿命较短；Cr_2O_3 也会导致 N_2O 的生成。因此，目前 V_2O_5 仍然是使用最多的活性组分，它具有活性高和选择性好的优点。因此，FN-3G 催化剂也采用 V_2O_5 作为主要活性组分。

V_2O_5 对 SO_2 转化为 SO_3 的氧化反应也具有催化活性。在脱硝反应过程中，SO_2/SO_3 转化率是需要严格控制的，通常控制在 1%以内。因为生成的 SO_3 与反应逃逸的 NH_3、烟气中的水蒸气等反应生成硫酸铵盐，硫酸铵盐在催化剂表面及 SCR 反应器下游设备和管道上沉积，可引起堵塞、腐蚀和压降上升等问题。

由此可见，催化剂中 V_2O_5 含量的选择既要对 NH_3 选择性催化还原 NO_x 反应具有良好的活性，同时也要尽可能减少 SO_3 的生成。随着 V_2O_5 含量的增加，催化剂的活性迅速增加，但 SO_2/SO_3 转化率也随之增大。在实际应用中，根据烟气组成和脱硝需求来确定适宜的 V_2O_5 含量[1]。

载体的性质对 NH_3-SCR 反应有着重要的影响，研究表明，V_2O_5 在载体表面有两种形式：一种是孤立的钒活性位，其对 NH_3-SCR 反应具有很好的催化活性；另一种是聚集态的钒活性位，其对 SO_2 氧化为 SO_3 的反应具有高的催化活性[2]。因此，在催化剂制备过程中，需控制 V_2O_5 在载体表面上单层均匀分散。锐钛矿型 TiO_2 是普遍采用的 NH_3-SCR 催化剂的载体，其具有以下优点：(1) V_2O_5 在 TiO_2 表面有很好的分散度；(2) TiO_2 表面生成的硫酸盐的稳定性要比其他载体(如 Al_2O_3、SiO_2、ZrO_2 等)差[3]。因此，在工业应用过程中不会因硫酸盐遮蔽表面活性位，同时这部分少量的硫酸盐还会增加反应的活性。由于 NH_3-SCR 催化剂的特殊要求，对国内生产 TiO_2 的厂家进行了调研，选取了 3 种不同比表面积的 TiO_2 载体，主要性质如表 1 和图 3 所示。3 种二氧化钛载体都为锐钛矿晶型，主要的区别在于它们的比表面积。

表1　不同 TiO_2 载体的比表面积

TiO_2种类	A	B	C
比表面积/(m^2/g)	84.63	124.9	289.41

不同比表面积 TiO_2 载体对催化剂的活性的影响见图4，由图4可知：通过使用高比表面积的 TiO_2 载体可以提高催化剂的脱硝活性，特别是在高空速条件下的活性。但是过高的比表面积对于增加催化剂的脱硝活性并不明显，因此选择B种 TiO_2 载体作为FN-3G脱硝催化剂的载体。

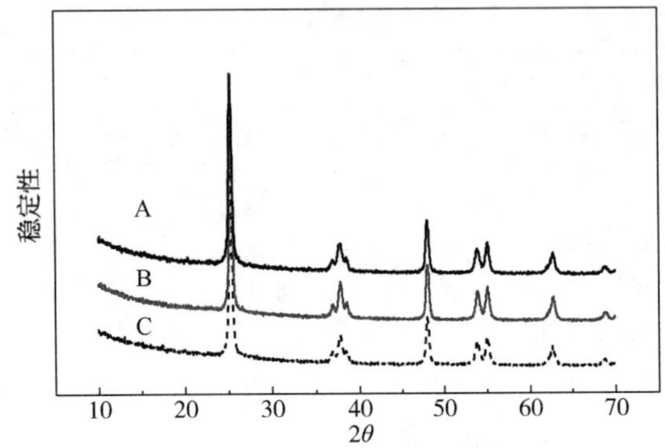

图3　不同 TiO_2 载体的XRD图

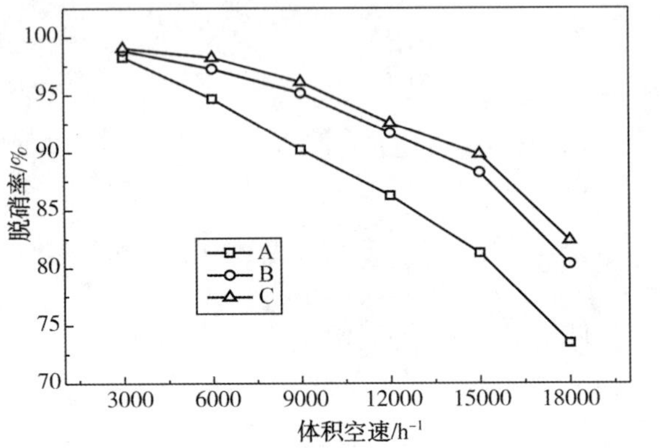

图4　不同 TiO_2 载体对催化剂脱硝率的影响

注：NO浓度650mg/m^3，NO_2浓度50mg/m^3，SO_2浓度900mg/m^3，O_2体积占比2.5%，H_2O体积占比10%，NH_3/NO_x=1(摩尔比)，反应温度350℃。

根据图2的反应机理，+5和+4价态V的活性物种参与了 NH_3 还原NO的过程，V的氧化还原性是影响催化剂活性的重要因素。加入某种变价元素是改善催化剂氧化还原性能的重要手段。CeO_2 是一种稀土材料，具有良好的氧化还原性能。铈有两个固定氧化价态，Ce^{4+} 和 Ce^{3+}，通过氧化还原价态在 Ce^{4+} 和 Ce^{3+} 之间转变，在这个过程中可以形成不稳定的氧空位和氧自由基。图5为添加Ce对脱硝催化剂活性的影响。从图5中可知，在较低空速时，两种催化剂的活性一致，随着空速的逐渐增大，VWCeTi催化剂表现出更高的催化活性。

酸性是影响脱硝催化剂活性的另一重要因素。TiO_2 载体本身酸性较弱，负载 V_2O_5 及 WO_3 后具有了一定的酸性，但酸性仍然较弱。分子筛是酸性载体，具有较强的酸性。加入适当的分子筛可以提高脱硝催化剂酸性，有利于 NH_3 的吸附和活化。图6为分子筛对脱硝催化剂活性的影响。从图6中可知，载体中添加分子筛可明显提高脱硝催化剂的活性，特别是高空速条件下的活性，也就是说在满足超低排放要求下，FN-3G所需催化剂体积更少。

通过上述研究，确定了FN-3G脱硝催化剂的主要组成。接下来，在模拟烟气条件下，在 NH_3-SCR催化剂小型试验装置上对FN-3G催化剂进行了活性评价试验，评价的具体条件为：NO浓度500~1500mg/m^3，SO_2 浓度500~1500mg/m^3，O_2 为2.5%(体积比)，H_2O 为5%~15%(体积比)，NH_3/NO=1(摩尔比)。考察了反应温度、空速、H_2O、SO_2 含量等对催化剂活性和选择性的影响。

图7为反应温度对脱硝率的影响。从图7中可以看出，FN-3G催化剂比FN-2G催化剂具有更高的催化活性，尤其是在较低反应温度和较高反应温度。SO_2/SO_3 转化率是催化剂性能的重要指标。图8为反应温度对 SO_2/SO_3 转化率的影响。由图8可知，FN-3G比FN-2G具有更低的 SO_2/SO_3 转化率；随着反应温度的升高，两种催化剂样品的 SO_2/SO_3 转化率都增加，但FN-2G催化剂的 SO_2/SO_3 转化率增加更为明显。

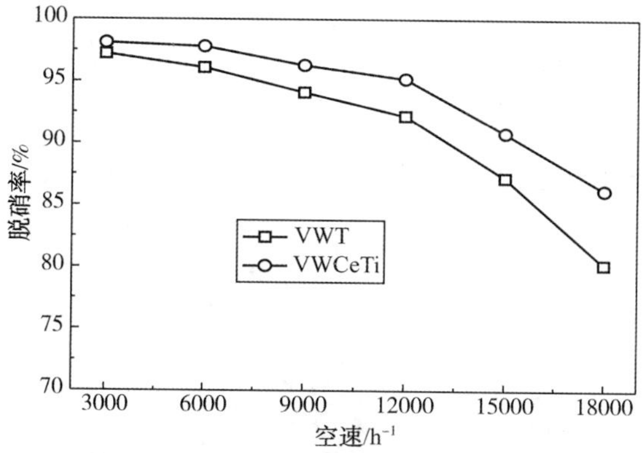

图 5 反应空速对脱硝率的影响

注：NO 浓度 650mg/m^3，NO_2浓度 50mg/m^3，SO_2浓度 900mg/m^3，O_2体积占比 2.5%，H_2O 体积占比 10%，$NH_3/NO_x=1$(摩尔比)，反应温度 350℃。

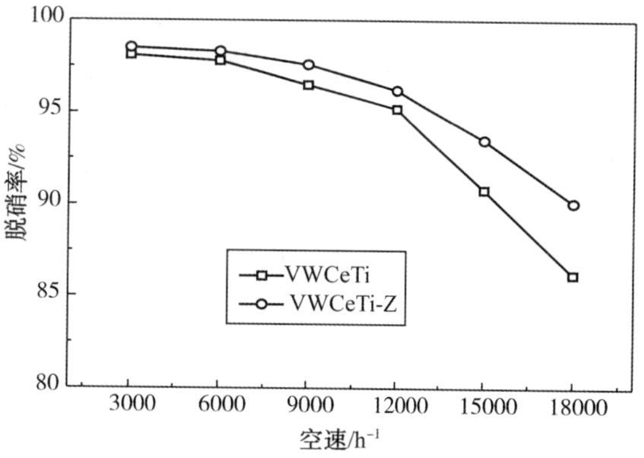

图 6 反应空速对脱硝率的影响

注：NO 浓度 650mg/m^3，NO_2浓度 50mg/m^3，SO_2浓度 900mg/m^3，O_2体积占比 2.5%，H_2O 体积占比 10%，$NH_3/NO_x=1$(摩尔比)，反应温度 350℃。

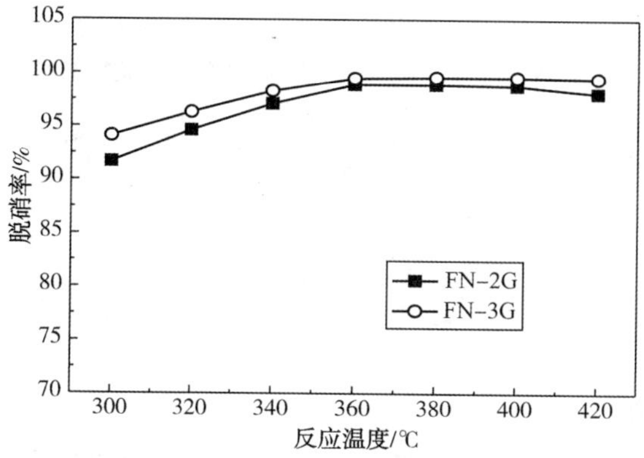

图 7 反应温度对催化剂脱硝率的影响

注：NO 浓度 650mg/m^3，NO_2浓度 50mg/m^3，SO_2浓度 900mg/m^3，O_2体积占比 2.5%，H_2O 体积占比 10%，$NH_3/NO_x=1$(摩尔比)，空速 5000h^{-1}。

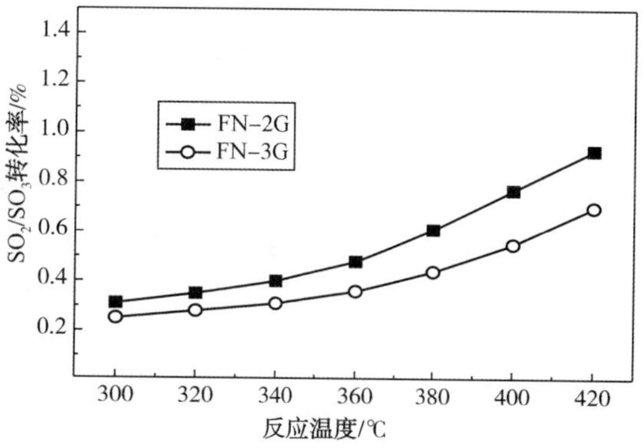

图 8 反应温度对 SO_2/SO_3转化率的影响

注：NO 浓度 650mg/m^3，NO_2浓度 50mg/m^3，SO_2浓度 900mg/m^3，O_2体积占比 2.5%，H_2O 体积占比 10%，$NH_3/NO_x=1$(摩尔比)，空速 5000h^{-1}。

图 9 为反应空速对 FN-3G 和 FN-2G 催化剂脱硝率的影响。由图 9 可以看出，随着空速的增加，FN-3G 催化剂和 FN-2G 催化剂的脱硝率逐渐降低，但 FN-3G 催化剂的降低幅度较小，说明 FN-3G 催化剂比 FN-2G 催化剂具有更多的活性位。

FN-3G 与 FN-2G 脱硝催化剂活性 *K* 值按 DL/T 260—2012《燃煤电厂烟气脱硝装置性能验收试验规范》的计算公式计算，计算公式如下：

$$K=0.5\times\frac{Q}{V\times A_p}\times\ln\frac{MR}{(MR-\eta)\times(1-\eta)}$$

式中 K——催化剂单元体的活性，m/h；

Q——烟气流量，m^3/h；

V——催化剂体积，m^3；

MR——氨氮摩尔比。

由表 2 可以看出：在体积空速 6000h^{-1} 条件下，FN-3G 脱硝催化剂的脱硝活性位 58m/s，而 FN-2G脱硝催化剂的脱硝活性为 49m/s，FN-3G 脱硝催化剂比 FN-2G 脱硝催化剂的脱硝活性提高了约 20%。

表 2 FN-3G 与 FN-2G 脱硝催化剂的脱硝活性 K 值比较

催化剂	空速/h^{-1}	NH_3/NO	入口 NO_x/(mg/m^3)	出口 NO_x/(mg/m^3)	去除率/%	K 值/(m/s)
FN-2G	6000	1	500	22	95.5	49
FN-3G	6000	1	500	14	97.1	58

烟气中通常含有一定的水蒸气。图 10 对比了不同 H_2O 含量对脱硝率的影响，由图 10 可知，H_2O 的加入降低了 FN-3G 催化剂的活性，尤其是低温活性；但在 H_2O 含量 12%以内，催化剂的活性下降不明显；H_2O 含量超过 12%时，催化剂的活性才有较为明显的下降。

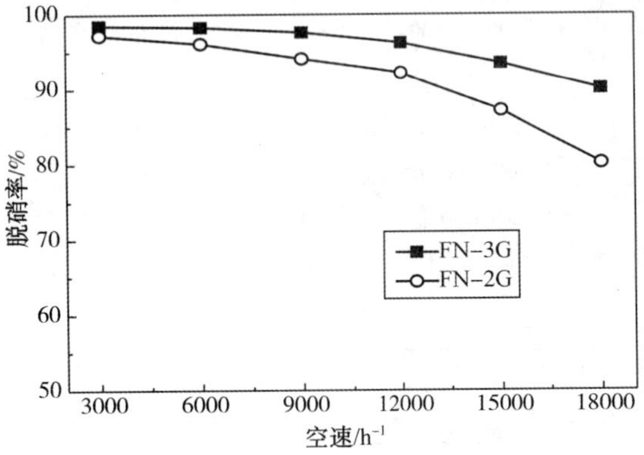

图 9 反应空速对脱硝率的影响

注：NO 浓度 650mg/m^3，NO_2浓度 50mg/m^3，SO_2浓度 900mg/m^3，O_2体积占比 2.5%，H_2O 体积占比 10%，NH_3/NO_x=1(摩尔比)，反应温度 350℃。

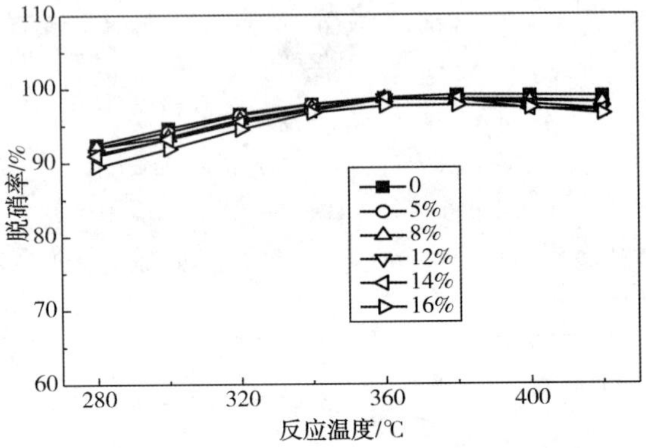

图 10 H_2O 含量对脱硝率的影响

注：NO 浓度 650mg/m^3，NO_2浓度 50mg/m^3，SO_2浓度 900mg/m^3，O_2体积占比 2.5%，NH_3/NO_x=1(摩尔比)，反应温度 350℃，空速 5000h^{-1}。

3.2 FN-3G 脱硝催化剂工业应用

中国石化天津分公司热电部 6#/7#锅炉脱硝装置原采用大连石油化工研究院 FN-2G 脱硝催化剂，2014 年投用，出口 NO_x 小于 $NO_x \leq 100mg/m^3$。2018 年 10 月，更换为 FN-3G 脱硝催化剂，处理后烟气中的 $NO_x \leq 50mg/m^3$。

4 结论

(1) FN-3G 催化剂是一种采用直接挤出成型方法制备，以高表面纳米二氧化钛为载体、V_2O_5 作为活性组分、WO_3和 CeO_2作为助剂的均质催化剂，该催化剂具有良好的脱硝活性。

(2) 天津分公司工业应用表明，采用 FN-3G 脱硝催化剂，处理后烟气中的 $NO_x \leq 50mg/m^3$，满足超低排放要求。

参 考 文 献

[1] Forzatti P. Present status and perspective in de-NO_x SCR catalysis[J]. Appl. Catal. A, 2001, 222: 221-236.

[2] Ahmad S, Lindenhoff P I, Slaughter J D. Experience with design, installation and operation of a SCR unit after a FCCU [J]. NPRA, 2005, AM-05-23.

[3] Busca G, Lietti L, Ramis G, et al. Chemical and mechanistic aspects of the selective catalytic reduction of NO_x by ammonia over oxide catalysts[J]. A review. Appl. Catal. B, 1998, 18: 1-36.

安全环保

提高催化装置烟机发电量及运行安全的技术研究与应用

佟艳宾

（中国石化北京燕山分公司机械动力处，北京　102500）

摘　要：催化装置烟气轮机是装置能量回收系统中的关键设备，某催化裂化装置YL-16000B型烟气轮机采用传统的扭曲叶型叶片，烟机负荷率最高仅为85%，在操作工况下最高发电量为13500kW·h/h，同时由于无法降低大量轮盘冷却蒸汽干扰下造成的催化剂堆积、叶片及叶根冲刷等问题，机组发电量一直偏低，振动偏大，存在较高的安全运行风险。通过将传统的扭曲叶型叶片升级为效率更高的新型变截面弯扭复合型叶片，采用新型叶片叶根密封冷却装置，增加排气机壳导流板数量，烟机的平均发电量由改造前的12802kW·h/h增加至15167kW·h/h，轮盘冷却蒸汽量由2t/h降至1t/h，增加效益超过1000万元/a，同时新型叶片叶根密封冷却装置不但使叶片叶根得到充分的冷却，提高了叶根许用强度，又由于进入到叶片流道的冷却蒸汽量减少，对烟机叶片结垢起到缓解作用，因叶根强度降低、叶片结垢等原因导致的机组振动增加、叶片断裂的风险降低。机组自2016年改造后已经连续平稳高效运行36个月，值得推广应用至同类烟机提升发电量的技术改造。

关键词：烟机；发电量；变截面弯扭复合型叶片；叶根密封冷却装置；结垢

1　引言

催化裂化装置烟气轮机是装置烟气能量回收系统的关键设备，某YL-16000B型烟气轮机采用传统的扭曲叶型叶片，烟机负荷率最高仅为85%，在操作工况下最高发电量为13500kW/h，同时由于无法降低大量轮盘冷却蒸汽干扰下造成的催化剂堆积、叶片及叶根冲刷等问题的影响，机组发电量一直偏低，振动偏大，存在较高的长周期安全运行风险。随着节能降耗需求的日益提高，决定利用装置检修机会，对烟机通流部件进行技术升级改造，达到提高发电量及运行安全的目的。如表1所示。

表1　YL-16000B烟机发电机组基本参数

项　目	参　数	项　目	参　数
烟机型号	YL-16000B	密封结构	蜂窝
生产厂家	兰炼机械厂	转速/(r/min)	5325
输出功率/kW	16000	发电机型号	QF-20-2
轮盘级数	1	进排气方式	水平进气，垂直上排气

2　影响发电量及运行安全的分析

2.1　结垢的影响

通过烟机后，烟气的温降为150~200℃，1.5℃左右的变化就会带来功率和效率1%的变化，因此要保证烟机尽量在设计工况下运行，优化操作条件提高发电量。由于加工原料和产品分布的变化，常常使烟气轮机在运行中偏离设计工况点，烟气中催化剂颗粒分布必然不均匀，另外为了追求目标产品，生产上催化剂型号、性能也会有较大变化，各种助剂的加入，也让烟气中的成份更加复杂化。以近年烟机故障的统计分析，结垢问题成为影响烟机长周期运行最突出的问题。

关于结垢的原因，公认的看法为催化裂化常用的催化剂为降烯烃催化剂，采用稀土和磷来改变活性中心，以提高选择性氢转移反应，多产丙烯助剂由于目的产品需要，使得催化剂粒径分布偏小，含磷高于普通催化剂，高稀土含量又使系统催化剂细粉量增加，容易产生静电，加强了小粒子的吸附作用。烟气中酸性气体与催化剂上某些元素的化学反应，对结垢的产生过程至关重要，结垢过程不仅沉积形成，而且在生长，在烟机的工况下发生的不仅仅是静电吸附、沉积压实和局部熔融等弱相互作用，还有明显的强相互作用发生，使催化剂细粉晶相遭到完全破坏，催化剂中的重金属元素有很强吸附 SO_x 和 CO_2 的能力，高温下形成的磷酸盐具有黏结性，P_2O_5 也起到黏结剂的作用，在烟机流道中逐渐形成低熔点共熔物，当含有大量催化剂烟气在水蒸气的作用下通过叶片时，由于温差的存在，形成了结垢条件。

烟机叶片结垢危害巨大，叶片均匀结垢后短期内对机组运行的影响可能不是很明显，但是一旦生产波动或工况出现剧烈变化，结垢脱落，转子动平衡遭到破坏，机组振动会急剧增大，严重时发生动静碰磨、叶片断裂甚至转子报废等恶性事故。

2013 年 8 月，该裂化装置借停工检修机会安装了四旋及新的临界流速免维护装置，四旋入口同三旋出口采用圆弧光滑过渡，催化剂经四旋料腿进入催化剂细粉储罐，烟气经临界流速免维护装置进入烟道。该系统用四旋取代细粉收集罐，把烟气催化剂的分离由原来的重力沉降分离升级为离心沉降分离，降低了烟气中催化剂含量，烟机入口催化剂浓度及粒度得到有效控制。烟机叶片冲刷、催化剂结垢问题在一定程度上得到缓解。

2.2 叶型的影响

叶型损失是叶栅损失的重要部分，叶型损失的影响因素主要取决于：叶型、冲角、马赫数、出口边厚度以及叶型安装角和叶栅相对节距。叶型的改进对降低叶型损失很重要，近些年中国石化工程建设有限公司(SEI)新开发的一系列高扭曲的叶型，目的是为了获得合理的冲角和叶型弯曲角，通过 CFD 流场分析显示，叶型背面压力分布得到明显改善，减小了叶型损失。

减小叶型尾迹损失，也可以有效降低叶型损失。气流由叶型背面和腹面流向叶片出口边的附面层，在离开叶片出口边时要脱离。附面层的脱离使叶片出口边后的压力下降，造成压力损失，叶片出口边后形成的涡流区称为尾迹。尾迹中气体的有旋运动，以及它与主气流之间的相互作用都会消耗一部分气体动能，这就是尾迹损失。在叶型设计时，可以通过采取不同的叶片出口边厚度，调整叶片出口边后尾迹区域的大小和尾迹区域的涡流强度。理论上讲，叶片出气边厚度越大，尾迹损失就越大。在烟气轮机设计时，如果减小尾缘的厚度，虽然可以减小尾迹损失，但同时会造成易磨损部位强度的降低。因此，设计中需要选择恰当的叶片尾缘厚度，既获得较高的效率，又保证足够的强度余量。

叶片前缘半径的大小对于叶型损失也有一定的影响，但与尾缘的影响相比小很多，为了提高叶片抵御催化剂冲击的能力，增加烟气轮机对变工况的适应能力，动叶片仍然采用了较大的前缘半径[1、2]。

2.3 二次流的影响

气流弯曲流动产生离心力，形成内弧指向背弧的压力场，内弧压力高于两端部，在此压差驱动下形成内弧中部向两端部流动形成二次流，如图 1、图 2 所示。二次流不仅是与叶型损失同一量级的重大损失，是进一步提高效率的主要障碍，更是烟机结垢形成的主要条件之一[1]。因此，普通直叶片和扭曲叶片，在叶片顶部、根部存在二次流涡流，严重影响烟机效率，涡流会加重叶片根部、叶顶背弧处的磨损，降低叶片强度。

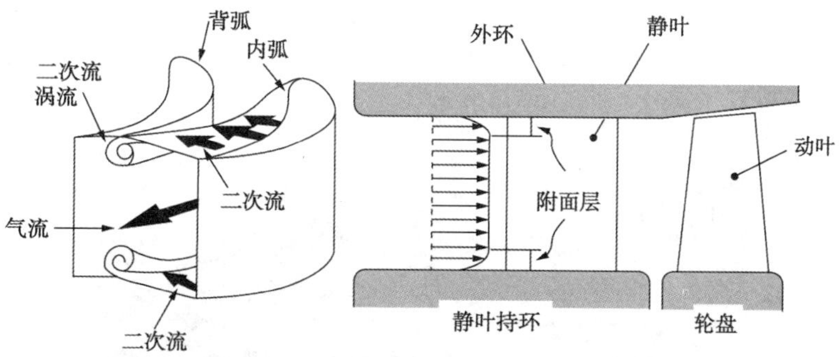

图 1　叶片顶部、根部的二次流

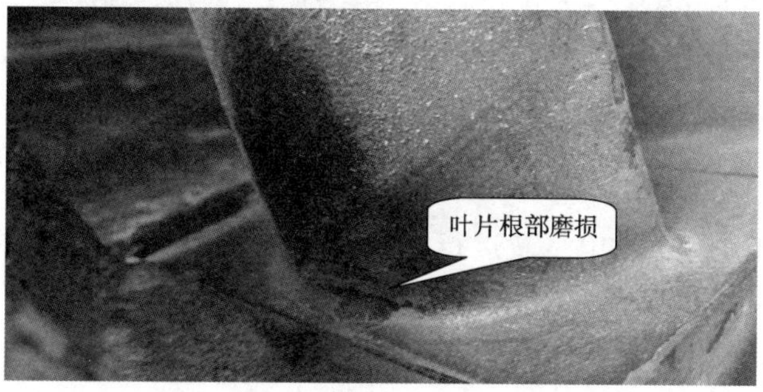

图 2　烟机转子叶片根部的磨损情况

2.4　轮盘冷却蒸汽的影响

轮盘冷却蒸汽对流道的影响如图 3 所示，轮盘冷却蒸汽进入到动叶流道，对烟气流场直接产生干扰，并且进入到动叶流道的蒸汽会吸收烟气中的热量，从 250℃升至 500℃左右，降低了烟机的效率。

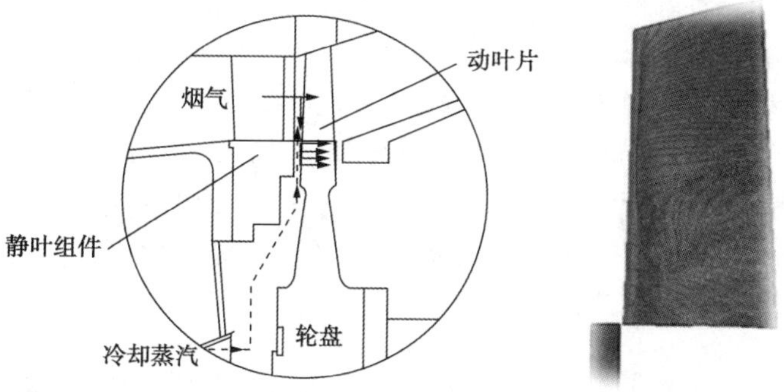

图 3　轮盘冷却蒸汽对流道的影响

烟机动、静叶根部没有设计特殊的密封结构，轮盘冷却蒸汽冷却叶根的效果有限，叶片叶根冷却间隙容易被催化剂细粉阻塞，叶根工作温度高，叶根处强度降低；催化剂进入叶片叶根，导致叶根榫齿与榫槽的接触面积减小，接触应力升高，如图 4 所示。

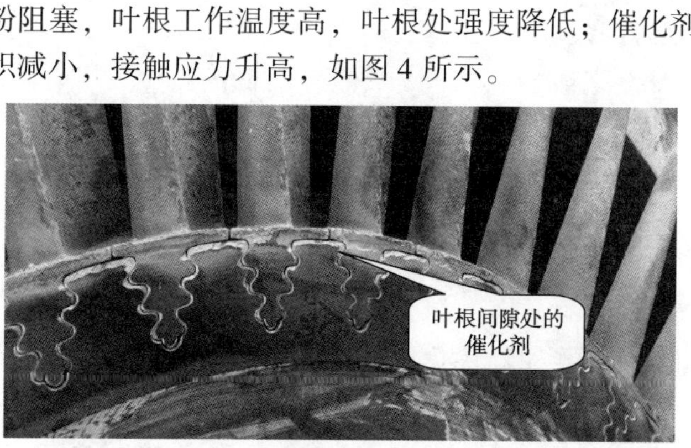

图 4　烟机转子叶片叶根间隙催化剂

装置虽安装了四旋及新的临界流速免维护系统，烟机入口催化剂浓度及粒度得到有效控制。但烟气中的催化剂超细粉(小于3μm)将随着被蒸汽扰动后的流线在叶片背弧某一部位集中，局部高浓度催化剂超细粉将在烟机叶片上结垢，影响烟机效率，结垢脱落不均匀会导致振动值增加，见图5。

图5　烟机转子叶片中部背弧处催化剂结垢

综上所述，要提高催化烟机发电量及运行安全，主要从改进叶片叶型和减少轮盘冷却蒸汽负面作用这两方面进行重点研究和攻关。

3　技术提升方案

SEI根据该催化装置烟气参数，并考虑轮盘冷却蒸汽等影响因素，对烟机进行CFD全流场分析和气动计算，根据分析数据，采用如下技术方案。

3.1　叶片升级为效率更高的新型变截面弯扭复合型叶片-S03马刀型叶片

马刀叶型是变截面、扭曲和弯曲三项技术的综合体，SEI设计出的S03马刀型叶片，在叶片根部引入了较大的正斜置值，使得根部附近的低压区位置上移，使根部低能区的流体向中部流动，并被主流带走，如图6所示；在顶部引入少量的副斜置值，使顶部附近的低压区位置下移，使顶部低能区的流体也向中部流动，并被主流带走。这样能有效调整等压线的分布形状，可使根部和顶部附近的低压区位置流体向叶片中部方向少量移动，使根部和顶部低能区的流体向中部流动，并被主流带走，减少二次流损失，从而提高叶片的气动效率，增加叶片的做功能力，兰州某机械公司制造出的烟机叶片可使烟机效率提升8%左右。同时叶片流线的平顺，对催化剂结垢也会起到一定的缓解作用[1]。扭曲叶片与马刀型叶片的比较见图7。

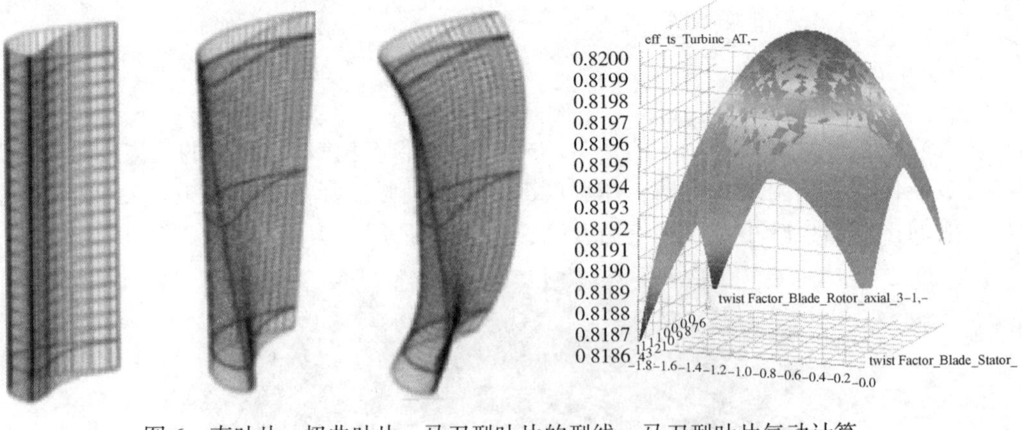

图6　直叶片、扭曲叶片、马刀型叶片的型线；马刀型叶片气动计算

此外，对烟机动叶叶根进行了重新优化设计。在正常工作状态下，叶片叶根榫齿最大径向应力均位于第一齿根部圆角处，通过增加齿根圆弧角度，加大工作接触面积，使最大径向应力由540MPa降低至400MPa，见表2和图8。

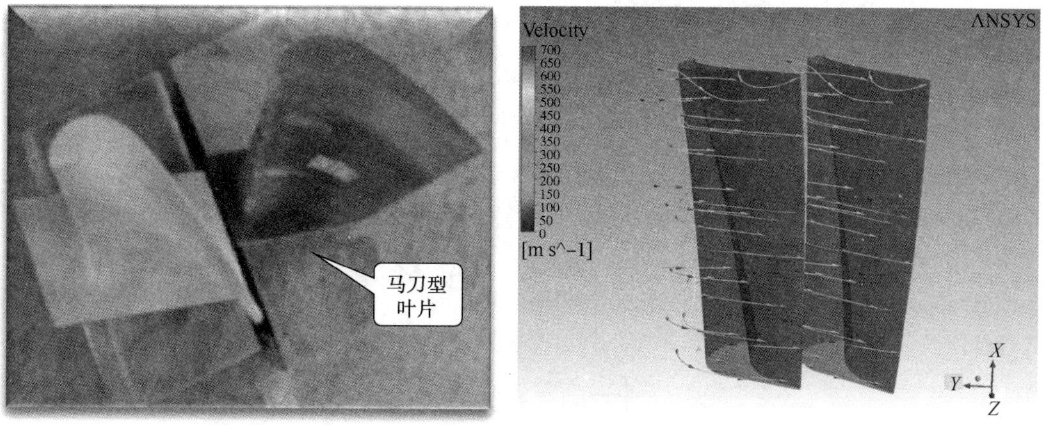

图 7　扭曲叶片与马刀型叶片比较；马刀型叶片流场模拟

表 2　叶片改造前后叶根榫齿最大径向应力

项　　目	最大径向应力/MPa	特征应力/MPa
改造前	540.5	300.6
改造后	401.7	221.1

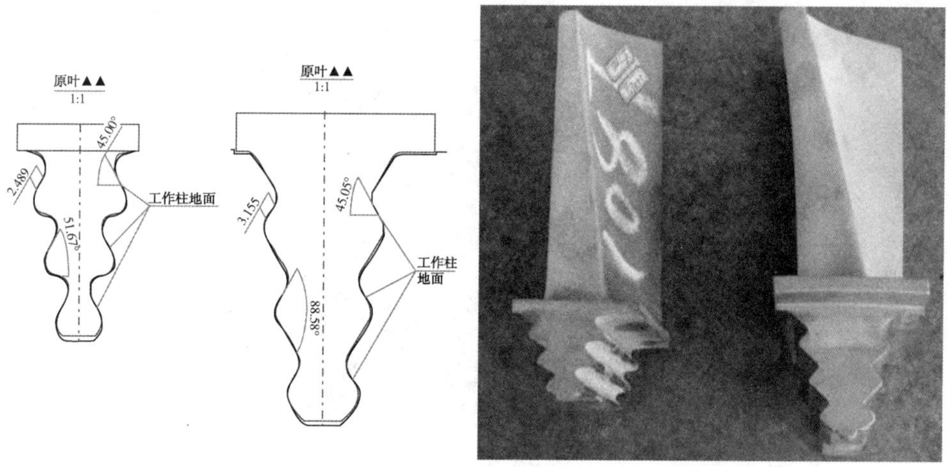

图 8　两种叶型叶根数据对比

3.2　采用新型叶片叶根密封冷却装置

传统的轮盘冷却方式如图 9 所示，静叶组件、轮盘和动叶片组成了蒸汽冷却通道，蒸汽沿轴向从轮盘中心进入，在蒸汽压力差和轮盘转动离心力的作用下向叶轮边缘流动并于烟气混合并分成两路，一路直接进入烟气流道，这部分蒸汽占轮盘冷却蒸汽的绝大部分，对烟机的发电量和安全运行产生极大影响。一是冷却蒸汽进入流道至烟机出口温度升高，耗费部分热能；二是径向进入对烟气流场产生干扰，降低叶片效率；三是在扰动作用下催化剂超细粉在叶片背弧某一部位堆积结垢。

新型叶片叶根密封冷却装置由动叶片叶根幅板延伸端环面与静叶组件上安装的蜂窝密封组成一个腔体。一方面轮盘冷却蒸汽能够直接有效的用于冷却叶根，降低叶根温度，提高许用强度，同时，基本消除了催化剂进入叶根齿槽配合间隙导致的接触点应力问题。另一方面，进入到动叶流道的冷却蒸汽量减少，不仅降低了对烟气流场的干扰，提高烟机的效率，还改善了烟机叶片结垢的条件，对烟机叶片结垢起到缓解作用[1]，见图 10 和图 11。

3.3　增加排气机壳导流板数量

气流在排气壳体的流动从气动角度上说是一个扩压过程，因此，提高排气壳体扩压段的效率对

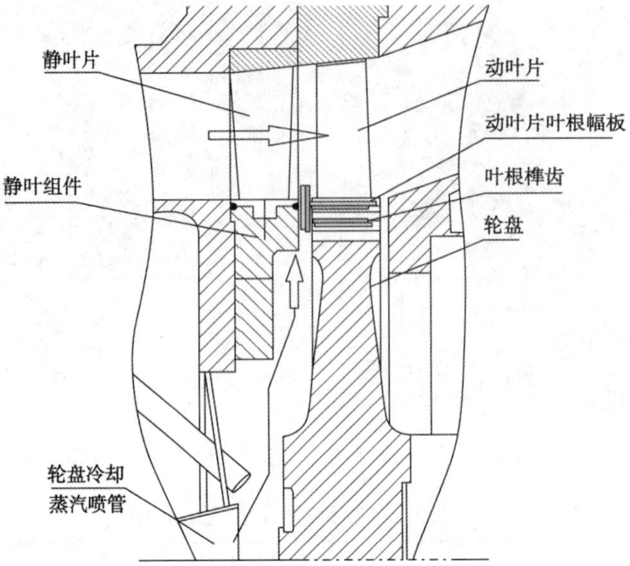

图 9　传统轮盘冷却示意图

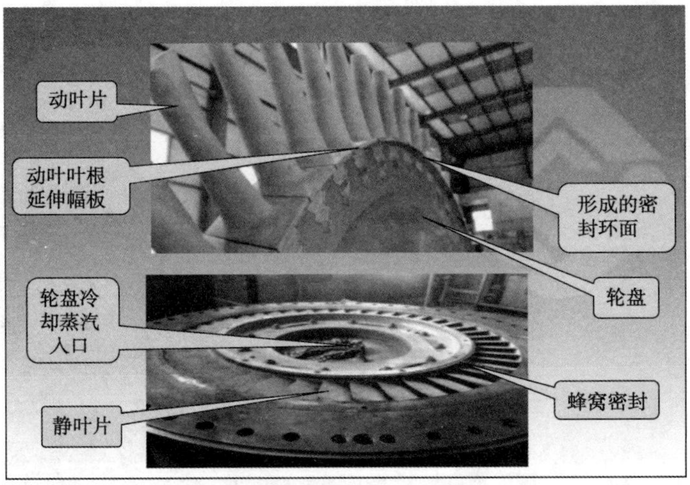

图 10　新技术结构

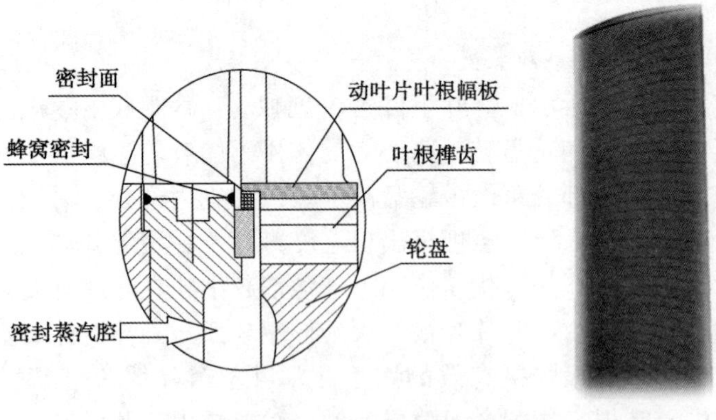

图 11　新型叶根密封冷却技术结构；无蒸汽扰动流场

提高烟机的整机效率是有利的。通过 CFD 流场分析，对排气扩压段的结构进行了优化设计，将排气壳体内 8 块直的支撑板改为 16 块扭曲导流支撑板，使得最后一级的动叶出口的参数趋近均匀，提高排气壳体的扩压效率，进而进一步提升机组效率，见图 12。

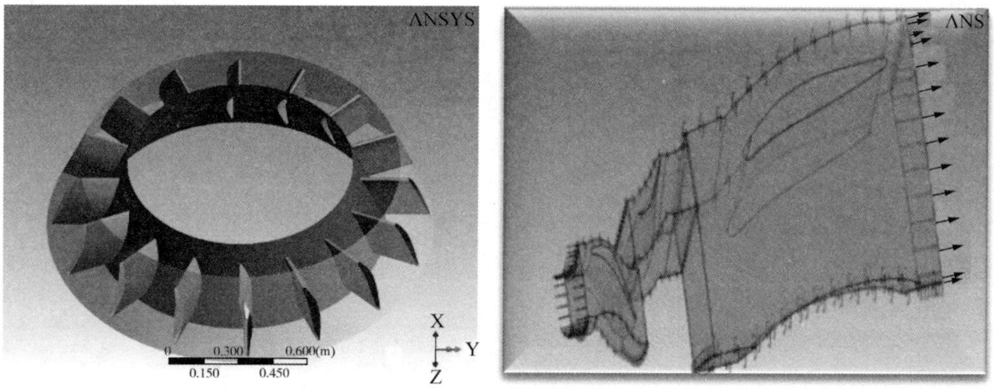

图 12 设计的高效排气机壳

4 效益分析和结论

4.1 效益分析

4.1.1 经济效益

查询烟气轮机技术升级前后发电记录，剔除装置加工量、掺渣量等因素影响(2015 年 10 月份大庆油断供)，烟机平均发电量由技术升级前的 12802kW・h/h 增加至 15167kW・h/h，轮盘冷却蒸汽量由 2t/h 降至 1t/h。如表 3 所示。

表 3 烟机改造前后发电数据对比

月　　度	平均发出功率/(kW・h/h)	烟机负荷率/%
2015 年 11 月	12417. 56	77. 61
2016 年 2 月	13，074. 76	81. 72
2016 年 4 月	12，913. 25	80. 71
技术升级前平均	12802	80
2016 年 7 月	15304	95. 65
2016 年 8 月	13985	87. 41
2016 年 9 月	15495	96. 84
2016 年 10 月	15672	97. 95
2016 年 11 月	15012. 8	93. 83
2016 年 12 月	14021. 7	87. 64
2017 年 1 月	14277. 9	89. 24
2017 年 2 月	15391. 4	96. 20
2017 年 3 月	15247. 4	95. 30
2017 年 4 月	15212. 3	95. 08
2017 年 5 月	13933. 6	87. 09
2017 年 6 月	15099. 43	94. 37
2017 年 7 月	15494. 69	96. 84
2017 年 8 月	15604. 77	97. 53
2017 年 9 月	16124. 93	100. 78
2017 年 10 月	14885. 86	93. 04
2017 年 11 月	14780. 9	92. 38
2017 年 12 月	15347. 78	95. 92

续表

月　度	平均发出功率/(kW·h/h)	烟机负荷率/%
2018年1月	15017.96	93.86
2018年2月	15431.71	96.45
2018年3月	14094.55	88.09
2018年4月	15291.5	95.57
2018年5月	15350.74	95.94
2018年6月	15372.87	96.08
2018年7月	15400.28	96.25
2018年8月	15471.41	96.70
2018年9月	15485.75	96.79
2018年10月	14525.98	90.79
2018年11月	15564.5	97.28
2018年12月	15460.4	96.63
2019年1月	15492.5	96.83
2019年2月	15546.5	97.17
2019年3月	15514.1	96.96
2019年4月	14939.3	93.37
2019年5月	15520.5	97.00
2019年6月	15660.3	97.88
平均值	15167.56	94.80

电价按照0.75元/kw·h，蒸汽价格按照156元/t计算，烟气轮机技术升级后：

$$(15167-12802)\times24\times365\times0.75=1554(\text{万元})；$$

2017年减少轮盘冷却蒸汽消耗：$(2-1)\times24\times365\times156=136$(万元)。

烟机转子综合寿命按照10年计算，技术升级费用一次性投资为450万元，每年折旧费用约为45万元。

上述合计，年增创效益约为：$1554+136-45=1645$(万元)。

剔除因处理量、掺渣率的影响约500万元/a，实际增加效益超过1000万元/a。

4.1.2　社会效益

技术升级采用了兰州长城机械工程有限公司的新型叶片叶根密封冷却装置，不但使叶片叶根得到充分的冷却，提高了叶根许用强度，又由于进入到叶片流道的冷却蒸汽量减少，对烟机叶片结垢起到缓解作用，因叶根强度降低、叶片结垢等原因导致的机组振动增加、叶片断裂的风险降低。S-8000系统监测烟气轮机运行数据显示，技术升级后烟气轮机振动数据平稳，且较技术升级前有所降低。

4.2　结论

2016年7月份实施完毕后开机至今，已经连续平稳高效运行36个月，在装置相同处理量工况条件下计算，增加的发电量、减少的蒸汽耗量均达到技术协议要求，机组本质安全和长周期运行水平得到提升，值得推广应用至同类烟机技术改造。

参　考　文　献

[1] 冀江、丁勤．烟气轮机在安全和节能技术上的新进展(上)[J]．石油化工设备技术，2016，37(5)：27-31.
[2] 丁勤、冀江．高效烟气轮机设计的探讨[J]．石油化工设备技术，2009，30(2)：1-5.

降低环己酮装置废水汽提塔 COD 含量措施

刘元元

(中国石化巴陵分公司己内酰胺部，湖南岳阳 414000)

摘 要：通过对废水系统进行技术改造及生产优化，降低了 C5603 塔负荷，其工况更稳定，出水 COD 含量稳步下降，降低下游生化处理装置的运行负荷。源头减排技术改造措施，如初馏塔蒸汽喷射泵改闭式水环真空泵，酸水改送皂化液储槽中和处理，皂化系统加水改工艺水为酮塔真空凝液。设备选型优化，如废水汽提塔填料选型优化，烷塔冷凝器材质更换。关联系统的精细化控制，如分离器界面、火炬水封槽液位、废碱蒸发系统、脱氢系统加水等调优手段。

关键词：环己酮；废水；汽提塔；减排；化学耗氧量

1 引言

环己烷无催化氧化法是目前国内外生产环己酮采用的主要方法，该方法先用空气将环己烷氧化为环己基过氧化氢，然后用钴盐作催化剂，在低温、碱性条件下将环己基过氧化氢分解为环己酮和环己醇的混合物，分离出的环己醇在 ZnO 或 Cu/ZnO 催化剂作用下脱氢得到环己酮[1]。该工艺产生大量皂化废碱液和其他工艺废水，其中皂化废碱液组成复杂，废液的化学耗氧量(COD)超过 200000mg/L，一般通过焚烧处理；其他工艺废水混合后的 COD 为 10000~30000mg/L，由于该股工艺废水 COD 浓度高，且流量较大，对下游生化处理装置冲击较大，需进行预处理降低 COD 后才能进行生化处理。

高浓度有机废水处理技术主要有蒸馏法、萃取法、微生物法、电解氧化法、吸附法、膜法、溶剂气浮分离法等主要方式[2]，其中以蒸馏法在工业中应用最广泛。蒸馏法根据气、液平衡关系中挥发性物质在气相中的浓度大于在液相中的浓度这一特性，通过蒸汽直接加热，使其在沸点下，按一定比例富集于气相而分离[3]。

本文介绍了为解决废水汽提塔出料 COD 含量偏高及波动较大等问题而采取的改进措施，通过源头减排改造、各相关联系统的精细化控制，填料选型优化及换热器列管内漏应急处理与修复等措施，实现了外排工艺废水 COD 连续 6 个月低于 3000mg/L，合格率达到 98%以上。

2 废水汽提系统工艺流程简述

在环己酮生产过程中，产生的工艺废水主要有三股：

(1) 氧化单元酸水分离器来废水，含有醇酮降解后的小分子有机酸，及少量环己酮、环己醇、环己烷等有机物，pH 值约为 1~2，COD 约为 30000~40000mg/L。

(2) 烷蒸馏系统回流槽底部重力作用沉积的酸水，含有少量分解气相带过来的有机酸、环己酮、环己醇、环己烷等有机物，pH 值约为 4~5，COD 约为 10000~20000mg/L。

(3) 精馏工序的初馏塔、酮塔、醇塔蒸汽喷射泵冷凝液，废碱蒸发系统气相冷凝液等经分离后送往精馏系统水封槽，其中水封槽 V5804 水中的环己酮、环己醇含量约 2%~4%，水封槽 V58042 的含量约 4%~8%。

三股工艺废水送至废水汽提塔 C5603，通过蒸汽加热作用使环己醇、环己酮、环己烷在气相富集而分离，汽提后废水经冷却由泵送往下游生化处理装置匀质池。废水系统工艺流程简图如图 1 所示。

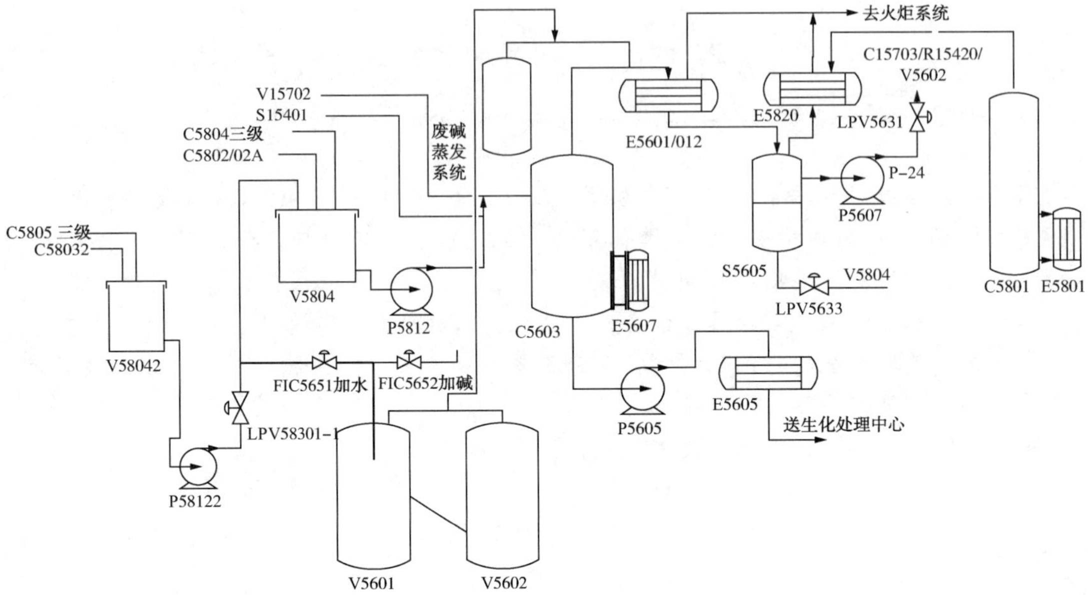

图 1　环己酮装置废水汽提系统流程图

3　废水汽提系统存在问题

废水汽提塔 C5603 按 50kt/a 环己酮产能设计，操作弹性 60%~110%，但 2013 年下半年至今配套环己酮运行负荷达 80kt/a，由于 C5603 处理能力偏低，与废水系统相关联系统工况不稳定，导致装置运行时 C5603 的出水 COD 波动性较大，COD 最高月份平均值达到 14365mg/L，经常超过公司考核指标，影响下游生化处理装置达标排放。

2015 年公司将装置污水排放 COD 指标从 13000mg/L 下调至 4900mg/L，装置环保压力剧增。此外，废水 COD 含量过高会导致物料跑损，造成物耗增加。

2013~2014 年污水泵的出水 COD 合格率见表 1。

表 1　2013~2014 年污水泵的出水 COD 合格率

项　目	2013 年											
	1 月	2 月	3 月	4 月	5 月	6 月	7 月	8 月	9 月	10 月	11 月	12 月
COD/(mg/L)	7728	11989	9414	14365	7068	1758	1701	1404	1450	1747	1819	1641
COD 合格率/%	88.9	54.5	85.7	68	86.6	100	100	100	100	100	100	100
项　目	2014 年											
	1 月	2 月	3 月	4 月	5 月	6 月	7 月	8 月	9 月	10 月	11 月	12 月
COD/(mg/L)	1709	1822	1726	3122	3889	6625	4376	2408	2509	3151	2734	9799
COD 合格率/%	100	100	100	100	100	98.3	100	100	100	96.8	100	98.8

注：合格率=(当月低于公司考核指标取样个数/当月总取样个数)×100%。

4 改造及优化措施

4.1 改造措施

4.1.1 酸水改送皂化液储罐

氧化单元酸水分离器酸水直接经调节阀送 C5603，该股酸水流量约 1t/h，COD 为 30000～40000mg/L，pH 值为 1～2，造成废水汽提塔负荷较高，并对下游生化处理装置造成冲击。将该股酸水引入皂化液中间储罐，利用皂化液与酸水中有机酸进行中和并生成有机酸钠盐，通过废碱蒸发提浓可送往废液焚烧装置处理，从废水源头减轻 C5603 负荷。

4.1.2 闭式水环真空泵代替蒸汽喷射泵

环己酮装置精馏系统初馏塔、酮塔、醇塔均采用负压操作，抽真空系统均采用蒸汽喷射泵，其中 3 个初馏塔操作压力为-60～-40kPa；抽真空蒸汽冷凝后进入 V5804。V5804 中的水一部分被循环再利用，另一部分经废水汽提后送生化处理。改造后，增加 1 套闭式水环真空泵系统，与 2 个初馏塔蒸汽喷射系统相互备用。其进水采用 P5605 出水，出水返回水封槽。其改造流程见图 2。

2015 年 7 月完成改造并投用，减少低压蒸汽使用量 1.08t/h，相应减少污水量 1.08t/h，改造效果显著。

4.1.3 皂化系统加水

皂化系统通过加水加碱，控制合适的相比和碱度，可去除分解反应生成的大多数醛以及氧化反应生成的酯类物质，酮塔 C5805 抽真空系统蒸汽凝液进入 V58042，其中溶解有 4%～8%的醇酮。改造前，该股废水直接送往 V5804，V5804 的废水送 C5603 进行汽提，由于 V58042 有机物料含量相对较高，对 C5603 负荷影响较大。2016 年 5 月检修，通过增加图 3 中加粗管线，改皂化加水部分由新密封水槽提供，投用前期因阀门开度不当对皂化系统碱度冲击较大，通过不断摸索确定最佳阀位开度保证皂化加水量稳定，目前 V58042 出水可以完全替代工艺水。本改造实施后，C5603 负荷有效降低，出水 COD 含量稳步下降，出水 COD 合格率得到较大提升。

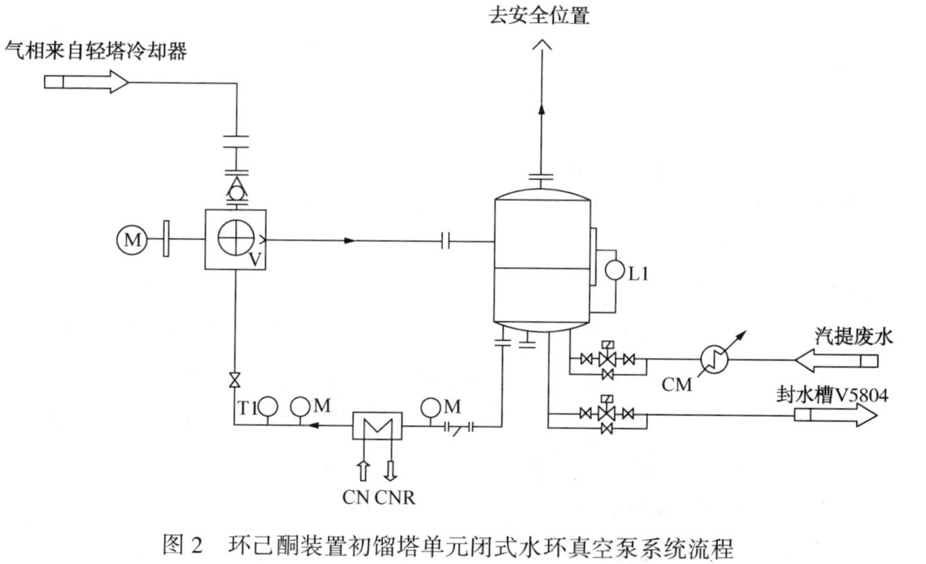

图 2　环己酮装置初馏塔单元闭式水环真空泵系统流程

4.2 废水系统各相关联单元精细化操作控制

低压精制装置废水汽提塔、皂化单元、废碱蒸发单元、脱盐塔及干燥单元在操作上是相互关联的系统，系统存在水平衡：系统水来源于水封槽补充工艺水及蒸汽喷射泵的蒸汽凝液，在正常操作下，密封水槽收集的蒸汽凝液可以满足皂化、脱盐塔、分解系统加水；系统出水为废碱液带水及 C5603 出水。

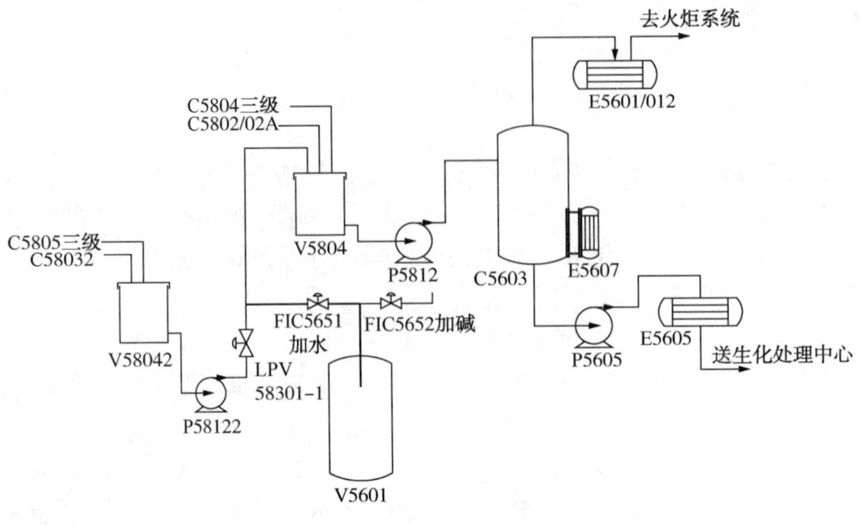

图3 环己酮装置皂化系统加水改造流程

系统同时存在气相压力平衡：废水汽提塔、皂化单元、废碱蒸发单元、脱盐塔、分离器、干燥单元的气相均引到气体冷却器冷却，不凝气均引入火炬管道并排往高架火炬进行燃烧处理。

因废水系统、皂化系统、干燥系统的操作存在密切关联，在操作时需要综合考虑各系统的异常变化才能做出准确的操作预判。

4.2.1 废碱蒸发系统的精细化控制

废碱蒸发系统在操作时需定期向废碱缓冲罐补加消泡剂，以减少浓缩废碱液在再沸器中的析晶结垢，同时需平稳控制废碱系统，避免发生泛塔造成碱液带入水封槽，最终造成整个废水系统带碱，影响 C5603 正常运行。

4.2.2 分离器界面精细化控制

分离器起分离有机相和无机相的作用，其界面稳定控制是操作的关键，由于水相在醇酮含量高时易发生乳化现象，导致烷-水界面不清晰，极端情况下界面计失真，分离器水相界面过低，有机相会进入水封槽并最终造成 C5603 负荷提升。

同理，需保证上部有机相界面的稳定，当有机相界面计失真时，分离器会充满有机相并造成有机物料通过火炬管道跑损。实际操作中，需主控及现场操作工在巡检时重点检查分离器界面及现场、主控偏差值以达到精细化控制要求。

4.2.3 火炬水封槽液位精细化控制

火炬尾气先通过火炬水封槽进行水洗再上高架火炬燃烧。整个系统压力受火炬水封槽液位的控制。系统压力影响 C5603 塔釜操作温度并最终影响汽提效果。由于操作工对上下游装置缺乏整体掌握，并在日常操作中形成了经验操作，即当 C5603 塔釜温度高于 102℃时则认为该塔工况良好，而忽略了当火炬水封槽控制较高液位时，会造成火炬尾气系统压力增加，最终影响废水汽提、废碱蒸发系统、皂化系统和干燥塔系统的气相压力，因气相压力增加导致 C5603 塔釜温度升高，同时造成有机物料在气相的富集效果变差，塔处理能力下降。

4.2.4 废水汽提塔精细化控制

在废水系统其他单元稳定情况下，通过控制蒸汽通入量使塔釜温度稳定在 102℃以上，可以有效保证废水的 COD 达标排放。

4.2.5 脱氢反应器加水量精细控制

脱氢反应器加水可以有效抑制重组分的生成。因脱氢后产物最终返回干燥塔除水，在操作中通过调节开度确保脱氢产物含水质量分数在 0.2%~2%，可保证废水汽提塔进水稳定。

4.3 装置硬件改善及隐患排查修复

4.3.1 废水汽提塔填料选型优化

废水汽提塔共一段填料，在填料选型上经历数次摸索，汽提塔在初期使用金属拉西环填料，但存在孔隙率较低的问题，导致分离富集效果不佳，出水 COD 偏高。后改用 ϕ15 的矩鞍环填料，使用后发现强度不够，容易破碎，原因是此填料三氧化二铝(Al_2O_3)的质量分数只有 20%左右，由于填料使用日久，且在操作中发生数次泛塔及水封槽带碱引发次生事故，使得填料在酸碱物质的作用下发生硅酸盐物质的流失而破碎失效，卸除旧填料时发现表面覆盖有黄褐色胶状物，陶瓷填料微细孔发生堵塞，部分填料发生破损，导致流体在流动过程中发生偏流现象，汽提塔处理能力下降。目前该塔选用的是高铝陶瓷拉西环填料，其 Al_2O_3 质量分数达到 90%以上，2015 年 12 月事业部利用短暂停车检修机会更换该型号填料，运行一年以来废水汽提塔工况得到明显改善且未发现有填料破碎现象

4.3.2 换热器列管内漏应急处理与修复

烷塔第一冷凝器设计选材为碳钢材质，进料中有一股为分解气相尾气，因其含有酸性气体，导致冷凝器列管发生点蚀，投用仅 4 年便发生腐蚀泄漏事故，2015 年 10 月，发现 C5603 负荷逐渐增加，出水 COD 合格率逐渐下降，通过对废水产生源头逐步排查，并通过测定烷回流槽底部酸水的含磷量，最终确认烷塔系统冷凝器发生循环水内漏(烷三塔为常压操作，循环水进界区压力为 0.35 ~0.45MPa)，2015 年 12 月利用小修机会打开冷凝器并打压试漏，发现烷塔第一冷凝器数根列管发生内漏，循环水进入烷塔回流槽并最终送往 C5603，通过堵管方案解决问题，但该方案未能解决设备腐蚀的本质问题，2016 年 3 月，该问题再次发生，因循环水内漏，除造成 C5603 负荷增加外，还造成氧化系统进料换热器被迫降低负荷操作，通气量下降 2000Nm^3/h，装置产能下降。2016 年 5 月份检修，将材质更换为 304 不锈钢解决了设备腐蚀问题。

5 实施效果

通过近几年的不断改进摸索，实现了 C5603 出水 COD 的稳步下降。2015~2016 年 C5603 的出水 COD 及其合格率见图 4、图 5。

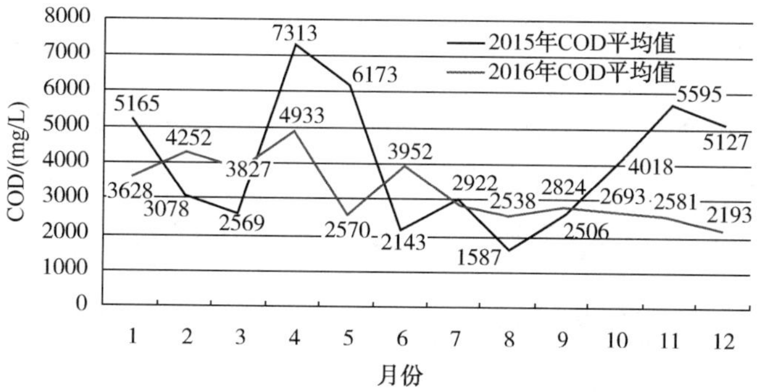

图 4　2015~2016 年 C5603 的出水 COD

6 结论

(1) 通过多种源头减排改造措施的实施，包括皂化系统加水改用水封槽真空下水，氧化单元酸水改送皂化液缓冲罐中和处理，初馏塔系统蒸汽喷射泵改用闭式水环式真空泵等措施，实现了废水系统新的水平衡，有效降低了废水汽提塔的运行负荷，同时回收了溶解在蒸汽凝液中的环己醇、环己酮，降低了装置物耗。

(2) 通过对 C5603 相关联系统的精细化操作及调优措施，包括对火炬水封槽液位，废碱蒸发系统工况及分离器界面的控制等日常工作，保证了废水汽提塔工况稳定，确保了废水出水指标合格。

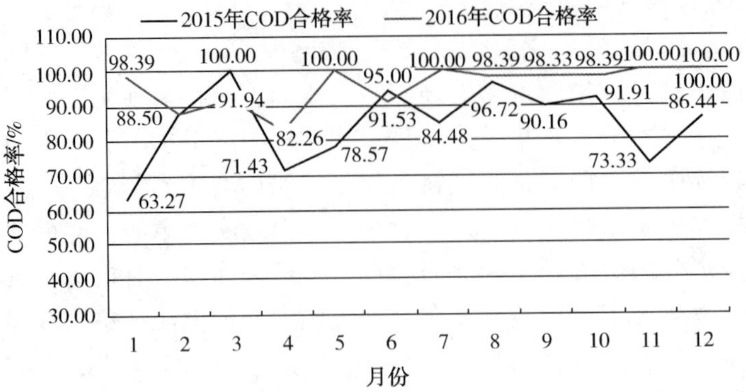

图 5　2015~2016 年 C5603 的出水 COD 合格率

（3）通过对硬件改善及隐患排查消除等检维修措施的实施，包括填料的选型优化更换，涉酸换热器材质更换、内漏换热器的及时排查修复等，从硬件上保证了废水汽提塔的稳定运行。

通过以上措施的实施，实现了 C5603 外送污水 COD 稳步下降，公司核定的 COD 排放指标从 13000mg/L 调整到 4900mg/L 后仍能保证合格率稳步提升，有效降低了生化处理装置的运行负荷，同时回收了物料，降低了装置物耗。以上措施是近几年为应对日益严格的环保要求所做的改进工作，对于相似工艺流程的环己酮装置及其他生产装置，在废水减排方面具有很好的借鉴意义。

参　考　文　献

[1] 谢文莲，李玲，郭灿城. 环己烷氧化制环己酮工艺技术进展[J]. 精细化工中间体 . 2003，33(1)：8-10.

[2] 赵靖. 超重力法汽提废水中醋酸丁酯工艺的研究[D]. 北京：北京化工大学 . 2009.

[3] 傅献彩. 物理化学[M]. 第 4 版 . 北京：高等教育出版社 . 1990：256-267.

基于风险的本质安全设计

胡 晨

（中国石化工程建设有限公司，北京 100101）

摘 要：本文从设计理念、设计过程和技术途径三个维度论述了实现本质安全设计的必要性、可行性和可操作性。引经据典揭示本质安全设计理念涵盖的过程安全、本质更安全和性能化设计等三方面。举例说明基于风险方法在各设计阶段的应用。梳理实现本质安全设计的技术途径，特别是结合工程设计实际阐述本质更安全设计的核心与实施要点。本文希望通过新理念的引领、新目标的驱动和新技术的应用，推动本质安全设计的创建和发展，促进把“本质更安全”真正落到设计实处。

关键词：风险；本质安全；安全设计

1 引言

基于风险的本质安全设计是近十余年来国内外工程设计的发展趋势，是高质量工程设计的重要特征，也是践行“安全源于设计”的石化安全理念的体现。近年来，国内设计单位积极学习国内外先进理念与经验，不断努力探索和实践，积极推进基于风险的本质安全设计。

2 本质安全设计理念的内涵

从上世纪八十年代开始，安全设计理念经历了三十多年的发展，这包括从过程安全向本质更安全的飞跃，从基于标准的合规性设计向基于风险的性能化设计的跨越。

2.1 过程安全

1985 年国外提出的过程安全（Process Safety）是针对涉及危险化学品的处理、使用、储存等过程和设施所采取的一系列管理和技术措施，达到避免或减少灾难性事故的目的。在此基础上发展的过程安全管理体系（PSM—Process Safety Management）涵盖了过程安全管理的 14 个要素，其中与工程设计密切相关的要素是过程安全信息（PSI）和过程危险源分析（PHA）。

过程安全在国内最初被理解为“工艺安全”，将 Process 范围仅局限在工艺技术本身，而忽略了更广泛的化工操作各项过程。从工程设计来看，Process Safety 不仅与工艺过程密切相关，也与危化品的使用、储存、运输等各环节和过程相关，涉及到总图布置、设备、管道、仪表、电气、储运、土建等各专业。任何一个专业的设计失误或不足都可能留下安全隐患，严重的甚至可能直接导致事故发生。

2.2 本质安全设计

本质安全（inherently safer）更准确的翻译应该是“本质更安全”。这是指借助化学过程的化学性和物理性，即工艺物料的数量、性质和使用条件来防止对人员的伤害、环境破坏和财产损失，而不是依靠控制系统、联锁、报警和工作程序来终止初始事件[1]。因为本质是作为永久的和不可分离的元素、品质或属性存在的某种特性。1996 年美国出版的《全生命周期的本质安全化学过程》对“本质更安全”的定义是指减少或消除用于过程中的物质和操作的危险，这种减少或消除是永久性的和不可分离的，是通过控制危险物质的数量或能量来降低危险，或是完全消除危险物质。在此基础上延伸的本质更安全设计（Inherently safer design）是指设计具有的内在特性，包预防事故的引发、降低事故的潜在蔓延，或设置尽早终止事故的手段等三个主要方面[2]。

国内对本质安全的理解是指设施或工艺技术含有内在的、能够从根本上防止事故的功能。第一个功能是失误-安全功能，即使操作失误，也不会发生事故或伤害，或者是设施或工艺技术本身具有自动防止人的不安全行为的功能。第二个功能是故障-安全功能，指设施或工艺技术即使发生故障或损坏也能暂时维持正常工作或自动转为安全状态。本质安全设计应使设施或工艺技术本身固有这两种功能，而不是事后补偿[3]。

2.3 基于风险的性能化设计

1985 年英国颁布了第一部性能化防火规范。近年来美国发布的新版防火规范 NFPA 1—2015、NFPA 30—2015 等均增加了性能化设计要求，对降低火灾风险的性能化设计做出了规定。基于性能化要求(Performance-Based)与基于规定性要求(Prescriptive-Based)的区别是基于风险而不是仅仅基于标准，明确要求达到的目标指标，不规定实现目标的方法和途径[4]。这促使设计方案更有针对性、技术经济更合理、风险控制更优化。这种量体裁衣式的“个性化”设计使业主可有效地将风险控制到合理可行的水平，在优化全生命周期的成本费用中实现控制风险的目标。

多年来，我国的工程设计主要是遵循原苏联的做法，采用“指令性”标准，满足标准规定是工程设计的最低要求。这种“处方式”基于标准的做法既便于设计，也便于审查和实施，但是生搬硬套标准条款和标准本身的局限性也造成了工程设计中诸多“合规不合理”现象。

总之，当今的本质安全设计理念涵盖全过程、全方位的过程安全，突出事故预防和减缓的本质更安全，倡导基于风险的合理可行的性能化设计。

3 基于风险的设计过程

新发布的《质量管理体系要求》GB/T 19001—2016 第一次对各行各业的质量管理体系明确要求“基于风险的思维是实现质量管理体系有效性的基础”[5]。新标准要求以确定风险为策划的基础，将基于风险的思维应用于策划和实施质量管理体系过程。对于安全设计来说，就是将危险辨识、风险分析、风险评价和风险应对这四个风险管理步骤整合到设计管理过程中，使基于风险的理念贯穿工程设计各阶段。

3.1 前期设计——辨识项目重大危险源的初期阶段

可行性研究和工艺包设计等前期工作是决定项目选址和技术方案的重要阶段，是识别和发现项目重大危险源的初期阶段，也是提高过程本质安全水平的最有利时期。基于风险的设计可体现在：

(1) 开展危险源早期辨识(HAZID)[6]，分析拟建项目存在的主要危险源及危险有害因素，包括分析当地自然地理条件、自然灾害和周边设施对拟建项目的影响，以及拟建项目一旦发生泄漏、火灾、爆炸、有毒物扩散等事故对周边设施和人员可能产生的影响。

(2) 根据初步的危险源辨识和分析结果进行重大危险源筛选，制定安全设计方案及主要对策措施，优化厂址选择和总图布置方案。

(3) 针对选用的工艺技术进行工艺危险性分析，开展工艺包的本质安全性审查。

3.2 基础设计——开展危险辨识和风险评价的重要阶段

基础设计是确定工程设计方案和决定项目投资费用的关键阶段，也是开展危险辨识和风险评价的重要阶段。基于风险的设计可体现在：

(1) 根据项目的设计数据和信息，全面开展危险源辨识，包括工艺物料和工艺过程的危险有害因素分析。

(2) 开展过程危险源分析(PHA)，如 HAZOP 分析。借助 PID 图对工艺系统和单元进行逐项分析，发现各种偏离可能产生的不利后果及影响，检查已设计安全措施的充分性和完整性。

(3) 开展定量风险评估(QRA)，以项目设计数据为输入，计算一旦发生泄漏、火灾、爆炸等重大事故时可能产生的后果影响程度和范围，为制定设计方案和相关专业提供条件。

（4）开展安全仪表系统的安全完整性(SIL)定级，根据对工艺过程可能发生的危险事件及后果的分析评估，确定联锁控制回路的安全功能和 SIL 等级。

（5）开展重要安全设计文件的评审，如总平面布置图、设备布置图、爆炸危险区划分图、安全泄放系统等。

3.3 详细设计——风险控制措施的落实阶段

详细设计以审批通过的基础设计为基础，是检查核对各项风险评价报告意见的落实阶段。基于风险的设计可体现在：

（1）根据设计变更和/或供货厂商提供的详细资料，补充开展过程危险源分析及安全审查，如 HAZOP 分析等。

（2）根据安全仪表系统设计及仪表选型或订货开展 SIL 验证，确保各安全控制回路具备预期的安全功能，并满足 SIL 等级要求。

（3）当设计方案有所调整或重大变更时，应重新开展相关的危险分析与风险评价。

3.4 施工安装与投料试车——风险管理的实施阶段

施工安装与投料试车是工程设计的实施和验证阶段。基于风险的设计可体现在：

（1）现场施工安装前的设计交底说明涉及施工安全的重点部位和环节，对防范生产安全事故提出建议。

（2）在施工安装和采购订货过程中，当发生重大设计变更前应进行风险评价，分析设计变更是否有可能带来新的风险或隐患，是否有必要调整措施来消除或控制风险，并经过相关审核批准程序后方可实施。

（3）开车前安全审查(PSSR)重在核对各类安全检查和风险评估中有关设计意见的落实，为安全试车提供技术支持。

4 实现本质安全设计的主要途径

4.1 建立“本质更安全”的设计思维方式

本质安全(inherently safer)的英文术语清楚地表明了本质安全是个相比较而言的概念。因为没有绝对的安全，试图消除所有的危险是不可能和不现实的。“本质更安全”是指通过多方案的比选和优化，只要能够有效的降低物料和过程的危险性，就是实现了本质更安全[2]。这是不同于传统的工艺设计思维方式。“本质更安全”关注的是消除或减少危险，而不是管理与控制风险，这也是对设计工程师的新挑战，因为这需要创造性和改革性的思维和视角，积极发现更安全可靠的工艺方案，力求从优化工艺系统设计中消除潜在的事故隐患，这正是追求“本质更安全”理念的体现。

4.2 基于风险的系统性分析和审查推动本质更安全设计

实现本质更安全设计的关键第一步是理解项目中存在的所有危险。国外项目设计以危险辨识和风险评估为驱动，开展危险源辨识(HAZID)、初步危险分析(PrHA)、健康风险评估(HRA)、HAZOP 分析、SIL 定级、火灾风险评估(FSA)、风险合理化研究(ALARP)、人机工程审查等一系列危险辨识和风险分析活动。正是通过这种多方位、多角度、多层次的风险分析，才有可能发现项目中的各种风险之所在，才有可能在设计中采取有针对性的防范措施。风险合理化研究(ALARP)通过不同设计方案的分析对比，确定风险控制与项目投资的最佳技术经济方案。虽然开展这些风险分析与审查需要付出大量的人工时和项目进度的成本，但这种在设计阶段的精雕细刻所获得的回报是本质更安全的设计，是项目全生命周期的事故风险最小化和长周期的安全平稳运行。

4.3 各专业对“本质更安全”的理解和实施

高质量的工程项目设计涵盖了全过程、全方位的本质安全设计，这不是靠工艺和安全少数专业来实现的。每个专业领域都会涉及到安全的方方面面。比如，工艺物料毒性危害程度的分级直接影响到各专业的设计方案，包括设备专业的容器分类、选材与检测，配管专业的设备布置和选材，土建专业的耐火保护范围等等。同时，每个专业设计也会影响到项目安全性能的方方面面。任何一个专业的疏忽或失误，也有可能给工程项目留下安全隐患。虽然采用安全联锁并不代表工艺过程的本质更安全，但作为独立保护层的一部分，安全联锁是与工艺过程永久和不可分离的，不易从系统弱化或去除。在这个意义上，可以认为采用安全联锁是向本质更安全方向的改进[2]。因此，加强对“本质更安全”的理解和实施，体现在对危险的认识和重视上，体现在各专业的设计细节和经验教训的点滴积累上。对此，每个专业都有很大的提升空间。

4.4 应用定量风险计算提升本质安全的精准

近年来，借助量化风险分析软件的不断更新和三维化发展，使过去很多只能依据标准条文确定的设计方案都可以采用定量计算了。比如：气体释放源的泄漏场景模拟计算，有助于可燃和有毒气体检测器的合理布置。根据爆炸事故后果的模拟计算，可获得爆炸波强度和持续时间等抗爆建筑物设计参数，为确定建筑物不同级别的抵御爆炸能力和保护建筑物内的人员提供了依据。火灾风险的定量评估计算可优化总图布置和消防设施的配置。总之，定量风险计算使风险防范措施更合理、更精准，不仅提高了防范措施的有效性，也避免了过度设计和不必要的投资浪费。

总之，基于风险的本质安全设计代表了当今国际先进的工程设计发展方向，推动了设计过程的高层次深度改革。近年来国内到处都在提倡加强本质安全，但是对本质安全的理解众说纷纭。应当注意的是，本质安全并不是安全的新说法，缺乏对本质安全内涵的清晰认识和理解，追求本质安全的目标就是一句空话。只有追根寻源，挖掘本质安全的核心实质，努力与实际相结合，才有可能明确努力方向，才有可能真正把“本质更安全”落到设计实处。

参 考 文 献

[1] Guidelines for engineering design for process safety[M]. New York：Center for Chemical Process Safety of the American Institute of Chemical Engineers. 1993：5-6.

[2] ROBERT E. ROLLINGER，DAVID G CLARK. Inherently Safer Chemical Processes A Life Cycle Approach[M]. New York：Center for Chemical Process Safety of the American Institute of Chemical Engineers. 1996：1-15.

[3] 李克荣，刘银顺，周建新，等．安全生产管理知识(2011 版)[M]．北京：中国大百科全书出版社，2011 年，5-6.

柱式 MBR 膜污染分析及清洗工艺优化

李全国

（中国石化九江分公司，江西九江　332004）

摘　要：采用 SEM-EDS 对九江石化炼油和生活污水回用系统中 MBR 装置的被污染超滤膜进行分析，并从清洗剂种类、清洗剂浓度和清洗工艺等方面对恢复被污染的 MBR 膜性能进行优化。结果表明：MBR 膜面的主要污染物为 $Fe(OH)_3$、$Cu(OH)_2$、$Al(OH)_3$ 和少量胶体 Si，用 pH＝1 的柠檬酸、草酸+EDTA、盐酸清洗 MBR 膜通量恢复率分别为 80%、86.4%和 90%；采用 pH＝13 的碳酸钠、次氯酸钠+氢氧化钠和纯氢氧化钠清洗被污染 MBR 膜通量恢复率分别为 84.53%、90.23%和 94.42%；pH＝1 的草酸＋EDTA 和 pH＝13的 NaOH 进行交替清洗后的膜通量可恢复到初始通量的 91.88%。

关键词：MBR 膜；膜污染；分析；胶体；生活污水；炼油污水

1　引言

MBR 膜污染[1-3]贯穿于超滤运行的全过程，料液中的微粒、胶体粒子等在膜面或孔径内的吸附会引起膜污染，因此需要采用一定的手段对膜进行清洗，以恢复其渗透能力。膜清洗方式主要有物理清洗和化学清洗，物理清洗主要为等压清洗、反冲洗、气液混合振荡清洗、负压清洗等；化学清洗主要为利用碱性清洗剂、酸性清洗剂、酶清洗剂、表面活性剂和消毒清洗剂等。工业上应用最多的是水流冲洗加上化学清洗剂对污染膜进行清洗。

MBR 膜污染是不可避免的，在超滤运行过程中，通过改变操作条件等延缓 MBR 膜使用寿命，并通过物理和化学清洗等方法[4-6]对 MBR 膜污染进行去除，尽可能延长 MBR 膜的使用寿命和保证超滤产水的稳定性，因此，本论文研究结合九江石化 MBR 膜系统污染情况通过优化 MBR 膜污染清洗工艺条件等相关工艺措施，从而寻求有利于 MBR 膜系统产水量恢复的清洗工艺参数。

2　实验部分

2.1　试剂、材料和仪器

柱式 MBR 膜组件：日本旭化成化学株式会社。盐酸、氢氧化钠、结晶氯化铁、结晶氯化铝、硝酸锰、硅酸钠、柠檬酸、草酸、次氯酸钠，分析纯。

九江石化废水主要水质：pH 为 7.1～8.5，COD 为 20～60mg/L，氨氮为 2.5～10.6mg/L，总磷（以 PO43-计）为 2.0～3.5mg/L，电导率 1800～2000us/cm。

XL-30 型场发射环境 SEM：美国 FEI 公司；EDAX-Apollo XV 型能谱分析仪，美国 EDAX 公司；AA240FS 型原子吸收仪：美国瓦里安公司；330i 型 PH 计：德国 WTW 公司；Sievers900 型 TOC 仪，美国 GE 公司；7500CX 型 GC-ICP-MS 仪：美国 Agilent 公司。

2.2　分析方法

为了防止膜面有机污染物在高温下挥发和膜面有机污染物与乙醇溶液的互溶导致分析不准确，被污染 MBR 膜经真空干燥（温度 40℃，-0.02MPa）处理 24h，并对待观测面进行喷金处理，采用 SEM 观察膜面污染物形态结构；采用能谱分析仪测定 MBR 膜面污染前后的元素组成。

3 结果与讨论

3.1 被污染MBR膜污染状况分析

九江石化MBR污水处理回用装置采用A_2O+MBR膜处理工艺技术，处理规模为4.5Mt/a，主要处理九江石化居民区内生活污水和部分炼油工艺废水，处理后的合格水回至循环水场。生活污水处理回用装置于2009年建成投产，设计处理能力520m^3/h，至今已经运行7年，膜组件寿命及膜污染已导致产水量逐渐下降，当前实际处理水量仅为200m^3/h，无法处理所有生活污水和炼油装置生化系统来水。为了更好提高MBR膜系统的产水量，本文研究在深入剖析膜面污染物的基础上，就被污染的MBR膜进行清洗工艺优化。图1为被污染的MBR膜系统的膜堆和被污染膜丝的照片。

(a)

(b)

图1 MBR膜堆及被污染MBR膜表面污染层形态

由图1可见，MBR膜面累积了一层淡黄色污染层，同时还可见柱状膜组件顶部累积了较多的杂物，包括树叶在膜组件中部的缠绕等现象。采用能谱分析仪对被污染的淡黄色污染区域进行面扫描，由表1能谱数据和工艺废水水质可见，该MBR膜面的淡黄色污染物主要为$Fe(OH)_3$、$Cu(OH)_2$、$Al(OH)_3$、Si等胶体物和少量的$CaSO_4$。

表1 MBR膜面无机污染物能谱分析结果

元素	图1(a)试样		图1(b)试样	
	%	原子个数比/%	%	原子个数比/%
O	18.02	40.68	13.47	33.13
Al	1.84	2.46	0	0
Si	5.45	7.01	3.45	4.83
S	4.89	5.51	16.29	19.99
Ca	2.32	2.09	0	0
Fe	49.53	32.04	7.92	5.58
Cu	17.95	10.20	58.87	36.46

3.2 清洗剂类型对MBR膜污染清洗效果的影响

研究表明，被污染MBR膜在强酸、强碱条件下清洗膜通量恢复较好，因此，在本部分的研究中，调节酸性清洗剂的pH值为1，碱性清洗剂的pH值为13，在1.3m/s的膜面流速下对污染的

MBR 膜清洗 30min，然后利用去离子水置换清洗剂后测定 MBR 膜的通量恢复情况如表 2、表 3 所示。

表 2 给出了不同酸性清洗剂对超滤污染膜的清洗后膜通量的恢复情况。可以看出：不同的清洗剂清洗之后通量的恢复率有所不同，先后顺序为盐酸>草酸+EDTA>柠檬酸，用 pH = 1 的盐酸清洗之后，MBR 膜的通量可以恢复为初始通量的 90%，用柠檬酸清洗后的通量恢复为初始通量的 80%，从成本考虑，柠檬酸的成本远高于盐酸，但考虑盐酸对整个系统的腐蚀性，在实际清洗工艺中建议优先考虑草酸+EDTA。

表 2　不同酸性清洗剂类型的清洗效果表征

项　　目	盐　　酸	草酸+EDTA	柠檬酸
新膜纯水通量/[L/(m^2 · h)]	416. 2	413. 56	409. 86
膜初始通量/[L/(m^2 · h)]	321. 96	286. 18	298. 11
膜结束通量/[L/(m^2 · h)]	190. 79	188. 80	186. 81
清洗后纯水通量/[L/(m^2 · h)]	374. 54	357. 30	327. 67
通量恢复率/%	90	86. 4	80

表 3 给出了不同碱性清洗剂对被污染的 MBR 膜清洗后膜通量恢复。从表 3 中数据可以看出，不同碱性清洗剂对 MBR 膜通量的恢复率有所不同，氢氧化钠清洗后 MBR 膜通量恢复为初始通量的 94. 42%，次氯酸钠清洗后通量恢复为初始通量的 90. 23%，碳酸钠清洗后通量恢复为初始通量的 84. 53%，恢复率优先顺序为氢氧化钠>次氯酸钠+氢氧化钠>碳酸钠，对于该 MBR 系统因考虑到次氯酸钠的使用可能会对污泥中的微生物活性造成影响，在线清洗过程中宜选择氢氧化钠作为碱性清洗剂。

表 3　不同碱性清洗剂类型的清洗效果表征

	氢氧化钠	碳酸钠	NaClO+NaOH
新膜纯水通量/[L/(m^2 · h)]	374. 54	357. 30	327. 67
膜初始通量/[L/(m^2 · h)]	321. 96	286. 19	298. 11
膜结束通量/[L/(m^2 · h)]	192. 78	176. 88	180. 85
清洗后纯水通量/[L/(m^2 · h)]	353. 63	302. 02	295. 68
通量恢复率/%	94. 42	84. 53	90. 23

3. 3　清洗剂浓度对 MBR 膜污染清洗效果的影响

分别配制 pH 值为 1、3 的草酸+EDTA 溶液和 pH 值为 9、11 的氢氧化钠溶液，以不同的清洗顺序对污染后的 MBR 膜进行清洗，再用去离子水冲去膜面残存的清洗剂后评价清洗效果，如表 4、表 5 所示。

表 4　不同 pH 值酸性清洗剂对 MBR 膜通量的恢复率

	1#	2#	3#
新膜纯水通量/[L/(m^2 · h)]	685. 25	660. 62	508. 73
膜初始通量/[L/(m^2 · h)]	565. 22	580. 55	420. 42
膜结束通量/[L/(m^2 · h)]	196. 24	180. 34	167. 28
酸 pH 值	1	1	3
酸洗后通量/[L/(m^2 · h)]	471. 99	421. 22	309. 45
碱 pH 值	13	11	11

续表

	1#	2#	3#
碱后通量/[L/(m^2·h)]	629.62	508.73	427.81
通量恢复率/%	91.88	77.01	84.09

表4给出了不同浓度清洗剂对污染MBR膜清洗效果的影响。可以看出，酸洗后的膜通量得到了一定程度的恢复，再继续采用碱洗工艺，MBR膜通量可得到进一步恢复。但不同pH值酸碱搭配的清洗效果比较可以看出，强酸-强碱清洗膜通量的恢复优于弱酸弱碱的清洗效果。

表5　不同pH值酸碱清洗剂对MBR膜通量的恢复率

	1#	2#	3#
新膜纯水通量/[L/(m^2·h)]	660.21	627.2	589.99
膜初始通量/[L/(m^2·h)]	476.3	536.6	386.69
膜结束通量/[L/(m^2·h)]	179.15	158.48	116.18
碱pH值	13	13	11
碱后通量/[L/(m^2·h)]	580.59	518.5	379.19
酸pH值	1	3	3
酸通量/[L/(m^2·h)]	594.52	527.29	426.67
通量恢复率/%	90.05	84.07	72.32

表5给出了先碱洗后酸洗膜通量的恢复情况。可以看出，对污染的MBR膜进行碱洗后，其通量得到较大程度的恢复，再经过酸洗，其通量恢复变化不大，因此说明先碱洗后酸洗之后的通量恢复和单纯的碱洗之后的通量恢复差异不大；从上表的数据还可以看出，采用强碱-强酸清洗之后的膜通量恢复率远远大于弱碱-弱酸清洗后膜通量的恢复率，因此，断定强碱-强酸的清洗效果较好。

3.4　清洗工艺对MBR膜污染清洗效果的影响

对清洗后的MBR膜进行恒温干燥和喷金处理，采用环境扫描电镜进行观察膜面结构和孔径的变化，表征清洗对膜面形貌的恢复情况，其结果见图2。

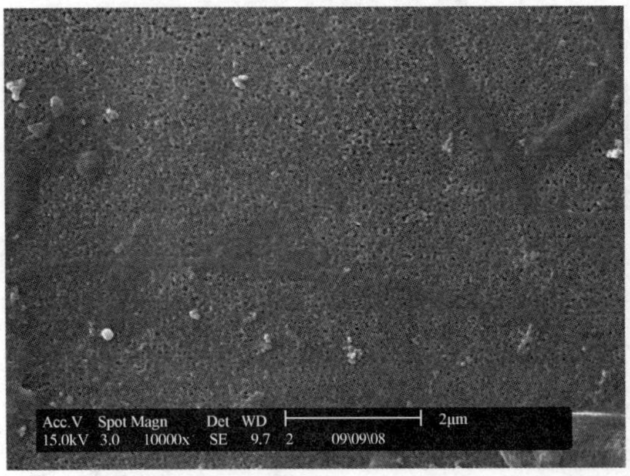

(a)

(b)

图2　清洗剂对污染膜表面形貌的改变

从图2可以看出，在放大10000倍和20000倍下能够清楚观察到膜面的微孔和微孔分布，这说明草酸+EDTA和强碱清洗可以有效去除MBR膜面的有机物和无机胶体，膜通量得到了很大程度的恢复，但是膜面还存在些许细小颗粒物，同时从清洗后膜的表面形貌看出，清洗后的MBR膜表面有微生物的生长和繁殖。

4 结论

（1）柱式或帘式 MBR 膜组件的根部相对于板式 MBR 膜组件更易缠绕杂物，从而进一步引发断丝风险。

（2）采用 SEM 和能谱仪对被污染 MBR 膜面进行形态表征和元素分析，分析结果表明 MBR 膜面的主要无机污染物为 $Fe(OH)_3$、$Cu(OH)_2$、$Al(OH)_3$和少量胶体 Si 污染。

（3）pH=1 的柠檬酸、草酸+EDTA、盐酸清洗 MBR 膜的通量分别为 80%、86.4%和 90%；采用 pH=13 的碳酸钠、次氯酸钠+氢氧化钠和氢氧化钠清洗被污染 MBR 膜的通量恢复率分别为 84.53%、90.23%和 94.42%；其中酸性清洗液中 Fe、Al、Si 含量较高，碱性清洗液中 TOC 和 Al 含量较高。

（4）pH=1 的草酸+EDTA 溶液和 pH=13 的 NaOH 进行交替清洗后的膜通量可恢复到初始的膜通量的 91.88%；其中酸洗水中 Mn、溶硅、Fe 含量远高于碱洗液中的含量，在碱洗液中的 TOC 值高于酸洗液中含量，$Al(OH)_3$为两性化合物，酸洗和碱洗都有利于铝胶体污染物的去除。

参 考 文 献

[1] 盛金聪，张云峰．压力驱动膜的污染与防治[J]．化工环保，2004，24(5)：336-339.

[2] Culfaz P Z, Haddad M, Wessling M, et al. Fouling behavior of microstructure hollow fibers in cross-flow filtrations: Critical flux determination and direct visual observation of particle deposition [J]. J Membr Sci, 2011, 372: 210-218.

[3] 赵会艳．PTA 污水回用过程中 PVDF 膜污染剖析[J]．水处理技术，2015，41(9)：75-78.

[4] 王超，戴海平，宫凯乐等．清洗工艺对中空纤维超滤膜污染的影响研究[J]．中国给水排水，2016(5)：60-63.

[5] 杨怡婷，王磊，孟晓荣等．在线清洗对倒置 A^2/O-MBR 复合膜污染控制研究[J]．水处理技术，2015，41(7)：113-117.

[6] Hilal N, Ogunbiyi O O, Miles N J, et al. Methods employed for control of fouling in mf and uf membranes: a comprehensive review [J]. Sep Sci Technol, 2005, 40: 1957-2005.

聚酯废水中有机物含量的测定

金仁亮[1]　苏凤仙[2]

(1. 中国石化仪征化纤有限责任公司分析检测中心，江苏仪征　211900；
2. 中国石化仪征化纤有限责任公司研究院，江苏仪征　211900)

摘　要：本文采用气相色谱法测定聚酯废水中 4 个主要有机物的含量，通过探索色谱柱、柱温等条件确定色谱条件，并采用气质联用法定性与外标法定量，建立的分析方法精密度与准确度较好，适用于生产现场批量样品的分析。

关键词：聚酯废水；有机物；外标法；含量

1　引言

聚酯(PET)是聚对苯二甲酸乙二醇酯的简称。在聚酯生产过程的酯化阶段会产生大量的废水，这些聚酯废水中成分以醇类为主，含有乙二醇、乙醇和二甘醇、二氧杂环及少量的乙醛、有机酸、有机溶剂、低聚合物和无机盐等[1]。实际聚酯生产废水成分复杂，聚酯废水 COD 浓度高，波动大，COD 浓度为 20000~30000mg/L(生产过程中不同阶段排水水质不同)[2-3]。废水中含有的这些有机物不仅造成了水污染，而且还会污染大气，尤其是易挥发的低沸点组分，最重要的是这些 VOC(挥发性有机物)对周围人的健康有很大的危害[4]。

目前，聚酯废水中 COD 浓度的测定通常采用国标[5]分析，测定结果用 COD_{Cr}表示，但是数值代表的是聚酯废水的总有机物的含量，不能代表不同有机物的具体含量。本文采用气相色谱法测定聚酯废水中有机物的含量，对 4 个含量较高的有机物(乙醛、2-甲基-1,3-二氧戊环、1,4-二氧六环、乙二醇)重点分析，为废水中有机物回收或者废水处理提供数据支撑。

2　试验

2.1　仪器与设备

仪器与设备如表 1 所示。

表 1　仪器与设备

仪器	型号	生产厂家
气相色谱仪	7890A	美国 Agilent 公司
气质联用仪	7890B-5977A	美国 Agilent 公司
电子天平	XS105	梅特勒-托利多仪器(上海)有限公司
容量瓶	100mL	上海申玻仪器有限公司
移液管	10mL	上海申玻仪器有限公司

2.2　原料与试剂

原料与试剂如表 2 所示。

表 2　原料与试剂

名称	规格	生产厂家
乙二醇	AR 级	国药集团化学试剂有限公司
内标物	HPLC 级	上海阿拉丁生化科技股份有限公司
2-甲基-1,3-二氧戊环	AR 级	北京百灵威科技有限公司
乙醛	AR 级	北京百灵威科技有限公司
1,4-二氧六环	AR 级	北京百灵威科技有限公司

2.3　色谱条件

色谱柱为极性毛细管色谱柱；柱温条件为初温 60℃不保持，以每分钟 5℃的 1 阶升温速率至 120℃不保持，再以每分钟 15℃的 2 阶升温速率至 200℃保持 5min；进样口与检测器温度为 250℃；进样量 0.2μL；分流比为 10∶1。

3　结果与讨论

3.1　色谱条件选择

色谱条件主要包括色谱柱、柱温、进样量与分流比等，进样量与分流比采用固定模式，这里不做详细讨论。

3.1.1　色谱柱

聚酯废水中含量较高的有机物有 4 个，分别为乙醛、2-甲基-1,3-二氧戊环、1,4-二氧六环、乙二醇，前 3 个有机物属于中极性范畴，乙二醇是强极性物质，根据“相似性原则”与麦克雷诺常数[6]，选择极性较强的色谱柱。在此色谱柱条件下，极性弱的有机物乙醛先流出，极性强的有机物乙二醇最后流出，从而达到分离的效果。

3.1.2　柱温

当色谱柱确定后，柱温是影响分离度的主要原因，柱温等于样品的平均沸点或高于平均沸点 10℃时为最适宜[7]。乙醛沸点为 20.8℃，2-甲基-1,3-二氧戊环沸点为 82~83℃，1,4-二氧六环沸点为 101.3℃，乙二醇沸点为 197.3℃，它们的平均沸点为 100.6℃。聚酯废水中 4 个有机物的沸点跨度较大，采用程序升温的柱温条件更能有效分离，结合平均沸点，选择 2 阶程序升温，中点为 120℃，能将低沸点物质与高沸点乙二醇很好地分离，又能在较短的分析时间内完成。

3.1.3　色谱分离图

聚酯废水中有机物的色谱分离图详见图 1 所示。

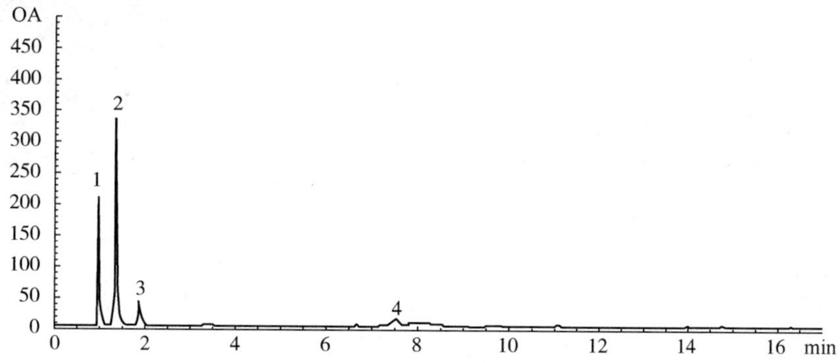

图 1　聚酯废水中有机物的色谱分离图

1—乙醛；2—2-甲基-1,3-二氧戊环；3—1,4-二氧六环；4—乙二醇

由图 1 可知，聚酯废水中 4 个有机物的分离度好、峰响应高、分析时间短，所以极性色谱柱与 2 阶程序升温条件较合适。

3.2 定性定量方法确定

3.2.1 定性方法

有机物的定性方法有多种，利用已知标准物对照定性、利用文献保留值定性、化学方法定性与联用方法定性等[8]。气质联用法是最便捷、最高效的定性方法之一。本文采用气质联用法定性聚酯废水中有机物，定性结果详见图 2~图 5 所示。

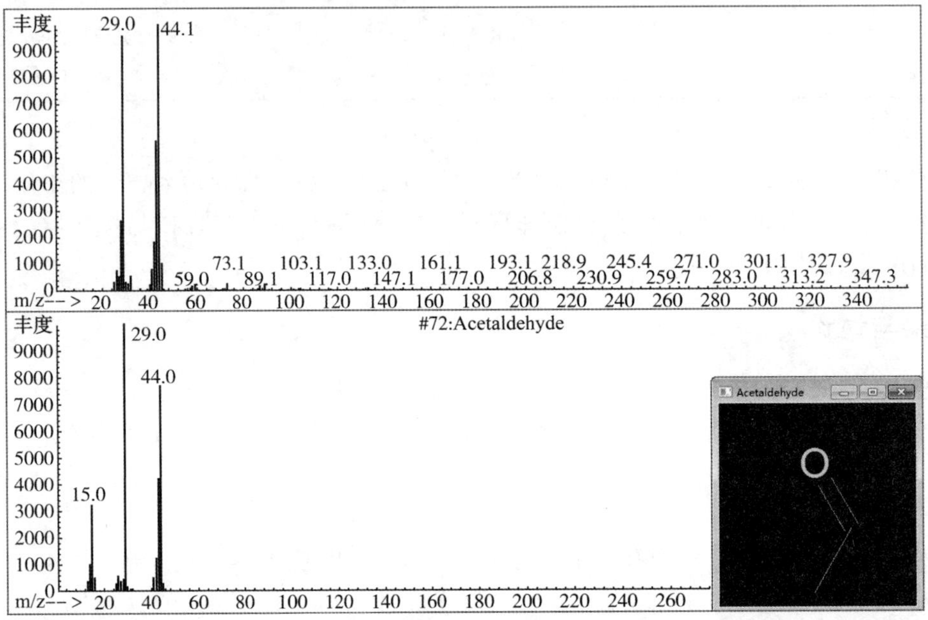

图 2 聚酯废水中乙醛的质谱定性图

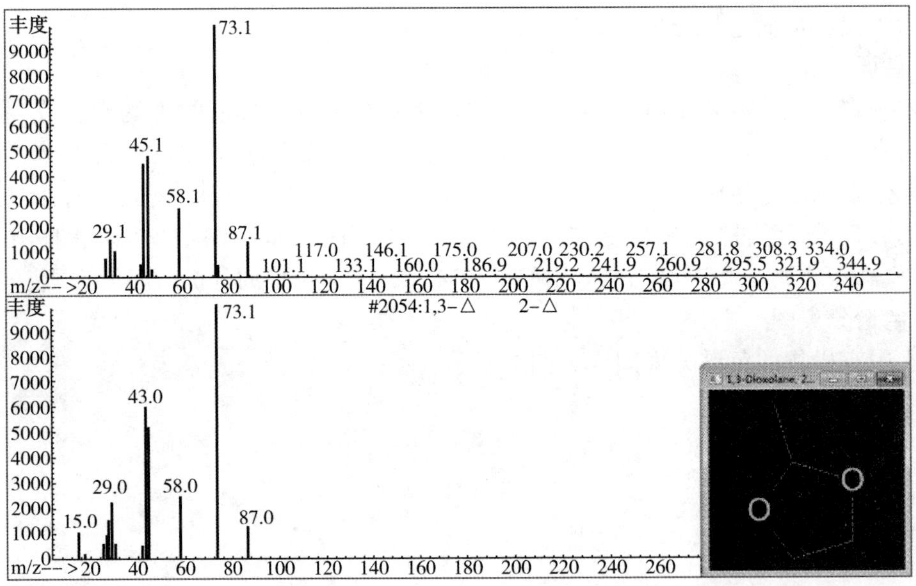

图 3 聚酯废水中 2-甲基-1,3-二氧戊环的质谱定性图

3.2.2 定量方法

色谱定量方法有多种，对于生产现场大批量样品的分析，宜采用外标定量法，这是因为外标法具有操作简便、计算方便等特点，可以直接从绘制的定量标准曲线上读出含量，可根据公式(1)计算有机物的含量。

$$w_i = f_i A_i \tag{1}$$

式中 w_i——待测组分含量，mg/L；

f_i——待测组分标准曲线的斜率；

A_i——为待测组分峰面积。

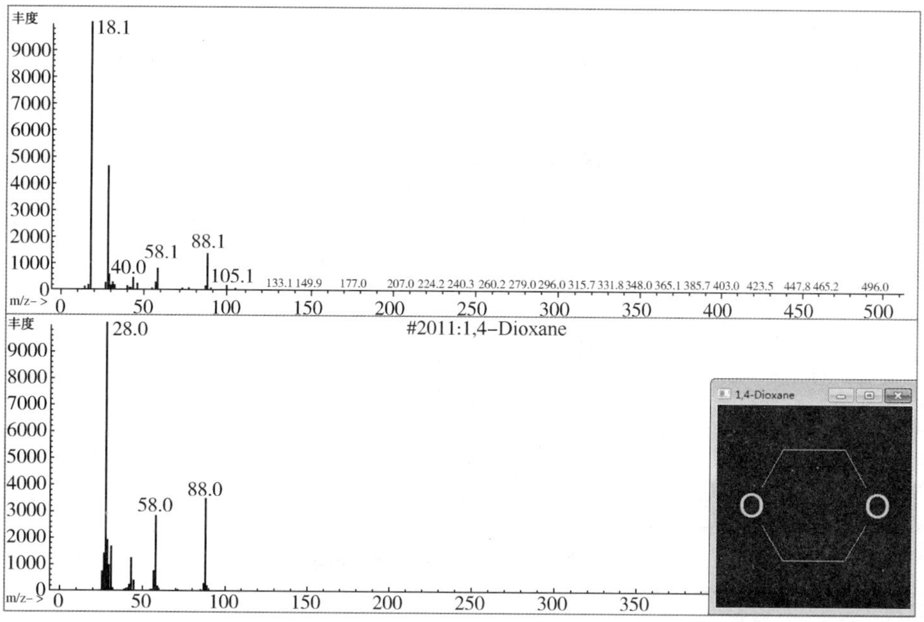

图 4　聚酯废水中 1,4-二氧六环的质谱定性图

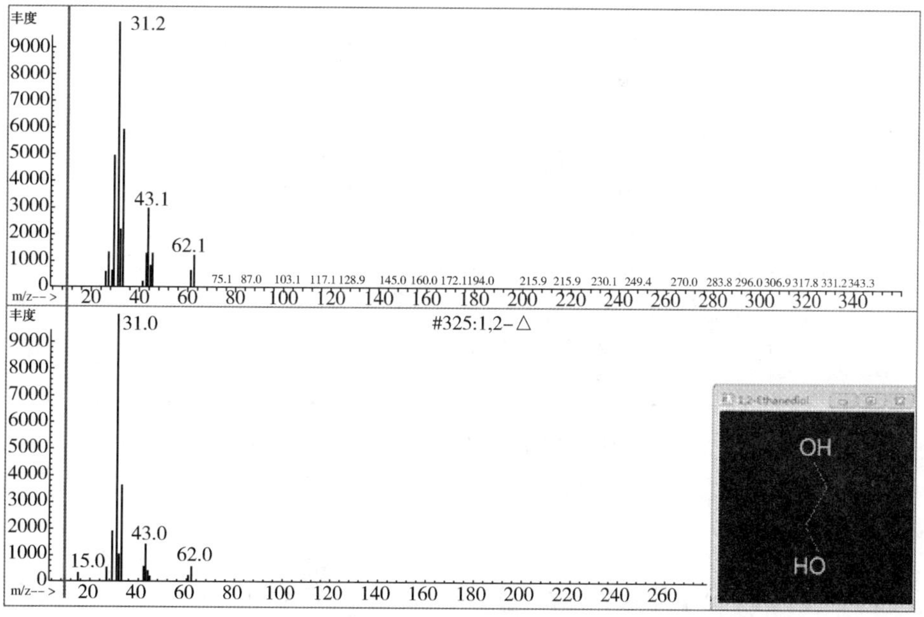

图 5　聚酯废水中乙二醇的质谱定性图

配制不同质量浓度的乙醛、2 甲基-1,3-二氧戊环、1,4-二氧六环、乙二醇标准品的水溶液，采用 6 个点校正建立标准曲线，以峰面积为横坐标，质量浓度为纵坐标，详见表 3。

表 3　聚酯废水中有机物的定量标准曲线

序号	有机物	标准曲线	相关系数
1	乙醛	$Y=0.5789x$	0.9915
2	2-甲基-1,3-二氧戊环	$Y=0.3978x$	0.9961
3	1,4-二氧六环	$Y=0.7745x$	0.9949
4	乙二醇	$Y=0.5243x$	0.9992

由表 3 可知，聚酯废水中有机物的定量标准曲线的相关系数都在 0.99 以上，说明标准线性相关性良好。

3.3 精密度与准确度

精密度与准确度用来评价分析方法的重复性与准确性。精密度采用6次测定结果的相对标准偏差(RSD)考察，准确度采用加标回收率表示，结果详见表4、表5。

表4 聚酯废水中有机物测定的精密度

有机物	六次测定结果/%			RSD
乙醛	2.0577	2.0568	2.0546	0.00065
	2.0580	2.0572	2.0554	
2-甲基-1,3-二氧戊环	1.8879	1.8877	1.8841	0.00093
	1.8850	1.8885	1.8866	
1,4-二氧六环	1.1154	1.1130	1.1128	0.0011
	1.1148	1.1146	1.1157	
乙二醇	0.0124	0.0119	0.0115	0.035
	0.0117	0.0126	0.0119	

表5 聚酯废水中有机物测定的回收率

有机物	添加值/%	实测值/%	回收率/%
乙醛	1.0875	0.9691	89.11
	2.0422	1.8537	90.77
	3.9745	3.7317	93.89
2-甲基-1,3-二氧戊环	1.0432	0.9978	95.65
	1.8078	1.7348	95.96
	3.5711	3.4686	98.60
1,4-二氧六环	0.5167	0.4783	92.57
	1.0076	0.9555	94.83
	2.0574	1.9274	93.68
乙二醇	0.0067	0.0068	101.49
	0.0125	0.0123	98.40
	0.0307	0.0321	104.56

由表4、表5可知，聚酯废水中有机物测定方法的相对标准偏差都低于0.05，回收率为89.11%~104.56%，说明该方法的精密度与准确度较高。

4 结论

(1) 采用极性色谱柱、程序升温的气相色谱条件能有效分离聚酯废水中的4个主要有机物。

(2) 结合气质联用仪定性4个有机物，并采用外标法定量聚酯中有机物含量，适合生产现场大批量样品的分析。

(3) 该方法的精密度与准确度较好，满足实际生产的需要。

参 考 文 献

[1] 孙磊，罗书亮，胡萍．聚酯废水处理工艺技术改造[J]．现代矿业，2013，533：146-147.
[2] 武术芳．聚酯酯化废水中COD的影响因素探讨[J]．合成纤维工业，2013，36(5)：61-63.
[3] 陈英文，徐鑫煤，冯杨阳，等．聚酯生产废水生化处理技术研究[J]．环境科学与技术，2008，31(1)：80-82.
[4] 梁燕．聚酯废水中易挥发有机物的汽提及回收研究[C]．杭州：浙江大学硕士学术论文．
[5] GB 11914—89，水质化学需氧量的测定重铬酸盐法[S].
[6] 周申范，等. 色谱理论与应用[M]．北京：北京理工大学出版社，1995.
[7] 刘珍．化验员读本[M]．北京：化学工业出版社．2003.
[8] 苏立强．色谱分析法[M]．北京：清华大学出版社．2009.

PTA 污泥减量化技术及示范研究

刘媛媛[1]　沈　悦[2]

（1. 中石化仪征化纤有限责任公司，江苏扬州　211900；2. 南京师范大学，江苏南京　210023）

摘　要： 基于传统好氧发酵污泥减量效果基础上，研究 PTA 污泥的高效、低成本、减量技术，开展小试试验并建立日处理污泥 3t 的中试试验装置，采用高温复合菌菌种处理 PTA 污泥，研究高温好氧发酵减量化技术对于 PTA 污泥的的减量处理效果。研究结果表明，可以实现污泥含水率从 85%降至 40%以下，污泥减量效果达到 75%以上，为 PTA 污泥减量提供技术支撑。

关键词： 高温好氧发酵；PTA 污泥；高温复合菌；发酵时间；减量化

1　引言

PTA 污泥有机物含量较高，其特性是易腐化、颗粒细小、呈絮凝体状态、相对密度小、含水率高、不易脱水，机械离心脱水后含水率在 85%左右，主要是因为污泥细胞含水量高，现有处理技术难以实现污泥细胞破壁，大幅度降低污泥含水率成本较高、运行费用高、资源化利用的技术工艺完整性较差，难以产业化推广应用。

目前，化工危废污泥处理的瓶颈就是污泥含水率的降低。污水厂污泥处理处置总体可分为三段[1]，原泥含水率约为 94%，第一段经调理加机械脱水，含水率降至 85%左右；第二段污泥处理，经污泥减量化工艺，含水率降至 30%~40%；第三段即为送往焚烧厂，填埋场进行最终处置。第一段的机械脱水工艺已经基本成熟[2]，处理效果稳定，而危废污泥焚烧填埋处置须有经营许可证，因此研究针对第二段污泥处理过程，实现污泥的减量化。污泥减量化现在处理技术主要有热干化、热水解、热解、超声辅助电渗透脱水以及好氧发酵等。热干化[3]温度高、能耗大，易产生二次污染，而且减容不减量，成本高。热水解[4]利用高温蒸汽，成本高，且工艺复杂不易操作。热解同样利用高温，能耗大，易产生二次污染。超声辅助电渗透脱水能耗大且效率低，同样不可避免二次污染的产生。好氧发酵周期长、占地面积大、效率低、存在臭气问题，但是可以达到减容又减量的效果。

针对 PTA 污泥，考虑在好氧发酵的污泥减量效果基础上，探索一种高效、低成本、减量效果明显的减量化技术。基于 PTA 污泥含水量特征，考虑以混合锯末为主要添加辅料，研究高温好氧生物发酵干化技术，利用微生物高温好氧发酵过程中有机物降解所产生的生物热能，高温复合菌来分解有机物，破坏团粒结构，使污泥颗粒分散，间隙水分和表面水分变为自由水，束缚力减弱，去除难度降低。

2　研究方法和试验

2.1　研究方法

污泥中的间隙水分、表面水分，蒸发速率低，去除难度大（如图 1 所示），其主要原因是污泥的团粒结构，破坏团粒结构的途径是分解有机物，使污泥颗粒分散，间隙水分和表面水分可变为自由水，束缚力减弱，去除难度降低。高温好氧生物发酵干化技术利用微生物高温好氧发酵过程中有机物降解所产生的生物热能，并辅助热源，高温复合菌分解有机物，破坏团粒结构，使污泥颗粒分散，间隙水分和表面水分变为自由水，从而实现污泥干化减量。

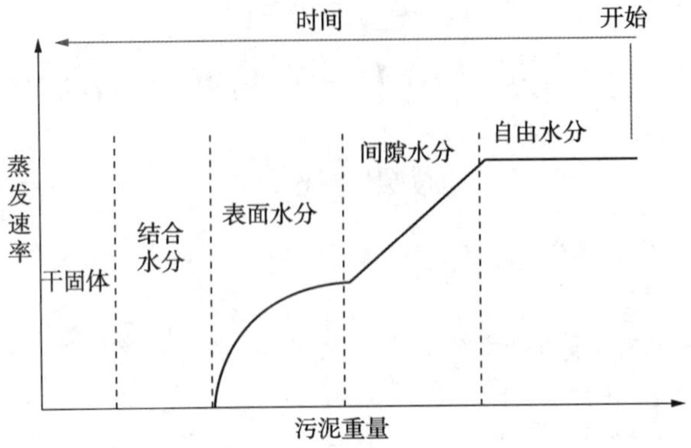

图1 污泥水分蒸发示意图

2.2 试验控制因子

2.2.1 辅料

污泥生物减量化过程中的最佳初始含水率范围是50%~70%，而PTA污泥离心脱水后的含水率比最佳值要高得多，因此需要将PTA污泥初始含水率降低到最佳水平。高温好氧生物发酵干化技术通过添加混合锯末辅料(含水率约为15%)，与致密的污泥混合来增加空隙体积并降低含水率。另外，辅料在提供额外的碳源方面也可发挥重要作用。

2.2.2 温度

温度是影响微生物代谢活动的主要因素。通过对细菌群落及其与污水污泥生物减量工艺间关联的研究发现，升高的温度重塑了细菌群落；同时，温度在水蒸发中发挥了关键作用，高温也有助于有效消除病原体。

污泥高效发酵阶段在60~144h时间段内的高温阶段，如果依靠污泥自然发酵进入高温阶段需要等待很长的时间，因此通过辅热使体系快速(1~2h内)进入高温阶段可有效提高污泥发酵效率。高温好氧发酵干化技术以高温复合菌分解有机物产热为主，同时通过返混物料、设备加热的方式进行辅热，通过温度控制系统自动控制，使体系始终在高温条件下运行，生物反应速率提高，物料停留反应时间短，有机物分解充分，同时去除污泥水分，实现污泥减量化和稳定化。

2.2.3 通风

污泥生物干化法是一种基于高温菌好氧发酵的污泥减量方法，在此过程中，原料中的水被微生物发酵过程中产生的生物能所干燥，并通过机械控制等方式增强干燥过程(如通风和搅拌)[5]。生物干化中的强制通风有三个主要作用：供氧、传热和去除水分。

2.2.4 生物菌剂

生物干化减量化是主要由微生物代谢活动引起的过程，由于发酵初期有益微生物数量相对较少，需要一定时间才能大量繁殖，因此，可考虑投加生物菌剂以缩短发酵周期，提高效率。周营等[6]从菌剂复配比试验温度、含水率、有机物总量等指标均明显看出多种微生物菌剂复配的生物干化效果优于接种单一菌剂，高温好氧生物发酵干化技术中的高温复合菌为以各种芽孢杆菌为主的优势菌株，具有繁殖快速、生命力强、体积大、安全可靠、保湿性强、有机质分解力强、可分解产生恶臭气体的物质等特点。

2.3 试验方案

2.3.1 小试试验

小试试验连续进料三批，第一批料直接添加100kg某企业PTA污泥、木屑10kg、菌粉2kg，分别在反应24h、30h、40h取样；第二批料直接添加100kg泥、木屑10kg，混合均匀后采样，同时分别在反应24h、30h、40h取样；添加第三批料前，排除1/3经反应后的泥，再添加100kg泥、10kg

木屑进行反应，分别在混合均匀及反应 24h、30h、40h 取样。

2.3.2　中试试验

建立污泥高温好氧发酵生物干化试验装置，设计处理量为 3t/d，含水率约 85%污泥首先进入料仓，同时加入一定比例(质量比 1%~3%)的锯末，首次进泥 3t，添加菌剂 60kg 和木屑 80kg，连续运行 40h，不排料；28h 后，二次进泥 2.85t，连续运行至 40h，集到样品；三次进泥 3t，分别在处理 8h、17h、28h 进行采样，重复进行 6 个批次。

污泥经物料提升装置送入高温好氧回转发酵器，回转发酵器利用高温复合菌群自身的发酵热再配以辅助加温，使槽体污泥内保持在 60~80℃ 的温度，通过发酵器搅拌使槽内始终保持着好氧菌所需新鲜空气。发酵器排出的湿热空气经冷凝器除去水蒸气后进入除臭系统进行除臭处理，保证其达标排放。充分发酵后的产物经自动排出料系统排出反应器，供后续处理或综合利用。工艺流程图见图 2。

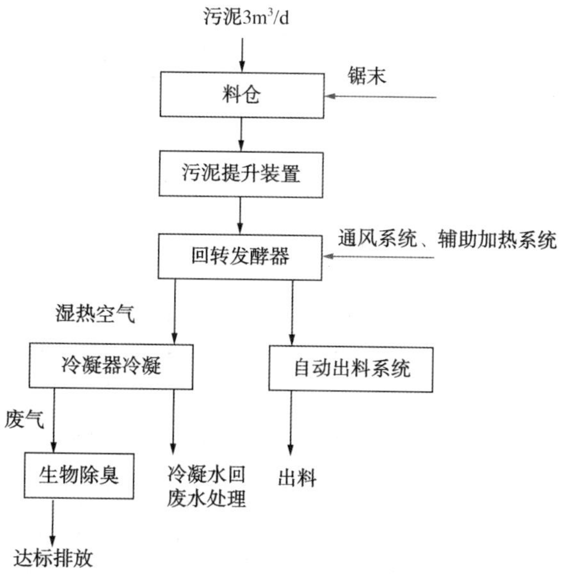

图 2　高温好氧发酵生物干化处理工艺流程图

3　结果与讨论

3.1　试验参数控制

污泥高温好氧发酵生物干化中试试验装置配置智能搅拌系统及温控系统，可根据系统运行情况随时调整物料搅拌速度，使高温好氧发酵复合菌种与污泥充分混合均匀，满足复合菌种与氧气的充分接触，保证发酵系统的高效运行；同时通过自动温控系统，根据工艺不同阶段设置最佳温度范围，系统根据发酵进程自动控制升温与降温，在维持高温好氧发酵高效率的同时，最大可能地控制系统能耗，降低处理成本。

高温好氧回转发酵器排出的湿热空气具有高湿度、高浓度甲烷、高浓度 VOCs(非甲烷性总烃)和臭味特质，综合考虑处理效果、占地面积、投资额、运行费用以及操作维护等方面因素，选用洗涤塔+水雾吸收器+光催化废气处理主要工艺，引风机将废气送入洗涤塔。由于空气湿度较大且气体温度较高，通过有效的喷淋可降低气体的温度以及风尘颗粒的浓度。带有水雾的废气经过水雾吸收器吸湿处理后，可去除 90%的水分，保证了后段主体设备的处理效率。氨氮及硫化氢通过光催化设备的强烈催化，使废气分解为无害物及水，最终达到《大气污染物综合排放标准》(GB16297—1996)、《恶臭污染物排放标准》(GB14554—1993)等规定要求，可直接达标后排放。冷凝水排入污水处理系统处理后达标排放。

污泥高温好氧发酵生物干化中试试验装置试验控制参数具体如表 1 所示。

表 1　污泥高温好氧发酵生物干化中试试验装置控制技术参数表

序号	项目名称	参　数
1	额定处理量/(kg/d 台)	3t/d
2	进料含水率/%	80%~85%
3	调理物料添加量/%	干基物质的 1%~3%
4	环境温度/℃	-10~50
5	电气系统(安装独立电表)	电压(V)38

续表

序号	项目名称	参　数
6	控制系统	自动控制系统
7	加热方式	蒸汽加热
8	加热温度	90~130℃
9	发酵温度控制范围	60~80℃
10	进料方式	可连续或间歇
11	发酵周期	2d 以内

3.2 试验效果

3.2.1 小试试验

小试试验结果见图 3。

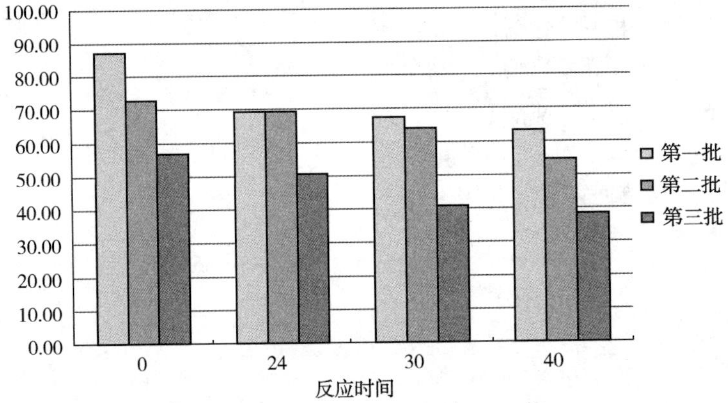

图 3　污泥含水率与反应时间关系图

由以上数据可知，小试试验在加入第三批样前，底泥含水率为 54.3%，此时由于设备中底泥较多，需排出 1/3 底泥，再添加新泥。由于剩余的 2/3 底泥含水率低，同时具有分解能力旺盛的高温复合菌，使第三次新泥加入后混合含水率迅速降为 57%，经反应 24h 后含水率可降至 51%，30h 后含水率已降至 40%左右。以此类推，第四次加新泥前再排出 1/3 底泥，新增 100kg 新泥，连续运行 24h 后可将含水率降低至 50%，连续运行效果良好。

3.2.2 中试试验

利用污泥高温好氧发酵干化中试试验装置依次对 6 个批次的 PTA 污泥进行处理，在不同菌种及发酵时间的情况下考察污泥高温好氧发酵干化中试试验装置对 PTA 污泥的减量效果，试验结果如图 4 所示，连续运行 28h 后 6 个批次的污泥含水率均可降至 40%以下，真正达到污泥减量化。另外，污泥干化温度低于 80℃，试验装置排气经冷凝器、尾气处理后可达标排放，冷凝水回废水处理系统处理后达标排放。

3.3 运行成本分析

运行成本主要包括动力费、辅料费、人工费、尾气处理费，详见表 2，合计运行成本为 178 元。

表 2　污泥高温好氧发酵生物干化中试试验装置运行成本

成本项目		金额/元
单吨处理动力费/元	电力成本	27
	蒸汽成本	68
单吨处理辅料和菌剂费/元		45
单吨处理人工费/元		33

续表

成本项目	金额/元
单吨尾气处理费/元	5
单吨污泥处理直接运行成本/元	178

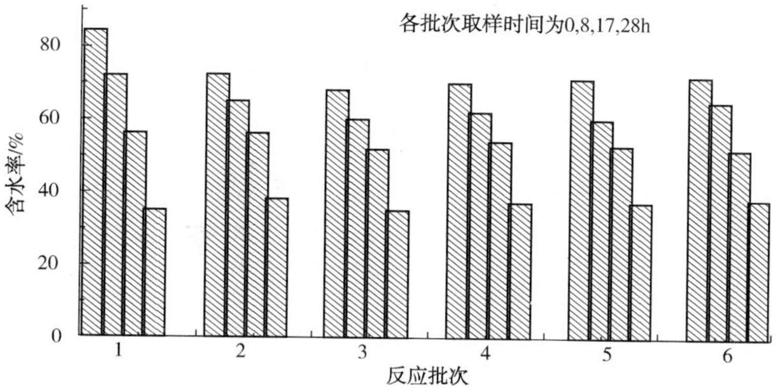

图 4　各批次进料含水率变化

4　结论

（1）通过高温好氧发酵生物干化中试试验装置处理 PTA 污泥，可实现污泥含水率从 85%左右降低至 40%以下；利用蒸汽作为辅热，干化温度低于 80℃，排气经冷凝器、尾气处理后达标排放，冷凝水回废水处理系统；83tPTA 污泥经过干化后得到污泥含水率 38%干渣约 20t，污泥减量率达 75%以上，实现危废污泥的减量化、无害化处理，具有明显的环境效益。

（2）高温好氧发酵生物干化技术处理 PTA 污泥单吨成本约为 178 元，对比目前常见污泥减量化技术，具有一定的价格优势。

（3）高温好氧发酵生物干化技术处理 PTA 污泥时需重点考虑菌种及发酵时间的选择，可通过试验帮助筛选。

（4）污泥好氧发酵可以实现污泥处理的减量化、稳定化、无害化，且经济效益显著，不但具有学术研究价值，而且具有工程应用价值和推广价值，这对污水处理厂污泥减量化、资源化利用具有重大意义。

参　考　文　献

[1] L. Jin，G. Zhang，H. Tian. Current state of sewage treatment in china[J]. Water Res.，2014，66：85-98.

[2] Dodane，P. H.，Mbéguéré，M.，Sow，O.，Strande，L. Capital and operating costs of full-scale fecal sludge management and wastewater treatment systems in Dakar，Senegal[J]. Environmental Science & Technology 2012，46(7)，3705-3711.

[3] 戴之希. 污泥热干化过程中污染物的释放与控制研究[D]. 浙江：浙江大学，2018.

[4] 何亚婷，闫佳，于鹏飞. 污水处理厂剩余污泥深度脱水技术的比较分析[J]. 辽宁化工，2018，47(5)：415-416.

[5] 安玉亭，贾媛媛，薛丹丹，等. 城市污泥与稻草混合生物干化的最佳通风量优化研究[J]. 中国土壤与肥料，2018(3)：144-148.

[6] 周营，朱能武，刘博文，等. 微生物菌剂复配及强化厨余垃圾好氧生物干化效果分析[J]. 环境工程学报，2018，12(1)：294-303

污水处理装置沼气送烧系统应用实例

冼　军　盛　兴

(中国石化仪征化纤有限责任公司，江苏扬州　211900)

摘　要： 近年来，仪征化纤公司通过持续技术改造，深挖潜能，从沼气燃烧排空，到沼气发电，再到沼气送热媒炉燃烧，完成了沼气利用三部曲。作为仪征化纤公司能源结构调整的重点攻关项目，沼气送烧节能改造项目的成功投运，为公司在能源利用和环保创新上取得了双赢。

关键词： 沼气利用；燃烧；天然气

1　引言

沼气是有机物经微生物厌氧消化而产生的可燃性气体，由于这种气体通常产生于沼泽地和池沼中，因此称为沼气[1]。含有有机物的废弃物都可作为制备沼气的原料，主要包括农业废弃资源、畜禽粪便、工业有机废水、城镇生活污水和污水处理后的污泥以及城镇生活垃圾等[2]。其中，工业废水在厌氧处理过程中产生的沼气因产出量大、甲烷含量高，具有广泛的工业应用价值。

仪征化纤公司 PTA 污水处理装置厌氧系统产出的沼气，经过持续的技术改造，从燃烧排空到沼气发电，再到沼气送烧，推进沼气利用“三部曲”，实现了资源利用和环保效益双丰收。

2　厌氧产沼气原理

在厌氧处理过程中，废水中的有机物经大量微生物的共同作用，被最终转化为甲烷、二氧化碳、水、硫化氢和氨等。在此过程中，不同微生物的代谢过程相互影响，相互制约，形成了复杂的生态系统。污水处理的厌氧降解过程可以被分为三个阶段：水解发酵阶段、产氢产乙酸阶段和产甲烷阶段。第一阶段，复杂有机物(如多糖、淀粉、纤维素、烃类等)在微生物作用下进行水解和发酵，转化为单糖氨基酸、脂肪酸、甘油、CO_2、H_2等；第二阶段，在产氢产乙酸菌的作用下，将第一阶段产物转化为乙酸、H_2和CO_2；第三阶段，甲烷菌将甲酸、乙酸、甲胺、甲醇、H_2和CO_2等基质通过不同的路径转化为甲烷，其中最主要的基质为乙酸、H_2和CO_2；厌氧消化过程约有70%甲烷来自乙酸的分解，少量来源于H_2和CO_2的合成。

3　沼气利用发展

仪征化纤公司 PTA 污水处理装置于2002年建成投运，主要处理 PTA(精对苯二甲酸)废水，设计废水处理量为400m^3/h，进水 COD 浓度为8500mg/L，处理工艺为“一段厌氧+两段好氧”，其中厌氧系统采用三座 AF 厌氧反应器，COD 处理效率达80%，日处理 COD 负荷约65t，日产沼气产量约20000m^3。2003年，装置委托专业检测部门对沼气成分进行定量检测，检测结果见表1：

表1　沼气成分检测数据

项目	甲烷	CO	H_2S	氨气
质量浓度/(mg/m^3)	5.05×10^5	0.2	2.9	0.75
体积浓度/%	70.7	1.6×10^{-6}	1.91×10^{-6}	9.88×10^{-7}

续表

项目	甲烷	CO	H_2S	氨气
热值/(MJ/m^3)	28.1	—	—	—

从检测结果可以看出，装置厌氧系统产出的沼气甲烷含量和热值均较高，具有较高的能源利用价值，装置的沼气利用发展主要分为以下三个阶段。

第一阶段：2002~2007年，厌氧产生的沼气通过火炬直接燃烧排放，未综合利用(见图1)。

第二阶段：2007年，公司以突出抓好“源头减排、末端治理”为主线，着力推进绿色低碳循环发展，启动实施了沼气利用发电项目(见图2)。工程分两期建设，共安装4台500GF1-1RZ沼气机组，总装机容量2000kW。一期工程于2007年3月9日开工建设，7月16日1号、2号发电机组同时运行并网发电；二期工程于2008年9月30日开工，2009年2月16日3号、4号机组正式投入运行并网发电。2013年，由于进场负荷增加，装置在4台沼气发电机全部运行的情况下，仍有部分沼气通过火炬燃烧排放大气。为充分利用装置所产沼气创造更高效益，公司安排对1#沼气发电机进行升级改造，将1#500GF1-RZ沼气发电机组升级为600GF1-RZ沼气发电机组。从表2、图3可以看出，2009~2016年装置沼气发电量呈逐渐上升趋势，最高年发电量超过1200×10^4kW·h。

图1　沼气火炬

图2　沼气发电机组

表2　2009~2016年沼气产出量与发电量统计表

项目	2009年	2010年	2011年	2012年	2013年	2014年	2015年	2016年
沼气产出量/10^4m^3	406.88	547.63	826.29	806.19	796.92	739.26	742.42	908.78
沼气发电量/10^4kW·h	725.45	904.19	945.59	1094.95	1110.85	1206.30	1108.14	1122.88

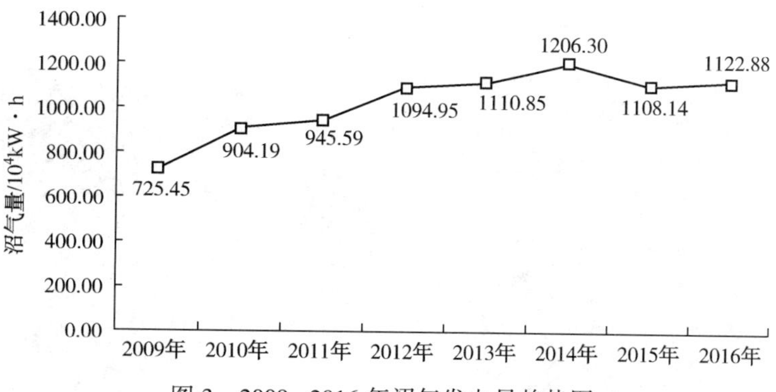

图3　2009~2016年沼气发电量趋势图

第三阶段：近年来，公司重点致力于推进“能效倍增”计划项目，深度挖掘节能空间。2016年，经过公司多次论证评估认为：从能源利用角度来看，沼气作为直接燃料比发电更为经济，拟将PTA污水处理装置沼气引入公司聚酯热媒炉进行燃烧，减少外购天然气的消耗。2016年3月，作为公司能源结构调整的重点攻关项目，沼气送烧节能技改项目正式立项。项目的主要内容是将PTA污水处理装置沼气通过管道输送至聚酯生产中心一区的热媒炉，替代部分天然气燃烧。聚酯生产中心将热媒炉改造成沼气、天然气共用炉，正常情况下以天然气为主、沼气为辅共同作为燃料进炉燃烧。项目于2016年5月开工，11月底完工，12月初正式投运。

4 沼气送烧系统

4.1 工艺流程

如图4所示，沼气送烧系统主要由3台爪式压力泵、2台气水分离罐S101和S102、缓冲罐S103、2台丝网过滤器、流量计等组成。3座AF厌氧池产生的沼气首先进入气液分离罐S101，初步分离沼气中的水蒸气，再经过丝网过滤器去除杂质后，进入气液分离罐S102进行二次气液分离，最后由爪式压力泵将沼气由3.5kPa加压至约0.12MPa，经缓冲罐S103调节后，沿厂区综合管架送至聚酯一装置热媒炉。沼气在进入热媒炉前设置气液分离罐，杜绝液相进入热媒炉。

气液分离罐S102压力与爪式压力泵电机变频连锁，通过变频来调节泵的流量；系统运行保持厌氧反应器为微正压，当厌氧反应器顶部压力低于设定值时连锁停泵；缓冲罐S103顶部设有沼气回流管，当泵前压力过低时，沼气可通过调节阀PV-812(见图5)回流至气水分离罐S102以补充泵前压力；缓冲罐S103出口设有沼气流量计，对沼气输出量进行计量；爪式泵房内装有氮气接口，爪式压力泵停车检修或初次开车时应进行氮气置换；原有的火炬系统保留不变，当沼气压力大于3.5kPa(可设定)时，火炬调节阀自动打开。

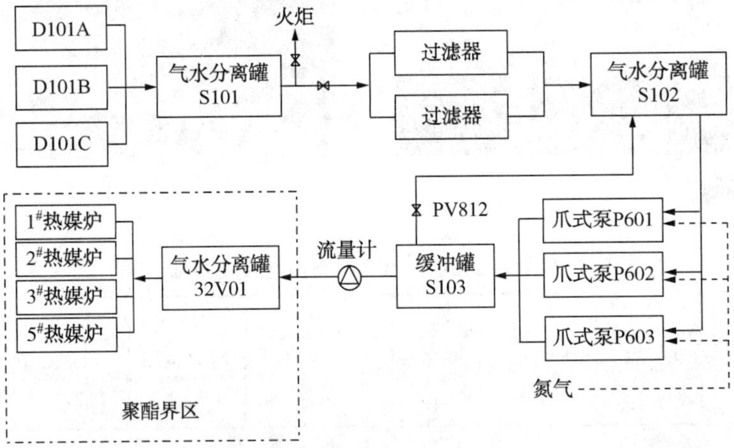

图4　沼气压缩系统工艺流程图

图5　沼气压缩系统

4.2 设备能力及质量控制标准

4.2.1 爪式压力泵 P601、P602、P603

运行压力 0.12MPa、极限压力 0.16MPa，可变频调节：462m^3/h@60Hz，385m^3/h@50Hz。泵出口温度≤140℃。

4.2.2 气水分离罐 S101

罐体容积 20m^3，压力控制为 1.3~3.5kPa。

4.2.3 气水分离罐 S102

罐体容积 2.5m^3，压力控制为 1.3~3.5kPa。

4.2.4 缓冲罐 S103

罐体容积 2.5m^3，属压力容器，运行压力控制在 0.06~0.14MPa；罐顶设有安全阀，起跳压力为 0.18MPa。

4.3 连锁控制

沼气送烧系统连锁清单见表 3。

表 3 沼气送烧系统连锁清单

序号	工艺参数名称	工艺参数位号	单位	连锁值	连锁动作	连锁状态
1	AF 池顶压力	—	kPa	压力<0.8kPa，持续 5s 且 PT-812≤0.8kPa	连锁停爪式泵	在线
2	气液分离罐 S102 压力	PT-812	kPa	压力≤0.8kPa，且任一 AF 池顶压力<0.8kPa 并持续 5s	连锁停爪式泵	在线
3	气液分离罐 S102 压力	PT-812	kPa	压力≤1.0kPa 并持续 5s，且爪式泵频率=20Hz	连锁开启回流阀	在线
4	气液分离罐 S102 压力	PT-812	kPa	压力≥2.5kPa 并持续 30s，且阀门开度≤40%	连锁关闭回流阀	在线
5	缓冲罐 S103 压力	PT-817	kPa	压力≥150kPa，且持续 5s	爪式泵锁定频率 20Hz 运行	在线
6	缓冲罐 S103 压力	PT-817	kPa	压力≥150kPa，且持续 20s	连锁停爪式泵	在线

4.3.1 紧急回流工作模式的触发与恢复

当 P601、P602、P603 处于自动调频工作模式时，实际运行在最小工作频率 20Hz 的情况下，此时如果爪式压力泵入口气液分离罐 S102 压力低于 1kPa 并持续 5s 以上，启动紧急回流工作模式，调节阀 PV-812 进入开启状态；同时，爪式压力泵 P601、P602、P603 的压力自动调频信号被切断，3 台压力泵的工作频率设置为 20Hz 进行定频工作，将 S102 的压力信号给予调节阀 PV-812，组成单回路压力控制系统，设定 SV=2.7kPa，将 S102 的压力往 2.7kPa 上调，进入紧急回流工作模式。当回流调节阀 PV-812 打开超过 30min 或爪式压力泵出口缓冲罐 S103 温度超过 110℃并持续 3s 以上时，启动声光报警，提醒操作人员采取相关措施。

在紧急回流工作模式下，当 S102 的压力稳定在 2.5kPa 并持续 30s 以上，同时回流调节阀 PV-812 的开度≤40%时，关闭调节阀，断开调节阀的闭环控制，将 S102 的压力信号给予 P601、P602、P603，重新构建单回路压力控制系统，对 P601、P602、P603 进行自动调频控制，恢复正常工作模式。

4.3.2 爪式压力泵停泵连锁

低压连锁停泵：当厌氧反应器 D101A、D101B、D101C 中任何一个压力低于 0.8kPa 超过 5s，并且 S102 压力低于 0.8kPa 时，爪式压力泵 P601、P602、P603 自动连锁停止运行。在 D101A、D101B、D101C 压力均高于 0.8kPa 时，按复位按钮，可实现 P601、P602、P603 连锁信号的复位，此时 3 台爪式压力泵可重新启动。

高压连锁停泵：当缓冲罐 S103 压力≥150kPa，且持续 5s，爪式压力泵频率锁定在 20Hz 运行；当缓冲罐 S103 压力≥150kPa，且持续 20s，则爪式压力泵 P601、P602 和 P603 逐台停运。

5 运行效果

5.1 过程运行情况

项目投运以来，沼气送烧系统运行基本正常，未发生重大系统故障及安全隐患事故。根据岗位记录报表，选取任意 3 个时间点的系统运行参数，统计结果见表 4。

表 4 沼气送烧系统过程运行参数

名称	S102	S103	P601		P602		P603		S103	沼气流量/
	压力/kPa	压力/kPa	频率/HZ	温度/℃	频率/HZ	温度/℃	频率/Hz	温度/℃	温度	(Nm^3/h)
2016. 12. 7 17：00	1. 3	97. 5	44	89. 3	44. 1	85. 1	43. 7	88	80. 5	1026
2017. 4. 16 6：00	1. 3	86. 7	38. 2	84. 7	38. 2	83. 5	37. 9	91. 6	85. 2	904
2017. 7. 25 13：00	1. 7	119. 3	44. 8	120. 4	44. 8	119. 8	40. 4	125. 2	118. 9	930

从表 4 可以看出，沼气送烧系统设备运行正常，其中：缓冲罐 S103 压力基本维持在 120kPa 以内，爪式压力泵运行频率 30～50Hz，爪式压力泵出口温度正常为 90℃ 左右，夏季最高可达到 120℃，沼气流量约 1000Nm^3/h，各项参数均处于设计范围内。

5.2 沼气送烧量

从表 5、图 6 可以看出，每月的沼气产量随着处理负荷的变化有所波动，2017 年上半年沼气产量 5. 10Mm^3，沼气送烧量 4. 0Mm^3，送烧量约占产量的 80%，主要有两个方面原因：一是沼气产量是由 3 台厌氧反应器出口流量计计量，该流量计计量值未换算成标准立方米，加上投运年代较久，实际计量值可能偏大；二是热媒炉检修时，部分沼气通过火炬燃烧排放。

表 5 2017 年上半年 COD 负荷、沼气产量、送烧量统计表

项目	1 月	2 月	3 月	4 月	5 月	6 月	合计
处理 COD 负荷/t	2200. 54	2027. 91	2431. 14	2328. 15	2418. 97	2313. 25	13719. 96
沼气产量/10^4m^3	72. 22	76. 74	94. 07	84. 08	95. 61	87. 85	510. 58
沼气送烧量/10^4m^3	54. 93	59. 97	76. 14	62. 16	77. 44	69. 62	400. 27

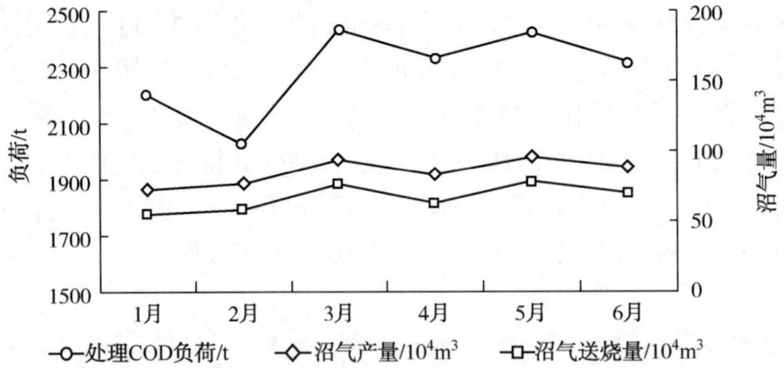

图 6 2017 年上半年 COD 负荷、沼气产量、送烧量变化趋势图

6 经济效益

6.1 经济效益

原来沼气通过内燃机发电，发电能量转换效率不足 12%，沼气送烧项目投运后，能量转换效

率达到最大。以 2017 年 1~6 月份为例，沼气送烧量共计 4.0Mm^3。

改造前：利用沼气进行发电，发电量约 6MkW·h，以电价成本 0.35 元/kW·h 计算，扣除发电机组维保费用 30 万元，发电效益 180 万元。

改造后：沼气送烧系统投运，可替代天然气 400.27×70% = 2.8Mm^3，按天然气价格 2.16 元/Nm^3计算，产生效益 605 万元。

对比得出，2017 年上半年沼气送烧系统投运后增加收益 425 万元，年增效益 850 万元，经济效益显著。

6.2 环保效益

沼气送烧系统投运后，每年可替代天然气 5.6Mm^3，折合节约 6800t 标煤，相当于减少二氧化碳温室效应气体排放量约 1.8×10^4t。

7 运行过程出现的问题

（1）项目设计时，鉴于沼气出口温度较高，未考虑沿途沼气管线的保温。实际运行过程中发现，环境温度低于 0℃时，会造成沼气管线排凝不畅，拆开排凝阀后发现类似可燃冰物质，事后已对整条管线进行了紧急保温处理。

（2）2017 年 7 月，爪式泵 P602 停车后无法启动，返厂拆解后发现泵腔结垢较多（见图 7、图 8），疑为沼气内杂质带入，经清理后设备已运转正常。

图 7　爪式泵泵腔内结垢

图 8　爪式泵结垢垢样

8 结语

仪征化纤公司沼气送烧系统投运后运行基本正常，相较于沼气发电，沼气送烧省去了能源利用的中间环节，确保了沼气能量利用最大化，带来较高经济效益的同时，也减少了温室气体 CO_2的排放。

参 考 文 献

[1] 钱泽澍．沼气发酵微生物学[M]．杭州：浙江科学技术出版社，1986.
[2] 王钢．我国沼气技术的利用现状与前景展望[M]．黑龙江：应用能源技术，2007.

AEB反应器反硝化处理煤制乙二醇废水

王 珺 程学文 张 宾 莫 馗

(中国石化北京化工研究院，北京 1000132)

摘 要：本文针对煤制乙二醇废水，研究了缺氧膨胀床反应器(AEB)的快速启动方式和填料层挂膜特性，以及在反硝化连续流运行条件下对煤制乙二醇废水中硝酸根的处理效果。研究结果表明，AEB在快速启动8d后，反应器COD去除率由44.9%升至92.3%，硝态氮去除率由39.8%升至98.4%。采用自然挂膜方式，填料层从下至上生物膜厚度逐渐增加。当进水硝氮浓度约1500mg/L时，反应器反硝化连续流运行稳定，COD去除率稳定在95%左右，硝态氮去除率稳定在98%~99%，进出水COD容积负荷可增至27.8kg/(m^3·d)，进出水硝态氮容积负荷可增至7.3kg/(m^3·d)；当进水硝氮浓度约7000mg/L时，反应器有较好的抗冲击能力，硝态氮去除率可稳定在98%。当进水中1,4-二氧六环的浓度为20~300mg/L时，反应器反硝化效果不受影响。

关键词：AEB反应器；煤制乙二醇废水；反硝化；废水处理

1 引言

乙二醇是一种重要的有机化工原料和战略物资[1]，进入21世纪以来，我国乙二醇消耗量大幅度攀升。煤制乙二醇是以煤为原料生产乙二醇。煤制乙二醇技术路线符合我国缺油、少气、煤炭资源相对丰富的资源特点[2]。煤制乙二醇工业生产过程中排放的废水，含有高浓度的硝酸盐氮，是国家严禁直排的高污染废水[3]。高浓度硝态氮废水直接流入江河湖泊，污染地表水和地下水，导致水生动植物的死亡甚至绝迹[4]。硝酸盐可被还原为亚硝酸盐，亚硝酸盐会造成高铁血红蛋白症[5]甚至会诱发癌症，对人体造成危害。当人体内的正常血红蛋白含量低于90%，就会引起人的窒息甚至死亡。如何经济、安全、有效地处理煤制乙二醇废水中的硝酸盐氮，研发高效稳定的污水强化脱氮技术，已成为污水处理领域急需解决的问题。

目前针对煤制乙二醇废水中硝酸盐氮去除的主要方法包括：化学还原、反渗透、电渗析、离子交换、生物反硝化等方法[6]。化学还原法主要是利用还原剂将硝酸盐氮还原，根据采用的不同还原剂可以分为活泼金属还原法和催化还原法。前者是以铁、铝、锌等金属单质为还原剂，处理效果较差，且会有亚硝酸盐生成；后者以氢气以及甲酸、甲醇等为还原剂，一般都必须有催化剂存在才能使反应进行，成本较高，且氢气应用过程中存在保障危险。反渗透、电渗析、离子交换等方法虽然可以有效去除水中的硝酸盐，但成本较高，同时会产生大量废水，因此在实际工程中应用较少。

从经济方面来说，生物脱氮应用更加广泛[7,8]。鉴于目前工业废水成分越来越复杂，浓度越来越高，传统的生物脱氮工艺无法高效进行脱氮处理。因此，本研究采用一种新型的强化生物反硝化技术AEB(Anaerobic Expanded Bed)反应器，在确保煤制乙二醇废水中硝酸盐及总氮去除效果的同时，提高处理负荷并有效降低其运行维护费用。

2 试验部分

2.1 废水水质

对某石化公司煤制乙二醇废水进行采样分析，乙二醇装置排水中总氮全部由硝氮贡献。试验用水为模拟煤制乙二醇废水，采用人工配水，NO_3^--N 范围为 1000～7000mg/L，由甲醇、硝酸、KH_2PO_4、尿素按一定比例配制。其中甲醇为补充碳源。采用 NaOH 调节废水 pH，进水 pH 为 2～3。

试验用试剂均为分析纯。

2.2 试验装置

AEB：自制，主体部分为有机玻璃材质，有效容积 5.6L，反应区内径 6cm、高 95cm，上部三相分离区内径 15cm、高 20cm。反应器出水区顶部周边设置集水槽，集水槽侧壁安装溢流堰；在出水区上部侧壁设置与集水槽连通的出水口，出水区设置出水滤网，防止填料流失；在出水区下部侧壁设置排泥口，反应区通过夹套内热水循环来调控反应器内的温度。

填料采用小粒径生物质填料，密度接近于水，易膨胀，节省循环动力。

2.3 试验方法

废水通过进料泵由底部进入 AEB，处理后出水从 AEB 上端出水口排出，出水可通过循环泵再次进入 AEB，多余出水排出系统。在运行期间，取进出水水样，测定其中的 COD、TN、$\rho(NO_3^-$-N)、$\rho(NO_2^-$-N)。

2.4 分析方法

采用重铬酸钾法测定 COD[9]；采用紫外分光光度法测定 TN[9]；采用酚二磺酸光度法测定 $\rho(NO_3^-$-N)[9]；采用 N-(1-萘基)-乙二胺光度法测定 $\rho(NO_2^-$-N)[9]。

3 结果与讨论

3.1 AEB 启动与挂膜特性

废水进入 AEB 运行 1d 后即有产气现象，随着废水进水量的逐渐增加，运行 7d 左右 AEB 内填料层挂膜，生物膜为黄色，载体上生物膜由下向上逐渐增多。填料床层内产生较多气泡，说明填料层较容易挂膜。AEB 启动期间进出水 COD 浓度及 COD 去除率见图 1。由图 1 可见：AEB 启动初期，1～8d 进水 COD 在 4928～5508mg/L 范围内，出水 COD 由 2776mg/L 逐渐降低至 394mg/L，COD 去除率逐渐上升，由 44.9%升至 92.3%。AEB 启动期间进出水 NO_3^--N 浓度及 NO_3^--N 去除率见图 2。由图 2 可见：进水 NO_3^--N 在 1339～1504mg/L 范围内，出水 NO_3^--N 由 806mg/L 逐渐降低至 22.3mg/L，NO_3^--N 去除率逐渐上升，由 39.8%升至 98.4%。启动初期出现了 NO_2^--N 含量升高的现象，可能是适应期反硝化菌的数量较少或 NO_2^--N 还原酶的数量不足导致的[10,11]，使得硝酸盐的反硝化部分停留在 NO_2^--N 阶段，反硝化不完全所致，启动 8d 后，反应器内 NO_2^--N 的积累现象消失。AEB 启动期间进出水 TN 浓度及 TN 去除率见图 3。由图 3 可见：进水 TN 在 1349～1514mg/L 范围内，出水 TN 由 823.8mg/L 逐渐降低至 53.4mg/L，TN 去除率逐渐上升，由 38.9%升至 96.3%。

启动后 1～2d，AEB 对 COD 有 44.9%～51.1%的去除率，一方面是生物膜异养菌所贡献，另一方面归功于填料物理吸附作用。由于异养菌的繁殖速率较快，能快速形成生物膜，AEB 中生物量较大，故 COD 的去除效果更稳定，去除率呈现出逐渐上升趋势。由图 1 和图 2 可出，反硝化细菌的生长包括适应过程和快速繁殖过程。启动后 1～2d 是反硝化菌的适应过程。反硝化作用主要由水中悬浮微生物和少量生物膜完成，反硝化细菌增长速度较慢，对 NO_3^--N 有少量去除。从第 3d 开始，NO_3^--N 的去除率快速增加，归结于反硝化菌的大量繁殖。ΔCOD/ΔN 由 4.3 降低至 3.4，填料层异养菌大量生长，消耗碳源较多，适应期后反硝化菌快速生长，反硝化作用逐渐增强。

3.2 AEB 对不同浓度废水的处理效果

由于煤制乙二醇工艺采用不同的加氢催化剂，导致硝氮浓度范围有较大波动，硝氮浓度最低约 1000mg/L，最高约 7000mg/L，因此 AEB 分别对硝氮在不同浓度水平的废水进行反硝化降解试验。

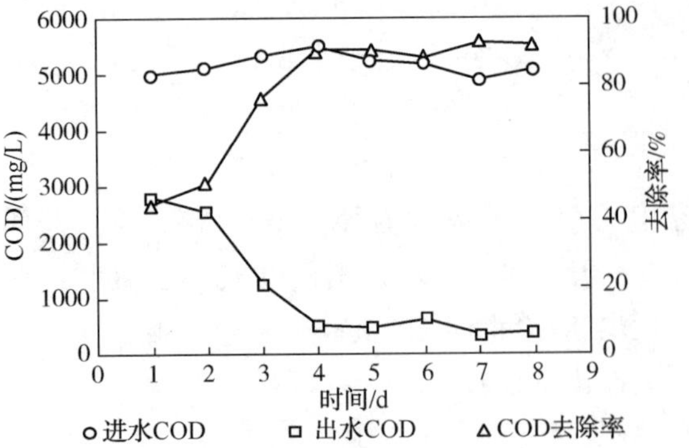

图 1　AEB 启动期间进出水 COD 及 COD 去除率

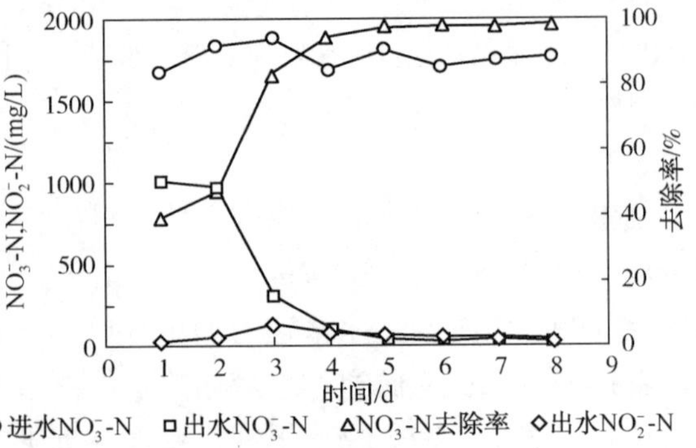

图 2　AEB 启动期间进出水 NO_3^--N 及 NO_3^--N 去除率以及出水 NO_2^--N

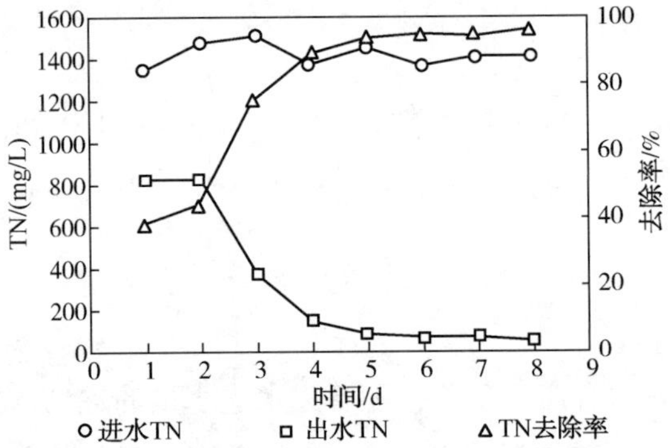

图 3　AEB 启动期间进出水 TN 及 TN 去除率

3.2.1　AEB 对硝氮约 1500mg/L 废水处理效果

AEB 在第 9d 进入运行稳定阶段。由图 4 可见：进水 COD 在 4628~5750mg/L 范围内，COD 去除率稳定在 95%左右。由图 5 可见：进水 NO_3^--N 在 1339~1505mg/L 范围内，NO_3^--N 去除率稳定在 98%~99%。ΔCOD/ΔN 平均为 3.5。反应器 COD 和 NO_3^--N 进出水容积负荷见图 6。由图 6 可见：进出水 COD 容积负荷最高增至 27.8kg/(m^3·d)，进出水硝态氮容积负荷最高增至 7.3kg/(m^3·d)。

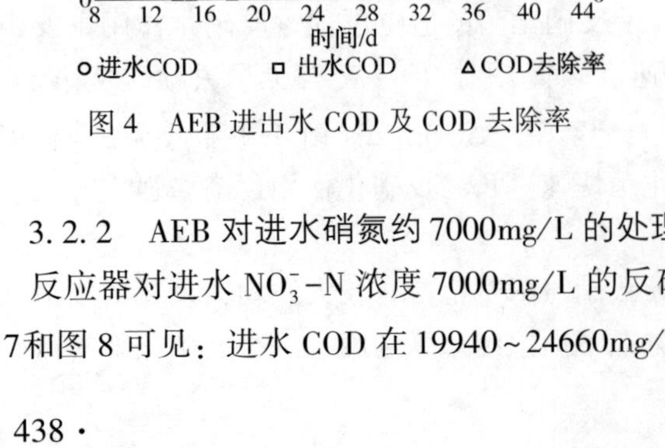

图 4　AEB 进出水 COD 及 COD 去除率

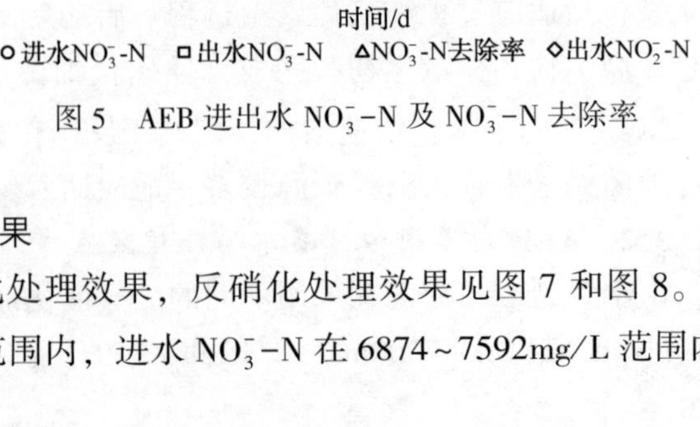

图 5　AEB 进出水 NO_3^--N 及 NO_3^--N 去除率

3.2.2　AEB 对进水硝氮约 7000mg/L 的处理效果

反应器对进水 NO_3^--N 浓度 7000mg/L 的反硝化处理效果，反硝化处理效果见图 7 和图 8。由图 7 和图 8 可见：进水 COD 在 19940~24660mg/L 范围内，进水 NO_3^--N 在 6874~7592mg/L 范围内。

反应器 COD 和 NO_3^--N 进出水容积负荷见图 9。由图 9 可见：随着进水流量增大，反应器负荷随之升高，当进出水硝态氮容积负荷由 3.9kg/(m^3 · d)增至 8.6kg/(m^3 · d)时，NO_3^--N 去除率由 99%降至 70%，COD 去除率由 95%降至 81%。随着反应器负荷快速提升，出水中未降解的 NO_3^--N 累积超过反应器负荷上限时 AEB 的反硝化效率显著降低。降低 AEB 进水负荷后，经过一段时间恢复，AEB 反硝化效率逐渐升高至 98%，进出水硝态氮容积负荷约为 6.3kg/(m^3 · d)，反应器有较好的抗冲击能力。

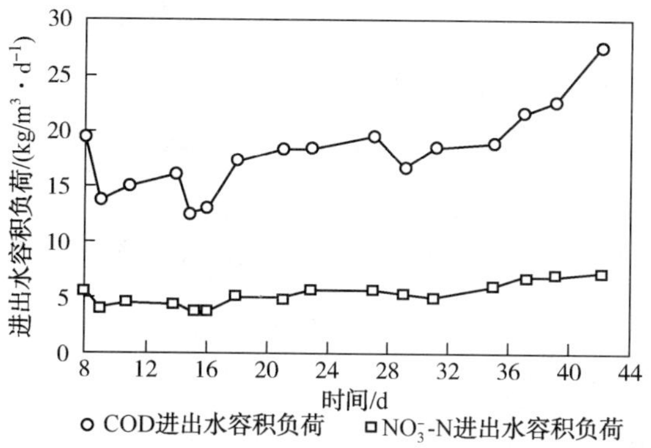

图 6　AEB 运行期间 COD 及 NO_3^--N 进出水容积负荷

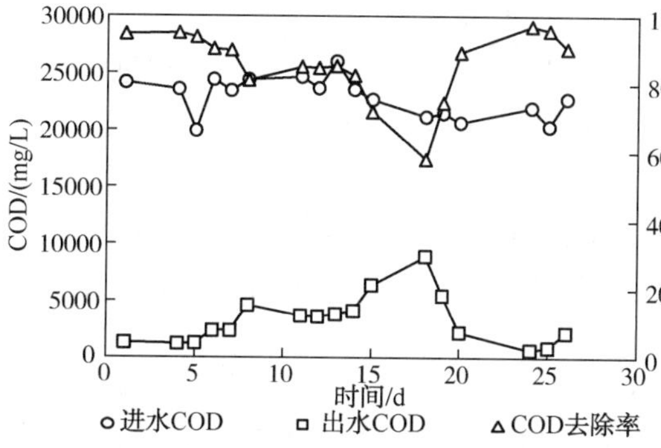

图 7　AEB 进出水 COD 及 COD 去除率

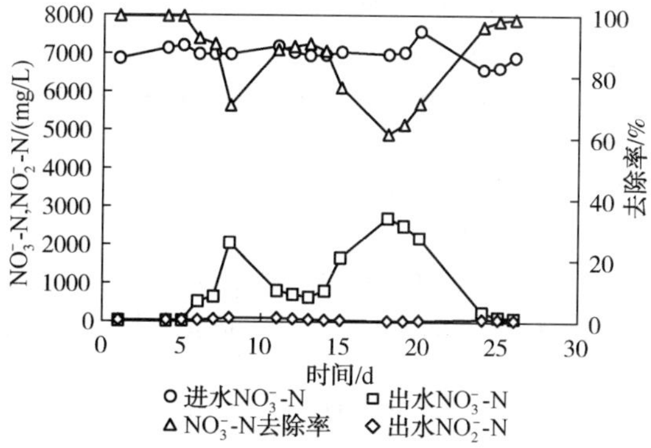

图 8　AEB 进出水 NO_3^--N 及 NO_3^--N 去除率

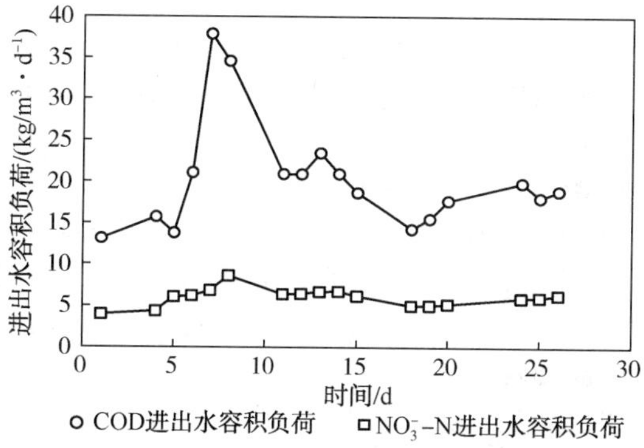

图 9　AEB 运行期间 COD 及 NO_3^--N 进出水容积负荷

3.3　有毒物质对 AEB 降解性能的影响

煤制乙二醇废水中由于工艺问题产生的 1,4-二氧六环是生化毒物，逐渐升高进水中 1,4-二氧六环的浓度，由 20mg/L 升高至 300mg/L，观察出水水质变化，考察对反应器效果的影响，见图 10 和图 11。由图 10 和图 11 可见：试验中进水 1,4-二氧六环的浓度由 20mg/L 升高至 300mg/L 的过程中，出水硝氮在 75mg/L 以下，硝氮去除率可稳定在 97%以上，反应器的反硝化效果无明显影响。

4　结论

本试验采用 AEB 反应器处理高浓度硝酸根废水，反硝化效果稳定高效。

（1）AEB 快速启动在 8d 可完成，反应器 COD 去除率由 44.9%升至 92.3%，硝态氮去除率由 39.8%升至 98.4%，采用自然挂膜方式，填料层从下至上生物膜厚度逐渐增加。

（2）当进水硝氮浓度约 1500mg/L 时，反应器反硝化连续流运行稳定，COD 去除率稳定在 95%左右，硝态氮去除率稳定在 98%~99%，进出水 COD 容积负荷可增至 27.8kg/(m^3 · d)，进出水硝态氮容积负荷可增至 7.3kg/(m^3 · d)；当进水硝氮浓度约 7000mg/L 时，反应器有较好的抗冲击能力，硝态氮去除率可稳定在 98%。

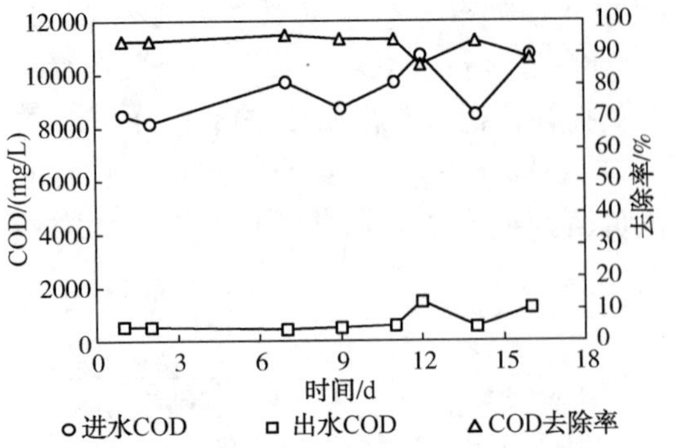

图 10　AEB 进出水 COD 及 COD 去除率

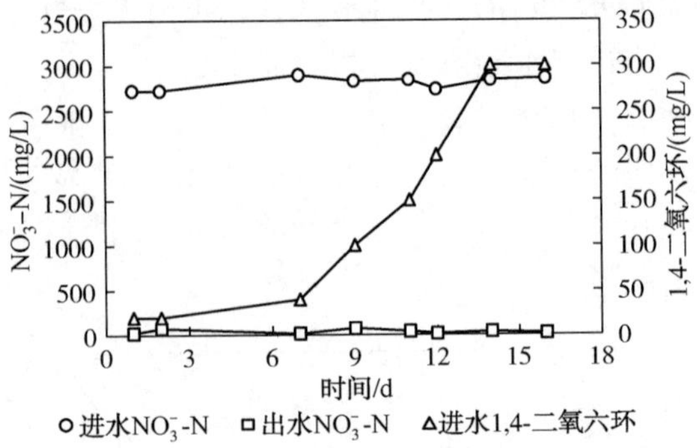

图 11　AEB 进出水 NO_3^--N 及 NO_3^--N 去除率

（3）进水 1,4-二氧六环的浓度由 20mg/L 升高至 300mg/L 的过程中，硝氮去除率可稳定在 97%以上，反应器的反硝化效果无明显影响。

参 考 文 献

[1] 尹国海．我国乙二醇生产技术现状及市场前景[J]．中外能源，2012，17(12)：62.

[2] 崔风桐，赵立宁，尹洪肖，等．A/SBR 工艺处理煤制乙二醇污水的研究[J]．化肥设计，2017，55(2)：42-45.

[3] 丁兴辉．高硝态氮废水反硝化脱氮[D]．武汉：华中科技大学，2013.

[4] Han H，Allan J D，Scavia D. Influence of climate and human activities on the relationship between watershed nitrogen input and river export [J]. Environmental Science & Technology，2006，43(6)：1916-1922.

[5] Wu Y H. Progress of groundwater nitrate pollution and its alleviating methods in european and american countries [J]. Chinese Agricultural Science Bulletin，2011，27(8)：284-290.

[6] 刘钰畴．污水脱氮技术浅析[J]．有色金属设计与研究．2002，23(1)：26-28.

[7] 赵林林，王海燕，杨慧芬，等．废水反硝化除磷技术研究进展[J]．化工环保，2011，31(7)：38-41.

[8] 张彦浩，杨宁，谢康，等．自养反硝化技术研究进展[J]．化工环保，2010，30(3)：225-229.

[9] 国家环境保护局《水和废水监测分析方法》编委会．水和废水监测分析方法[M]．4 版．北京：中国环境科学出版社，2002.

[10] 王淑莹，孙洪伟，杨庆，等．传统生物脱氮反硝化过程的生化机理及动力学[J]．应用与环境生物学报，2008，14(5)：732-736.

[11] 杨碧印，李文龙，许仕荣．不同外加碳源反硝化滤池的挂膜与启动特性研究[J]．水处理技术，2015，41(4)：104-107.

CFB 锅炉开工环保参数“零超标”控制策略

姬晓军　王鹏举　田志娟　朱银在

（中国石化洛阳石化公司热电部，河南洛阳　471012）

摘　要：本文介绍了 CFB 锅炉停工检修后开工过程环保参数的控制措施，从提前准备低硫燃料、炉后半干法脱硫提前建床、合理控制锅炉升温速度、统筹协调等方面进行分析和实施，首次实现 CFB 锅炉开工期间环保参数零超标，提高企业环保参数管控能力。

关键词：CFB 锅炉；开工过程；提前建床；升温速度；环保参数

1　引言

国家颁布的《火电厂大气污染物排放标准》（GB 13223—2011）对火电厂污染物排放提出了严格的限制要求。燃煤电厂实现环保参数达标排放，满足国家排放新标准及环境评价要求，是健康持续发展的必经之路[1]。

循环流化床（CFB）锅炉由于燃料适应性广，炉内喷石灰石粉控制 SO_2 成本低，NO_x 排放低等优点，近年来发展迅速，是目前应用范围很广的清洁燃烧技术[2]。

因 CFB 锅炉点炉初期，氧含量高导致折算系数高，SNCR 脱硝及炉内脱硫受烟气温度影响，脱硫脱硝效率低，CFB 锅炉开工期间，环保参数控制极其困难。

2　CFB 锅炉及环保装置改造介绍

中国石化洛阳石化分公司（洛阳石化）310t/h 高压 CFB 锅炉于 2009 年 11 月建成投用，锅炉型号为 HM 310-9.8/540-A。该高温高压循环流化床锅炉为单炉膛、单汽包、自然循环、双高温绝热旋风分离器、全钢架 M 型露天布置，由烟台现代冰轮重工公司设计并制造。CFB 锅炉设计燃料为 100%石油焦，校核燃料为 50%石油焦+50%无烟煤，采用石灰石粉炉内脱硫控制 SO_2 排放，依靠循环流化床低温燃烧技术，NO_x 排放低的特点控制 NO_x 排放，采用布袋除尘器过滤烟气降低烟尘含量[3]。

锅炉设计燃料采用延迟焦化的副产品石油焦以及原煤系统的无烟煤，5 个流化床启动燃烧器燃用低硫轻柴油。在锅炉炉膛内添加粒径及品质符合要求的石灰石粉，在炉内燃烧中脱硫，减少 SO_2 排放量。锅炉原设置 1 台布袋除尘器、1 座烟囱，烟囱出口内径 4.0m、高 150m。锅炉烟气经过低压脉冲布袋除尘器除尘，净化后的烟气经引风机送入烟囱排放。设计烟尘排放浓度 $\leqslant 50mg/m^3$，SO_2 的排放浓度 $\leqslant 400mg/m^3$，无设计氮氧化物的控制设施，烟气氮氧化物初始排放在 $250mg/m^3$ 左右。

为更好地保护大气环境，我国环境保护标准要求越来越高。2015 年底，国家明确要求，2020 年之前，所有燃煤机组都必须实施超低排放改造，烟气排放中的烟尘、SO_2、NO_x 不高于 $10mg/m^3$、$35mg/m^3$、$50mg/m^3$。随后，河南省政府要求河南省燃煤发电机组在 2016 年 10 月底前实现超低排放。

洛阳石化 CFB 锅炉炉后脱硫系统 2013 年 12 月破土动工，2014 年 6 月 29 日投产运行。炉后烟气脱硫为一炉一塔，脱硫系统设计处理烟气量 $35\times10^4 m^3/h$，设计入口 SO_2 浓度为 $2500mg/m^3$，出口 $SO_2 \leqslant 50mg/m^3$，设计脱硫效率 98%。

SNCR 脱硝装置自 2014 年 6 月 29 日建成投用，COA 氧化脱硝自 2016 年 11 月建成使用，经两次脱硝改造后，洛阳石化 CFB 锅炉形成 SNCR+COA 两级脱硝工艺。

洛阳石化 CFB 锅炉原设置 1 台布袋除尘器，经锅炉本体空气预热器后排出的烟气经低压脉冲布袋除尘器除尘，之后由引风机送入烟囱排放。2014 年新增炉后脱硫装置，将烟气从锅炉引风机后的烟道引出，进入脱硫吸收塔，新增布袋除尘器，烟气经脱硫除尘后，通过脱硫引风机，由原 150m 烟囱排出。洛阳石化 CFB 锅炉环保设施流程及布置图见图 1。

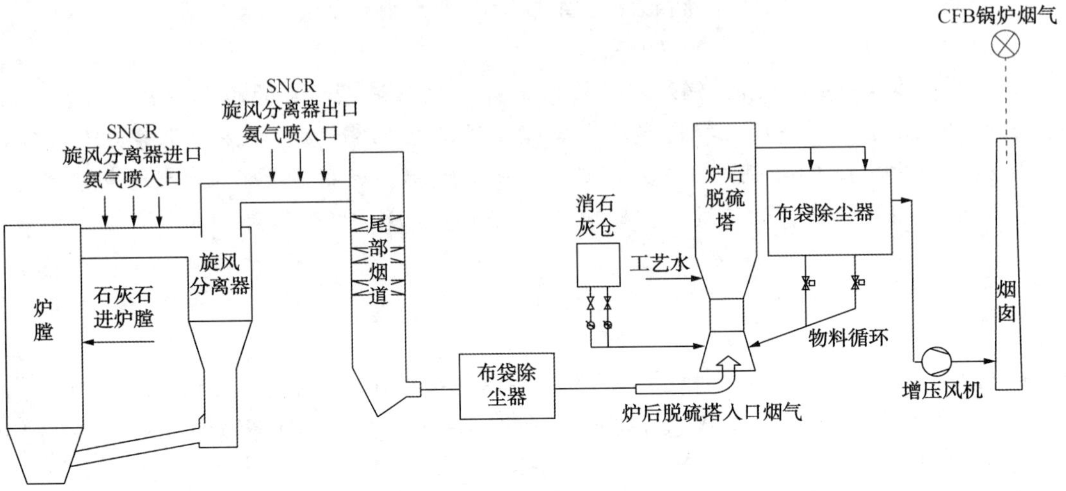

图 1　洛阳石化 CFB 锅炉环保设施流程及布置图

3　开工过程环保参数控制措施

2018 年 3 月 19 日洛阳石化 3#CFB 锅炉开工，为满足日益严格的环保要求，实现开工过程中环保参数达标，洛阳石化采取多种措施，首次实现开工期间环保参数零超标，对同类型锅炉有借鉴意义。控制措施如下。

3.1　提前准备低硫燃料

(1) 使用硫含量为 0.0114%的低硫轻柴油，降低点火初期烟气中初始 SO_2 含量。

(2) 由于是紧急停工，石油焦仓内存有近 7m 的燃料，留存燃料为石油焦和煤，硫含量高。考虑到开工环保参数控制，克服清理难度大、工期紧等困难，安排作业人员将石油焦仓存料全部清空。

(3) 点炉采用 3 种固体燃料分阶段梯级使用，在点动给料初期，创造性地使用废活性炭，活性炭燃点低、易燃烧，且不产生污染物；之后使用低硫无烟煤，将床温升至正常床温；最后使用石油焦和煤，调整锅炉各工况至正常运行工况。

3.2　半干法脱硫提前建床

为控制 SO_2、烟尘环保参数，在 CFB 锅炉点炉前，炉后半干法脱硫提前建床。

在炉后脱硫引风机和锅炉引风机启动后，炉后脱硫塔提前进床层物料，为脱硫塔床层建立做准备。物料为粉煤灰和消石灰。在锅炉点炉前共注入粉煤灰约 100t、$Ca(OH)_2$约 100t，脱硫剂氢氧化钙比例 50%。

改变以往待锅炉点炉后烟气量达到 $35\times10^4 m^3/h$ 以上才开始脱硫塔建床的操作步骤。粉煤灰和消石灰注入完成后，开大清洁烟气再循环挡板，利用脱硫引风机风量开始提前建床，控制床层压降在 0.5~0.6kPa，建立脱硫反应床层。半干法脱硫系统流程图见图 2。

床层建立后，2018 年 3 月 19 日 16：00CFB 锅炉点火，16：32 脱硫出口 NO_x 浓度突增至 $75mg/Nm^3$，小流量投运 COA 脱硝装置，根据出口 NO_x 浓度调整 COA 亚氯酸钠溶液的添加量。因

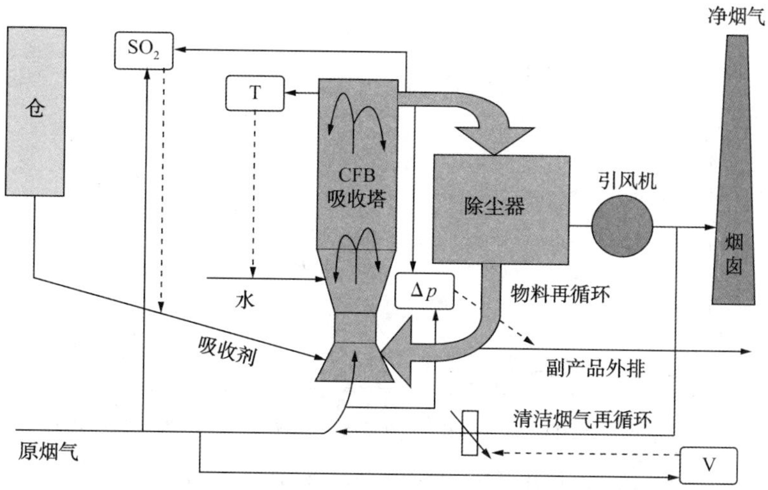

图 2　洛阳石化半干法脱硫系统流程图

脱硫塔床层中氢氧化钙含量较高，COA 脱硝效果突出，3 月 19 日 16：30～3 月 20 日 6：30 期间，脱硫塔进出口 NO_x 平均浓度分别为 150.87mg/Nm³、45.04mg/Nm³，脱硝效率为 70.15%，确保了点炉期间的 NO_x 指标达标。点炉升温升压期间脱硫塔进出口 NO_x 趋势图见图 3。

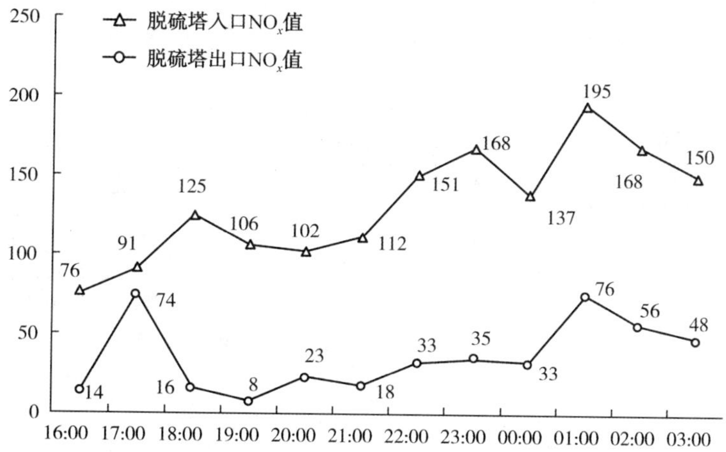

图 3　点炉升温升压期间脱硫塔进出口 NO_x 趋势图

此外，在床层建立的情况下，少量喷入亚氯酸钠溶液，起到轻微的增湿作用，有助于脱硫塔脱硫效果的发挥。在床温 500℃，点动投用给焦机时，提前开启炉前石灰石系统，低转速添加石灰石粉，进行炉内脱硫。点炉升温升压期间脱硫塔进出口 SO_2 趋势图见图 4。

3.3　合理控制锅炉升温速度

点炉初期，出口环保参数受氧含量折算影响较大，因环保法规规定，当烟气中氧含量低于 19%时开始折算，此时折算倍数高达 7.5，极易引起上传的环保参数超标。

$$环保参数上传值=实测值\cdot\frac{21}{21-实测\ O_2}\Big/\frac{21}{21-6(基准氧量)}$$

本开工过程中，由工艺工程师专门负责锅炉升温进度，通过合理控制燃料油量，合理配风，在升温初期控制氧含量 19%以上，缓慢升温烘炉。随后通过控制油枪投入和配风，氧含量下降速度适当加快，避开高折算系数区域。点炉期间主要参数温升率趋势图见图 5。

整个开工过程将出口环保参数控制和锅炉升温进度紧密结合，合理控制开工进度，确保环保参数受控。

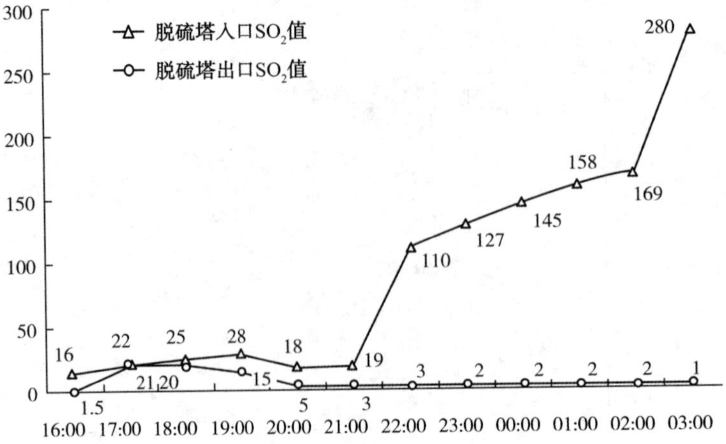

图 4 点炉升温升压期间脱硫塔进出口 SO_2 趋势图

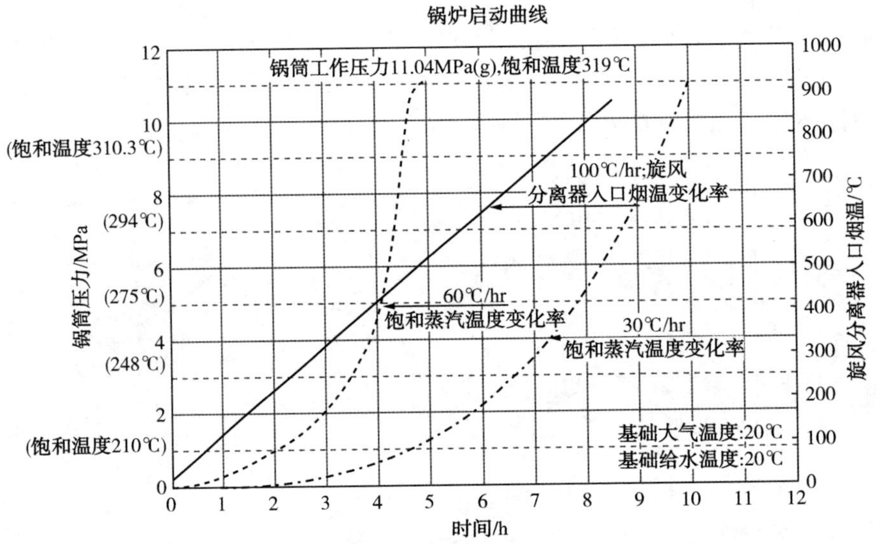

图 5 点炉期间主要参数温升率趋势图

3.4 统筹协调，精心调控

环保要求日益严格，洛阳石化高度重视 CFB 锅炉开工，开工前组织专业技术人员讨论开工期间环保参数控制难点及解决措施，协调亚氯酸钠、氧化钙、氢氧化钙进厂，提前试运炉后脱硫塔设备、待各方条件具备，炉后脱硫建床正常后，锅炉点炉。

开工过程中锅炉岗位和脱硫岗位紧密配合、加强沟通，现场人员协调得力，岗位人员精心控制，将环保参数控制和锅炉开工充分结合，实现了开工过程环保参数受控。

4 结论

(1) 点炉使用低硫轻柴油、活性炭、无烟煤，分阶段梯级使用，且点炉初期燃料中硫含量低，是开工过程环保参数受控的前提。

(2) 炉后半干法脱硫提前注入粉煤灰、氢氧化钙，提前建床，提前运行炉后脱硫脱硝装置，少量喷入亚氯酸钠脱硝溶液，起到轻微的增湿作用，有助于提高脱硫脱硝效果，是开工过程环保参数受控的关键。

(3) 点炉初期控制烟气氧量在 19%以上，根据温升率控制要求，避开氧含量高折算系数区域，将出口环保参数控制和锅炉升温进度紧密结合，是开工过程环保参数受控的支撑。

（4）高度重视，开工过程中协调得力，岗位人员精心控制，是开工过程环保参数受控的保障。

参 考 文 献

[1] 朱金伟，张凡，王洪昌，等．燃煤烟气脱硫脱硝技术的发展趋势[J]．环境工程技术学报，2015，5(3)：200-204.

[2] 岳光溪，吕俊复，徐鹏，等．循环流化床燃烧发展现状及前景分析[J]．中国电力，2016，1(49)：728-734.

[3] 潘地培，李树科，等．3#CFB 锅炉工艺技术规程[C]．河南：中石化洛阳分公司．2016：1-2.

平板膜 MBR 工艺在炼油污水处理中的应用

宫　盛　欧焕晖　王洪海

(中国石化齐鲁石化分公司供排水厂，山东淄博　255434)

摘　要：本文介绍了平板膜生物反应器(MBR)在炼油污水处理装置中的应用，主要总结分析 MBR 反应器在运行期间出现的泡沫、腐蚀和膜污染问题，并给出相应的解决措施。

关键词：膜生物反应器；炼油污水

1　引言

齐鲁石化分公司炼油含油污水处理系统主要处理炼油厂南区产生的含油、含硫污水和第四常减压装置产生的电脱盐污水，设计处理能力 400m^3/h，外排水排放指标达到《石油炼制工业污染物排放标准》GB31570—2015 规定的污水排放标准。

2017 年含油污水处理系统达标升级改造中，在 AO 单元后采用膜生物反应器(MBR)工艺，替代传统活性污泥法的二沉池，能够实现高效的固液分离，截留微生物和过滤污水中悬浮物及胶体，出水水质好，保证后续臭氧氧化、BAF 装置的深度处理效果。

MBR 装置的运行管理与传统活性污泥法相比较，对自动化控制水平的要求更高、更复杂，同时要求操作人员能够准确判断和处理运行中出现的各种工艺、设备、仪表和自控问题。工艺技术管理人员不仅要熟悉 MBR 装置自身的工艺特点，而且要对传统活性污泥法和 MBR 之间的联系具有丰富的实践管理经验，能够分析和解决运行中出现的各种异常现象，确保 MBR 装置长期稳定运行。

2　MBR 装置工艺概况

2.1　MBR 相关工艺流程

MBR 相关工艺流程见图 1。

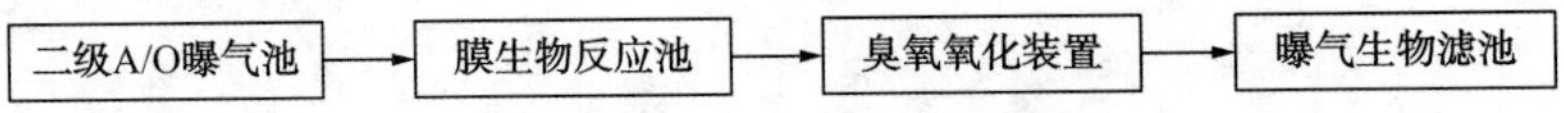

图 1　MBR 相关工艺流程示意图

含油污水处理过程：二级 A/O 曝气池混合液出水自流进入膜生物反应池，在 MBR 产水泵抽吸作用下，池内污水通过膜组件进行固液分离，清水通过产水管线进入臭氧氧化装置，臭氧对污水中难生化降解有机污染物进一步分解，最后通过曝气生物滤池去除有机污染物。

膜生物反应池内截流下来的活性污泥通过混合液回流泵回到二级 A/O 曝气池。膜组件底部设置曝气系统，连续鼓风，空气强度 0.06m^3/(m^3 · min)，主要作用是冲刷膜表面污染物。

2.2　MBR 板式膜工艺特点

MBR 膜组件采用德国生产的平板膜，膜的制造材料采用亲水性聚醚砜，过滤孔径 0.04μm，属于超滤膜。具有以下特点：

(1) 膜组件具有可反洗性；

(2) 充填密度高；

(3) 实际重量小，允许高的错流流量。

平板膜技术参数见表 1。

表 1　平板膜技术参数

序　　号	项　　目	技术参数
1	膜组件形式	板式膜
2	膜材质	改性聚醚砜(PES)
3	截留分子量	150KDa
4	过滤孔径	0.04μm
5	设计通量	15LMH
6	反洗通量	10LMH
7	介质温度	5~40℃
8	组件运行最大 TMP(跨膜压差)	0.40bar
9	组件反冲最大 TMP	0.15bar

2.3　MBR 单元运行设计参数

MBR 运行设计参数见表 2。

表 2　MBR 进、出水水质设计参数

序　　号	项　　目	含油生化进水指标	MBR 进水指标	MBR 出水指标
1	CODcr/(mg/L)	≤900	≤400	≤70
2	pH 值	6~9	6~9	6~9
3	油/(mg/L)	≤30	≤20	—
4	水温/(℃)	≤45	≤45	≤45
5	钙硬/(mg/L)	—	≤700	—
6	硫酸根/(mg/L)	—	≤400	—
7	悬浮物/(mg/L)	—	—	≤10

3　MBR+臭氧+BAF 运行效果

3.1　运行效果

采用 MBR+臭氧氧化+曝气生物滤池(BAF)作为深度处理设施处理炼油污水，取得了良好效果，从实际运行效果来看，COD 去除率达到了 80%。见图 2。

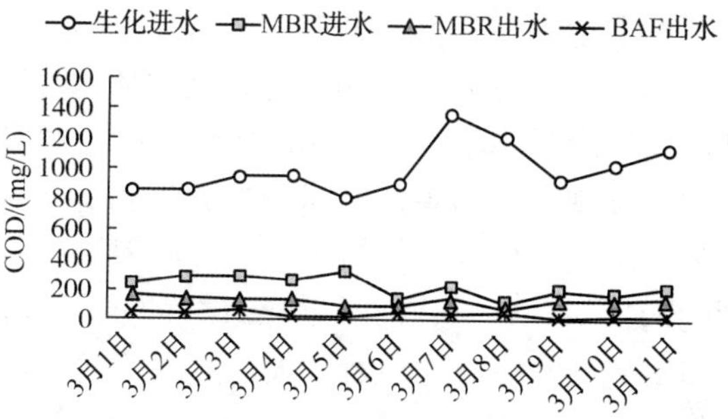

图 2　MBR+臭氧+BAF 运行情况

生化进水 COD 最大值 1360mg/L，最小值 809mg/L，平均值 1001mg/L。

MBR 进水 COD 最大值 328mg/L，最小值 122mg/L，平均值 230.5mg/L；MBR 出水 COD 最大值 184mg/L，最小值 84.5mg/L，平均值 135.2mg/L，经过臭氧氧化和 BAF 处理后出水 COD 最大值 65.3mg/L，最小值 27.1mg/L，平均值 45.2mg/L。

3.2 MBR运行特点

MBR替代传统活性污泥法的二沉池，出水水质悬浮物不大于10mg/L，优于二沉池出水效果。出水中COD主要是溶解性有机污染物，经过臭氧氧化分解为可生化降解有机污染物，通过BAF进一步处理，COD得到有效去除。

4 MBR装置运行问题和解决方法

4.1 MBR泡沫问题及污泥淤塞问题

炼油厂第四常减压装置掺炼劣质原油，排放的污水中含有各种驱油剂、表面活性剂，造成MBR表面经常产生大量泡沫，泡沫具有黏滞性不易破损，高度达到1.4m，影响了MBR正常运行。

最初为了解决泡沫高问题，工艺上采用降低鼓风量措施降低泡沫液位。这种措施造成膜组件曝气量低于设计值，偏离MBR装置正常运行状态，不能对膜进行充分抖动和冲刷，长期运行结果是导致膜内污泥淤塞、干结，并加剧了膜污染，增加了膜组件清洗频率，跨膜压差升高，产水量下降，膜的使用寿命减少。

当前现场解决泡沫问题措施是，采用投加醚类消泡剂和增加水力消泡方法。虽然能够有效地控制泡沫问题，但是增加三剂费用和动力消耗。

为了长期解决泡沫问题，从设计上，可以考虑增设消泡池，让MBR表面泡沫溢流到消泡池内，自然消泡，通过污泥泵将泥水排出系统。

4.2 腐蚀问题

MBR装置运行期间，运行不久相继发生膜组件底部部分鼓风管腐蚀泄漏，造成膜组件冲洗风量不足，产水能力降低。分析原因是炼油污水具有一定腐蚀性，原设计鼓风管材质采用不锈钢314，不能满足水质耐腐蚀要求。解决措施：采用不锈钢316L材质，外加橡胶衬塑鼓风管，防止水质直接腐蚀，处理更换后运行1年时间未再出现类似问题。

4.3 膜污染问题

防止膜污染是MBR长期稳定运行的主要问题。膜污染缩短了膜的使用寿命，也直接导致泵的抽吸水头和曝气量增加，是造成MBR能耗较高、运行成本增加和膜组件频繁清洗与更换的主要原因。

膜污染是指生物反应器内混合液中的悬浮颗粒、胶体粒子或溶解性大分子有机物在膜表面和膜孔内吸附沉积，以及混合液中钙镁离子等结构性因子遇合适条件快速析出，造成膜孔径减小或堵塞，并在膜表面形成凝胶层、结垢层增加传质阻力造成膜通量下降的现象。

炼油污水MBR应用中出现的膜污染主要有污泥微生物污染和无机物结垢。

4.3.1 微生物膜污染

微生物膜污染主要表现在跨膜压差逐渐升高，产水泵抽吸压力慢慢从-0.40bar以内上升至-0.70bar以上，提高鼓风强度和增加次氯酸钠碱洗频次能够缓解产水压力上升趋势。伴随跨膜压差升高，产水量降低，此时如果提高产水泵频率，会出现跨膜压差急剧升高。通过对膜组件进行离线清洗，发现膜片与膜片之间都是微生物黏泥，厚度1cm以上，附着力强，难以去除，是膜组件产水量下降的主要原因。对于严重的污泥微生物膜污染，需要对膜组件进行人工清洗，以减少化学药剂的消耗量和化学药剂对生化系统的压力。膜组件的人工清洗采用没有压力(低压)大流量的水，流速最大为5m/s。(注意：太高的流速或水压会造成膜片无法修复的破坏!)清除微生物污染物质的膜组件投入运行后，跨膜压差和产水量都能达到设计值。图3是污泥微生物膜污染清洗前后的对比。

4.3.2 无机物结垢膜污染

无机物结垢膜污染主要表现在跨膜压差急剧升高，产水泵抽吸压力从-0.40bar以内迅速上升至-0.75bar以上。次氯酸钠碱洗没有效果，柠檬酸酸洗虽然能够缓解产水压力上升趋势，但是维

图 3　微生物黏泥膜污染清洗前后的对比

持时间缩短，需要增加酸洗频次。膜污染后果是产水量急剧降低，数小时内从正常产水量降至10%以下，严重影响污水场的正常运行。另外，频繁的化学清洗会对膜造成不可逆的损坏，降低膜产水能力，缩短膜使用寿命。

造成无机物结垢膜污染主要原因是污水水质发生明显变化。表现在短期内钙离子和硫酸根含量超出设计值，其中硫酸根大于500mg/L，钙离子大于420mg/L。对 MBR 无机物垢物分析，主要成分为方解石晶型的碳酸钙。从现场工况观测分析，当时处于盛夏时期，大气气温高于 35℃，MBR 鼓风来自曝气池鼓风机，风源气温高于 90℃，MBR 池内污水水温在 42℃以上。初步判断，在高温情况下，来水中硬度间歇性增加，污水中钙离子和空气中二氧化碳加快反应形成碳酸钙。

处理措施：MBR 停工进行离线化学清洗，降低水温，同时消除上游污水中高含量的钙离子，逐步恢复生产。

4.4　自动控制问题

MBR 自动控制涉及产水、等待、水反洗和化学反洗等主要步骤，其中化学反洗分为碱洗和酸洗两种情况，每一种情况又包括空曝气、加药清洗、浸泡反应、二次加药清洗、二次浸泡、清水反洗、空曝气、产水等一系列操作。对设备、气动阀要求十分严格，每一个环节出现问题(例如产水泵故障、气动阀失效)，都会引起程序失控。发现问题、正确消除故障对操作人员有着很高要求。

在膜污染事故状态和装置停工抢修中，工艺调整需对自控系统掌控自如，避免出现低级错误，造成死机。

4.5　MBR 与传统生化系统优化问题

MBR 的稳定运行不仅与膜组件自身特性、产水过程控制有关，而且与污水中成分和污泥混合液特性不可分离。

来自传统生化系统的污泥混合液组成非常复杂，主要有微生物及其代谢产物、固体颗粒、胶体粒子和溶解性大分子有机物等，这些物质与膜之间存在物理作用、物理化学作用和生物化学作用，从而在膜表面或膜内孔吸附、沉积，造成膜孔径变小或堵塞。活性污泥法中的污泥停留时间(SRT)、曝气量、pH 值、污泥浓度等参数都会影响 MBR 的稳定运行。

针对炼油污水自身水质特性，需要工程技术人员不断摸索一套适应 MBR 的运行参数。例如，从理论上与 MBR 结合的生化系统污泥浓度越高，对 COD 的去除效率越高。通过实际运行发现，炼油污水中难生化降解的 COD 不会因为污泥浓度提高，明显增加去除效果；相反，高污泥浓度更容易造成 MBR 污泥累积和微生物膜污染发生。

5 结论

（1）MBR+臭氧氧化+BAF 作为炼油污水深度处理工艺，取得了良好运行效果，COD 去除率在80%以上，出水水质达到了《石油炼制工业污染物排放标准》GB 31570—2015 规定的污水排放标准。

（2）膜污染是影响炼油污水处理 MBR 装置长期稳定运行的主要问题。通过选择合理的工艺操作条件和进行有效的膜清洗，能够保证装置正常运行。

（3）针对 MBR 运行出现的泡沫、腐蚀、膜污染问题，不断探索、优化、采取有效措施可以实现稳定运行。

深度光催化氧化耦合生物洗涤处理污水恶臭气体的研究

韩忠明[1]　郑承煜[2]

（1. 中国石化长城能源化工有限公司安全环保处，北京　100020；
2. 上海安居乐环保科技股份有限公司，上海　201499）

摘　要：本文介绍了煤化工行业污水恶臭气体的特点和常用治理技术，以某煤化工企业 BDO 污水处理废气为例，介绍了以“碱洗+深度光催化氧化+生物洗涤”组合技术进行恶臭气体治理的应用案例，并从治理效果、技术经济指标和环境效益等方面进行了分析，对煤化工行业污水恶臭气体治理技术选择和应用具有一定的指导意义。

关键词：污水恶臭；光催化氧化技术；生物洗涤塔

1　引言

近年来，随着我国煤化工产业的发展以及人民对环境质量要求的不断提高，煤化工行业污水场恶臭的治理问题日益受到重视。我国对煤化工行业恶臭气体治理的技术研究和防治工作起步较晚，目前仍有不少污水场的恶臭气体得不到有效的治理。

2　煤化工污水恶臭气体特征

煤化工污水恶臭气体来源较为复杂，主要源自污水场各工段的污水处理池，通常采用集气罩收集、密闭管输、集中处理的治理方式。污水恶臭气体中除了常见的硫化氢、甲硫醇、硫醚类外，有时还含有苯系物(苯、甲苯、二甲苯等)、氨、杂醇、醛、有机酸、焦油、四氢呋喃等物质，处理难度相对较大。不同产品路线和生产工艺的煤化工污水恶臭气体来源差别较大，其主要污染物的组分和浓度易受生产状况变化、上游装置排水波动、废水处理工艺不同、季节更替和扩散条件等因素的影响。常见的煤化工污水恶臭组分及浓度情况见表 1。

表 1　常见污水恶臭组分及浓度情况表

序号	常见污染物组分	浓度	单位
1	臭气浓度	几千至数万不等	无量纲
2	硫化氢	零至几百左右，波动较大	mg/m^3
3	硫醇、硫醚	通常不超过 100	mg/m^3
4	氨	零至几百左右，波动较大	mg/m^3
5	苯系物	几十至几百左右，波动较大	mg/m^3
6	VOCs	几十至数百不等(隔油池等除外)	mg/m^3

3　煤化工污水恶臭气体常见治理技术

目前，常用的恶臭气体治理技术包括热氧化法、催化氧化法、吸附法、生物处理法、光催化氧化法等[1]。

3.1 热氧化法

热氧化法是一种较为彻底的处理方法，其基本原理是通过燃烧使 VOCs 与氧气发生反应，生成 CO_2 和 H_2O 等物质。该技术的优点是对污染物的去除彻底。缺点是：①设备为明火设备，需满足项目安全防火间距；②消耗天然气、煤气等燃料，运行能耗较高；③污水臭气组分中多数含有硫化物，经热氧化法处理后的废气需进一步进行除酸处理。

3.2 催化氧化法

催化氧化法是利用催化剂的选择性和活性，降低臭气的反应活化能并将其分解为无污染的 CO_2 和 H_2O 等物质。该技术具有起燃温度低、能耗小等优点。缺点是：①污水臭气组分多含硫化物，易致催化剂中毒、降低废气治理效果；②催化剂具有一定选择性，对卤代烃、硫化物的处理应用受到较大限制。

3.3 吸附法

吸附法的基本原理是利用吸附剂对臭气分子的吸附作用，使臭气分子与空气分离，从而达到废气净化的目的。常见的吸附剂主要有活性炭、活性氧化铝、分子筛沸石等，其中以颗粒活性炭和活性炭纤维的应用较早且较为广泛。该技术的主要优点是对臭气有较高的去除率、吸附剂可再生；缺点是占地面积较大、吸附剂再生和更换成本较高。

3.4 生物处理法

生物处理法通常有生物滴滤、生物滤床等技术，其原理是利用微生物的生物化学作用，将臭气分子分解、转化为自身营养物质。其优点是运行能耗较低、对恶臭气体去除效果较好；缺点是微生物对环境要求较高、易受水质冲击，处理较高浓度(500mg/m^3 以上)臭气时有时超标[2]。

3.5 光催化氧化法

该法利用特制的高能纳米紫外光束照射 TiO_2 和恶臭气体，使 TiO_2 催化剂表面发生电子跃迁，跃迁的电子与吸附在 TiO_2 表面的 H_2O、O_2 发生反应，生成·OH 高能活性基团，活性基团与臭气分子发生协同分解氧化反应，将恶臭物质降解转化成低分子化合物、水和二氧化碳，从而达到脱臭及杀菌的目的[3]。该技术的优点是脱臭效率高、适应性强、设备占地面积小、运行成本低、不留二次污染。

4 煤化工污水恶臭气体治理技术的选择

由于煤化工行业污水恶臭气体的复杂性和特殊性，单一治理技术往往难以解决达标和稳定运行的问题，通常需要两种或两种以上治理技术的耦合应用。在选取煤化工污水恶臭气体治理技术时，应在对污水恶臭气体物性分析的基础上，结合不同产品路线和工艺技术特点，选择合适的废气治理技术。下面以某煤化工企业 BDO 废水处理恶臭气体的治理为例进行分析。

5 BDO 污水恶臭气体治理技术应用分析

5.1 废气工况

5.1.1 废气量核算

企业恶臭气体治理项目收集的废气主要来自 BDO 废水调节池、中间水池、气浮机、隔油池、监测水池、厌氧出水渠、高效厌氧反应器廊道、生产污水集水池和细格栅间等。

根据构筑物的气体空间容积和换气次数确定废气收集量[1]，设计细格栅间排气次数为 8 次/h，废水调节池、中间水池、气浮机、厌氧池廊道等排气次数为 4 次/h，厌氧出水渠、沉淀池、生产废水集水井换气次数为 3 次/h，生活污水粗格栅间换气次数 2 次/h；浮渣池、隔油池废气量分别为 100m^3/h。经核算，该项目恶臭气体的收集量为 19716m^3/h。BDO 废水处理装置的废气收集处理规模设计为 20000Nm^3/h，操作负荷 50%~110%，年操作时间 8000h。废气量核算情况见表 2。

表 2　废气量核算表

名称	长/m	宽/m	数量/座	液面至池顶高度/m	加盖高度/m	换气次数/(次/h)	废气量/(m^3/h)
A1-废水调节池	20	15	1	1.5	1	4	3000
A1-中间水池	15	10	1	1.5	1	4	1500
A1-隔油池	2	1.5	1	—	—	—	100
A1-浮渣池	2	1	1	—	—	—	100
A1-气浮机	11.5	2.3	2	1	0	4	211.6
A2-监测水池	6	9.6	1	2	1	4	691.2
A2-厌氧出水渠	4	2.3	2	1	0	3	55.2
A2-厌氧池间廊道	25.5	4	1	7.7	0	4	3141.6
A2-沉淀池	10	10	1	0.2	1.5	3	510
A3-生产废水集水井	18	10.5	1	10	0	3	5670
A3-生活污水粗格栅间	8	10.5	1	10	0	2	1680
A4-细格栅间	6.4	10.5	1	0.5	1	8	806.4
污水储罐	φ11.5	11.5	1	6.95	0	4	250
合计							19716
设计值							20000

5.1.2　废气组分及浓度

该 BDO 污水的废气参数如表 3 所示。

表 3　BDO 废水臭气组分及浓度

序号	臭气成分	低浓度状态	高浓度状态
1	非甲烷总烃	300mg/m^3	450mg/m^3
2	硫化氢	40mg/m^3	60mg/m^3
3	氨	10mg/m^3	30mg/m^3
4	甲醛	40mg/m^3	60mg/m^3
5	臭气浓度	3000	8000

注：除上述成分以外，臭气中含有硫醇、有机硫、MDI(二苯甲基甲烷二异氰酸酯)、DMAC(二甲基乙酰胺)、BDO(1,4-丁二醇)、四氢呋喃等。

5.2　收集技术方案

污水场恶臭气体治理采用的集气罩型式多为普通碳钢骨架(内侧)+阳光板(外侧)、普通碳钢骨架(内嵌)+玻璃钢板(外侧)、不锈钢骨架(内侧)+玻璃(外侧)和钢支撑反吊氟碳纤膜等[4]。在池体跨度≤6m 时，一般优先采用“普通碳钢骨架(内嵌)+玻璃钢板(外侧)”[5]的加盖结构。鉴于本项目恶臭气体收集点分布零散、所涉污水构筑物跨距较小，综合考虑池体跨度和系统造价等因素，本项目污水池的集气罩型式选择使用玻璃钢密闭。

5.3　管道技术方案

BDO 废水处理装置的废气输送管道材质采用轻质、高强度且具有较好耐腐性能的玻璃钢管道。废气总管采用 DN800 管道、风速 10m/s 左右，支管风速≤5m/s、支风管引出的短管风速≤4m/s。收集风管设置一定坡度，低点设有排凝。与池体集气罩连接的管道均装有阀门，通过调节阀门开度可保持整个气体收集管网处于微负压状态。

5.4 工艺技术方案

5.4.1 工艺技术方案比较

面对日益严格的废气排放要求，使用单一的掩蔽、吸附、洗涤、燃烧、生物处理等方法已经很难达到排放标准。目前，较为常见的恶臭气体组合处理方法主要有“碱洗+光催化氧化+生物喷淋技术”“碱洗+生物过滤/滴滤+活性炭纤维吸附”等工艺。其工艺技术对比见表4。

表4 常见组合工艺比较

组合工艺	碱洗+光催化氧化+生物喷淋技术	碱洗+生物法+活性炭纤维吸附
处理温度	常温	常温
燃料消耗	无消耗	无消耗
去除率	低浓度时，光催化对非甲烷总烃氧化效率可达80%，生物洗涤和碱洗喷淋可去除无机物及恶臭成分	一般生物法对非甲烷总烃氧化效率为30%~50%，要达标排放需活性炭吸附
二次污染	① 生物洗涤和碱洗喷淋的外排废水送污水处理场； ② 光催化氧化催化剂寿命10年； ③ 紫外灯管每季度更换一部分，属于一般固废	① 生物过滤、滴滤外排废水和碱洗喷淋废水送污水处理场； ② 活性炭蒸汽脱附产生冷凝液； ③ 活性炭纤维每两年更换一次，属于危险废物
运行成本	主要为电耗和紫外灯管更换费用	主要为电耗、活性炭纤维更换费用和活性炭脱附蒸汽消耗
其他方面	BDO污水臭气中成分复杂，采用组合工艺具有更好的适应性。生物处理对恶臭及H_2S的去除效果良好，与活性炭纤维吸附联用能够确保达标排放。不足之处是前端生物除臭工艺对VOCs的去除效率较低，主要依靠末端的活性炭纤维吸附，容易产生二次污染，且活性炭纤维属于危废，需要进行二次处理。在低浓度状态下，光催化氧化技术对非甲烷总烃的去除率高，与生物洗涤技术联用，是国家生态环境部近几年比较认可的污水废气VOCs治理工艺	

企业恶臭气体治理项目的废气主要来源于BDO污水处理装置各构筑物表面逸散出来的易挥发性污染物，其臭气成分主要包括硫化氢、氨气、甲醛、硫醇类、四氢呋喃、MDI、DMAC、BDO和其他VOCs气体等。恶臭气体成分复杂、浓度波动大，臭气中的甲醛、MDI、DMAC、BDO、四氢呋喃会破坏生物菌种的生存环境，单一的生物处理工艺无法实现污染物达标排放。

该恶臭气体治理项目选择“碱洗+光催化氧化+生物喷淋”工艺，将光催化氧化处理单元放在生物处理单元前，充分利用光催化系统产生的氧化能力极强的自由基破坏、分解大分子有机物和毒性有机物，既保护生物处理系统，又提高生物可降解性。考虑到企业BDO污水处理装置恶臭浓度较高、波动大的特点，在废气收集系统总管上设置在线浓度检测仪表，并针对高浓度和低浓度废气分别采用针对性工艺：在低浓度状态下，采用“碱洗+高效光催化氧化+生物洗涤”的组合工艺；在高浓度状态下，在高效光催化氧化器后面加深度氧化器，进一步提高光催化氧化对VOCs和恶臭物质的去除效率。

5.4.2 工艺流程

该恶臭气体治理项目采用“碱洗+深度光催化氧化+生物洗涤”的组合技术进行臭气治理。废气通过玻璃钢管道收集，进入废气净化系统前端的碱洗塔，碱洗塔装有填料。在低浓度状态下，废气通过碱液循环喷淋除去臭气中的部分硫化氢和有机污染物。废气再经过深度光催化氧化反应器，在无极灯照射及催化剂作用下，VOCs及恶臭物质被进一步降解。接着废气进入生物洗涤系统，该系统由一个装有填料的生物洗涤塔和与洗涤塔塔底连通的活性污泥水箱构成。生物洗涤塔装有填料，塔底设有生物洗涤循环泵，通过对废气的生物循环喷淋，进一步去除部分有机物和恶臭物质。在高浓度状态下，废气经过光催化氧化器后再进入深度氧化器，以实现有机物深度氧化，促进难降解有机物的去除。整个系统废气经处理达标后，经25m排气筒排放。恶臭气体治理工艺流程简图见图1。

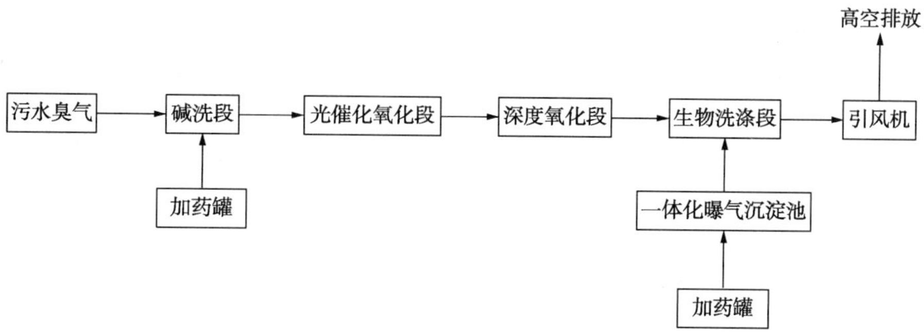

图 1 恶臭气体治理工艺流程简图

5.4.3 碱洗段

碱洗塔采用填料塔，在碱液(一定浓度 NaOH 溶液)的作用下对废气中的硫化氢等酸性成分进行吸收净化。废气由碱洗塔底部进入，在填料层中发生吸收、酸碱反应，并经顶部除雾填料去除小液滴后进入下一工段。洗涤塔采用 FRP(纤维增强复合材料)材质，设计空塔流速为 1.39m/s，塔体规格为 ϕ2250mm×7000mm，填料高度为 3000mm，上下两层各 1500mm。

5.4.4 光催化氧化段

经碱洗处理后的废气进入填装有光触媒的光催化氧化设备，在特定波长的紫外光照射下，产生大量·OH 自由基，该活性基团与臭气分子发生氧化反应，从而降低废气浓度。光催化氧化设备采用箱式结构，规格尺寸为 3000mm×3000mm×9000mm，设计流速为 0.2~1m/s，停留时间为 3~15s，装有紫外灯组 400 套。

5.4.5 深度氧化段

为进一步提高停留时间、增大去除率，经过光催化氧化段处理后的废气进入深度氧化器内，废气组分与活性基团进一步发生氧化分解、吸附反应。深度氧化器设备采用箱式结构，规格尺寸为 3000mm×3000mm×4500mm，设计流速为 0.62m/s，停留时间为 3s，装有活性炭 8.4t。

5.4.6 生物洗涤段

生物洗涤塔采用与碱洗塔类似的填料塔，利用水作为吸收剂，并配备一体化活性污泥曝气沉淀池，从而实现对尾气中有机物和恶臭物质的进一步去除。生物洗涤塔采用 FRP 材质，设计空塔流速为 1.39m/s，塔体规格为 ϕ2250mm×7000mm，填料高度为 3000mm，上下两层各 1500mm。一体化活性污泥曝气沉淀池规格为 6000mm×3000mm×2500mm，生物洗涤液循环周期为 10min。

5.4.7 辅助设施

设置加药系统提供碱洗塔所需碱液并维持 pH 值，提供生物洗涤段所需营养液并维持 pH 值。

设置蒸汽管路及冷凝器，提供深度氧化器再生介质及冷凝设备，实现深度氧化器吸附质再生。

5.5 BDO 污水恶臭气体治理效果及经济技术指标

5.5.1 治理效果

通过该恶臭气体治理项目的实施和投运，企业 BDO 污水臭气排放可满足《石油化学工业污染物排放标准》(GB 31571—2015)、《恶臭污染物排放标准》(GB 14554—1993)的相关标准以及地方环保部门有关要求，具有良好的社会效益和环境效益。具体排放情况见表 5。

表 5 废气治理排放情况

序号	臭气成分	排放情况/(mg/m^3)	排放限值或要求/(mg/m^3)
1	非甲烷总烃	92	120
2	硫化氢	1	3*
3	氨	5	10*

续表

序号	臭气成分	排放情况/(mg/m^3)	排放限值或要求/(mg/m^3)
4	甲醛	4	5
5	臭气浓度	1900(无量纲)	6000(无量纲)

注：* 为地方环保部门要求的排放限值。

5.5.2 经济技术指标

该恶臭气体治理项目的技术经济指标见表6。

表6 主要技术经济指标

序　号	项 目 名 称	指标
1	废气处理规模/(Nm^3/h)	20000
2	VOC_S减排量/(t/a)	39
3	年操作时间/h	8000
4	主要原材料、燃料用量	
4.1	紫外灯组/(组/a)	1600
4.2	碱液/(t/a)	8
4.3	稀酸/(t/a)	2
5	主要公用工程用量	
5.1	年耗电量/$10^4kW\cdot h$	45
5.2	工艺水/回用水/(t/a)	10200
6	三废排放量	
6.1	废气/(Nm^3/a)	1.5×10^8
6.2	废水/(t/a)	3700

6 结论

(1)“碱洗+深度光催化氧化+生物洗涤”组合技术对污水恶臭气体具有良好的去除效果，经处理后的臭气满足GB 31571—2015和GB 14554—1993的排放要求。

(2)采用光催化氧化与深度氧化耦合的技术，可提高光催化反应的停留时间，降低生物毒性，进而提高臭气及VOCs的去除率和生物洗涤单元的适应能力。

(3)光催化氧化的催化剂寿命基本可达到设备的使用寿命，降低了运行成本，减少了固体废物处置。

(4)末端生物洗涤段可采用工业污水或生活污水作为循环液，无须投加生物营养液，运行成本相对较低。

参 考 文 献

[1] 潘勇延，韩忠明. 新型生物滴滤法在污水处理厂恶臭气体治理中的应用[J]. 安全健康和环境，2015，15(9)：32-36.

[2] 赵倩怡，宋新明，张俊丰. 生物床在石化污水处理厂臭气治理中的应用[J]. 中国给水排水，2015，31(14)：77-80.

[3] 吕平，周彦宏，窦艳铭. 光量子分解技术在污水处理站臭气污染物治理中的应用[J]. 北方环境，2011，23(3)：117-119.

[4] 王东. 污水处理厂构筑物加盖(罩)除臭主要结构形式探讨[J]. 中国给水排水，2010，26(24)：47-54.

[5] 李国炜，赖震宏. 污水处理厂除臭设计体会[J]. 广东化工，2010，37(10)：239-241.

生物处理技术在石油化工污水处理厂废气处理中的应用

何晨燕　张丽英　马平川

（中国石化中原石油化工有限责任公司安全环保处，河南濮阳　457000）

摘　要：生物处理技术早在市政污水处理行业有着深入的研究和广泛的应用，在技术研发和工程应用上都达到了十分成熟的阶段，但在石油化工行业的应用还处于起步阶段。本技术相对于传统的市政污水处理、臭气处理的优势在于生物过滤填料具有大比表面积、绿色环保、VOCs处理效率高。本文主要以中国石化中原石油化工有限责任公司水气车间污水处理场利用生物处理技术治理废气为例，介绍了工作原理、影响因素及应用效果，处理后的废气VOCs浓度低于《石油化学工业污染物排放标准》(GB 31571—2015)的排放要求，为以后的石油化工行业污水处理厂臭气治理提供了技术支持。

关键词：VOCs；生物法；石油化工；污水处理

1　引言

在常温下，沸点为50~260℃的有机化合物称为挥发性有机化合物(Volatile Organic Compounds，即VOCs)，其具有易挥发的特点。如果长期接触空气中的有害气体，人类的身体健康和心理健康会受到不同程度的影响。特别是空气中的挥发性有机物对人体健康会产生危害，甚至还会致癌[1,2]。

1996年我国颁布了《大气污染物综合排放标准》GB 16297—1996[3]，其中限定了33类大气污染物的排放标准。2014年11月26日通过的《中华人民共和国大气污染防治法》，明确指出污染要从源头控制，其尾气排放需符合相关的政策规定。2015年7月1日，石油化学工业企业执行《石油化学工业污染物排放标准》(GB 31571—2015)，对VOCs提出更加严格控制排放标准的要求。

中国石化中原石油化工有限责任公司污水处理场在治理过程中逸散出大量废气，主要来自进水明渠、中和池、隔油池、气浮机、工业污水调节池、生活污水调节池、均质池、配水池、好气消化池和集泥井等，恶臭成分主要为VOCs、少量的硫化氢、氨气等。废气具有严重的臭味，并含有大量的VOCs，为了保护员工健康，改善厂区空气质量，营造绿色环保的生产环境，污水处理厂内新建处理能力为22000Nm^3/h的废气处理装置，经处理后的尾气均能达到要求。各污染物处理效果如下：非甲烷总烃≤120mg/m^3；氨≤4.9kg/h；硫化氢≤0.33kg/h；系统整体处理效率≥90%，之后通过15m高的排气筒排放。

2　生物处理技术工艺简介

控制VOCs排放的途径有两种：第一种是从源头控制，即原材料采用无毒、无害或低毒、低害的清洁原料，淘汰易产生VOCs的化学原料，从而减少VOCs的排放；第二种就是末端治理技术，即将含有VOCs的废气进行处理转化成无毒无害的物质或可回收利用的产品，从而减少VOCs的排放。VOCs的净化方法大致可分为两种，非破坏法和破坏法。非破坏法一般采用物理方法，如冷凝、吸收、吸附等方法，此类方法不会改变VOCs的化学性质。而破坏法则采用化学或生化反应，将VOCs转化为无毒无害的物质，如光催化法、生物法、燃烧法、臭氧氧化法等。

本文采用的生物净化法较其他VOCs处理方法有易操作、装置简单可靠、净化效率高、运行成本低、无二次污染物形成等优点。

2.1 工艺流程简介

废气首先进入生物滴滤系统内，在此阶段大部分易溶于水的污染物得到有效去除，并对气体进行加湿洗涤作用实现气液相转换。随后，气体进入生物过滤系统内，该部分为一体化生物除臭系统的核心部分，剩余部分亲水性污染物和主要的疏水性污染物在此过程中得到有效去除，最后处理后的气体经过离心风机抽吸经排气筒排入大气(见图1)。

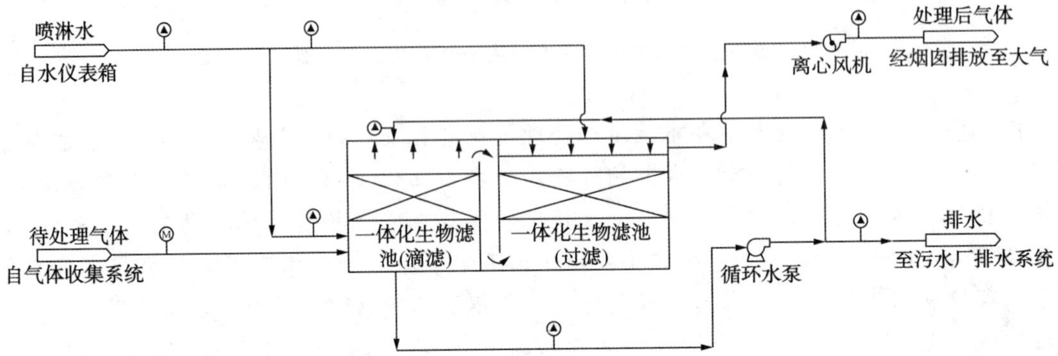

图1 工艺流程图

2.2 生物技术原理

生物废气处理系统主要由生物滴滤系统和生物过滤系统组成。

2.2.1 生物滴滤系统原理

利用循环水泵将含有微生物的浆液循环喷淋，使其在生物滴滤填料表面挂膜；当废气进入滴滤塔时，在填料层内实现短时间气液相接触，亲水性污染物被吸收进入生物膜作为微生物代谢所需的物质最终降解为无机盐类等无害物质。例如硫化氢可被硫杆菌降解为硫酸盐类、氨气可以被硝化细菌降解为硝酸盐类：

$$H_2S+O_2 \xrightarrow{\text{硫氧化细菌}} SO_4^{2-}+H_2O$$

$$NH_3 \xrightarrow{\text{氧气、亚硝化细菌}} NO_2^- \xrightarrow{\text{氧气、硝化细菌}} NO_3^-$$

生物滴滤系统采用上向流形式，气体自底部进入系统自下而上均匀穿过填料层，循环水自上而下喷淋使得气液相充分接触。高效的均质填料具有轻质多孔的特性，是微生物生长的良好载体，同时循环液可以确保气体和环境的理想湿度。

微生物的活性状态与温度、pH 值、营养物质等存在重要的内在关系，生物滴滤系统通过合理的参数设计将各条件控制在适宜范围确保微生物活性。循环水会定量连续外排，将部分反应的产物及死亡的微生物清除到系统外，从而保证系统内的平衡状态。

2.2.2 生物过滤系统原理

生物过滤系统同样是利用微生物的降解作用来实现对废气中有机物的去除。但是该工艺段主要针对疏水性污染物，该部分填料特性更有利于实现对难溶于水的有机物的去除。

有机物在生物过滤系统去除的过程主要包括三个步骤——吸附、传质、降解；在这个物理化学的过程当中，特殊的填料性能和具有针对性的原住微生物起到了关键的作用。首先，填料的独特性能为极大的比表面积和孔隙率可以实现良好的吸附作用，对疏水性污染物进行有效捕捉；随后，废气中的原住微生物在填料载体提供的良好环境中大量繁殖达到活跃状态，随着动态生物膜的传质过程，疏水性污染物进入高效的复合生物膜内实现降解的目的。

$$CH_3SH \xrightarrow{\text{厌氧细菌}} CH_4+H_2S \xrightarrow{\text{氧气、硫氧化细菌}} CO_2+SO_4^{2-}+H_2O$$

$$C_xH_mO_n\text{-}R \xrightarrow{\text{复合菌}} CO_2+H_2O$$

废气降解是多种微生物协同作用的结果。微生物形成稳定菌落后不仅对组分复杂的废气具有良好的处理效果，且耐冲击负荷能力强，可适应间歇运行。此外，生物过滤系统的复合微生物菌群可以通过内源呼吸作用减少降解副产物的总量。

3 技术特点及创新点

生物技术的核心在于填料的性能和选取，该生物系统选取的高效生物填料使得微生物的驯化和高效降解能力成为可能。

3.1 改良型复合填料

如图 2 所示，生物过滤填料具有大比表面积（$343m^2/g$），利于更多的微生物生长，从而效率更高。且滤料性质均匀，具有长期稳定的运行效果，系统免维护，寿命可超过 20 年。

填料的粒径、孔隙率等性质直接影响着整个系统的压降以及是否易被堵塞等问题[3]。生物过滤上的生物膜很薄且滤料的粒径较大，为 6.5~20mm 的均匀颗粒，相邻滤料颗粒之间的缝隙很大。这种结构一来避免了滤床堵塞，二来也保证了很低的滤床压降。一般运行初期，整个滤床的压降为 25~50mm。低压降可以减少风机的能耗，从而降低系统的运行费用。

图 2 填料

另外，生物过滤滤料的堆密度小于水，运行中的滤料堆密度约等于水，轻质滤料相互之间不会挤压板结。避免了很多天然有机滤料、滤床板结，空气短流的现象。同时这种特性使增加滤床高度成为可能，这样整个系统的占地面积就降低了很多。

3.2 原位微生物

此生物处理技术与传统生物技术的主要区别在于它并不需要外接菌种，只是利用有机废气中自带的微生物对 VOCs 进行降解去除。因为过滤填料本身的特殊性使得这样的微生物培养驯化过程成为可能。填料表面烧结的特殊物质为微生物生长提供了良好的自然条件，能够适应该条件的微生物逐渐地被培养成优势菌种大量繁殖从而达到良好的平衡状态。这样的生物技术大大避免的外接菌种的适应性问题，不但大幅度提高了去除效率并且省去了接种驯化等复杂过程。

3.3 生物处理技术优势

（1）建设成本投入低，运行成本低于其他所有方法。

（2）真正的绿色方法，不使用化学药品，能源需求低，不产生二次污染，属环境友好技术。

（3）生物填料为无机填料，具有良好的机械结构与生物特性。可适用于间歇性的工艺过程，不会因为短期气流中断而影响处理效果；大比表面积有利于生物膜的生长，降低停留时间，减小工程投资及占地面积；滤料性质均匀，具有长期稳定的运行效果，系统免维护，寿命可超过 20 年。

（4）处理效率高，去除效果明显。在生产时，生物填料需用溶液特殊处理，含有特定微生物及生物活性酶，能有效提高单位体积的生物降解速率，且生物滤池系统运行期间无须添加营养物质。

（5）可结合不同生物处理工艺的两级或三级处理系统，针对处理难度大的污染物，在最短停留时间内实现高效处理。

（6）操作弹性好，可间歇运行。方便维护、检修，占地少，安装简便，调试时间短。

（7）该种处理工艺经多年工程应用和技术更新，成熟可靠。

4 主要设备及性能参数

生物处理装置包括生物滴滤池、生物过滤池、循环水泵、风机、仪表、电控柜及水管道、管道等。

4.1 生物处理装置设计参数

生物处理装置设计参数见表1。

表1 生物处理装置设计参数

设计参数	数值	设计参数	数值
处理气量/(m^3/h)	22000	滤床流速/(m/s)	0.22
系统数量	1	循环水流量/(m^3/h)	46.5
滤床压差/Pa	<750	耗水量/(m^3/d)	4.29
空塔停留时间/s	10(滴滤段)+20(过滤段)	滤池内壁尺寸(长×宽×高)/m	8.0×11.0×3.5
滤料体积/m^3	61(滴滤段)+122(过滤段)		

4.2 主要设备参数

(1)一体化设备。此生物处理技术的核心为生物过滤+生物滴滤一体化设备，整体设备尺寸12.0m(L)×8.0m(W)×3.5m(H)，选用8mm厚的乙烯基树脂玻璃钢作为内胆，保温选用50mm厚的聚苯乙烯板保温层，外裹1mm的不锈钢304保温防护层。玻璃钢具有极佳的防腐功能，外加保温以确保在低温环境下整个处理系统依然能保证微生物的生长，保证出口气体达标排放。设备内置滤床玻璃钢支撑滤板。

(2)循环水泵。此系统选用水泵2台，一用一备。根据进气参数和流量，生物滴滤池段的循环水泵选择流量46.5m^3/h，扬程30m，过流部件选用316不锈钢。

(3)风机。整个系统的进风动力由风机提供，负压系统，根据进气流量，选用流量22000m^3/h，升压2.0kPa的风机2台，一用一备。由于气体的腐蚀性，风机的叶轮及外壳均采用玻璃钢材质，防护等级IP55，绝缘等级F，B级温升。

(4)现场仪表及控制系统。为了便于监测整个系统的运行稳定性和控制系统变量，所有仪表数据均接入DCS系统实现实时监控。

(5)排放系统。收集的废气经生物处理系统处理后满足《石油化学工业污染物排放标准》(GB 31571—2015)、《恶臭污染物排放标准》(GB 14554—93)和《大气污染物综合排放标准》(GB 16297—1996)的要求后通过15m烟囱直接排放。

5 系统总体处理效果分析

中国石化中原石油化工有限责任公司污水处理场在治理过程中逸散出大量废气，恶臭成分主要为苯系物等挥发性有机物(VOCs)、少量硫化氢、氨气等。要求各污染物处理效果如下：非甲烷总烃≤120mg/m^3；氨≤4.9kg/h；硫化氢≤0.33kg/h；系统整体处理效率≥90%。

5.1 非甲烷总烃处理效果

图3所示为2017年1月至2018年11月非甲烷总烃的检测数据。数据显示非甲烷总烃的进气浓度随着季节气温的变化呈波动趋势，冬季浓度较低，夏季浓度较高，这表明有机污染物随温度的升高挥发量也成增长趋势。另外，非甲烷总烃的出口浓度始终维持在较低浓度，远低于120mg/m^3，生物系统的处理效果完全满足《石油化学工业污染物排放标准》(GB 31571—2015)中要求的排放浓度要求。该系统运行稳定，具有较好的抗冲击负荷能力。

此外，根据生物系统的去除效率可以看出，总体去除率在90%左右，基本达到了设计要求，但系统冬季的处理效率略低，普遍维持在85%左右。由于去除率受多种因素影响，但该系统仍可保证相对稳定的去除效率。

5.2 氨气的处理效果

根据图4所示，氨气的总体进气浓度较低且成无规则的波动趋势，这与污水厂实际操作过程中的工艺参数控制有关。从生物系统的实际处理效果来看，经过处理后的氨气浓度普遍低于0.06mg/m^3，完全达到排放标准要求，且系统整体的去除效率也都保持在 90%左右。该系统具有较强的抗冲击负荷能力，能够适应氨气的浓度波动情况。

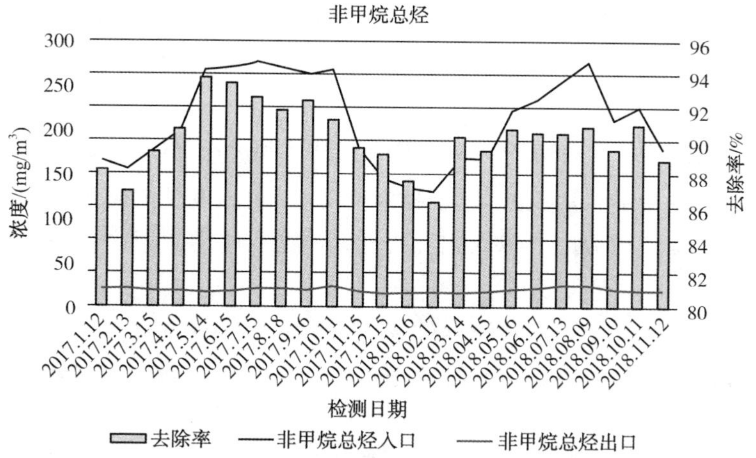

图 3　非甲烷总体去除效果

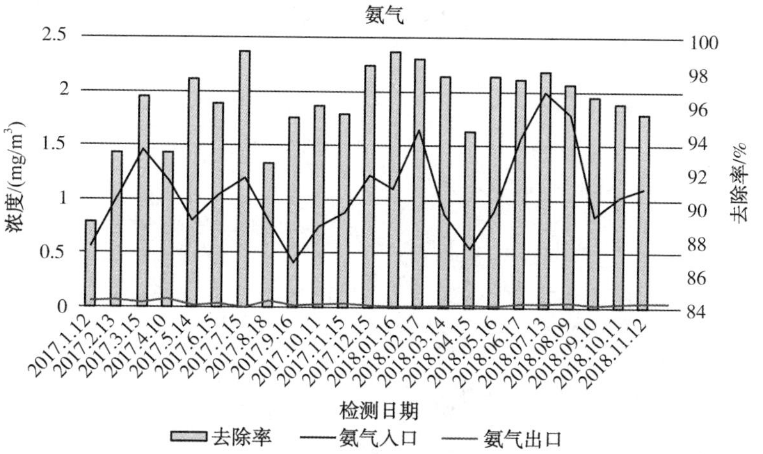

图 4　氨气去除效果

5.3　硫化氢处理效果

硫化氢是污水处理场较为常见的致臭污染物之一，在该项目中硫化氢的进气浓度随着季节变化呈波动趋势，夏季的浓度总体较高。但生物处理系统对硫化氢的总体处理效果十分出色，基本都保持在 99%以上的去除效率，出口排放基本没有硫化氢排出，完全满足排放要求。如图 5 所示。

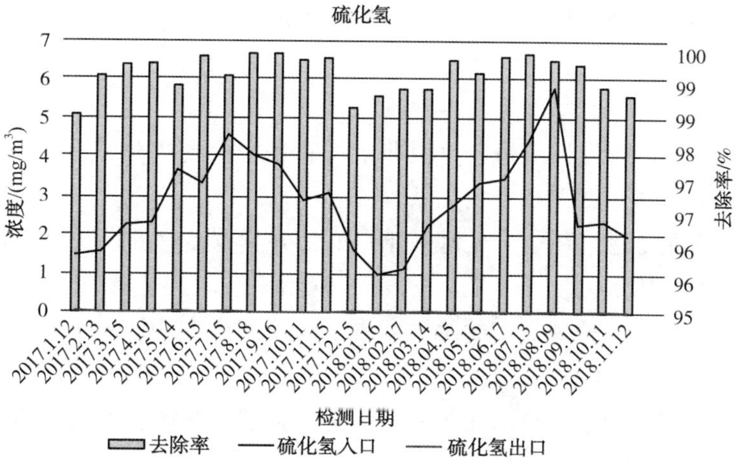

图 5　硫化氢去除效率

6 生物系统的影响因素分析

微生物的活性和效率受到诸多因素的影响，这就要求在工艺设计的时候要对各种条件参数进行严格的把控，以确保微生物能在良好的条件下发挥其自身最大的效率和作用。

6.1 温度

受气温影响，污水处理厂所挥发出的有机废气温度全年变化范围为10~35℃。除必要的营养物质以外，温度是影响微生物生长繁殖的最重要因素，原则上温度越高微生物的活性越高，但过高或者过低的温度都会造成微生物活性的降低或者死亡。如图6所示，温度在适宜的范围内，随着温度的升高湿度略有降低但去除率明显升高。

通过上述分析，对于实际工程应对温度的变化采取必要的预防措施。在温度变化较大的北方，可将处理装置进行保温处理或者将处理系统置于室内从而保证对温度的有效控制。

6.2 pH 值

随着硫化氢不断地进入到生物系统内，会有部分的氢离子产生导致系统内环境pH值降低成酸性，而微生物的生长繁殖是基于相对稳定的中性环境条件下的。从图7可以看出，系统的去除效率在pH=6~8(达到峰值)，这就说明系统需要不断地平衡调节pH值以保证微生物始终在相对中性的环境下生存。

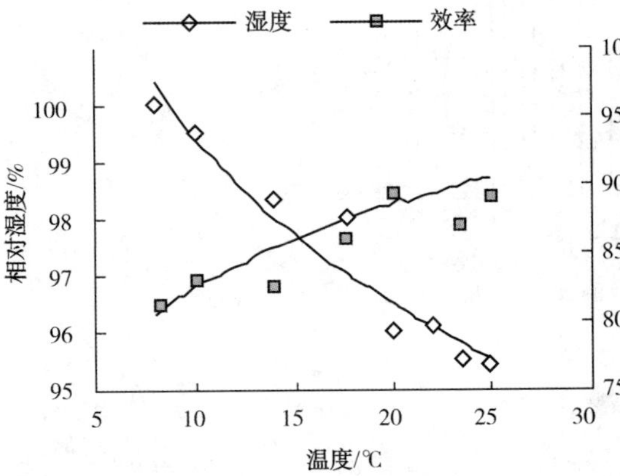

图6 温度对湿度和去除效率的影响

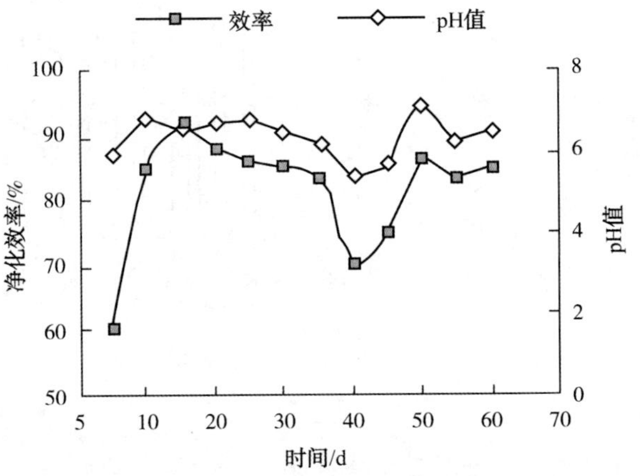

图7 pH值对去除效率的影响分析

该生物系统所选用的填料具有pH值调节功能，填料表面具有碱性涂层随着氢离子的产生而不断释放实现中和反应，从而达到平衡系统内pH值的作用。

7 结论

(1) 石化企业污水场的挥发性有机废气以非甲烷总烃为主要成分，并含有少量硫化氢和氨气；有机污染物的挥发量与季节温度存在较大关系。

(2) 生物废气处理系统运行稳定，处理效果良好，并具有良好的抗冲击负荷能力，是石油化工污水处理厂废气处理的适用工艺。

(3) 温度是影响生物系统处理效率的关键因素，环境温度在30~35℃为微生物最适宜的温度，活性处于最佳状态。

(4) 生物废气处理系统的核心技术在于填料的选取，填料的性能决定了微生物的生长环境从而决定了系统总体处理效率。

参 考 文 献

[1] Molhave L. Sick buildings and other buildings with indoor climate problems[J]. Environment International, 1989, 15(1-6): 65-74.

[2] Kim Y M, Harrad S, Harrison R M. Concentrations and sources of VOCs in urban domestic and public microenvironments[J]. Environmental Science &Technology, 2001, 35(6): 997-1004.

[3] 魏在山，等．生物法处理低浓度有机废气的填料选择研究[J]．重庆环境科学，2001，23(2)：40-41.

石化企业污水处理场VOCs组成研究

侯秀华　栾金义　张建华　许树华　孙　静

(中国石化北京化工研究院环保所，北京　100013)

摘　要：本文采用顶空-便携气质气相色谱质谱联用技术，针对多家石油化工企业的污水处理场水样进行了VOCs的定性、定量分析。结果表明，石化企业污水处理场废水中主要含芳香族化合物和卤代烃，其中芳香烃化合物占总量的96%，卤代烃占总量的3.0%。本研究进一步完善了我国VOCs排放源组成，同时也为石化企业废水中VOCs的管控提供了数据支持。

关键词：VOCs；污水处理场；废水；便携气相色谱-质谱

1　引言

挥发性有机物(VOCs)直接或间接地对人类产生着巨大影响，对VOCs进行管控有利于降低大气中PM2.5的浓度，减少污染事件的发生[1,2]。随着"大气十条"的发布，我国针对VOCs的监测、监管和治理等提出越来越严格的要求，而研究其中VOCs主要成分是管控的前提条件。VOCs包含多种组分，主要有烃类、醛酮类、酯类、醇类等。这些组分在不同的排放源中贡献率不同，在大气中的反应活性也不同。排放源组成可以表征各排放源的VOCs化学组成和各组分对VOCs排放量的相对贡献，是识别排放源、示踪VOCs和估算VOCs反应活性的重要信息，同时，也是建立基于组分的VOCs排放源清单和空气质量模型的基础数据。研究排放源的VOCs组成，对于了解大气中VOCs来源、评估其对O_3和PM2.5的影响，以及构建各排放源的组成非常重要[3,4]。

我国在VOCs排放源组成方面的研究起步较晚，石化企业废水作为VOCs的一个排放源项，其组成是急需研究完成的一项工作[5~10]。本文针对多家石化企业污水处理场的废水进行了VOCs定性和定量分析，研究了石化企业废水中VOCs的特点，建立了该VOCs排放源的组成，弥补了该源项谱学研究的空白，同时为更多石化企业对此排放源VOCs的管控提供了数据支撑。

2　实验部分

2.1　材料、试剂和仪器

废水：分别采自3家石化企业污水处理场各个单元的废水，共26个水样。

目标化合物标准贮备液：直接购买市售有证标准溶液，含56种目标化合物，质量浓度均为2000mg/L。

目标化合物标准使用液：将标准贮备液用甲醇稀释至质量浓度均为100mg/L。

内标标准溶液：直接购买市售有证标准溶液，氟苯和1,4-二氯苯-d4，质量浓度均为200mg/L。

空白试剂水：二次蒸馏水。

甲醇：色谱纯。

氦气、氮气：纯度≥99.999%。

Hapsite型便携式气相色谱-质谱联用仪(含动态顶空仪)：美国Inficon公司。

样品瓶：40mL棕色玻璃瓶。

2.2 标准试样的配制

分别移取一定量的目标化合物标准使用液，快速加到装有空白试剂水的 50mL 容量瓶中定容，将容量瓶垂直振摇 3 次，混合均匀，配制成目标化合物质量浓度分别为 1.0μg/L，2.0μg/L，5.0μg/L，10.0μg/L，20.0μg/L 的系列标准试样。

2.3 测定方法

将样品瓶恢复至室温后，用气密性注射器吸取 20.0mL 待测溶液，加入 1.0μL 内标标准溶液。将试样置于动态顶空仪中，在 60℃恒温 20min，然后使用全扫描方式进行测定。用气密性注射器吸取 20.0mL 空白试剂水，加入 1.0μL 内标标准溶液作为空白试样。

动态顶空条件：加热温度 60℃，吹扫流量 40mL/min，吹扫时间 11min。

气相色谱条件：进样口温度 220℃；分流进样(分流比 30：1)；35℃停留 2min 后以 5℃/min 的升温速率升至 120℃，再以 10℃/min 的升温速率升至 220℃，停留 2min；载气为氦气，流量 1.0mL/min。

质谱条件：离子源为 EI(电子电离)源；离子源温度 230℃；离子化能量 70eV；扫描方式为全扫描；扫描范围 m/z35～270amu；溶剂延迟时间 2.0min；电子倍增电压与调谐电压一致；接口温度 280℃。

3 结果与讨论

3.1 标准曲线的绘制

标准试样的总离子流图见图 1，目标化合物的定量离子、辅助离子和线性关系见表 1。由图 1 可见：56 个目标化合物可在此试验的分析条件下进行有效的分离检测。由表 1 可见：56 个目标化合物利用内标法进行测定，其标准曲线的相关系数都可达到 0.99 以上。

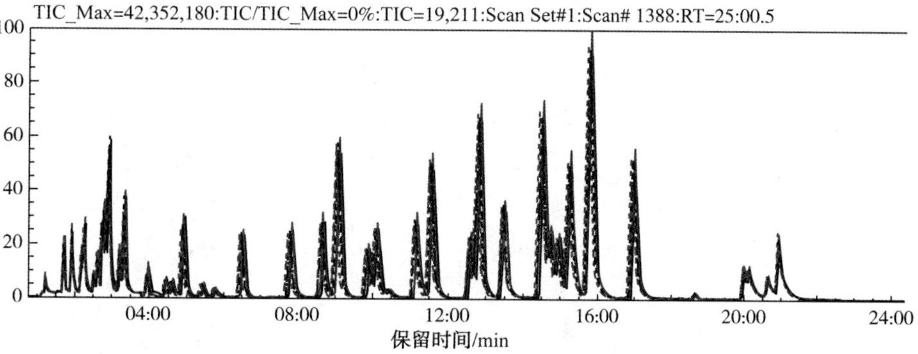

图 1　标准试样的总离子流图

表 1　目标化合物的定量离子、辅助离子和线性关系

序号	目标化合物	定量内标	定量离子质荷比	辅助离子质荷比	相关系数
1	氯乙烯	氟苯	62	64	0.997
2	1,1-二氯乙烯	氟苯	61	96，63	1.000
3	二氯甲烷	氟苯	84	86，49	0.996
4	反-1,2-二氯乙烯	氟苯	61	96，98	1.000
5	1,1-二氯乙烷	氟苯	63	65，83	0.996
6	氯丁二烯	氟苯	53	88	0.999
7	顺-1,2-二氯乙烯	氟苯	96	61，98	1.000
8	溴氯甲烷	氟苯	128	49，130	0.998

续表

序号	目标化合物	定量内标	定量离子质荷比	辅助离子质荷比	相关系数
9	氯仿	氟苯	83	85，47	0.997
10	2,2-二氯丙烷	氟苯	77	41，97	0.999
11	1,2-二氯乙烷	氟苯	62	64，98	0.999
12	1,1,1-三氯乙烷	氟苯	97	99，61	0.999
13	1,1-二氯丙烯	氟苯	75	110，77	0.999
14	苯	氟苯	78	77，51	0.998
15	四氯化碳	氟苯	117	119，121	0.996
16	二溴甲烷	氟苯	93	95，174	0.999
17	1,2-二氯丙烷	氟苯	63	41，112	0.998
18	一溴二氯甲烷	氟苯	83	85，127	0.996
19	三氯乙烯	氟苯	95	130，132	0.990
20	顺-1,3-二氯丙烯	氟苯	75	77，	0.992
21	反-1,3-二氯丙烯	氟苯	75	77	0.994
22	1,1,2-三氯乙烷	氟苯	83	97，85	0.996
23	甲苯	氟苯	91	92	0.991
24	1,3-二氯丙烷	氟苯	76	41，78	0.992
25	二溴氯甲烷	氟苯	129	127，131	0.993
26	1,2-二溴乙烷	氟苯	107	109，188	0.996
27	四氯乙烯	1,4-二氯苯-d4	166	168，129	0.994
28	1,1,1,2-四氯乙烷	1,4-二氯苯-d4	131	133，119	0.998
29	氯苯	1,4-二氯苯-d4	112	77，114	0.998
30	乙苯	1,4-二氯苯-d4	91	106	0.993
31	间/对-二甲苯	1,4-二氯苯-d4	106	91	0.999
32	间/对-二甲苯	1,4-二氯苯-d4	106	91	0.999
33	溴仿	1,4-二氯苯-d4	173	175，254	0.999
34	苯乙烯	1,4-二氯苯-d4	104	78，103	0.999
35	邻-二甲苯	1,4-二氯苯-d4	106	91	0.996
36	1,1,2,2-四氯乙烷	1,4-二氯苯-d4	83	131，85	0.997
37	1,2,3-三氯丙烷	1,4-二氯苯-d4	75	110，77	0.998
38	异丙苯	1,4-二氯苯-d4	105	120	0.996
39	溴苯	1,4-二氯苯-d4	156	77，158	0.996
40	2-氯甲苯	1,4-二氯苯-d4	91	126	0.996
41	4-氯甲苯	1,4-二氯苯-d4	91	126	0.997
42	正丙苯	1,4-二氯苯-d4	91	120	0.996
43	1,3,5-三甲基苯	1,4-二氯苯-d4	105	120	0.996
44	叔丁基苯	1,4-二氯苯-d4	119	91，134	0.999
45	1,2,4-三甲基苯	1,4-二氯苯-d4	105	120	0.998
46	1,3-二氯苯	1,4-二氯苯-d4	146	111，148	0.999
47	1,4-二氯苯	1,4-二氯苯-d4	146	111，148	1.00
48	仲丁基苯	1,4-二氯苯-d4	105	134	0.995
49	4-异丙基甲苯	1,4-二氯苯-d4	119	134，91	0.997

续表

序号	目标化合物	定量内标	定量离子质荷比	辅助离子质荷比	相关系数
50	1,2-二氯苯	1,4-二氯苯-d4	146	111，148	0.996
51	正丁基苯	1,4-二氯苯-d4	91	92，134	0.998
52	1,2-二溴-3-氯丙烷	1,4-二氯苯-d4	157	75，155	0.998
53	1,2,4-三氯苯	1,4-二氯苯-d4	180	182，145	1.00
54	萘	1,4-二氯苯-d4	128	无此项	0.997
55	1,2,3-三氯苯	1,4-二氯苯-d4	180	182，145	0.999
56	六氯丁二烯	1,4-二氯苯-d4	225	223，227	0.999

3.2 准确度和精密度

3.2.1 准确度

对某石化企业废水样进行了加标分析测定，56 种目标化合物的加标浓度分别为 10μg/L 和 20μg/L 时，平均加标回收率分别为 63.3%～148.7%、74.8%～131.7%。

3.2.2 精密度

对含 56 种目标化合物质量浓度为 10μg/L 和 20μg/L 的样品分别进行了 6 次重复测定，相对标准偏差分别为 1.8%～26.3%、1.1%～23.8%。

3.3 石化企业废水 VOCs 定性分析结果

采取现场取样、利用顶空-气相色谱质谱联用全扫描的方法，对 3 家典型石化企业的 26 个废水样进行了 VOCs 的分析研究，共检出 43 种 VOCs，涵盖了烷烃、卤代烃、苯系物、含氧有机物等物质。图 2 为某石化企业实际废水样的总离子流图。由图 2 可见，该废水中共检出 28 种 VOCs。

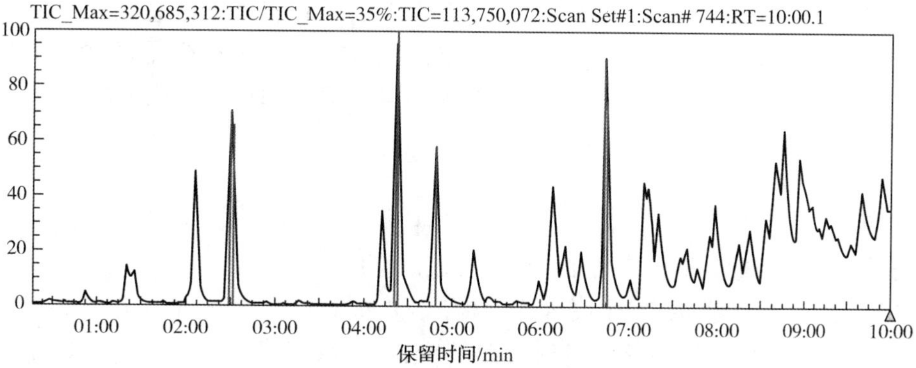

图 2 某石化企业实际废水样的总离子流图

由表 2 可见，3 家企业废水中都检出的 VOCs 共 27 种，主要为卤代烃和苯系物，其中苯、甲苯、乙苯和二氯甲烷均被列入“中国环境优先污染物黑名单”[11]。

表 2 3 家企业废水中共有的 VOCs 检出物

序号	物质名称	序号	物质名称
1	二氯甲烷	7	一溴二氯甲烷
2	顺式-1,2-二氯乙烯	8	甲苯
3	三氯甲烷	9	二溴氯甲烷
4	1,2-二氯乙烷	10	四氯乙烯
5	苯	11	乙苯
6	四氯化碳	12	间对二甲苯

续表

序号	物质名称	序号	物质名称
13	苯乙烯	21	1,3-二氯苯
14	邻二甲苯	22	1,4-二氯苯
15	异丙苯	23	仲丁基苯
16	1-氯-2-甲基苯	24	1,3-二氯苯
17	1-氯-4-甲基苯	25	萘
18	丙苯	26	二氯甲烷
19	1,3,5-三甲基苯	27	顺-1,2-二氯乙烯
20	1,2,4-三甲基苯		

除了表2中的物质外，各个石化企业因其原油来源或者产品路线的不同，又分别有其特殊性。

企业1中特别检出了三氯乙烯、顺-1,3-二氯丙烯、反-1,3-二氯丙烯、丁苯、1,2-二溴-3-氯丙烷、1,2,4-三氯苯物质。企业2检出了特别含有的物质主要为含氧有机物2-甲基-2-甲氧基丙烷、1,3-二氧五环、2-甲基-1,3-二氧五环、1,4-二氧六环、2,3-二氢1,4-二噁英、1-氯-2,3-二氢-1H茚、1,3,6-环辛三烯。企业3检出的特有物质为2,2-二氯丙烷。

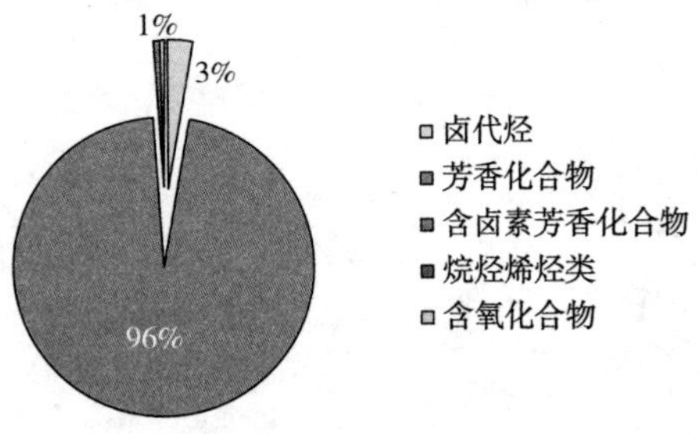

图3　石化企业废水的VOCs组成

3.4　石化企业废水VOCs定量分析结果

将3家企业废水共有的VOCs检出物进行定量加和，其测定结果见图3。

由图3可见：在石化企业废水的VOCs组成中，主要组分为芳香化合物，占总量的96%；其次为卤代烃，占总量的3%；还有少量的含卤素芳香化合物、含氧化合物和烷烃烯烃等物质占总量的1%。

4　结论

（1）采用顶空-便携气质联用技术，建立了现场检测废水中VOCs的分析方法，对石化企业废水中VOCs进行定性和定量分析，完善了VOCs排放源组成。

（2）从3家石油化工企业的26个废水样中检出41种VOCs，涵盖了涵盖了烷烃、卤代烃、苯系物、含氧有机物等物质。对主要物质进行定量分析后发现：废水中VOCs主要含有芳香化合物(占总量的96%)，其次为卤代烃(占总量的3.0%)。

参　考　文　献

[1] 翟增秀，邹克华，李伟芳，等．天津中心城区环境空气挥发性有机物污染特征分析[J]．环境科学，2013，34(12)：4513-4518.

[2] 苏雷燕，赵明，李岩，等．环境空气中挥发性有机物(VOCs)光化学行为的研究进展[J]．绿色科技，2013(11)：178-182.

[3] 莫梓伟，邵敏，陆思华．中国挥发性有机物(VOCs)排放源组成研究进展[J]．环境科学学报，2014，34(9)：2179-2189.

[4] 吕兆丰，魏巍，杨干，等．某石油炼制企业VOCs排放源强反演研究[J]．中国环境科学，2015，35(10)：2958-963.

[5] 孙晓犁．石化污水处理场挥发性有机物排放状况研究[J]．环境科技，2016，23(增刊1)：72-74.

[6] 梁鹏山，永忠，卫峰．气相色谱/质谱法分析挥发性有机物的内标物优化选择[J]．中国给水排水，2016，32(4)：98-104.

[7] 张展毅，曾凡进，智成，等．国家环境标准中挥发性有机物分析方法的研究进展[J]．环境监测管理与技术，2016，28(5)：14-18.
[8] 闫永楠，李东明，郭春涛．水质有机物污染物 GC/MS 分析专家系统测定水中挥发性有机物[J]．现代仪器与医疗．2014，20(5)：69-72.
[9] 青岛市环境监测中心站和青岛理工大学．水质挥发性有机物的测定吹扫捕集/气相色谱-质谱法：HJ 639—2012[S]．北京：中国环境科学出版社，2012.
[10] 中国环境监测总站、江苏省环境监测中心．水质挥发性有机物的测定吹扫捕集/气相色谱法：HJ 686—2014[S]．北京：中国环境科学出版社，2012.
[11] 周文敏，傅德黔，孙宗光．水中优先控制污染物黑名单[J]．中国环境监测，1990，6(4)：1-3.

石化热电部化学脱硫冲灰废水排放改造

房金祥　高庆坤　林广晓　丁　猛　姜　晨　陶孝平　王　剑

(中国石化仪征化纤有限责任公司，江苏仪征　211900)

摘　要：某石化热电部化学、脱硫废水早期排入冲灰废水系统，后来3种废水全部排入1#污水装置处理，因废水高含盐特性影响到1#污水装置生产的中水回用。通过对化学、脱硫、冲灰废水实施排放改造，将化学废水pH值在中和池里调整合格后排入2#污水装置处理；脱硫废水经沉降后排入中和池与化学废水混合；冲洗泵水源由中水改为冲灰废水(又称冲灰回水)，多余的回水也排入中和池。改造后环保效果显著，值得借鉴。

关键词：化学废水；脱硫废水；冲灰废水；排放

1　引言

某石化热电部因建成较早，初始设计时就将化学废水作为锅炉冲灰水的补水使用，后续脱硫废水也采用了同样的设计，冲灰废水排至厂外澄清后回流热电部循环使用。期间虽然进行了一些改进，如将废水排放到生产污水系统，但仍不满足企业越来越高的节能环保要求。为保证企业的可持续发展，该企业充分利用现有运行和闲置设备，对化学、脱硫、冲灰废水排放系统进行优化整合改造，实现废水达标排放。本文介绍了该石化热电部化学、脱硫、冲灰废水排放改造的可行性研究和实施方案，给出了改造后的实际运行效果[1]。

2　废水概况

2.1　化学废水

某石化热电部拥有一套除盐水装置，于1984年投产，采用固定床二级离子交换除盐工艺，水源为经混凝、沉淀和过滤的低硅水，除盐水系统实现DCS控制。化学废水主要是离子交换器酸碱再生产生的废酸、废碱液和离子交换器正洗、反洗废水等，收集到中和池后排放到冲灰水系统。近些年，该石化热电部对化学废水的排放问题也做了一些探索。

2006年4月，化学废水开始通过生产污水井排入1#污水装置进行处理，因废水不是连续均匀产生，废酸液与废碱液产生并不等量，废水pH值波动达2~13，具有很强的腐蚀性，输送管道和水泵出现腐蚀现象。为了控制废水pH值，2007年年初增设了废水简易强制中和管道，即在废水自然中和后，从中和泵排出的废水再回流入中和池，不断循环，将酸碱废水强制中和，废水pH值的波动有所缓解。但因废水排放的不可控因素较多，缺少酸碱投加中和装置及在线监控措施，废水偏酸性的情况时有发生，不能完全实现废水pH值合格排放。

2009年对化学废水的废酸、废碱液进行分道改造并综合利用，废碱液进入1#脱硫塔(当时采用MgO法脱硫)以充分利用其碱性吸收烟气SO_2；废酸液直接用作冲灰水，将冲灰水pH值降到8.0左右，有效减轻冲灰管线的结垢[2]。后因1#脱硫塔改用石灰石粉，废碱液影响石膏的生成，停用。

2018年初，化学废水已完全与冲灰水系统隔断，通过生产污水井排至1#污水装置，或借道脱硝废氨水管少量排放至2#污水装置。

2.2　脱硫废水

热电部1#~4#脱硫塔采用石灰石-石膏湿法烟气脱硫，脱硫废水主要是4台脱硫塔送至旋流器经石膏脱水后的稀浆液。脱硫废水具有以下特点：①水质呈弱酸性，pH 值为 4.8~5.8；②悬浮物含量高，主要是石膏颗粒、二氧化硅以及铁、铝的氢氧化物；③含有大量的 Ca^{2+}、Mg^{2+}、Al^{3+}、Fe^{3+}等离子及少量重金属离子；④含有较高的 Cl^-、SO_4^{2-}、F^-等离子；⑤废水中形成化学耗氧量的主要因素是还原态的无机物连二硫酸盐。

根据脱硫废水的水质特点和电厂的实际情况，脱硫废水的处理方法主要有如下 3 种：①将脱硫废水排进冲灰废水但不合规；②设置专门的脱硫废水处理系统，处理后的水质满足 GB 8978—1996《污水综合排放标准》中规定的排放指标，目前已被国内燃煤电厂普遍采用；③将处理后的部分浓缩脱硫废水在电除尘器和空气预热器之间的烟道中完全蒸发，所含固态物与飞灰一起收集处置，这种方法因条件限制在我国较少采用[3]。

2018 年初，脱硫废水已完全与冲灰水系统隔断，利用 2009 年化学废水综合利用时增设的废酸管回流入中和池，因脱硫废水未采取沉降处理，中和池淤积日渐严重，故有时通过生产污水井直排至 1#污水装置。

2.3 冲灰废水

热电部现有 5 台 220t/h 煤粉锅炉，年用含灰量约 30%的原煤 0.7Mt，其中约 90%的煤灰经 5 台电袋除尘器干灰系统收集或湿排，约 10%的炉渣经水力冲灰和捞渣后流入灰沟，除灰渣采用水力闭路循环系统。

锅炉杂用冲洗泵水源为中水，冲洗水排入冲灰水系统，为冲灰废水循环系统的增量。2018 年初，冲灰废水如有少量多余时，则通过生产污水井排至 1#污水装置。

2.4 废水水量及水质

热电部化学废水、脱硫废水和冲灰废水皆为间断式排放，无计量水表。2015~2017 年统计化学废水量分别为 322979m³、310342m³、318101m³；脱硫浆液出石膏时排水约 100m³/d。2019 年芳纶废硫酸系统投用后，初步估计还增加脱硫废水约 100m³/d；锅炉杂用冲洗泵使用中水导致的冲灰废水增量约 120m³/d。经统计测算的废水量见表 1，废水总量约为 49.6m³/h。

表 1 废水量统计

序号	名称	水量/(m³/h)
1	化学废水	36.2
2	脱硫废水	8.4
3	冲灰废水	5.0

每周例行对 3 种废水取样监测 pH 值等项目。2018 年 5 月 7 日，取 3 种废水样外送华测检测技术公司进行检测，数据见表 2。从测定的几项指标来看，基本符合排水一级标准。需要说明的是，当收灰、收渣量大幅减少时，冲灰回水 pH 值会偏大。

表 2 废水水质

水样	外观	pH 值	SS/(mg/L)	COD_{Cr}/(mg/L)	NH_4^+-N/(mg/L)	TP/(mg/L)	$CaCO_3$/(mg/L)	Cl^-/(mg/L)	SO_4^{2-}/(mg/L)	电导率/(μs/cm)
化学废水	微黄、透明、无味	12.6	45	95.8	0.49	0.17	1828	1340	580	9130
脱硫废水	灰黑、浑浊、无味	5.66	7699	55	280	0.12	3320	1660	1600	8940
冲灰废水	微黄、微浑、无味	7.49	17	44	3.22	0.16	1125	522	1000	3150
一级标准控制指标		6~9	70	40	15	0.5	—	—	—	—

目前 3 种废水全部接入生产污水井，通过 1#泵站输送至 1#污水装置，但由于 1#污水装置生产中水并回用，而中水主要作为循环冷却水的补水使用，故这 3 种废水作为高盐、高硬污水不宜作为中水水源，需将废水经预处理后排放至 2#污水装置。为保证废水合规环保排放，满足 2#污水装置

对水质的要求，需实施 3 种废水排放改造。

污水处理执行 GB 8978—1996《污水综合排放标准》，因各生产装置所排污水水质的不同，2#污水装置进水指标会根据各装置排水特点而具体制定，如 pH 值、COD、氨氮等。3 种废水的特点是高含盐量、高硬度，另外脱硫废水悬浮物和氨氮过高，与其他化工废水混合后，可在含盐量、COD、氨氮等指标起到相互稀释的作用。因此，只要控制废水 pH 值为 6~9，并大幅降低脱硫废水悬浮物，就可排入 2#污水装置。

3 废水排放改造

3.1 化学废水改造

将 1#~3#中和池作为化学废水自然中和收集池和强制中和循环池。各新增 1 台酸、碱计量箱，将酸碱用塑料管接入 1#~3#中和池，根据废水 pH 值的高低，用电磁阀控制盐酸或液碱的投加量，并用中和泵进行强制循环中和。在 3 台中和池底各安装 1 台潜水搅拌机，池壁各安装 1 台浸入式在线酸度仪，以便对废水进行充分搅拌混合，并防止池底淤积。在新增的 1 条 DN150 衬塑(PE)废水管起端安装 1 台流通池式在线酸度仪和 1 台双插式超声波流量计，将废水 pH 值调整到 6~9 后，排放至 2#污水装置。为做好关口表计对比，在废水管末端也安装 1 台管道式在线酸度仪和 1 台双插式超声波流量计。因新增衬塑废水管长达 1.4km，中和泵坑深达 5m，原有中和泵流量为 $50m^3/h$、扬程只有 26m，故将 2#、3#中和泵更新为流量为 $100m^3/h$、扬程达 54m 的 316L 离心水泵。原化学废碱管仍保留，作为中和循环管和临时排生产污水管。化学废水系统采用气动阀，实现 DCS 控制，详见图 1。将除盐系统阳床正洗水、阴床小正洗水及阴床正洗水采用 PE 管回收后返回低硅水系统再利用[4]。

为便于 2#污水装置有效处理接收的废水，设置了 6 个排放口，包括监护池 2 个、一曝池 1 个、二曝池 2 个、事故池 1 个。2#污水装置可根据废水水质试验调整适当排放口。

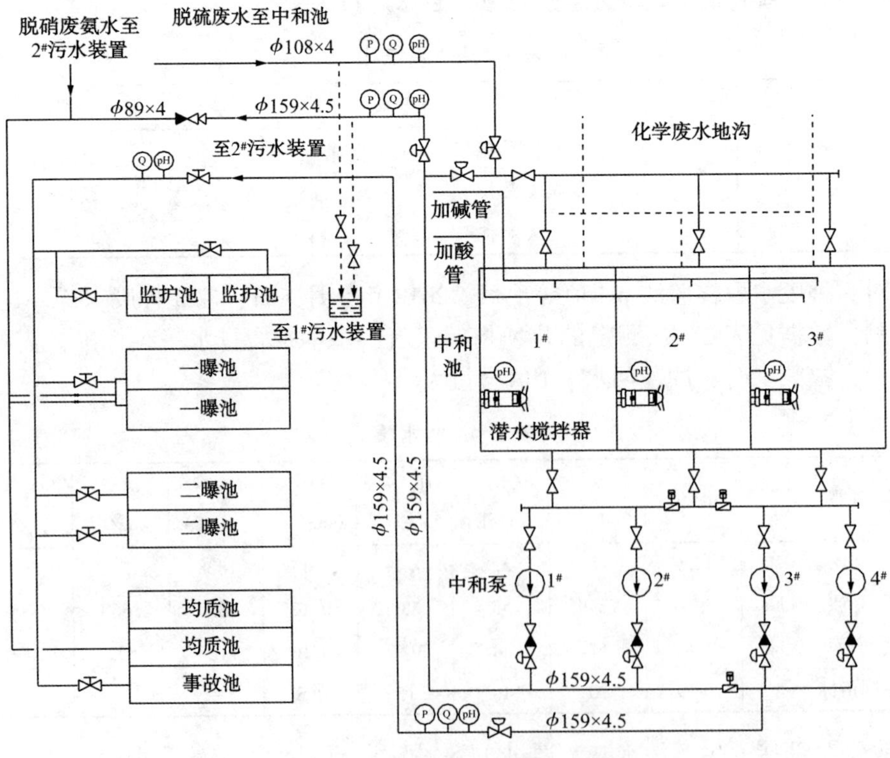

图 1 化学废水排放改造工艺系统

3.2 脱硫废水改造

脱硫废水处理工艺一般包括中和、沉淀、混凝、浓缩澄清和泥浆脱水等，这样的一整套处理系统投资达几百万元，脱硫废水流量虽小，但投资和处理成本较高。考虑到企业已有专业的污水处理装置，为节约投资费用，可将脱硫废水经过沉降处理后送到污水系统，做到专业化处理，达到降低污染，保证系统安全，减少废水处理费用。

将现有闲置的1#脱硫塔（因锅炉达到使用年限而停用）和使用频率低的事故浆液箱作为沉降池，脱硫废水排入沉降池后自然沉降，废水停留时间不少于6h。顶部的澄清水通过溢流管（1#脱硫塔4m高处有预留接口，事故浆液箱重新开孔）排入排水坑，1#、2#脱硫塔排水坑泵出口分别接一路衬塑支管作为脱硫废水排放管，支管接入原化学废酸管，经现有排水坑泵回输入中和池，利用化学废水与脱硫废水的量差，达到中和及稀释脱硫废水的目的。底部的石膏沉淀物通过现有浆液排放泵排至2#脱硫塔或4#脱硫塔。从冲灰废水管接一路支管至1#、2#脱硫塔排水坑泵出口，作为脱硫废水管道冲洗水用，当回水量较大时，还可以通过此管道外排冲灰水至中和池。脱硫废水系统采用电动阀，实现DCS控制，详见图2。

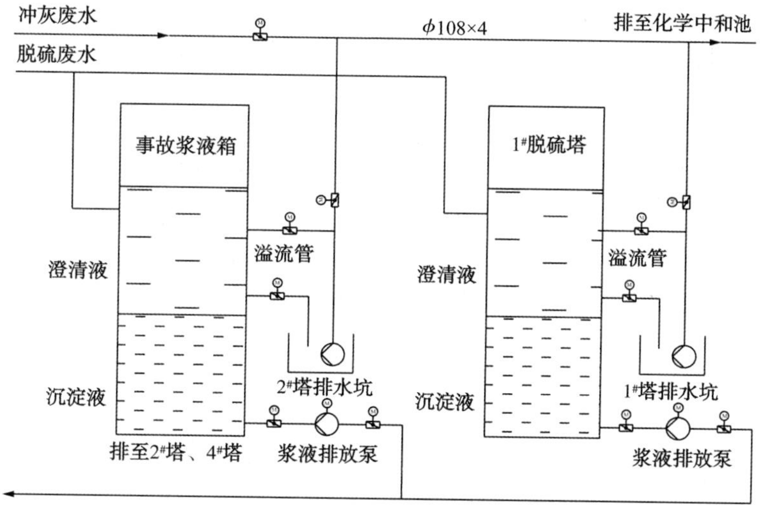

图2 脱硫废水排放改造工艺系统

3.3 冲灰废水改造

锅炉杂用冲洗泵为锅炉和燃煤冲地所用，水源为中水，锅炉冲洗水排入冲灰水系统，燃煤冲洗水排入生产污水系统。为减少冲灰水增量，将水源改用冲灰废水，而杂用冲洗泵为多级泵，水中悬浮物较多时易结垢，回水水质无法满足其正常运行要求。故在锅炉和燃煤各新增1台流量为70m^3/h、扬程为110m单级离心水泵，新水泵分别从回水管取水。原杂用冲洗泵作为备用冲洗水泵，回水系统故障时切换使用。

设计时考虑如果回水泵失电、锅炉区域内回水管故障检修或其他极端原因导致冲灰回水无法循环利用到冲灰水系统时，在冲灰回水管末端引一路支管至生产污水井，将回水排至1#泵站。

4 废水排放改造效果

热电部在施工中严把安全关、质量关，在完成管道安装后进行水压试验，水压标准比运行水压高出1倍，确保了管阀系统的安装质量。设计、安装及验收标准主要执行GB 50014—2006《室外排水设计规范》、GB 50235—2010《工业金属管道工程施工规范》、GB 50236—2011《现场设备、工业管道焊接工程施工规范》、DL 5022　2013《火力发电厂土建结构设计技术规程》、DL/T 5046—2018《发电厂废水治理设计规范》、DL/T 5196—2016《火力发电厂石灰石-石膏湿法烟气脱硫系统设计规程》和JB/T 11390—2013《火力发电厂化学废水处理设备》等[5]。

热电部所在地域冬季-5℃以下的气温非常少见，根据长期运行经验，化学废水 DN150 衬塑管如果未做保温，极寒天气时只要保持小流量运行不会受冻。故此次长 1.4km 的衬塑管全程未做保温，节省了很大一笔保温投资费用。脱硫废水水温一般在 45℃左右，无须保温防冻或防烫。冲灰废水因为连续运行，也未做保温防冻处理。

试运前根据投运顺序分别制定了《化学废水排放方案》《脱硫废水排放方案》和《冲洗泵投运方案》。因为是废水系统，管道未安排冲洗，试运分三个阶段。

第一阶段为化学废水排放：启动新中和泵后，达到额定流量和压力，最远端的 2#污水装置事故池出水口出水顺畅，经加酸碱调节及循环、搅拌，废水 pH 值为 6~9，达标排放，系统控制良好。

第二阶段为脱硫废水排放：将脱硫废水分别排入 1#脱硫塔和事故浆液箱，自然沉降后的澄清水虽仍呈土黄色，但悬浮物含量显著下降，中和池无淤积现象；因脱硫废水量不高，pH 值一般为 5.5 左右，其酸性对化学废水的影响较小，且中和池已设置酸碱中和装置；1#脱硫塔和事故浆液箱底部因有塔壁搅拌器运行而不会产生沉积，石膏沉淀物通过浆液排放泵正常排放。

第三阶段为冲灰废水排放：回水有余量且悬浮物$<200mg/L$时，回水排放至中和池。实际上，冲洗水泵不再用中水作水源后，冲灰水循环系统不再有水增量，因蒸发等损失，有时还需要补充适量水。后期还准备研究除盐、脱硫废水作为厂内闭式循环冲灰系统补水的合规性和可行性。

项目历时 5 个月投产，因 2#、3#中和泵实现了变频，排水压力和流量稳定可调；原有 1#、2#脱硫塔排水坑泵也可根据液位进行变频排放。3 种废水排放实现 DCS 控制，大大提高了自动化水平。目前 2#污水装置将废水大多排放到一曝池，其他排放口还待进一步长时间试验确认。

另外，将除盐系统阳床、阴床正洗水回收利用，可减少再生废水 $10m^3$/台。按全年再生阳床、阴床约 3500 台次计，则全年减排 $35000m^3$ 废水。按除盐水价格 3.01 元/m^3、污水排放费 1.79 元/m^3计，可节水 $35000m^3/a\times(3.01+1.79)$元/$m^3=16.8$ 万元/a。

5 结论

化学、脱硫废水经过预处理后排放到污水装置，为热电部废水零排放创造了条件；化学、脱硫、冲灰废水合规达标排放，保证了安全、清洁生产，符合当前节能减排以及环保要求，有利于维护美好生态环境，确保企业的可持续发展。

参 考 文 献

[1] 中国石油化工集团公司．化学水系统综合治理工艺技术要点．2017-12-27.

[2] 房金祥．某电厂化学废水综合利用工程实践[J]．给水排水，2010.36(9)：59-63.

[3] 叶春松，黄建伟，刘通，等．燃煤电厂烟气脱硫废水处理方法与技术进展[J]．环境工程，2017，35(11)：10-13.

[4] QSH 0628.3—2015. 水务管理技术要求 第 3 部分：化学水．

[5] 吴龙剑，房金祥．石油化工企业除盐水集中供应系统改造[J]．工业用水与废水，2018，49(5)：50-52.

石油烃污染土壤微生物修复促进技术

王 亭 王 宗 郦和生

（中国石化北京化工研究院，北京 100013）

摘 要：本文采用原位修复法，考察了土壤中石油烃的自然降解情况，研究了土壤改良剂和生物营养剂对石油烃降解的促进作用。结果表明：将总石油烃含量约为 5g/kg 的试验土样降解 30d，自然降解时总石油烃降解率为 7.8%；当单独加入 1.0%的土壤改良剂时，总石油烃降解率达 36.0%；当单独加入 1.0g/kg 的生物营养剂时，总石油烃降解率为 51.6%；最佳促进剂配方为土壤改良剂加入量 1.0%，生物营养剂加入量 1.0g/kg，此条件下总石油烃降解率为 80.1%。

关键词：石油烃污染土壤；生物修复；土壤改良剂；生物营养剂；促进剂

1 引言

在油品的生产、储运过程中，泄漏事故会造成土壤污染。近年来，石油烃污染已逐渐成为石油石化行业土壤污染的主要形式之一。随着国家环保立法和执法的日益严格，石油烃污染土壤的修复治理显得颇为迫切。目前，修复石油烃污染土壤的方法主要有物理修复法、化学修复法、微生物修复法以及多种修复技术联用等[1]。微生物修复法需利用土壤中的土著微生物或向污染环境补充经驯化的高效降解微生物[2]。与物理修复法和化学修复法相比，微生物修复法具有成本低、处理效果好、无二次污染、应用范围广、不破坏土壤环境等优点[3]。但微生物修复法修复速度慢，微生物生长过程受环境变化影响很大[4]。在实际应用中，多采用土壤异位修复的方式，将污染土壤挖掘出来，添加微生物，并配以通气等措施，为微生物生长提供有利条件。该方法虽能保障污染土壤微生物修复的效果，但工程量大，操作复杂，成本高。

本研究采用原位修复法，考察了土壤中石油烃的自然降解情况，研究了土壤改良剂和生物营养剂对石油烃降解的促进作用。

2 试验

2.1 材料、试剂和仪器

所用土壤取自北京市某污染场地表层，深度小于 30cm，土壤经 10 目筛筛分后得到原土。原土含水率 11.6%，pH 值 7.35，总石油烃含量 613mg/kg。在原土中加入正十六烷，使土壤中总石油烃含量约 5g/kg，静置 24h 后备用。

正十六烷为色谱纯；土壤改良剂为杨树锯末；生物营养剂为尿素，分析纯；微生物为原土中的土著微生物。

LRH 型生化培养箱：上海一恒科技有限公司。HYG-Ⅲ型回转式恒温调速摇瓶柜：上海新星自动化控制设备公司。DH-101-0BY 型电热恒温鼓风干燥箱：天津中环实验电炉有限公司。

2.2 试验方法

将约 3kg 试验土样置于瓷质器皿中，分别一次性加入一定量的土壤改良剂、生物营养剂或修复促进剂，搅拌均匀。将土样静置，每周检测土样中总石油烃含量和微生物总数，计算石油烃降解率，绘制微生物生长曲线。每周补一次水，保持土样含水率在15%~20%，土样温度范围为10~18℃，土样中初始微生物总数约为10^7个/g。

2.3 分析方法

土样中总石油烃含量测定方法参照文献《红外光度法测定土壤中的石油类》[5]。

土壤异养菌数测定方法：称取10g土样，放入盛有90mL去离子水的三角瓶中，置于摇瓶柜内以160r/min的转速室温下振荡4h，制成稀释度为10^{-1}的土壤悬液。取1mL该土壤悬液与9mL质量浓度为8.5g/L的NaCl溶液混合，用无菌吸管吹吸3次，制成稀释度为10^{-2}的土壤悬液。以此类推，依次制成稀释度分别为10^{-3}、10^{-4}、10^{-5}、10^{-6}、10^{-7}、10^{-8}的土壤悬液。选取适当稀释度的土壤悬液，通过标准平板计数法[6]测定其中的异养菌数e(个/mL)。土样中异养菌数x(个/g)按下列公式计算。

$$x=\frac{e\cdot V}{m\cdot(1-\eta)}$$

式中 V——土壤悬液的体积，mL；

m——土样质量，g；

η——土样含水率,%。

3 不同因素对总石油烃降解率的影响

3.1 自然降解的总石油烃降解率变化情况

自然降解的总石油烃降解率变化情况见表1。由表1可见：试验土样在静置的条件下，总石油烃降解很慢，降解30d时，总石油烃降解率为7.8%；降解65d时，总石油烃降解率为15.5%。

表1 自然降解的总石油烃降解率变化情况

降解时间/d	总石油烃降解率/%	降解时间/d	总石油烃降解率/%
0	0	36	10.4
4	0	44	13.5
14	1.2	52	14.7
22	3.5	65	15.5
30	7.8		

3.2 土壤改良剂加入量对总石油烃降解率的影响

土壤改良剂加入量对总石油烃降解率的影响见图1。由图1可见：当土壤改良剂加入量为0.5%(质量分数，下同)时，总石油烃降解率略有提高；当土壤改良剂加入量为1.0%时，总石油烃降解率明显提高，降解30d总石油烃降解率达36.0%；当土壤改良剂加入量为2.0%时，降解30d总石油烃降解率达39.9%。这是因为，土壤改良剂可以调节土壤固体颗粒的粒度，使土壤粒度更均匀，从而改善土壤板结情况[7]，疏松土壤，提高土壤透气性，使土壤含氧量更高，促进土壤中微生物活性的提高。

3.3 生物营养剂加入量对总石油烃降解率的影响

生物营养剂加入量对总石油烃降解率的影响见图2。由图2可见：加入生物营养剂后，总石油烃降解率有所提高；当生物营养剂加入量为1.0g/kg时，总石油烃降解速率最快，降解30d时总石油烃降解率为51.6%。这是因为，生物营养剂可为微生物提供营养物质和微量元素，促进难降解石油烃的共代谢，增强微生物活性[8]，加快土壤中石油烃的降解速率；但生物营养剂的加入量并不是越高越好，生物营养剂提供的微量元素量应与微生物细胞的化学组成以及土壤中碳底物的含量相匹配。

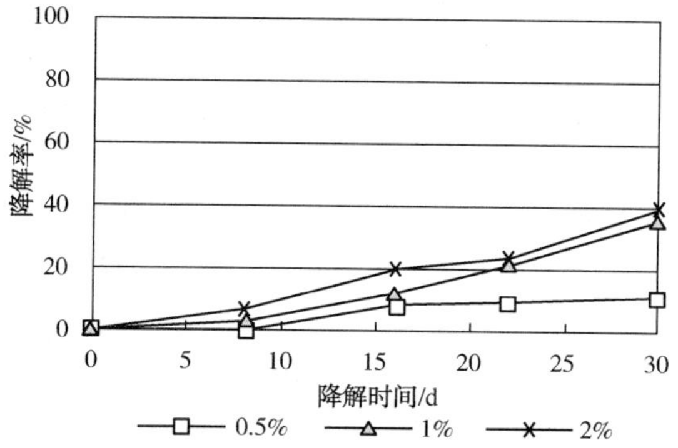

图 1　土壤改良剂加入量对总石油烃降解率的影响

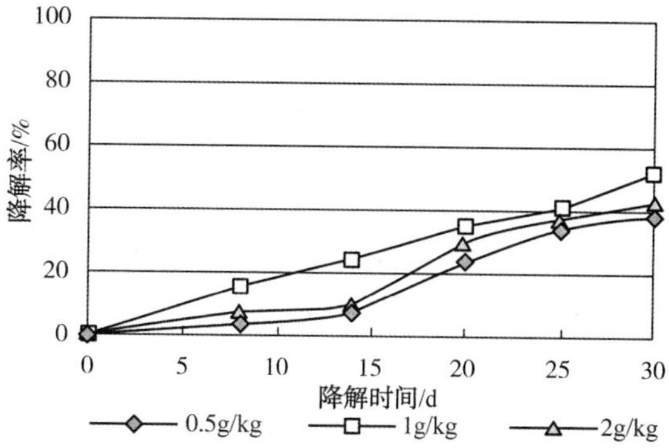

图 2　生物营养剂加入量对总石油烃降解率的影响

3.4　促进剂的配比对总石油烃降解率的影响

将土壤改良剂和生物营养剂复配成石油烃降解促进剂，促进剂的配比见表 2。促进剂对总石油烃降解率的影响见图 3。

表 2　促进剂的配比

促　进　剂	土壤改良剂加入量/%	生物营养剂加入量/(g/kg)
促进剂一	1.0	1.0
促进剂二	1.0	2.0
促进剂三	2.0	1.0
促进剂四	2.0	2.0

由图 3 可见，4 种促进剂均可显著提高总石油烃降解率，综合考虑成本，促进剂一最为理想，降解 30d 时总石油烃降解率为 80.1%。土壤改良剂和生物营养剂联合使用，可提高微生物在土壤中的迁移速率，促进石油烃和营养物质在土壤中的分散，改善微生物对石油烃的可利用度。

促进剂对土样中异养菌数的影响见图 4。由图 4 可见：加入促进剂后，土样中异养菌数明显提高；在降解 15d 时达到峰值，此时土样总石油烃降解速率最快；随着降解时间的继续延长，土样中异养菌数开始减少，总石油烃降解速率随之减缓，该变化趋势与图 3 的变化趋势吻合。

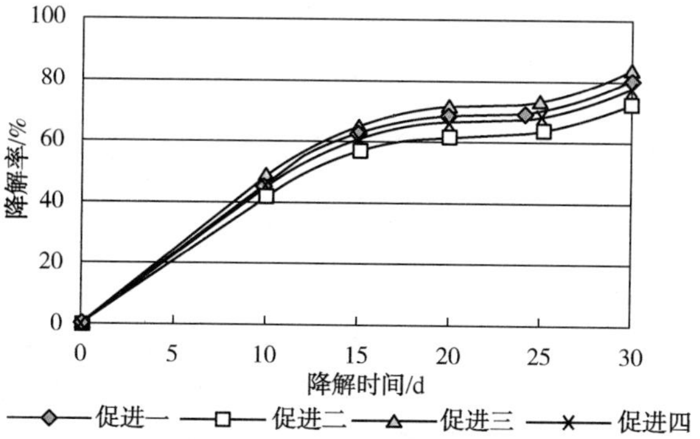

图 3　促进剂对总石油烃降解率的影响

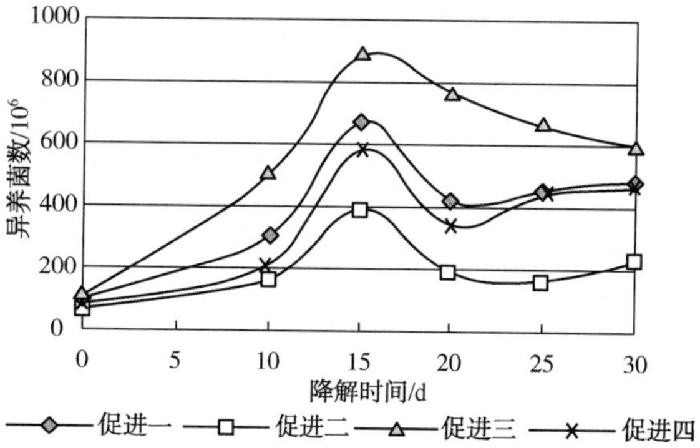

图 4　促进剂对土样中异养菌数的影响

4　结论

（1）总石油烃含量约为 5g/kg 的试验土样自然降解时，石油烃降解率较低，降解 30d 时降解率为 7.8%。

（2）土壤改良剂杨树锯末单独使用可提高土样的总石油烃降解率，降解 30d，当土壤改良剂加入量为1.0%时，总石油烃降解率达36.0%；当土壤改良剂加入量为2.0%时，总石油烃降解率达39.9%。

(3) 生物营养剂尿素单独使用也可提高土样中总石油烃降解率，当生物营养剂加入量为1.0g/kg时，总石油烃降解速率最快，降解30d时总石油烃降解率为51.6%。

(4) 土壤改良剂和生物营养剂复配成促进剂使用，可明显提高土样中石油烃的降解速率，综合考虑成本，最佳促进剂配方为土壤改良剂加入量1.0%，生物营养剂加入量1.0g/kg，降解30d时总石油烃降解率为80.1%。

参 考 文 献

[1] 徐鹏．石油烃代谢菌分泌绿脓菌素对其降解过程的影响作用研究[D]．西安：西安建筑科技大学，2013.

[2] 马强，林爱军，马薇，等．土壤中总石油烃污染(TPH)的微生物降解与修复研究进展[J]．生态毒理学报，2008，3(1)：1-8.

[3] 黄曼曼，邓百万，武晓雨，等．石油污染土壤的微生物修复技术研究进展[J]．黑龙江农业科学，2017(4)：149-153.

[4] 胡天觉，曾光明，黄国和，等．高温堆肥中微生物的生长特征及动力学建模[J]．应用与环境生物学报，2004，10(5)：651-654.

[5] 唐松林．红外光度法测定土壤中的石油类[J]．中国环境监测，2004，20(1)：36-38.

[6] 中化化工标准化研究所．水处理剂与工业用水水质分析方法[M]．北京：中国标准出版社，2003.

[7] 郝青．复合肥料的造粒技术及颗粒特性研究[D]．山西：山西师范大学，2012.

[8] 张逸飞．钟文辉，王国祥．微生物在污染环境生物修复中的应用[J]．中国生态农业学报，2007，15(3)：198-202.

直柴加氢装置停工处理中发生的安全环保问题及解决措施

王莹波　刘俊军　陈正杰

（中国石化洛阳分公司炼油二部，河南洛阳　471012）

摘　要：2.6Mt/a 直馏柴油加氢装置是洛阳分公司关键生产装置，操作工况高温、高压、临氢、介质易燃易爆，易由于操作工况发生变化产生问题。因此在开停工过程中，由于反应温度、压力等关键参数调整频繁，极易发生退油不干净、吹扫不彻底、反应进出料管线温度变化太大等问题，从而导致设备法兰泄漏着火、换热器内漏、污油排放至地面等安全环保事件。本文针对洛阳分公司直馏柴油加氢装置停工过程发生的一些典型问题进行了介绍并进行了深入分析，在此基础上针对如何实现该装置安稳停工检修提出了建议和应对措施。

关键词：环保；吹扫；柴油加氢；安全

1　引言

2.6Mt/a 直柴加氢精制装置是洛阳分公司关键生产装置，操作工况高温、高压、临氢、介质易燃易爆，易由于操作工况发生变化产生问题。在停工过程中，由于反应温度、压力等关键参数调整频繁、工况变化大，容易因为发生退油不彻底、吹扫不干净、反应进出料管线温度变化太大等问题导致设备法兰泄漏着火、有毒气体硫化氢泄漏、换热器内漏、污油排放至地面等安全环保事件，甚至会造成人身伤害。因此加强对直馏柴油加氢装置停工过程中发生的一些典型问题的分析，并根据实际制定合适的应对措施，以实现安全平稳停工检修就显得特别重要。

1.1　在停工大循环阶段反应器出入口法兰发生泄漏

2013 年 12 月，直馏柴油加氢装置因为进行撇头换剂作业而进行了短期停工检修。在 12 月 12 日下午 17 时 30 分，在直柴加氢装置切断进料后，刚刚进入 250℃恒温大循环时（按停工要求须循环至少 2h 后方可进入热氢汽提阶段），即发现反应器出口下弯头部第二道法兰处突然泄漏，现场采取了迅速停进料泵、开反应器下弯头部法兰处灭火圈、系统降压等紧急应对措施，同时通过循环压缩机进行热氢汽提，并将分馏系统改冷循环降温。在处理过程中检查发现反应器入口法兰也有泄漏，保运带压紧不住，只有将反应系统压力降到 3.0MPa 左右，同时新氢机系统隔离泄压，氮气置换，并倒通新氢机入口 2.5MPa 氮气线盲板，开新氢增压机向反应器补氮气置换，保证了安全。漏点处理完毕后，因热氢带油压力低，为避免油带不净，所以 250℃恒温带油持续到 13 日 6 时，保证了带油效果。

1.2　停工热氢带油初期发生泄漏着火

2015 年 9 月停工期间，在 9 月 30 日下午 16 时许，此时直柴加氢装置已切断进料，并结束了 250℃恒温循环，停运了原料泵，刚刚进入了 250℃恒温热氢带油阶段，即发现反应器出口下弯头部第二道法兰处有少量泄漏。于是操作人员迅速联系保运进行紧固作业，但由于处理过程中漏量大引起闪燃，现场紧急停止紧固作业，开反应器下弯头法兰处灭火圈，并采取了系统适当降压，分馏系统改冷循环降温等措施。同时新氢机系统隔离泄压，氮气置换，并倒通新氢机入口 2.5MPa 氮气线盲板，开新氢增压机向反应器补氮气置换，紧急改热氢带油为热氮带油，并延长了带油时间 2h，虽增加了氮气用量和停工时间，但保证了安全。

1.3 原因分析

直柴反应器进出口法兰正常生产期间操作条件是压力 7.0MPa，温度 330℃，在停工期间由于在短时间要进行大幅度的降温降量降压操作，会引起进料油流量与加热炉温控制的不稳定，特别是在停工过程中的温度由 330℃降至 250℃阶段，不仅反应温度变化剧烈，导致了反应器出入口法兰热应力变化很大，热胀冷缩效应明显；而且由于降温导致加氢反应放热急剧减少，为维持反应温度还需要增点反应器火嘴，更导致了此阶段温变剧烈，管线法兰发生了急剧的温度变化，进一步加剧了热应力的变化，以致造成法兰泄漏，而高温油气泄漏到大气极易着火。

1.4 应对措施及建议

(1)在生产中加强对反应器出入口的检查，在设备管理上及时采取热紧处理，特别是在加强开工期间热紧工作的同时，注意在停工降温过程前组织一次针对反应器出入口法兰等关键部位的热紧作业；(2)在检修中保证垫片的材质及检修质量；(3)在操作上一定要控制好降温降压降量幅度，严格执行好升降温、升降压操作要求，严格按照“先降温后降量、先提量后提温”的要求进行操作，并适当延长降温时间和热氢带油时间，降低热胀冷缩效应对反应器出口法兰的影响。

2 E3403 管程内存油问题分析及应对措施

2.1 检修发现 E3403 管程内存油较多

柴油加氢装置停工过程须经过热氢汽提、吹扫置换等工作，将反应临氢系统的全部油品退干净，彻底退净低点残油，以确保安全检修。因此停工退油结束后，要对反应系统各低点放空进行排空检查，以免退油置换不彻底导致安全事故。2013 年 12 月，直馏柴油加氢装置进行短期停工检修进行排油时，发现 E3401 基本没有残油，而 E3403 管程内存油较多，通过接皮带泄到污油罐和临时油桶的措施进行了排放，但耗时超过 1h。

2.2 原因分析

反应进料具体流程是：反应物料通过原料泵 P3401 后，先经过 E3403 管程被分馏单元热出料预热，再与循环氢气混合流过反应器进、出物料换热器 E3401 壳程，后经加热炉加热后进入反应器 R3401 进行反应。反应器流出物料先进入 E3401 管程降温后入热高分 V3402 进行两相分离。因此从流程上看，E3403 管程物料温度最低，而该处介质温度低是造成该处带油不彻底的原因之一。同时管线中气量大小也决定了带油效果，在装置热氢带油时须打开泵 P3401B 出口的冲洗氢线(从循环氢气总管引出)，该管线气量越大，气体线速越高，带油效果越好。但该管径较细，正常流量不到循环氢总量的十分之一，直接导致了 E3403 管程过氢量偏低，因此冲洗氢量也是影响该处带油不彻底的原因之一。

2.3 应对措施及建议

对于换热器内介质温度低的情况，可能在确保反应器内硫化氢浓度的前提下，适当延长热氢汽提的时间，尽可能实现退油彻底。对于冲洗氢量低的问题，可提高循环机转速并保证循环氢在装置压缩机负荷承受范围内全量循环，同时确认关闭冷氢线等相关旁路线。在此基础上，通过适当关小主流程混氢点处氢气手阀(该阀供氢进入 E3401 壳程)，实现增大泵 P3401B 出口冲洗氢量的措施来提高退油效果。

3 透平系统及高低分液控阀 LV4201 备用旁路调节阀处存油问题分析及建议

3.1 检修发现透平系统及高低分液控阀 LV4201 备用旁路调节阀处存油较多

2015 年 10 月在检修中发现，高低分液控阀 LV4201 备用旁路调节阀处拆开后有残油流出约 30L，同时在检修时发现原料泵透平系统也有不少残油，只有通过低点排凝排污油到地下污油罐，给检修造成了一定难度。

3.2 原因分析

以下是两个退油盲点：一是在停工过程中，高分向低分退油时高低分液控阀备用旁路调节阀一直在关闭状态，没有进行开阀扫线退油，导致了其低点存液；二是两台原料泵的透平系统在停工时没有进行扫线退油作业。透平系统具体流程是入口处为压力6.9MPa、温度约190℃的热高分罐V3402，出口处为压力为2.1MPa、温度约180℃左右的热低分油罐V3404，该透平系统利用压差驱动，对高低分间的压力能进行回收，是装置的重要节能设备，但由于该系统在停工前提前停运，退油时对原料泵透平系统残油没有处理。

3.3 应对措施及建议

在热氢汽提后期，适当打开透平系统入口调节阀(开度不可太大)，将透平系统及后路管道残油吹入低分，并打开高低分液控阀备用旁路调节阀，将该处低点存液退入低分。最后在检修时再通过低点排凝检查。同时进一步完善停工处理方案，条条管道落实到人，确保吹扫彻底，不漏过任何一条管道。

4 精柴出装置流量计处大量存油问题分析及应对措施

4.1 直柴FV4416阀组精柴出装置流量计处检修期间发现大量存油

2011年直馏柴油加氢装置检修期间时，在处理精柴出装置流量计时，发现该处大量存油，给检修造成了很大的安全困绕，不得不通过蒸汽掩护、接皮带到临时油桶等措施进行了安全处理。

4.2 原因分析

当时蒸汽吹扫工作是安排各小组分片负责。分馏系统吹扫小组负责该处管线的吹扫，在分馏吹扫完成前，打开精柴出装置泵P3405出口蒸汽线对该线进行了彻底吹扫。但是后来反应系统吹扫小组发现反应高分处液位没有压净，便顺序压到热低分，鉴于当时分馏已吹扫完成并隔离，该小组便打开反应小循环线将热低分存油经精柴出装置阀组FV4416处不合格油线压出了装置。这次过油后两个小组没有进行沟通，导致该管线没有进行再次吹扫，致使该处大量存油。

4.3 应对措施和建议

对于停工蒸汽吹扫，要做好扫线的组织协调工作，加强沟通，不能各自为战，特别是针对吹扫过但又二次过油的管线必须再次吹扫，才能为安全检修创造良好条件。

5 E3407壳程入口拆法兰时发生大量漏油问题分析及应对措施

5.1 换热器E3407壳程加装盲板作业时发现法兰处大量漏油

2016年10月28日，直柴装置由于局部检修进行分馏塔进出管道加装盲板作业，在作业人员撬开分馏塔进、出换热器E3407壳程两个法兰面时冒出了大量油水混合物。在监护人员要求下，作业人员立刻停止了该处加盲板作业，并对该法兰进行了紧固。经检查，该管道蒸汽吹扫及排凝不彻底(该处排凝口不通)。后采取措施对该处管道进行了两次彻底吹扫，并在对该处排凝口进行了疏通、彻底排凝后，安排作业人员完成了加装盲板作业。

5.2 原因分析

由于这次检修属于局部处理，因此该处分馏塔进料线(E3407壳程)吹扫流程是：从装置原料泵P3400出口给蒸汽，先经过原料过滤器旁路，再通过原料阀组处的分馏塔T3403垫油线至E3407壳程前，经E3407壳程入塔，将T3403进、出换热器E3407壳程的油吹到塔内。由于流程超过100m，加之吹扫蒸汽阀开度小，导致管道没有吹净；特别是该处排凝阀堵，只有通过进口管线温度升高作为判断是否吹通的依据，而E3407壳程当时热油尚未冷却，从而造成误判，几乎酿成事故。

5.3 应对措施和建议

加强对吹扫过程的管理，落实责任，针对长流程吹扫要从蒸汽量、时间等多方面关注吹扫效果，特别是要保证吹扫时间，同时要加强检查，特别是注重打开排凝检查，如排凝阀堵应及时疏通处理，以避免误判。在吹扫管线长的情况下，在加强疏水排凝，消除水击的前提下，应适当开大蒸汽手阀，加大蒸汽量；在此基础上应适当延长吹扫时间，同时注意利用该处管道下的低点排凝阀进行吹扫质量的检查，确保吹扫干净。

另外，2015 年在检修打开反冲洗污油罐时还发生了罐内部冒烟现象，当时采取了紧急通入蒸汽，并持续吹扫到安全状态的措施。经分析，其原因为：该罐正常情况下是接收原料过滤器反冲洗污油，然后送到罐区。由于长期使用，罐底形成了污油层，虽然进行了蒸汽吹扫，但由于没有进行水冲洗，导致罐底存有不少由残液长期积聚形成油污，无法吹出，导致打开反冲洗污油罐后，油气挥发自燃，影响了吹扫效果。建议：一、引水进入罐内，通过水冲洗送走底部积液；二、同时增加蒸汽吹扫量及吹扫时间。

6 循环氢脱硫塔置换不彻底问题及分析

2015 年检修时，当打开循环氢脱硫塔后，经化验分析发现该塔内硫化氢浓度达 46mg/m^3，不具备安全条件，不得不推迟检修作业。经分析确认为置换不彻底。从流程上看，该塔置换是和反应系统一起置换的。置换流程是：在反应循环机 C3402 出口注入氮气(走反应气循环流程)，经气体换热器 E3402 壳程，通过反应进、出换热器 E3401 壳程、加热炉，再到反应器 R3401。反应器流出物经 E3401 管程、热高分、E3402 管程，再通过空冷、冷高分进入循环氢脱硫塔 T3401，经过 T3401 后进入压缩机入口分液罐 V3406。置换气体通过 V3406 压控后路排入低压火矩系统，采样点在 V3406 处。循环氢脱硫塔硫化氢气体由于密度较大，较多在 T3401 底部积聚，较难排出。根据流程分析，T3401 底部可能还有溶解有硫化氢气体的富胺残存液，其挥发会进一步增加该处的硫化氢浓度。从操作上看，由于停工期间低压火矩负荷太大，在第二次及第三次置换时经常采用开 E3401 管程低点排凝泄压的方式。这种在循环氢脱硫塔 T3403 前路泄压的方式更使该塔底较重的硫化氢气体难以置换干净。

7 应对措施和建议

一、从流程上着手，改变传统置换方式，建议在置换泄压阶段，在通过 V3406 压控后路泄低压火矩置换的同时，打开循环氢脱硫塔 T3403 底部到富胺罐液控阀 LC4308 及相关手阀，将气体经该塔底部，走富胺罐顶部酸性气线送至 PC4318(硫化氢汽提塔压控)处，在该处放低压火矩。通过这两路放低压，既可加快泄压时间，也可实现 T3403 置换彻底。二、严格置换要求和标准。据了解其他加氢装置也或多或少存在置换不彻底的同类问题，因此在置换上应严格标准，置换氮气升压必须达到 0.6MPa 以上，而泄压必须达到 0.02MPa 以下，这样通过至少 3 次的彻底置换，实现安全检修。

8 其他泄漏问题及应对措施

在 2011 年检修时发现，部分油泵地下排放线泄漏造成污染，经检查是地下密闭排放线腐蚀导致，通过及时隔离进行破土施工，更换管线处理好；在 2013 年 12 月 12 日晚上 20 时，接到民众有关炼油厂臭异味的投诉，紧急排查，现场切断含硫气外送气手阀。经检查发现部分阀门有泄漏，污油罐法兰大盖有些许泄漏，于是停止了装置所有排油作业，包括 E3402 残油排放、E3401 残油排放、V3424 残油排放、V3406 残油排放等，通过对泄漏部位进行检修处理，消除了异味；12 月 12 日晚上 20 时，在 E3412 排水中发现排出有油，紧急停排，接皮带引到地下污油罐排放，经检查发现是 E3412 换热器内漏(由于内漏导致油进入水中，造成部分油污排到现场)，经检修更换 E3412

内芯后处理好。

2015年在检修中还发现直柴装置管廊外含硫气管线没有进行吹扫处理，导致在检修中发现含硫气泄漏，虽立刻采取了隔离、吹扫等措施，消除了安全风险，但造成了很不好的影响。分析原因：一是该管线属管廊外含硫气管线，在方案上没有考虑；二是在具体处理中仅利用反应系统氮气置换时，通过向含硫气系统、低压串气的方式对其进行了置换，没有对装置管廊外的含硫气系统进行单独蒸汽吹扫处理。建议：一、进一步加强与调度沟通，明确界区各管线的吹扫责任，从而在方案中加以明确，确保每条管线都吹扫干净；二、加强对界区管线的吹扫管理，专人负责，防止百密一疏，导致事故。

9 直柴污油罐冒罐事件分析及处理

2015年9月底在停工处理中发现，直柴污油罐高处排放口有污油喷出，造成了安全环保问题。经分析，其原因是：一、由于停工期间热油带压排放，导致污油罐内部串压；二、污油罐放低压手阀关闭，放大气阀门开启，导致带压热油从该阀出喷出。应对措施及建议：一、严格操作要求，严禁热油带压排入污油罐，特别是在停工期间，多路污油同时排入污油罐时更须特别慎重，防止串压；二、原则上不开启污油罐放大气阀门，打开污油罐放低压手阀，当污油罐串压时，油气串入放空罐，通过密闭排放消除安全环保隐患。

10 封油罐冒罐事件分析及处理

2013年12月13日早5时，封油罐冒油，造成了安全环保问题。经分析，其原因是：停工后，由于后路热油泵停运，其封油线关闭(开工初期曾发生过因停用泵开启封油线导致封油经泵入口窜入塔内或密闭排放至地下污油罐问题)，从而导致所需封油量大幅减少，而封油罐入口液控阀内漏，加之现场未及时、有效确认处理，造成封油罐液位满导致冒罐，从顶部溢流管溢出(设计流出液经油漏进入地下污油罐)，因油漏至地下污油罐流程堵塞，导致封油罐满罐憋压。由于封油罐满罐憋压，导致其玻璃板液面计受压损坏，部分封油自损坏处漏出，对安全停工造成了很大威胁。应对措施和建议：一、停工期间加强封油罐的监护，根据生产实际及时对其进行隔离并停运封油泵；二、进行维修，检修其液控阀，更新玻璃板液面计，消除其泄漏隐患；三、疏通封油罐顶溢流管至地下污油罐流程，当封油罐突发满罐时，通过密闭排放消除或避免安全环保事故。

11 结论

直柴加氢装置停工检修处理过程发生的泄漏、着火、吹扫不干净、置换不彻底、组织疏失等安全环保问题很具有代表性，在其他加氢装置中也经常发生，因此在生产中优化停工处理方案、严格操作要求，并加强组织检查，及时总结经验教训，进一步加深对装置的理解，未雨绸缪，才能确保直柴加氢装置安稳优停工检修。

节能节水减排

S Zorb 装置加热炉节能优化及完善设计

王　怡

（中国石化工程建设有限公司，北京　100101）

摘　要：随着我国经济的高速发展，工业化进程的不断加速，环境污染问题日益突显，大力发展绿色能源产业势在必行。中国石化于 2005 年引进了 S Zorb 工艺技术，并完善提高了其工艺技术。在总结多套 S Zorb 装置设计经验的基础上发现通过增加余热回收系统、更换预热器形式以及更换部分炉管管径可以提高加热炉热效率，减少企业运营成本，并通过处理、分析现场问题，进一步完善 S Zorb 装置的详细设计。

关键词：S Zorb 装置；优化设计；节能增效；负压波动

1　引言

近几年，随着环境污染问题的加剧以及汽车保有量的日渐增长，大众对清洁燃料的重视及要求越来越高。鉴于此，中国石化引进了 S Zorb 工艺技术。S Zorb 是美国康菲石油公司开发的一项生产低成本清洁燃料油（无硫汽油）的工艺技术，旨在提高燃料中的氢含量，将汽油含硫量降至超低标准，并保护汽油辛烷值等。2005 年完成国内首套 S Zorb 装置设计后，中国石化正式购买了康菲公司 S Zorb 工艺包的专利权，并在随后的设计中对 S Zorb 工艺技术进行了一系列的设计优化及改进。S Zorb 装置加热炉部分的基本配套设备为一台对流-辐射型立式圆筒炉及一套余热回收系统和相应的独立排烟装置。随着 S Zorb 工艺技术的日益成熟，装置加热炉部分的设计也在分析问题、总结经验的基础上进行相应的设计优化及改进。下面对优化方案进行详细介绍。

2　优化方案一：增设余热回收系统

国内首套 S Zorb 装置是整体购买美国康菲公司的 S Zorb 工艺包，装置加热炉仅设定为一台对流-辐射型立式圆筒炉。通常单体加热炉的排烟温度在 270～350℃，这样的高温烟气直接排入大气不但造成能源浪费，而且增加生产企业的运营成本。一般燃烧用空气温度每提高 20℃，加热炉热效率提高约一个百分点。通过增加余热回收系统回收高温烟气余热的方式来预热燃烧空气，促进炉膛内燃料的充分燃烧，是节能增效的有效手段之一。因此后续 S Zorb 装置加热炉部分的设计均增设了配套余热回收系统。

以 A 厂 2005 年国内首套 S Zorb 装置为例，其装置加热炉部分的设计仅为一台圆筒炉，操作介质为汽油+氢气（纯气相），分四路进料，操作温度为 371～419℃、操作压力为 3.328～3.204MPa（A）；对流室末端加热循环氢气，一路进料，操作温度为 108～427℃、操作压力为 3.797～3.795MPa（A）。燃烧器为气体燃烧器，自然供风。计算排烟温度为 250℃，全炉计算热效率为 85.4%，燃料气用量为 780kg/h。2009 年该装置停工改造，增设一套余热回收系统以提高装置加热炉热效率。改造后计算排烟温度为 160℃，全炉计算热效率为 91.1%，燃料气用量 720kg/h。相较改造前，加热炉计算排烟温度降低了 90℃，燃料用量减少了 7.7%，热效率提高了 5.7%。通常炼厂的瓦斯单价约为 3400 元/t，装置增设预热器后，该加热炉每年（8400h）仅燃料气部分可节省约 171.36 万元。由此可见，通过此番优化设计，不但达到了降低排烟温度、减少排烟热损失，起到了节能减排的效果，同时还带来了可观的经济效益。

3 优化方案二：更换预热器形式

最初S Zorb装置加热炉预热器采用的热管式空气预热器，其设备中两换热流体(冷空气及热烟气)均走在管外，因此，热管可以充分翅片化以扩大传热面积，提高传热效率。因设备中的热管为独立的传热元件，拆卸方便，所以在设备运行过程中单根或部分热管失效时，并不影响设备正常运行。而且热管管内传热工质无毒无腐蚀不可燃，并在负压下运行，因此不存在工质泄露的安全隐患。但热管式空气预热器经过一段时间的运行后，由于热管自身材质质量及焊接质量等因素，其在运行过程中会受烟气腐蚀，导致换热效率下降。此外，还有部分热管会因管内工质与热管钢壳反应产生部分不凝气导致热管失效，或因换热温度过高导致热管爆管的失效情况。因此，热管式空气预热器的烟气入口温度通常不可高于450℃。考虑到设备的冷端低温腐蚀情况，烟气出口温度一般设定在120~130℃。基于热管失效、不耐腐蚀、高温爆管等问题，热管式空气预热器已不能满足当前更高的增效节能的要求，于是后续装置设计中预热器采用了铸铁式空气预热器。其设备不易损坏，使用寿命长，结构可模块化便于其大型化，且对烟气入口温度无要求，高温烟气可直接通入设备进行换热。其最大优势是耐低温露点腐蚀。换热后的烟气温度最低可降至110℃左右。

以2009年A厂S Zorb装置改造项目为例，其预热器采用热管式空气预热器。计算排烟温度为160℃，全炉计算热效率为91.1%，燃料气用量为720kg/h。若将该装置预热器形式更换为铸铁式空气预热器，计算排烟温度设定为110℃，最终全炉计算热效率可达93.3%，燃料气用量为700kg/h。因此，若该套装置更换预热器形式，则加热炉部分燃料气消耗量又可减少2.8%，同时热效率可再提高2.2%。

4 优化方案三：更换对流段末端循环氢管径

S Zorb装置加热炉对流室上部盘管用于加热循环氢。2013年B厂1.2Mt/a S Zorb催化汽油吸附脱硫装置按当时工艺条件，循环氢段炉管管径采用ϕ168炉管，共16根，表面平均热强度略低。2015年相同处理量的C厂1.2Mt/a S Zorb催化汽油吸附脱硫装置，其循环氢段炉管管径统一由ϕ168改为ϕ114炉管，共18根，其相关对比如表1所示。

表1 管径对比表

循环氢盘管	ϕ168炉管	ϕ114炉管
总表面积/m^2	573	464
表面平均热强度/(W/m^2)	9292	12643
总重/kg	7160	5217

可见，管径更换后，相同装置的炉管总重减少27%，炉管管壁表面平均热强度提高了36%。炉管传热效率提高的同时经济效益也得到了明显提高。

5 装置现场优化及改善

5.1 装置现场概况

某厂S Zorb装置加热炉出现炉顶压力波动现象，并反应在装置控制流程中关停引风机，采用加热炉自排的方式，加热炉装置即可正常操作且各项指标恢复正常。装置现场示意如图1所示，在排查现场烟道内无异物堵塞且炉顶烟道挡板控制未失效的情况下，又核查了风机的清购文件，并与动设备及鼓、引风机厂家沟通了解后确认引风机选型也不存在过小问题。后续在核查烟道设计时注意到，由于该厂S Zorb装置占地条件非常紧张，引风机与独立烟囱定位距离过近，导致引风机出口到进入独立烟囱这段冷烟道过短，且该段冷烟道上还设置有一套两位式密封烟道挡板。鉴于上述条件，该段烟道截面尺寸直接采用引风机出口的尺寸，未做扩径处理。该引风机本体进、出口的机械尺寸较小，且烟道内还设置有内保温，因此该段烟道内实际流通截面过小。除该段烟道外，其余烟道截面尺寸均按《加热炉余热回收烟风道系统设计规定》中规定相应介质流速来确定。

5.2 问题分析及解决方案

通常烟气量 Q 及烟气温度 T_g 不变的情况下，流通截面面积的改动直接影响通过该截面介质流速，而介质流速的变动直接反应在通过该截面的压力降，其关系如下：

烟气密度：
$$\rho_g=\frac{29}{22.4}\times\frac{273}{T_g}=\frac{353.44}{T_g}$$

烟气质量流速：
$$V_g=\frac{Q}{S\cdot\rho_g}$$

压力降：
$$\Delta P=\frac{f\cdot L\cdot V_g^2\cdot T_g}{177\cdot d_e}$$

因引风机前后温度 T_g 基本无变化，可视为不变，所以引风机前后烟气密度不变。在烟气量 Q 保持不变的情况下，烟气流速 V_g 仅与流通截面 S 成反比关系。当流通截面 S 越大，通过该截面的烟气质量流速 V_g 越小。反之，当流通截面 S 越小，该截面的烟气质量流速 V_g 越大，烟气流动过程中的压降 ΔP 与其质量流速 V_g 的平方几乎成正比。

以该装置情况来分析：烟气量为 5.16kg/s，冷烟道内保温层厚 75mm，引风机出口截面面积为 0.264m^2，与之衔接的冷烟道流通截面面积为 0.128m^2，该截面烟气质量流速 40.31kg/m^2·s。而入引风机前的冷烟道截面面积为 0.332m^2，通过该截面烟气质量流速 15.54kg/m^2·s。

引风机出口处压力为 ΔP_1，质量流速 V_{g1}；引风机入口处压力为 ΔP_2，质量流速 V_{g2}，于是：

$$\frac{\Delta P_1}{\Delta P_2}\propto\frac{(V_{g1})^2}{(V_{g2})^2}=\frac{40.31^2}{15.54^2}=\frac{6.7}{1}=6.7$$

可见，烟气通过引风机后压力降 ΔP 陡然增大。一旦操作过程中燃料或操作负荷等因素稍有变动，就会导致进独立烟囱前压力值的波动，从而引发炉顶压力波动现象。因此亟需将该段冷烟道截面扩大，以保证引风机进、出口处烟气质量流速相差不大，即引风机进、出口处的压力值变动均衡。在该现场实际条件有限的情况下，摘除两位式挡板以增加烟道空间长度。在保持烟道截面横向开口尺寸不变的基础上，仅扩大截面纵向开口，并将此段烟道的内保温去除，改为外保温，最终该段烟道扩张到实际流通截面面积为 0.4455m^2，通过该截面的烟气质量流速为 11.58kg/m^2·s。如图 1、图 2 所示。

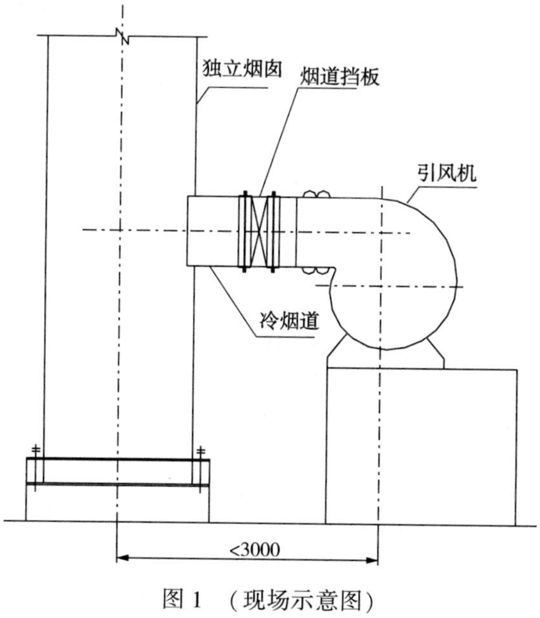

图 1 （现场示意图）

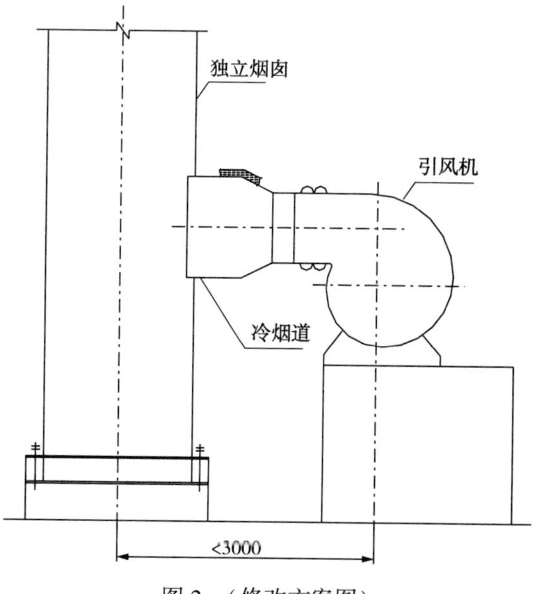

图 2 （修改方案图）

改造后该段压力降为 ΔP_3，质量流速 V_{g3}，于是：

$$\frac{\Delta P_3}{\Delta P_2} \propto \frac{(V_{g3})^2}{(V_{g2})^2} = \frac{11.58^2}{15.54^2} = \frac{0.56}{1} = 0.56$$

经此调整修改后，现场反馈炉顶压力恢复平稳正常。

5.3 小结

首先，前期规划中应尽量避免设备间定位距离过近的情况。其次，遇到占地紧张的设计条件，应避免在短距离的流通截面上出现突变的情况，将截面设计成扩散状，使截面的变动成循序渐变式，保证通过截面的介质质量流速不形成突变产生涡流。随着科技的发展，新设备、新手段的不断涌现，一套装置的设计不应一成不变，设计人需要在实践摸索以及经验总结中不断完善提高设计，并使设计成品更节能、更环保。

参 考 文 献

[1] 钱家麟，等．管式加热炉[M]．北京：中国石化出版社，2003：189-191，522.

[2] 王德瑞．铸铁式空气预热器及工业应用[J]．炼油技术与工程，2012，(2)：41-45.

3# 循环水场全系统优化实例探讨

管清华

（中国石化九江分公司，江西九江　332004）

摘　要：对九江石化3#循环水场生产运行进行全面分析，提出了系统存在换热器、冷却塔、泵、泵出口配件四方面制约循环水运行的问题，并针对性地通过换热器工况调整、冷却塔及风机优化、机泵配备更新、泵出口压降优化等措施，对系统全面优化。3#循环水系统优化后，节循环水8%、节电18.5%，效果明显，实现了全系统节能高效运行。

关键词：循环水；系统优化；节能；高效运行

1　引言

对于运行年限长的循环水场，尤其是系统用户对循环水需求复杂的循环水场，在设备方面及系统操作调整方面均存在节能空间。针对不同的循环水系统，系统、合理地分析其节能潜力，针对性进行系统优化，对于循环水场节能工作有重大意义。

2　3#循环水场系统概况

2.1　3#循环水场系统优化前运行情况

3#循环水场设计处理水量12500t/h，供水压力0.35~0.45MPa，循环冷水温度≤32℃，循环热水温度≤42℃，循环水场配置5座2500t/h逆流式冷却塔，5台轴流风机（L85A），9台离心泵（2台2000m^3/h、2台1900m^3/h、5台1800m^3/h），3组旁滤池（共700m^3/h），主管网布置较为规整及平坦，外供Ⅱ催、聚丙烯、连续重整、Ⅲ加氢、Ⅳ加氢等装置冷却用水。

2.2　优化前存在的问题

2.2.1　换热器工况差异大，部分换热器工况限制循环水系统运行调整

对循环水进出水管径DN100及以上的3#循装置换热器进行普查，各换热器进出口温差差异性较大，具体情况如图1所示，61.4%的换热器循环水进出口温差在0~5℃，存在较大的调节空间；18.2%的换热器循环水进出口温差在5~10℃，该温度范围基本符合换热器设计运行规范要求；20.4%的换热器温差大于10℃，该类换热器虽然目前能够满足工艺的需求，但在运行期间不仅有极大的结垢风险，而且限制循环水场风机开停等日常节能操作及生产运行调整（如：管网压力控制、出水温度控制）。

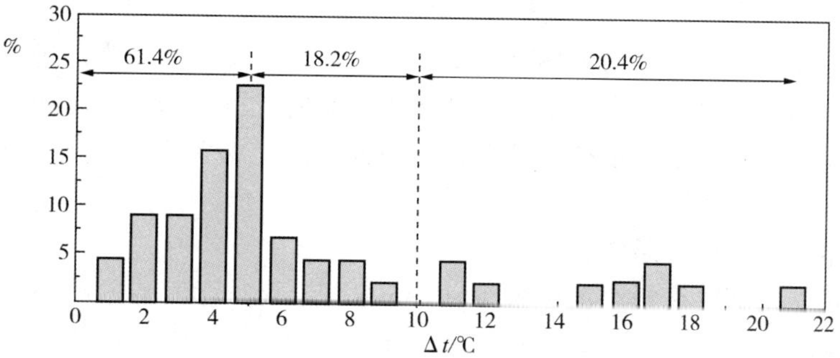

图1　优化前换热器循环水温差分布图

2.2.2 冷却塔效率低，风机无变频措施

目前3#循环水场5间冷却塔不同程度上存在填料老化、破损，布水汇流等情况，2014年7月，环境温度为27.8℃时，对3#循环水场5间冷却塔进行性能普查(风机全开)，粗测冷却塔冷却性能较低，平均温差仅4.2℃。具体情况如表1所示。

表1 优化前各冷却塔温差情况表

塔位号	单塔设计量	上塔温度/℃	出水温度/℃	温差/℃
T1331	2500	33	28.8	4.2
T1332	2500	33	28.2	4.8
T1333	2500	32.7	28.4	4.3
T1334	2500	32.8	28.8	4
T1309	2500	32.5	28.8	3.7
平均				4.2

2.2.3 泵扬程与系统压力不匹配，泵效率低

优化前配备的水泵仅有两种扬程(59m和50m)，系统常年运行压力波动在0.35~0.45MPa，这意味着泵的设计扬程至少高于泵实际运行扬程5~15m，泵扬程与系统压力不匹配。同时，经实验测算泵效率约为78%。

2.2.4 泵出口管阻大，泵出口压力与管网压力压差大

3#循环水场1997年建设并投用，泵出口配制的是阻力损失大的虾米弯头及老式蝶阀，2014年6月对3#循环水场运行机泵出口压力与管网压力压差进行普查，平均压差高达4.5m水柱，具体情况见表2。

表2 优化前泵出口压力与管网压力压差情况表

序号	泵出口压力/MPa	管网压力/MPa	压差/MPa
1	0.46	0.41	0.05
2	0.45	0.41	0.04
3	0.45	0.41	0.04
4	0.46	0.41	0.05
平均			0.045

3 优化方案

3.1 对装置换热器的优化调节

将装置换热器大致分为四类：高位的换热器、换热效率低的换热器、循环水流量调节不当的换热器、一般换热器。方案主要针对高位换热器(二催E-309A等14台)、换热效率低的换热器(二催E-205等)、冷却水流量调节不当的三类换热器进行优化调整。

对于高位换热器及换热效率低的换热器主要以确保物料介质冷却量为前提，合理增大循环水进水阀门开度。对于冷却水流量调节不当换热器基于换热器内流速、物料出口温度、循环水进出口温差符合要求的前提下调整循环水进水阀门开度，合理分配循环水水量，保证高位换热器及换热效率低换热器的循环水量。

换热器流量调整需满足以下条件：

(1) 应确保换热器内部管道最小流速大于>0.8m/s，否则，管道结垢速率将会极速增大，从而影响系统的安全稳定性；

(2) 循环水进、出口温差Δt一般应小于10℃，在特殊需求情况下可大于10℃；

（3）物料出口温度应小于报警温度或者控制最高值，考虑系统安全富裕量，物料出口温度应该小于报警温度或者控制最高值 2~5℃。

根据换热器不同结构参数，基于管内流速 u>0.8m/s 计算，并额外预留富余量得到各运行换热器进出口最小流量或最小压差，通过调节循环水进出口阀门开度进而调整循环水进水流量或换热器进出口压差大于各换热器测算的最小值，从而确保换热器内部结垢速率等参数满足技术要求。

换热器调整方案以二催 E-309 等 9 台换热器为例。如表 3 所示。

表 3　E-309 等 9 台换热器优化方案

装置名称	换热器信息		调整后系统参数					
	位　号	名　称	按 0.8m/s 计算压差/MPa	按此压力工艺预期出口温度/℃	工艺出口报警温度/℃	压力修正/MPa	修正后工艺出口温度/℃	流量降低幅度/%
2#催化	E-205A	分馏塔顶油气冷却器	3.194	54.70	40	7.8	42.50	0.00
	E-309AB	稳定塔顶油气冷凝器	0.999	38.61	40	0.999	38.61	59.92
	E-308	气压机组及中间冷却器	2.191	30.82	90	2.191	30.82	-21.20
连续重整	E-107	预加氢汽提塔顶后冷器	2.38	33.79	45	2.38	33.79	49.44
	E202A	反应器出冷却器	1.98	27.39	45	1.98	27.39	14.59
	E202B	反应器出冷却器	1.88	28.05	45	1.88	28.05	-17.38
	E-208	C7+出装置冷却器	2.28	24.17	45	4.5	25.50	0.00
	E-212	脱戊烷塔顶后冷器	2.38	33.09	45	2.38	33.09	-33.10
	E-213	C4/C5 脱塔后冷器	2.28	44.64	45	4.8	41.09	-41.42

3.2　更新冷却塔配件，增设变频风机

针对冷却塔存在填料老化、破损，布水汇流等情况，更新塔内填料、三溅式喷头、支撑架及收水器。

同时考虑外界环境气象因素中每日各时间段及各季节的环境温度差异较大，直接导致循环水水温差异大，以及风机的开停将直接大幅度的影响循环水水温的特点，投用两台变频风机，根据出水温度实时反馈调整风机频率，不仅使冷却塔的控制比较灵活和精细，还能使水温控制平稳，高效节能[2]。

3.3　对机泵组合进行调整，投用变频机泵

改造后的泵均为高效泵，扬程为 40m 和 41m（其中 3#变频泵 48m 扬程），使运行扬程与设计扬程相匹配，具体见表 4：

表 4　优化方案机泵配置表

序号	设备位号及名称	参　数	数　量
一	高效水泵		
1	3#	Q=2000m³/h、H=48m	1
2	4#、5#、9#	Q=2000m³/h、H=41m	3
3	1#、2#、6#、7#、10#	Q=2800m³/h、H=40m	5
二	高效电机及变频电机		
1	4#、5#、9#	YKK-4、IP55、6kV、355kW	3
2	3#	YKK420、IP55、6kV	1

续表

序号	设备位号及名称	参　数	数　量
三	水泵调速系统		
1	高压变频	YPT420、IP55、6kV	1

选型依据[3]：装置最高位换热器(连续重整 E-106、E-107 等 7 台)标高为 22m，换热器压差预留 10m，考虑管线各种流阻和系统压力富余量，系统压力控制在 0.35～0.4MPa 即可安全稳定运行，根据基础年份的水量，全年水量除个别月份水量高于 $10000m^3$，其余月份水量均在 8000～$10000m^3$ 范围内，按系统管网压力预估 0.36MPa 配套投用 4 台高效水泵及电机(配备表中 3#、4#、5#、9#泵及电机)作为常年运行的泵组合，同时运行时总流量可达 $10000m^3$，同时将其中 1 台机泵配套投用变频[4]，这 4 台泵运行流量可变频控制在 8000～$10000m^3$。最后考虑到个别月份水量超过 $10000m^3$，增加平时运行的水量富余量，其余新泵选择 $2800m^3$ 额定流量。

3.4 泵出口配件更新，降低机泵出口压力与管网压力压降

针对机泵出口压力与管网压力压差高达 4.5m 水柱的问题，将原泵出口虾米弯头及老式阀门更换为低阻无缝弯头及低阻阀门。

4 方案实施后效果

4.1 换热器部分

优化调整后，多次对循环水进出水管径 DN100 及以上的 3#循装置换热器进行普查，绝大部分换热器循环水进出口温差在 5～10℃范围内。具体见图 2。

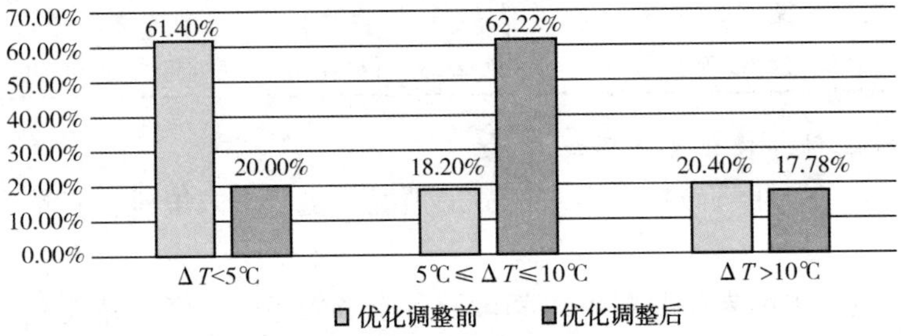

图 2　优化前后换热器温差对比图

优化调整后 E-309 等 9 台换热器工况见表 5。

表 5　E-309 等换热器调整后工况(2015-3-25 环境温度 20～22℃)

序号	换热器名称	标高/m	循环水进出水管径(DN)/mm	壳程介质	物料侧温差/℃	循环水温差/℃	循环水阀门开度(进)/%	循环水阀门开度(出)/%	循环进水压力/MPa	循环出水压力/MPa
1	E-205A	15	250	油汽	34.8	12	100	20	0.182	0.161
2	E-309AB	20	200	液化石油气	12.2	4.6	90	50	0.134	0
3	E-308	5	250	富气	60.4	13.1	30	10	0.242	0.185
4	E-107	22	150	液化气	4.1	2.1	70	15	0.072	0.008
5	E202A	22	150	重整生成油气	8	3.3	80	20	0.041	0.019
6	E202B	22	150	重整生成油气	10.3	5.3	80	20	0.046	0.018
7	E-208	22	100	C_7^+ 汽油	9.7	3.3	70	50	0.062	0.013
8	E-212	22	100	瓦斯	9.6	6.1	90	30	0.072	0.06
9	E-213	22	100	液化气干气	11.4	13.6	90	50	0.065	0.016

4.2　冷却塔及风机运行

优化改造后，冷却塔冷却能力普遍提高，2016 年 7 月，相似环境条件下，风机负荷全开冷却塔平均温差可达 5.5℃，基本达到凉水塔平均温差要求，较优化前平均温差 4.2℃提高了 1.3℃。同时利用风机变频的时间设定，使变频风机在夏季及日间水温较高时段处于高频率(80%~100%)运行，春秋冬季及夜间水温较低时段处于较低频率(70%~80%)运行，提高了冷却塔出水温度调整操作的精细化程度，在维持水温稳定的同时实现节电。

4.3　机泵运行

优化改造后，通过系统降压实验，3#循系统压力长期运行在 0.36MPa，3#、4#、5#、9#泵作为常年运行的泵组合，实现了流量按需变频控制在 8000~10000m^3 范围内，个别月份按需切换泵实现总流量大于 10000m^3。

同时对照优化后水泵特性曲线，在管网压力 0.35~0.42MPa 工况下，泵效率均在 90.41%~93.46%的高效区内，效率较原机泵大幅度提升。

4.4　泵出口压力与管网压力压差部分

泵出口更换低阻无缝弯头及低阻阀门后，泵出口压力与管网压力压差明显降低，对 3 种不同工况进行统计，平均压差由原 4.5m 水柱降至 1.8m 水柱。具体见表 6。

表 6　优化后泵出口压力与管网压力压差情况表

	循环水量	平均泵出口压力/MPa	管网压力/MPa	压差/MPa
工况 1	10760	0.389	0.370	0.019
工况 2	9800	0.386	0.369	0.017
工况 3	8180	0.377	0.360	0.017
平均				0.018

4.5　优化后的节能效果

2015 年 6 月 3#循环系统整体优化完成调整，统计优化后年度(2015 年 7 月~2016 年 6 月)与优化前年度(2013 年 7 月至 2014 年 6 月)数据，通过节水及节电两方面展开节能分析如下：

4.5.1　节水分析

2015 年 6 月 3#循环系统整体优化完成调整，在忽略目前装置热负荷增加对循环水量需求增加的不利因素条件下，统计 2015 年 7 月~2016 年 6 月数据，与优化前全年比较，循环水量仍然降低 6.62Mt，具体情况见图 3。

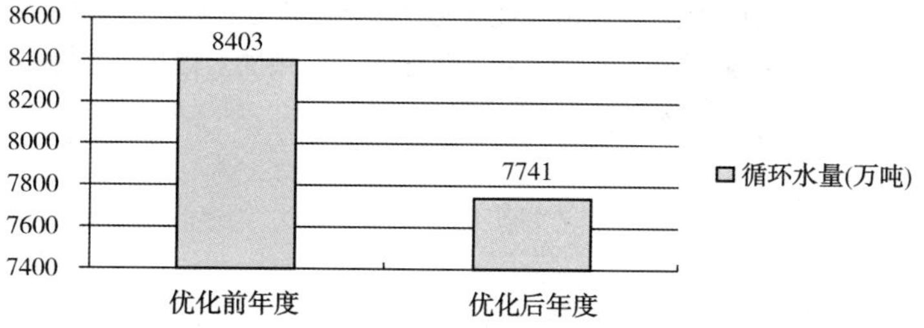

图 3　优化前后循环水用水量对比图

按循环水补新水率 1%及新鲜水单价 0.96 元/t 计，节水效益达 64 万元/a。

4.5.2　节电分析

2015 年 6 月 3#循环系统整体优化完成调整，在忽略目前装置热负荷增加对循环水量需求增加的不利因素条件下，统计 2015 年 7 月~2016 年 6 月数据，与优化前全年进行比较，节电效果仍然明显，循环水单位电耗降低 0.027kWh/t，降低幅度达 11%，年度总电量环比降低 382.4×10^4kW·h，按电费0.67元/度计，节电效益高达256万元/a，具体情况见表7。

表7　优化前后电能耗对比表

	循环水电单耗/(kW·h/t)	耗电量/(10^4kW·h)
优化前年度	0.245	2076.6
优化后年度	0.218	1694.2
降低幅度	11%	18.5%

5　存在问题及进一步优化方向

(1) 装置热负荷改变，换热器工况相应改变，导致部分换热器实际处理负荷超出设计负荷，在全开换热器循环水进出口阀前提下，统计内仍然有17.78%的换热器温差超过10℃(最高达21.2℃)难以满足新工况，制约循环水场整个系统的运行及操作(如：管网压力控制、出水温度控制)，造成循环水场能耗大幅度浪费。该类生产情况宜对个体换热器单独投用技改措施(如：加喷淋、优化物料进换热器前空冷效果、加旁路换热器减小单台换热器负荷、加伴管冷却、单独增设增压泵等)，是目前循环水系统需进一步优化的方向。

(2) 在冷却塔上塔阀门的调节控制单塔流量的操作层面存在进一步优化空间：开停风机或大幅度调整变频风机时，单塔水温变化明显，各塔间下水温度差异明显，在操作层面可与在开停风机后适当灵活调整上塔阀门开度，减小各冷却塔出水温度的差异，保持开停风机或大幅度调整变频风机前后的出水温度稳定。

6　结语

通过装置换热器调整、冷却塔及风机优化、机泵配备更新、泵出口压降优化这四方面对3#循环水场系统优化改造，实施后通过一年多时间的运行，能满足装置对循环水的生产需求，循环水量降低8%，耗电量降低18.5%，实现了系统节能高效运行，同时也为进一步优化其他循环水场提供了很好的方向。

参　考　文　献

[1] 邬田华，许国良，王晓墨，等．工程传热学[M]．北京：中国电力出版社．2011.
[2] 鹿纪广，夏亮，刘锦程，等．石油化工循环水系统节能优化技术探析[J]．化工管理，2017，(19)：112-114.
[3] 姜乃昌．泵与泵站[M]．5版．中国建筑工业出版社，2007：147-154.211-216.
[4] 汤跃，马正军，戴盛，等．冷却循环水系统节能及应用[J]．排灌机械工程学报，2012，30(06)：705-709.

西区生化系统 A/O 工艺的运行分析

见识广

（北京燕山威立雅水务有限责任公司西区水净化车间，北京　102500）

摘　要：本文通过生化 A/O 工艺近两个月的运行数据分析，得出进水负荷在小于 0.15kgBOD$_5$/kgMLSS · d、小于 0.3kgTN/kgMLSS · d 的情况下生化系统对 BOD 的降解较彻底（达到 97%以上），脱氮效率也基本达到理论效率（72%）。目前车间控制的泥龄偏短，适当延长至 25d；目前进水水质情况下曝气风量理论值为 83.82m^3/min，以此为依据灵活调整风机的运行方式；对于发现的填料黏附泥沫、鼓曝池出水溶解氧过高、加药流量计等问题分别进行了分析并提出改进建议。

关键词：A/O 工艺；碳源去除；脱氮；泥龄控制；曝气量

1　引言

2014 年，北京燕山威力雅水务有限责任公司采用上海 VWS 工艺技术对西区水净化车间生化系统进行改造升级，在原有硝化曝气系统基础上，新建 MBBR（移动床生物膜反应器）装置，组成前置缺氧反硝化（A/O）工艺系统，增加脱氮处理功能，以达到北京市对外排水总氮小于 15mg/L 的要求。经过近 4 年的运行，A/O 装置运行趋于稳定。本文主要结合 2018 年运行相对平稳的 8、9 月数据对生化系统的主要参数进行分析，提供可操控指标及工艺问题、隐患的解决或建议，更好地为生产稳定运行提供保障。

2　A/O 装置运行概述

2.1　改造情况

原好氧曝气池前端增加缺氧 MBBR 池，将二沉池污泥回流改至 MBBR 进口段与预处理出水混合后进入，同时好氧池出口设置内循环泵，按比例回流至 MBBR 进水端。碱度补充投加药剂为液体 Na_2CO_3，磷元素补充投加药剂为液体 Na_2HPO_4。具体工艺如图 1 所示。

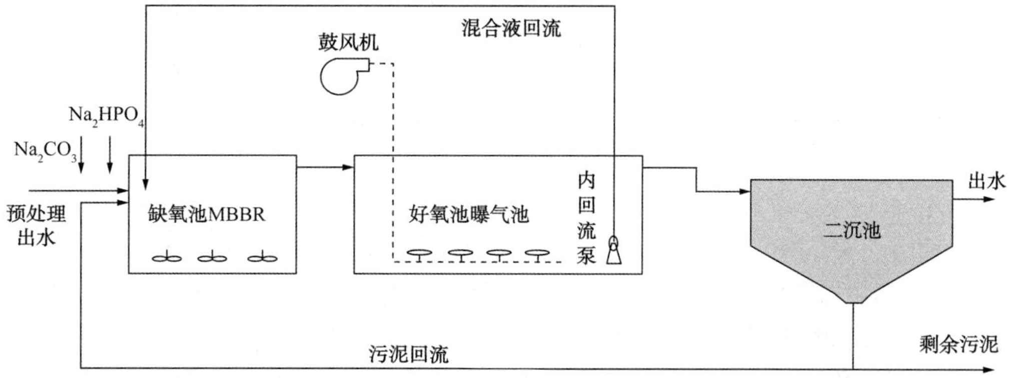

图 1　A/O 工艺系统流程图

改造完成后 A/O 装置设计水量 1000m^3/h、有效容积 10950m^3（缺氧 1500m^3、好氧 9450m^3）、停

留时间10.95h(缺氧1.5h、好氧9.45h)、填料填充率40%、进水总氮小于55mg/L、进水溶解性COD小于400mg/L。

2.2 运行原理

污水与污泥回流液混合进入缺氧池后，反硝化细菌利用水中有机物作为碳源，将混合液回流液中带入的大量硝态氮还原为氮气释放至空气中，同时溶解性有机物被细胞吸收，导致BOD_5浓度部分下降，硝态氮浓度大幅降低；污水进入好氧池后，有机物被异养微生物进一步降解去除，有机氮被氨化继而被硝化，氨氮浓度显著下降，硝态氮浓度上升。所以A/O装置脱氮效率的高低与内循环液的回流比有直接关系。

西区车间与普通A/O工艺相比不同的地方在于，MBBR池内投加了约40%的密度接近于水的稳定填料载体，悬浮在水中的填料载体可为微生物细菌提供巨大的附着表面积，增加污泥浓度的同时减少污泥排放量。生化系统在应对水质、水量波动的情况下抗冲击能力明显提高。

3 运行分析

受公司分析检验计划的影响，生化进水的BOD、TN、SS等并不是同一天进行分析的，所以部分计算所用数据为统计周期的平均值，计算结果会有少许误差。

3.1 水质运行情况

3.1.1 含碳有机物的情况

碳源有机物的相关数据见表1。

表1 碳源有机物数据

时间	水量/(m^3/d)	BOD_5负荷/($kgBOD_5$/kg MLSS·d)	BOD_5去除率/%	生化进水/(mg/L)			生化出水/(mg/L)		鼓曝池MLSS/(mg/L)
				B/C	BOD_5	COD	BOD_5	COD	
8月7日	20257	0.074	97.30	0.36	145	403	3.92	120	3606
8月14日	29162	0.184	98.99	0.96	289	302	2.93	86	4194
8月21日	21782	0.074	98.28	0.34	137	408	2.36	66	3701
8月23日	22795	0.088	97.69	0.47	144	305	3.33	68	3402
8月30日	20255	0.076	97.69	0.35	144	406	3.33	77	3517
9月6日	21665	0.121	97.84	0.71	215	302	4.65	73	3506
9月13日	17941	0.082	97.82	0.72	201	279	4.39	71	4010
9月20日	19142	0.090	97.52	0.58	183	314	4.53	71	3536
平均	21625	0.099	97.89	0.56	182	340	3.68	79	3684

通过表1数据可知：

(1) 进水B/C均大于0.3，平均为0.56，属于易生化降解类型污水。整体BOD_5去除率均在97%以上，出水小于5mg/L，说明生化系统对BOD_5的降解非常彻底。COD的去除率均值为76.76%，结合BOD_5的去除情况分析，目前车间生化系统出水COD大部分为难降解或不可降解有机物，在水力停留时间无法增加的情况下，很难进一步降低出水COD的数值。

(2) BOD的进水负荷均值为0.99$kgBOD_5$/kgMLSS·d，基本在0.15$kgBOD_5$/kgMLSS·d以下，属于低负荷运行状态。泥龄控制在20~30d为宜。

3.1.2 TN情况分析

氮源数据见表2。

表 2 氮源数据

时间	水量/(m^3/d)	TN 负荷/(kgTN/kg MLSS·d)	总氮去除率/%	生化进水/(mg/L)		生化出水/(mg/L)			鼓曝池 MLSS/(mg/L)
				总氮	氨氮	总氮	氨氮	NO_3-N	
8月1日	22376	0.022	78.54	41.1	35.6	8.82	0.914	4.43	3773
8月3日	22960	0.016	76.40	28.9	24.6	6.82	0.466	4.49	3867
8月6日	21967	0.020	78.37	34.4	34.4	7.44	0.512	4.43	3514
8月8日	21840	0.030	83.14	54.1	46.5	9.12	0.588	2.17	3601
8月13日	29687	0.021	68.11	32.3		10.3	0.195	5.04	4101
8月15日	24681	0.019	76.41	34	29	8.02	0.378	3.05	4081
8月17日	20953	0.019	79.42	38	30.2	7.82	0.548	4.92	3887
8月20日	22581	0.023	72.83	42.7	35.9	11.6	1.46	3.70	3796
8月22日	22704	0.017	76.41	30.6	35	7.22	0.53	5.22	3790
8月24日	22589	0.030	81.39	43.1	32.8	8.02	1.08	4.85	3012
8月27日	24216	0.019	77.60	30	25	6.72	0.408	6.48	3477
8月29日	22287	0.022	77.49	37.4	26.1	8.42	0.573	4.11	3408
8月31日	20770	0.027	43.28	54.3	44.9	30.8	1.34	9.73	3807
9月3日	19875	0.025	80.46	52.2	43.5	10.2	0.57	7.90	3733
9月5日	20955	0.018	71.10	35.3	32.9	10.2	0.548	7.97	3804
9月7日	19931	0.016	57.40	33.1	26.3	14.1	0.461	13.10	3704
9月10日	17440	0.017	66.28	43.3	37.4	14.6	0.4	15.56	4000
9月12日	18888	0.016	63.27	37.3	30.8	13.7	0.458	10.12	3900
9月14日	18553	0.013	66.99	31.2	25.7	10.3	0.424	12.33	4210
9月17日	16866	0.015	48.62	39.9	33.2	20.5	0.386	19.69	4024
9月19日	19854	0.016	72.22	37.8	32.1	10.5	0.285	14.50	4170
9月21日	20014	0.022	76.69	48.9	41.7	11.4	0.51	14.93	4000
9月26日	22236	0.024	76.42	42.4	38.1	10	0.383	14.99	3583
9月28日	23174	0.019	55.38	39	34.2	17.4	0.481	15.45	4302
平均	21558	0.020	71.01	39.22	33.85	11.42	0.57	8.35	3814.33

通过表 2 数据可知：

（1）结合表 1 中 BOD 数值，生化进水 B/TN 均值为 4.65，满足大于 4 的基本要求，无须额外投加碳源。

（2）进水负荷均值为 0.2kgTN/kgMLSS·d，TN 去除率均值为 71%。目前内回流为 1600m^3/h，回流比 $r=1.78$；外回流为 700m^3/h，回流比 $R=0.78$，根据理论脱氮效率 $f_{de}=(r+R)/(1+r+R)=71.9\%$，与实际生产数值 71%非常接近，在目前的进水 TN 负荷情况下，生化系统基本已达最大去除负荷。目前 O 池内回流泵为 800m^3/h（基本达到额定流量），要想提高 TN 负荷只能通过提高外回流量进行调整，但一味地提高回流量对于总氮的去除效率提高有限，同时，增加能耗，也会降低回流污泥浓度，并不能一定达到理论值。

3.2 泥龄分析

泥龄数据见表 3。

表 3　泥龄数据

分析项目	水量/(m^3/d)	泥龄/d	生化进水 SS/(mg/L)	生化出水 SS/(mg/L)	鼓曝池 MLSS/(mg/L)	二沉池 MLSS/(mg/L)
8 月 1 日	22376	19.7	88	21	3773	10477
8 月 8 日	21840	21.7	76	18	3601	9158
8 月 15 日	24681	28.0	50	12	4081	8362
8 月 22 日	22704	17.7	49	11	3790	13434
8 月 29 日	22287	20.6	47	11	3408	10076
9 月 5 日	20955	21.1	48	17	3804	10408
9 月 12 日	18888	22.2	62	15	3900	10536
9 月 19 日	19854	26.2	49	10	4170	9898
9 月 26 日	22236	15.4	59	12	3583	14622
平均	21758	21.4	58.67	14.11	3790	10775

表 3 中泥龄的计算采用的公式为 $\theta_c=\dfrac{V*X}{Q_{排}*X_r+(Q-Q_{排})*X_e}$，平均泥龄控制在 22d。

式中　θ_c——泥龄；

V——生化系统有效容积(按 10950m^3 计算)；

X——鼓曝池污泥浓度；

$Q_{排}$——每天排泥量(按 6.5m^3/h 计算)；

Q——为进水量(均值为 21590m^3/h)；

X_e——二沉池出水 SS(均值为 11.42mg/L)。

为了验证泥龄控制是否合理，采用《活性污泥工艺简明原理及设计计算》中提及的德国 ATV 标准污泥产量计算公式 $Y=K\left[0.75+0.6\dfrac{X_0}{S_0}-\dfrac{(1-0.2)*0.17*0.75\,\theta_C*1.072^{(T-15)}}{1+0.17\,\theta_C*1.072^{(T-15)}}\right]$($\dfrac{COD_0}{S_0}\leqslant 2.2$ 时有效，实际为 312/182=1.71 满足要求)和 $L_S=\dfrac{S_0}{\theta_C*Y*(S_0-S_e)}$，通过计算理论 BOD 负荷进行反推。

式中　Y——污泥产率系数(包括无机悬浮固体、难降解有机悬浮固体、BOD 降解生成的污泥和活性污泥内源呼吸期衰减量)；

X_0——进水悬浮固体浓度(均值为 58.67mg/L)；

S_0——进水 BOD 浓度(均值为 182mg/L)；

S_e——出水 BOD 浓度(均值为 3.68mg/L)；

T——污水温度，取 30℃；

K——结合我国情况的修正系数，取 0.9；

L_S——污泥负荷。

经过计算 Y=0.355kgSS/kgBOD，L_S=0.13kgBOD/kgMLSS·d，实际负荷与理论相差 24%。将泥龄控制在 30d 时理论 L_S 为 0.099kgBOD/kgMLSS·d，与实际负荷相一致，但是考虑到排泥泵的运行流量并不稳定及维护检修、水质波动等影响因素，可适当降低排泥量，将污泥龄延长至 25d。

3.3　曝气池的风量

2010 年，公司曾经对原硝化池风机、曝气系统陆续进行改造，根据当时的工艺条件及运行数据计算曝气池需氧量为 175.3m^3/min，鼓曝池选用 3 台设计流量为 60m^3/min 罗茨变频风机。

2014 年，缺氧池 MBBR 建成后，因脱氮过程会消耗 2.86kgBOD/kgNO_3-N，曝气池实际需氧量已较设计时大幅降低。需氧量的计算方法因工艺的改变也不同，根据 8、9 月份数据重新对生化系统需氧量进行初步核算，以此指导鼓风机的运行调控。

根据表 3 中统计数据进行如下计算

$$\Delta X_V = f[Q_{排} * X_r + (Q - Q_{排}) * X_e] = 67.74\% * [5.5 * 24 * 10888 + (21590 - 5.5 * 24) * 11.42]/1000$$
$$= 1178.59 \text{kg SS/d}$$

式中 ΔX_V——车间实际的挥发性污泥排放量；

f——MLVSS/MLSS（车间均值为 67.74%）；

$Q_{排}$——取值为 5.5m^3/h（主要因为全月检修、维护会导致流量较正常的 6.5m^3/h 偏低）。

车间排放的污泥中含氮量为 3%（细胞中氮元素所占比例）。

$$\Delta N = 0.03 * \Delta X_V * 1000/Q = 0.03 * 1178.59 * 1000/21590 = 1.6 \text{mg/L}$$

车间进水中 NO_x-N 的含量均小于 0.1mg/L，进水 $TN_0 \approx TKN_0 = 39.22$mg/L，出水 NO_2-N 含量也是小于 0.1mg/L，出水 NO_3-N_e的含量均值为 8.89mg/L，则系统硝化氮的量 $N_{ht} = TN_0 - TN_e + NO_3 - N_e - \Delta N = 39.22 - 11.42 + 8.89 - 1.6 = 35.06$mg/L。

系统产生的反硝化的氮量 $N_{ot} = N_O - NO_3 - N_e = 35.06 - 8.89 = 26.17$mg/L。

理论需氧量

$$O_2 = 1.47Q * (S_o - S_e) - 1.42 * \Delta X_v + 4.57(Q * N_{ht} - 0.12\Delta X_v) - 2.86(Q * N_{ot} - 0.12\Delta X_v)$$
$$= 0.001 * 1.47 * 21590 * (182.25 - 3.68) - 1.42 * 1178.59 + 4.57 * (0.001 * 21590 * 35.06 - 0.12 * 1178.59) - 2.86 * (0.001 * 21590 * 26.17 - 0.12 * 1178.59)$$
$$= 5595.61 \text{kg} \cdot O_2/\text{d}$$

在鼓曝池内水温 30℃的情况下，混合液溶解氧饱和度的平均值 $C_{SB(30)} = 7.63$mg/L；水温 20℃的氧的饱和度 $C_{S(20)} = 9.17$mg/L，阻碍氧分子扩散转移的系数 α 经验取值 0.85，氧在水中饱和度影响的修正系数 β 经验取值 0.95，北京地区大气压基本为 1 个大气压（ρ 取值为 1），鼓曝池出水溶解氧根据实际情况取值 4mg/L，则标准状态下的需氧量

$$O_s = O_2 * C_{s(20)} / \{\alpha[(\beta\rho C_{sb(30)} - C) * 1.024^{(T-20)}]\}$$
$$= 5595.61 * 9.17 / \{0.85 * [(0.95 * 1 * 7.63 - 4) * 1.024^{(3-20)}]\} = 11828.63 \text{kg} \cdot O_2/\text{d}$$

车间曝气采用板式薄膜微孔曝气器，氧转移率 $E_A > 35\%$，取最低值 35%，则风机曝气量

$$G_S = O_s/(0.28E_A) = 11828.63/(0.28 * 0.35) = 120700.26 \text{m}^3/\text{d} = 83.82 \text{m}^3/\text{min}$$

车间实际生产运行中的曝气量为 75~87m^3/min，与理论计算值基本相符，根据单台 60m^3/min 的额定风量，日常运行中需要低频运行 2 台风机才能保证足够的供氧量。

4 存在的问题及建议

（1）MBBR 填料载体并未发挥其固着微生物的作用，近期发现填料呈黑色，表面附着大量黑色泥状物质［如图 2（a）所示］，无法镜检观测微生物，初步判断为活性炭粉末或混合少量油污。此种情况可能是导致生化系统脱氮效率均值很高但并不稳定的直接因素。MBBR 只是单纯的 A/O 池，抗冲击能力也会受到较大影响。

图 2（b）3 个填料分别为现有填料、经过洗涤剂清洗干净的填料（浸泡了 3 天）、放在密闭瓶子里厌氧 2 天后的填料，说明填料附着的泥状物质是可以进行清理的。结合运行近 4 年时间里 MBBR 填料曾经部分流失，容积填充率已达不到 40%，建议对 MBBR 填料进行清理及补充，恢复填料载体的原有作用。

（2）目前，鼓曝池出水溶解氧基本稳定在夏季 4~5mg/L，冬季 5~6mg/L 处于较高状态。尽管出口较高的溶解氧并未对 MBBR 脱氮造成影响（内回流与预处理出水和外回流污泥混合后进水溶解氧 0.5mg/L 左右，MBBR 出口溶解氧基本小于 0.3mg/L，满足缺氧运行要求），但车间从能耗、污泥过氧化等方面考虑，曾多次尝试降低出水溶解氧的数值。当降至 3mg/L 以下时，化系统出水氨氮便出现波动。经过分析，有可能是各组曝气分配不均，风量降低后对悬浮污泥的搅拌作用减弱以

(a)

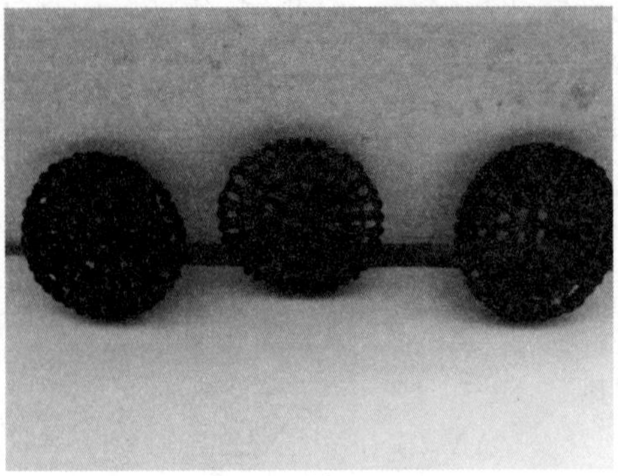

(b)

图 2　MBBR 填料

及溶解氧对菌胶团的穿透能力降低，导致硝化处理效果下降。

建议检查、维护各组曝气盘的控制阀门，便于各段曝气区域的风量分配；对于风机的运行方式，通过需氧量已论证一台 $60m^3/min$ 是不满足运行要求的，两台低频运行便会造成上段所述情况，建议进行相关改造，尝试运行一台曝气池风机($60m^3/min$)和一台原纤维罐反洗用风机(风量为 $42m^3/min$，且纤维罐已拆除)。

(3) 磷、碱的投加没有流量计计量且储备箱容积过小，起不到连续、均匀投加的目的，非常不利于生产异常时的投加控制，建议增加药箱储存体积并安装流量计进行计量。

5　结论

(1) 通过对碳源有机物的数据分析，车间处理污水为易降解类型，生化系统处于低负荷运行，在小于 0.15kgBOD_5/kgMLSS·d 负荷时能够保证有效去除含碳有机物；在进水负荷小于 0.3kgTN/kgMLSS·d 时，生化系统能够处于最大脱氮效率运行，单纯地提高回流比并不是最优措施。

(2) 对于泥龄的控制应适当降低排泥，将目前的 21d 延长至 25d 为宜。

(3) 车间风机的曝气量对于目前进水水质情况明显富裕，应根据来水情况合理调整运行方式。

(4) 通过对生化系统的还存在的主要问题进行分析，并提出相应的改进建议。

参考文献

[1] 张自杰．排水工程[M]．北京：中国建筑工业出版社，2015.

[2] 周雹．活性污泥工艺简明原理及设计计算[M]．北京：中国建筑工业出版社，2005.

[3] GB 50747—2012 石油化工污水处理设计规范[M]．北京：中国计划出版社，2012.

[4] GB 50014—2006 室外排水设计规范(2016 年版)[M]．北京：中国计划出版社，2016.

吸附沉淀和高速滤池组合工艺运行中的问题分析及对策研究

李建平

（北京燕山威立雅水务有限责任公司，北京 102500）

摘　要：目前我国越来越多的企业按照三同时的原则建设与运行污水处理设施，或者依托现有城镇污水处理厂进行污水处理。城镇污水处理厂有明确的排放标准，但工业废水集中处理厂尚无统一的排放标准。2015 年 12 月 31 日起，北京市外排水 COD 标准提高到 30mg/L。燕山石化污水处理厂选择了混凝沉淀和高速滤池组合工艺的提标装置，并按时建成投产，在后期的生产运行中遇到很多问题(如水量冲击、微砂堆积、设备滤料结垢、药剂投加比例不匹配等)，生产试验、工艺调控、药剂配比调整、小型改造等措施的实施，确保了装置平稳运行、出水达标排放。

关键词：混凝沉淀；高速滤池；故障；措施

1　引言

为贯彻落实《国务院关于落实科学发展观加强环境保护的决定》，推进环境执法和监督管理工作实现科学化、法制化和规范化，进一步健全环境保护法规，完善环境保护技术法规和标准体系，科学确定环境基准，努力使环境保护标准与环保目标相衔接，北京市在 2013 年底发布了《水污染物综合排放标准》(DB/11—2013)，代替 DB/11—2005。

2018 年 2 月，原环境保护部公布了关于《水污染防治行动计划》2017 年工业集聚区水污染防治任务完成情况的公示，截至 2018 年 1 月底，全国共有涉及废水排放的经济技术开发区、高新技术产业开发区、出口加工区等省级及以上工业集聚区 2356 家，其中 2205 家按规定建成污水集中处理设施，完成率为 94%。2205 个工业聚集区共有污水处理能力 175Mt/d(包含在建)，污水集中处理设施总计 2696 个(包含在建)，其中约 1425 家依托城镇污水处理设施，占 64.62%[1]。

越来越多的企业按照三同时原则建设与运行污水处理设施，或者依托现有城镇污水处理厂进行污水处理。这些都为防治水污染，保护和改善水环境，保障人体健康，促进环境、经济与社会的可持续发展，做出了较大的贡献。

2　装置概况

目前城镇污水处理厂有明确的排放标准，但工业废水集中处理厂尚无统一的排放标准。2017 年国控重点污染源 4100 家污水处理厂中有 3733 家执行《城镇污水处理厂污染物排放标准》(GB 18918)，占统计污水处理厂总数的 91.05%[1]。

位于北京市西南的燕山石化公司的工业水外排口出水自 2015 年 12 月 31 日起，工业污水外排口水污染物开始执行《水污染物综合排放标准》DB 11/307—2013(以下简称“《标准》”)表 1 中的 B 级限值。根据标准要求，位于北京市的除城镇污水处理厂、医疗机构以外的一切现有单位和个体工商户，以及建设项目的环境影响评价、建设项目环境保护设施设计和竣工验收及其投产后排放的外排出水 COD 将从 60mg/L 降低到 30mg/L，总悬浮物(TSS)将从 50mg/L 降低到 10mg/L。该《标准》是目前国内乃至国际上最严格的水污染物排放标准，这给污水运营单位提出了非常严格的要求。

为了满足外排口出水水质标准的变化要求，燕山石化公司新建了两套工业污水深度提标装置，均采用粉末活性炭吸附快速沉淀+高效过滤(Actiflo-Carb®+TGV)技术。自2015年12月31日，两套吸附沉淀池及高速滤池组合装置(以下简称“提标装置”)投入运行后，外排水稳定达标排放。

2.1 外排水提标装置设计处理能力

燕山石化两套提标装置分别位于西区车间和牛口峪车间，主要处理炼油污水和化工、生活污水。其中西区车间炼油污水处理场的提标装置设计处理能力为500m^3/h，牛口峪化工、生活污水处理场的提标装置设计处理能力为1000m^3/h。

炼油污水和化工、生活污水的提标处理装置主要设计进出水水质如表1及表2所示。

表1 炼油污水提标装置设计进出水水质对比表

序号	进水指标	进水	出水
1	悬浮固体/(mg/L)	40	≤10
2	化学需氧量/(mg/L)	95	≤30
3	pH值	7~9	6~9

表2 化工污水提标装置设计进出水水质对比表

序号	进水指标	进水	出水
1	悬浮固体/(mg/L)	30	≤10
2	化学需氧量/(mg/L)	60	≤30
3	pH值	7~9	6~9

2.2 外排水提标装置工艺流程

来自现有污水处理装置的二级处理出水与活性炭粉末混合进行吸附反应后，加入混凝剂聚合铝后再次进行反应，然后加入微砂和絮凝剂，进入沉淀区进行泥水分离，清水进入TGV过滤系统，沉淀污泥与细砂回流经过旋流分离器进行活性炭和泥沙分离。80%以上的活性炭与微砂回流至进水单元，与进水继续进行吸附反应，泥砂继续使用，多余的泥砂排出系统。AC池反应停留时间为30min，实现去除难降解的有机物和悬浮物的目的。炼油污水和化工污水采用相同的处理工艺，具体工艺流程如图1所示。

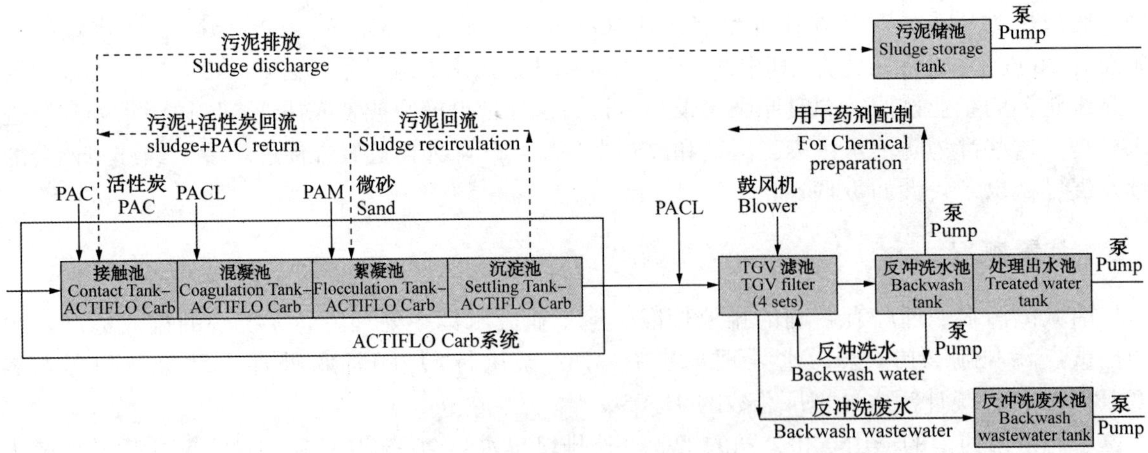

图1 提标装置工艺流程图

提标装置自建成投产以来，稳定运行两年多，在实际运行过程中遇到很多调控难点及技术难题导致装置运行故障，通过采取技术分析及工艺调整等措施解决了现场问题，使外排水稳定达标排放。

3 吸附沉淀池及高速滤池组合装置运行中的问题

3.1 水量冲击

牛口峪车间提标装置设计处理水量为 $1000m^3/h$，随着周边污水收集设施的建立与完善，小商店、小饭店、洗车房及其他非正规污水排放方式逐步正规化。该区域各类污水通过污水管网收集与输送、环卫运输车等方式输送至污水处理厂进行达标处理，污水厂进水水量大幅提高。经过生化处理后，部分二沉池出水经过进一步深化处理后，作为工业循环水和化学水等水源原水进行污水回用，其余二沉池出水均需要进入提标装置进行深度处理后达标排放。2017 年和 2018 年 1~7 月牛口峪车间进水月度平均瞬时水量见图 2。

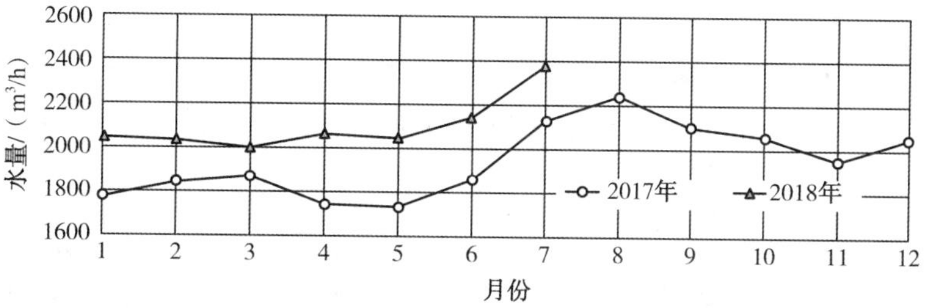

图 2 牛口峪车间进水月度平均瞬时水量

从图 2 可以看出，自 2017 年雨季开始进水水量明显升高，尤其进入 2018 年以后，同比增长较多。牛口峪车间污水装置设计处理水量为 $2500m^3/h$，2018 年 1~7 月平均小时进水量为 $2135m^3/h$，最高达到 $3583m^3/h$，再加上提标装置反洗、排污等废水，进入前端污水处理装置再进行处理，装置的生产负荷已经远远超过设计处理能力。目前牛口峪车间二沉池出水用于回用的水量约 $1000m^3/h$，剩余部分均需要进入提标装置进行深度处理后达标排放。但是就目前来看，需要处理的水量已经明显高于设计处理水量，如连续超负荷运行将影响总排口出水的水质达标。

3.2 活性炭、微砂絮凝沉降不良，池底堆积

活性炭是一种非极性吸附剂，是一种多孔性的含炭物质，它具有高度发达的孔隙构造。该多孔结构为活性炭提供了大量的表面积，能与杂质充分接触，从而赋予了活性炭所特有的吸附性能，使其非常容易达到吸收杂质的目的。生物法二级处理出水中的主要污染物为难生物降解或不可生物降解的溶解性有机物质，提标装置选用尺寸为 15~25μm，目数为 200，碘指数>950，灰分<5%的粉末活性炭[2]。

AC 池吸附沉淀工艺（见图 3）同时配有粉末活性炭接触、循环系统，在来水 COD 超标的情况下，通过投加粉末活性炭来吸附去除 COD。来水与活性炭混合进行吸附反应后，加入混凝剂（如聚合铝、三氯化铁）后再次进行反应，然后加入微砂和絮凝剂沉淀进行泥水分离。清水进入过滤系统，沉淀污泥与细砂回流经过水力分离器进行活性炭和泥沙分离。80%以上的活性炭与微砂回流至进水单元，与进水继续进行吸附反应，泥砂继续使用，多余的泥砂排出系统。整个反应停留时间为 30min，能够根据来水的水质自动调节药剂和活性炭的投加量，实现去除难降解的有机物和悬浮物的目的[2]。

COD_{Cr}的去除与聚合铝的投加剂量、絮体的沉降性能有关。在运行中发现，AC 池出水水质较差，沉降罐回流底泥中活性炭和微砂有效含量很少，但是工艺过程中活性炭的投加量并没有减少。2016 年 6 月，现场操作人员在巡检中发现 AC 搅拌机电流过载跳闸，经进一步检查发现，AC 絮凝池微砂堆积高度达到絮凝池进入沉淀池溢流口的位置，如图 4 和图 5 所示。

微砂及活性炭堆积问题已经造成絮凝池搅拌机过载停车。虽然经过清理和缓慢投加微砂等方法用来改进微砂和活性炭堆积的情况，但是在后续的运行中仍然出现搅拌机过载跳闸的情况，严重影响 AC 池的稳定运行，降低了絮凝沉淀效果和出水水质。

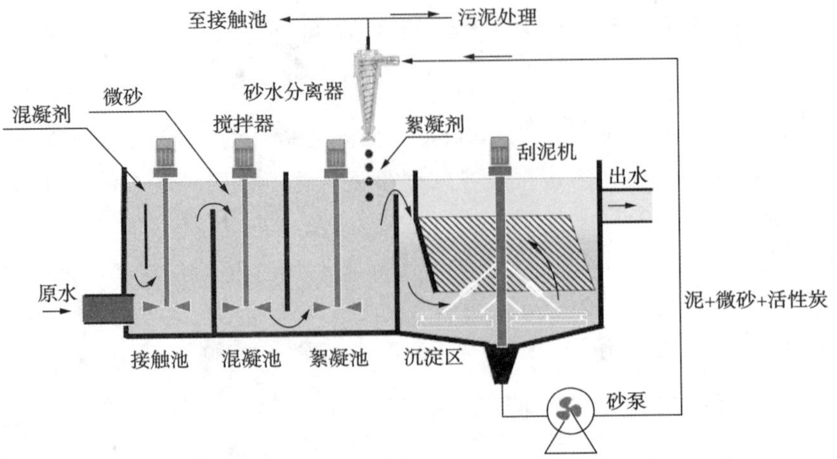

图 3　粉末活性炭吸附快速沉淀(AC 池)示意图

图 4　活性炭微砂堆积至溢流口

图 5　活性炭微砂堆积严重

3.3　设备结垢，TGV 滤池反洗频繁

提标装置进水为污水厂生化处理后二沉池出水，经过原水泵提升后进入提标装置进行深度处理。原水泵的平稳运行对提标装置起着至关重要的作用。2016 年 6~8 月，在运行中，提标装置进水水量较低。虽然调整了原水泵的运行状况，提高了运行频率，但是水量仍然无法提高。现场设备维护人员将设备停运后进行拆解，发现设备内部结垢严重，原水输送管线结垢也很严重，如图 6 和图 7 所示。

图 6　新原水泵结垢

图 7　提标进水管线结垢

在该套装置中，高速滤池的过滤是保证出水水质稳定达标的关键步骤，用来去除水中的悬浮物。AC 池出水进入 TGV 滤池，进一步去除 SS 等污染物。TGV 滤池主要由砾石、石英砂、无烟煤逐层铺设组成 2m 深的滤床进行高速过滤(详见图 8)。TGV 滤池的过滤原理是通过增加滤床深度和介质的粒度，使悬浮物进入滤床，实现深度过滤[2]。

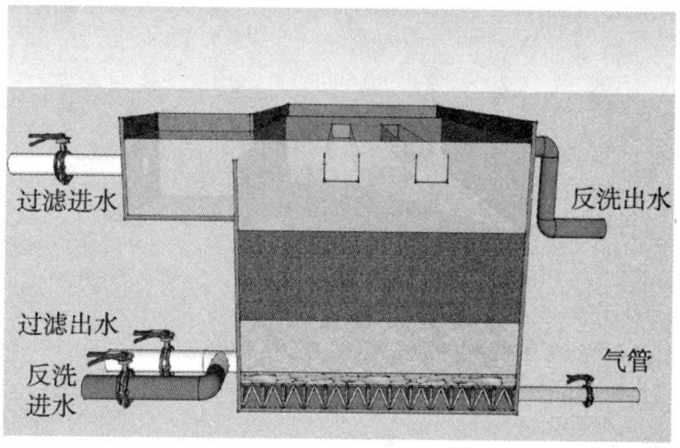

图 8　TGV 滤池结构剖面图

TGV 滤池的反洗必须去除分布于滤床深部的颗粒。为了实现更好的反洗效果，反洗流速必须比过滤流速更高。自 2016 年 6 月开始，通过实践运行操作观察，在对 TGV 滤池进行反洗时，发现反洗效果不好，需增加反洗频率，这就降低了 TGV 滤池的有效运行时间，对整体处理水量和出水水质造成很大影响。通过技术分析和与技术供应方沟通后，采取了人工强制清洗的方式对滤池进行清洗，强制清洗后滤池运行状况稍有改善，但是随后出现滤料堆积，滤料表面呈现“山峰”和大坑形式(见图 9)，表面不平整(见图 10)，也大大降低了滤池的过滤效率。有时在反洗之后，滤料层的“山峰”正好在滤池液位探头下，导致所测量的液位出现“假液位”报警，使整个系统的自动连锁状态卡在排水步骤而导致系统停运，对整个提标装置的连续稳定运行造成了非常大的影响。

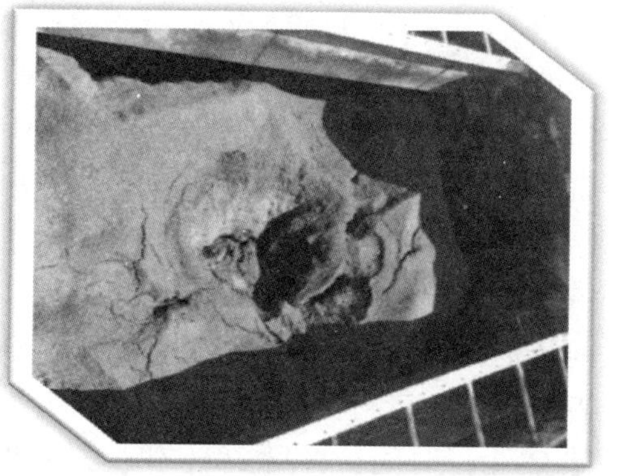

图 9　TGV 滤池反洗后坑洞

图 10　TGV 滤池填料反洗后不平整

3.4　提标装置出水 COD 及浊度升高

大多数的悬浮微粒是带有负电荷的，它们互相排斥从而形成了高度稳定状态。为了去除它们，首先要对这些微粒进行脱稳。混凝过程的动力学过程非常短，将聚合铝投加到混凝池中，通过快速的搅拌混合达到完全扩散的作用。混合液进入絮凝池，投加高分子 PAM(聚丙烯酰胺)絮凝剂，通过吸附、电性中和和颗粒之间的架桥作用来提高絮凝体生成，使颗粒物逐渐变大，直至可以沉淀。絮凝阶段搅拌强度足够能保持絮体的悬浮状态即可。整个沉淀池池水力停留时间仅 14min，所以该工艺对絮体成型、凝聚和沉淀的要求非常严格。AC 池的絮凝沉淀效果，直接影响整个提标装置的出水水质。

2018 年 5 月，AC 池出水悬浮絮团较散、较小(如图 11 所示)，同时在斜管沉淀单元不能得到很好地沉降(如图 12 所示)。根据分析数据核算提标装置 AC 池 COD 的去除率多在 20%以内，去除率较低，含有絮团的 AC 池出水进入后续 TGV 装置，对整个提标装置的出水水质造成一定的影响。

图 11　AC 池出水絮团较散

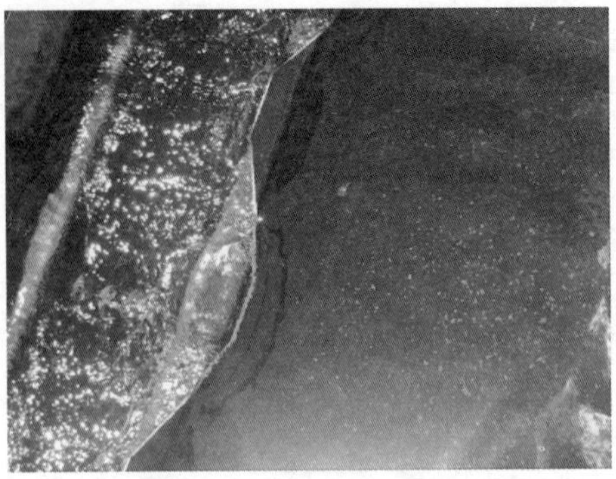

图 12　斜板沉淀絮凝不好

4　问题分析与对策

4.1　水量冲击应对

按照《污水系统提质提效》《水务管理技术要求第 4 部分：污水处理与回用》等规范的要求，在生产过程中，污水处理厂应与上游排水单位进行积极的沟通、协调，避免集中排污，形成瞬时大水量；根据上游排水情况以及生产装置运行情况合理安排提标装置反冲洗时间，优化装置反冲洗效果，减少反冲洗频次；充分发挥预处理装置的作用，做好均质池、调节池等的运行调控，校核预处理装置的应急处置能力，对上游来水进行分质收集，正常运行液位控制在 1/3～3/4 之间。在上游装置检修或者雨季时，尽量保持调节池液位在 1/3 以下，为异常水质保留储存、调节空间。

4.2　微砂活性炭堆积问题分析及对策

当微砂及活性炭出现堆积后，调控中首先排空了池体，分析了泥砂堆积的部位，现场确认在絮凝阶段存在水力盲点，同时也存在搅拌器功率选型偏小的问题。

针对以上问题，通过与提标装置技术提供方沟通协调，对絮凝池增加了导流墙，减少沉积死角；提高搅拌器频率，增加搅拌强度。在实际的生产运行中，随时注意根据水质情况，及时调整粉末活性炭的投加量，防止投加过量；通过池底放空阀，定期检查底泥沉积情况，根据底泥浓稠情况，优化排泥频率和排泥时间；巡检中注重搅拌器的运行情况检查。

通过检查以及以往的生产运行经验，现场对 AC 池沉淀区底部进行了管路改造，在池底微砂、活性炭易堆积的地方铺设冲洗管线，采取定期冲洗或者根据实际运行情况进行底泥冲洗。该方法的实施，大大减少了装置停车冲洗的时间，增加了装置有效运行时间，详见 2016 年 4 月～2017 年 5 月提标装置进水水量趋势(见图 13)。

从图 13 可以看出，2016 年 6 月到 12 月，AC+TGV 装置进水量持续较低，2016 年 9 月的小时进水量降至 712m^3/h。经过对装置的改造及运行方式的优化，到 2017 年装置进水量已经优于设计水平。2017 年 5 月，装置月度进水量达到 0.784Mt，小时进水量为 1167m^3/h。为企业排水达标提供了有力的保障，为公司增加营业收入奠定了基础。

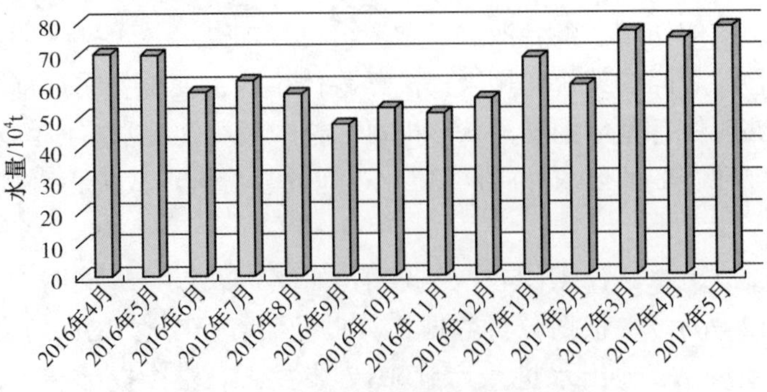

图 13　提标装置进水水量趋势图

4.3 设备结垢及反洗频繁分析及对策

4.3.1 滤池结构检查

当滤池出现反洗效果不佳以及设备结垢后，操作中对滤池滤料进行了检查，判断出出现这一系列问题的原因是滤料“板结”。操作人员在正常进水的情况下，强制手动清洗，手动多开一台风机，风洗时间加长至 10~30min，然后水洗，反复多次，直至滤料表面平整，消除滤料板结的问题。通过上述的方法操作后，滤池反洗情况得到一些缓解，但是滤料不平整问题仍然会时常出现。由于强制反洗超出滤池设计要求，长期进行强制反洗的话会对滤板及周边的缝隙产生较大影响，导致滤料流失。于是对各间滤池逐间停水，对滤料进行清理，检查底部滤头及滤板情况，发现滤板运行情况尚可。但是滤料层各层滤料均混合在一起(见图 14)，通过人工筛分后，发现大颗粒滤料不仅仅是砾石，还有很多石英砂等板结在一起(见图 15)。通过分析发现，板结物质包括活性炭、絮凝剂、矿物质等。

确认上述问题后，生产上对 TGV 滤池滤料进行了重新铺设，对于因反洗强度过大等因素流失的滤料进行了补充，根据实际生产情况降低强制反洗的次数；根据 AC 池出水情况合理投加混凝剂、絮凝剂、活性炭等，减少板结媒介。

图 14　TGV 滤料清理

图 15　TGVA 滤池滤料板结

4.3.2 进水水质情况排查

滤池滤料层板结的原因主要有油、生物污泥等有机物质的胶结作用，无机氧化硅沉淀而引起的胶结作用，氧化铁沉淀而引起的胶结作用，多种无机物与有机物的混合而引起的胶结作用[3]。

通过对滤料板结的各项原因进行分析，对进入提标装置的所有进水水质进行排查，发现有一股高浓度污水通过原水池直接进入提标装置进行处理后达标排放。该股废水矿物质含量较高，对 TGV 滤池影响较大。

针对上述水质进行烧杯试验和生化适应性试验(见图 16 和图 17)，试验中碱渣投加量约为 0.4%。

图 16　碱渣模拟曝气装置

图 17　碱渣生化模拟试验

试验结果显示，在牛口峪进水碱渣投加量为0.4%时，COD和氨氮的生物降解趋势与未投加碱渣时牛口峪进水生化反应趋势基本相同(见图18和图19)。在连续曝气17h后，投加碱渣的生化出水COD降至37mg/L，氨氮降至1mg/L以下。

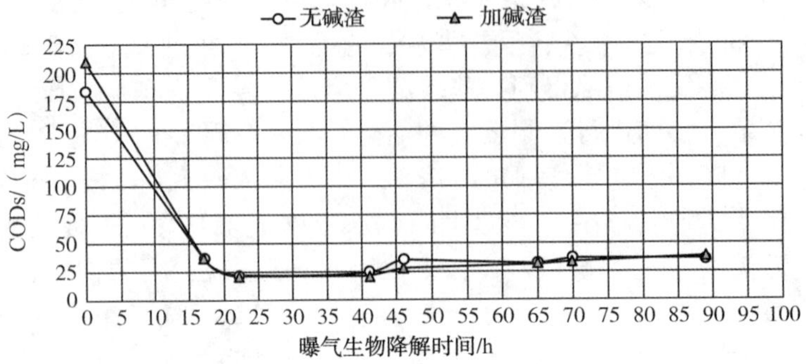

图18　碱渣烧杯试验COD变化趋势图

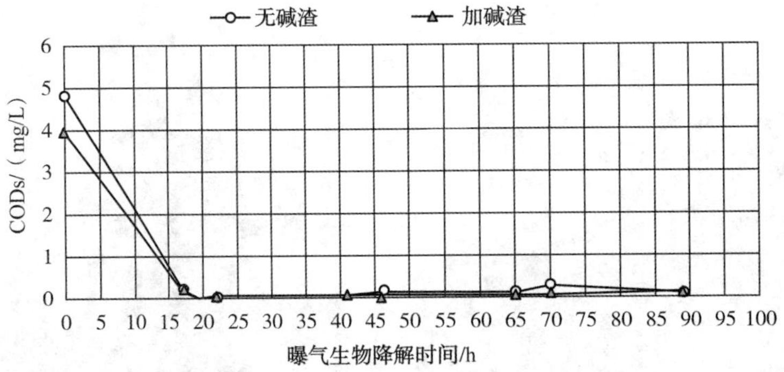

图19　碱渣烧杯试验氨氮变化趋势图

根据试验情况，生产上决定将该股废水汇入点改入生化系统，在进行活性污泥生化处理后再进入提标装置。经过水质汇入点工艺调整后，设备结垢及滤料板结的情况有所缓解。

4.4　提标装置出水COD及浊度升高分析及对策

4.4.1　药剂投加各工段排查

活性炭投加管线堵塞，导致药剂沉积，系统活性炭投加不畅。根据对药剂投加类型及现场操作的实用性对比分析，将装置现场PVC材质管线更换为不锈钢管线，在日常巡检中如果发现管线轻微堵塞、药剂投加不畅等问题，可以通过对管线进行振击来疏通管线，恢复药剂投加；同时采取定期维护、冲洗的措施，防止管线结垢堵塞，进行预防性维护工作，确保装置平稳加药。

4.4.2　重新进行药剂选型及加药比例调配

活性炭的投加量比较少时，形成的絮体小而少、不密实、沉降性能不好，因此表现为去除率较低；随活性炭投加量的增加，污染物胶粒的脱稳程度及颗粒之间的碰撞概率得到增强，絮体大量形成，而且变得更加密实，易于沉降；投加量进一步增加，污染物的去除已经达到饱和，过量的反离子吸附在胶体粒子表面，使胶体带上与原来相反的电荷，发生胶体脱稳现象，降低混凝效果[4]。

采用提标装置现有的活性炭、絮凝剂及微砂，用二沉池出水作为试验原水，采用厂家提供的两种混凝剂进行试验。试验仪器为混凝絮凝搅拌器，搅拌速率、加药顺序及停留时间等完全模拟现场装置(见图20)。

通过试验可以看出(见图21右侧试验烧杯)，目前在用混凝剂混凝沉降速度慢、出水液浑浊、细颗粒较多，而另一种混凝剂形成絮团速度快、下沉速度快、絮团密实、上清液表观悬浮物较少。

图 20　二沉池出水烧杯试验

图 21　混凝剂对比试验

烧杯试验后，根据试验效果逐步投入实际生产中，采用新型号混凝剂。并根据实际的水质情况和现场反应情况，调整混凝剂、絮凝剂和粉末活性炭的投加比率后，装置絮凝沉淀效果较好，出水水质平稳。

微砂在系统中的作用主要是提供凝聚核，当微砂的投加量较少时，微砂粒子的成核作用不明显；而当微砂投加量过大时，不仅起不到增强絮凝的作用，而且过量的微砂使污水本身浊度增加[4]。所以微砂的投加量及反应浓度不宜过高或者过低。同时根据装置现场的沉淀效果与沉淀速率，降低微砂投加量，由原来每日投加 120kg 到现在几乎不用投加，既降低了药剂消耗，也减少了设备磨损，降低了底泥结垢概率。

4.4.3　观察斜板沉淀池沉淀效果

根据斜板沉淀池的沉淀效果及斜板上污泥的黏附情况(见图 22)，定期清理斜板沉淀池，确保斜板沉淀池的沉淀效率(见图 23)。

图 22　斜板污泥黏附

图 23　斜板冲洗后进水

根据水质情况和烧杯试验，选择黏附性慢的絮凝剂。根据目前的实际运行情况，水中含油时阳离子絮凝剂黏附较快，阴离子絮凝剂黏附较慢，但是阴离子絮凝剂易导致滤料板结。所以在生产中要及时观察装置的运行情况，根据水质的变化，选择当时水质条件较为合理的药剂。

5　结论

(1) 经过不断的工艺优化及调控，目前提标装置运行平稳，出水稳定达标排放。

(2) 在日常生产运行中，要开好污水处理装置，确保各个工段稳定运行，逐级控制出水水质，每一个工段均要为下一个工段做好预处理工作，不能单纯依靠提标或者某一套装置解决所有问题。

(3) 虽然在提标装置建设之前，进行的小试、中试取得了较好的处理效果，但是在实际的生产运行中，仍会有不同的问题出现，需要不断地调整工艺，剖析问题，解决问题；混凝絮凝等阶段药剂选型和投加比例等均需要根据实际的水质、水量情况进行优化、调整，适应当前的生产运行工况。

(4) 不能完全按照技术提供方给出的数据或者方式进行现场操作，需要根据自身运行情况，不断总结、分析、试验，并且敢于付诸实际，运用于生产中。

6 问题与探讨

6.1 水量调控难点

污水处理厂在水量冲击方面做好本身工艺调控，但是调控手段有限，在雨季大水量冲击下目前的现有池容、水量负荷均无法满足实际需求。污水厂仍需要对自身进行挖潜增效，加强各工段的配合与协调工作，但是上游也需要加强雨污分流管理，从源头进行非污染雨水的切除。上下游通力合作才能确保污水处理系统安、稳、长、满、优运行，以及外排平稳达标。

6.2 电导率升高

碱渣废水加入生物处理流程后，导致回用水系统电导率大幅升高，影响回用水及循环水装置的平稳运行，对外排水 TDS(总溶解固体)带来较大的环保隐患，需要进一步研究解决。

参 考 文 献

[1] 蒋克斌，彭松，高方述，等．污水处理技术问答[M]．北京：中国石化出版社，2015.

[2] 吴春笃，段明飞，解清杰．微砂优化磁絮凝快速除污工艺试验研究[C]//全国排水委员会 2011 年年会论文集，2011.

沼气回收利用系统运行分析与优化

蔡晓健

（中国石化资产经营管理有限公司扬子石化分公司水厂，江苏南京　210048）

摘　要：本文介绍了扬子石化水厂净水二装置沼气回收利用系统的工艺流程和生产运行情况；针对系统运行中出现的湿式气柜压力低于设计值、沼气管线气路不畅、压力变送器导压管线冻凝、螺杆压缩机无故连锁停车和油箱电加热器积炭等问题，明确解决思路，制定改进措施，既保证了系统的安稳运行，又取得了良好的经济效益与节能减排成效。

关键词：沼气；螺杆压缩机；回收利用；节能减排

1　引言

在 PTA（精对苯二甲酸）生产过程中，排出的污水中含有大量高浓度的有机污染物。扬子石化水厂净水二装置在对污水进行预处理后，采用厌氧-二级好氧处理工艺，不但保证了污水处理达标排放，而且副产数量可观的沼气，其中甲烷（CH_4）的含量为 65%～80%，热值为 27.5～29.5MJ/m^3（甲烷热值为 35.9MJ/m^3[1]）。对于厌氧产生的沼气，如果直接排放到大气中会造成大气污染，其温室效应是二氧化碳的 21 倍；如果只是简单地收集低空燃烧后排放，会造成可利用的高品位能源的浪费。因此，净水二装置通过对沼气回收利用，取得了经济效益与节能减排的双赢。

2　沼气回收利用系统工艺流程

净水二装置沼气回收利用系统主要是对上流式厌氧生物滤池（AF）和上流式厌氧污泥床（UASB）产生的沼气进行回收、预处理并为公司燃气锅炉提供燃料气。该系统主要由气柜入口分液罐、湿式气柜、2 台喷液螺杆压缩机组和出口总管分液罐组成。PTA 污水经过 AF 反应器和 UASB 反应器厌氧发酵后副产的大量沼气，先经气柜入口分液罐分液，分离凝液后，进入湿式气柜，再通过 2 台喷液螺杆压缩机升压后，再次进入出口总管分液罐分液，然后送至公司燃料气管网；当螺杆压缩机故障、连锁停车或系统压力超高时，自动打开事故开关阀向地面火炬排放，确保沼气回收利用系统的安全。沼气回收利用工艺流程示意图如图 1 所示。

3　沼气回收利用系统主要设计参数

3.1　沼气主要参数

AF 和 UASB 副产沼气的主要参数见表 1。

表 1　沼气主要参数

名称	主要组分		温度/℃	湿度/%	压力/kPa	分子量/(g/mol)	热值/(MJ·m^3)
	CH_4/%	CO_2/%					
沼气	65～80	20～35	5～45	100	2.0～3.8	21～24	27.5～29.5

3.2　喷液螺杆压缩机主要技术参数

净水二装置沼气回收利用系统采用 2 台中船重工集团七一一研究所设计制造的 LG-10/0.55 型喷液螺杆压缩机，其主要技术参数如表 2 所示。

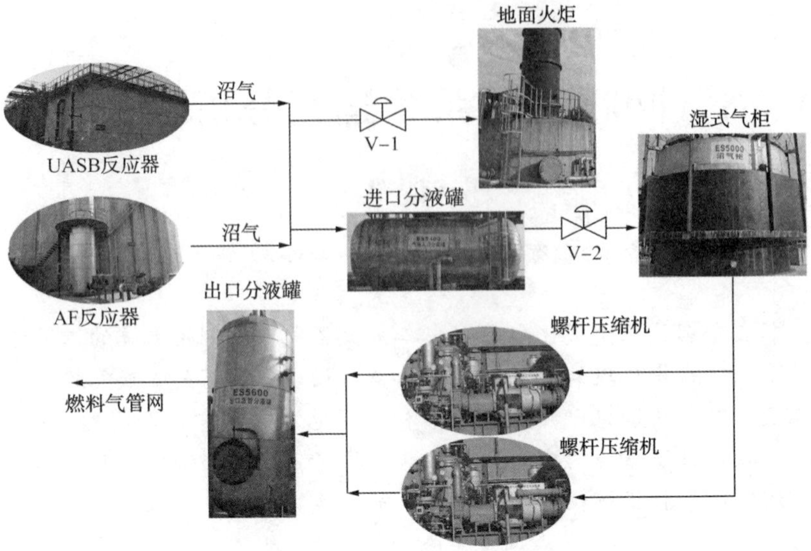

图1 沼气回收利用工艺流程

表2 喷液螺杆压缩机主要技术参数

名　称	参　数	名　称	参　数
型号	LG-10/0.55	进气压力	1.00~3.00kPa(G)
电机功率	90kW	排气压力	≤0.55MPa(G)
轴功率	75kW	进气温度	≤40℃
额定转速	1500r/min	排气温度	≤85℃
冷却方式	喷柴油	额定流量	$10m^3/min$(入口状态)
润滑方式	压力润滑	密封方式	机械密封+迷宫密封+氮气密封

与离心式和往复式压缩机相比，喷液螺杆压缩机主要优点[2]包括：

(1) 进气压力及排气压力稳定；

(2) 沼气中不但含有大量水分，而且压缩过程中产生液态水时，螺杆压缩机也能正常工作；

(3) 采用3组密封(机械密封、迷宫密封、氮气密封)的组合结构，即使螺杆压缩机异常连锁停车，沼气也不会从压缩机内漏出；

(4) 螺杆压缩机运行平稳、振动小、易损件少，无离心式压缩机在小流量下易出现喘振的缺点，特别适用无级变频调节。

4 沼气回收利用系统生产运行情况与技术改进

沼气回收利用系统自2009年11月4日一次开车成功后，运行至今，系统总体运行稳定，螺杆压缩机运行正常，2010年度共向公司燃料气管网输送沼气$4.20\times10^6Nm^3$。但在此运行期间，系统同时也暴露出一些问题和不足。

4.1 湿式气柜压力低于设计值

2009年11月4日，沼气回收利用系统正式投运后，发现气柜压力只能稳定在2.40kPa左右，始终达不到螺杆压缩机满负荷运行的2.50kPa及以上，即使柜压瞬时达到2.50kPa，UASB反应器Π形水封也会立即破坏，系统压力稳定性差。经过对Π形水封受力分析后，发现Π形水封质量与柜压存在着显著的相关性；UASB反应器至湿式气柜管道压降为0.10~0.20kPa。Π形水封相关参数见表3，受力分析如图2所示。

表3　Π形水封相关参数

指　　标	数　　值	指　　标	数　　值
水封质量 m_1	182.70kg	水封直径 ϕ	0.9m
配重质量 m_2	55.80kg	水封高度 h	0.6m
F 浮力	166.60N	水封壁厚 δ	10mm
重力加速度 g	9.81m/s^2	横截面积 S	0.64m^2

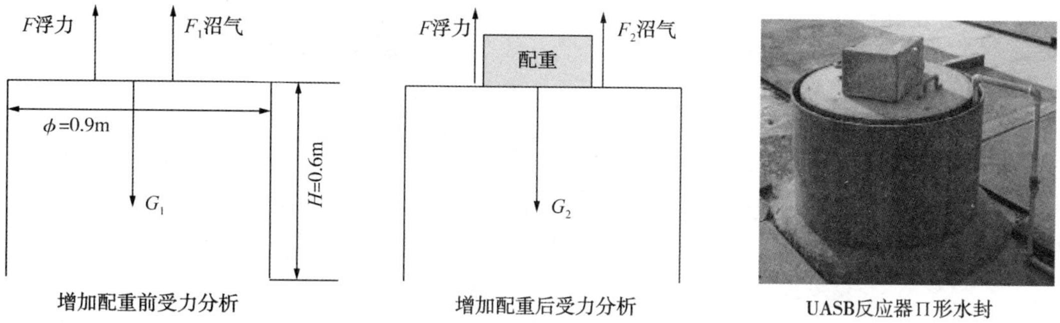

图2　UASB反应器Π形水封受力分析

增加配重前，Π形水封受力分析：

$$F_1沼气=G_1-F\ 浮力=m_1\cdot g-F\ 浮力;\ P_1沼气=F_1沼气/S \tag{1}$$

由式(1)知，P_1沼气=2.55kPa；因此，湿式气柜沼气压力最高只有2.35~2.45kPa，与投运初期柜压曲线相符。

增加配重后，Π形水封受力分析：

$$F_2沼气=G_2-F\ 浮力=(m_1+m_2)\cdot g-F\ 浮力;\ P_2沼气=F_2沼气/S \tag{2}$$

由式(2)知，P_2沼气=3.40kPa；因此，湿式气柜沼气压力最高可达3.10~3.20kPa，与改造后柜压曲线一致，满足工艺要求。

4.2　沼气管线气路不畅

沼气自厌氧反应器进入管道时，温度逐渐降低，管道中会产生大量含杂质的冷凝水，如果不及时从管道中排出，轻则气路不畅，重则破坏管道设备。U形水封自动排液器位置设置与原因分析见表4，示意图如图3所示。

表4　U形水封自动排液器位置设置与原因分析

序号	位　　置	原　　因
1	厌氧反应器出口处	沼气自厌氧反应器进入管道时，在最靠近反应器的位置，温降值最大，产生的冷凝水量最多。
2	沼气总管最低点	沼气管路中，在避免沼气流速过大而夹带水汽的前提下，将沼气管道坡度设置为0.5%，冷凝水自流至最低点。
3	关键设备入口处	在沼气压缩机、湿式气柜、沼气焚烧炉等关键设备入口处设置分液罐，降低冷凝水对设备负面影响

湿式气柜设计最高压力(P柜)为4.00kPa，由液封高度计算公式：$h=P柜/(\rho_{水}\cdot g)$知，最小水封高度0.40m。为保证水封效果实际水封高度，一般选取比计算值所需高度加0.30~0.50m余量，管径不小于20mm[3]，因此U形水封自动排液器液封高度0.80m，管径20mm。从实施后的使用效果来看，U形水封自动排液器工作正常，沼气管线未发生气路不畅。

4.3　压力变送器导压管线冻凝

2010年2月14日南京大雪、冰冻，气压101.4kPa。因环境温度过低，螺杆压缩机出口压力变

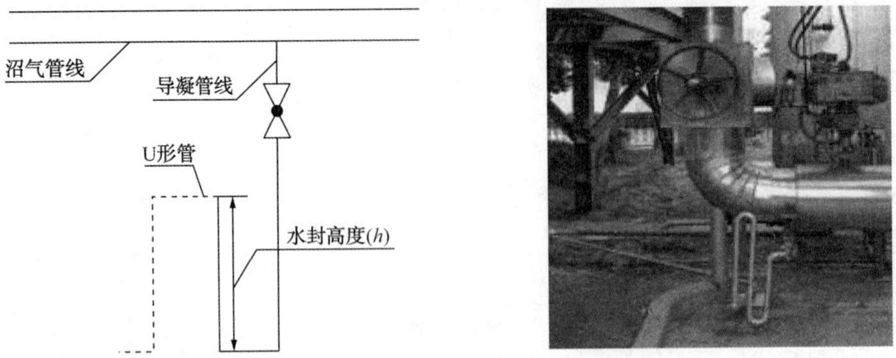

图 3　U 形水封自动排液器示意图与现场照片

送器导压管线冻凝，错误显示出口压力过高，螺杆压缩机连锁停车。装置立即对螺杆压缩机所有沼气导压管线进行保温，但出口导压管依旧冻凝。同样都是沼气压力变送器导压管线，压缩机出口比进口更易冻凝。2010 年 2 月 14 日，螺杆压缩机的主要运行数据如表 5 所示。

表 5　喷液螺杆压缩机运行数据

指　标	数　值	指　标	数　值
进气温度	5℃	进气饱和水蒸气密度(ρ_3)	6.80×10^{-3}kg/m^3[4]
排气温度	25℃	排气饱和水蒸气密度(ρ_4)	2.30×10^{-2}kg/m^3[4]
进气压力(P_3)	2.87kPa(G)	进气湿度	100%
排气压力(P_4)	0.37MPa(G)	排气湿度	100%
转速	1500r/min	流量(Q)	466m^3/h

螺杆压缩机进气所含饱和水蒸气质量：

$$m_3 = Q\times\rho_3 \tag{3}$$

由式(3)知，$m_3 = 3.17$kg/h。

螺杆压缩机排气所含饱和水蒸气质量：

$$m_4 = Q\times(P_3/P_4)\times\rho_4 \tag{4}$$

由式(4)知，$m_4 = 2.37$kg/h。

因此，经螺杆压缩机压缩后，沼气中的水蒸气处于过饱和态，多余 0.80kg/h(即 0.80L/h)的水蒸气析出，凝结成水滴，易附着在导压管这类气体流动性差的管线内；而进气中水蒸气为非过饱和态，不会凝结成水滴，因此也不易冻凝。由此可见，螺杆压缩机所有沼气导压管线不但需要保温，而且必须增设伴热和凝液罐，尤其是出口导压管线。从实施后的使用效果来看，沼气导压管线未发生冻凝。

4.4　螺杆压缩机无故连锁停车

2010 年螺杆压缩机先后出现因进气压力过低和润滑油压力过低而连锁停车，但进气压力和润滑油压力曲线历史记录曲线平稳，未见异常。

进气压力和润滑油压力均采用变送器检测，一方面，变送器在运行过程中一旦发生故障，将造成螺杆压缩机连锁停车；另一方面，一旦进气和润滑油压力出现瞬间波动，达到连锁值，也将造成螺杆压缩机连锁停车，但历史记录曲线仍为一条平稳的曲线。众所周知，PLC 对参数超限停车响应速度是毫秒级，而记录曲线采样周期默认为 5s[5]，因此当由于压力瞬间波动已造成连锁停车时，而记录曲线上却记录不到这瞬间波动。

针对上述异常情况，一方面征求螺杆压缩机厂家关于停车连锁延时保护的意见，另一方面克服系统瞬间波动而造成不必要的停车。因此，决定增加螺杆压缩机进气压力、润滑油压力 10s 停车连锁延时和独立风扇停车 3s 停车连锁延时，如图 4 所示。从改进后的运行情况来看，螺杆压缩机未发生无故连锁停车。

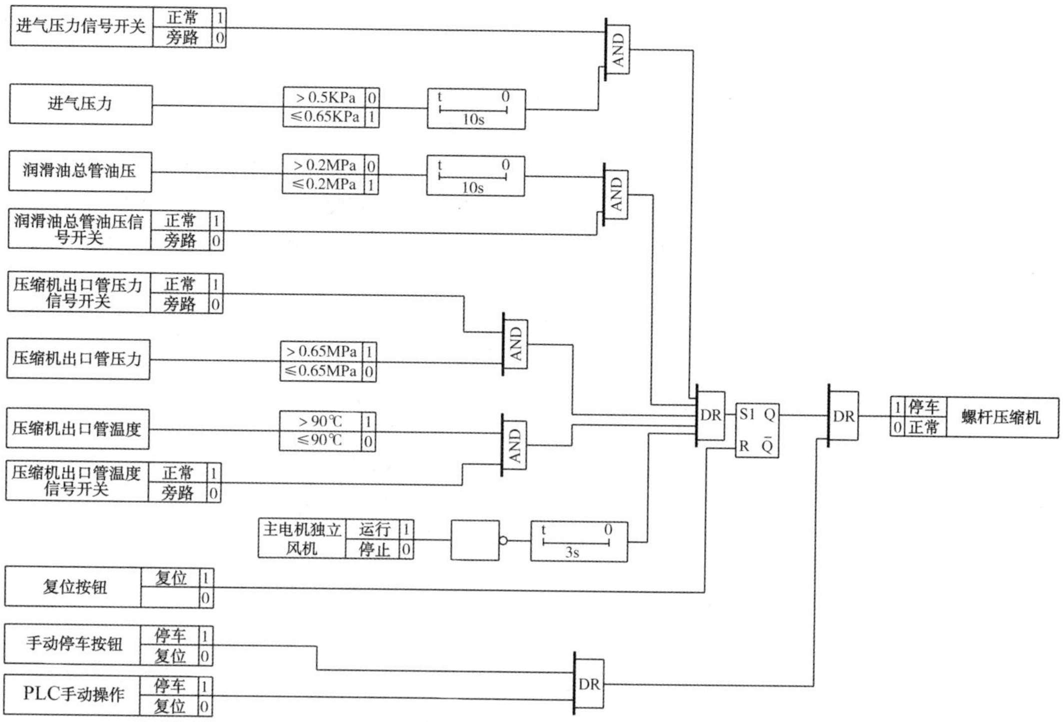

图 4　改造后螺杆压缩机自保系统逻辑图

4.5　油箱电加热器积炭

由于冬季环境温度较低，润滑油箱电加热器需频繁自启加热，以满足润滑油温度要求。这易使电加热器表面首先积炭，降低油质黏度，当电加热器积炭较多时，不仅影响热量传递，炭也会脱落到油中，被油泵吸去，堵塞过滤器，造成过滤器压差高报警，影响螺杆压缩机润滑效果。针对上述情况，一方面定期检测润滑油油质，一旦发现油质超标，及时更换润滑油；另一方面定期清理润滑油过滤器、电加热器和油泵滤网。

5　经济效益与节能减排

5.1　经济效益

沼气回收系统运行稳定，全年可向公司燃料气管网输送沼气 4.20×10^6 Nm^3，年平均甲烷含量约 70%，直接经济效益 554.40 万元。

5.2　节能减排

沼气回收系统全年可节能 4.20×10^6 Nm^3×70%×0.80kg 标煤/Nm^3 甲烷 = 2354.20t 标煤；全年减排二氧化碳 2354.20t 标煤×2.49kgCO_2/kg 标煤−4.20×10^6 Nm^3×70%×1.96kgCO_2/Nm^3 甲烷 = 101.30t 二氧化碳。

6　结论

（1）结合生产实践，通过增加 Π 形水封配重，U 形水封自动排液器，压力变送器导压管线保温、伴热和凝液罐；改进螺杆压缩机进气压力、润滑油压力和独立风扇连锁逻辑；定期检测润滑油油质，定期清理润滑油过滤器、电加热器和油泵滤网，先后解决了沼气回收利用系统出现的问题和不足。

（2）沼气回收利用系统经过1年多的优化和改进后，不但保证了系统的安、稳、长、满、优的运行，而且经济效益与节能减排成效显著。

参 考 文 献

[1] 张自杰，顾夏声．排水工程(下)[M]. 北京：中国建筑工业出版社，2000.

[2] 邢子文．螺杆压缩机——理论、设计及应用[M]. 北京：机械工业出版社，2000.

[3] 戴传芳，王世熙．给水排水设计手册(第5册)[M]. 北京：中国建筑工业出版社，1988.

[4] 刘光启，马连湘，刘杰．化学化工物性数据手册(无机卷)[M]. 北京：化学工业出版社，2002.

[5] 李建军．透平压缩机试车过程中出现的问题及对策[J]. 工业控制计算机，2006，19(2)：65-66.

烟气脱硫装置高含盐废水治理

邵光明

（中国石化北海炼化有限责任公司，广西北海 536000）

摘 要：本文介绍了炼厂烟气脱硫装置高含盐废水的来源及性质；面对日益严峻的环保压力，提出烟气脱硫高含盐废水治理思路；同时介绍了目前高含盐废水的几种处理方法并进行对比，提出炼厂烟气脱硫装置高含盐废水的处理趋势。

关键词：烟气脱硫；高含盐废水；盐分离；零排放

1 引言

高盐度废水是指总溶解性固体物超过3.5%的废水，目前国内催化烟气脱硫装置的外排水含盐量在1%~6%，个别炼厂因催化原料硫含量高，导致烟气脱硫入口烟气SO_2浓度高，外排水含盐量可达10%~20%。这股含盐废水往往含有高浓度的可溶解无机盐，如Na_2SO_3、Na_2SO_4、$NaHSO_3$、$NaCl$、$CaSO_3$、$CaSO_4$等，含盐量为海水的3倍以上。部分沿海炼厂将这股水直排大海，内陆炼厂都是进污水处理厂处理好外排。含盐废水如果排放到环境中会对土壤、地表水、地下水以及水体中的生物产生拟制作用。研究表明，在普通活性污泥法中，当废水含盐质量分数>5%时，会引起微生物细菌质壁分离或丧失活性，导致传统生物系统的处理效率降低或者失效[1]。不仅如此，高盐废水还会造成装置设备管线堵塞、加剧烟气拖尾现象。虽然目前国家还未对外排废水的盐含量制定国家标准，但相信随着人们环保意识的增强，出台更严格的外排水标准是迟早的事，这就要求企业必须尽早储备相关技术。

2 烟气脱硫装置含盐废水的来源及性质

2.1 烟气脱硫装置含盐废水的来源

以湿式钠法脱硫为例，脱硫装置含盐废水来自NaOH与二氧化硫溶于水生成的亚硫酸溶液进行酸碱中和反应。NaOH反应生成亚硫酸钠和硫酸钠，在洗涤器内发生的用于吸收SO_x的碱性化学反应如下所示：

烟气中的二氧化硫与水接触，生成亚硫酸：

$$SO_2(g)+H_2O\longleftrightarrow H_2SO_3$$

然后亚硫酸与NaOH反应生成Na_2SO_3：

$$H_2SO_3+2NaOH\longleftrightarrow Na_2SO_3+2H_2O$$

Na_2SO_3与H_2SO_3进一步反应生成$NaHSO_3$：

$$Na_2SO_3+H_2SO_3\longleftrightarrow NaHSO_3$$

$NaHSO_3$又与NaOH反应加速生成亚硫酸钠：

$$NaHSO_3+NaOH\longleftrightarrow 2Na_2SO_3+2H_2O$$

总反应式：

$$SO_2(g)+H_2O+2NaOH\longleftrightarrow 2H_2O+Na_2SO_3$$

副反应：

$$2NaOH+SO_3\longrightarrow Na_2SO_4+H_2O$$

$$NaOH+2HCl \longrightarrow NaCl+2H_2O$$

为控制循环吸收液中的氯离子、固体含量等指标不超标，循环系统需要排放部分吸收液，以保证脱硫的效果。这部分吸收液经过后续水处理单元(PTU)能控制水中的悬浮物、化学需氧量、pH值等指标符合外排标准，但并不处理其中的盐含量。这股高含盐的"合格水"直排入大海或者进入全厂污水处理单元。

2.2 烟气脱硫装置含盐废水的性质

某炼厂烟气脱硫装置含盐废水的分析数据如表1所示。

表1 烟气脱硫外排废水分析数据

项目	TDS/(mg/L)	TSS/(mg/L)	COD/(mg/L)	pH值	总氮/(mg/L)	总磷/(mg/L)	氯离子/(mg/L)
1	77140	35	40	8.1	7.25	2.83	69
2	84400	55	55	8.3	4	2.82	118
3	147320	60	45	8.0	0.23	1.27	58
4	86260	68	35	8.2	5.0	2.23	79

由表1可以看出，该装置废水盐含量特别高，最高达14.7%，主要是S-Zorb装置高含SO_2再生烟气改进烟气脱硫装置造成的。正常盐含量在7%~8%，其他指标均能满足《石油炼制工业污染物排放标准》GB 31570—2015要求。

3 高含盐烟气脱硫废水处理方法

处理高含盐烟气脱硫废水的主要方法分从源头控制和后续盐分离。

3.1 从源头减少外排废水中的盐含量

3.1.1 优化催化原料，降低原料硫含量

降低烟气脱硫装置上游催化裂化装置原料的硫含量对于降低烟气脱硫装置外排废水中的盐含量效果最为明显，而降低催化原料的硫含量可以通过几种手段。一是常减压加工低硫原油，但这受限于全厂原油采购计划，调整加工油种并不容易实现。二是对于有蜡油加氢、渣油加氢装置的，可根据全厂氢气平衡，适当提高加氢装置的负荷和反应深度，降低催化装置进料硫含量，这个是比较容易实现的。

3.1.2 催化装置加注硫转移剂

硫转移剂的作用机理如下：

在再生器中：

$$S+O_2 \longrightarrow SO_2+SO_3$$

$$2SO_2+O_2 \longrightarrow 2SO_3$$

硫转移剂(以MO表示)将SO_3转化为硫酸盐：

$$MO+SO_3 \longrightarrow MSO_4$$

在提升管反应器中：

在H_2、烃类气体等还原性气氛下，硫酸盐的到还原：

$$MSO_4+4H_2(\text{或烃类}) \longrightarrow MS+4H_2O$$

$$MSO_4+4H_2(\text{或烃类}) \longrightarrow MO+H_2S+3H_2O$$

在汽提段中：

$$MS+H_2O \longrightarrow MO+H_2S$$

硫转移剂在催化裂化工艺的再生-反应过程中，分别起到氧化吸收SO_x及促进硫酸盐还原的作用，最终实现将原本出现在再生烟气中的S转移到反应油气中，从而降低烟气中的SO_x含量。

中国石化石油化工科学研究院(简称石科院)与齐鲁催化剂厂共同研制开发的增强型 RFS 硫转剂在占系统藏量 5%，按进料计助剂剂耗 0.055kg/t 稳定加注时，SO_3脱除率达到 80%以上，烟气脱硫注碱量和外排废水盐含量降低 60%以上[2]。这种通过加助剂降低外排废水的方法投资小、实施简单、见效快，已在多个炼厂实现工业应用。

3.1.3　加大烟气脱硫外排水量

增加烟气脱硫外排水量，可降低外排水盐浓度，但外排水含盐总量并没有变化，一方面增加了新鲜水用量，增加能耗；另一方面受水处理单元设计负荷影响，不能增加太多。

3.2　采用有关技术将废水的盐分离出来

3.2.1　浓缩技术

由于高盐废水处理成本高、耗能大，因此对高盐废水进行减量化处理(增大含盐量、提高浓度、减小处理水量)不仅可以降低处理成本，同时有利于高盐废水中盐分回收利用。高盐废水浓缩技术包括：膜分离法、蒸馏法等。

(1) 膜分离法。

膜分离法是指利用膜对高盐废水中不同混合物组分的选择透过性来分离、提纯和浓缩从而达到废水的减量化处理。该法的关键在于选择合适的滤膜，其根据膜孔径的大小一般可分为微滤膜(MF)，超滤膜(UF)，纳滤膜(NF)，反渗透膜(RO)等。根据是否增加外部压力可以分为正渗透膜技术和反渗透膜技术。膜分离法具有能耗低、适应性强、选择性好等优势，但是过滤膜容易被高盐废水中的物质堵塞和腐蚀，需要经常清洗或更换。在实际工业生产中，反渗透膜的应用最为广泛。反渗透膜技术是以渗透压差作为推动力的一类膜分离过程。反渗透技术作为海水和苦咸水的淡化技术已相当成熟。近年来，随着工业生产特别是炼化企业中产生的高含盐废水的增多，反渗透工艺也开始广泛用于工业产生的高含盐废水的处理。反渗透技术具有节能的优点，其能耗仅为电渗析的 1/2，蒸馏技术的 1/40；投资为 528～793 美元/(m^3·d)，运行费用为 0.26～0.52 美元/(m^3·d)，同时能够达到深度除盐目的[3]，除盐后的反渗透水可作为回用水，节水效果显著。

(2) 蒸馏法。

蒸馏法是指利用加热的方法使高盐废水中的水汽化，从而使高盐废水得以浓缩而达到减量化处理。蒸馏法有很多种，如多效蒸发、多级闪蒸、压气蒸馏、膜蒸馏等，其中含盐废水的处理多采用多效闪蒸和多级蒸馏技术。在工业生产产生的高含盐废水处理中，蒸馏技术具有独特的优势，例如炼化企业、焦化企业等在生产过程中会产生大量的余热，可以作为蒸馏技术的热源。在节能减排的大背景下，利用工艺产生的热量驱动蒸馏除盐是高含盐废水处理的趋势之一。

李清方[4]等采用多效蒸发技术对油田污水进行集中脱盐处理，浓缩后废水中含盐量可达 8%以上。郑贤助等采用双效蒸发器处理高浓度含盐化工废水，结果表明，废水 COD 去除率可达 95%以上，氯化钠回收率约为 82%。近年来对膜蒸馏过程的研究引起了国内外学者的高度重视，采用膜蒸馏技术处理高含盐废水，盐的截留率可达 100%，处理效果很好，该技术已成为当前研究的热点。但该技术在炼厂含盐废水处理中应用较少。

3.2.2　常规处理技术

(1) 电解法。

高盐废水具有较高的导电性，因此可以通过电解法(在阴、阳两级间产生强电流使有毒有害物质发生氧化还原反应)去除水中污染物。电解法能有效地降低废水中的 COD，对污水适应性强，去除效果好，缺点是运行费用较高。王宏等采用电解絮凝法处理紫胶合成树脂生产过程中排放出的高盐度有机废水，不但能有效降低废水中的 COD，增加透明度，同时对 BOD、TP 和 TN 都有较高的去除率。该技术在烟气脱硫高含盐废水处理中应用较少。

（2）离子交换法。

离子交换法的关键在于离子交换树脂，它是一种带有官能团、具有网状结构与不溶性的高分子聚合物，这类聚合物中含有的氨基、羟基基团可以把高盐废水中的金属离子螯合、置换出来。离子交换法可以作为预处理工艺脱除各种金属离子，达到有效除盐的目的，它的缺点是废水中的固体悬浮物会堵塞树脂从而使离子交换树脂失去效果。唐树和等采用离子交换树脂处理含 Cr 废水，废水中 Cr 的浓度由初始的 1540mg/L 降至处理后 0.5mg/L，达到国家排放标准。

（3）生化处理法。

生化处理法是指利用自然界广泛存在的微生物对废水中的有机物进行氧化、分解、吸附从而达到净化水体的目的。生化处理法具有经济、高效、无害的优点，但是高盐废水中的无机盐对微生物有强烈的抑制作用，因此驯化出耐盐微生物是生化处理法的重点和难点。李维国等从山东省威海市路道口盐场晒盐池盐水中分离出一种中度嗜盐菌，然后利用此微生物对含盐 9.3%、COD 为 1738mg/L 的高盐制革废水进行处理，经过 216h 后，COD 的脱除率高达 98%。

（4）焚烧法。

焚烧法是指将高盐废水呈雾状喷入高温焚烧炉中，废水中的有毒有害物质经过高温氧化分解转化为水、气体和无机盐灰分。采用焚烧法处理高盐废水时需要防止雾化喷嘴堵塞，同时需要对焚烧过程中产生的污染性气体进行后续净化处理。王伟[5]等采用焚烧法处理高浓度有机、含盐废水，证明了此方法的可行性，并且过程中产生的废水、废气和固体废弃物均能得到有效处理并达标排放。该技术主要用于有机含盐废水处理，对于烟气脱硫含盐废水并不适用。

3.2.3 零排放技术

经过浓缩处理后的高盐废水含盐量更高，处理更困难，排放之后对环境影响更恶劣。目前，石化等企业提出了废水零排放。零排放技术可以实现零液体排放，最终的产物是结晶的盐。这项技术在美国、墨西哥、加拿大及中东等地应用较为广泛。零排放技术通常是将膜法、反渗透和蒸馏结晶结合在一起的废水处理方法。零排放技术的基础为蒸发浓缩技术，该技术的关键在于结晶，即将高盐废水中的可溶性盐类物质分离出来形成结晶盐类化合物。

结晶工艺包括冷却结晶和热结晶，其中冷却结晶为热结晶的基础。在冷却结晶工艺中，蒸发浓缩后母液经冷却结晶分离而得的冷却母液需反复返回前端进行再加热蒸发浓缩，工艺流程长、能耗高、效率较低。而热结晶工艺则是通过引入特殊设备对浓缩后的母液进行继续加热浓缩使形成过饱和溶液，之后再进行冷却结晶，该工艺可实现盐类物质 100%分离。例如，内蒙古的亿利化学公司通过将超滤膜、反渗透膜与 GE 公司的热蒸发技术相结合制备出高纯度的可再利用水，这不仅有助于缓解鄂尔多斯市的供水需求，还有利于黄河的环境保护。又如青岛石化烟气脱硫含盐废水就采用 MVR 蒸发结晶技术，处理废水量为 7.2t/h，出盐量为 1.44t/h，蒸发冷凝水全部回用，实现了废水的零排放。

4 结论

由于烟气脱硫排放的高含盐废水对生态环境的不良影响，含盐废水中的盐的去除及含盐废水的零排放已成为目前含盐废水的处理趋势。通过对高盐废水的各种处理技术的详细介绍，本文对比分析了各种处理技术的优缺点及适用场合，可以得出高含盐烟气脱硫废水零排放技术可以实现盐分回收、资源化利用，经济效益更加明显，应用前景广阔。

参 考 文 献

[1] 杨健，王士芬. 高含盐量石油发酵工业废水处理研究[J]. 给水排水，1999，25(3)：35-38.

[2] 杨磊，常培延，宋海涛，等．增强型硫转移剂在烟气脱硫尾气治理中的工业应用[J]．中国石化催化裂化技术交流会论文集，2018：419-427.
[3] 付守琪，陈萍，罗专溪．渗透法处理高盐废水的原理及工艺[J]．环境科学与管理，2006，31(7)：96-98.
[4] 李清方，刘中良，韩冰，等．基于多效蒸发技术的油田污水淡化系统及分析[J]．热科学与技术，2011，3(10)：201-208.
[5] 王伟，刘俊杰，张桂风．焚烧法处理高浓度有机、含盐废水的研究分析[J]．黑龙江环境通报，2008，32(3)：70-72.

LDPE 装置超高压往复机冷却油净化及再利用

张　浩

（中国石化燕山石化公司机械动力处，北京　102500）

摘　要：针对 LDPE 装置超高压往复式压缩机冷却油中混入低聚物、VA、内部油的问题进行原因分析，应用树脂吸附形式的过滤器进行试验，验证树脂吸附形式的滤芯对低聚物等杂质的滤除效果，对比过滤前、后冷却油黏度、酸值、清洁度、水分的变化，同时应用模拟蒸馏对比过滤前后冷却油中非油物质的变化。经过三次试验，可得树脂吸附形式过滤器可有效去除冷却油中混入的低聚物等杂质，过滤后油品满足使用要求，可循环使用，在满足设备润滑效果的情况下每月可减少大量冷却油消耗。

关键词：超高压往复机；润滑油；污染控制；树脂吸附过滤

1　引言

LDPE 装置二次压缩机由新比隆公司生产，型号为 12PK/6－6，功率为 16500kW，转速为 214r/min,气缸排气温度 95℃左右，最高工作压力为 310MPa。低压段压力为 150MPa，内部油为 RC220，高压段压力为 280MPa，内部油为 CL－1400S，机组曲轴箱外部油、冷却油为 SHELL 的 S2B150。月度检验不合格问题频发，主要表现为静置后分层，长期以来依靠定期置换油品来解决此问题，每月置换量约 10 桶(2000L)，此问题影响设备稳定运行，造成用油成本增加。

2　原因分析

超高压往复式压缩机内部压力较高，达到 270MPa 左右，每级填料环非 100%密封，填料泄露气会逐级减少，VA、低聚物(绿色)、内部油随填料泄漏气经低压填料及刮油组件时，接触冷却油(黄色)，随冷却油回油至 T4 油箱，造成冷却油中混入低聚物等物质，造成油品静置后出现分层现象。

3　处理措施

3.1　可去除溶解状态下的油泥、胶质物

润滑油工作温度为 60℃左右，此温度下大部分油泥、漆膜处于溶解状态，难以被除去，长周期运行情况下，容易在温度高、流速低及摩擦部位聚集，从而形成漆膜、积碳，造成机组轴瓦温度升高，控制系统卡涩，3R 树脂吸附滤芯，采用表面涂层及树脂纤维专利技术，定向去除油泥、胶质物，除了可以去除饱和后析出的油泥外，还可以去除溶解在润滑油中的油泥、胶质物，解决一般净化设备处理不了的溶解状态油泥脱除问题。

3.2　高效、稳定过滤

大部分滤芯只标注过滤精度，如 5μm、10μm，过滤效率不明确，而过滤效率确是反映滤芯过滤效果的重要指标，一定程度上反映出过滤稳定性，一般控制系统要求过滤效率 β 值大于 200，即过滤效率可达 99.5%，效率低会造成部分污染物透过滤芯进入油系统。3R 滤芯一般采用粗滤、精滤相配合，在确保过滤效果的前提下，尽可能降低滤芯更换成本。其中精滤一般为 3μm，β 值为 929，过滤效率达 99.9%。污染物来源见图 1。

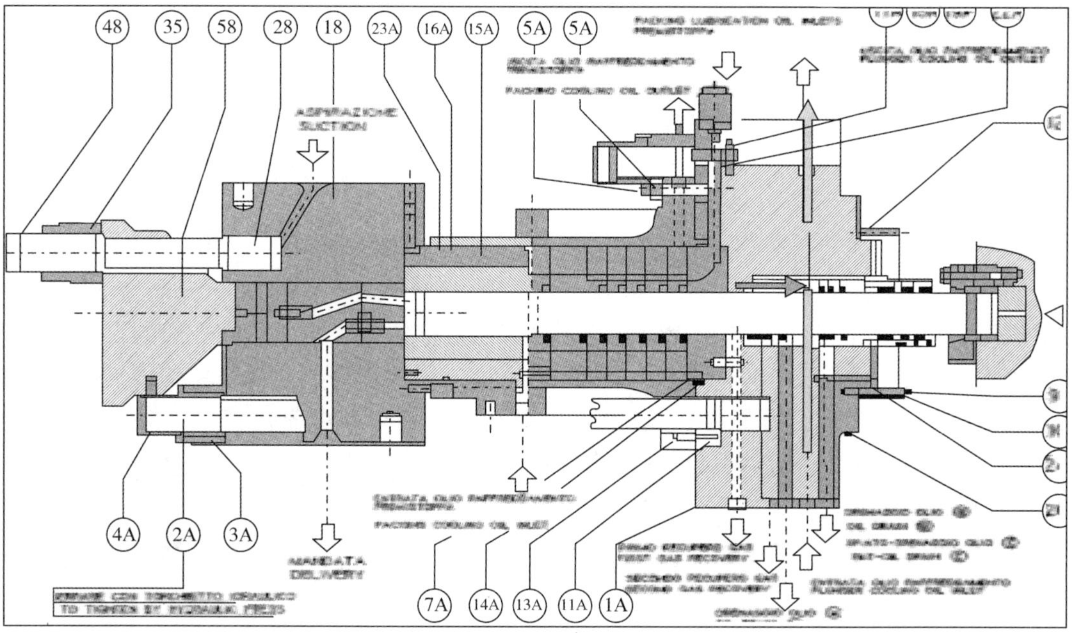

图 1　污染物来源图

3.3　聚结脱水，可去除乳化、溶解、游离水

脱水滤芯内部由聚结滤芯及分离滤芯构成，聚结滤芯采用特殊玻璃纤维及其他合成材料制成，具有良好的亲水性；分离滤芯采用疏水材质，具有良好的亲油憎水性。结合 3R 特殊脱水滤芯结构，可将乳化、溶解、游离三种状态的极小水滴聚结为水珠，沉降后分离，并且可直观观察到过滤水情况，脱水滤芯使用寿命比传统吸附式的脱水滤芯有明显优势。

4　试验论证树脂吸附形式过滤器效果

4.1　过滤前后油品外观变化

对比过滤前后油品静置后分层情况变化，发现过滤前油品略带污浊，分层现象明显，过滤后，油品外观透亮，未发生分层，具体情况如图 2 所示。

图 2　过滤前后油品外观变化情况

（右侧为过滤前，左侧为过滤后）

4.2　过滤前后油品常规理化指标变化

三次过滤试验对比数据分别如表 1~表 3 所示。

表 1　第一次过滤试验数据

分析项目	T4 过滤前	T4 过滤后	标准
黏度/(mm^2/s)	180.6	141.3	135~165
酸值/(mgKOH/g)	0.31	0.1	≤0.306
水分/(μg/g)	220	120	≤1000

表 2　第二次过滤试验数据

分析项目	T4 过滤前	T4 过滤后	新油	标准
黏度/(mm^2/s)	207.5	143.5	152.3	135~165
酸值/(mgKOH/g)	0.206	0.089	0.106	≤0.306
水分/(μg/g)	215	124	痕迹	≤1000

表 3 第三次过滤试验数据

分析项目	T4 过滤前	T4 过滤后	T4 二次过滤	杂质	标准
黏度/(mm^2/s)	215	148.5	149.5	278.7	135~165
酸值/(mgKOH/g)	0.4	0.12	0.2	0.86	≤0.306
闪点/℃	259	260	263	269	—
水分/(μg/g)	566	184	—	—	≤1000

三次过滤后结果均表明：黏度、酸值恢复正常。水含量方面，重要程度一般的设备可靠性惩罚因子为5，对应水含量上限为1000μg/g，考虑到机组重要程度较高，应提高惩罚因子(最高为10)，假设提高到6，对应水含量上限可达500μg/g，所以水含量越小越可靠，应尽可能降低水含量，过滤后可见水含量得到明显改善，满足设备长周期运行要求。

4.3 过滤前后模拟蒸馏数据变化情况

两次模拟蒸馏数据显示过滤后数值近似于新油，影响蒸馏试验的物质被有效滤除，具体数值如表4、表5所示。

表 4 第一次模拟蒸馏数据

样品名称	馏程	新油	T4 过滤前	T4 过滤后	T4 过滤后杂质(下层)	低聚物
模拟蒸馏/℃	初馏点	330.4	287.2	282.4	261.1	346.6
	2%	391.5	391	388.3	376.3	461.6
	10%	421.4	426.5	422.5	435.7	545.6
	20%	439.2	446.7	440.3	462.8	603.4
	30%	456.2	464.6	456.4	482.8	643.8
	40%	474.5	481.7	473.3	498.5	674
	50%	496	500.9	493.1	520	698.2
	60%	520.1	526.3	517.3	546.8	717.2
	70%	546.3	555.1	545.2	574	735.6
	80%	574.8	585.8	575.6	599.4	749.6
	90%	611.2	622.1	613.8	629.5	(73.6%)
	97%	654.3	663.4	659.3	672.1	
	终馏点	692.9	703	699	709.8	

表 5 第二次模拟蒸馏数据

样品名称	馏程	T4 过滤前	T4 过滤后	T4 二次过滤后	T4 过滤后杂质
模拟蒸馏/℃	初馏点	299.4	332.6	372.7	259.2
	2%	396.5	394.8	397.3	397.4
	10%	426.5	422.8	424.2	431.4
	20%	444.6	440.2	442	453.3
	30%	460.4	456.3	458.4	471.3
	40%	476.7	473.5	475.4	488.3
	50%	496.5	493.2	495.4	508.5
	60%	520.5	516.3	518.9	532.9
	70%	547.9	542.5	545.5	560.5
	80%	577.9	571.5	575.1	589

续表

样品名称	馏程	T4 过滤前	T4 过滤后	T4 二次过滤后	T4 过滤后杂质
模拟蒸馏/℃	90%	614.4	607.7	612.5	623
	97%	656	650.7	655.7	665.1
	初馏点	698.1	689.7	696	705.4

5 结论

应用树脂吸附形式的过滤器进行试验，验证树脂吸附形式的滤芯对低聚物等杂质的滤除效果，对比过滤前后冷却油黏度、酸值、清洁度、水分的变化。同时应用模拟蒸馏对比过滤前后冷却油中非油物质的变化。三次试验结果显示树脂吸附形式过滤器可有效去除冷却油中混入的低聚物等杂质，过滤后油品黏度、水分、酸值得到改善，低聚物被有效滤除，过滤后油品满足循环使用要求，在满足设备润滑效果的情况下预计每月可减少 2000L 冷却油消耗。

参 考 文 献

[1] 谢泉，顾军慧．润滑油品研究与应用指南(第二版)[M]. 北京：中国石化出版社，2007.
[2] 谭信孚，黄志坚，王大千．规范化的设备润滑管理[M]. 北京：机械工业出版社，2008.
[3] 吴晓玲．润滑设计手册[M]. 北京：化学工业出版社，2006.
[4] 龚烈航．液压系统污染控制[M]. 北京：国防工业出版社，2010.
[5] 黄文轩．润滑剂添加剂性质剂应用[M]. 北京：中国石化出版社，2012.